方福康 学术文集

走向系统科学

FANGFUKANG
XUESHU WENJI

ZOUXIANG
XITONG
KEXUE

方福康

著

北京师范大学出版集团
BEIJING NORMAL UNIVERSITY PUBLISHING GROUP
北京师范大学出版社

图书在版编目(CIP)数据

方福康学术文集：走向系统科学 / 方福康著. —北京：北京
师范大学出版社，2025.4
 ISBN 978-7-303-26773-6

Ⅰ. ①方… Ⅱ. ①方… Ⅲ. ①系统科学－文集
Ⅳ. ①N94-53

中国版本图书馆 CIP 数据核字(2021)第 017611 号

出版发行：北京师范大学出版社 https://www.bnupg.com
　　　　　北京市西城区新街口外大街 12-3 号
　　　　　邮政编码：100088
印　　刷：北京虎彩文化传播有限公司
经　　销：全国新华书店
开　　本：889 mm×1194 mm　1/16
印　　张：37.75
字　　数：1100 千字
版　　次：2025 年 4 月第 1 版
印　　次：2025 年 4 月第 1 次印刷
定　　价：188.00 元

策划编辑：刘凤娟　　　　　责任编辑：刘凤娟
美术编辑：焦　丽　　　　　装帧设计：焦　丽
责任校对：陈　民　　　　　责任印制：马　洁

序　言

恩师方福康先生是我国系统科学学科建设的重要推动者之一。

方福康先生 1952 年考入北京师范大学物理系，1956 年以优异的成绩毕业留校，开始了他的学术生涯。早期从事理论物理学方面的教学和科学研究工作，即使在"文化大革命"期间，他也从未放弃科学研究并坚持工作，到 20 世纪 70 年代中期，他和数学、化学、天文、哲学等系的几位教师，为了夺回失去的时间，探索世界领先的科学领域，组织了多学科的讨论班，阅读和讨论当时的学术前沿问题。这个讨论班持续了十多年，为在北京师范大学成立非平衡系统研究所打下了坚实的基础。

1977 年，普里戈金(Prigogine)教授因非平衡态统计和耗散结构理论而获得诺贝尔化学奖，这实际上是近代复杂性研究在国际上展开的序幕。方福康先生敏锐地注意到了这一极具发展潜力的学术方向，在 1978 年 8 月全国物理学会年会上，他就介绍了关于耗散结构的相关工作。1978 年 10 月，方福康作为"文化大革命"结束后我国最早公派出国的进修人员，赴比利时布鲁塞尔自由大学，在 Prigogine 教授领导的 Solvay 国际物理化学研究所进修，并在两年之内的 1980 年完成博士论文并获得博士学位。方福康先生将耗散结构理论引入国内，并继续进行非平衡系统的理论研究，创建了北京师范大学非平衡系统研究所，在许多相关研究领域开展了卓有成效的研究工作，极大地推进了非平衡系统理论研究在国内的深入发展。

为了促进系统科学在中国的长远发展，方福康先生非常注重系统科学人才的培养。1985 年，在他的积极努力下，在钱学森先生以及全国系统科学界的大力支持下，北京师范大学设立了全国第一个系统理论本科专业，奠定了系统科学学科的发展基础。1990 年，他又与钱学森等著名学者一起，推动国务院学位委员会设立了系统科学理学一级学科，为我国系统科学学科建设提供了平台与机制保障。自 1991 年 10 月至 2008 年 9 月，他一直担任国务院学位委员会系统科学学科评议组召集人。方福康先生是我国系统科学学科建设的重要创始人，为我国系统科学学科建设和学术发展做出了卓越贡献。作为北京师范大学系统科学学科的奠基者和学术带头人，他高瞻远瞩的学术视野、求真务实的扎实工作，使北京师范大学系统科学学科建设在全国具有崇高的学术声望，系统理论被评为本领域全国唯一的国家重点学科，系统科学于 2017 年进入世界一流学科建设行列。

《方福康学术文集：走向系统科学》收录了方福康先生及其合作者(大部分是方老师指导的学生)自 1978 年开始，在各种学术期刊上发表的学术论文，全方位地展现了方福康先生的学术历程以及学术成果，不仅可以让我们更加细致地了解他的学术思想，也对我们思考如何进一步做好系统科学学科建设富有启发意义。纵观方福康先生的学术历程，其关注的核心科学领域大致可以分为以下几个方面。

一、非平衡系统的基本理论研究。进入 Prigogine 教授领导的 Solvay 国际物理化学研究所后，方福康先生从非平衡系统随机涨落的角度展开深入研究，采用了 Master 方程、Fokker-Planck 方程等数学工具，得到了非平衡相变的弛豫时间、含时随机涨落的局域扩散以及随机系统的算子谱分解等实质性的结果，从而对随机涨落的演化、涨落与突变的联系、宏观自组织的触发等非平衡相变的微观机制给出了一种明确的阐述。在 20 世纪 70 年代末到 80 年代初，方福康先生将耗散结构理论引到国内，继续推进自组织理论与非平衡相变的研究，在非平衡相变的弛豫过程、Fokker-

Planck 方程的李代数结构、群分析方法以及非平衡系统的变分分析等工作上都达到了当时的国际前沿水平，极大地推进了非平衡系统理论研究在国内的深入发展。

二、教育、经济系统复杂性研究。在1985年前后，方福康先生将非平衡统计物理中的耗散结构理论和方法推广到研究一般复杂系统演化方面，开始了对教育系统和非平衡经济系统的研究。他建立了教育与经济增长的动态理论模型，人力资本与经济增长理论模型，首次得到中国各级各类教育的效益，这为有关教育投入的科学决策提供了依据。他还研究教育与人力资本的关系，从理论上回答人力资本在经济增长中的作用，在此基础上组织或参与多项全国性教育管理工程项目。在经济复杂性研究中，方福康先生与 Prigogine 学派密切合作，形成了明确的思路与技术路线。首先，他关注的是经济系统基本规律的探索，特别是宏观经济的基本规律。其次，他将经济系统研究的难点予以分解，在宏观的层次上，先着重寻找支配经济系统决定性的序参量，找到它的正负反馈、起飞、崩溃等特征量，然后再通过微观的随机性质来刻画这些宏观有序的突变。这就为经济系统与复杂性基础理论研究找到了一个很好的结合点。基于这个研究思想，方福康先生带领着北师大研究者在经济系统研究中取得了较大成就，找到了"J"结构这一类经济系统的非均衡突变机制。1994年他与 Prigogine 学派在北京组织了题为"社会经济系统中的复杂性与自组织"的国际会议。他还用复杂性理论考察中国的资源环境与生态系统，给出资源、环境与经济的耦合是一类双回路的动力系统，建立了生态系统与经济系统共同演化的动力学机制，由此分析奇点、相变等性质，并计算生态阈值，提出了"S形"的燕尾突变结构，对有关环境灾变和恢复的理论与实践研究具有重要价值。

三、脑与认知神经系统复杂性研究。21世纪初，他开始关注生命系统以及认知过程中的复杂性。他在中国较早地将复杂性研究引入认知神经科学，探讨宏观学习过程和记忆的涌现机制。他创造性地提出脑与神经系统的功能是神经元集体活动涌现的结果，是从低级到高级的逐层涌现，而这种涌现的机制是大脑高级认知功能产生的基础。在大脑系统的研究中，方福康先生设计了具体的思路，主要有如下特点：寻找复杂系统中核心的少维子系统，计算并发现所讨论具体对象的低维吸引子的动力学行为，这些吸引子决定了该系统状态变化的主要特征，分层次、分步骤、由简到繁、由易到难地建立复杂系统的动力学方程。将定性分析方程的性质和计算机模拟求解相结合，神经模型计算结果与神经实验及宏观行为进行对比，在模型的建立和计算过程中借鉴其他复杂系统研究中所显示的共性规律。

除了以上核心科学领域外，文集中还收录了方福康先生在其他科学问题上的研究成果，包括他对教育管理、经济改革等实践问题的思考。这些研究工作，展现了方福康先生擅于利用复杂性研究的思想和方法处理具体而不同的复杂对象的学术思想和学术能力，也向我们展现了推动系统科学发展的基本思想和途径。

学习方福康先生的学术论文，不仅能够让我们了解他在系统科学研究征程上的学术成果，更能让我们体会和认识到他深邃的思想、高瞻远瞩的学术眼光。他发展系统科学基础理论，实现钱学森先生创建系统学的初心，对于我们在新时代继续扎实推进系统科学学科建设具有重要意义。

明确和坚持发展系统科学基本理论的学术追求。方福康先生对大局和方向有深刻的洞识，对学术前沿有敏锐的洞察力。从布鲁塞尔学成回国后，他敏锐地意识到非平衡系统理论有着更广泛的应用前景和学术价值，从建设非平衡系统研究所，到1985年在钱学森先生的支持下创办系统理论本科专业，推动系统理论的科学研究和人才培养，再到1990年推动国务院学位委员会设立系统科学理学一级学科，担任国务院学位委员会系统科学学科评议组召集人，方福康先生始终坚持发展系统科学基本理论。

开展对具体系统的深入研究，在解决具体系统核心科学问题的同时，注重提炼具有普适性的概念、方法和规律，是发展系统科学基本理论的重要途径。在这一学术思想指导下，方先生结合北京师范大学的基础和条件，最早确定了教育经济学作为系统理论发展和应用的方向。当我们不少学生在这一领域刚有体会和收获的时候，先生已经转入更一般的经济系统复杂性研究。而当我们忙着做经济的时候，方先生已经开始关注脑科学，带领一帮年轻人又开辟了认知神经科学的新领域。考察系统科学学院目前的核心学术方向，从基本理论、社会经济系统分析，到大脑与认知神经科学、多主体系统与人工智能等，无一不是方福康先生开辟和发展的，并且都已经是复杂性研究的国际学术前沿。

明确了学术方向和目标之后，必须意志坚定，绝不动摇。方福康先生指出，系统科学最需要的，是对复杂系统这个未知世界基本规律的掌握，这一目标的实现，需要通过对具体系统的深入研究来完成。各领域的知识和成就，都有其独特的魅力，如果没有系统科学的信念和坚持，就很容易迷失方向。方先生时刻提醒我们，不管是研究经济还是大脑认知，都要坚持系统科学的方法和特点，并注意提炼一般的、普适性的规律，否则我们就迷失了初心，也就丧失了我们自己的优势。时时刻刻树立和牢记发展系统科学学科的认识和理念，必将成为我们未来发展的思想基础。

人类社会已经进入系统时代。方福康先生等老一辈学者创建的系统科学学科，为我们应对新时代的挑战奠定了坚实的基础。重新梳理和编撰《方福康学术文集：走向系统科学》，学习方先生的学术成果，从中体味先生的高尚品质、远见卓识和人生智慧。将系统科学事业发扬光大，我们责无旁贷。

狄增如

北京师范大学系统科学学院

2025 年 3 月 22 日

目　录

第一部分　非平衡系统理论

第二部分　社会经济系统

第三部分　生命系统

第四部分　生态与环境系统

第五部分　教育系统

第一部分　非平衡系统理论

耗散结构理论[*]

方福康　刘若庄

（北京师范大学物理系，化学系）

§7.1　引　言

耗散结构是普里戈金于 1969 年在"理论物理与生物学"国际会议上所提出的一个概念。1971 年普里戈金及格兰斯多夫（P. Glansdorff）写成著作《结构、稳定与涨落的热力学理论》[1]，比较详细地阐明了耗散结构的热力学理论，并应用到流体力学、化学和生物等方面，由此引起了人们的重视。1971—1977 年，耗散结构理论有了更进一步的发展：用非线性数学对分支的讨论；从随机过程的角度说明涨落与耗散结构的联系；在化学与生物对象等方面的应用等。1977 年的《非平衡系统中的自组织》[2]一书便是这些成果的近期总结。当然，耗散结构理论的成功，是普里戈金学派 20 多年来从事非平衡热力学与非平衡统计研究的结果。

在进行耗散结构的具体讨论之前，这里将它的基本思想作一个概略介绍。普里戈金学派是将物理系统或生物系统的"自组织"问题当作一个新方向来研究的。在物理系统和生物系统的"自组织"问题中，人们发现随着有序程度的增加，所研究的进化过程对象变得更为复杂，而且产生各种变异。这就使得人们以极大兴趣去考察在这个新分支中所涉及的物理和数学的问题。在这个领域中，必须采用新的数学工具和新的概念，因为在这里要遇到对于时间方向的不可逆问题。而在经典力学范围内，以及将其内容大大地扩展了的量子力学和相对论的范围内，其力学规律是时间反演不变的，对时间的"向前"运动和"向后"运动都是可能的，动力学的标准形式对于过去和将来没有区别。自然，不引入时间的方向性，不可能讨论有序化的过程以至进化。

对于时间的方向性和不可逆性问题，在热力学和统计物理中早就进行了研究，随着这种研究不断深入，研究对象也不断复杂化。早期的热力学第二定律处理了可逆过程和不可逆过程之间的区别。作为不可逆过程的热传导以及作为可逆过程的波动传播，它们之间的不同性质，可以通过一个热力学函数——熵来描述。不可逆过程的熵是增加的。按照热力学第二定律，孤立系统的熵终究要达到极大值，它对应着一个热力学的平衡态，按照玻尔兹曼关系 $S = k \log W$，高熵态对应于无序，而低熵态对应于有序。因此平衡是无序的、非平衡是有序的起源，这个观点成为普里戈金学派的一个基本出发点，并对此坚持了长期的研究。

然而，在普里戈金学派及其他人所进行的线性非平衡热力学研究中，得到的结论是：在这个区域中不可能形成新的结构。所谓线性非平衡区是指在平衡态附近的非平衡区域，在这个区域中"流"（热流、扩散流等）和"力"（温度梯度、浓度梯度等）的关系可以用线性关系来近似地描述。线性非平衡热

　＊　方福康，刘若庄. 耗散结构理论［M］// 郝柏林，于渌，孙鑫，等. 统计物理学进展. 北京：科学出版社，1981.

　　本章是在北京师范大学量子力学小组所组织的讨论班的研究结果基础上写成的. 参加讨论的除本文执笔人外主要有：哲学系沈小峰；数学系严士健、汪培庄、周美柯、朱汝今、马遵路、李占柄；物理系马本堃、漆安慎、杜婵英等同志.

　　本部分为原书第 7 章内容，为避免引起歧义，保留了原书体例.

力学以昂萨格(Onsager)倒易关系和最小熵产生原理作为其理论基础，论证了在这个区域内的基本特征是趋向平衡。因此，有序结构的形成在线性非平衡区域是不可能的。只能在非线性的区域讨论这个问题，或者说在远离平衡区域系统才能形成一些新的结构。

这种远离平衡区的新结构在流体力学中早已被发现。一个例子是从下面加热的液体。当温度梯度小于一个特征值时，热由传导方式通过液体。但是继续加热时，在某一个特定的温度梯度，自动出现一种规则的对流的格子，它对应着一种很高程度的分子组织。此时热量的传递能通过宏观的对流进行实现。这种现象称为贝纳特不稳定。从这个例子可以看到这种结构的一些共同的特征。当温度梯度不大时，系统处于热平衡区附近，系统的基本特征是趋向平衡，此时平衡热力学的条件是满足的，如孤立系统熵趋于极大等，如果继续加热使系统越来越离开平衡，最终使得稳定条件不能满足，系统变得不稳定，然而在不稳定性之上可以呈现出一种有组织的结构。

普里戈金学派引入"耗散结构"这个术语来描述这种结构。耗散结构在远离平衡的条件下出现，它只能通过连续的物质和能量流来维持，它是在热力学不稳定性之上的一种新型组织，具有时间和空间的相干特性。这种结构显然和平衡热力学条件下所研究的"平衡结构"（例如晶体和液体）不同。耗散结构是说明"非平衡是有序的起源"这一基本出发点的卓越例子。

系统特性通过非线性方程来描述，在非线性方程中一般包括分支现象，可以用来刻画系统从近平衡区到远离平衡区状态的变化。在近平衡区，称系统的解为"热力学分支"，而在远离平衡区，则形成新分支解——耗散结构。

为了讨论耗散结构的形成，需要研究涨落。新结构的形成是由于涨落。在某个特征值（例如上述的温度梯度特征值）以下，由于涨落所引起的小对流效应将由于平均而变弱和消失。只是在达到了某个特征值后，涨落被放大并且体现出如对流这样的宏观效应。因此新的结构的出现，本质上是对应于一个宏观的涨落，并由于与外界交换能量而获得稳定。这就是由耗散结构所表现出来的有序性，现在常称之为通过涨落的有序，这与平衡结构中的有序是完全不同的。

自提出耗散结构理论以来，人们进行了大量的研究。近年来主要的发展有如下三方面：

1. 研究在热力学分支不稳定性上所发生的图像，有哪几种类型的相干特性，以及如何与分子结构相联系。这个问题通常与数学中的"分支点理论"相联系。分支点理论处理微分方程在分支点附近解的行为。

2. 研究耗散结构如何形成，如何将涨落理论应用于非线性的、远离平衡的区域。

3. 探讨耗散结构和通过涨落达到有序这些概念所能应用的范围，包括物理、化学以至生物的对象。

§7.2 耗散结构的热力学基础

复杂系统中的自组织现象已经有了许多令人注目的例子。一个复杂的系统通常包含大量相互作用着的子系统。实验指出，在一定条件下，可以出现明显的相干特性，例如，相干激光的产生，在流体力学中出现的空间的和时序的花样，化学反应中的有序结构，最后在生命现象中到处存在着的有序性等。除了我们较为常见的物理和化学对象，这里不妨谈几句生物体。生物体的确是一个非常复杂和极为有序的客体；其结构形式的形成经历了一个漫长的发展和进化过程；而生命的维持，即便是其最简单的形式，也意味着一种连续的新陈代谢和分子合成的过程，并且这些过程是有规则地进行的。在生命过程中，物质高度非均匀地分布，并且有几千个包括复杂反馈的化学反应，同时发生在数量级为立方微米的空间中。所有的过程都要求在准确的时间和空间中发生，否则，混乱的结果就意味着生命的终结。

这种复杂系统的描述要求物理学提供新概念和新思想，其中包括宏观的描述以及从微观出发的统计力学描述。这里不可避免地必须考虑系统在远离平衡条件下的非线性的相互作用，因此重要的一步是研究复杂系统的宏观性质并引入某些新的定性的概念。

不可逆过程的热力学，由于要讨论过程中各宏观变量的变化，引入了非平衡热力学函数、熵产生等概念。此时宏观变量都是随时间 t 变化的，例如某一种物质组分的密度 ρ_i，它与给定体积 V 的某种物质的质量 m_i 关系为 $m_i = \int \rho_i \mathrm{d}V(i=1, 2, \cdots, n)$，此时 ρ_i 除和空间位置 (r) 有关，还由于过程的发展与时间 t 有关，$\rho_i = \rho_i(r, t)(i=1, 2, \cdots, n)$，$\rho_i$ 有时称作组分变量。非平衡的热力学函数，例如熵，一般应看作 $\{\rho_i\}$，$\{\nabla \rho_i\}$，$\left\{\dfrac{\partial \rho_i}{\partial t}\right\}$，及 r，t 的函数。但是这样的变化关系过于复杂，可以选择一些特定的系统将问题简化。普里戈金所选择的系统是 ρ_i 变化的梯度并不太大，使得在分子自由程的距离内 ρ_i 并不急剧地变化，这样的选择也限制了在给定的体积 V 内，不存在内界面使得 ρ_i 发生突变，从微观的角度来看这个条件，它意味着系统内粒子的动量分布和相对位置的分布是局域平衡的，即局域地趋于麦克斯韦-玻尔兹曼分布。这就是对分子间的弹性碰撞有了限制，即由于边界条件所引起的宏观约束，对分子间弹性碰撞及其形成的分布只有轻微的扰动。类似地也限制了化学反应的进行。化学反应只是相当稀少的，使得弹性碰撞能够很快地恢复麦克斯韦-玻尔兹曼分布，化学反应对宏观系统的影响是缓慢的。在对系统作上述选择并使其实际上满足局域平衡条件下，系统可以由局域平衡的热力学函数描述。例如局域熵 s_v，它描写空间某体积之内的局域平衡的熵，因此可记作

$$s_v = s_v\{\rho_1(r, t), \cdots, \rho_n(r, t)\}, \tag{7.1}$$

即简单地将平衡时的关系推广写出。由于熵是广延量，整个系统的熵是可加的，由此定义了非平衡态的熵为

$$S = \int \mathrm{d}V s_v, \tag{7.2}$$

此时 $S = S\{\rho_1(r, t), \cdots, \rho_n(r, t)\}$，即仅是 $\rho_1, \cdots, \rho_n$ 的函数，其中隐含时间 t。类似地，也可以引入其他非平衡热力学函数。此时对系统的描述得到了一定的简化。

我们所讨论的系统，无论是激光或者是生命，不仅是非平衡的，而且是开放系统，即与外界有物质和能量交换。考虑在时间间隔 $\mathrm{d}t$ 中系统熵的改变 $\mathrm{d}S$，它应有两部分贡献：

$$\mathrm{d}S = \mathrm{d}_e S + \mathrm{d}_i S, \tag{7.3}$$

其中 $\mathrm{d}_e S$ 称为熵流，它是由与外界的物质和能量的交换所引起的；$\mathrm{d}_i S$ 称为熵产生，它是由系统内部的不可逆过程所引起的，例如热传导、扩散和化学反应等。热力学第二定律可表述为

$$\mathrm{d}_i S \geqslant 0 (当平衡时，\mathrm{d}_i S = 0)。 \tag{7.4}$$

这个公式包括了通常的第二定律的结论：如果系统孤立，即 $\mathrm{d}_e S = 0$ 时，系统的总熵的变化 $\mathrm{d}S = \mathrm{d}_i S \geqslant 0$。用开放系统的形式写出系统熵的变化 (7.3) 式及 (7.4) 式，由于引入了熵流项 $\mathrm{d}_e S$，它是不同于孤立系统的。$\mathrm{d}_i S$ 项的符号永远不能为负，但是 $\mathrm{d}_e S$ 的符号却不必是一定的，如果我们能够将系统维持在一个定态，即在 $\mathrm{d}t$ 的时间内总熵不变 $(\mathrm{d}S = 0)$，或者说

$$\mathrm{d}_e S = -\mathrm{d}_i S < 0, \tag{7.5}$$

那么，在原则上说，只要给系统以足够的负熵流，就有可能使系统得到一个有序的结构。这就是说，可以从开放系统中得到一个非平衡的有序原理。非平衡是有序的起源。在以后将要讨论的开放系统中，常遇到的是边界条件不随时间改变的开放系统，并且是等温等压的系统。

现在讨论非平衡开放系统的热力学量，它们随时间的变化通常以平衡方程式表述。考虑如图 7.1 所示的一个开放系统，有 n 种进行着化学反应和扩散的物质 $X_1, \cdots, X_n$，它们的质量分别是 $m_1, \cdots, m_n$，总质量 $m = \sum\limits_j m_j (j=1, \cdots, n)$，则对第 j 种物质，其质量 m_j 随时间 t 的变化为

$$\frac{\mathrm{d}m_j}{\mathrm{d}t} = \frac{\mathrm{d}_e m_j}{\mathrm{d}t} + \frac{\mathrm{d}_i m_j}{\mathrm{d}t},\qquad\qquad(7.6)$$

其中

$$\frac{\mathrm{d}_e m_j}{\mathrm{d}t} = 通过界面\ \Sigma\ 的\ X_j\ 质量流，$$

$$\frac{\mathrm{d}_i m_j}{\mathrm{d}t} = 由化学反应所产生的\ X_j\ 质量变化，$$

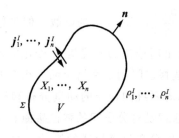

图 7.1 开放系统，以 Σ 面围绕体积 V，ρ_1^I，$\cdots$，ρ_n^I 和 j_1^I，$\cdots$，j_n^I 分别是边界面上的密度和流

(7.6)式的意义是质量守恒。

(7.6)式中的$\dfrac{\mathrm{d}_e m_j}{\mathrm{d}t}$通过边界面的扩散流 j_j^{Σ} 来描写，即

$$\frac{\mathrm{d}_e m_j}{\mathrm{d}t} = -\int \mathrm{d}\Sigma\boldsymbol{n}\cdot\boldsymbol{j}_j^{\Sigma} = -\int \mathrm{div}\boldsymbol{j}_j\mathrm{d}V。\qquad\qquad(7.7)$$

如果 X_j 由 $\rho=1$，$\cdots$，r 种化学反应产生，记 W_ρ 为第 ρ 种反应的反应率，而 X_j 的化学计量系数为 ν，则由化学反应所引起的 X_j 质量变化为

$$\frac{\mathrm{d}_i m_j}{\mathrm{d}t} = \sum_{\rho=1}^{r}\nu_{j\rho}W_\rho,\qquad\qquad(7.8)$$

引入单位体积的反应率 w_ρ，则 $W_\rho = \int w_\rho \mathrm{d}V$。注意 $m_j = \int \rho_j \mathrm{d}V$，

(7.6)式可写为

$$\frac{\mathrm{d}}{\mathrm{d}t}\int\rho_j\mathrm{d}V = -\int\mathrm{div}\,\boldsymbol{j}_j\mathrm{d}V + \sum_{\rho=1}^{r}\nu_{j\rho}\int w_\rho\mathrm{d}V,$$

或对于 ρ_j 有方程

$$\frac{\partial\rho_j}{\partial t} = -\mathrm{div}\,\boldsymbol{j}_j + \sum_\rho\nu_{j\rho}w_\rho。\qquad\qquad(7.9)$$

由于化学反应的复杂性，在(7.9)式中的 w_ρ 通常是$\{\rho_j\}$的非线性函数，所以它是一个非线性的偏微分方程组。如果考虑稀薄介质，可以认为 $\boldsymbol{j} = -D_j\nabla\rho_j$，其中 D_j 是扩散系数，再记 $f_j(\{\rho_j\}) = \sum\nu_{j\rho}w_\rho$，则(7.9)式可写为

$$\frac{\partial\rho_j}{\partial t} = f_j(\{\rho_j\}) + D_j\nabla^2\rho_j,\qquad\qquad(7.10)$$

(7.10)式通常称为反应扩散方程。给定适当的边界条件可以讨论它的解，这将在以下两节中详细讨论。

类似于质量平衡方程，对于熵也可以建立熵平衡方程。为此讨论局域熵 $s_v = s_v\{\rho_1(\boldsymbol{r}, t), \cdots, \rho_n(\boldsymbol{r}, t)\}$对于时间 t 的变化$\dfrac{\partial s_v}{\partial t}$，可得

$$\frac{\partial s_v}{\partial t} = \sum_j\left(\frac{\partial s_v}{\partial\rho_j}\right)\frac{\partial\rho_j}{\partial t}。\qquad\qquad(7.11)$$

按吉布斯公式

$$T\mathrm{d}S = \mathrm{d}E + p\,\mathrm{d}V - \sum_j \mu_j\,\mathrm{d}m_j, \tag{7.12}$$

应用于局域平衡的情况，有

$$\left(\frac{\partial s_v}{\partial \rho_j}\right) = -\frac{\mu_j}{T}, \tag{7.13}$$

$$\frac{\partial s_v}{\partial t} = -\sum_j \frac{\mu_j}{T}\frac{\partial \rho_j}{\partial t}, \tag{7.14}$$

由(7.14)式及(7.9)式，可以得到对于局域熵 s_v 的平衡方程

$$\frac{\partial s_v}{\partial t} = -\sum_j\sum_\rho \frac{\mu_j}{T} v_{j\rho} w_\rho + \sum_j \frac{\mu_j}{T}\mathrm{div}\,\boldsymbol{j}_j$$
$$= \sum_\rho\left(-\sum_j \frac{\mu_j}{T} v_{j\rho}\right)w_\rho + \mathrm{div}\sum_j \frac{\mu_j}{T}\boldsymbol{j}_j - \sum_j \boldsymbol{j}_j \nabla\frac{\mu_j}{T}, \tag{7.15}$$

引入

$$-\mathrm{div}\boldsymbol{J}_s \equiv \mathrm{div}\sum_j \frac{\mu_j}{T}\boldsymbol{j}_j, \tag{7.16}$$

$$\sigma \equiv -\sum_j \boldsymbol{j}_j\,\nabla\frac{\mu_j}{T} + \sum_\rho \frac{a_\rho}{T}w_\rho, \tag{7.17}$$

$$a_\rho = -\sum_j \mu_j v_{j\rho}, \tag{7.18}$$

则熵平衡方程可以写作

$$\frac{\partial s_v}{\partial t} = -\mathrm{div}\boldsymbol{J}_s + \sigma, \tag{7.19}$$

$$\frac{\mathrm{d}S}{\mathrm{d}t} = -\int\mathrm{d}V\mathrm{div}\,\boldsymbol{J}_s + \int\mathrm{d}V\sigma = -\int_\Sigma \mathrm{d}\Sigma\boldsymbol{n}\cdot\boldsymbol{J}_s + \int\mathrm{d}V\frac{\mathrm{d}_e S}{\mathrm{d}t} + \frac{\mathrm{d}_i S}{\mathrm{d}t}。 \tag{7.20}$$

以上各式的意义可略作说明：(7.20)式给出如(7.3)式所示的意义，熵随时间的变化由两项组成，一项是熵流，另一项是熵产生。在(7.17)式、(7.19)式中的 σ 是局域熵产生，满足 $\sigma\geqslant0$（对不可逆过程 $\sigma>0$，可逆过程 $\sigma=0$），这是以局域的形式描述的热力学第二定律，由(7.17)式还可以看出，σ 是"流"和"力"乘积的和，可以记作

$$\sigma = \sum_k J_k X_k, \tag{7.21}$$

其中 $\boldsymbol{j}_j$ 是扩散流，$-\nabla\frac{\mu_j}{T}$ 是扩散力，w_ρ 是反应流，$\frac{a_\rho}{T}$ 是化学反应的力。以(7.18)式表述的 $a_\rho = -\sum_j \mu_j v_{j\rho}$ 称为亲和势，它表示能进行化学反应的能力，也是用以测量由于化学反应而使状态离开平衡的程度。当系统处于平衡态时，所有的"流"和"力"都等于零，$\nabla\frac{\mu_j}{T}=0$ 表示系统是均匀分布的，$a_\rho=0$ 表示系统处于化学平衡，此时也没有各种成分的物质扩散流和化学反应流，即 $J_k=0$。

对于非平衡态，可以分线性区和非线性区。普里戈金证明了在线性区域内有序结构的不可能性，即在近平衡区的基本特征是趋向平衡，因此只能导致有序性的破坏，这说明有序的产生只能在远离平衡区域，以下我们作简要的论述。

在非平衡系统中，流和力的关系是很一般的，如果认为某种流 J_k 是由某一些力 $\{X_l\}$ 所引起的话，则可以将 J_k 按 $\{X_l\}$ 展开：

$$J_k(\{X_l\}) = J_k(0) + \sum_l \left(\frac{\partial J_k}{\partial X_l}\right)_0 X_l + \frac{1}{2}\sum_{l,m}\left(\frac{\partial^2 J_k}{\partial X_l \partial X_m}\right)_0 X_l X_m + \cdots, \tag{7.22}$$

这个展开是对平衡态进行的，如果在近平衡时力足够弱，则力的二次小项可以忽略，此时应注意到平衡时 $J_k(0)=0$，则在近平衡时的系统，有关系式

$$J_k = \sum_l L_{kl} X_l, \tag{7.23}$$

$$L_{kl} = \left(\frac{\partial J_k}{\partial X_l}\right)_0, \tag{7.24}$$

即在流与力之间是线性关系，所以也称为线性区，由于(7.23)式的线性关系，简化了质量平衡方程(7.9)式和(7.10)式，使其完全可解。

按照线性区的近似，化学反应的流和力也是线性关系，$w \propto \dfrac{a}{k_B T}$，反应的力是小的，$a \ll k_B T$，此处 k_B 是玻尔兹曼常数，T 是温度。按照线性区的近似，局域熵产生的表示式(7.21)可写作

$$\sigma = \sum_{k,l} L_{k,l} X_k X_l \geqslant 0。 \tag{7.25}$$

昂萨格发现了(7.23)式和(7.24)式中各个系数 L_{kl} 之间的关系：如果将其以矩阵形式写出，则它是对称的，即

$$L_{kl} = L_{lk}, \tag{7.26}$$

这就是说，力 X_l 所引起的流 J_k 的增长量与力 X_k 引起的流 J_l 的增长量相同。关系(7.26)式称为昂萨格倒易关系。昂萨格最初是从涨落理论和随机过程的讨论得到这个关系的。这个关系的严格论证需要有微观的统计考虑。

利用线性条件，扩散流 $\boldsymbol{j}_i$ 和反应流 w_ρ 都是力的线性函数，

$$\boldsymbol{j}_i = -\sum_j L_{ij} \nabla \frac{\mu_j}{T},$$

$$w_\rho = \sum_{\rho'} l_{\rho\rho'} \frac{a_{\rho'}}{T}, \tag{7.27}$$

此时质量平衡方程(7.9)式可写成

$$\frac{\partial \rho_i}{\partial t} = \mathrm{div} \sum_j L_{ij} \nabla \frac{\mu_j}{T} + \sum_{\rho\rho'} \nu_{i\rho} l_{\rho\rho'} \frac{a_{\rho'}}{T}, \tag{7.28}$$

且

$$L_{ij} = L_{ji}, \quad l_{\rho\rho'} = l_{\rho'\rho}, \tag{7.29}$$

也可以求出熵产生 $P = \displaystyle\int \mathrm{d}V \sigma$ 为

$$P = \int \mathrm{d}V \sigma = \frac{1}{T^2} \mathrm{d}V \int \left(\sum_{i,j} L_{ij} \nabla \mu_i \nabla \mu_j + \sum_{\rho,\rho'} l_{\rho,\rho'} a_\rho a_{\rho'} \right) \geqslant 0。 \tag{7.30}$$

为了讨论线性非平衡系统的性质，需要计算 $\dfrac{\mathrm{d}P}{\mathrm{d}t}$，将(7.30)式对 t 求导数，并注意 a_ρ 的表示式(7.18)，可以得到

$$\frac{\mathrm{d}P}{\mathrm{d}t} = \frac{2}{T^2} \int \mathrm{d}V \left(\sum_{i,j} L_{ij} \nabla \mu_i \nabla \frac{\partial \mu_j}{\partial t} - \sum_{i,\rho,\rho'} l_{\rho\rho'} a_\rho \nu_{i\rho} \frac{\partial \mu_i}{\partial t} \right),$$

但 $\mu_i = \mu_i(\{\rho_j\})$，

$$\frac{\partial \mu_i}{\partial t} = \sum_j \left(\frac{\partial \mu_i}{\partial \rho_j} \right) \frac{\partial \rho_j}{\partial t},$$

所以有

$$\frac{\mathrm{d}P}{\mathrm{d}t} = \frac{2}{T^2} \int \mathrm{d}V \left[\sum_{i,j,k} L_{ij} \nabla \mu_i \nabla \left(\frac{\partial \mu_j}{\partial \rho_k} \right) \frac{\partial \rho_k}{\partial t} - \sum_{i,k,\rho,\rho'} \nu_{i\rho} l_{\rho\rho'} \left(\frac{\partial \mu_i}{\partial \rho_k} \right) a_{\rho'} \frac{\partial \rho_k}{\partial t} \right]。$$

将第一项进行分部积分，其中散度的项写成面积分为

$$\frac{2}{T^2}\int_\Sigma \mathrm{d}\Sigma\boldsymbol{n}\cdot\sum_{i,j,k}\left(\frac{\partial\mu_i}{\partial\rho_k}\right)\frac{\partial\rho_k}{\partial t}L_{ij}\nabla\mu_i,$$

由于取稳定的边界条件此项为零。在$\frac{\mathrm{d}P}{\mathrm{d}t}$中剩下的项为

$$\frac{\mathrm{d}P}{\mathrm{d}t}=-\frac{2}{T^2}\int \mathrm{d}V\left[\sum_{i,j,k}\left(\frac{\partial\mu_i}{\partial\rho_k}\right)\frac{\partial\rho_k}{\partial t}\mathrm{div}L_{ij}\nabla\mu_i+\sum_{i,k,\rho,\rho'}\nu_{i\rho'}l_{\rho\rho'}\left(\frac{\partial\mu_i}{\partial\rho_k}\right)a_{\rho'}\frac{\partial\rho_k}{\partial t}\right],$$

最后得

$$\frac{\mathrm{d}P}{\mathrm{d}t}=-\frac{2}{T}\int \mathrm{d}V\sum_{j,k}\left(\frac{\partial\mu_j}{\partial\rho_k}\right)\frac{\partial\rho_k}{\partial t}\frac{\partial\rho_j}{\partial t},\tag{7.31}$$

这里利用了(7.28)式。$\frac{\mathrm{d}P}{\mathrm{d}t}$也有确定的符号。为了讨论它，需要把热力学势推广到局域平衡的情况，考虑热力学势$\Phi=\Phi(T,P,\{\mu_i\})$，当平衡时有极小值，即

$$(\delta\Phi)_0=0,\quad(\delta^2\Phi)_0\geqslant0,$$

记局域的热力学势为ϕ_v，$\Phi=\int\mathrm{d}V\phi_v$，有

$$(\delta\phi_v)_0=\sum_i\rho_i\delta\mu_i,$$

$$(\delta^2\phi_v)_0=\sum_i\delta\rho_i\delta\mu_i=\sum_{ij}\left(\frac{\partial\mu_i}{\partial\rho_j}\right)\delta\rho_i\delta\rho_j\geqslant0,\tag{7.32}$$

与(7.31)式比较得

$$\frac{\mathrm{d}P}{\mathrm{d}t}\leqslant0。\tag{7.33}$$

(7.33)式中$\frac{\mathrm{d}P}{\mathrm{d}t}=0$对应定态，而$\frac{\mathrm{d}P}{\mathrm{d}t}<0$对应离开定态的情况。(7.33)式说明，线性非平衡区的系统随着时间的推移，总是朝着熵产生减少的方向进行，即$\frac{\mathrm{d}P}{\mathrm{d}t}$总朝减小的方向变化，直至达到定态，此时熵产生不再随时间变化，即$\frac{\mathrm{d}P}{\mathrm{d}t}=0$(图7.2)。在线性非平衡区，定态的熵产生达到极小值，这就是最小熵产生原理。

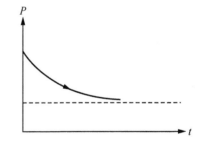

图 7.2　熵产生随时间的变化

最小熵产生原理保证了在线性非平衡区系统随着时间的发展趋向于定态，即使有扰动时也是如此。扰动包括外界条件的无规则变化和系统内热力学量的涨落。设想系统已处于定态，以一组$\{\rho_i^0\}$来描述。由于扰动而离开定态后，状态以$\{\rho_i^0+\delta\rho_i(t)\}$描述，然而由于最小熵产生原理，此时的熵产生值大于定态的熵产生值，而且随着时间的变化熵产生值要减小，直至达到定态值，使系统最后又回到定态。所以系统是稳定的。

系统处于定态的定义是$\{\rho_i\}$不随时间改变。平衡态是在没有外界影响的条件下，系统的各个部分不随时间发生任何变化的状态。因此平衡态是一种特殊情况下的定态，此时没有外界的影响。线性区域的定态是近平衡处的定态，此时外界的约束是弱的，向平衡态的过渡是连续的。因此，线性区的定态具有接近于平衡的一些性质，如空间的均匀性等。这种状态的稳定说明了一个系统如果服从线性规律，那么就不可能违反近于平衡这种基本的特征。因而不可能出现空间的自组织结构或者时序结构。而且，如果一开始有某种有序结构存在，那么随着时间的变化，系统趋近定态这种线性区规律的作用，总要使有序结构受到破坏。

线性非平衡区不可能形成有序结构这一结论，直接由 $P \geqslant 0$（(7.30)式）及 $\dfrac{\mathrm{d}P}{\mathrm{d}t} \leqslant 0$（(7.33)式）二式的分析得到。线性区的稳定特性，可以由熵产生 P 这个函数所刻画，这就是所谓李雅普诺夫（Lyapounov）函数。在线性区，找到的系统的李雅普诺夫函数是熵产生 P。而 $P \geqslant 0$ 及 $\dfrac{\mathrm{d}P}{\mathrm{d}t} \leqslant 0$ 的性质说明系统是稳定的。以下将要讨论的非线性区即远离平衡态，我们也要找一找系统的李雅普诺夫函数，并从稳定性理论由李雅普诺夫函数的符号来判定系统的稳定特性。通过一些分析和讨论，可以看到，在非线性区也存在一个李雅普诺夫函数：熵的二次变分 $\delta^2 S$。这个李雅普诺夫函数具有 $\delta^2 S \leqslant 0$ 及 $\dfrac{\mathrm{d}}{\mathrm{d}t}\delta^2 S$ 不定号（可正，可负或为零）的特性，按照稳定性理论，系统可以是稳定的，也可以是不稳定的，要看具体的条件而定，因此就提供了形成有序的耗散结构的可能性。以下，我们就对非线性区的热力学特性进行一些分析。

讨论非线性热力学，仍从平衡方程及熵产生等公式开始，

$$\frac{\partial \rho_i}{\partial t} = -\operatorname{div}\boldsymbol{j}_i + \Sigma \nu_{ip} w_p ,$$

$$P = \int \mathrm{d}V \sigma = \int \mathrm{d}V\left(-\sum_i \boldsymbol{j}_i \cdot \nabla \frac{\mu_i}{T} + \sum_p w_p \frac{a_p}{T}\right)$$

$$= \int \mathrm{d}V \sum_k J_k X_k , \tag{7.34}$$

式中 ρ_i 是系统的宏观状态变量，$\boldsymbol{j}_i$ 和 w_p 都是 ρ_i 的函数，一般是非线性的。但在我们所讨论的系统里，本质上认为非线性效应是由化学反应所引起，所以通常只将 w_p 看作 ρ_i 的非线性函数，而 $\boldsymbol{j}_i$ 常用 $\boldsymbol{j}_i = -D_i \nabla \rho_i$ 的线性关系来近似。在非线性区，亲和势 $a \geqslant k_{\mathrm{B}} T$，不能像平衡时为零，或如线性区时为小量。

在非线性区，我们同样关心系统的稳定特性。但是 $\dfrac{\mathrm{d}P}{\mathrm{d}t}$ 这个量，当它超过线性区而进入非线性区的范围后，并不给出任何特别的性质。然而我们可以分解 $\dfrac{\mathrm{d}P}{\mathrm{d}t}$，得到另外的关系

$$\frac{\mathrm{d}P}{\mathrm{d}t} = \int \mathrm{d}V \Sigma J_k \frac{\mathrm{d}X_k}{\mathrm{d}t} + \int \mathrm{d}V \Sigma X_k \frac{\mathrm{d}J_k}{\mathrm{d}t}$$

$$= \frac{\mathrm{d}_x P}{\mathrm{d}t} + \frac{\mathrm{d}_J P}{\mathrm{d}t} , \tag{7.35}$$

其中 $\dfrac{\mathrm{d}_x P}{\mathrm{d}t}$ 可以给出一些关系。我们先讨论，在线性区有 $\dfrac{\mathrm{d}_x P}{\mathrm{d}t} = \dfrac{\mathrm{d}_J P}{\mathrm{d}t}$，事实上，利用线性区的关系 $L_{kl} = L_{lk}$ 立即可得

$$\mathrm{d}_x P = \int \mathrm{d}V \sum_{k,l} L_{kl} X_l \mathrm{d}X_k$$

$$= \frac{1}{2} \int \mathrm{d}V \sum_{k,l} L_{kl}(X_k \mathrm{d}X_l + X_l \mathrm{d}X_k)$$

$$= \frac{1}{2} \mathrm{d}P = \mathrm{d}_J P \leqslant 0 , \tag{7.36}$$

此式最后一步不等式的成立是由于最小熵产生原理。

在非线性区，$\dfrac{\mathrm{d}P}{\mathrm{d}t}$ 并没有给出任何一般的性质，而 $\dfrac{\mathrm{d}_x P}{\mathrm{d}t}$ 却有一个不等式，它可以看作最小熵产生原

理的推广。写出 $\dfrac{\mathrm{d}_x P}{\mathrm{d}t}$ 的一般表示式，有

$$\frac{\mathrm{d}_x P}{\mathrm{d}t}=\frac{1}{T}\int \mathrm{d}V\left(-\sum_i \boldsymbol{j}_i\cdot\nabla\frac{\partial \mu_i}{\partial t}+\sum_\rho w_\rho\frac{\partial a_\rho}{\partial t}\right),\tag{7.37}$$

将第一项进行一次分部积分，则含散度的项可变成面积分，由于稳定的边界条件而成为零，归并其余的项，并注意 $\mu_i=\mu_i(\{\rho_i\})$，$\dfrac{\partial \mu_i}{\partial t}=\Sigma\left(\dfrac{\partial \mu_i}{\partial \rho_i}\right)\dfrac{\partial \rho_i}{\partial t}$，所以可得 $\dfrac{\mathrm{d}_x P}{\mathrm{d}t}$ 为

$$\begin{aligned}\frac{\mathrm{d}_x P}{\mathrm{d}t}&=-\frac{1}{T}\int \mathrm{d}\Sigma\boldsymbol{n}\cdot\Sigma_i\frac{\partial \mu_i}{\partial t}+\frac{1}{T}\int \mathrm{d}V\left[\sum_{ij}\left(\frac{\partial \mu_i}{\partial \rho_j}\right)\frac{\partial \rho_j}{\partial t}\operatorname{div}\boldsymbol{j}_i-\sum_{i,j,\rho}w_\rho\nu_{i\rho}\left(\frac{\partial \mu_i}{\partial \rho_j}\right)\frac{\partial \rho_j}{\partial t}\right]\\&=-\frac{1}{T}\int \mathrm{d}V\sum_{i,j}\left(\frac{\partial \mu_i}{\partial \rho_j}\right)\frac{\partial \rho_j}{\partial t}\frac{\partial \rho_i}{\partial t},\end{aligned}\tag{7.38}$$

利用局域的热力学势，可判定在(7.38)式的积分号内是一个正定的二次型，所以

$$\frac{\mathrm{d}_x P}{\mathrm{d}t}\leqslant 0,\text{（当定态时为 0）},\tag{7.39}$$

这个在非线性区得到的公式(7.39)，应用范围较线性区的判别式(7.33)为广，有时也称为一般发展判据，明显的是，当线性条件满足时，(7.39)式又回到最小熵产生原理。

给系统以一定的近似条件，则(7.39)式可以变成一些近似的但更实际的描写。我们取定态的流和力为 $\{w_\rho^0\}$，$\{\boldsymbol{j}_i^0\}$，$\{a_\rho^0\}$，$\{\mu_i^0\}$。定态时的组分变量为 $\{\rho_i^0\}$，它满足关系

$$\frac{\mathrm{d}\rho_i^0}{\partial t}=-\operatorname{div}\boldsymbol{j}_i(\{\rho_j^0\})+\sum_\rho \nu_{i\rho}w_\rho^0(\{\rho_j^0\})=0,\tag{7.40}$$

将组分变量 ρ_i，流和力如 w_ρ，a_ρ 等按定态展开，得

$$\begin{aligned}\rho_i&=\rho_i^0+\delta\rho_i,\\w_\rho&=w_\rho^0+\delta w_\rho,\\a_\rho&=a_\rho^0+\delta a_\rho,\end{aligned}\tag{7.41}$$

代入关系式(7.37)求 $\dfrac{\mathrm{d}_x P}{\mathrm{d}t}$，得

$$\frac{\mathrm{d}_x P}{\mathrm{d}t}=\frac{1}{T}\int \mathrm{d}V\left(-\sum_i \boldsymbol{j}_i^0\nabla\frac{\partial \delta\mu_i}{\partial t}+\sum_\rho w_\rho^0\frac{\partial \delta a_\rho}{\partial t}\right)+\frac{1}{T}\int \mathrm{d}V\left(-\sum_i \delta\boldsymbol{j}_i\nabla\frac{\partial \delta\mu_i}{\partial t}+\sum_\rho \delta w_\rho\frac{\partial \delta a_\rho}{\partial t}\right),\tag{7.42}$$

在推导此式时利用了定态条件 $\dfrac{\partial \mu_i^0}{\partial t}=0$，$\dfrac{\partial a_\rho^0}{\partial t}=0$ 等，(7.42)式中第一项为零，这只要通过一次分部积分，并利用定态条件可得到，因此(7.42)式可写成

$$\frac{\mathrm{d}_x P}{\mathrm{d}t}=\frac{1}{T}\int \mathrm{d}V\left(-\sum_i \delta\boldsymbol{j}_i\nabla\frac{\partial \delta\mu_i}{\partial t}+\sum_\rho \delta w_\rho\frac{\partial \delta a_\rho}{\partial t}\right)\leqslant 0,\tag{7.43}$$

$$T\mathrm{d}_x P=T\mathrm{d}_x\delta P=\int \mathrm{d}V\sum_k \delta J_k\mathrm{d}\delta X_k\leqslant 0,\tag{7.44}$$

(7.44)式是(7.43)式的简写，其意义是，在定态附近展开 ρ_i，w_ρ，a_ρ 等非平衡热力学量，并取到一级小量时，求 $\mathrm{d}_x P$ 就等于求 $\mathrm{d}_x\delta P$。

再给定态附近的性质加一些限制，规定

$$\left|\frac{\delta J_k}{J_k^0}\right|\ll 1,\quad \left|\frac{\delta X_k}{X_k^0}\right|\ll 1,\tag{7.45}$$

$$\delta J_k=\sum_{k'}l_{kk'}\delta X_{k'},\tag{7.46}$$

此时并不要求 $l_{kk'}$ 矩阵对称，即一般 $l_{kk'} \neq l_{k'k}$。在这些条件下(7.44)式的 $\mathrm{d}_x P$ 还可以算得更具体一些。

$$T\mathrm{d}_x P = \int \mathrm{d}V \sum_{k,\,k'} l_{kk'} \delta X_{k'} \mathrm{d}\delta X_k, \qquad (7.47)$$

(7.47)式由(7.44)式及(7.46)式得到。由于一般情况下 $l_{kk'} \neq l_{k'k}$，引入

$$l_{kk'} = \frac{l_{kk'} + l_{k'k}}{2} + \frac{l_{kk'} - l_{k'k}}{2} = l_{kk'}^s + l_{kk'}^a, \qquad (7.48)$$

因此

$$\begin{aligned}
T\mathrm{d}_x P &= \int \mathrm{d}V \sum_{k,\,k'} l_{kk'}^s \delta X_{k'} \mathrm{d}\delta X_k + \int \mathrm{d}V \sum_{k,\,k'} l_{kk'}^a \delta X_{k'} \mathrm{d}\delta X_k \\
&= \mathrm{d}\, \frac{1}{2} \int \mathrm{d}V \sum_{k,\,k'} l_{kk'}^s \delta X_{k'} \delta X_k + \int \mathrm{d}V \sum_{k,\,k'} l_{kk'}^a \delta X_{k'} \mathrm{d}\delta X_k,
\end{aligned} \qquad (7.49)$$

注意第一项中的积分可写为

$$\begin{aligned}
\int \mathrm{d}V \sum_{k,\,k'} l_{kk'}^s \delta X_{k'} \delta X_k &= \int \mathrm{d}V \sum_{k,\,k'} l_{kk'} \delta X_{k'} \delta X_k \\
&= \int \mathrm{d}V \sum_k \delta J_k \delta X_k,
\end{aligned} \qquad (7.50)$$

所以(7.49)式变为

$$T\mathrm{d}_x P = \mathrm{d}\, \frac{1}{2} \int \mathrm{d}V \sum_k \delta J_k \delta X_k + \int \mathrm{d}V \sum_{k,\,k'} l_{kk'}^a \delta X_{k'} \mathrm{d}\delta X_k \leqslant 0,$$

引入

$$\delta_x P = \frac{1}{T} \int \mathrm{d}V \sum_k J_k \delta X_k, \qquad (7.51)$$

则有

$$\begin{aligned}
T\delta_x P &= \int \mathrm{d}V \sum_k J_k \delta X_k \\
&= \int \mathrm{d}V \sum_k J_k^0 \delta X_k + \int \mathrm{d}V \sum_k \delta J_k \delta X_k \\
&= 0 + \int \mathrm{d}V \sum_k \delta J_k \delta X_k,
\end{aligned} \qquad (7.52)$$

$\delta_x P$ 称为过剩熵产生(excess entropy production)。(7.52)式中

$$\int \mathrm{d}V \Sigma J_k^0 \delta X_k = 0$$

是先写成

$$\int \mathrm{d}V \left(-\Sigma j_k^0 \nabla \frac{\delta \mu_i}{T} - \sum w_\rho^0 \nu_{i\rho} \frac{\partial \mu_i}{T} \right),$$

并按定态的条件得到的。最后，(7.44)式为

$$T\mathrm{d}_x P = \mathrm{d}\, \frac{1}{2} T\delta_x P + \int \mathrm{d}V \sum_{k,\,k'} l_{kk'}^a \delta X_{k'} \mathrm{d}\delta X_k \leqslant 0, \qquad (7.53)$$

用(7.53)式可以在一定条件下判定非线性系统的稳定性，例如当系统的 $l_{kk'}^a$ 为 0 时，如果系统的 $\delta_x P \geqslant 0$，则此非线性系统的定态一定是渐近稳定的。这便是线性情况的推广。然而从 $\delta_x P$ 的表示式(7.52)式中可以看出，并不能保证 $\delta_x P$ 常取正号，即不能要求 $\sum_k \delta J_k \delta X_k$ 总是正的，因此在非线性区稳定性就呈现各种复杂的情况。它们为(7.46)式 $\delta J_k = \sum_{k'} l_{kk'} \delta X_{k'}$ 的关系所描述。

最后我们来讨论远离平衡时状态的稳定性和形成耗散结构的可能，为此将熵和熵产生按定态

12

展开：

$$S = S^0 + \delta S + \frac{1}{2}\delta^2 S + \cdots,$$

$$P = P^0 + \delta P + \frac{1}{2}\delta^2 P + \cdots, \tag{7.54}$$

其中

$$S^0 = S^0(\{\rho_k^0\}),$$

$$P^0 = \int dV \sum_k J_k^0 X_k^0,$$

$$\delta S = \int dV \sum_i \left(\frac{\partial S_v}{\partial \rho_i}\right)_0 \delta \rho_i = -\frac{1}{T}\int dV \sum_i \mu_i^0 \delta \rho_i,$$

$$\delta^2 S = -\frac{1}{T}\int dV \sum_{i,j}\left(\frac{\partial \mu_i}{\partial \rho_j}\right)_0 \delta \rho_i \delta \rho_j,$$

$$\delta P = \int dV \sum_k (J_k^0 \delta X_k + X_k^0 \delta J_k) = \int dV \sum_k X_k^0 \delta J_k,$$

$$\frac{1}{2}\delta^2 P = \int dV \sum_k \delta J_k \delta X_k = \delta_x P, \tag{7.55}$$

在(7.54)式展开及(7.55)诸式中引用了 S_v，μ_i 等局域热力学函数，这是认为局域平衡的假定正确。由局域平衡条件得到 $\delta^2 S$ 应该是负定的，即

$$\delta^2 S = -\frac{1}{T}\int dV \sum_{i,j}\left(\frac{\partial \mu_i}{\partial \rho_j}\right)_0 \delta \rho_i \delta \rho_j \leqslant 0。 \tag{7.56}$$

我们现在来计算 $\delta^2 S$ 的对时间 t 的导数：

$$\frac{d}{dt}\frac{1}{2}(\delta^2 S) = -\frac{1}{T}\int dV \sum_{i,j}\left(\frac{\partial \mu_i}{\partial \rho_j}\right)_0 \delta \rho_i \frac{\partial \delta \rho_i}{\partial t}, \tag{7.57}$$

式中 $\dfrac{\partial \delta \rho_i}{\partial t}$ 可以由平衡方程给出：

$$\frac{\partial \delta \rho_i}{\partial t} = -\mathrm{div}\delta \boldsymbol{j}_i + \sum_\rho \nu_{i\rho}\delta w_\rho, \tag{7.58}$$

代入(7.57)式得

$$\frac{d}{dt}\frac{1}{2}(\delta^2 S) = -\frac{1}{T}\int dV \sum_{i,j}\left(\frac{\partial \mu_i}{\partial \rho_j}\right)_0 \delta \rho_j \cdot \left(-\mathrm{div}\delta \boldsymbol{j}_i + \sum_\rho \nu_{i\rho}\delta w_\rho\right), \tag{7.59}$$

对上式第一项进行分部积分，散度项化为面积分，由于稳定边界条件为零，剩下的项是

$$\frac{d}{dt}\frac{1}{2}(\delta^2 S) = -\frac{1}{T}\int dV \left[\sum_{i,j}\delta \boldsymbol{j}_i \cdot \nabla\left(\frac{\partial \mu_i}{\partial \rho_j}\right)_0 \delta \rho_j + \sum_{i,j,\rho}\left(\frac{\partial \mu_i}{\partial \rho_j}\right)_0 \delta \rho_j \nu_{i\rho}\delta w_\rho\right],$$

注意 $a_\rho = -\sum_j \mu_j \nu_{j\rho}$，我们可得

$$\frac{d}{dt}\frac{1}{2}(\delta^2 S) = \int dV \left[-\sum_i \delta \boldsymbol{j}_i \delta\left(\nabla\frac{\mu_i}{T}\right) + \sum_\rho \delta w_\rho \delta \frac{a_\rho}{T}\right]$$

$$= \int dV \sum_k \delta J_k \delta X_k = \delta_x P。 \tag{7.60}$$

对 $\dfrac{1}{2}(\delta^2 S)$ 的时间导数正好是过剩熵产生 $\delta_x P$，如前已分析的那样，$\delta_x P$ 的符号是可正可负或为零的，因此 $\dfrac{d}{dt}\dfrac{1}{2}(\delta^2 S)$ 也有各种可能的符号。然而，在非线性系统中，$\delta^2 S$ 可以选作对应于方程(7.9)的李雅

普诺夫函数，且由于 $\delta^2 S \leqslant 0$，所以 $\dfrac{\mathrm{d}}{\mathrm{d}t} \dfrac{1}{2}(\delta^2 S)$ 大于零、小于零和等于零分别对应于系统稳定、不稳定和临界的情况。结果，系统的稳定特性由过剩熵产生 $\delta_x P$ 来决定：

$$\delta_x P > 0 \quad \text{系统稳定，}$$
$$\delta_x P < 0 \quad \text{系统不稳定，}$$
$$\delta_x P(\lambda_c) = 0 \quad \text{临界情况。} \tag{7.61}$$

$(\delta^2 S)$ 随时间 t 变化的几种情况可以用图画出来。图 7.3 显示非线性系统中一种有趣的可能性：在 $t < t_0$ 时，$\dfrac{\mathrm{d}}{\mathrm{d}t} \dfrac{1}{2}(\delta^2 S) > 0$，系统稳定；而当 $t \geqslant t_0$ 以后，经过一个临界情况而使 $\dfrac{\mathrm{d}}{\mathrm{d}t} \dfrac{1}{2}(\delta^2 S) < 0$，系统变得不稳定。这时在不稳定性之上可以呈现出新的结构，即所谓耗散结构。

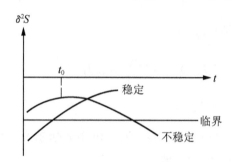

图 7.3 $\delta^2 S$ 随时间的变化：稳定、不稳定和临界情形

非线性系统中解的多样性用分支现象的语言来描述较为方便。想象一个过程被驱离平衡，假设其原因是某个参量 λ 的增长（λ 可以是边界上的某种梯度，化学反应中反应能力的增加等）。此时组分变量 ρ_i 的变化如图 7.4 所示。在近平衡的线性区，由于最小熵产生原理的限制，系统是稳定的，状态由曲线(a)描述，称为热力学分支；但是如果 λ 继续增长并超过某一临界值 λ_c，则热力学分支可能变得不稳定，在这种情况下，一个小的扰动就可以使得系统离开这个分支，进入新的稳定态。(c)就表示这个新解，它对应一个有序的结构，即耗散结构。

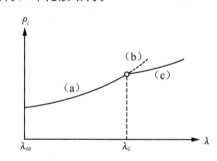

(a)热力学分支，稳定部分；(b)不稳定部分；
(c)在不稳定性之上呈现的新解，耗散结构

图 7.4 远离平衡时的分支现象

总之，我们看到了在远离平衡时非线性是有序的起源，也就是在热力学分支的不稳定性之上呈现有序结构。在分支点分析中也看到了涨落在形成自组织中的重要性，涨落的详细研究将在以后介绍随机理论时进行。热力学理论指出了自组织过程的可能性。为了认识这些过程的具体特性，要求对反应扩散方程作具体分析，这将在下一节中讨论。

§7.3 反应扩散方程，稳定性

现在定量地说明不同类型的自组织过程，并分析空间结构和时序结构如何出现，其中会经常运用非线性数学的技术，以期获得对于有组织状态的描述。

基本的方程是反应扩散方程。这是一个能够概括一般规律的方程，最初用于化学反应，而后用于生物现象，并从宏观生态的应用推进到生物分子的层次。大量的实际研究表明，这个方程的应用范围是很广的。方程的一般形式可以表述如下：

$$\frac{\partial \rho_i}{\partial t} = f_i(\{\rho_j\}) + D_i \nabla^2 \rho_i, \tag{7.62}$$

其中 $i, j = 1, 2, \cdots, n$；ρ_i 是描写系统瞬时态的宏观变量，例如化学反应中的浓度；f_i 是 $\{\rho_i\}$ 的非线性函数，所以方程(7.62)一般是非线性的偏微分方程组；D_i 是扩散系数。从质量平衡方程很容易得到(7.62)式。按照通常的偏微分方程的分类方法，在方程(7.62)中包括一阶时间导数和二阶空间导数，因此这个方程是属于抛物型的。这是一个非常一般的方程，而且由于非线性项 f_i 的存在，解这个方程组变得十分费力，通常只能对于具体的例子给出适当的近似解。

为了使问题提得完全，必须给出边界条件，它说明外部世界与系统的关系。在大多数实际应用中，我们处理两类边界条件

$$\{\rho_1, \cdots, \rho_n\}^\Sigma = 常数，狄里赫利(Dirichlet)条件；$$

$$\{\boldsymbol{n} \cdot \nabla \rho_1, \cdots, \boldsymbol{n} \cdot \nabla \rho_n\}^\Sigma = 常数，$$

$$冯·诺依曼(Von\ Neumann)条件； \tag{7.63}$$

其中 Σ 是系统的边界面。例如，如第二类边界条件中常数为零，则系统与外界无物质流的交换，此时系统是接触系统。

反应扩散方程的一些典型例子有：纯生型、纯灭型、渐近饱和型、洛特卡-沃尔泰拉（Lotka-Volterra）、二分子反应一般模型、三分子模型（布鲁塞尔机）、生物进化方程等。兹将这些方程的形式，所对应的化学反应简式，以及解的一些性质列于表7.1中。

表7.1 典型的反应扩散方程

方程类型	化学反应代号	方程形式	解的估计
纯生型	A→X	$\dfrac{dx}{dt} = a_0$	线性增长
	A+X→2X	$\dfrac{dx}{dt} = ax$	指数增长
纯灭型	A+X→E	$\dfrac{dx}{dt} = -ax$	指数衰减
渐近饱和型	A⇄2X	$\dfrac{dx}{dt} = a_0 - bx^2$	
	A+X⇄2X	$\dfrac{dx}{dt} = ax - bx^2$	渐近稳定

方程类型	化学反应代号	方程形式	解的估计
洛特卡-沃尔泰拉	$\begin{cases} A+X \to 2X \\ X+Y \to 2Y \\ Y+B \to E+B \end{cases}$	$\begin{cases} \dfrac{dx}{dt}=ax-bxy \\ \dfrac{dy}{dt}=bxy-cy \end{cases}$	 稳定的中心解
二分子反应一般模型	$\begin{aligned} &A \to a_0>0,\ \alpha_0>0 \\ &X \to a?,\ \alpha>0 \\ &Y \to b>0,\ \beta? \\ &X+Y \to c?,\ \gamma? \\ &2X \to d<0,\ \delta>0 \\ &2Y \to e>0,\ \varepsilon<0 \end{aligned}$	$\begin{cases} \dfrac{dx}{dt}=f_x(x,y) \\ \dfrac{dy}{dt}=f_y(x,y) \end{cases}$ $f_x(x,y)=a_0+ax+by+$ $\qquad cxy+dx^2+ey^2$ $f_y(x,y)=\alpha_0+\alpha x+\beta y+$ $\qquad \gamma xy+\delta x^2+\varepsilon y^2$	有2个中间产物时，对二分子的一般反应，不可能形成极限环
三分子模型（布鲁塞尔机）	$\begin{cases} A \to X \\ B+X \to Y+D \\ 2X+Y \to 3X \\ X \to E \end{cases}$	$\begin{cases} \dfrac{\partial x}{\partial t}=A-(B-1)x+x^2y+D_1\nabla^2 x \\ \dfrac{\partial y}{\partial t}=Bx-x^2y+D_2\nabla^2 y \end{cases}$	存在耗散结构解及热力学分支解
生物进化方程		$\begin{aligned} \dfrac{dX_k}{dt}=&(A_kQ_k-D_k)x_k+ \\ &\Sigma\varphi_{lk}x_l-\Omega x_k \\ &k=1,2,\cdots,n \end{aligned}$	当合成误差 φ_{lk} 小时，存在着某一种 X_k 的优势选择；当 φ_{lk} 大时，不存在某一种 X_k 的优势选择

注：在二分子反应一般模型中，$A \to$，$X \to$ 等表示反应式左方可能出现的式子，一共有6种；而 $a_0>0$，$b>0$，$\cdots$，诸项为 $f_x(x,y)$ 中各项所取的符号，$\alpha_0>0$，$\alpha>0$，$\cdots$ 为 $f_y(x,y)$ 中各项所取的符号，? 表示可正可负。

  虽然这里列出了一些反应扩散方程的例子，并且给出了解的一些性质，但是即使是简单的非线性方程，(7.62)式的解都是非常麻烦的。目前还没有求解这些方程的一般数学理论，因此重要的是对这些方程进行定性研究。与此有关的非线性数学已经有了相当的发展，对于我们所讨论的方程有较密切联系的有：稳定性理论，讨论微分方程的稳定解和不稳定解；分支点理论，论证分支解的存在，并讨论解的近似性质；托姆(Thom)的突变理论，它只有在对方程的非线性项存在势函数的情况下才能应用。这几种非线性数学的方法都属专门的论题，不宜在这里作冗长的叙述。为了讨论反应扩散方程时叙述的衔接，需要将稳定性理论的基本思想作简要的介绍。

  首先需要引入稳定性的概念。令 $x_i(r,t)$ 是微分方程组(7.62)的解，这是函数 $\{x_i(r,t)\}$ 的集合，它依赖于空间和时间变量 r 和 t，并满足一定的边界条件和初始条件。为简单起见，将 $x_i(r,t)$ 记作 $x_i(t)$。讨论初始条件的改变 η_i，在添加扰动的初始条件 $x_i(t_0)+\eta_i$ 之下，方程有一个新解 $x_i(t,\eta_i)$，则稳定性可规定为：

  定义1 如果对于任意给定的 $\varepsilon>0$，总有 $\delta>0$，使得条件 $|\eta_i| \leqslant \delta$ 满足时，对于一切 $t \geqslant t_0$，下面的不等式始终成立，

$$|x_i(t,\eta_i)-x_i(t)|<\varepsilon,\ (i=1,\cdots,n),\qquad(7.64)$$

则称 $x_i(t)$ 为稳定的，否则称为不稳定。

  有时也称满足定义1的解为李雅普诺夫稳定。$x_i(t)$ 又称为未被扰动的运动。

定义 2 如果 $x_i(t)$ 稳定，且

$$\lim_{t \to \infty} |x_i(t, \eta_i) - x_i(t)| = 0, \quad (i = 1, \cdots, n), \tag{7.65}$$

则称 $x_i(t)$ 渐近稳定。

在给出稳定性的定义之后，我们进一步讨论如何决定微分方程组的稳定解。最简单的方法是"线性稳定原理"。将方程的解 $x_i(t)$ 分为两部分即 $x_i(t) = x_0(t) + u_i(t)$，其中 $u_i(t)$ 看作一个小的扰动。此时将非线性方程 (7.62) 取线性近似：

$$\frac{\partial u_i}{\partial t} = \sum_j \left(\frac{\partial f_i}{\partial x_j} \right)_0 u_j + D_i \nabla^2 u_i。 \tag{7.66}$$

线性方程 (7.66) 的解是可以求得的。特别是当扩散项很小时，它成为

$$\frac{\partial u_i}{\partial t} = \sum_j \left(\frac{\partial f_i}{\partial x_j} \right)_0 u_j, \tag{7.67}$$

可以建立如下的线性稳定原理：

定理 1 令 $A = \left(\dfrac{\partial f_i}{\partial x_j} \right)\Big|_{x_0}$ 为 f 于 x_0 处的雅可比矩阵，如果 A 的所有本征值实部均为负数，则 $x_i(t)$ 是稳定的。如果有某些 A 的本征值具有正的实部，则 $x_i(t)$ 是不稳定的。

这个定理可以简单论证如下：将 (7.67) 式写成向量的形式

$$\dot{u} = Au, \tag{7.68}$$

其中 $u = (u_1, \cdots, u_n)$，$A = \left(\dfrac{\partial f_i}{\partial x_j} \right)\Big|_{x_0}$，易得其解为

$$u = u_0 e^{tA}, \tag{7.69}$$

由此立即得知，如果 A 的本征谱处于复平面的左半部，则解是衰减的；如果有某些 A 的本征谱处于复平面的右半部，则解指数地增长，这就说明了定理中关于 $x_i(t)$ 稳定性的论断。

这个定理之所以称为线性稳定原理，是因为在线性区内它足以决定稳定性，然而在线性区之外，例如临界现象对应的 A 矩阵有的本征值实部为零，此时仅从线性考虑就不够了，必须进一步研究非线性项以决定稳定或不稳定。

当 A 的某个本征值实部从负变为正，从复平面上看，就是 A 的本征值穿过虚轴，此时会有什么现象发生呢？首先要分清两种情况：一是单个本征值通过原点，二是一对复共轭的本征值通过虚轴 (图 7.5)，这两种情况在实际的物理问题中是有区别的，但它们有共同的特点，都要经过本征值实部为零的点，系统的状态要从稳定变为不稳定，发生分支现象。对第一种情况，可以有稳定的分支解，对第二种情况，有时间周期的分支解。以后我们将要用到本征值实部变号反映系统稳定性的改变这个结果。

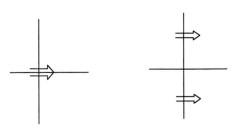

图 7.5 A 的本征值穿过虚轴的两种情况

李雅普诺夫建立了讨论微分方程解的稳定性问题较普遍的理论，它包括了非线性的情况。所谓李雅普诺夫的直接方法是引入一个李雅普诺夫函数 $V = V(t, x_1, \cdots, x_n)$，它与微分方程组 (7.62) 是通过求导的方法相联系的：

$$\frac{dV}{dt} = \frac{\partial V}{\partial t} + \sum_i \frac{\partial V}{\partial x_i} \frac{\partial x_i}{\partial t}, \tag{7.70}$$

其中 $x_i(t)$ 代表组分变量。在规定李雅普诺夫函数的定正和定负的符号以及无限小上界等定义后，可

以证明一些定理以判定方程的解 $x_i(t)$ 是否稳定。这里只将三个主要的定理简述如下[①]：

定理 2 如果对于方程 $\dfrac{\mathrm{d}x_i}{\mathrm{d}t}=F_i$ 找到一个定号函数 $V(x,x_1,\cdots,x_n)$，其全导数 $\dfrac{\mathrm{d}V}{\mathrm{d}t}$，或与 V 符号相反，或为零，则 $x_i(t)$ 稳定。

定理 3 上述的 V 有无限小上界，$\dfrac{\mathrm{d}V}{\mathrm{d}t}$ 与 V 符号相反，则 $x_i(t)$ 渐近稳定。

定理 4 上述的 V 和 $\dfrac{\mathrm{d}V}{\mathrm{d}t}$ 满足 $V\dfrac{\mathrm{d}V}{\mathrm{d}t}>0$，则 $x_i(t)$ 不稳定。

李雅普诺夫定理能够简易地判定非线性系统的稳定性问题。在远离平衡时的稳定问题，通过 $\delta^2 S$ 作为一个李雅普诺夫函数来讨论，就是一个很好的例子。

为了对微分方程组的稳定特性有一些具体的概念，我们在进入实际问题之前，先对一个简单的微分方程组的稳定性作一些分析。这个系统包括两个组分变量。为了简单起见在讨论中忽略扩散。记组分变量为 X,Y，它通常表示化学反应的中间产物。方程的一般形式写为

$$\begin{cases}\dfrac{\mathrm{d}X}{\mathrm{d}t}=f_X(X,Y),\\[2mm]\dfrac{\mathrm{d}Y}{\mathrm{d}t}=f_Y(X,Y),\end{cases} \tag{7.71}$$

这个方程中 f_X,f_Y 与时间无关，通常称为自治方程。当 f_X,f_Y 连续并满足利普希茨（Lipschitz）条件：

$$|f_X(X_2,Y_2)-f_X(X_1,Y_1)|\leqslant K(|X_2-X_1|+|Y_2-Y_1|),$$
$$|f_Y(X_2,Y_2)-f_Y(X_1,Y_1)|\leqslant K(|X_2-X_1|+|Y_2-Y_1|),$$

可以证明方程(7.71)解的存在与唯一。也就是说，如果将方程(7.71)改写成

$$\dfrac{\mathrm{d}Y}{\mathrm{d}X}=\dfrac{f_Y(X,Y)}{f_X(X,Y)}, \tag{7.72}$$

则方程(7.72)在 (X,Y) 的相平面上具有单参量的曲线，在这些曲线族上的每一点都是方程组(7.71)的解。在 (X,Y) 相平面上各点都有一个确定的曲线斜率 $\dfrac{\mathrm{d}Y}{\mathrm{d}X}$，只是在奇异点 $f_X=f_Y=0$ 处除外。注意对于时间不变的定态 X_0 和 Y_0，正好满足奇异点的条件，所以当我们分析自组织过程的可能性时，需要分析定态 (X_0,Y_0) 的稳定性，用线性稳定的方法来分析方程(7.71)。设

$$\begin{aligned}X&=X_0+x,\\Y&=Y_0+y,\end{aligned} \tag{7.73}$$

则有对应的线性化方程组

$$\dfrac{\mathrm{d}x}{\mathrm{d}t}=a_{11}x+a_{12}y,$$
$$\dfrac{\mathrm{d}y}{\mathrm{d}t}=a_{21}x+a_{22}y, \tag{7.74}$$

此处 $a_{11},a_{12},\cdots$ 分别是雅可比矩阵 A 的元素，$a_{11}=\left(\dfrac{\partial f_X}{\partial X}\right)_{X_0,Y_0}$ 等。记 A 的迹和行列式分别为 T 和 Δ，则 A 的特征方程为

$$\omega^2-T\omega+\Delta^2=0, \tag{7.75}$$

此处

---

① 郝柏林，于渌，孙鑫. 统计物理学进展[M]. 北京：科学出版社，1981.

$$T = a_{11} + a_{22} = \left(\frac{\partial f_X}{\partial X}\right)_0 + \left(\frac{\partial f_Y}{\partial Y}\right)_0,$$

$$\Delta = a_{11} a_{22} - a_{12} a_{21} = \left(\frac{\partial f_X}{\partial X}\right)_0 \left(\frac{\partial f_Y}{\partial Y}\right)_0 - \left(\frac{\partial f_X}{\partial Y}\right)_0 \left(\frac{\partial f_Y}{\partial X}\right)_0。 \tag{7.76}$$

一般由(7.75)式给出解 ω_1 及 ω_2，此时方程(7.74)的解为

$$x = c_1 e^{\omega_1 t} + c_2 e^{\omega_2 t},$$

$$y = c_1 k_1 e^{\omega_1 t} + c_2 k_2 e^{\omega_2 t}。 \tag{7.77}$$

由(7.77)式可以直接得到关于态(X_0，Y_0)是否稳定的几点结论。

(1)如果两个 $\mathrm{Re}\omega_i < 0 (i=1，2)$，则态是渐近稳定的。

(2)如果至少有一个 $\mathrm{Re}\omega_i > 0 (i=1$ 或 $2)$，则态是不稳定的。

(3)如果有一个 $\mathrm{Re}\omega_i = 0 (i=1$ 或 $2)$，另一个是负的，则系统是李雅普诺夫稳定的，而不是渐近稳定的。

这些结果当然与一般的线性稳定分析是一致的。更为具体的是还可以进一步将奇异点分类，一般分为四种：稳定结点和不稳定结点；鞍点；稳定焦点与不稳定焦点；中心。

当(7.75)式中的 $T^2 - 4\Delta > 0$，且 $\Delta > 0$ 时，特征方程的两个根 ω_i 都有同样的符号，按照(7.77)式，解是非谐振地趋于或离开奇异点，这要看 T 的符号而定，我们说此时为稳定的结点和不稳定的结点。另外两个情况是 $T^2 - 4\Delta = 0$，$|a_{12}| + |a_{21}| > 0$ 以及 $a_{12} = a_{21} = 0$，$a_{11} = a_{22} = a \neq 0$，且 $T^2 - 4\Delta > 0$，$\Delta < 0$，此时两个根 ω_i 有不同的符号，解的曲线在奇异点的邻域通过，称为鞍点。当 $T^2 - 4\Delta < 0$，$T \neq 0$ 时(7.75)式有两个复共轭根，它们有非零实部，这表示解的曲线谐振地趋近($T < 0$)或离开($T > 0$)奇异点，分别称为稳定的或不稳定的焦点。最后，当 $T^2 - 4\Delta < 0$，$T = 0$ 时，有两个纯虚根 $\omega_i = \pm ir$，解的曲线必须是围绕奇异点的闭曲线。此奇异点称为中心。这几种情况分别示于图7.6中。

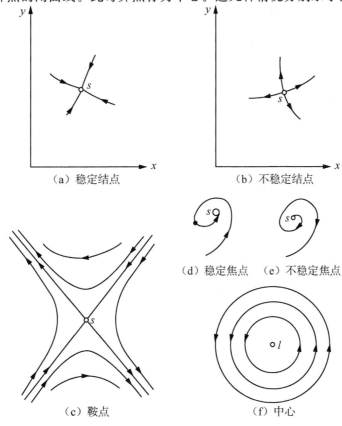

（a）稳定结点　（b）不稳定结点　（d）稳定焦点　（e）不稳定焦点　（c）鞍点　（f）中心

图 7.6　奇异点

§7.4 分支点分析

反应扩散方程作为一个非线性的方程，可能存在着分支解。由此可以讨论耗散结构的一些典型性质。讨论分支点的一般理论见萨丁格（D. Sattinger）的书[4]。这里只说明反应扩散方程分支解的某些结果。

在上一节所谈到的各种反应扩散方程中，并非都有分支解。实际上，只有三元反应及多元反应参加的过程才是重要的，汉努斯（Hanusse）[5]所证明的一个定理对于弄清楚这些情况是很有好处的。

定理 5 只包括两种中间产物的化学反应，其反应的每一步只有单分子或双分子参加，则不可能围绕一个不稳定的结点或焦点形成极限环。

这个定理说明了合作现象的产生，只有在化学反应的某一步，有三分子或多分子参加时才是可能的。汉努斯首先证明了空间均匀的情况，梯森（Tyson）和赖特（Light）[6]推广到包括扩散的情况。

定理证明的简单思想如下，令$\{A\}$表示参加反应的初始物和最终产物的集合，令 X，Y 是两种中间产物，我们讨论无扩散的情况，此时有反应方程

$$\frac{\mathrm{d}X}{\mathrm{d}t} = f_X(X, Y),$$

$$\frac{\mathrm{d}Y}{\mathrm{d}t} = f_Y(X, Y)。 \tag{7.78}$$

由于化学反应的每一步只有单分子或双分子参加，所以f_X和f_Y的一般形式是

$$f_X = a_0 + ax + by + cxy + dx^2 + ey^2,$$

$$f_Y = \alpha_0 + \alpha x + \beta y + \gamma xy + \delta x^2 + \varepsilon y^2, \tag{7.79}$$

其中a_0，α_0等是与 X，Y 无关的常数。稳恒条件给出$f_X(X_0, Y_0) = f_Y(X_0, Y_0) = 0$，有

$$X_0(a + cY_0 + dX_0) = -(a_0 + bY_0 + eY_0^2),$$

$$Y_0(\beta + \gamma X_0 + \varepsilon Y_0) = -(\alpha_0 + \alpha X_0 + \delta X_0^2), \tag{7.80}$$

将方程(7.78)线性化

$$\frac{\mathrm{d}x}{\mathrm{d}t} = a_{11}x + a_{12}y,$$

$$\frac{\mathrm{d}y}{\mathrm{d}t} = a_{21}x + a_{22}y, \tag{7.81}$$

系统的特征方程是

$$\omega^2 - T\omega + \Delta = 0, \tag{7.82}$$

其中

$$T = a_{11} + a_{22} = \left(\frac{\partial f_X}{\partial X}\right)_0 + \left(\frac{\partial f_Y}{\partial Y}\right)_0,$$

$$\Delta = a_{11}a_{22} - a_{12}a_{21}, \tag{7.83}$$

(7.82)式中的T可以具体求出，利用稳恒条件(7.80)式，可得

$$T = a + cY_0 + \alpha dX_0 + \beta + \gamma X_0 + 2\varepsilon Y_0$$

$$= -\left[\frac{a_0}{X_0} + b\frac{Y_0}{X_0} + e\frac{Y_0^2}{X_0} - dX_0 + \frac{\alpha_0}{Y_0} + \alpha\frac{X_0}{Y_0} + \delta\frac{X_0^2}{Y_0} - \varepsilon Y_0\right]。 \tag{7.84}$$

因为在单分子或双分子参加的反应中，总是有

$$a_0, b, e, \alpha_0, \alpha, \delta > 0,$$

$$d, \varepsilon < 0, \tag{7.85}$$

所以 T 总是为负，且系统是渐近稳定的。不可能驱动系统远离平衡。

现在讨论有三个分子参加的化学反应，一个简单的例子是

$$
\begin{aligned}
&A \rightarrow X, \\
&B + X \rightarrow Y + D, \\
&2X + Y \rightarrow 3X, \\
&X \rightarrow E,
\end{aligned}
\tag{7.86}
$$

这是普里戈金学派分析得较为仔细的一个例子。它不仅在验证基本理论中是一个可接受的模型，而且在合作现象的各个分支，如等离子体物理、激光物理中，三次项的非线性转换也是十分重要的，此外在生物化学反应过程中，如一些催化反应也可以折合成三分子反应作近似考虑。因此，研究(7.86)式具有十分典型的意义。

(7.86)式的反应扩散方程可写作：

$$
\begin{aligned}
\frac{\partial X}{\partial t} &= A - (B+1)X + X^2 Y + D_1 \nabla^2 X, \\
\frac{\partial Y}{\partial t} &= BX - X^2 Y + D_2 \nabla^2 Y,
\end{aligned}
\tag{7.87}
$$

其边界条件有两类：

狄里赫利条件

$$
X^\Sigma = A, \quad Y^\Sigma = \frac{B}{A},
\tag{7.88}
$$

冯·诺依曼条件

$$
\boldsymbol{n} \cdot \left(\frac{\partial X}{\partial \boldsymbol{r}}\right)^\Sigma = \boldsymbol{n} \cdot \left(\frac{\partial Y}{\partial \boldsymbol{r}}\right)^\Sigma = 0,
\tag{7.89}
$$

其中 Σ 是边界面。无论在哪种边界条件下，方程(7.87)有一个简单的定态解：

$$
X_0 = A, \quad Y_0 = \frac{B}{A}。
\tag{7.90}
$$

这个解是属于热力学分支的，我们用线性稳定的分析对于这个热力学分支进行讨论，并指出在系统(7.86)式内具有自组织过程的可能性。

令

$$
\begin{aligned}
X &= A + x, \\
Y &= \frac{B}{A} + y,
\end{aligned}
\tag{7.91}
$$

此时 x、y 看作对于系统的外来扰动，或内部的起伏，可以用线性方程来处理。x、y 满足

$$
\frac{\partial}{\partial t}\begin{pmatrix} x \\ y \end{pmatrix} = L \begin{pmatrix} x \\ y \end{pmatrix},
\tag{7.92}
$$

在 Σ 面上的边界条件是

$$
x = y = 0,
\tag{7.93}
$$

或

$$
\boldsymbol{n} \cdot \nabla x = \boldsymbol{n} \cdot \nabla y = 0,
\tag{7.94}
$$

线性算子 L 是

$$
L = \begin{pmatrix} B - 1 + D_1 \nabla^2 & A^2 \\ -B & -A^2 + D_2 \nabla^2 \end{pmatrix}。
\tag{7.95}
$$

方程(7.92)的解写作

$$
\begin{pmatrix} x \\ y \end{pmatrix} = \sum_m a_m c^{\omega_m t} \begin{pmatrix} u_m \\ v_m \end{pmatrix},
\tag{7.96}
$$

其中 ω_m 由下面本征方程决定：

$$\begin{pmatrix} B-1+D_1\nabla^2 & A^2 \\ -B & -A^2+D_2\nabla^2 \end{pmatrix} \begin{pmatrix} u_m \\ v_m \end{pmatrix} = \omega_m \begin{pmatrix} u_m \\ v_m \end{pmatrix}. \tag{7.97}$$

我们在一维系统内进行讨论，此时若设系统的长度是 l，则

$$\nabla^2 = \frac{\mathrm{d}^2}{\mathrm{d}r^2}, \quad 0 \leqslant r \leqslant l, \tag{7.98}$$

本征向量的形式是

$$\begin{pmatrix} u_m \\ v_m \end{pmatrix} = \begin{cases} \begin{pmatrix} c_1 \\ c_2 \end{pmatrix} \sin\dfrac{m\pi r}{l}, & m=1, 2, \cdots, \text{（零边界条件）} \\[3mm] \begin{pmatrix} c_1 \\ c_2 \end{pmatrix} \cos\dfrac{m\pi r}{l}, & m=0, 1, 2, \cdots, \text{（零流边界条件）} \end{cases} \tag{7.99}$$

在以上条件下可以求得本征值，ω_m 满足

$$\omega_m^2 + (\beta_m - \alpha_m)\omega_m + A^2 B - \alpha_m\beta_m = 0, \tag{7.100}$$

其中

$$\alpha_m = B - 1 - \frac{m^2\pi}{l^2}D_1,$$

$$\beta_m = A^2 + \frac{m^2\pi}{l^2}D_2, \tag{7.101}$$

可以求出 ω_m 的两个解为

$$\omega_m^\pm = \frac{1}{2}\left\{ \alpha_m - \beta_m \pm \sqrt{(\alpha_m + \beta_m)^2 - 4A^2B} \right\}. \tag{7.102}$$

从 $\omega_m^\pm$ 的分析，可以讨论系统的稳定特性，主要结果如下：

当 $m \to \infty$ 时，系统趋向稳定。因为当 A，B 有限时，

$$\lim_{m\to\infty} \omega_m^\pm = \lim_{m\to\infty} \frac{1}{2}\left\{ \alpha_m - \beta_m \pm \sqrt{(\alpha+\beta)^2 - 4A^2B} \right\}$$

$$= \lim_{m\to\infty} -\left\{ \frac{m^2\pi^2}{2l^2}\left[(D_1+D_2) \pm (D_2-D_1) \right] \right\} < 0,$$

即当 $m \to \infty$ 时，$\omega_m^\pm$ 总为负值，系统稳定。

当 $[(\alpha_m + \beta_m)^2 - 4A^2B] < 0$ 时，ω_m 是复数。而且，如果有 $(\alpha_m - \beta_m) > 0$，则 $\mathrm{Re}\,\omega_m > 0$，此时系统不稳定，对应于 ω_m 实部小于零的条件是

$$B > A^2 + 1 + \frac{m^2\pi^2}{l^2}(D_1+D_2).$$

如果使 B 取等式，则为系统从稳定到不稳定的临界曲线，得到方程式

$$B_m = A^2 + 1 + \frac{m^2\pi^2}{l^2}(D_1+D_2), \tag{7.103}$$

(7.103)式表示在图 7.7 中，给出了系统的稳定区与不稳定区，也展示了当 $m \to \infty$ 时系统稳定的一般结果，图中 m 取 0，1，2，…时各本征解对应的 B 值为 B_0，B_1，B_2，…。这些点是产生分支解的所在处。

另一个结果是 ω_m 为实数的情况，此时如再有条件

$$\alpha_m\beta_m - A^2B > 0,$$

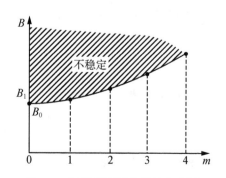

图 7.7　时间周期解的线性分支图

则一定存在一个 $\omega_m>0$ 的正根，它也对应系统的不稳定解，用 B 所满足的关系来表示，有

$$B>1+\frac{D_1}{D_2}A^2+\frac{A^2}{D_2m^2\pi^2}l^2+\frac{D_1m^2\pi^2}{l^2}。$$

而 B 取等式时的临界曲线方程是

$$B_m=1+\frac{D_1}{D_2}A^2+\frac{A^2}{D_2m^2\pi^2}l^2+\frac{D_1m^2\pi^2}{l^2}, \tag{7.104}$$

在曲线 B_m 上（图 7.8），对应整数 m 的点应该是定态解的分支点。

简要提一下方程（7.104）有重根的情况。如果认为是二度退化的重根，则方程（7.104）有以下的形式：

$$(m^2-m_1^2)(m^2-m_2^2)=0, \tag{7.105}$$

此处 m_1 和 m_2 是两个整数，如果 $m_1=m_c$，则另一个是 $m_2=m_c+1$，两个重根的乘积满足

$$\frac{Al^2}{\pi^2(D_1D_2)^{\frac{1}{2}}}=m_c(m_c+1)。 \tag{7.106}$$

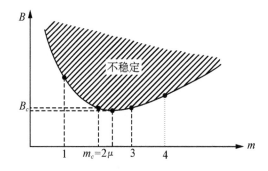

图 7.8　定态解的线性分支图

以上是对方程（7.87）线性稳定分析的一些初步结果，它指出在热力学分支解之上存在着分支点。而进一步关于分支点邻域内解的性质，需要由非线性方程来进行分析，借助分支点理论可以给出更为深入的讨论。

我们仍讨论方程（7.87），但计入非线性项的影响。我们希望得到的是在临界值 B_c 邻域内分支解的明确形式。所取的边界条件仍是（7.88）式和（7.89）式。

将（7.91）式代入（7.87）式，得到对于 x、y 的非线性方程，讨论其在 $\frac{\mathrm{d}x}{\mathrm{d}t}=0$，$\frac{\mathrm{d}y}{\mathrm{d}t}=0$ 条件下的定态解，这个方程是

$$\begin{pmatrix} B-1+D_1\dfrac{\partial^2}{\partial r^2} & A^2 \\ -B & -A^2+D_2\dfrac{\partial^2}{\partial r^2} \end{pmatrix}\begin{pmatrix} x \\ y \end{pmatrix}=\begin{pmatrix} -\left(2Axy+\dfrac{B}{A}x^2+x^2y\right) \\ 2Axy+\dfrac{B}{A}x^2+x^2y \end{pmatrix}, \tag{7.107}$$

（7.107）式中的左端算子仍称作 L，为了得到在 B_c 点邻域解的性质，引入 L_c 算子

$$L=L_c+(L-L_c)=L_c+\begin{pmatrix} (B-B_c) & 0 \\ -(B-B_c) & 0 \end{pmatrix}, \tag{7.108}$$

对于 L_c，则有方程

$$L_c\begin{pmatrix} x \\ y \end{pmatrix}=\begin{pmatrix} -h(x,y) \\ h(x,y) \end{pmatrix}, \tag{7.109}$$

其中

$$h(x,y)=(B-B_c)x+2Axy+\frac{B}{A}x^2+x^2y \tag{7.110}$$

为了求出方程（7.109）在 B_c 邻域的解，我们取 $\gamma=B-B_c$ 为小量，且按某个小量 ε 展开，同时也将 $\begin{pmatrix} x \\ y \end{pmatrix}$ 展开

$$\gamma=B-B_c=\varepsilon\gamma_1+\varepsilon^2\gamma_2+\cdots,$$

$$\begin{pmatrix} x \\ y \end{pmatrix}=\varepsilon\begin{pmatrix} x_0 \\ y_0 \end{pmatrix}+\varepsilon^2\begin{pmatrix} x_1 \\ y_1 \end{pmatrix}+\cdots, \tag{7.111}$$

(7.109)式右方的 $h(x，y)$ 按上式展开后，可以比较 ϵ 的幂次，写出如下的各个关系：

$$L_c \begin{pmatrix} x_k \\ y_k \end{pmatrix} = \begin{pmatrix} -a_k \\ a_k \end{pmatrix}，\quad k=0，1，\cdots，\tag{7.112}$$

同时有边界条件

$$x_k(0) = x_k(l) = 0，$$

或

$$\frac{\mathrm{d}x_k}{\mathrm{d}r}\bigg|_{r=0} = \frac{\mathrm{d}x_k}{\mathrm{d}r}\bigg|_{r=l} = 0，\tag{7.113}$$

对于(7.112)式中的 a_k，写出其最初的几项是

$$a_0 = 0，$$

$$a_1 = \gamma_1 x_0 + \frac{B_c}{A}x_0^2 + 2Ax_0 y_0，$$

$$a_2 = \gamma_2 x_0 + \left(\gamma_1 + \frac{2B_c}{A}x_0 + 2Ay_0\right)x_1 + 2Ax_0 y_1 + \gamma_1 \frac{x_0^2}{A} + x_0^2 y_0。\tag{7.114}$$

对于(7.112)型的方程的解，存在着一个定理，即弗雷德霍姆(Fredholm)规则。

定理 6 向量 $\begin{pmatrix} x_k \\ y_k \end{pmatrix}$ 是方程(7.112)的一个解，只需方程右端 $\begin{pmatrix} -a_k \\ a_k \end{pmatrix}$ 与 L_c^*（算子 L_c 的伴算子）的零本征向量正交。

这个定理的证明见一般的泛函书籍或文献[4]。具体写出表达式是

$$\left\langle (x^*，y^*)\begin{pmatrix} -a_k \\ a_k \end{pmatrix} \right\rangle = 0。\tag{7.115}$$

在上述条件下可以求出方程(7.109)的解，但是这个工作是非常烦琐的，尼柯利斯等[7]用计算机模拟，得到了级数的收敛性质，然后得出了分析解，以讨论系统的稳定解的性质，即耗散结构的性质。

在 $k=1$ 时，方程的求解可简述如下，此时我们要解方程

$$L_c \begin{pmatrix} x_1 \\ y_1 \end{pmatrix} = \begin{pmatrix} -a_1 \\ a_1 \end{pmatrix}，\tag{7.116}$$

取狄利克雷边界条件时，方程的解可展开为

$$\begin{pmatrix} x_1(r) \\ y_1(r) \end{pmatrix} = \sum_{m=1}^{\infty} \begin{pmatrix} p_m \\ q_m \end{pmatrix} \sin\frac{m\pi r}{l}，\tag{7.117}$$

此时关系(7.115)式具体写为

$$\int_0^l \mathrm{d}r \sin\frac{m_c \pi r}{l}\left(r_1 \sin\frac{m_c \pi r}{l} + \frac{B_c}{A}c_1 \sin^2\frac{m_c \pi r}{l} + 2Ac_2 \sin^2\frac{m_c \pi r}{l}\right) = 0。\tag{7.118}$$

当 m_c 分别为奇数、偶数时，(7.117)式的结果不同，所以方程(7.116)的解应区分奇数、偶数不同情况来讨论。

m_c 为偶数时，(7.117)式为

$$\gamma_1 \int_0^l \mathrm{d}r \sin^2\frac{m_c \pi r}{l} = -\left(\frac{B_c}{A}c_1 + 2Ac_2\right)\int_0^l \mathrm{d}r \sin^3\frac{m_c \pi r}{l} = 0，$$

所以

$$\gamma_1 = 0 \tag{7.119}$$

将(7.117)式代入(7.116)式，两边积分得

$$\begin{bmatrix} -D_1\dfrac{m^2\pi^2}{l^2}+B_c-1 & A^2 \\ -B_c & -\left(A^2+D_2\dfrac{m^2\pi^2}{l^2}\right) \end{bmatrix}\begin{pmatrix} p_m \\ q_m \end{pmatrix}=\begin{pmatrix} -b_m \\ b_m \end{pmatrix},\tag{7.120}$$

其中

$$b_m=2\int_0^l dr a_1(r)\sin\frac{m\pi r}{l}$$

$$=\begin{cases} 0, & m\ \text{偶数}, \\ -\dfrac{8\alpha m_c^2}{\pi(m^2-4m_c^2)m}, & m\ \text{奇数}, \end{cases}\tag{7.121}$$

$$\alpha=\left(\frac{B_c}{A}c_1+2Ac_2\right)c_1.$$

由 (7.120) 式可以得到方程的解 (7.117) 式，即解得 $\begin{pmatrix} x_1 \\ y_1 \end{pmatrix}$。注意 (7.114) 式是一种递推的关系，

a_k 由前一级的 x_{k-m} 来决定，因此有了 $\begin{pmatrix} x_1 \\ y_1 \end{pmatrix}$ 就可以求 a_2，由此一直求下去。由 a_2 可以求出 γ_2 的确切

表示，记

$$\gamma_2=c_1^2\phi,\tag{7.122}$$

其中 ϕ 在临界点附近是 A，D_1，D_2 的函数。

将解 (7.111) 式取前二项，其中

$$\varepsilon=\pm\left(\frac{B-B_c}{\gamma_2}\right)^{\frac{1}{2}},\ B>B_c;\ \varepsilon=\pm\left(\frac{B_c-B}{\gamma_2}\right)^{\frac{1}{2}},\ B<B_c;$$

我们可以写出方程的解是

$$x(r)=\pm\left(\frac{B-B_c}{\phi}\right)^{\frac{1}{2}}\sin\frac{m_c\pi r}{l}+\frac{B-B_c}{\phi}\frac{8m_c^2l^2}{D_1A\pi^3}\left[B_c-2\left(1+D_1\frac{m_c^2\pi^2}{l^2}\right)\right]\cdot$$

$$\sum_{m=\text{odd}}\frac{m}{(m^2-m_c^2)^2}\frac{\sin\frac{m\pi r}{l}}{m^2-4m_c^2}\tag{7.123}$$

类似地也可写出 $y(r)$。

因此我们将得到方程的分支解，图 7.9 说明了这些解的可能形状。

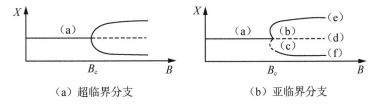

（a）超临界分支 　　　　　　（b）亚临界分支

图 7.9 一维三分子模型的分支图（偶临界波数情形）

m_c 为奇数时，也可以求出解的分析式来，此时由 (7.118) 式可得

$$\frac{\gamma_1}{c_1}\int_0^l dr\sin^2\frac{m_c\pi r}{l}=-\left(\frac{B_c}{A}+2A\frac{c_2}{c_1}\right)\int_0^l dr\sin^3\frac{m_c\pi r}{l}.$$

因为 m_c 为奇数，所以

$$\int_0^l dr \sin^2 \frac{m_c \pi r}{l} = \frac{l}{2},$$

$$\int_0^l dr \sin^3 \frac{m_c \pi r}{l} = \frac{4l}{3m_c \pi},$$

代入可求出 $\frac{\gamma_1}{c_1}$ 为

$$\frac{\gamma_1}{c_1} = -\frac{8}{3m_c \pi}\left(\frac{B_c}{A} + 2A\frac{c_2}{c_1}\right) \approx \frac{8}{3}\frac{(D_1 D_2)^{\frac{1}{4}}}{A^{\frac{3}{2}}l}\left(A^2\frac{D_1}{D_2} - 1\right)。 \tag{7.124}$$

与 m_c 为偶数时的情况不同，m_c 为奇数时 $\gamma_1 \neq 0$，此时再按（7.111）式的展开式求 $x(r)$，最后可得

$$x(r) = \frac{B - B_c}{g}\sin\frac{m_c \pi r}{l} + 0\left[(B - B_2)^2\right], \tag{7.125}$$

式中的 g 正比于 $\frac{\gamma_1}{c}$，$0\left[(B - B_2)^2\right]$ 是与 $B - B_c$ 平方成比例的二级小量。而且类似地也可写出 $y(r)$ 的表示式。关于 m_c 为奇数时分支解的情况见图 7.10。

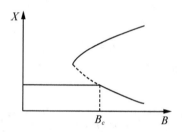

图 7.10 一维三分子模型的分支图（奇临界波数情形）

上面所求的（7.123）式及（7.125）式为固定边界条件下 m_c 分别为偶数和奇数时方程在分支点 B_c 附近的解，并给出了解的图示。类似地，可以求出在零流边界条件下解的表示式为

$$x(r) = \pm\left(\frac{B - B_c}{\phi}\right)^{\frac{1}{2}}\cos\frac{m_c \pi r}{l} + \frac{2}{9}\frac{B - B_c}{\phi}\frac{\left[2\left(D_1\frac{m_c^2 \pi^2}{l^2} + 1\right) - B_c\right]}{AD_1\frac{m_c^2 \pi^2}{l^2}}\cos\frac{2m_c \pi r}{l}, \tag{7.126}$$

$$y(r) = \pm\left(\frac{B - B_c}{\phi}\right)^{\frac{1}{2}}\frac{D_1\frac{m_c^2 \pi^2}{l^2} + 1 - B_c}{A^2}\cos\frac{m_c \pi r}{l} +$$

$$\frac{2}{9}\frac{B - B_c}{\phi}\frac{\left[2\left(D_2\frac{m_c^2 \pi^2}{l^2} + 1\right) - B_c\right]\left[\frac{7}{4}D_1\frac{m_c^2 \pi^2}{l^2} + 1 - B_c\right]}{A^3 D_1\frac{m_c^2 \pi^2}{l^2}}.$$

$$\cos\frac{2m_c \pi r}{l} - \frac{1}{2}\frac{B - B_c}{\phi}\frac{\left[2\left(D_1\frac{m_c^2 \pi^2}{l^2} + 1\right) - B_c\right]}{A^3}。 \tag{7.127}$$

（7.123）式、（7.125）式、（7.126）式、（7.127）式给出了在第一分支点 B_c 附近，方程（7.102）近似解的分析表示式，它们描述了 B_c 邻域内解的行为，可以给出空间耗散结构的特性。我们现在就来分析这些特性。

空间组织 在越过分支点 B_c 以后，出现不稳定区，不稳定之上呈现出空间组织，是这些解的一

个基本特点，这就是耗散结构。由前面那些表达式可以看出空间组织的特征为周期函数所描述。可以按照(7.126)式、(7.127)式的结果画出 X（图 7.11）及 Y 对空间坐标的关系。

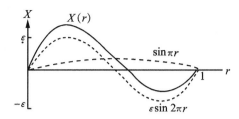

图 7.11　X 对空间坐标的关系

对称性的破坏　方程(7.109)的解经过分支点 B_c 后，退化成为二重的。因此系统由单一的对称的解进入两个新的可能状态中的某一个，这种情况称为对称性的破坏。这是在分支现象中很显著的特征。

平均值　可以将 $x(r)$ 和 $y(r)$ 对空间进行平均，此时有

$$\bar{x} = \int_0^l \mathrm{d}r\, x(r), \quad \bar{y} = \int_0^l \mathrm{d}r\, y(r),$$

在(7.126)式、(7.127)式所表示的 $x(r)$ 和 $y(r)$ 的情况下，可得

$$\bar{x} = 0,$$

$$\bar{y} = \frac{1}{2}\frac{B - B_c}{\phi}\frac{-2(D_1 m_c^2 \pi^2 / l^2 + 1) + B_c}{A^3},$$

平均值 $\bar{x} = 0$ 的意义是，当系统在分支点 B_c 处发生一个突变，从而转入耗散结构时，X 组分是守恒的。而 $\bar{y} \neq 0$，则可以看作 Y 组分有一个小的变化，它并不守恒。

与系统长度有关　从 $x(r)$ 与 $y(r)$ 的表达式看出，耗散结构的形状与系统长度 l 有关。另外，从 (7.104)式可以看到，如果 l 值过小，则要求 B_m 的值很大，即当 l 小于某个临界值时，系统是不会向耗散结构过渡的。

§7.5　随机理论与涨落

以上几节的讨论指出，在远离平衡的开放系统中，可以形成耗散结构，系统的宏观性质通过一组反应扩散方程来描述。这样用求解微分方程组的方法来讨论系统的性质是决定论的：给出具体的反应扩散方程和边界条件，就可以讨论或求出方程的解，以判定系统的各种具体性质，包括分支现象等非线性特征。然而，这样的一种描述不能认为是充分的，因为在这些微分方程组中完全忽略了涨落。

在一个宏观系统中，由于存在着大量自由度，涨落也是必定存在的。粗略地估计一下，在一个自由度为 N 的系统中，只要密度不是十分稀薄，则 N 大体上是 10^{23} 的数量级。另外，用一组宏观变量 $\langle \rho_1, \cdots, \rho_n \rangle$ 对系统作宏观描述，其变量数目远远小于系统自由度，$n \ll N$。因此，除了 n 个宏观变量所描述的系统性质以外，其余的自由度就以涨落的特征表现出来，一个给定的宏观状态实际上是与一批原子状态可以互相转变的态相联系着，结果宏观变量就发生某些偏离。这些偏离从观察的角度来看是一些随机事件，这就是所观察到的涨落。在很多情况下，涨落是小的，但一旦涨落达到一个宏观的量级，则系统对应地产生一个宏观性质的突变。

在热平衡系统的统计物理中详尽地讨论了涨落，通常，对比于物理量的宏观值，涨落是很小的。仅在相变点的邻域，小的涨落被放大而达到宏观的量级，并驱动系统到达一个新的相，这对应着宏观状态的变化并包括某些宏观量的突变，而且，系统最初的相成为不稳定的。在临界区域系统呈现出相干的特性，而这是与长程的涨落相联系着的。

对于非平衡系统，涨落的存在对于系统的性质起着重要的作用。在线性的非平衡区，由于存在着最小熵产生原理，定态是稳定的。因此涨落不会使定态失去其稳定性，即在定态的周围，涨落是小的，不会被放大而达到一个宏观的量级。但是在系统被驱动到远离平衡的情况下，按照前面热力学和分支点的讨论，系统可以出现分支解，即由稳定的热力学分支经过临界点突变到不稳定的热力学分支和耗散结构分支上去(图 7.4)。对于临界点邻域的新分支，由于涨落的存在，系统不可能维持在一个不稳定的热力学分支上，于是就出现耗散结构图像，普里戈金学派称之为通过涨落出现的有序。研究涨落如何触发耗散结构是非平衡统计的一个重要的问题。

需要对涨落有一个定量的估计，在平衡的系统中，涨落是由爱因斯坦公式来估算的：

$$P(\{\delta X\}) \propto \exp\left[\frac{(\delta^2 s)_c}{2k}\right], \tag{7.128}$$

其中 $\delta X = X - \bar{X}$，代表随机变量 X 在平均值 $\bar{X}$ 附近的涨落，$P(\{\delta X\})$ 是涨落 δX 的概率，k 是玻尔兹曼常数。(7.128)式表明，涨落 δX 的概率与熵的二级增量的指数成正比，$P(\{\delta X\})$ 一般是高斯型的概率分布。

对于非平衡系统中涨落性质的研究，自然想到的一条途径是将(7.128)式在一定条件下推广。普里戈金学派对此曾在 20 世纪 50 年代和 60 年代进行过研究，还是应用局域平衡的假定，对于非平衡系统虽然总体来说是不平衡的，但是在如 §7.2 所讨论的条件下，可以引入局部熵，以及其他的局部热力学量，以描述系统的性质，这实际上是对于非平衡的系统引入了某些适当的热力学势，由此在 $\delta^2 s$ 的基础上计算非平衡系统的涨落。研究的结果表明，这样的涨落计算在线性区是可以的，但是在远离平衡区，其结果与实际不符。(7.128)式并不能被简单地推广到远离平衡的区域中去。由于(7.128)式对于非平衡系统小的涨落是正确的，所以在发展各种涨落理论时，仍可用(7.128)式作为一个小涨落时检验的依据。

涨落理论的研究是统计物理中的一个重要课题，但是在非平衡统计中，目前还没有一个一般的理论解决了这个课题，因为我们若用非平衡系统的分布函数 $\rho(\{\vec{r}_i\}, \{p_i\}, t)$ 来描写 N 个粒子的体系，则原则上 ρ 知道以后，系统的微观态也就决定了，由此可以讨论非平衡系统的涨落，以及其他一些性质。但是对于一般的非平衡系统，特别是在非线性区，ρ 随时间 t 变化的规律实在过于复杂，目前虽然进行了不少的工作，但其结果是不能令人满意的，由于这个原因，普里戈金学派发展了一套介于宏观描述和统计物理之间的理论，即所谓随机理论，来处理非平衡系统。在这个理论中，仍将宏观变量 $\{a_i\}$ 取作随机变量，讨论随机变量 $\{a_i\}$ 的概率分布 $P(\{a_i\}, t)\{da_i\}$。这是随机变量取值为 $\{a_i\}$ 到 $\{a_i + da_i\}$ 的概率；它与统计物理中分布函数 ρ 的关系是

$$P(\{a_i\}, t)\{da_i\} = \int \{dr_j\}\{dp_j\} \rho(\{r_j\}, \{p_j\}, t)\{a_i, a_i + da_i\}, \tag{7.129}$$

利用 $P(\{a_i\}, t)$，可以讨论宏观随机变量的平均值及关联，例如

$$\langle a_k \rangle = \sum_{\{a\}} a_k P(\{a\}, t), \tag{7.130}$$

$$\langle a_k a_l \rangle = \sum_{\{a\}} a_k a_l P(\{a\}, t), \tag{7.131}$$

$$\langle \delta a_k \delta a_l \rangle = \langle (a_k - \langle a_k \rangle)(a_l - \langle a_l \rangle) \rangle, \tag{7.132}$$

$$\cdots$$

特别是 $\langle \delta a_k^2 \rangle = \langle a_k^2 \rangle - \langle a_k \rangle^2$，与系统宏观量的涨落是直接相联系的，因此用随机理论可以讨论非平衡系统中的涨落性质。

用随机过程处理非平衡系统时，重要的是确定 $P(\{a_l\}, t)$，因此需要给出 $P(\{a_i\}, t)$ 所满足的方程。通常，由于物理过程常满足马尔可夫性质的条件，即使是一些非马尔可夫过程的问题，也可以转换成马尔可夫过程来处理，因此，在马尔可夫条件下 $P(\{a_l\}, t)$ 的方程具有一般的意义。

从满足马尔可夫条件的查普曼-柯尔莫哥洛夫（Chapman-Kolmogrov）方程出发，可以得到 $P(\{a_i\}, t) \equiv P(k, t)$ 所满足的方程如下：

$$\frac{\mathrm{d}P(k, t)}{\mathrm{d}t} = \sum_{l \neq k} [w_{lk}P(l, t) - w_{kl}P(k, t)], \tag{7.133}$$

式中 w_{lk} 称为转移概率，表示两个不同的态 $k \neq l$ 之间进行转移的概率。方程(7.133)通常叫作主导方程(master equation)。

由(7.133)式所示的主导方程还是一个比较一般的方程，有很多物理问题可以由此出发展开讨论，经典的问题如布朗运动，近年来还用于讨论固体辐射效应以至光合作用。但是大多数问题是在线性非平衡区的。用方程(7.133)来讨论非线性区的耗散结构的性质，途径并不是显见的。普里戈金学派在1971—1977年围绕这个问题做了大量的探索工作，目的在于寻找一种更为具体的主导方程的形式，并获得对于耗散结构形成机制的解释，计算如何通过涨落触发耗散结构。他们先后讨论过三种形式，即生灭过程主导方程，相空间的主导方程以及非线性的主导方程，都得到了一定的结果，其中以非线性主导方程获得结果更多。目前这种理论还在继续发展着，我们在下一节专门讨论非线性主导方程，此处将前两种形式作简要的叙述。

将随机变量取在粒子数空间，此时随机变量的变化就是粒子数的增多或减少，简称为生和灭。如果系统内一共有 n 种化学反应或扩散的成分，则随机变量记为 $\{X_i\}$，$i=1, 2, \cdots, n$，X_i 表示某种成分的粒子数。转移概率依赖于一组整数 $r_{i\rho}$（$r_{i\rho}$ 可以是正的、负的或零）。这是普里戈金等人最初用粒子数的生灭来描述化学反应的简单模型，粒子数是对整个系统来考虑的，随机变量取值为 $\{X_i\}$ 的概率记作 $P(\{X_i\}, t)$，转移概率 w_{kl} 是

$$w_{kl} = w(r_{i\rho}) \equiv w(\{X_i - r_{i\rho}\} \to \{X_i\}), \tag{7.134}$$

因此(7.133)式就变为

$$\frac{\mathrm{d}P(\{X_i\}, t)}{\mathrm{d}t} = \sum_{\rho} w(\{X_i - r_{i\rho}\} \to \{X_i\})P(\{X_i - r_{i\rho}\}, t)$$
$$- \sum_{\rho} w(\{X_i\} \to \{X_i + r_{i\rho}\})P(\{X_i\}, t), \tag{7.135}$$

这就是生灭过程的主导方程，其中所涉及的粒子数的生灭是对整个系统来计算的[8-11]，当粒子数的改变 $r_{i\rho} = -1, 0, +1$ 时，转移概率 w_{kl} 可写为

$$w(\{X_i - r_{i\rho}\} \to \{X_i\}) = k_{\rho} \prod_i (X_i - r_{i\rho}), \tag{7.136}$$

当粒子数的改变不仅是 $-1, 0, +1$ 时，w_{kl} 的表达式还要作一些改变。

用方程(7.135)可以讨论非线性系统的性质。我们用一个例子说明讨论系统的涨落所得的结果。

考虑双分子反应的系统

$$A + M \to X + M,$$
$$2X \to E + D, \tag{7.137}$$

它的反应扩散方程如前所述，可以写为

$$\frac{\mathrm{d}\overline{X}}{\mathrm{d}t} = K_1 AM - K_2 \overline{X}^2, \tag{7.138}$$

此处 $\overline{X}$ 记宏观量，以便与随机变量 X 相区别。方程(7.138)有定态解

$$X_0 = \left(\frac{K_1 AM}{K_2}\right)^{\frac{1}{2}}. \tag{7.139}$$

现在要讨论系统的涨落，为此用(7.135)式写出其生灭过程的主导方程

$$\frac{\mathrm{d}P(X, t)}{\mathrm{d}t} = K_1 AMP(X-1, t) - K_1 AMP(X, t) + \frac{K_2}{2}(X+1)(X+2)P(X+2, t)$$

$$-\frac{K_2}{2}(X-1)XP(X,\ t), \tag{7.140}$$

引入母函数 $F(s,\ t)$

$$F(s,\ t)=\sum_{X=0}^{\infty}s^X P(X,\ t), \tag{7.141}$$

方程(7.140)变作

$$\frac{\partial F}{\partial t}=K_1 AM(s-1)F+\frac{K_2}{2}(1-s^2)\frac{\partial^2 F}{\partial s^2}, \tag{7.142}$$

通过解母函数方程得 F，可求出 X 的各级矩，并由此得到涨落

$$\langle X\rangle=\left(\frac{\mathrm{d}F}{\mathrm{d}s}\right)_{s=1},$$

$$\langle\delta X^2\rangle=\langle X^2\rangle-\langle X\rangle^2=\left(\frac{\mathrm{d}}{\mathrm{d}s}s\frac{\mathrm{d}F}{\mathrm{d}s}\right)_{s=1}-\left(\frac{\mathrm{d}F}{\mathrm{d}s}\right)_{s=1}^2, \tag{7.143}$$

对于系统(7.137)，以 $\langle\delta X^2\rangle$ 来估计其涨落得

$$\langle\delta X^2\rangle=\frac{3X_0}{4}+O(1)。 \tag{7.144}$$

明显的是，(7.144)式所给出的涨落不是属于泊松分布型的，同时也与(7.128)的爱因斯坦公式所示的不同。然而这里所给的具体系统是稳定的，即应该要求有泊松型或高斯型的分布，所以(7.144)式的涨落估计不符合系统的性质，这说明这种生灭过程的主导方程的算法存在着问题。

普里戈金等人分析了按(7.135)式形式所写出的主导方程的问题，并提出了改进方案。他们认为，在非平衡系统中，讨论粒子数的生灭过程，用整个系统来考虑是不恰当的，例如系统的各个组成部分的涨落，从整体来看可能相互抵消。另外，在马尔可夫过程中起关键作用的转移概率(7.134)式，在这个模型中采用涉及整个系统的集体变量来进行计算，对于非平衡系统也并不合理。因此，为了改进(7.135)式，在保持粒子数的生灭型特点以外，还必须把非平衡系统作局域处理，即按一定的方式将系统分割成小块，然后计算每一小块的涨落。所谓相空间的主导方程就是按相空间体积元分割后写出的方程。

如果我们用位置坐标 r、动量 p 描述相空间，则相空间的体元 $\Delta\Gamma_\alpha=\Delta r\Delta p$。如果用 f_α 表示速度位置分布函数在 $\Delta\Gamma_\alpha$ 中的瞬时值，则在相空间体元 $\Delta\Gamma_\alpha$ 中粒子数 X_α 可以写作

$$X_\alpha=f_\alpha\Delta r\Delta p, \tag{7.145}$$

而系统的总粒子数 $X=\sum_\alpha X_\alpha$，此处我们只讨论一种组分的情况，对于多种组分，可以记作 $\{X_\alpha\}$。

讨论相空间体元 $\Delta\Gamma_\alpha$ 中粒子数 $\{X_\alpha\}$ 的生灭，则可以写出以下的主导方程

$$\frac{\mathrm{d}P(\{X_\alpha\},\ t)}{\mathrm{d}t}=\sum_{\beta\neq\alpha}\lambda(\{X_\beta\}-\{X_\alpha\})P(\{X_\beta\},\ t)-\sum_{\beta\neq\alpha}\lambda(\{X_\alpha\}-\{X_\beta\})P(\{X_\alpha\},\ t), \tag{7.146}$$

式中的 λ 是相空间体元中粒子的转移概率。方程(7.146)就是相空间描述的主导方程。由于它将系统按相空间分成体元来考虑，自然能够较仔细地刻画非平衡系统的特性，特别是在计算涨落时，讨论的是相空间体元的涨落。这比粗糙地讨论整个空间的涨落要仔细，因而获得一定的结果，我们也用例子来说明。

仍讨论(7.137)式的反应的例子，此时考虑的是在各相空间体元进行的反应，所以写成带有下标的形式

$$A(j)+M(k)\rightarrow X(\alpha)+M(l),$$
$$X(\alpha)+X(j)\rightarrow E(k)+D(l)。 \tag{7.147}$$

例如第一反应式表示在 $\Delta\Gamma_j$ 中的 A 粒子与 $\Delta\Gamma_k$ 中的 M 粒子相碰，变为 $\Delta\Gamma_\alpha$ 中的 X 粒子，$\Delta\Gamma_l$ 中的 M

粒子，而将其反应率记为 T_α。第二反应式的意义也是类似的，并记反应率为 $s_{\alpha\beta}$，则对于(7.147)反应形式的相空间主导方程是

$$\frac{\mathrm{d}P(\{X_\alpha\},\ t)}{\mathrm{d}t} = \sum_\alpha T_\alpha[P(X_\alpha-1,\ \{X'\},\ t) - P(X_\alpha,\ \{X'\},\ t)] + \sum_{\alpha\beta}\frac{1}{2}s_{\alpha\beta}[(X_\alpha+1)(X_\beta+1)$$

$$\times P(X_\alpha+1,\ X_\beta+1,\ \{X'\},\ t) - X_\alpha X_\beta P(X_\alpha,\ X_\beta,\ \{X'\},\ t)],\qquad(7.148)$$

式中 $\{X'\}$ 指除 X_α 或 X_α、X_β 外所有的随机变量。方程(7.148)解的繁杂性在于等式右方有无穷多耦合项。引入 $X_\alpha=\overline{X}_\alpha+x_\alpha$，$\overline{X}_\alpha$ 看作平均值，x_α 看作涨落，则可以得到对于 x_α 的方程为

$$\frac{\partial P(x_\alpha,\ t)}{\partial t} = \left(\sum_\beta s_{\alpha\beta}\overline{X}_\beta\right)\frac{\partial}{\partial x_\alpha}x_\alpha P(x_\alpha,\ t) + \left(\sum_\beta s_{\alpha\beta}\overline{X}_\alpha\overline{X}_\beta\right)\frac{\partial^2 P(x_\alpha,\ t)}{\partial x_\alpha^2},\qquad(7.149)$$

当讨论定态时，可以得到

$$\frac{\partial}{\partial x_\alpha}x_\alpha P(x_\alpha) + \overline{X}_\alpha\frac{\partial^2 P(x_\alpha)}{\partial x_\alpha^2} = 0,$$

积分后得

$$P(x_\alpha) = (2\pi\overline{X}_\alpha)^{-\frac{1}{2}}\exp\left(-\frac{x_\alpha^2}{2\overline{X}_\alpha}\right),\qquad(7.150)$$

此结果说明，反应系统(7.147)作为一个非平衡系统，其涨落是小的，并遵从爱因斯坦公式。这一点与系统(7.147)的宏观性质一致，它的定态是稳定的。所以用相空间的 Master 方程来描述系统时，就系统(7.147)或系统(7.137)这一例子来说，其结果比整体地考虑粒子的生灭要好。对于用相空间的主导方程来说明远离平衡区的耗散结构，尼柯利斯在 1976 年曾进行了讨论[11]，但是计算的过程是十分繁杂的。

§7.6　非线性主导方程

在上一节中讨论了用随机过程处理非平衡系统的一些方法，诸如马尔可夫的生灭过程，相空间描述的主导方程等。普利高津等人分析了用通常的生灭过程描写非平衡系统的困难，而相空间描述时，其主导方程的解是非常复杂的，为了进一步发展耗散结构的随机理论，近几年来，普里戈金学派又发展了一种处理非平衡系统的简化形式，称为平均场描述，它可以给出一个非线性的主导方程，其解的性质反映了非平衡系统的稳定态和耗散结构的某些特征，这个模型由于简化了一些相互作用，所以在方程的求解上带来某些方便，目前已经用这个形式得到一些结果。

将所讨论的非平衡系统分为相互作用着的两个子系统：一个小体积 ΔV；系统的其余部分 $V-\Delta V$。如此选择 ΔV 以后，并不意味着 ΔV 具有某种特定的规律。事实上，我们可以想象整个空间充满着这种子体积 ΔV，其中经历着各种类型同时存在的涨落。我们仅仅是分析这些子体积中的一个，而将其余体积对 ΔV 的影响通过一个"平均场"来描述，在这样图像的基础上，可以讨论局域化的涨落，它有一个很好的确定了的范围。考虑包括 ΔV 和 $V-\Delta V$ 两部分的系统，从宏观角度来看，仍认为系统是均匀的，虽然我们允许在子系统 ΔV 内存在涨落，而且这种涨落局部地破坏了系统的均匀性。子系统 ΔV 的涨落采用离散的变量来处理。

设随机变量 X_{in} 和 X_{out} 分别代表 ΔV 内和 $V-\Delta V$ 内的粒子数，则可以定义 $P_{\Delta V}(X_{\mathrm{in}},\ t)$ 是 ΔV 中 X_{in} 的概率分布函数，$P(X_{\mathrm{in}},\ X_{\mathrm{out}},\ t)$ 是整个系统的粒子数的概率分布函数，并且有

$$P(X_{\mathrm{in}},\ X_{\mathrm{out}},\ t) = P_{\Delta V}(X_{\mathrm{in}},\ t)P_{V-\Delta V}(X_{\mathrm{out}},\ t) + G(X_{\mathrm{in}},\ X_{\mathrm{out}},\ t),\qquad(7.151)$$

其中 G 是 ΔV 和 $V-\Delta V$ 之间的关联函数，如果 G 很小，则表示系统 ΔV 和 $V-\Delta V$ 之间几乎统计独立。

$P_{\Delta V}(X_{\mathrm{in}},\ t)$ 是我们很感兴趣的量，因为通过对它的讨论，可以确定子系统 ΔV 中的涨落，并与宏观量联系起来，讨论稳定态的一些特征。

$P_{\Delta V}(X_{\mathrm{in}}, t)$ 随时间的变化，由两部分构成：R 表示对于 P 随时间 t 变化时，化学反应所给出的贡献，而 F 表示通过 ΔV 小体积的表面 $\Delta \Sigma$，粒子的迁移过程所给出的贡献。于是 $P_{\Delta V}(X_{\mathrm{in}}, t)$ 方程可以写成

$$\frac{\mathrm{d}P_{\Delta V}(X_{\mathrm{in}}, t)}{\mathrm{d}t} = R_{\Delta V}(X_{\mathrm{in}}) + F_{\Delta V, V - \Delta V}(X_{\mathrm{in}}, X_{\mathrm{out}}), \tag{7.152}$$

在(7.152)式中包含着一个假定，ΔV 中所进行的化学反应，仅与随机变量 X_{in} 有关，而与 ΔV 小体积以外的粒子无关。(7.152)式经过一些简单的讨论和简化，可以写成

$$\frac{\mathrm{d}P_{\Delta V}(X, t)}{\mathrm{d}t} = R_{\Delta V}(X) + \mathscr{D}\langle X\rangle[P_{\Delta V}(X-1, t) - P_{\Delta V}(X, t)] +$$
$$\mathscr{D}[(X+1)P_{\Delta V}(X+1, t) - XP_{\Delta V}(X, t)], \tag{7.153}$$

式中 X 是 X_{in} 的缩写，表示在 ΔV 中的粒子数，是一个随机变量，X 可以是一组随机变量的集合，表示参与化学反应的各种组分的不同粒子数；$R_{\Delta V}$ 是化学反应的贡献，有时也记作 R_{ch}；$\mathscr{D}$ 是经过小体积的表面 $\Delta \Sigma$ 粒子的扩散率；$\langle X\rangle$ 是随机变量 X 在 ΔV 体内的平均值

$$\langle X\rangle = \sum_{X=0}^{\infty} XP_{\Delta V}(X, t)。$$

方程(7.153)通常简称非线性主导方程，这个方程的解法是采用随机过程理论中的方法，主要是矩方法、母函数等。从解的分析，讨论耗散结构和系统稳定态的一些性质。目前这个非线性主导方程还没有一般的解法，普里戈金学派只是就一些典型的例子对这个方程进行讨论，并且发展一些渐近的解法。

一个基本的例子是洛特卡-沃尔泰拉(Lotka-Volterra)模型

$$\begin{aligned} &\mathrm{A+X} \rightarrow 2\mathrm{X}, \\ &\mathrm{X+Y} \rightarrow 2\mathrm{Y}, \\ &\mathrm{Y+B} \rightarrow \mathrm{E+B}。 \end{aligned} \tag{7.154}$$

这是一个两变量 X、Y 的系统，其反应速率是反比于 N_0 的。N_0 与系统的大小成正比。通过对系统(7.154)的宏观讨论可知，存在着稳定的解。现在用随机理论的方法，可以进一步讨论系统的性质。对于洛特卡-沃尔泰拉模型，方程(7.153)可以具体写为

$$\begin{aligned} \frac{\mathrm{d}P(X, Y, t)}{\mathrm{d}t} = &\frac{1}{N_0}[A(X-1)P(X-1, Y, t) - AXP(X, Y, t)] \\ &+ \frac{1}{N_0}[(X+1)(Y-1)P(X+1, Y-1, t) - XYP(X, Y, t)] \\ &+ \frac{1}{N_0}[B(Y+1)P(X, Y+1, t) - BYP(X, Y, t)] \\ &+ \mathscr{D}_X\langle X\rangle[P(X-1, Y, t) - P(X, Y, t)] \\ &+ \mathscr{D}_X(X+1)P(X+1, Y, t) - \mathscr{D}_X XP(X, Y, t) \\ &+ \mathscr{D}_Y\langle Y\rangle[P(X, Y-1, t) - P(X, Y, t)] \\ &+ \mathscr{D}_Y(Y+1)P(X, Y+1, t) - \mathscr{D}_Y YP(X, Y, t), \end{aligned} \tag{7.155}$$

其中 $P(X, Y, t)$ 是 $P_{\Delta V}(X, Y, t)$ 省略了 ΔV。式子前三项描写反应过程，后面诸项描写扩散，$\mathscr{D}_X$ 和 $\mathscr{D}_Y$ 分别是 X 和 Y 的扩散率。

为了解方程(7.155)，我们引入母函数

$$F(s_1, s_2, t) = \sum_{X=0}^{\infty} \sum_{Y=0}^{\infty} s_1^X s_2^Y P(X, Y, t), \tag{7.156}$$

并引入 $\psi(s_1, s_2, t)$，它与母函数 $F(s_1, s_2, t)$ 有下列关系：

$$F(s_1, s_2, t) = \exp[N_0 \psi(s_1, s_2, t)] \tag{7.157}$$

利用 N_0 将 A、B、X、Y 记作

$$A=\alpha N_0, \qquad B=\beta N_0,$$
$$X=x N_0, \qquad Y=y N_0, \qquad (7.158)$$

并引入

$$\xi=s_1-1, \quad \eta=s_2-1, \qquad (7.159)$$

此时，方程(7.155)可写成

$$\frac{\partial \psi}{\partial t}=[\alpha\xi(\xi+1)-\mathscr{D}_x\xi]\frac{\partial \psi}{\partial \xi}+[-\eta\beta-\mathscr{D}_r\eta]\frac{\partial \psi}{\partial \eta}+(\eta+1)(\eta-\xi)\cdot\left(\frac{\partial \psi}{\partial \xi}\frac{\partial \psi}{\partial \eta}+\frac{1}{N_0}\frac{\partial^2 \psi}{\partial \xi \partial \eta}\right)+$$
$$\mathscr{D}_x\xi\frac{\langle X\rangle}{N_0}+\mathscr{D}_r\eta\frac{\langle Y\rangle}{N_0}, \qquad (7.160)$$

为了求得方程(7.160)的解，将 $\psi(s_1, s_2, t)=\psi(\xi, \eta, t)$，按 ξ 和 η 展开，可得

$$\psi=a_1\xi+a_2\eta+\frac{1}{2}b_{11}\xi^2+b_{12}\xi\eta+\frac{1}{2}b_{22}\eta^2+\cdots \qquad (7.161)$$

由于母函数的性质，ψ 展开式中的系数将是 X、Y 的各次矩，具体是

$$N_0 a_1=\langle X\rangle, \quad N_0 a_2=\langle Y\rangle,$$
$$N_0 b_{11}=\langle \delta X^2\rangle-\langle X\rangle,$$
$$N_0 b_{22}=\langle \delta Y^2\rangle-\langle Y\rangle,$$
$$N_0 b_{12}=\langle \delta X\delta Y\rangle, \cdots \qquad (7.162)$$

由于 N_0 是个大数，二次矩以上的诸项可以忽略，所以对 ψ 只取前五项就够了。

我们将 ψ 的展开式(7.161)代到方程(7.160)中，可以得到一组对于系数 a_1，a_2，b_{11}，b_{22}，b_{12} 的非线性方程。a_1 和 a_2 如式(7.162)所示，只与平均值 $\langle X\rangle$ 和 $\langle Y\rangle$ 相联系，我们所感兴趣的涨落与系数 b_{11}，b_{22}，b_{12} 有关，它们满足下列方程(我们设 $\mathscr{D}_X=\mathscr{D}_Y=\mathscr{D}$)：

$$\frac{\mathrm{d}b_{11}}{\mathrm{d}t}=2(\alpha\beta-\beta b_{12}-\mathscr{D}b_{11}),$$
$$\frac{\mathrm{d}b_{22}}{\mathrm{d}t}=2(\alpha\beta+\alpha b_{12}-\mathscr{D}b_{22}),$$
$$\frac{\mathrm{d}b_{12}}{\mathrm{d}t}=-\alpha\beta+\alpha b_{11}-\beta b_{22}-2\mathscr{D}b_{12}。 \qquad (7.163)$$

从方程(7.163)容易得到解。由第一、第二两式中消去 b_{12}，我们有

$$\frac{\mathrm{d}}{\mathrm{d}t}(\alpha b_{11}+\beta b_{22})=2\alpha\beta(\alpha+\beta)-2\mathscr{D}(\alpha b_{11}+\beta b_{22}), \qquad (7.164)$$

对初始条件 $b_{11}(t=0)=b_{22}(t=0)=0$，有解

$$\alpha b_{11}+\beta b_{22}=\frac{1}{\mathscr{D}}\alpha\beta(\alpha+\beta)(1-c^{-2\mathscr{D}t})。 \qquad (7.165)$$

解(7.165)式的意义可以解释如下：式中的 b_{11} 和 b_{22} 可以看作涨落随时间的变化，将这个变化的趋势对于不同的 $\mathscr{D}$ 分别画出来，可以得到图 7.12。

我们可以看到，对于 $\mathscr{D}=0$ 的情况，涨落随时间的变化总是增长，系统是不稳定的。对于 $\mathscr{D}$ 取有限值的情况，经过一段时间 t，涨落达到一个恒定值，而使系统也进入稳定态，$\mathscr{D}$ 的值越小，所需要经过的时间就越长。对于 $\mathscr{D}=\infty$ 的情况，系统维持初始的分布。因此，系统具有很多稳定态，这也是与宏观理论的分析相符合的。

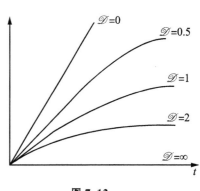

图 7.12

讨论另一个典型的例子。考虑化学反应中的自催化链，其反应式包括：

$$A \rightarrow X,$$
$$B + X \rightarrow Y + D,$$
$$2X + Y \rightarrow 3X,$$
$$X \rightarrow E。$$

(7.166)

上述反应的第二步和第三步，其速率常数分别与 N_0^{-1}、N_0^{-2} 成比例，此处 N_0 是与系统大小成正比的参量，前面曾经引用过。

宏观的研究指出，系统存在一个单重的稳定解。现在我们从非线性的主导方程出发来讨论这个问题，方程的解法与上述洛特卡-沃尔泰拉模型求解时所用的母函数方法相同，我们仍可以得到 ψ 展开式前五项的系数的一组非线性方程。解这些非线性方程，再讨论涨落的性质。然而应该注意，对于 X 和 Y 的扩散率 $\mathcal{D}_X$ 和 $\mathcal{D}_Y$，当它们相等（$\mathcal{D}_X = \mathcal{D}_Y$）和不等（$\mathcal{D}_X \neq \mathcal{D}_Y$）的两种情况下，解的结果是不相同的。在相等的情况下形成一个均匀的极限环；而在不等情况下，可以导致对称性的破坏而形成空间的耗散结构。

这里我们先来讨论 $\mathcal{D}_X = \mathcal{D}_Y = \mathcal{D}$ 的情况，此时对应的 b_{11}、b_{22}、b_{12} 三个系数服从下列方程

$$\frac{d}{dt}\begin{pmatrix} b_{11} \\ b_{22} \\ b_{12} \end{pmatrix} = \begin{pmatrix} 2(\beta-1)-2\mathcal{D} & 2\alpha^2 & 0 \\ -\beta & \beta-\alpha^2-1-2\mathcal{D} & \alpha^2 \\ 0 & -2\beta & -2\alpha^2-2\mathcal{D} \end{pmatrix} \cdot \begin{pmatrix} b_{11} \\ b_{22} \\ b_{12} \end{pmatrix} + \begin{pmatrix} 4\alpha\beta \\ -\alpha\beta \\ 0 \end{pmatrix},$$

(7.167)

用线性微分方程组的矩阵解法求(7.167)式的解，求出系数矩阵的本征值是

$$\omega_1 = \beta - \alpha^2 - 1 - 2\mathcal{D},$$

$$\omega_\pm = \omega_1 \pm \left[(\beta-\alpha^2-1)^2 - 4\alpha^2\right]^{\frac{1}{2}}。$$

(7.168)

系统有稳定解对应着 ω 取负值，或在 ω 为复数时，实部取负值的情况。因此，系统在下述几种情况下是稳定的：

(1)如果 $0 < \beta < \alpha^2 + 1$，则 $\mathcal{D}$ 值任意。

(2)如果 $\alpha^2 + 1 < \beta < (\alpha+1)^2$，则 $\mathcal{D} > \frac{1}{2}(\beta-\alpha^2-1)$。

(3)如果 $\beta > (\alpha+1)^2$，则 $\mathcal{D} > \frac{1}{2}\{\beta-\alpha^2-1+[(\beta-\alpha^2-1)^2-4\alpha^2]^{\frac{1}{2}}\}$。

(7.169)

β 与 $\mathcal{D}$ 的这种关系，我们可以用图来表示。在图 7.13 中画出了稳定区，但扩散率 $\mathcal{D}$ 用另一个量 l 来代替，l 与 $\mathcal{D}$ 有如下的关系

$$\mathcal{D} \simeq \left(\frac{\Delta\Sigma}{\Delta V}\right)f(r) \simeq \frac{1}{l}f(T),$$

(7.170)

ΔV 是子系统的体积，$\Delta\Sigma$ 是其面积，所以 l 是具有长度的量纲。

图 7.13 中带阴影的区域表示稳定，而其余空白的区域表示不稳定。从图 7.13 中看出，在 β 取 $\alpha^2 + 1$ 和 $(\alpha+1)^2$ 时有突变点，更具体的讨论要通过例子展开，但是从图 7.13 中可以定性地看出非平衡系统的临界点的存在，这些临界点可以说明极限环的半径。

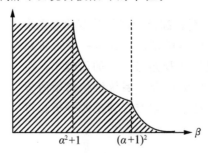

图 7.13

我们现在讨论自催化系统(7.166)的另一种情形，此时扩散率 $\mathscr{D}_X \neq \mathscr{D}_Y$。

完全类似地，可以列出类似(7.167)式的方程，但其中的系数矩阵不同，应写作

$$\begin{pmatrix} 2(\beta-1)-2\mathscr{D}_X & 2\alpha^2 & 0 \\ -\beta & \beta-\alpha^2-1-\mathscr{D}_X-\mathscr{D}_Y & \alpha^2 \\ 0 & -2\beta & -2\alpha^2-2\mathscr{D}_Y \end{pmatrix}, \tag{7.171}$$

矩阵的本征值可以求得为

$$\omega_1 = \beta-\alpha^2-1-(\mathscr{D}_X+\mathscr{D}_Y),$$
$$\omega_{\pm} = \beta-\alpha^2-1-(\mathscr{D}_X+\mathscr{D}_Y)\pm\sqrt{\Delta}, \tag{7.172}$$

其中

$$\sqrt{\Delta} = [\beta-\alpha^2-1-(\mathscr{D}_X+\mathscr{D}_Y)]^2-4(\mathscr{D}_X\mathscr{D}_Y-\beta\mathscr{D}_Y+\mathscr{D}_Y+\alpha^2\mathscr{D}_X+\alpha^2), \tag{7.173}$$

二级矩方程解的发散或收敛由 ω_1、$\omega_{\pm}$ 的实部正负来判定。要想得到稳定解，必须有

(1) $\beta-\alpha^2-1-(\mathscr{D}_X+\mathscr{D}_Y)<0$,

(2) $\mathscr{D}_X\mathscr{D}_Y-\beta\mathscr{D}_Y+\mathscr{D}_Y+\alpha^2\mathscr{D}_X+\alpha^2>0$, \hfill (7.174)

这两个条件相当于

$$\beta<1+\alpha^2+\mathscr{D}_X+\mathscr{D}_Y=\tilde{\beta}_c, \tag{7.175}$$

$$\beta>1+\alpha^2\frac{\mathscr{D}_X}{\mathscr{D}_Y}+\mathscr{D}_X+\frac{\alpha^2}{\mathscr{D}_Y}=\beta_c。 \tag{7.176}$$

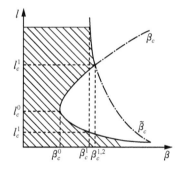

图 7.14

将稳定区和不稳定区画出，如图 7.14 所示。由 (7.175)式、(7.176)式和图 7.14 看出，可以存在一个不稳定区，使 β 取值在 $\beta_c<\beta<\tilde{\beta}_c$。特别是在 $\beta_c^0<\beta<\beta_c^1$ 的区域，此时如果涨落是小的，则系统仍在不稳定区，如果在这个区域中出现大幅度的涨落，则能使系统通过涨落而达到稳定，这就在一定程度上说明了耗散结构的形成。

非线性主导方程的研究，除了分析典型的具体例子外，已发展到对方程一般解性质的研究，1977 年，郝尔斯色姆基(W. Horsthemke)等人讨论了这个方程的渐近解的性质[25]。

重新写出非线性主导方程(7.153)，略去 ΔV 的记号，并将 R 写作 R_{ch} 以示化学反应项的贡献，记 x 为 ΔV 中的粒子数，它可以是一组参与化学反应的各种组分的粒子数。此时有

$$\frac{\mathrm{d}P}{\mathrm{d}t}=R_{\mathrm{ch}}+\mathscr{D}\langle x\rangle[P(x-1,t)-P(x,t)]+\mathscr{D}[(x+1)P(x+1,t)-xP(x,t)]. \tag{7.153'}$$

我们讨论这样的一种情况：由于化学反应而发生宏观状态变化的特征时间很长，即

$$t_{\mathrm{ch}}\gg t_r, \tag{7.177}$$

其中 t_{ch} 是化学反应特征时间，t_r 是扩散特征时间。然而 $\mathscr{D}\sim\frac{1}{t_r}$，$t_r$ 越小，则扩散率越大，在这样的前提下，存在着一个小量 ε：

$$\varepsilon=\frac{1}{t_{\mathrm{ch}}\mathscr{D}}, \tag{7.178}$$

使得方程的解可以对 ε 展开，将方程(7.153′)中的 $\mathscr{D}$ 以 ε 写出，引入新的时标 $\frac{1}{t_{\mathrm{ch}}}$，但仍将方程的自变量记作 t，此时有

$$\frac{\mathrm{d}P}{\mathrm{d}t}=R_{\mathrm{ch}}+\frac{1}{\varepsilon}\{\langle x\rangle[P(x-1,t)-P(x,t)]+[(x+1)P(x+1,t)-xP(x,t)]\}, \tag{7.179}$$

假设方程的解是以 ε 展开的渐近解

$$P(x,t,\varepsilon)=P^{(0)}(x,t)+\varepsilon P^{(1)}(x,t)+\cdots, \tag{7.180}$$

类似地，

$$\langle x^n\rangle=\langle x^n\rangle^{(0)}+\varepsilon\langle x^n\rangle^{(1)}+\cdots, \tag{7.181}$$

我们利用概率论中母函数的方法对方程求解，母函数写作

$$F(s,t)=\sum_{x=0}^{\infty}s^x P(x,t), \tag{7.182}$$

将 $F(s,t)$ 也对 ε 展开，

$$F(s,t)=F^{(0)}(s,t)+\varepsilon F^{(1)}(s,t)+\cdots, \tag{7.183}$$

然而，$\sum_x P(x,t)$ 明显与 ε 无关，也就是 $\sum_x P(x,t)=1$，所以将 $P(x,t)$ 对 ε 展开以后，有

$$\begin{aligned}\sum_x P^{(0)}(x,t)&=1,\\ \sum_x P^{(n)}(x,t)&=0, \quad (n\geqslant1),\end{aligned} \tag{7.184}$$

所以对于 $F(s,t)$ 的展开式诸项有

$$\begin{aligned}F^{(0)}(s,t)\big|_{s=1}&=1,\\ F^{(n)}(s,t)\big|_{s=1}&=0, \quad (n\geqslant1),\end{aligned} \tag{7.185}$$

由 (7.179) 式可以导出，母函数所满足的方程为

$$\partial_t F(s,t)=\widetilde{R}_{\mathrm{ch}}F(s,t)+\left(\frac{1}{\varepsilon}\right)(s-1)[\langle x\rangle-\partial_s]F(s,t), \tag{7.186}$$

其中 $\widetilde{R}_{\mathrm{ch}}$ 是一个算符，注意在 $\widetilde{R}_{\mathrm{ch}}$ 中是含有 $P(x,t)$ 的。

将 (7.186) 式对 ε 展开，取 ε 的不同幂次各项可得一系列方程，其中对 ε^{-1} 的方程是

$$[\langle x\rangle^{(0)}-\partial_s]F^{(0)}(s,t)=0, \tag{7.187}$$

其解是

$$F^{(0)}(s,t)=\exp[\langle x\rangle_t^{(0)}(s-1)], \tag{7.188}$$

或

$$P^{(0)}(x,t)=[\exp(-\langle x\rangle_t^{(0)})]\langle x\rangle_t^{(0)x}/x!。 \tag{7.189}$$

这是一个泊松分布，所以 P 的展开式 (7.180) 的意义是围绕着泊松分布的微扰展开。

(7.189) 式中的 $\langle x\rangle_t^{(0)}$ 显然还是待定的，这可以通过考虑 ε^0 的系数而得到

$$\partial_t F^{(0)}(s,t)=\widetilde{R}_{\mathrm{ch}}F^{(0)}+(s-1)[\langle x\rangle^{(0)}F^{(1)}+\langle x\rangle^{(1)}F^{(0)}-\partial_s F^{(1)}], \tag{7.190}$$

将两边对 s 求导，并令 $s=1$，就得

$$\langle\dot{x}\rangle_t^{(0)}=\partial_s\partial_s F^{(0)}\big|_{s=1}=\partial_s\widetilde{R}_{\mathrm{ch}}F^{(0)}\big|_{s=1}, \tag{7.191}$$

在泊松分布的情况下，均值随时间 t 变化的方程与系统的宏观方程相同，因此 (7.191) 式实际上是和宏观方程一样的，由此解出 $\langle x\rangle^{(0)}$，并完全决定了 (7.189) 式的 $P^{(0)}$。

§7.7　化学反应中的自组织作用(时间耗散结构示例)

7.7.1　引言

我们举一个均相的化学反应作为时间耗散结构的例子，即出现浓度随时间周期性改变的化学反应(有时也称为"化学振荡")。最早报道的这类反应是过氧化氢的催化分解[被 $HIO_3\text{-}I_2$ 氧化还原偶所催化；布瑞(Bray,1921)]。这个反应机理较复杂，帕克特(Pacault,1977)作了较为仔细的分析。我们这里详细介绍另一个反应：丙二酸被溴酸所氧化(有催化剂 Ce^{4+}/Ce^{3+} 存在)，即

$$3H^+ + 3BrO_3^- + 5CH_2(COOH)_2 \xrightarrow[\text{(H}_2\text{SO}_4)]{Ce^{4+}/Ce^{3+}} 3BrCH(COOH)_2 + 2HCOOH + 4CO_2 + 5H_2O,$$

别洛索夫（Belousov, 1959）第一个报道了在一定条件下，这个反应的某些反应物浓度随时间呈周期性的变化。扎鲍廷斯基（Zhabotinsky, 1964）得到了空间周期性的浓度改变，故这个反应被称为别洛索夫-扎鲍廷斯基反应。但这个反应的机理，以及其动力学方程的研究，则是费尔得（Field）、库鲁斯（Körös）、诺易斯（Noyes）等人完成的[13]，图7.15示出费尔得-诺易斯等人的实验结果。从图7.15中明显地看出，$\lg[Br^-]$及$\lg[Ce^{4+}]/[Ce^{3+}]$随时间周期性地变化（周期30秒，周期性变化可维持50分钟）。若体系是个闭系，虽然在初始条件下远离平衡态，出现了浓度随时间的振荡，但最后由于起始物被消耗，体系趋于平衡，振荡现象消失。马瑞克（Marek）等人（1975）报道了在开放系统条件下的振荡现象，可以长久维持下去。振荡现象的明确性、稳定性及其再现性，同时存在着起始浓度的阈值，都表明这个化学振荡属于"时间耗散结构"。

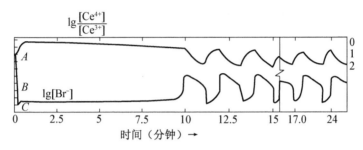

图 7.15

7.7.2 化学反应机理

对反应机理所做的实验研究，经过仔细分析，得知中间过程不少于11步。但可简化为6个反应，其中包括3个关键物质：

(1) $HBrO_2$："开关"中间化合物；

(2) Br^-："控制"中间化合物；

(3) Ce^{4+}："再生"中间化合物。

具体地来说，在此反应体系内由$[BrO_3^-]/[Br^-]$比值的不同，可以分为两个反应过程。

过程 A：当$[Br^-]$足够大时，体系按这个过程进行

(i) $BrO_3^- + Br^- + 2H^+ \xrightarrow{k_1} HBrO_2 + HOBr$

(ii) $HBrO_2 + Br^- + H^+ \xrightarrow{k_2} 2HOBr$

（注：HOBr 一旦出现就被丙二酸消耗掉。）

过程 B：当只剩少量$[Br^-]$时，Ce^{3+}按下式被氧化

(iii) $BrO_3^- + HBrO_2 + H^+ \xrightarrow{k_3} 2BrO_2^{\cdot} + H_2O$

(iv) $BrO_2^{\cdot} + Ce^{3+} + H^+ \xrightarrow{k_4} HBrO_2 + Ce^{4+}$

(v) $2HBrO_2 \xrightarrow{k_5} BrO_3^- + HOBr + H^+$

[注：由于$BrO_2^{\cdot}$是自由基，所以反应(iv)是瞬时完成的，故反应(iii)、(iv)的联合效果是

$$BrO_3^- + 2Ce^{3+} + 3H^+ + HBrO_2 \xrightarrow{k_{34}} 2HBrO_2 + 2Ce^{4+} + H_2O,$$

对 $HBrO_2$ 来说是个"自催化"反应。]

在过程 A 中，反应(i)是决定速度的步骤，$\dfrac{k_1}{k_2} \approx 10^{-9}$，"准定态"条件是

$$[HBrO_2]_A \approx \frac{k_1}{k_2}[BrO_3^-][H^+]。$$

在过程 B 中，反应(iii)是决定速度的步骤，$\dfrac{k_1}{k_2} \approx 10^{-4}$，"准定态"条件是

$$[\mathrm{HBrO_2}]_B \approx \frac{k_3}{2k_5}[\mathrm{BrO_3^-}][\mathrm{H^+}],$$

从过程 A 转到过程 B 的条件是

$$k_2[\mathrm{Br^-}] < k_3[\mathrm{BrO_3^-}],$$

因此，$[\mathrm{Br^-}]$ 的临界浓度是

$$[\mathrm{Br^-}]_c = \frac{k_3}{k_2}[\mathrm{BrO_3^-}] \approx 5 \times 10^{-6}[\mathrm{BrO_3^-}],$$

所以能发生振荡现象是由于一个 $\mathrm{Ce^{4+}}$ 使 $\mathrm{Br^-}$ 再生

$$(\text{vi})\ 4\mathrm{Ce^{4+}} + \mathrm{BrCH(COOH)_2} + \mathrm{H_2O} + \mathrm{HOBr} \xrightarrow{k_6} 2\mathrm{Br^-} + 4\mathrm{Ce^{3+}} + 3\mathrm{CO_2} + 6\mathrm{H^+}\,.$$

7.7.3　反应动力学方程组[①]

记 $X = [\mathrm{HBrO_2}]$，$Y = [\mathrm{Br^-}]$，$Z = 2[\mathrm{Ce^{4+}}]$，且令 $A = B = [\mathrm{BrO_3^-}]$，$P$、$Q$ 等于副产物的浓度，则化学反应方程式可简化为

$$\mathrm{A} + \mathrm{Y} \xrightarrow{k_1} \mathrm{X},$$

$$\mathrm{X} + \mathrm{Y} \xrightarrow{k_2} \mathrm{P}, \quad (\mathrm{P} = \mathrm{HOBr}),$$

$$\mathrm{B} + \mathrm{X} \xrightarrow{k_{34}} 2\mathrm{X} + \mathrm{Z},$$

$$2\mathrm{X} \xrightarrow{k_5} \mathrm{Q}, \quad (\mathrm{Q} = \mathrm{HOBr}),$$

$$\mathrm{Z} \xrightarrow{k_6} f\mathrm{Y},$$

$k_1 - k_{34}$ 包括 $[\mathrm{H^+}]$ 的影响在内，f 是适当的化学计量系数。

反应动力学方程组为

$$\frac{\mathrm{d}X}{\mathrm{d}t} = k_1 AY - k_2 XY + k_{34} BX - 2k_5 X^2,$$

$$\frac{\mathrm{d}Y}{\mathrm{d}t} = -k_1 AY - k_2 XY + fk_6 Z,$$

$$\frac{\mathrm{d}Z}{\mathrm{d}t} = k_{34} BX - k_6 Z,$$

换成无量纲变量

$$x = \frac{k_2}{k_1 A}X, \quad y = \frac{k_2}{k_{34} B}Y, \quad z = \frac{k_2 k_6}{k_1 k_{34} AB},$$

$$\tau = \sqrt{k_1 k_{34} AB}\ t,$$

及无量纲参数

$$q = \frac{2k_1 k_5 A}{k_2 k_{34} B}, \quad s = \sqrt{\frac{k_{34} B}{k_1 A}},$$

$$w = \frac{k_6}{\sqrt{k_1 k_{34} AB}},$$

---

① 原文为 Oregonator。

反应动力学方程组变为

$$\frac{\mathrm{d}x}{\mathrm{d}\tau}=s(y-xy+x+qx^2),$$

$$\frac{\mathrm{d}y}{\mathrm{d}\tau}=\frac{1}{s}(-y-xy+fz),$$

$$\frac{\mathrm{d}z}{\mathrm{d}\tau}=w(x-z)。$$

7.7.4 解的振荡行为

上面所述的化学反应动力学方程组有一组平庸的定态解 $x_0=y_0=z_0=0$（不稳定）。另有一组正的定态解

$$z_0=x_0,$$

$$y_0=\frac{fz_0}{1+x_0}=\frac{1}{2}[(1+f)-qx_0],$$

式中

$$qx_0^2+[q-(1-f)]x_0-(1+f)=0。$$

若这组定态解 (x_0,y_0,z_0) 是一个不稳定的临界点，则在 (x_0,y_0,z_0) 附近可能存在周期解（极限环）。

为此进行线性分析，令 $x=x_0+\alpha\mathrm{e}^{\omega t}$ 等，得特征方程

$$\omega^3-T\omega^2+\delta\omega+\Delta=0,$$

式中 T、δ、Δ 取决于 x_0、y_0、z_0 及参数 s、w、f、q（其中使 s、q 固定，变化 w 及 f）。若 ω 的实部 $\mathrm{Re}\omega<0$，则解稳定，条件是

$$T<0,\quad \Delta<0,\quad \Delta-T\delta>0。$$

参数取任何合理值时，前两式均满足。故要有不稳定的解存在，即要使第三式不成立，得出

$$0<w<w_c(f),$$

$$w_c(f)=-\frac{1}{2E}[E^2+f(1-x_0)]+\frac{1}{2E}\{[E^2+f(1-x_0)]^2-4E^2[2qx_0^2+x_0(q-1)+f]\}^{\frac{1}{2}},$$

式中

$$E=sy_0+\left(\frac{1}{s}+2qs\right)x_0+\frac{1}{s}-s。$$

而要使 $w_c>0$，则要求 $[2qx_0^2+x_0(q-1)+f]<0$。在所取 q、s、A 范围内，这要求

$$f_{1c}<f<f_{2c}\quad(f_{1c}\approx0.50,\ f_{2c}\approx2.412),$$

见图 7.16。

1975 年哈斯定（Hasting）及莫瑞（Murray）从拓扑法证明至少有一个有限振幅的周期解；1977 年尔诺克斯（Erneux），1976 年梯森用分支点理论造出了周期解的解析形式；1975 年斯坦珊（Stanshine）用渐近法构造出了周期解且发现在不稳定区有一个有限振幅的极限环。

1974 年费尔得和诺易斯的电子计算机数值解与上面的理论一致。在 x-y 平面上画出时间周期解，它很像一个极限环（图 7.17）。

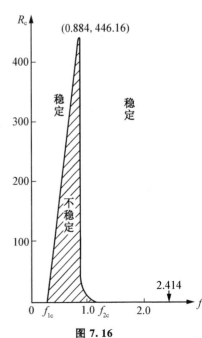

图 7.16

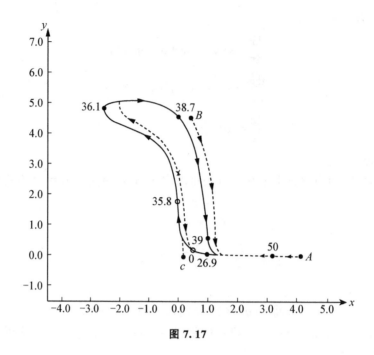

图 7.17

§7.8　进化问题

7.8.1　一般讨论

地球上有生物以前的进化可分为 3 个阶段：

1. 在简单的自然条件下（例如放电），从无机物生成生物大分子的单体（氨基酸、有机碱）。1953 年米勒（S. M. Miller）从甲烷、氨、水蒸气、氢的混合物通过放电得到丙氨酸及甘氨酸。1963 年彭纳派拉马（C. Ponnamperuma）等人从类似的混合物用电离辐射得到腺嘌呤及鸟嘌呤。这些例子可算是支持这个进化阶段的实验论证。

2. 从单体经过自催化过程聚合成大分子。

3. 大分子间的竞争，导致物种的进化及选择［参见爱根（M. Eigen）[31] 及琼斯（B. L. Jones）[32] 等人的工作］。

这里只讨论第二阶段的问题，即在地球上有生物以前，大分子单体的浓度很稀，如何能设想一种机制，通过它可以说明在一定的条件下，有利于大分子浓度的积累。为此，1972 年格鲁得拜特尔（A. Goldbeter）及尼柯尼斯（G. Nicolis）[15] 假设了一种化学反应机理（包括"自催化"作用及按"模板"合成），讨论了从单体聚合成二聚体的过程，并证明当单体的前身分子浓度大到一定的临界值时，由于动力学方程是非线性的，出现了多重定态解，因而二聚体浓度可骤然增大。

7.8.2　反应模型

模型 C：从两个单体聚合成二聚体（I 为单体的前身）

$$2(\mathrm{I} \underset{d_1}{\overset{a_1}{\rightleftharpoons}} \mathrm{A}),$$

$$\mathrm{A}+\mathrm{A} \underset{d_2}{\overset{a_2}{\rightleftharpoons}} \mathrm{A}_2,$$

$$\mathrm{A}_2 \underset{d_3}{\overset{a_3}{\rightleftharpoons}} \mathrm{F}_{\circ}$$

模型 T（包括一步按"模板"合成）：

$$4\left(I \underset{d_1}{\overset{a_1}{\rightleftharpoons}} A\right),$$

$$A+A \underset{d_2}{\overset{a_2}{\rightleftharpoons}} A_2（缩聚），$$

$$\left.\begin{aligned} A+A_2 &\underset{d_4}{\overset{a_4}{\rightleftharpoons}} B_1 \\ A+B_1 &\underset{d_5}{\overset{a_5}{\rightleftharpoons}} B_2 \\ B_2 &\underset{d_6}{\overset{a_6}{\rightleftharpoons}} 2A_2 \end{aligned}\right\}（模板），$$

$$2\left(A_2 \underset{d_3}{\overset{a_3}{\rightleftharpoons}} F\right)。$$

模型 TC：A_2 既作为模板，又作为催化剂，即

$$4\left(I \underset{d_1}{\overset{a_1}{\rightleftharpoons}} A\right),$$

$$A+A \underset{d_2}{\overset{a_2}{\rightleftharpoons}} A_2（缩聚），$$

$$\left.\begin{aligned} A_2+A+A_2 &\underset{d_4}{\overset{a_4}{\rightleftharpoons}} B_1+A_2 \\ A_2+A+B_1 &\underset{d_5}{\overset{a_5}{\rightleftharpoons}} B_2+A_2 \\ B_2 &\underset{d_6}{\overset{a_6}{\rightleftharpoons}} 2A_2 \end{aligned}\right\}（"模板"+"催化"），$$

$$2\left(A_2 \underset{d_3}{\overset{a_3}{\rightleftharpoons}} F\right)。$$

7.8.3 动力学研究

从模型 C，不论聚合反应动力学常数 a_2 是小还是大，当 I 的浓度改变时，定态解 A_2 的浓度都不能突然增大（图 7.18）。对于 $a_2 \leqslant 10^2$，当 I 的浓度大时，模型 T 及 TC 都可导致 $[A_2]/[A]$ 突增，从动力学方程解的稳定性分析可得：模型 C 及 T 只有一个有物理意义的定态解（稳定的），而模型 TC 有三个定态解，其中有两个是稳定的，一个是不稳定的。当 $I > I_c$ 时，系统从一个稳定态（下面的"热力学分支"）通过不稳定区达到另一个稳定态（图 7.18）。

7.8.4 热力学解释

考虑克分子熵的产生

$$\frac{P(s)}{n} = \frac{1}{nT}\sum_i v_i \mathscr{A}_i,$$

其中

v_i 为第 i 个反应的速率，

$n = (I+A_0+A_{02}+B_{01}+B_{02}+F)$，

$\mathscr{A}_i$ 为第 i 个反应的亲和势。

由 $\log I$ 与 $\log \dfrac{P(s)}{n}$ 画得图 7.19。（模型 TC）在 A_{02} 突增时，$\dfrac{P(s)}{n}$ 达极大，当 I 继续增大，$\dfrac{P(s)}{n}$

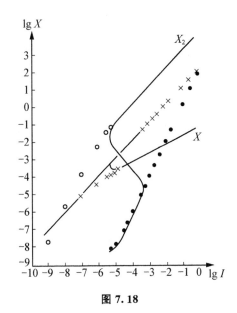

图 7.18

又逐渐减小。这种变化与实验生物学的结果有惊人的相似之处。在需要合成有活性的大分子时期（如胚胎的长成），$\dfrac{P(s)}{n}$增大，但到发育的晚期，则$\dfrac{P(s)}{n}$减小，逐渐进入服从最小熵产生原理的非平衡定态。这也是"适者生存"的现代化的解释。

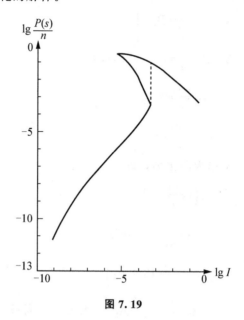

图 7.19

参考文献

[1]Glansdorff P，Prigogine I. Thermodynamic Theory of Structure，Stability and Fluctuations[M]. London：Wiley-Interscience，1971.

[2]Nicolis G，Prigogine I. Self-organization in Non-equilibrium Systems：From Dissipative Structures to Order through Fluctuations[M]. New York：Wiley，1977.

[3]De Groot S R，Mazur P. Non-equilibrium Thermodynamics[M]. Amsterdam：North-Holland Publishing Company，1962.

[4]Sattinger D H. Topics in Stability and Bifurcation Theory[M]. Berlin：Springer-Verlag，1973.

[5]Hanusse P. On the existence of a limit cycle in the evolution of open chemical systems[J]. Academy of Sciences，Paris，Proceedings，Series D，1972，274：1245-1247.

[6]Tyson J J，Light J C. Properties of two-component bimolecular and trimolecular chemical reaction systems[J]. The Journal of Chemical Physics，1973，59(8)：4164-4173.

[7]Auchmuty J F G，Nicolis G. Bifurcation analysis of nonlinear reaction-diffusion equations—I. Evolution equations and the steady state solutions[J]. Bulletin of Mathematical Biology，1975，37：323-365.

[8]Auchmuty J F G，Nicolis G. Bifurcation analysis of reaction-diffusion equations—III. Chemical oscillations[J]. Bulletin of Mathematical Biology，1976，38：325-350.

[9]Nicolis G，Prigogine I. Fluctuations in nonequilibrium systems[J]. Proceedings of the National Academy of Sciences，1971，68(9)：2102-2107.

[10]Nicolis G. Fluctuations around nonequilibrium states in open nonlinear systems[J]. Journal of Statistical Physics, 1972, 6(2-3): 195-222.

[11]Nicolis G, Malek-Mansour M, Kitahara K, et al. Fluctuations and the onset of instabilities in nonequilibrium systems[J]. Physics Letters A, 1974, 48(3): 217-218.

[12] Nicolis G, Malek-Mansour M, Nypelseer A V, et al. The onset of instabilities in nonequilibrium systems[J]. Journal of Statistical Physics, 1976, 14(5): 417-432.

[13]Malek-Mansour M, Nicolis G. A master equation description of local fluctuations[J]. Journal of Statistical Physics, 1975, 13(3): 197-217.

[14]Field R J, Noyes R M. Oscillations in chemical systems. IV. Limit cycle behavior in a model of a real chemical reaction[J]. The Journal of Chemical Physics, 1974, 60(5): 1877-1884.

[15]Goldbeter A, Nicolis G. Far from equilibrium synthesis of small polymer chains and chemical evolution[J]. Biophysik, 1972, 8(3): 212-226.

[16]Schrödinger E. What is life? The physical aspect of the living cell and mind[M]. Cambridge: Cambridge University Press, 1945.

[17]Prigogine I, Nicolis G, Babloyantz A. Thermodynamics of evolution[J]. Physics Today, 1972, 25(11): 23-28; 1972, 25(12): 38-44.

[18]Pacault A. Chemical evolution far from equilibrium. Synergetics: a workshop proceedings of the international workshop on Synergetics at Schloss Elmau, Bavaria [C]. Berlin, Heidelberg: Springer-Verlag, 1977.

[19]Thom R. Structural Stability and Morphogenesis[M]. Massachusetts: Benjamin, 1975.

[20]Wassermann G. Stability of Unfoldings[M]. Berlin: Springer, 1974.

[21]Bröcker T, Lander L. Differentiable Germs and Catastrophes[M]. Cambridge: Cambridge University Press, 1975.

[22] Prigogine I. Structure, dissipation and life [M]//Theoretical Physics and Biology. Amsterdam: North-Holland Publishing Company, 1969: 23-52.

[23]Herschkowitz-Kaufman M. Bifurcation analysis of nonlinear reaction-diffusion equations—II. Steady state solutions and comparison with numerical simulations [J]. Bulletin of Mathematical Biology, 1975, 37(1): 589-636.

[24]Thompson J M T, Hunt G W. Towards a unified bifurcation theory[J]. Zeitschrift Für Angewandte Mathematik Und Physik Zamp, 1975, 26(5): 581-603.

[25] Horsthemke W, Malek-Mansour M, Hayez B. An asymptotic expansion of the nonlinear master equation[J]. Journal of Statistical Physics, 1977, 16(2): 201-215.

[26]Gardiner C W, Mcneil K J, Walls D F, et al. Correlations in stochastic theories of chemical reactions[J]. Journal of Statistical Physics, 1976, 14(4): 307-331.

[27]Lemarchand H, Nicolis G. Long range correlations and the onset of chemical instabilities[J]. Physica A, 1976, 82(4): 521-542.

[28]Kubo R, Matsuo K, Kitahara K. Fluctuation and relaxation of macrovariables[J]. Journal of Statistical Physics, 1973, 9(1): 51-96.

[29]Walgraef D. Macroscopic behavior of a quantum monomode laser[J]. Journal of Statistical Physics, 1976, 14(5): 399-416.

[30]Mou C Y，Nicolis G，Mazo R M. Some comments on nonequilibrium phase transitions in chemical systems[J]. Journal of Statistical Physics，1978，18(1)：19-38.

[31]Eigen M. Selforganization of matter and the evolution of biological macromolecules[J]. Naturwissenschaften，1971，58(10)：465-523.

[32]Jones B L，Enns R H，Rangnekar S S. On the theory of selection of coupled macromolecular systems[J]. Bulletin of Mathematical Biology，1976，38(1)：15-28.

氧注入砷化镓的射程分布与能量淀积分布[*]

北京师范大学量子力学小组

北京师范大学数学系

摘　要：本文用 Brice 的理论对 O^+ 注入 GaAs 进行了计算和讨论。计算给出了氧离子注入 GaAs 的射程分布与能量淀积分布；计算中发现在 x 为小值处的能量淀积分布值偏高的原因应是多方面的；并从 Markov 过程的观点对 Brice 的 $P(E，E'，R)$ 方程的推导进行了讨论。

在离子轰击固体的基本物理过程中，以下几种情况是需要讨论的：离子进入靶内的射程分布；离子轰击靶核后形成的损伤分布；反冲核的行为；以及离子轰击靶核后的热平衡过程等。对离子进入靶以后行为的了解，在早期的核物理实验中，就起了很重要的作用，现时在材料的研究中，材料的辐射效应是一个尚在发展着的较为重要的领域[1]，这个领域涉及了一些重要的课题。例如反应堆材料的辐射效应，估计反应堆材料在辐射条件下的性能和寿命，聚变反应堆第一壁的损伤，离子注入半导体的机制，金属的表面合金等。因此，无论从科学实验还是从材料性能研究的角度，离子轰击固体的基本物理过程的研究一直是一个颇受重视的课题。

在早期 N. Bohr[2] 所做的理论工作的基础上，1963 年 Lindhard 等[3] 发表了研究重离子射程分布的理论，通常称为 LSS 理论，目前已成为讨论重离子射程，包括离子注入半导体的理论基础。此后还有很多发展，例如，Brice[4] 着重讨论了离子注入后的损伤分布，还有其他一些人的重要工作[5-7]。

Brice 的理论发展于 1970—1975 年，主要是给出了一个注入后形成损伤的计算方法，运用这个方法的同时也计算了离子注入的射程分布。本文是通过氧离子注入 GaAs 的实例对这种计算方法的理论基础进行分析和探讨。

一、射程分布与能量淀积分布理论

Brice 的射程分布与能量淀积分布理论是在 LSS 理论的基础上建立起来的，LSS 理论提出了对于无序固体的重离子射程分布理论。基本方程是一个积分-微分方程：

$$\frac{\partial P(E，R)}{\partial R} = N \int d\sigma_{n，e} [P(E-T，R) - P(E，R)] \tag{1.1}$$

其中 $P(E，R)$ 是入射能量为 E、射程为 R 的射程分布函数。$d\sigma_{n,e} = d\sigma_n + d\sigma_e$，$d\sigma_n$ 和 $d\sigma_e$ 分别为核散射截面和电子碰撞截面。N 为原子密度，即单位体积中的原子数。T 为碰撞时转换能量。LSS 方程 (1.1) 通常用矩方法来求解。

此后，在 LSS 理论的基础上建立了能量淀积分布理论。由于离子注入形成的靶核损伤与原子过程中的能量淀积成正比，所以用能量淀积分布可以讨论靶核的损伤分布，而且可讨论电离的能量损失。Winterbon 首先用矩方法对能量淀积分布进行了计算[8]。

Winterbon 给出基本的积分-微分方程是：

　＊　方福康. 氧注入砷化镓的射程分布与能量淀积分布[J]. 北京师范大学学报（自然科学版），1978(2)：18-24.

$$\delta F_l^n(E) - S(E)\frac{\mathrm{d}F_l^n(E)}{\mathrm{d}E} = N\int_0^{T_m}\frac{\mathrm{d}\sigma}{\mathrm{d}T}(E,\ T)$$

$$\{F_l^n(E) - P_l(\eta')F_l^n(E-T) - \xi P_l(\eta'')F_l^{n*}(T)\}\mathrm{d}T \tag{1.2}$$

这个方程是射程分布方程和能量淀积方程的合写，其中：$F_n(E,\ \eta)$ 是 $F(x,E,\ \eta)$ 的各级矩，并用勒让德多项式展开，$F_n(E,\ \eta) = \sum_l(2l+1)F^n(E)P_l(\eta)$；又 $\delta F_l^n(E) = n\{F_{l-1}^{n-1}+(l+1)F_{n+1}^{n-1}\}/(2l+1)$；此外，$S(E)$ 是电子终止截面，N 是靶核的原子密度，T 是核碰撞时的转换能量，它有截面为 $\mathrm{d}\sigma(E,T)$，T_m 是最大的转换能量，$\xi=0$ 对应于射程分布，$\xi=1$ 对应于能量淀积分布，η'、η'' 分别是散射粒子和反冲粒子夹角的余弦值，$F_l^{n*}(T)$ 是反冲核对于能量淀积分布的贡献。

Winterbon 给出的计算能量淀积分布的方法是相当繁杂的。特别是由于能量淀积分布曲线的不对称性，一直需要计算到五次矩，所以计算量相当大。

Brice 作了改进[4]，他给出了计算方法，称为直接法，基本思想主要有两点：

首先，Brice 引入了中间态的射程分布函数 $P(E,E',R)$，它描述离子以能量 E 入射，如果达到中间能量为 E' 时的射程分布。自然，当 $E'=0$ 时，$P(E,O,R)$ 就成为 LSS 理论中的射程分布函数。

类似于 LSS 理论中的射程分布函数服从积分-微分方程(1.1)，Brice 理论中的 $P(E,E',R)$ 也服从一个积分-微分方程：

$$-\frac{\partial P(E,E',R)}{\partial R} = NP(E,E',R)\int\mathrm{d}\sigma_{n,\,e}$$

$$-N\int'\mathrm{d}\sigma_{n,\,e}P(E-T,E',R) - N\delta^+(R)\int''\mathrm{d}\delta_{n,\,e} \tag{1.3}$$

其中 $\int'$ 是对转换能量 T 满足 $(E-T) > E'$ 关系的积分，$\int''$ 是对 T 满足 $(E-T) < E'$ 关系的积分，而 $\int$ 是对全部可能的 T 值积分。$\delta^+(R)$ 是 Dirac 函数。(1.3)式也用矩方法求解。

引入中间态的射程分布函数 $P(E,E',R)$ 的概念，是 Brice 对于计算分布方法的一个发展。当 R 取其在深度 x 方向上的投影时，中间态的投影射程分布函数就成为 $P(E,E',x)$，对它也可以写出一个类似的积分-微分方程。

其次，Brice 给出了能量淀积分布的一种直接计算方法，以 $Q(E,x)$ 代表入射能量为 E、深度为 x 的能量淀积分布，则 Brice 给出 $Q(E,x)$ 的基本计算方法为：

$$Q(E,\ x) = \int P(E,E',x)\sum(E')\frac{\mathrm{d}\bar{R}}{\mathrm{d}E'}\mathrm{d}E', \tag{1.4}$$

其中 $P(E,E',x)$ 代表入射能量为 E，当能量下降到 E' 时，粒子对深度 x 的分布。$\sum(E')$ 代表当能量为 E' 时，单位路程上的能量损失率，如果原子过程中损失能量为 $v(T)$，而以 T 交换能量的概率为 $\mathrm{d}\sigma(E',T)$，则 $\sum(E') = N\int v(T)\mathrm{d}\sigma(E',T)$。$\frac{\mathrm{d}\bar{R}}{\mathrm{d}E'}$ 代表在 E' 时、能量改变为 $\mathrm{d}E'$ 平均所走的路程。

$Q(E,x)$ 的表示式(1.4)就是各个中间能量 E' 分别丢失离子能量的总和，这个积分给出了能量淀积的分布，其意义是很简明的。于是对(1.4)式可以直接进行计算。

另外，在低能入射离子的情况下，对(1.4)式还可以考虑反冲核对能量淀积分布的影响，此时，Brice 将公式修正为：

$$Q(E,\ x) = \int S(E,E',x)\sum(E')\frac{\mathrm{d}\bar{R}}{\mathrm{d}E'}\mathrm{d}E' \tag{1.5}$$

其中
$$S(E,E',x) = \int P(E,E',x)D(E',x'-x)\mathrm{d}x \tag{1.6}$$

在(1.6)式中的 $D(E',x'-x)$ 是一个新的分布函数，它是能量为 E' 的粒子在空间某个 x' 处，使能量淀积于 x 的概率。

二、氧离子注入 GaAs 的射程分布与能量淀积分布的计算及其结果

为了讨论 Brice 所给出的方法，对 O^+ 注入 GaAs 的射程分布与能量淀积分布进行了计算，计算的具体参数是：

O：　　　　$Z=8$　　　　$M=15.999\,4$
Ga：　　　$Z_1=31$　　　$M_1=69.72$
As：　　　$Z_2=33$　　　$M_2=74.921\,6$

注入能量从 150 keV 起到 360 keV。

Ga 的原子密度 N_1 取值为 5.122×10^{22} 原子数/厘米^3，而 As 的原子密度 N_2 取值为 4.605×10^{22} 原子数/厘米^3，GaAs 化合物在计算中采用独立原子模型考虑。截面的计算采用 Lindhard 的屏蔽势。

计算结果得到了各组中间态的投影射程分布曲线 $P(E,E',z)$，当 $E'=0$ 时，有 $P(E,0,x)$ 为最终的投影射程分布曲线。计算并给出了能量积淀分布 $Q(E,x)$。

$P(E,0,x)$ 投影射程分布曲线给出了 $150\sim360$ keV 入射 O^+ 后，离子的射程分布情况（图1）。计算结果与 160 keV O^+ 注入 GaAs 的实验结果相符合[9]，实验测得在 $0.25\sim0.4$ μm 区域的剩余载流子分布的情况（500 ℃退火），与理论的计算是一致的。这一点也说明了，在 O^+ 注入 GaAs 的理论计算中，将化合物 GaAs 看成 Ga 与 As 二个独立原子的模型在讨论中还是可用的。

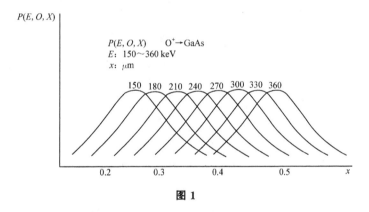

图 1

能量淀积分布的计算，给出了 $150\sim360$ keV 的 $Q(E,x)$ 分布曲线，计算结果从总的趋势说明了损伤的分布，但在 x 小值处取值偏高（图2、图3）。

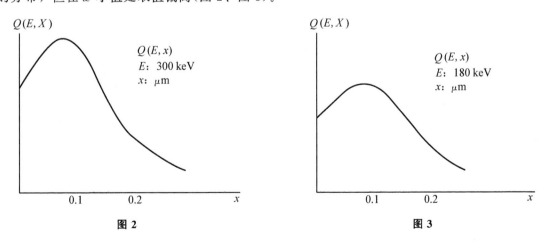

图 2　　　　　　　　　　　　　　　　　　**图 3**

这个计算结果与 Brice 理论的预期是符合的，在 Brice 的计算中，也曾给出在 x 小值处取值偏高的

损伤分布 $Q(E,\ x)^{[4]}$。这种计算结果在一定程度上能够说明实验结果。

Brice 认为，为了改进损伤分布 $Q(E,\ x)$，应该在计算 $P(E,\ E',\ x)$ 时考虑反冲核的影响，因而用(1.6)式中的 $S(E,\ E',\ x)$ 来代替 $P(E,\ E',\ x)$。

然而，在本文的实际计算中看到，在 x 处为小值处 $Q(E,\ x)$ 取值偏高的原因可能是多方面的。除了 $P(E,\ E',\ x)$ 一项的影响，$\sum(E')=N\nu(T)\mathrm{d}\delta(E',\ T)$ 这一项的影响也不可低估，它是代表在能量为 E' 时，单位路程上原子碰撞的能量淀积率。选择更为符合物理过程的 $\sum(E')$，将对 $Q(E,\ x)$ 的取值起重要影响。这一点从物理过程的分析也是明显的，在 x 小值处，原子碰撞过程能量淀积较小，而电子碰撞过程能量淀积较大，因此若选取适当的 $\sum(E')$ 定能有助于改进 $Q(E,\ x)$ 在 x 小值处的取值。这些因素的仔细讨论，尚需要深入的计算和探讨，这里只是提出，$Q(E,\ x)$ 分布在 x 小值处偏高，其原因应该是多方面的。

三、由随机过程对 Brice 的 $P(E,\ E',\ R)$ 方程进行重新推导

在 Brice 的能量淀积分布理论中，引入了中间态的射程分布函数 $P(E,\ E',\ R)$，这实际上是引入了随机变量 E'，$P(E,\ R)$ 描述的是一随机过程。因此，直接用随机过程的理论来讨论离子轰击固体过程是可能的。在 Brice 的理论中，虽然引入了 $P(E,\ E',\ R)$，但是对于其深入的含义是没有充分阐述的，而 Brice 对于 $P(E,\ E',\ R)$ 所服从的方程的推导，仅仅是作为 LSS 理论的一种外推来处理，这显然从理论上是不能令人满意的。为了使离子轰击固体的随机运动更加具有坚实的理论基础，从而可以更广泛地探讨离子注入中的各种过程，这里试图用随机过程的理论重新处理 $P(E,\ E',\ R)$ 所满足的方程，下面给出一种可能的推导方案。

分析离子进入固体后能量丢失的过程，如入射离子的能量为 E，则因碰撞过程中丢失的能量 T 是随机的，所以中间能量 E 是一个随机变量，在过程假设只有二元碰撞起作用的情况下，此随机过程是 Markov 过程，因为单纯的二元碰撞，应该是无后效的，无后效的过程是 Markov 过程。只有在考虑三体碰撞等复杂的碰撞情况时，任意两个粒子的碰撞与第三者有关，此时能量就不能简单地被看作无后效的，而与第三者碰撞的记忆后果相联系。在离子注入晶体的实际过程中，可以认为碰撞的主要机构是二元碰撞，即 Markov 过程的假定是合理的。我们将随机变量 E' 的参量选为射程 R，即 $E'=E'(R)$。在二元碰撞中丢失能量 T 的概率以截面 $\mathrm{d}\sigma=G(T)\mathrm{d}T$ 来描述。

按照 Markov 方程的观点，可以来推导 $P(E,\ E',\ R)$ 所满足的方程。

对于 Markov 过程，有 Smoluchowski 方程：

$$P(y_2,\ t_2\mid y_1,\ t_1)=\int P(y_2,\ t_2\mid y,\ t)P(y,\ t\mid y_1,\ t_1)\mathrm{d}y \tag{3.1}$$

其中 $P(y_2,\ t_1\mid y_1,\ t_1)$ 等是条件概率，即当 t_1 时处于 y_1，而当 t_2 时处于 y_2 的概率等。如果在离散情况下写出(3.1)式，则有

$$P(m,\ s\mid n,\ \iota)\sum_K P[m,\ s\mid K,\ (s-1)\iota]P[K,\ (s-1)\iota\mid n,\ \iota] \tag{3.2}$$

省略 ι，有

$$P(m,\ s\mid n)=\sum_K P(m,\ s\mid K,\ s-1)P(K,\ s-1\mid n) \tag{3.3}$$

记

$$Q(m,\ K)=P(m,\ s\mid K,\ s-1) \tag{3.4}$$

(3.4)式表示 $s-1$ 时处于 K 态，而 s 时处于 m 态的概率，称之为转移概率，是描述过程中基本事件的。所以

$$P(m, s \mid n) = \sum_K Q(m, K) P(K, s-1 \mid n) \tag{3.5}$$

作一些运算，有

$$
\begin{aligned}
P(m, s \mid n) &= \sum_K Q(m, K) P(K, s-1 \mid n) \\
&= \sum_K{}' Q(m, K) P(K, s-1 \mid n) + Q(m, m) P(m, s-1 \mid n) \\
&= \sum_K{}' Q(m, K) P(K, s-1 \mid n) + \Big[1 + \sum_K{}' Q(K, m)\Big] P(m, s-1 \mid n)。
\end{aligned}
$$

在 $\sum_K{}'$ 中不包括 $K=m$ 的项。运算中利用了 $\sum_K Q(K, m) = Q(m, m) + \sum_K{}' Q(K, m) = 1$ 的公式。

略去条件 n 的写法，可以给出方程：

$$P(m, s) - P(m, s-1) = -P(m, s-1) \sum_K{}' Q(K, m) + \sum_K{}' Q(m, K) P(K, s-1) \tag{3.6}$$

$\sum_K{}'$ 中不包括 $K=m$ 的项。

方程(3.6)式具有迁移方程的意义；左方 $P(m, s) - P(m, s-1)$ 表示从 $s-1$ 到 s 时的概率 P 的增加或变化；右方各项的意义也可以叙述如下，$\sum_K{}' Q(m, K) P(K, s-1)$ 表示一切从 K 态转移到 m 态概率的总和，而 $P(m, s-1) \sum_K{}' Q(K, m)$ 表示从 m 态回到 K 态概率的总和，所以这二部分之差正好是表示了从 $s-1$ 到 s 时概率 P 的增加或变化。

从描述 Markov 过程的方程(3.6)出发，可以讨论离子轰击固体的随机过程，此时取随机变量 $m = E'$（中间能量），而 $S = R$（射程）。对应于 $P(m, s)$ 和 $P(m, s-1)$ 有 $P(E, E', R)$ 与 $P(E, E', R - \delta R)$，此处 E 是标记以能量 E 入射的离子。

$P(K, s-1)$ 表示当 $s-1$ 时，处于各 K 态的概率，所以当 $P(m, s)$ 为 $P(E, E', R)$ 时，各个可能的 K 态为 $E-T$ 初始能量，及中间能量 E'，所以 $P(K, s-1)$ 对应为 $P(E-T, E', R - \delta R)$。

$Q(m, K)$ 和 $Q(K, m)$ 是描写过程中基本事件的转移概率，在离子注入损失能量的事件中，应对应为 $\mathrm{d}\sigma N \delta R$，即历经每个间隔 δR 所可能丢失的转换能量 T 的概率。$\sum_K{}'$ 此时对应地过渡到积分表示，积分限是 T 的一切可能取值。

综上所述，方程(3.6)变为

$$
\begin{aligned}
P(E, E', R) - P(E, E', R - \delta R) = &-P(E, E', R - \delta R) \int \mathrm{d}\sigma N \cdot \delta R \\
&+ \int P(E-T, E', R - \delta R) \mathrm{d}\sigma \cdot N \cdot \delta R。
\end{aligned}
$$

取 $\delta R \to 0$ 则有

$$\frac{\partial P(E, E', R)}{\partial \cdot R} = -P(E, E', R) N \int \mathrm{d}\sigma + N \int P(E-T, E', R) \mathrm{d}\sigma。 \tag{3.7}$$

(3.7)式在 $E' = 0$ 的情况下过渡到 LSS 方程(1.1)式。

为了从(3.7)式得到 Brice 方程(1.3)式，我们讨论(3.7)式右方第二项，可以写为

$$
\begin{aligned}
N \int_{0 \leqslant T \leqslant E-E'} P(E-T, E', R) \mathrm{d}\sigma &= N \int_{T > E-E'} P(E-T, E', R) \mathrm{d}\sigma \\
&= N \int{}' P(E-T, E', R) \mathrm{d}\sigma + N \delta^+(R) \int{}'' \mathrm{d}\sigma。
\end{aligned}
$$

第一项表示 $E-T \geqslant E'$ 的情况，此时粒子经交换能量 T，尚可继续运动，第二项是 $E-T < E'$ 的情况，表示粒子经过交换能量 T，已不能继续运动，必须停留于 R，所以概率以 $\delta^+(R)$ 表示，并移出积分号外，$\int{}'$ 及 $\int{}''$ 分别表示上述积分意义。于是由(3.7)式直接得到了 Brice 方程(1.3)式。我们给出了

Brice 方程以随机过程基础的说明。

（本工作承中国科学院计算所钟萃豪、李百令同志及 013 机组协助，并与物理系离子注入组进行了有益的讨论，谨此致谢。）

参考文献

［1］Vook F L，Birnbaum H K，Blewitt T H，et al. Report to the American physical society by the study group on physics problems relating to energy technologies：radiation effects on materials［J］. Reviews of modern physics，1975，47(S3)：S1.

［2］Bohr N. The penetration of atomic particles through matter［J］. Matematisk-Fysisk Meddelelserfra Det Kongelige Danske Videnskabernes Selskab，18(8)：1-144.

［3］Lindhard J，Scharff M，Schiøtt H E. Range Concepts and Heavy ion Ranges［J］. Matematisk-Fysisk Meddelelser fra Det Kongelige Danske Videnskabernes Selskab，1963，33(14)：1-41.

［4］Brice D K. Spatial distribution of energy deposited into atomic processes in ion-implanted silicon［J］. Radiation effects，1970，6(1)：77-87.

［5］Brice D K. Spatial distribution of ions incident on solid target as a function of instantaneous energy［J］. Radiation Effects，1971，11(3-4)：227-240.

［6］Brice D K. Recoil contribution to ion-implantation energy-deposition distributions［J］. Journal of applied physics，1975，46(8)：3385-3394.

［7］Gibbons J F. Projected Range Statistics［M］. New York：Halsted Press，1975.

［8］Winterbon K B，Sigmund P，Sanders J B. Spatial distribution of energy deposited by atomic particles in elastic collisions［J］. Matematisk-Fysisk Meddelelser fra Det Kongelige Danske Videnskabernes Selskab，1970，37(14)：1-73.

［9］Sanders J B. Ranges of projectiles in amorphous materials［J］. Canadian Journal of Physics，1968，46(6)：455-465.

［10］Crowder B L. Ion implantation in semiconductors and other materials［C］//International Conference on Ion Implantation in Semiconductors and Other Materials，New York：Plenum Press，1973.

远离平衡现象研究的现状[*]

方福康

（北京师范大学）

"在非平衡、非线性的现象下面隐藏着物理的概念和规律，我们要去发现它，研究它。这个领域的研究目前还处在一个初始的阶段。"这是日本著名理论物理学家久保亮五（R. Kubo）对于远离平衡现象研究现状所作的一个估计。[1]远离平衡现象特别是非平衡相变的研究，吸引了很多学者，有几个著名的研究集体都开展了广泛的研究，并且在特定的意义上赋予一些名称，例如耗散结构（dissipative structure）、协同学（synergetics）、合作现象等，这种现象令人感兴趣之点是在非平衡、非线性区中，复杂系统能呈现出自组织行为。经过近些年来的努力，在很多系统中对于这种自组织行为，已有了具体的认识，也有很多成功的数学计算。但是这个领域的研究，总的说来，还仅仅处在一个初始的阶段，有很多事情是我们尚未认识到的。

远离平衡现象研究的历史并不十分长，正式提出耗散结构、自组织这些概念也是 20 世纪 60 年代后期的事[2]。由于远离平衡现象的研究在物理、化学、生命系统以至某些社会现象中都有应用，因此近年来这个领域的研究工作日趋活跃，但是至今还只是对化学反应、激光、流体等一些典型的系统进行过研究，而对一些基本问题还没有系统的认识。就目前阶段的研究情况来看，无论在物理概念、数学处理或者实验结果方面都还存在着许多有待解决的不清楚的问题。

在物理概念和规律方面，现在已经知道，耗散结构的形成实际上是一种非平衡的相转变，但是这种相变的机制还不清楚。有不少人企图用平衡相变的概念来讨论非平衡相变的问题，但是看来问题并不那么简单。最近 Suzuki 讨论了非平衡相变点与通常的临界慢化点的不同之处[3]。这需要对非平衡相变这种现象作更为深入的研究，特别是对含时间的动态行为的研究将有助于这些问题的澄清。

在数学处理方面，耗散结构的理论与非线性数学密切联系，而求解非线性偏微分方程组是十分复杂的问题，在讨论耗散结构问题时，虽然引用了分支点理论、拓扑度等非线性数学的技巧，在处理非线性系统的随机方程时也提出了一些近似计算的方案，但是直到现在还没有系统完整的处理办法，在实际的问题中往往必须作各种近似，这对于确定问题的清晰图像造成了很多限制。

另外在实验工作方面，目前还只是对一些比较典型的系统如班纳德（Bénard）流、激光和某些化学反应作了一些研究，没有系统地积累起资料，因此理论研究和实验结果的比较还不充分。

目前主要在理论方面作了些研究工作，目的在于获得清晰的物理概念和改进数学运算方法。为了获得具体的物理概念，一个重要的方法是对典型的系统进行分析：目前大量的工作是围绕着流体、化学反应、激光，电子回路和生态系统展开的。对其他一些系统，例如天体、核反应、城市交通等，也作了一些讨论，我们以化学反应为例来说明研究的进展。化学反应的种类繁多，对这些反应作为远离平衡的一种现象来研究，抽象出一些典型的模型进行分析，在理论上是方便的。这种简化了实际反应过程的模型在数学上处理也较为简捷，而且它没有失去对于实际问题的概括。经过若干年来的研究积累，已有薛洛格（Schlögl）模型、洛特卡-沃尔泰拉（Lotka-Volterra）模型、三分子模型（Brusselator）、别洛索夫-扎鲍廷斯基（Zhabotinsky）反应等，通过这类典型模型的分析计算，可以概括某一类化学反应现象的基本特征。如薛洛格 1972 年提出的模型，其化学反应方程可以写为：

* 方福康. 远离平衡现象研究的现状[J]. 自然杂志，1982，5（4）：252-253.

$$A + 2X \Longrightarrow 3X$$
$$X \Longrightarrow B$$

这是一种单组分的自催化型的反应，可以概括诸如核化效应一类现象的基本特点。对这个模型进行计算的结果表明，它是相当于托姆(Thom)尖点突变的一种相变。对其定态解与动态解的性质都有详细的研究。有兴趣的是，这个模型可以概括相当广泛的实际突变现象，不仅在化学反应系统中，还有例如单模的激光系统以及生命现象中不对称性的某些突变等都具有这个模型的基本特征。化学反应虽然繁多，但就从远离平衡区的突变角度来考察，可以分为三个基本的类型，即：单组分的粒子数的突变；形成空间的有序结构；形成时间的有序结构。上述的薛洛格模型，就是一种粒子数的突变，而三分子模型能形成空间和时间的结构。有关耗散结构的许多概念，都是通过这些典型例子而获得的。

利用在物理、化学系统的研究中所获得的概念，推广应用到其他的系统中去，这也是近年来远离平衡现象的研究引人注目的一个方面，例如爱伦(Allen)等人将研究化学反应中非平衡相变的一套办法，用到研究生态系统及某些简单的社会现象中去。其结果表明，生态系统与其他物理化学系统的规律竟有十分相似之处，例如白蚁的筑窝是一个突变过程，其数学模型竟类同于化学反应中的自催化过程。爱伦还计算了一些城市系统的问题，例如城市中心的发展、交通运输等，也取得了很好的结果。

宏观结构的触发过程也是一种远离平衡的现象，以班纳德流形成过程为例，如果我们讨论一种简化的情况，容器是密闭的，即液体没有自由表面，此时加热平底容器的薄层液体，将有一个暖流团上升，这个暖流团在上部较冷的液层中将继续上升，因此有可能形成液层中的对流现象。然而这种上升运动是会受到其他力的遏制的，在上述简单情况下，有两种力是起相反作用的，一种是暖流团上升时的黏滞阻力，另一种是扩散力。所以，当加热液层时，开始并不立即出现对流现象，而只有当温度梯度达到一定的阈值时，上升的运动克服了这两种遏制力，对流才突然出现，这个阈值就是触发宏观结构的临界点。这种触发过程是一种复杂的非线性效应。在其他一些非平衡系统中，例如激光或化学反应，虽然具体的对象有所不同，但也存在着相类似的触发过程。

对于这种宏观结构的形成机制和触发过程，是近年来远离平衡现象理论研究的一个中心问题。各个研究集体都设计了一些理论方案，在一些近似的条件下得到对于这个问题的部分解答。例如日本的Suzuki设想有三个因素在耗散结构的形成中起主要作用，即：非线性力，随机扰动，初始状态。他的计算结果定性地得到了非平衡系统相变的动态行为，可以解释相当一批现象。比利时布鲁塞尔学派则着眼于在非线性系统中存在着局域涨落，他们利用生灭过程进行具体模型的计算，并将其结果与化学反应系统作比较。西德的哈肯(Haken)学派则在激光系统研究的基础上，提出了在非线性系统中可以将参量划分为快参量和慢参量两种，而在相变的行为中，慢变量起控制作用。这就很大地简化了方程的计算。以上这几种理论方案的实施和具体运算，都是非平衡统计的问题。这种统计理论通常采取随机过程的数学形式，即采取一套宏观变量作为基本集合并且把这些量的随机涨落考虑进去，这样处理的结果可以得到一套随机方程来描述非平衡系统的统计行为。常用的方程是马斯特(Master)方程和福克-普朗克(Fokker-Plank)方程。再按各种方案作近似的处理。

在以上几种理论处理中，Suzuki的理论值得注意的一点是，Suzuki系统地考虑了非平衡相变的动态行为，这对于研究非平衡系统中宏观结构的形成是重要的。仅仅研究定态的行为，其他的学派曾做了很多的工作，是不足以充分揭示非平衡相变的触发过程的。Suzuki的研究还提出了一些定量的结果，例如触发过程的特征时间是与 $\log 1/\varepsilon$ 成正比等，其中 $1/\varepsilon$ 代表系统的尺度。这些结论虽然初步，但是对于定量地估计宏观结构的形成过程是很有兴趣的。

对于以上这些基本理论问题以及应用到具体系统时的计算，由于非线性系统的特性，带来了数学上的困难，因此通常只能提出一些近似的结果，这给物理概念的阐明带来了不便。但是仔细进行计算，可以发现这些非线性系统所引起的数学上的困难有一些相类似的特点，它们反映了非线性系统的特性。与经典力学或量子力学所处理的系统相比，可以发现，在这些系统中只有对一些经过简化的线性问题才可以严格处理。例如那些可以用特殊函数描述解的系统，只是相当于其特征矩阵可以化为两对角线的形式。而在一些典型的非线性系统中，我们所要处理的问题，如果用矩阵来表述，一个比较简单的系统也对应着一个三对角矩阵，这些从数学角度所反映出来的特殊困难，也从另一个方面印证了 Kubo 的估计，在非平衡的现象下的确隐藏着新的概念和规律。

弄清楚这些理论问题最终要依靠实验的检验。这方面的工作目前还不是十分广泛。但是已经有相当一批实验工作引起人们的兴趣和注意，例如在法国巴黎和美国得克萨斯所进行的流体不稳定性的实验，在日本东京 Kabashima 等人所做的有关电子回路中噪声的实验，在意大利的激光实验，还有扎鲍廷斯基反应等，都是一些典型的远离平衡的实验现象。这些实验现象的分析以及与理论的对比，必将有助于澄清这些有待解决的理论问题。

参考文献

[1]Kubo R. Opening address to Oji seminar on non-linear non-equilibrium statistical mechanics[J]. Progress of Theoretical Physics Supplement，1978，64：1-11.

[2]Prigogine I. Structure，Dissipation and Life[M]//Marois M. Theoritical physics and biology. Amsterdam：North-Holland Publishing Company，1969：23-52.

[3]Suzuki M，Kaneko K，Sasagawa F. Phase transition and slowing down in non-equilibrium stochastic processes[J]. Progress of Theoretical Physics，1981，65(3)：828-849.

描述不稳定系统弛豫过程的 Fokker-Planck 方程的数值解[*]

王光瑞　田树芸　顾光淑　方福康

（北京师范大学物理系）

The Fokker-Planck Equation Numerical Solution of the Relaxation Process in an Unstable System

Wang Guangrui　Tian Shuyun　Gu Guangshu　Fang Fukang

(Department of Physics Beijing Normal University)

Abstract：This article discusses the numerical solution of Fokker-Planck equation with bistable potential. The behaviour of probability distribution function in whole time interval is obtained. The calculation shows that the onset time of macroscopic structure in Suzuki's theory is correct. The limitations of this theory are on the analysis of the final regime and the lack of the whole time interval behaviour.

一、引言

对于非平衡系统如何由不稳定点附近的无序状态变化到稳定点附近的有序状态，以及有序状态所呈现的特征，许多人从不同的角度进行了研究[1-4]。近期的一项工作，是日本 Suzuki 等人提出的"瞬变现象的标度理论"，它能够定性地解释宏观有序结构的形成机制，因此引起了人们的兴趣，但也出现了不少保留意见和问题[5-9]，主要是 Suzuki 理论中预言的标度区特征时间与 $\log\dfrac{1}{\varepsilon}$ 成正比是否总是正确？概率分布函数随时间变化的长时间行为应该是怎样的？Suzuki 的三个时间阶段的划分是否准确？等等。由于这些问题涉及理论的基本问题，而且各家所展开的讨论也是在近似的分析方法基础上进行的，至今没有一种近似方法可以对不稳定系统的弛豫现象作出一个全过程的完整描述，所以利用计算机的数值计算，对于典型的模型系统讨论这种弛豫过程的性质，并与分析方法所得的结果相比较是有意义的。不仅如此，标度理论成立的条件之一是无因次涨落系数 $\varepsilon \ll 1$，那么自然就会提出一个问题：ε 大到什么程度 Suzuki 的标度理论不能适用？或者问：ε 大了，精确解与标度理论的近似解有多少差别？本文的目的，就是用数值计算方法研究 Suzuki 标度理论的适用范围及其与精确解的差别。

按照 Suzuki 的工作[3,10-12]，我们采用 Fokker-Planck 方程进行讨论。对于单变量 q 的情况，以 $f(g, t)$ 表示 t 时刻随机变量 q 的概率分布，这时方程为

$$\frac{\partial f(q, t)}{\partial t} = -\frac{\partial [K(q) \cdot f(q, t)]}{\partial q} + \varepsilon \frac{\partial^2 f(q, t)}{\partial q^2}。 \tag{1.1}$$

---

* 王光瑞，田树芸，顾光淑，等. 描述不稳定系统弛豫过程的 Fokker-Planck 方程的数值解[J]. 北京师范大学学报(自然科学版)，1982(1)：29-34.

(1.1)式右端第一项称为漂移项，$K(q)$ 为广义力，第二项称为扩散项，$\varepsilon = 0(\Omega^{-1})$，$\Omega$ 为系统尺度。

根据 Suzuki 的标度近似，方程(1.1)在初始分布为高斯分布的条件下，有渐近的标度解为

$$f_{sc}(q, \tau) = \frac{1}{(2\pi\tau)^{1/2}} F'(q) \exp\left(-\frac{F^2(q)}{2\tau}\right), \tag{1.2}$$

其中 $F(q) = \exp\left\{\gamma \int_{a_0}^{q} [K(\xi)]^{-1} d\xi\right\}$，$a_0$ 由 $F'(q_0) = 1$ 确定，$\tau = \tau(t)$ 是与 t 有关的标度时间。

对于对称双稳势的特殊情况，我们有

$$K(q) = \gamma q(1 - q^2), \tag{1.3}$$

此时标度解为

$$f_{sc}(q, \tau) = \frac{1}{(2\pi\tau)^{1/2}} \exp\left[-\frac{q^2}{2\tau(1-q^2)} - \frac{3}{2}\ln(1-q^2)\right], \tag{1.4}$$

其中 $\tau(t) = \sigma\varepsilon\, e^{2\gamma t}$，$\sigma = \sigma_0 + \sigma_1$，$\sigma_0$ 是初始高斯分布的宽度，$\sigma_1 = \frac{1}{2\gamma}$。

令 $f''_{sc}[0, \tau(t_0)] = 0$，可解得 $\tau(t_0) = \frac{1}{3}$。

由此可得在 $q = 0$ 处，由初始的高斯分布变为平塌的分布所经历的特征时间为

$$t_c = \frac{1}{2\gamma}\ln\frac{1}{3\varepsilon\sigma}. \tag{1.5}$$

这个概率函数分布及其特征时间 t_c 是 Suzuki 理论的一个基本结论，以下借助于计算机对此进行讨论。

二、方程的定解条件及数学处理

我们对方程(1.1)采用数值解法。在方程(1.1)中取 $K(q) = \gamma q(1 - q^2)$，其中 γ 为系统参量。在数值计算中我们总取 $\gamma = 1$。

对方程(1.1)进行数值解时，以初始条件作为主要定解条件，还根据物理模型给出其边界条件，初值和边界条件满足相容性条件。按 Suzuki 的讨论，初始条件取高斯分布

$$f(q, 0) = \left(\frac{1}{2\pi\varepsilon_0^2}\right)^{1/2} \exp\left(-\frac{q^2}{2\varepsilon_0^2}\right), \quad q \in (-\infty, +\infty), \tag{2.1}$$

其中 $q = 0$ 是不稳定点位置，ε_0 为给定参量，在计算中取 $\varepsilon_0 = 0.05$。边界条件可参考 $t = \infty$ 时，定态概率分布函数 $f(q, \infty)$ 的性质来选取，在 $q = \pm 2$ 处，取

$$\begin{cases} f(2, t) = 0, \\ f(-2, t) = 0 \end{cases} \tag{2.2}$$

作为计算的边界条件。上述选取的初值和边界条件不难验证满足相容性条件。

方程(1.1)可以用抛物型方程的网格差分法作数值解。我们分别采用了全隐式格式及平均隐式格式进行计算，得到了一致的计算结果。这里我们以平均隐式格式为例说明方程(1.1)的差分方程的建立，方程(1.1)写为

$$\frac{\partial f(q, t)}{\partial t} = -K'(q) \cdot f(q, t) - K(q) \cdot \frac{\partial f(q, t)}{\partial q} + \varepsilon \frac{\partial^2 f(q, t)}{\partial q^2}. \tag{1.1'}$$

由(1.3)式给出 $K(q)$ 后，方程(1.1)的解对 $q = 0$ 是对称的，为计算方便，网格区间可取作：$0 \leqslant q < 2$，$0 \leqslant t < T$，时间步长取 $\Delta t = \frac{T}{M}$，空间步长取 $h = \frac{2}{N}$，此时有 $f(-h, \Delta t) = f(h, \Delta t)$。在上述简化下可建立差分方程组：

$$Af_{i-1}^{j+1}+Bf_i^{j+1}+Cf_{i+1}^{j+1}=Ef_{i-1}^j+Ff_i^j+Gf_{i+1}^j, \quad i=1, \cdots, N; \quad j=1, \cdots, M; \qquad (1.1'')$$

$$A_{i-1}=-\frac{1}{2}\left\{\frac{\Delta t}{h^2}\varepsilon+\frac{\Delta t}{h}\frac{K[(i-1)h]}{2}\right\}, \quad i=2, \cdots, N;$$

$$B_i=\frac{1}{2}\left\{\frac{\Delta t}{h^2}2\varepsilon+\Delta t K'[(i-1)h]+2\right\}, \quad i=1, \cdots, N;$$

$$C_1=-\frac{\Delta t}{h^2}\varepsilon;$$

$$C_i=-\frac{1}{2}\left\{\frac{\Delta t}{h^2}\varepsilon-\frac{\Delta t}{h}\frac{K[(i-1)h]}{2}\right\}, \quad i=2, \cdots, N-1;$$

$$E_i=\frac{1}{2}\left\{\frac{\Delta t}{h^2}\varepsilon+\frac{\Delta t}{h}\frac{K[(i-1)h]}{2}\right\}, \quad i=1, \cdots, N;$$

$$F_i=\frac{1}{2}\left\{2-\frac{\Delta t}{h^2}2\varepsilon-\Delta t K'[(i-1)h]\right\}, \quad i=1, \cdots, N;$$

$$G_i=\frac{1}{2}\left\{\frac{\Delta t}{h^2}\varepsilon-\frac{\Delta t}{h}\frac{K[(i-1)h]}{2}\right\}, \quad i=1, \cdots, N。$$

差分方程(1.1″)为三对角方程组，用追赶法即可解得方程(1.1)的数值解。

全隐式及平均隐式格式的稳定性及收敛性这里不再赘述。

在我们所进行的计算中，对全隐式格式，取 $\Delta t=1\times10^{-4}—8\times10^{-2}$，$h=1\times10^{-2}$，对平均隐式格式，取 $\Delta t=5\times10^{-2}—2.5\times10^{-2}$，$h=5\times10^{-2}—2\times10^{-2}$。所用差分方程的离散误差对全隐格式是 $O(\Delta t+h^2)$，对平均隐式格式是 $O(\Delta t^2+h^2)$。

三、数值计算结果

模型序号	物理量					备注
	2ε	σ_0	σ	t_0^s	t_c	
1	0.002	1.25	1.75	2.278	2.325	
2	0.004	0.625	1.125	2.15	2.2	
3	0.005	0.5	1.0	2.1	2.15	
4	0.01	0.25	0.75	1.9	2.0	图1、图2
5	0.018	0.14	0.64	1.68	1.85	
6	0.05	0.05	0.55	1.25	1.46	
7	0.1	0.025	0.525	0.924	1.23	图3、图4
8	0.14	0.018	0.518	0.763	1.125	
9	0.2	0.013	0.513	0.586	1.02	
10	0.4	0.006 3	0.506	0.25	0.835	

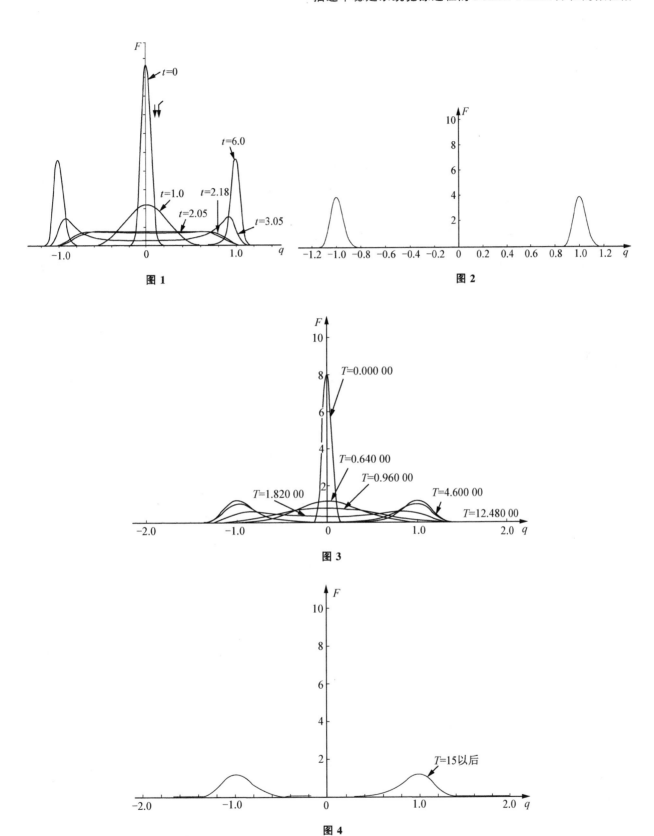

图 1

图 2

图 3

图 4

表中各物理量的意义：ε 为系统参变量；t_0^s 为 Suzuki 理论特征时间，即按下列公式计算所得，$t_0^s = \dfrac{1}{2\gamma}\ln\dfrac{1}{6\varepsilon\sigma}$，其中 $\sigma = \sigma_0 + \sigma_1$。$\sigma_1 = \dfrac{1}{2\gamma}$，$\sigma_0 = \varepsilon_0^2/2\varepsilon$，取 $\gamma = 1$，$\varepsilon_0 = 0.05$；t_c 为数值计算结果给出的

特征时间。

我们还可以作 $2\varepsilon\text{-}t_0^s$ 曲线及 $2\varepsilon\text{-}t_c$ 曲线，作为分析特征时间与 ε 的关系的数值计算结果与 Suzuki 理论的一个比较(图 5)。

四、结论

我们用数值解的方法，讨论了非线性 Fokker-Planck 方程(1.1)的弛豫过程，在对称势的情况下，得到了概率分布随时间发展的全过程。这些计算结果与 Suzuki 的标度理论作比较，有下列几点是令人感兴趣的。

1. 在初始阶段，单峰变平的过程相对地看是较快的，其特征时间符合 Suzuki 理论的估计，$t_c \propto \dfrac{1}{2\gamma}\ln\dfrac{1}{\varepsilon}$，随着 ε 和 γ 不同值的选取(在 ε 较小的范围内)，这个近似表示式都是正确的。这从数值解方面论证了 Suzuki 等人工作的合理性。

2. 在终时阶段，概率分布函数 $f(q,t)$ 随时间的变化相当缓慢，而且计算给出了 $f(q,t)$ 在接近稳定点时图像的详细细节，这是 Suzuki 的近似解析理论所未能完成和给出的。这一问题的分析解目前还是开放的，我们的数值解结果为它提供了启示。

3. Suzuki 等人近似解 Fokker-Planck 方程时，都是在 $\varepsilon \ll q \cdot K(q)$ 的前提下进行的，但 ε 究竟多小 Suzuki 理论才能适用呢? 我们变换参数 ε 进行的分析定量地回答了这一问题。明显可见，ε 大时理论不符，图 6 为 Suzuki 理论曲线。

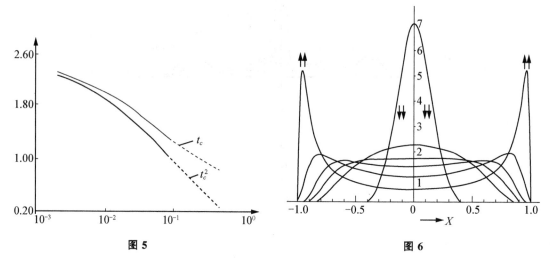

图 5   图 6

4. 本文限于讨论对称势的情况，并且主要是与 Suzuki 的理论进行对比。关于非对称势和其他学派对特征时间的讨论，我们将在以后的文章中论述。

袁兆鼎、陈式刚同志对本工作给予了帮助，谨致谢意。

参考文献

[1] Nicolis G，Prigogine I. Self-organization in Non-equilibrium Systems：from Dissipative structures to Order through Fluctuations[M]. New York：Wiley，1977.

[2] Haken H. Cooperative phenomena in systems far from thermal equilibrium and in nonphysical

systems[J]. Reviews of Modern Physics, 1975, 47(1): 67-121.

[3]Suzuki M. Scaling theory of transient phenomena near the instability point[J]. Journal of Statistical Physics, 1977, 16(1): 11-32.

[4]周光召,李怀智. 关于不稳定系统的弛豫过程[C]//1978 年全国非平衡统计物理(耗散结构专题)会议论文集, 196.

[5]Caroli B, Caroli C, Roulet B. Diffusion in a bistable potential: a systematic WKB treatment[J]. Journal of Statistical Physics, 1979, 21(4): 415-437.

[6]Caroli B, Caroli C, Roulet B. Growth of fluctuations from a marginal equilibrium[J]. Physica A, 1980, 101(2-3): 581-587.

[7]Kampen N G V. A soluble model for diffusion in a bistable potential[J]. Journal of statistical physics, 1977, 17(2): 71-88.

[8]Fang FK. Variational calculation of lower excited states in a chemical bistable system[J]. Physics letters A, 1980, 79(5-6): 373-376.

[9]Pasquale F D, Tombesi P. The decay of an unstable equilibrium state near a "critical point"[J]. Physics Letters A, 1979, 72(1): 7-9.

[10]Suzuki M. Scaling theory of non-equilibrium systems near the instability point. II: anomalous fluctuation theorems in the extensive region[J]. Progress of Theoretical Physics, 1976, 56(1): 77-94.

[11]Suzuki M. Scaling theory of relaxation and fluctuation near the instability point[J]. Physics letters A, 1976, 56(2): 71-72.

[12]Suzuki M. Passage from an initial unstable state to a final stable state[J]. Advances in Chemical Physics, 1981, 46: 195-278.

描述不稳定系统弛豫过程的 Fokker-Planck 方程的数值解(二)[*]

王光瑞[1]　陈式刚[1]　方福康[2]　田树芸[3]

（1. 应用物理和计算数学研究所；2. 北京师范大学物理系；3. 北京师范大学低能所）

The Fokker-Planck Equation Numerical Solution of the Relaxation Process in an Unstable System（Ⅱ）

Wang Guangrui，Chen Shigang，Fang Fukang and Tian Shuyun

Abstract：The relaxation process from an unstable initial state to a final stable state is discussed. By using a numerical calculation for the Fokker-Planck equation the solution for the relaxation process is obtained. In the calculation the drift term of Fokker-Planck equation in a nonsymmetry case is adopted. The results show the evolution from an initial single peak to final double peak. Some special nonsymmetric drift term is also discussed. Moreover，different ε is calculated to show the approximation in the computer calculation. The results can be compared with the analytic calculation by other authors.

远离平衡的系统随着控制参数的变化，原来稳定的系统可能失稳，系统随之会过渡到一个新的状态，这个状态可能是耗散结构的有序状态，也可能是混沌状态，20 世纪 70 年代以来，许多人从不同的角度对此进行了广泛的研究。日本 Suzuki 等人提出的"瞬变现象的标度理论"，定性地解释了由不稳态至稳定态的变化过程[4]。但是至今没有一种解析方法可以对不稳定系统的弛豫现象的全过程作出完整的描述，所以利用数值计算，对典型的模型系统的弛豫过程进行讨论，并把它与分析方法所得的结果相比较是有意义的工作。在[1]中，我们曾在位势对称的情况下，数值求解 Fokker-Planck 方程，并与 Suzuki 等人的理论进行了仔细的比较，得到过一些结论。在位势不对称的情况下，有人进行了一些讨论[2,3]，但仍存在某些问题。我们采用与[1]中完全相同的方程、初条件、计算程序，对这种情况也进行了数值计算，并与[2，3]中的结论进行了比较和讨论。

一、计算条件

我们采用 Fokker-Planck 方程进行讨论。对于单变量 q 的情况，以 $f(q，t)$ 表示 t 时刻随机变量 q 的概率分布，这时方程为：

$$\frac{\partial f(q，t)}{\partial t}=-\frac{\partial[K(q)f(q，t)]}{\partial q}+\frac{\varepsilon}{2}\frac{\partial^2 f(q，t)}{\partial q^2}, \tag{1.1}$$

(1.1)式右端第一项为漂移项，$K(q)$ 为广义力，第二项为扩散项，$\varepsilon=O(\Omega^{-1})$，$\Omega$ 为系统尺度。

对方程(1.1)进行数值解时，与[1]相同，初始条件取高斯分布：

---

* 王光瑞，陈式刚，方福康，等. 描述不稳定系统弛豫过程的 Fokker-Planck 方程的数值解(二)[J]. 北京师范大学学报(自然科学版)，1984(1)：65-70.

$$f(q, 0)=\left(\frac{1}{2\pi\varepsilon_0^2}\right)^{1/2}\exp\left(-\frac{(q-q_{00})^2}{2\varepsilon_0^2}\right), \quad q\in(-\infty, +\infty), \tag{1.2}$$

边界条件为 $f(\pm\infty, t)=0$，在本文的实际情况中，可用有限值处的：

$$\begin{cases} f(q_{max}, t)=0, \\ f(q_{min}, t)=0, \end{cases} \tag{1.3}$$

代替 $f(\pm\infty, t)=0$，作为计算的边界条件。我们分别采用了全隐式格式及时间中心差分格式进行计算，得到了一些计算结果。在[1]中，我们计算具有对称双稳势的广义力 $k(q)=q(1-q^2)$ 的特殊情况，这里，我们主要是讨论不对称势的情况。

计算的第一种情况中取广义力为：$k_1(q)=0.6q-q^2-q^3$，相应的位势 $V_1(q)=\frac{q^4}{4}+\frac{q^3}{3}-0.3q^2$，它包含 q 的奇次项，对不稳定点 $q=0$ 是不对称的，它有两个不对称的位阱。方程及差分计算中的其他参数为：

$$\varepsilon_0=0.05, \quad q_{00}=0, \quad q_{min}=-4, \quad q_{max}=2, \quad \Delta q=0.02, \quad \Delta t=0.8,$$

其中 Δq 为坐标 q 的步长，Δt 为时间步长。

在这种不对称双阱势情况下，我们计算了下面对应于不同 ε 的 6 个模型，它们是：模型(i)，$\varepsilon=0.005$；模型(ii)，$\varepsilon=0.007$；模型(iii)，$\varepsilon=0.02$；模型(iv)，$\varepsilon=0.03$；模型(v)，$\varepsilon=0.04$；模型(vi)，$\varepsilon=0.1$。另一个模型(vii)采用了如下的参数：$\varepsilon_0=0.05$，$q_{00}=0$，$q_{min}=-2.046\,204$，$q_{max}=0.990\,89$，$\Delta q=0.010\,123\,66$，$\Delta t=0.8$，$\varepsilon=0.01$。

在我们计算的第二种情况中，取广义力为：$k_2(q)=-2q^2-q^3$，相应的位势 $V_2(q)=\frac{q^4}{4}+\frac{2}{3}q^3$，这时位势中的一个位阱退化为"拐点"，方程及差分计算中的其他参数如下：$\varepsilon_0=0.05$，$q_{00}=0$，$q_{min}=-4$，$q_{max}=2$，$\Delta q=0.02$，$\Delta t=0.8$。

针对不同的 ε 计算了下面 8 个模型：模型(xviii)，$\varepsilon=0.005$；模型(ix)，$\varepsilon=0.007$；模型(x)，$\varepsilon=0.016$；模型(xi)，$\varepsilon=0.02$，模型(xii)，$\varepsilon=0.03$；模型(xiii)，$\varepsilon=0.1$，模型(xiv)，$\varepsilon=0.2$；模型(xv)，$\varepsilon=0.592$。

另一个模型(xvi)采用如下参数：

$\varepsilon=0.01$，$\varepsilon_0=0.05$，$q_{00}=0$，$q_{min}=-2.720\,457$，$q_{max}=0.686\,145\,9$，$\Delta q=0.011\,355\,343$，$\Delta t=8\times10^{-2}$。

为了清楚，分别把 $V_1(q)$，$V_2(q)$，绘成图1与图2。

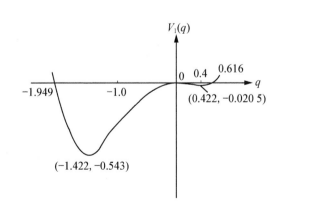

图 1　不对称势 $V_1(q)$ 的图形

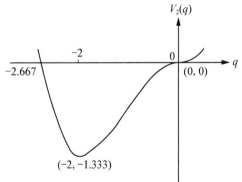

图 2　不对称势 $V_2(q)$ 的图形

二、计算结果

在不对称势 $V_1(q)$ 情况下，我们感兴趣的两个特征时间之一是：从初始的不稳定态开始衰减到 f 出现两个峰的时间，文献中称为 Suzuki 时间，记为 t_S，Suzuki 的解析近似结果[1]为

$$t_S \cong \frac{1}{2|V_1''(0)|} \ln \frac{2\Delta V_1(q_a)}{\varepsilon}, \tag{2.1}$$

其中 $\Delta V_1(q_a)$ 是右边（较高的）势阱的深度，$q_a = 0.422$，另一个特征时间是由亚稳态过渡到完全平衡的时间，称为 Kramer 时间 t_{K_1}，它的近似解析表达式为

$$t_{K_1} \cong \frac{\pi}{[V_1''(q_a)|V_1''(0)|]^{1/2}} \exp\left(\frac{2\Delta V_1(q_a)}{\varepsilon}\right), \tag{2.2}$$

表 1 给出 Suzuki 时间的数值计算结果 t_{I} 和用公式(2.1)计算的结果 t_s。

表 1

ε	0.005	0.007	0.02
t_{I}（本文计算结果）	1.6	1.3	0.4
t_S［公式(2.1)］	1.751	1.471	0.596

表 2 给出 Kramer 时间的数值计算结果 t_{II} 与几种不同的解析近似结果，以作比较。

表 2

ε	0.01	0.02	0.03	0.04	0.1
t_{II}（本文计算结果）	556.522	74.534	36.775	25.013	10.838
t_{K_1}［公式(2.2)］	306.582	37.543	18.643	13.138	6.997
t_{K_2}［公式(2.4)］	345.941	42.363	21.036	14.825	7.873
t_{K_3}［公式(2.5)］	414.806	50.796	25.224	17.776	9.467

其中，数值计算所得的 t_{II} 按亚稳态峰值 $f(q_a, t)$ 随时间的指数型衰减 $f(q_a, t) = f_0 \mathrm{e}^{-t/t_K}$ 来定义与计算，即有

$$t_{\mathrm{II}} = -\frac{\mathrm{d}t}{\mathrm{d}\ln f(q_a, t)}, \tag{2.3}$$

此外，t_{K_1} 为 Kramer 原先给出的表达式(2.2)；t_{K_2} 为 Tomita 等用本征值方法[3]求得的表达式

$$t_{K_2} = \frac{2\sqrt{\pi}}{[V_1''(q_a)|V_1''(0)|]^{1/2}} \mathrm{e}^{\frac{2\Delta V_1(q_a)}{\varepsilon}}, \tag{2.4}$$

t_{K_3} 为 Gilmoro 用首次通过时间方法求得的表达式

$$t_{K_3} = \frac{1.353\pi}{[V_1''(q_a)|V_1''(0)|]^{1/2}} \mathrm{e}^{\frac{2\Delta V_1(q_a)}{\varepsilon}}, \tag{2.5}$$

在公式(2.1)，(2.2)，(2.4)，(2.5)里，$\Delta V_1(q_a) = -V_1(0.422\,2) = +0.020\,5$，$V_1''(q_a) = V_1''(0.422) = 0.778\,05$，$|V_1''(0)| = 0.6$。

在不对称势 $V_2(q)$ 情况下，我们感兴趣的特征时间是粒子离开 $q = 0$ 至 q 在 0 与势阱最深处 $q_b(q_b = -2)$ 之间的时间 t_0。Caroli 等人给出的时间标度为，

$$t_0 = \left(\frac{\varepsilon}{2}\right)^{\frac{-1}{3}} \cdot \left(\frac{|q_b|}{3V_0}\right)^{\frac{2}{3}}, \tag{2.6}$$

V_0 由 $q\approx 0$ 附近的势函数

$$V(q)\cong V_0\left(\frac{q}{|q_b|}\right)^3 \tag{2.7}$$

来定义，据(2.7)式与 $V_2(q)$ 有：$\dfrac{V_0}{|q_b|^3}\cong\dfrac{2}{3}$。 (2.8)

在数值计算中作为比较的时间，以 $f(0,t_0)=f(q_b,t_0)$ 来定义，表3给出数值计算结果和公式(2.8)结果的比较。

表 3

ε	0.005	0.007	0.010	0.016	0.020	0.030	0.100	0.200	0.592
t_{III}	7.049	6.338	5.468	5.096	4.742	4.255	3.192	2.726	2.137
t_0	4.643	4.152	3.685	3.151	2.925	2.555	1.710	1.357	0.945

三、结论

(1)由图3及表1可见，当 $\varepsilon=0.02$ 减小至 $\varepsilon=0.005$ 时，t_S 公式所给出的结果，与数值计算的结果，偏离越来越小，从其趋势看来，当 ε 很小时，解析理论可能与数值结果一致。

(2)由图4及表2可见，在 $\varepsilon=0.01$ 至 $\varepsilon=0.1$ 范围内，t_{K_3} 更好地反映了我们计算的情况，它的值与数值计算结果最接近，须指出：t_{K_1}，t_{K_2}，t_{K_3} 之间的差别只是常数不同。

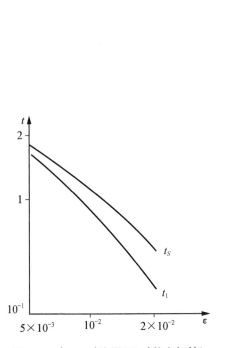

图 3　t_1 与 t_S 对比图(双对数坐标轴)

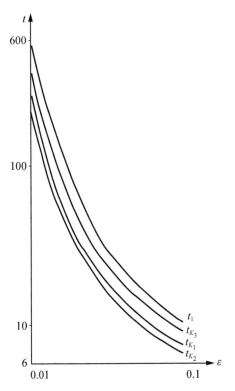

图 4　t_{II} 与 t_{K_1}，t_{K_2}，t_{K_3} 对比图

(双对数坐标轴)

（3）由图 5 及表 3 可见：t_{III}（计算），t_0（公式）的比较说明 t_0（公式）定性上是正确的。在理论上说，(2.6) 式给出的 t_0 只是一个时间标度，它与数值计算结果还差一个数值系数，后者可很好地表示为 $t_{\text{III}} = 0.88 + 0.82 \left(\dfrac{2}{\varepsilon}\right)^{\frac{1}{3}}$，它说明 $\varepsilon \to 0$ 时，$t_{\text{III}} \propto \left(\dfrac{2}{\varepsilon}\right)^{\frac{1}{3}}$，所以理论与计算在定性上完全一致。

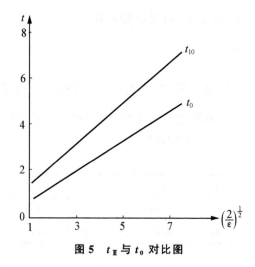

图 5　t_{III} 与 t_0 对比图

（4）在不对称势 $V_1(q)$ 情况下，模型（ii），（iii），（iv），（vi），（vii）的共同特点为 $q_{00} = 0$ 处的初始分布一边下降，其中心位置一边向右方移动，移动至 $q_a = 0.422$ 为止，直至消失。与此同时，$q_b = -1.422$ 处的分布由 0 开始一直上升，最后只在 q_b 处有一个单峰。这个过程如图 6 所示。

（5）在不对称势 $V_2(q)$ 情况下，模型（xiii 和 xiv），（xvi）的共同特点为 $q_{00} = 0$ 处的初始分布一边下降，直至消失。与此同时 $q_b = -2$ 处，由 0 开始升起一个分布，最后只在 q_b 处有一个单峰。这个过程如图 7 所示。

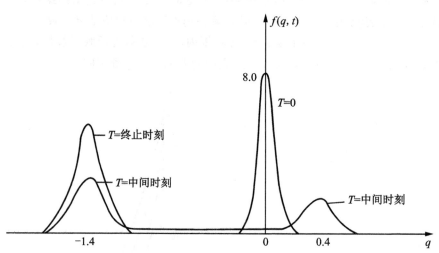

图 6　$\varepsilon = 0.03$，不对称势 $V_1(q)$ 时，$f(q, t)$ 随 t，q 发展变化示意图

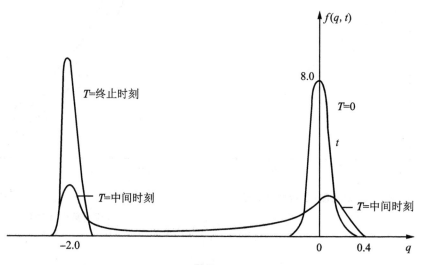

图 7

参考文献

[1]王光瑞，田树芸，顾光淑，等.描述不稳定系统弛豫过程的 Fokker-Plank 方程的数值解[J].北京师范大学学报(自然科学版)，1982，1：29-34.

[2]Caroli B，Caroli C，Roulet B. Growth of fluctuations from a marginal equilibrium[J]. Physica A：Statistical Mechanics and its Applications，1980，101(2-3)：581-587.

[3]Tomita H，Itō A，Kidachi H. Eigenvalue problem of metastability in macrosystem[J]. Progress of Theoretical Physics，1976，56(3)：786-800.

[4]Suzuki M. Scaling theory of transient phenomena near the instability point[J]. Journal of Statistical Physics，1977，16(1)：11-32.

耗散结构*

方福康
（北京师范大学物理系）

　　物理学是一门内容十分丰富的科学，它有很多引人入胜的分支或研究领域。如果要探索物质的微观结构，那么沿着原子、原子核、基本粒子这条线索，目前探讨的对象已经达到 10^{-15} cm 数量级的空间尺度和 10^{-23} s 的时间尺度。如果关心宇宙的发展和演化，其空间距离会达到 10^{28} cm，时间的数量级是 10^{10} 年。物理世界微观和宇宙二极一直是物理学研究的前沿，它们为我们开拓着对物理基本规律的认识，在这方面目前仍有不少基本问题尚待解决。另外，在我们通常熟悉的不太大又不太小的尺度内，由于物质结构的多样性和复杂性，也形成了物理学研究的一个前沿，那就是以复杂体系为对象的研究领域。这里所说的"复杂体系"有分子（特别是大分子）、有序固体、无序固体、流体以及生命体等。在这里人们感兴趣的问题，是组成复杂体系的子系统之间的联系，它们如何构成了有序的结构，以及它们的演变进化。耗散结构便是这个领域中的一个重要命题，它是只有在远离平衡的系统中才能形成的一种结构。

　　下面让我们先介绍一个耗散结构的典型例子，这个例子是在对流中形成的。设有一薄层液体介于二水平面之间。原则上应认为液层延伸至无限远，这样我们就可以忽略边缘效应。但实际上只要液层的宽度比其厚度大很多就可以了。从装置的底部对液层均匀加热，从而液层顶部的温度也是均匀的，底部和顶部之间存在一个温度差。起初当温差较小的时候，热量以传导的方式通过液层。但当继续加热使温差达到某个特定值时，一种规则的图案就自动出现了。液面呈现出许多六角形小格子（图 1），液流从每个格子的中心涌起，从它们的边缘下沉。这对应着一种很高程度的分子组织状态，并且是在一种失稳的背景下出现的。这种图像称为 Benard 流。从这个例子中可以看到耗散结构的一些普遍特征。当温差不大时，系统处于热平

图 1

衡区附近，系统是稳定的。继续加热使系统越来越离开平衡，在达到某个阈值时系统将终于失去稳定，在这种失稳的情况下呈现出一种有组织的结构。这种新结构是靠外界的能量和物质的交流来维持的，Prigogine 称之为耗散结构。"耗散"一词在这里强调系统与外界有能量、物质交流这个特性。

　　耗散结构的研究目前非常活跃。它之所以令人感兴趣，是由于它具有丰富的物理内容和深刻的数学背景。耗散结构与在热力学平衡条件的"平衡结构"（如晶体）不同，它只在远离平衡的条件下出现，并靠连续的物质流和能量流来维持。耗散结构是通过热力学不稳定性来达到的一种新型组织，它具有空间和时间相干的特性。这种新型组织如何形成？具有哪些性质？可在怎样的系统中产生？诸如此类

---

　　* 方福康. 耗散结构[J]. 大学物理，1982(2)：1-5.

问题越来越引起人们的关注。现在已经知道，耗散结构涉及的系统十分广泛，在流体、激光器、电子学回路、化学反应、生命体中都可形成这种结构。此外，对新型结构的研究要求新的数学工具。在物理学发展史中可以看到，经典物理学（力学、声学、流体力学、电磁学、光学等学科）主要的数学工具是微分方程和与之有联系的积分方程和变分学等。量子物理的发展还需引入泛函分析的方法。但是将这些数学工具用于耗散结构的研究时，都显得不够有效，原因是远离平衡系统的非线性性质，以及形成结构时的突变特征，都不是用连续函数的数学语言容易解释清楚的。正是这些物理上和数学上的新问题，以及广泛的应用范围，构成了研究耗散结构理论的动力。

与平衡理论相似，描述远离平衡区耗散结构的理论也有热力学和统计两个层次。非平衡热力学的工作主要是在 20 世纪 50 年代及 60 年代进行的[1,2]，非平衡统计物理早期有过多方面的研究[3,4]，但是关于耗散结构的工作，是 20 世纪 70 年代以来才深入展开的。比利时的 Prigogine 学派[5,6]、西德的 Haken 学派[7,8]、日本的 Kubo-Suzuki 学派[9,10]，在建立和发展远离平衡区的理论方面都做出了重要的贡献。

在研究平衡态的热力学理论中，各种热力学势起着中心的作用，平衡态与它们在一定约束条件下的极值相对应。将热力学的研究从平衡态推广到非平衡态，首先遇到的一个问题，是如何定义非平衡态的热力学函数。其次，从耗散结构的理论来看，还应解决非线性系统的稳定性判据问题。Prigogine 对此作了简捷的处理，并取得有意义的成果。

为了使问题简化，Prigogine 讨论化学反应这类特殊系统。他对所讨论的非平衡开放系统作了四点假定，即等温、等压、稳定的边界条件和局域平衡。其中局域平衡是最关键的假定，它要求系统虽然从总体来看是不平衡的，但从局域体积元来看却是平衡的。有了这样的假定，就可认为平衡态的各种热力学函数仍可适用于非平衡体系的局域体积元中，其间的热力学关系也保持有效。这样，局域熵为

$$S_v = S_v(\{\rho_j\}), \quad (j = 1, 2, \cdots, n), \tag{1}$$

其中 $\{\rho_j\} = \{\rho_1(r, t), \rho_2(r, t), \cdots, \rho_n(r, t)\}$ 是参加化学反应的各组分在 t 时刻的空间密度，S_v 与 $\{\rho_j\}$ 的函数关系与平衡态相同。局域熵与非平衡系统总熵的关系是

$$S = \int s_v dv, \tag{2}$$

另外，$\{\rho_j\}$ 随时间的变化由守恒定律决定：

$$\frac{\partial \rho_i}{\partial t} = f_i(\{\rho_j\}) + D_i \nabla^2 \rho_i, \quad (i, j = 1, 2, \cdots, n), \tag{3}$$

这些式子叫作反应扩散方程，其中 $f_i(\{\rho_j\})$ 代表由化学反应引起的 ρ_i 的变化率，它一般是 ρ_1、ρ_2、$\cdots$、ρ_n 的非线性函数；$D_i \nabla^2 \rho_i$ 描述的是因密度不均匀引起的扩散过程，D_i 是扩散系数。以上各式在局域平衡的近似下把非平衡热力学体系的特性全部规定下来。

关于非线性系统的稳定性问题，Prigogine 成功地引用了 Lyapounov 的微分方程稳定性理论。按照 Lyapounov 理论，对于(3)式如果我们能找到一个函数 $V = V(\{\rho_j\})$，在某个定态 $\{\rho_j^0\}$ 附近具有 $V \geqslant 0$，$dV/dt \leqslant 0$ 的性质[设 $V(\{\rho_i^0\}) = 0$]，则此定态是稳定的；反之若 $V \geqslant 0$ 而 $dV/dt \geqslant 0$，则该定态不稳定。该函数 V 称为 Lyapounov 函数。非平衡系统的稳定性要按线性区和非线性区两部分分别讨论。

所谓线性区，指的是在平衡态附近的区域，这里"流"（如热流、扩散流等）和"力"（如温度梯度、浓度梯度等）的关系可以用线性关系近似地描述：

$$J_k = \sum_l L_{kl} X_l, \tag{4}$$

其中 J_k 是某种流，而 X_l 是引起这种流的各种力，系数 L_{kl} 具有如下的对称性：

$$L_{kl} = L_{lk}, \tag{5}$$

这一关系称为 Onsager 倒易关系。在线性区内 Prigogine 证明了一条重要定理——最小熵产生定理。让我们先解释一下，什么是"熵产生"。在非平衡系统中局域熵的平衡方程为

$$\frac{\partial s_v}{\partial t} = \mathrm{div}\, j_s + \sigma, \tag{6}$$

式中 j_s 为熵流密度，其散度只表示因转移而引起局域熵的变化，而 σ 才是局域体元内不可逆过程引起熵的增加率，它称为局域熵产生。可以证明，在局域平衡的近似下 σ 的表达式具有如下形式：

$$\sigma = \sum_k J_k X_k, \tag{7}$$

系统的总熵产生力

$$P = \int \sigma \, \mathrm{d}v, \tag{8}$$

按照热力学第二定律，我们总有 $\sigma \geqslant 0$ 和 $P \geqslant 0$。利用流和力之间的线性关系(4)和 Onsager 倒易关系(5)还可证明

$$\frac{\mathrm{d}P}{\mathrm{d}t} \leqslant 0, \tag{9}$$

上式表明，P 是个递减函数，只有达到定态时它的值才趋于稳定。换句话说，定态是熵产生极小的态。这个结论便是最小熵产生定理。从这里我们看到，在不可逆过程的线性区里，熵产生起着平衡理论中热力学势的作用。我们还看到，在线性区里，熵产生 P 可选作判别系统稳定性的 Lyapounov 函数，由(9)式可以说明，在这里系统总是稳定的，亦即任何对定态的偶然偏离都将随着时间而消逝，系统又回到原有的定态。所以在线性区不可能发生突变使系统过渡到新的定态而呈现耗散结构。

在非线性区熵产生 P 不再是个很好的 Lyapounov 函数了，因为这时 $\mathrm{d}P/\mathrm{d}t$ 的正负不固定。在非线性区 Prigogine 找到了熵的二阶变分 $\delta^2 S$ 作为 Lyapounov 函数，在局域平衡的近似下证明了 $\delta^2 S \leqslant 0$ 这一性质。其变化率 $\mathrm{d}\delta^2 S/\mathrm{d}t$ 通常是密度变分 $\delta\rho_j = \rho_j - \rho_j^0$ 的二次型，正负是比较容易判断的。在一些实例中可以看出，在非线性区里它可能为正，也可能为负。这表明，非线性系统有可能实现从稳定到不稳定的突变，从而呈现耗散结构。非平衡热力学就这样阐明了耗散结构形成的一些基本物理特征。

非平衡热力学是个宏观理论，它对耗散结构的解释终究是有限度的。特别是，热力学理论无法阐明耗散结构形成时的机制及系统的涨落特性。这方面的任务就要靠更深入的层次——非平衡统计来完成了。目前，耗散结构的非平衡统计理论尚在较唯象的语言基础上进行，采用的数学工具是概率论，选用的方程主要是主方程和 Fokker-Planck 方程。

我们以 Fokker-Planck 方程的方法为例，来说明用非平衡统计处理耗散结构问题的思路。这方面的工作主要是 Suzuki[9,10] 所做的。他设想，对耗散结构的形成，有三个因素起主要作用，即非线性特性、随机力和初始状态。其中系统的非线性特性是最基本的，它使得系统有进行突变的可能性，而随机力和初始状态促使这种转变得以实现。Suzuki 用 Fokker-Planck 方程将这些因素之间的关系定量地联系起来，得到一个耗散结构是如何触发的具体图像。他写出的方程是

$$\frac{\partial}{\partial t} P(x, t) = -\frac{\partial}{\partial x} C_1(x) P(x, t) + \varepsilon \frac{\partial^2}{\partial x^2} P(x, t), \tag{10}$$

其中 $P(x, t)$ 代表在 t 时刻粒子数为 x 的概率分布函数；$C_1(x)$ 是 x 的非线性函数，它描写系统的非线性特性；ε 是个小量，它反映随机力。取 $P(x, t)$ 的初始分布为高斯型的，当 $C_1(x) = \gamma x(1-x^2)$ 时，Suzuki 得到方程(10)的近似解为

$$P_{\mathrm{sc}}(x, \tau) = \frac{1}{(2\pi\tau)^{1/2}(1-x^2)^{3/2}} \exp\left[-\frac{x^2}{2\tau(1-x^2)}\right], \tag{11}$$

其中 $\tau \propto \varepsilon \exp(2\gamma t)$，下标 sc 表示 Suzuki 所采用的近似——标度近似。(11)式表明，经过一定的时间间隔，概率分布函数 $P(x, t)$ 将从初始的高斯分布变为一个有双峰的分布(图 2)。在这里系统经历了

一个突变，这个突变的过程也就是耗散结构形成的过程。就这样，耗散结构的形成过程在这个例子里得到了定量的描述。由此我们还可以进一步讨论这种突变的细节，如触发宏观结构的特征时间、临界慢化现象、涨落的增长等。除了上述特例外，Suzuki 理论还可以对更一般的系统进行讨论，同样得出了有意思的结果。另外，用主方程也可讨论耗散结构的机制，但需要引入局域涨落的观点。总之，非平衡统计的研究已丰富了我们对耗散结构和涨落性质的认识。

无论非平衡热力学或非平衡统计的研究，目前都还有许多未解决的课题，如在耗散结构形成的条件、非线性系统的物理特性和规律等方面，可做的工作还很多。总的看来，这是一个处于初始发展阶段的新领域，在广

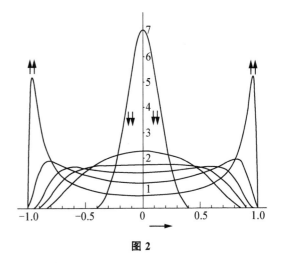

图 2

泛而丰富的远离平衡现象的背后，还隐藏着许多新概念、新规律，以及相应的新数学工具，这些都有待我们去发掘。此外，该理论的应用领域也还可以大大开拓。除了前面提到过的流体、激光等系统外，还有一些有意思的对象正在为人们所探索，例如核反应过程，生态系统中的人口分布、环境保护问题，乃至交通运输、城市发展等课题，都可当作远离平衡的现象来研究。这些无疑会使耗散结构的理论大大丰富，并促进它的进一步发展。

参考文献

[1]De Groot S R，Mazur P. Non-equilibrium Thermodynamics[M]. Amsterdam：North-Holland Publishing Company，1962.

[2]Glansdorff P，Prigogine I. Thermodynamic Theory of Structure，Stability and Fluctuations [M]. London：Wiley-Interscience，1971.

[3]Kampen N G. A power series expansion of the master equation[J]. Canadian Journal of Physics，1961，39(4)：551-567.

[4]Kubo R. The fluctuation-dissipation theorem[J]. Reports on Progress in Physics，1966，29：255-284.

[5]Nicolis G，Prigogine I. Self-organization in Non-equilibrium Systems：from Dissipative Structures to Order through Fluctuations[M]. New York：Wiley，1977.

[6]Prigogine I，Nicolis G. From theoretical physics to biology[C]//Proceedings of the Third International Conference，Paris：1971，89-110.

[7]Haken H. Cooperative phenomena in systems far from thermal equilibrium and in nonphysical systems[J]. Reviews of Modern Physics，1975，47(1)：67-121.

[8]Haken H. Synergetic：an Introduction[M]. Berlin：Springer-Verlag，1978.［中译本：《协同学导论》西北大学科研处出版，1981］.

[9]Kubo R，Matsuo K，Kitahara K. Fluctuation and relaxation of macrovariables[J]. Journal of Statistical Physics，1973，9(1)：51-96.

[10]Suzuki M. Passage from an initial unstable state to a final stable state[J]. Advances in Chemical Physics，1981，46：195-278.

Banach 空间中反应扩散方程两个模型的讨论*

邓　航　方福康

（北京师范大学物理系）

摘　要：采用 Banach 空间对反应扩散方程进行讨论，分析了 Schlögl 模型和三分子模型，得到了它们的振幅方程和分支解的性质。此方法能改善微扰计算处理，有利于讨论解的时间行为，并得到某些新的结果，此外，给出了 Schlögl 模型的行波解的一个结果。

Discussion of Two Models on Reaction-diffusion Equation in Banach Space
Deng Hang　Fang Fukang

Abstract：Reaction-diffusion equation is discussed in Banach space，Schlögl model and trimolecular model are analysed，their amplitude equation and characters of bifurcation solution are obtained.　This method can improve that of perturbation calculation，benefit discussing time behavior of solution，and get some new results.　Moreover，one of travelling wave solutions of Schlögl model is obtained as well.

反应扩散方程在耗散结构理论中是经常出现的。对于它的解及其性质的研究，在非平衡统计、非平衡热力学的研究中占有很重要的地位。由于在反应扩散方程中存在着变量的非线性函数，解反应扩散方程成为一项很困难的工作。在物理研究中，仅在极少数情况下有可能对方程求出精确解或近似解，大量的工作在于定性分析解的性质。最近，一些近代的数学方法被用来对反应扩散方程进行研究，例如把反应扩散方程中的变量看作 Banach 空间的一个元素，不是仅把它作为实数域上的一个普通变量来对待，这样的处理方法在不同方面显示出自己的优越性。

本文的主要内容是在 Banach 空间中研究非平衡统计中的两个基本模型——Schlögl 模型和三分子模型。同时，为了对不同的数学工具进行比较，我们还采用通常的分析方法求出了 Schlögl 模型的行波解。

一、数学方法

我们所采用的是 C. Georgakis 和 R. L. Sani 提出的用半群理论研究反应扩散方程的一套方法[1]。采用矢量表示，并以定常点为参考点，反应扩散方程可写为：

$$\begin{cases} \dfrac{\partial \boldsymbol{u}}{\partial t} = R(\boldsymbol{u}, \lambda) + D\Delta\boldsymbol{u}, & (x \in \Omega, \ t>0); \\ \boldsymbol{u} = 0, & (x \in \Omega, \ t>0); \\ \boldsymbol{u} = \boldsymbol{u}_0, & (x \in \Omega, \ t=0). \end{cases} \tag{1.1}$$

* 邓航，方福康. Banach 空间中反应扩散方程两个模型的讨论[J]. 北京师范大学学报（自然科学版），1985(4)：45-50.

此时把方程中的变量 u 看作 Hilbert 空间 H_2 中的一个元素，在 H_2 中任意两个元素 u_1，u_2 的内积表示为：

$$(u_1, u_2)_{H_2} = \sum_{i=1}^{n} \int (\nabla u_{1i} \nabla u_{2i} + \Delta u_{1i} \cdot u_{2i}) \mathrm{d}x 。 \tag{1.2}$$

进一步规定 $R(u, \lambda)$ 为 u 的不超过四次的多项式，则可将方程(1.1)中第一式记作：

$$\frac{\partial u}{\partial t} = FA_\lambda u + FB_\lambda u ,$$

其中 $FA_\lambda u = R_1 u + D\Delta u$，为反应扩散项的线性部分，而 $FB_\lambda u = R_2(u, u) + R_3(u, u, u) + R_4(u, u, u, u)$ 为反应扩散项的非线性部分，关于线性算子 FA_λ 的研究可以得到以下结果：

(i)确定参数 λ 的临界值 λ_c，它是使 FA_λ 的谱的实部的上确界改变符号的 λ 的最小正数。

(ii)存在一个以 FA_λ 为无穷小生成元的强连续算子半群 $\mathcal{L}(t, FA_\lambda)$。

有了以上结果，便可将方程(1.1)的解用半群元素形式地表示为：

$$u(t) = \mathcal{L}(t; FA_\lambda)u_0 + \int_0^t \mathcal{L}(t - \tau; FA_\lambda)FB_\lambda[u(\tau)]\mathrm{d}\tau 。 \tag{1.3}$$

将 $u(t)$ 在 H_2 空间中分解成两部分：$u = X + Y$，其中 X 是 u 在 FA_λ 的本征空间里的投影，而 Y 是 u 在这个本征空间的补空间中的投影，即：

$$X = E(\xi)u = (u, u_1)_{H_2} u_1 = A(t)u_1 , \tag{1.4}$$

$$Y = [I - E(\xi)]u = Pu , \tag{1.5}$$

其中 u_1 是 FA_λ 的本征空间的基矢。

由(1.2)、(1.3)、(1.4)三式可以得到关于 $A(t)$ 的方程：

$$\frac{\mathrm{d}A(t)}{\mathrm{d}t} = \xi A(t)\left\{1 - h(t) - \left[\frac{\alpha_1}{\lambda - \lambda_c} + \alpha_2\right]A(t) - \left[\frac{\beta_1}{\lambda - \lambda_c} + \beta_2\right]A^2(t)\right\} + g(A, \lambda, t, u^0), \tag{1.6}$$

其中的系数为：

$$h(t) = (\lambda - \lambda_c)^{-1}[E(\lambda_c)F^{-1}R_{20}^2(u^0, Z), u^0 + (\lambda - \lambda_c)u^1]_{H_2}$$
$$+ \{E(\lambda_c)F^{-1}[R_{20}^0(u^1, Z) + R_{21}^0(u^0, Z)] - E(\zeta)F^{-1}R_{20}(u^0, Z)u^0\}_{H_2} ,$$

$$\alpha_1 = [E(\lambda_c)F^{-1}R_{20}(u^0, u^0), u^0]_{H_2} ,$$

$$\beta_1 = \{E(\lambda_c)F^{-1}[R_{20}(u^0, F_0) + R_{30}(u^0, u^0, u^0)], u^0\}_{H_2} ,$$

$$\alpha_2 = \{[E(\lambda_c)F^{-1}R_{20}^0(u^0, u^1) + R_{21}(u^0, u^0)] - E(\zeta)\theta_0 F^{-1}R_{20}(u^0, u^0), u^0\}_{H_2} ,$$

$$\beta_2 = \{E(\lambda_c)F^{-1}[R_{20}(u^1, F^0) + R_{21}(u^0, F_0)] - E(\zeta)\theta_0 F^{-1}R_{20}^0(u^0, F_0), u^0\}_{H_2} ,$$

$$|g(A, \lambda, t, u^0)| \leqslant r[\varepsilon^4 + (\lambda - \lambda_c)\varepsilon^3] ,$$

其中各符号的意义如下：

u^0 满足 $\|u_0\|_{H_2} = 1$ 及 $FA_\lambda u^0 = 0$，

$\forall u \in H_2$，$E(\lambda_c)u = (u, Fu^0)_{H_2} u^0$，

$$Z = \mathcal{L}(t, FA_\lambda)Z_0 = \mathcal{L}(t, FA_\lambda)[y_0 - PA_\lambda^{-1}F^{-1}R_2(x_0, x_0)] ,$$

$$u_1 = u^0(\lambda) + (\lambda - \lambda_c)u^1(\lambda) + (\lambda - \lambda_c)^2 u_3(\lambda) ,$$

$$R_i^- = \sum_{r=0}^{4}(\lambda - \lambda_c)^j R_{ij} ,$$

$$R^0(x, y) = R(x, y) + R(y, x) ,$$

$$A_\lambda^{-1} = -\frac{1}{\lambda - \lambda_c}E(\lambda_c) + \sum_{n=0}(\lambda - \lambda_c)^n \theta_n 。$$

方程(1.5)叫作振幅方程。如果我们讨论问题精确到 ε^3 的量级，则 g 可以略去。

引入这一方法的优点是，利用半群知识，可以把对于反应扩散方程的研究归结为对一个非线性常

微分方程——振幅方程的研究，从而避开了用常规方法分析反应扩散方程时常用的级数展开的烦琐过程，思路清晰，算法简捷。

二、对 Schlögl 模型的研究

与 Schlögl 模型相应的反应扩散方程为：

$$
\begin{cases}
\dfrac{\partial C}{\partial t} = \lambda C - C^3 + D\,\dfrac{\partial^2 C}{\partial x^2}, \\
C\,|_{x=0,1} = 0, \\
C\,|_{s=0} = C_0(x)_\circ
\end{cases}
\tag{2.1}
$$

显然，$C = C_s = 0$ 是一个定常点。设 $u = C - C_s$，则得到关于 u 的方程：

$$
\begin{cases}
\dfrac{\partial u}{\partial t} = \lambda u - u^3 + D\,\dfrac{\partial^2 u}{\partial x^2}, \\
u\,|_{x=0,l} = 0_\circ
\end{cases}
\tag{2.2}
$$

我们先用振幅方程研究(2.2)式在定常点 $u = 0$ 的性质。

根据对 λ_c 的规定容易算出：

$$
\lambda_c = n^2\pi^2/l^2, \quad (n = 1,\ 2,\ \cdots)_\circ
$$

讨论 $n = 1$ 的情况，即 $\lambda_c = \pi^2/l^2$。

当 $\lambda > \lambda_c$ 时，有可能出现新的定常态。这可以由(2.2)式相应的振幅方程得到。根据振幅方程系数的计算公式可知

$$
h(t) = \alpha_1 = \alpha_2 = 0,
\tag{2.3}
$$

$$
\beta_1 = \frac{5\pi^4}{8l^3}M^4,
\tag{2.4}
$$

其中 M 为一常数。

对振幅方程(1.5)进行分析，当 $|A(t)| < \varepsilon$，$|\lambda - \lambda_c| < \varepsilon$ 时，若精确到 ε^3 的量级，则可略去 β_2 及 g。考虑这一点及(2.3)式，可以写出 Schlögl 模型的振幅方程为：

$$
\frac{\mathrm{d}A(t)}{\mathrm{d}t} = (\lambda - \lambda_c)A(t)\left\{1 - \frac{\beta_1}{\lambda - \lambda_c}A^2(t)\right\}_\circ
\tag{2.5}
$$

容易得到 Schlögl 模型的三个新定常态：

$$
\begin{cases}
A_{s_1} = 0, \\
A_{s_2} = \sqrt{\dfrac{\lambda - \lambda_c}{\beta_1}}, \\
A_{s_3} = -\sqrt{\dfrac{\lambda - \lambda_c}{\beta_1}}_\circ
\end{cases}
$$

由于 $\beta_1 > 0$，故 $\lambda > \lambda_c$ 时仅存在一个定常解。而 $\lambda > \lambda_c$ 时可能有三个定常解。设 $C_i = A - A_{s_i}$ $(i = 1, 2, 3)$，代到振幅方程(2.5)中，可以对 A_{s_1}，A_{s_2}，A_{s_3} 的稳定性进行分析。最终得到结论：当 $\lambda < \lambda_c$ 时，存在一个稳定的定态解，而当 $\lambda > \lambda_c$ 时，存在两个稳定的定态解和一个不稳定的定态解。

根据(2.3)式，Schlögl 模型的振幅方程中有些系数为零，这造成了用振幅方程来讨论 Schlögl 模型的时间进化行为的可能性。由(2.5)式，

$$
\frac{\mathrm{d}A(t)}{A(t)\left[1 - \dfrac{\beta_1}{\xi}A^2(t)\right]} = \xi\mathrm{d}t, \quad \text{其中 } \xi = \lambda - \lambda_c,
$$

即

$$\left[\frac{1}{A(t)}+\frac{A(t)}{\xi/\beta_1-A^2(t)}\right]\mathrm{d}A(t)=\xi\mathrm{d}t,$$

积分后得到：

$$A(t)=\pm(A_0\mathrm{e}^{-2\xi t}+\beta_1/\xi)^{-1/2}。 \tag{2.6}$$

这样，得到了忽略高阶小量的情况下 $A(t)$ 的解。这个解虽然并没有直接解出反应扩散方程中的 $u(t)$，但是，由于 $A(t)$ 与 $u(t)$ 有一定的关系，即 $A(t)=[u(t),u_1]_{\mathrm{H}_2}$，所以我们可以通过考察 $A(t)$ 看出 $u(t)$ 的一些性质。比如，分析解得的 $A(t)$ 容易看出，若 $\xi>0$，即 $\lambda>\lambda_c$，则当 $t\to\infty$ 时，$A(t)\to\pm\sqrt{\dfrac{\lambda-\lambda_c}{\beta_1}}$，若 $\xi<0$，即 $\lambda>\lambda_c$，则 $t\to\infty$ 时 $A\to0$。即 λ 在临界值以下时系统只会稳定于一个状态，而当 λ 超过临界值时，系统有可能趋于两个新的定态。

以上利用振幅方程讨论了 Schlögl 模型。这个新的研究方法，除了讨论分支解及其稳定性外，还得到了关于方程解的时间行为的信息，这是用常规数学方法做不到的。

对于方程(2.1)在参数 λ 一定时的情况，还可以用一般的分析方法得到其解析解：

$$u=(a\mathrm{e}^{\gamma z}\mp1)^{-1} \tag{2.7}$$

这是方程(2.1)的一个行波解，其中 $\gamma=\dfrac{2}{9}\sqrt{\dfrac{2D}{\lambda}}$，$z=x-ct=x-3\sqrt{\dfrac{\lambda D}{2}}t$。

当(2.7)式括号中取正号时，即 $u_1=(a\mathrm{e}^{\gamma z}+1)^{-1}$。它对于描述许多物理、化学、生物过程是很有意义的，典型的例子是，它可以描述化学反应中的冲击波。为了说明这一点，我们将 u_1 对 E 求导，得到：

$$\frac{\mathrm{d}u_1}{\mathrm{d}z}=-\frac{a\gamma\mathrm{e}^{\gamma z}}{(a\mathrm{e}^{\gamma z}+1)^2}。$$

由 γ 与扩散系数 D 的关系可知，当 D 很大时，γ 也很大，当 $D\to\infty$ 时，$\gamma\to\infty$，此时在 $z=0$ 处有 $\mathrm{d}u_1/\mathrm{d}z\to-\infty$，在 $z\neq0$ 处有 $\mathrm{d}u_1/\mathrm{d}z\to0$。所以，扩散很强时，$u_1$ 呈阶梯函数的形式，它可以很好地描述冲击波，这一部分的计算是为了在计算方法上作一些比较。

三、对三分子模型的研究

布鲁塞尔学派已经对于三分子模型作了较为详细的研究[2]，所用的工具是线性稳定性分析、分支点理论和级数展开。这里用振幅方程对三分子模型进行研究，主要是要达到两个目的：第一，采取不同于级数展开方法而得到与通常相同的结论；第二，在 Nicolis 和 Prigogine 的工作中对于某些分支解的稳定性只能作出估计，而利用振幅方程，可以进一步对分支点附近各个定常解的稳定性进行研究。

描述三分子模型的反应扩散方程为：

$$\begin{cases}\dfrac{\partial X}{\partial t}=A-(B+1)X+X^2Y+D_1\nabla^2X,\\[2mm]\dfrac{\partial Y}{\partial t}=BX-X^2Y+D_2\nabla^2Y。\end{cases} \tag{3.1}$$

讨论在固定边界条件 $X^\Sigma=A$，$Y^\Sigma=B/A$ 下，三分子模型在定常点 $X_0=A$，$Y_0=B/A$ 的性质。

设 $x=X-X_0$，$y=Y-Y_0$，则有对 x,y 的方程：

$$\begin{cases}\dfrac{\partial x}{\partial t}=(B-1)x+A^2y+D_1\dfrac{\partial^2x}{\partial r^2}\left(x^2y+2Axy+\dfrac{B}{A}x^2\right),\\[3mm]\dfrac{\partial y}{\partial t}=-Bx-A^2y+D_2\dfrac{\partial^2y}{\partial r^2}-\left(x^2y+2Axy+\dfrac{B}{A}x^2\right)。\end{cases} \tag{3.2}$$

以 B 作为参数，可记(2.8)式中的用矩阵表示的反应扩散项的线性部分为 FA_B，我们这里只讨论 FA_B 的本征值为实数的情况。这时容易求得 B 的临界值 B_c 为：

$$B_c = 1 + \frac{D_1}{D_2} A^2 + \frac{A^2 l^2}{D_2 m^2 \pi^2} + \frac{D_1 m^2 \pi^2}{l^2}。$$

$B > B_c$ 时，X_0，Y_0 失稳。此时有可能出现一些新的定常态，这些新定常态的存在及其性质可以通过考察振幅方程得到，与三分子模型相应的振幅方程为：

$$\frac{dA(t)}{dt} = \xi A(t) \left\{ 1 - \left[\frac{\alpha_1}{B - B_c} + \alpha_2 \right] A(t) - \frac{\beta_2}{B - B_c} A^2(t) \right\}。 \tag{3.3}$$

在上式中，由于数量级的比较，也略去了(2.1)式中的 β_2 的项，另外，通过对 $h(t)$ 的估计，可知存在 T_1，当 $t > T_1$ 时，$h(t)$ 也可以略去。

由(2.9)式可以得到临界点后可能出现的三个定常态：

$$\begin{cases} A_{s_1} = 0, \\ A_{s_2} = -\frac{B - B_c}{2\beta_1} \left\{ \frac{\alpha_1}{B - B_c} + \alpha_2 + \sqrt{\left(\frac{\alpha_1}{B - B_c} + \alpha_2 \right)^2 + \frac{4\beta_1}{B - B_c}} \right\}, \\ A_{s_3} = -\frac{B - B_c}{2\beta_1} \left\{ -\left(\frac{\alpha_1}{B - B_c} + \alpha_2 \right) + \sqrt{\left(\frac{\alpha_1}{B - B_c} + \alpha_2 \right)^2 + \frac{4\beta_1}{B - B_c}} \right\}。 \end{cases} \tag{3.4}$$

计算 α_1，可知：m 为偶数时，$\alpha_1 = 0$；m 为奇数时，$\alpha_1 \neq 0$。在此基础上，重复在讨论 Schlögl 模型时所采用的方法，可以分析 A_{s_1}，A_{s_2}，A_{s_3} 的稳定性，得到如下结论：

1) m 为奇数，在 $B > B_c$ 时，有一个不稳定的定常态和两个稳定的新定常态；$B \to B_c$ 时，这两个稳定新定常态的间隔不趋于零；在 $B < B_c$ 时，有两个稳定的定常态和一个不稳定的定常态。

2) m 为偶数，在 $B > B_c$ 时，有一个不稳定的定常态和两个稳定的定常态，且 $B \to B_c$ 时，这两个稳定的定常态的间隔趋于零。在 $B < B_c$ 时，有一个稳定的定常态。

将以上结论与布鲁塞尔学派的研究结果相比可知，虽然我们这里具体讨论的不是化学组分 X，而是具有抽象数学定义的 $A(t)$，但是我们的研究结果包括了布鲁塞尔学派对于分支解的出现及其稳定性分析的内容。我们采用的这种数学工具，使得分析手段较为简捷，还解决了原有理论所不能确定的 m 为奇数时大振幅分支的稳定性问题。

参考文献

[1]Georgakis C，Sani R L. On the stability of the steady state in systems of coupled diffusion and reaction[J]. Archive for rational mechanics and analysis，1973，52(3)：266-296.

[2]Nicolis G，Prigogine I. Self-organization in Non-equilibrium Systems：from Dissipative Structures to Order Through Fluctuations[M]. New York：Wiley，1977.

[3]Abdelkader M A. Travelling wave solutions for a generalized Fisher equation[J]. Journal of Mathematical Analysis and Applications，1982，85(2)：287-290.

[4]Kaliappan P. An exact solution for travelling waves of $u_t = D u_{xx} + u - u^k$[J]. Physica D，1984，11(3)：368-374.

支架蛋白对丝裂原活化蛋白激酶
信号途径中震荡的抑制*

张　伟[1]　　方福康[2]　　漆安慎[3]

(1. 北京师范大学管理学院系统科学系；2. 北京师范大学非平衡系统研究所；

3. 北京师范大学物理学系，100875，北京)

摘　要：通过一种两体支架蛋白参与的丝裂原活化蛋白激酶(mitogen-activated protein kinase，MAPK)信号转导模型，研究了支架蛋白参与的存在负反馈的 MAPK 信号转导途径。支架蛋白(scaffold protein)既可以促进信号过程，也可以抑制信号的转导。由系统中支架蛋白的浓度以及支架与信号分子的相互作用共同决定了增加支架浓度造成的不同结果。不仅如此，系统中支架蛋白浓度的增加，还会抑制负反馈系统中出现的持续震荡。

关键词：支架蛋白；信号转导；有丝分裂原激活的蛋白激酶途径

Scaffold Eliminate the Oscillation in the Mitogen-activated Protein Kinase Cascades

Zhang Wei[1]　　Fang Fukang[2]　　Qi Anshen[3]

(1. Department of System Science；2. Institute of Nonequibrium System；

3. Department of Physics：Beijing Normal University，100875，Beijing，China)

Abstract：The mitogen-activated protein kinase (MAPK) cascade is a highly conserved series of three protein kinases implicated in diverse biological process. The scaffold protein is absolutely critical in the signal transduction. It greatly enhances the sensitivity of the cascade to external stimuli. A model involved a two-member scaffold into the protein phosphorylation cascades is developed to study the function of the scaffold in the cascades. Numerical stimulation reveals that the scaffold not only biphasically affects the levels of cascades signaling，but also reduces its threshold properties，the scaffold also affects the input-output function. The scaffold expression will eliminate the sustained oscillations that appear in the system without scaffold.

Key words：scanfold protein；signal transduction；MAPK cascades

　　丝裂原活化蛋白激酶(mitogen-activated protein kinase，MAPK)信号通路是真核细胞中一条重要的信号转导途径，对于细胞周期的运行和基因表达具有重要的调控作用。MAPK 活性受由 MAPK，MAPK kinase(MAPKK，MEK 或 MKK)和 MKK kinase 或 MEK kinase(MKKK 或 MEKK，M APKKK)组成的级联反应调控，以此将细胞外信号传导到细胞内乃至细胞核，把膜受体结合的胞外刺激物与细胞质和细胞核中的效应分子连接起来。MAPK 途径有多种形式，但其核心成分都由 MKKK，MKK，MAPK 这 3 个激酶组成。MAPK 是 MAPK 信号通路的核心分子，它与其上游激活分子和下游效应分子组成一个准确高效的信号转导体系。MAPK 的下游分子则包括多种蛋白激酶、磷脂酶以及转录因子。MAPK 通过磷酸化这些效应分子使它们活化继而激活更为下游的效应分子，从而将胞外信号传递

---

　　* 张伟，方福康，漆安慎. 支架蛋白对丝裂原活化蛋白激酶信号途径中震荡的抑制[J]. 北京师范大学学报(自然科学版)，2004(1)：66-72.

到细胞中完成一定的生理活动。[1]

细胞信号转导的本质是蛋白质与蛋白质的相互识别和结合，参与同一信号传递途径的蛋白质往往以大分子聚合物的形式，从细胞中被分离出来，在这个聚合物中存在一种与一般信号转导蛋白作用不同的蛋白质，它本身不具备酶的活性，能同时结合 2 个或多个信号转导蛋白，这种蛋白质被命名为支架蛋白，它的作用就像分子胶水，将功能相关的蛋白黏合在一起，从而保证了信号传递的特异性和高效性。[2]目前已经发现了多个支架蛋白，存在于多种信号转导系统中。[3]

1 模型

早在 30 多年前，细胞内的生化震荡就已经在酵母细胞的研究过程中得以被发现[4]。在很多信号途径中，负反馈环的存在是产生生化震荡的主要原因之一，在 MAPK 途径中也同样存在着负反馈的作用。Kholodenko[5]曾经模拟了 MAPK 信号途径中负反馈导致的持续震荡（图 1）。列出了图 1 中 MAPK 级联反应的动力学方程如下：

$$dc(MKKK)/dt = \nu_2 - \nu_1, \tag{1.1}$$

$$dc(MKKK\text{-}P)/dt = \nu_1 - \nu_2, \tag{1.2}$$

$$dc(MKK)/dt = \nu_6 - \nu_3, \tag{1.3}$$

$$dc(MKK\text{-}P)/dt = \nu_3 + \nu_5 - \nu_4 - \nu_6, \tag{1.4}$$

$$dc(MKK\text{-}PP)/dt = \nu_4 - \nu_5, \tag{1.5}$$

$$dc(MAPK)/dt = \nu_{10} - \nu_7, \tag{1.6}$$

$$dc(MAPK\text{-}P)/dt = \nu_7 + \nu_9 - \nu_8 - \nu_{10}, \tag{1.7}$$

$$dc(MAPK\text{-}PP)/dt = \nu_8 - \nu_9 \tag{1.8}$$

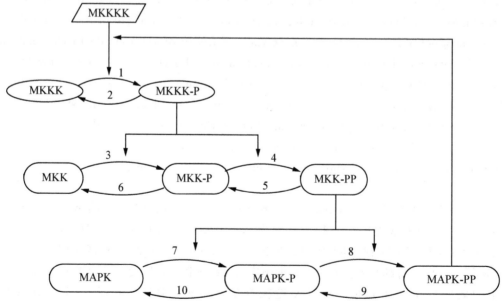

图 1　MAPK 的负反馈信号途径

MAPK 激活需要 Thr 和 Tyr 两个位点的磷酸化，MKK 是其上游激活分子，它的双特异性磷酸化的催化特性保证了 MAPK 正常激活，完成特定的生理活动。MKK 也是通过双磷酸化被活化，只有双磷酸化的 MKK 才有活性催化 MAPK，MAPKKK 参与它的激活过程，Raf 是 MKKK 的重要成员。MAPK 信号途径中存在负反馈，活化的 MAPK 反过来能够抑制 MKKK 的活化。

系统还有如下守恒量：

$$c(\text{MKKK-t}) = c(\text{MKKK}) + c(\text{MKKK-P}),$$
$$c(\text{MKK-t}) = c(\text{MKK}) + c(\text{MKK-P}) + c(\text{MKK-PP}),$$
$$c(\text{MAPK-t}) = c(\text{MAPK}) + c(\text{MAPK-P}) + c(\text{MAPK-PP})。$$

上列式中 $c(\text{MKKK-P})$，$c(\text{MKK-P})$ 和 $c(\text{MAPK-P})$ 表示单磷酸化了的 MKKK，MKK 和 MAPK 的浓度，这时，后两者都不具有催化活性；$c(\text{MKK-PP})$ 和 $c(\text{MAPK-PP})$ 表示双磷酸化的 MKK 和 MAPK 的浓度，只是两者都具有了催化活性，可以激活相应下游底物。

由于这些反应都是酶促反应，根据米氏方程，则可得出各方程的反应速度方程：

$$\nu_1 = \nu_{\max1}{}^0 c(\text{MKKK}) / \{1 + [c(\text{MAPK-PP})/K_I]^n\}[K_1 + c(\text{MKKK})]$$
$$(\nu_{\max1} = 0.8；n = 1；K_1 = 10；K_I = 9),$$

$$\nu_2 = \nu_{\max2}{}^0 c(\text{MKKK-P}) / [K_2 + c(\text{MKKK-P})](\nu_{\max2} = 0.25；K_2 = 8),$$

$$\nu_3 = k_3{}^0 c(\text{MKKK-P}) \cdot c(\text{MKK}) / [K_3 + c(\text{MKK})](k_3 = 0.025；K_3 = 15),$$

$$\nu_4 = k_4{}^0 c(\text{MKKK-P}) \cdot c(\text{MKK-P}) / [K_4 + c(\text{MKK-P})](k_4 = 0.025；K_4 = 15),$$

$$\nu_5 = \nu_{\max5}{}^0 c(\text{MKK-PP}) / [K_5 + c(\text{MKK-PP})](\nu_{\max5} = 0.75；K_5 = 15),$$

$$\nu_6 = \nu_{\max6}{}^0 c(\text{MKK-P}) / [K_6 + c(\text{MKK-P})](\nu_{\max6} = 0.75；K_6 = 15),$$

$$\nu_7 = k_7{}^0 c(\text{MAPK}) \cdot c(\text{MKK-PP}) / [K_7 + c(\text{MAPK})](k_7 = 0.025；K_7 = 15),$$

$$\nu_8 = k_8{}^0 c(\text{MAPK-P}) \cdot c(\text{MKK-P}) / [K_8 + c(\text{MAPK-P})](k_8 = 0.025；K_8 = 15),$$

$$\nu_9 = \nu_{\max9}{}^0 c(\text{MAPK-PP}) / [K_9 + c(\text{MAPK-PP})](\nu_{\max9} = 0.5；K_9 = 15),$$

$$\nu_{10} = \nu_{\max10}{}^0 c(\text{MAPK-P}) / [K_{10} + c(\text{MAPK-P})](\nu_{\max10} = 0.5；K_{10} = 15),$$

其中 k_i，$\nu_{\max,i}$，K_i 分别代表相应反应速度常数（单位 s^{-1}），最大反应速度（单位 $\text{nmol} \cdot \text{L}^{-1} \cdot \text{s}^{-1}$）和米氏常数（单位 $\text{nmol} \cdot \text{L}^{-1}$）。这样，我们就可通过调整 $\nu_{\max}$ 的量值来调节系统输入信号强度。

在此基础上，我们考虑系统中加入支架蛋白的作用，为了简化方程，我们采用 Levchenko 等人[6]的办法，在系统中引入可以结合 2 个信号分子的支架蛋白，我们认为这个支架蛋白可以和 MKK，MAPK 相互作用，形成聚合物，并假设：1）这种支架蛋白只能和没有活性的 MKK，MAPK 结合形成复合物，MKK-P，MAPK-P 以及 MKK-PP，MAPK-PP 都不能重新与支架蛋白结合。2）支架蛋白上的 MKK 和 MAPK 的 2 个磷酸化位点的磷酸化同时进行，聚合物中 MKK，MAPK 单磷酸化和双磷酸化具有相同的速度，同时，聚合物中不存在单磷酸化的 MKK 和

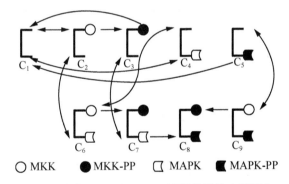

图 2　可结合 MKK 和 MAPK 两种激酶的支架蛋白和激酶形成的 9 种复合物及其相互关系

MAPK。3）聚合物中的催化反应和游离状态的反应具有相同的反应常数，不受支架蛋白的影响。这样，MKK，MAPK 和支架蛋白形成的聚合物就有 9 种，图 2 列出了这 9 种聚合物以及它们之间的相互关系。

$$\text{d}c_1/\text{d}t = -c_1 \cdot [k_{\text{on}1} \cdot c(\text{MKK}) + k_{\text{on}2} \cdot c(\text{MAPK})] + k_{\text{off}1} \cdot c_2 + k_{\text{off}2} \cdot c_3 + k_{\text{off}4} \cdot c_5, \tag{1.9}$$

$$\text{d}c_2/\text{d}t = k_{\text{on}1} \cdot c_1 \cdot c(\text{MKK}) + k_{\text{off}2} \cdot c_6 + k_{\text{off}4} \cdot c_9 - [k_{\text{off}1} + k_{\text{on}2} \cdot c(\text{MAPK})] \cdot c_2 - k_{\text{cat}1} \cdot c_2 \cdot c(\text{MKKK-P}), \tag{1.10}$$

$$\text{d}c_3/\text{d}t = -k_{\text{on}2} \cdot c_3 \cdot c(\text{MAPK}) + k_{\text{off}2} \cdot c_7 - k_{\text{off}3} \cdot c_3 + k_{\text{off}4} \cdot c_8 + k_{\text{cat}1} \cdot c_2 \cdot c(\text{MKKK-P}), \tag{1.11}$$

$$\text{d}c_4/\text{d}t = k_{\text{off}1} \cdot c_6 + k_{\text{on}2} \cdot c(\text{MAPK}) \cdot c_1 + k_{\text{off}3} \cdot c_7 - [k_{\text{off}2} + k_{\text{on}1} \cdot c(\text{MKK})] \cdot c_4, \tag{1.12}$$

$$dc_5/dt = k_{off1} \cdot c_9 + k_{off3} \cdot c_8 - [k_{on1} \cdot c(MKK) + k_{off4}] \cdot c_5, \tag{1.13}$$

$$dc_6/dt = k_{on1} \cdot c(MKK) \cdot c_4 + k_{on2} \cdot c(MAPK) \cdot c_2 - (k_{off1} + k_{off2}) \cdot c_6 - k_{cat1} \cdot c_6 \cdot c(MKKK\text{-}P), \tag{1.14}$$

$$dc_7/dt = -k_{off3} \cdot c_7 + k_{on2} \cdot c(MAPK) \cdot c_3 - k_{cat2} \cdot c_7 + k_{cat1} \cdot c_6 \cdot c(MKKK\text{-}P) - k_{off2} \cdot c_7, \tag{1.15}$$

$$dc_8/dt = k_{cat2} \cdot c_7 - (k_{off3} + k_{off4}) \cdot c_8 + k_{cat1} \cdot c_9 \cdot c(MKKK\text{-}P), \tag{1.16}$$

$$dc_9/dt = k_{on1} \cdot c(MKK) \cdot c_5 - (k_{off1} + k_{off4}) \cdot c_9 - k_{cat1} \cdot c_9 \cdot c(MKKK\text{-}P), \tag{1.17}$$

式中 $k_{on1} \cdot c(MKK) \cdot c_i$ 表示相应聚合物 C_i 和 MKK 结合形成新的聚合物的速率；$k_{on2} \cdot c(MAPK) \cdot c_i$ 表示相应聚合物 C_i 和 MAPK 结合形成新的聚合物的速率；$k_{off1} \cdot c_i$，$k_{off2} \cdot c_i$，$k_{off3} \cdot c_i$，$k_{off4} \cdot c_i$ 表示相应聚合物 C_i 分别离解出 MKK，MAPK，MKK-PP，MAPK-PP 后形成新的聚合物的速率；$k_{cat1} \cdot c_2 \cdot c(MKKK\text{-}P)$，$k_{cat1} \cdot c_6 \cdot c(MKKK\text{-}P)$，$k_{cat1} \cdot c_9 \cdot c(MKKK\text{-}P)$ 表示聚合物 C_2，C_6，C_9 中的 MKK 在 MKKK-P 的催化作用下活化形成 MKK-PP 及相应的新聚合物 C_3，C_7，C_8 的速率；k_{cat1} 是 MKK 双磷酸化的反应系数，由于前面的假设，k_{cat1} 的数值就应和相应的单磷酸反应系数 k_3 的数值相等；$k_{cat2} \cdot c_7$ 表示 C_7 中的 MAPK 在 MKK-PP 的催化作用下活化形成 MAPK-PP 及相应的聚合物 C_8 的速率，同理可知 MAPK 双磷酸化的反应系数 k_{cat2} 的数值应和相应的单磷酸反应系数 k_7 的数值相等，由于 MKK、MAPK 与聚合物的相互作用，在描述 MKK，MAPK，MKK-PP，MAPK-PP 的方程中还要加入由于与聚合物的结合而导致的减少，以及由于从聚合物中离解而导致的增加，因此，要在描述 MKK 的方程(3)中增加 $k_{off1} \cdot (c_2 + c_6 + c_9) - k_{on1} \cdot c(MKK) \cdot (c_1 + c_4 + c_5)$；在描述 MKK-PP 的方程(5)中增加 $k_{off3} \cdot (c_3 + c_7 + c_8)$；在描述 MAPK 的方程(6)中增加 $k_{off2} \cdot (c_4 + c_6 + c_7) - k_{on2} \cdot c(MAPK) \cdot (c_1 + c_2 + c_3)$；在描述 MAPK-PP 的方程(9)中增加 $k_{off4} \cdot (c_5 + c_8 + c_9)$。其中 $k_{off1} = k_{off2} = k_{off3} = 0.05 \text{ s}^{-1}$，$k_{off4} = 0.5 \text{ s}^{-1}$；$k_{on1} = k_{on2} = 0.01 \text{ nmol}^{-1} \cdot \text{L} \cdot \text{s}^{-1}$。这样就获得了含有可结合两体的支架蛋白的 MAPK 信号途径的系统动力学方程，我们使用 matlab6 对方程进行了数值模拟。

2 结果

2.1 定态分析

在进行数值计算之前，我们对方程进行了稳定性分析，在 $\nu_{max1} = 0$ 时，得到方程的稳定定态解

$$c(MKKK) = c(MKKK\text{-}t)，c(MKK) = c(MKK\text{-}t)，c(MAPK) = c(MAPK\text{-}t)，c_1 = c_t，$$
$$c(MKKK\text{-}PP) = c(MKK\text{-}PP) = c(MAPK\text{-}PP) = 0，$$

$c_2 = c_3 = c_4 = c_5 = c_6 = c_7 = c_8 = c_9 = 0$，$c_t$ 为系统中支架蛋白浓度的初始值，这表明在没有刺激信号的情况下，系统处于稳定的静息状态。

2.2 MAPK 活化的动力学特征

我们改变系统中的支架蛋白的浓度，观察 $c(MAPK\text{-}PP)$ 随时间的演化(图3、图4)。图3显示取定参数后，系统将很快达到一个平稳状态，改变系统中支架蛋白的浓度可以改变达到稳定的速度，从图4中可以看到支架蛋白的浓度增加对最终活化的 MAPK 会出现两种截然不同的影响，存在使信号转导顺利进行的最佳浓度范围，当系统中支架蛋白浓度较低的时候它的增加将导致最终活化的 MAPK(MAPK-PP)的浓度也不断增加，表明支架蛋白促进了 MAPK 的活化；然而，当系统中支架蛋白增加到一定程度后，活化 MAPK-PP 的浓度则随其增加而减少，由于系统中激酶蛋白与支架蛋白存在特异结合的关系，当支架蛋白的浓度高到一定程度时，在一个支架蛋白上将很难同时结合两种信号分子，因而导致对信号的抑制。因此只有在一定范围内增加支架蛋白的浓度才会对 MAPK 信号途径起促进作用，过多或过少的支架蛋白都将降低信号的响应，这一点和没有负反馈的系统结果是一致的，已经

得到认同[7,8]。

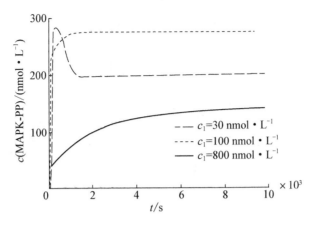

图3 支架蛋白浓度的变化可以改变系统达到稳定状态的速度

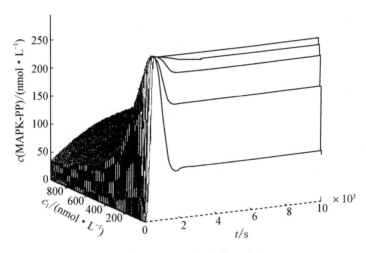

图4 存在支架蛋白的最适浓度

取决于系统中原有支架蛋白的浓度,增加支架蛋白会对系统产生2种不同影响。系统中支架蛋白浓度原来很小时,浓度增加会导致系统加快达到稳定的速度,同时MAPK-PP的浓度大幅增加。而在系统中支架蛋白浓度原来较大时($c_t > 120$ nmol·L^{-1}),浓度增加则导致系统达到稳定的速度减慢,同时系统中最终MAPK-PP的浓度大幅减少。

2.3 负反馈导致的系统震荡

当系统中支架蛋白浓度为0时,如果外界刺激很小,系统中未活化的MAPK激酶将处于主导地位,相应的定态是稳定的,增加外界刺激可以使系统中活化的激酶浓度不断增加。然而,当取式(1)~(8)中的参数时,系统显得很不稳定,系统中的激酶将不能长时间稳定地处于活化状态,这一点结论和Boris的结果是相符的。由于MAPK-PP的负反馈影响,MKKK被激活的速率会随着系统中MAPK-PP的增加而降低,并通过级联反应,最终导致系统中MKKK-P、MKK-PP、MAPK-PP的浓度降低,而系统中MKKK又会由于MAPK-PP浓度降低而有所增加,这样就在系统中形成了持续的震荡,图5-a模拟了这个动态过程,并且显示出双磷酸化的MAPK的振幅可以很大,从图5-b中可看到,改变外界的刺激信号强度将有效地改变MAPK-PP的振幅和周期,但依然会得到持续的周期震荡。

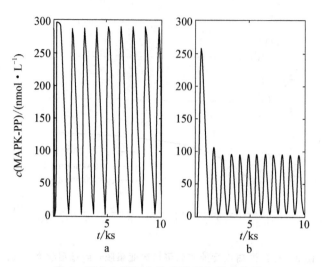

图5　不含支架蛋白的系统具有震荡特性

a. $\nu_{max1}=1$ nmol·L^{-1}·s^{-1}，$c_t=0$ nmol·L^{-1}，系统中 MAPK-PP 的振幅可以很大，同样，此时 MAPK 的振幅也很大；b. $\nu_{max1}=0.6$ nmol·L^{-1}·s^{-1}，$c_t=0$ nmol·L^{-1}，改变系统刺激信号，将会导致系统振幅以及周期的改变，但仍将得到持续的周期震荡。

2.4　支架蛋白对系统震荡的抑制

在系统中加入支架蛋白，我们再次模拟了系统的动态过程（图6）。可见，支架蛋白的出现将导致浓度震荡的迅速消失，系统快速趋向稳定，这是一个渐进的过程，随着系统中支架蛋白的增加，系统的振幅逐渐降低直至震荡消失，这是由于支架蛋白的加入，以及相应信号分子集团的形成，将大大改变信号系统中的反应动力学特征，当一个激酶分子和它的下层底物与一个支架蛋白结合之后，它们之间的催化反应避免了水溶液中的扩散效应，而系统中这种非线性特征的减少将导致持续震荡的破坏[5]。

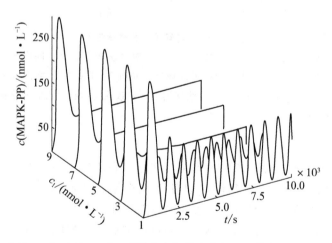

$\nu_{max1}=0.5$ nmol·L^{-1}·s^{-1}，系统中支架蛋白的加入，将抑制系统的震荡。

图6　支架蛋白抑制了系统的震荡

根据系统中已有支架蛋白的浓度，增加支架蛋白可以帮助信号系统突破阈值产生应答，或者使应答上升到一个更高的程度，也可以降低信号响应程度或者抑制应答[8]，因此对信号的正调节和负调节都可以通过增加支架蛋白得以实现，而对于负反馈系统，支架蛋白的加入则大大提高了系统出现震荡所需的反馈强度，从图7可见，同样的参数，调整反映反馈强度的 n，则会恢复系统的时间震荡特性，

进一步调整参数 n，可以使振幅恢复到很大的程度。

3 讨论

MAPK 信号途径中支架蛋白的作用并不只是简单地通过连接底物促进信号的级联放大，它通过与信号途径中相应底物的相互作用，调节着系统对刺激信号的应答反应。Scott 等人[9] 的实验已经证明在 InaD 信号转导聚合物中并不存在信号的级联放大作用，支架蛋白选择性地将这些级联的激酶联系起来并加以激活，将各相应的底物连接成一个整体，拉近了相互作用蛋白的物理距离，降低了不同信号途径之中的干扰，既保证了信号途径的特异性，又保证了信号转导的敏锐高效。但是，同时也限制了信号的级联放大作用，并大大改变信号系统中的反应动力学特征，这里的模型仅考虑了可结合 2 个蛋白激酶的锚定型支架蛋白来研究它在 MAPK 信号途径中的作用，没有考虑可结合多蛋白激酶的以及 stp5 等催化型支架蛋白的作用，要阐明它们在信号系统的作用，还有很多工作要做。

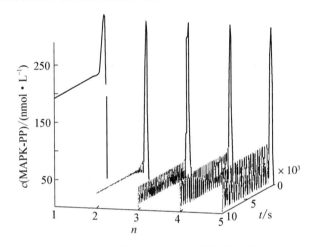

图 7　支架蛋白改变了系统震荡的阈值

$c_t = 20$ nmol · L^{-1}，系统中支架蛋白的引入改变了引起系统震荡的反馈阈值。同样的系统参数下，系统中支架蛋白的浓度越大，使系统产生震荡所需的反馈强度就越高。

参考文献

[1]缪德年，陈博言，樊生超，等. 哺乳动物 MAPK 信号级联及其功能[J]. 上海畜牧兽医通讯，2002，1：6-7.

[2]倪福太，李勇. 支架蛋白——信号转导系统中的分子胶水[J]. 生物化学与生物物理进展，2001，28(4)：470-473.

[3] Whitmarsh A J，Cavanagh J，Tournier C，et al. A mammalian scaffold complex that selectively mediates MAP kinase activation[J]. Science，1998，281(5383)：1671-1674.

[4]Hess B，Boiteux A. Oscillatory phenomena in biochemistry[J]. Annual review of biochemistry，1971，40(1)：237-258.

[5]Kholodenko B N. Negative feedback and ultrasensitivity can bring about oscillations in the mitogen-activated protein kinase cascades[J]. European journal of biochemistry，2000，267(6)：1583-1588.

[6]Levchenko A，Bruck J，Sternberg P W. Scaffold proteins may biphasically affect the levels of

mitogen-activated protein kinase signaling and reduce its threshold properties[J]. Proceedings of the National Academy of Sciences, 2000, 97(11): 5818-5823.

[7]Ferrell J E. What do scaffold proteins really do? [J]. Science's STKE, 2000, 2000(52): pe1.

[8]Burack W R, Shaw A S. Signal transduction: hanging on a scaffold[J]. Current opinion in cell biology, 2000, 12(2): 211-216.

[9]Scott K, Zuker C S. Assembly of the Drosophila phototransduction cascade into a signalling complex shapes elementary responses[J]. Nature, 1998, 395(6704): 805-808.

普里戈金的科学贡献[*]

方福康

关键词：普里戈金；非平衡系统热力学；耗散结构论；复杂性科学

2003 年 5 月 28 日，世界著名科学家普里戈金（I. Prigogine）博士病逝于布鲁塞尔。普里戈金是非平衡系统热力学与耗散结构理论的奠基人，以此为基础而开创的复杂性科学研究，已成为 21 世纪的科学前沿，深刻地影响着当今科学与技术发展的各个方面。

非平衡系统热力学与耗散结构论

普里戈金 1917 年 1 月 25 日出生于莫斯科，不久就爆发了十月革命。1921 年举家来到德国，8 年后又到比利时定居。比利时成了普里戈金真正生活与工作的地方。普里戈金在布鲁塞尔自由大学攻读化学与物理学。1939 年，他获得了博士学位，指导老师是著名学者东代尔（T. De Donder）。1951 年起，普里戈金任该校教授。他还担任其他许多职务，包括美国得克萨斯大学统计力学和热力学研究中心主任。普里戈金著述颇丰，除了论文与专著以外，还有不少数学程度并不高的著作，然其概念论述充满哲理与魅力，在理论科学史上十分醒目。

继承东代尔的衣钵，普里戈金毕生从事不可逆过程热力学和有关复杂系统理论的研究，其核心问题是探索宏观现象的时间不可逆性。由于这个问题的重要性，引起了很多科学家的兴趣，冯·诺伊曼曾专门就量子力学规律的可逆性与测量的不可逆性作过专门的讨论。

其实，自然界及人们生活中充斥着不可逆过程，但科学地研究这样的过程则"姗姗来迟"，其标志是 19 世纪克劳修斯等人用热力学第二定律来区别可逆与不可逆过程：可逆过程的熵不变，不可逆过程的熵增加。不可逆过程熵增加的性质赋予时间一个方向，这一结论打破了时间的对称性，区别了过去与将来。与之不同的是经典力学、量子力学和相对论中的时间观念。在那里，动力学的标准形式对于过去和将来是没有区别的，沿着时间"向前"发展或"向后"演化都是成立的。

热力学第二定律还指出，孤立系统的熵不减少，且终究要达到极大值，这个极大值对应着一个热力学的平衡态。按照玻尔兹曼关系 $S = k \ln W$，系统的高熵态对应于无序，而低熵态对应于有序。因此，孤立系统将朝着无序方向发展，最终成为无序的"热寂"。热力学第二定律指示了通向"无序"的死亡之路。但是，大自然的发展演化与此图像完全不同，总是勃勃生机，万千纷呈，表现出高度有序。生物进化论也展示了生物从低等向高等发展，从无序或低序状态向高序状态演化发展的方向。

普里戈金毕生的研究与热力学的这两个问题密切相关，他的学术生涯开始于对经典热力学的研究。经典热力学主要关注平衡态的热力学性质，即使讨论系统的状态改变也借用可逆的准静态过程来展开，将摩擦、扩散或黏性等耗散因素视为有害属性，很少涉及偏离平衡态的研究。普里戈金从演化的角度讨论偏离平衡态热力学系统的输运过程，在系统局域弛豫时间远小于全局弛豫时间的条件下引入局域平衡的概念，深入讨论离开平衡态不远的非平衡状态的输运过程，揭示了输运过程中导致物

---

[*] 方福康. 普里戈金的科学贡献[J]. 科学，2004，56(3)：41-43.

质、能量流的热力学力，利用线性关系定量描述这些"流"和"力"的关系，结合昂萨格关系给出了最小熵产生定理。该定理反映了非平衡系统在线性区的基本规律，是普里戈金关于非平衡热力学的第一项重要成果。最小熵产生定理指出了线性非平衡系统演化的基本特征是趋向平衡，其最终归属是熵产生最小的定态，由此否定了线性区存在突变的可能性。

由于最小熵产生定理否定了线性区出现突变的可能性，普里戈金开始探索非平衡热力学系统在非线性区的演化特征。经过近20年的探索，通过对化学反应扩散系统的研究，特别是对贝纳德流和三分子模型的详细考察，普里戈金提出了关于远离平衡系统的耗散结构理论。该理论讨论一个远离平衡的开放系统，当描述系统离开平衡态的参数达到一定阈值，系统将会出现分岔行为，在越过分岔点后，系统将离开原来无序的热力学分支，发生突变并进入一个全新的稳定有序状态，若将系统拉开到离平衡态更远的地方，系统可能出现更多新的稳定有序状态。普里戈金将这种有序结构称作"耗散结构"。

耗散结构理论指出，系统从无序状态过渡到这种耗散结构有两个必要条件，一是系统必须开放，即系统必须与外界进行物质或能量的交换；二是系统必须远离平衡态，即系统中"流"和"力"的关系是非线性的。在这两个条件下，摩擦、扩散等耗散因素对形成新的有序结构发挥了重要的建设性作用。通过涨落，系统在越过临界点后自组织成耗散结构，该结构由突变而涌现，且状态是稳定的。

开放系统在远离平衡区出现新的有序结构的例子，在流体力学和化学反应中都已发现。例如，从容器下方对液体加热，起初温度梯度不够大，能量由热传导方式进行；继续加热，温度梯度达到一定值时，液体将出现规则的对流，即瑞利-贝纳德（Rayleigh-Bénard）流，如果进一步加热，温度梯度更大，液体就进入湍流状态。在化学反应中也观察到的别洛索夫-扎鲍廷斯基（Belousov-Zhabotinsky）反应是一种化学振荡，也是在远离平衡区出现耗散结构的例子。耗散结构理论对这些现象给出了很好的说明（图1）。

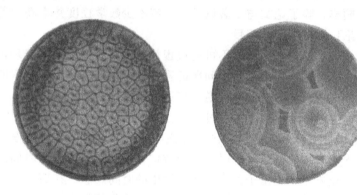

图1 耗散结构论的经典例子

左图为瑞利-贝纳德对流，这是从下方均匀加热平底圆盘中的薄层液体，
当温度梯度达到临界点时形成的花样。右图为别洛索夫-扎鲍廷斯基反应，在
化学中观察到的这种反应是一种化学振荡。

耗散结构理论指出，开放系统在远离平衡态可以涌现出新的结构，为解释生命过程的热力学现象提供了理论基础。地球上的生命体都是开放的热力学系统，处于远离平衡的状态，通过与外界不断进行物质和能量交换，将能够自组织形成一系列的有序结构。

因为对不可逆过程热力学的杰出贡献，特别是最小熵产生定理和耗散结构理论，普里戈金获得了1977年的诺贝尔化学奖，被人们赞誉为"热力学诗人"。此后，普里戈金从微观层次上探索时间的奥秘，在非线性动力系统的研究上取得了实质性的进展，揭示了不可积系统的内在不稳定性，指出采用传统的位置和动量的描述系统是不现实的。因为从相空间中的任意一点的邻域出发都将有完全不同的结局。普里戈金建议采用系综的方式来描述系统的演化发展，宏观现象的不可逆性将成为该理论的自然结果。

走向复杂性科学的综合研究之路

耗散结构理论的提出，大大扩展了理论物理和理论化学的研究范围。对于自然科学以至社会科学，已经产生或将要产生实质性的重大影响。这种影响用一句话概括就是，耗散结构理论促使科学家特别是自然科学家开始探索各种复杂系统的基本规律，从而拉开了复杂性研究的帷幕。

普里戈金和他的研究集体已在生命、生态、大脑、气象和社会经济等系统作了开拓性的工作。

生命如今早已不仅仅是生物学家的研究对象，还引起了物理学家、化学家的浓厚兴趣，他们提出了许多极富价值的新见解。普里戈金和他的研究集体在不同层次对生命现象进行理论研究，做出了开创性的工作。例如对生物节律行为的讨论，给出了单个心脏细胞内的信号转导中钙离子的时间振荡，果蝇体内的生理振荡等。还得到了空间分布特点，如单个心脏细胞转导中钙离子的螺旋波，圆盘网柱菌的聚集群体运动时的螺旋形花纹，心脏局部组织和心脏组织受到损伤时的钙波等。他们还研究了生命代谢过程中的糖酵解的动力学行为和免疫网络等问题。这些工作在世界上都是领先的。

生态系统包含多种物种之间、物种与环境之间的相互作用，具有多种时间尺度、空间尺度和结构功能层次的强烈耦合，在时间和空间上形成了多种花样。如何解释这些花样的形成和描述时空作用的机制，就成为复杂性研究要回答的问题。普里戈金的研究集体开创了生态系统的复杂性研究，对多物种生态系统的演化过程和渔业系统给出了实质性的结论，并应用于实际系统，如纽芬兰渔场的管理等。

大脑作为人体最重要的一个器官，具有 10^{11} 数量级的神经元细胞。神经元细胞之间通过基本的电信号和化学作用在宏观层次上涌现出单个神经元所不具有的学习、记忆、思维和意识等性质，从复杂性的角度来研究脑的功能，寻找其核心的动力学机制，无论是对认识人类自身还是促进科技的发展都具有重要意义。普里戈金的研究集体最早分析了人脑的脑电图（EEG）和猴的神经活动，计算了其中的关联维数（correlation dimension），进一步研究了深度睡眠、癫痫发作、脑皮质活性及大脑的信息加工等，并第一次指出，尽管大脑活动很复杂，但仍可以用低维动力系统来描述，这些工作对后人有重要影响。

在对大气系统的研究中，普里戈金的小组采用一组宏观量描述地球-大气-低温层体系，给出大气和海洋湍流的动力学机制，从根本上改变了气象预报的基本概念，并于 20 世纪 90 年代被欧洲气象预报系统的建设采用。

社会经济系统也是一个演化的复杂系统。普里戈金指出，社会经济系统存在自组织结构，其研究集体通过"logistic system"分析处理了荷兰的能源、美国的城市演化和比利时的交通等社会经济问题。这种研究方法深刻地影响了演化经济学流派的发展。

富于启示的科学研究方法

普里戈金开创的复杂性研究已成为今天全世界科学研究的中心问题，为 21 世纪的科学研究指明了新的方向。他不仅开创了全新的研究领域，还留下了科学研究的方法。比利时是欧洲的一个小国，并不是科学研究的中心，但普里戈金在那里取得了重大科学成就，他的研究经历和研究集体的经验是值得借鉴的。

首先要选准方向。布鲁塞尔学派选准了偏离平衡态的非平衡系统来开展研究，这在当时还是极少有人选择的方向，但该学派认为非平衡态的演化过程具有极大的意义。虽然当时还不是主流，但将来会发展成为主流的科学命题，所以这样的选择是最佳的选择。

科学研究贵在坚持与积累。普里戈金的研究成果是三代人经过坚持不懈的努力的结果，从东代尔、格兰斯多夫(P. Glansdorff)到普里戈金，历经半个世纪才获得成功。基础研究需要积累，东代尔对偏离平衡态有出色的研究，是前承玻尔兹曼热动力学、后启普里戈金研究远离非平衡态的关键人物。普里戈金坚持了东代尔研究非平衡态热力学的方向，并几十年不间断地深入展开工作，才提出远离平衡的开放系统的耗散结构理论。

长期开展广泛的国际合作和交流也是一个重要因素。比利时的索尔维国际化学物理研究所主办了系列国际性的学术会议，许多大科学家如爱因斯坦、玻尔、普朗克、庞加莱等都曾云集索尔维国际会议。这一系列国际会议促进了普里戈金在比利时的基础科学研究。

普里戈金同时对中国的科学发展作出了贡献。在钱三强的主持下，中国早在改革开放初期即与普里戈金教授建立良好的关系。普里戈金不仅邀请中国科学家赴比利时进行合作研究，还为中国培养了多名博士，使中国在复杂性研究领域内达到了前沿的研究水平，在非平衡系统相变理论、混沌与分形、经济系统、生命生态系统演化、大脑认知过程的复杂性研究上取得了长足的进步。日本东京大学的铃木正雄曾评价道：中国科学家在非平衡系统研究的初期就加入其中是非常幸运的。

作为一个科学家，普里戈金对中国具有深厚的感情。他曾两次来华访问(图2)，他是中国生物物理学会的荣誉会员，北京师范大学和南京大学的荣誉教授。他对中国的文化特别是中国传统哲学有深厚的修养，他多次在著作中强调中国的哲学思想对科学研究的意义，并殷切地期望中国科学家在复杂性研究中作出贡献。

图2　普里戈金访问中国
普里戈金(右一)与刘若庄教授(左二)。

普里戈金虽然已经离去，但他的影响还将长久存在。

钱学森与系统科学基础理论的发展[*]

方福康[1]　　狄增如[2]

（1. 北京师范大学系统科学系，北京 100875；2. 北京师范大学复杂性研究中心，北京 100875）

经过 20 世纪以来的发展，科学技术取得了飞速进步，人类对于自然和生命的奥秘获得了丰富而深刻的认识。这些科学成就的取得在很大程度上有赖于基于系统单元研究的科学研究方法。但随着科学技术的进步，这种研究方法的局限性也逐渐凸显出来，人们越来越深切地意识到，对于系统基本结构单元的性质和规律的了解并不能让我们全面地理解系统的行为。普里戈金教授在 1996 年出版的《确定性的终结》一书中就指出：“我们确实处于一个新科学时代的开端。我们正在目睹一种科学的诞生，这种科学不再局限于理想化和简单化情形，而是反映现实世界的复杂性，它把我们和我们的创造性都视为在自然的所有层次上呈现出来的一个基本趋势。”[1]物理学家戴维斯在《上帝与新物理学》中也指出：“有些问题只能通过综合才能解决。它们在性质上是综合的或‘整体的’。”[2]

进入 21 世纪以来，系统科学作为新兴的交叉性学科，已经成为国际上科学研究的前沿和热点。系统科学研究涉及生命、生态、气候气象、资源环境、人口和社会经济等复杂系统，关注各领域复杂系统多层次、多尺度和非线性相互作用的共性。其进展一方面会对所涉及的具体系统产生重大的影响，另一方面也会加深大家对复杂系统共性和规律的基本认识。各国学者已经逐渐认识到了复杂系统研究在 21 世纪科技发展中的重要地位，并被众多科学家誉为“21 世纪的科学”[3]。著名物理学家霍金就直截了当地指出：“下个世纪将是复杂性的世纪。”Science 在 1999 年和 2009 年，分别以“复杂系统”以及“复杂系统与网络”为主题，发表专辑阐述复杂性科学对众多学科的可能影响和进展[4-5]。欧美各国纷纷建立相关研究机构，制定研究路线图，努力推动系统科学研究的发展。

在我国，钱学森先生在大力推动和弘扬系统工程的基础上，自 20 世纪 80 年代初就致力于创建系统学，积极探索和研究系统科学的理论体系[6]。在钱学森先生及老一辈专家学者的推动下，我国建立了规范的系统科学学位培养体系，并在各方面开展相关工作，为推动这一学科领域的建设与发展作出了贡献。回顾钱学森先生创建和发展系统科学基础理论的观点和思想，对于我们深入开展系统科学学科建设非常有指导意义。

1　系统科学基本理论的创建与发展

自 20 世纪 80 年代初开始，钱学森先生就把主要精力投入系统科学学术研究中，致力于发展系统科学的基本理论。钱学森先生指出，创建系统学是发展整个系统科学学科体系的基础，“创建系统科学的基础理论——系统学已经是时代给我们的任务。你不把这门学问搞清楚，把它建立起来，你就没有一个深刻的基础认识。”“我觉得系统学的建立，实际上是一次科学革命，它的重要性绝不亚于相对论或量子力学。”[6]因此，他积极倡导和推动创建系统学的工作，在发展系统科学基本理论这一学术方向上，作出了许多建设性的贡献，概括起来包括以下几个方面：

a. 明确界定了系统学的学科内涵。指出系统学是研究系统结构与功能（系统的演化、协同与控制）一般规律的科学，是研究系统一般规律的基础科学。

---

* 方福康，狄增如. 钱学森与系统科学基础理论的发展[J]. 上海理工大学学报，2011，33(6)：566-568.

b. 提出了建立系统学的基础和途径。钱学森先生强调，系统学的任务在于从组成系统的单元的性能和相互作用推导出整个系统的结构（有序化）及功能。发展系统科学基本理论，需要从各相关学科的发展中去综合、抽象和提炼，除了需要从系统工程实践以及运筹学、控制论、信息论等这些系统科学体系内的技术科学去提炼、概括以外，还需要从自然科学中的物理学、化学、生物学等学科中汲取素材，特别是与系统的演化与协同有关的自组织理论、非线性系统动力学、超循环理论等，它们都揭示了许多系统规律。同时指出，研究系统科学只能从几条非常清楚的前提出发，如：（a）系统是由子系统组成的；（b）子系统各有一定的性能；（c）子系统之间的关系；（d）子系统与环境的相互作用。在这几条基础上，整个系统的特征和性能都要从严密的理论推导出来。

c. 强调了系统科学基本理论的几个重要概念，包括：

结构与功能的关系。钱学森先生指出系统理论要解决的问题是，在环境影响下，系统的结构（即慢变过程）和这个结构的功能（即快变过程）。"从前物理学研究的问题中，环境太简单（绝热、孤立），相互作用太单一，所以情况也就比较单调。系统学的任务是结合更现实的条件、更现实的系统，并扩展到整个客观世界，自然科学和社会科学。"

层次性。钱学森先生关注的层次性分为两个方面，一个是系统本身的复杂性层次不同，需要根据子系统的数量和种类、子系统之间相互作用关系的复杂程度以及系统的层次结构而有针对性的研究；其二是系统内部，特别是复杂巨系统是具有层次结构的，每一个层次都具有一定的功能，而且其功能不是组成该系统的子系统所具有的。

开放复杂巨系统及从定性到定量的综合集成方法。这是钱学森先生对于系统学的重要贡献，它不仅可以让我们更加深刻地认识和理解系统，更重要的是有助于我们管理和控制系统。

d. 指出了具体的研究内容和方向。例如，地球上生命演化过程。他指出，"从无生命到有生命，然后进一步的生命演化现象，这里面有过程演化的大量素材，也有许多没有解决的问题，是系统学的一个可用武之地。"钱学森先生还指出：脑科学、思维科学，以及心理学基本理论的突破在于找出人体巨系统的规律，这完全得靠系统学。同时，从大脑到思维的关键问题是从神经元的微观到思维这一宏观现象，应该强调网络或系统的整体作用。在更宏观的尺度上，地理科学也必须用系统科学的方法，从系统的角度考虑地球表层与人类社会活动的相互影响。

在以上发展系统科学基本理论的过程中，钱学森先生还特别重视物理学，尤其是统计物理学在建立系统科学体系和发展系统科学基础理论方面的重要作用。1990 年，在《一个科学新领域——开放的复杂巨系统及其方法论》中指出："开放的复杂巨系统目前还没有形成从微观到宏观的理论，没有从子系统相互作用出发，构筑出来的统计力学理论。"[6]他不仅一直强调耗散结构理论、协同学、超循环理论、非线性动力学等是创建系统学的基础，而且多次明确建议搞大系统理论的同志要同物理学家合作，交换意见，吸取营养，打开眼界。

2　围绕具体研究对象，挖掘系统一般规律

在创建系统学的过程中，钱学森先生非常支持北京师范大学开展系统理论的研究，使得北京师范大学在较早的时候就进入了系统科学学科建设的行列，并取得了一定的成绩。

北京师范大学在非平衡系统理论方面有很强的研究实力，先后有 4 人在普里戈金教授领导的布鲁塞尔自由大学获得博士学位，并在自组织理论、非线性动力学等方面开展了卓有成效的研究，在 1979 年就成立了非平衡系统研究所。钱学森先生一直认为普里戈金学派的耗散结构理论、哈肯学派的协同学、艾根的超循环理论以及非线性动力学和混沌等是创建系统学的基础，所以，他从 20 世纪 80 年代初就积极鼓励和支持北京师范大学开展系统理论的人才培养和科学研究工作。他指出系统学是今后发

展的主流之一，是科学革命的主力军，希望北京师范大学多搞系统学，发展系统科学基本理论；在具体工作中，他支持北京师范大学建设系统理论本科专业，并在教学方案上提出建设性意见，他还一直关注北京师范大学在系统理论方面的研究，并对具体科研工作的开展提出意见和建议。例如，他强调系统科学的基础理论不仅要解释已知的系统功能，还要发现新的系统功能；指出解决脑科学、思维科学中的核心问题要靠系统学；对于熵的概念及其应用以及数理逻辑中网状推理的研究都给出了具体的指导性意见。同时，钱学森先生对于北京师范大学在系统学研究中所开展的方向以及所取得的成果都给予了充分的肯定。

正是在钱学森先生和许多专家学者、兄弟单位的共同支持和帮助下，北京师范大学在系统科学学科建设方面开展工作，并取得了一定的成果。学校根据系统科学学科发展需要于 1985 年建立了全国首个系统理论专业，1990 年取得系统科学首批博士学位授予权，1998 年建立全国首个系统科学博士后流动站，2000 年取得系统科学一级学科博士学位授予权，系统理论专业 2002 年被评为国家重点学科，使北京师范大学具备了在系统科学领域从本科到博士后流动站的完整的人才培养体系。2004 年又建立了"复杂性研究中心"，为整合相关研究力量，促进复杂性研究的深入发展打下了基础。

在二十多年的学科建设与发展过程中，北京师范大学在钱学森先生倡导的创建系统学的思想和途径指导下，坚持通过对社会经济和生物生态等具体系统的研究，挖掘和提炼系统演化和协同的一般规律，努力发展系统科学基本理论，在系统科学研究领域形成了具有自己特色、并符合国际复杂系统研究发展趋势的研究方向，包括：

a. 复杂系统基本理论与实验方向，具体包括非平衡系统结构的形成机制、多体系统的动力学和热力学、随机力与非线性系统、输运问题、非线性系统的混沌动力学、混沌的控制与同步、复杂网络等。通过十多年的研究，取得了丰硕的成果，在国际上引起了相当影响，受到了同行的广泛重视。

b. 社会经济系统分析方向。将经济看作一个演化的复杂系统，目的在于把握经济系统的核心规律，并进而分析实际经济问题，为管理决策提供理论和实证上的依据。这方面的研究工作是多学科交叉融合，自然科学和社会科学进一步结合的具体体现。在以上理论研究工作的基础上，北京师范大学与中国科学院、中国社科院、国家信息中心等密切合作，在经济增长、人力资源经济学、宏观经济动力学、金融市场动力学、金融与实体经济的共同演化等方向开展研究和承担课题，取得了一系列成果，受到了国际同行的关注。

c. 生命与生态系统，脑与认知过程。本领域的研究工作与北京师范大学认知科学与学习国家重点实验室合作开展，在神经编码到知觉意识的形成过程，学习记忆的基本描述，神经元、神经元群、神经网络等不同层次在学习过程中的作用，学习过程的涌现和自组织等方面开展工作。在学习过程的自组织方向上已经获得国家自然科学基金重点项目的支持，并在脑神经网络中信息传递的增量过程、工作记忆的机制等方面获得了初步的研究成果。

d. 多主体系统与演化算法方向。具体研究工作包括，可用于有不同结构的遗传算法、遗传算法的不同表示方式的收敛理论和遗传算法 PAC 可解的收敛复杂性理论；多主体系统的宏观行为、具有学习功能的多主体系统；把多主体系统用于描述专业分工的演化模拟等。

经过二十多年的建设，北京师范大学系统科学学科建设已经取得了初步成效，在复杂性研究领域展现出良好的发展势头。在最近几年的建设中，我们关于复杂网络的研究已经在 ISI 数据库被引用两百多次，发表了关于网络空间结构和社团结构的重要成果，受到了国际同行的关注；关于中国财富分布和螺旋波时空行为的研究先后被 *Nature China* 作为研究亮点评述，以汶川地震捐赠为基础的捐赠分布研究被 PhysOrg.com 评述，并随后被科学时报、科技日报、人民网等媒体作了报道，产生了广泛的学术影响。

3   结束语

系统科学的发展已经得到国际、国内专家的认可和支持，发展系统科学学科，符合 21 世纪社会经济和科学技术发展的要求。欧美各国纷纷公布了研究路线图，而在我国发布的《国家中长期科学与技术发展规划纲要（2006-2020）》中，"开放巨系统和复杂系统"也被列为科学的前沿问题，同时明确指出"复杂系统、灾变形成及其预测控制"是面向国家重大战略需求的基础研究。在复杂性研究已经成为国际学术潮流的今天，我们越发真切地感受到钱学森先生作为一个杰出科学家的远见卓识。而如何继续推进系统科学基础理论的发展，使我国的系统科学学科建设和学术研究更上一层楼，是值得我们思考的重大问题。关注系统结构对于系统性质与功能的影响，是推进复杂性研究的重要途径。这需要我们将理论探索与具体领域的研究紧密结合起来，一方面利用系统科学的思想、方法和工具研究经济、资源环境、生物、计算机系统等领域中的相关问题；另一方面注意从具体问题中提炼具有共性的规律性的东西，研究系统宏观层次上的涌现性行为以及对系统性质和功能的智能控制，发展系统科学的基本概念和理论。

参考文献

[1]普里戈金.确定性的终结[M].湛敏，译.上海：上海科技教育出版社，2009.

[2]戴维斯.上帝与新物理学[M].徐培，译.长沙：湖南科学技术出版社，2007.

[3]Gallagher R, Appenzeller T. Beyond reductionism[J]. Science，1999，284(5411)：79-79.

[4]Jasny B R, Zahn L M, Marshall E. Connections[J]. Science，2009，325(5939)：405.

[5]戴汝为.复杂巨系统学——一门 21 世纪的科学[J].自然杂志，1997，19(4)：187-192.

[6]钱学森，创建系统学(新世纪版)[M].上海：上海交通大学出版社，2007.

[7]上海系统工程学会.系统科学与系统工程学科发展报告[M].上海：上海系统科学出版社，2009.

《系统科学导引》序[*]

方福康

看到吴金闪教授这本《系统科学导引》，明显地感觉到其与众不同的地方：书名不叫导论，也没有用引言这一类标题，而是用了"导引"这样一种开放性的提法。这个提法明白地告诉读者，本书要通过学习引导你考虑一些系统科学的基本问题，告诉你在哪些科学知识的基础上去思考，如何去思考。从本书的内容和结构来看，很明显存在着三条主线，即系统科学的发展进程以及其主要内容和成就，然后就是用去本书大量的篇幅论述作为一门科学其发展的理论基础，特别是数学和物理在建立一个理论体系中的作用，再者就是对如何进一步发展系统科学的思考。其实，这一部分发展系统科学的思想是贯穿全书的，因为"导引"的目的就是要引发读者的思考，特别是面对系统科学这一新兴学科所涉及的未知世界。

在一本篇幅有限的教材里，要完成这三项任务是困难的。这里显出了吴金闪教授与众不同的地方，他志存高远，宣称要用最少的语言、用最核心的概念来阐明问题。这是一项挑战，考验的是吴金闪教授对系统科学这一学科产生和发展理解的深度，考验的是对于系统科学赖以发展的科学基本理论掌握的程度和高度概括的能力。当我们阅读其力学和量子力学的两章，可以明显地感到吴教授为实现他的诺言所做的努力。至于系统科学的展开和后续发展的内容，则由于这门学科发展的迅速，内容十分广泛，不同学者会有他本人的取向和偏爱，只要把系统科学的特点予以说明就可以了，尽管会具有浓厚的个人色彩。所以，对于吴金闪教授这本"导引"教材，如果仔细体会，无论对于系统科学发展的历程，发展这门学科所需要的理论储备以及如何去发展这门学科，都会受益匪浅，而对于初涉系统科学的青年学子来说，更是能启迪他们的思维，更快更好地进入系统科学这一广阔的领域。

作为一篇序言，也是对应吴金闪教授"导引"二字的提法，下面，沿着序言中所提出的三个问题，提出一些看法，作为一种意见参与讨论，也可以算作序言的一个延伸部分。

（一）

在 2015 年北京大学的毕业典礼上，有一个著名的演讲，当时身为生命科学学院院长的饶毅教授，代表学校教师向毕业生致辞。总共 1 500 多字的讲话，获得了多次热烈的掌声。对于我这个读者来说，看重的是演讲中的两句话，"从物理学来说，无机的原子逆热力学第二定律出现生物是奇迹"，"从生物学来说，按进化规律产生遗传信息指导组装人类是奇迹"。

一位生物学家，能够对科学的前沿作如此的概括，确实能使人感受到他的功力。实际上，所谈到的第一个奇迹涉及的是现代系统科学实质性的开始。这里的要点是逆热力学第二定律的提法，当学者们认识到在逆热力学第二定律的后面，还存在着一幅崭新的画卷，此时一个新的科学世界的历程就开始了。在这里有两位学者是需要提到的，一位是 N. Wiener，他最早对逆热力学第二定律的世界有清晰的理念。他指出"我们所做的是在奔向无序的巨流中努力逆流而上，否则它将一切最终陷于热力学第二定律所描绘的平衡和同质的热寂之中……我们的主要使命就是建立起一块块具有秩序和体系的独

* 方福康教授为《系统科学导引》（吴金闪，科学出版社，2019）所作的序。

立领地……我们只有全力奔跑，才能留在原地"[1]。另一位要提到的学者是 I. Prigogine，他给出了逆热力学第二定律的物理内容和数学形式。这就是耗散结构理论。这个理论冲破了热力学第二定律的限制，指出对于开放系统，在远离平衡的条件下，能够形成一种相对稳定的结构，称为耗散结构。Prigogine 先是用实验确切地在流体、化学反应两个系统中让世人看到了这个相对稳定的耗散结构。再者，他证明了在热平衡的线性区是不可能出现这种结构的，一定在远离平衡的非线性区，才会有相对稳定的，称为耗散结构的出现。然后，在论证和讨论了耗散结构的各种性质特点之后，Prigogine 和他的 Brussels 学派，发展了一套数学理论，来定量地描述耗散结构形成的过程、性质和特点，并将其应用到各具体系统和领域，特别是出现了被称为奇迹的生物。耗散结构的出现，包括实验和他的理论体系，使得突破热力学第二定律的想法从议论变为科学。

在此之后到现在的 40 年间，无论从研究的领域，还是理论计算的方法都有很大的发展。研究的领域，从最初 20 世纪 80 年代由 Science 提到的 7 个方向，发展到 21 世纪初，由 Hoker 的归纳，有了12 大门类，28 个学科领域，涵盖了生命、神经、人类学、社会、经济、军事、管理等一切方面。研究的方法，也从原初的数理方程，展开到应用计算机、网络、大数据等现代信息工具。面对着系统科学这样一个庞大的体系，包括这门学科的兴起、发展的历程、多种数学工具的运用、涵盖内容众多的学科体系及这门学科仍在迅猛发展，要在一本篇幅有限的著作里诠释这样一件科学事件是不容易的。但是，在吴金闪教授这部著作中，我们可以看到，他以自己独特的风格完成了一个很有特色的答案。

然而系统科学或复杂性研究目前的进展并不令人满意。虽然有众多研究领域的展开，在研究工具上，网络和计算机发挥了强大的威力，应用于各种具体系统也取得令人欣喜的结果，但是对复杂系统基本规律的探索并没有取得实质性的进展，各个研究领域，各种研究结果，还是停留在已有的理论基础上，只是在外延上获得发展和展开。像饶毅教授提出的生物学奇迹的探索，涉及进化规律、遗传信息、组装人类这样一些实际上是复杂性研究核心理论问题的研究，并没有获得理论上的突破，还有待于系统科学的未来。

（二）

吴金闪教授这本"导引"著作的另一个显著特点是认认真真地讨论了系统科学所涉及的科学基础。系统科学作为 21 世纪的前沿学科，讨论的完全是一堆全新的复杂系统对象，从数理学科的角度来观察，是从未系统地处理过的。而从耗散结构理论开始，复杂系统的研究显然已经进入了一个新的阶段，即用数理科学的工具和方法，来获得科学的定量化的结果。这样的研究，与早期的系统科学研究如一般系统论那样定性的讨论是完全不同的，在这里需要的是实实在在的科学理论概念和处理实际问题的数理方法。因此在教学内容的选择上，既要照顾到在科学历史上那些行之有效、有成功经验的数理科学方法，又要适当地介绍，随着复杂性研究工作的进展，在近些年来新发展起来的工具和方法。这两方面都有丰富的内容，而要在一个篇幅有限的教材中完成这两项硬任务是要考验吴教授的理论基础和学术功力的。吴金闪教授没有回避这个矛盾，他宣称要用最少的文字语言来介绍这些最经典的理论，而实际上他是很出色地完成了这个任务。在理论物理学的经典科学库存中，吴教授选择了力学、量子力学和统计物理三门课程。其中量子力学是最能体现业务实力的，我们可以从吴金闪教授用最少语言的描述中，看看他是如何处理量子力学这门学科的。

量子力学作为微观世界的奠基之作，与相对论一起，被称为 20 世纪巅峰的成就，独领风骚达半个多世纪。但是量子力学的核心内容只不过是少数几条基本原理（常见的提法是 5 条基本原理）。正是在量子力学基本原理的基础上，搭起了处理各类微观客体运动规律的理论框架。不仅如此，在精妙的数学描述下，量子力学的基本内容获得了十分抽象而又十分精确的数学表述。由量子力学的物理内容所揭示的微观粒子的描述，不过是 Hilbert 空间中的一个矢量，或者说是在这个空间中所描述的一个状态，算子作用于矢量，引起状态的变化，而形成运动方程。Hilbert 空间中矢量的变换或描述状态的方式变换，构成了表象理论。用物理语言颇为费力的一些内容，在精巧的数学语言下变得简单、精确。这种深刻的物理思想和精巧的数字语言的结合，正是揭示物质运动基本规律最有力的工具。在吴金闪教授所写的有关量子力学的章节，可以看到他用最少的语言而做的最大的努力，竭力将量子力学的物理抽象和涉及的数学语言传递给读者。类似地，在力学这一部分，在极有限的篇幅中，不仅介绍了牛顿力学，而且讲到分析力学。综观全书，吴金闪教授始终强调物理观念和数学思想的重要性。这样的强调不仅是为了继承，更是为了发展，为的是建立一个复杂系统所需要的理论，作好必要的理论储备。

（三）

创新，是一门学科成长、壮大、发展的根本之道。系统科学的发展需要创新，而且是不断创新。目前对系统科学最需要的，是对于复杂系统这个未知世界基本规律的掌握，并由此进一步建立起各种运算体系并解决具体课题。吴金闪教授的著作将创新的理念贯彻全书并指出了必须注意的要点，一是要具体化，二是联系、联系、再联系。对于具体系统的关注，各家会有所不同，但是总体上的目标是探索和发掘复杂系统这个未知世界的基本规律。

首先会想到的问题，是世间事物的运动形式和发展规律，不应该只停留在物理世界的物质和能量的理论框架内，特别是涉及生命、神经、人类、社会这样一群复杂系统或更确切地说是复杂适应系统。信息在系统演化和发展过程中的作用已十分明显和重要。所以在理论框架上，应该建立起一个物质、能量、信息的三元素世界，在这个更宽的框架内描述它们的状态，发掘其运动规律。但是在我们的科学宝库中，并没有现成的含有物质、能量、信息三元素世界的理论框架，物理学是 20 世纪影响较大的一门学科，涉及了微观领域的各个部门和高速运行的客体等。但是，在物理学中只讨论物质和能量，不涉及信息。另外一门专门讨论信息的学问——信息论，则是专门研究信息传递过程的，从信息源、信道，到信宿，讨论的是信息如何准确传递，如何解决抗干扰。在信息论中，也没有涉及物质和能量的相互关系。所以在现有的科学库存中，信息与物质没有现成的交集，更谈不到信息与物质相互作用的方式与内容。在这个领域内，无论是理论概念，或是计算方法，目前还没有形成被大家所公认的并可被大家接受的理论成果。

尽管信息与物质的相互作用规律还没有被充分揭示，但已经有很多学者和实际工作者关注和讨论了信息的重要作用，并做出了许多有意义的启示，为进一步解决这个问题提供了准备。早期有生物学家汤佩松，后来钱学森、徐光宪也有过论述，周光召还提出了信息与物质的相互作用，在社会系统中会起主要的作用。之后，随着对信息的研究展开，徐光宪先生提出了人工信息量的概念，并进行了量值的初步的估算。不同于依靠生物自然进化而形成的自然信息量，人工信息量是指人类由于有了语言以后所生成的信息。徐先生估算人类自然信息量的总量为 10^{35} 次方 bit 量级，而全球人工信息总量估算是 10^{20} 次方 bit 量级，且每年约以 30％的速度增长[2]。徐先生的人工信息量的概念实际上是为人类建立了一套完全不同于生物自然进化而形成的信息系统，不妨称之为第二信息系统。这套建立在语言发展基础上的人类所特有的第二信息系统，对人类的发展壮大和人类社会的形成和进步起到了决定性的作用。首先，由于语言的产生和第二信息系统的形成使人类与动物界彻底分离开来，逐步成为自然界的主宰[3,4]。然后，由于第二信息系统的不断发展与完善，并与物质生产、社会体制相互结合逐步完善，使得人类从一些弱小的种群，发展壮大成为强大的族群，直到形成社会和国家，成为在地球上目前最为强大的生命体。

信息与物质相互作用的重要性是清楚的，但是迄今为止还没有一个信息与物质相互作用关系的数学表述形式，需要作一些试探。遵循着达尔文所指出的语言对人类发展的关键作用，最近我们讨论了语言作为信息对人脑这类物质的发展过程。在实验数据的支持下，我们得到了这一类包含信息物质运动的数学表达形式，可以用一个非自治的动力方程来描述，其中信息与物质的相互作用是方程中含时间 t 的驱动项。这样的一个计算结果仅是一个单例。它虽然给出了信息与物质相互作用在这个具体问题中的表达式，但并不一定显示出是一种普适的形式，因为信息与物质相互作用是复杂的，存在多种表现形式，现在我们还未能窥测它的全貌。但无论如何，在这里我们找到了一种具体的信息与物质相互作用的数学表述形式及其所反映的科学内容，希望能成为一个好的开始，在探索复杂系统的基本规律上获得进步。

参考文献

[1] Norbert Wiener. I am a Mathematician：the Later Life of a Prodigy[M]. Cambrige：MIT Press，1964.

[2] 徐光宪. 化学分子信息量的计算和可见宇宙信息量的估算[J]. 中国科学 B 辑：化学，2007，37(4)：313-317.

[3] 达尔文. 人类的由来[M]. 潘光旦，胡青文，译. 北京：商务印书馆，1983.

[4] Nowak M A. Evolutionary Dynamics：Exploring the Equations of Life[M]. Cambrige：Belknap Press/Harvard University Press，2006.

Approximate Calculation of Time-dependent Behaviour of Fluctuations in the Presence of Diffusion[*]

Fang Fukang[①]

(Service de Chimie Physique II, University Libre de Bruxelles, Campus Plaine Bruxelles, Belgique)

Abstract: Time-dependent behaviour of fluctuations for a reaction-diffusion system is analyzed using the multivariate master equation and neglecting the space correlations of order higher than two. The influence of diffusion coefficient is discussed. Only for a suitable diffusion rate and initial concentrations will the fluctuation be enhanced. Analytic results are compared with the numerical calculations.

1 Introduction

The problem of time-dependent behaviour of fluctuations has received considerable attention in recent years. It reflects the relation between fluctuation and bifurcation, and explains how a change of regime can happen in non-equilibrium systems. Most of the work done in this field[1,2] refers to the problem of global behaviour of fluctuations in a spatially uniform system. On the other hand, a local discription of fluctuation has been adopted recently by several groups to study the static behaviour of fluctuations. The non-linear master equation (NLME) and the multivariate master equation (MME) are typical examples[3~9]. One can expect that these equations will also be useful for the time-dependent fluctuation problem as well. As the physical phenomena and the mathematics are both complex, it is suitable to divide the time-dependent problem into several steps, for instance discuss some specific models or examples and adopt certain approximations. In this paper, we use MME to discuss the Schlögl model[10] in an approximation which neglects the space correlations of order higher than two. We solve the resulting equations as an eigenvalue problem and see how the fluctuations are enhanced during a certain period of time. This simple example may point out some interesting and more general features of the time-dependent fluctuation problem.

In section 2 the MME for Schlögl model is presented in the cumulant generating function form. Section 3 is devoted to the eigenvalue equations. The stability and other properties of fluctuations predicted by these equations are discussed. In section 4 we perform a numerical calculation of the eigenvalue equations and compare with the prediction of the analytic solution. We conclude by some discussion on the time-dependent properties of the fluctuations.

---

* Fang F K. Approximate calculation of time-dependent behaviour of fluctuations in the presence of diffusion[J]. Bulletin De Lacademie Royale De Belgique, 1979, 65(11): 617-631.

① Présenté par M. P. Glansdorff.

2　The Multivariate Master Equation for Schlögl Model

Schlögl model is one of the typical models for the analysis of non-equilibrium all-or-none transitions. We will therefore use it for the time-dependent behaviour of spatially inhomogeneous fluctuations. This model is given by

$$A + 2X \underset{k_2}{\overset{k_1}{\rightleftharpoons}} 3X$$

$$X \underset{k_4}{\overset{k_3}{\rightleftharpoons}} B \tag{1}$$

where k_i, $i=1$, 2, 3, 4 are kinetic constants and the concentrations of A and B are kept constant through contact with appropriate reservoirs. We rescale the constants by

$$k_1 = 3/A^2; \quad k_2 = 1/A^2; \quad k_3 = 3+\delta; \quad k_4 = 1; \quad B = A(1+\delta')$$

and get the deterministic equation (including diffusion)

$$\frac{\partial x}{\partial t} = -x^3 + 3x^2 - (3+\delta)x + (1+\delta') + D\frac{\partial^2 x}{\partial r^2} \tag{2}$$

The solution of equation (2) has shown that $\delta = \delta' = 0$ is a bifurcation point and that for $\delta < 0$ we have multiple steady states. For the study of local fluctuations we introduce the MME in which we divide the system into n cells from $i=1$, 2, $\cdots$, n. (We consider a one dimensional space). In general the MME has the form

$$\frac{\partial P(x,t)}{\partial t} = \sum_{i=1}^{n}\sum_{j=1}^{L}\lambda_j C_j^i \left[\left(\frac{x_i^i - \alpha_j}{\gamma^j}\right)P(x-\alpha_j e_i, t) - \left(\frac{x_i}{\gamma^j}\right)P(x,t)\right] +$$

$$\sum_{\substack{i=1 \\ j=i\pm1}}^{n}\{d_{ij}(x_i+1)P(x+e_i-e_j, t) - d_{ij}x_i P(x,t)\} \tag{3}$$

where we adopt the vector notation, $x = \{x_1, x_2, \cdots, x_n\}$, and e_i (or e_j) is a unit vector, whose only i (or j) component is nonzero. In eq. (3) the first term is the reaction term including L kinds of different reactions, and the second term is the diffusion term.

For the Schlögl model, we have

$$\frac{\partial P(x,t)}{\partial t} = \sum_{i=1}^{n}\{A^{-1}[(x_i-1)(x_i-2)P(x-e_i, t) - x_i(x_i-1)P(x,t)] +$$

$$A^{-2}[x_i(x_i+1)(x_i-1)P(x+e_i, t) - x_i(x_i-1)(x_i-2)P(x,t)] +$$

$$(3+\delta)[(x_i+1)P(x+e_i, t) - x_i P(x,t)] +$$

$$(1+\delta')A[P(x-e_i, t) - P(x,t)]\} +$$

$$\sum_{\substack{i=1 \\ j=i\pm1}}^{n}\{d_{ij}(x_i+1)P(x+e_i-e_{i+1}, t) - d_{ij}x_i P(x,t) +$$

$$d_{ij}(x_i+1)P(x+e_i-e_{i-1}, t) - d_{ij}x_i P(x,t)\} \tag{4}$$

Introducing the generating function

$$F(S, t) = \sum_{x}\prod_{i=1}^{n}S_i^{x_i}P(x, t) \tag{5}$$

where $x = \{x_i\}$, $s = \{s_i\}$, we obtain from equation (3)

$$\frac{\partial F}{\partial t} = \sum_{i=1}^{n}\sum_{j=1}^{L}\lambda_j C_j^i [S_i^{\alpha_j} - 1]\frac{S^{\gamma^j}}{\gamma^j!}\frac{\partial^{\gamma^j}F}{\partial S_i^{\gamma_j}} + \sum_{\substack{i=1 \\ j=i\pm1}}^{n}\left\{d_{ij}(S_j - S_i)\frac{\partial F}{\partial S_i}\right\} \tag{6}$$

For the Schögl model, equation (6) reduces to

$$\frac{\partial F}{\partial t} = \sum_{\substack{i=1}}^{n} A^{-2}(1-S_i)\left\{S_i^2\left(\frac{\partial^3 F}{\partial S_i^3} - 3A\frac{\partial^2 F}{\partial S_i^2}\right) + (3+\delta)A^2\frac{\partial F}{\partial S_i} - (1+\delta')A^3 F\right\} + \sum_{\substack{i=1 \\ j=i\pm 1}}^{n} \alpha_{ij}(S_j - S_i)\frac{\partial F}{\partial S_i}$$

(7)

We also use the cumulant generating function $\psi(s,\ t)$

$$F(s,\ t) = \exp[A\psi(s,\ t)]$$

(8)

and from (7) we get

$$\frac{\partial \psi}{\partial t} = \sum_{i=1}^{n}(1-S_i)\left\{S_i^2\left(\frac{1}{A^2}\frac{\partial^3 \psi}{\partial S_i^3} + \frac{3}{A}\frac{\partial^2 \psi}{\partial S_i^2}\frac{\partial \psi}{\partial S_i} - \frac{3}{A}\frac{\partial^2 \psi}{\partial S_i^2}\right) + S_i^2\left[\left(\frac{\partial \psi}{\partial S_i}\right)^3 - 3\left(\frac{\partial \psi}{\partial S_i}\right)^2\right] +\right.$$
$$\left.(3+\delta)\frac{\partial \psi}{\partial S_i} - (1+\delta')\right\} + \sum_{\substack{i=1 \\ j=i\pm 1}}^{n} d_{ij}(S_j - S_i)\frac{\partial \psi}{\partial S_i}$$

(9)

Near the bifurcation point $\delta = \delta' = 0$ we may expect long-range correlations. Hence, we should be able to expand the spatial cells by taking the limit of A large. In a first approximation we may thus omit the terms including the factors $\frac{1}{A^2}$, $\frac{1}{A}$. We then have

$$\frac{\partial \psi}{\partial t} = \sum_{i=1}^{n}(S_i - 1)\left\{S_i^2\left[3\left(\frac{\partial \psi}{\partial S_i}\right)^2 - \left(\frac{\partial \psi}{\partial S_i}\right)^3\right] + (1+\delta') - (3+\delta)\frac{\partial \psi}{\partial S_i}\right\} + \sum_{\substack{i=1 \\ j=i\pm 1}}^{n} d_{ij}(S_j - S_i)\frac{\partial \psi}{\partial S_i}$$

(10)

Note that the terms we neglect are related to higher order moments. In this sense, equation (10) is justified only as a short time approximation, as for longer times the higher order correlation should be taken into account.

Let $\xi_i = S_i - 1$, we expand $\psi(\xi,\ t)$ according to

$$\psi(\xi,\ t) = \sum_{i=1}^{n} a_i \xi_i + \frac{1}{2}\sum_{i,\ j=1}^{n} b_{ij}\xi_i\xi_j + \cdots$$

(11)

with

$$a_i = \frac{1}{A}\langle x_i(t)\rangle$$

$$b_{ij} = \frac{1}{A}\begin{cases}\langle x_i(t)x_j(t)\rangle - \langle x_i(t)\rangle\langle x_j(t)\rangle & i \neq j \\ \langle \Delta x_i^2(t)\rangle - \langle x_i(t)\rangle & i = j\end{cases}$$

We then get equations for the coefficients of ξ_i, $\xi_i\xi_j$

$$\frac{\partial a_i}{\partial t} = 3a_i^2 - a_i^3 + (1+\delta') - (3+\delta)a_i + \sum_{j=i\pm 1} d_{ij}(a_j - a_i)$$

(12)

$$\frac{\partial b_{ij}}{\partial t} = 2(6a_i^2 - 2a_i^3)\delta_{ij} + [6a_i - 3a_i^2 + 6a_j - 3a_j^2 - 2(3+\delta)]b_{ij} + \sum_{k=i\pm 1} d_{ik}(b_{kj} - b_{ij}) + \sum_{k=j\pm 1} d_{kj}(b_{ki} - b_{ij})$$

(13)

$$i,\ j = 1,\ 2,\ \cdots,\ n$$

In equation (12) we have n relations. These equations are just the deterministic equations including diffusion terms. In (13) we have $n(n+1)/2$ equations, as the equations of b_{ij} and b_{ji} are identical. Because of the nondiagonal elements induced by diffusion term, equations (13) can not be solved in general. Nevertheless, we discuss some results on the behaviour of this system in the next section.

3　Eigenvalue Problem and Stability

The solutions $a_i(t)$, $b_{ij}(t)$ of equations (12) and (13) give us information on the mean value and the fluctuations. As we pointed out already, the different terms $\{a_i\}$ or $\{b_{ij}\}$ in these equations are correlated by the diffusion terms. So, if in these equations the diffusion terms were equal to zero, $d_{ij}=0$, the various $\{a_i\}$ or $\{b_{ij}\}$ would evoke separately. In these two situations the solutions of b_{ij} are therefore very different. This suggests a simple calculation for estimating the time evolution of fluctuations. We take the diffusion factor d_{ij} as a step function such that for $t \leqslant t_0$ $d_{ij}=0$ and $t > t_0$ $d_{ij}=$ const. To estimate the time-dependent solution for the fluctuations we consider that the macroscopic state is unchanged in a short time interval, i. e. that a_i is in one of the steady states. Substituting this value into equation (13), we have

$$\frac{\partial b_{ij}}{\partial t}=A_j\delta_{ij}+(B_{ij}-d_{ii+1}-d_{ii-1}-d_{jj+1}-d_{jj-1})b_{ij}+d_{ii+1}b_{i+1j}+d_{ii-1}b_{i-1j}+d_{jj+1}b_{ij+1}+d_{jj-1}b_{ij-1}$$

$$(14)$$

$$i,\ j=1,\ 2,\ \cdots,\ n$$

with

$$A_j=2(6a_j^2-2a_j^3)$$
$$B_{ij}=6a_i-3a_i^2+6a_j-3a_j^2-2(3+\delta) \tag{15}$$

where we take zero flux boundary conditions. Taking the diffusion rates to be identical and denoting them by d, we can write equations (14) in a matrix form

$$\frac{\partial}{\partial t}\begin{pmatrix}b_{11}\\b_{12}\\b_{22}\\b_{13}\\\vdots\\b_{ii}\\\vdots\\b_{nn}\end{pmatrix}=\begin{pmatrix}B_{11}-2d & 2d & 0 & 0 & \cdots & \cdots & \cdots & 0\\d & B_{12}-3d & d & d & & & & \vdots\\0 & 2d & B_{22}-4d & 0 & & & & \vdots\\0 & d & 0 & B_{13}-3d & & & & \vdots\\\vdots & & & & \ddots & & \ddots & \vdots\\ & & & & & B_{ii}-4d & & \vdots\\\vdots & & & & & \ddots & \ddots & \vdots\\0 & \cdots & \cdots & \cdots & \cdots & \cdots & \cdots & B_{nn}-2d\end{pmatrix}\begin{pmatrix}b_{11}\\b_{12}\\b_{22}\\b_{13}\\\vdots\\b_{ii}\\\vdots\\b_{nn}\end{pmatrix}+\begin{pmatrix}A_1\\0\\A_2\\0\\\vdots\\A_i\\\vdots\\A_n\end{pmatrix}$$

$$(16)$$

As an example, for $n=5$ we have the matrix

$$\begin{bmatrix}B_{11}-2d & 2d & 0 & 0 & 0 & 0 & 0 & 0 & 0 & 0 & 0 & 0 & 0 & 0 & 0\\d & B_{12}-3d & d & d & 0 & 0 & 0 & 0 & 0 & 0 & 0 & 0 & 0 & 0 & 0\\0 & 2d & B_{22}-4d & 0 & 2d & 0 & 0 & 0 & 0 & 0 & 0 & 0 & 0 & 0 & 0\\0 & d & 0 & B_{13}-3d & d & 0 & d & 0 & 0 & 0 & 0 & 0 & 0 & 0 & 0\\0 & 0 & d & d & B_{23}-4d & d & 0 & d & 0 & 0 & 0 & 0 & 0 & 0 & 0\\0 & 0 & 0 & 0 & 2d & B_{33}-4d & 0 & 0 & 2d & 0 & 0 & 0 & 0 & 0 & 0\\0 & 0 & 0 & d & 0 & 0 & B_{14}-3d & d & 0 & 0 & d & 0 & 0 & 0 & 0\\0 & 0 & 0 & 0 & d & 0 & d & B_{24}-4d & d & 0 & 0 & d & 0 & 0 & 0\\0 & 0 & 0 & 0 & 0 & d & 0 & d & B_{34}-4d & d & 0 & 0 & d & 0 & 0\\0 & 0 & 0 & 0 & 0 & 0 & d & 0 & d & B_{44}-4d & d & 0 & 0 & 2d & 0\\0 & 0 & 0 & 0 & 0 & 0 & d & 0 & 0 & 0 & B_{15}-2d & d & 0 & 0 & 0\\0 & 0 & 0 & 0 & 0 & 0 & 0 & d & 0 & 0 & d & B_{25}-3d & d & 0 & 0\\0 & 0 & 0 & 0 & 0 & 0 & 0 & 0 & d & 0 & 0 & d & B_{35}-3d & d & 0\\0 & 0 & 0 & 0 & 0 & 0 & 0 & 0 & 0 & d & 0 & 0 & d & B_{45}-3d & d\\0 & 0 & 0 & 0 & 0 & 0 & 0 & 0 & 0 & 0 & 0 & 0 & 0 & 2d & B_{55}-2d\end{bmatrix}$$

The solution of b_{ij} can now be reduced to an eigenvalue problem. These eigenvalues are noted by ω_{ij}. There are $n(n+1)/2$ such eigen-values for the equations (16) as i, $j=1, 2, \cdots, n$. When $t \leqslant t_0$, because all the $d_{ij}=0$, the matrix is diagonal and the eigenvalue are simplified to $\omega_{ij}=B_{ij}$, where B_{ij} are related to the stability of the macroscopic state a_i in the absence of diffusion. We thus get the solution $b_{ij}(t)=\mathscr{A}_{ij} e^{B_{ij}t}$ for $t \leqslant t_0$. During this stage, the stability within a cell i is simply decided by the sign of B_{ij}.

When $t>t_0$, the diffusion is switched on. In general,

$$b_{ij}(t) = \sum_{i'j'} \alpha_{ij, i'j'} e^{\omega_{i'j'}t}.$$

At the same time, the matrix in (16) becomes non-diagonal and there is no general analytic method to solve for ω_{ij}. Nevertheless we can use the Routh-Hurwitz theorem[11] to obtain information on the signs of $\mathrm{Re}\,\omega_{ij}$, for the discussion of stability. From Routh-Hurwitz theorem, if there is an algebraic equation

$$f(\omega) = T_0 \omega^n + T_1 \omega^{n-1} + T_2 \omega^{n-2} + \cdots + T_n = 0 \tag{17}$$

and we define the determinant Δ_i as

$$\Delta_i = \begin{vmatrix} T_1 & T_3 & T_5 & \cdots & \cdots & \cdots \\ T_0 & T_2 & T_4 & \cdots & \cdots & \cdots \\ O & T_1 & T_3 & T_5 & \cdots & \cdots \\ O & T_0 & T_2 & T_4 & \cdots & \cdots \\ \cdots & \cdots & \cdots & \cdots & \cdots & \cdots \\ \cdots & \cdots & \cdots & \cdots & \cdots & T_i \end{vmatrix} \tag{18}$$

Then all the roots of (17) have negative real parts if and only if the inequalities

$$T_0 \Delta_1 > 0, \quad \Delta_2 > 0, \quad T_0 \Delta_3 > 0, \quad \Delta_4 > 0, \quad \cdots, \quad T_0 \Delta_n > 0 \quad n \text{ odd} \tag{19}$$
$$\Delta_n > 0 \quad n \text{ even}$$

are satisfied.

For the matrix equation (16), we write the characteristic determinant as

$$f(\omega) = (-1)^n \omega^n + (-\omega)^{n-1} \Sigma M_i + (-\omega)^{n-2} \Sigma M_{ij} + (-\omega)^{n-3} \Sigma M_{ijk} + \cdots + |T| = 0 \tag{20}$$

where $|T|$ is the determinant of matrix in (16), M_{ij}, M_{ijk}, $\cdots$ are its principal minors, and ΣM_i is the trace. Comparing to the equation (17), we get the coefficients

$$T_0 = (-1)^n$$

$$T_1 = (-1)^{n-1}(B_{11} - 2d + B_{12} - 3d + \cdots + B_{nn} - 2d)$$

$$T_2 = (-1)^{n-2}\left\{ \begin{vmatrix} B_{11}-2d & 2d \\ d & B_{12}-3d \end{vmatrix} + \begin{vmatrix} B_{11}-2d & 0 \\ 0 & B_{22}-4d \end{vmatrix} + \cdots + \begin{vmatrix} B_{n-1n}-3d & d \\ 2d & B_{nn}-2d \end{vmatrix} \right\}$$

$$T_3 = (-1)^{n-3}\left\{ \begin{vmatrix} B_{11}-2d & 2d & 0 \\ d & B_{12}-3d & d \\ 0 & 2d & B_{22}-4d \end{vmatrix} + \right.$$

$$\left. \begin{vmatrix} B_{11}-2d & 0 & 0 \\ 0 & B_{22}-4d & 0 \\ 0 & 0 & B_{13}-3d \end{vmatrix} + \cdots + \begin{vmatrix} B_{n-2n}-3d & d & 0 \\ \alpha & B_{n-1n}-3d & d \\ 0 & 2\alpha & B_{nn}-2d \end{vmatrix} \right\} \tag{21}$$

Using (19) with (18) and (21), we obtain information on the signs of real parts of eigenvalues ω_{ij}. If condition (19) is satisfied, then all the real parts of ω_{ij} are negative. Only under this situation is $b_{ij}(t)$ stable for $t > t_0$, because now $b_{ij} = \sum_{i',j'} \alpha_{ij,\,i'j'} e^{\omega_{i'j'}t}$. Hence, the criterion of stability of $b_{ij}(t)$ for $t > t_0$ is different from $t \leqslant t_0$. Having $b_{ij}(t)$ we can then estimate how the fluctuation in eachcell (which is related to $b_{ii}(t)$) changes in time.

To illustrate the above procedure we choose a simplified system consisting of only two boxes (or cells), i. e. $n = 2$. For time $t \leqslant t_0$, the stability only depends on B_{11} and B_{22}, where B_{11} and B_{22} are defined in (15). To fix ideas, we choose the concentration a_i in box 1 in a stable state and in box 2 in an unstable state, i. e. $B_{11} < 0$ and $B_{22} > 0$. (For n boxes we would choose one box which is unstable and others are stable, thus simulating a localized fluctuation.) In this case the question amounts to asking how will the fluctuation change in box 1 for $t > t_0$. The answer is given by solving the equations (14) for two boxes. The solution of b_{11} is in general written as $b_{11}(t) = \sum_{i,j} \alpha_{11,\,ij} e^{\omega_{ij}t}$ $(i,\ j = 1,\ 2)$. Because of the correlation between boxes the stability of b_{11} will now depend on several ω_{ij}, and similarly for b_{22}. Using the zero flux boundary conditions we get the equations in the form

$$\frac{\partial b_{11}}{\partial t} = A_1 + (B_{11} - 2d)b_{11} + 2db_{12}$$

$$\frac{\partial b_{12}}{\partial t} = (B_{12} - 2d)b_{12} + db_{11} + db_{22}$$

$$\frac{\partial b_{22}}{\partial t} = A_2 + (B_{22} - 2d)b_{22} + 2db_{12} \tag{22}$$

The condition of stability, eq. (19) becomes

$B_{11} + B_{12} + B_{22} - 6d < 0$

$8B_{12}d^2 - (B_{11}^1 + B_{22}^2 + 4B_{11}B_{22})d + B_{11}B_{12}B_{22} < 0 \tag{23}$

$-48d^3 - 40B_{12}d^2 + 2[6B_{12}^2 + (B_{11} - B_{22})^2]d + 9B_{12}^3 + 4B_{11}B_{12}B_{22} < 0.$

These conditions have an obvious physical meaning. If a cell in the beginning is in a stable state, after some time interval the diffusion happens, and correlates this cell with other unstable cell. Can the stable state keeps its stability? The answer depends on the diffusion coefficient d, on the original stability coefficient B_{11}, B_{22} and on the correlation of the cells B_{12}. There is a relation (23) between these quantities. When the relation (23) is violated, then the fluctuation is enhanced in box 1. So this simple relation shows some general behaviour of the fluctuation enhancement, which is a first step for the general problem of time-dependent behaviour of fluctuations.

For the discussion of critical behaviour, we can set equation (23) equal to zero. For instance, we set $8B_{12}2d^2 - (B_{11}^2 + B_{22}^2 + 4B_{11}B_{22})d + B_{11}B_{12}B_{22} = 0$, then we get the critical points at

$$d = \frac{B_{11}B_{22}}{2(B_{11} + B_{22})}$$

and

$$d = \frac{B_{11} + B_{12}}{4}$$

When

$$d = \frac{B_{11}B_{22}}{2(B_{11} + B_{22})}$$

if we set

$$d = \frac{3D}{R_0 l}$$

for two boxes situation, where D is the Fick diffusion coefficient, l is mean free path and R_c is a critical radius, we have

$$R_c = \frac{2D}{l} \frac{3(B_{11}+B_{22})}{B_{11}B_{22}} \tag{24}$$

with

$$B_{11} = 2(6a_1 - 3a_1^2 - (3+\delta)) \tag{25}$$
$$B_{22} = 2(6a_2 - 3a_2^2 - (3+\delta))$$

In the expression of R_c, eq. (24), the numerator is quadratic in a_1, a_2 and the denominator is quartic. This expression of R_c has a structure similar to the result by Nitzan et al. and by Mou[12,13] on the transition between two stationary state

$$R_c = \frac{2D}{l} \frac{(x_2 - x_1)^2}{\int_{x_1}^{x_2} (k_3 x^3 + k_2 x^2 + k_1 x + k_0)\,dx} \tag{26}$$

4 Numerical Results

We here illustrate with some computer calculations the results just discussed. We begin from the $n=2$ situation, and then turn to the estimation of stability when the number of cells increased.

We choose fixed values for the parameter of a_1, a_2, δ, and study the stability of the system as d changes for $n=2$. The results are arranged in table I.

Table I Eigenvalues for different d

	$d=0.05$	$d=0.1$	$d=0.2$	$d=0.3$
ω_{11}	-1.453757	-1.593563	-1.945642	-2.332834
ω_{12}	-0.720000	-0.819999	-1.020000	-1.200000
ω_{22}	$+0.137574$	-0.046437	-0.104358	-0.107165
	$(\delta=-0.8,\ a_1=1.7,\ a_2=1.5,\ B_{11}=-1.3400,\ B_{12}=-0.6200,\ B_{22}=0.1000)$			
ω_{11}	-0.238567	-0.430939	-0.874448	-1.350136
ω_{12}	$+0.040017$	-0.060051	$+0.354448$	$+0.398404$
ω_{22}	$+0.318566$	$+0.310944$	-0.260000	-0.488268
	$(\delta=-0.7,\ a_1=1.50,\ a_2=1.41,\ B_{11}=-0.1000,\ B_{12}=-0.1400,\ B_{22}=0.3800)$			

From table I we can see the correlated system becomes unstable as illustrated by the emergence of positive eigenvalues. But if d increases and B_{12} is not so large, then the system may be stable.

Now if we change the parameter a_2 for fixed d, δ, a_1 (that is if we start with different initial a_2 state), we see the fluctuation is enhanced when the instability of a_2 state is increased. Results are arranged in table II.

Table II Eigenvalues for different a_2

	$a_2=1.45$	$a_2=1.4$	$a_2=1.3$	$a_2=1.2$
ω_{11}	-0.935334	-0.856817	-0.761879	-0.716699
ω_{12}	$+0.235235$	$+0.396817$	-0.200000	$+0.130000$
ω_{22}	-0.350000	-0.230000	$+0.721889$	$+0.976699$
	$(d=0.2,\ \delta=-0.7,\ a_1=1.5)$			

For the $n > 2$ situation, we only calculate when fluctuation is enhanced, i. e. when some eigenvalues become positive and the system becomes unstable. We can see that the unstable state keeps its properties when the number of cells are increased. We illustrate some results in table Ⅲ.

Table Ⅲ Eigenvalues for different n

$n=2$	-0.2063584	$+0.1900000$	$+0.5863584$		
$n=3$	-0.2000000	$+0.1466377$	$+0.4945456$	-0.2211833	$+0.1472004$
	-0.2072004				
$n=4$	-0.2072717	$+0.1461822$	$+0.4937492$	-0.2918337	$+0.6810012$
	-0.3432922	-0.1787328	$+0.1821341$	-0.2543099	-0.1647253
$n=5$	-0.2061602	$+0.1461673$	$+0.4837348$	-0.3277422	$+0.1535828$
	-0.4002890	-0.1932166	$+0.5470570$	-0.1404464	-0.3301390
	-0.1532570	-0.3024414	-0.2510929	-0.2696365	-0.2237692

$$(\delta=-0.7,\ a_1=1.50,\ a_2=1.35,\ d=0.05)$$

Having illustrated some results on the relation between fluctuation and d, a_2, n, it is interesting to estimate the behaviour of fluctuation enhancement near the bifurcation point.

The results of the numerical calculation are given in table Ⅳ.

Near the critical point, the states a_1 and a_2 are very close. We see that small diffusion is capable of making the whole system unstable. This reflects the existence of long range correlations in the system.

It is also interesting to study what is the behaviour in the more realistic case where state a_i is also time dependent. This is expected to occur because of the coupling arising from diffusion which will tend to remove each cell from the initial uniform steady state. In this case, we set $a_i(t)=a_i^s+\delta a_i(t)$ and $b(t)=b_s^{ij}+\delta b_{ij}(t)$ into equations (12) and (13). For $n=2$ we have five equations for $\delta a_i(t)$ and $\delta b_{ij}(t)$.

Table Ⅳ Eigenvalues for small δ

	$d=0.001$	$d=0.01$	$d=0.05$	$d=0.1$
ω_{11}	-0.3420231	-0.3623230	-0.4904480	-0.6985554
ω_{12}	-0.1690000	-0.18895791	-0.2670000	-0.3670000
ω_{22}	$+0.0423120$	-0.0117288	-0.0435520	-0.0354445

$$(\delta=-0.1,\ a_1=1.30,\ a_2=1.18)$$

ω_{11}	-0.2220357	-0.2435160	-0.3883630	-0.6121109
ω_{12}	-0.1099999	-0.1279703	-0.2076693	-0.0033208
ω_{22}	$+0.0303539$	-0.0115137	-0.0269424	-0.3075683

$$(\delta=-0.01,\ a_1=1.20,\ a_2=1.05)$$

Table V

	$d=0.05$	$d=0.1$	$d=0.2$	$d=0.3$
ω_1	-1.446910	-1.567260	-1.257960	-2.157230
ω_2	-0.723233	-0.820000	-0.921825	-1.220000
ω_{11}	-0.720000	-0.783631	-0.617697	-1.078600
ω_{12}	$+0.532332$	-0.072738	-0.184341	-0.282277
ω_{22}	$+0.006911$	-0.036369	-0.098174	-0.141385

$$(\delta=-0.8,\ a_1^s=1.7,\ a_2^s=1.5)$$

	$d=0.05$	$d=0.1$	$d=0.2$	$d=0.3$
ω_1	-0.300000	-0.372410	-0.726476	-1.106220
ω_2	-0.220000	$+0.252410$	-0.363238	$+0.553110$
ω_{11}	$+0.150000$	-0.186205	-0.260000	-0.460000
ω_{12}	-0.110000	$+0.126205$	$+0.206476$	$+0.186220$
ω_{22}	$+0.040000$	-0.060000	$+0.103238$	$+0.093109$

$$(\delta=-0.7,\ a_1^s=1.50,\ a_2^s=1.41)$$

	$d=0.001$	$d=0.01$	$d=0.05$	$d=0.1$
ω_1	-0.342012	-0.361153	-0.465224	-0.631441
ω_2	-0.171006	-0.187201	-0.241776	-0.367000
ω_{11}	-0.169000	-0.180902	-0.192216	-0.315720
ω_{12}	$+0.040110$	-0.069098	-0.940000	-0.102559
ω_{22}	$+0.062005$	-0.038646	-0.029784	-0.512790

$$(\delta=-0.1,\ a_1^s=1.30,\ a_2^s=1.18)$$

The non-diagonal elements are not only arising from d, but are also related to a_i^s and b_{ij}^s. The calculation of the eigenvalues is reported in table V. We can see that the result is the enhancement of instability. Nevertheless, if we compare these results with the table I and IV, we see that the quantitative change of instability owing to the time-dependent initial state $a_i(t)$ is not so large. Thus we may consider a_i as a steady state in the calculations for a short time interval.

5 Discussion

This paper treats the fluctuation enhancement resulting from an initially localized fluctuation. We have used Schlögl's model to illustrate the ideas. Fluctuation begin in a small area, yet owing to the correlations induced by diffusion the whole system is shifted to a new state under certain condition. In particular, only for a suitable diffusion rate and initial concentration will the fluctuations be enhanced. Other-wise, one has approach to a stable state, especially when diffusion is large.

These results have been derived under the truncation approximation which is valid in the short time limit. Work to relax this restriction is in progress.

Acknowledgments

The author is grateful to Prof. G. Nicolis，Dr Malek-Mansour，Prof. P. Mandel and Prof. R. Balescu for fruitful discussions and advice.

References

[1]Suzuki M. For a review see：order and fluctuations in equilibrium and nonequilibrium statistical mechanics[C]//Proceedings of the XVIIth Solvay Conference on Physics（17th-1978），New York：Wiley，1981.

[2]Kawasaki K，Yalabik M C，Gunton J D. Growth of fluctuations in quenched time-dependent Ginzburg-Landau model systems[J]. Physical Review A，1978，17(1)：455-470.

[3] Nicolis G，Prigogine I. Self-organization in Non-equilibrium Systems：from Dissipative Structures to Order through Fluctuations[M]. New York：Wiley，1977.

[4]Malek-Mansour M，Nicolis G. A master equation description of local fluctuations[J]. Journal of Statistical Physics，1975，13(3)：197-217.

#[5]Kitahara K. Brussels：University Free of Brussels，1974.

[6]Gardiner C W，Mcneil K J，Walls D F，et al. Correlations in stochastic theories of chemical reactions[J]. Journal of Statistical Physics，1976，14(4)：307-331.

#[7]Yan S，Li Z. In the press.

[8]Chaturvedi S，Gardiner C W，Matheson I S，et al. Stochastic analysis of a chemical reaction with spatial and temporal structures[J]. Journal of Statistical Physics，1977，17(6)：469-489.

[9]Malek-Mansour M，Houard J. A new approximation scheme for the study of fluctuations in nonuniform nonequilibrium systems[J]. Physics Letters A，1979，70(5-6)：366-368.

[10]Schlögl F. Chemical reaction models for non-equilibrium phase transitions[J]. Journal of Physics，1972，253(2)：147-161.

[11]Gantmacher E R. Matrix Theory[M]. Paris：Dunod，1966.

[12]Nitzan A，Ortoleve P，Ross J. Nucleation in Systems with Multiple Stationary States[C]. Proceedings of the 9th Symposium of the Faraday Society，1974，241-253.

[13]Mou C Y. Stochastic theory of phase transition in multiple steady state chemical system：nucleation[J]. Journal of Chemical Physics，1978，68(4)：1385-1390.

＃　按原文格式录入，下文同。

Variational Calculation of Lower Excited States in a Chemical Bistable System[*]

Fang Fukang

(Service de Chimie Physique II, University Libre de Bruxelles, Brussels, Belgium)

Abstract: The eigenvalue problem associated with the Fokker-Planck equation for Schlögl's model is discussed. The first few excited states are calculated using a variational method. The first eigenvalue gives the decay process of the metastable state. The higher eigenvalues are compared with Suzuki's intermediate time scale.

There has been a considerable interest recently in the problem of the time-dependent behaviour of fluctuations. Work can be done both from the master equation and the Fokker-Planck equation. An interesting problem is to solve the simplest model giving rise to bifurcation. This is a system involving a single stochastic variable x whose distribution function $P(x, t)$ obeys the Fokker-Planck equation

$$\frac{\partial P(x, t)}{\partial t} = \frac{\partial}{\partial x}[U'(x)P(x, t)] + \epsilon \frac{\partial^2 P(x, t)}{\partial x^2}, \tag{1}$$

where $U'(x) = dU(x)/dx$ is a non-linear function of x usually taken as a bistable potential, and ϵ is a constant. One of the interesting potentials in (1) has the form

$$U(x) = x^4/4 + \delta x^2/2. \tag{2}$$

Much work has been devoted to equation(1). Van Kampen[1] has used the eigenvalue method and solved equation(1) for a simple model potential. Recently Caroli et al. [2] have calculated in detail the eigenvalues and eigenfunctions with the WKB method(see also Tomita et al. [3]). On the other hand, Suzuki[4] treated equation (1) as an initial value problem in the context of his scaling theory. Mathematically, equation(1)is related to the problem of the anharmonic oscillator. Despite intensive studies[5,6], the problem remains unsolved.

The recent work of Caroli et al. gives detailed information on the time-dependent behaviour of the distribution function within the WKB approximation. These results have been compared with Suzuki's calculations. For the potential given in equation(2)the time scaling and the time-dependent behaviour of the distribution function are in qualitative agreement with Suzuki's results.

Here we suggest a variational method to calculate this problem. This is suitable for the first few excited states in connection with the long-time behaviour (as is well known, WKB works best for highly excited states). Some arguments on the intermediate time region will also be obtained from the calculation.

We consider the Schlögl model[7]

* Fang F K. Variational calculation of lower excited states in a chemical bistable system[J]. Physics Letters A, 1980, 79(5-6): 373-376.

$$A + 2X \underset{k_2}{\overset{k_1}{\rightleftharpoons}} 3X, \quad X \underset{k_4}{\overset{k_3}{\rightleftharpoons}} B, \tag{3}$$

where X denotes the variable intermediate, and the concentration of A, B is supposed to be controlled externally. The macroscopic rate equation is

$$dn_x/dt = -k_2 n_x^3 + k_1 A n_x^2 - k_3 n_x + k_4 B. \tag{4}$$

By setting

$$k_2 = 1/A^2, \quad k_1 = 3/A^3, \quad k_4 = 1, \quad k_3 = 3 + \delta, \quad B = A(1 + \delta), \quad n_x = A(x + 1), \tag{5}$$

we get the simplified equation

$$dx/dt = -x^3 - \delta x. \tag{6}$$

By adding the fluctuation term $\epsilon^{1/2}\xi(t)$ in equation(6), we get the Langevin equation

$$dx/dt = -x^3 - \delta x + \epsilon^{1/2}\xi(t), \tag{7}$$

Transforming to a Fokker-Planck equation, we have

$$\frac{\partial P(x, t)}{\partial t} = \frac{\partial}{\partial x}(x^3 + \delta x)P(x, t) + \epsilon\frac{\partial^2 P(x, t)}{\partial x^2}, \tag{8}$$

This is just the Fokker-Planck equation (1) with the potential (2). Factorizing from equation(1) or equation (8) the part $e^{-\omega t/\epsilon}$ we obtain the eigenvalue problem for $P(x)$:

$$\epsilon P'' + U'P' + (U'' + \omega/\epsilon)P = 0,$$
$$U = x^4/4 + \delta x^2/2. \tag{9}$$

For a further discussion it is convenient to change the form of equation (9) into a Schrödinger-like equation by setting

$$P(x) = \exp[-U(x)/2\epsilon]\varphi(x) \tag{10}$$

then $\varphi(x)$ obeys

$$\epsilon^2 \varphi'' + (\omega - V)\varphi = 0,$$
$$V = (U')^2/4 - \epsilon U''/2. \tag{11}$$

For the boundary condition we can assume that φ is square integrable. Notice that in view of the transformation (5), x keeps a physical meaning when it is negative. Thus we take equation (11) in the whole real domain.

Fig. 1 and 2 represent the potentials U and V in equation (11).

Under these conditions for equation (11), we can immediately get the zero eigenfunction solution

$$\omega_0 = 0, \quad \varphi_0 = \exp[-(1/2\epsilon)(x^4/4 + \delta x^2/2)], \tag{12}$$

where φ_0 is not normalized at this stage.

To calculate the other eigenvalues we use the variational method. One gets that the expression

$$E_n = \frac{-\int_{-\infty}^{\infty} \varphi_n(\epsilon \varphi_n'' - V\varphi_n)dx}{\int_{-\infty}^{\infty} \varphi_n^2 dx}, \tag{13}$$

Fig. 1   The potential $U(x)$ with $\delta < 0$

has to be minimized subject to the orthogonality condition

$$\int_{-\infty}^{\infty} \varphi_n \varphi_m \, dx = 0. \quad (m \neq n) \tag{14}$$

Because of the symmetry of the potential U, we can reduce the variational formula to

$$E_n = \frac{-\int_0^{\infty} \varphi_n (\epsilon^2 \varphi_n'' - V\varphi_n) \, dx}{\int_0^{\infty} \varphi_n^2 \, dx}. \tag{15}$$

In our case the zero eigenfunction is exactly known: $\varphi_0 = \exp[-(1/2\epsilon)(x^4/4 + \delta x^2/2)]$, so from the variational theory we seek for trial functions for the first few excited states in the form[8]

$$\varphi_1 = x \exp[-(1/2\epsilon)(x^4/4 + ax^2/2)],$$
$$\varphi_2 = (1 - Ax^2)\exp[-(1/2\epsilon)(x^4/4 + ax^2/2)],$$

etc., where a is the variational parameter determined by the minimum condition. The factor A is computed from the orthogonality condition (14). As these functions are not normalized, we can add suitable normalization coefficients $N_0^{-1/2}$, $N_1^{-1/2}$, $N_2^{-1/2}$.

In order to analyze equation(15) it is necessary to calculate integrals of the type $I_{2n} = \int_0^{\infty} x^{2n} \exp(-U/\epsilon) \, dx$.

We treat this type of integral with an asymptotic expansion[9]. The first order in this expansion corresponds to the steepest descent method which has been usually applied to estimate integrals of this type.

We now calculate the first eigenvalue corresponding the final regime or Kramers regime in the time-dependent problem[1-3]. We choose the trial function for this calculation as

$$\varphi_1 = x \exp[-(1/2\epsilon)(x^4/4 + ax^2/2)],$$

and write the variational expression as

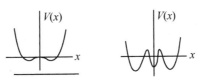

Fig. 2 The potential $V(x)$ with $|\delta| \lesssim \epsilon^{1/2}$ and $|\delta| \gg \epsilon^{1/2}$

$$E_1 = \frac{-\int_0^{\infty} \varphi_1 (\epsilon^2 \varphi_1'' - V\varphi_1) \, dx}{\int_0^{\infty} \varphi_1^2 \, dx}. \tag{16}$$

From the minimum property of E_1, we conclude that the first eigenvalue ω_1 obeys

$$\omega_1 \leqslant \min E_1. \tag{17}$$

To calculate the variational parameter a, we use the relation

$$\partial E_1 / \partial a = 0. \tag{18}$$

Under the condition of ϵ small, we get the variational parameter as

$$a = \delta + O(\epsilon). \tag{19}$$

Thus we get the first eigenfunction

$$\varphi_1 \approx x \exp[-(1/2\epsilon)(x^4/4 + \delta x^2/2)], \tag{20}$$

with the eigenvalue

$$\omega_1 = \frac{-\int_0^\infty (\varphi_1 \, \epsilon^3 \varphi_1'' - V\varphi_1^2)\,dx}{\int_0^\infty \varphi_1^2\,dx}. \tag{21}$$

To estimate this value of ω_1 we adopt a simple approximation suggested by Tomita[3]. When ϵ is small, the ground state φ_0 and the first excited state φ_1 can be approximated by two peaks near the potential wells. So we can construct the symmetric eigenfunction φ_0 and antisymmetric eigenfunction φ_1 as

$$\varphi_0 \approx u\psi_L + \nu\psi_R, \quad \varphi_1 \approx -\nu\psi_L + u\psi_R, \tag{22}$$

with $u^2 + \nu^2 = 1$. Under these conditions, the x value in the integral is important only near the wells.

Thus from (20), (21), (22), (12)

$$\omega_1 \approx \frac{-\int_0^\infty x(\varphi_0 \, \epsilon^2 \varphi_1''^{11} - V\varphi_0\varphi_1)\,dx}{\int_0^\infty x\varphi_0\varphi_1\,dx} \approx \frac{\epsilon^2 [(u\psi_L + \nu\psi_R)(-\nu\psi_L + u\psi_R)]'_{x=0}}{u\nu}. \tag{23}$$

$\psi_L'|_{x=0}$ and $\psi_R'|_{x=0}$ can be estimated by the approximate solution of $\epsilon^2 \varphi_0'' - V_{\varphi_0} = 0$ near the point $x = 0$. We have

$$\psi_L'|_{x=0} \approx -(1/\epsilon)\sqrt{|V(0)|}\,\psi_L|_{x=0} = -(\sqrt{|U''(0)|}/2\,\epsilon)\psi_L|_{x=0},$$
$$\psi_R'|_{x=0} \approx (1/\epsilon)\sqrt{|V(0)|}\,\psi_R|_{x=0} = -(\sqrt{|U''(0)|}/2\,\epsilon)\psi_R|_{x=0}. \tag{24}$$

Moreover we have $u\psi_L|_{x=0} = \nu\psi_R|_{x=0}$, $\psi_L|_{x=0} \approx \varphi_0^2|_{x=0}/2u$. Thus we get the first eigenvalue as

$$\omega_1 \approx \epsilon\left(\frac{1}{2}\epsilon|U''(0)|\right)^{1/2} \varphi_0^2|_{x=0}/u^2\nu^2. \tag{25}$$

For the calculation of ω_1 from $\varphi_0^2|_{x=0}/u^2\nu^2$ we take φ_0 to be normalized:

$$\varphi_0 = N_0^{-1/2}\exp(-U/2\epsilon),$$

where U is defined in (2); thus we have $\varphi_0|_{x=0} = N_0^{-1/2}$. After the calculation of $N_0^{-1/2}$ we get

$$\omega_1 \approx \frac{\epsilon}{2\sqrt{\pi}}[|U''(0)|U''(|\delta|^{1/2})]^{1/2}\exp(-\Delta/\epsilon), \tag{26}$$

with

$$\Delta = U(0) - U(|\delta|^{1/2}).$$

This is the same result as that of Kramers, Tomita and Caroli. As is well known, the first eigenvalue defines the transition time between two wells.

For the calculation of higher eigenvalues, we choose the trial function as

$$\varphi_2 = (1 - Ax^2)\exp(-U/2\epsilon), \tag{27}$$

where $U = x^4/4 + ax^2/2$. We again use a as a variational parameter and compute A from the orthogonality condition (14).

We will start again from the variational expression

$$E_2 = \frac{-\int_0^\infty \varphi_2 (\epsilon^2 \varphi_2'' - V\varphi_2)\,dx}{\int_0^\infty \varphi_2^2\,dx}, \tag{28}$$

where we can write

$$\varphi_2 \, \epsilon^2 \varphi_2'' - V\varphi_2^2 = \{-2A\epsilon^2(1-Ax^2) + (1-Ax^2)^2[V(a)-V] + 4A\epsilon U'x(1-Ax^3)\}\exp(-U/\epsilon), \tag{29}$$

with V defined in (11) and $V(a) = U'^2/4 - \epsilon U''/2$. The second eigenvalue can be bounded as

108

$$\omega_2 \leqslant \min E_2, \tag{30}$$

with

$$\partial E_2 / \partial a = 0. \tag{31}$$

As before, the calculation of eq. (31) involves integrals of type $I_{2n} = \int_0^\infty x^{2x} \exp(-U/\epsilon) \mathrm{d}x$.

Using again the asymptotic expansion method, we get the extremum condition for (31) as

$$a = \delta + \mathrm{O}(\epsilon). \tag{32}$$

Inserting (32) into (27) we get the non-normalized eigenfunction as

$$\varphi_2 \approx (1 - Ax^2) \exp(-U/2\epsilon), \tag{33}$$

with $U = x^4/4 + \delta x^2/2$. From (30) with (28), (29), (32), (33) we then get the second eigenvalue

$$\omega_2 = 2\epsilon |\delta| \mathrm{O}(\epsilon^2). \tag{34}$$

The factor A in (33) can be determined by the same expansion with the result

$$A = 1/|\delta| + \mathrm{O}(\epsilon). \tag{35}$$

So we write out the second eigenfunction with time-dependent factor as

$$e^{-\omega_2 t/\epsilon} N_2^{-1/2} \varphi_2 \approx e^{-2|\delta|t} N_2^{-1/2} \left(1 - \frac{1}{|\delta|}x^2\right) \exp(-U/2\epsilon), \tag{36}$$

where $N_2^{-1/2}$ is a normalization coefficient determined by the condition

$$\int_{-\infty}^\infty N_2^{-1} \varphi_2^2 \mathrm{d}x = 1. \tag{37}$$

The calculation of $N_2^{-1/2}$ gives

$$N_2^{-1/2} \approx N_0^{-1/2} (2|\delta|^2/\epsilon)^{1/2}.$$

Combining with eq. (36) we see that there appears the combination $(2|\delta|^2/\epsilon)^{1/2} e^{-2|\delta|t}$. Thus we can introduce Suzuki's time scale is

$$\tau = \frac{\epsilon}{U_b''|\delta|} \exp(2tU_b''), \tag{38}$$

where U_b'' denotes the U'' value at the extremum point $b = |\delta|^{1/2}$.

Thus from (38), we can get the characterisitic onset time

$$t_b \approx \frac{1}{2U_b''} \log\left(\frac{U_b''|\delta|}{\epsilon}\right) \tag{39}$$

That means in the latter part of the intermediate region the characteristic time is linked to U_b''. This result agrees with Caroli's argument, and can also be obtained by the general variational method presented by Suzuki[10] recently.

The author would like to thank Professor G. Nicolis and P. Mandel for fruitful discussions and advice.

References

[1] Von Kampen N G. A soluble model for diffusion in a bistable potential[J]. Journal of Statistical Physics, 1977, 17(2): 71-88.

[2] Caroli B, Caroli C, Roulet B. Diffusion in a bistable potential: a systematic WKB treatment[J]. Journal of Statistical Physics, 1979, 21(4): 415-437.

[3] Tomita H, Itō A, Kidachi H. Eigenvalue problem of metastability in macrosystem[J]. Progress of Theoretical Physics, 1976, 56(3): 786-800.

［4］Suzuki M. Order and fluctuations in equilibrium and nonequilibrium statistical mechanics［C］//
　　Proceedings of the XVIIth Solvay Conference on Physics. New York：Wiley，1981.

［5］Hioe F T，Macmillen D，Montroll E W. Quantum theory of anharmonic oscillators：energy levels
　　of a single and a pair of coupled oscillators with quartic coupling［J］. Physics Reports，1978，
　　43(7)：305-335.

［6］Fröman P O，Karlsson F，Lakshmanan M. Comments on "Anharmonic oscillator"［J］. Physical
　　Review D，1979，20(12)：3435-3436.

［7］Schlögl F. Chemical reaction models for non-equilibrium phase transitions［J］. Journal of Physics，
　　1972，253(2)：147-161.

［8］Risken H. Correlation function of the amplitude and of the intensity fluctuation for a laser model
　　near threshold［J］. Journal of Physics，1966，191(3)：302-312.

［9］Dingle R B. Asymptotic Expansions：Their Derivation and Interpretation［M］. London and New
　　York：Academic Press，1973.

［10］Suzuki M. Microscopic theory of formation of macroscopic order［J］. Physics Letters A，1980，75
　　(5)：331-332.

On the Symmetry Behaviour of the Equations in Non-linear Systems[*]

Fang Fukang

(Department of Physics, Beijing Normal University, Beijing, China)

Abstract: The symmetry operator is introduced for solving the equations linked with non-equilibrium phenomena. Based on the symmetry behaviour of the equations, some approximate calculation is also discussed. Futher approach on the symmetry provides new results for getting some exact solutions of the equations.

Beginning from Suzuki's work[1], we discuss the operator form of the Fokker-Planck equation, and some Lie algebraic structure has been introduced. By using the method of algebra we can get the symmetry behaviour of the equations in non-linear systems. These non-linear systems are usually linked with non-equilibrium phenomena, especially the phase transition. The equations are difficult to treat, and the symmetry analysis gives some new approach for solving the equations, especially for the transient process[2~5]. In this paper, we give the concept of symmetry behaviour of the equations, then use the method for solving these equations. As the complicated system, we introduce some approximate calculation based on the symmetry operator. At last, the futher discussion on the symmetry is provided.

1　The Sysmmetry Behaviour of the Equations

We give an equation in second order, for example the Fokker-Planck equation

$$\frac{\partial}{\partial t}P(x, t) = \left\{ -\frac{\partial}{\partial x}\alpha(x) + \sum \frac{\partial^2}{\partial x^2} \right\} P(x, t) \tag{1}$$

and can be rewritten in an operator form

$$\Delta P = 0 \tag{2}$$

where

$$\Delta = \Delta(x, t) = \frac{\partial}{\partial t} + \frac{\partial}{\partial x}\alpha(x) - \sum \frac{\partial^2}{\partial x^2}$$

Eq. (2) has its symmetry behaviour if the symmetry operator

$$L = a(x, t)\partial_x + b(x, t)\partial_x + c(x, t)$$

gives the relation

$$[L, \Delta] = R(x, t)\Delta \tag{3}$$

where $[L, \Delta] = L\Delta - \Delta L$, and $a(x, t)$, $b(x, t)$, $c(x, t)$, $R(x, t)$ can be got from solving the Eq. (3). The symmetry operator L can be expanded by a Lie algebra in finite dimension with its basis.

---

* 这是一次国际会议论文集收录的文章。

For instance, from eq. (1) with $\alpha(x)=0$, we have a pure diffusion equation

$$\frac{\partial}{\partial t}p(x,\ t)=\frac{\partial^2}{\partial x^2}p(x,\ t) \tag{4}$$

Eq. (4) has its symmetry behaviour, we can solve Eq. (3), and get symmetry operator

$$L=a(x,\ t)\partial_x+b(x,\ t)\partial_x+c(x,\ t)$$

$$=\left(b_2tx+\frac{b_1}{2}x+a_1t+a_0\right)\partial_m+(b_2t^2+b_1t+b_0)\partial_t+\left(\frac{b_2}{4}x^2+\frac{1}{2}a_1x+\frac{b_2}{2}t+\frac{b_1}{4}+c_0\right) \tag{5}$$

This operator has basis of six-dimension Lie algebra written as

$$A=x\,\partial_x+\frac{1}{2} \qquad C_+=\frac{x^2}{4}$$

$$B_+=\frac{x}{2} \qquad C_-=\partial_t=\partial_{xx} \tag{6}$$

$$B_-=\partial_x \qquad E=1$$

with their commutators

$$[A,\ B_\pm]=\pm B_\pm \qquad [B_+,\ C_+]=0 \qquad [B_-,\ B_+]=\frac{1}{2}E$$

$$[A,\ C_\pm]=\pm2C_\pm \qquad [B_-,\ C_-]=0 \qquad [C_-,\ B_+]=B_- \tag{7}$$

$$[\cdot,\ E]=0 \qquad [B-,\ C_+]=B_+ \qquad [C_-,\ C_+]=A$$

There exist a representative calculation method to discuss the algebraic operator, and it is useful for solving the eq. (1).

From the commutator of the operator A, B_+, B_-, C_+, C_-, E, we immediately get a subalgebra constructed by A, C_+, C_- with the commutator $[A,\ C_\pm]=aC_\pm$, $[C_-,\ C_+]=A$.

The operators A, C_+, C_- are isomorphic with the matrix Lie algebra $sl(2)$, which has the basis g^+, g^-, g^3. $sl(2)$ consists of 2×2 matrix $u\begin{pmatrix}\alpha_1 & \alpha_2 \\ \alpha_3 & -\alpha_1\end{pmatrix}$ with Tr $(u)=0$ and its basis has the form

$$g^+=\begin{pmatrix}0 & -1 \\ 0 & 0\end{pmatrix} \quad g^-=\begin{pmatrix}0 & 0 \\ -1 & 0\end{pmatrix} \quad g^3=\begin{pmatrix}\frac{1}{2} & 0 \\ 0 & -\frac{1}{2}\end{pmatrix} \tag{8}$$

with the commutator

$$[g^3,\ g^\pm]=\pm g^\pm \quad [g^+,\ g^-]=2g^3 \tag{9}$$

From $sl(2)$, we get $SL(2,\ R)$ group, its elements take the form

$$G^3=\exp ag^3=\begin{pmatrix}e^{\frac{a}{2}} & 0 \\ 0 & e^{-\frac{a}{2}}\end{pmatrix}$$

$$G^+=\exp bg^+=\begin{pmatrix}1 & -b \\ 0 & 1\end{pmatrix} \tag{10}$$

$$G^-=\exp cg^-=\begin{pmatrix}1 & 0 \\ -c & 1\end{pmatrix}$$

where G^3, $G^\pm\in SL(2,\ R)$. In general, $G\in SL(2,\ R)$ with $|G|=0$, G can be obtained from

$$G=\exp(ag^3+bg^++cg^-)$$

or

$$G=\exp(b'g^+)\exp(c^-g^-)\exp(2'g^3) \tag{11}$$

The relation between coefficients (a, b, c) and (b', c', t') can be got from the $SL(2, R)$ group

$$G = \exp(ag^3 + bg^+ + cg^-) = \sum_n \frac{1}{n!} \begin{pmatrix} \dfrac{a}{2} & -b \\ -c & -\dfrac{a}{2} \end{pmatrix}$$

$$= \begin{pmatrix} \cos h\mu + \dfrac{a\sin h\mu}{2\mu} & -\dfrac{b\sin h\mu}{\mu} \\ -\dfrac{c\sin h\mu}{\mu} & \cos h\mu - \dfrac{a\sin h\mu}{2\mu} \end{pmatrix} = \begin{pmatrix} A & B \\ C & D \end{pmatrix} \tag{12}$$

with $\mu^2 = \left(\dfrac{a}{2}\right)^2 + bc$. On the other hand

$$G = \exp(b'g^+)\exp(c'g^-)\exp(2'g^3)$$

$$= \begin{pmatrix} \exp\dfrac{2'}{2}(1 + b'c') & -b'\exp\left(-\dfrac{2'}{2}\right) \\ -c'\exp\dfrac{2'}{2} & \exp\left(-\dfrac{2'}{2}\right) \end{pmatrix} \tag{13}$$

Thus we get the relation for the cofficients

$$\exp\frac{2'}{2} = D^{-1} \quad b' = -\frac{B}{D} \quad c' = -CD \tag{14}$$

and is used for the calculation of the symmetry operator.

2   The Application of the Symmetry Operator

Based on symmetry operator, we can understand which kind of equation has its symmetry behaviour, and thus the equation could be solved. Even for the complicated system, we can also sometime calculate its approximate solution from the symmetry analysis of its equation. For instance, the Fokker-Planck equation with non-linear drift term

$$\frac{\partial}{\partial t}P(x, t) = -\frac{\partial}{\partial x}\alpha(x)P(x, t) + \sum \frac{\partial^2}{\partial x^2}P(x, t)$$

$$\alpha(x) = \gamma x - gx^3 \tag{15}$$

We write its formal solution

$$\rho(x, t) = e^{\alpha\mathscr{L}}P(x, 0) \tag{16}$$

$$\mathscr{L} = -\frac{\partial}{\partial x}(x - x^3) + \sum \frac{\partial^2}{\partial x^2}$$

$$= -x\frac{\partial}{\partial x} - 1 + x^3\frac{\partial}{\partial x} + 3x^2 + \sum \frac{\partial^2}{\partial x^2}, \quad r = g = 1 \tag{17}$$

where the nonlinear factor goes into the equation from $x^3\dfrac{\partial}{\partial x}$ and $3x^2$. This equation has no symmetry behaviour. But if we keep the nonlinear term $3x^2$ in the $\mathscr{L}$ operator and take the approximation

$$x^3\frac{\partial}{\partial x} \doteq x\langle x^2\rangle_t\frac{\partial}{\partial x} \tag{18}$$

Thus we can get a three-dimension Lie algebra defined by eq. (6) written as A, C_+, C_- with its commutator in eq. (7). The operator $\mathscr{L}$ can be decomposed by the sub Lie algebra A, C_+, C_- and

113

the equation gets its approximate solution. We have

$$\exp t\mathscr{L} = \exp t\left[-\frac{\partial}{\partial x}(x - x^3) + \sum \frac{\partial^2}{\partial x^2}\right]$$

$$= \exp t\left[-A - \frac{1}{2}E + \nu\left(A - \frac{1}{2}E\right) + 12C_+ \sum C_-\right]$$

$$= \exp\left[-\frac{t}{2}(\nu + 1)E\right] \exp t[(\nu - 1)A + 12C_+ \sum C_-] \tag{19}$$

where $\nu = \langle x^2 \rangle_t$, and the solution $P(x, t)$ can be got from $p(x, t) = e^{t\mathscr{L}}P(x, 0)$ thus we have

$$P(x, t) = e^{-t\nu}e^{-\frac{3}{2g}}(1 - e^{2tg})x^2\left(\frac{2\pi\varepsilon}{g}(1 - e^{-2tg})\right)^{-\frac{1}{2}}\int_{-\infty}^{\infty}\exp\left[-\frac{(\xi - e^{tg}x)^2}{\frac{2\varepsilon}{g}(e^{2tg} - 1)}\right]\dot{P}(\xi, 0)d\xi \tag{20}$$

with $g = \nu - 1$. This result gives an approximate behaviour of the transient process. Moreover we can make futher approximation to get more precise calculation.

With similar idea, we may calculate eq. (1) in its momentum form by using the algebraic structure, namely to solve the equation for $\langle x^n(t) \rangle$. Under a transformation $T = \int_{-\infty}^{\infty} dx\, x^n$ $(n = 0, 1, 2, \cdots)$ and the boundard condition $\lim_{x \to +\infty} P(x, t)x^n = 0$, eq. (15) can be rewritten as

$$\frac{d}{dt}M(n, t) = r_n M(n, t) - gnM(n + 2, t) + \varepsilon n(n - 1)M(n - 2, t)$$

$$= [r_n - g_n A_+ + \varepsilon n(n - 1)A_-]M(n, t)$$

$$= [A + B + C]M(n, t) \tag{21}$$

where

$$M(n, t) = \int_{-\infty}^{\infty} dx\, x^n P(x, t) = \langle x^n(t) \rangle$$

$$A = r_n$$

$$B = -g_n A_+ \quad A_+ F(n, \cdot) = F(n + 2, \cdot)$$

$$C = \sum \varepsilon(n - 1)A_- \quad A_- F(n, \cdot) = F(n - 2, \cdot) \tag{22}$$

Then the formal solution of eq. (21) reads

$$M(n, t) = e^{t(A + B + C)}M(n, 0) \tag{23}$$

It can be found that the operators A, B, C satisfy the following commutative relation

$$[A, B] = -2rB$$

$$[A, C] = 2rC$$

$$[B, C] = -6g\varepsilon n^2 = -\frac{6g\varepsilon}{r^2}A^2 \tag{24}$$

In the first order approximation, from ε small we take $[B, C] \doteq 0$. Thus the operators A, B, C is closed. We can decompose eq. (23) and get

$$M(n, t) = e^{tA} e^{f(-2rt)tB} e^{f(2rt)tc}M(n, 0) \tag{25}$$

with $f(2rt) = \frac{1 - e^{-2rt}}{2rt}$. It can be shown that

$$B^k F(n, \cdot) = (-g)^k n(n + 2)\cdots(n + 2k - 2)F(n + 2k, \cdot)$$

$$C^l F(n, \cdot) = \varepsilon^l n(n - 1)\cdots(n - 2l + 1)F(n - 2l, \cdot) \quad (k, l = 1, 2, \cdots) \tag{26}$$

Then eq. (25) can be written as

$$M(n, t) = e^{nrt} \left\{ M(n, 0) + \sum_{m=1}^{\infty} \frac{[\varepsilon t f(2rt)]^m}{m!} n(n-1)\cdots(n-2m+1)M(n-2m, 0) + \right.$$

$$\sum_{k=1}^{\infty} \frac{[-gf(-2rt)t]^k}{k!} n(n+2)\cdots(n+2k-2)M(n+2k, 0) +$$

$$\sum_{k=1}^{\infty}\sum_{m=1}^{\infty} \frac{[-gf(-2rt)t]^k}{k!} \frac{[\varepsilon t f(2rt)]^m}{m!} n(n+2)\cdots$$

$$\left. (n+2k-2)(n+2k)(n+2k-1)(n-2m+2k+1)M(n+2k-2m, 0) \right\} \quad (27)$$

This result is nice corresponding with other calculation.

3   The Futher Approach on the Symmetry of Equation

For the futher discussion on the symmetry, we can suggest the following question. From a Fokker-Planck equation whose symmetry is known, how can we get a more complicate equation which also has the symmetry behaviour. Now we write the primary equation as

$$\frac{\partial}{\partial t}P(x, t) = -\frac{\partial}{2x}B(x)P(x, t) + \varepsilon \frac{\partial^2}{\partial x^2}P(x, t) \quad (28)$$

and its solution and symmetry is known. Then we suggest the equations of $y(x, t)$ as

$$\begin{cases} \dfrac{\partial y(x, t)}{\partial t} = \alpha(x)y(x, t) + \beta(x)P(x, t) \\[2mm] \dfrac{\partial y(x, t)}{\partial x} = f(x)y(x, t) + g(x)P(x, t) + \varepsilon\beta(x)\dfrac{\partial P(x, t)}{\partial x} \end{cases} \quad (29)$$

where $\alpha(x)$, $\beta(x)$, $f(x)$, $g(x)$ is unknown functions and $P(x, t)$ is the solution of eq. (28). We can get that eq. (29) has its symmetry behaviour and can be solved if there exist the condition

$$\frac{\partial^2}{\partial x \partial t}y(x, t) = \frac{\partial^2}{\partial t \partial x}y(x, t) \quad (30)$$

thus we have the relation of the functions α, β, f, g

$$\begin{cases} f_x = 0 \\ f\beta + g_x = \alpha g + \beta B_x \\ \varepsilon\alpha\beta + \beta B = g + \varepsilon\beta_x \end{cases} \quad (31)$$

we can cancel the function α, then the equation becomes

$$\frac{d\nu}{dx} - \frac{\nu^2}{\varepsilon} + \frac{\nu^2}{\varepsilon}B(x) + f - \frac{dB}{dx} = 0 \quad (32)$$

where $\nu(x) = \dfrac{g(x)}{\beta(x)}$

If we suggest $\nu(x) = -\varepsilon\dfrac{\varphi'}{\varphi}$, then we get an eigen equation

$$\varepsilon\frac{d^2\varphi}{dx^2} + \frac{d}{dx}(B\varphi) - f\varphi = 0 \quad (33)$$

with eigenvalue f. Eq. (33) is just the eigen equation of Fokker-Planck equation (28). Thus we get the eq. (29) of $y(x, t)$ has its symmetry behaviour when the primary equation (28) of $P(x, t)$ has its symmetry behaviour.

We can rewrite the equation of $y(x, t)$ (29) in the form of Fokker-Planck equation

$$\frac{\partial}{\partial t}y(x,\ t)=\left(\frac{\mathrm{d}A(x)}{\mathrm{d}x}+f_v\right)y(x,\ t)+A(x)g(x,\ t)+\varepsilon\frac{\partial^2}{\partial x^2}y(x,\ t) \tag{34}$$

with

$$\begin{cases} f-2\nu\alpha-\varepsilon\alpha_x+\varepsilon\alpha^2+\alpha B=\dfrac{\mathrm{d}A(x)}{\mathrm{d}x}+f_v \\ 2\nu-2\varepsilon\alpha-B=A(x) \end{cases}$$

From this result we can understand which kind of equation can be solved, exactly. The calculation is corresponding well with some recent approach on other method[6,7].

The author would like to thank the fruitful discussion with Prof. G. Nicolis and M. Suzuki, acknowledgement also to my coworkers Jiang Lu, Chu Fu-ming and Lee Ruo-ding.

References

[1]Suzuki M. New unified formulation of transient phenomena near the instability point on the basis of the Fokker-Planck equation[J]. Physica A, 1983, 117(1): 103-108.

[2]Fang F K, Jiang L. The algebraic structure on the problem of non-linear Brownian motion[J]. Communications in Theoretical Physics, 1983, 2(6): 1481-1488.

[3]von Kampen N G. A soluble model for diffusion in a bistable potential[J]. Journal of Statistical Physics, 1977, 17(2): 71-88.

[4]Caroli B, Caroli C, Roulet B. Diffusion in a bistable potential: A systematic WKB treatment[J]. Journal of Statistical Physics, 1979, 21(4): 415-437.

[5]Fang F K. Variational calculation of lower excited sfates in a chemical bistable system[J]. Physics letter A, 1980, 79(5): 373-376.

[6]Hongler M O, Zheng W M. Exact results for the diffusion in a class of asymmetric bistable potentials[J]. Journal of Mathematical Physics, 1983, 24(2): 336-340.

[7]Zheng W M. Exactly solvable models for the Fokker-Planck equation[J]. Acta Physica Sinica, 1986, 35(2): 247-253.

Lasers with Two-photon Saturable Absorbers[*]

P. Mandel[1,2]   Fang Fukang[2]

(1. Université Libre de Bruxelles, Brussels, Belgium;

2. Physics Department, Beijing Normal University, Beijing, China)

Abstract: We study the mean field properties of a solid-state monomode laser containing a saturable absorber which can undergo only two-photon transitions. Even when the cavity is tuned to the atomic line center there are two classes of stationary solutions, one of which is tuned to the microscopic frequency whereas the other one is always detuned. Furthermore optical bistability arises either between two tuned states or between a tuned and a detuned state.

In an active resonant cavity, stable monomode laser action can be hampered for a variety of reasons. Although non-radiative processes are in principle incorporated phenomenologically in the usual description[1,2] radiative loss or gain processes in the vicinity of the cavity eigenfrequency must be explicitly described and added to the basic equations. An example of this situation is provided by the theory of a laser with saturable absorber[3] or by the dye laser theory[4,5]. In these two examples both atomic media (the amplifying and the absorbing) are assumed to undergo only one-photon transitions. In recent years the study of multiphoton processes in active cavities has received wide attention for various reasons ranging from spectroscopy considerations[6] to the antibunching properties of photon statistics[7].

In this letter we report the results of a semi-classical analysis of the field emitted by a resonant cavity containing two solid-state cells: in the amplifying cell the atoms undergo one-photon transitions whereas in the absorbing cell they undergo two-photon transitions. The cavity is monomode so that all photons have the same frequency. A straightforward generalization of the procedure used in ref.[3] directly leads to the following mean field equations:

$$[i(\partial_t + \kappa) - \nu]\langle\beta\rangle = Ng^*\langle a\rangle + 2\overline{N}\bar{g}^*\langle A\rangle\langle\beta\rangle,$$

$$[i(\partial_t + \gamma_\perp) - \nu]\langle a\rangle = -gD(t)\langle\beta\rangle,$$

$$[i(\partial_t + \bar{\gamma}_\perp) - 2\nu]\langle A\rangle = -\bar{g}\overline{D}(t)\langle\beta\rangle^2,$$

$$i(\partial_t + \gamma_\parallel)D(t) = i\gamma_\parallel\sigma + 2[g\langle\beta\rangle\langle a\rangle^* - \text{c. c.}],$$

$$i(\partial_t + \bar{\gamma}_\parallel)\overline{D}(t) = i\bar{\gamma}_\parallel\sigma + 2[\bar{g}\langle\beta\rangle^2\langle A\rangle^* - \text{c. c.}].$$

In these equations $\langle\beta\rangle$ is the mean electric field, $\langle a\rangle$ ($\langle A\rangle$) is the atomic polarization of the amplifying (absorbing) atoms and $D(t)$ ($\overline{D}(t)$) their atomic inversion. The notation is identical to that used in ref.[3].

Although we have assumed perfect tunings, we seek solutions of the form $\langle\beta\rangle = E\exp(-i\Omega t)$, where E and Ω are time independent; indeed we know that systems having a nonlinear loss mechanism

---

* Mandel P, Fang F K. Lasers with two-photon saturable absorbers[J]. Physics Letters A, 1981, 83(2): 59-61.

may oscillate at frequencies other than the unperturbed frequency even in the absence of detunings[8]. The coupled equations for the field normalized intensity $I(=SE^2=4g^2E^2/\gamma_\parallel\gamma_\perp)$ and for the detuning function $\Delta[=(\Omega-\nu)/\gamma_\perp]$ are

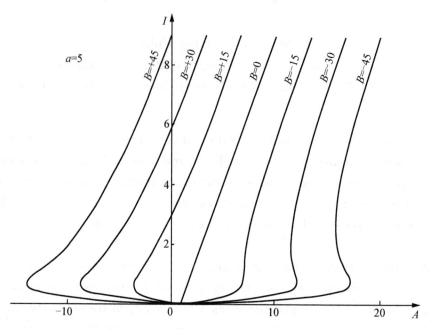

Fig. 1 Stationary intensity at zero detuning versus the active atoms pump parameter A. The three situations are displayed: one real positive solution ($B_C<B<0$), two real positive solutions ($B>0$) and three real positive solutions ($B<B_C<0$). For $a=5$ and $B_C=-17.5181$

$$0=I\left(1-\frac{A}{1+\Delta^2+I}-\frac{BI}{1+b\Delta^2+aI^2}\right),\tag{1}$$

$$0=I\Delta\left(1+\frac{\kappa}{\gamma_\perp}\frac{A}{1+\Delta^2+I}+\frac{2\kappa}{\bar{\gamma}_\perp}\frac{BI}{1+b\Delta^2+aI^2}\right),\tag{2}$$

with the definitions $A=g^2N\sigma/\kappa\gamma_\perp$, $B=2\bar{g}^2\bar{N}\bar{\sigma}/S_\kappa\bar{\gamma}_\perp$, $a=4\bar{g}^2/S^2\bar{\gamma}_\parallel\bar{\gamma}_\perp$ and $b=(2\gamma_\perp/\bar{\gamma}_\perp)^2$. There are three classes of solutions, depending on whether I and/or Δ vanish. The trivial solution $I=0$ needs no comment. Let us consider the two other classes of solutions. (1) When $I\neq0$ but $\Delta=0$, the intensity satisfies a cubic equation. A typical set of curves is displayed in Fig. (1). We recall that a positive pump parameter (A or B) means inversion of population. When $B=0$ the absorbing cell is transparent and we recover the usual result $I=A-1$. For B negative but greater than some critical value B_C (which is a function of a only) the cubic has only one real positive root. But when $B<B_C<0$ all three roots are real and positive. This leads to a well-known situation of bistability and hysteresis effect as in ref. [3] Analytic expressions are too involved to be of any use in this letter. For the sake of completeness we also display some curves with $B>0$ and $A<0$; this corresponds to a two-photon lasing system hampered by one-photon processes. There again bistability and hysteresis can occur but they involve the trivial solution $I=0$. (2) When $I\neq0$ and $\Delta\neq0$ one easily solves the coupled equations:

$$\tilde{I}_\pm=\frac{1}{2}a^{-1}\{b+B/y\pm[(b+B/y)^2-4a(1-b+bA/x)]^{1/2}\},$$

$$\Delta^2_\pm=A/x-1-\tilde{I}_\pm,$$

118

where we introduced $x = d(\bar{d}+2)/(2d-\bar{d})$ and $y = d(d+1)(\bar{d}-2d)$ with $d = \gamma_\perp/\kappa$ and $\bar{d} = \bar{\gamma}_\perp/\kappa$. This time we are facing four different solutions since to each intensity there corresponds two detuning functions. The conditions that $\tilde{I}$ and Δ^2 be real and positive define a domain in the parameter space (A, B, b). Contrary to the situation discussed in ref. [3], there is no condition imposed upon a. Because we have the property $x = A/(1+I+\Delta^2)$ and $y = BI/(1+aI^2+b\Delta^2)$, these solutions can exist only if A and B have opposite signs: if $b > 1$ we must have $A > 0$ and $B < 0$; if $b < 1$ we must have $A < 0$ and $B > 0$. Figs. 2 and 3 display examples of domains and solutions for $b > 1$. In the domains Ⅰ and Ⅱ, $\tilde{I}_-$ and Δ^2_- are real and positive, whereas $\tilde{I}_+$ and Δ^2_+ and real and positive in the domain Ⅱ. Domain Ⅰ is limited by the parabola:

$$\mathscr{D}(\,\mathrm{I}\,) = x + (x/2a)[B/y \pm (B^2/y^2 - 4a)^{1/2}].$$

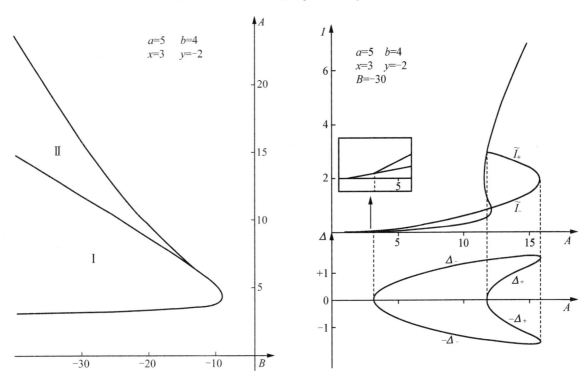

Fig. 2 Domains of existence of detuned solutions: $\tilde{I}_+$ and Δ^2_+ are real and positive in Ⅱ whereas $\tilde{I}_-$ and Δ^2_- are real and positive in Ⅰ and Ⅱ

Fig. 3 An example of tuned and detuned solutions

Domain Ⅱ lies above $\mathscr{D}(\,\mathrm{I}\,)$ and below

$$\mathscr{D}(\,\mathrm{II}\,) = x(1-b^{-1}) + (x/4ab)(b+B/y)^2,$$

at the left of their point of tangency. A glance at Fig. 3 shows that $\tilde{I}_+$ and $\tilde{I}_-$ both start with zero detuning and vary until they are equal. Beyond that point they are complex. One easily verifies that $\tilde{I}_-$ cannot vanish for $b > 1$ so that both $\tilde{I}_+$ and $\tilde{I}_-$ must start on the cubic with zero detuning.

Comparing this system with the laser with one-photon saturable absorber (let us call them LSA2 and LSA1, respectively) it is worth insisting on one important difference. Both systems have two fixed parameters (a and b) and two control parameters (A and B). In the case of LSA1 the occurrence of bistability of any kind (with or without $\Delta = 0$) requires constraints on both fixed parameters. On the contrary in the case of LSA2 there is no limiting condition on a but a constraint on b only. This may render an experimetnal study of multistability much easier for LSA2 than for LSAI.

One of us（Fang F K）wishes to thank Professor Prigogine for his kind hospitality at the Université Libre de Bruxelles where this research was begun.

References

［1］Haken H. Synergetics［M］. Berlin：Springer-Verlag，1977.

［2］Sargent M I，Scully M O，Lamb Jr W E. Laser Physics［M］. Cambridge：Addison-Wesley，1974.

［3］Lugiato L A，Mandel P，Dembinski S T，et al. Semiclassical and quantum theories of bistability in lasers containing saturable absorbers［J］. Physical Review A，1978，18(1)：238-254.

［4］Schaefer R B，Willis C R. Quantum-mechanical theory of the organic-dye laser［J］. Physical Review A，1976，13(5)：1874-1890.

Bączyński A，Kossakowski A，Marszałek T. Quantum theory of dye lasers［J］. Journal of Physics B，1976，23(2)：205-212.

［5］Roy R. The dye laser and laser with a saturable absorber：a comparison of the time-dependent density matrix equations［J］. Optics Communications，1979，30(1)：90-94.

［6］Oka T. Frontiers in laser spectroscopy［C］//Les Houches Summer School，Session XXVII-1975. Amsterdam：North-Holland，1977，529.

［7］Zubairy M S，Yeh J J. Photon statistics in multiphoton absorption and emission processes［J］. Physical Review A，1980，21(5)：1624-1631.

［8］Mandel P. Fluctuations in laser theories［J］. Physical Review A，1980，21(6)：2020-2033.

The Variational Theory and Rate Equation Method with Applications to Relaxation Near the Instability Point [*]

Masuo Suzuki[1]   Fumiyoshi Sasagawa[1]   Kunihiko Kaneko[1]   Fang Fukang[2]

(1. Department of Physics, University of Tokyo, Hongo, Bunkyoku, Tokyo, Japan;

2. Faculté des Sciences, Université de Bruxelles, Bruxelles, Belgium)

Abstract: The variational principle of Glansdorff and Prigogine is formulated for stochastic processes and the relation between this method and the rate equation method is discussed in a certain frame-work of variational functions. An application is given to the Fokker-Planck equation to describe the formation process of macroscopic order and to obtain the onset time.

1   Introduction

Transient phenomenon near the instability point is one of the most interesting subjects in far from equilibrium systems[1]. In this paper, we study transient phenomena[2,3] on the basis of the variational method of Glansdorff and Prigogine. For this purpose, we formulate this variational method for stochastic processes in section 2. We explain the rate equation method[4] in section 3 and discuss the equivalence of it to the rate equation method in section 4. An application to the Fokker-Planck equation is given in section 5. Discussion is given in section 6.

2   Prigogine's Variational Principle in Non-equilibrium

Glansdorff and Prigogine[5] proposed the variational principle or local potential method to treat nonequilibrium systems. Here we formulate[3] their method explicitly in general stochastic processes described by the master equation

$$\frac{\partial}{\partial t}P(t) = \Gamma P(t),$$ (1)

where $P(t)$ denotes the microscopic distribution function and Γ the temporal evolution operator of the system. Following Glansdorff and Prigogine, we consider[3] the following Lagrangian

$$L = \int F\left(P,\ P_0,\ \frac{\partial}{\partial t}P_0;\ \Gamma\right)d^N x,$$ (2)

where P is a variational function, P_0 is an auxiliary function that belongs to the same functional space as P, and $\int \cdots d^N x$ denotes the integral or trace over all the stochastic variables. The variation δL

* Suzuki M, Sasagawa F, Kaneko K, et al. The variational theory and rate equation method with applications to relaxation near the instability point[J]. Physica A: Statistical Mechanics and its Applications, 1981, 105(3): 631-641.

should be taken for P_0 fixed, and we set

$$\delta L = 0. \tag{3}$$

As we have discussed in ref. 4, $P(t)$ is determined as a functional of $P_0(t)$. This can be regarded as a transformation from $P_0(t)$ to $P(t)$:

$$P(t) = \mathcal{T} P_0(t). \tag{4}$$

As $P_0(t)$ is arbitrary, $P(t)$ changes correspondingly and it is not determined uniquely without fixing $P_0(t)$. Glansdorff and Prigogine proposed a method to determine it by equating $P(t)$ and $P_0(t)$ *after* the variation, that is,

$$P^*(t) = \mathcal{T} P^*(t). \tag{5}$$

Namely, the solution of (1) is determined as the fixed point function of the transformation (4).

Now, we must construct the Lagrangian (2) explicitly to proceed furthermore. According to the general argument on the property of it in ref. 4, we use here the following Lagrangian

$$L = \int \left(P P_0^{-1} \frac{\partial}{\partial t} P_0 - P_0^{-1} P \Gamma P \right) \mathrm{d}^N x, \tag{6}$$

corresponding to (1). As before[3], the variation δL for this Lagrangian is given by

$$
\begin{aligned}
\delta L &= \int \left(P_0^{-1} \frac{\partial}{\partial t} P_0 - P_0^{-1} \Gamma P \right) \delta P \, \mathrm{d}^N x - \int P_0^{-1} P \Gamma \delta P \, \mathrm{d}^N x \\
&= \int \left\{ P_0^{-1} \frac{\partial}{\partial t} P_0 - P_0^{-1} \Gamma P - \tilde{\Gamma} (P_0^{-1} P) \right\} \delta P \, \mathrm{d}^N x \\
&= 0,
\end{aligned} \tag{7}
$$

where $\tilde{\Gamma}$ is an adjoint operator of Γ. it is easily shown that

$$\tilde{\Gamma} 1 = 0 \quad \text{or} \quad \int \Gamma \delta P \, \mathrm{d}^N x = \delta \int \Gamma P \, \mathrm{d}^N x = 0 \tag{8}$$

from the normalization condition of the probability function. Here we put $P_0 = P$ in (7). Then we obtain, from (8), that

$$
\begin{aligned}
\delta L &= \int \left\{ P^{-1} \frac{\partial}{\partial t} P - P^{-1} \Gamma P \right\} \delta P \, \mathrm{d}^N x \\
&= \int \left(\frac{\partial}{\partial t} P - \Gamma P \right) \delta \log P \, \mathrm{d}^N x = 0.
\end{aligned} \tag{9}
$$

Since $\delta \log P$ is arbitrary, eq. (9) yields the original master equation (1). However the meaning of variation is not clear in the above procedure, because the Lagrangian (6) contains a function $P_0(t)$ which is equated to the variational function $P(t)$ after the variation. The physical meaning of this method will be understood in section 4 in connection with the rate equation method or moment method.

3 Rate Equation Method

One of the simplest methods to treat nonequilibrium systems may be to make use of the rate equation method[3] or moment method[6,7]. We start from the following "approximate" or variational distribution function

$$P(t) = \exp \left\{ \sum_{j=1}^{n} \lambda_j(t) \mathcal{H}_j + \lambda_0(t) \right\}, \tag{10}$$

where $\lambda_0(t)$ is the normalization, $\{\mathcal{H}_j\}$ denote stochastic variables to be chosen appropriately, and

$\{\lambda_j(t)\}$ the corresponding parameters. If $n=\infty$, then $P(t)$ will be an exact distribution function. Usually, we must be satisfied with a finite and small value of n. Sometimes it is more convenient to make not all λ_j but some of them, say, m parameters $\{\lambda_1, \lambda_2, \cdots, \lambda_m\}$, change in time. Now, we explain the rate equation method. First we consider the time-dependence of the moment $\langle \mathcal{H}_j \rangle_t$ in the following exact form

$$\frac{\mathrm{d}}{\mathrm{d}t}\langle \mathcal{H}_j \rangle_t = \mathrm{Tr}\,\mathcal{H}_j\,\frac{\partial}{\partial t}P(t) = \mathrm{Tr}\,\mathcal{H}_j\,\Gamma P(t), \tag{11}$$

for $j=1, 2, \cdots, m$. On the other hand, $\langle \mathcal{H}_j \rangle_t$ is expressed as

$$\langle \mathcal{H}_j \rangle_t = \mathrm{Tr}\,\mathcal{H}_j \exp\Big\{\sum_{k=1}^{m}\lambda_k(t)\mathcal{H}_k + \sum_{k=m+1}^{n}\lambda_k\mathcal{H}_k + \lambda_0(t)\Big\} \tag{12}$$

in our approximation (10). The rate of variation of the quantity $\langle \mathcal{H}_j \rangle_t$ is then obtained as

$$\begin{aligned}
\frac{\mathrm{d}}{\mathrm{d}t}\langle \mathcal{H}_j \rangle_t &= \mathrm{Tr}\Big(\sum_{k=1}^{m}\frac{\mathrm{d}\lambda_k(t)}{\mathrm{d}t}\mathcal{H}_k + \frac{\mathrm{d}}{\mathrm{d}t}\lambda_0(t)\Big)\mathcal{H}_j P(t) \\
&= \sum_{k=1}^{m}\frac{\mathrm{d}\lambda_k(t)}{\mathrm{d}t}\langle(\mathcal{H}_k - \langle \mathcal{H}_k \rangle_t)\mathcal{H}_j \rangle_t \\
&= \sum_{k=1}^{m}\frac{\mathrm{d}\lambda_k(t)}{\mathrm{d}t}\langle(\mathcal{H}_k - \langle \mathcal{H}_k \rangle_t)(\mathcal{H}_j - \langle \mathcal{H}_j \rangle_t)\rangle_t
\end{aligned} \tag{13}$$

for $j=1, 2, \cdots, m$, where we have used the relation

$$\frac{\mathrm{d}}{\mathrm{d}t}\lambda_0(t) = -\sum_{k=1}^{m}\frac{\mathrm{d}\lambda_k(t)}{\mathrm{d}t}\langle \mathcal{H}_k \rangle_t \tag{14}$$

being derived from the normalization condition $\mathrm{Tr}\,P(t)=1$. Thus, we obtain the simultaneous nonlinear equations for $\lambda_1(t), \lambda_2(t), \cdots, \lambda_m(t)$, and consequently we can solve in principle $\{\lambda_j(t)\}$ for given values of $\lambda_{m+1}, \cdots, \lambda_n$, being fixed as final stationary values. Using this solution, we can discuss, for example, the relaxation[2,3] from the unstable state to the final stable state and the onset time t_0, as will be shown in section 5.

4 Equivalence of the Two Methods

The simultaneous linear equations (13) for the parameters $\{\lambda_j(t)\}$ in (10) is also derived from the variational condition (9) as

$$\begin{aligned}
\delta L &= \int\Big(\sum_{k=1}^{m}\frac{\mathrm{d}\lambda_k(t)}{\mathrm{d}t}\mathcal{H}_k P(t) - \Gamma P(t)\Big)\Big(\sum_{j=1}^{m}\delta\lambda_j(t)\mathcal{H}_j + \delta\lambda_0(t)\Big)\mathrm{d}^N x \\
&= \int\Big(\sum_{k=1}^{m}\frac{\mathrm{d}\lambda_k(t)}{\mathrm{d}t}\mathcal{H}_k P(t) - \Gamma P(t)\Big)\sum_{j=1}^{m}\delta\lambda_j(t)(\mathcal{H}_j - \langle \mathcal{H}_j \rangle_t)\mathrm{d}^N x \\
&= \sum_{j=1}^{m}\delta\lambda_j(t)\Big\{\sum_{k=1}^{m}\frac{\mathrm{d}\lambda_k(t)}{\mathrm{d}t}\langle \mathcal{H}_k(\mathcal{H}_j - \langle \mathcal{H}_j \rangle_t)\rangle_t - \frac{\mathrm{d}}{\mathrm{d}t}\langle \mathcal{H}_j \rangle_t\Big\} \\
&= 0,
\end{aligned} \tag{15}$$

where we have used the exact relation (11). This yields eqs. (13) for $j=1, 2, \cdots, m$, because $\{\delta\lambda_j(t)\}$ are arbitrary. Thus, the variational method formulated in section 2 is equivalent to the rate equation method presented in section 3, in our frame-work. This equivalence clarifies the physical meaning of Prigogine's variational principle or local potential method. A larger parameter space is considered in (10), a better approximation is obtained in our method.

The equivalence of the two methods can be also proven, even if we start with the general Lagrangian (2) as follows. The variation δL is given by

$$\delta L = \int F_1\left(P, \ P_0, \ \frac{\partial}{\partial t}P_0; \ \Gamma\right)\delta P \mathrm{d}^N x, \tag{16}$$

where F_1 denotes the derivative of F with respect to the first variable P. After variation, we put $P_0 = P$ in (16). Then δL takes the form

$$\delta L(P_0 = P) = \int G(P)\left(\frac{\partial}{\partial t}P - \Gamma P\right)\delta \log P \mathrm{d}^N x. \tag{17}$$

Here, $G(p)$ is a certain function of P, which depends on the choice of the Lagrangian (2). For the Lagrangian (6), we have $G(P) = 1$, as was shown in section 2. For the following choice of the Lagrangian

$$L_2 = \int\left\{P\frac{\partial}{\partial t}P_0 - (P\Gamma P - P\widetilde{\Gamma}P_0)\right\}\mathrm{d}^N x, \tag{18}$$

as was discussed in ref. 4, we obtain that $G(P) = P$. A different choice of the Lagrangian leads to a different set of simultaneous equations of $\{\lambda_j(t)\}$ in (10). Correspondingly we obtain a different set of equations of moments in the rate equation method. That is, we have to study $\langle \mathcal{H}_j G(P)\rangle_t$ instead of $\langle \mathcal{H}_j\rangle_t$. If we consider $P(t)$ in the complete Hilbert space, then any set of equations of moments is equivalent to each other. If we confine our argument into a small parameter space of $\{\lambda_j\}$, then the results thus obtained depend on the choice of the Lagrangian.

5 Application to the Fokker-Planck Equation

As was discussed in detail by one of the present authors[8~10], the Fokker-Planck equation is very useful to investigate the relaxation near the instability point and consequently to study the formation process of the macroscopic order. Here we apply the variational method described in section 2 or rate equation method in section 3 to the study of relaxation near the instability point in the Fokker-Planck equation described by

$$\frac{\partial}{\partial t}P(x, \ t) = -\frac{\partial}{\partial x}(\alpha(x)P) + \epsilon\frac{\partial^2}{\partial x^2}P, \tag{19}$$

where

$$\alpha(x) = \gamma x - gx^3, \quad \gamma > 0. \tag{20}$$

A simple and physical variational distribution function may be[11,12]

$$P(x, \ t) = \exp\left[-\frac{1}{2\epsilon}\gamma(t)x^2 - \frac{g(t)}{4\epsilon}x^4 + c(t)\right]. \tag{21}$$

Here $\gamma(t)$ and $g(t)$ are variational parameters and $c(t)$ is the normalization factor. If we apply the variational principle or rate equation method to (19), then we obtain the following type of simultaneous equations for $\gamma(t)$, $g(t)$ and $c(t)$:

$$\begin{cases} \dot{\gamma}(t) = f_1(\gamma, \ g, \ c), \\ \dot{g}(t) = f_2(\gamma, \ g, \ c), \\ \dot{c}(t) = f_3(\gamma, \ g, \ c). \end{cases} \tag{22}$$

These are highly nonlinear and it is difficult to solve them analytically. Thus, we are here satisfied with a simpler approximation to change only $\gamma(t)$ and $c(t)$ in time and to fix $g(t)$ as the final stationary value g. Then, we obtain the following differential equation

$$\frac{\mathrm{d}}{\mathrm{d}t}\gamma(t) = -\frac{4\epsilon(\gamma(t)+\gamma)\langle x^2\rangle_t}{\langle(x^2-\langle x^2\rangle_t)^2\rangle_t} \tag{23}$$

after elimination of $c(t)$, where

$$\langle x^{2n}\rangle_t = \int_{-\infty}^{\infty} x^{2n}\exp\left[-\frac{\gamma(t)}{2\epsilon}x^2 - \frac{g}{4\epsilon}x^4 + c(t)\right]\mathrm{d}x. \tag{24}$$

All these moments are expressed by Weber's function

$$D_\lambda(z) = \frac{e^{-z^{2/4}}}{\Gamma(-\lambda)}\int_0^\infty e^{-zt-(t^{2/2})}t^{-(\lambda+1)}\,\mathrm{d}t$$

$$= 2^{\lambda/2}\sqrt{\pi}\,e^{-z^{2/4}}\left[\frac{1}{\Gamma((1-\lambda)/2)}F\left(-\frac{\lambda}{2},\frac{1}{2};\frac{z^2}{2}\right) - \frac{\sqrt{2}z}{\Gamma(-\lambda/2)}F\left(\frac{1-\lambda}{2},\frac{3}{2};\frac{z^2}{2}\right)\right]. \tag{25}$$

In fact, we have

$$\langle x^2\rangle_t = \left(\frac{1}{2\sqrt{a}}\right)D_{-3/2}(z(t))/D_{-1/2}(z(t))$$

and

$$\langle x^4\rangle_t = \left(\frac{3}{4a}\right)D_{-5/2}(z(t))/D_{-1/2}(z(t)), \tag{26}$$

where

$$z(t) = \gamma(t)/(2g\epsilon)^{1/2} \quad \text{and} \quad a = g/\epsilon. \tag{27}$$

Therefore, the right-hand side of (23) is a function of only $\gamma(t)$ and consequently for convenience we put it as $f(\gamma(t))$, that is

$$f(\gamma(t)) \equiv -\frac{4\epsilon(\gamma(t)+\gamma)\langle x^2\rangle_t}{\langle(x^2-\langle x^2\rangle_t)^2\rangle_t}. \tag{28}$$

Then, we have

$$\frac{\mathrm{d}}{\mathrm{d}t}\gamma(t) - f(\gamma(t)), \quad \gamma(0) > 0. \tag{29}$$

Therefore the solution of (29) is given by

$$\int_{\gamma(0)}^{\gamma(t)}\frac{\mathrm{d}x}{f(x)} = t. \tag{30}$$

The onset time[2~4] t_0 is determined as the time at which the single peak (i. e. , $\gamma(t)>0$) changes to the double peaks ($\gamma(t)<0$) in $P(t)$. Thus, it is expressed by the integral

$$t_0 = \int_{\gamma(0)}^{0}\frac{\mathrm{d}x}{f(x)} \tag{31}$$

in our approximation. By intrgrating (30) numerically in practice, we obtain the variational parameter $\gamma(t)$ as a function of time t, and consequently we obtain $P(t)$ explicitly in our variational approximation. As we have shown in the scaling theory[2,3],[8~10], the onset time t_0 depend[13,14] on the smallness parameter ϵ as

$$t_0 \sim \log\left(\frac{1}{g\epsilon}\right). \tag{32}$$

This characteristic time scale is obtained also from the expression (31) in the asymptotic limit of small ϵ. As was discussed in refs. 3—5, the above characteristic time of the onset of macroscopic order (or double peaks in the present simple example) expresses the cooperative effect or *synergism* of the non-linearity g and the strength of random force, ϵ.

For more details of the derivation of (32), see appendix.

6 Discussion

In this paper, we have formulated Prigogine's variational principle explicitly in stochastic processes and we have proven the equivalence of this variational method to the rate equation method. As a simple application, we have studied the formation process of macroscopic order in the Fokker-Planck equation and we have confirmed the characteristic time of onset obtained by the scaling theory[2,3],[8~10] and also in the WKB method[13].

The present method can be also applied to the relaxation phenomena in the kinetic Ising model[15,16]. As is shown in ref. 14, the onset time t_0 is expressed[3,4] by the integral

$$t_0 = \int_{\beta_i}^{\beta_c} \left[\frac{\dot{C}_v(x)}{F(x, \beta_t)} \right] \mathrm{d}x,\tag{33}$$

if we take the variational function

$$P(t) = Z^{-1}(t)\exp[-\beta(t)\mathcal{H}]; \quad Z(t) = \mathrm{Tr}\ e^{-\beta(t)\mathcal{H}}.\tag{34}$$

Here, $\beta_c = 1/kT_c$, $\beta_i = 1/kT_i$, $\beta_f = l/kT_f$, $\mathcal{H}$ is the Hamiltonian of the system and

$$\hat{C}_v(\beta(t)) \equiv \langle (\mathcal{H} - \langle \mathcal{H} \rangle_t)^2 \rangle_t\tag{35}$$

and

$$F(x, \beta_f) \equiv Z^{-1}(t)\mathrm{Tr}(\mathcal{H} - \langle \mathcal{H} \rangle_t)\Gamma\exp[-\beta(t)\mathcal{H}].\tag{36}$$

It should be remarked that this onset time to is finite[17] for $\beta_f > \beta_c$ even in the thermodynamic limit.

When the temperature at the final state, T_f, is very close to the critical temperature T_c, we observe the critical slowing down in (33), that is, t_0 becomes very large for $T_f \approx T_c$. For the general aspect of slowing down in nonequilibrium systems, see the paper by the present authors[18].

Acknowledgements

The authors would like to thank Professor R. Kubo and Professor G. Nicolis for their stimulating discussions. One of the present authors (M. S.) expresses his sincere thanks to Professor I. Prigogine and Professor G. Nicolis for their hospitality at Brussels during his stay there, while this work was almost completed. This study was partially financed by the Mitsubishi Foundation.

Appendix

We separate three time regions as follows:

i) initial regime: $\gamma(t)^2 \gg g\epsilon$, $\gamma(t) > 0$;

ii) intermediate regime: $\gamma(t)^2 \ll g\epsilon$;

iii) final regime: $\gamma(t)^2 \gg g\epsilon$, $\gamma(t) < 0$;

of course, there are interval regimes between i) and ii), and between ii) and iii), but we study here only the above three typical regimes because we are not interested in numerical details, and because we can make use of asymptotic evaluations of (24) in such regions.

  i) *Initial regime*: $\gamma(t)^2 \gg g\,\epsilon$

We can approximate the integration in (24) by Gaussian distribution as follows:

$$F_n \equiv \int_{-\infty}^{\infty} \exp\left\{-\frac{1}{2}\frac{1}{\epsilon}\gamma(t)x^2 - \frac{g}{4\,\epsilon}x^4\right\} x^{2n}\,\mathrm{d}x \tag{37}$$

$$\simeq \frac{1}{2}\left(\frac{2\,\epsilon}{\gamma(t)}\right)^{n+1/2} \int_0^{\infty} \mathrm{e}^{-u} u^{n-1/2}\,\mathrm{d}u. \tag{38}$$

From this, we have

$$\langle x^2 \rangle = F_1/F_0 \simeq \epsilon/\gamma(t), \tag{39}$$

$$\langle x^4 \rangle = F_2/F_0 \simeq 3(\epsilon/\gamma(t))^2, \tag{40}$$

and the time evolution of (23) becomes

$$\frac{\mathrm{d}}{\mathrm{d}t}\gamma(t) = -2(\gamma(t)+\gamma)\gamma(t). \tag{41}$$

The solution of (41) takes the form

$$\gamma(t) = \frac{\gamma}{(1+\gamma/\gamma(0))\mathrm{e}^{2\gamma t}-1} \sim \frac{\gamma}{(1+\gamma/\gamma(0))}\mathrm{e}^{-2\gamma t}, \quad \text{for } \gamma t \gg 1. \tag{42}$$

This form holds for $\gamma(t)^2 \gg g\,\epsilon$, and we can estimate the initial time region t_i by $\gamma(t_i)^2 \sim g\,\epsilon$ and we obtain

$$t_i = \frac{1}{2\gamma}\log\left\{\frac{\gamma^2}{g\,\epsilon(1+\gamma/\gamma(0))}\right\}. \tag{43}$$

  ii) *Intermediate regime*: $\gamma(t)^2 \ll g\,\epsilon$

We can evaluate (37) in the region $\gamma(t)^2 \ll g\,\epsilon$ as follows:

$$F_n \simeq \left(\frac{4\,\epsilon}{g}\right)^{(2n+1)/4} \int_{-\infty}^{\infty} \mathrm{e}^{-u^4} u^{2n}\,\mathrm{d}u \tag{44}$$

and

$$\langle x^2 \rangle = \frac{F_1}{F_2} \simeq 2\left(\frac{\epsilon}{g}\right)^{1/2}\alpha \, ; \quad \langle x^2 \rangle = \frac{F_2}{F_0} \simeq \frac{\epsilon}{g}, \tag{45}$$

where α is defined by $\alpha = \Gamma(3/4)/\Gamma(1/4) \approx 0.338$. Then, the time evolution of (23) is given by

$$\frac{\mathrm{d}}{\mathrm{d}t}\gamma(t) \simeq -\frac{8\alpha\gamma}{(1-4\alpha^2)}\sqrt{g\,\epsilon} \tag{46}$$

and we obtain

$$\gamma(t) = \gamma(t_i) - \frac{8\alpha}{(1-4\alpha^2)}\gamma\sqrt{g\,\epsilon}(t-t_i). \tag{47}$$

The correction to the onset time (A.7) is

$$t_0 - t_i = \frac{1-4\alpha^2}{8\alpha\gamma\sqrt{g\,\epsilon}}\gamma(t_i) \sim \frac{1-4\alpha^2}{8\alpha}\cdot\frac{1}{r} \tag{48}$$

and it is small compared with t_0 if $g\,\epsilon \ll \gamma^2$ holds.

  iii) *Final regime*: $\gamma(t)^2 \gg g\,\epsilon$, $\gamma(t) < 0$

We can evaluate the integration (A.1) by double-Gaussian:

$$F_n \simeq 2\int_{-\infty}^{\infty} x^{2n}\exp\left\{-\frac{2}{\epsilon}|\gamma(t)|\left(x - \sqrt{\frac{|\gamma(t)|}{g}}\right)^2\right\}\,\mathrm{d}x \tag{49}$$

127

and

$$\langle x^2 \rangle \simeq -\frac{\gamma(t)}{g}\left(1+\frac{g\,\epsilon}{2\gamma(t)^2}\right), \quad \langle x^4 \rangle \simeq \left(\frac{\gamma(t)}{g}\right)^2\left(1+3\frac{g\,\epsilon}{\gamma(t)^2}\right). \tag{50}$$

Consequently we have

$$\frac{\mathrm{d}}{\mathrm{d}t}\gamma(t) = 2(\gamma+\gamma(t))\gamma(t). \tag{51}$$

The solution of (51) is given by

$$\gamma(t) = \frac{\gamma}{(1+\gamma/\gamma(t_f))\mathrm{e}^{-2\gamma(t-t_f)}-1},$$

where t_f is the connection time between the time regions ii) and iii).

References

[1] Suzuki M. Instability and Fluctuations [M]//Pacault A, Vidal C. Synergetics: Far from Equilibrium. Berlin: Springer-Verlag, 1979.

[2] Suzuki M. Order and fluctuations in equilibrium and nonequilibrium statistical mechanics [C]// Proceedings of the XVIIth Solvay Conference on Physics(1978). New York: Wiley, 1981.

[3] Suzuki M. Passage from an initial unstable state to a final stable state [J]. Advances in Chemical Physics, 1981, 46: 195-278.

[4] Suzuki M. Microscopic theory of formation of macroscopic order[J]. Physics Letters A, 1980, 75(5): 331-332.

[5] Glansdorff P, Prigogine I. Thermodynamic Theory of Structure, Stability and Fluctuations [M]. London: Wiley-Interscience, 1971.

[6] Langer J S, Bar-On M, Miller H D. New computational method in the theory of spinodal decomposition[J]. Physical Review A, 1975, 11(4): 1417-1429.

[7] Saito Y. Relaxation in a bistable system[J]. Journal of the Physical Society of Japan, 1976, 41(3): 388-393.

[8] Suzuki M. Statistical mechanics of non-equilibrium systems. III: fluctuation and relaxation of quantal macrovariables[J]. Progress of Theoretical Physics, 1976, 55(4): 1064-1081.

[9] Suzuki M. Phenomenological theory of spin-glasses and some rigorous results[J]. Progress of Theoretical Physics, 1977, 58(4): 1151-1165.

[10] Suzuki M. Scaling theory of transient phenomena near the instability point[J]. Journal of Statistical Physics, 1977, 16(1): 11-32.

[11] Hasegawa H. Variational approach in studies with Fokker-Planck equations[J]. Progress of Theoretical Physics, 1977, 58(1): 128-146.

[12] Tomita H, Murakami C. Metastability and anomalous fluctuations in far-from-equilibrium state of spin system[J]. Progress of Theoretical Physics Supplements, 1978, 64: 452-462.

[13] Caroli B, Caroli C, Roulet B. Diffusion in a bistable potential: a systematic WKB treatment[J]. Journal of Statistical Physics, 1979, 21(4): 415-437.

[14] Caroli B, Caroli C, Roulet B. Growth of fluctuations from a marginal equilibrium[J]. Physica A, 1980, 101(2-3): 581-587.

［15］Glauber R J. Time-dependent statistics of the Ising model［J］. Journal of Mathematical Physics, 1963, 4(2): 294-307.

［16］Suzuki M, Kubo R. Dynamics of the Ising model near the critical point. I［J］. Journal of the Physical Society of Japan, 1968, 24(1): 51-60.

＃［17］Sasagawa F, Suzuki M. In preparation.

［18］Suzuki M, Kaneko K, Sasagawa F. Phase transition and slowing down in non-equilibrium stochastic processes［J］. Progress of Theoretical Physics, 1981, 65(3): 828-849.

The Algebraic Structure on the Problem of Non-linear Brownian Motion[*]

(Fang Fukang   Jiang Lu)

(Department of Physics, Beijing Normal University, Beijing, China)

Abstract: The algebraic structure for the diffusing type equation is discussed. By using the symmetry operator of the equation, the exponent operator of the equation can be decomposed. The results give the behaviour of transient process and can be compared with Suzuki's theory.

I. Introduction

Recently, M. Suzuki[1] gave a new unified formulation for discussing the transient phenomena on the problem of non-linear Brownian motion. The author analysed the Fokker-Planck equation in an operator form, and some Lie algebraic structure has been introduced. From

$$\frac{\partial}{\partial t}p(x,\,t) = \mathscr{L}p(x,\,t) = \left\{ -\frac{\partial}{\partial x}c_1(x) + \varepsilon\,\frac{\partial^2}{\partial x^2} \right\} p(x,\,t), \tag{1}$$

its formal solution is written as

$$p(x,\,t) = e^{t\mathscr{L}}p(x,\,0). \tag{2}$$

The approximate solution of Eq. (2) is obtained by using the algebraic structure of operator $\mathscr{L}$. This method gave a whole time interval analysis of the non-linear Brownian motion process, and is therefore called the global approximation method (GAM).[1]

The question of transient phenomena near the instability point is a fascinating problem in statistical physics, which is associated with some fundamental subjects such as the behaviour of quasi-stability states. A lot of papers[2-9] have been written on this topic but so far the question remains to be clarified. Most of these used the methods of pure analysis calculation. Now, the new idea introduced by using an algebraic structure is advantageous to getting the essential information on the non-linear systems. In Suzuki's discussion he used an algebra in the form of $[A,\,B] = \alpha B$, where $[A,\,B]$ is the commutator of A, B. By using this commutator he discussed the operator $\mathscr{L}$ and got the global approximation of Eq. (2).

However, the algebra in $[A,\,B] = \alpha B$ form is a simplified form for solving Eq. (2), and is only useful for knowing how the idea can be applied in the question. Essentially it belongs to a linear system and cannot give more results for the problem. The non-linear system is complex and thus requires a more complicated algebra structure for understanding the interior of the nonlinearity.

This paper is designed to discuss the algebraic structure of a nonlinear system. The idea is to find out the symmetry behaviour of the system. Using a Lie algebra with six dimensions beginning from C. P. Boyer[10] also

---

* Fang F K, Jiang L. The algebraic structure on the problem of non-linear Brownian motion[J]. Communications in Theoretical Physics, 1983, 2(6): 1481.

used by W. Miller[11], we can obtain a symmetry structure for a nonlinear system from Eq. (2). The results show the global phenomena of the transient process. We can also discuss Suzuki's scaling theory with regard to the kind of non-linearity maintained in Eq. (1).

Sec. II gives the algebraic structure in six dimensions. Sec. III discusses the algebraic structure in the $[A, B]=aB$ case. Sec. IV is an approximate solution for Eq. (2) and discussion on the method is given at the end of this paper.

II. The Lie Algebraic Structure for the Diffusing Type Equation

We begin from a pure diffusing equation. This is the equation from Eq. (1), with no drift term, and parameter ε as unit, which takes the form

$$\frac{\partial}{\partial t}p(x, t) = \frac{\partial^2}{\partial x^2}p(x, t) \tag{3}$$

and can be rewritten in an operator form

$$\Delta p = 0, \tag{4}$$

where $\Delta = \Delta(x, t) = \dfrac{\partial}{\partial t} - \dfrac{\partial^2}{\partial x^2}$.

Eq. (3) or Eq. (4) has some symmetry behaviour if the symmetry operator $L = a(x, t)\partial_x + b(x, t)\partial_t + c(x, t)$ gives the relation

$$[L, \Delta] = R(x, t)\Delta, \tag{5}$$

where $[L\,\Delta] = L\Delta - \Delta L$.

If Eq. (5) can be solved, then diffusing equation (3) or (4) provides its symmetry. Eq. (5) is equivalent to solving the following equations for $a(x, t)$, $b(x, t)$, $c(x, t)$, and $R(x, t)$.

$$
\begin{aligned}
&-2a_x = R, \\
&a_t - a_{XX} - 2c_X = 0, \\
&-R = b_t - b_{XX}, \\
&2b_X = 0, \\
&c_t - c_{XX} = 0.
\end{aligned} \tag{6}
$$

From the solution of Eq. (6), we obtain the symmetry operator as

$$
\begin{aligned}
L &= a(x, t)\partial_x + b(x, t)\partial_t + c(x, t) \\
&= \left(b_2 tx + \frac{b_1}{2}x + a_1 t + a_0\right)\partial_x + (b_2 t^2 + b_1 t + b_0)\partial_t + \left(\frac{b_2}{4}x^2 + \frac{1}{2}a_1 x + \frac{b_2}{2}t + \frac{b_1}{4} + c_0\right).
\end{aligned} \tag{7}
$$

This symmetry operator L can be expanded by a six-dimension Lie algebra with its basis as

$$
\begin{aligned}
&\mathcal{B}_- = \partial_X, \\
&\mathcal{C}_- = \partial_t, \\
&\mathcal{E} = 1, \\
&\mathcal{B}_+ = t\,\partial_X + \frac{x}{2}, \\
&\mathcal{C}_+ = tx\,\partial_X + t^2\,\partial_t + \frac{t}{2} + \frac{x^2}{4}, \\
&\mathcal{A} = x\,\partial_X + 2t\,\partial_t + \frac{1}{2}
\end{aligned} \tag{8}
$$

with their commutators

$$[\mathscr{A}, \mathscr{B}_\pm]=\pm\mathscr{B}_\pm, \qquad\qquad [\mathscr{B}_-, \mathscr{C}_+]=\mathscr{B}_+,$$

$$[\mathscr{A}, \mathscr{C}_\pm]=\pm2\mathscr{C}_\pm, \qquad\qquad [\mathscr{B}_-, \mathscr{B}_+]=\frac{1}{2}\mathscr{E},$$

$$[\cdot, \mathscr{E}]=0, \qquad\qquad [\mathscr{C}_-, \mathscr{B}_+]=\mathscr{B}_-, \qquad\qquad (9)$$

$$[\mathscr{B}_+, \mathscr{C}_+]=0, \qquad\qquad [\mathscr{C}_-, \mathscr{C}_+]=\mathscr{A},$$

$$[\mathscr{B}_-, \mathscr{C}_-]=0.$$

III. Fokker-Planck Equation with Linear Drift Term and Its Algebraic Structure in Suzuki's Form

Now we use the algebra just introduced in Sec. II to discuss Fokker-Planck equation with linear drift term

$$\frac{\partial}{\partial t}p(x, t)=-\frac{\partial}{\partial x}\gamma x p(x, t)+\varepsilon\frac{\partial^2}{\partial x^2}p(x, t). \qquad (10)$$

This equation has been analysed by Suzuki with his algebraic structure. It corresponds with the algebra given in Sec. II as a two-dimension example.

Let us take $t=0$, thus the operators $\mathscr{A}$, $\mathscr{B}_+$, $\mathscr{B}_-$, $\mathscr{C}_+$, $\mathscr{C}_-$, $\mathscr{E}$ take the forms

$$\mathscr{A}\rightarrow A=x\,\partial_x+\frac{1}{2},$$

$$\mathscr{B}_+\rightarrow B_+=\frac{x}{2},$$

$$\mathscr{B}_-\rightarrow B_0=\partial_x, \qquad\qquad (11)$$

$$\mathscr{C}_+\rightarrow C_+=\frac{x^2}{4},$$

$$\mathscr{C}_-\rightarrow C_-=\partial_t=\partial_{xx},$$

$$\mathscr{E}\rightarrow E=1$$

with their commutators

$$[A, B_\pm]=\pm B_\pm, \qquad\qquad [B_-, C_+]=B_+,$$

$$[A, C_\pm]=\pm2C_\pm, \qquad\qquad [B_-, B_+]=\frac{1}{2}E,$$

$$[\cdot, E]=0, \qquad\qquad [C_-, B_+]=B_-, \qquad\qquad (12)$$

$$[B_+, C_+]=0, \qquad\qquad [C_-, C_+]=A,$$

$$[B_-, C_-]=0.$$

By using Eq. (11) we rewrite Eq. (10) as an operator equation

$$p(x, t)=e^{t\mathscr{L}}p(x, 0), \qquad\qquad (13)$$

where

$$\mathscr{L}=-\frac{\partial}{\partial x}\gamma_x+\varepsilon\frac{\partial^2}{\partial x^2}=-\gamma A-\frac{\gamma}{2}E+\varepsilon C_-. \qquad (14)$$

Thus operator $\mathscr{L}$ is described by A, E, C_-. Their commutator can be written as:

$$[\cdot, E]=0,$$

$$[A, C_-]=-2C_-. \qquad\qquad (15)$$

Because E commutes with all operators, we have

132

$$e^{t\mathscr{L}} = e^{-\frac{1}{2}\eta E}\, e^{-\eta A + \epsilon t C_-}. \tag{16}$$

To separate the exponential operator as Eq. (16) type, Suzuki developed an analysis method and got the following results[1]

$$\exp\left(-t\frac{\partial}{\partial x}\gamma x + t\epsilon\frac{\partial^2}{\partial x^2}\right) = \exp\left[\frac{\epsilon}{2\gamma}(e^{2\eta}-1)\frac{\partial^2}{\partial x^2}\right]\exp\left(-t\frac{\partial}{\partial x}\gamma x\right). \tag{17}$$

Now we can use the algebraic structure to calculate the results. This is a representative calculating method which is more general and can easily yield some interesting results. From the commutator of the operators A, B_+, B_-, C_+, C_-, E, we immediately get a sub-algebra constructed by A, C_+. C_- with the commutator

$$[A,\ C_\pm] = \pm 2C_\pm, \qquad [C_-,\ C_+] = A. \tag{18}$$

The operators A, C_+, C_- are isomorphic with the matrix Lie algebra sl(2) which has the basis g^+, g^-, g^3. sl(2) consists of 2×2 matrix $u = \begin{pmatrix} \alpha_1 & \alpha_2 \\ \alpha_3 & -\alpha_1 \end{pmatrix}$ with Tr $u = 0$, and its basis has the form

$$g^+ = \begin{pmatrix} 0 & -1 \\ 0 & 0 \end{pmatrix}, \quad g^- = \begin{pmatrix} 0 & 0 \\ -1 & 0 \end{pmatrix}, \quad g^3 = \begin{pmatrix} \frac{1}{2} & 0 \\ 0 & -\frac{1}{2} \end{pmatrix} \tag{19}$$

with the commutator

$$[g^3,\ g^\pm] = \pm g^\pm, \qquad [g^+,\ g^-] = 2g^3. \tag{20}$$

From the Lie algebra sl(2) we can get the $SL(2,\ R)$ group, its corresponding elements taking the form

$$G^3 = \exp a\, g^3 = \begin{pmatrix} e^{a/2} & 0 \\ 0 & e^{-a/2} \end{pmatrix},$$

$$G^+ = \exp b\, g^+ = \begin{pmatrix} 1 & -b \\ 0 & 1 \end{pmatrix}, \tag{21}$$

$$G^- = \exp c\, g^- = \begin{pmatrix} 1 & 0 \\ -c & 1 \end{pmatrix},$$

where G^3, $G^\pm \epsilon\, SL(2,\ R)$. In general, $G \in SL(2,\ R)$ has the property $|G| = 1$, owing to the special linear group behaviour of $SL(2,\ R)$. G can be obtained from

$$G = \exp(ag^3 + bg^+ + cg^-) \tag{22}$$

or

$$G = \exp(b'g^+)\exp(c'g^-)\exp(\tau'g^3). \tag{23}$$

Thus, if we calculate the relation between coefficients $(a,\ b,\ c)$ and $(b',\ c',\ \tau')$, immediately we get the decomposition of the exponent operator. Then we get a method from group representation theory instead of Suzuki's analysis method for the operator decomposition.

As an example of the exponent operator decomposition, we discuss Eq. (16) Now the interesting part is written as

$$\exp(-2\gamma t g^3 + \epsilon t g^-), \tag{24}$$

where Eq. (24) is a special case of Eq. (22) with

$$a = -2\gamma t,\quad b = 0,\quad c = \epsilon t. \tag{25}$$

We can easily get the result

$$\exp(-2\gamma t g^3 + \epsilon t g^-) = \exp\left[\frac{\epsilon}{2\gamma}(e^{2\gamma t}-1)g^-\right]\exp(-2\gamma t g^3). \tag{26}$$

133

Thus we have Eq. (17) once again. The detailed method of calculation will be given in the following section in a general form.

IV. The Decomposition of the Exponent Operator and the Diffusing Equation with Non-linear Drift Term

We have said that the element of $SL(2, R)$ group can be written as

$$G = \exp(ag^3 + bg^+ + cg^-)$$

or

$$G = \exp(b'g^+)\exp(c'g^-)\exp(\tau'g^3)$$

Now we calculate the relation between coefficients (a, b, c) and (b', c', τ'). From Eq. (19), the basis of sl(2), we have

$$ag^3 + bg^+ + cg^- = \begin{pmatrix} a/2 & -b \\ -c & -a/2 \end{pmatrix}. \tag{27}$$

Then we get the element of $SL(2, R)$ group

$$G = \exp(ag^3 + bg^+ + cg^-) = \sum_n \frac{1}{n!} \begin{pmatrix} a/2 & -b \\ -c & -a/2 \end{pmatrix}$$

$$= \begin{pmatrix} \cos h\mu + \dfrac{a\sin h\mu}{2\mu} & -\dfrac{b\sin h\mu}{\mu} \\ -\dfrac{c\sin h\mu}{\mu} & \cos h\mu - \dfrac{a\sin h\mu}{2\mu} \end{pmatrix} = \begin{pmatrix} A & B \\ C & D \end{pmatrix}, \tag{28}$$

where $\mu^2 = \left(\dfrac{a}{2}\right)^2 + bc$. On the other hand, we write G as

$$G = \exp(b'g^+)\exp(c'g^-)\exp(\tau'g^3)$$

$$= \begin{pmatrix} \exp\dfrac{\tau'}{2}(1+b'c') & -b'\exp\left(-\dfrac{\tau'}{2}\right) \\ -c'\exp\dfrac{\tau'}{2} & \exp\left(-\dfrac{\tau'}{2}\right) \end{pmatrix} \tag{29}$$

Thus we get the relation between the coefficients

$$\exp \tau'/2 = D^{-1}, \quad b' = -B/D, \quad c' = -CD, \tag{30}$$

where B, C, D is given by Eq. (28) with the determinant $|G| = AD - BC = 1$.

From Eq. (30) we can easily get the decomposition of the exponent operator. Eq. (26) is given by the $a = -2\gamma t$, $b = 0$, $c = \varepsilon t$ case. This method is much simpler than Suzuki's calculation.

Now we discuss the Fokker-Planck equation with nonlinear drift term

$$\frac{\partial}{\partial t}P(x, t) = -\frac{\partial}{\partial x}c_1(x)p(x, t) + \varepsilon \frac{\partial^2}{\partial x^2}p(x, t), \tag{31}$$

with its formal solution

$$p(x, t) = e^{t\mathscr{L}}p(x, 0),$$

$$\mathscr{L} = -\frac{\partial}{\partial x}c_1(x) + \varepsilon \frac{\partial^2}{\partial x^{2-}}, \tag{32}$$

$c_1(x)$ is usually taken as

$$c_1(x) = \gamma x - gx^3. \tag{33}$$

For simplicity, we take $\gamma = g = 1$. Thus we have

$$c_1(x) = x - x^3, \tag{34}$$

134

$$\mathscr{L} = -\frac{\partial}{\partial x}(x - x^3) + \varepsilon \frac{\partial^2}{\partial x^2}, \tag{35}$$

Eq. (35) can be written as

$$\mathscr{L} = -x\frac{\partial}{\partial x} - 1 + x^3\frac{\partial}{\partial x} + 3x^2 + \varepsilon\frac{\partial^2}{\partial x^2}, \tag{36}$$

where the nonlinear factor goes into the equation from $x^3\frac{\partial}{\partial x}$ and $3x^2$. We keep $3x^2$ in the $\mathscr{L}$ operator and

take the approximation

$$x^3\frac{\partial}{\partial x} \doteq x\langle x^2\rangle_t\frac{\partial}{\partial x}. \tag{37}$$

Then the operator $\mathscr{L}$ can be closed by the Lie algebra sl(2). In this approximation we partly keep its nonlinear behaviour from the factor $3x^2$.

Let $\langle x^2\rangle\cdots$

$$\exp t\left[-\frac{\partial}{\partial x}(x - x^3) + \varepsilon\frac{\partial^2}{\partial x^2}\right] \doteq \exp t\left[-A - \frac{1}{2}E + \nu\left(A - \frac{1}{2}E\right) + 12C_+ + \varepsilon C_-\right]$$

$$= \exp\left[-\frac{t}{2}(\nu + 1)E\right]\exp t[(\nu - 1)A + 12C_+ + \varepsilon C_-], \tag{38}$$

where A, E, C_+, C_- are defined by Eq. (11). We want to decompose the operator $\exp t[(\nu-1)A + 12C_+ + \varepsilon C_-]$. From an isomorphic mapping $A \to 2g^3$, $C_+ \to -g^+$, $C_- \to g^-$, this operator is taken as

$$\exp t[2(\nu - 1)g^3 - 12g^+ + \varepsilon g^-]. \tag{39}$$

By using Eq. (30), we get

$$\exp t[2(\nu - 1)g^3 - 12g^+ + \varepsilon g^-] = \exp\left[\frac{6}{\rho}(1 - e^{2t\rho})g^+\right]\exp\left[\frac{\varepsilon}{2\rho}(1 - e^{2-t\rho})g^-\right] \cdot \exp(2t\rho g^3), \tag{40}$$

where $\rho = \nu - 1$.

if we take $C_1(x) = \gamma x - gx^3$ in Eq. (32), i. e., γ and g are not unit, then the operator gives

$$\exp t[2(g\nu - r)g^3 - 12g\,g^+ + \varepsilon g^-] = \exp\left[\frac{6g}{\rho}(1 - e^{2t\rho})g^+\right]\exp\left[\frac{\varepsilon}{2\rho}(1 - e^{2-t\rho})g^-\right] \cdot \exp(2t\rho g^3) \tag{41}$$

with $\rho = g\nu - \gamma$.

After we take an inverse mapping from $\{g^3, g^+, g^-\}$ to $\{A, C_+, C_-\}$, we get the decomposition of operator $e^{t\mathscr{L}}$. Thus the solution of equation (31) is written as:

$$p(x, t) = e^{t\mathscr{L}}p(x, 0)$$

$$= \exp\left[-\frac{t}{2}(g\nu + \gamma)\right]\exp\left[-\frac{6g}{\rho}(1 - e^{2t\rho})C_+\right]$$

$$= \exp\left[\frac{\varepsilon}{2\rho}(1 - e^{-2t\rho})C_-\right]\exp[t\rho A]P(x, 0). \tag{42}$$

From the definition of $\{A, C_+, C_-\}$ in Eq. (11), we can write the solution $P(x, t)$ of Eq. (31) explicitly as:

$$P(x, t) = e^{-tg\nu}e^{-\frac{3g}{2\rho}(1 - e^{2t\rho})x^2}\left[\frac{2\pi\varepsilon}{\rho}(1 - e^{-2t\rho})\right]^{-\frac{1}{2}}\int_{-\infty}^{\infty}\exp\left[-\frac{(\xi - e^{t\rho}x)^2}{\frac{2\varepsilon}{\rho}(e^{2t\rho} - 1)}\right]P(\xi, 0)d\xi. \tag{43}$$

Eq. (43) gives an approximate behaviour of the transient process. When $t = 0$, it gives a single peak in Gaussian type. When t becomes large, the single peak flattens. As t still increases, we can get two large scales where x is in the non-zero area. A computer calculation gives the details. This result describes the behaviour of initial and intermediate regime of the transient process. This is just the regime where Suzuki's scaling theory works. We notice that Eq. (43) only simply adopts the approximation with nonlinear factor $3x^2$. Thus we can understand that Suzuki's theory partly contains the nonlinearity of the system, especially the factor $3x^2$. This result is interesting because we can separate a nonlinear term $3x^2$ and see its influence in the transient process.

In the previous calculation, we only look for the fundamental behaviour of the nonlinearity. Specific results of Eq. (31) can be obtained by further approximation such as the optimization idea used in GAM[1].

This paper is intended to be an algebraic structure approach for the nonlinear system. Because of the complexity of nonlinearity, it is usually difficult to treat the problem by the general analyzing method. Thus the idea is to discuss the symmetry of the equation by using the algebraic structure method. It is helpful for getting more information for our problem. In this sense, to understand the symmetry of the equation by the Lie algebraic structure is more interesting than the analytical solution itself. Such a qualitative treatment is just adequate for the phase transition problem. We can also get detailed results by further approximate calculation. Thus we get a general idea to treat such a kind of nonlinear problem. Much can be done using this idea and the differential geometry method can also be introduced.

Acknowledgements

The author would like to thank Professors G. Nicolis and M. Suzuki for fruitful discussions. Thanks are also due to Professors LUAN De-huai and GUO Han-ying. This work is supported by the Science Fund of the Chinese Academy of Sciences.

References

[1]Suzuki M. New unified formulation of transient phenomena near the instability point on the basis of the Fokker-Planck equation[J]. Physica A, 1983, 117(1): 103-108.

[2]Suzuki M. Passage from an initial unstable state to a final stable state[J]. Advances in Chemical Physics, 1981, 46: 195-278.

[3]Kampen N G V. A soluble model for diffusion in a bistable potential[J]. Journal of Statistical Physics, 1977, 17(2): 71-88.

[4]Haake F. Decay of unstable states[J]. Physical Review Letters, 1978, 41(25): 1685-1688.

[5]de Pasquale F, Tombesi P. The decay of an unstable equilibrium state near a "critical point"[J]. Physics Letters A, 1979, 72(1): 7-9.

[6]Caroli B, Caroli C, Roulet B. Diffusion in a bistable potential: a systematic WKB treatment[J]. Journal of Statistical Physics, 1979, 21(4): 415-437.

[7]Fang F K. Variational calculation of lower excited states in a chemical bistable system[J]. Physics Letters A, 1980, 79(5-6): 373-376.

[8]Tomita H, Ito A, Kidachi H. Eigenvalue problem of metastability in macrosystem[J].

Progress of Theoretical Physics, 1976, 56(3): 786-800.

[9]Dekker H, van Kampen N G. Eigenvalues of a diffusion process with a critical point[J]. Physics Letters A, 1979, 73(5-6): 374-376.

[10]Boyer C P. The maximal 'kinematical' invariance group for an arbitrary potential[J]. Helvetica Physica Acta, 1974: 589-605.

[11] Miller W. Symmetry and Separation of Variables [M]. Massachusetts: Addison-Wesley, 1977.

Geometric Approach to Fokker-Planck Equation, Conservation Law[*]

Chu Fuming   Fang Fukang

(Department of Physics, Beijing Normal University, Beijing, China)

Abstract: Fokker-Planck equation (FPE) has been studied by using the geometric theory for partial differential equations. We give the differential ideal generated by three differential forms, which is geometrically equivalent to the original FPE. Then we obtain a class of conversation laws and conserved quantities for FPE from this differential ideal. The applications of the conservation laws and conserved quantities are discussed.

The geometric theory of equations has become a powerful tool in the study of partial differential equations in physics[1]. Some efforts have been made for studying heat equation[2], Kdv equation[3,4], nonlinear Schrödinger equation[5], Sine-Gordon equation[6], etc., by using the geometric method.

In this short note, using Cartan's geometric theory for partial differential equations, we study the Fokker-Planck equation (FPE) in statistical physics

$$\frac{\partial}{\partial t}P(x,\ t)=-\frac{\partial}{\partial x}C_1(x)P(x,\ t)+\frac{\partial^2}{\partial x^2}C_2(x)P(x,\ t), \tag{1}$$

where $C_1(x)$ is the generalized force, $C_2(x)$ the diffusion function, $P(x,\ t)$ is the probability density which satisfies the normalization condition

$$\int_{-\infty}^{+\infty}\mathrm{d}xP(x,\ t)=1. \tag{2}$$

For the convenience of analysis, we rewrite eq. (1) as follows,

$$\frac{\partial}{\partial t}P(x,\ t)=f(x)P(x,\ t)+g(x)\frac{\partial}{\partial x}P(x,\ t)+h(x)\frac{\partial^2}{\partial x^2}P(x,\ t),\ (h(x)\neq 0) \tag{3}$$

with $f=C_{2XX}-C_{1X}$, $g=2C_{2X}-C_1$, $h=C_2$. In fact, eq. (3) can also include other equations, e. g., heat equation, Schrödinger-like equation, etc. By introducing $a=\frac{\partial p}{\partial t}$, $b=\frac{\partial p}{\partial t}$ and the 5-dimensional manifold $M^5=\{z;\ z=(x,\ t,\ P,\ a,\ b)\}$, eq. (3) can be written as

$$a=fP+gb+h\frac{\partial}{\partial x}b. \tag{4}$$

Then we can formulate Eqs. (3) and (4) as an ideal I of differential forms on the manifold M^5 generated by

$$\begin{cases} \omega_1=dP-adt-bdx, \\ \omega_2=d\omega_1=-da\wedge dt-db\wedge dx, \\ \omega_3=(a-fP-gb)dx\wedge dt-hdb\wedge dt. \end{cases} \tag{5}$$

---

* Chu F M, Fang F K. Geometric approach to Fokker-Planck equation, conservation law[J]. Chinese Physics Letters, 1986, 3(7): 3.

Sectioning these forms into the integral manifold of the ideal I, we can obtain the original equation, the integrability condition, and the variables substitutions, respectively. Going a step further, we can prove that I is a differential ideal, i. e., $dI \subset I$, and it is in involution with respect to x and t.

One-forms

$$\omega = F(z)dx + G(z)dt, \quad (z \in M^5) \tag{6}$$

whose exterior derivatives lie in the ideal I generated by eq. (5) are conservation laws. According to this definition we have proved that

$$\omega = (Cb + BP)dx + (AP + Ca + Dhb)dt, \tag{7}$$

where A, B, C and D are functions of x and t, and satisfy

$$\begin{cases} A_x - B_t = fD \\ B - D = C_x \\ C_t - (hD)_x = A - gD. \end{cases} \tag{8}$$

This is a conservation law of FPE.

From the above we can obtain a class of conservation laws of FPE, e. g.,

(a)$C = 0$, $D = D(x, t)$ (9-1)

$$\omega = DP\,dx + \{hDb + [gD - (hD)_x]P\}dt,$$

where D satisfies the adjoint equation of eq. (3)

$$D_t = -fD + (gD)_x - (hD)_{xx}. \tag{9-2}$$

(b)$B = 0$, $C = C(x, t)$

$$\omega = Cb\,dx + (Ca + AP - hC_x b)dt, \tag{10-1}$$

where A and C satisfy

$$\begin{cases} A_x = -C_x f \\ C_{tx} = -fC_x + (gC_x)X - (hC_x)_{xx}. \end{cases} \tag{10-2}$$

(c)$A = 0$, $B = fl(x, t)$

$$\omega = (flP + Cb)dx + (Ca - hl_t b)dt, \tag{11-1}$$

where l and C satisfy

$$\begin{cases} C_x = l_t + fl \\ l_{tt} = fl_t - (gl_t)_x + (hl_t)_{xx}. \end{cases} \tag{11-2}$$

(d)$A = B = D = 0$, $C = 1$

$$\omega = b\,dx + a\,dt. \tag{12}$$

This is a trivial conservat ion law.

(e)$D = 0$, $C = C(x, t)$

$$\omega = (Cb + C_x P)dx + (CA + C_t P)dt. \tag{13}$$

This is another trivial conservation law. Likewise, we can obtain other form of conservation laws. From these conservation laws, using Stokes' theorem and appropriate asymptotic boundary conditions we can have the following conserved quantities of FPE

$$I_1 = \int_{-\infty}^{+\infty} dx P(x, t), \quad \text{(Normalization condition)} \tag{14}$$

$$I_2 = \int_{-\infty}^{+\infty} dx P(x, t) \left[\int dx\, e^{-\int \frac{C_1}{C_2} dx} \right], \tag{15}$$

etc.

It is of significance to find out conservation laws and conserved quantities of FPE with dissipation.

Conserved quantities give us restrain conditions for solutions of FPE. Conserved quantities can be used to close formally the hierarchy of coupled equations for the consecutive moments $\langle x^n(t) \rangle$, and this may be useful for analyzing the statistical behaviour of FPE system. Conservation laws can be used to find potentials, pesudopotentials and prolongation structures of FPE by prolongation. This is very useful for obtaining the solution generations of some FPEs and the partial differential equations related to FPE.

It is necessary to point out that the geometric method is powerful over the analytic method in studying partial differential equations. By means of analytic method we can only obtain conserved quanti ties eqs. (14) and (15), but not the conservation laws and others. Using the geometric method, first of all, we obtain conservation laws, from which we can obtain both conserved quantities and potentials, pseudopotentials and prolongation structures, etc.

In addition, according to above geometric consideration we can also study the Cauchy characteristic, isovector, isogroup, similarity solution[7] and the equivalent equations for FPE.

References

[1] Hermann R E. Cartan's geometric theory of partial differential equations[J]. Advances in Mathematics, 1965, 1(3): 265-317.

[2] Harrison B K, Estabrook F B. Geometric approach to invariance groups and solution of partial differential systems[J]. Journal of Mathematical Physics, 1971, 12(4): 653-666.

[3] Estabrook F B, Wahlquist H D. Prolongation structures of nonlinear evolution equations[J]. Journal of Mathematical Physics, 1975, 16(1): 1-7.

[4] Estabrook F B, Wahlquist H D. Prolongation structures of non-linear evolution equations II[J]. Journal of Mathematical Physics, 1976, 17: 1293-1297.

[5] Morris H C. Prolongation structures and nonlinear evolution equations in two spatial dimensions. II. A generalized nonlinear Schrödinger equation[J]. Journal of Mathematical Physics, 1977, 18: 285-288.

[6] Estabrook F B. Moving frames and prolongation algebras[J]. Journal of Mathematical Physics, 1982, 23(11): 2071-2076.

#[7] Chu F, Fang F, to be published.

第二部分　社会经济系统

复杂经济系统的演化分析[*]

方福康

在 21 世纪的科学发展趋势中,复杂系统的研究将占据重要的位置。这不仅是因为在许多传统上用数理方法处理的学科领域中,诸如物理、化学、天文、地理等,复杂性的研究都涉及其学科发展的前沿问题,而且在一些原先采用数理方法不是十分普遍或完善的领域,例如生物和经济,复杂性的研究和分析,也给这些学科带来了崭新的思路和概念。在复杂系统中所涉及的一些基本特征,如非线性、非平衡、突变、分支、混沌、路径依赖等,有其非常强的普适性。即在某一特定研究对象上所获得的某些概念和规律,常常可以在一些其他的研究领域中再次实现。非线性现象的一些基本特征,可以在各种具体的复杂系统中以各自的方式展现出来,非洲白蚁作窝过程的非线性生态行为,竟与单模激光的基本模式是一致的。这种非线性现象的普适性是学科交叉可以获得实质性进展的重要基础。不少科学工作者已经取得这样的认识,到 21 世纪,各门类科学、各层次的分类学科将不断地交叉,同时又加速综合,自然科学与社会科学进一步结合并定量化,而科学理论也将高度数学化。

20 世纪 80 年代末 90 年代初,几位诺贝尔奖得主和数学大师,对经济的分析提出了一个崭新的思路,即经济可以看作一个演化的复杂系统。1985 年,耗散结构理论的创始人,诺贝尔化学奖获得者 I. Prigogine 提出了社会经济复杂系统中的自组织(self-organization)问题。这个群体也对经济演化的数学框架和实际应用有过许多工作。1988 年,诺贝尔物理学奖获得者 P. Anderson 和诺贝尔经济学奖获得者 K. J. Arrow 组织了一个专题讨论会,主题就是经济可以被看作一个演化着的复杂系统。参加讨论的有数学、物理、经济、生命科学、计算机等多方面的专家。P. Anderson 和 K. J. Arrow 还给出了一个对演化的经济进行描述的基本思路,他们设想经济系统可能存在内在的核心动力机制。并且,这种机制可以由少维变量和参量的子系统表示并且支配整个经济的发展演化行为。1991 年,在加州大学 Berkeley 分校工作的数学大师 S. Smale 也提出了对经济系统分析的看法,S. Smale 是动力系统领域的权威,他已经到了可以提大问题(great problem)的阶段,他在 1991 年提出了动力系统的 10 个大问题。他认为前 8 个问题已多少有些看法,第 9 个问题就是经济,如何把经济中的一般均衡理论发展成为一个动态的理论,并指出这个问题将是经济理论研究的主要问题(main problem)。除了这几位学者的集中论述之外,其他的一些著名学者,例如德国的 H. Haken 群体等,也有过很多支持这种观点的论述。经济作为一个演化着的复杂系统必将作为一个重大的命题进入 21 世纪。

此命题的形成和展开有着深刻的科学上的背景和经济方面的背景。20 多年以来,非线性科学、非平衡系统的研究得到巨大进展,人们开始了解许多非线性、非平衡的概念,诸如突变、分支、自组织、混沌、分形等。处理这些非线性系统的数学手段也大大增多了,除了决定论性的非线性常微分方程、差分方程外,在随机层次上处理的方法,如随机微分方程、随机方程,包括 Fokker-Planck 方程,Master 方程也大量地应用和计算了许多具体的问题,一批有典型意义的方程的深入讨论,丰富了对非线性系统的具体认识。如 Lorentz 方程、Duffing 方程、Lotka-Volterra 方程、Brusselators 三分子模型等的研究虽然一开始是在其特定领域中进行分析和讨论,但所揭示的基本非线性动力学行为都对复

* 方福康. 复杂经济系统的演化分析[M]//21 世纪 100 个科学难题编写组. 21 世纪 100 个科学难题. 长春:吉林人民出版社,1999:786-792.

杂系统提供了更多的广泛而深入的认识。在这种学科发展的背景下，从事经济分析的研究工作者自然要考虑，将这些非线性系统的新的工具运用到经济系统的分析中将会起什么样的作用，20 世纪 80 年代的混沌热更促进了这一结合。1988 年的"经济作为一个演化的复杂系统"专题讨论会就是在这一背景下召开的。

从经济分析理论的角度来看，将动态分析和非线性技术引入经济中来的想法早就有了。1947 年，在 P. Samuelson 著名的著作《经济分析基础》中的第二部分，已明确地提出动态非线性研究的方向，但在当时对非线性系统分析方法不是掌握很多的情况下，这种想法也仅仅只是一种愿望，难以展开。后来到了 20 世纪 50 年代、60 年代，由于一般均衡理论（general equilibrium theory）的成功，均衡分析、本质上是一种静态分析的方法在西方经济学中形成了主流，并且影响了经济学定量研究的各个方面。一般均衡理论认为，各经济行为主体（厂商、消费者等）为实现自身目标最优化而相互作用，最终达到供求等各方面力量平衡的特殊状态——均衡。通过均衡存在、唯一与稳定的性质，大致地确定经济发展变化的整体趋势。系统的演化模式被描述为逐渐趋近并达到均衡状态，在外界扰动下，在均衡附近波动，或准静态地转移到新条件下的稳定均衡。这一理论框架较好地解决了系统在均衡附近的演化行为问题，并形成了公理化、形式化的严格逻辑体系。但是它的分析方法是静态的，它无法描述和解释系统达到均衡以及远离均衡的复杂非平衡动态过程。在经济的现实中，早已超出了一般均衡的范围，迫切需要经济分析理论上的革新。近半个世纪以来世界经济的巨大变化，特别是东亚经济快速起飞等现实都迫切要求新的理论来解释和说明这种非均衡演化的经济现象。这就促使经济是一个演化着的复杂系统的命题得以展开。这里值得提到的是 K. J. Arrow，他是一般均衡理论的奠基者，并因此获得 1972 年的诺贝尔经济学奖，正是他本人与其他学科的理论工作者一起，不拘泥于自身的学术成就，提出了经济的动态理论的构想，这种敢于创造的勇气和学术上的胆识是令人敬佩的。

从一般均衡理论发展到经济系统的演化分析，命题的思路已相当清晰，背景也非常明确，在数学的工具和方法上也提供了相当多的有建设性的建议，并且已经展开了实际的研究工作。但是距命题的解决，却还有相当长的距离。其中的困难大致来自四方面。

首先是对经济系统的一个准确的动态行为抽象有相当的难度。经济是一个复杂的演化系统，其中包含了上千个变量和参量，它们之间相互联系、相互作用，构成一幅非线性的图像，这是一个高维的系统。要对这样多的变量和参量进行分析和计算，不仅在实际上行不通，而且其计算的结果也很难检验。所以一个好的经济理论或模型通常是将实际的经济投影到一个恰当的子空间上，这个子空间具有较低的维数，但反映了所讨论的经济问题的本质特征。一般均衡理论之所以成功，就是找到了一个恰当的投影子空间。在这里，各个经济行为的主体，都可以达到一个均衡状态，而这个均衡状态是子空间中的一个点，其背景是不动点定理。静态分析这些成功的理论，直接推广到动态分析中去是不行的。能不能在经济的动态演化行为中，也找到一个恰当的抽象，这是对人类智慧的一个挑战。P. Anderson 和 K. J. Arrow 已经预言了这种少维空间动力学抽象的可能性，在其他领域中很多非线性动力模型也已对各种具体的复杂对象找到了其动力学的规律，可以作为参考，但经济系统本身的动态抽象还有待去揭示。

难度的另一方面来自经济系统层次结构。经济看来是这样一个系统，它有很多的层次，每一个层次都有其自身的结构，例如整体的经济、各部门经济以及所属的企业、工厂等。每一个经济单位，不论是整体的、部门的或是小到一个企业、工厂单位，都按其经济结构的性质实现它自身的功能。在这些经济结构中最基本的一项功能就是实现其利益的最大化，但是对于一个多层次的经济结构，各个层次的经济利益通常并不是一致的，这种层次之间的利益协调就成为经济系统复杂性本质问题之一。宏观经济学与微观经济学的联系和协调，是当前经济学理论发展的一个重点问题。在一般均衡理论的框架下，通常是作了很理想化的近似，假设宏观经济和微观经济都取得了均衡，但是对于动态的理论，所考虑的情况要复杂得多。宏观经济与微观经济之间的发展不均衡必须予以考虑。例如讨论经济增长，一个重要的基本事实是，组成宏观经济的各个子部门的增长速度是不一样的，每一个子部门对整体的宏观经济将会有不同增长速度的贡献，并且将引起各个子部门之间的物质财富和人力资源的重新分配，从而使得宏观经济达到一个新的状态。这样一幅经济图像是一般均衡理论所不能描绘的，它必须要考虑动态过程。挪威的 Oslo 学派曾经对此问题作过处理，但离问题的解决还很远。

经济分析的困难还来自信息的不完备与不确定性。与传统的那些有确切实验数据的经典学科不同，经济由于其复杂性以及外界环境的变化，经济系统时刻存在各种随机的和不确定的因素。完全掌握系统的全部信息不仅由于系统的复杂而变得不可能，同时，也因为获得信息需要成本而变得不可行。于是，在不完备信息和不确定性的条件下寻找经济规律便成为经济分析的特殊困难。这种情况在均衡分析中原已存在，但动态的分析要求数据有一个时间序列，对经济数据的质和量的要求更高，增加了困难的程度。

最后，经济的分析中需要考虑各种政策因素，包括政府的政策措施，或各级经济当事人对经济发展所采取的各种对策等。已经有一些理论在讨论这些问题中取得了进展，如理性预期（rational expectation），它讨论经济当事人使用所有可以利用的信息，形成预期，并由此给出对未来发展的决策判断。但是这些理论讨论，仍然是初步的，一个完整的动态理论的形成还需要很多努力。

虽然面对着众多的难点，经济的演化规律探索仍然在发展并已成为当前研究的热点，这个问题的重要性不言而喻。经济与人类社会的关系实在太密切了，不仅密切联系着人们的生活，而且关系到决策者的行为。对经济规律的把握与政策考虑，是各层次经济管理人员关注的焦点。对于研究工作来说，把经济建立在科学分析的基础上是多个学科的学者们的愿望。解决系统的演化规律不仅使人们对经济系统的性质有本质上的突破和认识提高，而且对于其相关的学科，如数学、物理、系统科学、计算机科学等也是实质上的促进。因为在这些学科中，非线性问题的处理一直是前沿问题，而经济为各学科提供了一个极好的非线性系统研究对象。这个问题的突破和解决，不论是对于非线性数学本身或非线性系统的概念，还是对大型的复杂非线性问题的计算过程和数据处理，都会提供特定的启示和结果，这是其他系统所不能替代的。

经济系统的演化规律的研究，目前已经在世界范围内展开，已经有很多专题性的文章和书籍出版，但都是只有阶段性的结果，离问题的突破性进展还有一段路要走。如何走好这段路程没有现成的处方，需要的是科学的探索。在这一场国际性的角逐之中，中国的学者是可以有所作为的。亚洲地区特别是中国的经济腾飞为非均衡的经济演化现象提供了一个良好的背景。一个成功的经济呼唤着理论，这是中国学者的机遇。另外，经过将近 20 年的积累，中国的学者们对于非线性方程、对称性分析、混沌现象和随机方程等非线性领域都已相当熟悉，在工具的应用上不会逊色，可以在同一个台阶上与国际社会进行竞争。而且中国的传统思维方法比较强调整体的思考，处理分析与综合的关系也比较恰当，这些思维特点，对于复杂系统的研究是有利的。我们的薄弱之处在于经济数据的系统性和准确性。只要我们适当组织，联合经济学、数学、物理学、系统科学、计算机科学等各方面的力量，发挥各个学科的优势，合作进行突破，在这个难题面前，各发挥所长、循序渐进、多做工作、积累经验、完善数据系统，经过一段时间的探索，一定会取得成效，取得良好的进展。

经济复杂性及一些相关的问题[*]

方福康

（北京师范大学非平衡系统研究所，教授、博士生导师 北京 100875）

摘　要：在经济复杂系统的后面，存在着基本的运行机制，通过整合基本的运行模式，能给出经济复杂现象的实际解释。文章提出了 J 过程这一种典型的非均衡增长模式，实际的增长可以通过其与索洛增长、突变式增长等模式的整合予以实现。借鉴经济复杂性研究的思路和所获得的对复杂系统基本规律的了解，文章初步讨论了几个密切联系着的领域：生态经济、知识管理和学习过程的自组织机制，并简要介绍了这些领域的现状和复杂性研究方法的应用。

关键词：复杂性；经济增长；生态经济；知识管理；自组织

Economic Complexity and Its Relevant Problems

Fukang Fang

（Institute of Non-equilibrium Systems，Beijing Normal University，100875，Beijing，China）

Abstract：In the economic complex system，there exist basic rules and mechanism. The complex economic phenomena could be actually explained with integration of some basic evolutionary modes. J process，a typical model of non-equilibrium growth，is studied by us. By integrating J process，Solow's growth model，Jump growth model and et al，the real growth could be explained. Referring to the approach to economic complexity and our investigation on the basic rules in complex system，several relevant fields are discussed，including ecological economics，knowledge management and the self-organization mechanism of learning process. In this paper，the newest research in these fields and the application of complexity approaches are briefly introduced.

Key words：complexity；economic growth；ecological economics；knowledge management；self-organization

1　经济复杂性

经济复杂性的提出是在 20 世纪 80 年代。针对当时经济理论中的主流学派，即一般均衡理论（general equilibrium theory），一批经济学家、物理学家及数学家指出这个理论的局限，认为它不能揭示复杂经济系统多层次、强耦合、非线性、开放性、不确定性、动态性等诸多丰富的现象和特点，并提出"将经济看作一个演化的复杂系统"来代替原来的一般均衡的论断。提出这个命题的代表人物有 K. J. Arrow[1]，P. Anderson，I. Prigogine 和 S. Smale。从经济事实上支持这种论断的有规模效益递增、途径依赖、多重均衡、金融涨落等。目前，"经济是一个复杂的演化系统"已得到广泛的承认，出现了许多学术流派和不同的研究方法。例如，在美国流行用建立在多个体（multi-agent）基础上的自适

　＊ 方福康. 经济复杂性及一些相关的问题[J]. 科技导报，2004(8)：39-43.

应系统的讨论；欧洲一些国家如荷兰、比利时、法国、西班牙、德国的学者则专注经济演化的动力学机制；同时，有关经济复杂性的探讨在中国和日本也有很大进展。

我们对经济复杂性的探索考虑了两个问题：其一，在复杂的经济系统背后，是否隐藏着某些基本的运行机制；其二，能否在这些基本机制的基础上，通过整合，给出对经济复杂观象的某些实际解释。这二者都得到正面的结果。以经济增长为例，我们找到了一种普遍存在的演化过程，即 J 过程，表现为某个指标先下降后上升最终稳定到新高度的时间行为，我们分析了其产生机制和几何性质，并联系经济增长进行了实证[2]。

在经济增长的理论分析中，研究表明，技术是经济增长的重要源泉，一个国家乃至世界范围内的技术水平的提高，一般都是源自研究开发(R&D)活动。新技术的获得往往具有以下特点：都需要投入大量的人力、物力；都需要经过多次尝试。新技术一旦产生并应用于生产就会强劲地促进生产力的发展。我们从动态演化的角度，分析一个代表性厂商的行为，可以将这种伴随着技术创新的演化过程大致分为如下 3 个阶段。(1)研究与发展阶段：对新产品、新方法、新制度的可行性和市场前景进行小规模的尝试性实验和评估分析，投入不是很大，产出有平缓下降的趋势。(2)大规模的开发和宣传阶段：新产品进入市场，或新方法、新制度开始全面实行，需要有一个市场接受的过程，需要大量资本投入予以支持，并有很大的不确定性，投资风险极大，产出加速下滑，若抉择出现战略性失误，经济有可能持续下滑，甚至导致危机出现。(3)推广、普及、应用阶段：创新的产品或新方法、新制度被市场接受，获得极大的回报，经济出现新的起飞，经过一段快速增长期，最终平稳到达更高台阶的新均衡。

这个过程可以形象地用 J 曲线描述出来。如果不考虑厂商的差异或者假设一个国家有较多的厂商同时进行技术创新活动时，这条曲线也会表现在宏观上，描述一个国家的总产值变化，反映出经济增长中资本和劳动力与产出不是简单的投入产出的因果关系，而是互为因果的互动关系，是非线性相互作用。

结合索洛增长和上述讨论，我们把影响增长的因素和机制做一分解，那么经济增长表现出的演化轨迹可大致划分为一些基本模式，我们归纳为以下 3 种(图 1)。(1)渐进式：索洛新古典增长理论所展示的那种外延式扩张。(2)突变式或阶跃式：除了可见的投入会直接带来产出的增加外，系统中政策参数、环境参数乃至结构的变化也会对经济增长作出贡献，并且这种变化是冲击性的，导致产出出现相应的阶跃变化。(3)J 模式：一种内涵式的增长途径。经济是一个演化的复杂系统，经济增长的道路是非常复杂的。经济增长模式的 3 种划分仅是一种理论上的分解，经济系统具有众多子系统，各个子系统可能按自己的方式增长，实际观察到的往往是这 3 种基本形式的叠加，甚至还有其他不确定因素的影响和耦合作用，在统计上看到的是一种无规则的增长波动的图像。图 2 就是对中国实际 GDP 增长的实证，将增长过程分解为一系列渐进式和 J 形式增长曲线的叠加。

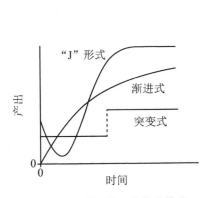

图 1　经济增长的 3 种基本模式

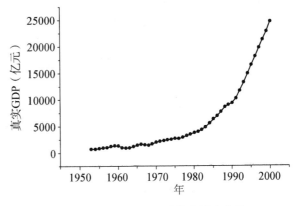

图 2　中国实际 GDP 增长和拟合曲线

J过程具有很大的普遍性，如国际贸易、税制改革、生产资源的优化配置、经济体制转型、社会保障体系改革、经济管理、教育经济、移居者文化冲击等。其产生可理解为某种因素或几种因素的相互作用的相对滞后性，这一解释的理论基础可以追溯到熊彼特的创新理论(innovation theory)。创新过程伴随着旧产品、旧技术和旧制度的消亡过程。这种新旧转换必然要付出一定的代价或转化成本，是"创造性毁灭"(creative destruction)。我们从理论上对J过程的性质和机制进行了讨论，提出3个基本几何参数：宽度、深度、高度，证明只有在二维以上的动力系统才能产生J过程，并给出一些典型系统。

如果我们不仅仅限于经济系统的讨论，从系统状态函数演化的观点来看J过程，那么这将是一个非常典型的统计物理问题。该问题曾由Kramers于1940年提出，讨论的是核裂变时由一个重核分解为两碎片的过程，其本质是系统从一个定态如何越过势垒到达另一个定态。这是一个典型的非平衡相变问题，物理学家形象地称之为"爬驼峰"。该问题经长时间的讨论未能有很满意的结果，还遗留着很多待讨论的问题。J过程也是属于非平衡态转移这样一个带普遍性的基本问题。这里涉及宏观层次如何确定终态的位置和与状态密切相关的特征参量，如转移时间、势垒深度等。在非平衡统计中，这个问题至今还是开放的。利用非平衡统计物理的背景展开对经济系统有关经济增长中J曲线的研究，将有助于对这类非平衡系统机制的理解，同时，经济理论和数据的分析也有助于深化对这个基本理论问题的认识。

但我们在这里提出的J过程并不是一个简单的物理过程，它实际上也反映经济系统中一种信息参与的演化过程，是一种信息参与的相变，不同于一般的物理和化学过程。von Neumann[3]曾提出并讨论过这种信息参与的相变，他将这种相变与生命系统联系起来看，认为这是复杂度增加的相变，是生命系统中存在的特殊相变。如何更加深入地研究这种非平衡相变？这种有信息参与的非平衡到底具有什么特征？为解决这些问题，可尝试运用动力系统分析、多个体计算、随机过程、数学规划等方法，通过一类具体的有信息参与演化的相变过程如经济增长中的J过程来进行讨论。这种尝试将有助于我们进一步探讨复杂系统中有信息参与的非平衡相变的基本特点，有助于对经济系统、生命系统、生态系统、认知过程的了解。若要最终实现揭示这类相变机制的目标，我们的工作仅仅是开始，有待于深入探求。

演化经济学是现代西方经济学创新的一个重要理论分支。它借鉴生物进化的思想方法和自然科学多领域的研究成果，以动态、演化的理论来分析和理解经济系统的运行和发展，研究经济现象和行为的演变规律，已形成老制度学派、"新熊彼特"学派、奥地利学派、"调节"学派、布鲁塞尔学派等。2004年3月，"第一次中德演化经济学学术讨论会"召开。与会学者讨论了制度演化和技术革新等若干基本问题，交流了经济系统演化的规律及其在经济学相关领域的应用，提炼处理演化系统的数学方法，包括模型分析与模拟计算，也探索经济演化系统与其他学科的交叉，特别是与生命科学的相互联系。会议的讨论也涉及一些复杂性问题，如多系统协同演化和经济演化中的临界性分析等。

2　生态经济系统及知识管理系统的复杂性

作为人类活动和经济发展的基础，生态环境问题正变得愈加突出。生态系统自身演化发展及其与经济系统的关系引起了学者们的关注，通过一些工作得到了一些初步结果，为我们全面理解生态经济系统的基本特征和规律提供了参考。但是，对于生态经济系统的复杂性仍然缺乏深入的研究，有说服力的、系统的理论尚未形成。

从复杂系统分析的角度来看，生态经济系统也是一个典型的复杂系统，其复杂性大致体现在以下几方面。首先，生态系统的演化过程中存在着大量的非线性因素，使得生态经济耦合系统的动力学过程可能突然变得不连续，生态经济系统表现出复杂的演化特征，多重均衡、弹性、突变、不可逆性和阈值效应等复杂性概念正逐渐受到人们的重视。其次，生态经济系统的非线性导致其演化具有高度不确定性，这使得对经济行为后果的预期变得非常困难。在不确定性条件下确保生态经济可持续性是一个核心问题，这就要求突破确定性的理论框架，发展处理不确定性问题的研究方法。最后，生态经济相互作用涉及多种时空尺度，在不同的层次和尺度上，人们所关心的问题不同，系统的运行方式和机制也存在着很大的差异。因此，对各层次结果进行综合分析是非常重要的。另外，生态经济系统中的时空耦合是其重要特征，显含空间的生态经济系统整合模型是未来几年有望迅速发展的一个领域。

生态经济系统复杂性研究才刚刚开始，尚处于探索阶段。目前，以下几方面的研究取得了一定成果，具有一定的代表性。

(1)生态经济复杂系统的共同演化。主要代表人物为 R. L. Costanza[4]，他认为，生态经济系统是复杂的、适应性的生命系统，应该作为一个整合的、共同演化的系统进行研究，并对全球生态系统服务总价值进行了估算。Boulman 等则对全球生态经济系统的演化进行了模拟。这类以自然资本概念为核心的工作在一定程度上整合了生态经济系统的耦合关系。此外，20 世纪 90 年代兴起的内生经济增长理论[5]也积极地考虑了生态环境因素对经济系统演化的影响，环境库兹涅茨曲线(environment Kuznets curve)假设更是明确指出经济增长与环境污染之间可能存在的一般规律，即产出水平与污染指标之间的倒"U"形关系。

(2)生态系统的多重定态和灾变(catastrophic shift)。近期的重要成果是发现了一批存在多重定态的实际生态系统，如湖泊、珊瑚礁、海洋、森林和干旱区，并且定态跃迁常常是不可逆转的。生态系统灾变(定态跃迁)对人类社会产生了重要影响，并造成巨大破坏和损失，应引起人们的高度重视。Scheffer 等在分析生态系统灾变案例时强调，生态系统弹性的损失是导致定态跃迁的重要前提，所以，生态系统管理的目标之一应该是保持生态系统的弹性。

(3)生态系统的复杂性与稳定性。20 世纪 70 年代以前，复杂性越高稳定性越强的观点被生态学家广泛接受，而后来的研究表明，简单系统比复杂系统更可能趋于稳定。目前，两种学说之间还存在许多争议，研究还在不断深入。

生态经济系统复杂性是复杂性科学研究的一个组成部分。在复杂系统中所涉及的一些基本特征，如非线性、非平衡、突变、分岔、混沌、路径依赖等，有其非常强的普适性，即在某一特定研究对象上所获得的某些概念和规律，常常可以在一些其他的研究领域中再次实现。所以，借鉴复杂性研究和分析在其他领域的成功经验，可以扩展生态经济复杂系统的研究思路。例如，借鉴非线性经济动力学的研究方法，可以相应地提炼生态经济系统复杂性的基本概念、确定生态经济系统的关键变量、描述生态经济系统关键变量的动力学核心规律等。我们相信，这方面的探索将是非常有意义的。

当今社会已发展到知识经济时代，现代经济中所拥有的特征有知识的作用、技术进步、金融介入、风险产生与人力资源的使用。这样背景的社会经济对相适应的管理模式提出要求，近 20 年来兴起的知识管理[6,7]正是一种崭新的管理理念与实践，创造了企业(组织)的一种新型管理模式，使得企业中的每个人都能充分地发挥自己的知识才能和创造性，最迅速地将知识传播到最需要的地方，形成企业(组织)最强的创新能力、竞争能力、抗风险能力，最终取得成就。

知识管理从其理论兴起以及实践探索的短短十几年中，已经形成了令人瞩目的突破性的成果，在企业(组织)知识创新、传播与整合中发挥了巨大作用。有以下事例可以证明：①美国的 Sandia 实验室，是一个十分著名的核武器研究所，其目标是研制威力最强大的武器系统，同时也通过其知识整合，运用其武器制造中的 Monte Carlo 方法，建立了世界上很有影响的宏观经济模型——ASPEN 模型。Sandia 实验室的成功业绩，离不了其行之有效的知识管理系统，其要点是将知识管理视为"一种系统的方法，以促使信息和知识在正确的时间以合适的形式和成本传递到正确的人手中"，并将知识管理系统分为对知识的采集(collect)、组织(organize)、分享(share)和使用(use)4 部分。②世界银行每年以大量的资金援助、政策咨询和技术支持对世界各国提供支持，特别是在帮助发展中国家减少贫困、持续发展、抵御金融风险方面取得了举世瞩目的成绩。这也要归功于他们的知识管理系统从获取（acquire）、管理（manage）、传播（disseminate）3 个环节对商业信息、政府沟通、人力资源等不同子系统的信息和知识进行分享和管理，形成完整的知识链，并以 Lotus Notes、Domino 先进软件作为技术辅助，极大地提高了工作效率。③电子政务已成为属于政府部门的知识管理工程。此外，在其他推行知识管理的生产企业中所取得的成果也是前所未有的，并且已经发展了一些专业的知识管理软件，如 NOVO Solutions、Synergy 等。

知识管理从 20 世纪 80 年代起兴起，目前已逐步形成了技术学派、行为学派和综合学派等几个不同的流派，其宗旨都围绕着知识、信息、自适应与增强创造能力这些基本主题，这些主题背后的基础理论问题是知识的作用、知识的创造、知识的传播和知识的整合 4 个基本内容。我们可以从经济系统、管理系统的复杂性来考察和分析问题。

知识管理中要研究的理论问题：①对知识管理的理论基础，即对知识在现代经济中的作用进行探讨，是否像 UNDP 所归纳的那样，存在着智力资本（intelligent capital）的概念？这涉及知识的分类、知识的价值、知识的转化、新的生产能力的形成、知识在现代企业中的作用等实质性问题；②知识形成过程的机制，即知识的产生、获取和传播的基本规律。这个问题的难点是新知识的产生机制，可设想是一种认知过程的飞跃和突变，需要用非线性动力系统进行刻画，而知识的获取与传播也是一种动力学过程。应在个体知识研究的基础上，进一步探讨个体知识与组织知识的相互转化机制，或知识在企业（组织）内的整合。有两个理论问题：一个是个体知识如何通过组织内各个体间的自组织相互作用，在企业（组织）这个层次上涌现出带有整体性质的新知识，也可以称之为组织动力学；另一个是企业（组织）内各种知识的复杂联系的结构与关联，也可称为知识管理网络的研究。应在理论分析的基础上，对知识管理系统的模型化、定量化的一些要点予以探讨，在技术层次上处理知识的分类、度量、生成、组织、储存与传播，形成模型，形成软件，以便实施应用。

在解决如上知识管理的基础科学问题时，有两个有力的工具，即自组织理论与复杂网络理论，它们都是复杂性理论的重要内容。新知识的涌现、诸多个体新知识在组织内的整合、新知识产生后转化为技术以形成新的生产力，都是各种类型的自组织跃迁，其突变的奇点和参数都是不同的，但都可以用非线性动力系统予以刻画。复杂网络理论近年来有很大进展，在 Scale Free、Small World、Regular 及 Random 网络的研究上有了突破，这对于我们理解诸多个体知识的传播、组织知识的复杂性及其拓扑结构有很大帮助。我们可以充分利用这些复杂性理论已取得的进展，并结合其他的理论工具，如扩散方程、多个体模拟、数据挖掘等分析手段，来揭示知识管理系统的基本运行机制，并进一步仿真建模，编制相应的软件。

3 学习过程的自组织机制

我们是从经济系统进入学习过程的讨论中的。学习过程有一个普适机制，已进入脑认知的领域，这是一个十分基本而又复杂的研究对象。在我们的认识上，对经济系统学习过程的了解，有助于对学习过程自组织机制的理解。学习机制研究的国际前沿是学习过程的自组织理论，适于用复杂性理论来讨论学习中所出现的识别、顿悟、涌现、联想、记忆等现象，用自组织的观点探讨学习过程的认知飞跃和突变机制。这些研究在揭示学习机制方面获得了突破，并被广泛应用于神经网络、自动控制等领域。其中，具有代表性的研究有 T. Kohonen 提出的自组织映射（self-organizing map）[8] 和 Berger 的有关神经回路的讨论[9,10]。

T. Kohonen 用映射的方法，将复杂、多维的大脑微观构造约化为二维的平面结构，构造出自组织特征映射模型（图 3），可以达到数据的自动聚类功能。

定义输入向量 $\boldsymbol{x} = (x_1, x_2, \cdots, x_n)^{\mathrm{T}}$，输出层上每一个神经元的附属向量 $\boldsymbol{m}_i = (w_{i1}, w_{i2}, \cdots,$

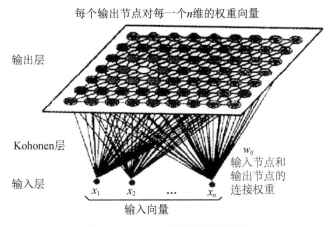

每个输出节点对每一个n维的权重向量

输出层

Kohonen层

输入层

w_{ij}
输入节点和
输出节点的
连接权重

x_1 x_2 ... x_n

输入向量

图3　Kohonen自组织映射模型

$w_{in})^{\mathrm{T}}$，对于每次输入，都能在输出层上找到一个最优匹配 $\boldsymbol{m}_c$。满足 $\|\boldsymbol{x}-\boldsymbol{m}_c\|=\min\limits_i\{\|\boldsymbol{x}-\boldsymbol{m}_i\|\}$，调整输出层上神经元对应的附属向量 $\boldsymbol{m}_i(t+1)=\boldsymbol{m}_i(t)+h_{c(x)i}(t)[\boldsymbol{x}(t)-\boldsymbol{m}_i(t)]$，其中 $h_{c(x)i}(t)$ 为邻域函数，与元素和最优匹配 $\boldsymbol{m}_c$ 的欧式距离有关，一般的结果是所有向量朝向与输入向量一致的方向调整，距离最优匹配神经元越近，调整程度越大。

图 4 是我们做的一个例子，左图是输出层神经元的初始情况（颜色就表示该神经元的附属向量），右图是反复按顺序输入一些颜色样本（输入向量）后得到的结果，聚类效果比较明显。

Berger 等人在研究大脑芯片时，提出了"动力学突触（dynamic synapse）"的模型，这是关于神经回路的讨论。在神经元传递信号的过程中，首先是动作电位沿轴突传递到突触前端，形成突触前电位（presynaptic potential），引起递质释放，递质到达突触后膜，产生突触后电位，继而完成一次信号传递。一般的神经元信号传递理论模型都是

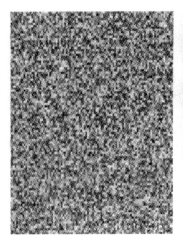

图 4　一个颜色聚类的例子

将神经元的动作电位加上一定的权重形成突触前电位，然而实际上神经元的很多特性会直接影响信号在轴突中的传递，直到轴突末梢上的反应才是其最终的引起递质释放的信号，所以由细胞体到突触前端的过程是一个动力学过程。其模型和动力学方程如图 5 所示。

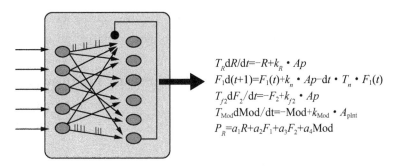

$$T_R\mathrm{d}R/\mathrm{d}t=-R+k_R\cdot Ap$$
$$F_1\mathrm{d}(t+1)=F_1(t)+k_n\cdot Ap-\mathrm{d}t\cdot T_n\cdot F_1(t)$$
$$T_{f2}\mathrm{d}F_2/\mathrm{d}t=-F_2+k_{f2}\cdot Ap$$
$$T_{\mathrm{Mod}}\mathrm{d}\mathrm{Mod}/\mathrm{d}t=-\mathrm{Mod}+k_{\mathrm{Mod}}\cdot A_{\mathrm{plnt}}$$
$$P_R=a_1R+a_2F_1+a_3F_2+a_4\mathrm{Mod}$$

图 5　11 个神经元的动力学突触模型

在大脑芯片的研制中，最基本的声音识别模型是让两个 speaker 读同一个单词（如"Hot"），由于两个人发声的不同，得到的声波相关程度很低（图6）。而经过一个由5＋6个神经元组成的网络（图5），输出的信号相关程度则较高。说明这样一个网络传递声音信号时，能提取出描述该信号的某些最本质的特征，从而识别出不同人说同一个单词的信号（图6）。

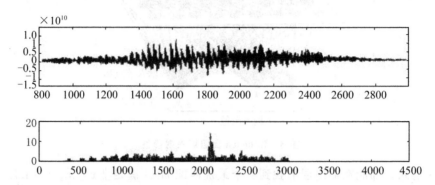

图6　经过神经网络的处理前后，两个不同人读同一个单词后声波的相关性分析

参考文献

[1]Anderson P，Arrow K J，Pines D. The Economy as an Evolving Complex System[M]. Cambridge：Addison-Wesley，1988.

[2]Fang F K，Chen Q H. The J structure in economic evolving process[J]. Journal of Systems Science and Complexity，2003，16(3)：327-338.

[3]von Neumann J. The general and logical theory of automata[M]//Tauh A H，Von Neumann J Collected Works：Design of Computers，Theory of Automata and Numerical Analysis. New York：Oxford University Press，1963：288-328.

[4]Costanza R，d'Arge R，de Groot R，et al. The value of the world's ecosystem services and natural capital[J]. Nature，1997，387(15)：253-260.

[5]Aghion P，Howitt P. Endogenous Growth Theory[M]. Cambridge：MIT Press，1998.

[6]Macintosh A，Filby I，Kingston J. Knowledge management techniques：Teaching and dissemination concepts [J]. International Journal of Human-Computer Studies，1999，51 (3)：549-566.

[7]Tyndale P. A taxonomy of knowledge management software tools：origins and applications[J]. Evaluation and Program Planning，2002，25(2)：183-190.

[8]Kohonen T. Self-organizing Maps[M]. 2nd ed. Berlin：Springer，1997.

[9]Liaw J-S，Berger T W. Dynamic synapse：a new concept of neural representation and computation[J]. Hippocampus，1996，6(6)：591-600.

[10]Liaw J-S，Berger T W. Dynamic synapse：harnessing the computing power of synaptic dynamics[J]. Neurocomputing，1999，26：199-206.

"数字地球"与经济复杂性研究[*]

方福康　樊　瑛

（北京师范大学非平衡系统研究所，北京 100875）

摘　要："数字地球"的核心是全球的信息化，它是实现可持续发展目标的有效途径。"数字地球"的研究过程中必不可少的应包括对复杂性的研究。经济作为一个演化的复杂系统，是地球系统的重要组成部分，复杂性的研究在其中已取得的一些值得借鉴的思路和方法也可用于"数字地球"其他领域的理论研究。本文在对"数字地球"理解的基础上，就复杂性理论研究的进展、经济系统中的复杂性研究、"数字地球"与经济复杂性研究的关系即如何信息化经济系统等问题作了阐述。

关键词：数字地球；复杂性；经济；系统

"Digital Earth" and the Research on Complexity of Economic Systems

Fang Fukang　Fan Ying

(Institute of Nonequilibrium Systems，Beijing Normal University，100875，Beijing，China)

Abstract：The main idea of "Digital Earth" is the global informatization of the earth，which is an effective way to realize the goal of sustainable development. The study on "Digital Earth" indispensably includes the research of complexity. As an evolving complex system，economy is an important component of the earth system. Many ideas and methods attained in the study of complexity in the economy，which are valuable for reference，can also be applied to theoretical researches on other areas of "Digital Earth". On the basis of the understanding of "Digital Earth"，this paper mainly discusses the following issues：the development of theoretical researches on complexity，the study of complexity in economic systems，and the relation between "Digital Earth" and the complexity in economy，i. e.，how to realize informatization for the economic systems.

Key words：Digital Earth；complexity；economy；systems

"数字地球"的核心是全球的信息化，这个构想一经提出就受到广泛的关注。它不仅仅是一个单纯的技术问题，同时还具有整体性和社会性，需要多个学科联合进行研究。中国现在正实施可持续发展战略，又处于发展知识经济的热潮之中，因此在中国开展对"数字地球"的研究具有重要的科学意义和实际价值。

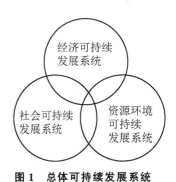

图 1　总体可持续发展系统

"数字地球"是实现可持续发展目标的有效途径，我们认为在分析和讨论可持续发展问题时，应具有总体可持续发展的概念（图 1）：总体系统包含了 3 个相互作用、相互影响但又相对独立的子系统，即资源环境可持续发展系统、经济可持续发展系统和社会可持续发展系统。值得注意的是这 3 个子系统的特征时间是明

＊　方福康，樊瑛. "数字地球"与经济复杂性研究［J］. 中国图象图形学报，1999，4（A）增刊：1-5.

显不同的，资源环境系统的特征时间最长，经济系统次之，社会系统一般会更短一些。

地球系统中存在着大量的复杂系统，因此"数字地球"的研究必不可少地应包括复杂性的研究，复杂性研究是当前科学发展的前沿，其内容包括耗散结构理论、协同学、自组织理论、突变理论、混沌动力学、分形理论等经典内容，而近期以 Santa Fe Institute 为代表的自适应系统复杂性讨论，为系统理论的分析带来了新的思路和技术途径。

1 复杂性理论研究

一般认为，系统是由具有相互联系、相互制约的若干组成部分有机结合在一起并且具有特定功能的整体，这些组成部分被称为子系统，而系统本身又是它们从属的更大系统的组成部分。对于复杂系统，其复杂性可体现在以下几方面：第一，复杂系统是由许多同类或不同类的部分组成，每个部分都不同程度地影响系统的发展变化；第二，复杂系统是分层次的，每个层次的演化现象不同，发展规律也可能存在着差异；第三，复杂系统耦合关系强，不同部分、不同层次甚至同部分同层次之间存在相互关联、相互作用；第四，复杂系统是非线性的，组成部分或层次之间的相互作用是非线性的，这也是复杂性和多样性产生的原因之一；第五，复杂系统是动态性的，复杂系统是时变系统，其结构、功能及关系都是动态的，研究复杂系统的核心问题是它随时间的演化行为；第六，复杂系统是开放性的，复杂系统是开放的系统，这是一个必要条件，它和复杂的环境进行物质、能量及信息的交流从而增加系统的适应能力。从上述意义来说，自然科学乃至社会科学的众多领域都属于复杂系统的范畴，如地理系统（包括生态系统）、生命系统、经济系统、社会系统等。

在 21 世纪的科学发展中，复杂系统的研究将占据重要位置。这不仅是因为在许多传统上用数学物理方法处理的学科领域中，诸如化学、物理、天文、地理等，复杂性的研究都涉及其学科发展的前沿问题，而且原先采用数理方法不是十分普遍或完善的领域，例如生物和经济，复杂性的研究和分析，也给这些学科带来崭新的思路和概念。

近代对于复杂性认识的一次深化是始于 20 世纪 70 年代，当时人们认识并发现了远离平衡条件下的时空结构。在物理、化学系统中出现的 Benard 对流现象、无序自然光向有序的激光的演化、别洛索夫-扎鲍廷斯基（Belousov-Zhabotinsky）反应，都是从原先相对无序、低组织程度的状态中自发地产生出高级的空间结构、时间结构或时空结构。这种对称性的破缺并不包含在外部环境中，而源于系统内部，外部的特定环境只是提供并触发系统产生序的条件，所有这种自发形成的序或组织被称为自组织。非平衡自组织理论所提出和研究的一系列问题就是要揭示系统从无序向有序转变背后存在的基本原理和基本规律，而这些原理和规律在物理、化学和相当广阔的科学领域如生物学乃至社会学都应适用。耗散理论和协同学是自组织理论的基础，它们都是讨论在远离平衡态的非线性区内系统的演化和突变规律。从无序的热力学分支进入耗散结构分支是通过自发的对称性破缺而实现的，这只有在以下情况时才会发生：开放系统在远离平衡态的时候，其内部存在着各种形式的正反馈造成无序的热力学分支的失稳和产生序，同时非线性的存在让系统在热力学分支失稳的基础上使系统重新稳定到新的耗散结构分支上去。协同学也同样研究了一个系统如何能够自发地产生一定的有序结构，它是通过同类现象的类比而找出产生有序结构的共同规律，突破了原来的热力学概念。该理论给出一个由大量子系统组成的系统，在一定条件下，子系统之间通过非线性的相互作用能够形成具有一定功能的结构，表现出新的序。协同学用序参量来描述系统宏观有序的程度，用序参量的变化来刻画系统从无序向有序的转变，在有序结构出现的临界点附近起关键作用的只有少数几个变量，决定着演化结果所出现的结构与功能。协同学以信息论、控制论、突变论等现代理论为基础。将统计力学和动力学相结合，描述了非平衡系统从无序向有序转化的微观机制，说明了序参量与子系统及序参量之间的协同、竞争是形成自组织结构的内在根据。

20 世纪 80 年代，混沌、分形、渗流等一系列非线性现象的研究极大地丰富了复杂性理论的内容。混沌现象揭示的确定性动力系统中所具有的内在随机性，改变了原来只有从概率论中认识随机现象的局限。混沌现象中出现的自相似结构，更是进一步揭示了在这种随机性中蕴藏着有序结构。混沌对初值或初始扰动的敏感性，使我们不可能精确地预测系统的远程行为。与混沌相类似，分形、渗流及各种奇点和吸引子的研究，使复杂性理论研究在各个方向得以展开，并且应用到各个具体的领域，包括流体、固体结构、生命、生态现象以至于社会经济系统等各个方面。

在复杂系统中所涉及的一些基本特征，如非线性、非平衡、突变、分岔、混沌、路径依赖等，有其非常强的普适性，这是学科交叉可以获得实质性进展的重要基础。由此围绕着系统理论发展了一整套研究复杂系统演化过程的基本方法，在热力学基础上提出了新的概念与思路使得我们从思想上重新认识各种系统的演化行为。从数理分析的角度来讲，描写系统的演化就可以用数学模型的方法建立动力学方程，挑选尽量简单但又相对完备的变量来表现系统的状态，这些变量是具有宏观层次统计意义的，系统的部分之间不是简单的相加而是会出现新的结构、功能和性质。处理实际问题时，要把热力学和动力学相结合对实际系统进行分析，在概念的指导下，定性与定量相结合地来分析相互作用机制与系统演化行为。

到 20 世纪 90 年代，美国桑塔菲研究所(Santa Fe Institute)在复杂系统方面的研究为我们提供了新的思路。他们从复杂系统的微观的个体出发，考虑个体与个体、个体与子系统、子系统与子系统之间的相互作用，以及个体、子系统与外界之间的物质、信息交流，制订微观个体的行为规则，从而形成整体的宏观结构，称为涌现(emergency)；然后再考察当外界环境或内在机制发生变化时，个体如何根据这些变化调整自己的行为，使得整体或个体最优，最终导致宏观结构的变化，从而对系统演化的方式给出清晰的描述。用这种模拟性质的方法能够将问题具体化、程序化，只需根据所要研究的对象，考虑与问题有关的微观相互作用机制，制订"游戏规则"(game rules)，就可在计算机上编程实现。这种方法的特点在于制订微观个体的相互作用机制，这并没有比上述微分动力系统的方法简单多少。在解决具体的复杂系统演化问题时，通常需要两种方法综合使用。

2 经济系统的复杂性分析

经济是一个由大量子系统组成的复杂系统，其中包含着人的因素，从单个人的经济活动到整个经济系统的演化都由于人的思维与行为会产生复杂性，同时经济系统会受其所处环境的限制，如自然资源环境、社会环境等。

1985 年，耗散结构理论的创始人、诺贝尔化学奖获得者普里戈金(I. Prigoging)提出可用自组织理论来处理社会经济系统的设想。1988 年，诺贝尔物理学奖获得者 P. W. Anderson 和经济学奖获得者 K. J. Arrow 提出把经济看作一个演化的复杂系统，其内部可能存在着动力学机制支配着整个经济的发展演化行为，复杂现象的背后可能隐藏着本质的规律，可用不多的关键变量和参量来体现其动力学机制。著名数学家 S. Smale 于 1991 年提出将一般均衡理论推广至动态分析是经济学的主要问题，这更给经济复杂性的研究提出了明确的定量研究方向。

经济作为一个演化的复杂系统，其基本特征是多变量、多目标、多层次、强耦合。系统内各因素的非线性复杂相互作用内生决定系统的演化现象，系统外部环境影响着系统的演化状态。具体表述是：经济系统是由为数众多的经济因素构成，涉及数目可观的变量和参量，这些变量和参量都不同程度地影响着经济系统，且系统内部各因素之间及系统与外环境之间存在着复杂的相互作用。经济系统在每个层次上系统演化运行的机制与方式有着差异，系统的各要素分属于不同的层次，地位不同所以作用也不同。对经济系统微观与宏观两个层次，我们所关心的侧重点不同：在微观层次关注均衡与优化；在宏观层次上关注总量的演化方式与现象的描述与解释，包括增长与波动、通胀与就业。探讨宏观经济现象背后的微观机制是现在经济学研究的热点，经济系统各个层次变量之间的复杂相互作用和耦合使得系统的组织与结构形成各种复杂的功能。经济系统并不是孤立的封闭系统，它要时刻与外环境进行物质、能量与信息的交流，其中也存在着复杂的相互作用，系统的变量对系统的影响方式与所处的环境条件有关。经济系统复杂性的重要来源是非线性，其内部存在着各种正负反馈作用与非线性的经济关系，在一定条件下非线性机制支配着经济系统呈现出多种复杂演化行为。由于经济系统的复杂程度与外环境的变化中存在着随机因素与不确定的因素，导致了信息的不完备和系统的不确定性。完全掌握系统的全部信息是不可能的也是不可行的，因此对经济系统演化的规律的实证提出了更多的课题。

经济系统具有动态演化的特性，系统可以趋向均衡，也可以从一个均衡向另一个均衡转移，整个系统的结构可发生变动引起系统均衡格局的变化，存在着动态的非均衡的过程。对于定量地处理经济系统的动态演化过程，非线性经济动力学是一个主要的方法。运用动力系统的基本理论和方法，把动力方程的定态与均衡相对应，这样就可以讨论系统的复杂动态行为。如需要考虑经济系统的不确定性，则可以建立随机微分方程进行分析研究。对于经济这个动态演化系统可用如下的微分方程组表示：

$$\frac{\mathrm{d}X}{\mathrm{d}t} = F(\boldsymbol{X}, \boldsymbol{\lambda})$$

其中 $\boldsymbol{X} = (x_1, \cdots, x_n)$ 为系统的内生状态变量；$\boldsymbol{\lambda} = (\lambda_1, \cdots, \lambda_m)$ 是系统的参量；$F(\cdot)$ 是非线性的函数描述状态变量的演化方式。上述系统是不显含时间的自治系统。$\mathrm{d}X/\mathrm{d}t = 0$ 对应系统演化的定态，表示系统状态变量不随时间发生改变，一般与均衡相对应。$\mathrm{d}X/\mathrm{d}t \neq 0$ 时，方程反映了均衡与非均衡之间的关系，描述了系统的演化路径。对其进行求解或进行分析（包括数值模拟分析）就可以得到经济复杂系统的定量描述。在均衡理论的分析中，经常采用最优方法，即

$$\max F(X)$$
$$\mathrm{s.\,t.}\ G_i(X) = 0$$

这等价于一个定态的演化系统，其拉格朗日及其极值为：

$$L = F(X) + \sum_i \lambda_i G_i(X)$$

$$\frac{\partial L}{\partial X} = 0$$

经济演化研究从宏观层次入手，需要建立宏观经济总量动力学模型，有厂商、家户、政府三个主体，商品、金融、劳动力三个市场。分析变量间的相互关系，动力学方程描述随时间的演化，以此反映宏观经济运行中的均衡、增长、波动等现象，对长期增长与短期波动、经济增长的阶段性与经济结构的变化这些重要问题给出比较明了的宏观演化图像。单部门的宏观模型反映的是总量之间的关系，增长、失业、通胀是其关注的主要问题，不涉及下一层次的结构和机制，还不足以反映经济现象的深度和全貌。这有必要在总量模型的基础上建立二、三因子模型来进一步地揭示宏观经济演化的机制，同时也为建立多因子增长模型提供方法技术，从而可讨论宏观中的微观结构问题。按照解决问题的不同可以有不同的分解方法，如一、二、三产业的产业结构的划分、城市与农村的区域的划分、两个国家的贸易问题、物质资本与人力资本的按生产要素的划分等。上述方法也可用于一个特定流域或城市的整体分析之中，如长江流域或上海市等。

从经济学本身的研究来看，经济增长和周期波动现象是宏观经济系统演化的基本内容。对于中国经济，研究如何保持其稳定、健康、快速、持续的增长和面对知识经济的挑战，无论在理论上还是实际上都有重要意义。中国经济是非均衡演化的经济，传统的均衡理论和线性、静态的处理方法存在着局限，需要综合运用非线性数学、非平衡系统理论和计算机模拟技术，以非线性动力学模型的方式进

行定量的描述和解释。目前，国内外经济动力学领域的研究大多集中于某些重要的经济演化现象，虽然对具体的经济问题有着较为深入的模型分析和解释，但在完整把握系统整体的演化行为，特别是在同一模型体系中内生、自洽地解释多个主要演化现象（如增长和周期波动）方面还刚刚起步。对处于转型时期的中国经济来说，各种复杂的经济现象往往同时出现，而且受全球经济一体化的影响和世界科技进步的带动，金融危机和知识经济等新的经济内容不断加入，进一步加强了经济系统的复杂程度和子系统之间的相互关联，使得我们必须在一个统一的框架之下，综合运用复杂系统的理论和方法，较完整地研究经济演化的各个主要方面。在对经济系统的研究中，宏观经济现象的微观基础一直是经济学的前沿，同时，这类系统宏观行为与个体的局域过程之间的关系也是复杂系统研究中需要解决的基本问题。一些简单的、自适应的个体，通过局域的相互作用，可以导致全局的结构，涌现出个体层次所不具备的全新的性质（emergent properties），是复杂系统自组织现象中突出的特点。对这一问题的深入研究，不仅可以解释微观经济个体在相互作用下形成各种复杂宏观演化行为的模式和途径，从而更好地把握增长、周期波动和金融危机等宏观经济现象的内在机制，而且有助于加深对复杂系统性质和演化规律的理解和认识。

3 "数字地球"与经济复杂性研究

对于经济系统，我们要研究其演化的动力学机制和非线性演化现象的理论背景和数学分析方法，建立宏观经济动态模拟模型，寻找宏观经济演化的微观基础，讨论中国经济稳定发展的条件以及知识经济的发展。"数字地球"的目标是建立高分辨率全球数据库，提供信息服务和广泛应用。而经济系统是地球系统的重要组成部分，所以在对经济系统复杂性理解的基础上，深入地对经济数据进行分类、加工、整理，建立符合实际需要的经济数据库，并在此基础上构建国家经济信息网，为决策支持提供服务。

在对经济复杂性理解的基础上，我们可以对经济系统中存在的经济关系和经济行为作出分析，再以此为基础，运用数学和统计学的方法，建立描述经济变量关系与结构的模型，收集统计数据和资料，估计模型参数，进而计量经济关系，并对结果进行检验，从而验证或修正模型的理论基础，为经济解释和预测、结构分析和政策评价服务。在此过程中，必然涉及各种数据，包括原始数据和加工后的数据，它们都起着重要作用，这也为最终实现经济信息化做了必要的准备。

经济系统是个复杂系统，其中存在着许多经济量以及经济关系。从信息化角度来看，也就是存在众多关于经济系统的数据，但是我们最终建立的信息化数据库并不是所有数据简单的罗列，而是挑选相关数据并有机组合来构成有结构、分层次的智能型经济信息系统。选择这些相关数据应以对经济系统的理解为基础。我们认为，在经济系统中存在着特征量，这些特征量应能够完备地描述经济状态，对其进行理论和实际分析就能够揭示系统的一些本质规律，例如：分析国内生产总值 GDP 及价格指数 P 就使我们了解增长和通胀，研究资本 K 时可找出衡量投资 I 的共轭量 q，等等。关于经济特征量的相关数据，一部分可以从原始统计资料中直接获得，如 GDP、人口 N 等，而更多的经济量需要在理论分析的基础上进行概括、深化后加工而得到，如 K、H 等。

以上特征量是针对总量经济模型来说的，还要讨论经济宏观现象的微观机制，就需要依照所建立的多因子模型收集相关数据，采用动态的处理方法对经济作出解释和预测。对于每个因子，我们不仅要有总量的研究，更重要的是考虑因子之间的耦合及其对整体结构的影响。从数据角度来说，就需要按照不同角度划分得更细致和深入的数据，如按产业部门的划分、区域的划分、生产要素的划分等，除此之外还需要因子之间相互耦合的数据。挪威的 Oslo 学派的工作为我们提供了很好的例证，他们把整个经济系统按产业划分为 23 个部门，在每个部门都寻求自身最优化且经济总量保持平衡的条件下，寻求如何重新分配现有资源、确定各部门的发展速度以实现既定的宏观目标。在解该计量模型时，除了使用每个部门自身的数据，还要用到部门之间的投入产出关系；除了投入产出表和统计年鉴上的少量数据可被直接使用外，还需要根据投资理论和消费理论计算部门的资本价值和消费函数等。

以上是就经济系统作为一个例证，说明如何将一个复杂对象的信息进行加工、分析和整理，建立起经过理论分析和理解了的数据系统，在经济系统这个例子里，说明了即使是复杂的对象，它也存在着一组核心的关键量，掌握了这条线索就有可能把各种数字资源有机地组合起来。在这些关键量中有相当一些量不是明显存在的，而是要经过加工深入发掘的，如决定投资方向的 q 值。在数据系统展开的过程中，就能深入系统微观结构的各个方向以形成一个比较完整的信息网络。对经济系统的这种分析数据的现状和技术，同样也可用于地球、地理、地质等系统中，使"数字地球"更具科学基础。

4　结束语

地球系统是一个复杂的开放系统，它呈现出非线性、多尺度、自组织、有序性和随机性等现象。复杂性研究可为"数字地球"的技术实现提供理论背景。地球系统包括资源环境、社会、经济系统等多项内容。经济作为一个演化的复杂系统，对其复杂性的理论研究和其信息化数据库的建立将对"数字地球"计划的推行产生有益的作用。

参考文献

[1]Prigogine I. Laws of nature and human conduct：specificities and unifying themes[M]//Symposium D. The Proceedings of Conference on Laws of Nature and Human Conduct. Belgium：Task Force on Research Information and Study on Science，1987.

[2]Anderson P，Arrow K J，Pines D. The Economy as an Evolving Complex System[M]. Cambridge：Addison-Wesley，1988.

[3]Smale S. Dynamics retrospective：Great problems，attempts that failed[J]. Physica D，1991，51(1-3)：267-273.

[4]Fang F K，Sanglier M. Complexity and Self-organization in Social and Economic Systems[M]. Berlin：Springer-Verlag，1997.

[5]Holland J H. Hidden Order[M]. Cambridge：Addison-Wesley，1995.

[6]Jokansen L. A Multisectoral Study of Economic Growth[M]. Amsterdam：North-Holland Publishing Company，1960.

[7]Turnovsky S J. Method of Macroeconomic Dynamic System [M]. Cambridge：MIT Press，1995.

[8]Tobin J. Essays in Economics：Theory and Policy[M]. Cambridge：MIT Press，1982.

[9]Sargent T J. Macroeconomic Theory[M]. Orlando：Academic Press，1987.

[10]Romer D. Advanced Macroeconomics[M]. New York：McGraw-Hill Companies，1996.

可持续发展与经济复杂性研究[*]

方福康

摘 要：可持续发展涉及资源、环境、经济、社会各个层面。这些层面以及层面之间呈现着种种复杂关系。经济复杂性研究有助于可持续发展问题的定量讨论。为此，介绍了经济复杂性研究的近期进展，阐明了复杂经济系统的基本特征，并简单列出描述经济复杂系统的数学框架及应用实例。

关键词：可持续发展；资源；环境；经济；系统

可持续发展这个命题，已经有了广泛的讨论，特别是在《我国国民经济和社会发展"九五"计划和2010年远景目标纲要》的规划中，可持续发展作为长期的国策被规定了下来，因此，探讨资源和环境并与之相联系的经济和社会的可持续发展更成为一个各方关注的问题。本文着重阐明可持续发展各个层面之间的关系，在揭示其复杂性的基础上讨论一种分析处理方案，以使得可持续发展的问题可以在一个较为定量的背景上进行研究。

一、可持续发展的一些基本问题

可持续发展(sustainable development)的概念原是针对资源和环境的问题提出来的。1987年，联合国环境与发展世界委员会在《我们共同的未来》报告中指出：可持续发展是这样的发展，它满足当代的需要而不损害后代满足他们需要的能力。这个概念旋即在20世纪90年代初得到了扩展，可持续发展不仅要追求代际公正，即当代人的发展不应损害下代人的利益，而且还要追求代内公正，即一部分人的发展不应损害另一部分人的利益。到1992年，里约热内卢会议的《21世纪议程》规定，改革人类社会现有的生产方式和消费方式，使之与地球的有限承受力相适应。我国政府参与了《21世纪议程》的制订，并于1994年3月通过了《中国21世纪议程》，表明了中国走可持续发展道路的决心。1996年6月，中国发表了环境白皮书，指出了生态环境遭到破坏的情况越来越严重，又在最近参加的1996年农业可持续发展会议上，参与讨论了粮食安全的问题。上述可持续发展的概念演化和发展表明，它已形成了一个复杂系统。这不仅包括资源、环境等方面的问题，还涉及影响和决定资源、环境的社会、经济发展水平。分析和讨论可持续发展问题，不

图1 总体可持续发展系统

能脱离对社会发展的基础——经济的研究。在国际上已逐步形成了总体可持续发展系统(global sustainable development system)的概念(图1)。在这个总体系统中，包括了3个子系统，即资源环境可持续发展系统、经济可持续发展系统和社会可持续发展系统。在讨论这个总体可持续发展系统的时候，有两点是需要说明的。第一点，3个子系统之间是相互作用、相互影响的。每个子系统的可持续

---

* 方福康. 可持续发展与经济复杂性研究[J]. 北京师范大学学报(社会科学版)，1997(2)：26-33.

发展都有赖于其他子系统的可持续发展，同时又具有相对的独立性。例如，社会和经济发展的状况、生产技术的水平必然影响和制约着资源利用与保护的效率以及环境问题的范围和严重程度，而经济的持续、稳定与健康的发展需要一个安定、平等和公正的社会环境。这3个子系统之间是相互作用、相互影响的，它们又是相对独立的。这体现在总体可持续系统及其3个子系统形成了一个复杂的系统，如果需要对其中一些问题作定量处理的时候，需要考虑子系统之间的复杂耦合关系。第二点，可持续发展的3个子系统特征时间是明显不同的，特征时间是我们在分析系统时采用的一个量，它表明一个系统发生质的演变所需要的时间尺度，例如，治理沙漠为土壤化的过程至少需要50年。一般地说，资源、环境系统的特征时间可取在百年的量级上，地质、地理系统的特征时间就要长得多了。经济系统的发展演化相对于资源、环境系统要快一些，如劳动力的培训、生产、投资的周期以及人口、GNP增长率中的较大变化大多以年或数年来计算，很多国家作经济计划时，多用"五年计划""十年计划"等，所以，经济系统的特征时间很多情况下取在10年的量级上。社会系统由于受到经济、政治、环境多方面的影响，其发展进度更快。社会的安全状况、政策导向、文化价值取向是经常发生变动的，可以考虑取更短的特征时间，大约为年的量级。特征时间的考虑是为了在分析复杂系统的时候，各个变量相互影响程度的估计，以便设置适当的方程，描述系统的演化过程。

从以上可持续发展的介绍来看，这个系统是非常复杂的，涉及的问题很广泛，可以从各个角度提出问题并进行分析。从可持续发展系统总体把握的角度上看有一些问题是重要的。一是报警和预警系统，及时报告在可持续发展的某些环节所出现的警报信号，如不及时注意和把握，就会发生严重的后果，或者是通过分析预测，预报一些严重的隐患。由于所涉及的子系统特征时间比较长，如果一旦形成祸害，将付出极大的代价，及时地预警或在未完全形成祸害时就予以防范，效果会好得多。二是对已经形成的某些环节的问题，通过资源、环境、经济、社会各方面功能的综合治理，得以改进或好转。这种治理通常是阶段性的，即在一段时间内集中解决或整治某一类问题，并使其在协调的周围环境条件下进行。这种治理方案从协调的分析角度上讲是从一个均衡态平稳地过渡到另一个均衡态，并使协调的总体状况有所好转。三是对已经基本良好运转的子系统如何保持其资源、环境、经济、社会各方面的协调，以使得这种良好运转能够维持下去，不断地往好的方面发展。这里所提到的一些应把握的事项，如预警系统的分析、系统治理中的均衡态转移，以及系统状态的维持等，必然要涉及定量的讨论，在这种情况下，系统的复杂性研究对于这些分析是十分有用的。我们阐述一些中国可持续发展的例子来说明这一点。

中国的资源与环境可持续发展目前面临严重的问题，这些问题能否解决，解决得好不好，将直接影响中国可持续发展事业的成败。中国的资源涉及人口、耕地、水、矿产等各个方面，都面临严峻的情况。中国的人口问题是严重的，到1995年2月，人口已达到12亿，占世界总人口的22%，并且在相当长的一段时间内，人口还将保持较高增长势头，到2050年，人口预计将达16亿[①]，人口压力是巨大的。中国的耕地资源有限，通常讲占世界7%的耕地养活占世界22%的人口，7%的实际数字是16亿亩(1亩≈666.67m²)，人均耕地面积只有1.3亩。严重的还有水土流失面积达367万平方千米，占国土面积的38%。土壤流失约为50亿吨，为世界的20%。土壤沙化的面积已达国土总面积的15.9%，为153万平方千米。中国水资源严重匮乏，人均淡水拥有量只有世界平均水平的1/4左右。城市缺水更为突出，在全国500多个城市中有300个城市缺水。矿产资源的状况滞后于经济发展，且后备不足：石油可采储量不能保证2000年时建设的需要；煤是储量较多的，但也已有缺口；能源利用率低于30%；在45种重要矿产中，多种不能满足需求，铁、锰、铬、铝现已有赖于进口。在各种资源的分析中，没有引起足够注意的可能是专业人才资源，特别是高技术人才的缺乏，这将是影响我国21世纪可持续发展的重要瓶颈。环境是人们关心的另一个重要问题，我国的环境状况已呈恶化的趋势，工业废气、废液、废物造成的大气、江湖及农田的污染不仅危及人们的身体健康，而且也加速了原本有限资源的衰退。高消耗、高污染的发展模式一方面让我们付出了沉重的代价，另一方面也限制了进一步发展的可能性和持久性。

上面所述的情况表明，我国的可持续发展在人口、资源和环境等方面都面临着严峻的问题。对这些问题进行系统的研究和分析，寻找相应的对策以协调经济、社会与资源环境系统的相互关系，是保证总体可持续发展的必要条件。需要强调的是，从根本上解决人口膨胀、资源短缺和环境污染等方面的问题，都需要以经济的可持续发展为基本前提。脱离了经济的稳定、持续增长，单一地探求某一子系统的可持续发展，必然会是无本之木、无源之水，缺少必要的发展动力，这也是我们将资源、环境的可持续发展与经济可持续发展，即经济的持续稳定增长联系在一起，并通过经济复杂性研究促进总体可持续发展系统的顺利进行。

我们以人口为例说明上述问题的处理方案。中国的人口问题应该从两个角度来考察，既要考虑其不利的一面，又需要考虑既然巨大的人口已是现实，如何充分发挥人口的储备，促进经济的发展。作为不利的方面，人口数量巨大，且每年新增人口已达 1400 万，年增长率 1.2％，对资源、环境造成极大的压力，严重制约了经济的发展和人均生活水平的提高。按照人口控制的近期目标，到 2000 年和 2010 年，分别把人口控制在 13 亿和 14 亿以内，但由于人口基数过大，人口总量要到 2050 年左右才能达到峰值 16 亿，以后才开始回落①。另外，从质量上看，中国人口的素质也不容乐观，据 1990 年的统计，全国文盲、半文盲占人口的 12％。以上是人口数据中种种不利的因素。但是人口问题又有另外的一面，人口的众多又为经济发展提供了重要的劳动力资源。既然中国巨大的人口在 21 世纪已成为事实，需要考虑的是如何发挥好人口因素的作用，需要有些定量的分析。在人口促进中国经济增长中有几点是基本的：就目前的情况而言，中国劳动力的素质基本符合现有经济水平的需要，并且平均工资水平相对比较低，这是中国经济近几年连续保持 10％左右高速增长的重要因素；现有的劳动力与投资相结合，促进了劳动密集型产业的发展，增强了经济的活力；大量的消费人口，特别是一部分先富起来的人口，增大了社会消费水平，刺激了经济进一步发展；在经济结构改变和体制转换过程中出现的新的经济增长机制，会进一步发挥劳动力资源中涵藏的巨大的发展潜力。这些分析表明，人口问题的处理方案，应与经济系统协调地进行，生育观念的形成与改变，也不仅受到文化传统的影响，更重要的是受到经济有力的制约，"养儿防老"观念作用下的人口高增长率必将随着经济发展包括家庭经济状况的发展而发生重大变化。因此，人口问题本质上是经济问题。人口、劳动力以及经济系统的各个因素，如资金和总产值，市场和政府的调控等，组成了一个复杂系统，经济复杂性的研究及一些定量化的处理方案将有助于人口问题的理解和解决。

资源问题具有另一些特点，与相对丰富的人力资源相比，我国的自然资源非常紧缺，人均资源拥有量居世界后列，并且在资源利用上存在着不容忽视的浪费现象和破坏现象。由于资源的需求、利用与保护的问题与经济发展密切相关，资源问题应该作综合的考虑：了解和掌握我国资源的基本情况，对资源进行调查和估算，以此为进一步分析的依据；进行趋势分析，社会经济的发展在很大程度上依赖于对资源的需求与利用能力，需根据经济发展的预测对资源的变化趋势进行分析，并及早研究解决的办法；提高资源的利用效率，合理利用与保护资源，加强资源的深度开发，缓解资源的紧缺等。从资源和解决系统的耦合关系上看，资源所涉及的是一个合理配置和提高效率的问题。解决复杂性分析中关于最优配置的理论处理方案，会有助于对资源利用的优化。

环境的问题有两个方面需要重视和解决。一方面是已经形成的由废气、废液、废渣所造成的环境污染需要治理，另一方面是现有的生产技术，特别是工业生产技术所隐含的环境隐患需要防范。前面提到过环境变迁的特征时间要长一些，所以无论是治理现有污染或形成别的污染，其时间尺度都是比

---

① 此数据是按当时的情景所预测，后因生育率出现较大变化，实际数据可能存在差异。

较长的，所以在设计方案和提出措施上都需要进行仔细的分析，并尽可能进行定量化的预测。

以上我们说到的是可持续发展中的一些基本问题，这些情况都表明了可持续发展是一项涉及社会经济、资源、环境诸多方面的复杂系统，仅靠某一方面的努力是远远不够的，这就需要我们综合分析，了解各子系统之间的相互作用和影响，比较各系统的发展规律和处理方法，互相借鉴，在深入研究每个子系统演化方式的基础上，对总体可持续发展系统有深入的理解，并尽量把握其演化发展的趋势，以最终实现协调、均衡发展的可持续发展道路。

二、经济系统复杂性研究

复杂系统各部分关系的分析，以及从整体上把握其演化和发展，采用定量化的分析是必要的，因为在上述提到的经济、资源、环境诸系统中都需要分析大量的数据。这些数据表明了各个系统的各种基本特征，采用定量化的分析方法，可说明各种数据的成因及背景，以及各种数据之间的内在关系。这种定量化的分析方法与通常社会科学中的定性分析方法并不矛盾，正是定性和定量分析相结合使得复杂系统的研究更趋深入。

在讨论经济复杂系统时引入数学已有很长的历史，并取得很好效果。它主要是在经济运行这一层次上进行，讨论的是如何使得各种经济资源有一个最优的配置，使得经济系统获得最大的效益。到 20 世纪 60 年代左右形成的一般均衡理论（general equilibrium theory），以公理化、形式化的严格逻辑演绎体系，论证了在复杂经济系统中存在着均衡点，主导着经济的优化行为。这一理论体系认为各经济行为的主体（厂商、消费者等）为实现自身目标最优化而相互作用，最终达到供求等方面力量平衡的特殊静止状态——均衡。通过均衡的存在，唯一与稳定性质可以大致地确定经济发展的趋势。系统演化的模式被描述为逐渐趋于并达到均衡状态。在外界扰动下，在均衡点附近波动，或准静态地转移至新条件下的稳定均衡。一般均衡理论在很长时间内主导着西方经济学。并且在现时仍有巨大而广泛的影响。

一种新的数理分析方法被广泛地引入经济系统中来是 20 世纪 80 年代末期的事情，并迅速地进入主流。这是由于最近 20 年来，随着非平衡系统理论和非线性科学的发展，人们深入研究和寻找各种复杂现象的共性和规律，并取得了大量的成果，这些都为进一步研究经济系统的复杂非平衡演化现象提供了契机。这种数理方法有时也被称为非线性经济动力学（nonlinear economic dynamics）。动力学这个名词是从数理科学中借用过来的，它不同于在社会科学中分析经济关系中动力的含义，也许动力学（dynamics）这个名词今后在经济领域中会找到更好的说法。这种分析方法的兴起和发展，是由于一般均衡理论处理经济运行问题的框架已不能使人们满足，在理论方面，由于它的基本分析方法是静态的和均衡的，因而无法描述和解释系统达到非均衡，特别是远离均衡的复杂非平衡动态演化过程。在实践方面，战后世界经济的巨大变化和东亚经济的快速起飞等现象都迫切要求新的经济运行理论来解释和说明这种非均衡演化的经济现象。非线性经济动力学的研究因之而兴起，并在国际上有很强的数学、物理和经济的背景。北京师范大学非平衡系统研究及其在经济领域中的展开已进入这个前沿，并与国际国内的诸多单位保持良好的联系，经过多年的工作，形成了我们自己的一些特点。我们的工作是在经济系统复杂性分析的基础上，吸收一般均衡理论对经济系统处理的成功之处，着重研究经济系统远离均衡状态以及在均衡状态之间转移的非均衡动态演化过程，在经济系统复杂演化的非线性、动态分析方法方面进行探索，以期对经济演化中的各种复杂现象的本质和规律有更深层次的理解和把握。本文前半部分所讨论的可持续发展系统，是一个复杂系统，特别是需要对经济复杂系统进行分析。经济复杂性研究的数学处理框架自然会有助于这个复杂系统中所涉及的各种数据的定理分析。

以下我们具体地来介绍我们对经济系统的基本认识及其数学处理的基本框架。在处理经济系统的各种复杂现象时，首先需要对系统的基本特性和性质进行刻画。从系统分析的角度出发，在讨论经济的运行、讨论经济系统中诸因素的定量关系时，经济被处理为一个演化的复杂系统。系统内部各要素之间的非线性相互作用内在地决定了经济系统的各种消长和波动现象，系统外部环境的随机变化与扰动，时刻影响着经济的演化状态，但并非系统涨落与波动现象的唯一决定因素。系统的基本特征可以描述为以下几方面：

复杂性。 经济系统由为数众多的商品、厂商、消费者等因素来构成，并且系统内部各要素之间以及系统与外部环境之间存在着复杂的非线性相互作用。这种变量参量之间的强耦合作用，使得系统内部形成了某种内在的结构，某些特定的变量或参量是形成稳定的组织模式和作用方式。从而在一定意义上规定和限制了经济系统的演化行为。

层次性。 经济系统的另一个显著特点是层次性。大致可分为微观和宏观两大层次。在不同的层次上人们所关心的问题不同，系统的运行方式和机制也存在着很大的差异。因此，在进行系统分析之前，必须首先明确系统所处的层次。一般地说，在微观层次，均衡和优化问题是关注的焦点；而在宏观层次，总量的增长和波动等问题更具有实际意义。经济系统这种层次性使得宏观经济的微观机制或微观基本问题成为经济学研究的重要内容。

功能性。 经济系统变量之间的复杂相互作用和耦合使得系统通过变量之间的组织和结构形成各种复杂的功能，这也是复杂系统的重要特点。在经济系统中，这种功能正日益为人们所发现和认识。如以规模效益递增为主要特征的自增强（self-reinforcing）或正反馈机制，边干边学（learning by doing）机制以及经济发展过程中的垄断，集中和一体化等自组织等。经济系统的这些功能直接导致了各种复杂演化现象。

开放性。 经济系统不是一个孤立的封闭系统，而且随时与外界进行着物质、能量和信息的交流，国际资本的流动、劳动力的地区转移以及科学技术的普及和传播等，都使得经济系统成为典型的开放系统。

信息不完备与不确定性。 随着经济的复杂性程度的提高与外界环境的变化，经济系统时刻存在着各种随机的和不确定的扰动因素。完全掌握系统的全部信息不仅由于系统的复杂性而变得不可能，同时，也因获取信息需要成本而变得不可行。于是，在不完备信息和不确定条件下寻找经济系统演化的规律便成为目前经济学面临的一大问题。

动态演化性。 传统的均衡理论本质上是一种静态理论，只考察系统均衡的位置和稳定性质，而不研究系统达到均衡的动态非均衡过程。世界经济的变革和发展日益揭示了经济的动态演化特性。这种演化，一方面表现为系统趋近并达到均衡并且从一个均衡向另一个均衡转移的非均衡过程，另一方面也表现为整个经济结构、体制的变动，以及由此引发的系统均衡格局的变迁。

经济系统复杂性的研究，引起了诸多著名学者的注意，提出了很多重要的见解。1985年，耗散结构理论的创始人，诺贝尔化学奖获得者 I. Prigogine 提出了用自组织理论处理社会经济复杂系统的途径。1988年，诺贝尔物理学奖获得者 P. W. Anderson 和经济学奖获得者 K. J. Arrow 在经济作为一个演化的复杂系统的认识的基础上，联合提出了经济系统可能存在内在核心动力学机制的设想，这种机制可以由少维变量和参量的子系统表述并支配整个经济的发展演化行为。与之相应，著名数学家 S. Smale 也于1991年提出，动态问题是经济学的主要问题。从战后经济巨大变革和发展的实践来看，也呼唤着一个能说明复杂经济系统演化发展的理论，在这个理论的基础上能够说明经济发展中的一些重要问题，包括经济增长、失业和通货膨胀的运行机制。这使得经济系统的动态非平衡过程的研究逐步进入经济学研究的主流，并日益为人们所关注。

在本文的最后，对复杂系统特别是经济系统进行定量处理的数学框架作一简单介绍。这里对具体问题不作展开，前面所述的可持续发展系统的各个方面，包括资源、环境、经济等都可以采用这种数学工具，以利在定量上得到对分析系统复杂性质有帮助的结果。

考虑一个经济系统，表示为微分方程组

$$\frac{\mathrm{d}\boldsymbol{x}}{\mathrm{d}t} = F(\boldsymbol{x}, \boldsymbol{\lambda}) \tag{1}$$

其中 $\boldsymbol{x} = (x_1, \cdots, x_n)$ 为描述系统的状态变量，$\boldsymbol{\lambda} = (\lambda_1, \cdots, \lambda_m)$ 为系统的参量，$F = (F_1, \cdots, F_n)$ 是 x 的光滑连续函数，F 给定了系统状态变量 $\boldsymbol{x}$ 随时间变化的方式和机制。若系统是自治的，即 F 不显含时间，则 $F = 0$ 给出了系统演化的定态，表现为各状态变量不再随时间变化的一种恒常的状态。一般地，这种状态对应于经济均衡，方程反映了均衡与非均衡的联系。

描述经济系统的微分方程组(1)的解给出了系统的演化轨道，表示为演化空间 $\boldsymbol{T} \times \boldsymbol{X}$ 中的光滑曲线 $\boldsymbol{X}(t) = [x_1(t), \cdots, x_n(t)]$，系统所有的解轨道在 $\boldsymbol{T} \times \boldsymbol{X}$ 中构成了一个曲面，曲面的形状反映了系统演化的整体性质和结构。若把变量 x 的时间导数 $\dot{x}$ 也看作另外一组描述系统的变量，则构成了更大的广义射流空间 $\boldsymbol{T} \times \boldsymbol{X} \times \boldsymbol{X}^{(1)}$，其中 $\boldsymbol{X}^{(1)}$ 代表由 x 的一阶导数构成的空间，在射流空间中，微分方程 $\dot{x} = F(\boldsymbol{x}, \boldsymbol{\lambda}) = 0$ 成为代数方程，它们确定的超曲 H 同样反映了系统的全部性质。若方程形式不变，则方程的解也保持不变。于是，如果对射流空间中由方程唯一确定的超曲面 H 进行某种变换，H 仍保持原来的几何形状，则可以肯定，方程以及由方程确定的系统及其演化方式也没有改变。这种变换，被称为对称变换，于是就可以通过变换了解超曲面 H 的几何性质，即系统演化的整体趋势和内在结构。

系统的连续变换是通过李群来实施的，对称变换的全体构成一个李群 $\boldsymbol{G}$，如 $g \in \boldsymbol{G}$ 是对称变换，则满足：

$$g \circ (\dot{x} - F(x, \lambda)) = 0 = (g \circ x) - F(g \circ x, \lambda) = 0 \tag{2}$$

即如果 $x(t)$ 是方程 $\dot{x} = F(x, \lambda) = 0$ 的解，则变换后 $\tilde{x}(t) = g \circ x(t)$ 也是方程的解。由于方程的对称变换 g 通常是复杂的，难以直接求解，我们利用无穷小生成元的延拓技术，将变换 g 分解为无穷小线性变换，即无穷小生成元的叠加，亦称为对称群的矢量场 $\vec{V}$。由于 $\vec{V}$ 是线性算符，相对易于处理，矢量场与群变换之间的关系通过取幂实现 $g = \exp(\varepsilon \vec{V})$，$\varepsilon$ 为任意变换常数。进一步我们可以根据方程形式不变的对称性条件求解 $\vec{V}$。在射流空间中，也要对群作用和无穷小生成元延拓，相应地记作 $\mathrm{Pr}g$ 和 $\mathrm{Pr}\vec{V}$。如果微分方程(1)满足条件

$$\mathrm{Pr}\vec{V}[\dot{x} - F(x, \lambda)] = 0 \tag{3}$$

则 $\vec{V}$ 为系统的对称群无穷生成元，$\exp(\varepsilon \vec{V})$ 为系统的对称群。在处理复杂系统时，需要采用对称群的分析技术来分析系统演化中的各种特定的对称性质。

以上是简单介绍用微分方程组的数学方法来处理复杂系统，微分方程组(1)的解的性质也可以采取多种方案来处理，我们这里所提到的对称性处理是希望在分析复杂性系统中揭示其结构和功能的特性。在经济系统需要考虑随机因素时，微分方程的框架就不够了，这时需要用随机方程和随机微分方程来处理，但也与微分方程(1)是有联系的。

上述处理的例子是宏观经济系统的模型分析，我们也只简单列出它的框架，而不作展开。宏观经济系统模型是把整个经济作为一个整体，讨论它的总体运行演化趋势。参考各种宏观经济模型的讨论，我们假定一个宏观经济系统以 8 个状态变量和 7 个参量来描述。状态变量是：产出 Y，劳动力 N，资金 K，消费 C，投资 I，价格指数 p，利率 r，和工资指数 w。参量是：税收 T，政府公共支出 G，货币发行量 M，债券 B，资本折旧率 δ，价格预期 $\pi(t)$，人口增长率 $n(t)$。宏观经济系统的基本方程为

$$Y = Y(K, N) \quad Y_K > 0 \quad Y_N > 0 \tag{4}$$

$$N = N\left(Y_N, \frac{w}{p}, n\right) \tag{5}$$

$$\begin{cases} N^s = N^s\left(\dfrac{w}{p}, n\right) \\ N^d = N^d\left(Y_N, \dfrac{w}{p}\right) \end{cases}$$

$$K = K(Y_K, r, \pi, \delta) \tag{6}$$

$$C = C(Y_D, r-\pi) \quad 0 < C_{Y_D} < 1, \ C_{r-\pi} < 0 \tag{7}$$

$$Y_D = Y - T - \frac{M+B}{p}\pi$$

$$I = I(K, \dot{K}) \tag{8}$$

$$\dot{p} = \alpha(C+I+G-Y), \ \dot{\alpha} > 0, \ \alpha(0) = 0 \tag{9}$$

$$\dot{r} = \left[\beta(m(r, Y) - \frac{M}{p}\right], \ \dot{\beta} > 0, \ \beta(0) = 0, \ m_r < 0, \ m_Y > 0 \tag{10}$$

$$\dot{w} = wr\left(\frac{Y_N}{\frac{w}{p}} - 1\right) + w\frac{\dot{p}}{p}, \ \dot{r} > 0, \ r(0) = 0 \tag{11}$$

或

$$\left(\frac{\dot{w}}{p}\right) = \frac{w}{p}\left(\frac{Y_N}{\frac{w}{p}} - 1\right) \tag{12}$$

$$\dot{\pi}(t) = \xi(\pi), \ \dot{n}(t) = \eta(n) \tag{13}$$

上述基本模型对于宏观经济进行了一般描述，在各种具体条件下，上述模型可以回到传统意义上的索洛新古典增长模型、凯恩斯宏观经济模型和萨金特的宏观经济模型等。在上述宏观经济模型的基础上可以做宏观的定量分析，讨论诸如增长、波动等问题，并对此进行数据的对比和模拟。

参考文献

[1]二十一世纪议程[M].北京：中国环境科学出版社，1993.

[2]中国 21 世纪议程：中国 21 世纪人口、环境与发展白皮书[M].北京：中国环境科学出版社，1994.

[3]国家统计局.中国统计年鉴 1995[M].北京：中国统计出版社，1995.

[4]Prigogine I. Law of nature and human conduct：specificities and unifying themes[C]//The Proceedings of Conference on Laws of Nature and Human Conduct. Belgium，1985.

[5]Anderson P, Arrow K J, Pines D. The Economy as an Evolving Complex System[M]. Cambridge：Addison-Wesley, 1988.

[6]Smale S. Dynamics retrospective：great problems, attempts that failed[J]. Physica D，1991，51(1-3)：267-273.

[7]Allen P M. The evolution of communities social self-organization[C]//Submitted to International Conference of the Complexity and Self-organization in Socioeconomic Systems. Beijing, China, 1994.

[8]Sanglier M, Mailler E. About a dynamic model of high technology industry：impact of investments on the competitiveness of the products[C]//The Proceedings of International Conference of the Complexity and Self-organization in Socioeconomic Systems. Beijing,1994.

[9]Fang F K. Macroeconomic dynamic model and economic evolution[C]//The Proceedings of International Conference of the Complexity and Self-organization in Socioeconomic Systems. Beijing：1994.

[10]Fang F K. The symmetry approach on economic systems[C]//The Proceedings of Conference of Bifurcations and Chaos in Economic and Social Systems. Sweden, 1995.

A Dynamic Model on the Excess Volatility of Asset Price [*]

Li Honggang   Fang Fukang

(Institute of Nonequilibrium Systems, Beijing Normal University, 100875, Beijing, China)

Abstract: To explore the intrinsic mechanism in excess volatility of the asset price, a simple determinative dynamic model is presented, which can exhibit some of the characteristics of excess volatility of asset price such as simple cycle, complex cycle and other complex dynamic behavior.

Key words: excess volatility; asset price; complex dynamic behavior

资产价格易变性的动态模型

李红刚   方福康

（北京师范大学非平衡系统研究所，100875，北京）

摘　要　提出了一个简单的确定性动力模型，探讨资产价格易变性的内在机制，给出了资产价格易变性的基本形态和资产价格复杂动态行为。

关键词　易变性；资产价格；复杂动态行为

The excess volatility of asset price, namely, asset price departs from the price justified by the underlying fundamentals, is an important topic on the financial theory[1]. Kirman[2] provided an outline of the empirical evidence for such phenomena, and presented a theoretical explanation by a stochastic model. With the model, he gave simulations of the exchange rate which can exhibit bubbles. We hold that even determinative model can also produce above random phenomena. That is to say, the excess volatility of asset price does not necessarily rely on exogenous stochastic factors. Based on this idea, this paper presents a simple determinative dynamic model on the evolution of asset price, which can exhibit some of the characteristics of excess volatility of asset price.

1　The Model

In financial market, there are periods during which asset price do not reflect underlying fundamentals, but reflect what prevailing market opinion expect them to be, and this expectation may simply be an extrapolation of previous prices or their change. This means a dynamic mechanism for the excess volatility of asset price. In other words, the pattern of market opinion and its evolution plays an important role in asset pricing.

As to the pattern of market opinion, we gave a simply assumption that there are only two views in the financial market, and each agent holds one of them. There are N agents and the state of the

* 李红刚，方福康. 资产价格易变性的动态模型[J]. 北京师范大学学报(自然科学版)，1996，32(3)：358-361.

system is defined by the number n of agents holding view 1, i.e. $n \in (0, 1, 2, \cdots, N)$. Obviously, the number of agents holding view 2 is $N - n$, the number n varies with discrete time t. Furthermore, the two kind agents interact, and there exists a view-learning and view-diffusing mechanism, which can be described by Logistic equation

$$n_{t+1} = a_0 n_t (N - n_t).$$

Let $x_t = n_t / N$ be the proportion of agents holding view 1 to total agents in the asset market, the equation can be written as

$$x_{t+1} = a x_t (1 - x_t). \tag{1}$$

This classical dynamic equation has been widespreadly studied[3].

The difference of the two views lies in that they have different expectation patterns on the future price. The agents holding view 1 are fundamentalists, who believe that asset future price will tend back to an equilibrium value S_0. Thus their forecast of the change in the next period is denoted by

$$\Delta^f S_{t+1} = b_1 (S_0 - S_t),$$

where b_1 is an adjusting parameter.

The agents holding view 2 are non-fundamentalists, who believe that asset future price will extrapolate in a simple linear way and forecast the change by

$$\Delta^n S_{t+1} = b_2 [(1 + g) S_t - S_{t-1}],$$

where b_2 is another adjusting parameter, and g is a parameter that reflects the confidence state of market agents.

Once x_t, as a weight factor, has been determined, the market views as to the forecast change of asset price is given by

$$\Delta S_{t+1} = x_t \Delta^f S_{t+1} + (1 - x_t) \Delta^n S_{t+1}.$$

The asset market price evolves in the following way

$$S_{t+1} = S_t + x_t b_1 (S_0 - S_t) + (1 + x_t) b_2 [(1 + g) S_t - S_{t-1}]. \tag{2}$$

Equation (1) and (2) are the basic equations of this model, and the former contains nonlinear interaction.

2 Discussion

Obviously, if x_t gets constant value, then the equation (2) is just a second-order linear difference equation, namely, "Oscillator equation", and its dynamic quality has been wide-spreadly discussed. But if x_t itself is a variable instead of a constant, the equation (2) is a complex dynamic equation instead of a simple oscillator equation, and we can expect it exhibits complex dynamic characteristics.

It is well known that, with the parameter $a \in [0, 4]$ in equation (1) increasing, the limit value of x_t shows a stylized bifurcation of the period doubling scenario, and when a enters certain regime $[3.5699, \cdots, 4]$, x_t shows chaotic behavior.

When x_t gets period-1 fixed point, in other words, x_t is constant, the dynamic system is just the mentioned simple oscillator system, S_t can produce some simple cycle behavior such as converging, diverging and steady oscillations.

When x_t gets period-2 fixed point, in other words, x_t takes x_t^1 and x_t^2 in turn, then equation (2) is equivalent to following equation:

$$\begin{cases} S_{t+1} = f(S_t, \ S_{t-1}, \ x_t^1), \ t = 1, \ 3, \ 5, \ \cdots, \\ S_{t+1} = f(S_t, \ S_{t-1}, \ x_t^2), \ t = 2, \ 4, \ 6, \ \cdots. \end{cases}$$

Obviously，this is not a simple oscillator equation，and the system no longer exhibits only simple cycle behaviors，but shoves complex cycle behavior which stems from a coupling of period-2 and oscillator cycle. Certainly，at certain b_1 and b_2，S_t can just converge on a single equilibrium value or period-2.

If x_t gets other period-n fixed point，similar corresponding evolutionary results of S_t can be obtained.

If x_t evolves in chaotic way，the limit value of S_t will exhibit what was named behavior of complex dynamics.

As $a = 4$，$b_1 = 0.8$，$b_2 = 1.8$，$g = 0$，it can be showed that steady regime and fluctuate regime appears in turn in the time series of asset price，but the scale of regime has no evident regularity. This means that the evolution of S_t is neither merely stochastic nor merely chaotic one.

As $a = 4$，$b_1 = 0.5$，$b_2 = 0.1$，$g = 0.1$，it can be showed，there are periods in one regime when the asset price vacillates around the equilibrium value，interspersed with bubbles and occasional great crashes. Compared with the above result，market price fluctuation around equilibrium value is asymmetric here. That is to say，the bubble which means market price is above the equilibrium price usually lasts for relative long time，and the crash which states market price is below the equilibrium price is just occasional event. In a sense，this outcome conforms to reality of financial market better. As for this result，g plays an important role on the formation of bubbles and crashes.

According to the results，we can hold that the complex dynamic simulated behavior is nearer to financial market performance in real economy. But what worthy of note lies in that our model is just a simple deterministic dynamic one.

3　Conclusion

There seems to be too much evidence that agents in financial markets act on their expectations，which usually form market opinion and are influenced by the opinion meantime. To explore the intrinsic mechanism in excess volatility of the asset price，simulation of the model presents characteristics which are usually associated with the behavior of financial markets. Periods of steady evolution are interspersed with fluctuations，bubbles and crashes. Without exogenous noise around the turning point as there is a switch from one regime to another. Opinion，which are modified endogenously as a result of interaction between individual agents，may contain deterministic information or chaotic information，and drives the special oscillator equation exhibit complex dynamic characteristics.

It can be supposed，the complex dynamic behaviors of a complex system may be driven by simple mechanism，and this mechanism can be described by seldom simple equations which reflects interaction of several fundamental variables. Among these variables，some can give random signals although they just appear in deterministic equations. When the random signals interact with deterministic information，the complex dynamic behavior，which are more interesting than pure stochastic or pure chaotic one，can appear. This may be as a clue to explore complexity in economic systems.

Reference

[1]MacDonald R, Taylor M P. Financial markets analysis: an outline[M]// Taylor P. Money and Financial Market. Cambridge: Basil Blackwell Inc, 1991: 64-105.

[2]Kirman A. Epidemics of opinion and speculative bubbles in financial market[M]// Taylor P. Money and Financial Market. Cambridge: Basil Blackwell Inc, 1991: 354-368.

[3]Lorenz H W. Nonlinear Dynamic Economics and Chaotic Motion[M]. Berlin: Springer, 1993.

中国经济增长中资本-产出比分析[*]

樊　瑛　袁　强　方福康

（北京师范大学物理学系，北京师范大学非平衡系统研究所，100875，北京）

摘　要：结合中国经济增长的实际数据对中国的资本-产出比进行了实证计量分析，提出了分段生产函数的看法来解释资本-产出比在发展中国家表现出的差异性。

关键词：资本-产出比；经济增长；实证分析

The Analysis of Ratio of Capital to Output in Chinese Economic Growth

Fan Ying　Yuan Qiang　Fang Fukang

(Department of Physics, Institute of Nonequilibrium Systems, Beijing Normal University, 100875, Beijing, China)

Abstract：The positive analysis with Chinese actual data about the ratio of capital to output is made. The segmented production function is put forward to explain the discrepancy that the ratio of capital to output shows in the developing countries.

Key words：ratio of capital to output；economic growth；positive analysis

资本-产出比(K/Y)一直是经济增长理论关注的重要问题，von Neumann[1]认为在他的理想经济系统中满足最优增长的条件是 K/Y 为常数。Samuelson[2]进一步证明了 von Neumann 系统中经济最优增长时 K/Y 是个不变量。20 世纪 50 年代 Solow[3]所刻画的经济系统达到定态时 K/Y 是个常数。资本-产出比同样引起计量经济学家的兴趣，库兹涅茨[4]用数据分析表明，K/Y 长期有缓慢下降的趋势，短期内则基本符合等于常数的假定。20 世纪 80 年代末 90 年代初，以 Romer[5,6]为代表的新经济增长理论中通过实证分析得出，K/Y 值在均衡时会收敛到一个定值 $i/(\delta+g)$，且发达国家的 K/Y 水平大致相当，但发展中国家的 K/Y 表现出差异性。

本文将根据中国经济增长历年（1978—1994 年）的有关数据进行统计计量分析，充实有关资本-产出比的实证内容，并且对 Romer 在实证分析中的发展中国家之间资本-产出比的差异性提出一个理论解释。

1　计量工作

在计量方面首先遇到的问题是如何计量一个国家全社会资本存量 K。由于在中国的经济数据资料中没有关于全社会资本存量这一项的现成统计，这给分析资本-产出比带来困难。从经济学有关资本存量的解释知，它作为一种生产要素，是所有过去和现在投入生产过程中物品的价值总和，从而得到资本存量的理论关系式是 $\dot{K}=I-\delta K$，其中 I 是投资额，δ 是折旧率，近似可转化成可以实际计量的差

＊ 樊瑛，袁强，方福康. 中国经济增长中资本-产出比分析[J]. 北京师范大学学报（自然科学版），1998，34(1)：131-134.

分形式：

$$K_n - K_{n-1} = I_n - \delta K_{n-1}。$$

因此，已知历年的投资额和折旧率以及资本量的初始值 K_0，就可得到历年的资本存量值。中国的统计资料中投资额和折旧率是有实际数据的，但没有 K_0 的数值，所以在这里我们给出一种估计资本存量初值 K_0 的简便方法，推导过程如下：

$$K_n - K_{n-1} = I_n - \delta K_{n-1} \Rightarrow K_n = (1-\delta)K_{n-1} + I_n \Rightarrow K_n = \alpha_{n-1}K_{n-1} + I_n,$$

这里
$$\alpha_{n-1} = (1-\delta_{n-1}), \tag{1}$$

根据 von Neumann 和 Solow 的结论，我们假定当 n 充分大时，有 $K_n/Y_n = \beta = \text{const}$，则有

$$\beta Y_n = \alpha_{n-1}\beta Y_{n-1} + I_n \Rightarrow \beta = I_n/(Y_n - \alpha_{n-1}Y_{n-1}),$$

令
$$\beta_i = \frac{I_i}{Y_i - \alpha_{i-1}Y_{i-1}}, \quad i = 1, 2, \cdots, n,$$

再取算术平均

$$\bar{\beta} = \frac{\beta_1 + \beta_2 + \cdots + \beta_{n-1}}{n-1},$$

以消除随机误差的影响，最后得到

$$K_0 = \bar{\beta}Y_0, \quad K_n = \alpha_{n-1}K_{n-1} + I_n, \quad n = 1, 2, \cdots。$$

在以上计算过程中各数据按不变价格计算，这样就把通货膨胀的影响考虑在内，或者取

$$\alpha_{n-1} = (1-\delta_{n-1})P_n/P_{n-1}, \tag{2}$$

则计算过程中各数据按可变价格计算。

依据上述方法，我们对中国的实际数据进行了模拟分析，其结果见表 1（数据来源见文献[7，8]）。

表 1 中所估计的是全社会总资产，但 δ 是固定资产的折旧率（数据资料中没有全社会资本折旧率这一项统计），I 是全社会的总投资. 这时可以得出 K/Y 在 1978—1994 年有大致下降的趋势，并且可以粗略地分成 2 个阶段：1978—1984 年，1985—1994 年。

表 1　中国 1978—1994 年的 K/Y 值[1]

年份	$Y(c)$	$Y(p)$	p	δ	I_n	i	I	g	β[2]	K	K/Y	$i/(g+\delta)$	a
1978	3 624	3 624	100.0	3.7		38.3	1 388		2.94	10 645.3	2.9		100.0
1979	3 998	3900	102.5	3.7	3 350	36.3	1 451.3	7.60	3.46	11 962.0	3.0	3.212 64	107.6
1980	4 518	4 204	107.5	4.1	3 688	35.0	1 581.2	7.81	3.28	13 655.3	3.0	2.939 31	116.0
1981	4773	4392	108.7	4.1	3 941	32.3	1 541.7	4.48	3.93	14 783.6	3.1	3.763 36	121.2
1982	5 193	4 777	108.7	4.1	4 258	32.1	1 667.0	8.75	2.72	15 851.1	3.1	2.498 86	131.8
1983	5 809	5 273	110.2	4.2	4 736	33.0	1 917.0	10.40	2.51	17 320.1	3.0	2.261 12	145.5
1984	7 205	6 194	116.3	4.4	5 652	34.5	2 485.7	17.50	1.87	20 006.7	2.8	1.578 44	170.9
1985	8 995	7 020	128.1	4.7	7 020	38.7	3 480.9	13.30	2.47	24 548.1	2.7	2.145 10	193.7
1986	10 211	7 618	134.0	4.9	7 859	38.4	3 921.0	8.52	3.15	28 394.5	2.8	2.861 76	210.2
1987	11 956	8 484	140.1	4.9	8 698	36.9	4 411.9	11.40	2.53	32 802.7	2.7	2.267 96	234.1
1988	14 922	9 441	158.1	5.0	11 738	37.5	5 595.9	11.30	2.58	40 583.8	2.7	2.303 83	260.5
1989	16 905	9 829	172.0	5.0	13 176	37.1	6 271.7	4.11	4.24	48 225.0	2.9	4.073 57	271.2
1990	18 545	10 213	181.6	4.8	14 384	35.2	6 527.7	3.91	4.11	54 895.6	3.0	4.042 00	281.8
1991	21 666	11 166	194.0	5.5	16 117	35.4	7 669.7	9.33	2.74	63 513.9	2.9	2.386 59	308.1
1992	26 651	12 746	209.1	5.5	19 989	37.2	9 914.3	14.20	2.16	74 593.6	2.8	1.893 01	351.7

续表

年份	$Y(c)$	$Y(p)$	p	δ	I_n	i	I	g	$\beta^{2)}$	K	K/Y	$i/(g+\delta)$	a
1993	34 477	14 471	238.2	5.5	25 858	43.4	14 963.0	13.50	2.59	95 280.8	2.8	2.280 10	399.3
1994	44 918	16 149	278.1	5.5	33 689	40.8	18 327.0	11.60	2.66	123 447.0	2.7	2.386 62	445.6

(1)各项指标解释：$Y(c)$：GNP 的绝对值；p：价格指数；δ：折旧率；i：投资率；g：GNP 的实际增长率；I：总投资；K：总资本存量；$Y(p)$：以不变价格计算的 GNP；β：用以计算 K 的中间量；a：GNP 指数。

(2)1978 年的 β 值是 1979—1994 年的平均值。

我们计算出的中国 K/Y 值浮动在 2.7 左右，与发达国家的数值相比偏低，但要注意的是我们在计算中所取的 δ 值同文献[6]中的 δ 值相比要偏大，所以计算结果偏小。预计随着中国经济的发展，GNP 的年增长率会逐步地增加，K/Y 值会逐渐下降，不过总的趋势是明显的，这表明了中国经济实力在增强，生产率在提高。

关于资本-产出比所表现出的阶段性特征，我们在数据本身以及处理数据的技术中找不到其产生的原因，如何来解释说明这一特征并从中获得一些什么启示来加深对经济的理解，这是我们下文要进一步探讨的问题。

2 理论解释

从中国的实证分析以及对前人工作的理解的基础上，我们试图从理论上提出一些自己的看法，即分段生产函数的想法，由此从理论上解释资本-产出比所表现出的一些特性。

前人的工作一般给出生产函数 $Y=F(K, N)$ 的具体形式，并给出该生产函数的若干性质，如柯布-道格拉斯生产函数或 CES 生产函数等，然后在此基础上展开讨论。但是我们觉得仅采取单一的生产函数并不能很好地描述经济发展的实际过程以及各国之间经济发展的差异。我们认为，作为生产要素的 K 与 N 对经济增长有决定性作用，F 的形式同样也对经济增长有重要影响，它反映了经济系统的结构。从理论上讲，系统的结构与 K 和 N 相比尽管相对稳定，但绝不是一成不变的。随着经济本身的发展，生产的方式以及技术水平和管理模式等都潜藏着变革的可能性。反映到生产函数的表现形式上，即意味着在短期内我们可以认为 F 的形式是不变的，但长期来看 F 的形式则要发生改变。当然用一个或者几个参数也可以反映 F 改变的某些特点[9]。我们认为，F 取泛函的形式则是一种更一般的形式，即随着时间或某个特征量的改变，生产函数的形式也要发生变化。为了使问题简化，我们先采取分阶段生产函数的形式，即认为在一个经济系统的发展过程中，生产函数在不同阶段可以取不同的形式。举一个简单的例子如图 1 所示。

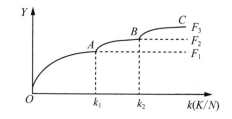

图1 在不同阶段生产函数取不同形式的示例

图中 F_1、F_2、F_3 分别代表 3 种不同形式的 Solow 型生产函数。我们假定 $k \to k_1$ 时，$F_1 \to F_2$；$k \to k_2$ 时，$F_2 \to F_3$，经济增长的路径是 $OABC$，此路径不仅反映了经济增长具有上升的趋势，而且是分阶段的，在每个阶段都具有 Solow 增长的特点。当经济增长发展到某些特殊点，如 A、B、C 等，就出现了新的飞跃，这种飞跃是 k 积累到一定程度后才能发生的。A、B、C 作为经济起飞的转折点，显然仅用生产函数中 K 和 N 的连续变化来解释是比较难的。这种转折蕴含着增长的差异性，它区别于增加 K 和 N 促进经济增长的普遍性。各个国家或各个不同地区都有其经济增长的诱发因素，当这些因素发展到一定阶段就会促使 K 或 N 达到更高的产出水平。

关于这些转折点的确定，在数学形式上，我们考虑有 3 种途径：

①直接把某些诱发因素作为参数引入生产函数中；

②把某些诱发因素作为系统演化的分岔点；

③利用变分求极大或极小的优化原理，把 K 或 N 看成是某些诱发因素的积分函数。

对于更一般的情况，上述思路仍然可取，其中最关键的是特征量即诱发因素的选取，这有赖于对经济系统的理解和实际问题的背景。

对于资本-产出比，我们可以认为它本身就是一个有上述特征的量，它所体现出的阶段性说明了经济处于不同的发展阶段。发达国家一般处于诱发因素相对用尽的后期，经济发展相应处于相对稳定的阶段，所以它们的 K/Y 值就基本相同；对于欠发达国家，因为各国、各地区的诱发因素不同且处于相对活跃不太稳定的前期或中期，经济发展相应处于波动变化中，所以 K/Y 值对于不同的国家有较大的差别。特别对于中国，选取哪些特征量来表现 K/Y 的变化是我们进一步要做的工作。

参考文献

[1]von Neumann J. A model of general equilibrium[J]. The Review of Economic Studies，1945，13(1)：1-9.

[2]Samuelson P A. Laws of conservation of the capital-output ratio in closed von Neumann systems[M]//Ryuzo S，Rama V R. Conservation Laws and Asymmetry：Applications to Economics and Finance. Boston：Kluwer Academic Publishers，1990.

[3]Solow R M. A contribution to the theory of economic growth[J]. The Quarterly Journal of Economics，1956，70(1)：65-94.

[4]库兹涅茨·西蒙. 现代经济增长[M].北京：北京经济学院出版社，1989：67.

[5]Romer P M. Increasing returns and long-run growth[J]. Journal of Political Economy，1986，94(5)：1002-1037.

[6]Romer P M. Capital accumulation in the theory of long-run growth[M]//Barro R J. Moden Business Cycle Theory. Cambridge：Harvard University Press，1989：51-127.

[7]国家统计局.中国统计年鉴1992[M].北京：中国统计出版社，1992.

[8]国家统计局.中国统计年鉴1995[M].北京：中国统计出版社，1995.

[9]Zhang W B. Knowledge and Value[D]. UMEA University,1996.

分阶段的 Solow 经济增长模型[*]

陈家伟　樊　瑛　方福康

（北京师范大学非平衡系统研究所，100875，北京）

摘　要：在 Solow 模型基础上，用分阶段的生产函数来描述各国出现的分阶段经济增长情况，并通过和一些国家的经济数据进行比较来验证用分阶段生产函数方法处理的合理性。

关键词：经济增长；非均衡；分阶段生产函数

The Model of Segmented Solow Economic Growth

Chen Jiawei　Fan Ying　Fang Fukang

（Institute of Non-equilibrium System，Beijing Normal University，100875，Beijing，China）

Abstract：To describe the segmented economic growth in many countries，the segmented production function on the basis of Solow model is presented. And a positive analysis with the economic growth data in some countries is made to prove the rationality of the segmented production function.

Key words：economic growth；non-equilibrium；segmented production function

美国著名经济学家 Solow[1] 用动态均衡的方法成功地描述了长期的经济增长，但现实的经济数据告诉我们，在很多情况下经济的增长是阶跃性的，这是经济增长中的非均衡现象。本文在 Solow 模型基础上，通过加上分阶段生产函数的方法实现和讨论了这种阶段均衡、整体非均衡增长的特性，还将理论的分析和一些国家的经济数据进行了比较。

1　模型

为了描述生产函数的阶段性，假设随时间的推移，资本和劳动力的边际产出会发生突变。根据这一假设和 Solow 的描述，建立以下新的描述分阶段经济增长的模型：

$$\begin{cases} Y = F(K，L) = L \cdot F(k)，\\ \dot{L} = n \cdot L，\\ \dot{K} = I = S = s \cdot Y； \end{cases} \tag{1}$$

生产函数具有性质：

$$Y_K' = \begin{cases} a_1 & 0 < t \leqslant t_1，\\ a_2 & t_1 < t \leqslant t_2，\\ a_3 & t_2 < t \leqslant t_3； \end{cases} \quad Y_L' = \begin{cases} b_1 & 0 < t \leqslant t_1，\\ b_2 & t_1 < t \leqslant t_2，\\ b_3 & t_2 < t \leqslant t_3， \end{cases} \tag{2}$$

式中 $k = K/L$，Y_K'，Y_L' 是资本和劳动力的边际产出，是分阶段的跳跃函数，可以描述不同的生产方式

　＊　陈家伟，樊瑛，方福康. 分阶段的 Solow 经济增长模型[J]. 北京师范大学学报（自然科学版），1998，34(3)：352-355.

和水平，至于这种分阶段生产函数的产生原因，新经济增长理论的领导者 Romer[2]、Lucas[3]、Stokey[4]等人曾试图给出相应的解释。

由(1)式可以得出：

$$\dot{k} = s \cdot F(k) - n \cdot k, \tag{3}$$

再由(1)式和(3)式，可求出 L、K、Y。由于(1)式和(3)式中的 F 带有分阶段的性质，将会引起总产出水平的跳跃，跳跃的过程是非均衡的，随后又会达到均衡态。

为了清楚地看出 Y'_k，Y'_L 分阶段带来的影响，作为例子，我们分别给出 2 个具体的生产函数予以讨论。

(1)列昂惕夫(Leontief)生产函数 列昂惕夫生产函数是一种具有瓶颈效应的生产函数，物质资本和人力资本不可替代，分阶段的列昂惕夫生产函数为：

$$F(K, L) = \begin{cases} \min(K(t)/a_1, L(t)/b_1) & 0 < t \leqslant t_1, \\ \min(K(t)/a_2, L(t)/b_2) & t_1 < t \leqslant t_2, \\ \min(K(t)/a_3, L(t)/b_3) & t_2 < t \leqslant t_3, \end{cases} \tag{4}$$

将(4)式代入(3)式中，可求出 k，再由 L 的演化方程及(4)式，可解出 K 和 Y 的值。

为了形象地看出 Y 的分阶段增长情况，我们给出参数 $a_1 = 3.0$，$b_1 = 0.0003$，$a_2 = 2.8$，$b_2 = 0.00028$，$a_3 = 2.7$，$b_3 = 0.00027$，$n = 0.012$，$s = 0.18$ 及初值 $K_0 = 8000$，$L_0 = 1$，在计算机上模拟出 Y 的发展轨迹（见图1），在生产函数发生突变的地方，总产出出现了非均衡的阶跃性增长。

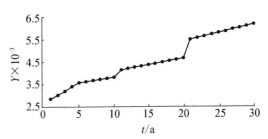

图1 列昂惕夫生产函数 Y 的发展轨迹

(2)柯布-道格拉斯(Cobb-Douglas)生产函数 柯布-道格拉斯生产函数是常用的一种无规模效应的生产函数，物质资本和人力资本 2 种生产要素具有替代效应。分阶段的柯布-道格拉斯生产函数为：

$$F(K, L) = \begin{cases} AK^{a_1}L^{b_1} & 0 < t \leqslant t_1, \\ AK^{a_2}L^{b_2} & t_1 < t \leqslant t_2, \\ AK^{a_3}L^{b_3} & t_2 < t \leqslant t_3, \end{cases} \quad a_i + b_i = 1 \ (i = 1, 2, 3), \tag{5}$$

同样，将(5)式代入(3)式，可解出 K 和 Y 的值，给定参数 $a_1 = 0.50$，$a_2 = 0.52$，$a_3 = 0.54$，$n = 0.012$，$s = 0.18$ 及初值 $K_0 = 8000$，$L_0 = 1$，同样可模拟出 Y 的发展轨迹（见图2）。同样，在生产函数发生突变的地方，总产出有不均衡的阶跃增长。

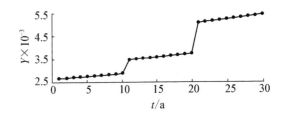

图2 柯布-道格拉斯生产函数 Y 的发展轨迹

从上面 2 个例子看出：a. 用分阶段的生产函数可描述总产出的阶跃性增长；b. Y 在跳跃后，迅速达到均衡态，然后是均衡增长；c. 跳跃过程是不均衡的；d. 跳跃的跨度随参数的选取不同而不同。

2 讨论

在上述 2 个分阶段生产函数的具体例子中，总产出出现了阶跃性的增长。这是一种理想情况，实际的经济系统见图3：在经济发展的初级阶段，生产函数为 $Y = F(K, L; \lambda_1)$，沿着 Solow 所描述的路径向着均衡态发展；这种情况持续了一段时间后，到 t_1 时，由于技术进步或结构调整等因素，使得

生产函数变为 $Y=F(K，L；\lambda_2)$，这样系统不再沿着原来的路径发展，这种转变使得经济系统处于非均衡态，但它会向 Y_2 的均衡态发展；直到 t_2，这种情况又被改变……周而复始，经济系统出现了平滑的分阶段的总体增长。

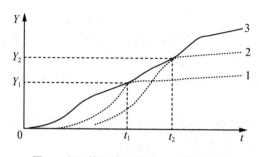

图 3　实际的经济系统中 Y 的发展路径

在经济发展的过程中，Y 的轨迹实际上是一条包络线，它经历了各个阶段。其显著特点是：a. 阶段性跳跃；b. 非均衡增长（在突变点附近，增长是非均衡的）。

3　实证

为了更好地说明分阶段生产函数可描述产出的阶跃性发展，我们分别给出美国、日本、英国、加拿大 1967—1996 年这 30 年的 GDP（按 1990 年不变价格计算）[5] 的图示（图 4）。

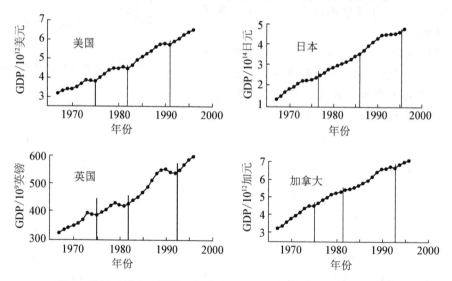

图 4　美国、日本、英国、加拿大 1967—1996 年的 GDP 增长图[5]

对于中国近 16 年的情况，樊瑛[6] 做的分析也有同样的结果（图 5）。

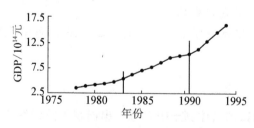

图 5　中国近 16 年的 GDP 增长图

从图 4、图 5 中，我们可以明显地看出各国分阶段增长的事实，美国和英国更为显著。以美国为例，它有 3 次跳跃性增长，分别开始于 1975 年、1984 年和 1992 年，在跳跃前、后的 3 年内，GDP 的平均增长率分别为百分之 1.0990 和 3.8190。它们和图 1、图 2 相比要平缓得多。我们认为其原因是：在模型中，参数是突变的，而实际情况则不然，新技术的开发、应用、推广、普及需要较长时间；结构的调整也是渐变的过程，所以表现出平缓的跳跃。

模型中分阶段的生产函数能较好地描述经济现实，那么我们能否从理论上说明何时会发生这种跳跃行为并给出产生这种跳跃的动力学机制，这取决于对经济系统本身的演化规律的深刻理解，同时也与对复杂系统的处理方法取得重大突破性进展相关。

参考文献

[1]Solow R M. A contribution to the theory of economic growth[J]. The Quarterly Journal of Economics，1956，70(1)：65-94.

[2]Romer P M. Increasing returns and long-run growth[J]. Journal of Political Economy，1986，94(5)：1002-1037.

[3]Lucas R E. On the mechanics of economic development[J]. Journal of Monetary Economics，1988，22(1)：3-42.

[4]Stokey N L. The volume and composition of trade between rich and poor countries[J]. Review of Economic Studies，1991，58(1)：63-80.

[5] International Financial Statistics (Yearbook 1997) [M]. Washington：International Monetary Fund，1997.

[6]樊瑛，袁强. 中国经济增长中资本-产出比分析[J]. 北京师范大学学报（自然科学版），1998，34(1)：131-134.

技术引进收益的估算模型*

王有贵[1]　李　鹏[1]　方福康[2]

（1. 北京师范大学非平衡系统研究所，2. 北京师范大学物理学系，100875，北京）

摘　要： 建立了一个估算技术引进收益的理论模型，对模型进行的分析和模拟结果表明：决定技术引进总收益大小的参量有技术的增益、有效寿命、扩散率和极限规模；而提高技术扩散率是增加技术引进总收益的一个有效途径。

关键词： 技术引进；技术扩散；收益估算

A Theoretical Model for Assessing Gains from Technology Adoption

Wang Yougui　Li Peng　Fang Fukang

(Department of Physics, Institute of Non-equilibrium Systems, Beijing Normal University, 100875, Beijing, China)

Abstract： A theoretical model for assessing gains from technology adoption is established. The analysis and simulation to the model indicate that the determinants of the total gains from technology adoption are technological plus, efficient life-time, rate of diffusion and limit of scale; and that to raise the rate of technology diffusion is an efficient way of increasing total gains of technology adoption.

Key words： technology adoption; technology diffusion; assessment of gains

在所有促进经济增长的因素中，技术进步是重要的一项。加大技术投入，不断实现技术革新，能够使经济快速稳定地增长。但要利用有限的投入资金来获得更大的收益，就需要鉴别技术的质量。如何把握技术革新的效果和测定技术革新的收益，近期已成为学术界和决策部门普遍关注的课题。实现技术革新的途径主要有 2 种：一是投入研究、开发（R&D）部门一定的人力、物力，去创造新的技术成果，并应用到生产中；二是通过某种方式把外部已有的技术成果引进并加以推广。在估算技术革新收益这一方面，已有的工作大多数都集中在第 1 种途径上，而忽略了第 2 种途径所带来的收益[1]。实际上，由于研究、开发需要很高的投入，技术引进对于一个发展中国家来说往往比自行研究、开发更有效，但是在引进技术时，决策部门如果没有一套行之有效的技术收益估算方法，就无法鉴别技术的优劣。本文通过分析引进技术所带来的产出增加量的衰减过程和技术的扩散过程，建立起一个用来估算技术引进总收益的理论模型，确定出决定技术引进总收益大小的参量，并在此基础上提出了相应的政策建议。

1　模型基本框架

一项技术引进后，某个生产者在 t_0 时刻采用该技术，此后他在 t 时刻由于使用该技术所获得的产

＊　王有贵，李鹏，方福康. 技术引进收益的估算模型[J]. 北京师范大学学报（自然科学版），1998，34(4)：488-491.

出增加量为 $A(t)$（以下简称为技术的增益），那么这项技术给他带来的收益为采用它之后所有时间的增益的累积，即

$$w = \int_{t_0}^{\infty} A(t) \, dt。 \tag{1}$$

对于技术引进部门来说，一个技术引进的总收益是所有采用者因使用该技术所获得的收益之和。设采用者的数目为 N，第 i 个采用者的收益记为 w_i，那么这个技术的引进所获得的总收益为

$$W = \sum_{i=1}^{N} w_i = \sum_{i=1}^{N} \int_{t_0}^{\infty} A_i(t) \, dt。 \tag{2}$$

简便起见，不妨令技术被引进的时刻 $t_0 = 0$，并假定：生产者采用技术的时刻是连续分布的；采用者是没有差别的，技术引进后它所带来的增益 $A(t)$ $(t \in (0, \infty))$ 对每个采用者来说都是外在给定的。那么(2)式可化为

$$W = \int_0^{\infty} n(t) A(t) \, dt, \tag{3}$$

这里 $n(t)$ 为 t 时刻使用该技术的生产者数目。

我们在此把技术的增益随时间的变化看作是一个连续递减的过程，并引入有效寿命这个参量来表示技术增益衰减的快慢，记为

$$A(t) = A(0) e^{-t/T}, \tag{4}$$

这里 $A(0)$ 是初始时技术所带来的增益，T 即该技术的有效寿命。于是(3)式又可写作

$$W = A(0) \int_0^{\infty} n(t) e^{-t/T} \, dt。 \tag{5}$$

技术采用者的数目随时间的变化可以看作是一个连续递增的过程，用一个逻辑斯蒂(logistic)函数来近似地表示它的增加过程：

$$\frac{dn}{dt} = \alpha n \left(1 - \frac{n}{n_m}\right), \tag{6}$$

这里系数 α 表示技术的扩散率，n_m 是技术采用者数目可达到的极限规模。

(5)式、(6)式就是用来估算技术总收益的模型基本框架。

2　模型解释与分析

技术引进的表现形式是多种多样的，诸如引进生产工艺或机器设备、聘请外国专家进行技术交流以及吸引外商直接投资[2]等。但无论是什么样形式的技术，引进后都具有一个共同的效果，就是使其采用者的人均产出量得以增加[3]。以往人们就把人均产出量的提高作为技术进步的一个标志[4]，所以，我们在模型中就用技术所带来的产出增加量来衡量技术的质量高低。

技术引进之后，它所带来的产出增加量不会一直保持，因为技术有一个老化过程。技术的老化不是物理意义上的老化，而是经济意义上的老化[5]。老化不是由于技术自身引起的，而是由于更为先进的同类技术的不断出现。一方面随着新技术的不断出现，社会生产同类产品的平均成本会降低，从而导致产品价格的下降，由此削减了原有技术使用者的利润，原有技术的增益便不断降低[1]。另一方面由于新技术具有更高的增益，原有技术的使用者倾向于采用新的技术，从而加速了原有技术的老化。所以，我们在模型中把技术所带来的增益看作一个随时间指数型递减的变量，并用有效寿命来描述技术增益降低的快慢。技术有效寿命的长短，与其种类有关，也与总的技术水平发展快慢有关。技术有效寿命也是衡量技术质量的一个重要指标。

技术的扩散过程就是技术的采用者数目不断增加的过程。技术的扩散主要与 2 个因素有关：一个是提供者的意愿和努力，另一个是接收者的意愿和能力。前者促进了信息的传播，使生产者知道这个

技术的存在。但一个生产者是否会采用新技术，首先要判断这项技术是否会给他带来增益，其次还要考虑他的吸收能力。在技术扩散过程中，已经采用该技术的生产者成为确认技术是否会带来增益的实际样板。随着采用者数目的增加，技术会更容易被接受，因而它的扩散速度与已采用者的数目呈正相关。另外，任何一个技术都有其适用范围，它只能被某个行业或某个区域的生产者所采用。一个技术的推广对象，只限于那些有能力采用该技术并且会获得增益的生产者，因此，技术扩散又受一个极限规模的制约。综上所述，我们采用形如(6)式的一个逻辑斯蒂函数来描述技术的扩散过程[6]，式中技术扩散率 α 就反映了技术提供者的努力程度，极限规模 n_m 定义为所有能够吸收技术并获益的生产者总数。

由模型可以看出，技术引进的总收益不仅与反映技术本身质量的参量(增益和有效寿命)有关，而且还和技术的极限规模和扩散率密切相关。特别值得一提的是，技术引进部门进行技术推广的努力程度直接决定了技术引进的总收益大小。

当扩散率很小(或者极限规模足够大)时，使得技术采用者的数目在短时间(小于技术的有效寿命)内达不到这个极限规模，由(6)式可以推出，技术采用者的数目是按指数型增加的，那么，由(5)式便导出技术引进的总收益为

$$W=\frac{A_0 n_0}{1/T-\alpha},\tag{7}$$

这里 A_0，n_0 分别为初始时技术带来的增益和采用该技术的生产者数目。

当扩散率足够大，使得达到极限规模所用的时间与技术的有效寿命相比可以忽略不计时，技术引进的收益为

$$W=A_0 n_m T。\tag{8}$$

当技术扩散率介于以上 2 种情形之间时，我们不能够给出技术总收益的一般解析解，但能通过模型的数值模拟给出它对技术扩散率的依赖关系。图 1 是在给定其他参数($A_0=1$，$T=40$，$n_0=1$，$n_m=1\,000$)时计算得到的技术总收益 W 与扩散率 α 的关系曲线，其中横坐标为对数标度，由于坐标覆盖的尺度范围过大，用插图来放大 $\alpha<1/T$ 范围内的技术总收益与扩散率之间的关系曲线。

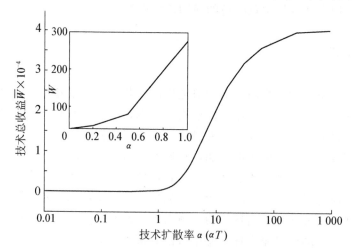

图 1　技术收益与技术扩散率的关系曲线

图 1 表明，扩散率远小于 $1/T$ 时，技术总收益与扩散率的关系是按(7)式变化的；当扩散率远大于 $1/T$ 时，技术总收益达到了它的最大值；而在中间阶段，它的微小变化都会引起收益的剧烈变化。由此可知，当技术的有效寿命是有限值时，技术扩散率对技术总收益而言是一个具有重要意义的参量。一个技术的有效寿命一般是无法人为地延长的，而且随着总的技术水平的提高，它只可能变得越

来越短。在技术所带来的增益给定的前提下，想要提高技术的总收益，只有加快技术的扩散速度，迅速扩大技术使用的规模，尽早达到它的极限规模。

3　结论

估算技术引进的总收益需要考察技术引进之后的2个动态过程：技术增益的衰减过程和技术的扩散过程。从前者可以得到技术的增益和有效寿命，从后者可以得到技术的扩散率和极限规模，这些参量一起决定了技术的总收益。对技术引进部门而言，技术的增益、有效寿命和极限规模这些参量一般是无法改变的，因此提高技术的扩散率是提高技术总收益的一个有效途径。

参考文献

[1]Stoneman P，Kwon M J. Technology adoption and firm profitability[J]. The Economic Journal，1996，106(437)：952-962.

[2]Young S，Lan P. Technology transfer to China through foreign direct investment[J]. Regional Studies，1997，31(7)：669-679.

[3]Huang J，Rozelle S. Technological change：rediscovering the engine of productivity growth in China's rural economy[J]. Journal of Development Economics，1996，49(2)：337-369.

[4]Fagerberg J. Technology and international differences in growth rates[J]. Journal of Economic Literature，1994，32(3)：1147-1175.

[5] Greenwood J，Hercowitz Z，Krusell P. Long-run implications of investment-specific technological change[J]. American Economic Review，1997，87(3)：342-362.

[6]卢卡斯 W F. 微分方程模型[M]. 朱煜民,周宇虹,译. 长沙：国防科技大学出版社，1988.

经济增长中的最优化方法*

王大辉[1] 袁　强[2] 方福康[1]

（1. 北京师范大学物理学系；2. 北京师范大学非平衡系统研究所，100875，北京）

摘　要：针对目前有关经济增长文献中采用变分求最优解的一般方法的局限性，提出了用系统演化的观点来拓宽经济增长的演化路径。在考虑消费的增长随产出增加而增加，随消费的增加而减小的一般假定下，结合资本积累关系式，得到一个简单经济系统的演化模型。该演化模型与变分求最优解模型具有不同的演化结构。

关键词：最优化；演化；经济增长

On the Optimization Method in Economic Growth

Wang Dahui[1]　Yuan Qiang[2]　Fang Fukang[1]

(1. Department of Physics, 2. Institute of Non-equilibrium Systems, Beijing Normal University, 100875, Beijing, China)

Abstract：The limitations of the optimization method of variation in economic analysis are discussed and evolution method is proposed to analyze macroeconomic. A simple model, which assumes a general supposition that consumption goes up with production growth and goes down with consumption growth, is advanced. The model gives results different from that given by the model of the optimization method of variation.

Key words：optimization；evolution；economic growth

考虑一个简单的经济系统，总供给由资本 K 和劳力 N 确定，$Y = F(K, N)$，总需求由消费和投资确定，且供求通过 K 与 I 相联系，$I = \dot{K} + \delta K$，δ 是折旧率. 当供求相等时有资本积累关系式：$\dot{K} = F(K, N) - \delta K - C$。若 F 是一次齐次的，人口增长率是常数，即 $F(aK, aN) = aF(K, N)$，$\dot{N}/N = n$（常数），就可以得到用人均量表示的资本积累关系式：

$$\dot{k} = f(k) - (n+\delta)k - c。 \tag{1}$$

Solow[1]认为消费是总供给的固定比例，$c = (1-s)y$（s 是储蓄率），就得到了著名的 Solow 模型 $\dot{k} = sf(k) - (n+\delta)k$。Ramsey[2]在解决最优储蓄问题时提出采用变分求最优解的思想后，该问题的一般提法演变为：

$$\max \int_0^\infty u(c)\mathrm{e}^{-\rho t}\mathrm{d}t, \quad \text{s.t.} \ \dot{k} = f(k) - (n+\delta)k - c, \tag{2}$$

其中 $u(c)$ 是消费的效用函数，ρ 是时间偏好系数，且 $u' > 0$，$u'' < 0$，$\rho > 0$。Lucas[3]在模型(2)的基础上拓宽了问题的思路，并成功地应用到人力资本积累的模型上，自然地引入拉格朗日乘子，并解释了该乘子的经济含义。

---

* 王大辉，袁强，方福康. 经济增长中的最优化方法[J]. 北京师范大学学报（自然科学版），1999，35(1)：67-70.

模型(2)在数学上是一个变分形式的优化问题。其思想源于微观经济分析的极大化行为理论。20世纪60年代以后，该方法也大大影响了宏观经济分析，现在的经济文献中对宏观经济问题的提法基本是源于优化思想，即在一定条件约束下，寻求某个或某些宏观经济变量的最优。新古典增长理论和新增长理论等现代主流经济学派都采用了这种技术路线[4]，模型(2)就是它们的典型代表。但是，本文将指出通过变分求最优得到的经济模型的定态均衡解往往是不稳定的鞍点解，这种解对初值的要求十分苛刻，因而模型(2)所能概括的宏观经济现实非常有限。本文尝试采用系统演化的观点来拓宽变分求最优的方法，即宏观经济变量运动的一般形式是演化的，$\dot{X}=F(X,\Lambda)$（X是变量，Λ是参量）。在某些特定条件下，演化行为就归结为优化行为，它包含有比优化行为更丰富的内容，因此，采用演化的观点，将为宏观经济分析提供更宽广的舞台[5]，并能够得到更符合经济意义的理论结果。

1 最优消费模型分析

回到(2)式，它的现值哈密顿量是：

$$H=u(c)+\theta(f(k)-(n+\delta)k-c)。 \tag{3}$$

由欧拉定理，得到(2)式的一阶条件并化简整理成：

$$\dot{k}=f(k)-(n+\delta)k-c,\quad \dot{c}=-[u'/u''](f'(k)-(n+\delta+\rho))。 \tag{4}$$

令(4)式中，$f'(k)-(n+\delta+\rho)=h(k)$，$-u'/u''=g(c)$，则可改写为：

$$\dot{c}=g(c)h(k)， \tag{5}$$

所以，模型(2)实质上是一种特殊的演化行为，取适当不同形式的$\sigma(c)\{\sigma(c)=1/g(c)\}$时，这种演化行为就可能是对不同效用函数的优化。效用函数可形式地解出：$u=\int a\exp\left\{-\int\sigma(c)\mathrm{d}c\right\}\mathrm{d}c+b$，其中$a$，$b$是常数。当我们取以下几种特殊形式的$\sigma(c)$时，就分别得到宏观经济分析中常用的相对风险和绝对风险效用函数，以及其他2种形式的效用函数：

A.$\sigma(c)=a_0/c$，取$a_0=1$，$b=-1/(1-a_0)$，得$u=(c^{1-a_0}-1)/(1-a_0)$。

B.$\sigma(c)=a_0/c$，取$a=1$，$b=0$，得$u=-\mathrm{e}^{-a_1\to a_0}/a_{a_1\to a_0}$。

C.$\sigma(c)=a_0/c+a_1$，取$a=1$，$b=0$，$a_0=-1$，得$u=-(1+a_1c)\mathrm{e}^{-a_1c}/a_1^2$。

D.$\sigma(c)=a_0/c+2a_2c$，取$a=1$，$b=0$，得$u=\int c^{a_0}\mathrm{e}^{-a_2c^2}\mathrm{d}c$；取$a_0=1$，有$u=-\mathrm{e}^{-a_2c^2}/2a_2$。

以上分析看出，所有具有变分形式的优化问题可以转化为一类特殊的演化问题，且在(2)式的意义下可用来作为宏观经济分析用的效用函数是十分有限的[即$\sigma(c)$只有很少几种形式能够通过积分得到解析的效用函数]。章梅[6]讨论了一般二维系统的常微分自治方程存在变分结构的充要条件，该条件也表明只有范围很窄的一类自治常微分方程才具有变分结构。这从另一个方面说明，从优化的观点来刻画宏观经济有某些局限性。

下面我们再从经济系统稳定性的角度来讨论(2)式的某些局限性。只需分析与(2)式等价的(4)式即可。设(4)式定态解为$(\bar{k},\bar{c})$，令$k=\bar{k}+K$，$c=\bar{k}+C$，得到系统(4)的线性化方程：

$$\frac{\mathrm{d}}{\mathrm{d}t}\begin{bmatrix}K\\C\end{bmatrix}=A\begin{bmatrix}K\\C\end{bmatrix}， \tag{6}$$

其中A为$\begin{bmatrix}f'(\bar{k})-(n+\delta) & -1\\ -u'/u''f''(\bar{k}) & 0\end{bmatrix}$，$A$的特征值之和为$f'(\bar{k})-(n+\delta)$，特征值之积为$-u'/u''f''(\bar{k})$。由系统的基本假定及求定态解的过程可知$f'(\bar{k})-(n+\delta)=\rho\geqslant0$，且$-u'/u''f''(\bar{k})<0$。这就意味着

系统的定态解是鞍点解。所以，当效用函数 u 仅仅是消费 c 的函数时，由 u 的凸性条件，系统都将是鞍点解。

鞍点解意味着系统不稳定，在整个 $k-c$ 平面上只有一条鞍线是通向稳定的道路。系统的收敛性强烈依赖于初始值的选取，即使系统初值位于鞍线上，当系统受到扰动，系统也将离开鞍线而发散。在模型(2)中，一般通过横截条件 $\lim\limits_{t\to\infty}u'e^{-\alpha}=0$ 把初值强制约束在鞍线上，使系统必须沿着鞍线达到鞍点。这是种不合理的情况，更合理的解释应当是，系统是全局稳定的或者在一个有限的区域之中是稳定的。后来对优化模型(2)有了不少改进工作，比如在效用函数中引入资本 k、货币 m 或劳动力 n 以及人力资本等来改变定态解的结构，用以讨论增长、货币、人力资本以及经济周期和经济波动等问题。但是，随着方程维数的增加，许多定性结果由于数学工具的限制也难以得到。如果换一个角度，认为经济系统是一个演化的复杂系统，直接从分析经济变量之间的关系入手，建立经济系统的动态演化方程，如前所述它不仅包含了优化模型(2)，还能克服系统仅有鞍点解的局限性。下面将尝试建立一个简单经济系统的演化模型来加以说明。

2　简单经济系统的演化行为分析

回到(1)式，它描述了简单经济系统中人均资本增长的基本模式，方程中有 2 个变量 k、c，对于方程中的 c，可以考虑为人均消费的增长随着产出的增大而增加，且满足边际递减规律，所以可认为消费演化的最简单模式：

$$\dot{c}=\alpha f(k)-\gamma c \quad (1>\alpha>0,\ 1>\gamma>0), \tag{7}$$

α 表示消费增长与产出关系强度的量，γ 表示消费增长受到现有消费水平制约强度的量。(7)式结合(2)式就组成了一个简单经济的演化模型。

设模型定态解为 $(\bar{k},\bar{c})$[不考虑平凡定态 $(0,0)$]，令 $k=\bar{k}+K$，$c=\bar{c}+C$，得到线性方程：

$$\frac{\mathrm{d}}{\mathrm{d}t}\begin{bmatrix}K\\C\end{bmatrix}=A\begin{bmatrix}K\\C\end{bmatrix}, \tag{8}$$

其中 A 为 $\begin{bmatrix}f'(\bar{k})-(n+\delta) & -1\\ \alpha f'(\bar{k}) & -\gamma\end{bmatrix}$，$A$ 的行列式 $\Delta=(\alpha-\gamma)f'(\bar{k})+\gamma(n+\delta)$，$A$ 的迹 $T=f'(\bar{k})-(n+\delta+\gamma)$。

由线性微分方程定性理论可知：

1)$T^2-4\Delta<0$ 且 $T<0$，系统的定态是一个稳定焦点，将在波动中到达定态。

2)$T^2-4\Delta>0$，$\Delta>0$ 且 $T<0$，系统的定态是稳定结点。

3)$T^2-4\Delta>0$，$\Delta<0$ 或 $T=0$，$\Delta<0$，系统的定态是一个鞍点。

因此，适当地选取参数值，系统将表现出完全不同的演化行为，它蕴含着更丰富的经济内涵。

以常用的 Cobb-Douglas 生产函数为例对系统演化的多样性做一个说明。此时，该系统的定态为 $\bar{k}=[\gamma(n+\delta)/(\gamma-\alpha)]^{1/(\beta-1)}$，$\bar{c}=\alpha\bar{k}^\beta/\gamma$，且 $T=\gamma(n+\delta)\beta/(\gamma-\alpha)-(n+\delta+\gamma)$，$\Delta=(1-\beta)\gamma(n+\delta)$。由 $F(K,N)$ 的一次齐次性假定，有 $0<\beta<1$，所以 $\Delta>0$，系统无鞍点，只有焦点和结点。若放松 $F(K,N)$ 的一次齐次限制，考虑规模效益递增，即 $1<\beta$，系统就会有鞍点甚至更复杂的定态解，如极限环等，下面是系统出现焦点和结点的情形。

(1)当参数取值范围满足焦点情形时，可以得到如图 1 和图 2 的相轨迹，在图 1 中，系统从 A 点出发，最后到达稳定焦点 B。它反映了经济系统在到达定态过程中有波动的事实。在图 2 中，系统从不稳定焦点 A 出发，并远离定态。

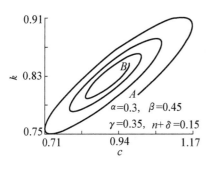

图1 稳定焦点

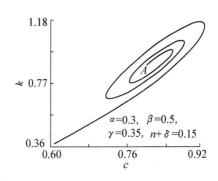

图2 不稳定焦点

（2）当参数取值范围满足结点情形时，可以得到如图3和图4的时间演化，在图3中系统最终到达稳定结点，而在图4中系统则远离结点而去。

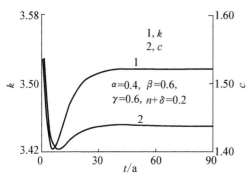

图3 稳定结点

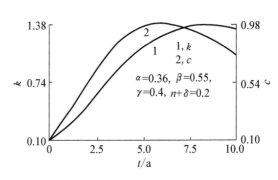

图4 不稳定结点

从以上分析看到，仅从一个简单的演化模型出发，就比优化模型具有更丰富的动力学行为。这在理论上为经济增长复杂性的解释提供了更为有效的途径。经济系统是一个非常复杂的系统，本文指出，仅从优化的观点来概括经济系统的演化行为是远远不够的。如何采用演化的观点来揭示复杂经济系统的演化规律，本文仅仅是一个开始，后面有许多工作将陆续展开，我们希望有更多感兴趣的同行与我们一道共同努力揭示复杂经济系统的演化规律。

参考文献

[1]Solow R M. Technical change and the aggregate production function[J]. Review of Economics and Statistics，1957，39(3)：312-320.

[2]Blanchard O，Fischer S. Lectures on Macroeconomics[M]. Cambridge：MIT Press，1989.

[3]Lucas R E. On the mechanics of economic development[J]. Journal of Monetary Economics，1988，22(1)：3-42.

[4]Turnovsky S J. Method of Macroeconomic Dynamic System[M]. Cambridge：MIT Press，1995：231-426.

[5]Sargent T J. Macroeconomic Theory[M]. Orlando：Academic Press，1987.

[6]章梅.有变分结构的自治常微分方程的变分对称性与守恒律分析[D].北京：北京师范大学，1998.

技术进步的经济含义及其动力学机制[*]

王有贵　方福康

（北京师范大学物理学系，100875，北京）

摘　要：本文论述了经济体系中技术进步的明确含义以及它的动力源泉。经济意义上的技术可以用一些基本参量来描述，劳动生产率作为一个衡量技术水平的最为完善的经济指标，包括了所有这些参量的贡献。技术进步主要来源于技术成果在经济活动中的利用，也就是科学技术的转化和扩散的结果。加速技术进步的有效途径是研究和开发、引进与创新相结合，同时不断提高教育水平和扩大投资。

关键词：技术进步；技术创新；技术管理

1　引言

现代全球经济表现出两个主要特征：一个是国家与国家之间、地区与地区之间的人均收入存在着差距，另一个是各国所拥有的增长率也各不相同。这种收入的差距实质上就是技术水平的差距，同样增长率的差异就是技术进步的快慢之差异[1]。所以，探讨经济增长问题首先必须明确技术与收入、技术进步与经济增长之间的关系。我们知道，技术进步是社会发展和经济增长的第一推动力，现代各国之间的经济竞争，实质上就是科学技术特别是高新技术的竞争。当今美国经济长期持续增长，把以前咄咄逼近的日本、西欧远远抛在后面，主要是由于美国以网络经济、知识经济为主线，大力发展信息技术产业，占据了现代科学技术的制高点。因此，研究技术进步如何促进经济增长具有很强的现实意义。如果一个发展中国家要赶上甚至超过世界经济的先进水平，必须更加重视技术进步，特别是经济意义上的技术进步。那么，技术进步作为一种综合的动态行为，其经济含义到底是什么？哪些要素的变化才会对技术进步有贡献呢？必须弄清楚这一点，才能研究技术进步的源泉所在，才能挖掘这些源泉并且促进技术进步，加速经济增长。

2　技术及技术水平测度

在探讨技术进步的经济含义之前，我们先来说明经济意义上的技术。人们往往容易把经济中的技术和日常所谈到的科学技术相混淆，实际上二者有很大的差别。平常谈及的科学技术是指存在于社会的一切知识形态的总和，而经济学意义上的技术仅限于指运用于经济活动之中的那一部分。科学领域中的技术，即使再高新，如果不为经济所用，也不能表现为经济中的技术水平。经济意义上的技术可以分为人力技术、物化技术和管理技术三个类别。人力技术是指参与生产活动的劳动者的劳动技能；物化技术是指物化到生产设备、生产工艺中的知识形态，并通过资本品等有形物质体现出来的技术，一般称之为"硬技术"；管理技术的含义比较宽泛，凡是影响人们对已有资源的选择利用的知识因素，

---

　* 王有贵，方福康. 技术进步的经济含义及其动力学机制[C]//全国青年管理科学与系统科学学术讨论会文集（第5卷）. 天津：南开大学出版社，1999.

都是管理技术，它主要包括对资源配置方式、经济结构模式和经济制度等方面的选择，一般称之为"软技术"。

在比较国家之间的经济发展的差距时，人们最常用的参量是人均产出量。实际上，它就是唯一能够用来衡量经济意义上的综合技术水平的经济参量。考察实际经济的运作过程便可以看出，决定人均产出水平的基本参量有：

(1)生产要素的容量；即每个生产要素单位能够支撑的最大产出量，它进一步还可分为固定资本的容量、流动资本的容量和劳动力的容量。

(2)产出和投入的价值之比；

(3)生产要素的利用率；即各类生产要素实际的产出量与其容量之比。

它们之间的关系表达式为[2]：

$$Q = \frac{(R-1)\lambda W_l}{\dfrac{1}{\Gamma W_c} + \dfrac{1}{\Lambda W_f}} \tag{1}$$

这里 Q 表示人均产出量；λ 为人均可推动的最大资本量，它是劳动力的容量与总资本的容量之比；Γ 和 Λ 分别为固定资本和流动资本的容量；R 为产出与投入的价值之比；$W_{[\cdot]}$ 表示生产要素的利用率，其中下标 l、c、f 分别对应着劳动力、固定资本和流动资本。其实，能够用来表达经济意义上的技术的基本参量最终都要通过上面列出的这些量表现出来，除此之外，没有其他别的量，因此可以称它们为用来描述技术的参量。

上述技术参量有些用某单个类别的基本技术参量就可以表示出来，比如固定资本的容量就可以只由物化技术的基本参量来表示[3]，各类要素的利用率一般只由管理技术的基本参量来表示。但是，其中更多的一些参量是必须由多个种类的多个基本参量来表示的，比如产品的产出投入价值比、流动资本的容量(实际上就是平均资本周转时间)就受多个技术种类的影响。这是由于在实际的经济活动中，这些技术参量既要通过人力方面体现出来，又要通过物质生产要素体现出来，有的甚至包含所有类别的贡献。以资本周转时间为例，它就几乎包含了各个技术类别的贡献，首先对于给定的设备、装置，存在一个虽小的生产周期，这属于物化技术。但是完全可能由于操作者的不熟练或者是对其性能的不了解使实际的生产周期有所延长，这个延长量的多少取决于人力技术。另外，资本周转时间的一个组成部分——产品库存时间的长短还直接受管理技术水平的影响。

当然，那些可以用来描述技术的参量不仅仅包含技术因素的贡献，有些还包括其他非技术因素的贡献。例如，决定生产要素利用率的因素除了管理技术之外还包括下面两个主要因素：一个是配置后形成的经济结构，另一个是与制度因素相关的效率[4]。

明确了经济中技术的含义之后，技术进步的经济含义就不言自明了。技术进步首先表现为上述技术参量之中一个或几个参量的增大，例如，某类生产要素容量的增大，就对应着某类技术水平的提高。但技术进步最终总要表现为人均产出的增加，也就是劳动生产率的提高。经济增长的事实表明，人均产出的变化具有两个特征，一个是长期的增长趋势，另一个是短期的波动。而技术进步对于它的贡献主要体现在长期增长的趋势上。

3 技术进步的动力学机制

在讨论技术进步的动力学机制之前，我们先来介绍两个重要概念：技术前沿和吸收能力。我们把一个经济体系可达的技术资源之中的最先进的那一部分称为该经济体系的技术前沿，把使技术前沿转化为实际经济中的技术的能力叫作该经济体系的吸收能力。用下面的公式来描述这两个量与技术进步的关系：

$$\frac{\mathrm{d}H}{\mathrm{d}t}=\alpha(H_f-H),\tag{2}$$

这里 H 为当前体系中的某一类技术水平，H_f 为这类技术的前沿水平，α 就是用来反映体系吸收技术的能力的一个系数。上式表明，技术水平的提高一方面取决于吸收能力的大小，另一方面取决于当前技术水平与前沿技术水平的差距，二者缺一不可。

技术前沿一般是通过两种途径获得的：一是投入研究开发(R&D)部门一定的人力、物力，创造出新的技术成果或者生产部门直接进行的技术创新；二是通过与外部进行信息沟通获知外部已有的技术成果。技术前沿向实际技术的转化实质上就是技术的转移和扩散，技术扩散的方式是多种多样的，主要有引进、模仿等[5]，技术在一个经济体系中扩散的快慢完全取决于该体系的吸收能力。影响一个经济体系的吸收能力的因素有很多，且因技术种类而定。如果是物化技术，那么就要通过购进相应的技术设备来引进，这样就需要一定的资本投入，所以投资或储蓄与吸收能力相关。如果是人力技术或管理技术，就要对相关人员进行技能培训或者让他们"边干边学"，而培训(或学习)的效果又依赖于接受培训者(学习者)的知识水平，因此教育普及率是制约吸收能力的一个重要因素。另外，当一个经济体系中的主体面对一个先进技术时，即使是引进吸收的条件和能力都具备，但倘若没有制度因素来激发他产生吸收技术的意愿，技术的扩散依然是不能够实现的，所以经济制度也是影响吸收能力的一个不可忽略的因素。

战后世界经济增长具有下面的特征：各国经济增长率参差不齐，呈现出"两头慢，中间快"的特性，即发达国家和落后国家的增长率低，而发展中国家的相对较高。这样的事实可以用上面提出的模型来解释。对于发展中国家，人均收入水平达到了一定值，跃出了"贫穷陷阱"，有条件扩大资本投入和改善教育，使得它拥有了比较强的技术吸收能力，另外它们与发达国家的技术水平还有一定的距离，可以通过开放交流获得比较高的技术前沿，从而又拥有了很高的技术势差。由于同时具有这两方面的动力源泉，由(2)式可知，发展中国家可以获得较大的技术进步速度，进而就可以拥有较高的经济增长率。对于发达国家，虽然它们的资本积累能力和教育水平都很高，即具有很强的技术吸收能力，但是由于它们的技术水平本来就处在最先进的行列，无法拥有很大的技术势差，经济增长几乎完全依赖于通过自行研究与开发而获得的前沿技术进步率。对于落后国家，由于还没有摆脱"贫穷陷阱"，没有条件扩大投资和改善教育，即使它们拥有很大的技术前沿，也没有能力使之迅速转化为实际的技术，因此经济增长率很低。

4 技术进步的促进

技术进步的动力学机制模型，不仅能够解释已经存在的经济事实，更为重要的是，它还能够从理论上明确地告诉我们如何从制度方面、管理方面去采取必要的措施促进技术的进步，加快经济增长。总的来说，为促进技术进步，从模型出发无外乎有两点，一是加大技术势差，二是增强技术吸收能力。但这样说未免太笼统，对于像中国这样的发展中国家，更为具体的方法包括下面5个主要方面：

(1)加大研究和开发的投入，促进更多更新的技术成果产生；

(2)坚持对外开放，大力引进国外先进的技术；

(3)鼓励技术创新、制度创新；

(4)切实贯彻"科教兴国"的战略；

(5)发扬"勤俭建国"的精神，积极扩大资本投入。

这些措施都已经成为人所共知的经济方针[6]，它们所包含的经济意义有很多内容，在这里我们还是着眼于这些举措对技术进步的促进作用。

研究和开发，是技术前沿的本源，"科学技术是第一生产力"。只有在第一生产力上取得了第一，才是真正的第一。也就是说，只有在科技上超过了发达国家，才会具有在经济上超过它们的能力，这是最最根本的决定因素。下一个世纪的"战争"，不再是动武的热战，而是一场激烈的"科技战"，并且高新技术是战略"制高点"的标志。

在追赶先进国家的过程当中，集中力量进行研究和开发的同时，对于那些已经被证明是高新技术的成果，直接引入进来为我所用是最为经济的策略。引入技术的选择要以经济效益为标准，尽可能优先引入经济效益高的技术。同时，迫切需要建立一个网络化的技术传播渠道，加速技术的扩散，是促进技术进步的有效方式[7]。

纯粹的引进和模仿是不存在的，任何技术的使用总会遇到新的环境和条件，势必要求在引进的同时还要有一定程度的技术创新。技术创新是企业家对生产要素的重新组合，具有一定的风险性，有风险就应该有相应的风险补偿报酬，否则，人们就不会去尝试创新，那么也就不会发现最有效的要素组合的方法，也就不能实现技术进步。通过健全法律和规范，为企业家创造一个有利的活动环境，同时建立一种有效的体制，培养和吸收更多的企业家，无疑会加速技术的进步。制度创新也是一种技术创新，只不过前者是对企业家而言，后者是对政府机构而言。制度的变更也同样具有一定的风险性，也同样需要相应的法律规范来激励。制度创新一方面会促进企业家的技术创新，同时还能够促进其自身的改善，所以在促进技术进步这方面具有举足轻重的作用。

科研和开发的基础是教育，决定吸收技术的能力水平的是教育，培养具有技术创新意识的高素质人才的前提也是教育，由此可见，普及教育在促进技术进步方面的作用几乎是无处不在。其实，技术进步的本质是社会生产力的发展，生产力中最活跃最积极的因素是人，教育的结果就是提高人的综合素质。因此，普及和提高人的知识文化水平是促进技术进步的最根本动力。

无论是研究开发，还是引进技术，都需要一定相应的资本投入。同时，教育更需要大量的资本支持。只有足够的资本投入，才能够实现技术的进步。因此，扩大投资是经济起飞的启动力。对于一个发展中国家，其收入水平与发达国家相比，本来就有一个很大的差距，如果再不一切从简，厉行节约，就难以筹措大量的资金来保障促进技术进步的顺利进行，也就无法实现技术追赶的目标。

参考文献

[1]Fagerberg J. Technology and international differences in growth rates[J]. Journal of Economic Literature，1994，32(3)：1147-1175.

[2]王有贵.经济增长中的技术参量分析[R].北京师范大学博士后工作报告，北京：北京师范大学，1998.

[3]Greenwood J，Hercowitz Z，Krusell P. Long-run implications of investment-specific technological change[J]. American Economic Review，1997，87(3)：342-362.

[4]Gomulka S. The Theory of Technological Change and Economic Growth[M]. London：Routledge，1990.

[5]Young S，Lan P. Technology transfer to China through foreign direct investment[J]. Regional Studies，1997，31(7)：669-679.

[6]钟阳胜.追赶型经济增长理论———一种组织经济增长的新思路[M].广州：高等教育出版社，1998.

[7]王有贵，李鹏.技术引进收益的估算模型[J].北京师范大学学报(自然科学版)，1998，34(4)：488-491.

中国多部门经济增长模型分析[*]

陈家伟[1]　葛新元[1]　袁　强[2]　方福康[1]

（1. 北京师范大学物理学系，2. 北京师范大学非平衡系统研究所，100875，北京）

摘　要：把挪威 OSLO 模型应用到中国实际，建立了中国的多部门经济增长模型。调整了中国统计资料口径差异，确定了模型中的参数，给出和分析了在既定宏观目标下各部门的最优发展路径，讨论了 OSLO 学派的观点。

关键词：经济增长；多因子模型；动态优化

Chinese Multi-sector Economic Growth Model Analysis

Chen Jiawei[1]　Ge Xinyuan[1]　Yuan Qiang[2]　Fang Fukang[1]

（1. Department of Physics，2. Institute of Non-equilibrium System，Beijing Normal University，100875，Beijing，China）

Abstract：The OSLO model is applied to Chinese economy and a multi-sector economic growth model of China is established. After adjusting the Chinese statistics，the parameters of the model are determined and the optimized growth paths of every sector are analyzed for the fixed macroeconomic targets.

Key words：economic growth；multi-sector model；dynamic optimize

研究经济增长，仅从宏观总量角度建立模型，如 Solow 模型[1]、Lucas 模型[2]等，不足以反映经济增长复杂性的各个侧面。von Neumann[3]、Leontief[4]、Klein[5]等从微观个体出发，建立了经济系统各部门间与总量的联系方程，揭示经济增长的机制、原因、速度和结构变化的规律，取得了巨大的成功。挪威 OSLO[6]学派进一步发展和丰富了 Klein 多因子增长模型理论，建立了 OSLO 模型，该模型与 von Neumann 均衡的最优增长理论不同，各部门的最优增长速度、资源（劳动力和资本）的配置不是等比例的，它们对总量增长的贡献也不同。本文把 OSLO 模型运用到中国实际，建立中国的多部门经济增长模型，通过对实际数据估计和测算参数，分析中国经济增长的最优路径。

1　模型

依据中国 1992 年投入产出表的设计（截至本文完成时，这是中国公开发行的最新数据），模型考虑把中国经济分成农业、工业、建筑业、邮电运输、商业饮食及其他服务业 6 个部门，暂不考虑进出口贸易，建模有 3 条假设：

（1）各部门的生产用 Cobb-Douglas 生产函数表征

$$X_i = A_i N_i^{\gamma_i} K_i^{\beta_i} \mathrm{e}^{\varepsilon_i} \quad (i=1, 2, \cdots, 6),$$

---

* 陈家伟，葛新元，袁强，等，中国多部门经济增长模型分析[J]. 北京师范大学学报（自然科学版），1999，35(4)：549-554.

其中：X_i、N_i、K_i 分别是 i 部门的产出、劳动力、资本；ε_i 为 i 部门的发展速度因子；A_i、β_i、γ_i 是反映技术、资本、劳动力生产弹性的参数，对上式两边求时间的偏导，再除以 X_i，并用小写字母表示相应量的增长率，得 n_i、k_i、x_i 之间的线性关系：

$$\gamma_i n_i + \beta_i k_i - x_i = -\varepsilon_i \quad (i=1,2,\cdots,6) \tag{1}$$

（2）各部门劳动力及资本采取零边际利润. 部门的利润函数为

$$\Pi_i = P_i^* X_i - W_i N_i - Q_i K_i \quad (i=1,2,\cdots,6)$$

其中：$P_i^* = P_i - \sum_{j=1}^{6} P_j \alpha_{ji} - \theta_i$ 称为净价格，是指扣除中间投入成本和税收之后的价格水平，式中 α_{ji} 是中间消耗系数；θ_i 为税率；W_i 是工资率；设初值 $P_i \mid_{t=0} = 1$；$Q_i = P_3(\delta_{Bi}+R_i)\kappa_i + P_2(\delta_{Mi}+R_i)(1-\kappa_i)$ 称为资本消耗系数，包括建筑类资本 K_{Bi}、机器类资本 K_{Mi} 以及资本贴现的总消耗，式中 κ_i 是 i 部门建筑类资本占总资本的份额，R_i 是 i 部门的资本回报率，δ_{Bi}，δ_{Mi} 分别是 2 种资本的折旧率。

根据企业利润最大化原则，劳动力的边际利润为零，对利润函数求 N_i 的偏导，再除以 $\gamma_i P_i^* X_i$ 得 $p_i^* + x_i = n_i$，又由 P_i^* 的定义：$p_i^* = (\dot{P}_i - \sum_{j=1}^{6} \dot{P}_j \alpha_{i_j})/P_i^*$，代入前式有

$$-n_i + x_i + \sum_{j=1}^{6} \frac{A_{i_j}}{P_i^*} p_j = 0 \quad (i=1,2,\cdots,6) \tag{2}$$

其中 $A_{ij} = e_{ij} - \alpha_{ij}$，$e_{ij} = 1(i=j$ 时$)$ 或 $0(i \neq j$ 时$)$。

同理，资本的边际利润为零，对利润函数求 K_i 的偏导，再除以 $\beta_i P_i^* X_i$ 得 $n_i - k_i - q_i = 0$，再由 Q_i 的定义，并假设 $R_i = \rho_i R$，$R \mid_{i=0} = 1$，$\dot{R}_i = \rho_i r$，可计算出 q_i，代入前式得

$$n_i - k_i - Q_{Bi} p_3 - Q_{Mi} p_2 - Q_{ri} r = 0 \quad (i=1,2,\cdots,6) \tag{3}$$

其中 $Q_{Bt} = (\delta_{Bt}+\rho_i)\kappa_i/Q_i$，$Q_{Mi} = (\delta_{Mi}+\rho_i)(1-\kappa_i)/Q_i$，$Q_{ri} = \rho_t/Q_i$；$R$ 可用利率代替，则 r 为利率的变化率。

（2）式、（3）式反映了各部门的优化关系。

（3）市场出清。各部门的产品流向不同，建筑业部门的产品用于中间投入、外生需求和投资，即

$$X_3 = \sum_{j=1}^{6} X_{3,j} + \sum D_{Bj} + \dot{K}_B + Z_3 \Rightarrow X_3 x_3 - \sum D_{Bj} k_j - \sum X_{3,j} x_j = z_3 \tag{4}$$

工业部门既生产机器类投资品、消费品，其产品还用做中间投入和外生需求，有

$$X_2 = \sum_{j=1}^{6} \alpha_{2j} X_j + C_2 + \sum_{j=1}^{6} D_{Mj} + \dot{K}_M + Z_2 \Rightarrow$$

$$X_2 x_2 - \sum_{j=1}^{6} X_{2j} x_j - \sum_{j=1}^{6} g_{2j} p_j - G_2 Y y - \sum_{j=1}^{6} D_{Mj} k_j = C_2 v + z_2$$

其他部门生产消费品，并用做中间投入和外生需求，得

$$X_i = \sum_{j=1}^{6} \alpha_{ij} X_j + C_i + Z_i \Rightarrow X_i x_i - \sum_{j=1}^{6} X_{ij} x_j - \sum_{j=1}^{6} g_{1j} p_j - G_i Y y = C_i v + z_i (i=1,4,5,6), \tag{6}$$

其中：Y 为收入水平；y 则是收入水平的变化；v 为人口增长率；z_i 是外生需求增速($z_i = \dot{Z}_i$)；C_i 是 i 部门产品的消费量，与总人口、收入水平以及各部门产品价格有关，$C_i = V \cdot g_i(P_1 \cdots P_6, Y) \Rightarrow$
$\dot{C}_t = \sum_{j=i}^{6} g_{ij} p_j + G_i Y y + C_i v$，$g_{ij} = \frac{\partial C_i}{\partial P_j}$，$G_i = \frac{\partial C_i}{\partial Y}$。

最后，总劳动力和总资本的平衡方程：

$$\sum_{j=1}^{6} N_j = N \Rightarrow \sum_{j=1}^{6} \frac{N_j}{N} n_j = n, \tag{7}$$

$$\sum_{j=1}^{6} K_j = K \Rightarrow \sum_{j=1}^{6} \frac{K_j}{K} k_j = k \tag{8}$$

(1)式～(8)式共 26 个方程构成了完备的线性方程组，26 个内生变量是：$n_1, \cdots, n_6$，$k_1, \cdots,$ k_6，$x_1, \cdots, x_6$，$p_1, \cdots, p_6$，r，y. 写成矩阵形式为 $AX = BY$，其中：

$$X^{\mathrm{T}} = (n_1 \cdots n_6 \quad k_1 \cdots k_6 \quad x_1 \cdots x_6 \quad p_1 \cdots p_6 \quad r \quad y), \quad Y^{\mathrm{T}} = (k \quad n \quad v \quad z_1 \cdots z_6 \quad \varepsilon_1 \cdots \varepsilon_6),$$

$$A = \begin{bmatrix}
-1 & \cdots & 0 & & & & 1 & \cdots & 0 & A_{11}/P^* & & \cdots & & A_{61}/P^* & \\
\vdots & & \vdots & & & & \vdots & & \vdots & \vdots & & & & \vdots & \\
0 & \cdots & -1 & & & & 1 & \cdots & 0 & A_{16}/P^* & & \cdots & & A_{66}/P^* & \\
1 & \cdots & 0 & -1 & \cdots & 0 & & & & -Q_{M1} & -Q_{B1} & & & -Q_{r1} & \\
\vdots & & \vdots & \vdots & & \vdots & & & & & \vdots & & & \vdots & \\
0 & \cdots & 1 & 0 & \cdots & -1 & & & & -Q_{M6} & -Q_{B6} & & & -Q_{r6} & \\
& & & & & & X_1-X_{11} & \cdots & -X_{16} & -g_{11} & -g_{12} & -g_{13} & \cdots & -g_{16} & -G_1 Y \\
& & & D_{M1} & \cdots & D_{M6} & -X_{21} & & -X_{26} & -g_{21} & -g_{22} & -g_{23} & \cdots & -g_{26} & -G_2 Y \\
& & & D_{B1} & \cdots & D_{B6} & -X_{31} & & -X_{36} & -g_{31} & -g_{32} & -g_{33} & \cdots & -g_{36} & -G_3 Y \\
& & & & & & \vdots & & \vdots & \vdots & \vdots & \vdots & & \vdots & \vdots \\
& & & & & & -X_{61} & & X_6-X_{66} & -g_{61} & -g_{62} & -g_{63} & \cdots & -g_{66} & -G_6 Y \\
\gamma_1 & \cdots & 0 & \beta_1 & \cdots & 0 & -1 & \cdots & 0 & & & & & & \\
\vdots & & \vdots & \vdots & & \vdots & \vdots & & \vdots & & & & & & \\
0 & \cdots & \gamma_6 & 0 & \cdots & \beta_6 & 0 & \cdots & -1 & & & & & & \\
N_1/N & \cdots & N_6/N & & & & & & & & & & & & \\
& & & K_1/K & \cdots & K_6/K & & & & & & & & &
\end{bmatrix}$$

$$B = \begin{bmatrix}
0 & & \cdots & & 0 \\
\vdots & & & & \vdots \\
0 & & \cdots & & 0 \\
C_1 & 1 & \cdots & 0 & \\
\vdots & & \vdots & & \\
C_6 & 0 & \cdots & 1 & \\
& & & & 1 & \cdots & 0 \\
& & & & \vdots & & \vdots \\
& & & & 0 & \cdots & 1 \\
1 & & & & \\
1 & & & &
\end{bmatrix}$$

X^{T}，Y^{T} 为 X，Y 的转置，为求 X，下面的工作就是确定矩阵 A，B 和向量 Y 的参数值。

2 确定参数

中国和挪威是 2 个不同类型的国家，要把 OSLO 模型应用到中国的实际，最大的困难是数据残缺和统计口径差异，因此，模型中有部分数据很难从中国的统计资料中获得，为确定矩阵 A，B 和向量 Y 中的数据，现分 3 类做技术处理：

(1)从投入产出表[7]或统计年鉴[8]直接或间接获得，这类数据有 P_i^*，K_i，N_i，C_i，X_{ij}，A_{ij}。

C_i，X_{ij}，A_{ij}，$P_i^* = 1 - \sum_{j=1}^{6} \frac{X_{ji}}{X} - \frac{T_i}{X_i}$，由投入产出表获得；$N_i$ 可从统计年鉴查得；K_i 由投入产出表中的折旧 D_i 除以统计年鉴中的各部门折旧率 δ_i 得到，结果见表 1～表 3。

表1 A_{ij} 的值

i	A_{i1}	A_{i2}	A_{i3}	A_{i4}	A_{i5}	A_{i6}
1	0.86	-0.08	0	0	-0.03	-0.01
2	-0.16	0.50	-0.56	-0.34	-0.24	-0.26
3	0	0	0.99	0	-0.01	-0.01
4	-0.01	-0.02	-0.03	0.99	-0.11	-0.04
5	-0.02	-0.07	-0.09	-0.05	0.96	-0.05
6	-0.03	-0.04	-0.01	-0.04	-0.11	0.90

表2 X_{ij} 的值　　　　　　　　　　　　　　　　　　　　亿元

i	X_{i1}	X_{i2}	X_{i3}	X_{i4}	X_{i5}	X_{i6}
1	1 265	2 924	18	0.25	206	42
2	1 423	18 700	2 933	905	1 527	2 097
3	1.25	17.0	35.7	3.72	57.0	118
4	102	660	155	37.7	703	329
5	196	2 779	4 470	130	255	361
6	245	1 508	74.2	95.4	691	780

(2)不能直接由资料查得,但可以根据现有理论模型、恒等式经简单计算而来。β_i,γ_i 是资本、劳动力的产出弹性。对(3)式两端求 N_i 的偏导数,考虑利润最大化与(1)式,可得:$\gamma_i = W_i N_i / P_i^* X_i$ ($i=1$,2,…,6),由于假设规模收益不变,即 $\beta_i + \gamma_i = 1 \Rightarrow \beta_i = 1 - \gamma_i$,$W_i$,$N_i$,$P_i^*$,$X_i$ 可直接由投入产出表查出,则 β_i,γ_i 易得。

从统计年鉴中获取各部门基本建设投资和设备更新改造投资的比例,可得各部门的 κ_i。由假设 $\rho_i = R_i$,R_i 为各部门资本回报率,可用本部门的盈余除以资本作为评价标准,用利率作为总体的平均回报率,则:$\rho_1 = \mathscr{R}_i / K_i \cdot R$,其中 $\mathscr{R}_i$ 为 i 部门的盈余。再假设 $\delta_{Bi} = 0.035$,即建筑类资本平均30年折旧完,由 $\delta_{Mi} = (\delta_i - \kappa_i^* \delta_{Bi}) / (1 - \kappa_i)$ 可得出 δ_{Mi},代入 Q_{Mi},Q_{Bi},Q_{ri} 的定义式即可得其数值。

ε_i 可从(2)式及1988—1992年的数据拟合得到;$z_i = \dot{Z}_i$,也可从投入产出表的相关数据外推得到;k、n、v 是宏观目标量,均采用1992年的水平,以上数据见表3。

表3 P_i^*,K_i,C_i,N_i,β_i,γ_i,ε_i,κ_i,Z_i,Q_{Mi},Q_{Bi},Q_{ri}

部门	P_i^*	K_i/亿元	C_i/亿元	N_i/万人	β_i	γ_i	ε_i	κ_i	Z_i	Q_{Mi}	Q_{Bi}	Q_{ri}
1	0.62	3 843	4 223	34 795	0.12	0.88	0.056	0.8	-2.96	0.303	0.697	0.621
2	0.22	32 343	5 711	10 219	0.66	0.34	0.092	0.5	-18.90	0.583	0.417	0.572
3	0.27	2 226	0	2 660	0.29	0.71	0.033	0	0	1.000	0	0.614
4	0.51	6 120	433	1 674	0.72	0.28	-0.080	0.7	-3.69	0.434	0.566	0.541
5	0.44	4 498	1 795	3 209	0.67	0.33	-0.040	0.2	550.00	0.808	0.192	0.846
6	0.50	13 802	4 426	7 590	0.48	0.52	0.054	0.5	127400	0.591	0.409	0.501

(3)没有原始数据和公式可用,通过建模估计。

矩阵 $\boldsymbol{A}$ 中的 g_{ij} 和 $G_i Y$ 与消费理论有关,我们假设各种商品独立地产生效用,即

$$U(Y_1, Y_2 \cdots Y_6) = U_1(Y_1) + U_2(Y_2) + \cdots + U_6(Y_6), \tag{9}$$

且 $U'>0$，$U_i'>0$；$U''<0$，$U_i''<0$；由 $P_i\mid_{t=0}=1$，得

$$Y=\sum_{i=1}^{6}Y_iP_i=\sum_{i=1}^{6}Y_i \tag{10}$$

对 U 求 Y_i 的偏导及由(9)式得

$$\frac{\partial U}{\partial Y_i}=\frac{\partial U_i}{\partial Y_i}=u_i(Y_i),\quad \frac{\partial^2 U}{\partial Y_i^2}=\frac{\partial^2 U_i}{\partial Y_i^2}=u_i'(Y_i) \tag{11}$$

由效用最大化原理得 $\qquad u_i(Y_i)-\lambda P_i=0\ (i=1,\ 2,\ 4,\ 5,\ 6) \tag{12}$

对(12)式两边求 Y_i 的偏导得 $\qquad u_i'G_i-\dfrac{\partial\lambda}{\partial Y}=0\Rightarrow G_i=\dfrac{\partial\lambda}{\partial Y}\dfrac{1}{u_i'} \tag{13}$

对 G_i 求和得

$$\sum_{i=1}^{6}G_i=\frac{\partial\lambda}{\partial Y}\sum_{i=1}^{6}\frac{1}{u_i'} \tag{14}$$

对 $u_i'(u_i'<0)$ 进行归一化，不妨设

$$\sum_{i=1}^{6}\frac{1}{u_i'}=-1, \tag{15}$$

又 $\displaystyle\sum_{i=1}^{6}G_i=\sum_{i=1}^{6}\frac{\partial g_i}{\partial Y}=\sum_{i=1}^{6}\frac{\partial Y_j}{\partial Y}=1$，可得

$$G_i=-1/u_i' \tag{16}$$

对(12)式求 P_j 的偏导及由(16)式得

$$g_{ij}=-G_i(\lambda e_{ij}+\partial\lambda/\partial P_j) \tag{17}$$

对(17)式的 i 求和得

$$\sum_{i=1}^{6}g_{ij}=-\sum_{i=1}^{6}G_i\lambda e_{ij}-\frac{\partial\lambda}{\partial P}\sum_{i=1}^{6}G_i \tag{18}$$

对(10)式两边求 P_j 的偏导，考虑到 $\partial Y/\partial P_j=0$，$\partial P_i/\partial P_j=e_{ij}$，得

$$\sum_{i=1}^{6}g_{ij}+Y_j=0 \tag{19}$$

把(18)式、(16)式代入(19)式中得 $\qquad \partial\lambda/\partial P_j=Y_j-\lambda G_i \tag{20}$

把(20)式代入(17)式得 $\qquad g_{ij}=-G_i[Y_j+\lambda(e_{ij}-G_j)] \tag{21}$

令 $i=j$，则得 $\qquad \lambda=-\dfrac{(g_{ii}+G_iY_i)}{G_i(1-G_i)}=-\dfrac{(g_{ii}/Y_i+G_i)Y_i}{G_i(1-G_i)} \tag{22}$

从(21)式、(22)式看出，只要求出 g_{ij}/Y_i 和 G_i，就可得到矩阵 A 中的 g_{ij} 和 G_iY。由定义，G_i 是第 i 部门的产品对收入的弹性，从(16)式看出，它是一个强度量，也是一个相对量，我们根据经验估计 G_i 的大小，将其分为 1，3，5，7，9 五个等级，然后再归一化。g_{ii}/Y_i 则表示的是第 i 部门的产品对其自身价格的弹性。考虑各部门产品对消费者的重要性，可估计 g_{ii}/Y_i 的值。由(22)式和 G_i 以及 g_{ii}/Y_i 的值，我们可以求出 λ。根据最优化的假设，各个部门计算出的 λ 应该相等，经验证实如此，说明估计值合理。取平均值作为总的边际效用，以消除随机误差，以上数据见表 4。将其代入(21)式，可得 g_{ij}（见表 5）。

表4 G_i，g_{ii}/Y_i，Y_i，λ_i，G_iY_i

部门	G_i	g_{ii}/Y_i	Y_i/亿元	λ_i	G_iY_i
1	0.12	−0.2	4 220	3 197	384
2	0.28	−0.4	5 468	3 254	911
3	0	0	0	0	0

部门	G_i	g_{ii}/Y_i	Y_i/亿元	λ_i	G_iY_i
4	0.12	-0.9	428	3 161	379
5	0.28	-0.8	1 193	3 077	862
6	0.20	-0.7	1 151	3 237	647

表5 g_{ij}

i	g_{i1}	g_{i2}	g_{i3}	g_{i4}	g_{i5}	g_{i6}
1	-844	-549	0	-5.5	-36.1	-61.7
2	$-1\,075$	$-2\,187$	0	-12.8	-84.3	-144.0
3	0	0	0	0	0	0
4	-461	-549	0	-385.0	-36.1	-61.7
5	$-1\,075$	$-1\,281$	0	-12.8	-954.0	-144.0
6	-768	-915	0	-9.1	-60.2	-748.0

3 结果分析及模型评价

把表1～表5的数据代入 $AX=BY$ 中，得 $X=A^{-1}BY$。最后结果：$R=-0.002$，$Y=-0.151$，n_1，x_i，k_i，p_i 见表6。

表6 n_i，x_i，k_i，p_i

部门	n_i	x_i	k_i	p_i
1	0.003	0.069	0.085	-0.068
2	-0.075	0.074	0.011	-0.092
3	-0.052	0.008	0.041	-0.075
4	0.184	0.165	0.268	-0.028
5	0.164	0.186	0.255	-0.049
6	0.150	0.246	0.237	-0.085

计算结果印证了OSLO学派的观点，非均衡最优增长是存在的。我们看到，各部门的增长速度是不一样的；在总劳动力和总资本增加的情况下，各部门生产要素的分配也不成比例。

模型结果只是说明了在优化时的资源配置情况，即反映在当前的生产技术条件下，各部门按结果制订计划，可以实现生产者的利润最大化和消费者的效用最大化。实际上政府考虑的不仅仅是市场因素，还有国情和政治等因素，所以结果和实际数据有很大差异，但它反映的理想状态可以为政府提供参考。

虽然内生变量是各种增长率，但由于方法的限制，我们只能根据某一年的数据计算出下一年的结果，是一种静态的方法，因此如何在该模型不断优化思想的基础上，实现完全的动态演化，即优化与演化的统一，这是我们研究小组正在努力的方向。

参考文献

[1]Solow R M. A contribution to the theory of economic growth[J]. The Quarterly Journal of Economics，1956，70(1)：65-94.

[2]Lucas R E. On the mechanics of economic development[J]. Journal of Monetary Economics，1988，22(1)：3-42.

[3]von Neumann J. A model of general equilibrium[J]. The Review of Economic Studies，1945，13(1)：1-9.

[4]里昂惕夫. 投入产出经济学[M]. 崔书香，译. 北京：商务印书馆，1981.

[5]Klein L R，Goldberger A S. An Econometric Model of the United States 1929-1952[M]. Amsterdam：North-Holland Publishing Company，1955.

[6]Johansen L. A Multisectoral Study of Economic Growth[M]. Amsterdam：North-Holland Publishing Company，1960.

[7]国家统计局. 中国统计年鉴 1989—1993[M]. 北京：中国统计出版社，1990-1994.

[8]国家统计局. 中国投入产出表 1992 年价值型[M]. 北京：中国统计出版社，1995.

R&D 部门的最优投资[*]

董洪光[1] 樊 瑛[2] 葛新元[1] 方福康[1]

(1. 北京师范大学物理学系, 2. 北京师范大学系统科学系, 100875, 北京)

摘 要: 利用 Romer 的 R&D 模型框架, 对 R&D 部门的最优投资配置问题进行了初步探讨。理论分析表明, 在一定的初始条件和结构参数下, 当给定目标为人均产出增长率最大时, 存在唯一的最优投资路径; 模型的数值模拟分析得出, R&D 部门最优的投资配置系数可以趋于稳定, 而且存在单位资本技术含量的某一阈值, 使得最优配置系数在向稳定态发展时有不同的演化行为。

关键词: 研究与开发; 技术知识; 最优化

The Optimum Investment in R&D Sector

Dong Hongguang[1] Fan Ying[2] Ge Xinyuan[1] Fang Fukang[1]

(1. Department of Physics, 2. Department of Systems Science, Beijing Normal University, 100875, Beijing, China)

Abstract: Th optimum investment model based on Romer's R&D model is studied. The result indicates there exists only one optimum investment path when the given object is maximizing the growth nate of per capita GDP. The numerical simulation analysis of this model is also made. Numerical simulation analysis reveals that the optimal investment allocation coefficient in th R&D sector can tend towards stability. Moreover there is a certain threshold of technological content per unit of capital, which leads to different evolutionary behaviors of the optimal configuration coefficient as it evolves towards a steady state.

Key words: R&D; technology and knowledge; optimum

20 世纪 80 年代后期以来, 以 Romer[1,2] 和 Lucas[3] 为代表的新经济增长理论活跃起来, 而且随着知识型经济的兴起, 科学技术和人力资本在经济增长中的作用日益突出, 对技术知识、教育、人力资本等的研究引起人们新的兴趣和重视, 如 Jones[4,5]、Romer[6]、Beckman[7] 等, 以上工作试图对长期经济增长及各国间人均收入的差异给出理论解释, 但还没有对资源最优配置给出一个令人满意的回答。我们的问题是: 在 R&D 部门与物质产品生产之间是否存在着资源的最优分配, 使得经济达到给定的宏观目标? 这一问题在理论或政策上都有重要意义。

1 模型

我们所采用的模型框架是基于 Romer 的工作[6], 并作了修正。这一模型强调了新技术知识的内生化, 将整个经济抽象为 2 个部门: R&D 部门和一般物质生产部门, 两部门都将资本、劳动力和技术知识结合起来, 以某种确定的方式生产各自的产品。在这种二元经济中, 模型强调了部门之间资源的

* 董洪光, 樊瑛, 葛新元, 等. R&D 部门的最优投资[J]. 北京师范大学学报(自然科学版), 2000, 36(1): 66-68.

分配，即资本和劳动力被分为 2 个部分：一部分投入 R&D 部门，用于生产新的技术知识，以增加知识存量；另一部分投入一般物质生产部门，用于生产物质产品。为了简化分析，我们假设所有劳动力全部从事物质产品的生产。

模型包括 4 个变量：产出 Y，资本 K，知识存量 A，劳动力 L。对于一般物质生产部门，假设按以下方式进行生产：

$$Y(t)=F[(1-a_k)\cdot K(t)，A(t)\cdot L(t)]；$$

对于 R&D 部门，假设按以下方式生产新的技术知识：

$$\dot{A}(t)=G[a_k\cdot K(t)，A(t)]，$$

其中，a_k 表示投入 R&D 部门的资本占总资本的比例，两部门都利用全部的技术知识存量。

在 C-D 生产函数的假设下，一般物质生产部门在 t 时刻的产出为

$$Y(t)=[(1-a)\cdot K(t)]^\alpha\cdot[A(t)\cdot L(t)]^{1-\alpha}；\tag{1}$$

R&D 部门在 t 时刻新技术的产出为

$$\dot{A}(t)=B\cdot[a_k\cdot K(t)]^\beta\cdot[A(t)]^\theta-\delta_1\cdot A(t)，\tag{2}$$

其中：$0\leqslant\alpha\leqslant1，\beta\geqslant0，\theta\geqslant0，0\leqslant\delta_1\leqslant1；B$ 为参数，$B>0$；与重复性生产的物质生产部门不同，R&D 部门的生产函数并没有假设要素投入 K 的规模收益不变(体现在 β 上)，而且知识存量 A 对于新技术知识的生产作用(即溢出效应)也不确定(当 $\theta=1$ 时，A 与新技术知识的生产成比例；当 $\theta>1$ 时，A 的作用较强；当 $\theta<1$ 时，A 的作用较弱)；δ_1 表示技术知识的折旧率。

资本存量 K 和劳动力 L 的变化方程如下：

$$\dot{K}(t)=s\cdot Y(t)-\delta_2\cdot K(t)，\qquad\dot{L}(t)=n\cdot L(t)，\tag{3}$$

其中，s 为外生给定的储蓄率，δ_2 为资本折旧率，n 为劳动力自然增长率，由外生给定。

由上述两部门的生产可能性方程可知，显然 $0<a_k<1$，a_k 为 0 或 1 意味着技术知识进步的停滞或最终物质产品生产的终止。一个理性经济人可以通过调整 a_k，使其预定经济目标得以达到。在经济增长中，人均产出增长率是重要的经济量，因此我们的问题是：如何选取 a_k，在式(1)、式(2)和式(3)的约束下，使得人均产出增长率 g_y 最大。

由(1)式可得：

$$g_y=\dot{Y}/Y-\dot{L}/L=\alpha\cdot g_k+(1-\alpha)\cdot g_A-\alpha\cdot n\Rightarrow$$

$$g_y=\alpha[s(1-a_k)^\alpha K^{\alpha-1}(AL)^{1-\alpha}-\delta_2]+(1-\alpha)[Ba_k^\beta K^{\beta}A^{\theta-1}-\delta_1]-\alpha_n；$$

$$\frac{\partial g_y}{\partial a_k}=0\Rightarrow\frac{a_k^{\beta-1}}{(1-a_k)^{\alpha-1}}=\frac{\alpha^2sL^{1-\alpha}A^{2-\alpha-\theta}}{(1-\alpha)B\beta K^{1+\beta-\alpha}}，\tag{4}$$

令 $f(a_k)\equiv a_k^{\beta-1}/(1-a_k)^{\alpha-1}>0$，则

$$f'(a_k)=f(a_k)\cdot\left[\frac{\beta-1}{a_k}+\frac{\alpha-1}{1-a_k}\right]。$$

当 $\beta<1$ 时，$f'(a_k)<0$，即 $f(a_k)$ 关于 a_k 单调递减，故方程有唯一解，而且 $\frac{\partial^2 g_y}{\partial a_k^2}<0$，故 $\beta<1$ 时，$g_y(a_k)$ 有最优解 a_k^*，使得 $g_y(a_k)$ 最大。可见只要参数$(\alpha，\beta，n，\theta，s，B)$给定，对任意 t 时刻的 $K(t)$，$A(t)$，$L(t)$，总有最优路径 a_k^*[满足式(4)]使得 $g_y(a_k)$ 最大。

2　数值模拟分析

由上面的讨论可知，对于给定的宏观经济目标，总存在最优的 R&D 部门资源配置系数 a_k^*，且

a_k^* 对应于不同的参数和不同时刻的 $K(t)$，$A(t)$，$L(t)$，即相当于将原有 R&D 模型中的外生参数 a_k 动态、内生化，利用式(4)，对时间求偏导可得

$$\left(\frac{\beta-1}{a_k}+\frac{\alpha-1}{1-a_k}\right)\dot{a}_k=(1-\alpha)n+(2-\alpha-\theta)\left[B(a_kK)^\beta A^{\theta-1}-\delta_1\right]+$$

$$(\alpha-\beta-1)\left[s(1-a_k)^\alpha K^{\alpha-1}(AL)^{1-\alpha}-\delta_2\right]. \tag{5}$$

式(2)、式(3)、式(5)给出了 R&D 模型所描述的经济系统在给定宏观目标最优化情况下的基本特征，只要参数给定，变量 $K(t)$，$A(t)$ 和 $L(t)$ 的初值给定，则该系统的演化过程总是最优的，以下我们给出数值模拟的计算结果。

一组可行的参数为：$\alpha=0.3$，$\beta=0.6$，$\theta=0.4$，$s=0.2$，$n=0.01$，$B=0.5$，$\delta_1=0.05$，$\delta_2=0.05$；变量初值：$K_0=5$，$L_0=5$，$A_0=5$，$a_{k_0}=0.005$；通过调整变量初值及参数可得结论：

(1)在一定的参数和初始条件下，a_k^* 可以收敛于稳定值。

(2)对于不同的 K_0/A_0，a_k^* 达到的稳定值不同，初始状态单位资本的技术含量越高，a_k^* 的稳定值越高。

(3)K_0/A_0 存在某一阈值，当其超过这一阈值时，a_k^* 随 K 的增加而下降，最终趋于稳定。

(4)如果 $n=0$，K/A 趋于稳定。

3 小结

本文对 Romer 的 R&D 模型框架进行修正后，对 R&D 部门最优投资配置问题进行了初步探讨。结果表明，对于一定发展水平和结构的经济，当给定目标为人均产出增长率最大时，存在唯一的最优投资路径。但我们仅从宏观角度给出了简单分析，并没有考虑微观机制，且在考察技术知识的内生机制过程中做了一些假定，今后还将进行讨论并辅之以数据检验。

参考文献

[1]Romer P M. Increasing returns and long-run growth[J]. Journal of political economy，1986，94(5)：1002-1037.

[2]Romer P M. Endogenous technological change[J]. Journal of political Economy，1990，98(5)：71-102.

[3]Lucas R E. On the mechanics of economic development[J]. Journal of Monetary Economics，1988，22(1)：3-42.

[4]Jones C I. R & D-based models of economic growth[J]. Journal of Political Economy，1995，103(4)：759-784.

[5]Jones C I，Williams J C. Measuring the social return to R&D[J]. The Quarterly Journal of Economics，1998，113(4)：1119-1135.

[6]Romer P. Advanced Macroeconomics[M]. New York：McGraw-Hill Companies，1996.

[7]Beckmann M. Interactions in the growth of science and the economy[M]//Negishi T，Ramachandran K，Mino K. Economic Theory，Dynamics and Markets. Berlin：Springer，2001：143-151.

中国经济结构变化对经济增长的
贡献的计量分析[*]

葛新元[1]　王大辉[2]　袁　强[2]　方福康[1]

（1. 北京师范大学物理学系，2. 北京师范大学非平衡系统研究所，100875，北京）

摘　要：在总结前人对经济增长要素分析的基础上，提出了一种定量衡量各种经济结构的变化对经济增长的贡献的方法，并结合中国的数据，计算了 1952—1997 年产业结构和所有制结构的变化对中国经济增长的贡献。

关键词：经济增长；经济结构；经济增长要素

A Quantitative Analysis on the Contribution of Chinese
Economic Structure Change to the Economic Growth

Ge Xinyuan[1]　Wang Dahui[2]　Yuan Qiang[2]　Fang Fukang[1]

（1. Department of Physics，2. Institute of Non-equilibrium Systems，

Beijing Normal University，100875，Beijing，China）

Abstract：Based on previous literatures on sources analysis of economic growth，a new method is proposed which attempts to measure the contribution of economic structure evolution to economic growth quantitatively. With the economic data of China the contribution of Chinese economic structure evolution to it's economic growth during 1952—1997 is calculated and analysed.

Key words：economic growth；economic structure；sources of economic growth

　　美国经济学家 Stigliz[1]指出：经济增长的要素有 4 个，即资本、劳动力、技术和生产结构，在宏观上，如果用 Y、K、L、A 和 $f()$ 分别表示产出、资本、劳动力、技术和生产结构，这时就可以抽象地用生产函数的方式来表示经济系统增长中投入和产出的关系：$Y = f(K，L，A)$。

　　Denison[2]在分析美国 1929—1957 年的数据后得到结果：经济增长的 12% 是由结构优化产生的。Kuznets[3]对大量的数据进行长期趋势分析和截面分析后得出：美国 1948—1966 年生产率的提高有 10% 是由资源的再分配引起的。这类文献主要都是基于一定的宏观经济分析而进行的，宏观经济增长模型可以在宏观层次上分析经济系统的周期和波动，以及各种因素对增长的贡献，然而当讨论经济增长的内部结构和机制时，这种宏观分析方法就不能满足要求了。

　　在整体经济增长的过程中，我们看到下列事实：在经济增长的过程中，各部门增长的比例是不同的；投资和劳动力以不同的比例流向各个生产部门；现有的资本和劳动力在增长过程中会重新分配；部门之间的产品交换经常有较大变化[4]。我们有必要在多部门的框架下解释和分析整体经济增长及其内部机制。OSLO 学派[5]在 1960 年对挪威这样一个小的开放国家建立了 22 个部门的经济增长模型，做了大量计量工作，并给出了该国各部门的增长趋势。

---

　　* 葛新元，王大辉，袁强，等. 中国经济结构变化对经济增长的贡献的计量分析[J]. 北京师范大学学报（自然科学版），2000(1)：43-48.

经济增长的四要素中，生产结构表示的是生产要素的组合方式，产业结构就是其中很重要的一种。在一定的技术水平及一定量的资本与劳动力投入的条件下，不同的生产结构对应着不同的产出水平。现实经济中，伴随着经济增长，经济结构不断地变化，而不断变化的经济结构又反过来对经济的进一步增长起着很重要的作用，但长期以来人们很少定量地对此进行讨论。我们提出了一种定量计算各种经济结构的变化对经济增长的贡献的方法，并通过对中国 1952—1997 年经济增长数据的分析，探讨经济结构的变化对中国经济增长的贡献。

1 多部门经济模型

宏观经济经济模型将经济整体看成一个经济单元，将实际经济中多部门的多种产品约化为 1 种，用一个总量生产函数描述。多部门经济模型则按讨论问题的需要和经济系统的实际情况，将经济大系统分解为多个子系统，每个子系统采用一个生产函数描述，总体经济是各个子系统的和。例如，中国经济按行业可粗分为 3 个部门(三大产业)，或细划分为 33 个部门(参考 1995 年投入产出表)，或按经济类型分为 7 种所有制类型。

用 Y 表示总量 GDP，将经济分为 N 个部门，用下标 i 表示部门，上标 t 表示时间，则有

$$Y^t = \sum_{i=1}^{N} Y_i^t \tag{1}$$

将 i 部门在总量 GDP 中占的比例用 α_i 表示，有

$$\alpha_i^t = Y_i^t / Y^t \tag{2}$$

$\alpha^t = \{\alpha_i^t\}_{i=1,\cdots,N}$ 是一个表示整体经济中部门经济结构的行向量。

总体经济 CDP 增长率用 g 表示，则有

$$g^t = \frac{\dot{Y}^t}{Y^t} = \frac{1}{Y^t}\sum_{i=1}^{N}\dot{Y}_i^t = \sum_{i=1}^{N}\alpha_i^t \frac{\dot{Y}_i^t}{Y_i^t} = \sum_{i=1}^{N}\alpha_i^t g_i^t = \boldsymbol{\alpha}^t \cdot \boldsymbol{g}^t \tag{3}$$

其中 $\boldsymbol{g}^t = \{g_i^t\}$，$i=1$，$\cdots$，$N$ 是一个列向量。

我们定义经济结构的变化为

$$\Delta\boldsymbol{\alpha}^t = \boldsymbol{\alpha}^t - \boldsymbol{\alpha}^{t-1} \tag{4}$$

由式(3)和式(4)得：

$$g^t = \boldsymbol{\alpha}^{t-1} \cdot \boldsymbol{g}^t + \Delta\boldsymbol{\alpha}^t \cdot \boldsymbol{g}^t = g^{1t} + g^{2t}, \quad g^{1t} = \boldsymbol{\alpha}^{t-1} \cdot \boldsymbol{g}^t, \quad g^{2t} = \Delta\boldsymbol{\alpha}^t \cdot \boldsymbol{g}^t \tag{5}$$

g^{2t} 就是经济结构变化对经济增长的贡献。

2 计量结果

2.1 6 部门经济行业结构调整对经济增长的贡献

由于数据来源的关系，我们按照 1997 年《统计年鉴》[6]的分法，将中国经济分为农业、工业、建筑业、交通运输仓储邮电通信业、批发和零售贸易餐饮业及其他行业 6 个部门进行计算。6 部门的 GDP 见表 1，α^t 的值见表 2。可以看出，20 世纪 50 年代至 70 年代，是中国完成由农业国到工业占主导地位的工业国转变的时期，从 80 年代至今，是第三产业不断发展壮大的时期。

表 1　6 部门 GDP(按当年价格计)　　　　　　　　　　　　　　　　　　　　　亿元

年份	GDP	农业	工业	建筑	交运仓邮	贸易餐饮	其他
1952	679.0	342 9	119.8	22.0	29.0	80.3	85.0
1953	824.0	378.0	163.5	29.0	35.0	115.5	103.0

年份	GDP	农业	工业	建筑	交运仓邮	贸易餐饮	其他
1954	859.0	392.0	184.7	27.0	38.0	120.3	97.0
1955	910.0	421.0	191.2	31.0	39.0	119.8	108.0
1956	1 028.0	443.9	224.7	56.0	46.0	131.4	126.0
1957	1 068.0	430 0	271.0	46.0	49.0	133.0	139.0
1958	1 307.0	445.9	414.5	69.0	71.0	136.6	170.0
1959	1 439.0	383 8	538.5	77.0	94.0	145.7	200.0
1960	1 457.0	340 7	568.2	80.0	104.0	133.1	231.0
1961	1 220.0	441.1	362.0	26.9	69.2	110.8	210.0
1962	1 149.3	453 1	325.4	33.9	57.4	80.5	199.0
1963	1 233.3	497.5	365.6	42.0	55.0	76.1	197.1
1964	1 454.0	559.0	461.1	52.4	58.4	94.0	229.1
1965	1 716.1	651.1	546.5	55.7	77.4	118.3	267.1
1966	1 868.0	702 2	648.6	60.9	85.1	148.1	223.1
1967	1 773.9	714.2	544.9	57.9	72.3	153.5	231.1
1968	1 723.1	726 3	490.3	47.0	70.5	138.9	250.1
1969	1 937.9	736 2	626.1	63.0	84.9	163.6	264.1
1970	2 252.7	793.3	828.1	84.1	100.2	178.1	268.9
1971	2 426.4	826.3	926.6	96.2	108.4	178.3	290.6
1972	2 518.1	827.4	989.9	94.3	118.0	194.3	294.2
1973	2 720.9	907.6	1 072.5	100.5	125.5	211.0	303.8
1974	2 789.9	945.2	1 083.6	108.4	126.1	206.6	320.0
1975	2 997.3	971.1	1 244.9	125.6	141.6	175.8	338.3
1976	2 943.7	967.0	1 204.6	132.6	139.6	147.2	352.7
1977	3 201.9	942 1	1 372.4	136.7	156.9	213.8	380.0
1978	3 624.1	1 018.4	1 607.0	138.2	172.8	265.5	422.2
1979	4 038.2	1 258.9	1 769.7	143.8	184.2	220.2	461.4
1980	4 517.8	1 359.4	1 996.5	195.5	205.0	213.6	547.8
1981	4 862.4	1 545.6	2 048.4	207.1	211.1	255.7	594.5
1982	5 294.7	1 761.6	2 162.3	220.7	236.7	198.6	714.8
1983	5 934.5	1 960.8	2 375.6	270.6	264.9	231.4	831.2
1984	7 171.0	2 295.5	2 789.0	316.7	327.1	412.4	1 030.3
1985	8 964.4	2 541.6	3 448.7	417.9	406.9	878.4	1 270.9
1986	10 202.2	2 763.9	3 967.0	525.7	475.6	943.2	1 526.8
1987	11 962.5	3 204.3	4 585.8	665.8	544.9	1 159.3	1 802.4
1988	14 928.3	3 831.0	5 777.2	810.0	661.0	1 618.0	2 231.1
1989	16 909.2	4 228.0	6 484.0	794.0	786.0	1 687.0	2 930.2

年份	GDP	农业	工业	建筑	交运仓邮	贸易餐饮	其他
1990	18 574.9	5 017.0	6 585.0	1 132.4	1 147.5	1 419.7	3 273.3
1991	21 617.8	5 288.6	8 087.1	1 015.1	1 409.7	2 087.0	3 730.3
1992	26 638.1	5 800.0	10 284.5	1 415.0	1 681.8	2 735.0	4 721.8
1993	34 634.4	6 882 1	14 143.8	2 284.7	2 123.2	3 090.7	6 109.9
1994	46 759.4	9 457.2	19 359.6	3 012.6	2 685.9	4 050.4	8 193.7
1995	58 478.1	11 993.0	24 718.3	3 819.6	3 054.7	4 932.3	9 960.2
1996	67 884.6	13 844.2	29 082.6	4 530.3	3 494.0	5 560.3	11 373.2
1997	74 772.4	13 968.8	31 752.3	5 018.0	4 525.5	6 281.5	13 226.3

表 2 6 部门结构系数 α^t

年份	农业	工业	建筑	交运仓邮	贸易餐饮	其他
1952	0.505	0.176	0.032	0.043	0.118	0.125
1953	0.443	0.206	0.038	0.046	0.140	0.127
1954	0.447	0.227	0.033	0.045	0.137	0.111
1955	0.461	0.215	0.033	0.042	0.131	0.118
1956	0.422	0.236	0.050	0.045	0.124	0.122
1957	0.424	0.232	0.048	0.046	0.120	0.129
1958	0.333	0.321	0.053	0.056	0.106	0.130
1959	0.264	0.377	0.051	0.066	0.102	0.139
1960	0.224	0.399	0.055	0.072	0.093	0.157
1961	0.323	0.324	0.026	0.063	0.091	0.171
1962	0.397	0.270	0.029	0.048	0.092	0.165
1963	0.398	0.291	0.034	0.045	0.069	0.164
1964	0.387	0.316	0.036	0.040	0.059	0.162
1965	0.362	0.343	0.034	0.046	0.055	0.159
1966	0.369	0.358	0.032	0.045	0.075	0.120
1967	0.402	0.309	0.032	0.041	0.087	0.130
1968	0.411	0.293	0.027	0.041	0.081	0.146
1969	0.372	0.331	0.032	0.044	0.084	0.136
1970	0.349	0.373	0.036	0.044	0.079	0.119
1971	0.335	0.386	0.039	0.045	0.074	0.121
1972	0.325	0.396	0.037	0.047	0.077	0.117
1973	0.332	0.397	0.036	0.046	0.078	0.111
1974	0.339	0.389	0.038	0.045	0.074	0.114
1975	0.318	0.415	0.041	0.046	0.068	0.112
1976	0.319	0.412	0.045	0.048	0.058	0.119
1977	0.299	0.436	0.043	0.050	0.053	0.119

续表

年份	农业	工业	建筑	交运仓邮	贸易餐饮	其他
1978	0.275	0.448	0.038	0.048	0.074	0.118
1979	0.277	0.448	0.036	0.048	0.074	0.116
1980	0.287	0.461	0.042	0.045	0.050	0.116
1981	0.306	0.427	0.042	0.044	0.058	0.122
1982	0.325	0.409	0.040	0.044	0.050	0.132
1983	0.325	0.405	0.044	0.044	0.041	0.140
1984	0.324	0.400	0.044	0.045	0.041	0.146
1985	0.288	0.406	0.048	0.046	0.066	0.147
1986	0.269	0.388	0.050	0.047	0.100	0.147
1987	0.254	0.395	0.055	0.046	0.094	0.156
1988	0.248	0.399	0.054	0.047	0.100	0.153
1989	0.254	0.391	0.048	0.045	0.095	0.166
1990	0.258	0.381	0.046	0.049	0.091	0.175
1991	0.253	0.371	0.061	0.063	0.073	0.177
1992	0.224	0.397	0.050	0.063	0.096	0.170
1993	0.201	0.409	0.055	0.063	0.096	0.176
1994	0.183	0.431	0.067	0.060	0.085	0.173
1995	0.192	0.428	0.066	0.058	0.083	0.172
1996	0.197	0.435	0.065	0.053	0.081	0.168
1997	0.194	0.439	0.066	0.052	0.082	0.166

图 1 显示了中国经济结构转变对 GDP 增长的贡献。可以看出，经济结构变化对经济增长的贡献有很明显的波动性，从 20 世纪 50 年代至 70 年代，中国经济由以农业为主的经济过渡到工业经济，经济的行业结构变化最大，其对经济增长的影响也大；1953—1975 年，行业结构变化对经济增长的贡献平均为 1.33 个百分点，而同期的年平均 GDP 增长率为 7%（以当年物价计），也就是说，19% 的经济增长是由经济行业结构调整带来的；进入 20 世纪 80 年代后，行业结构的变化相对较小，其对经济增长的贡献为 0.81 个百分点（1979—1997 年），同期年平均增长率为 9.8%，也就是说，仍有 8.3% 的经济增长是由经济行业结构调整贡献的。

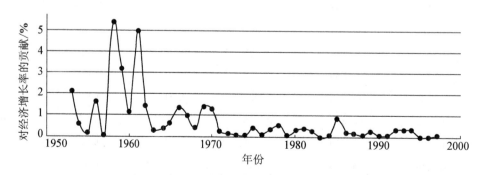

图 1   中国经济结构变化对经济增长的贡献

总体而言，1953—1997 年，6 个行业结构调整对经济增长的贡献平均为 1.04 个百分点，同期年平均GDP增长率为8.02%，其中的13%是由行业结构调整贡献的，这一结果与Denison[2]和Kuznets[3]的计算结果很接近。

2.2 所有制结构调整对经济增长的贡献

事实上，改革开放以来，中国经济结构中变化最大的是所有制结构，用同样的方法，我们也可以计算所有制结构调整对中国经济增长的贡献。由于缺乏数据，不能对所有制结构调整对GDP增长的贡献进行计算，但可以计算所有制结构调整对工业总产值增长的贡献。同样，由于数据的问题，我们将所有制形式划分为国有、集体、个体和其他4种形式，计算了1980—1997年的数据，按所有制划分的工业总产值及α'的值见表3。数据表明，改革开放以来我国工业的所有制结构变化是非常大的，进一步的计算说明，这样的经济结构的变化对经济增长的贡献也是非常大的。所有制结构调整对工业总产值增长的贡献计算结果见图2。

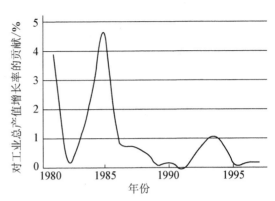

图2 所有制结构调整对工业总产值增长率的贡献

表3 按所有制划分的工业总产值及工业总产值的所有制结构

年份	不同所有制的工业总产值/亿元					各所有制在工业总产值中占的比例			
	国有	集体	个体	其他	总计	国有	集体	个体	其他
1980	3 916.0	1 213.0	1.0	24.0	5 154.0	0.759 8	0.235 4	0.000 2	0.004 7
1981	4 194.9	1 349.4	7.3	31.4	5 583.0	0.751 4	0.241 7	0.001 3	0.005 6
1982	4 490.7	1 478.1	13.0	40.1	6 022.0	0.745 7	0.245 5	0.002 2	0.006 7
1983	4 912.4	1 707.7	28.7	53.7	6 702.5	0.732 9	0.254 8	0.004 3	0.008 0
1984	5 350.5	2 302.8	56.7	84.3	7 794.3	0.686 5	0.295 4	0.007 3	0.010 8
1985	6 302.0	3 117.0	180.0	117.0	9 716.0	0.648 6	0.320 8	0.018 5	0.012 0
1986	6 971.1	3 751.5	308.5	163.1	11 194.3	0.622 7	0.335 1	0.027 6	0.014 6
1987	8 250.9	4 781.7	502.4	278.8	13 813.8	0.597 3	0.346 2	0.036 4	0.020 2
1988	10 351.3	6 587.5	790.5	495.3	18 224.6	0.568 0	0.361 5	0.043 4	0.027 2
1989	12 342.9	7 858.1	1 057.7	758.4	22 017.1	0.560 6	0.356 9	0.048 0	0.034 4
1990	13 064.0	8 523.0	1290.0	1 047.0	23 924.0	0.546 1	0.356 3	0.053 9	0.043 8
1991	14 955.0	8 783.0	1287.0	1 600.0	26 625.0	0.561 7	0.329 9	0.048 3	0.060 1
1992	17 824.0	12 135.0	2 006.0	2 634.0	34 599.0	0.515 2	0.350 7	0.058 0	0.076 1
1993	22 725.0	16 464.0	3 861.0	5 352.0	48 402.0	0.469 5	0.340 2	0.079 8	0.110 6
1994	26 201.0	26 472.0	7 082.0	10 421.0	70 176.0	0.373 4	0.377 2	0.100 9	0.148 5
1995	31 220.0	33 623.0	11 821.0	15 231.0	91 894.0	0.339 7	0.365 6	0.128 6	0.165 7
1996	28 361.0	39 232.0	15 420.0	16 582.0	99 595.0	0.284 8	0.393 9	0.154 8	0.166 5
1997	29 028.0	43 347.0	20 376.0	20 982.0	113 733.0	0.255 2	0.381 1	0.179 2	0.184 5

1981—1997年，所有制结构调整贡献的年平均工业总产值增长率是1.05个百分点，同期工业总产值年均增长11%，也就是说，9.5%的增长是由所有制结构调整贡献的。

3　结果分析

从以上的计算结果可以看到，经济结构的变化是经济发展的重要部分，经济增长引发的经济发展的过程必然伴随着经济结构的演化。同时，经济结构的演化又反过来促进经济增长和经济的进一步发展，经济结构的演化是经济增长的重要的动力，在长期的经济发展历程中起着不可或缺的作用。当然，对于这样的经济事实，弄清其内在经济学机制到底是怎么样的，用分析的模型讨论经济结构的变化是如何影响经济增长的，将是一个更艰巨而富有挑战性的工作。

参考文献

[1]Stiglitz J E. 经济学[M]. 中国人民大学经济系，译. 北京：中国人民大学出版社，1995，1-55.

[2]Denison E F. Why Growth Rates Differ：Post-war Experience in Nine Western Countries[M]. Washington：Brookings Institution，1967.

[3]库兹涅茨. 各国的经济增长——总产值和生产结构[M]. 赏勋，等译. 北京：商务印书馆，1985，24-78.

[4]陈家伟，葛新元，袁强，等. 中国多部门经济增长模型分析[J]. 北京师范大学学报（自然科学版），1999，35(4)：549.

[5]Johansen L. A Multisectoral Study of Economic Growth[M]. Amsterdam：North-Holland Publishing Company，1960.

[6]国家统计局. 中国统计年鉴 1997[M]. 北京：中国统计出版社，1998：24-36.

中国经济 6 部门资本产出比分析[*]

葛新元[1]　　陈清华[1]　　袁　强[2]　　方福康[1]

（1. 北京师范大学物理学系，2. 北京师范大学非平衡系统研究所，100875，北京）

摘　要：提出了一种估算分部门固定资本存量的方法，并结合中国的数据，估算了中国 6 部门 1986—1997 年的固定资本存量，进而计算了 6 部门的资本产出比。发现中国实际经济中部门经济表现出不同于一般均衡理论描述的复杂的图像，从实证角度说明了要更准确地解释中国的经济增长，必须对一般均衡的增长理论作出修正，引入非均衡的多部门分析模型。

关键词：经济增长；固定资本存量；资本产出比

Analysis of the Capital Product Ratio of Six Sectors in Chinese Economy

Ge Xinyuan[1]　　Chen Qinghua[1]　　Yuan Qiang[2]　　Fang Fukang[1]

（1. Department of Physics，2. Institute of Non-equilibrium System，

Beijing Normal University，100875，Beijing，China）

Abstract：A new method estimating the fixed capital of sectors is brought out. Base on Chinese economic data，the fixed capital of six sectors in Chinese economy from 1986 to 1997 is estimated. Moreover，the fixed capital product ratio of the six sectors is calculated and analyzed. Results show that Chinese multi-sector economy has a more complex evolution picture than what had been described by the general equilibrium theory. Therefore，an unequilibrium multi-sector model is needed for discussing Chinese economic growth.

Key words：economic growth；fixed capital；capital product ratio

1　理论及实证基础

　　资本产出比的概念揭示的是资本与产出之间的联系，是生产率水平的一个重要体现，资本产出比一直是经济增长理论所关注的问题。von Neumann 在他的经典之作[1]中用数学模型的方法概括抽象出一个理想的经济系统，逻辑严密地证明了均衡增长道路的存在性，得出如下结论：在均衡增长的条件下，各部门投入产出比是等比例的，此时系统同时实现最优增长，也就是说，在该经济系统中满足最优增长的条件是资本产出比等于常数。Samuelson 进一步证明了 von Neumann 系统中当经济最优增长（均衡增长）时资本产出比是个不变量，资本产出比同样引起计量经济学家的兴趣，Kuznets[2]在他的《各国的经济增长——总产值和生产结构》一书中详尽地分析了美国、日本、德国等发达资本主义国家历年经济增长的有关资料，数据分析表明，资本产出比在长期内有缓慢下降的趋势，短期内则基本符合等于常数的假定。Kuznets 的实证分析说明，资本产出比在一定阶段内等于常数的结论是有一定说

---

　　* 葛新元，陈清华，袁强，等. 中国经济 6 部门资本产出比分析[J]. 北京师范大学学报（自然科学版），2000，36（2）：178-180.

服力的，而在经济增长的不同阶段资本产出比会发生变化，随着经济的向前发展资本产出比应该下降。

关于中国的资本产出比，樊瑛和袁强[3]于1997年做了计算，并且发现，资本产出比存在着明显的阶段性。但所有的资本产出比计算都是对总量经济进行的，对于经济各部门，没有人从计量上进行过讨论。在此，我们根据中国经济增长历年（1986—1997年）的有关数据，对工业、农业、交通业、商业、建筑业和其他第三产业6个部门进行了固定资本存量的估算，进而计算了它们的资本产出比，进一步充实有关资本产出比的实证内容。

2 中国经济增长中6部门资本产出比分析

在计量方面首先遇到的一个问题是如何估算固定资本存量 K。在中国的经济数据资料中并没有关于固定资本存量这一项的现成统计，这给分析资本产出比带来困难。从经济学有关资本存量的解释可知，它作为一种生产要素，是所有过去和现在投入生产过程中物品的价值总和，从而得到资本存量的理论关系式 $\dot{K}=I-\delta K$，其中，I 是投资，δ 是折旧率，此式转化成可实际计量的差分形式为 $K_n-K_{n-1}=I_n-\delta K_{n-1}$，如果已知历年的投资额和折旧率以及资本量的初始值，就可得到历年的资本存量值。在中国的统计资料中投资额和折旧率是有实际数据的，但没有 K_0 的数值，而在投入产出表上，有固定资本折旧值这一项，再由已知的折旧率，我们就可以得到一年的固定资本存量，从而确定历年的固定资本存量，计算公式为 $K=D/\delta$。其中：固定资本折旧值 D，可从1992年的投入产出表中查到（当年的6部门的资本折旧值）；固定资本折旧率 δ，可从统计年鉴[4]上查到。

在实际计算中，我们发现农业和建筑业的固定资本有很大的不合理性，初步计算得出的 K 相对于该行业的GDP而言太小了。分析这2个部门的特点我们发现这2个部门都使用到土地这一固定资本，而在中国的经济统计中，土地的资本值是不计入的，因而导致这2个部门的固定资本折旧值相对偏小。因此，我们对农业和建筑业进行了特殊的处理（参考Kuznets的计量结果，我们分别假设农业与建筑业的土地资本占总资本的40%和10%）。

依据上述方法，我们对中国的实际数据进行了计算，结果见表1。

表1 中国6部门GDP与固定资本存量 （单位：10亿元）

年份	GDP							K						
	工业	农业	交通	商业	建筑	其他	总计	工业	农业	交通	商业	建筑	其他	总计
1986	396.7	276.4	47.6	94.3	52.6	152.6	1 020.2	1 357.4	1 516.0	103.9	416.7	198.4	684.4	4 276.8
1987	458.6	320.4	54.5	115.9	66.6	179.4	1 195.4	1 541.9	1 606.4	137.4	497.5	231.5	804.1	4 818.8
1988	577.7	383.1	66.1	161.8	81.0	222.5	1 492.2	1 886.6	1 815.9	198.4	693.4	256.3	953.2	5 803.8
1989	648.4	422.8	78.6	168.7	79.4	293.9	1 691.8	2 173.0	1 944.3	295.6	683.4	252.4	1 051.1	6 400.3
1990	685.8	501.7	114.8	142.0	85.9	329.7	1 859.9	2 534.2	2 104.5	418.4	424.9	295.1	1 139.1	6 916.2
1991	808.7	528.9	141.0	208.7	101.5	377.5	2 166.3	2 781.7	2 236.9	622.6	567.8	306.1	1 288.3	7 803.4
1992	1 028.5	580.0	168.2	273.5	141.5	473.5	2 665.2	3 234.5	2 407.1	681.5	731.5	398.2	1 571.4	9 024.2
1993	1 414.4	688.2	212.3	309.1	228.5	603.6	3 456.1	4 042.8	2 740.7	794.8	872.6	657.1	1 946.2	11 054.2
1994	1 936.0	945.7	268.6	405.0	301.3	810.4	4 667.0	5 171.5	3 369.1	1 159.2	1 272.0	852.5	2 408.3	14 233
1995	2 472.0	1 199.0	305.0	493.0	382.0	898.5	5 749.5	6 149.1	3 878.5	1 392.5	1 642.0	1 060.0	2 645.5	15 767.8
1996	2 908.0	1 384.0	349.0	556.0	453.1	1 035.0	6 685.1	7 509.1	4 357.0	1 840.3	2 073.0	1 281.0	3 313.2	20 374.1
1997	3 241.0	1 421.0	380.0	616.0	481.1	1 175.0	7 314.1	9 321.6	4 681.8	2 044.1	2 259.0	1 388.0	3 994.5	23 689

根据估算得到的6部门的资本存量，可以计算它们的资本产出比，从而分析中国6部门在1986—1997年的生产率水平发展变化的特点。另外，在经济增长的多部门分析中，部门间存在的生产率水平

的长期差异是通过调整部门结构从而促进整体经济增长的基础[5]，因而我们也对计算得到的 6 部门资本产出比的收敛性进行了讨论，分析各部门间的生产率差异是否长期存在。具体的 6 部门在 1986～1997 年各年的资本产出比的计算结果如图 1 所示。

从这一计算结果可以发现以下特点：①就整体而言，各部门的资本产出比在短期内基本稳定。②资本产出比在较长的时间内，表现出下降的趋势（交通部门特殊），说明我国各部门生产率水平的上升与世界经济发展规律是一致的。③6 部门中表现异常的是交通部门，在所考察的时间段内，资本产出比明显上升，我们认为，这有这两方面的原因：一方面是交通部门本身的运作失当，使得资本利用率不高；另一方面则是由于我国交通业的定价还不是市场定价，定价偏低，从而导致交通业的收益偏低。④各部门的资本产出比表现出较大的差异，并不同于一般均衡理论所假设的各部门资本产出比趋于同一个常数。⑤各部门的资本产出比差异在所考察的时间内没有表现出明显缩小的趋势，可见这种差异是长期存在的，体现了各部门在经济发展过程中具有系统性的生产率差异。

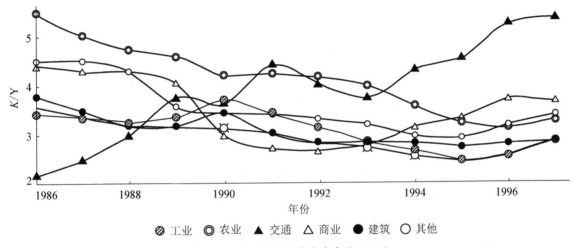

图 1　中国 6 部门的资本产出比（K/Y）

本文的计量结果表现出的各部门资本产出比的特点说明，在中国经济中长期存在着不均衡的现象，这与一般均衡理论的前提假设是不符合的。因此，要更准确地研究中国经济问题，必须对一般的均衡经济理论加以修正，引入必要的非均衡思想和方法，建立分部门的经济增长模型，这是中国的经济现实对经济理论研究提出的要求，也是我们进一步研究所要做的工作。

参考文献

[1]von Neumann J. A model of general equilibrium[J]. The Review of Economic Studies，1945，13(1)：1-9.

[2]Kuznets S.各国的经济增长：总产值和生产结构[M].常勋，等译.北京：商务印书馆，1985：24-78.

[3]樊瑛，袁强.中国经济增长中资本-产出比分析[J].北京师范大学学报(自然科学版)，1998，34(1)：131-134.

[4]国家统计局.中国统计年鉴 1997[M].北京：中国统计出版社，1998.

[5]葛新元，王大辉，袁强，等.中国经济结构变化对经济增长贡献的计量分析[J].北京师范大学学报(自然科学版)，2000，36(1)：43-48.

论包含技术进步的经济增长理论*

董洪光[1]　樊　瑛[2]　方福康[1]

（1. 北京师范大学物理学系，2. 北京师范大学系统科学系，100875，北京）

摘　要：从综合的角度对经济增长理论包含技术进步的必要性进行了分析，对已有的关于技术进步研究的理论思路进行了评述，并提出了探索性的看法。认为可以用复杂性研究的理论和方法来研究。这为包含技术进步的经济增长理论的研究提供了新的思路。

关键词：研究与开发；技术进步；经济增长

Economic Growth Theory Including Technological Progress

Dong Hongguang[1]　Fan Ying[2]　Fang Fukang[1]

（1. Department of Physics，2. Department of System Science，Beijing Normal University，100875，Beijing，China）

Abstract：The necessities and the preceding arguments of technological progress included in economic growth theory are analyzed in an integrated point of view. It is tentatively proposed that the theories and methods of complexity-researches can be used in economic growth theory，this may provide some new clues for the studies of economic growth theory including technological progress.

Key words：R&D；technological progress；economic growth

近年来，随着知识型经济的兴起，科学技术在经济增长中的作用日益突出。各国科技水平的高低影响着长期增长和人均收入的差异，它已成为衡量各国竞争力和综合实力的重要标志。本文从综合的角度对经济增长理论包含技术进步的必要性进行了分析，对已有的关于技术进步研究的理论思路进行了评述并提出了探索性的看法，为包含技术进步的经济增长理论的研究提供了新的思路。

1　技术进步是经济增长的重要源泉

经济增长是一切经济活动的基础，它关系整个经济与社会的发展，经济增长理论所讨论的核心问题是试图解释总量经济或人均产出的增长及在不同国家或地区间的增长差异。

最初的经济增长理论认为经济增长仅仅是由资本与劳动力数量的增长所引起的，而假定经济系统的技术水平不发生变化，这与经济事实不相符，尤其在现代经济增长中。在实证方面，"索洛残差"的出现使人们认识到技术进步的重要性。Solow[1]和 Denison[2]假设经济增长的 3/4 来自劳动力的增长，1/4 来自资本的增长，并以此模式对美国 1948—1984 年经济增长的投入与产出结构进行了分析，发现实际增长比理论结果高出 66％，他们认为这部分来源于科技进步，并冠以"广义技术进步"的名称。

我们认为资本、劳动、技术以及经济结构是经济增长的源泉，这可以抽象地用生产函数的形式表示为 $Y=F(K，L，A)$。随着经济的发展，技术进步在经济增长中的作用越来越重要。在现代经济

---

* 董洪光，樊瑛，方福康. 论包含技术进步的经济增长理论[J]. 北京师范大学学报（自然科学版），2000（3）：325-328.

中，技术进步对经济增长的贡献主要包括：生产要素质量的提高、资源的合理配置与利用、提高规模经济、提高生产要素效率、改变经济结构与制度，现在所提倡的知识型经济就是建立在知识信息的生产、分配和使用基础之上的经济，强调了技术进步的重要性。

2　对包含技术进步的经济增长理论的评述

对于技术进步对经济增长的作用的研究，经历了从外生到内生的思路，为了解释长期的人均增长，Solow 在模型中引入外生技术，用参量 A 代表，即 $\dot{A}/A = g$，$Y = Af(K，L)$，技术进步由 $\dot{A}/A$ 描述。新古典增长模型的经济含义是：①当资本存量增长时，经济增长会放慢，最终人均产出的增长取决于外生的技术因子；②穷国应该比富国增长快，这一结论也称为"条件趋同"。因此从长期看，这种广义外生技术进步不能解释国家间增长的差异，而且穷国的赶超也与实际不符。

Cass[3] 和 Koopmans[4] 于 1965 年将 Ramsay 的消费者最优化分析引入新古典增长模型，从而提供了由内生决定的储蓄率。这一扩展允许更丰富的转型动态(transitional dynamics)，并且保持了条件趋同的假设；但是，储蓄率内生化并没有消除长期以来人均产出增长率对外生技术进步的依赖。新古典经济增长理论认为技术进步是外生的，技术的产生是无成本的。然而现实的增长过程并非如此，技术进步来自并依赖于创新所使用的资源数量，这些资源通过教育和研究使得技术水平发生变化并作用于产出。将技术进步视为内生的研究，构成了 20 世纪 80 年代以来经济增长理论进展的主线。技术内生化研究最早可追溯到熊彼特[5]创新理论，他从均衡微观的角度进行分析，认为"创新"是经济增长的关键，这为 Rostow 经济起飞假说及知识创新、国家创新观点的形成提供了理论背景。

20 世纪 80 年代后期以来，以 P. Romer 和 Lucas 为代表的新经济增长理论逐渐发展起来，主要讨论技术知识的内生化以及如何在模型中体现技术知识的问题，认为经济长期增长的驱动力在于内生化的技术知识或人力资本存量的积累，从不同侧面讨论了技术进步与经济行为的关系。我们认为这一理论主要有两种研究思路：第 1 种称为知识积累模型，可追溯至 Arrow[6]，主要代表有 Romer[7]、Romer[8] 等；第 2 种称为人力资本模型，研究思路是建立在 Uzawa[9] 基础上的，主要代表有 Lucas[10]、Romer[11]、Jones[12] 等，以上工作都采用了均衡的观点。

Romer[7] 于 1986 年提出的经济增长模型认为知识与投资之间存在正反馈，但由知识的外部性导致产品生产表现出收益递增，从而人均收入可以无限增长，且增长率随时间递增，这时不存在竞争均衡，这并不符合经济增长的实际。通过假定知识生产是收益递减，P. M. Romer 同时也给出一个含内生技术进步的竞争均衡增长模型，通过求解效用最大化问题证明了竞争均衡的存在，并且得到人均产出增长率与人口自然增长率无关的结论，这一模型为对新技术的垄断以及由此带来的超额利润提供了投资和技术研究的动力。D. Romer 于 1996 年引入含物质生产部门和生产技术知识的 R&D 部门的两部门模型，资源在两部门间存在配置关系，两部门的产出都取决于资本和劳动力的投入及现有技术知识存量的多少，在一定的生产函数条件下讨论了经济的长期动态行为；但是在长期平衡增长路径上，人均产出的增长率完全取决于外生给定的人口自然增长率。

Lucas[10] 于 1988 年试着用人力资本来解释经济持续增长问题和国家间增长的差异，他假定每一个生产者都存在人力资本 H，且用一定比例 u 的时间来从事物质生产，用 $1-u$ 的时间从事自身人力资本的积累。人力资本的积累可存在外部效应，通过求解效用最大化问题可得出经济的微分动力系统，并且通过在平衡增长路径上的讨论得到了如下结论：即使人口增长率为零或负值，长期平衡增长仍是可能的；而且，国家间贫富差距会越来越大。Romer[11] 于 1990 年将知识分为以人力资本为载体的部分 H 和不以人力资本为载体的技术知识 A。假定总人力资本存量固定，A 的进步通过新的资本体现且存在规模效应，由生产部门利润最大化行为，给出了经济的均衡增长率与人力资本存量、R&D 部门生产率成正比，与时间贴现率成反比，而与人口规模无关的结论。这一模型解释了各国经济增长的差异，但对发达国家自 20 世纪 70 年代以来增长速率并没有因人力资本的不断积累而提高反而降低的现象无法给出合理的解释，为此，Jones[12]1995 年修改了文献[11]的模型中技术进步方程中的规模效应，在 R & D 部门中引入非线性因素，认为技术进步与现有技术知识存量和劳动投入间存在非线性作用，但他导出的经济均衡增长条件中经济增长率仍取决于外生的人口自然增长率。

以上 2 种思路研究的角度虽不同，而且其结果均不能反映现实经济中的复杂现象，但都是为了研究经济增长中技术进步问题而作出的努力。

3 技术进步对经济增长作用的分析

我们认为现代经济的长期增长是技术知识创新活动的结果，所以应探讨技术知识的内生机制及其与经济行为的关系。新兴经济是以技术知识而不是以实物为基础，而且新技术知识的探索与开发领域十分广泛，从而为经济的无限增长提供了可能性。

自 1996 年联合国经合组织发布《以知识为基础的经济》[13]报告以来，知识型经济的研究日益受到关注。知识型经济强调技术知识的内生化要素（如教育、边干边学、创新、人力资本等）的作用，主要特征是紧紧围绕技术知识的创新和知识的实际运用。在这样的意义上，教育和科研开发部门就是经济中的两大重要部门，它们在促进技术知识的产生扩散、提高人力资本素质、促进国家创新体系的高效运作等领域的发展战略和政策方面担负着重要的职能。

在知识型经济中，R&D 部门作为技术知识的生产、使用与扩散等各种活动的有机结合体，它的运行状况直接关系整个宏观经济的正常运行。对 R&D 部门的资源投入不容忽视，因此 R&D 部门的研究开发投资与产出成为衡量一个国家竞争力及综合实力的重要指标，发达国家在转向知识型经济的过程中，都在不断加大 R&D 投资力度。20 世纪 80 年代以来，从 R&D 投资占各国 CDP 的比例[14]看，美国为 2.35%～2.84%，日本为 2.3%～3.05%，英国为 2.05%～2.42%，德国为 2.26%～2.88%，而且多数国家的 R&D 投资占 GDP 的比例都呈上升趋势；而中国的这一比例在 1990—1997 年约为 0.64%，处于较低水平。

在现实情况下，如何从理论上研究技术进步对经济增长的作用，这一问题具有理论和实际意义。我们认为，均衡的线性的理论已经不能很好地解释经济增长中出现的复杂现象，所以有必要用复杂性研究的理论和方法，即采用非均衡、非线性的理论和模型来研究经济增长中的技术进步。在研究过程中我们认为需要注意以下两方面。

第一，现实经济的发展表明，一个国家的经济增长越来越多地依赖于知识与信息。技术知识的进展是经济增长的主要推动力，在转向知识型经济的趋势下，也要求对教育、研究、创新等过程投入更多的物质和人力资源。这种资源投入和收入水平直接相关，在进行物质生产与技术创新之间存在着资源配置问题，可以用微分动力系统来表现，即 $Y = F[(1-a_K)K, (1-a_L)L, A]$，$\dot{A} = G(a_K K, a_L L, A)$，$\dot{K} = sY - \delta K$，$\dot{L} = nL$。其中：$a_K$，$a_L$ 分别表示用于技术进步的资本与劳动力的份额；$F(\cdot)$，$G(\cdot)$ 分别表示非线性的物质产品与技术生产的生产函数。在上述模型中资源的配置存在着优化，对于不同的经济目标有着不同的演化路径。对于不发达或处于低收入陷阱的国家，由于没有足够的合理的资源投入 R&D 活动中，会压制经济增长。因此，寻找从不发达状态过渡到发达状态的"路径依赖"（path-dependence），摆脱现实经济中的"锁定力量"（lock-in），是以上模型可以研究的非均衡问题之一。我们认为可能的有效路径是经济系统内外相结合打破内部存在的无效均衡。

第二，除在宏观层次研究技术知识的基本特征及演化规律外，还应该考虑宏观现象的微观机制以及理论的实证分析，这些有助于我们了解技术进步的内在含义。有必要在总量模型的基础上建立多个个体的含有技术进步的经济增长理论模型，来反映个体技术进步的产生、扩散以及个体间的相互作用对演化结果的影响。经济数据的收集、整理和分析会对我们了解经济运行有所启示，这中间需要对知识型经济作出定量化的描述，并采用合适的数据来反映技术水平。

参考文献

[1]Solow R M. A contribution to the theory of economic growth[J]. The Quarterly Journal of Economics，1956，70(1)：65-94.

[2]Denison E F. Why growth rates differ：post-war experience in nine western countries[M]. Washington：Brookings Institution，1967.

[3]Cass D. Optimum growth in an aggregative model of capital accumulation[J]//Johansen J. The Review of Economic Studies，1965，32(7)：233-240.

[4]Koopmans T C. On the Concept of Optimal Economic Growth[M]//The Econometric Approach to Development Planning. Amsterdam：North-Holland Publ. Co. ，1965.

[5]熊彼特·约. 经济发展理论[M]. 何畏，等译. 北京：商务印书馆，1990.

[6]Arrow K J. The economic implication of learning by doing[J]. Review of Economic Studies，1962，29(6)：155-173.

[7]Romer P M. Increasing returns and long-run growth[J]. Journal of Political Economy，1986，94(5)：1002-1037.

[8]Romer D. Advanced Macroeconomics[M]. New York：McGraw-Hill Companies，1996.

[9]Uzawa H. Optimum technical change in an aggregative model of economic growth[J]. International Economic Review，1965，6(1)：18-31.

[10]Lucas R E. On the mechanics of economic development[J]. Journal of Monetary Economics，1988，22(1)：3-42.

[11]Romer P M. Endogenous technological change[J]. Journal of Political Economy，1990，98(5)：71-102.

[12]Jones C I. R & D-Based models of economic growth[J]. Journal of Political Economy，1995，103(4)：759-784.

[13]OECD. 以知识为基础的经济[M]. 北京：机械工业出版社，1997.

[14]国家统计局. 中国统计年鉴[M]. 北京：中国统计出版社，1980-1997.

经济结构失衡与经济衰退的
多部门动力学模型*

葛新元[1]　王大辉[2]　袁　强[2]　方福康[1]

（1. 北京师范大学物理学系，2. 北京师范大学非平衡系统研究所，100875，北京）

摘　要：建立一个由金融部门决定投资结构的分部门模型，分析了产业结构失衡的发生，以及由于产业结构失衡引发经济衰退的机制。模型结果表明：短视的投资结构容易导致产业结构失衡，从而造成整体经济的衰退；在结构失衡时，经济整体承受外来冲击能力下降，更容易陷入危机。

关键词：多部门模型；经济结构；投资结构；经济衰退

A Multi-sector Dynamic Model of Economic Structure Unbalance and Recessionary

Ge Xinyuan[1]　Wang Dahui[2]　Yuan Qiang[2]　Fang Fukang[1]

（1. Department of Physics，2. Institute of Non-equilibrium Systems，

Beijing Normal University，100875，Beijing，China）

Abstract：A multi-sector dynamic model in which quantity and each sector's share in the investment are decided by finance sector is developed to analyse economic structure unbalancing and economy regression reduced by such an unbalancing. The model shows how a short-eye investment can result in economic structure unbalancing and then regression in economy. It also points out that the economy will be easier to slump under such structure unbalancing, for the whole economy system is changed to be vulnerable to outside impacts.

Key words：multi-sector model；economic structure；shares of investment；recessionary

　　经济结构主要指经济系统中各种经济资源的配置情况[1]。其含义具有层次性：宏观层次最核心的当然是指资本、劳动力以及技术在各部门的配置（还有在空间上的结构、区域经济结构也是很重要的）；微观层次主要有生产要素的搭配结构（主要指的是资本、劳动力、流动资金的搭配）和生产要素的使用结构[2]。无论哪种经济结构，其对经济最直接的影响在于它往往决定了经济资源的利用效率，从而对经济系统的发展产生影响，经济资源的利用效率的差异，直接导致经济活动的收益率的差异。从微观上看，一个经济主体是否进行某项经济活动，主要看这项经济活动是否可以带来经济收益，如果一项经济活动的经济收益是负的，那么它就不会从事这一活动。因此当经济结构不好，以至于大部分经济主体的经济活动都无利可图时，整个经济就会陷于停顿，乃至崩溃。当然，现实的经济发生危机，并不是那么简单，往往是由于经济结构失衡，从而导致经济系统抵受冲击的能力下降，以致在一些较大的冲击下发生崩塌。

　　本文以产业结构和资本分别为经济结构和经济资源的代表，分析结构失衡与经济系统稳定性的关系，并建立一个多部门模型，描述由于投资的过分逐利性和投资效果的时滞，导致产业结构发展失

---

　　* 葛新元，王大辉，袁强，等. 经济结构失衡与经济衰退的多部门动力学模型[J]. 北京师范大学学报(自然科学版)，2000，36(5)：634-638.

衡，引发结构性经济衰退的过程。实际的产业结构的调整有两个途径[3]：一是资本的直接转产，二是通过投资控制各部门的资本增量从而渐进地改变经济结构，由于不同部门的资本往往不可替代[4]，因此主要的产业结构变化的实现主要是通过投资渐进地完成的；而不恰当的投资策略可能导致产业结构失衡度的增加，使得资本利用率下降，从而有可能引发经济衰退甚至经济危机。

1 模型

假设一个包含 3 个部门的经济系统，其中生产部门有 2 个，分别为部门 1 和部门 2，另 1 个部门是金融部门。假设生产部门的投资全来自金融部门。

1.1 生产部门行为

生产部门的行为有组织生产、将获得的投资转化为固定资本以及贷款的偿还，投资转化为资本具有时滞，本期的固定资本投资要在下一期才能使用，贷款的偿还时间为 3 个生产周期，各部门的生产潜力由本期所拥有的资本决定，部门 1 的资本产出率比部门 2 的资本产出率大。

$$X_i^t = A_i K_i^t \quad (i = 1, 2)。 \tag{1}$$

部门之间有一定的相互依赖性，表现为一个部门一定量生产的实现要以另一部门的一定量的生产为前提，即一个部门的产出决定了另一部门结构可能的最大产出，

$$D_1^t = \lambda_1 X_2^t, \quad D_2^t = \lambda_2 X_1^t, \tag{2}$$

D_1^t 和 D_2^t 表示结构决定的部门最大产出，部门实际产出用 Y 表示，则有

$$Y_1^t = \min\{D_1^t, X_1^t\} = \min\{\lambda_1 A_2 K_2^t, A_1 K_1^t\},$$

$$Y_2^t = \min\{D_2^t, X_2^t\} = \min\{\lambda_2 A_1 K_1^t, A_2 K_2^t\},$$

$$Y^t = Y_1^t + Y_2^t。 \tag{3}$$

各部门的资本存量的增加来源于金融部门的贷款（作为固定资本投资）

$$K_1^{t+1} = (1 - \delta_1) K_1^t + I_1^t, \quad K_2^{t+1} = (1 - \delta_2) K_2^t + I_2^t。 \tag{4}$$

贷款的偿还

$$\pi_i^t = \beta_i Y_i^t, \quad \alpha_i^t = \begin{cases} 1, & \pi_i^t \geqslant (1+r) I_i^{t-2}, \\ \pi_i^t / (1+r) I_i^{t-2}, & \pi_i^t < (1+r) I_i^{t-2}, \end{cases} \quad (i = 1, 2), \tag{5}$$

式中，π^t 为部门可自由支配的当期利润；α^t 为到期贷本息偿还率。

1.2 金融部门行为

金融部门将储蓄积累成为金融资产，并将之贷款给生产部门作为其固定资本投资，并获得利息收入。假设所有贷款的偿还周期为 3 个生产周期，利息与本金一起偿还，利息率为 r。所有的存款按一定的概率被提走，即存在着一定的金融风险，其主要由外界对金融部门的冲击带来，说明金融部门的易受攻击性，由此，金融资本的积累方程为

$$F^t = sY^t + (1+r) \alpha^t I^{t-2} + (1-\delta) F^{t-1} - I^t - \sigma^t (F^t, E), \tag{6}$$

式中，F 为金融资本积累；s 为储蓄率；$Y^t = Y_1^t + Y_2^t$ 为总量 GNP；I^{t-2} 为到期的总贷款额；α^t 为贷款的偿还比例；δ 为金融资本的折旧率（包括存款利息、金融部门固定资本折旧等部分）；σ^t 是有可能被提走的存款的随机分布函数，其与存款总量以及对经济前景的预期有关。

总贷款额

$$I^t = \theta^t F^t, \quad \theta^t = \theta(\alpha^t)。 \tag{7}$$

投资在部门上的分布考虑投资的逐利性，有

$$I_1^t = \gamma(A_1, A_2) I^t, \quad I_2^t = I^t - I_1^t, \tag{8}$$

式中，γ 是由 2 个部门资本收益率决定的一个参数，其值越大，表示投资的逐利性越强。在这个模型

中，风险主要体现在 σ^t 上，这是一种金融风险，表示挤兑发生的可能性。

2 模型结果分析

下面我们先不考虑这样的金融风险对经济的冲击，分析在一定投资结构作用下，部门结构的失衡对经济增长的影响。然后，将其包含到模型中，分析金融本身的风险对经济增长的影响。

2.1 弱化金融

假定金融部门是一个虚部门，只负责收集储蓄并将之转到部门投资，也就是说，我们可以用一个总投资方程 $I^t = sY^t$ 代替金融部门的方程。在此条件下，我们来分析模型可能得出的结果。由于只有 2 个生产部门，我们可以定义产业结构为 $\eta^t = K_1^t/K_2^t$，下面分析结构失衡的条件。由式(3)可得使资本得到充分利用的条件是

$$A_1 K_1^t \leqslant \lambda_1 A_2 K_2^t \text{ 且 } A_2 K_2^t \leqslant \lambda_2 A_1 K_1^t \Rightarrow A_2/\lambda_2 A_1 \leqslant K_1^t/K_2^t \leqslant \lambda_1 A_2/A_1 。 \tag{9}$$

由此可见，本模型中的均衡结构是一个范围。满足式(9)的产业结构都是均衡的，相应的资本都得到充分利用。但由于投资偏向于边际产出大的部门，经过一定时间的发展后，产业结构将可能不满足上面的关系，从而造成部门 1 的资本过量，这时经济增长率就会受到影响而变小，增长减缓。

下面我们给定模型的参数和初始资本值，计算其发展。设定参数 $A_1 = 0.4$，$A_2 = 0.2$，$\lambda_1 = \lambda_2 = 3$，$\delta_1 = \delta_2 = 0.03$，$s = 0.3$，$\gamma = 0.8$，并取定初值 $K_1 = K_2 = 100$，计算结果见表 1。表中 $D \equiv \lambda_1 A_2 K_2 - A_1 K_1$，是衡量结构是否失衡的量，当 D 非负时，结构没有失衡，当 D 为负时，结构就失衡了。

表 1　模型演化结果

时期	0	1	2	3	4	5	6	7	8
K_1	100.0	111.4	123.6	136.6	150.5	165.5	180.8	196.1	211.2
K_2	100.0	100.6	101.5	102.6	104.0	105.8	107.7	109.6	111.6
Y_1	40.0	44.6	49.4	54.6	60.2	63.5	64.6	65.8	67.0
Y_2	20.0	20.1	20.3	20.5	20.8	21.2	21.5	21.9	22.3
Y	60.0	64.7	69.7	75.1	81.0	84.7	86.1	87.7	89.3
I	18.0	19.4	20.9	22.5	24.3	25.4	25.8	26.3	26.8
I_1	14.4	15.5	16.7	18.0	19.4	20.3	20.7	21.0	21.4
I_2	3.6	3.9	4.2	4.5	4.9	5.1	5.2	5.3	5.4
dK_1	11.4	12.2	13.0	13.9	14.9	15.3	15.2	15.2	15.1
dK_2	0.6	0.9	1.1	1.4	1.7	1.9	1.9	2.0	2.0
D	20.0	15.8	11.4	6.9	2.2	-2.7	-7.7	-12.7	-17.5

结果表明，当经济运行到第 5 期时，结构发生失衡，部门 1 和总体经济的增长率明显下降，但部门 2 的增长受影响较小。相应的各期的部门及总量增长率见图 1，图中 g_1、g_2 分别是部门 1 和部门 2 的增长率，g 是整体经济增长率。

由计算结果可以看出：从经济结构失衡的时期开始，资本过剩的部门增长率明显下降，整体的增长率也下降，降到较原先增长水平低的增长态上；并且，如果投资结构保持不变，经济结构得不到及时调整，经济结构失衡的情况会一直持续下去，从而造成更多的资本被闲置，经济增长也将

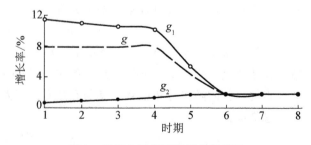

图 1　弱化金融模型的增长率曲线

被限定在较低的增长水平上。

如果定义经济崩溃是经济增长由正增长突变到负增长,经济衰退是经济增长水平的下降,那么在弱化金融功能的模型中,不会发生经济崩溃,但会发生经济衰退。

代入不同的参数进行计算,计算结果表明:

(1)投资偏好参数 γ 对整体经济增长率和结构失衡的发生是关键性的参量,而且是一个政策参量。γ 越大,均衡时整体经济增长率越高,但结构失衡发生也越快;$\gamma=0.5$ 能够保持产业结构不变,从而避免经济结构失衡与经济衰退的发生,但此时整体经济的增长水平也较低。

(2)s 对增长水平有影响,对结构失衡发生的快慢也有影响,但不能决定经济衰退的发生与否。

(3)A_1、A_2、λ_1、λ_2 的组合能够决定经济衰退是否有可能发生,但这几个参量是由技术水平决定的,不能通过经济政策进行调整。

2.2 不同的金融部门行为机制对结构失衡的调整

将金融调节投资的机制引入模型,我们可以看到结构失衡发生后,不同的金融反应可能带来截然不同的效果,金融对经济发展的作用机制主要体现在 θ(贷款意愿)和 γ(贷款结构)的决定上,下面我们给定两套不同的机制,分别进行计算,在此处仍旧不考虑金融风险($\sigma^t=0$)。

1)机制 1

$$\theta^t = \begin{cases} 0, & \alpha^t < 1, \\ \theta^0, & \alpha^t = 1, \end{cases} \quad \gamma = 0.8。 \tag{10}$$

取定 $\theta^0 = 0.06$,$\beta_1 = \beta_2 = 0.3$,$r = 0.1$,其他参数同弱化金融的模型,此时的计算得到相应的增长率数据见图 2。

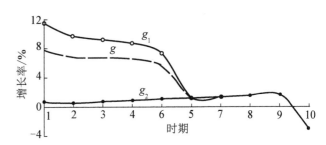

图 2 投资机制 1 模型的增长率曲线

从这一结果可以发现,经济崩溃发生了,这说明对经济衰退的不适合的对策,可能带来对经济的额外冲击;但在经济衰退中,由于结构失衡,经济耐受冲击的能力下降,在这样的冲击下,会发生经济崩溃,这也从一个侧面说明了金融部门对经济增长以及经济安全的重要性。

2)机制 2

假设金融部门对经济衰退发生的原因是清楚的,当结构性经济衰退发生时,能够及时调整投资,使资本利用率增加,结构失衡度下降,从而使经济走出较低的经济发展态。

$$\theta = 0.06,\quad \gamma = \begin{cases} 0.8, & D \leqslant 0, \\ 0, & D > 0。 \end{cases} \tag{11}$$

其调整机制我们设定为,当金融部门察觉到经济结构失衡(即 $D<0$)时,就通过遏止对资本过剩的部门的投资,从而将失衡的结构调整过来,其他的参数和初始值同机制 1 的模型,增长率的计算结果见图 3。可以看出,这样的投资政策可以将经济衰退挽回。

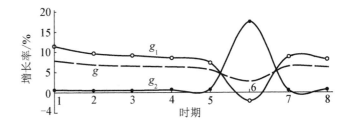

图 3 投资机制 2 模型的增长率曲线

2.3 金融风险与经济崩溃的发生

现在我们再引入对金融风险的考虑,设定 σ^t 是一种高斯分布,其中心值为 Γ(即存款者有最大的概率从金融部门提走的款额为 Γ),从而,模型变成了一个随机动力学模型。我们采用计算机数值模拟的方法，计算由于金融风险的存在，经济崩溃发生的概率。为讨论简单，假设金融部门在一期中能够动用的资金与金融总资金间有如下比例关系：

$$M^t = \rho F^t, \tag{12}$$

此时金融投资是 M^t 的一部分，即

$$I^t = \theta(M^t - \sigma^t)。 \tag{13}$$

代入参数进行模拟，结果主要有：

（1）当投资结构均衡（即 $\gamma = 0.5$）时，如果 Γ 很大，也可能发生经济衰退甚至经济崩溃，例如 $\Gamma \approx 2F$ 时，发生经济崩溃的概率是 0.1。这一结果说明，由于金融部门的易受攻击性和经济对金融的依赖性，仅由于其自身的风险就可能导致经济崩溃。

（2）在有可能发生经济结构性衰退的模型中，在经济衰退期间，由于金融风险的存在，经济崩溃发生的概率大大增加。

参考文献

［1］Chenery H B, Robinson S, Syrquin M. Industrialization and Growth：a Comparative Study［M］. New York：Oxford University Press，1986：22-48.

［2］Kuznets S. 各国的经济增长：总产值和生产结构［M］. 常勋，等译. 北京：商务印书馆，1985：24-78.

［3］陈家伟，葛新元，袁强，等. 中国多部门经济增长模型分析［J］. 北京师范大学学报（自然科学版），1999，35(4)：549.

［4］葛新元. 中国经济结构变化对经济增长的贡献的计量分析［J］. 北京师范大学学报（自然科学版），2000，36(1)：43-48.

一个含有内生技术的两部门动力学模型[*]

董洪光[1]　樊　瑛[2]　方福康[1]

(1. 北京师范大学物理学系，2. 北京师范大学系统科学系，100875，北京)

摘　要：构造了一个含有内生技术的 2 部门动力学模型，分析了 R&D 部门的最优投资问题，并进行了数值模拟分析。结果表明，当给定目标为人均产出增长率最大时，R&D 部门存在最优投资路径；而且优化方法下得到的 R&D 部门最优资源配置的结果仅是内生动力学模型中多种演化途径中的一种，系统中的非线性因素使得经济演化呈现更为丰富的动力学行为。

关键词：研究与开发；优化与演化；内生技术；最优投资

A Two-sector Dynamical Model Including Endogenous Technology

Dong Hongguang[1]　Fan Ying[2]　Fang Fukang[1]

(1. Department of Physics，2. Department of System Science：Beijing Normal University，100875，Beijing，China)

Abstract：A two-sector dynamical model including endogenous technology is constructed to analyze the question of optimum investment in R&D sector. The numerical simulation is also made. The results show that optimum investment exists in R&D sector. The result of optimum investment in R&D sector under the optimization method is only one of the evolutionary pictures in endogenous dynamical model. Nonlinear factors in this system allow the economy to hold forth abundant dynamical behavior.

Key words：R&D；optimization and evolution；endogenous technology；optimum investment

20 世纪 80 年代以来，以 Romer[1,2] 和 Lucas[3] 为代表的新经济增长理论重新焕发生机，而且随着知识型经济的兴起，科技和人力资本在经济增长中的作用日益突出。对技术知识、教育、人力资本等的研究引起人们新的兴趣和重视，如 Jones[4,5]、Romer[6]、Beckmann[7]、Nijkamp 等[8]。以上工作试图对长期经济增长及各国间人均收入的差异给出理论解释，但并没有对资源最优配置给出令人满意的回答。我们的问题是：在 R&D 部门与物质生产部门之间是否存在着资源的最优分配，使得经济达到给定的宏观经济目标？

1　模型

我们在 Romer[6] 原有 R&D 模型基础上建立一个反映技术知识进步对经济增长作用的动力学模型。我们认为经济系统包含 2 个部门，即物质产品生产部门和生产新技术知识的 R&D 部门；2 个部门的生产过程均需要投入一定的资源；在 2 个部门间存在资源配置关系。由于我国劳动力相对剩余，暂不考虑劳动力在 2 部门间的分配。

* 董洪光，樊瑛，方福康. 一个含有内生技术的两部门动力学模型[J]. 北京师范大学学报(自然科学版)，2000，36(5)：649-653.

模型包括 4 个内生变量：资本 K、技术知识 A、R&D 部门中资本配置份额 a_K、产出 Y。其中技术知识 A 的积累过程由 R&D 部门决定，它与 R&D 部门投入的资本和现有技术知识水平相关。系统的动力学方程为：

$$Y = [(1-a_K)K]^\alpha (AL)^{1-\alpha}, \tag{1}$$

$$\dot{K} = sY - \delta_1 K, \tag{2}$$

$$\dot{A} = B(a_K K)^\beta A^\theta (1 - A/A^*) + gA - \delta_2 A, \tag{3}$$

$$\dot{a}_K = (\lambda\, \partial A/\partial K - \partial Y/\partial K)[(Y/L)/Y^* - 1], \tag{4}$$

$$\dot{L} = nL, \tag{5}$$

式中，α、β 为参数，$0 < \alpha$、$\beta < 1$。式(3)说明技术知识的积累是要有物质资本投入的，且与现有技术水平以及国际技术前沿 A^* 相关，参数 θ 可以任意取定，θ 的不同取值表明经济处于不同发展阶段时已有技术水平对新技术产生的影响的大小。与国际技术前沿相比较，如果一个国家或地区的技术水平 A 与 A^* 差距较大，则假设有快速技术追赶的倾向。δ_2 表示折旧率，$0 < \delta_2 < 1$；g 为外生的技术增长率，$0 < g < 1$。

式(4)表明，R&D 部门中资本配置的份额 a_K 取决于两方面：第一，只有当经济发展水平(用人均产出 Y/L 表示)超过某阈值 Y^* 时，该经济才可能考虑分配部分资源来发展和提高现有的技术知识水平，从而有可能摆脱贫穷陷阱；第二，资本在 2 部门间进行转移配置时，要做出 2 部门间资本收益率的比较。

在经济系统中技术知识的水平不能过低，因为要保证经济较快地增长；技术知识的水平也不能过高，否则会影响经济的增长。因此，该模型中存在着资源配置关系，其中 $(1-a_K)$ 表示进入产品生产过程中的资本份额；式(1)表示产品生产过程中资本与劳动力是规模收益不变的；式(2)表明资本的积累是通过储蓄转化为投资实现的，储蓄率 s 是外生的，且资本在使用过程中存在折旧；式(5)说明劳动力的增长是外生的。

2 数值模拟分析与结果

对方程(1)~(5)，取各参数为：$\alpha = 0.3$，$\beta = 0.4$，$\delta_1 = 0.1$，$\delta_2 = 0.1$，$g = 0.005$，$\lambda = 50$，$n = 0.001$，$s = 0.3$，$\theta = 0.4$，$B = 1$；Y^*，A^* 给定，$Y^* = 5\,000$，$A^* = 50\,000$；取变量初值为 $K_0 = 20\,000$，$A_0 = 1\,000$，$a_{K_0} = 0.05$，$L_0 = 100$。对该微分动力系统进行数值模拟分析，结果如下。

(1)人均产出的增长率 g_y 随 a_K 的变化存在极大值，即 R&D 部门存在最佳的资本配置份额 a_K^*(图 1)。这一结果表明：在我们的 2 部门内生动力学模型中同样可以得到优化方法下的结果[9]，而且优化方法下的结果仅是内生模型中多种演化图景的一种。

(2)短期中资本产出率呈现出无规则振荡行为。

(3)长期中 R&D 部门的资本配置份额 a_K 趋于稳定。

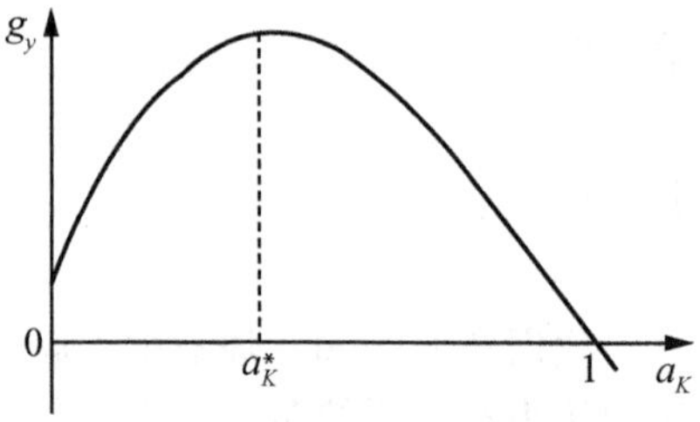

图 1 g_y 随 a_K 的变化

3. 数据验证

现实经济中存在的各种非线性因素，为经济系统存在丰富的演化行为提供了可能。比如产出和技术变化之间的正反馈机制保证了经济在长期中维持增长；而且也有经济收敛到平衡或定态路径的证

据[10]，经济系统均衡时资本产出率 K/Y 收敛到常数
且市场经济发达国家呈现相似性；但是如果计入经济
不发达国家，各国家间 K/Y 表现出很大的差异性[11]，
而且多数经济并不在平衡增长路径上。理论上的模拟
与预测可以出现 K/Y 的波动现象，而实际经济中也
可以观察到相类似的波动现象（图 2）。

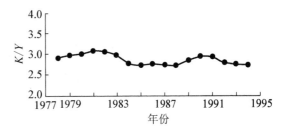

图 2　资本产出率 K/Y 的波动现象

4　小结

我们从技术知识及 R&D 部门资源配置的内生机制角度出发，构造了一个含有 R&D 部门和物质
生产部门的内生动力学模型，并利用非线性动力学的处理方法分析了总体经济的演化。模型中预测到
的波动现象源于系统中非线性因素的作用，比如内生的 R&D 部门中技术知识的积累和资源的配置机
制对经济中实际产出的反馈行为；由于实际经济系统中各种非线性、非均衡现象的存在，经济的演化
呈现出不同程度的复杂性。关于经济中的波动现象，文献[12]曾认为间断或不间断的"技术创新"产生了
周期或波动行为。从某种角度讲，模型中所呈现的波动现象可视为实际经济现象的一种反映，2 部门
间的耦合关系和 R&D 部门的内生性可以作为实际的资本产出率或人均产出波动的一种解释。

参考文献

[1]Romer P M. Increasing returns and long-run growth[J]. Journal of Political Economy，1986，
94(5)：1002-1037.

[2]Romer P M. Endogenous technological change[J]. Journal of Political Economy，1990，98(5)：
71-102.

[3]Lucas R E. On the mechanics of economic development[J]. Journal of Monetary Economics，
1988，22(1)：3-42.

[4]Jones C I. R & D-based models of economic growth[J]. Journal of Political Economy，1995，
103(4)：759-784.

[5]Jones C I，Williams J C. Measuring the social return to R&D[J]. The Quarterly Journal of
Economics，1998，113(4)：1119-1135.

[6]Romer D. Advanced Macroeconomics[M]. New York：McGraw-Hill Companies，1996.

[7]Beckmann M. Interactions in the growth of science and the economy［M］//Negishi T，
Ramachandran R V，Mino K. Economy Theory，Dynamic and Markets. Berlin：Springer，2001.

[8]Nijkamp P，Poot J. Endogenous technological change，innovation diffusion and transitional
dynamics in a nonlinear growth model[J]. Australian Economic Papers，1993，32(61)：191-213.

[9]董洪光，樊瑛，葛新元，等. R&D 部门的最优投资[J]. 北京师范大学学报（自然科学版），2000，
36(1)：66-68.

[10]Baumol W J. Productivity growth，convergence，and welfare：what the long-run data show[J].
American Economic Review，1986，76(5)：1072-1085.

[11]樊瑛. 经济增长中系统演化的复杂性研究[D]. 北京：北京师范大学，1999.

[12]Philippe A，Peter H. Endogenous economic growth theory［M］. Cambridge：MIT Press，
1998.

技术革新投资的两个特性与金融
对经济的促进作用[*]

彭方志[1]　袁　强[2]　方福康[2]

（1. 北京师范大学系统科学系；2. 北京师范大学非平衡系统研究所，100875，北京）

摘　要：本文讨论了通过理想模型讨论金融在技术革新投资的不可分性和技术投资的风险性两方面的作用。

1　引言

历史数据和理论研究均表明：经济增长与金融发展有着强相关关系（如 Goldsmith[1]、麦金龙[2]、Lucas[3] 等的工作）。虽然经济和金融的相互作用十分复杂，但大多数学者都认为金融发展对经济增长存在着促进作用，同时，也可能使经济系统的不确定性更为复杂。

1.1　金融影响经济的途径

根据前人的工作，我们认为存在如下金融影响经济的途径：

（1）通过影响资本总量；

（2）通过影响资源配置效益；

（3）通过影响（广义）技术水平；

（4）通过影响经济系统的不确定性，减小经济系统中原有的不确定性，带来新的不确定性。

1.2　技术革新投资的两个特性

技术进步是经济增长的直接原因之一。自从 Solow 残差[4] 被发现以来，研究经济增长的学者，尤其是以 Romer[5]、Lucas[3] 等为代表的新增长理论经济学家对技术进步与经济增长的研究越来越深入。

技术进步需要投资，用于新技术开发和技术革新。而技术开发和技术革新投资存在与物质资本投资不同的特性，如不确定性（因为技术开发存在风险）、不可分性等。

（1）不可分性：技术革新往往需要在短时期内投入大量资金，而资金积累速度有限，因此需要一定的积累时间，由此产生资源闲置。

（2）风险性：技术革新投资具有风险，有可能失败没有收益，由于经济主体厌恶风险而使技术革新投资不足。

2　技术革新投资的不可分性与金融

2.1　基本模型

设经济系统中有 n 个主体，他们是独立同质的。

（1）有相同的生产函数；

---

* 彭方志，袁强，方福康. 技术革新投资的两个特性与金融对经济的促进作用[C]//2001 年风险管理和经济物理研讨会论文集. 北京：[出版者不详]，2001：129-136.

（2）有着相同的消费、实物资本投资和技术革新投资比例；

（3）设存在实物资本折旧，折旧率为常数；经济主体在达到均衡后才开始作技术革新积累；

（4）不考虑技术开发所需的时间，技术开发成功后，经济将在新的技术水平上运行，新技术水平的均衡资本存量更高，因此需要时间增加资本存量，以达到新的均衡；

（5）设每次技术革新需要一次性投入资金；

（6）在完全没有金融的情况下，设每个经济主体完全依靠自己的积累进行技术革新。

由每次技术革新所需要的资金、能带来的技术进步和由此需要的积累时间，即可算得平均的技术进步和经济增长速度。

技术进步与资金积累：

积累时间与达到新均衡的时间：

$$T=\frac{\varphi}{1-c-\lambda}\left(\frac{\delta}{\lambda A}\right)^{\frac{\alpha}{1-\alpha}}=sA^{-\frac{\alpha}{1-\alpha}},\ s=\frac{\varphi}{1-c-\lambda}\left(\frac{\delta}{\lambda}\right)^{\frac{\alpha}{1-\alpha}},$$

$$\tau\approx\frac{1}{2}\left[\frac{1}{(1+\alpha)^{\frac{2-\alpha}{1-\alpha}}}+1\right]\left[\lambda\frac{(1+\alpha)^{\frac{1}{1-\alpha}}-1}{(1-c)\delta}\right]=s'。$$

总时间与增长率：

$$T+\tau=sA^{-\frac{\alpha}{1-\alpha}}+s',$$

$$g_A=\frac{\dot{A}}{A}=\frac{(1+a)A-A}{A(T+\tau)}=\frac{a}{sA^{\frac{-\alpha}{1-\alpha}}+s'},$$

$$g=\frac{\dot{Y}}{Y}=\frac{(1+a)AK_1^*-AK^*}{AK^*(T+\tau)}=\frac{(1+\alpha)^{\frac{1}{1-\alpha}}}{sA^{\frac{-\alpha}{1-\alpha}}+s'}。$$

2 2 存在发达金融的情况

如果经济中存在发达（理想）的金融系统：经济主体积累过程中的闲置技术革新资金可以汇集起来以供某个主体进行技术革新。由于这种机制，经济主体的技术水平先后得到提高，以所有主体完成技术革新为一个周期，在这个周期内积累的速度会越来越快，因为已完成技术革新的经济主体的产出提高了，其积累额也相应提高。这减少了积累时间和资金闲置时间，因而提高了技术进步和经济增长的速度：

$$\int_{t_{j-1}}^{t_j}\left(\sum_{i=1}^{N_1}Y^i(1-c-\lambda)\right)\mathrm{d}t=\left\{\varphi A_0+\left(\frac{\lambda A_0}{\delta}\right)^{\frac{1}{1-\alpha}}[(1+a)^{\frac{1}{1-\alpha}}-1]\right\}=F \tag{1}$$

$$Y^i=\begin{cases}A_0K_0^{\alpha} & i>j\\ A_0K_1^{\alpha}(1+a)^{\frac{1}{1-\alpha}} & i<j\end{cases} \tag{2}$$

$$K_0=\left(\frac{\lambda A_0}{\delta}\right)^{\frac{1}{1-\alpha}},\ K_1=\left[\frac{\lambda(1+a)A_0}{\delta}\right]^{\frac{1}{1-\alpha}}\quad j=1,2,\cdots,N_1,\ t_0=0 \tag{3}$$

经济完成一次技术革新所需要的总时间与 ε 成正比。

因为：
$$\varepsilon=\frac{1}{2}\left[1+\frac{N_1}{(N_1-1)(1+\mu)^{\frac{2-\alpha}{1-\alpha}}+1}\right],$$

所以，随着参与合作的厂商的数目 N_1 的增长，这种合作对经济的促进作用会越来越强。但是这种合作对经济增长和技术进步是有限的。

3 技术革新投资的风险性与金融

3.1 基本模型

技术开发需要投资并具有风险，设这种风险表现为一定的成功和失败的概率分布，设期初所有经济主体的技术水平相同，具体技术不同（不考虑技术传播）。他们所面对的概率分布是独立同分布的，并简单地设为二项式分布。

风险厌恶的经济主体有着对数型效用函数，效用仅是产出的函数；他们在上期产出、技术水平和储蓄既定的情况下，通过决定储蓄在技术革新投资和实物资本投资之间的分配最大化期望效用。

1）经济主体完全靠自己的资金和生产进行决策

$$Y_t = A_t K_t^\alpha$$
$$sY_t > I_{t+1} \geq 0$$
$$K_{t+1} - K_t = sA_t K_t^\alpha + I_{t+1} - \delta K_t$$

$$\begin{cases} p[A_{t+1} = A_t + aI_{t+1}] = \lambda \\ p[A_{t+1} = A_t] = 1 - \lambda \end{cases}$$

$$U_{t+1} = \ln(Y_{t+1})$$
$$\max_{I_{t+1}} \overline{U}_{t+1}$$

求解这个模型可得经济主体决定的技术革新投资：

$$I_{t+1}^1 = \frac{(sA_t K_t^\alpha - \delta K_t) + \left(K_t - \dfrac{\alpha}{\lambda \alpha} A_t\right)}{1 + \dfrac{\alpha}{\lambda}}。$$

2）经济主体相互持股的情况

如果经济中存在理想的金融系统：使得经济主体可以完全相互持股，每一个经济主体进行技术开发的实际资金都来自所有经济主体，每一个经济主体也都将自己的技术开发积累投入别的经济主体的开发中。每个技术开发机会所面临的收益分布为：

$$Js_{t+1} = (A_{t+1} - A_t)K_{t+1}^\alpha = \begin{cases} p[aI_{t+1}K_{t+1}^\alpha] = \lambda \\ p[0] = 1 - \lambda \end{cases}$$

这个收益将在所有投资者中按技术开发投入份额分配，为简单计，设每个经济主体在每个技术开发投资机会中的投资相等。对于某一个经济主体来讲，这种机制相当于将原来仅仅投入自己的技术开发中的资金分成了 n 份，分别投入 n 个独立同分布的技术开发中。每一个技术开发如果成功都能够给他带来收益，他的总收入有 $n+1$ 种可能的取值。其余假设不变，可得如下模型：

$$Y_t = A_t K_t^\alpha$$
$$sY_t > I_{t+1} \geq 0$$
$$K_{t+1} - K_t = sA_t K_t^\alpha - I_{t+1} - \delta K_t$$

$$\begin{cases} p[A_{t+1} = A_t + aI_{t+1}] = \lambda \\ p[A_{t+1} = A_t] = 1 - \lambda \end{cases}$$

$$Js_i = \begin{cases} p\left[\dfrac{1}{n}(aI_{t+1})K_{t+1}^a\right] = \lambda \\ p[0] = 1-\lambda \end{cases}$$

$$p\left[In_{t+1} = A_t K_{t+1}^a + \frac{1}{n}(aI_{t+1})K_{t+1}^a i\right] = \lambda^i(1-\lambda)^{N-i}C_N^i, \quad i = 0,\cdots,n$$

$$U_{t+1} = \ln(In_{t+1})$$

$$\max_{I_{t+1}}\overline{U}_{t+1}$$

求解这个模型可得每个厂商在此情况下决定的技术开发投资：

$$I_{t+1} = \frac{(sA_t K_t^a - \delta K_t) + \left(K_t - \dfrac{\alpha}{\lambda a}A_t\right)}{\dfrac{\alpha}{\lambda}\left[\dfrac{1-\lambda}{N} + \lambda\right] + 1}.$$

另外，如果不考虑经济主体的风险厌恶，最大化当期期望产出可以得到：

$$I_{t+1}^0 = \frac{(sA_t K_t^a - \delta K_t) + \left(K_t - \dfrac{\alpha}{\lambda a}A_t\right)}{\alpha + 1}.$$

比较不存在风险厌恶(上指标 0)、存在风险厌恶并存在理想金融(无指标)、存在风险厌恶但不存在理想金融(上指标 1)这三种经济的技术水平、总产出以及总产出的方差可得：

$$\overline{A_{t+1}^0} > \overline{A_{t+1}} > \overline{A_{t+1}^1},$$

$$\overline{Y_{t+1}^0} > \overline{Y_{t+1}} > \overline{Y_{t+1}^1},$$

$$\sqrt{\delta Y^2}_{t+1}^0 > \sqrt{\delta Y^2}_{t+1} > \sqrt{\delta Y^2}_{t+1}^1.$$

4 结论

如果技术革新投资存在不可分性，那么金融可以通过汇集资金而提高经济整体的技术革新速度，从而促进经济增长。

如果技术革新投资存在风险，而经济主体又是风险厌恶的，那么金融通过分摊风险，减小个体的风险，可以提高技术革新投资占总投资的比例，从而提高经济的期望总产出。但是这样一来，总产出的方差会增大。如果将总产出的方差定义为宏观风险，那么通过这种机制，金融增大了经济的风险（但是存在着别的机制使得金融减小经济的风险：如金融市场的信息收集和处理机制，监督机制等）。

参考文献

[1]Goldsmith W. 金融结构与发展[M].浦寿海，译.北京：中国社会科学出版社，1993.

[2]麦金龙.经济发展中的货币与资本[M].卢骢，等译.北京：三联出版社，1988.

[3]Lucas R E. On the mechanics of economic development[J]. Journal of Monetary Economics，1988，22(1)：3-42.

[4]Romer D. Advanced Macroeconomics[M]. New York：McGraw-Hill Companies，1996.

[5]Romer P. Endogenous technological change[J]. Journal of Political Economy，1990，98(5)：71-102.

经济中的"J"效应[*]

袁　强　方福康

（北京师范大学非平衡系统研究所，100875，北京）

　　摘　要： 对现代经济增长和经济发展提出了"J"效应理论，尝试性地概括了"J"效应是现代经济增长和发展的一种重要模式。该模式为新古典均衡增长理论和现代新增长理论能够有机地融为一体提供了一种方法上的启示。此外，对"J"效应成因的动力机制及其经济背景给出了两个说明性例子。

1　问题的背景

　　1999年2月，在中国科学院主持的金融风险管理的讨论会上，北京大学金融数学系谢衷洁教授做了一个《关于"J"效应的时间序列分析及其政策性实验》的报告（谢衷洁，2000），内容是汇率变化对进出口贸易收支的影响。指出在国际贸易中提高或降低汇率对进出口贸易的收支有一个时滞的作用，即降低汇率并不能立即引发出口量的增加，而需要有一个缓慢下降，并降到一定程度再攀升的过程，图形上表现为一种"J"（图1）。联系到当时我们正在念的一本书《内生增长理论》（Philippe Aghion，1998），其中第八章增长与周期，这一章介绍了技术创新对经济增长的影响，作者以熊彼特的创新理论为依据给出了一个技术创新开发应用过程的动力模型，指出在新技术的实验开发和应用过程中，产出也表现出一种"J"效应（图2）（注：书中用"v"表示，实质上用"J"更为恰当）。

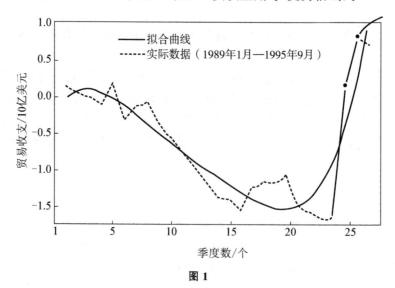

图1

　　* 袁强，方福康. 经济中的"J"效应[C]//2001年风险管理和经济物理研讨会论文集. 北京：[出版者不详]，2001：137-149.

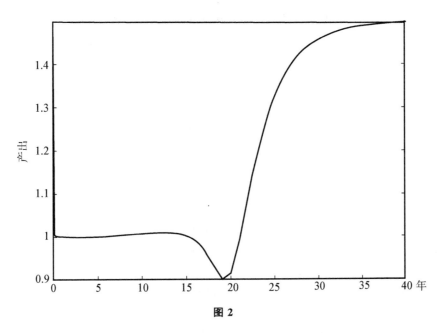

图 2

再回到我们十年前所做的有关教育经济效益方面的工作《用耗散结构理论研究教育经济系统》(李克强，1988)，实证研究发现，不同教育程度的收益曲线现在看来也是一种"J"效应。并且拟合折算出受高等教育、职业教育、高中、基础教育劳动者的平均贡献分别相当于未受教育的劳动者的 3.4 倍、2.6 倍、2.1 倍和 1.6 倍(图 3)。

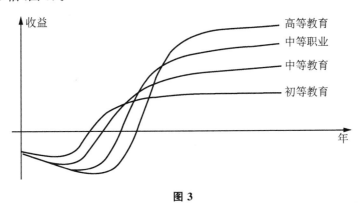

图 3

以上三例从不同角度反映出这样一个事实：一种具有潜在后发性优势但需要有先期投入的经济现象都有可能产生"J"效应，它在经济增长和经济发展的各个方面都有反映。例如，具有一定风险的投资行为；技术创新和制度创新；某些宏观政策参数的改变；教育与人力资本投资；环境自然资源的保护和利用等。因此，"J"效应不是一种孤立的经济现象，对"J"进行概括分析，并提升到理论的高度是一件有意义的工作。

2 "J"效应的启示

"J"的经济解释是某种因素或几种因素的共同作用对经济增长或经济发展的相对滞后性。这一解释的理论基础可以追溯到熊彼特的创新理论。他提出了一个著名的概念"创造性毁灭"(creative destruction)，即创新过程是伴随着旧的产品、技术和旧的制度消亡的过程，因此在这种新旧转换过程中必然要付出一定的代价或转换成本。尽管当时熊彼特并没有形象地用"J"概括他的创新理论，但他的理论已含有了这样的意思。20 世纪 80 年代末兴起的新增长理论，如卢卡斯（Lucas，1987）的人力资本理论、保罗·罗默（Paul Romer，1988）的生产规模效益递增、技术与知识资本的说法都是新古典增长理论与熊彼特创新理论结合的有益尝试，新古典增长理论打破了传统的新古典均衡增长理论的模式，面对经典增长理论无法解释的现代经济中出现的世界各国持续性的增长波动、各国的增长率不同以及各国的收入水平不一样的事实，从内生增长的角度提出了种种理论解释，开辟了经济增长理论研究的新途径，引发了一轮新增长理论研究的热潮。值得说明的是，新增长理论也没有用"J"的形式加以概括。

经济增长是一个宏观动态过程，由于影响经济增长的因素非常之多，从现象上看，经济增长过程似乎是一种随时间变化毫无规律的曲线，但如果从系统演化的角度，对经济增长的演化轨迹作一个分解，经济增长可以划分为三种基本形式（图 4）。

（1）渐进式：即新古典增长理论所展示的那种外延式扩张，这只是总量生产函数 $Y=AF(K，L)$ 中资本 K、劳动力 L 或外生技术 A 的简单增加所带来产出 Y 的相应增加。

（2）突变式或阶跃式：即总量生产函数 $Y=F(K，L，\alpha，\beta)$ 中政策参数 α、环境参数 β 乃至结构 F 的变化，这种变化是冲击性的，结果导致产出 Y 出现相应的阶跃式变化。

（3）"J"形式：这是一种内涵式的增长途径. 它通过先期改变资本 K 和劳动力 L 的"质量"，或通过技术创新增进技术进步因子 A 乃至制度创新改变结构 F 等促使 Y 上升到一个新的台阶。这种改变资本和劳动力"质量"等途径是多方面的，又是要支付成本的。

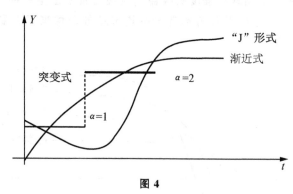

图 4

它的演化过程大致分为以下三个阶段。

（1）第一阶段是调研和实验阶段（R&D），该阶段对新产品、新方法、新制度的可行性进行小规模的尝试性实验和对市场前景进行评估分析，因为起步阶段的投入不是很大，Y 具有平缓下降的趋势。

（2）第二阶段是大规模开发和宣传阶段，该阶段需要大量的资金投入，并伴有极大的投资风险，甚至需要金融介入。此时，Y 加速下降，并且若决策出现战略性失误，经济有可能持续下滑甚至导致危机出现（如图 4 中虚线所示）。

（3）第三阶段是推广普及应用阶段，该阶段经济出现新的起飞，经过一段快速增长期，最终平稳到更高台阶的新的均衡。

上述三个阶段演化过程可以形象的用"J"来刻画。"J"反映出经济增长中资本 K 和劳动力 L 与产出 Y 不是一种简单的投入产出的因果关系，而是互为因果相互作用的互动关系。一般而言这种相互作用是非线性的，因此经济增长的内因是非常复杂的。上述划分仅是一种理论上的分解，实际观察往往是这三种基本形式的叠加，甚至还存在其他不确定因素的影响。所以，观察到的经济增长事实是一种增长波动的图像。

3 "J"的物理意义及解释

如果跳出经济学的圈子,从系统状态函数演化的观点来看"J"效应,这是一个非常经典的统计物理中的问题,由 Kramers 于 1940 年提出。讨论的是核裂变时由一个重核分裂为两个碎片的过程,其本质是系统从一个定态如何越过势垒到达另一个定态,这个典型的非平衡统计的问题,物理学家形象地称之为"爬驼峰"问题。它经过长时间的讨论未能有很满意的结果。后来,到了 20 世纪 80 年代,M. Suzuki 在非线性 Fokker-Planck 方程的基础上给出了一个近似解,但还遗留着很多待讨论的问题。对于一个复杂性系统而言,多重定态是复杂性的重要特征之一,经济作为一个演化的复杂系统,多重定态及均衡转移的问题同样存在,只是以前的文献很少系统讨论过均衡转移的问题。在新古典主流经济学的影响下,一般都是讨论均衡的存在以及从均衡态附近如何回到均衡的稳定性问题。现在经济领域中出现的"J"曲线也是属于非平衡态转移这样一个带有普遍性的基本问题,这里涉及在宏观层次如何确定终态的位置以及与状态密切相关的参量,如转移时间、势垒深度等。更为重要的是在平衡态转移后面所蕴含的微观机制。在非平衡统计中,这个问题至今仍是开放的。"J"曲线的研究利用非平衡统计的背景将有助于这类非平衡经典系统机制的理解,同时经济数据的分析也有助于促进统计物理对这个基本问题认识的深化。

1)"J"曲线的机制

如果系统的某一物理量随时间演化的图像是"J",那么该物理量则可以用受到正、负两个方向的"力"的作用来说明(或者隐含着正负两方向的"力")。特点是,初始状态负力占主导地位,到某一时刻后,正力占主导地位,最后两力随时间衰减为零或两"力"中和。

2)"J"曲线的意义

"J"有可能是在一段时期内给定系统整体优化目标,并在一定的约束条件下,系统选择的一条最优演化的途径。例如,要把现时的 GDP 在未来十年翻一番,最优演化的道路不一定是直线,而可能是"J"曲线,即先降低一点增长速度进行调整创新,再在后来的几年争取高速度迈上新台阶。因此,表面上看"J"是一条演化轨迹,而实质上它是由宏观目标所决定的一条优化道路。

3)"J"的几何特征

从"J"的图形上看,它有三个基本参数(图5)。

(1)宽度,它表示系统从初始到恢复所需要的时间跨度。

(2)高程,它表示系统在某因素作用下最终提高的水平。

(3)低势,它表示系统采用某因素所要付出的最高代价。

有以上 3 个基本参数我们大致就能把握"J"曲线的轮廓。此外,还有 3 个位置参数能使我们对"J"图形的理解更加深入。

x_a:系统初始状态所处的水平。

x_b:系统处于最低水平的时刻。

x_c:系统到达新均衡的时刻。

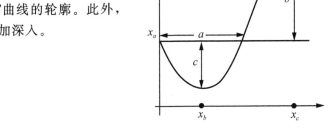

图5

4 "J"的动态方程表示

正如"S"形增长曲线可用 Logistic 方程表示:

$$\dot{x} = ax\left(1 - \frac{x}{b}\right)$$

方程有两个参数 a、b,意义是 a 表示增长的强度,b 表示对 x 的制约界限($x \leqslant b$ 时,x 增加;

$x>b$ 时，x 减少）。给出 a、b 两个参数，就可以大致画出"S"形的增长曲线。

问题是什么样的微分动力系统方程可以完整地描述"J"曲线，反过来，若从实际数据中计量得到基本参数 a、b、c 的值，能否找到一个简单的符合经济意义的动力方程来拟合。显然，用系统动力方程的刻画比用时间序列的方式要深刻得多。

第一个问题是一个数学问题，第二个问题既是数学问题又是经济问题。这类一般性的问题是比较复杂的，下面两个例子可以给有兴趣的研究者一点启发。

5 两个例子

5.1 国际贸易中的"J"效应（王大辉、袁强、方福康）

假设一个国家在 t 时期收到的出口订单数为 N，每份订单的外币价值为 a，订单不是立即交割，而是经过一定时间后履约并按签约的价格结算，设 t' 时期的订单在 t 时期交割的比例是 $\alpha e^{\alpha(t'-t)}$，其中 α 表示从签约到履约的时间延迟因子。则这个国家在 t 时期的出口所得外汇 E 为：

$$E = \int_{-\infty}^{t} a\alpha e^{-\alpha(t-t')} N(t') dt' \tag{1}$$

（1）对 t 求微分得到：

$$\frac{dE}{dt} = a\alpha N - \frac{E}{\alpha} \tag{2}$$

（2）描述了一个国家通过出口收到外汇的变化规律。

一个国家的产品在国际市场需求的变化将直接影响它在 t 时期收到的订单数，而国际市场的需求与汇率相关。给定汇率 e，国际市场的均衡需求是 $\bar{N}(e)$。需求将自动向 $N(e)$ 调节，β 是调节的速度，即：

$$\frac{dN}{dt} = \beta(N(e) - N) \tag{3}$$

对式（1）～式（3）给定参数得到模拟曲线（图 6）。

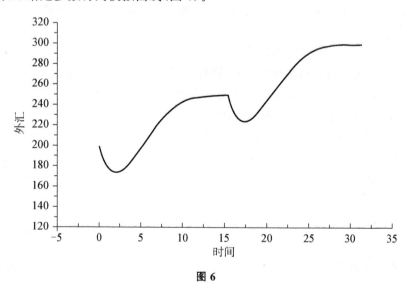

图 6

5.2 技术更新过程中的优化选择（晏莉娟、袁强、方福康）

假设在技术更新过程中，宏观目标是在 $[0, T]$ 时期使利润最大。

即：
$$\max \int_0^T E_t \mathrm{e}^{-\rho t}\,\mathrm{d}t$$

收益由产出和成本决定：
$$E_t = Y_t - C_t$$

式中，E_t 表示 t 时刻的收益；Y_t 表示 t 时刻的产出；C_t 表示 t 时刻的成本。

考虑一种简单的技术生产形式，生产由技术规模和生产率所决定，如果新技术和旧技术并存，则总产出为用新技术进行的生产和用旧技术进行的生产的简单加总。
$$Y_t = A_1 \alpha(t) + A_0(1 - \alpha(t))$$
$$A_1 = \mu A_0$$

式中，A_1、A_0 分别表示新技术、旧技术的生产率；$\alpha(t)$ 则表示 t 时刻新技术的生产规模，$0 \le \alpha(t) \le 1$，$\alpha(0) = 0$，$\alpha(T) = 1$，$t \le T$（T：技术设备的生命周期）；μ 为常数。

忽略其他成本，只考虑在技术更新过程中，厂商用来购买新技术设备的费用。显然，这部分成本跟新技术设备的价格和当期购买的新技术设备规模有关。
$$C_t = P_t \alpha(t), \quad P_t = P_t(\alpha(t), t), \quad 且 \frac{\partial P_t}{\partial t} < 0, \quad \frac{\partial P_t}{\partial \alpha(t)} < 0$$

做一级近似：
$$P_t = P_0 - k\alpha(t) - mt$$

式中，P_t 表示新技术设备 t 时刻的价格；k、m 为常数。

结论：

$E_t * e^{-qt} = [(u-1) * ((1/4 * (-2*q*p*T+2*m*T-2*T+m*g*T^2+2*u*T+4*k*q) * \exp(1/2*q*t)/(\exp(1/2*q*T)-1)-1/2*m*t+1/2*t-1/4*m*q*t^2+1/2*q*p*t-1/2*u*t/(k*q)-1/4*(-2*q*p*T+2*m*T-2*T+m*q*T^2+2*u*T+4*k*q)/(k*q*(\exp(1/2*q*T)-1)))-p*(1/8*(-2*q*p*T+2*m*T-2*T+m*q*T^2+2*u*T+4*k*q)*q*\exp(1/2*q*t)/(\exp(1/2*q*T)-1)-1/2*m+1/2-1/2*m*q*t+1/2*q*p-1/2*u)/(k*q)+(1/8*(-2*q*p*T+2*m*T-2*T+m*q*T^2+2*u*T+4*k*q)*q*\exp(1/2*q*t)/(\exp(1/2*q*T)-1)-1/2*m+1/2-1/2*m*q*t+1/2*q*p-1/2*u^2/(k*q^2)+m*(1/8*(-2*q*p*T+2*m*T-2*T+m*q*T^2+2*u*T+4*k*q)*q*\exp(1/2*q*t)/(\exp(1/2*q*T)-1)-1/2*m+1/2-1/2*m*g*t+1/2*q*p-1/2*u)*t/(k*g)]*\exp(-q*t)$

注：以上是用 Matlab 求解得到的结果，绘制曲线如图 7 所示。

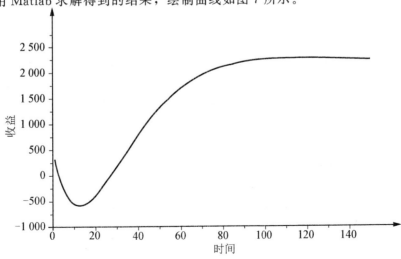

图 7

$p = 1.5$；$m = 0.1$；$k = 0.2$；$u = 4$；$q = 0.05$；$T = 30$；for $t = 1 : 150$.

　　以上两例还很粗糙，进一步的工作还在整理之中。图 8 是中国钢铁工业利税总额 1949—1989 年的增长情况，我们打算以它为实例背景分析中国钢铁工业的发展情况。资料来源是《中国钢铁工业年鉴 1990》。此外，还有一点困难是 1990—1999 年数据大起大落（图 9），而这一时期正是我国钢铁工业的重要调整期。希望能对 1990 年以后的数据加以分解，以证实我们对经济增长的三种基本形式的理解。

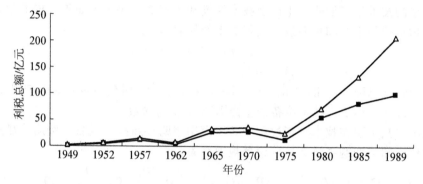

图 8　钢铁工业利税总额增长情况（1949—1989 年）

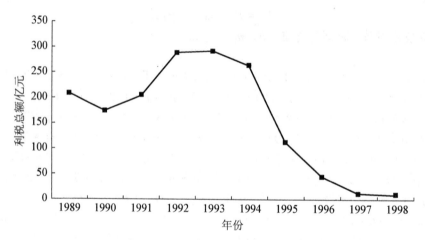

图 9　钢铁工业利税总额增长情况（1989—1998 年）

参考文献

　　[1] Lucas R E，1988. On the mechanics of economic development［J］. Journal of Monetary Economics，22(1)：3-42.

　　[2]Aghion P，Howitt P，1998. Endogenous Growth Theory[M]. Cambridge：MIT Press.

　　[3] Lorenz H W，1993. Nonlinear Dynamical Economics and Chaotic Motion［M］. Berlin：Springer.

　　[4]Romer P M，1986. Increasing returns and long-run growth[J]. Journal of Political Economy，94(5)：1002-1037.

　　[5]Romer P M，1990. Endogenous technological change[J]. Journal of Political Economy，98(5)：71-S102.

　　[6]Uzawa H，1965. Optimum technical change in an aggregate model of economic growth[J]. International Economic Review，6(1)：18-31.

[7]von Neumann J，1945. A model of general equilibrium[J]. The Review of Economic Studies，13(1)：1-9.

[8]Schumpeter J A，1934. The Theory of Economic Development[M]. Cambridge：Harvard University Press.

[9]Kramers H A，1940. Brownian motion in a field of force and the diffusion model of chemical reactions[J]. Physica，7(4)：284-304.

[10]Suzuki M，1980. Microscopic theory of formation of macroscopic order[J]. Physics Letters A，75(5)：331-332.

[11]方福康，1997.经济增长中的复杂性[C]//中国经济适度快速稳定增长国际研讨会文集.北京：社会科学文献出版社.

[12]谢衷洁，刘亚利，叶伟彰，等，2000.关于J-效应的时间序列分析及其政策性实验[J].北京大学学报(自然科学版)，36(1)：142-148.

[13]李克强，方福康，1988.用耗散结构理论研究教育经济系统[J].北京师范大学学报(自然科学版)，24(增刊2)：48.

一个包含金融因素的宏观经济模型框架[*]

王大辉[1]　　方福康[2]

（1. 北京师范大学系统科学系；2. 北京师范大学非平衡系统研究所，100875，北京）

摘　要： 从分析经济对金融需求角度出发，把金融因素引进宏观经济，建立了一个可以阐释金融和经济的相互作用机制，特别是金融发展和经济增长关系的，包含金融因素的宏观经济直观图像和定量分析的模型框架。

1　引言

金融在宏观经济中扮演什么样的角色，经济学家们的观点很不一致。一些经济学家认为金融的作用并不重要，例如 Robinson[1] 认为经济发展创造了对新的金融服务的需求，金融部门仅仅是对这种需求的自动反映；Lucas[2] 也曾断言经济学家"过分地强调了"金融在经济增长中的作用；即使是一些发展经济学家们也经常忽视了金融在经济增长中的作用。但是，另一些经济学家却强调金融在经济增长以及经济运行中起到的重要作用。Bagehot[3] 认为在英国工业革命中金融部门曾起到关键的作用；Schumpeter[4] 也相信高效率的银行会刺激技术革新进而促进经济增长；Stiglitz[5] 强调：金融市场本质上涉及资源的配置，可以看作整个经济系统的"大脑"，是决策的关键，如果他们失误了，不仅仅给金融部门自己带来损失，还将影响整个经济系统的运行状况。

在实证工作方面，Goldsmith[6] 经过翔实的数据工作指出：金融相关系数与经济增长呈正向关系，即金融资产在国民财富中所占的比例与经济发展程度是正相关的；同时，随着经济的发展程度增加，金融资产的构成中非银行金融机构持有的金融资产的比例增大，这反映了间接金融的发展和储蓄、投资行为的机构化。Goldsmith、Mckinnon[7]、Gurley 和 Shaw[8] 等人的工作开创了金融深化理论，比较深入地讨论了金融在经济发展中的作用。在 Goldsmith 工作的基础上，King 和 Levine[9] 分析了 80多个国家 1960 年到 1989 年的数据，指出，无论是在公司水平，或行业层次，还是从单个国家或国际比较来看，金融发展与经济增长都呈现强相关性。

实际上，除了这些经济学家的实证分析，近年来经济发展和金融危机的经验也反映了金融对经济具有的重大影响。许多经济学家开始关注金融对经济的作用，重新研究金融是如何影响经济运行的。Merton 和 Bodie[10] 从金融的功能角度考察金融对经济的作用，认为金融从以下几个方面支持经济增长和良性运转：提供结算的支付手段，方便产品、服务和资产的交换；具有把资金分散到投资和筹集资金的机制；能实现跨时间、跨地域和跨行业的资源配置；提供了管理不确定性和风险规制的办法；通过金融系统可以实现不同部门分散决策以及提供价格信息；最后金融系统还能解决激励问题。King 和Levine[11] 指出金融具有 5 个基本功能，即便利交易、避险、分散风险资金、分担风险；资源配置；公司监管和控制；动员储蓄；便利产品和服务的交换。他们沿着新古典分析的道路，认为金融系统的这些功能通过增加资本积累和促进技术创新这两个渠道影响经济增长。其他一些经济学家对金融与经济

---

　* 王大辉，方福康. 一个包含金融因素的宏观经济模型框架[C]//2001 年风险管理和经济物理研讨会论文集. 北京：[出版者不详]，2001：151-165.

系统的相互作用也有不同程度的论述，但主要都是根据数据的实证分析或定性的说明，到目前为止还没有一个令人满意的定量研究[12]。

本文尝试在以上工作基础上建立了一个可以阐释金融和经济的相互作用机制，特别是金融发展和经济增长关系的，包含金融因素的宏观经济直观图像和定量分析的模型框架。基本思路是从考虑金融的功能出发，首先描述一个没有金融功能的经济系统，分析它的演化发展趋势。然后引进金融因素，刻画一个包含金融因素的宏观经济系统，讨论金融因素带来的变化，探索金融与经济的作用机制。沿着这个思路，文章在第二部分给出了一个仅有货币但没有金融功能的经济系统；在第三部分提出"金融生产"和"实质生产"的概念，构造了一个包含金融因素的宏观经济的直观图像；第四部分在此基础上建立模型框架，最后是对本文的小结和以后工作的展望。

2 一个理想的货币经济系统

宏观经济是一个演化的复杂系统。它的基本行为单元是个人，个人做出行动决策，所有个人行动的结果在整体上构成了宏观的演化，宏观经济演化的结果又为个人决策提供环境。个人可以有多种行动，把采取不同行动的个人按照一定原则组织在一起就构成不同的功能单位。把进行物质生产的个人组织在一起，形成宏观经济的生产单位——厂商。个人也可以获得产品进行消费，这时的个人就是消费者。个人还可以参与公共政策的制定，为宏观经济设定政策环境，这就是政府。厂商、消费者和政府是宏观经济的 3 类行为主体，其目标分别是追求利润的最大化、效用的最大化和社会福利的最优化。

厂商利用现有技术 A、资本 K 和雇用的劳动力 N 进行生产，厂商生产出产品 $Y = F(A, K, N)$；个人提供劳动，并消费 C。厂商在生产过程中，需要其他厂商的中间产品和个人提供的劳动力，而个人在消费时也只能从厂商得到产品。这就自然地提出了以下问题：产品和劳务在厂商和个人之间是如何转移的？转移的条件是什么？在转移过程中，如果出现产品和劳务需求不平衡会有什么结果？

尽管会在激励和监管机制等方面产生问题，但是政府的计划和指令性调配是可以解决以上问题的。如果放弃政府在这方面的作用，问题就不那么简单了。首先必须有一种媒介充当交换中介，其次必须提供一个交换场所，此外还要求经济主体都承认如下规则：一定数量的媒介可以在交换场所换取对一定数量的产品或对劳动的占有与支配权利。只要满足这 3 个条件，经济主体就可以利用媒介到交换场所去交换，实现产品和劳务在厂商和个人之间的转移。

交换媒介由政府强制指定并提供。由于具有交换功能，在逻辑上必然具有贮藏价值，并反映为过去一定数量的交换媒介可以等价于现在一定数量的交换媒介，或者是现在一定数量的交换媒介等价于将来多少交换媒介。事实上，这种媒介就是货币，其贮藏价值表现为利率 r，利率的高低一方面反映货币作为交换媒介是否充足，另一方面反映持有货币的代价。

交换场所即通常所说的市场。在微观层次上，市场是经济主体进行交易的平台，是经济主体的活动场所，比如产品或劳务集散地、新兴的网络交易系统都可以成为交换场所。在宏观层次上，市场是以货币作为中介，实现产品、劳务在经济主体之间转移，完成流通和分配环节的功能单位。产品交换的场所构成产品市场，劳务交换的场所形成劳务市场，它们在宏观上完成产品在厂商之间以及产品、劳务在厂商与消费者之间转移的功能。

产品和劳务在市场中利用交换媒介交换时形成价格 p 和工资 w，价格和工资就是产品和劳务的转移条件。如果出现了供求不平衡的现象，产品和劳务的转移条件将发生变化，通过厂商和个人在市场中的作用按照供求规律形成新的转移条件（价格）。

伴随着产品和劳务的转移，交换媒介（货币）也在不同经济主体之间转移并形成一个流，其流动方向和产品、劳务转移方向相反。此外，政府通过税收和转移支付等手段在政府和消费者以及厂商之间形成一个货币流。用产品、劳务的转移和货币流向(图1)那样把经济主体连接起来就构成了一个有货币的宏观经济系统的直观图像。图中的虚线代表货币流，实线表示产品和劳务的转移，箭头指示流的方向。

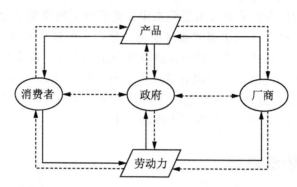

图1　消费者、政府、厂商、劳动力、产品之间的关系(不含金融)

到此为止，刻画了一个包含政府、厂商、消费者，产品、劳动力市场和货币流的宏观经济。政府发行货币，并通过在劳动力市场雇佣劳动力、在产品市场购买产品以及转移支付等方式把货币投放到经济系统中。厂商从劳动力市场获得劳动力并支付工资，在一定技术水平下生产出产品 $Y=F(A, K, N)$ 在产品市场销售获利。消费者在劳动力市场提供劳动力获得报酬，在产品市场消费。

为方便计，我们把上面描述的宏观经济称作货币经济，它在本质上是一个交换经济，其运动规律已经有较为详尽的论述①，特别是作为交换媒介的货币的多寡和投放市场的途径对经济的影响也已比较清楚了②，本文就不在此赘述。

3　包含金融因素的宏观经济

经济增长是宏观经济的一个核心问题。在经济增长过程中，厂商可以获得丰厚的利润，消费者能够更多地消费使效用增加，社会福利随之增加，同时可以消化一系列社会矛盾，减轻政府的负担。作为有理性的经济主体，他们都在追求经济增长从而达到其最优化目标。

在货币经济系统中，假定厂商的产量与资本存量和技术水平正相关，即生产函数 $Y=F(A, K, N)$ 满足 $F_A>0$，$F_K>0$，只要增加资本存量或提高技术水平，经济就可以增长。经济主体为最大化其目标将为增加资本存量和提高技术水平进行投资。货币经济本质上是一个交换经济，货币仅仅便利了交换，方便了贮藏，经济主体的投资依靠自有资金，即把自己积累的资金用于投资。这种投资方式缺乏资源跨时间和空间配置和风险分担的机制，虽然可以实现经济增长，但浪费了不少加速经济增长的机

①　参见 T. J. Sargent 所著的 *Macroeconomic Theory*(Orlando：Acdemic Press，1987)和袁强的《宏观经济系统的模型分析与研究》(北京，北京师范大学博士学位论文，1996)。

②　这里涉及两个基本的货币理论问题，即货币传导机制和货币中性问题。货币传导机制讨论货币发生作用的途径，关注货币冲击对商品和服务的价格和数量的动态变化。在这个货币仅起交换作用的经济中，有意义的是货币传导的直接机制(Hume[13])，货币的不同供应途径对不同的主体影响也不同：直接转移到消费者手中，提高其消费能力；直接供给厂商，厂商资金充足可以更多投资；也就是货币的增加将提升经济的活动水平，其长期效果是价格水平的一个上升，货币中性一般关心两方面的问题：没有货币的交换经济与货币经济有何区别以及货币的多寡是否影响实际经济。关于货币中性，古典经济学家认为货币仅仅是一层面纱，理性预期学派从预期的角度坚持货币政策对实际经济没有影响。结合货币的传导机制，如果货币在经济中仅仅发挥方便交换的作用，只要能够把货币平均地投放给经济主体，那么货币将是中性的。对于这样一个经济来说，政府的作用就是平衡各种货币投放途径和控制流通中的货币总量[只有实际流通中的货币才对交换有用(黄达[14])]。

会，降低了经济系统的效率。在实际经营活动中，投资往往是一个项目一个项目地进行。其中一些项目需要一次性投入大量资金[1]，由于缺乏资源跨时间和空间配置的机制，愿意和有能力进行投资的经济主体可能因为资金短缺而不能投资，有资金的又不愿意投资的主体却把资金闲置起来，最终使得这些项目不能进行，减少了投资影响经济增长。此外，为提高技术水平而进行的技术创新投资往往具有高风险特征，没有风险分担机制使得单个经济主体不能承担风险而减少甚至不进行这方面的投资，阻碍技术水平的提高进而减缓经济增长的速度。

为使经济主体可以分担风险和实现资源的跨时间和空间的配置，可以在货币经济中引进"金融工具"和"金融市场"等"金融"因素。

"金融工具"由经济主体发行，是经过政府认证的有价证券，是一种信用契约。它包括信贷、债券[2]、股票等多种形式。在经济系统中第 i 种金融工具的数量用 Q_i 表示。金融工具可以交换，其交换媒介是货币。货币由政府发行，是产品、劳务以及金融工具交换的媒介和价值标准。产品和劳务交换对货币的需求是 m_r，金融工具交换需要的货币量为 m_f。

"金融市场"是金融工具的交换场所。经济主体参与金融市场中的活动，进行金融工具的发行或交换，以达到资源的有效配置和风险分担的目的。金融工具在发行和交换的过程中根据供求关系形成金融工具的价格，即单位金融工具的价值的货币表现。金融工具的数量与价格的乘积等于金融资产。各种金融工具 Q_i 与其价格 P_i 的乘积之和等于金融总资产 F，即 $F=\sum P_i Q_i$。

在一个含金融的宏观经济中，经济主体除了生产和消费并在产品、劳务市场中交换产品与劳务，还在金融市场中发行和交换金融工具。前一种活动属于经济系统的"实质生产"，而后一种活动则是"金融生产"。

在货币经济中，经济主体从事实质生产，伴随着一个货币流。在包含金融的宏观经济中，经济主体还进行金融生产，金融工具在经济主体进行交易的同时也将伴随着与金融工具转移反向的货币流，它在经济主体处与伴随产品、劳务的货币相汇合，使经济主体可以把从金融生产中获得的资金用于实质生产，也可以把用于实质生产的资金转移到金融生产。用产品、劳务流和金融工具、货币流连接政府、厂商、消费者和劳动力、产品和金融市场，构成一个包含金融因素的现代宏观经济直观图像，见图 2。在这个直观图像中，包

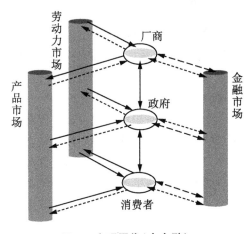

图 2　直观图像（含金融）

含了实质生产和金融生产者两个概念，它们反映现代宏观经济中两类完全不同的经济活动。

实质生产的对象是实实在在的物品或服务，是具有实在价值的产品和服务的运动；金融生产的对象是一系列价值符号，或者信用交易，是一种虚拟的价值符号的运动。

由于实质生产的对象是现实的物品或服务，即使生产工艺和技术不断创新，其生产的时间周期也较长。而金融生产则不同，特别是信息网络技术的应用，使金融生产活动的时间周期极短。两种生产活动的时间尺度不在一个数量级上，实质生产的调整较慢，而金融生产的变化极快，表现为金融生产过程中金融资产的膨胀或缩水远较实质生产中繁荣与萧条的转变来得快。金融总资产的变化直接影响经济主体的行为，特别是当资产的缩水引起经济主体出现流动性困难而没有得到恰当的监控时，将导

---

①　这关系到投资不可分性概念，它一般指投资现金流高度离散化，而收入现金流相对连续，经济主体只能通过一段时间的积累，使资金量达到投资的最低限额时才能进行投资。投资不可分性是金融存在的一个重要理由。

②　广义地讲，金融工具还包括一般意义上的货币和衍生产品。在这里，为了可以从概念上清楚地讨论金融的作用，我们把货币的概念限定在交换媒介功能上，把它的其他功能包含在债券中。

致经济主体破产并引发连锁效应最终导致实质生产的崩溃①。

金融生产过程能够直接导致实质生产的改变。经济主体一方面可以通过发行金融工具把不愿意进行投资的主体拥有的资金集中起来用于实质生产，另一方面也可以通过金融工具的交换而实现厂商之间的资本转移和重组，使资本转向高效益的实质生产过程，从而改变实质生产。

在金融生产中，发行和交换金融工具可以使一个项目的投资由多个经济主体来承担，并且把该项目的风险也让多个经济主体分担。利用金融生产获得的资金进行实质生产（往往是高技术风险投资），如果取得很好的收益，例如研究项目获得成功而形成新的技术和市场，大量追逐利润的资金将进入金融生产，导致金融资产迅速膨胀，使金融市场呈现繁荣景象。金融市场的繁荣会鼓励进一步的风险投资，风险投资的增加扩大了经济系统的风险，如果进一步的风险投资遭到失败，可能引起金融资产迅速缩水而引发金融危机甚至经济危机。

金融工具虽然能使经济主体集中资金并让多个主体分担实质生产过程中的风险而增加投资，实现经济的加速增长，但同时也带来了新的风险，即金融风险②。为简单起见，不考虑金融生产过程中的违约等情况，只研究金融工具交易时金融资产的变化和金融生产使得经济系统风险的增加。

在金融市场的交易中，金融资产快速变化引起主体的财富结构变化，继而影响实质生产中的消费和投资，这种风险可用金融总资产的相对变化来衡量，用 σ 表示。设第 i 种金融工具的价格波动为 $\sigma_i = \sigma_i(P_i, \dot{P}_i)$，总金融资产的波动是 $\sigma = \sigma(\sigma_i, Q_i, P_i)$。

引进金融生产后，一些原来不能实现的高风险投资项目因为有多个主体来承担风险使每个主体的风险降低而变得可以投资了。投资项目多了而每一个投资项目本身的风险并不会因为金融生产的介入而减小（此处不考虑主体的信心的变化），整个经济系统的风险随着金融生产而增大了（此即通常所说的金融对风险的放大作用）。如果纯粹使用单位第 i 种金融工具的金融生产带来风险 ε_i，那么金融生产带来总的风险为 $\varepsilon = \varepsilon(\varepsilon_i, Q_i, P_i, F)$。

与货币经济相比，包含金融因素的宏观经济除了都可以方便地进行交换外，有以下几方面显著的区别。首先，它能够集中闲散的资金，使投资与储蓄分离，增加投资，加快资本积累。其次，通过金融生产，分散风险，增加技术开发等风险投资，提高技术水平，使经济增长不单纯依赖物质资本的积累。最后，金融生产虽然降低了单个经济主体的风险，却增加了经济系统的风险。

为了更清楚地分析包含金融因素的经济系统，根据以上的讨论，在第四节将给出一个模型框架。

4　模型框架

1）厂商的生产和投资

厂商利用现有资本 K 和劳动力 N 在技术水平 A 下生产，生产过程满足边际递减效应：

$$Y = Y(A, K, N), \quad Y_i > 0, \quad Y_{ii} < 0。 \tag{1}$$

---

①　这是金融生产与实质生产相互作用的一种形式。金融生产对实质生产到底有什么样的影响还在于二者是否匹配。如果金融生产过于超前，金融系统的风险太大使其陷入脆弱的繁荣景象，最终发生金融危机影响实质生产的进行。如果金融生产远远落后于实质生产，也将严重阻碍实质经济的发展，19 世纪 20 年代，英国恢复金本位制造成金融生产的萎缩就引起了英国经济的衰退。

②　从狭义上讲，金融风险是指金融机构在经营过程中，由于客观环境变化、决策失误或其他原因造成的资产、信誉受损的可能性，是一个微观的概念；一般包括信用风险、流动性风险、外汇风险、环境风险、经济风险以及国家风险几方面。在这里，主要是指金融生产使整个经济系统受到损失甚至发生危机的可能性，是一个宏观层次的概念。在宏观层次上，金融风险的来源主要是金融资产价格的异常、剧烈波动，或大量经济主体债务沉重或资产—负债状况恶化（Crokett[15]）。此外，金融生产使实质生产的风险增加也是一个重要原因。

技术水平的提高依赖现有水平 A 和对技术的投资 I_n，投资越多，新技术产生越多，技术增长越快，但太多的资金会存在浪费：

$$\dot{A}=G(A,\ I_n),\ G_i>0,\ G_{ii}<0。\tag{2}$$

资本存量的增加是对固定资本的净投资：

$$\dot{K}=I-\delta K。\tag{3}$$

技术对产出的边际贡献、利率、经济系统的风险以及金融资产的总量都将影响对技术的投资[①]：

$$I_n=I_n(q_n),\ I_n'>0,\ I_n(1)=I_{n0},\tag{4}$$

$$q_n=q_n(Y_A,\ r,\ \varepsilon,\ F),\ q_{n1}>0,\ q_{n2}<0,\ q_{n3}<0,\ q_{n4}>0。$$

对固定资本的投资受到利率、资本的边际产出、经济系统的风险以及金融资产的总量的影响：

$$I=I(q),\ I'>0,\ I(1)=I_0,\tag{5}$$

$$q=q(Y_K,\ r,\ \varepsilon,\ F),\ q_1>0,\ q_2<0,\ q_3<0,\ q_4>0。$$

生产中使用的劳动力为：

$$N=N\left(Y_N,\ \frac{w}{p},\ n\right),\ N_1>0,\ N_2<0,\ N_3>0。\tag{6}$$

2）消费者的消费

消费者的消费与产出、利率、金融资产总量和它的波动相关：

$$C=C(Y,\ r;\ F,\ \sigma),\ C_1>0,\ C_2<0,\ C_3>0,\ C_4<0。\tag{7}$$

3）产品市场运动

在产品市场里，产品的价格遵循供求规律的作用：

$$\dot{p}=\alpha(C+I+I_n-Y),\ \alpha'>0,\ \alpha(0)=0。\tag{8}$$

4）劳务市场运动

在劳务市场里，实际工资随着劳动的边际产出而变化：

$$\left(\frac{\dot{w}}{p}\right)=\frac{w}{p}\gamma\left(\frac{Y_N}{w/p-1}\right),\ \gamma'>0,\ \gamma(0)=0。\tag{9}$$

5）金融工具的发行

经济主体根据资金需求和现有金融工具数量及其风险特征来发行金融工具：

$$\dot{Q}_i=\widetilde{Q}_i(Q_i,\ P_i,\ \varepsilon_i;\ I,\ I_n),\tag{10}$$

其中 $\widetilde{Q}_{i1}<0,\ \widetilde{Q}_{i2}>0,\ \widetilde{Q}_{i3}<0,\ \widetilde{Q}_{i4}>0,\ \widetilde{Q}_{i5}>0。$[②]

6）金融工具价格

金融工具的价格在金融市场中交换时形成，与现有金融工具的数量和需求以及其风险和获利能力相关：

$$\dot{P}_i=\widetilde{P}_i(Q_i^*,\ Q_i,\ \sigma_i,\ r_i,\ r),\tag{11}$$

$$\widetilde{P}_{i1}<0,\ \widetilde{P}_{i2}>0,\ \widetilde{P}_{i3}<0,\ \widetilde{P}_{i4}>0,\ \widetilde{P}_{i5}<0。[③]$$

金融工具的需求量与其风险和获利能力相关：

---

① 对固定资本的投资是根据重置成本和预期的收益来决定的，用函数 $q_n=q_n(Y_A,\ r,\ \varepsilon,\ F)$ 来表示，这是对 Tobin 的 q 理论的沿用。对技术的投资也采用这种描述方式。

② $\widetilde{Q}$ 为 $\dot{Q}$ 的函数表达。

③ $\widetilde{P}$ 为 $\dot{P}$ 的函数表达。

$$Q_i^* = Q_i^*(\varepsilon_i, r_i; r), \quad Q_{i1}^* < 0, \quad Q_{i2}^* > 0, \quad Q_{i3}^* < 0。$$

而金融工具的获利是以实质生产作为基础的：

$$r_i = r_i(Y, Q_i, P_i, \varepsilon_i), \quad r_{i1} > 0, \quad r_{i2} > 0, \quad r_{i3} > 0, \quad r_{i4} > 0。$$

7) 货币需求

货币是实质生产和金融生产过程中的交换媒介，设实质生产对货币的需求是 $m_r = m_r(r, Y)$，金融生产需要的货币量是 $m_f = m_f(r, F)$，货币作为交换媒介是否充足可以用利率来反映：

$$\dot{r} = \beta(m_r + m_f - M/p), \quad \beta' > 0, \quad \beta(0) = 0。 \tag{12}$$

5 总结

经过前面的分析，提出了包含金融因素的宏观经济的模型框架，包括宏观经济的基本变量（表 1）和基本参量（表 2）。

表 1 宏观经济基本变量

国内生产总值	Y	存量
资本	K	存量
技术水平	A	存量
劳动	N	存量
消费	C	流量
投资	I, I_n	流量
货币	M	存量
金融资产总量	F	存量
金融工具总量	Q	存量
产品价格水平	P	强度量
实际工资	W/P	强度量
金融工具价格	P_i	强度量
利率水平	r	强度量

表 2 宏观经济基本参量

资本折旧率	δ
金融资产波动率	σ
金融工具带来的风险	ε_i
金融工具带来的总风险	ε

模型框架包括了 7 个微分方程和 5 个代数方程以及 4 个参量方程，这些方程共同构成了包含金融因素的宏观经济的完整表述。但是这个框架的建立还仅仅是研究宏观经济运行规律，探讨金融和经济相互作用机制的开始，框架中的方程还没有给出具体的函数形式，只是根据其经济背景和含义确定了函数的一阶或二阶导数的性质。另外，由于模型框架包含的内容太多，求解甚至讨论解的性质都将很困难。尽管如此，这个模型框架还是给了我们一个讨论问题的出发点，使今后可以考虑该框架的子模型并进一步给出具体的函数形式，详细讨论宏观经济运行规律和金融与经济相互作用机制的具体问题。

参考文献

[1]Robinson J. The generalisation of the general theory[M]//Ducros B，Robinson J. The Rate of Interest，and other Essay. London：Macmillan，1952：67-142.

[2]Lucas R E. On the mechanics of economic development[J]. Journal of Monetary Economics，1988，22(1)：3-42.

[3]Bagehot W. Lombard Street[M]. Homewood IL：Richard D Irwin，Inc. ，1962.

[4]Schumpeter J A. The Theory of Economic Development[M]. Cambridge：Harvard University Press，1934.

[5]Stiglitz J. Credit markets and the control of capital[J]. Journal of Money，Credit and Banking，1985，17(2)：133-152.

[6]Goldsmith R W. Financial Structure and Development[M]. New Haven：Yale University Press，1969.

[7]McKinnon R. Money and Capital in Economic Development[M]. Washington：Brookings Institution Press，1973.

[8]Gurley J，Shaw E S. Financial aspects of economic development[J]. American Economic Review，1955，45(4)：515-538.

[9]King R，Levine R. Financial intermediation and economic development[M]//Mayer C，Vives X. Capital Markets and Financial Intermediation. Cambridge：Cambridge University Press，1993.

[10]Merton R C，Bodie Z. A conceptual framework for analyzing the financial system[J]. The Global Financial System：a Functional Perspective，1995：3-31.

[11]Levine R. Financial development and economic growth：views and agenda[J]. Journal of Economic Literature，1997，35(2)：688-726.

[12]Rajan R G，Zingales L. Financial dependence and growth[J]. American Economic Review，1998，88(3)：559-586.

[13]Hume D. Of money[M]//Rotwein E D. Hume Writings in Economics. Edinburgh：Nelson，1955.

[14]黄达.宏观调控与货币供给[M].北京：中国人民大学出版社，1997.

[15]Crockett A. The theory and practice of financial stability[R]. Princeton：International Economic Section，Department of Economics，1977.

技术创新投资的一个特性及其对策[*]

彭方志¹　袁　强²　方福康³

（1. 北京师范大学系统科学系；2. 北京师范大学非平衡系统研究所；

3. 北京师范大学物理学系，100875，北京）

摘　要：分析了技术创新投资的特性——投资的不可分性。通过建立模型比较了存在和不存在资本集中机制两种情况下的技术进步和经济增长速度的不同，得出结论：由于技术创新投资的不可分性，不存在资本在厂商间集中的经济中会存在资金闲置、资源浪费；如果资本可以在厂商之间集中，这种资金闲置和资源浪费会大大减少，从而提高技术进步和经济增长的速度。

关键词：技术进步；技术创新；投资不可分性；经济增长

A Characteristic of Technology Innovation Investment and the Strategy

Peng Fangzhi¹　Yuan Qiang²　Fang Fukang³

(1. Department of System Science，2. Institute of Non-equilibrium Systems，

3. Department of Physics，Beijing Normal University，100875，Beijing，China)

Abstract：A characteristic of technology innovation investment，namely indivisibility，is discussed. By setting a special model，the differences in technology advance and the growth are analyzed，which are between two instances：when there exists a capital concentrate mechanism among agents and when there doesn't exist. Then the conclusion is drawn：if there doesn't exist a mechanism of capital concentrate，there would exist capital-leave-unused and waste of resource；and if capital can concentrate among agents，the capital-leave-unused and waste of resource will be reduced，and the technology advance and the growth can be much quicker.

Key words：technology advance；technology innovation；indivisibility of investment；economic growth

自从 Solow 残差[1]被发现以来，研究经济增长的学者，尤其是以 Romer[2]、Lucas[3]等为代表的新增长理论经济学家对技术进步与经济增长的研究越来越深入。Jones[4]、董洪光等[5]对资源在技术开发部门和生产部门的最优配置问题进行了研究。

技术进步需要投资，但用于技术开发和技术创新的投资存在许多特性，如不确定性（因为技术开发存在风险）、不可分性等。本文讨论的是技术创新投资的不可分性：技术创新需要投入大量的资金，并且这些投入往往是不可分的——要求在短时期内投入大量的资金。如果厂商只能靠自己的积累来取得足够的资金，需要较长的时间积累资金；而在资金积累达到要求之前，已经积累的资金会处于闲置状态，这是一种资源浪费。如果能在众多的厂商之间为技术创新融通资金，就可以缩短技术创新的积累时间，减少资源浪费。由于投资的不可分性，厂商总会有一些闲置的资金，许多厂商的少量的闲置资金，通过金融而集中成为可以立即投入技术开发和生产的资金，从而减少资金的闲置，促进经济增长，这是金融促进经济增长的渠道之一[6,7]。本文将建立一个存在技术开发投资不可分性的经济模型，

---

* 彭方志，袁强，方福康. 技术创新投资的一个特性及其对策[J]. 北京师范大学学报(自然科学版)，2001(1)：58-61.

比较经济主体的闲置资金在是否可以汇集成为可投入资金这两种情况下的技术进步率和经济增长率的不同。

1 厂商各自积累进行投资的情况

首先讨论厂商各自积累进行技术创新投资的情况。注意，这里的厂商不但从事生产，而且进行消费和积累，相当于英语中的"agent"。不考虑人口（劳动力）变化；设经济中有 N 个厂商，他们生存无穷长时期，在期初他们用相同的技术、相等的资本生产可以同质化的产品。每个厂商将产出用于当期消费、当期投资——以维持原来技术水平下的再生产和技术创新基金积累——进行技术创新以求扩大再生产。为简单计，设产出在消费、实物资本投资和技术创新基金之间的分配常数为 c、λ、$1-c-\lambda$，则生产、消费、资本增长和积累为：

$$Y=AK^{\alpha}, \ C=cY, \ \dot{K}=\lambda Y-\delta K, \ J=(1-c-\lambda)Y,$$

式中，Y、K、A、C、J 和 δ 分别表示产出、实物资本、技术水平、消费、技术创新积累资金和资本折旧率。

设技术创新使技术水平从 $A \to (1+a)A$，需要一次性投入 $I_A=z(1+a)A=\varphi A$，z 为"单位"技术的价格，设 a、z 为常数，$z(1+a)=\varphi$。技术创新需要的资金与现有技术水平成正比并且只能一次性投入，即技术创新投资存在不可分性，暂不考虑技术创新的风险。设只要投入资金达到要求，创新就总是成功的，并对技术水平带来同样的提高量——它与现有技术水平成正比，则得到：

$$\int_0^T (1-c-\lambda)Y \mathrm{d}t = \varphi A,$$

T 为到达技术创新要求的时间，设从均衡时刻（$\dot{K}=0$）开始资金积累，则有 $\dot{K}=\lambda Y-\delta K=0 \Rightarrow K^*=(\lambda A/\delta)^{1/(1-\alpha)}$，解得

$$T=\frac{\varphi}{1-c-\lambda}\left(\frac{\delta}{\lambda A}\right)^{\alpha/(1-\alpha)}=sA^{-\alpha/(1-\alpha)}, \ s=\frac{\varphi}{1-c-\lambda}\left(\frac{\delta}{\lambda}\right)^{\alpha/(1-\alpha)}。$$

再考虑从开始在新的技术水平上生产达到新的均衡的时间。厂商需要增加资本，以便从原来的均衡到达新的均衡。设在到达新的均衡之前，厂商停止技术创新积累，以尽可能快地达到新的均衡。暂不考虑折旧，可以算出技术创新成功以后达到新的均衡状态大约所需的时间。

$$\int_0^\tau (1-c)Y \mathrm{d}t = K_1^* - K^*, \ K_0=K^*=\left(\frac{\lambda A}{\delta}\right)^{1/(1-\alpha)}, \ K_\tau=K_1^*=\left(\frac{\lambda A(1+a)}{\delta}\right)^{1/(1-\alpha)} \Rightarrow$$

$$\tau \approx \frac{1}{2}\left[\frac{1}{(1+a)^{(2-\alpha)/(1-\alpha)}}+1\right]\left[\lambda \frac{(1+a)^{1/(1-\alpha)}}{(1-c)\delta}\right]=s'。$$

由此可得，从原来技术水平下的均衡（开始技术创新积累）到新技术水平下的均衡的时间为 $T+\tau=sA^{-\alpha/(1-\alpha)}+s'$。平均技术增长率 g_A 和平均经济增长率 g 分别为

$$g_A=\frac{\dot{A}}{A}=\frac{(1+a)A-A}{A(T+\tau)}=\frac{a}{sA^{-\alpha/(1-\alpha)}+s'},$$

$$g=\frac{\dot{Y}}{Y}=\frac{(1+a)AK_1^*-AK^*}{AK^*(T+\tau)}=\frac{(1+a)^{1/(1-\alpha)}}{sA^{-\alpha/(1-\alpha)}+s'}。$$

2 厂商集中资金进行投资的情况

现代经济的技术创新总是伴随着这样的金融活动进行的：厂商想方设法通过种种渠道，从别的厂

商(或别的经济主体)融得资金以满足投资需求。仍然假设厂商按上一节的行为决定其产出在消费、投资和技术创新积累之间的分配，但是，他们将技术创新积累资金通过某种方式集中使用，具体描述如下：设在期初所有厂商是完全一样的，并且都处于均衡状态，即

$$A^i(0)=A_0, \quad K^{*i}=K_0, \quad i\in(1, N)。$$

为简单计，设从 $t=0$ 时，厂商们开始技术创新资金积累并开始资金集中；单个厂商不但通过资本集中获得技术创新资金，而且获得从原来技术水平下的均衡过渡到新的技术水平下的均衡所需的资金；设有 N_1 个厂商通过同一个系统融通资金，每个厂商只通过一个体系融资，设 t_i 为第 i(i 取 $1\sim N_1$)个厂商融通技术创新资金所需的时间，在此之前已有 $i-1$ 个厂商融得资金成功地进行了技术创新，并在新的均衡下进行技术创新积累，他们将这笔积累提供给别的厂商，当所有的厂商技术创新成功，并且达到一致的新的均衡时，经济完成了一个技术创新周期。于是有：

$$\int_{t_{j-1}}^{t_j}\left(\sum_{i=1}^{N}Y^i(1-c-\lambda)\right)\mathrm{d}t=\left\{\varphi A_0+\left(\frac{\lambda A_0}{\delta}\right)^{1/(1-\alpha)}\left[(1+a)^{1/(1-\alpha)}-1\right]\right\}=F, \tag{1}$$

$$Y^i=\begin{cases}A_0K_0^\alpha, & i>j,\\ A_0K_1^\alpha(1+a)^{1/(1-\alpha)}, & i<j,\end{cases} \quad j=1, 2, \cdots, N_1, \quad t_0=0, \tag{2}$$

$$K_0=(\lambda A_0/\delta)^{1/(1-\alpha)}, \quad K_1=(\lambda(1+a)A_0/\delta)^{1/(1-\alpha)}。 \tag{3}$$

式(1)中求和号下是指第 i 个厂商在均衡情况下的技术创新积累，右边中括号的第 1 项代表技术创新所需资金，仍然假设它与原有技术水平成正比；第 2 项代表从原来技术水平下的均衡资本存量到技术创新成功以后新的技术水平下的均衡资本存量的差额，仍然假设技术创新使厂商的技术水平从 A_0 提高到 $(1+a)A_0$。由式(1)~式(3)可解得 N_1 个厂商共同为第 j 个厂商完成技术创新而进行积累所需的时间

$$t_j=F/(1-c-\lambda)A_0K_0^\alpha\left[(j-1)(1+a)^{(2-\alpha)/(1-\alpha)}+N_1-j+1\right]。$$

可以求出所有厂商都从原来的均衡到达新的均衡状态总时间为

$$t_{\mathrm{tot}}=\sum_1^{N_1}t_j=\frac{\varphi A_0+(\lambda A_0/\delta)^{1/(1-\alpha)}\left[(1+a)^{1/(1-\alpha)}-1\right]}{\left[(1-c-\lambda)A_0K_0^\alpha\right]}\cdot\sum_1^{N_1}\left[(j-1)(1+a)^{(2-\alpha)/(1-\alpha)}+N_1-j+1\right]$$

求和号一项可近似计算得到 $h\approx\dfrac{N_1}{2}\left[\dfrac{1}{N_1}+\dfrac{1}{(N_1-1)(1+a)^{(2-\alpha)/(1-\alpha)}+1}\right]$，于是有 $t_{\mathrm{tot}}=$
$\dfrac{\varphi A_0+(\lambda A_0/\delta)^{1/(1-\alpha)}\left[(1+a)^{1/(1-\alpha)}-1\right]}{\left[(1-c-\lambda)A_0K_0^\alpha\right]}\left[\dfrac{1}{2}+\dfrac{N_1/2}{(N_1-1)(1+a)^{(2-\alpha)/(1-\alpha)}+1}\right]=\left[\varepsilon(sA^{-\alpha/(1-\alpha)})+s'\right]$，

式中 $\varepsilon=\dfrac{1}{2}\left[1+\dfrac{N_1}{(N_1-1)(1+a)^{(2-\alpha)/(1-\alpha)}+1}\right]$。由于 $\varepsilon<1$，因此 $T'<T+\tau$，后者是厂商各自积累、进行技术开发投资时，经济完成一个技术创新周期所需的时间，可见资本集中确实可以缩短整个经济的技术创新周期。在此情况下，同样可求得周期内的平均技术增长率 g_A' 和平均经济增长率 g'：

$$g_A'=\frac{1}{\varepsilon}a(sA^{-\alpha/(1-\alpha)}+s')^{-1}=\frac{1}{\varepsilon}g_A>g_A,$$

$$g'=\frac{1}{\varepsilon}(1+a)^{1/(1-\alpha)}(sA^{-\alpha/(1-\alpha)}+s')^{-1}=\frac{1}{\varepsilon}g>g。$$

可见，在同样的初值情况下，厂商集中资金进行技术创新时的 g_A' 和 g' 比厂商各自积累进行技术创新时要大，通过这条途径，可以将 g' 提高到原来的 $1/\varepsilon$ 倍。

因为 $\mathrm{d}(1/\varepsilon)/\mathrm{d}N_1>0$，所以随着参与合作的厂商的数目 N_1 的增长，这种合作对经济的促进作用会越来越强，但这种合作对经济增长和技术进步是有限的，这一点可以从下式看出：

$$\lim_{N_1\to\infty}\left(\frac{1}{\varepsilon}\right)=\frac{(1+a)^{(2-\alpha)/(1-\alpha)}}{(1+a)^{(2-\alpha)/(1-\alpha)}+1}。$$

3 进一步的讨论

由于投资的不可分性和资金积累速度有限而导致的资金集中对经济增长的促进作用，确实是讨论金融与经济关系的一个较好的出发点。本文只是一个基础，需进一步讨论的问题还很多。本文是在理想情况下进行讨论的：假设技术创新与资金集中都没有风险，资金集中没有成本；也没有考虑实际经济中非常重要的决定利用集中起来的积累资金的先后次序的机制，而这肯定会影响资金积累的质和量。这些都需进一步讨论，但由于问题的难度和文章的篇幅，主要是金融与经济的关系问题是经济学的大难题，这些问题只好留待以后再作讨论。

参考文献

[1]Romer P. Advanced Macroeconomics[M]. New York：McGraw-Hill Companies，1996.

[2]Romer P. Endogenous technological change[J]. Journal of Political Economy，1990，98(5)：71-102.

[3]Lucas R E. On the mechanics of economic development[J]. Journal of Monetary Economics，1988，22(1)：3-42.

[4]Jones C I. R&D-based models of economic growth[J]. Journal of Political Economy，1995，103(4)：759-784.

[5]董洪光，樊瑛，葛新元，等.R&D部门的最优投资[J].北京师范大学学报(自然科学版)，2000，36(1)：66-68.

[6]戈德·史密斯.金融结构与发展[M].浦寿海，译.北京：中国社会科学出版社，1993.

[7]麦金龙.经济发展中的货币与资本[M].卢骢，译.北京：三联出版社，1988.

金融系统的资源配置功能与经济增长 *

李　鹏[1]　袁　强[2]　方福康[2]

（1. 北京师范大学系统科学系；2. 北京师范大学非平衡系统研究所，100875，北京）

摘　要： 建立内生增长模型研究金融系统资源配置功能如何促进经济增长。结论：通过提高"创新平均成功概率"，增加"创新投资比例""储蓄转化比例"和储蓄率，金融系统能够促进经济快速稳定增长。另外本文还得到产出资本比"阶跃"增长图像。

关键词： 内生增长模型；银行型金融系统；资源配置

The Effect of Financial System's Function of Allocating Resources on Economic Growth

Li Peng[1]　Yuan Qiang[2]　Fang Fukang[2]

（1. Department of System Science，2. Institute of Non-equilibrium Systems，

Beijing Normal University，100875，Beijing，China）

Abstract： Constructing an endogenous growth model to study how the resource allocation function of the financial system promotes economic growth. This paper concludes that the financial system can promote rapid and stable economic growth by increasing the "average probability of innovation success," raising the "proportion of investment in innovation," enhancing the "conversion ratio of savings," and increasing the savings rate. Additionally, the paper generates a "stepwise" growth pattern for the output-to-capital ratio.

Key words： endogenous growth model；bank-based financial system；resource allocation

1 引言

关于金融发展与经济增长问题，戈德史密斯(R. W. Goldsmith)做出了开创性的工作，他指出：金融发展与经济增长之间可能存在正向关系[1]。近年来，关于这一问题的计量实证工作大量出现。绝大多数结论支持这一论断[2~4]。莱文(R. Levine)总结出金融系统的 5 个基本功能，即配置资源、管理风险、监督公司、调动储蓄和便利交易；并且认为这些功能可以通过资本积累与技术创新两个渠道影响经济增长[2]。帕甘诺(M. Pagano)建立了一个简单的"AK"模型讨论金融发展对经济增长的作用[5]。内生增长理论[6]的出现为分析金融发展与经济增长问题提供了一个新的基础。

从系统观的角度看，经济是一个演化的复杂系统。金融系统作为其中一个子系统与经济有着千丝万缕的联系。本文主要就金融系统的核心功能——资源配置功能建立了一个内生增长动力学模型，研究银行型金融系统作为理性的资源配置主体时经济的演化行为，并得到了一些有意义的结果。

---

* 李鹏，袁强，方福康. 金融系统的资源配置功能与经济增长[J]. 系统工程理论与实践，2001，21(3)：14-17.

2 动力学模型的建立

2.1 模型介绍

考虑一个"AK"模型[见式(1)]，式中 $Y(t)$、$A(t)$、$K(t)$ 分别表示总产出、技术水平、资本存量，$\beta(0<\beta<1)$ 是产出的资本弹性。为讨论简便，模型假定劳动力不变。

$$Y(t) = A(t)K(t)^{\beta} \tag{1}$$

考虑一个银行型金融系统，其功能是吸纳闲散储蓄并分配资源。对于一个两部门的封闭经济，资本市场均衡要求

$$I(t) = kS(t) = ksY(t) \tag{2}$$

式中，$I(t)$、$S(t)$ 分别表示总投资和总储蓄；k 是储蓄转化为投资的比例(简称"储蓄转化比例")，s 是储蓄率。金融系统的投资假定可分为两类：无风险、低收益的资本积累活动与有风险、高收益的技术创新活动[见式(3)]。式中，$I_T(t)$、$I_C(t)$ 分别表示技术创新投资和资本积累投资；$u(t)$ 表示技术创新投资占总投资的比例(简称"创新投资比例")。

$$I_T(t) = u(t)I(t), \quad I_C(t) = [1-u(t)]I(t) \tag{3}$$

技术水平的增长来源于技术创新活动，假定每项创新活动成功后对技术水平提高的贡献相同。技术水平的增长方程为式(4)，式中，λ 是技术水平极限增长率(即把总产出全部投入创新活动中并且都获得成功时技术水平的增长率)；P 是被投资的技术创新活动的平均成功概率(简称"创新平均成功概率")。

$$\dot{A}(t) = \frac{I_T(t)}{Y(t)}P\lambda A(t) = u(t)ksP\lambda A(t) \tag{4}$$

资本存量的增长来源于资本积累活动，即

$$\dot{K}(t) = I_C(t) - \delta K(t) = [1-u(t)]ksA(t)K(t)^{\beta} - \delta K(t) \tag{5}$$

2.2 "创新投资比例"的选择

对于资本积累投资，金融系统得到的收益率为 r_C；而对于技术创新投资，其收益满足 0～1 分布：如果成功收益率为 r_T，否则为 -1。假定各个创新活动成功的概率不同，因此金融系统尽可能投资于那些成功概率较大的技术创新活动。"创新平均成功概率"设为 P，技术创新的平均收益率为

$$\bar{r}_T = r_T P + (-1)(1-P) = (r_T+1)P - 1 \tag{6}$$

那么金融系统的投资组合平均收益率和平均成功概率分别为

$$\Pi(t) = [\bar{r}_T I_T(t) + r_C I_C(t)]/I(t) = (\bar{r}_T - r_C)u(t) + r_C \tag{7}$$

$$\phi(t) = [PI_T(t) + I_C(t)]/I(t) = (P-1)u(t) + 1 \tag{8}$$

金融系统的"效用"是投资组合平均收益率和平均成功概率的增函数，并且后两者在一定程度上可相互替代。为简便，金融系统的效用函数定义成柯布-道格拉斯形式：

$$U(t) = \Pi(t)^T \phi(t)^{1-T} \tag{9}$$

假定金融系统是一个理性的经济主体，通过选择合适的"创新投资比例"使其效用最大化。把效用函数[见式(9)]对"创新投资比例"求偏导数，可得"最优创新投资比例"

$$u(t)^* = \frac{\alpha}{1-P} - \frac{1-\alpha}{\frac{\bar{r}_T}{r_C}-1} = \frac{\alpha}{1-P} - \frac{(1-\alpha)r_C}{(r_T+1)P-(r_C+1)} \tag{10}$$

由于存在学习效应[7]，金融系统通过"边干边学"(learning by doing)不断总结经验以增强鉴别能力，使"创新平均成功概率"不断提高。由式(10)可知，最优"创新投资比例"是"创新平均成功概率"的增函数。随着"创新平均成功概率"的提高，金融系统选择增加"创新投资比例"的策略使其效用增加。

2.3 动力学模型

由式(1)、式(4)、式(5)、式(10)，有

$$g_A(t) \equiv \frac{\dot{A}(t)}{A(t)} = u(t)^* ksP\lambda \tag{11}$$

$$g_K(t) \equiv \frac{\dot{K}(t)}{K(t)} = [1 - u(t)^*]ksA(t)K(t)^{U-1} - W = [1 - u(t)^*]kS\theta(t) - W \tag{12}$$

$$g_Y \equiv \frac{\dot{Y}(t)}{Y(t)} = g_A(t) + \beta g_K(t) \tag{13}$$

$$\theta(t) \equiv Y(t)/K(t) = A(t)K(t)^{\beta-1} \tag{14}$$

式中，$\theta(t)$ 表示产出资本比，其动力学方程为

$$\dot{\theta}(t)/\theta(t) = g_A(t) - (1-\beta)g_K(t) \tag{15}$$

动力学方程组[式(11)、式(12)、式(13)、式(14)、式(10)]及其初值 $A(0)$、$K(0)$ 描述了追求效用最大化的金融系统作为资源配置主体时经济系统的演化行为。

3 平衡增长

3.1 定义

在经济系统的平衡增长路径上，各个系统变量的增长率为常数。虽然实际经济并不是处于平衡增长路径，但是对于大多数时间而言，平衡增长路径是任何实际路径的一个好的近似[6]。下面讨论系统动力学方程[式(11)、式(12)、式(13)、式(14)、式(10)]的平衡增长解。

3.2 平衡增长解

根据定义，在平衡增长路径上各个系统变量的增长率为常数，即

$$\tilde{g}_A = \dot{A}(t)/A(t), \quad \tilde{g}_K \equiv \dot{K}(t)/K(t), \quad \tilde{g} \equiv \dot{Y}(t)/Y(t) \tag{16}$$

那么式(12)要求产出资本比 $\theta(t)$ 为常数，由式(14)可得

$$\tilde{g}_Y = \tilde{g}_K = \frac{\tilde{g}_A}{1-\beta} \tag{17}$$

再由式(11)、式(12)、式(16)、式(17)，有

$$\tilde{g}_A = u^* kSP\lambda \tag{18}$$

$$\tilde{g}_K = (1 - u^*)kS\tilde{\theta} - \delta \tag{19}$$

$$\tilde{\theta} = \frac{u^* kSP\lambda + W(1-\beta)}{(1-u^*)kS(1-\beta)} \tag{20}$$

在上节已提到，学习效应使得"创新平均成功概率"提高，金融系统将增加"创新投资比例"；同时，学习效应也使得"储蓄转化比例"增加；另外，平均收益率的提高给储户带来更多的回报，可能使储蓄率上升。由式(18)可知，技术水平的均衡增长率将提高；从而由式(17)可知，总产出、资本存量的均衡增长率也将相应地提高。

3.3 平衡增长的稳定性

作技术水平增长率关于资本存量增长率的相图(图1)。注意，图中虚线 OP 上的每一点都对应着一条平衡增长路径；由式(17)可知，虚线 OP 的斜率为 $1-\beta$。

假定初始时刻由动力学方程系统[式(11)、式(12)、式(13)、

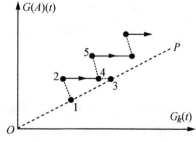

图1 经济演化示意图

式(14)、式(10)]描述的经济处于"点1"所对应的平衡增长路径上，当模型参数改变(如由于学习效应使得"创新平均成功概率"提高)，"创新投资比例"立刻增大，而产出资本比来不及调整，因此 g_A 增加，而 g_K 暂时减小，在相图中表现为由"点1"跳到"点2"。这时，$g_A = \widetilde{g}_A$，$g_K < \widetilde{g}_K$，由式(15)知 $\dot{\theta}/\theta > 0$，产出资本比将增大，相应的 g_K 将增加，而 g_A 不变，在图中表现为由"点2"沿水平方向渐进的趋向"点3"("点3"对应着一条新的平衡增长路径)。类似地可分析其他参数改变时经济的演化情况。数值模拟结果完全支持上述分析。

综上所述，尽管每一条平衡增长路径都不稳定，但平衡增长状态是稳定的。

4 经济的演化图像

在图1中，经济由"点2"趋向"点3"是一个渐进演化的过程。学习效应使得"创新平均成功概率"不断提高。"创新投资比例"和"储蓄转化比例"增加；另外储蓄率也可能发生变化。这些参数改变使得经济渐进演化的过程被打破。在图1中，经济尚未到达"点3"，如在"点4"，模型参数的改变使得经济从"点4"跳到"点5"。由于平衡增长是一种稳定的演化状态，经济总是"试图"趋向平衡增长路径。但是由于模型参数不断发生变化，经济渐进演化的过程不断被打破。经济只能围绕平衡增长状态在其附近演化，在图1中可用轨迹"…点1→点2→点4→点5…"来定性说明。

下面考察产出资本比的变化情况，见图2。

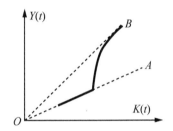 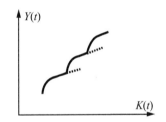

图2 产出资本比渐进演化示意图　　　　图3 产出资本比"阶跃"增长示意图

假设初始时刻经济沿虚线 OA 增长。在某时刻模型参数发生变化，根据上节分析，"创新投资比例"增大，技术水平增长率 g_A 提高而资本存量增长率 g_K 暂时减小，产出资本比迅速增加；相应的 g_K 增加而 g_A 不变，因此 $\dot{\theta}/\theta$ 减小，产出资本比增加的速度越来越小。在图2中表现为经济渐进的趋于虚线 OB。由于模型参数不断发生变化，经济渐进演化的过程不断被打破，从而出现产出资本比"阶跃"式增长的图像，可用图3中的实线来定性说明。利用统计数据，算出中国1954—1998年的产出资本比。由图4可看出，除了1960年、1989年等年份异常波动外，其余年份与前面定性分析结果大体吻合。

5 结束语

本文着眼于金融系统的资源配置功能建立了一个内生增长动力学模型，探讨金融发展怎样影响经济增长。模型结论是：金融系统通过提高"创新平均成功概率"，增加"创新投资比例""储蓄转化比例"和储蓄率，能够促进经济快速、稳定的增长。另外本文还得到与经验事实相吻合的产出资本比"阶跃"式增长的图像。

金融系统的功能是多方面的，除了本文讨论的资源配置功能外，还有筹措闲散资金加速资本流动、分散防范风险进行风险投资、减少交易成本促进专业化分工等功能。增加这些方面的讨论有助于增加我们对金融系统促进经济增长更深入的理解，并从中找出其演化的核心机制。另外，金融系统是存在风险的。由于金融系统与经济的耦合，金融风险被放大，并有可能导致宏观经济全局性风险，进

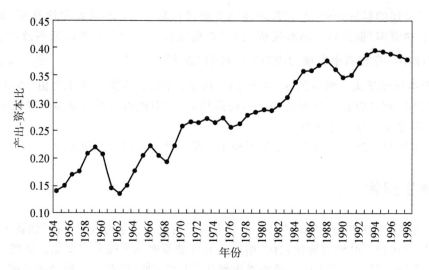

图4 中国的产出资本比（1954—1998年）

数据来源：《中国统计年鉴(1999)》、《中国国内生产总值核算历史资料》

一步引发经济危机。探讨金融因素导致经济崩塌的核心机制将是另一个挑战性的工作。只有把金融促进经济增长、导致经济崩塌两方面的核心机制都弄清楚了，我们才能对金融与经济的关系有一个较为完整、清晰的图像。

参考文献

[1]Goldsmith R W. Financial Structure and Development[M]. New Haven：Yale University Press，1969.

[2]Levine R. Financial development and economic growth：views and agenda[J]. Journal of Economic Literature，1997，35(2)：688-726.

[3]Levine R，Zervos S. Stock markets，banks，and economic growth[J]. American Economic Review，1998，88(3)：537-558.

[4]Beck T，Levine R，Loayza N. Finance and the sources of growth[J]. Journal of Financial Economics，2000，58(1-2)：261-300.

[5]Pagano M. Financial markets and growth：an overview[J]. European Economic Review，1993，37(2)：613-622.

[6]Lucas R E. On the mechanics of economic development[J]. Journal of Monetary Economics，1988，22(1)：3-42.

[7]Lee J. Financial development by learning[J]. Journal of Development Economics，1996，50(1)：147-164.

波动持续性与金融资产风险分析[*]

李汉东　　方福康

（北京师范大学系统科学系，北京 100875）

摘　要：对金融风险度量的波动模型存在广泛的波动持续性现象，本文通过讨论广义自回归条件异方差模型（GARCH 模型）的持续性性质，研究了在套利定价模型中金融资产组合的风险计量问题。我们得出结论，在套利定价模型的条件下，可以很容易找到金融资产之间的关于波动的协同持续关系，从而可以有效降低和规避资产组合的风险。

关键词：GARCH 模型；持续性；共同持续性；APT 因子模型

1　问题的提出

在对现代金融时间序列的大量分析和研究中，人们已经发现作为金融风险度量的资产收益序列的方差是随时间变化的，即具有时变性。我们知道，现代资本资产定价理论揭示了不同的证券具有不同的风险率（期望收益率减去无风险收益率）这一现象。实际上，几乎所有的资本资产定价理论都是建立在一阶矩（期望收益或风险率）与二阶矩（方差和协方差）的相互依赖的基础之上的。但是资本资产定价理论建立在投资收益的期望和方差都不变的基础上，静态地处理资本资产的定价问题，这显然不能真实地反映现实中存在的随着时间变化的不确定性问题。

对时变方差建模的一种有力工具就是 GARCH[1~3] 模型。而随着对时变方差建模的深入研究，人们发现时变方差存在着广泛的波动持续性现象[4,5]。在这里我们借助于套利定价理论，研究了资产收益的方差存在持续性时对资产本身和组合资产收益的影响，从而试图找到一种有效的方法来克服资产波动的长期影响，达到规避风险的目的。具体来说，方差的持续性就是时变方差的长期相关性，即当前方差的波动会长期影响未来方差的变化。方差持续性的存在增加了投资者长期投资的不确定性。单个资产的方差存在持续性会增加该种资产长期投资的不确定性，因此对长期投资者来说，选择该种资产将面临更大的风险。在实际中，投资者一般是进行组合投资的，对于组合资产来说，方差的持续性同样会影响该组合的长期投资，但在这里存在一种特殊的情况，如果组合中所有的单个资产都是关于方差持续的，但资产的组合是关于方差非持续的，这就表明这些方差持续的资产之间存在一种共同持续的关系，这种关系的存在使得资产组合不表现出持续性，从而对投资者来说就可以不用考虑单个资产的持续性问题，这样就降低了资产组合面临的风险程度。这种特殊关系的确定一般是比较困难的，但我们在研究中发现，在套利定价理论的基础上，我们可以很容易找到这种共同持续的关系，这就为将方差持续性的有关理论与实际应用相结合提供了一条有效的途径。

---

* 李汉东，方福康. 波动持续性与金融资产风险分析[C]//2002 年数据分析、金融物理与风险管理研讨会. 北京：[出版者不详]，2001：108-122.

2 基本概念

对时间序列二阶矩的变化进行建模的一种有效的工具是 GARCH 模型。

考虑随机过程 $\{\varepsilon_t\}$ 的条件方差服从一个 GARCH(p，q)过程

$$E_{t-1}(\varepsilon_t^2) = \sigma_t^2 = \omega + \sum_{i=1}^{q} \alpha_i \varepsilon_{t-i}^2 + \sum_{i=1}^{p} \beta_i \sigma_{t-i}^2 = \omega + \alpha(L)\varepsilon_t^2 + \beta(L)\sigma_t^2$$

式中，$\omega \geqslant 0$；$\alpha_i \geqslant 0$；$\beta_i \geqslant 0$；$\alpha(L)$、$\beta(L)$ 分别为算子多项式。如果多项式

$$1 - \alpha(L) - \beta(L) = 0$$

有单位根，那么就称 GARCH 过程是单整的。

对于单整 GARCH 过程，其前向 s 期的预测值为

$$E_t(\sigma_{t+s}^2) = \omega + (\alpha(L) + \beta(L))E(\sigma_{t+s}^2) = \frac{\omega\{1 - [\alpha(L) + \beta(L)]^{s-1}\}}{1 - [\alpha(L) + \beta(L)]} + (\alpha(L) + \beta(L))^{s-1}\sigma_t^2$$

由于多项式 $1 - (\alpha(L) + \beta(L)) = 0$ 存在单位根，则有

$$\lim_{s \to \infty}(\alpha(L) + \beta(L))^s = 1$$

此时，有

$$E_t(\sigma_{t+s}^2) = \frac{\omega\{1 - [\alpha(L) + \beta(L)]^{s-1}\}}{1 - [\alpha(L) + \beta(L)]} + \sigma_t^2$$

这表明当前方差 σ_t^2 对前向 s 期的方差预测存在持续的影响。现在我们给出一般的波动持续性的定义。

定义 1：对 GARCH 模型，我们称条件方差过程 $\{\sigma_t^2\}$ 是持续的。如果

$$\lim_{s \to \infty} E_t(\sigma_{t+s}^2) \neq c$$

式中，$E_t(\cdot)$ 表示条件期望；c 表示无条件方差。

这个定义说明对条件方差预测来说，当前方差的波动并不随着时间的推移而趋于零。

在经济时间序列中，人们已经发现许多 GARCH 过程的系数多项式存在近似单位根，即系数和接近于 1，我们在这里讨论单位根的情况仅仅是一种极限情况。在实际问题的分析中，我们处理的都是近似单位根即 GARCH 过程的系数和接近于 1 但不等于 1 的情况（对 GARCH 过程来说，其系数和小于 1 是过程平稳的充分必要条件）。近似单位根表明当 s 很大但不趋于无穷大时，当前条件方差对未来方差的影响是始终存在的。

下面我们给出向量 GARCH 过程的持续性定义。设 ε_t 为一个 $N \times 1$ 维向量随机过程，且有 $\varepsilon_t \mid \Omega_{t-1} \sim N(0, H_t)$，$\Omega_{t-1}$ 表示从过去直到 $t-1$ 时刻的所有已知信息集，H_t 是 $N \times N$ 维正定矩阵，且是关于 Ω_{t-1} 可测的，若 $\text{Vec}(H_t)$ 表示把矩阵 H_t 影射为 $(N \times N) \times 1$ 维向量的向量算子，则向量 GARCH(p，q)过程可以表示为下列形式

$$\begin{aligned}\text{Vec}(H_t) &= W + \sum_{i=1}^{q} A_i \text{Vec}(\varepsilon_{t-i}\varepsilon_{t-i}') + \sum_{i=1}^{p} B_i \text{Vec}(H_{t-i}) \\ &= W + A(L)\text{Vec}(\varepsilon_t \varepsilon_t') + B(L)\text{Vec}(H_t)\end{aligned} \tag{1}$$

式中，W 是一个 $N^2 \times 1$ 维向量；L 为滞后算子；$A(L)$ 和 $B(L)$ 分别为 q 阶和 p 阶滞后算子多项式；A_i 和 B_i 均为 $N^2 \times N^2$ 矩阵，且 A_i 和 B_i 使 H_t 正定。

定义 2：称 ε_t 是关于条件方差一阶单整的，如果 $\det[1 - A(\lambda^{-1}) - B(\lambda^{-1})] = 0$ 存在一个单位根。其中 $\det[.]$ 表示行列式，λ 表示系数多项式矩阵的特征根。

关于向量 GARCH 过程的持续性，我们有以下定理。

定理 1[6]：如果向量 GARCH(p，q)过程是单整的，那么它也是持续的。

协同持续的概念最初是由 Bollerslev 和 Engle[7] 提出的，我们在这里从单整的角度给出协同持续的定义。

定义 3：称向量 GARCH 模型是协同持续的，如果向量 GARCH 模型的系数多项式矩阵存在一个单位根，并且存在一个向量 $\alpha \in R^N$，$[\mathrm{Vec}(\alpha\alpha')] \neq 0$，使得

$$\mathrm{Vec}(\alpha\alpha')'\mathrm{Vec}(H_t) = W_0 + \sum_{i=1}^{q} [\mathrm{Vec}(\alpha\alpha')'A_i]\mathrm{Vec}(\varepsilon_{t-i}\varepsilon'_{t-i}) + \sum_{j=1}^{p} [\mathrm{Vec}(\alpha\alpha')'B_j]\mathrm{Vec}(H_{t-j}) \quad (2)$$

的系数多项式矩阵

$$\sum_{i=1}^{q} \mathrm{Vec}(\alpha\alpha')'A_i + \sum_{j=1}^{p} \mathrm{Vec}(\alpha\alpha')'B_j \quad (3)$$

所有特征值的模都在单位圆内。

其中向量 α 称为协同持续向量，$W_0 = [\mathrm{Vec}(\alpha\alpha')]'W$。$\mathrm{Vec}(\alpha\alpha')$ 表示一个 $N^2 \times 1$ 向量。

从这个定义可以看到，协同持续向量可能不仅仅是一个，设为 $r \geq 1$ 个，这样，协同持续向量就构成了一个秩为 r 的 $N \times r$ 矩阵。

3 具有时变方差的 APT 因子模型

令 $\{y_t\}$ 是一个 $N \times 1$ 维离散时间的资产超额收益向量，其条件均值和方差函数分别为

$$E_{t-1}(y_t) = u_t; \quad Var_{t-1}(y_t) = H_t \quad t = 0, 1, \cdots \quad (4)$$

式中，u_t 为 $N \times 1$ 维随机向量；H_t 是对所有时间 t 正定的对称的 $N \times N$ 协方差矩阵，令 $N \times 1$ 维向量 ε_t 表示条件均值的新生过程向量或扰动向量

$$\varepsilon_t \equiv y_t - u_t$$

根据 Ross[8] 提出的套利定价理论，一个典型的资本资产超额收益可以表示为

$$y_t = u_t + \sum_{k=1}^{K} \beta_k \eta_{kt} + v_t \quad (5)$$

式中，$u_t \in F_{t-1}(\forall t)$；$E_{t-1}(\eta_{kt}) = 0(\forall k, t)$：$E_{t-1}(\eta_{kt}\eta_{jt}) = 0(\forall j \neq k, \forall t)$；$E_{t-1}(v_t) = E_{t-1}(v_t \mid \eta_{1t}, \cdots, \eta_{Kt}) = 0(\forall t)$；$E_{t-1}(v_t v'_t) = \Omega$。这里 η_{kt} 表示影响所有资产的超额收益的因子，v_t 是一个具有常数方差的 $(N \times 1)$ 维噪声向量随机过程，β_k 表示 $(N \times 1)$ 维因子载荷向量，F_{t-1} 表示已知信息集合，Ω 是一个由常数组成的 $N \times N$ 半正定矩阵。y_t 的 $N \times N$ 协方差矩阵可以表示为

$$H_t = \sum_{k=1}^{K} \beta_k \beta'_k \theta_{kt} + \Omega \quad (6)$$

式中，θ_{kt} 表示因子的条件方差。

上面讨论的因子模型其协方差结构有一些良好的特性，有关的内容请参看 Engle 等[9] 的文献。

关于资产组合条件方差 h_{kt} 或 θ_{kt} 的表现形式，最简单但也是最严格的假定是"单变量组合表示假定"(univariate portfolio representation assumption)[10]。如果"因子组合"的资产超额收益 P_{kt} 可以被一个以整个多变量信息集为条件的单变量时间序列过程表示，则 K 个"因子组合"所组成的集合可称为有一个"单变量组合表示"。一个简单的例子就是 K 个因子表示组合的每一个超额收益都服从一个单变量 GARCH-M 模型，即对所有的 $k = 1, \cdots, K$，有

$$P_{kt} = c_k + \gamma_k h_{kt} + u_{kt} \quad u_{kt} \mid F_{t-1} \sim N(0, h_{kt})$$

$$h_{kt} = \omega_k + \phi_k u_{kt-1}^2 + \varphi_k h_{kt-1}$$

式中，$u_{kt} = \alpha'_k \varepsilon_t$，并且 $h_{kt} = \theta_{kt} + s_k$，所以有

$$\theta_{kt} = [\omega_k + s_k(\varphi_k - 1)] + \phi_k(\alpha'_k \varepsilon_{t-1})^2 + \varphi_k \theta_{kt-1}$$

根据式(6)，资产超额收益的协方差矩阵就可以表示为

$$H_t = C^* + \sum_{k=1}^{K} \{\phi_k \beta_k \beta_k' (\alpha_k' \varepsilon_{t-1})^2 + \varphi_k \beta_k \beta_k' (\alpha_k' H_{t-1} \alpha_k)\}$$

其中

$$C^* = \left[\sum_{k=1}^{K} \beta_k \beta_k' \omega_k + \Omega^*\right]$$

4　存在方差持续性的动态多因子模型及其影响

K 因子 GARCH(p, q)模型的表示形式为

$$H_t = C^* + \sum_{i=1}^{q} \sum_{k=1}^{K} \phi_{ik} \beta_k \alpha_k' \varepsilon_{t-i} \varepsilon_{t-i}' \alpha_k \beta_k' + \sum_{i=1}^{p} \sum_{k=1}^{K} \varphi_{ik} \beta_k \alpha_k' H_{t-i} \alpha_k \beta_k' \tag{7}$$

式中，ϕ_{ik}、φ_{ik} 表示常量，并且 α_k、β_k 分别为 $N \times 1$ 向量，且 $\alpha_k' \beta_k = 1$；$\alpha_k' \beta_j = 0$，$k \neq j$。将 K 因子 GARCH(p, q)模型写成向量表示形式有

$$\mathrm{Vec}(H_t) = W - \sum_{k=1}^{K} \mathrm{Vec}(\beta_k \beta_k') \omega_k + \sum_{k=1}^{K} \mathrm{Vec}(\beta_k \beta_k') h_{kt} \tag{8}$$

式中，$W = \mathrm{Vec}(C^*)$，并且

$$h_{kt} \equiv \mathrm{Vec}(\alpha_k \alpha_k')' \mathrm{Vec}(H_t) = \omega_k + \sum_{i=1}^{q} \phi_{ik} (\alpha_k' \varepsilon_{t-i})^2 + \sum_{i=1}^{p} \varphi_{ik} h_{kt-i} \tag{9}$$

这里 h_{kt} 就是组合 $\alpha_k' \varepsilon_t$ 的条件方差，根据动态因子模型的性质，如果 h_{kt} 是持续的，则 H_t 也是持续的。此时，前向 s 期的条件方差预测为

$$E_t(h_{kt+s}) = \omega + \sum_{i=1}^{m} (\phi_{ik} + \varphi_{ik}) E_t(h_{kt+s-i}) = \sigma^2 + \left[\sum_{i=1}^{m} (\phi_{ik} + \varphi_{ik})\right]^{s-1} (h_{kt-i+1}) \tag{10}$$

式中，$m = \max\{p, q\}$，$\sigma^2 = \omega / \left[1 - \sum_{i=1}^{m} (\phi_{ik} + \varphi_{ik})^{s-1}\right]$ 是 h_{kt} 的无条件方差。

当 $\sum_{i=1}^{m} (\phi_{ik} + \varphi_{ik}) < 1$ 时，h_{kt} 不存在持续性，当 s 很大时，式(10)右边最后一项就可以忽略。此时，$E_t(h_{kt+s}) \approx \sigma^2$，则前向 s 期的期望风险率和期望收益率分别为

$$E_t(\pi_{kt+s}) = c_k + \gamma_k E_t(h_{kt+s}) \approx c_k + \gamma_k \sigma^2 \tag{11}$$

$$E_t(u_{t+s}) = \sum_{k=1}^{K} \beta_k E_t(\pi_{kt+s}) \approx \sum_{k=1}^{K} \beta_k (c_k + \gamma_k \sigma^2) \tag{12}$$

当 h_{kt} 为 GARCH(p, q)表示形式时，h_{kt} 表现出持续的特性，且有 $\sum_{i=1}^{m} (\phi_{ik} + \varphi_{ik}) = 1$，其中 $m = \max \{p, q\}$。此时，

$$E_t(h_{kt+s}) = \omega + \sum_{i=1}^{m} (\phi_{ik} + \varphi_{ik}) E_t(h_{kt+s-i}) = \omega + \sum_{i=1}^{m} E_t(h_{kt+s-i})$$
$$= \omega + \left[\omega + \sum_{i=1}^{m} E_t(h_{kt+s-i-1})\right] = s\omega + \sum_{i=1}^{m} (h_{kt-i}) \tag{13}$$

可见当前时期条件方差的波动将持续地对未来条件方差预测产生影响，在这种情形下，资产组合的风险率和收益率的预测值分别为

$$E_t(\pi_{kt+s}) = c_k + \gamma_k s\omega + \sum_{i=1}^{m} (h_{kt-i}) \tag{14}$$

$$E_t(u_{t+s}) = \sum_{k=1}^{K} \beta_k \left[c_k + \gamma_k s\omega + \sum_{i=1}^{m} (h_{kt-i})\right] \tag{15}$$

显然，组合条件方差存在持续性与否对资产长期定价影响是明显不同的。持续性的存在增加了资产收益的不确定性，即增大了风险。在组合投资中，投资者将主要关心总的收益和风险的变化情况。在一般的情况下，如果所有资产的协方差矩阵 H_t 存在持续性，那么资产之间的某种组合的条件方差一般也是持续的。协方差矩阵 H_t 可以表示为

$$H_t = C^* + \sum_{i=1}^{q}\sum_{k=1}^{K} \phi_{ik}\beta_k\beta_k'(\alpha_k'\varepsilon_{t-i})^2 + \sum_{i=1}^{p}\sum_{k=1}^{K} \varphi_{ik}\beta_k\beta_k'(\alpha_k'H_{t-i}\alpha_k) \tag{16}$$

其向量形式可以表示为

$$\mathrm{Vec}(H_t) = W + \sum_{i=1}^{q}\sum_{k=1}^{K} \phi_{ik}\mathrm{Vec}(\beta_k\beta_k')\mathrm{Vec}(\alpha_k\alpha_k')'\mathrm{Vec}(\varepsilon_{t-i}\varepsilon_{t-i}') +$$
$$\sum_{i=1}^{p}\sum_{k=1}^{K} \varphi_{ik}\mathrm{Vec}(\beta_k\beta_k')\mathrm{Vec}(\alpha_k\alpha_k')'\mathrm{Vec}(H_{t-i}) \tag{17}$$

如果式(17)的特征多项式

$$\det\left\{ I - \sum_{i=1}^{m}\sum_{k=1}^{K}\left[\mathrm{Vec}(\beta_k\beta_k')\mathrm{Vec}(\alpha_k\alpha_k')'(\phi_{ik}+\varphi_{ik})(\lambda^{-1})\right]\right\} = 0$$

存在单位根，根据定义 2 和定义 3，H_t 具有持续性。

在多因子模型的条件下，如果存在一个组合，其方差 h_{kt} 可以表示为

$$h_{kt} \equiv \mathrm{Vec}(\alpha_k\alpha_k')'\mathrm{Vec}(H_t) = \omega_k + \sum_{i=1}^{q}\phi_{ik}(\alpha_k'\varepsilon_{t-i})^2 + \sum_{i=1}^{p}\varphi_{ik}h_{kt-i}$$

此时，组合方差方程的系数多项式的特征方程

$$1 - \sum_{i=1}^{m}(\phi_{ik}+\varphi_{ik})(\lambda^{-1}) = 0$$

如果不存在单位根，此时 h_{kt} 就是非持续的，根据协同持续性定义 3，可知该组合是关于方差协同持续的。协同持续的存在使得长期投资者可以不考虑单个资产收益的方差持续性情况，而关心如何对资产进行组合使之具有协同持续性，从而达到规避风险的目的。

现在我们在前面讨论的基础上，进一步讨论在动态多因子模型的条件下，组合投资的持续性问题。我们给出如下定理。

定理 2：在动态多因子模型的条件下，如果某种资产收益的方差或协方差存在持续性，则必存在至少一个动态因子关于方差持续。

证明：（略）

定理 2 表明，在动态多因子模型的条件下，如果至少存在一个动态因子关于方差持续，那么动态因子方差的持续性将对几乎所有的资产收益产生影响，其影响大小与因子载荷有关。

下面我们给出一个简便的判断和寻找协同持续关系的方法。我们给出如下定理。

定理 3：在动态多因子模型的条件下，如果存在至少一个动态因子是关于方差持续的，并且至少存在一个动态因子是关于方差非持续的，则至少存在一种资产组合是关于方差协同持续的。

证明：（略）

定理 3 为我们在动态多因子模型的条件下，寻找资产组合之间的协同持续关系提供了一种简便的方法，而这也正是多因子模型的一个非常有利的性质。

五　实证分析

现在我们举一个实际的例子来讨论单变量和多变量 GARCH 模型的持续性问题以及对投资决策的影响。

　　我们的数据来自纽约外汇市场美元对英镑（US/UK）和美元对德国马克（US/DM）的每日收盘价，样本时间跨度为 1988 年 1 月 4 日至 1998 年 6 月 15 日，除去周末和节假日，总共两组 2 642 对数据。

　　分别以 P_{1t}、P_{2t} 表示 US/UK 和 US/DM 的日收盘价，以 $y_t = (y_{1t}, y_{2t})$ 表示两个汇率的收益率，其中：

$$y_{1t} = 100 \cdot \ln(P_{1t}/P_{1t-1}); \quad y_{2t} = 100 \cdot \ln(P_{2t}/P_{2t-1})$$

　　对得到的 2 641 对数据进行回归分析，得到平均值和残差序列

$$y_{1t} = \mu_1 + \varepsilon_{1t}$$
$$y_{2t} = \mu_2 + \varepsilon_{2t}$$

式中，ε_{1t}、ε_{2t} 分别表示 US/UK 和 US/DM 的误差项。

　　美元对英镑（US/UK）和美元对德国马克（US/DM）的收益变化如图 1 和图 2 所示。其中横坐标表示时间，起始时刻（0 时刻）为 1988 年 1 月 5 日，终止时刻为 1998 年 6 月 15 日，除去节假日，总共 2 641 个时间点。纵坐标表示汇率收益的变化情况。

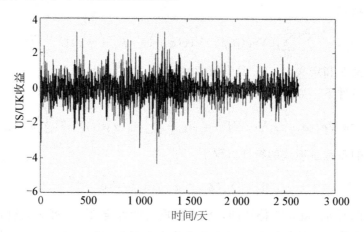

图 1　US/UK 收益图

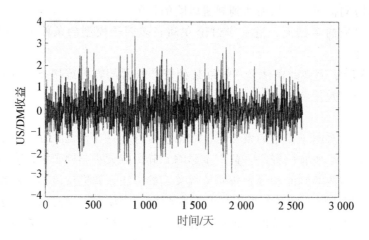

图 2　US/DM 收益图

　　对样本残差序列 $\{\hat{\varepsilon}_{1t}\}$、$\{\hat{\varepsilon}_{2t}\}$ 进行相关性检验，得到的相关结果如表 1 所示。

表 1　相关性检验

样本	样本数	$Q(10)$	$Q^2(10)$	峰度 k
US/UK	2 641	15.40	103.5	4.72
US/DM	2 641	17.2	134.4	4.20

这里 Q 是 Ljung-Box(1978 年)统计量，Q 检验的零假设为序列不相关假设。$Q(10)$ 表示滞后 10 阶的相关性检验统计量，$Q^2(10)$ 表示滞后 10 阶的二次相关性检验统计量。k 是样本分布的峰度系数。表 1 表明，$Q(10)$ 检验在任意水平上拒绝相关性，而 $Q^2(10)$ 则不能拒绝二次相关假设，表明汇率收益存在异方差。

我们设汇率收益波动服从 GARCH 模型，并考虑 GARCH 模型的阶数识别问题。计算结果如表 2 和表 3 所示。

表 2　美元对英镑汇率收益的 GARCH(p,q) 模型阶数识别

US/UK	ω	α_1	α_2	β_1	β_2	L	AIC
GARCH(1, 1)	0.002 8	0.038 7		0.954 9		2 487.09	−9.637 8
GARCH(1, 2)	0.003 6	0.049 5		0.638 7	0.304 5	2 486.7	−7.637 4
GARCH(2, 1)	0.002 8	0.038 7	0	0.954 9		2 487.09	−7.637 7
GARCH(2, 2)	0.005 3	0.032 0	0.042 1	0	0.913 9	2 486.26	−5.637 1

表 3　美元对德国马克汇率收益的 GARCH(p,q) 模型阶数识别

US/DM	ω	α_1	α_2	β_1	β_2	L	AIC
GARCH(1, 1)	0.006	0.040 6		0.946 8		2 674.81	−9.783 3
GARCH(1, 2)	0.006	0.040 7		0.946 6	0.000 1	2 674.81	−7.783 3
GARCH(2, 1)	0.006 2	0.030 9	0.010 9	0.945 2		2 674.67	−7.783 2
GARCH(2, 2)	0.011 2	0.029 6	0.048 1	0.011 2	0.889 5	2 673.16	−5.782 0

其中 L 为对应的 GARCH(p,q) 模型的极大似然函数值。从表 2 和表 3 可以看出，GARCH(1, 1) 的 AIC 值小于其他值，所以 GARCH(1, 1) 模型是一个适当的选择。这与许多文献(Tim[11]、Baillie 和 Bollerslev[12]、Bollerslev 等[13])的结论是一致的。

现在我们考虑收益率残差序列服从 GARCH(1, 1) 模型，则 US/UK 和 US/DM 两种汇率收益的 GARCH(1, 1) 模型的统计结果如表 4 所示。

表 4　GARCH(1, 1) 模型统计结果

样本	μ	ω	α	β	LM
US/UK	−0.005 2	0.002 8	0.038 7	0.954 9	49.1
US/DM	−0.004 9	0.006 0	0.040 6	0.946 8	51.77

其中 LM 为拉格朗日乘子检验。零假设为 $H_0: \alpha = \beta = 0$，从表 4 可以看出 LM 的值在任意水平下都是显著的，即不能拒绝异方差。表 4 也表明 US/UK 和 US/DM 的 $\alpha + \beta$ 的值分别为 0.993 6 和 0.987 4，非常接近于 1，即具有单整 IGARCH 模型的特征。零假设 $H_0: \alpha + \beta = 1$ 的 t 统计量检验分别为 $t = -0.912 8$ 和 $t = -1.002 6$，在任意水平下不能拒绝单位根假设。这一性质表明两组汇率收益率的波动性表现出明显的持续特征。

两个汇率收益率的 GARCH(1, 1) 模型可以分别表示为：

$$y_{1t} = -0.005\ 2 + \varepsilon_{1t}$$
$$(0.002\ 4)$$
$$h_{1t} = 0.002\ 8 + 0.038\ 7\varepsilon_{1t-1}^2 + 0.954\ 9h_{1t-1}$$
$$(0.001\ 4)\ (0.011)\quad (0.023)$$
$$y_{2t} = -0.004\ 9 + \varepsilon_{2t}$$

$$(0.002\ 4)$$
$$h_{2t}=0.006+0.040\ 6\varepsilon_{2t-1}^2+0.946\ 8h_{2t-1}$$
$$(0.003\ 2)\ (0.022)\qquad(0.031)$$

现在我们考虑汇率收益二维时间序列 y_t 的条件方差建模问题。从前面的讨论我们知道，对单变量 GARCH 模型来说，GARCH(1，1)模型优于其他滞后阶数的 GARCH 模型，为便于讨论，简化计算，我们设汇率收益率的波动性服从向量 GARCH(1，1)模型。则模型可以表示为：

$$y_t=\begin{pmatrix}y_{1t}\\y_{2t}\end{pmatrix}=\begin{pmatrix}\mu_1\\\mu_2\end{pmatrix}+\begin{pmatrix}\varepsilon_{1t}\\\varepsilon_{2t}\end{pmatrix}$$

$$\mathrm{Vech}(H_{t+1})=\begin{pmatrix}\omega_1\\\omega_2\\\omega_3\end{pmatrix}+\begin{pmatrix}a_{11}&a_{12}&a_{13}\\a_{21}&a_{22}&a_{23}\\a_{31}&a_{32}&a_{33}\end{pmatrix}\mathrm{Vech}(\varepsilon_t\varepsilon_t')+\begin{pmatrix}b_{11}&b_{12}&b_{13}\\b_{21}&b_{22}&b_{23}\\b_{31}&b_{32}&b_{33}\end{pmatrix}\mathrm{Vech}(H_t)\qquad(18)$$

式中，$\mathrm{Vech}(H_t)=(h_{1t},\ h_{12t},\ h_{22t})'$；$\mathrm{Vech}(\varepsilon_t\varepsilon_t')-(\varepsilon_{1t}^2,\ \varepsilon_{1t}\varepsilon_{2t},\ \varepsilon_{2t}^2)'$。这里 $\mathrm{Vech}(\cdot)$ 是向量半算子。h_{12t} 表示两个变量之间的条件协方差。

式(18)可以进一步表示为：

$$\mathrm{Vech}(H_{t+1})=W+A\cdot\mathrm{Vech}(\varepsilon_t\varepsilon_t')+B\cdot\mathrm{Vech}(H_t)\qquad(19)$$

式中，W 为 3×1 矩阵；A 和 B 均为 3×3 正定矩阵。

我们设 $\varepsilon_t=(\varepsilon_{1t},\ \varepsilon_{2t})$ 服从条件正态分布，即 $\varepsilon_t\sim N(0,\ H_t)$。向量 GARCH 模型的对数似然函数可以表示为：

$$L(\theta)=-\frac{TN}{2}\ln 2\pi-\frac{1}{2}\sum_{t=1}^{T}(\ln|H_t|+\varepsilon_t'H_t^{-1}\varepsilon_t)$$

式中，T 表示样本数；N 表示时间序列 y_t 的维数；θ 是待估计参数。在我们的分析中，$T=2\ 640$，$N=2$，$\theta=(\omega_1,\ \omega_2,\ \omega_3,\ a_{11},\ \cdots,\ a_{33},\ b_{11},\ \cdots,\ b_{33})'$。求解向量 GARCH 模型的对数似然函数，得到关于各个参数的估计值：

$$W=\begin{pmatrix}0.010\ 6\\-0.011\\0.021\end{pmatrix};\ A=\begin{pmatrix}0.105&-0.104&0.032\\-0.061&0.209&-0.042\\0.020&0.001&0.065\end{pmatrix};\ B=\begin{pmatrix}0.782&0.138&0.001\\0.078&0.701&0.102\\0.001&0.001&0.904\end{pmatrix}$$

多变量 GARCH 模型的一个主要缺点是参数过多，而实际上，很多参数的作用是并不重要的（Bollerslev 等[14]、Bollerslev 和 Engle[7]），为简化模型结构，消除不必要的参数，根据估计的结果，我们发现协方差项（即 h_{12t}）对 US/DM 汇率收益的条件方差（h_{2t}）的影响是不明显的。同时，b_{13} 和 b_{31} 的值也很小，如果将它们消除不会影响矩阵 B 的正定性。因此我们令 $a_{32}=b_{32}=0$，$b_{13}=b_{31}=0$。重新估计参数值，得到下列模型：

$$y_t=\begin{pmatrix}y_{1t}\\y_{2t}\end{pmatrix}=\begin{pmatrix}-0.005\ 2\\-0.004\ 9\end{pmatrix}+\begin{pmatrix}\varepsilon_{1t}\\\varepsilon_{2t}\end{pmatrix}$$

$$\mathrm{Vech}(H_{t+1})=\begin{pmatrix}0.010\ 1\\-0.009\\0.021\end{pmatrix}+\begin{pmatrix}0.131&-0.145&0.048\\-0.059&0.161&-0.048\\0.024&0&0.068\end{pmatrix}\mathrm{Vech}(\varepsilon_t\varepsilon_t')+$$

$$\begin{pmatrix}0.765&0.175&0\\0.093&0.708&0.122\\0&0&0.888\end{pmatrix}\mathrm{Vech}(H_t)$$

根据 $\det[I-(A+B)\lambda^{-1}]=0$，其中 I 为单位矩阵，λ 为矩阵 $A+B$ 的特征根，分别得到特征根 $\hat{\lambda}_1=0.986$，$\hat{\lambda}_2=0.889$，$\hat{\lambda}_3=0.852$。相对应的特征向量为：

$$\nu_1 = (0.629,\ 0.575,\ 0.523)'$$
$$\nu_2 = (-0.283,\ 0.394,\ 0.874)'$$
$$\nu_3 = (-0.15,\ -0.697,\ 0.701)'$$

从特征根的估计值可以看出，向量 GARCH 模型具有近似单位根，$\hat{\lambda}_1 = 0.986$。根据我们给出的向量 GARCH 模型存在协同持续的充分必要条件，我们可以得到协同持续向量的估计值。

设向量 $\gamma = (\gamma_1,\ \gamma_2)'$，$\mathrm{Vec}2\gamma' = (\gamma_1^2,\ 2\gamma_1\gamma_2,\ \gamma_2^2)$。则有

$$\mathrm{Vec}2\gamma' \cdot \nu_1 = 0$$

求解这个方程，并将 γ_1 单位化为 1，我们就得到协同持续向量

$$\mathrm{Vec}2\gamma' = (1,\ -1.75,\ 0.723)'$$

如果协同持续向量满足

$$\mathrm{Vec}2\gamma' \cdot A = \alpha \cdot \mathrm{Vec}2\gamma' \tag{20}$$

$$\mathrm{Vec}2\gamma' \cdot B = \beta \cdot \mathrm{Vec}2\gamma' \tag{21}$$

式中，α 和 β 为常数。则向量 GARCH 模型的线性组合就可以表示为一个单变量的 GARCH 模型形式。我们将 $\mathrm{Vec}2\gamma'$ 代入式(20)和式(21)，从而得到 α，β 的近似估计值 $\hat{\alpha} = 0.245$，$\hat{\beta} = 0.625$，这样我们就得到了协同持续 GARCH 模型的单变量表示形式：

$$\mathrm{Vec}2\gamma'\mathrm{Vech}(H_t) = \mathrm{Vech}2\gamma' \cdot W = \alpha \cdot \mathrm{Vec}2\gamma' \cdot \mathrm{Vech}(\varepsilon_{t-1}\varepsilon'_{t-1}) + \beta \cdot \mathrm{Vec}2\gamma' \cdot \mathrm{Vech}(H_{t-1}) \tag{22}$$

令 $M_t = \mathrm{Vec}2\gamma'\mathrm{Vech}(H_t)$；$N_{t-1} = \mathrm{Vec}2\gamma' \cdot \mathrm{Vech}(\varepsilon_{t-1}\varepsilon'_{t-1})$，且 $\mathrm{Vec}2\gamma' \cdot W = 0.041$，则式(22)就可以表示为一个单变量的 GARCH(1, 1)模型

$$M_t = 0.041 + 0.245N_{t-1} + 0.625M_{t-1} \tag{23}$$

由于 $\alpha + \beta = 0.87 < 1$，所以这个单变量 GARCH 模型是非持续的。这表明向量 GARCH 模型的线性组合 $\mathrm{Vec}2\gamma'\mathrm{Vech}(H_t)$ 没有单位根，即不表现出持续性。

现在我们讨论它们的实际应用。

我们首先假设投资者仅仅对单独投资两个汇率中的一个感兴趣。根据我们前面的结果，两种汇率的波动性可以分别由一个 GARCH(1, 1)模型表示。

$$h_{1t+1} = 0.002\,8 + 0.038\,7\varepsilon_{1t}^2 + 0.954\,9h_{1t}$$

$$h_{2t+1} = 0.006 + 0.040\,6\varepsilon_{2t}^2 + 0.946\,8h_{2t}$$

h_{1t} 前项 s 期的条件方差的期望可以表示为：

$$E_t(h_{1t+s+1}) = 0.002\,8 + (0.038 + 0.954\,9)E_t(h_{1t+s}) \tag{24}$$

经过迭代，式(24)可以表示为：

$$E_t(h_{1t+s+1}) = \frac{0.002\,8}{(1 - 0.993\,6)} + (0.993\,6)^s h_{1t} = 0.437\,5 + (0.993\,6)^s h_{1t}$$

式中，0.437 5 为 h_{1t} 的无条件期望。同理

$$E_t(h_{2t+s+1}) = 0.476\,2 + (0.987\,4)^s h_{2t} \tag{25}$$

式中，0.476 2 为 h_{2t} 的无条件期望。

我们假设投资者分别投资于两种汇率，投资期限分别为 10 天、30 天、100 天，则有：

$$E_t(h_{1t+11}) = 0.437\,5 + 0.937\,8h_{1t}$$

$$E_t(h_{1t+31}) = 0.437\,5 + 0.824\,8h_{1t}$$

$$E_t(h_{1t+101}) = 0.437\,5 + 0.526\,2h_{1t}$$

同理

$$E_t(h_{2t+11}) = 0.476\,2 + 0.889\,2h_{2t}$$

$$E_t(h_{2t+31}) = 0.476\,2 + 0.683\,6h_{2t}$$

$$E_t(h_{2t+101}) = 0.476\,2 + 0.281\,4h_{2t}$$

从上面的分析可以看出，投资者分别对这两种汇率进行投资，即便是经过较长的时期以后，当前

的波动(即 h_{1t} 和 h_{2t})仍然会对未来收益的波动产生影响。因此对投资者来说，如果他对这两种汇率分别进行投资，他就必须考虑当前汇率的波动对未来的汇率收益的影响。从风险规避的角度来说，持续性的存在增加了投资者未来投资的不确定性。

现在我们再来考虑投资者对这两种汇率进行组合投资的情况。如果投资者以权重向量 $\gamma=(1, -0.85)'$ 对两种汇率进行投资组合，则向量 GARCH 模型的线性组合 Vec2γ'Vech(H_{t+1})就可以表示为一个单变量的 GARCH(1，1)模型

$$M_{t+1}=0.041+0.245N_t+0.625M_t$$

其前向 s 期的条件方差的期望可以表示为：

$$E_t(M_{t+s+1})=0.041+(0.87)E_t(M_{t+s})=0.315+(0.87)^sM_t \tag{26}$$

式中，$E(N_t)=M_t$；0.315 是 M_t 的无条件期望。

我们同样假设投资者以同一种组合分别进行为期 10 天、30 天、100 天的投资，则投资期终止日的条件方差的期望分别为：

$$E_t(M_{t+11})=0.315+0.248\ 4M_t$$
$$E_t(M_{t+31})=0.315+0.015\ 3M_t$$
$$E_t(M_{t+101})=0.315$$

从上面的结果可以看出，如果以这一投资组合进行为期 100 天的投资，未来组合投资的波动等于常数 0.315，而当前组合投资的条件方差的波动不会对未来投资产生影响，因而对长期投资者来说就可以不必考虑当前汇率波动的影响。从规避风险的角度来看，协同持续性的存在使得组合投资的条件方差不存在持续性，从而降低了组合投资的不确定性，达到了规避风险的目的。

6 小结

我们以美元对英镑和美元对德国马克的汇率数据为实例，讨论了单变量 GARCH 模型和多变量 GARCH 模型的持续性问题，并分析了波动持续性和协同持续性的存在对汇率投资的不同影响。正如我们所看到的，汇率数据表现出了明显的波动持续性。我们的结果表明两个汇率数据的单变量 GARCH 模型存在明显的单位根。而这也正是我们之所以选择汇率数据作为我们的实证研究的原因。单变量 GARCH 模型存在单位根，表明了汇率序列的多变量 GARCH 模型可能也存在单位根，实际分析也证明了这一点。我们选择汇率数据的另一个主要原因是目前关于汇率的波动性研究的文献比较多，对其变化的性质的描述也是比较清楚的，因而我们在对多变量 GARCH 模型的参数进行估计时就可以尽可能地简化参数。这也涉及目前该研究领域面临的一个敏感问题，即多变量 GARCH 模型的参数估计问题。多变量 GARCH 模型的参数估计一直是阻碍多变量 GARCH 模型应用的一个难题。从我们的实证也可以看到，二维变量时间序列的波动性需要一个三维 GARCH 模型来描述，我们在这里仅仅考虑滞后一阶即 GARCH(1，1)模型的情形，其所需估计的参数就为 21 个。对于三维时间序列来说，其波动性建模就需要一个六维 GARCH 模型来描述，并且在滞后一阶的情况下需要估计 78 个参数。存在于多变量 GARCH 模型的参数估计上的困难也同样影响到对其协同持续性的研究。因此，从目前来看，多变量波动持续性模型的应用还存在许多实际的困难。

本文以 Ross 的套利定价理论为背景，分析了当动态因子的条件方差存在持续性和协同持续性时对资产风险率和收益的影响程度。方差的持续性将对长期投资的资产收益产生影响，从而影响资本资产的长期定价。但对单个资产存在方差的持续性而组合投资的条件方差不表现出持续性的资产投资组合来说，当前的波动对组合资产的长期收益不会产生明显的影响。因此，方差持续性对现代证券组合投资分析有重要的指导意义。

自从 GARCH 模型被提出以来，基于时间序列时变方差的研究方法已经被广泛地应用于各种经济

时间序列的分析和研究。西方的经济学家在资本资产定价理论等领域的研究中，已经广泛使用了基于时变条件均值和条件方差的经济计量方法，而我国在资本资产定价和组合投资的分析中仍以传统的分析方法为主，有关持续性的研究更是鲜有文献涉及。但毋庸置疑的是，时变方差的持续性模型为我们进行证券投资分析提供了一种新的方法和手段。

参考文献

［1］Engle R F. Autoregressive conditional heteroscedasticity with estimates of the variance of United Kingdom inflation［J］. Econometrica：Journal of the Econometric Society，1982，50（4）：987-1007.

［2］Bollerslev T. Generalized autoregressive conditional heteroskedasticity［J］. Journal of Econometrics，1986，31（3）：307-327.

［3］Engle R F，Bollerslev T. Modelling the persistence of conditional variances［J］. Econometric Reviews，1986，5(1)：1-50.

［4］Baillie R T，Bollerslev T，Mikkelsen H O. Fractionally integrated generalized autoregressive conditional heteroskedasticity［J］. Journal of Econometrics，1996，74(1)：3-30.

［5］Bollerslev T，Mikkelsen H O. Modeling and pricing long memory in stock market volatility［J］. Journal of Econometrics，1996，73(1)：151-184.

［6］李汉东，张世英. 自回归条件异方差的持续性研究［J］. 预测，2000，19(1)：51-54.

［7］Bollerslev T，Engle R F. Common persistence in conditional variances［J］. Econometrica：Journal of the Econometric Society，1993，61(1)：167-186.

［8］Ross S A. The arbitrage theory of capital asset pricing［J］. Journal of Economic Theory，1976，13(3)：341-360.

［9］Engle R F，Ng V K，Rothschild M. Asset pricing with a FACTOR-ARCH covariance structure［J］. Journal of Econometrics，1990，45(1-2)：213-237.

［10］Ng V，Engle R F，Rothschild M. A multi-dynamic-factor model for stock returns［J］. Journal of Econometrics，1992，52(1-2)：245-266.

［11］Tim B. A Conditional heteroskedastic time series model for speculative prices and rates of return［J］. Review of Economics and Statistics，1987，69(3)：542-547.

［12］Baillie R T，Bollerslev T. The message in daily exchange rates：a conditional-variance tale［J］. Journal of Business & Economic Statistics，1989，7(3)：297-305.

［13］Bollerslev T，Chou R Y，Kroner K F. ARCH modeling in finance：a review of the theory and empirical evidence［J］. Journal of Econometrics，1992，52(1-2)：5-59.

［14］Bollerslev T，Engle R F，Wooldridge J M. A capital asset pricing model with time-varying covariances［J］. Journal of Political Economy，1988，96(1)：116-131.

一类相容风险度量[*]

丁义明^{1,4}　葛新元²　方福康³

（1. 北京师范大学系统科学系，北京 100875；2. 南京大学商学院经济学系，南京 210008；
3. 北京师范大学非平衡系统研究所，北京 100875；4. 中国科学院武汉物理与数学研究所，武汉 430071）

摘　要：针对目前常用的金融风险度量方法 VaR 的不足，Artzner、Delbaen、Eber 和 Heath 提出了相容风险度量的概念，关键之处在于用次可加性来反映风险分摊。尽管 VaR 因不满足次可加性，不是相容风险度量，但基于 VaR 的期望损失（expected shortfall，ES）是相容风险度量。本文的主要结论是，把 VaR 与一个单调增加凹函数作用可以得到相容风险度量，它包含 ES 作为特例。从而给出了足够多的相容风险度量，为投资者决策时提供了选择的空间。

关键词：风险度量风险值（VaR）；相容风险度量；期望损失（ES）

1　引言

风险的概念，不同的领域有不同的工作定义，目前无统一的表述。一般而言，风险是未来结果的不确定性产生损失的可能性。在经济学中，风险的起因是因为经济中存在与未来有关的不确定性，不确定性一般分为两类：一是产出的不确定性，这里的产出是投入要素将取得的结果（如农业、抛硬币等）。这类不确定性的原因是人们对自然过程特别是生产过程的知识的不完全。二是价格的不确定性，这里的价格是在市场上出售产品后能得到的结果。这类不确定性主要是由于其他人或市场将如何反应是不确定的。

Knight 认为，风险描述的是这样一种情景，一种行为可以导致数种不同的相互排斥的结果，而且每一种结果有已知的概率。假如这些概率都不知道，这种情景就包含了不确定性[1]。Davidson 进一步认为，如果支配所面对的情景的过程是遍历的，可归结为风险问题，如果不是遍历的，就是不确定性问题[2]。风险的度量是风险管理中最基本的问题之一。

设(Ω, Σ, P)为一个给定概率空间，其上的随机变量 X 描述了一个有风险的对象，$F(x)$ 为 X 的分布函数。所谓的风险度量就是对每一个随机变量 X 都用一个具体的数来和它对应，而风险的比较就是相应数的大小比较。常用的风险度量的方法有方差 σ^2、均方差 σ、一阶绝对中心矩、分位点、信息熵 $\left(H = -\sum_{i=1}^{n} p_i \log p_i\right)$ 等。20 世纪 90 年代以来，风险值（value at risk，VaR）成为许多大型金融机构的风险度量标准，并发展了一系列计算 VaR 的方法和软件。

本文先对 VaR 做一个简介，通过一个例子说明 VaR 的不足：未能很好地反映风险分摊。为了处理这一问题，Artzner 等引入了次可加性来反映风险分摊，在此基础上提出了相容风险度量的概念[3]。VaR 不是相容风险度量，因为它不满足次可加性。但 VaR 的平均——期望损失（expected shortfall，ES）是相容风险度量。本文的主要结论是，把 VaR 与一个单调增加凹函数作用可以得到相容风险度量，它包含 ES 作为特例。由于相容风险度量是一个新的概念，它的优缺点还有待于进一步研究。

---

* 丁义明，葛新元，方福康. 一类相容风险度量[C]//2002 年数据分析、金融物理与风险管理研讨会. 北京：[出版者不详]，2001：101-107.

2 风险值(VaR)

风险值(VaR)定义为：在一定的持有期，一定的置信水平下可能的最大损失。VaR 回答这样的问题：在给定时期，有 $100\alpha\%$ 的可能性，最大的损失是多少？

设 X 为描述收益的随机变量，$F(x)$ 为它的分布函数，X 的 α 分位数 x_α 定义为：$x_\alpha = \inf\{x \mid F(x) \geqslant \alpha\} = F_X^{-1}(\alpha)$，而 X 在置信水平为 α 时的风险值(VaR)为：$VaR_\alpha(X) = -x_\alpha$。

图 1 是 VaR 定义的示意图。

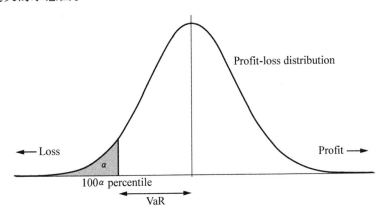

图 1 VaR 定义的示意图

VaR 的定义较简单，也比较好计算，已经发展了方差-协方差法、历史模拟法和 Monte-Carlo 方法等计算方法。也已经开发了众多的软件工具。应用 VaR 测量和管理风险的好处在于整个金融机构使用一致的风险度量来衡量风险的大小，使各种风险具有较大的透明性与可比性。VaR 也可以作为业务决策的依据，提高决策的准确性。它还可以用于事后业绩评估，比较不同收益并且承受不同风险的部门或投资组合的业绩。但是 VaR 只考虑置信水平内的损失，不关心超过 VaR 的损失，也没有有效考虑风险分摊。

例：95% 的置信水平下，分散方案的风险值大于集中方案的风险值。

100 万元投资于企业债券，共有 100 个企业的一年期债券供选择，年利率都为 2%，每个企业违约的概率都为 1%，一旦违约，利率为零，本金全部损失。

方案 A：每个企业的债券都购买 1 万元。

如果超过两家企业违约（概率 $= 1 - 0.99^{100} - 100 \times 0.99^{99} \times 0.01 = 26.4\%$），将导致损失大于 $2 - 1.96 = 0.04$ 万元。所以，在 98% 的置信度，VaR 大于零。

方案 B：100 万元全部购买某一家企业的债券。

因为有 99% 的把握能赢利 2 万元。因此，在 98% 的置信度，VaR 为 -2 万元。

在 98% 的置信度，方案 A（分散）的风险值比方案 B（集中）的风险值大，这与通常的分散投资将降低风险的观念不符。可见，在某些情况下，VaR 低估了意外发生时的风险。

3 相容风险度量

1999 年，Artzner 等在[3]中引入了次可加性来反映风险分摊，在此基础上提出了相容风险度量的概念。

定义：设 V 为实值随机变量的集合，$\rho: V \to R$ 称为一个相容风险度量（coherent risk measure），

如果它满足：

(1)单调性：X，$Y \in V$，$X \geqslant Y \Rightarrow \rho(X) \leqslant \rho(Y)$

(2)次可加性：X，Y，$X+Y \in V \Rightarrow \rho(X+Y) \leqslant \rho(X) + \rho(Y)$

(3)正齐次性：$X \in Y$，$h > 0$，$hX \in V \Rightarrow \rho(hX) = h\rho(X)$

(4)平移不变性：$X \in V$，$a \in R \Rightarrow \rho(X+a) = \rho(X) - a$.

其中次可加性可以反映风险分摊，它意味着合并不增加额外风险。如果厂商(大金融机构)的风险评价标准不满足次可加性，就会有分拆的动机，因为分拆后可以降低风险，与市场上大量的合并案例不一致，这反过来说明次可加性是必要的。单调性、正齐次性与平移不变性的要求并不严格，它们也是必要的。容易验证 VaR 满足单调性、正齐次性和平移不变性。从上面的例子可以看出，VaR 一般不具有次可加性，从而不是相容风险度量。

期望损失(ES)是对 VaR 的改进，它具有次可加性，也是相容风险度量(证明见参考文献[4])，它给出的是在特殊的事件发生的条件下的期望损失。

定义：设 X 为随机变量，X 在置信水平为 α 时的期望损失(ES)为 $ES_\alpha(X) = E[X \mid X \geqslant VaR_\alpha(X)]$。文献[5]中给出了 ES_α 的另一种计算形式：

$$ES_\alpha(X) = -\frac{1}{\alpha} \int_0^\alpha F_0^{-1}(p) dp。 \tag{1}$$

图 2 是 ES 和 VaR 比较的示意图。

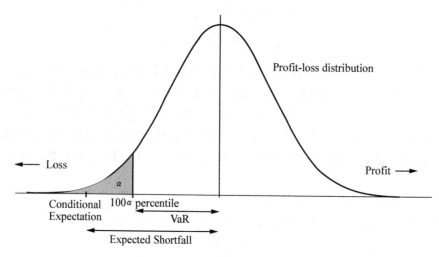

图 2　ES 和 VaR 比较的示意图

下面我们仍计算上面例子中方案 A 与方案 B 的 $ES_\alpha(\alpha = 0.02)$。

方案 A：每个企业的债券都购买 10 000 元。

$$ES_{0.02}(A) = \sum_{n=3}^{100}(1.02n - 2)C_{100}^n 0.01^n * 0.99^{100-n} \approx 0.107\ 005\ \text{万元}$$

方案 B：1 000 000 元全部购买某一家企业的债券，

$$ES_{0.02}(B) = 0.01 \times 100 = 1\ \text{万元}。$$

可见，ES 克服了 VaR 的缺点。

ES 和 VaR 的比较

(1)VaR(X)给出的是置信水平以外的事件发生的条件下的最小损失，而 ES(X)给出的是置信水平以外的事件发生的条件下的期望损失。

(2)对于正态随机变量，VaR(标准差的线性函数)也满足次可加性，因为标准差是次可加的。正态随机变量方差的次可加性可从下面的论证导出：设 X，Y 为正态随机变量，σ_X，σ_Y，σ_{XY} 分别为 X，

Y 的标准差和 X 与 Y 的协方差，易知 $\sigma_{XY} \leqslant \sigma_X \sigma_Y$，从而

$$\sigma_{X+Y} = \sqrt{\sigma_X^2 + \sigma_Y^2 + 2\sigma_{XY}} \leqslant \sqrt{\sigma_X^2 + \sigma_Y^2 + 2\sigma_X \sigma_Y} = \sigma_X + \sigma_Y。$$

（3）对于正态随机变量 X，可以计算出 ES_α：

$$\mathrm{ES}_\alpha(X) = E[-X \mid -X \geqslant \mathrm{VaR}_\alpha(X)] = [\exp(-x_\alpha^2/2)/\alpha\sqrt{2\pi}]\sigma_X，$$

式中，σ_X 为正态随机变量 X 的均方差；x_α 为 X 的 α 分位数。由 ES 的次可加性也可推出（2）。

（4）如果 X 不是正态随机变量，用 VaR 有可能导致严重的问题。因为在置信水平以外的事件发生的条件下，VaR 低估了风险。

（5）在优化投资组合时，ES 得到的容许集合是凸的，更易于求最优解。

（6）ES 关于 α 连续，而 VaR 不一定关于 α 连续。

（7）ES 与 VaR 都关于 α 单调减小。

4 相容风险度量的构造

下面是本文的主要结果：

定理：设 (Ω, Σ, P) 为概率空间，X 为随机变量，$F(x)$ 为 X 的分布函数，则 $M_G(X) = \int_0^1 \mathrm{VaR}_\alpha(X)\mathrm{d}G(\alpha)$ 为一个相容风险度量当且仅当 $G(x)$ 为 $[0,1]$ 上的单调增加凹函数，且 $G(1) - G(0) = 1$。

定理的证明需要用到下面三个引理：

引理 1：对任何 $\alpha(0 < \alpha < 1)$，ES_α 是随机变量集合上的相容风险度量。证明见参考文献[4]。

引理 2：设 f、g 为 $[0,1]$ 上的 Riemann 可积函数，并且对任何 $x \in (0,1)$，有：

$$\int_0^x f(t)\mathrm{d}t \leqslant \int_0^x g(t)\mathrm{d}t, \tag{2}$$

则对任何一个 $[0,1]$ 上的单调增加凹函数 $F(t)$，对任何 $x \in (0,1)$，有：

$$\int_0^x f(t)\mathrm{d}F(t) \leqslant \int_0^x g(t)\mathrm{d}F(t)。$$

证明：先证如果 $F(t)$ 为 $[0,1]$ 上分段线性的单调增加连续凹函数，结论成立。

设 $F(t)$ 为 $[0,1]$ 上的分段线性单调增加的凹函数，则存在 $[0,1]$ 的一个划分 $0 = t_0 < t_1 < \cdots < t_n = 1$，使得 $F(t)$ 在每个区间 $[t_i, t_{i+1}]$ 上都是斜率为 b_{i+1} 的线性函数。由于 $F(t)$ 为凹函数，所以 $b_1 > b_2 > \cdots > b_n > b_{n+1}$。

对任何 $x \in (0,1)$，有 i 使得 $x \in [t_i, t_{i+1}]$，于是，根据式（2），有

$$\int_0^x f(t)\mathrm{d}F(t) = \left\{ \int_0^{t_1} + \int_{t_1}^{t_2} + \cdots + \int_{t_{i-1}}^{t_i} + \int_{t_i}^x \right\} f(t)\mathrm{d}F(t)$$

$$= b_1 \int_0^{t_1} f(t)\mathrm{d}t + b_2 \int_{t_1}^{t_2} f(t)\mathrm{d}t + \cdots + b_i \int_{t_{i-1}}^{t_i} f(t)\mathrm{d}t + b_{i+1} \int_{t_i}^x f(t)\mathrm{d}t$$

$$= b_{i+1} \int_0^x f(t)\mathrm{d}t + (b_i - b_{i+1}) \int_0^{t_i} f(t)\mathrm{d}t + \cdots + (b_1 - b_2) \int_0^{t_1} f(t)\mathrm{d}t$$

$$\leqslant b_{i+1} \int_0^x g(t)\mathrm{d}t + (b_i - b_{i+1}) \int_0^{t_i} g(t)\mathrm{d}t + \cdots + (b_1 - b_2) \int_0^{t_1} g(t)\mathrm{d}t$$

$$= \int_0^x g(t)\mathrm{d}F(t)。$$

注意到 $[0,1]$ 上的任何单调增加凹函数都可以由分段线性的单调增加凹函数来逼近，通过一个极限过程可以得到命题的结论对任何 $[0,1]$ 上的单调增加凹函数都成立。

引理 3：随机变量的分位数具有如下性质：

(1)$c > 0$ 时，对任何 $\alpha \in (0, 1)$，随机变量 cX 的 α 分位数等于随机变量 X 的 α 分位数的 c 倍，即 $(cx)_{\alpha} = cx_{\alpha}$；

(2)对任何 $\alpha \in (0, 1)$，随机变量 $X + c$ 的 α 分位数等于随机变量 X 的 α 分位数加 c，即 $(c + x)_{\alpha} = c + x_{\alpha}$。

直接验证即可，证明略。

定理的证明：

充分性：

(1)M_G 的单调性从 VaR 的单调性立即可得。

(2)M_G 的次可加性。根据引理 1，对任何 $\alpha(0 < \alpha < 1)$，ES_{α} 是随机变量集合上的相容风险度量，从而 ES_{α} 满足次可加性。这意味着对任何随机变量 X、Y，有 $ES_{\alpha}(X + Y) \leqslant ES_{\alpha}(X) + ES_{\alpha}(Y)$。把式 (1)代入可得到，对任何 $0 < \alpha < 1$，我们有 $\int_0^{\alpha} x_p \mathrm{d}p + \int_0^{\alpha} y_p \mathrm{d}p \leqslant \int_0^{\alpha} (x + y)_p \mathrm{d}p$，其中 x_p、y_p、$(x + y)_p$ 分别为随机变量 X、Y、$X + Y$ 的 p 分位数。根据引理 2，可知

$$\int_0^{\alpha} (x_p + y_p) \mathrm{d}G(p) \leqslant \int_0^{\alpha} (x + y)_p \mathrm{d}G(p)。$$

由 VaR 的定义，可得

$$\int_0^{\alpha} [\mathrm{VaR}_p(X) + \mathrm{VaR}_p(Y)] \mathrm{d}G(p) \geqslant \int_0^{\alpha} \mathrm{VaR}(X + Y) \mathrm{d}G(p)。$$

在上式中令 $\alpha = 1$，就得到 M_G 的次可加性。

(3)M_G 的正齐次性由引理 3 的结论(1)立即可得。

(4)M_G 的平移不变性。由引理 3 的结论(2)，我们有：

$$M_G(X + c) = \int_0^1 \mathrm{VaR}_{\alpha}(X + c) \mathrm{d}G(\alpha) = M_G(X) - c \int_0^1 \mathrm{d}G(\alpha) = M_G(X) - c。 \tag{3}$$

必要性：假设 $M_G(X) = \int_0^1 \mathrm{VaR}_{\alpha}(x) \mathrm{d}G(\alpha)$ 是随机变量集合上的相容风险度量，我们将证明 $G(x)$ 是单调增加的凹函数，并且 $G(1) - G(0) = 1$。

①假设 $G(x)$ 不是单调增加函数，则存在 $0 < x_1 < x_2 < 1$，使得 $G(x_1) > G(x_2)$。考虑概率空间 $(\Omega, \Sigma, P)(\Omega = \{\omega_1, \omega_2, \omega_3\})$ 上的如下随机变量 X，Y，

ω	$P(\{\omega\})$	$X(\omega)$	$Y(\omega)$
ω_1	p_1	1	1
ω_2	$p_2 - p_1$	2	3
ω_3	$1 - p_2$	4	4

则 X 和 Y 的分位数为：

α	x_{α}	y_{α}
$\alpha \in (0, p_1]$	1	1
$\alpha \in (p_1, p_2]$	2	3
$\alpha \in (p_2, 1]$	4	4

直接计算可知：

$$M_G(Y) - M_G(X) = \int_0^1 VaR_{\alpha}(Y) - VaR_{\alpha}(X) \mathrm{d}G(\alpha) = -\int_{p_1}^{p_2} \mathrm{d}G(\alpha) > 0。$$

与 M_G 的单调性矛盾。

②假设 $G(x)$ 不是凹函数，存在 $0 \leqslant s < t \leqslant 1$ 使得：

$$\frac{G(s) + G(t)}{2} < G\left(\frac{s+t}{2}\right)。$$

考虑概率空间 $(\Omega，\Sigma，P)(\Omega = \{\omega_1，\omega_2，\omega_3，\omega_4\})$ 上的如下随机变量 X，Y，$Z = X+Y$

ω	$P(\{\omega\})$	$X(\omega)$	$Y(\omega)$	$Z(\omega) = X(\omega) + Y(\omega)$
ω_1	s	2	2	4
ω_2	$\dfrac{t-s}{2}$	4	5	9
ω_3	$\dfrac{t-s}{2}$	6	4	10
ω_4	$1-t$	8	8	16

则 X 和 Y 的分位数为：

α	$X(\omega)$	$Y(\omega)$	$Z(\omega) = X(\omega) + Y(\omega)$
$\alpha \in (0，s]$	2	2	4
$\alpha \in \left(s，\dfrac{s+t}{2}\right]$	4	5	9
$\alpha \in \left(\dfrac{s+t}{2}，t\right]$	6	4	10
$\alpha \in (t，1]$	8	8	16

直接计算可知：

$$M_G(Z) - M_G(X) - M_G(Y) = \int_0^1 (\mathrm{VaR}_\alpha(Z) - \mathrm{VaR}_\alpha(X) - \mathrm{VaR}_\alpha(Y)) \mathrm{d}G(\alpha)$$

$$= -\int_0^1 (z_\alpha - x_\alpha - y_\alpha) \mathrm{d}G(\alpha)$$

$$= -2\left[G\left(\frac{s+t}{2}\right) - \frac{G(s) + G(t)}{2}\right] > 0。$$

与 M_G 的次可加性矛盾。

③假设 $G(1) - G(0) \neq 1$，根据充分性证明中的式(3)可知 M_G 不满足平移不变性，矛盾。

证明完毕。

注记：

(1) M_G 与 α 无关，只与 $G(x)$ 的选取有关，$G(x)$ 可以反映风险承受者的风险偏好。

(2)取不同的 $G(x)$ 可以得到许多相容风险度量。

(3)如果 $G(x) \geqslant H(x)$，则 M_G 比 M_H 更加风险厌恶，即对每个随机变量 X，有 $M_G(X) \geqslant M_H(X)$(由分部积分公式，注意 VaR 关于 α 单调减小，立即得证)。

(4)特别地，取 $G(x) = \begin{cases} x/\alpha & x \in [0，\alpha] \\ 1 & x \in [\alpha，1] \end{cases}$ 可以得到 ES_α。

(5)取 $G(x) = \begin{cases} 0 & x \in [0，\alpha) \\ 1 & x \in [\alpha，1] \end{cases}$ 可以得到 VaR，注意此时 $G(x)$ 不是凹函数，由定理可知 VaR 不是相容风险度量。

参考文献

[1]Borch C H. 保险经济学[M]. 庹国柱，等译. 北京：商务印书馆，1999.

[2]Davidson P. Financial markets，investment and employment[M]//Kregel J A，Matzner E，Roncaglia A. Barriers to Full Employment. London：Palgrave Macmillan UK，1988：73-92.

[3]Artzner P，Delbaen F，Eber J M，et al. Coherent measures of risk[J]. Mathematical Finance，1999，9(3)：203-228.

[4]Acerbi C，Nordio C，Sirtori C. Expected shortfall as a tool for financial risk management[R/OL]. (2001-02-16)[2024-04-17]. Available at：http://www. gloriamundi. org/var/wps. html. 2001.

[5]Acerbi C，Tasche D. On the coherence of expected shortfall[R/OL]. (2001-08-24)[2024-04-17]. Available at：http://www. gloriamundi. org/var/wps. html. 2001.

金融部门投资转化率对资本积累的影响[*]

蔡中华[1]　彭方志[1]　方福康[2]

（1. 北京师范大学系统科学系；2. 北京师范大学非平衡系统研究所，100875，北京）

摘　要：讨论了金融部门在促进资本积累方面的一个作用机制：金融部门将其资金转化为投资的能力对资本积累速度的影响。得出的结论是：在技术水平和经济结构不变的情况下，这个能力也可以促进经济增长，并且可以促进金融深化.

关键词：资本积累；投资转化率；融资比率

Financial Sector Affects Capital Accumulation by Converting Funds to Investment

Cai Zhonghua[1]　Peng Fangzhi[1]　Fang Fukang[2]

（1. Department of System Scientist；2. Institute of Non-equilibrium Systems：

Beijing Normal University，100875，Beijing，China）

Abstract：The effect of financial sector on capital accumulation is considered. That is，financial sector affects capital accumulation. by converting funds to investment. The conclusion is that，given the technology and economic structure，the capability of conversion could promote economic growth and finance depth.

Key words：Capital accumulation；Rate of investment conversion；Rate of finance

金融发展与经济增长的关系已成为现代金融理论的热点问题。20 世纪 90 年代以后，随着金融系统的作用日益加大，King 和 Levine[1]、Levine[2]、Levine 和 Zervos[3]从理论和实证两方面对金融系统与经济增长关系进行了深入的研究，发现一个运行良好的金融系统对经济的长期增长具有促进作用，它使得那些具有最好的投资机会的人能得到足够的资金进行技术革新和产品生产，使经济增长得以实现。

金融发展对经济的促进作用体现在 3 个方面[4~6]：①促进资本积累，②促进技术创新，③优化资源配置。这 3 个方面都通过许多具体的作用表现出来，本文主要讨论金融部门的投资转化率在促进资本积累方面的一个作用机制。一个理想的金融系统使得所有社会闲散资金全部能够汇集到金融部门之中，并且经济的运行中的投资需求足够大，这样，实际投资就取决于金融部门的投资效率，即金融部门将其所积累的资金转化为实际投资的比率。本文在此基础上提出一个动态模型，来解释金融系统对资本积累的作用。

1　模型框架

考虑一个简单经济系统，该系统由 3 部门构成：厂商、家户、金融部门。家户除了消费以外，剩

---

* 蔡中华，彭方志，方福康. 金融部门投资转化率对资本积累的影响[J]. 北京师范大学学报（自然科学版），2001（4）：503-506.

余部分通过储蓄进入金融系统；而金融系统起到了吸纳储蓄，进行投资的作用，其资产 F 构成存量，从家户处的融资和向厂商的投资分别构成流入量和流出量；对于厂商，不考虑技术和劳动力的影响，其产出只与资本量 K 有关，即

$$Y = AK^a，\tag{1}$$

$$\dot{K} = I - \delta K。\tag{2}$$

关于厂商的投资来源，区分为内部融资 I_i 与外部融资 I_e 两部分：

$$I = I_i + I_e。\tag{3}$$

对于内部融资，其来源于厂商的利润，可以认为它与产出成正比：

$$I_i = aY。\tag{4}$$

对于外部融资，假设它来自金融部门，

$$I_e = rF，\tag{5}$$

这里的 r 是金融部门将其资产转化为投资的比率，其值的大小可反映金融部门将其所积聚的资金转化为投资的能力，是本模型主要考察对象。

由 F 的存量流量的关系，有

$$\dot{F} = (1 - c - a)Y - rF，\tag{6}$$

式中，a 为内源融资因数；c 为消费因数。

2　模型的解

将式(1)～式(6)化简得：

$$\dot{K} = aAK^a + rF - \delta K，\tag{7}$$

$$\dot{F} = (1 - c - a)AK^a - rF。\tag{8}$$

对式(7)、式(8)求解，其定态解为：

$$K^* = \left(\frac{1-c}{\delta}\right)^{1/(1-a)}，\quad F^* = \frac{A}{r}(1 - c - a)\left(\frac{1-c}{\delta}\right)^{a/(1-a)}。$$

由稳定性分析得到该定态解稳定的条件为

$$r > a\delta\alpha/(1-c) - \delta。\tag{9}$$

对各参数值进行估计，参照对 Solow 模型[7] 的实证研究取 $\alpha = 0.3$，$c = 0.8$，$\delta = 0.05$，对于 a 值的估计，首先估计厂商的利润率（即厂商利润比产出），采用 20 世纪 80 年代美国的数据，该利润率约为 0.06，又假设厂商利润的一半用于资本投资，即取 $a = 0.03$。代入可知当 $r > 0$ 时，定态解稳定，将上述参数值及 $r = 0.7$ 代入式(7)、式(8)，K 的初值取 1，F 的初值取 0.3，进行模拟计算，结果见图 1。

本模型中金融部门对资本积累只通过 r 影响，从定态解的结果可以看出，K^* 与 r 无关，即金融部门不改变资本积累的定态值，但随着金融部门的发展，r 的值将变大，金融部门寻找合适的投资机会的能力将增加，

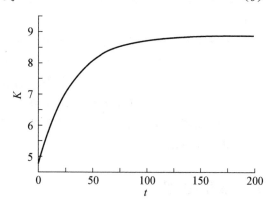

图 1　资本存量 K 随时间 t 的演化图

这样将提高资本积累的速度，缩短达到稳定态所需的时间，即提高在技术水平不变的情况下的资本增长速度，演化结果见图 2。

生产部门的内部融资与外部融资之相对规模为金融结构的主要统计特征之一，为此，在模型基础

上定义生产部门内部融资与外部融资之相对比率为融资比率：$\theta = I_i / I_e$。

首先看 r 值固定时的演化情况，见图 3。可以看出，θ 值迅速达到一个较稳定的值，这表明当厂商的利润率和金融部门都不变时，从长期来看生产部门融资比率趋于稳定。

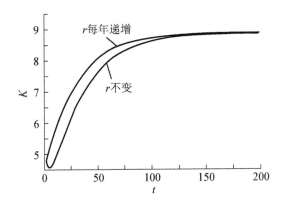

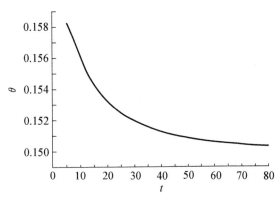

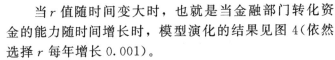

图 2 不同 r 值下资本存量 K 随时间 t 的演化图

K 的初值取 5

图 3 融资比率 θ 随时间 t 的演化图

当 r 值随时间变大时，也就是当金融部门转化资金的能力随时间增长时，模型演化的结果见图 4（依然选择 r 每年增长 0.001）。

不难看到 θ 的稳定值有一个明显的下降，这标志着随着金融部门转化率的提高，外部融资的比重会越来越大，外部融资比重的增大，从一个方面反映了经济系统中的金融深化程度的增加，这对经济增长是有促进作用的。

3 数据计量

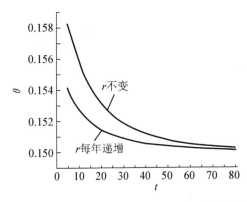

图 4 不同 r 值下融资比率 θ 随时间 t 的演化图

对于实际的经济系统，θ 这里的 r 大致反映了银行将其资金转化为实际投资的能力。在计量中，用存款银行的资产来计算金融部门总资产 F，用其每年对非金融企业的贷款来计算金融部门对企业的投资，对中国 1985～1998 年的数据进行了计量，从模型中得到的结论是 r 值与资本 K 的增长率有正相关性，在实际计量中，由于资本存量的增长率尚无正式数据，所以用 GDP 的增长率代替。考虑到时滞效应，当年的 r 应对第 2 年的增长率有影响。

从图 5 中看到，r 值与第 2 年的 GDP 增长率有较强的正相关性，计算相关系数为 0.754。比较好地支持了模型的结果：随着 r 值的变大，资本积累（经济增长）的速度将变快。

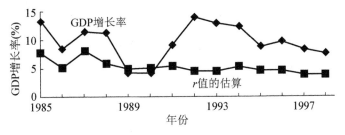

图 5 r 值与 GDP 增长率比较图

为计算方便，将 r 值同扩大 30 倍

企业内外融资比率的计量中，我们用企业存款计算内源融资，用企业贷款、企业债券和企业发行股票之和计算外源融资，计量了 1990—1997 年中国的数据（表1）。

表1　融资比率 θ 的计量（《中国金融年鉴》历年汇总）

年份	1990	1991	1992	1993	1994	1995	1996	1997
内源融资/亿元	3 997.7	5 050.1	7 191.3	8 006.3	13 175.9	17 182.8	22 287.2	28 656.3
外源融资/亿元	3 200.5	3 550.5	5 007.6	6 965.9	7 910.1	9 692.2	10 401.1	12 982.3
θ	1.25	1.42	1.44	1.15	1.67	1.77	2.14	2.20

融资比率 θ 值与 r 值有很强的负相关性，其相关系数为 -0.85，这也很好地支持了模型的结果：随着 r 的变大，θ 将有明显的下降。

4　结论

在技术水平和经济结构不变的情况下，从模型的结果所得出的结论有如下两个。

（1）即使不考虑对经济增长的其他作用，金融部门寻求投资机会的能力即 r 对经济增长也有着重要的影响：r 越大，可以使经济更快达到稳定状态；

（2）金融部门将其资金转化为资本的能力的增加将使生产部门的内部融资与外部融资之相对规模有明显的下降趋势，从而促进金融深化。

参考文献

［1］King R G, Levine R. Finance and growth：schumpeter might be right［J］. The Quarterly Journal of Economics，1993，108(3)：717-737.

［2］Levine R. Financial development and economic growth：views and agenda［J］. Journal of Economic Literature，1997，35(2)：688-726.

［3］Levine R, Zervos S. Stock markets, banks, and economic growth［J］. American Economic Review，1998，88(3)：537-558.

［4］Demirgüç-Kunt A, Levine R. Stock market development and financial intermediaries：stylized facts［J］. The World Bank Economic Review，1996，10(2)：291-321.

［5］Goldsmith R W. Financial Structure and Development［M］. New Haven：Yale University Press，1969.

［6］Mckinnon R I. Money and Capital in Economic Development［M］. Washington：Brookings Institution Press，1973.

［7］Merton R, Bodie Z. A conceptual framework for analyzing the environment and in the global financial system：a functional perspective［M］. Havard：Harvard Business School Press，1995.

多部门经济动力学模型及其合理性分析[*]

葛新元[1]　王大辉[2]　袁　强[2]　方福康[2]

(1. 南京大学商学院经济学系，南京 210008；2. 北京师范大学系统科学系，北京 100875)

摘　要： 通过对三种经济主体(部门、消费者、政府)在三类市场(商品、金融、劳动力)及生产领域的经济行为分析，建立了一个经济系统的一般多部门动力学模型，并分析了它的合理性。该模型在经济分析、计量、政策分析中有实用价值。

关键词： 经济行为分析；多部门经济；动力学模型

General multi-sector dynamic economic model and its reasonability analysis

Ge Xinyuan[1], Wang Dahui[2], Yuan Qiang[2], Fang Fukang[2]

(1. Department of Economics, Business School, Nanjing University, Nanjing 210008, China;

2. Department of Systems Science, Beijing Normal University, Beijing 100875, China)

Abstract： Based on the analysis on economic behavior of three types agent：sector, consumer, and government in three kinds market：goods market, financial market, and labor market, a general multi-sector dynamic economic model established. Reasonability of the model is provided through theoretical analysis. At last, application of the model in economic analysis, econometric analysis, and policy analysis are pointed out.

Key words： economic behavior analysis；multi-sector economy；dynamic model

0　引言

用数学模型来描述经济的努力一直伴随着经济理论与实践的发展过程，在宏观经济中有众多的宏观经济模型，它们都是总量经济模型(如索洛模型、拉姆齐模型、古典模型、凯恩斯模型等)；同时，在计量经济学中也有许多计量经济模型，它们一般都是分部门的(如投入产出模型、OSLO 模型[1]等)。总量模型认为所有的厂商是不可区分的，整个经济系统中只有一种产品 Y；而多部门模型将产品分为 m 种，生产不同产品的厂商间是有差别的，所有生产同一种产品的厂商的整体构成一个经济系统的子系统——部门，因此也就将生产者分为 m 个部门。生产的投入量不仅仅是固定资本、劳动力、技术资本，还有原材料。部门 i 的最终产品与原材料投入的关系由投入产出系数描述。

本文试图建立这两类模型的中间桥梁，把两者很好地统一起来。

---

* 葛新元，王大辉，袁强，等. 多部门经济动力学模型及其合理性分析[J]. 系统工程学报，2001，16(5)：397-401.

1 多部门经济系统的结构功能分析

（1）三类经济主体：即厂商、家户、政府；部门是许多生产同一类产品，生产过程具有类似特征，可以用同一个生产函数描述的厂商的集合，且同一部门内的厂商不可区分。

（2）经济主体的经济行为主要有：生产、交换（流通）、消费、投资；生产行为由厂商完成，消费行为由家户完成，交换行为由各经济主体在市场中共同完成，投资由厂商、政府及以金融中介为代理的家户三部分共同完成。

（3）在宏观层次上，市场分为三类：商品市场（commodity market）；金融市场（financial market）；劳动力市场（labor market）。

（4）各部门的产品的用途分为三种：其他部门的原材料（投入）；全社会的最终消费品；各个部门的资本品，进入固定资本积累。

上述经济系统的结构和行为功能如图1。

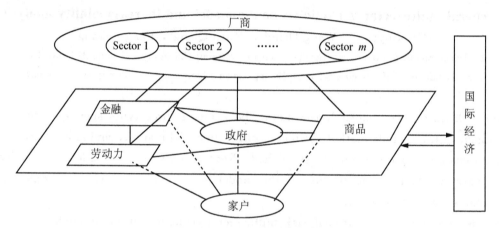

图1 经济系统的结构和行为功能

2 模型所涉及的经济量

假设经济系统有 m 个部门，用下标 i 表示。

1）各部门的投入与产出

X_i——第 i 部门的总产出（$i=1，2，3，\cdots，m$）

N_i——第 i 部门的劳动力数（$i=1，2，3，\cdots，m$）

K_i——第 i 部门的固定资本（$i=1，2，3，\cdots，m$）

X_{ij}——第 j 部门对第 i 部门的中间使用（$i，j=1，2，3，\cdots，m$）

$\alpha_{ij}\equiv X_{ij}/X_j$——第 j 部门对第 i 部门的中间使用系数（$i，j=1，2，3，\cdots，m$）

X_i^D——第 i 部门的中间产品使用（$i=1，2，3，\cdots，m$）

Y_i——第 i 部门的新生价值（$i=1，2，3，\cdots，m$）

Π_i——第 i 部门的利润（$i=1，2，3，\cdots，m$）

2）各部门折旧

δ_i——第 i 部门的折旧率（$i=1，2，3，\cdots，m$）

3）消费与需求

C_0——进口消费品的消费量

C_i——第 i 部门产品的消费量($i=1$, 2, 3, $\cdots$, m)

Z_i——第 i 部门产品的外生需求，等于 $G_i + Ex_i - Im_i$($i=1$, 2, 3, $\cdots$, m)

4）投资

I_i——第 i 部门的投资($i=1$, 2, 3, $\cdots$, m)

5）进口与出口

Im_i——第 i 部门使用的进口品($i=1$, 2, 3, $\cdots$, m)

C_0——进口消费品的消费量

Ex_i——第 i 部门产品的出口($i=1$, 2, 3, $\cdots$, m)

6）价格和工资

P_0——进口品的价格

r——利率

P_i——第 i 部门的产品价格($i=1$, 2, 3, $\cdots$, m)

W_i——第 i 部门的工资率($i=1$, 2, 3, $\cdots$, m)

7）其他经济量

M——货币发行量

G_i——政府对第 i 部门产品的需求($i=1$, 2, 3, $\cdots$, m)

θ_i——第 i 部门产品的税率($i=1$, 2, 3, $\cdots$, m)

8）经济总量

$Y = \sum_{i=1}^{m} Y_i$—— 总量 GNP

$N = \sum_{i=1}^{m} N_i$—— 各部门总劳动力人数

V—— 全国总人口

P—— 总体价格水平

$K = \sum_{i=1}^{m} K_i$—— 整个经济系统的资本总量

$Im = C_0 + \sum_{i=1}^{m} Im_i$—— 进口总量

$Ex = \sum_{i=1}^{m} Ex_i$—— 出口总量

$Exp = Ex - Im$—— 净出口总量

$C = C_0 + \sum_{i=1}^{m} C_i$—— 消费总量

$I = \sum_{i=1}^{m} I_i$—— 投资总量

其中：

内生变量有 X_i, X_i^D, Y_i, Π_i, K_i, N_i, C_i, I_i, P_i, P, r, W_i($i=1$, $\cdots$, m)共计 $10m+3$ 个内生变量，

参量有 α_{ij}, δ_i, Im_i, Ex_i, Im, Ex, Exp, V, C_0, Z_i, G_i, θ_i, M,

独立参量为 α_{ij}, δ_i, Im, Ex_i, V, C_0, Z_i, θ_i, M 共 $6m+3$ 个。

3 经济主体行为的描述方程

1）生产结构与生产者行为

生产函数

$$X_i = F_i(X_i^D, K_i, N_i) \tag{1}$$

式中，X_i^D 是 i 部门的中间产品使用，有

$$X_i^D = \sum_{j=1}^{m} P_j \alpha_{ij} X_i + P_0 \cdot Im_i \tag{2}$$

新生价值的计算

$$Y_i = P_i \cdot X_i - X_i^D \tag{3}$$

总量 GNP

$$Y = \sum_{i=1}^{m} Y_i \tag{4}$$

利润计算

$$\prod_i = P_i[X_i(1-\theta_i) - X_i^D] - \delta_i K_i - rK_i - w_i N_i \tag{5}$$

2）消费结构

第 i 部门产品的消费总量为

$$C_i = V g_i(P_0, P_1, P_2, \cdots, P_m, r, Y/V) \tag{6}$$

式中，V 为人口总量；g_i 为消费函数，它和各种商品的价格 P_i，利率 r 以及收入水平 Y/V 有关。

3）价格水平

$$P = P(P_1, P_2, \cdots, P_m) \tag{7}$$

4）劳动力的使用

$$N_i = N_i\left(\frac{\partial Y_i}{\partial N_i}, \frac{w_i}{P}, V\right) \tag{8}$$

5）投资结构与资本存量积累过程

$$I_i = I_i\left(\frac{\partial Y_i}{\partial K_i}, r, Y - \sum_{i=1}^{m} C_i\right) \tag{9}$$

$$K_i = f_i(I_i, K_i, \delta_i) \tag{10}$$

6）市场运行动力学方程

$$\dot{P}_i = \zeta_i\left(C_i + Z_i + \theta_i(I_1, I_2, \cdots, I_m) + \sum_{i=1}^{m} \alpha_{ij} X_j - X_i\right) \tag{11}$$

$$\dot{r} = \eta[m(r, Y) - M/P] \tag{12}$$

$$\left(\frac{\dot{w}_i}{P}\right) = v_i\left(\frac{\partial Y_i / \partial N_i}{w_i/P} - 1\right) \tag{13}$$

由式(1)～式(13)，构成多部门经济一般动力学模型的完备方程组。

4 模型的转化和合理性分析

构建一般多部门动力学模型后，将这一模型进行转化，看能否推导出一些成功的宏观经济模型和多部门计量经济模型，结果表明，可以把一系列的宏观经济模型和多部门计量经济模型作为本模型的推导结果。这说明这一模型具有很强的普适性和理论合理性。

1）由多部门模型导出宏观总量模型

多部门分析与宏观总量分析的核心区别在于是否区分不同的产品，如果引入厂商同质假设，认为经济系统只有一种产品(不考虑原材料的使用)，那么，多部门模型应该自然得到一个一般的宏观总量模型，当 $m=1$ 时，有 $\alpha_{ij}=0$，$Y=PX$。此时变量和参量集变为 8 个变量：Y，K，N，C，I，P，

r，w，7 个参量：δ，Im，Ex，V，Z，θ，M。

由式(1)～式(13)$\Rightarrow$

$$Y=F(K，N)$$
$$C=Vg(P，r，Y)$$
$$N=N\left(\frac{\partial Y}{\partial N}，\frac{w}{P}，V\right) \tag{14}$$
$$I=I\left(\frac{\partial Y}{\partial K}，r，\delta，Y-C\right)$$

$$\dot{K}=f(I，K，\delta)$$
$$\dot{P}=\zeta(C+Z+I-Y)$$
$$\dot{r}=\eta[m(r，Y)-M/P] \tag{14'}$$
$$\left(\frac{\dot{w}}{P}\right)=v\left(\frac{\partial Y/\partial N}{w/P}-1\right)$$

从这一宏观模型，可以推导出索洛模型、哈罗得模型、拉姆齐模型、卡尔多模型、古典模型、凯恩斯模型和萨金特模型等一系列宏观经济模型[2,3]。

2）在一般模型的结构下推导出多部门计量模型

多部门宏观经济模型的建模和计量已经有不少工作[4]，如克莱因的世界经济模型、澳大利亚默菲的计量模型、美国的菲尔模型以及挪威的 OSLO 模型等。由于建模目的的差异，各自的模型都从某一个侧面刻画了宏观经济部门间的相互联系以及平衡关系，实际多部门模型的结构会有相当明显的偏重，对一些部分可能会用一些假设简化约去，而对另一些部分会更详细展开讨论。在此，我们以 OSLO 模型为例。

假设 1 实际经济中，供求平衡，它的经济含义是，市场功能充分有效，只要供求关系稍有偏离，各市场调节量 $\frac{P_i}{P}$、r、$\frac{w_i}{P}$ 能立即做出反应，自动平衡供求缺口，因此式(11)～式(13)失效，代之以供求平衡关系式。

假设 2 w 是外生决定的常数，货币对生产无影响。

因此式(12)、式(13)可以消去，只留各部门产品的供求平衡关系式：

$$x_i=C_i+Z_i+\sum_{i=1}^{m}\alpha_{ij}X_j+\theta_i(I_1，I_2，\cdots，I_m) \tag{15}$$

θ_i 是第 i 部门产品中作为所有部门的固定资本投入的部分。为了简化，我们设定所有资本品都是由第 m 部门生产的，其他部门不生产资本品，且 m 部门只生产投资品，则有 $\theta_i=0$ 当 $i\neq m$ 时，即：

$$X_i=C_i+Z_i+\sum_{i=1}^{m}\alpha_{ij}X_j \quad (i\neq m)$$
$$X_m=Z_m+\sum_{i=1}^{m}(\delta_i K_i+K_i) \tag{16}$$

式中，$C_i=Vg_i(P_0，P_1，P_2，\cdots，P_m，Y/V)$。

因为产品供需平衡，生产函数中中间产品投入对生产的限制可以不考虑，再假设劳动力和资本完全可替代，采用柯布-道格拉斯生产函数，总产出为

$$X_i=A_i N_i^{\lambda_i} K_i^{\beta_i} e_i^{\varepsilon_i} \tag{17}$$

且生产的规模收益不变，即 $\beta_i+\lambda_i=1$。

假设 3 各部门始终保持利润最大状态。

将固定资本 K_i 用实物量计算，则在利润公式中需以 $P_m K_i$ 取代 K_i

$$\Pi_i = P_i X_i (1 - \theta_i) - X_i^D - \delta_i P_m K_i - r P_m K_i - w_i N_i$$

$$X_i^D = \sum_{i=1}^{m} P_j \alpha_{ji} X_i + P_0 Im_i$$

为了简化，设 $\mu_i = Im_i / X_i$，$P_i^* = P_i (1 - \theta_i) - \sum_{i=1}^{m} P_j \alpha_{ji} - P_0 \mu_i$，则有

$$\Pi_i = P_i^* X_i - (\delta_i + r) P_m K_i - w_i N_i \tag{18}$$

利润最大的一阶条件是

$$\frac{\partial \Pi_i}{\partial N_i} = 0, \quad \frac{\partial \Pi_i}{\partial K_i} = 0 \quad \Rightarrow$$

$$P_i^* \frac{\partial X_i}{\partial N_i} - w_i = 0 \tag{19}$$

$$P_i^* \frac{\partial X_i}{\partial K_i} - (\delta_i + r) P_m = 0 \tag{20}$$

对生产函数式(17)求偏导数代入式(19)，式(20)就有

$$P_i^* \lambda_i X_i = w_i N_i \tag{21}$$

$$P_i^* \beta_i X_i = (\delta_i + r) P_m K_i \tag{22}$$

式(21)和式(22)可以取代式(8)和式(9)，作为式(8)和式(9)的特殊展开形式。

再加上两个总量方程：

$$K = \sum_{i=1}^{m} K_i \tag{23}$$

$$N = \sum_{i=1}^{m} N_i \tag{24}$$

上边 6 组共 $4m+2$ 个方程式(15)、式(17)、式(21)、式(22)、式(23)、式(24)，可以决定 $4m+2$ 个变量的解，选取这 $4m+2$ 个变量 N_i，K_i，X_i，P_i，r，Y/V；方程中涉及的其他变量设为外生变量 K，N，V，Z_i，ε_i，P_0；还有一些常数 α_{ij}，δ_i，A_i，λ_i，β_i，w_i，θ_i，μ_i。

由此得到一个子模型，此模型中，给定 $2m+4$ 个外生变量，就可以确定 $4m+2$ 个内生变量的解，而在实际经济中，这些外生变量是会随时间改变的，人们往往更关心这些内生变量的变化率，对式(15)、式(17)、式(21)、式(22)、式(23)、式(24)求时间导数，内生变量的变化率仍是内生变量，外生变量的变化率仍是外生变量，常数的变化率为 0。用 n_i，k_i，x_i，p_i，r_g，y 分别表示 N_i，K_i，X_i，P_i，r，Y/V 的变化率，

$$n_i = \frac{\dot{N_i}}{N_i}; \quad k_i = \frac{\dot{K_i}}{K_i}; \quad x_i = \frac{\dot{X_i}}{X_i}$$

$$p_i = \frac{\dot{P_i}}{P_i}; \quad r_g = \frac{\dot{r}}{r}; \quad y = \frac{(Y/V)^{\cdot}}{(Y/V)}$$

k，n，v，p_0 分别表示 K，N，V，P_0 的变化率，z_i 表示 Z_i 的时间导数。

$$k = \frac{\dot{K}}{K}; \quad n = \frac{\dot{N}}{N}; \quad v = \frac{\dot{V}}{V}$$

$$p_0 = \frac{\dot{P_0}}{P_0}; \quad z_i = \dot{Z_i}$$

最终的方程就是内生变量变化率关于外生变量变化率的代数方程，基准年的各变量和参量都已知，为简单起见，可以设 $P_i|_{t=0} = 1$，$r|_{t=0} = 1$，$V|_{t=0} = 1$，这样就得到了如下方程组：

$$-n_i + x_t + \sum_{j=1}^{22} \frac{A_{ji}}{P_i^*} P_j = \frac{\mu_i}{P_i^*} p_0 \tag{25}$$

$$n_i - \rho_i r_g - p_m - k_i = 0$$

其中
$$\rho_i = \frac{r}{\delta_i + r} = \frac{1}{\delta_i + 1} \tag{26}$$

$$X_i x_i - \sum_{i=1}^{m} X_{ij} x_j - \sum_{i=1}^{m} g_{ij} p_j - G_i Y_i = G_i v + z_i + g_{i0} p_0 \tag{27}$$

$$X_m x_m - \sum_{i=1}^{m} \delta K_i k_i = z_m$$

$$\gamma_i n_i + \beta_i k_i - x_i = -\varepsilon_i \tag{28}$$

$$\sum_{j=1}^{m} \frac{N_j}{N} n_j = n \tag{29}$$

$$\sum_{j=1}^{m} \frac{K_j}{K} k_j = k \tag{30}$$

式(25)~式(30)正是 OSLO 模型。

5 结论

文章分析了分部门的经济系统的运行机制,通过考察部门、消费者和政府三类经济主体在三个宏观商品市场、金融和劳动力市场的行为分析,本文建立了一个一般性的多部门经济动力学模型。

从本文的模型出发,在合理的假定下,得到了一个宏观经济模型,并可据此推导出索洛模型、哈罗得模型、拉姆齐模型、卡尔多模型、古典模型、凯恩斯模型和萨金特模型等宏观经济模型,另外,从该模型还可推导出包括 OSLO 模型在内的一系列多部门的计量模型,这从理论上说明了本文建立的模型具有一般性、合理性、理论的继承性和包容性。

参考文献

[1]Jokanson L. A Multisectoral Study of Economic Growth[M]. Amsterdam:North-Holland Publishing Company,1960.

[2]Sanglier M,Fang F. Complexity and Self-Organization in Social and Economic Systems[M]. Berlin:Springer,1996.

[3]袁强. 宏观经济系统的模型分析与研究[D].北京:北京师范大学,1996.

[4]陈家伟,葛新元,袁强,等.中国多部门经济增长模型分析[J].北京师范大学学报(自然科学版),1999,35(4):544.

风险概念分析[*]

丁义明[1,2]　方福康[3]

(1. 北京师范大学系统科学系，北京 100875；2. 中国科学院武汉物理与数学研究所，武汉 430071；

3. 北京师范大学非平衡系统研究所，北京 100875)

摘　要：分析了风险的概念，介绍了不确定性经济学、保险和金融三个领域中与风险有关的概念（效用函数、风险厌恶、保险、金融风险）和各自关心的主要问题（如风险的衡量、保费的确定、资产价格波动），以及一些重要结论（Pratt 定理等）。

关键词：风险；保险；金融风险

Analysis of Concept of Risk

Ding Yiming[1,2]　Fang Fukang[3]

(1. Department of System Science, Beijing Normal University, 100875, Beijing, China；

2. Wuhan Institute of Physics and Mathematics, Chinese Academy of Sciences, Wuhan 430071, China；

3. Non-equilibrium Systems Institute, Beijing Normal University, 100875, Beijing, China)

Abstract：In this paper, the concept of risk is analyzed. Some concepts which related to risk such as utility function, risk aversion, insurance, and financial risk in economics with uncertainty, insurance are introduced. The key problems like risk measure, insurance premium, risk model and the volatility of assets are discussed. Some important conclusions including Pratt theorem, Rothchild & Stiglitz theorem, Arrow & Lind theorem in the above three fields are also reviewed.

Key words：risk；insurance；financial risk

0　引言

风险是复杂系统中的重要概念，不同的领域有不同的工作定义，目前尚无统一的定义。风险的起因是因为经济中与未来有关的不确定性的存在。在经济学中，一般把不确定性区分为两类：一是产出的不确定性，这里的产出是选出投入要素将取得的结果（如农业、抛硬币等）。这类不确定性的起因是人们对自然过程特别是生产过程的知识的不完全。二是价格的不确定性，这里的价格是在市场上出售产品后能得到的结果。这类不确定性主要是由于其他人或市场将如何反应是不确定的。

本文将简要介绍和比较三个领域（不确定性经济学[1]、保险[2]、金融[3]）中与风险有关的若干概念，并回顾一些重要结论，为进一步的讨论做准备。

0.1　历史记录

经济学家的观点：Knight(1921)风险描述的是这样一种情景，一种行为可以导致数种不同的相互排斥的结果，而每一种结果有已知的概率。假如这些概率都不知道，这种情景就包含了不确定性。

＊ 丁义明，方福康. 风险概念分析[C]//2001 年风险管理和经济物理研讨会论文集. 北京：[出版者不详]，2001：187-200.

Davidson(1988)：如果支配所面对的情景的过程是遍历的，可归结为风险问题，如果不是遍历的，就是不确定性问题[4]。

统计学家的观点：Wald(1950)风险就是当采用一个特别的决策函数时，由于错误的最终决策而产生的预期实验成本和预期损失之和。

精算师的观点：Tetens(1876)在年金保险中第一次精确地用数学定义了风险的概念，他建议将风险描述为平均偏差的一半(one half of mean deviation)。

0.2 风险概念

风险是未来结果的不确定性产生损失的可能性。

风险与不确定因素的不确定性程度有关，也与收益函数的性质有关，是从事后角度来看的由于不确定因素而造成的损失。必然发生的事件导致的损失，可以看成必要开支而不是风险。

风险所造成的损失主要有：降低风险所需的开支、因考虑风险而失去的机会成本、为应付潜在损失而准备策略所需成本、无法补偿的损失。

0.3 风险的分类

一般从三个方面区分：纯风险与投机风险(是否有收益的可能)、静态风险与动态风险、主观风险与客观风险。应该指出的是，上述三种分类方法是可以交叉的，如主观动态投机风险等。

1 不确定性经济学

1.1 风险的模型[1]

(1)抽彩(lottery)模型(投机风险)：设一个事件有 n 种可能的结果，第 i 种结果发生的概率为 p_i，如果第 i 种结果发生，将获得收益 x_i，这一模型可用下面的公式表示 $A = [x, \pi]$，其中 $x = (x_1, x_2, \cdots, x_n)$，$\pi = (p_1, p_2, \cdots, p_n)$。

(2)期望收益 $EA = \sum_{i=1}^{n} p_i x_i$。

(3)St. Petersburg 悖论：$x = (1, 2, 4, \cdots, 2^{n-1}, \cdots)$，$\pi = \left(\dfrac{1}{2}, \dfrac{1}{4}, \dfrac{1}{8}, \cdots, 2^{-n}, \cdots\right)$，上述抽彩的期望收益为无穷：$EA = \sum_{n=1}^{\infty}(2^{n-1} \times 2^{-n}) = \sum_{n=1}^{\infty} \dfrac{1}{2} = \infty$，但很少人愿意花大量的资金参与这一抽彩。

(4)效用函数 $U(x)$：1738 年，Daniel Bernoulli 认为：理性人不愿意支付无穷大的数额，他建议支付实质收益 x 的效用 $\log x$，从而该赌博的期望效用为 $E(\log x) = \sum_{n=1}^{\infty} 2^{-n} \log 2^n = 2\log 2$。

(5)期望效用假设：理性的主体最大化期望效用 Max $EU(x)$。

它是一个长期标准，因为一个随机变量的期望值在一次观察中很难实现，但长期、大量、重复的观察的平均值接近期望值(大数定律)。

(6)von Neumann and Morgenstern(VNM)效用函数：$U(x)$，满足 $U'(x) \geqslant 0$，$U''(x) \leqslant 0$。

1.2 风险厌恶

(1)效用函数的凹性(concavity)表示风险厌恶，因为预期(平均)效用小于"实际"效用。

(2)风险贴水(risk premium)：agent 为了得到确定的收益而愿意从期望收益中减少的最大货币数量，用 $\rho(\bar{x}, \varepsilon)$ 表示 agent 在财富水平为 $\bar{x}$，面临的随机变量为 ε 时的风险贴水，可以用确定性等价来计算：$EU(x) = EU(\bar{x} + \varepsilon) = U(\bar{x} - \rho(\bar{x}, \varepsilon))$，当 ε 较小时，用 Taylor 展开可得

$$\rho(x, \varepsilon) = -\frac{1}{2}\sigma_\varepsilon^2 \frac{U''(x)}{U'(x)}$$

对于同一个随机变量(即同一种风险)，不同类型的人(用不同的效用函数来区分)的观点不同；相

同类型的人，在不同的财富水平下的感觉(风险贴水)也不相同。

（3）对风险厌恶系数

$$r_a(x) = -U''(x)/\dot{U}(x),$$

当 $U(x) = \exp(-cx)(>0)$ 时，$r_a(x) = c$。

（4）Pratt[5]定理。$U_1(x)$ 和 $U_2(X)$ 为 VNM 效用函数，下列事实等价：

①在每一财富水平，$U_1(x)$ 的风险厌恶系数大于 $U_2(X)$ 的风险厌恶系数，即对每个 x，$r_a^1(x) \geqslant r_a^2(x)$。

②在每一财富水平，$U_1(x)$ 对风险的贴水大于 $U_2(x)$ 对同一风险的贴水，即对较小的 ε，$\rho_a^1(\bar{x}, \varepsilon) \geqslant \rho_a^2(\bar{x}, \varepsilon)$。

③效用函数 $U_1(x)$ 比效用函数 $U_2(x)$ 更凹，即 $U_1 \cdot U_2^{-1}$ 为凹函数。

（5）相对风险厌恶系数：$r_r(x) = -xU''(x)/U'(x)$。当 $U(x) = x^{1-c}(c \leqslant 1)$ 时，$r_r(x) = c$。当 $U(x) = \log x$ 时，$r_r(x) = c$。

1.3 风险的比较与度量

问题：相同均值的两个随机变量 X 和 Y，怎样比较其风险的大小？

（1）偏序比较标准：

①Y 等于 X 加上一个噪声 Z。

②每个风险厌恶的 agent 偏好 X 而不是 Y，即对所有 VNM 效用函数 $U(x)$，$EU(x) \geqslant EU(y)$。

③Y 的分布密度比 X 的密度尾部更胖。

Rothschild 和 Stiglitz 定理[6]：如果 $EX = EY$，则①、②、③等价。

这里等价的意义是：如果从其中一种观点来看 X 比 Y 的风险小，则从另外两种观点来看，将得到相同的结论。

（2）全序比较标准：方差、均方差：σ^2、σ；一阶绝对中心矩；分位点；置信水平(VaR)；信息熵 $(H = -\sum_{i=1}^{n} p_i \log p_i)$ 等。

Arrow 和 Lind 定理[7]：设有 N 个具有相同效用函数 $U(x)$ 的 agent，x 是一个随机变量，如果 $U(x)$ 是 VNM 效用函数，则当 N 趋于无穷大时，总风险贴水趋于零。

政府是风险中性的，政府投资只需考虑期望收益，不必重视风险(有风险与无风险时无差异)。但实际上，政府投资并不能随心所欲，因为未来的结果是不确定的，也就是说，对未来的预测的各种可能的结果的概率并不是固定的。

2　保险理论

2.1　定义[2]

保险是一种社会化的安排，通过它，一组人(被保险人)将风险转移给另一方(保险人)以集合损失资料，从而可以用统计方法来预测损失，并用所有风险转移者缴纳的资金(保险费)来支付损失。

保险提供两种基本服务：通过赔偿被保险人的经济损失，帮助个人或机构在被保风险事故发生时避免经济危害；降低预测个人将来结果的不确定性，减少个人无力预测的烦恼。上述服务将损失的经济负担在团体成员中分摊，同时集合资料提高了平均结果的可预测性(大数定律)。

可保风险的理想要求：大量相似的风险载体、偶然损失、发生灾难性损失的概率很小、损失的确定性、可确定的损失概率分布、经济可行性。

2.2 古典风险理论[8]

(1)保险合同。

①P＝签订保险合同时被保险人所支付的保险费;

②x＝在保险合同有效期间,如果约定的事件发生,被保险人所得到的补偿。x 是一个随机变量,由概率分布 $F(x)$ 所描述。

保险理论的主要目的是确定这两个要素之间的关系,即费率 P 如何随概率分布 $F(x)$ 的变化而变化。一对$(P,F(x))$也可以看作一种冒险或风险投资。保险合同最简单的形式是将给予被保险人在约定事件发生时向保险公司索赔一定数额 S 的权利。为了得到这份权利,被保险人给公司支付保险费 p。

(2)保费等价原理:赔款支出的期望值与保费收入的期望值相等。

保险费等于净保费加上一些附加费,以支付保险公司的管理费用。

(3)合同的风险。Tetens(1786)把风险定义为 $R=\dfrac{1}{2}\int_0^\infty |x-P|\,\mathrm{d}F(x)$。通常,用标准差作运算更方便,他建议用 M 来定义风险,其中 $M^2=\int_0^\infty (x-P)^2\,\mathrm{d}F(x)$。

Bernoulli(1738)用期望效用来衡量风险。他的想法用现代术语表达如下:保险公司在所有保险合同中有偏好顺序。该顺序用效用函数 $U(x)$ 来表示,意味着预期效用越大,该合同在偏好顺序中的位次越高。

2.3 集体风险理论[8]

1)Lundberg 模型

集体风险理论由 Lundberg(1909)创立,被为数不多的精算师发展。Lundberg 把保险公司看成一座不断有保险费流进又有赔款不断流出的大坝。

Lundberg 三要素模型:

(1)保险费流,$P(t)$等于在$(0,t)$期间所收取保险费的总价值。

(2)$q(n,t)$等于在$(0,t)$期间发生的 n 次赔款的概率。

(3)个别赔款的概率分布,$G(x)$等于如果一次索赔发生,所付赔款不超过 x 的概率,同时假定 $G(x)$ 与 t 和 n 独立。

2)Poisson Process 情形

假设 $g(n,t)$服从 Poisson 过程,则赔款分布就是复合 Poisson 过程 $F(t,x)$,在$(0,t)$期间赔款支付的期望值为 $E(x_t)=\int_0^\infty x\,\mathrm{d}F(x,t)$。选择适当的时间单位可以使 $E(X_t)=t$。保险公司在运算时间为 t 的期间内所收取的保费为 $P(t)=(1+\lambda)t$,其中 λ 为附加费用,t 为净保费,如果公司的初始资本为 S_0,则在时间为 t 时,资本将是 $S_t=S_0+(1+\lambda)t-x_t$。

3)破产概率问题

如果 $S_t\leqslant 0$,保险公司将无力支付债务(赔款)而破产,考虑在 Poisson 过程假定下初始资本为 S 的保险公司在$(0,t)$时间内公司破产的概率:$Pr\{\mathrm{Min}S_t\leqslant 0\}=R(S,T)$。公司永不破产的概率:$R(S)=\lim\limits_{T\to\infty}R(S,T)$。可以推导出 $R(S)$ 所满足的方程。

2.4 现代风险理论[8]

现代精算师的最主要的任务是分析和发现对他的问题的正确的数学描述,他所需的解决问题的数学工具几乎都是现成的。

1)De Finetti 的模型

(1)公司有一个初始资本 S;

(2)在每一经营期，公司承保了某类业务的保险合同，其赔款分布为 $F(x)$。假定当 $x\leqslant 0$ 时，$F(x)=0$；

(3)在每一经营期，公司收的保费为 P；

(4)如果在经营期末公司的资本超过 Z，超过的部分作为红利支付；

(5)如果在一个营业期末资本是负值，公司破产停业。

在这个模型中，公司的资本扮演了随机游动的角色。$S=0$ 是它的一个吸收壁，而 $S=Z$ 是它的一个反射壁，如果令 Z 趋于无穷大，得到 Lundberg 的模型。

2)公司的期望寿命和期望收益贴现值

期望寿命和期望收益贴现值依赖于初始资本 S 和分红限 Z，分别记为 $D(S，Z)$ 和 $V(S，Z)$，可以推导出 $D(S，Z)$ 和 $V(S，Z)$ 满足的（积分）方程，在特定的假定下可以求出它们的值。

可能的目标

$$\text{Max } V(S，Z)$$
$$\text{s. t. } D(S，Z)\geqslant d$$

即在永不破产概率大于某一规定值的条件下最大化期望收益贴现值。

可以把两个目标综合为单目标问题

$$\text{Max}[a\log V(S，Z)+(1-a)\log D(S，Z)]。$$

3 金融风险

3.1 定义

个人、企业、金融公司以及政府参与金融活动过程中，因客观环境变化、决策失误或其他原因使其资产、信誉受损失的可能性。

主要表现为金融机构破产倒闭、金融资产价格剧烈波动，可分为两类。

1)投机风险

对于投资者而言的风险，影响投资收益，包括市场风险（交易资产的价格变化）、信用风险（对方违约或市场舆论认为非常可能违约）、经营风险（操作风险、流动性风险、模型风险）、信誉风险（信誉降低）。

2)系统风险

由于金融资产价格的异常、剧烈波动，或因许多经济主体和金融机构负担巨额债务及其资产负债结构趋于恶化，使得它们在经济冲击下极为脆弱，可能严重影响国民经济的健康运行[9]。

影响金融稳定性的因素可归结为国内因素和国外因素，国内因素又可分为内因（金融系统内部的原因，如金融泡沫、金融机构的脆弱性、金融投资自由化过度）和外因（金融系统与实质经济系统的联系，如实际经济的剧烈波动与结构失衡、企业融资选择与组合缺陷、宏观经济政策失误）。毫无疑问，这种分解只是近似的，因为金融系统与实质经济系统联系如此紧密，以至于任何分开它们的努力都是一种近似。

3.2 资产价格变化的模型

(1)1900 年，Louis Bachelier 的博士论文《投机理论》通过答辩，他首次把概率论引入股票市场的研究中，假定股票价格变化（波动）遵循 Brown 运动，是有效市场假设的基础，这一工作是数理金融的起点；

(2)股票价格变化（波动）遵循几何 Brown 运动，即价格对数的变化遵循 Brown 运动，这是 Black-Scholes 期权定价公式的基础；

(3)Merton 在几何 Brown 运动中加入跳跃因素；

（4）Lévy 稳定分布；

（5）Truncate Lévy Flight[10]。

4 讨论

不确定性经济学中从两个方面来衡量风险，一是面临的风险，二是面临的不确定性状态，这两者分别用凹的效用函数和随机变量来表达。通过引入期望效用假设和使用确定性等价方法，把两者综合为风险贴水这一货币指标，用最优化方法可以处理静态的风险决策问题。

保险中处理的是保险费与不确定的赔偿之间的关系。对单一保险合同而言，这一问题可近似地认为是静态风险决策问题。而对保险公司而言，所面临的问题与前者相比是动态的。本文介绍的是与保险公司有关的三个模型。

金融中的风险问题是极其动态的，处理起来非常困难。与资产价格波动有关的模型有许多种，相信更多的模型正在酝酿之中。从动态中寻找相对稳定的量和相对稳定的规律，以期近似地把握金融系统的运行，在此基础上才能发展出较好的处理投机风险和系统风险的理论。

参考文献

［1］Hirshleifer J，Riley J. 不确定性与信息分析［M］. 刘广灵，李绍荣，译. 北京：中国社会科学出版社，2000.

［2］Pritchett S T，Schmit J T，Doerpinghaus H I，et al. 风险管理与保险［M］. 孙祁祥，等译. 北京：中国社会科学出版社，1998.

［3］Binswanger M. Stock Markets Speculative Bubbles and Economic Growth：New Dimensions in the Co-Evolution of Real and Financial Markets［M］. Northampton：Edward Elgar Publishing Inc.，1999.

［4］Davidson P. Financial Markets，Investment and Employment［M］//Kregel J，Matzner E，Roncaglia A. Barriers to Full Employment. London：Macmillan，1988：73-92.

［5］Pratt J W. Risk aversion in the small and in the large［J］. Econometrica，1964，32（1-2）：122-136.

［6］Rothschild M，Stiglitz J E. Increasing risk：I. A definition［J］. Journal of Economic Theory，1970，2（3）：225-243.

［7］Arrow K J，Lind R C. Uncertainty and the evaluation of public investment decisions［J］. American Economic Review，1970，60（3）：364-378.

［8］Borch C H. 保险经济学［M］. 庹国柱，等译. 北京：商务印书馆，1999.

［9］刘立峰. 宏观金融风险——理论、历史与现实［M］. 北京：中国发展出版社，2000.

［10］Mantegna R N，Stanley H E. An Introduction to Econophysics：Correlations and Complexity in Finance［M］. Cambridge：Cambridge University Press，2000.

Denison 因素分析法和中国经济增长[*]

陈清华[1]　樊　瑛[1]　方福康[2]

(1. 北京师范大学管理学院系统科学系；2. 北京师范大学非平衡系统研究所，100875，北京)

摘　要：介绍了世界经济发展的不平衡现状，指出不同国家的经济增长存在着巨大差异。简要介绍 Solow 的余值法和 Denison 经济增长因素分析法。在 Denison 经济增长因素分析法的基础上进行重新讨论，并结合实际数据对中国 1979～2000 年经济增长进行因素分析。结论表明：资本投入的增长仍是中国经济增长的主要原因，但技术进步也为中国持续、高速的经济增长做出了巨大贡献。

关键词：经济增长；国内生产总值；经济增长因素分析法

Denison's Method of Growth Factors Analysis and the Analysis of Economic Growth in China

Chen Qinghua[1]　Fan Ying[1]　Fang Fukang[2]

(1. Department of System Science；2. Institute of Nonequilibrium Systems；
Beijing Normal University，100875，Beijing，China)

Abstract：There are great differences in the economic growth of different countries，and the development of the world economy is declined. Solow's method of residual and Denisons' method of economic growth factors analysis are introduced. The economic growth(1979—2000) of China is discussed on the Denisons' with the actual data. The conclusion says：the growth of capital is the main reason of economic growth still，but technology development also makes a great role in the quick and continual growth.

Key words：economic growth；GDP；method of economic growth factors analysis

1　经济增长

经济增长是经济发展的核心内容，如何实现适度的经济增长一直是各国政府和众多经济学家所关注的问题。

对于经济增长的含义，不同时期不同经济学家的看法不尽相同。目前比较公认的表述是库兹涅茨在接受诺贝尔奖时发表的演说中提到的：一个国家的经济增长，可以定义为向它的人民提供品种日益增加的经济商品的能力的长期上升，这个增长的上升，基于改进技术，以及它要求的制度和意识形态的调整[1]。

在实际计量分析工作中，经济学家采用过不同的统计数据来作为衡量经济增长的指标。例如，Denison 在其经济增长因素分析法中使用国民收入或平均就业者国民收入的增长来衡量经济增长的程

---

* 陈清华，樊瑛，方福康. Denison 因素分析法和中国经济增长[J]. 北京师范大学学报(自然科学版)，2002，38(4)：486-490.

度，而其他经济学家往往以国民生产总值的增加或人均国民生产总值的增加来衡量该国的经济增长状况，甚至简单地认为，产量的增加就是经济增长[2]。现在，GDP(国内生产总值)已成为衡量经济发展水平和经济增长的一个比较公认的重要指标，它是衡量一个国家经济发展、综合国力和富强程度的重要标志。

不同国家的经济发展水平有着较大的差异(图1)[3]：2000年，美国GDP为9.88×10^{12}美元，约占全世界总GDP的1/3，而拥有世界1/5人口的中国所占全世界GDP的份额只有3%；发达国家的人均GDP更要远高于发展中国家(2000年，日本的人均GDP是印度的78倍)。经济增长速度也具有较大的国际差异(图2)[4~6]：在20世纪90年代，日本的经济增长比较缓慢且有较大的波动，甚至在1998年出现负增长，相比而言，美国的经济增长比较稳定(平均年增长率约为3.24%)，而作为发展中国家的中国，GDP年增长率一直在7%以上(保持着它从1977年以来的持续高速增长)。世界经济发展和增长的巨大差异，特别是中国经济所创造出的持续高速增长这一奇迹，吸引着许多经济学家的浓厚兴趣，他们在中国经济增长因素方面的分析和探讨[7~9]，对合理解释中国经济增长具有重要意义。

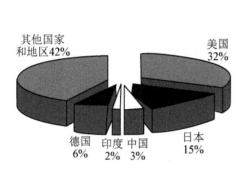

图1 世界总GDP份额(2000年)

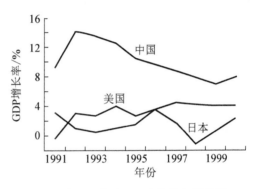

图2 中国、美国、日本经济年增长率

2. Denison 经济增长因素分析法

在对经济增长的实证研究中，分析增长因素并估计它们对经济增长的贡献是很重要的内容，许多经济学家为此做了大量有意义的工作，其中最著名的是Solow和Denison。Solow[10]在其模型的基础上利用增长速度方程提出了"余值法"，首次估计了技术进步对经济增长的贡献。Denison[11]对劳动质量和资本不同类型的考虑以及对Solow余值的进一步划分，是对经济增长因素分析方法的巨大发展，他较全面地估计了就业人数、工作时间、年龄性别构成、教育背景、国际资产、存货、住房、机器设备和厂房、规模经济、资源的优化配置、知识进步等其他因素的贡献(图3)。

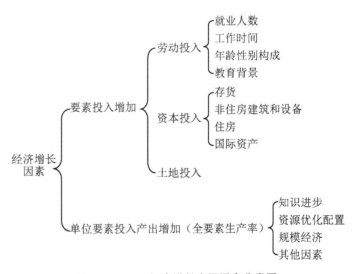

图3 Denison 经济增长主要因素分类图

Solow 余值是 Denison 经济增长因素分析法的基础。Solow 以基本的新古典总量生产函数 $Q=F(K，L)$ 为基础（式中 Q，K，L 分别为总产出、资本投入和劳动投入），考虑技术进步并假设技术进步的希克斯中性，将生产函数改写为 $Q=A(t)f(K，L)$，通过取对数和微分操作得到增长速度方程

$$q=a+\alpha k+\beta l，\tag{1}$$

其中 $\alpha=\dfrac{\partial Q}{\partial K}\dfrac{K}{Q}$，$\beta=\dfrac{\partial Q}{\partial L}\dfrac{L}{Q}$，分别为资本和劳动要素的边际产出弹性；$q=\dfrac{\mathrm{d}Q}{\mathrm{d}t}\dfrac{1}{Q}$，$k=\dfrac{\mathrm{d}K}{\mathrm{d}t}\dfrac{1}{K}$，$l=\dfrac{\mathrm{d}L}{\mathrm{d}t}\dfrac{1}{L}$，分别为 Q、K、L 的增长率，通过资本和劳动力的增长率及相应的边际产出弹性 α、β 的估计就可以得到这两种要素投入对经济增长的贡献，而经济增长的剩余部分 a 就是"Solow 余值"，Solow 认为其中主要是技术进步的贡献。

Denison 在此基础上考虑了更细致的增长因素（图 3），他将经济增长分成要素投入增长（各种资本投入增长 k_i，劳动数量和劳动质量投入增长 l_j）的贡献和单位要素投入产出增长的贡献 a_i（包括规模经济、资源的优化配置、知识进步和其他因素），将增长速度方程写成

$$q=(a_1+a_2+\cdots+a_n)+(\alpha_1 k_1+\alpha_2 k_2+\cdots+\alpha_m k_m)+\beta(l_1+l_2+\cdots+l_p)，\tag{2}$$

式中，α_i、β 分别为不同类型的资本品和劳动的边际产出弹性。这些数据不易统计得到，Denison 在计算过程中假设了市场的完全竞争和生产的最小成本，从而用要素的收入份额来作为这些要素的边际产出弹性的估计值。

3 对中国经济增长的因素分析

用 Denison 经济增长因素分析法分析中国经济增长因素时，首先要确定中国经济增长的主要原因，目前，经济学家普遍认为在实际生产过程中影响产出的因素主要有 4 个：资本、劳动、技术以及与资源配置情况相联系的生产结构[12]，在这个基础上，我们提出了影响中国经济增长的主要因素及其层次关系（图 4）。

$$\text{GDP 增长因素}\begin{cases}\text{要素投入}\begin{cases}\text{劳动投入}\begin{cases}\text{就业数量}\\\text{劳动质量}\end{cases}\\\text{资本投入}\end{cases}\\\text{单位要素投入的产出}\begin{cases}\text{生产结构}\\\text{技术进步及其他}\end{cases}\end{cases}$$

图 4　我国主要经济增长因素

确定劳动和资本的边际产出弹性是 Denison 经济增长因素分析法的基础。在中国，由于计划经济的长期存在和市场经济的不完善，用劳动和资本的收入份额来估计它们的边际产出弹性会存在较大的偏差。在这里，我们使用世界银行[13]的经验假设：劳动的边际产出弹性为 0.6，资本的边际产出弹性为 0.4。我们认为中国的劳动边际产出弹性低于发达国家（0.7～0.8）是合理的，因为在中国资本相对不足。

中国的统计数据中没有资本存量，只能通过别的办法进行估计，我们在樊瑛等[14]所提出方法的基础上，考虑到固定资产形成的延迟效应，重新估计了中国 1978—2000 年资本存量，继而计算了资本存量的增加对经济增长的贡献，结合李克强和方福康[15]有关劳动者简化比的估计，我们假设不同程度的受教育者劳动质量存在的差异（假设文盲、小学、初中、高中、大专及以上教育背景的劳动者的劳动质量的权重分别为 50、70、80、120、170[16]）并估计了各年的全国教育当量，其增长率乘劳动的边际产出弹性就是全国劳动者教育背景的变化对经济增长的贡献，葛新元等[17]给出了多部门的经济增长方程

$$g = \frac{\Delta Y}{Y} = \frac{1}{Y} \sum_i \Delta Y_i = \sum_i \frac{\Delta Y_i}{Y} = \sum_i \frac{\Delta Y_i}{Y_i} \frac{Y_i}{Y} = \sum_i g_i a_i = \sum_i g_i a'_i + \sum_i g_i \Delta a_i 。 \tag{3}$$

他们将总体经济的产出增长分成两部分解释：一部分表示在保持各部门产出比例不变的情况下总产出的增长，另一部分被认为是产出结构变化引起的总产出增长。通过统计数据，可以计算出我国产业结构的变化对经济增长的影响。

根据以上工作可得出，1979～2000年中国经济增长的因素分析结果如表1所示[4,16,18]，我们认为规模经济是表中剩余因素中的主要部分，在史清琪等[8]工作的基础上，我们假设规模经济的贡献份额为15%。除去1989年、1990年这两个特殊年份(技术进步及剩余因素对经济增长有负的异常贡献)，我国经济增长各因素对经济增长的平均贡献份额如图5所示。

表1　各种因素对中国经济增长的贡献　　　　　　　　　　　　　　　%

| 年份 | GDP | 要素投入增长 | | | 全要素生产率增长 | |
| | | 劳动投入 | | 资本投入 | 生产结构 | 技术进步及剩余因素 |
		就业数量	教育背景			
1979	7.6	1.30	0.29	2.90	−0.05	3.16
1980	7.8	1.96	0.29	2.95	0.41	2.19
1981	5.2	1.93	0.29	2.84	0.26	−0.12
1982	9.3	2.15	0.29	2.67	0.30	3.89
1983	11.1	1.51	0.29	2.67	0.08	6.55
1984	15.3	2.28	0.29	2.88	0.16	9.69
1985	13.2	2.09	0.29	3.20	1.05	6.57
1986	8.5	1.70	0.29	3.42	0.16	2.93
1987	11.5	1.76	0.29	3.58	0.05	5.82
1988	11.3	1.76	0.29	3.68	0.15	5.42
1989	4.2	1.10	0.29	3.47	0.59	−1.25
1990	4.2	9.30	0.29	2.95	0.36	−8.7
1991	9.2	0.84	0.49	2.55	0.11	5.21
1992	14.1	0.70	0.49	2.67	0.40	9.84
1993	13.1	0.75	0.58	3.26	0.47	8.04
1994	12.6	0.75	0.58	3.94	0.03	7.3
1995	9.0	0.67	0.58	4.44	0.04	3.27
1996	9.8	0.80	0.58	4.66	0.03	3.73
1997	8.6	0.65	0.58	4.61	0.13	2.63
1998	7.8	0.31	0.58	4.46	0.07	2.38
1999	7.2	0.54	0.16	4.37	0.10	2.03
2000	8.3	0.48	0.16	4.33	0.13	3.2

可以看出，资本投入的增长仍是中国经济增长的主要原因，而技术进步也已成为我国经济增长的主要因素，其贡献达31.7%，说明我国在采用新的生产和管理技术方面取得一定成果，但劳动者受教育程度的提高程度不够理想，其贡献仅为3.8%(美国1955—1962年劳动者教育素质的提高程度对经济增长的贡献为15%)。实际上，在中国的就业者中，还有相当份额的文盲(2000年为6.72%)，受过高等教育的就业者比例远远低于发达国家(2000年中国为3.6%，而美国达到46.5%)，随着新的生产和管理技术的应用，劳动者素质的提高具有很大的迫切性。继续学习推广先进的生产技术和管理技

术、努力发展教育事业，提高劳动者素质，进一步优化生产结构是进行我国现代化建设，实现经济持续、健康增长的重要保证。

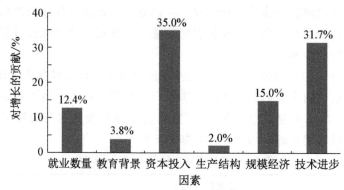

图5 经济增长因素对经济增长的贡献份额

参考文献

[1]库滋涅茨.现代经济增长：事实与思考[M]//王宏昌.诺贝尔经济学奖金获得者讲演集.北京：中国社会科学出版社，1986：1969-1981.

[2]樊瑛.经济增长中系统演化的复杂性研究[D].北京：北京师范大学，1999.

[3][佚名]世界银行[EB/OL].(2002)[2024-02-17].http://devdata.worldbank.org/data-query.

[4][佚名]国家统计局.中国统计年鉴[M].北京：中国统计出版社，2001.

[5][佚名]美国商业部经济分析办公署[EB/OL].(2002)[2024-04-17].http://www.bea.doc.gov/bea/dn2/gpox.htm.

[6][佚名]日本内阁府经济政策综合研究所[EB/OL].(2002)[2024-04-17].http://www.esri.cao.go.jp/en/sna/hl2-kaku/e90a1-12.xls.

[7]李京文，汪同三.中国经济增长的理论与政策[M].北京：社会科学文献出版社，1998.

[8]史清琪，秦宝庭，陈警.中国经济增长因素分析[M].北京：科学技术文献出版社，1993.

[9]沈坤荣.1978-1997年中国经济增长因素的实证分析[J].经济科学，1999(4)：14-24.

[10]Solow R M. Technical change and the aggregate production function[J]. Review of Economics and Statistics，1957，39(3)：312-320.

[11]Denison E F. Why growth rates differ：post-war experience in nine western countries[M]. Washington：Brookings Institution，1967.

[12]Stiglitz J E. 经济学[M].中国人民大学经济系，译.北京：中国人民大学出版社，1997.

[13]世界银行.中国：长期发展的问题和方案：附件五[M].北京：中国财政经济出版社，1987.

[14]樊瑛，袁强，方福康.中国经济增长中资本-产出比分析[J].北京师范大学学报(自然科学版)，1998，34(1)：131-134.

[15]李克强，方福康.用耗散结构理论研究教育经济系统[J].北京师范大学学报(自然科学版)，1988，24(增刊2)：48.

[16]陈清华.丹尼森经济增长因素分析法及其在中国的实际应用[D].北京：北京师范大学，2000.

[17]葛新元，王大辉，袁强，等.中国经济结构变化对经济增长贡献的计量分析[J].北京师范大学学报(自然科学版)，2000，36(1)：43-48.

[18]国家统计局人口和社会科技统计司，劳动和社会保障部规划财务司.中国劳动统计年鉴[M].北京：中国统计出版社，2000.

经济增长的复杂性与"J"结构[*]

方福康　袁　强

（北京师范大学非平衡系统研究所，北京 100875）

摘　要：从现代经济增长的事实和复杂性角度讨论了经济增长的原因和机制。"J"结构是我们提出的一种经济增长复杂性的重要模式，这种具有潜在后发性优势但又需要先期投入的经济现象普遍存在于国际贸易、金融、教育、人力资源、生态环境等不同领域。由于增长的复杂性，"J"结构及与之相对应的"J"过程或"J"效应往往被波动所掩盖。本文进一步从物理、数学的角度指出"J"过程的本质是系统存在多重均衡时的非平衡相变过程，最后，讨论了宏观经济系统中宏观变量之间的相互关系，"J"结构体现了这些宏观变量之间非线性相互作用机制。

关键词：经济增长；Solow 模型；"J"结构；非平衡相变

"J" Structure and Complexity of Economic Growth

Fang Fukang　Yuan Qiang

(Institute of Nonequilibrium System，Beijing Normal University，Beijing 100875，China)

Abstract：This paper explores the source and mechanism of modern economic growth based on modern economic growth facts and complexity theory. It is pointed out that "J" structure is an important economic growth mode representing universal phenomenon，which exists in international trade，finance，education，human capital，ecosystem，etc. The characteristic of "J" mode is that potential advantages can be obtained in cost of pre-investment. "J" structure and corresponding "J" process or "J" effect is often regarded as fluctuation phenomenon. In fact，the essence of "J" process is non-equilibrium transition in physical phenomenon. Finally，we discuss interaction between macroscopic variables in economic system and conclude that "J" structure represents one type of nonlinear interaction of macroeconomic system.

Key words：economic growth；solow model；"J" structure；non-equilibrium phase transition

1

　　Solow 对经济增长理论给出了一个既简单又基本能解释增长动因的模型（Solow，1956，1957）。这个模型已成为现代经济增长理论的出发点。甚至可以说，几乎所有的增长理论或模型都与 Solow 模型有关。Solow 的工作使他获得了诺贝尔经济学奖。从复杂性系统理论的观点来看，Solow 理论也是一个物理模型，他抓住了经济增长这一复杂动态演化系统中的关键变量——人均资本存量，并将其他相关变量外生化或参数化，以实物经济为主线，在新古典均衡思想指导下，刻画了一个理想的简单经济系统。为探讨经济增长的复杂性，我们有必要用复杂系统理论的方法重新阐释 Solow 理论，以便沿

---

　　* 方福康，袁强. 经济增长的复杂性与"J"结构[J]. 系统工程理论与实践，2002(10)：13-21.

着 Solow 理论的道路更深入地揭示经济增长的复杂内涵。

Solow 模型可以用下面这样一个简单的物理故事加以描述。

考虑一个简单的经济系统，系统依据主体行为方式不同把行为人分成两类，一类是厂商（firms），一类是家户（households）。厂商的行为是把投入的生产要素 K 和劳动力 L 经过生产转化为产品 Y（commodities），生产过程中的资本消耗为 δK，其中 $\delta(0<\delta<1)$ 为折旧率，假设市场充分有效、货币中性（新古典的基本观点）。产品可以无成本地转移到家户手中，家户的行为是将手中的产品一部分用于消费 C，一部分用于投资 I 作为下一轮生产的投入资本，且部分家户作为劳动力进入下一轮生产，则上述系统的演化过程可以用一个简单的框图表示，见图 1。

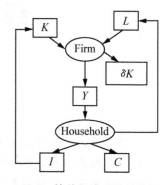

图 1　简单经济系统结构

为要把这个物理故事进一步形式化以建立一个系统演化的数学模型，还需要作以下的注记：

（1）生产过程中生产函数表示为 $Y=F(K，L)$，F 的形式并不具体，但要满足一些基本的生产技术条件：① $F(K，L)>0$；② $F_K=\dfrac{\partial Y}{\partial K}>0$，$F_L=\dfrac{\partial Y}{\partial L}>0$，其含义表示投入的增加会带来产出的增加。

（2）消费用消费函数 $C=C(Y)$，C 的形式也不具体，但应当满足 $C_Y=\dfrac{\mathrm{d}C}{\mathrm{d}Y}>0$，其含义表示产出的增加会带来消费的增加。

（3）为突出分析资本在经济增长中的作用，假定劳动力的投入为一外生的自然过程，$\dot{L}/L=n$，即劳动力的增长等于常数。

（4）按自然的物理过程，资本存量的增量等于投资减去资本消耗。

综上所述，可以建立系统演化的数学模型：

$$\begin{cases} Y=F(K，L) \\ Y=C+I \\ C=C(Y)，且\ C_Y>0 \\ \dot{K}=I-\delta K \\ \dot{L}=nL \end{cases} \tag{1}$$

这是一个完整的系统演化的数学模型，但由于 F 和 C 的形式过于一般，系统演化的道路仍然是不清楚的。为了得到系统演化路经和更深入的结果，需要进一步限制 F 和 C 的形式。

（5）当给定具体的生产函数 F 的形式是一次齐次，即规模效益不变假设，如柯布-道格拉斯生产函数：$Y=AK^\alpha L^{1-\alpha}$。

（6）当给定具体的消费函数 C 的形式是 $C=(1-s)Y$，即消费是产出的一个比例。其中 $s(0<s<1)$ 是储蓄率，且储蓄无成本地转化为投资 $I=sY$。

根据以上假设，令 $k=K/L$（人均资本存量），$y=Y/L=F(K/L，1)=f(k)$（人均产出量）。经过简单的推理，模型（1）可变成：

$$\dot{k}=sf(k)-(n+\delta)k \tag{2}$$

这就是著名的 Solow 模型。

要使 Solow 模型存在均衡稳定解的结论，还需要对 $f(k)$ 进一步限制。

（7）① $f''(k)<0$，② $f'(0)=\infty$，③ $f'(\infty)=0$。含义是生产服从边际收益递减律，初始资本投入的收益最大，且随着资本投入的增加而减少。

我们看到：① Solow 模型描述的是一个简单的经济系统在多种假设和限制条件下的动态演化的微

分方程；②随着假设和限制条件的逐步"升级"，模型背离"实际"越远，但系统变量之间的关系越明确；③模型没有要求生产函数的具体形式，只是正常限制了生产函数的一些性质，且这些性质有明确的经济解释；④模型揭示的经济含义是十分深刻的，它证明了在"新古典主义"假定条件下，一般均衡理论的有效性和普遍性。正因为如此，Solow 理论才成为现代经济增长理论的基本内容。

但是，用 Solow 的理论来解释宏观经济系统存在着很大的不足：①无法解释经济增长中"规模递增"的事实；②国与国之间的增长数据存在巨大差距，也就是说增长不是均衡的；③计量显示，资本只能解释经济增长的一小部分，还有相当多的增长原因无法得到解释，未被解释的部分称为 Solow 残差。其实这是十分自然的事情，因为 Solow 模型要求的条件太苛刻，但是放松这些条件和限制又得不到存在唯一均衡解的结论，这与新古典理论是相背离的。尽管 Solow 及其后来者通过在总量生产函数中引入技术进步因子 A，用来解释与实际数据间的差距，但这种人为加入外生参数的办法毕竟不令人满意，并由此可能得出经济增长最终是由外生参量所决定的这样一个荒唐的结论。特别是 20 世纪 80年代末，一个以信息、高新技术为主导的现实经济或称为新经济的出现和发展，对新古典综合乃至整个经济理论提出了挑战。Solow 模型中原本一些合理的假定，如规模收益递减或不变、货币中性、资本劳动力的同质性、各种产品抽象为一个代表物的总量生产函数等，现在都受到了质疑。阿罗（Arrow，1989）、罗默（Romer，1986）、卢卡斯（Lucas，1987）等一大批经济学家认识到经济增长的原因和机制不是简单地就能说清楚的，如知识、信息几乎无成本迅速传播；具有高风险、高回报的投资行为；高新技术、高精尖人才在经济增长中发挥的火车头作用和辐射效应；自然资源、环境、生态的保护和利用对可持续增长的影响，等等。尤其是以"创新"为特征的大量经济活动，如技术创新——高新技术的开发利用、制度创新——宏观政策和管理理念的改变、金融创新——各种金融衍生物的产生，在宏观上带来了巨大的规模收益，从各个方面促进了经济全方位的增长。因此，经济增长是一个十分复杂的经济现象，决定经济增长的原因和机制已引发了越来越多人的关注和研究，正如 Lucas 所言："一旦你开始思考这个问题（经济增长），你就不会再考虑其他任何问题。"

2

1999 年 2 月，在中国科学院主持的金融风险管理的讨论会上，北京大学金融数学系谢衷洁教授做了一个《关于"J"效应的时间序列分析及其政策性实验》的报告（谢衷洁等，2000），内容是汇率变化对出口贸易收支的影响。他指出，在国际贸易中提高或降低汇率对进出口贸易收支有一个时滞作用，即降低汇率并不能立即引发出口量的增加，而有一个先缓慢下降到一定程度后再攀升的过程，图形上表现为一种"J"曲线（图2），有意思的是他通过计量数据拟合的办法得到的"J"曲线与我们过去和现在正在做的一些工作的结果不谋而合，只不过我们采取的是系统动力学的分析、建模和数值模拟的办法。

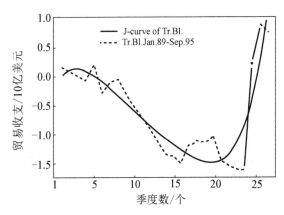

图 2　墨西哥 1989-01～1995-09 贸易收支

若干年前，我们在教育经济领域做的有关教育经济效益方面的工作：《用耗散结构理论研究教育经济系统》（李克强和方福康，1988）。李克强建立了一个教育发展的动力学模型，理论分析和实证研究得出了受不同程度教育的收益曲线（图3），并且拟合折算出受高等教育、职业教育、高中、基础教育劳动者的平均贡献分别相当于未受教育劳动者的 3.4 倍、2.6 倍、2.1 倍和 1.6 倍。当时并没有看到这是一种"J"效应，也没有同经济增长联系起来，只是当作教育成本和收益。

彭方志在他的博士论文《技术创新投资特性及金融的作用》(彭方志，2001)第二章中分析了投资在实际生产和技术创新之间的最优分配问题。其理论依据是资本的不同质性，即用于技术开发和用于生产性投入的资本不一样。一般来说，对技术部门的投入往往是耗竭性的，技术开发除了可能使技术得到提高外不会有固定资产存留。因此，经济主体在流动资本的总盘子下考虑投资在两部门间的分配。他建立了如下长期最优投资模型：

$$Y = AK^{\alpha}$$

$$\dot{A} = \mu I$$

$$\dot{K} = sAK^{\alpha} - I - \delta K$$

$$\max \left[\int_0^{\infty} Y \mathrm{d}t \right]$$

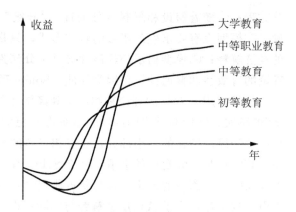

图3 受不同程度教育的收益曲线

这里 I 为投资，Y 为产出，A 为技术进步因子。得到的结论是：均衡是不稳定的，即不同质资本的存在导致了均衡的破坏，并且得到了长期最优投资比例的数学表达式。模拟的结果是在一定参数条件下产生的曲线也是一种"J"曲线。

陈清华等讨论了一个人力资本投资的动力学模型：

$$\dot{Y} = \left(\alpha \frac{\dot{K}}{K} + \beta \frac{\dot{L}}{L} \right) Y$$

$$\dot{K} = iY - I_L - \delta K$$

$$\dot{L} = \lambda I_L (L - L_{\min})(L_{\max} - L)$$

式中，I_L 是人力资本投资；$L_{\max}$ 与 $L_{\min}$ 分别是两种不同类型劳动力的定态值，数值模拟的结果见图4。

可以看出，增加教育投资能导致产出从一个稳定均衡态，通过降低一定的产出为代价而上升到一个更高的新的均衡。因此，"J"是均衡转移的一种形式。

李克强等对经济系统中革新的价值进行了分析(李克强和王有贵，2001)。他们对革新中产生的"J"效或倒"J"效应用两个 Logistic 方程之差来描述，选取转折时间点和零收益时间点作为特征参量。模型模拟的结果见图5。

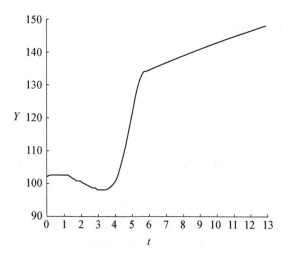

图4 在有教育投资情况下的产出变化图

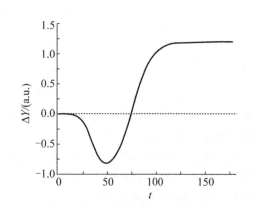

图5 用两个 Logistic 方程之差表示的"J"曲线

该文的分析表明，革新是有一定风险的。

陈六君(2001)比较全面地分析了自然资源生态环境与经济系统的协同演化(co-evolution)的关系，建立了一个有政府干预的自然与经济系统共同演化的模型：

$$\max \int_0^\infty e^{-\alpha t} U[c(t)]dt, \quad U(C, M) = \left(\frac{\sigma}{\sigma-1}\right)(C \cdot M^\sigma)^{1-1/\sigma}$$

$$Y = A_Y[(1-x_E-x_P)K]^\alpha[(1-y_E-y_P)L]^{1-\alpha}$$

$$\dot{K} = Y - C, \quad C = Lc$$

$$\dot{L} = nL$$

$$A_Y = f(N_K, A_N, A_C)$$

$$\dot{A}_N = a_N A_N, \quad \dot{A}_C = ac A_C$$

$$E' = A(N_K, A_N, Y, x_E K, y_E L)$$

$$P' = P(E, x_P K, y_P L)$$

$$\dot{N}_K = r N_K (1 - D N_K / N_M)^* (1/N_P) - E'$$

$$\dot{N}_M = \theta(N_M^{max} - N_M) - \kappa N_P - \varphi E', \quad 当 N_M > \overline{N}_M$$

$$\dot{N}_M = \upsilon(N_M - \overline{N}_M) - \kappa N_P - \varphi E', \quad 当 N_M \leqslant \overline{N}_M$$

$$\dot{N}_P = P' - x N_M$$

$$M = x N_M - \varepsilon N_P$$

这是一个形式化的模型框架，正在进行的工作是数值模拟和数据拟合。相信，自然资源与经济增长在一定条件下也会出现"J"增长的结果。

以上所做的工作和正在做的工作反映出这样一个共同事实：一种具有潜在后发性优势但又需要先期投入的经济现象都有可能产生"J"效应或"J"过程，它在经济增长的各个方面都有反应。"J"效应不是一种孤立的经济现象，对"J"进行抽象概括并提升到理论的高度是一件有意义的工作，我们认为，将这种现象概括为"J"结构可能是一种比较适当的称谓。

3

"J"的经济解释可理解为某种因素或几种因素的相互作用对促进经济增长的相对滞后性。这一解释的理论基础可以追溯到熊彼特的创新理论。他提出了一个著名概念"创造性毁灭"(creative destruction)，即创新过程是伴随着旧产品、旧技术和旧制度的消亡过程，这种新旧转换过程期间必然要付出一定的代价或转化成本。尽管当时熊彼特并没有形象地用"J"概括他的创新理论，但他的理论已含有了这样的意思。值得一提的是我们讨论过的一本书《内生经济增长》(Aghion and Howitt, 1998)，该书开宗名义称以熊彼特的理论为基础，将"创新"概念融入新古典增长模型的方方面面，讨论了内生增长与可持续发展、增长与周期、制度创新、R&D等一系列与经济增长相关的问题，并深入分析了内生增长的动力学机制。在第八章——增长与周期中，作者介绍了技术创新对经济增长的影响，以熊彼特的创新理论为依据给出了一个技术创新开发应用过程的动力学模型，指出在新技术的实验开发和应用过程中，产出也表现为一种"J"效应(图6)

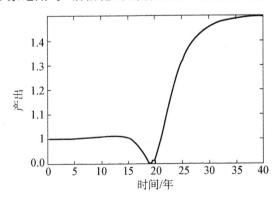

图6　技术创新条件下的产出变化

(注：书中用"V"表示，实质上用"J"更为恰当)。

从索洛理论到内生增长理论，以及我们已做的工作和正在进行的工作，我们对经济增长有了这样一个认识：经济增长是一个宏观动态过程，由于影响增长的因素和机制非常复杂，从现象上看经济增长过程似乎是一种随时间变化毫无规律的曲线，但如果从系统演化的角度，把影响增长的因素和机制做一个分解，那么经济增长表现出的演化轨迹可以划分为三种基本形式。

(1)渐进式：Solow 新古典增长理论所展示的那种外延式扩张。它只是总量生产函数 $Y=AF(K，L)$ 中资本 K 和劳动力 L 或外生技术 A 的简单增加所带来的产出 Y 的相应增加。经济增长的轨迹表现为一种平缓向上，最终趋于稳定常数的曲线。

(2)突变式或阶跃式：除了可见的投入会直接带来产出的增加外，系统中政策参数、环境参数乃至结构的变化也会对经济增长做出贡献，并且这种变化是冲击性的，导致产出出现相应的阶跃变化。因此，用一个固定连续的总量生产函数不足以反映经济增长中多种因素共同作用的事实。我们考虑总量生产函数取如下一般形式(省略时间下标)：$Y=F_\alpha(K，L)$，其中 $\alpha\in\Lambda$，$\Lambda\subset R^n$，是一个特征指标集。该式意味着 F 的形式将随着 α 的不同而不同。特征指标是系统理论方法中的一种有效手段，即在复杂系统中，抓住少数几个对系统演化起决定作用的变量或参量，深入分析它们之间的相互作用关系，写出它们之间的数学方程式或微分动力形式。例如，选取资本-产出比 $K/Y=\alpha$ 作为特征指标，见图7，图中 F_{α_1}、F_{α_2}、F_{α_3} 分别代表 T 在不同阶段取不同的生产函数形式。不同的生产函数反映了经济增长具有分阶段上升的趋势，且每个阶段都满足 Solow 新古典假定的条件，但当经济增长发展到某些特殊点，如图中的 A、B、C 等，经济系统达到新古典意义下的均衡态。如果我们继续固定生产函数的形式，仅用生产函数中 K 和 L 的连续变化解释经济的进一步增长就比较困难了。我们可以认为，随着资本积累达到一定程度，经济系统的结构发生变化，原有的生产方式、技术、管理水平被新的生产方式、技术和管理水平所取代，经济出现了起飞，这种飞跃是系统摆脱旧的均衡向新的均衡迈进的起点。经济增长除了 K 和 L 增加导致 Y 增加的渐变外，还有其他重要因素(特征指标)使得 K 和 L 积累到一定程度后导致增加的突变，这是经济作为复杂系统演化的典型特征之一。系统分析中的分支理论是讨论经济增长中突变、阶跃现象的有力工具。

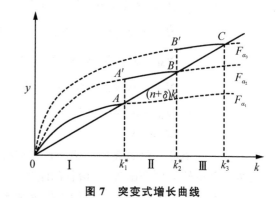

图7　突变式增长曲线

(3)"J"形式：这是一种内涵式的增长途径。它与突变式或阶跃式不同的是，不是从改善外部环境上促进经济增长，而是通过先期改变资本 K 和劳动力 L 的"质量"，通过创新促使产出 Y 上升到一个新的台阶。由于创新不同于政策改变或结构的转变，需要有一个过程，它的演化大致分为如下三个阶段。

第一阶段：研究与发展(R&D)阶段。该阶段对新产品、新方法、新制度的可行性和市场前景进行小规模的尝试性实验和评估分析，起步阶段对资本的需求不是很多，投入不是很大，Y 有平缓下降的趋势。

第二阶段：大规模的开发和宣传阶段。新产品进入市场，或新方法、新制度开始全面实行，其潜力也可以被粗略估计出来，此时需要大量资本投入予以支持。由于创新的产品、方法、制度等需要有一个市场接受过程，即使是成功的技术，也有可能不被市场接受，所以有很大的不确定性，投资风险极大，此时，Y 加速下滑，若抉择出现战略性失误，经济有可能持续下滑，甚至导致危机出现。

第三阶段：推广、普及、应用阶段。创新的产品或新方法、新制度被市场接受，获得极大的回报，经济出现起飞。经过一段快速增长期，最终平稳到更高台阶的新的平衡。

上述三个阶段可以形象地用"J"来刻画，"J"反映出经济增长中资本 K 和劳动力 L 与产出 Y 不是简单的投入产出的因果关系，而是互为因果的互动关系。一般而言，这种相互作用是非线性的，因此，经济增长的道路是非常复杂的。经济增长的三种划分仅是一种理论上的分解，实际观察到的往往是这三种基本形式的叠加，甚至还有其他不确定因素的影响，所以，统计上看到的是一种增长波动的图像。

如果我们跳出经济学的圈子，从系统状态函数演化的观点来看"J"，这是一个非常典型的统计物理问题。这个问题由 Kramers 于 1940 年提出，讨论的是核裂变时一个重核分解为两碎片的过程，其本质是系统从一个定态如何越过势垒到达另一定态，这种典型的非平衡统计问题是一种非平衡相变，物理学家形象地称之为"爬驼峰"问题。这个问题经过长时间的讨论未能有很满意的结果。到了 20 世纪 80 年代，Suzuki 在非线性 Forkker-Plank 方程的基础上给出了一个近似解，但还遗留着很多待讨论的问题。对于一个复杂系统而言，多重定态是复杂性的重要特征之一，经济作为一个演化的复杂系统，增长过程中多重定态及均衡转移的问题同样存在，只是以前的文献很少系统讨论过均衡转移的问题。在新古典主流经济学的影响下，一般都是讨论均衡的存在以及从均衡态附近如何回到均衡的稳定性问题，现代经济增长中出现的"J"曲线也是属于非平衡态转移这样一个带普遍性的基本问题。这里涉及宏观层次如何确定终态的位置和与状态密切相关的特征参量，如转移时间、势垒深度等。更为重要的是平衡态转移背后所蕴含的微观机制。在非平衡统计中，这个问题至今是开放的。利用非平衡统计物理的背景展开对经济系统有关经济增长中"J"曲线的研究，将有助于对这类非平衡经典系统机制的理解，同时，经济理论和数据的分析也有助于促进统计物理对这个基本问题认识的深化。

从一般意义上讲，如果系统的某一物理量随时间演化的图像是"J"，那么该物理量则可以形象地用受到正负两方向的"力"或者隐含着正负两方向的"力"的作用来说明。特点是：初始状态负"力"占主导地位，到某一时刻，或特征量到达某一阈值，正"力"占主导地位，最终两力随时间衰减为零或两力平衡。我们可以依据实际问题中的具体情况，赋予"力"的某种含义，并通过实际数据或实验来验证其合理性。如果是合理的，我们就可以唯象地建立动力学模型，把该物理量的演化规律动态地刻画出来。例如，人口增长和生态发展的"S"形增长曲线可以用 Logistic 方程表示为 $\dot{X} = aX\left(1 - \dfrac{X}{b}\right)$。方程中，$X$ 是我们要关注的物理量。有两个特征参数 a、b 分别表示增长的强度和对 x 的制约界限。给出 a、b 两个参数值和初始值，就可以大致画出"S"形的增长曲线。问题是什么样的微分动力系统可以完整地描述"J"曲线？反过来，若从实际数据中得到"J"曲线的某些基本参数，能否找到一个简单有意义的动力学方程来拟合？第一个问题是一个形式上的数学问题，第二个问题既是数学问题，又是物理和经济问题。这类一般性的问题是比较复杂的，我们正在做一些这方面的工作，并希望有兴趣的同人一道深入研究。

从几何图形上看，"J"曲线有三个基本参数，见图 8。

宽度 a，它表示系统从初始到恢复所需要的时间跨度；

高度 b，它表示系统最终提高到达的水平；

深度 c，它表示系统要承受的最低水平。

有了以上三个基本参数，我们大致能把握"J"曲线的轮廓。

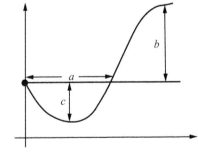

图 8 "J"曲线基本参数

4

如果从更大的视角在整个宏观经济系统中来观察经济增长中的"J"过程，那么"J"过程应当在整个经济系统中反映出一种结构，换句话说，在系统方程中的变量间有这么一些条件，如果这些条件满足，则必然导致"J"过程的发生。如果能做到这一点，我们就能从本质上把握"J"过程的经济意义或物理意义。

对宏观经济系统，袁强曾给出了一个动态的 Sargent 模型（袁强，1996）：

系统有三个主体：政府、厂商、家户；三个市场：产品市场、货币金融市场、劳动力市场。厂商、家户的行为在 Solow 的简单宏观经济系统中已经描述过，政府的行为是：财政支出 G、税收 T 和货币发行 M。三个市场变量是：价格 p、利率 r 和工资 w，且满足供求律。三主体与三市场的相互联系见图 9。我们依据充分小又能充分说明问题的原则，选择系统的变量：产出水平 Y，资本 K，劳动力 L，消费 C，投资 I，价格指数 p，利率 r，工资指数 w。

选择的参量：政府支出 G，税收 T，货币发行量 M，资本折旧率 δ，人口增长率 n。

建立模型如下（以下简称基本模型）：

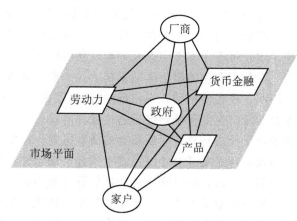

图 9　三主体、三市场结构

$$Y = Y(K,L),\ Y_K > 0,\ Y_L > 0$$

$$L = L\left(Y_L,\ \frac{w}{p}\right)$$

$$\dot{K} = I - \delta_K$$

$$C = C(Y - T,\ r),\ C_{Y-T} > 0,\ C_r < 0$$

$$I = I(Y,\ r)$$

$$\dot{p} = \alpha(C + I + G - Y),\ \alpha' > 0,\ \alpha(0) = 0$$

$$\dot{r} = \beta\left(m(Y,\ r) - \frac{M}{p}\right),\ \beta' > 0,\ \beta(0) = 0,\ m_Y > 0,\ m_r < 0,$$

$$\left(\frac{\dot{w}}{p}\right) = \gamma\left(\frac{Y_L}{\frac{w}{p}} - 1\right),\ \gamma' > 0,\ \gamma(0) = 0$$

这是一个形式化的模型框架。但从该模型出发，在特定条件下可以得到许多有意义的经典模型。

例如，古典理论认为市场是充分有效的，市场上供求稍有偏离，p、r、w 就能立即反应，自动做出调节使供求缺口消除。因此，可以认为 p、r、w 对时间的变化在古典意义下相对于其他变量要快，称为快变量。根据哈肯关于自组织协同理论的观点，采用"绝热消去"的办法，在系统中把快变量予以消去，由市场充分有效假定推出 $\dot{p} = \dot{r} = \dot{w} \equiv 0$，得到 p、r、w 等于定值，把它们从系统中"绝热消去"，其经济意义是，市场充分有效前提下，宏观经济关注的只是长期的增长问题。再把前述的有关索洛模型的假定搬出来，就可以从我们的基本模型得出索洛模型，即基本模型包含了索洛模型。

又如，考虑短期市场均衡状态下各宏观变量间的相互关系，可以认为短期内资本存量不变，即

$\dot{K}=0$，又市场均衡，则 $\dot{p}=\dot{r}=\dot{w}=0$，于是从基本模型得到各变量间的静态均衡关系：

$$
\begin{cases}
Y=Y(K,\ L) \\
L=L\left(Y_N,\ \dfrac{w}{p}\right) \\
C=C(Y-T,\ r) \\
I=I(Y,\ r) \\
C+I+G=Y \\
m(Y,\ r)=\dfrac{M}{p} \\
Y_N=\dfrac{w}{p}
\end{cases}
$$

此时回到经典的静态宏观模型（Sargent，1987），用该模型可以进行标准的 IS-LM 分析。

进一步，考虑市场变量 p、r、w 的短期波动，例如假定劳动力市场中实际工资围绕劳动边际生产率上下波动，则可将基本模型中 $\left(\dfrac{\dot{w}}{p}\right)=\gamma\left(\dfrac{Y_N}{w/p}-1\right)$ 解开成 $\left(\dfrac{\dot{w}}{p}\right)=\varepsilon g(t)$，其中 ε 是一个小量，$g(t)$ 是一个波动函数。再将函数 $\alpha(C+I+G-Y)$，$\beta\left(m(Y,\ r)-\dfrac{M}{p}\right)$ 在均衡点 p_0、r_0 展开并取一阶近似，得到动力方程：

$$
\begin{cases}
\dot{p}=ap+br+e\varepsilon\widetilde{g}(t) \\
\dot{r}=cp+dr+f\varepsilon\widetilde{g}(t)
\end{cases}
$$

其中 $\widetilde{g}(t)=\displaystyle\int_0^t \varepsilon g(t)\mathrm{d}t$，是一致概周期函数。又可得 p、r 也是围绕均衡点波动，牵一发而动全身，整个系统的变量都随时间波动。特别当 $\varepsilon\to0$ 时，模型又回到经典静态模型。以上分析表明，在宏观经济系统中，由于变量间的非线性、强耦合的相互作用导致波动（fluctuation）是系统的常态，均衡仅仅是系统中的一种特例。若系统远离平衡态，情况就更加复杂了。

我们认为，基本模型抓住了经济系统中宏观变量间的主要关系，能够解释新古典理论和凯恩斯理论的主要观点。鉴于金融在现代宏观经济系统中的地位和作用不可忽视，继袁强的工作，王大辉正在尝试将金融融入基本模型中去，并有了一些结果。这种概括当然是重要的，但更有挑战性的工作是看能否从基本模型出发，在一定条件下导出产出 Y 的"J"效应和其他结构。尽管我们在人力资源、金融、生态环境等方面做了一些工作，离这个问题的解决还差得远，其困难在于数学方法和物理概念上。微分动力系统定性理论至今仍是数学领域的前沿和热点，已有的结论告诉我们，三维非线性系统会产生各种复杂现象：多重均衡、分岔、周期、极限环，甚至混沌。基本模型有 8 个变量，4 个微分方程，解这样的方程组只能得到一些定性的结论，除了在一些极特殊的情况下，获得完整的解是不可能的。即使用计算机模拟，由于大量的参数不确定，要找到特定参数导致结构变化的分岔点也非易事。更大的困难在于经济系统本身，经济是一个复杂系统（Fang，1997），宏观变量的微观基础还没有弄清，例如，宏观意义上的市场究竟是什么？微观意义上的生产函数如果不是通过简单加总，又是以什么方式构成宏观意义上的总量生产函数？等等。如果这些基本问题没有得到解决，那么宏观意义下的唯象的动力学模型就无法解开。在生产函数、消费函数、投资函数、货币需求函数等仅知道一些很一般的导数性质的条件下，就很难得到一些深入的结果。另外，一个值得提及的富有启发性的解决办法是对称性破缺。可以认为资本和劳动的同质性假定是一种完全无序的均匀状态，创新认为是一种对称性破缺。通过创新，资本和劳动力的均匀性被打破，变成不同质的资本和劳动力，并导致系统产生新的结构。"J"结构就是某种对称破缺的结果。

以上围绕经济增长的复杂性和"J"结构以及引申到整个宏观经济系统演化规律的一些基本问题做了一些思考，期待着问题的进一步突破。如许国志先生所希望的，从经济学、数学、物理学、系统科学、计算机科学等各个学科关注这个 21 世纪的前沿问题。在这个难题面前，发挥特长、循序渐进、多做工作、积累经验、完善数据系统，经过一段时间的探索，一定会取得成效。

致谢 本文作者感谢 CCAST 讨论班及郭汉英教授在形成本文过程中所给予的帮助。

参考文献

Arrow K J，Anderson P，Pines D，1989. The Economic as an Evolving Complex System[M]. Redwood：Addison-Wesley.

Fang F K，1996. The symmetry approach on economic systems[J]. Chaos，Solitons and Fractals，79(12)：2247-2257.

Fang F K，Sanglier M，1997. Complexity and Self-Organization in Social and Economic Systems[M]. Berlin：Springer-Verlag.

Fang F K，1997. Complexity on economic growth[C]//Proceedings of Conference on China's Economy with Moderate Rapidly and Growth. Beijing：Social Sciences Academic Press.

Goldenfeld N，Kadanoff L P，1999. Simple lessons from complexity[J]. Science，284：87-89.

Haken H，1995. Advanced Synergetics[M]. 3rd ed. Berlin：Springer.

Lorenz H W，1993. Nonlinear Dynamical Economics and Chaotic Motion[M]. Berlin：Springer.

Lucas R E，1987. Models of Business Cycle[M]. Oxford：Basil Blackwell.

Lucas R E，1988. On the mechanics of economic development[J]. Journal of Monetary Economics，22(1)：3-42.

Aghion P，Howitt P，1998. Endogenous Growth Theory[M]. Cambridge：MIT Press.

Prigogine I，Nicolis G，1989. Exploring Complexity[M]. New York：Freeman.

Romer P M，1986. Increasing returns and long-run growth[J]. Journal of Political Economy，94(5)：1002-1037.

Romer P M，1990. Endogenous technological change[J]. Journal of Political Economy，98(5)：71-102.

Sargent T J，1987. Macroeconomic Theory[M]. Orlando：Academic Press.

Smale S，1991. Dynamics retrospective：great problems，attempts that failed[J]. Physica D，51(1-3)：267-273.

Schumpeter J A，1934. The Theory of Economic Development[M]. Cambridge：Harvard University Press.

Solow R M，1956. A contribution to the theory of economic growth[J]. The Quarterly Journal of Economics，70(1)：65-94.

Solow R M，1957. Technical change and the aggregate production[J]. Review of Economics and Statistics，39(3)：312-320.

Uzawa H，1965. Optimum technical change in an aggregate model of economic growth[J]. International Economic Review，6(1)：18-31.

von Neumann J，1945. A model of general equilibrium[J]. The Review of Economic Studies，13(1)：1-9.

陈六君，2001. 包含自然资本的经济动力学[D]. 北京：北京师范大学.

李克强,方福康,1988.用耗散结构理论研究教育经济系统[J].北京师范大学学报(自然科学版),24(增刊2):48.

李克强,王有贵,周亚,2001.革新的效应特征及其价值评估[J].系统工程学报,16(5):407.

彭方志,2001.技术创新投资特性及金融的作用[D].北京:北京师范大学.

谢衷洁,刘亚利,叶伟彰,等,2000.关于J-效应的时间序列分析及其政策性实验[J].北京大学学报(自然科学版),36(1):142-148.

袁强,1996.宏观经济系统的模型分析和研究[D].北京:北京师范大学.

袁强,方福康,2001.经济中的"J"效应[C]//2001年风险管理和经济物理研讨会.北京:[出版者不详],127:137-149.

中国多部门经济增长因素分析[*]

陈清华¹　王友广¹　方福康²

（1. 北京师范大学管理学院系统科学系，北京 100875；

2. 北京师范大学非平衡系统研究所，北京 100875）

摘　要：提出了一种多部门经济增长因素分析法，将整个经济系统的总产出增长完整分解成十个部分，并与一定的经济意义对应起来（主要有：劳动配置结构变化对经济增长的贡献，劳动投入总量变化对经济增长的贡献，单位劳动投入产出水平变化对经济增长的贡献，资本配置结构变化对经济增长的贡献，资本总量增加对经济增长的贡献，单位资本投入产出水平变化对经济增长的贡献）。最后结合实际数据对中国经济增长（1990—2000 年）进行分析，结果表明，在该段时期内，影响中国经济增长的主要因素有三个：资本投入总量的增加，对增长的贡献份额为 45.5％；单位劳动投入产出水平即劳动者生产效率的提高，对增长的贡献份额为 40.2％；单位资本投入产出水平的增长，所创造的经济增长占总增长的份额为 15.8％。

关键词：经济增长；GDP；多部门经济增长因素分析法

The Analysis of Economic Growth in China on the Method of Economic Growth Sector Factors Analysis

Chen Qinghua¹　Wang Youguang¹　Fang Fukang²

（1. Department of Systems Science，Beijing Normal University，Beijing 100875，China；

2. Institute of Nonequilibrium System，Beijing Normal University，Beijing 100875，China）

Abstract：A method of economic growth sector factors analysis is introduced and it divides the growth of GDP into ten parts，which have economic meaning separately，the economic growth contribution of the change of the labor distribution structure；the contribution of the change of the total labor input；the contribution of the change of one worker's average output；the contribution of the change of the capital distribution structure；the contribution of the change of the total capital input；the contribution of the change of the average output per unit of capital，etc. And then we analyze China's data of 1990—2000 and know that during this period there are three main factors influencing Chinese economic growth：the increase of capital input which contributes 45.5％，the increase of the output per labor which contributes 40.2％，the increase of the output per unit of capital which contributes 15.8％.

Key words：economic growth；GDP；the method of economic growth sectoral factors analysis

1　引言

现实经济增长存在大的国际差异，特别在发达国家和发展中国家间存在巨大的不平衡现象。世界

---

* 陈清华，王友广，方福康. 中国多部门经济增长因素分析[J]. 系统工程理论与实践，2003，23(9)：85-89.

银行的统计数据表明,2000 年,美国和日本所创造的 GDP(国内生产总值)分别占全世界总 GDP 生产的 32％和 15％,而作为最大的发展中国家的中国,其 GDP 份额只有 3％;不同国家的人均 GDP 具有更大的差异,日本的人均 GDP 就是印度的 78 倍;世界经济增长普遍趋缓,但部分发展中国家保持着高增长势头,尤其是中国创造了 20 多年来经济年增长率均在 7 个百分点以上的奇迹(图 1、图 2)。中国的名义 GDP 从 1990 年的 18 547.9 亿元上升到 2000 年的 89 403.6 亿元,实际值达到 2.7 万亿元(1978 年价格),是 1990 年的 2.6 倍。这种高速增长对于中国是一个契机,有学者预言,如果中国保持这种高速增长,将在 2020 年前赶上甚至超过美国[1~3];而在 1999 年以《中国:未来 50 年》为主题的《财富》论坛上海年会上,新加坡资政李光耀预测到:如果中国在今后的数十年中,能保持年均 4％～6％的增长速度,那么在 2040 年,中国经济将超过日本成为亚洲之最,到 2050 年中国的国民生产总值将达到美国的水平。中国经济能否保持高增长? 在回答这个问题之前,我们必须弄清什么是中国经济增长的源泉,它们对经济增长的贡献各有多少。分析和研究中国经济增长因素对保持中国经济健康快速增长、迅速增强综合国力、最终赶上或超越发达国家水平具有相当重要的意义。

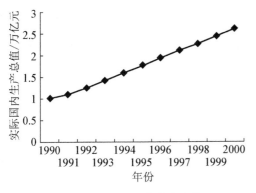

图 1　中国实际国内生产总值
数据来源:《中国统计年鉴》

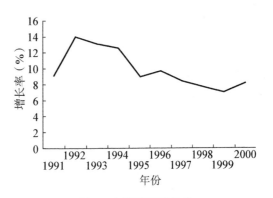

图 2　中国经济增长率
数据来源:《中国统计年鉴》

在对经济增长因素的分析研究中,许多经济学家做了许多有意义的工作。其中最为著名的是 Solow 和 Denison。Solow[4,5]在其模型的基础上利用增长速度方程提出了"余值法",他认为资本的产出弹性乘资本的增长率就是资本对经济增长的贡献,劳动的产出弹性乘以劳动投入的增长率就是劳动对经济增长的贡献,而剩下的部分就是技术进步的贡献。Denison[6]对劳动质量和资本不同类型的考虑以及对"Solow 余值"的进一步划分,是对经济增长因素分析方法的巨大发展。他利用直接或间接手段估计了就业人数、工作时间、年龄性别构成、教育背景、国际资产、存货、住房、机器设备和厂房、规模经济、资源的优化配置、知识进步等其他因素的贡献。在本质上,Denison 经济增长因素分析法就是对"Solow 余值"的分解。陈清华[7]提出了一种估计部门劳动力份额的改变对经济增长的贡献的方法,他将整体经济增长进行了这样的划分:

$$g = \frac{\Delta Y}{Y} = \frac{\sum_i \Delta Y_i}{Y} = \sum_i \frac{\Delta Y_i}{Y} = \sum_i \frac{\Delta(X_i y_i)}{Xy} = \sum_i \left(\frac{\Delta X_i}{X} \frac{y_i}{y} + \frac{X_i}{X} \frac{\Delta y_i}{y} \right)$$
$$= \sum_i \Delta \left(\frac{X_i}{X} \right) \frac{y_i}{y} + \frac{\Delta X}{X} + \sum_i \frac{X_i}{X} \frac{\Delta y_i}{y},$$

式中,X 为就业总数;X_i 为第 i 个部门的就业人数;y 和 y_i 分别表示整体和第 i 个部门内单位就业者的平均产出。

他认为,第一项是在各部门保持相对人均 GDP 不变的情况下部门劳动力份额的改变对经济增长的贡献;第二项是就业的增长,反映总体就业量对经济增长的直接效应(在各部门劳动力配置和劳动生产率保持不变的情况下经济的增长率就是就业增长率）；第三项体现的是各部门相对人均 GDP 的变化（这与各部门的资本、技术配置状况有关）。

在这个工作的基础上，我们提出了一种多部门经济增长因素分析法，将整个经济增长完整地分成了 10 个部分，并对每部分赋予了一定的经济含义。这样，我们考虑的经济增长因素主要包括：劳动和资本的投入量增长、劳动和资本生产效率的提高以及劳动和资本配置结构的改变。这与目前经济学家普遍认为的"在实际生产过程中影响产出的因素主要有 4 个：资本、劳动、技术以及与资源配置情况相联系的生产结构[8]"的观点是十分吻合的。

2 多部门经济增长因素分析法

考虑有 N 个部门的经济系统，劳动者总数和资本总存量分别为 L、K，总产出为 Y，第 $i(1 \leqslant i \leqslant N)$ 个部门所拥有的劳动者数量和资本存量分别为 L_i、K_i，产出为 Y_i，显然有 $Y = \sum Y_i$，$L = \sum L_i$，$K = \sum K_i$。假设产品或服务的产出包括两部分：由劳动因子贡献的部分和由资本因子贡献的部分。设 y_{L_i}、y_{K_i} 分别为在第 i 个部门单位劳动者和资本对产出的平均贡献，则 $Y_i = L_i y_{L_i} + K_i y_{K_i}$，而对整个经济系统来说，$Y = L y_L + K y_K$，其中 y_L、y_K 分别为整个系统中单位劳动者和资本对产出的平均贡献，则总体经济增长可以写成

$$g = \frac{\Delta Y}{Y} = \frac{\Delta(\sum Y_i)}{\sum Y_i} = \sum \frac{\Delta(L_i y_{L_i} + K_i y_{K_i})}{(L y_L + K y_K)}$$

$$= \left(\frac{L y_L}{L y_L + K y_K}\right) \sum \frac{\Delta(L_i y_{L_i})}{L y_L} + \left(\frac{K y_K}{L y_L + K y_K}\right) \sum \frac{\Delta(K_i y_{K_i})}{K y_K}$$

$$= \alpha \left[\sum \Delta\left(\frac{L_i}{L}\right) \frac{y_{L_i}}{y_L} + \frac{\Delta L}{L} + \sum \frac{L_i}{L} \frac{\Delta(y_{L_i})}{y_L} + \sum \frac{\Delta L_i \Delta y_{L_i}}{L y_L} + \left(\frac{\Delta L}{L}\right) \sum \Delta\left(\frac{L_i}{L}\right) \frac{y_{L_i}}{y_L} \right] +$$
$$\beta \left[\sum \Delta\left(\frac{K_i}{K}\right) \frac{y_{K_i}}{y_K} + \frac{\Delta K}{K} + \sum \frac{K_i}{K} \frac{\Delta(y_{K_i})}{y_K} + \sum \frac{\Delta K_i \Delta y_{K_i}}{K y_K} + \left(\frac{\Delta K}{K}\right) \sum \Delta\left(\frac{K_i}{K}\right) \frac{y_{K_i}}{y_K} \right],$$

式中，$\alpha = \dfrac{L y_L}{L y_L + K y_K}$，$\beta = \dfrac{K y_K}{L y_L + K y_K}$。

通过以上等式变形，总体经济增长可以分成 10 个部分之和（前五项为劳动因子变化对经济增长的贡献，后五项为资本因子变化对经济增长的贡献）：第一项反映的是在原部门相对劳动效率或单位劳动投入的产出贡献不变的情况下，各部门劳动投入占总体劳动投入的份额改变对经济增长的影响，我们认为这部分是劳动力配置结构变化对经济增长的贡献；第二项用来估计劳动投入总量变化对经济增长的贡献；第三项体现的是劳动效率的变化，反映劳动者素质的变化（如劳动者所掌握的生产技术的提高）对经济增长的影响；第四项表示各部门劳动投入变化和单位劳动投入产出变化的耦合效应；第五项表示劳动投入总量变化和劳动力配置结构变化的耦合效应；第六项反映的是在原部门相对单位资本产出贡献不变的情况下，各部门拥有的资本量占总资本的份额改变对经济增长的影响，我们认为这部分是资本配置结构变化对经济增长的贡献；第七项用来估计资本投入总量变化对经济增长的贡献；第八项体现的是各部门单位资本投入产出水平变化对经济增长的贡献，可以认为这反映了新设备、新工艺的使用情况；第九项表示各部门资本投入变化和单位资本产出变化的耦合效应；第十项表示资本投入总量变化和资本的部门配置结构变化的耦合效应。

这种方法的优点在于它能通过 10 个因素（包括耦合因素）来完全说明经济增长，并可以通过实际

数据估计出这些因素对经济增长贡献的具体大小。如何将产出分成合适的两部分(一部分为劳动因子贡献,另一部分为资本因子贡献)是关键问题,但目前还没有很好的办法,最常用的办法是将产出分成劳动报酬和非劳动报酬并将后者作为资本因子的贡献。我们就在这种分解的基础上对中国经济增长因素进行计量和讨论。

3　对中国经济增长因素的分析

中国经济增长的相关数据主要来源于各年的《中国统计年鉴》。根据数据来源和为讨论问题的方便,将中国整个经济系统分成:农业、工业(包括采掘业,制造业,电力、煤气、水的生产和供应业)、建筑业、交通运输仓储邮电通信业、批发和零售贸易餐饮业、其他共 6 个部门。为进行中国经济增长的因素分析,必须有总的和分部门的实际 GDP、劳动者数量、劳动者实际报酬、资本存量数据。除了全国和各部门的 GDP 可直接从《中国统计年鉴》获得外,其他数据都需要我们进行分析、估计。

假设劳动投入由劳动者数量决定,某年的劳动者数量由上年年底从业人员数和本年年底从业人员数确定。其中,职工数为上年年底的 65% 加上本年年底的 35%,这样可以使《中国统计年鉴》上的职工工资总额与通过平均工资和估计出的职工年平均数的乘积近似一致,而对于非职工从业人员我们取上年年底和本年年底数的平均值。

为获得每年的劳动者报酬,我们假设各部门的劳动者平均应得报酬为该行业职工平均工资的某一比例,比例的选取是尽量使得估计所得的劳动者应得报酬总额占总 GDP 的份额与投入产出表上的相应份额一致。

葛新元等[9]曾对中国 6 部门的资本存量进行了估计。按照类似的办法,通过 1990 年的投入产出表上的固定资产折旧值和《中国统计年鉴》上的折旧率,可以得到该年各部门的固定资产值,再通过各年的投资数据和折旧率,就可以得到 1990—2000 年各部门的固定资产存量数据。

对中国 1991—2000 年经济增长因素的分析结果如表 1 所示。

表 1　各经济增长因素对经济增长的贡献

	年份	1991	1992	1993	1994	1995
	实际国内生产总值增长率	0.092	0.142	0135	0.126	0.105
劳动要素投入	1 结构改变	−0.005	0.004	0.007	0.009	0.008
	2 投入量改变	0.044	0.007	0.007	0.006	0.006
	3 劳动效率(素质)	0.010	0.030	0.022	0.063	0.040
	4 效率与投入量耦合	0.000	0.001	0.001	0.002	0.001
	5 结构和总量耦合	0.000	0.000	0.000	0.000	0.000
	贡献和	0.048	0.042	0.037	0.080	0.055
资本要素投入	6 结构改变	0.001	0.001	0.000	−0.006	−0.012
	7 投入量改变	0.004	0.018	0.021	0.008	0.033
	8 产出效率、技术设备	0.040	0.081	0.080	0.049	0.034
	9 产出率与投入量耦合	−0.002	0.001	−0.004	−0.006	−0.004
	10 结构和总量耦合	0.000	0.000	0.000	0.000	0.000
	贡献和	0.044	0.100	0.097	0.046	0.051

续表

年份		1996	1997	1998	1999	2000
实际国内生产总值增长率		0.096	0.088	0.078	0.071	0.080
劳动要素投入	1 结构改变	0.006	0.003	−0.002	−0.006	−0.001
	2 投入量改变	0.006	0.006	0.006	0.002	0.005
	3 劳动效率（素质）	0.034	0.019	0.074	0.063	0.052
	4 效率与投入量耦合	0.001	0.000	0.000	0.000	0.000
	5 结构和总量耦合	0.000	0.000	0.000	0.000	0.000
	贡献和	0.048	0.029	0.079	0.058	0.056
资本要素投入	6 结构改变	−0.013	−0.014	−0.018	−0.016	−0.013
	7 投入量改变	0.063	0.080	0.098	0.080	0.057
	8 产出效率、技术设备	0.004	−0.004	−0.067	−0.041	−0.017
	9 产出率与投入量耦合	−0.003	0.000	−0.011	−0.006	−0.001
	10 结构和总量耦合	−0.001	−0.001	−0.002	−0.001	−0.001
	贡献和	0.049	0.061	0.001	0.015	0.025

数据来源：《中国统计年鉴》，其中实际国内生产总值增长率由国内生产总值指数（1978＝100）算得

平均来看（图 3），1991～2000 年，影响中国经济增长的主要因素有三个：资本投入的增加（因素 7），对增长的贡献份额为 45.5％；劳动者生产效率的提高（因素 3），对增长的贡献份额为 40.2％；新生产技术和设备的应用（因素 8），所创造的经济增长占总增长的份额为 15.8％。与史清琪等[10]对中国 1952～1987 年经济增长因素分析相比，资本投入的增加仍然是经济增长的第一要素，且其份额从原来的 34％进一步增加，说明了资本投入对我国经济增长的重要意义；而就业者增加的贡献从原来的 14％下降到 9.3％。

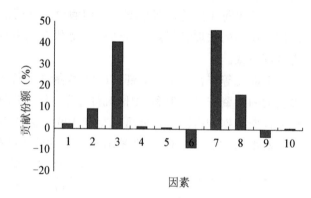

图 3　各因素对经济增长的贡献份额

劳动者劳动效率的提高对经济增长的较大贡献说明了中国在提高劳动者劳动能力、提高就业者劳动报酬方面的一定成就。而资本结构变化对经济增长的负效应说明我国存在资本配置结构调整缓慢、相对滞后的现实问题。另外，我国在利用新的生产技术和设备所创造的经济增长占总增长的份额虽然达到 15.8％，但仍有进一步提高的潜力。

目前，如何优化生产要素在各个生产部门的分配，特别是资本的配置结构，以及加强新技术的开发、使用是迫切需要解决的问题，也是中国能否尽快赶上发达国家经济水平的关键。

参考文献

[1]中国科学院国情分析研究小组.机遇与挑战：中国走向 21 世纪的经济发展战略目标和基本发展战略研究[M].北京：科学出版社，1995.

[2]World Bank. China 2020：Development Challenges in the New Century[M]. Washington：The World Bank，1997.

［3］胡鞍钢.中国经济增长的现状、短期前景及长期趋势［J］.战略与管理，1999，3：27-34.

［4］Solow R M. A contribution to the theory of economic growth［J］. The Quarterly Journal of Economics，1956，70（1）：65-94.

［5］Solow R M. Technical change and the aggregate production function［J］. Review of Economics and Statistics，1957，39（3）：312-320.

［6］Denison E F. Why growth rates differ：post-war experience in nine western countries［M］. Washington：Brookings Institution，1967.

［7］陈清华.丹尼森经济增长因素分析法及其在中国的实际应用［D］.北京：北京师范大学，2000.

［8］Stiglitz J E. 经济学［M］.姚开建，等译.北京：中国人民大学出版社，1997.

［9］葛新元，陈清华，袁强，等.中国经济各部门资本产出比分析［J］.北京师范大学学报（自然科学版），2000，36（2）：178-180.

［10］史清琪，秦宝庭，陈警.中国经济增长因素分析［M］.北京：科学技术文献出版社，1993.

经济波动的内生动力学模型[*]

樊　瑛[1]　狄增如[1]　方福康[2]

（1. 北京师范大学管理学院系统科学系，北京 100875；

2. 北京师范大学非平衡系统研究所，北京 100875）

摘　要：认为经济波动是市场量对于总供给与总需求之间的不平衡的调节所引起，并在一定假设条件下建立了微分动力方程来描述经济增长中的内生波动机制。

关键词：经济波动；微分动力系统；内生

An Endogenous Model of Economic Fluctuation

Fan Ying[1]　Di Zengru[1]　Fang Fukang[2]

（1. Department of Systems Science；2. Institute of Nonequilibrium System：

Beijing Normal University，Beijing 100875，China）

Abstract：An explanation to the economic fluctuation in the way of market adjustment is given. The differential dynamic equations are given to describe endogenous fluctuation mechanism in economic growth.

Key words：economic fluctuation；differential dynamic system；endogenous

经济系统是个演化的复杂系统，具有动态演化的特性[1]。从经济学本身的研究来看，经济增长和波动是宏观经济系统演化的基本内容。经济波动是经济现实中的常见现象，这已经在多个国家或地区的经济实证中表明。关于经济波动产生的原因不同学派具有不同的观点[2]，我们对于经济波动的理解，认为其中的一部分是市场量价格 p、利率 r、工资 w 对于宏观经济中总供给和总需求之间的不平衡的调节所导致的，是由经济系统本身所决定的[3]。下面我们在一定条件下构造微分动力系统来描述经济中的波动现象。

1　一个两维的动力系统

我们建立考虑人均量的宏观经济学模型，生产函数形式为

$$y = Ak^{\alpha}。 \tag{1}$$

人均消费与人均产出正相关，与利率负相关，取以下形式为

$$c = ay/r^{\theta}。 \tag{2}$$

如果认为产品市场是均衡的，即产出等于消费和投资之和，则

$$\dot{k} = y - \lambda k - c \tag{3}$$

成立，其中 λ 是劳动增长率 n 和资本折旧率 δ 之和。

　＊樊瑛，狄增如，方福康. 经济波动的内生动力学模型[J]. 北京师范大学学报（自然科学版），2004，40(2)：276-279.

当劳动力充分就业，这时劳动力市场也是均衡的，可以不考虑市场量价格和工资的调节作用，市场的不均衡单是由于货币市场的供求不平衡所引起的，此时需要由利率调节：

$$\dot{r}=\beta[m(r,Y)-M/p],\qquad(4)$$

式中，$m(r,Y)$ 是货币需求函数；M 是货币供给函数；价格指数 p 不发生变化，我们取式(4)的一种简化形式：

$$\dot{r}=e-zr-bk。\qquad(5)$$

在特殊情况下($A=1$，$\alpha=1$，$\theta=1$)，上述微分动力系统简化为：

$$\dot{k}=k-\lambda k-ak/r，\quad \dot{r}=e-zr-bk。\qquad(6)$$

式(6)描述了人均资本 k 和利率 r 变化之间的耦合关系，这个微分系统存在 2 个定态分别为 $(0,e/z)$ 和 $(e/b-za/b(1-\lambda),a/(1-\lambda))$，其中定态 1 中的 k 为 0，代表着无产出，在经济上无意义，故我们不考虑，而对于定态 2，做线性稳定性分析，可以得出：

$$\Delta=e(1-\lambda)^2/a-z(1-\lambda)，\quad T=-z。$$

根据 Δ 和 T 之间的关系，对应于不同的参数组合此定态可以分别是结点、鞍点、焦点或中心。那其中对应着焦点和中心点的情形就可以反映经济演化中的波动行为，渐进稳定的焦点表示振幅逐渐减小的波动，不稳定的焦点表示振幅逐渐增大的波动，中心点表示振幅不发生变化的波动，而实际的经济波动中这几种现象可能都存在。

在数学上，$T^2-4\Delta<0$ 且 $T\neq0$ 时对应的奇点为焦点，其中 $T<0$ 时是渐进稳定焦点，$T>0$ 时是不稳定焦点，$T^2-4\Delta<0$ 且 $T=0$ 时对应的奇点为中心点。

对于非特殊情况下的经济系统的演化分析，由于求解定态解析式存在着困难，不便于进行线性稳定性分析，但是系统所具有的性质不发生根本性的变化，在合适的参数组合下也可以出现焦点和中心点行为。

如果对上述微分动力系统做计算机数值模拟，可以得出如下与波动有关的结果：参数取值 $A=1$，$\alpha=1$，$\lambda=0.07$，$\theta=1$，$a=0.05$，$b=0.01$，$e=0.2$，$k_0=10$，$r_0=0.06$，$n=0.01$ 时，图1、图2分别表示 $z=0$ 和 $z=0.1$ 时变量 k、r 的相图，图3、图4分别表示 $z=0$ 和 $z=0.1$ 时变量 k、r 的时间序列图。由图1和图3可以看出，当 $z=0$ 时经济系统演化属于中心行为。由图2和图4可以看出当 $z=0.1$ 时经济系统演化行为属于稳定焦点。

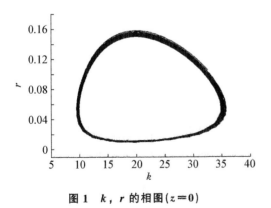

图 1　k, r 的相图($z=0$)

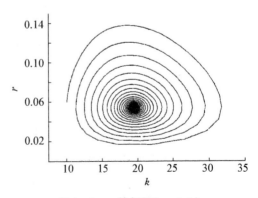

图 2　k, r 的相图($z=0.1$)

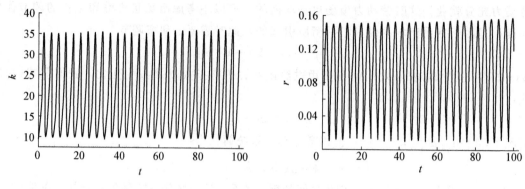

图3 k，r 的时间序列$(z=0)$

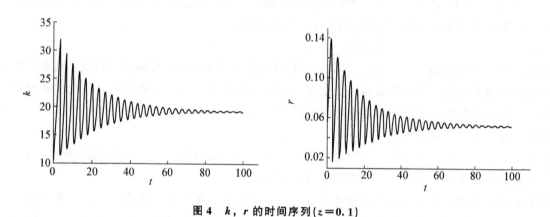

图4 k，r 的时间序列$(z=0.1)$

2 一个三维的动力系统

在本节中我们建立一个总量经济模型，在其中假定劳动力是充分就业的，即劳动力市场是均衡的，这时不考虑工资的调节作用，而产品市场和货币市场都存在着不平衡，由价格和利率来进行调节。

系统的生产函数为柯布-道格拉斯函数

$$Y=AK^{\alpha}L^{1-\alpha}。 \tag{7}$$

消费与产出正相关、与利率负相关，取消费函数

$$C=bY/r^{\theta}。 \tag{8}$$

定义投资函数为

$$I=\dot{K}+\delta K。 \tag{9}$$

资本的增长率由它在生产中的边际产出率与利率的差异来决定：

$$\dot{K}=eK(\alpha Y/K-r)。 \tag{10}$$

产品市场存在着不平衡是由价格来进行调节的：

$$\dot{p}=a(C+I-Y)。 \tag{11}$$

货币市场的不均衡由利率进行调节，可以取简单形式

$$\dot{r}=cp-dr-hK。 \tag{12}$$

劳动力的增长是外生给定的：

$$\dot{L}/L=n。 \tag{13}$$

上述的三维动力学系统做线性稳定性分析比较困难，于是直接进行计算机数值模拟可以给出波动增长的图像。

在参数选取为 $A=1$，$\alpha=0.4$，$\theta=1$，$a=0.1$，$\delta=0.05$，$c=0.1$，$d=0$，$n=0.01$，$e=0.1$，$h=0.01$，$b=0.1$，$K_0=6$，$p_0=1$，$r_0=0.06$，$L_0=1$ 下，图 5 给出了 K、p、r、Y 随时间演化的曲线。从图中可以看出，产出是呈增长波动的，物价指数是在上升的趋势中波动的，利率在一定的范围内出现波动并且幅度逐渐减小。

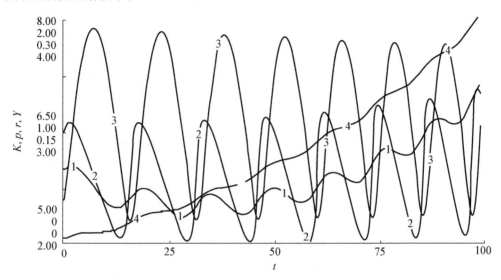

图 5　K、p、r、Y 随时间演化的曲线

1、2、3、4 分别代表 K、p、r、Y 的曲线，横轴为时间，纵轴标值自上而下分别属于 K、p、r、Y

3　讨论

在经济增长中存在着复杂性，经济波动就属于其中一种。我们认为经济波动是经济系统内生现象，是市场量对市场不平衡的调节所产生的。用非线性动力学的方法建立内生经济波动模型并对其进行分析，可以部分解释经济波动产生的原因，增加我们对经济系统复杂性的认识。

参考文献

[1]方福康.经济增长中的复杂性[C]//中国经济适度快速稳定增长国际研讨会文集.北京：[出版者不详]，1997.

[2]Stiglitz J E.经济学[M].姚开建，等译.北京：中国人民大学出版社，1997.

[3]袁强.宏观经济系统的模型分析与研究[D].北京：北京师范大学，1996.

包含人力资本的宏观经济增长模型[*]

樊　瑛[1]　狄增如[1]　方福康[2]

（1. 北京师范大学管理学院系统科学系；2. 北京师范大学非平衡系统研究所，北京 100875）

摘　要：构造含有人力资本的生产函数，建立反映人力资本积累的宏观经济学模型，对其进行动力学分析，探讨了人力资本与经济的关系中存在的非线性因素对于经济系统演化的影响，表明经济增长中存在着起飞现象，说明人力资本的实际意义。

关键词：人力资本；经济增长；起飞

An Economic Growth Macro-model Including Human Capital

Fan Ying[1]　Di Zengru[1]　Fang Fukang[2]

（1. Department of Systems Science；2. Institute of Nonequilibrium System；
Beijing Normal University，Beijing 100875，China）

Abstract：With the building of production function that contains human capital and the macro-economic model，the effect of nonlinear factor in the relationship between human capital and economy on system evolution is analyzed. The results indicate that there exists "take off" in growth，which shows the actual meaning of human capital.

Key words：human capital；economic growth；take off

经济学中的资源包括人力资源[1]，在其中不同的人在生产中的作用是有差异的，除了数量方面的特征外还应该包括质量方面的特征，即人力资本，它是凝结在人体中的知识、体力与技能的存量总和，包括健康状况、教育程度、技能水平等。人力资本是决定经济增长潜力的重要因素[2]。在任何经济中人力资本积累形成的方式有二：一是进行投资实现，包括教育及智力开发投资、健康投资两方面；二是通过边干边学实现，在生产过程中进行经验的积累从而提高人力资本[3]。人力资本的积累过程中存在着自增强的机制，在一定的范围内人力资本越高其积累的速度越快[4]。在投资形成人力资本的过程中，教育及训练方面的投资是提高人力资本水平的重要的手段，从而会促进经济增长。人力投资的数量是由经济发展水平及人力资本在经济系统中的作用与地位来决定的，但经济增长是投资数量增加的重要前提。

1　模型

1.1　包含有人力资本的生产函数

人力资本的变化影响产出水平，在外界的环境经济水平、生产技术水平恒定的情况下，一定时期内的产出水平受到在生产中投入的物质资本、劳动力的数量、人力资本的影响，用总量生产函数

---

　* 樊瑛，狄增如，方福康. 包含人力资本的宏观经济增长模型[J]. 北京师范大学学报（自然科学版），2004，40（3）：417-421.

$$Y=F(K_K, L, H) \tag{1}$$

来表示，其中 Y 表示产出，K_K 表示进入生产活动过程中的物质资本存量，L 表示自然劳动力的数量，H 表示社会的总人力资本，此函数认为社会具有总人力资本，并与物质资本及劳动力的数量一起作为生产要素进入生产过程，总量生产函数具有以下的性质：

(1)生产函数对于 K、L 是连续的，且 $\partial F/\partial K>0$，$\partial F/\partial L>0$。

(2) $F(0, L, H)=F(K, 0, H)=0$。

(3) $\partial Y/\partial H=g(K_K, L)H(1-H/aK_K)>0$，$H<aK_K$；$\partial Y/\partial H=0$，$H\geqslant aK_K$。此式说明人力资本与物质资本之间存在着匹配关系，如果人力资本过高而物质资本偏低，则经济会受物质资本瓶颈的约束而产出不会增加。

(4) $F(K_K, L, c)>0$。

1.2 宏观模型

我们考虑了人力资本的特征、积累的方式以及人力资本与其他经济变量的关系，在此基础上建立包含有人力资本的经济系统框图(图1)。

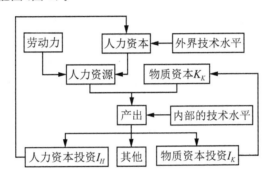

图1 本文建立的经济系统框图

根据图1可以建立数学模型：

$$Y=F(K_K, H, L), \tag{2-a}$$

$$\dot{K}_K=S_K Y(t)-\delta_1 K_K, \tag{2-b}$$

$$\dot{K}_H=S_H Y(t)-\delta_2 K_H, \tag{2-c}$$

$$\dot{L}(t)=nL(t), \tag{2-d}$$

$$\dot{H}(t)=G(H(t), K_H, A^*, L). \tag{2-e}$$

式(2-a)表示产出用总量生产函数来表示，生产函数中包含着经济系统内部的经济技术水平 A，这种技术水平影响着在一定的生产要素组合下产出的水平。式(2-b)、式(2-c)表示的是投资从产出中获得，且投资有选向问题，即用于进入生产过程的物质资本的积累和用于在人力上与其结合转化为人力资本，分别用 K_K、K_H 表示进入生产过程的物质资本存量与进入积累人力资本过程中的物质资本存量，这两种物质资本在使用过程中均有折旧，参数 δ_1，$\delta_2\in(0,1)$ 分别表示二者的折旧率，S_K、S_H 是产出中分别用于两种资本积累的份额，都是参数且 $S_H+S_K<1$。产出的用途除投资外的其他部分用于消费等。式(2-d)是假定经济系统中劳动力的总数是按照固定的增长率变化并且是充分就业的，n 表示的是劳动力数量的增长率，可为正值或负值，$|n|\ll1$。式(2-e)表示的是人力资本积累的动力学方程，说明人力资本的积累与人力资本自身、在人力资本上所投入的物质资本、劳动力的数量及经济技术水平有着直接的关系。在人力资本的积累过程中存在着自增强和非线性的机制，这表明 G 是非线性的方程。在人力资本积累的过程中，要受到系统所处的大经济系统的技术水平的限制，即在一定的时期内存在着积累的上限，此上限与劳动力数量有着紧密的联系。

2 反映人力资本的具体动力学模型

本章建立的具体动力学模型，主要集中在人力资本积累过程中的非线性因素上。

假定 1 在 K_H 投入后所引起人力资本的增加存在着正反馈的机制及非线性的关系，人力资本的提高部分取决于在劳动力身上所投入的物质资本 K_H。单就投资对于人力资本的影响来说，随着资本数量的增加，人力资本的演化具有 S 形曲线发展模式(图 2)。从数学上表示为 $\partial H / \partial K_H > 0$，且 $K_H \to \infty$ 时，$\partial H / \partial K_H \to 0$，

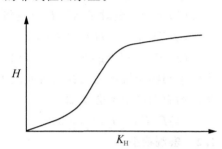

图 2 人力资本的演化发展模式

$$\frac{\partial^2 H}{\partial K_H^2} \begin{cases} >0, & 0<K_H<C; \\ =0, & K_H=C; \\ <0, & C<K_H<\infty. \end{cases} \qquad (3)$$

假定 2 人力资本积累并不是可以无限制地积累，存在的上限是由外界的技术水平决定的，用参数 A^* 表示在外界技术条件下每个劳动力所能拥有的最大的人力资本当量。在一定的时期内外界技术条件可以被认为不发生变化，这段时期内全系统的人力资本积累的上限由 A^*L 来决定，这条假设隐含了系统中所有劳动力的人力资本是同质的，对此假定，可选取一种简单的公式来表达，即

$$\partial H / \partial K_H = mH(1-H/A^*L). \qquad (4)$$

假定 3 由于生产函数具有的性质以及规定的其他性质，我们可以写出满足条件的一个具体生产函数形式：

$$Y=AK_K^\alpha L^\beta H', \quad \alpha+\beta=1, \qquad (5)$$

式中，A 代表的是系统内部的技术水平参数；H' 是人力资本 H 实际进入生产过程中的实现值，H 对于生产的作用就通过 H' 体现出来，H' 的具体形式取如下表达式：

$$H' = \begin{cases} zH^2/2-zH^3/3aK_K+u, & H<aK_K; \\ z(aK)^2/6+u, & H \geqslant aK_K, \end{cases} \qquad (6)$$

式中，z 为参数，这时可以写出系统的动力学演化方程：

$$dK_K/dt=S_KY-\delta_1K_K, \quad dK_H/dt=S_HY-\delta_2K_H,$$
$$dH/dt=mH(1-H/A^*L)(dK_H/dt),$$
$$Y=F(K_K, H, L), \quad dL/dt=nL. \qquad (7)$$

3 模型动力学分析

本章利用式(7)讨论系统随时间的演化行为，以了解人力资本对经济增长的影响。

3.1 系统的定态解及稳定性分析

系统的定态解是指系统的微分方程组不随时间发生变化的解，当人力资本无积累且对于人力资本也没有物质资本投入的情况下，$H=0$，$K_H=0$，式(7)简化为：

$$dK/dt=S_KY-\delta K, \quad dL/dt=nL, \quad Y=A'K^\alpha L^\beta, \qquad (8)$$

式中，$\alpha+\beta=1$，此时系统回归到索洛模型，我们可知系统的长期演化行为是趋于人均产出不发生变化的均衡增长。

在一般的情况下，即存在着人力资本积累存在着人力投资时，如果假设劳动力数量不发生改变，则可以认为劳动力是常数，在此情况下式(7)存在着两个均衡态：一个是高定态(也就是系统发展的极

限状态），此时是 $H = A^* L$ 所相应的状态；另一个是低定态，此时的状态中 $H < A^* L$。对于高定态来讲是稳定的，是系统经济增长的终极状态，此时系统的人力资本不再发生变化，系统又回归到索洛模型中由于资本的增长而引起的向均衡态的增长。但低定态的存在构成了经济增长中的壁垒，壁垒的存在使得经济被锁定在水平较低的初始状态上，只有越过壁垒才能促使经济系统起飞并最终赶上发达的经济水平。

　　显然经济壁垒的高低与外界的约束及经济系统本身的基础结构的条件有关。通过这个模型，我们可以讨论影响经济壁垒的因素究竟是什么及影响效应是什么。我们将在具体的参数条件下对经济系统的演化做计算机数值模拟，以便详细深入地了解经济增长的动态过程。

3.2　数值模拟结果

　　对于同样的初始值来讲，由于参数空间的选取不同，系统的发展会出现高定态和低定态两个终极态。低定态的存在表示存在着经济发展壁垒，系统发展趋近于低定态表示经济系统通过物质资本的积累和人力资本的积累不能发生飞跃到达高的均衡态（人力资本的极限态），被锁定在这个低水平的状态，只有越过了这个壁垒，才能促使经济起飞，并最终追赶上发达的经济水平，这从一定程度上可以解释穷国在一定条件下会追赶上富国。

　　选定参数的初始值为 $a = 0.1$，$m = 0.08$，$z = 0.07$，$S_K = 0.2$，$S_H = 0.4$，$\delta_1 = 0.1$，$\delta_2 = 0.2$，$A^* = 10$，$A = 1$，$\mu = 1$；系统内生变量的初始值为 $K_{K0} = 8$，$H_0 = 1$，$K_{H0} = 1$。在这样的条件下，系统的动力学演化如图3所示，从图3可以看出系统是趋近于低定态，而不能到达高定态，也就是我们认为的发达国家所处水平，此时系统被锁定在低定态，如果我们在相同的初值下分别改变系统参数的值，会得出各个参数的选取对于经济系统演化的趋势的影响。

　　对于参数 a，模拟结果可以回归到两种定态，如图3（$a = 0.1$）和图4（$a = 10$）所示.

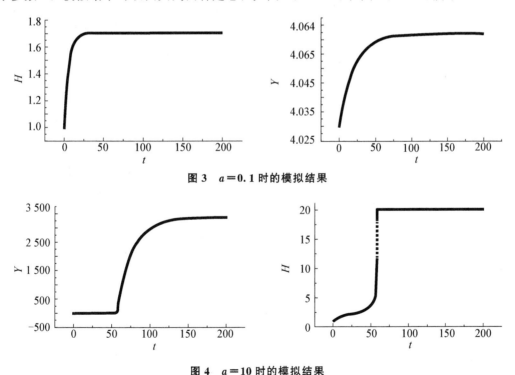

图3　$a = 0.1$ 时的模拟结果

图4　$a = 10$ 时的模拟结果

　　对于参数 S_H，存在着临界值，当参数值小于此临界值时，经济系统会从初始的状态开始增长但最终不能使经济系统产生质的变化，只有参数值大于临界值时，经济系统才能越过壁垒向高定态发展，这时产出水平与人力资本的水平均较高，即系统随着参数值的增加，终值增加，启动变快，数值超过一定值时，终态会由低定态向高定态转化。这表明经济的发展分为两个阶段，由于在人力资本上投资份额的增加，系统的人力资本的水平会有渐进的提高，这时系统的自增强反馈机制发挥作用，进入了突变的阶段，这时系统的总产出水平与人力资本都迅速增加到达高定态，S_H 越大突变阶段就到达得越早，如图 5(a) ($S_H=0.1$)、图 5(b)($S_H=0.4$)和图 5(c)($S_H=0.8$)所示的关于人力资本的变化，此时 $a=2$。

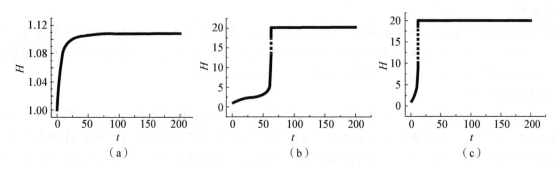

图 5 $S_H=0.1$、0.4、0.8 时的模拟结果

对于参数 z、参数 m 和参数 A，与参数 S_H 的定性性质一样，对于参数 A^* 和参数 S_K，敏感性低，均回归到低定态(除去无经济意义的结果)。对于参数 δ_1，δ_2 可以出现回归到两种定态的结果，但无明显的规律。

4 对于模型和结果的讨论

对于发展中的经济来说，可以通过多种途径来追赶经济的发达水平，如通过提高人力资本投资并减小人力投资的折旧率，或提高本国的技术水平，经过努力来越过壁垒从而弥补差距。

在理解经济系统演化的时候，考虑其中的非线性因素是理解经济系统复杂性的重要的方面，在以上的模型中，由于引入了非线性的机制，出现了多重均衡、突变、阈值效应等结果，可以用来描述经济增长中的起飞现象，与阶跃联系起来。参数的改变导致系统宏观状态的剧变只有在非线性系统中才有可能出现。这是一个简单但富有实际意义的包含人力资本的非线性的经济增长发展模型。

结果表明，从人力资本的角度出发，不发达经济要追上发达国家经济，需要有一定的条件和一定的努力，这其中存在着发展的壁垒，只有超越壁垒才能使差距减小，否则就始终处于不发达的状态。两种状态同时存在，在一定意义上与经济事实相吻合。在制定经济增长发展政策时，就要使经济系统尽量越过壁垒向高定态发展，这与多种因素有关，如提高人力资本投资并减小折旧、提高生产技术水平等举措均可以使经济越过壁垒。此模型是对经济系统演化的一个简化描述，从人力资本的角度出发对经济增长中出现的突变及起飞现象进行了初步的探讨。

参考文献

[1]李克强.经济增长中的人力资源问题[D].北京：北京师范大学，1996.

[2]Lucas R. On the mechanics of economic development[J]. Journal of Monetary Economics，1988，22(1)：3-42.

[3]Romer D. Advanced Macroeconomics[M]. New York：McGraw-Hill Companies，1996.

[4]Romer P M. Increasing returns and long-run growth[J]. Journal of Political Economy，1986，94(5)：1002-1037.

应用自组织映射对中国地区产业结构的聚类分析[*]

蔡中华[1]　　陈家伟[1]　　杨晓鹏[1]　　方福康[2]

(1. 北京师范大学 管理学院系统科学系；2. 北京师范大学 非平衡系统研究所，北京 100875)

摘　要：为了研究地区产业结构的空间分布规律，采用自组织映射的聚类方法，对 2003 年中国省级地区的产业结构进行了聚类分析。结果表明，自组织映射的方法能够将地区产业结构在输出层聚成 5 个区域。通过对聚类结果进一步的分析得到，在目前的经济水平下，工业化水平是中国地区产业结构差异性的主要因素。

关键词：产业结构；自组织映射；聚类分析

Self Organization Maps for Clustering Regional Industrial Structure in China

Cai Zhonghua[1]　　Chen Jiawei[1]　　Yang Xiaopeng[1]　　Fang Fukang[2]

(1. Department of Systems Science, Management School; Beijing Normal university

2. Institute of Nonequilibrium System, Beijing Normal university, Beijing 100875, China)

Abstract：In order to research the spatial distribution law of the regional industrial structure, the self organization maps method is used to cluster and analyze the regional data of China in 2003. The clustering result shows that the SOM method can cluster the regional industrial structure into five categories in the output layer. Also it is found that the industrialization level is the primary factor of the diversity in the current regional industrial structure of China.

Key words：industrial structure; self organization maps; clustering

1　引言

产业结构已成为现代经济增长理论研究的热点之一。Chenery[1]，Kuznets[2] 等从实证的角度分析了产业结构变动对经济增长的贡献，开始重视产业结构变动在经济增长中的作用。Kuznets[3] 就曾指出，结构的多样性和差异性已经成为现代经济得以发展的一个重要条件。

已有的产业结构的实证工作多集中在应用时间序列分析，考察各产业在 GDP 中所占比例的变动与区域经济增长水平的关系[4,5]。但是，反映区域产业结构空间分布，并且运用相应的模型和方法，对区域产业结构进行聚类分析的工作，目前比较缺乏。

自组织映射(self organization maps，SOM)是由 Kohonen[6,7] 首先提出，并随后加以研究的一种无指导自组织和自学习网络，被广泛应用于各种聚类分析[8~10]。与其他聚类方法相比，SOM 网络的优点在于：可以实现实时学习，网络具有自稳定性，聚类过程无须外界给出评价函数，能够识别向量空间中最有意义的特征等，因而特别适用于高维数据的无指导聚类分析。

---

* 蔡中华，陈家伟，杨晓鹏，等. 应用自组织映射对中国地区产业结构的聚类分析[J]. 复杂系统与复杂性科学，2004(4)：62-66.

本文拟采用 SOM 网络方法对中国 2003 年 31 个省级地区的产业结构进行聚类，以探讨各地区之间产业结构的异同性，并对聚类结果进行进一步分析。

2　自组织映射

自组织映射是 Kohonen 在基本竞争网络模型基础上提出的一种无指导学习的网络。SOM 网络结构由一个输入层和一个输出层构成，输入层的节点数等于输入向量的维数，每一个节点接受输入向量的一个分量；输出层一般是一维或二维阵列，对于二维的输出层，其拓扑结构可以是矩形、六边形、随机连接等类型；输入层的每个节点与输出层的每个节点通过权值连接（图 1）。

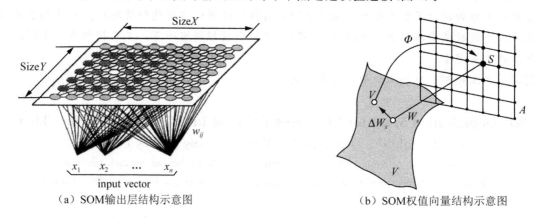

（a）SOM输出层结构示意图　　　　　　　　　（b）SOM权值向量结构示意图

图 1　SOM 结构示意图

SOM 实质上是从任意维离散或连续空间 V 到一维或二维离散空间 A 的一种非线性映射。对于 V 中的向量 $\vec{v}$，首先根据特征映射 Φ 确定在输出空间 A 中的最佳匹配单元（best match unit，BMU）S，S 的突触权值向量 W_s 可视为 S 投影到输入空间的坐标。通过下面的算法及调整的权值矩阵 W，可以使得输出空间 A 近似地表示输入空间 V。

SOM 算法的训练过程分 5 步完成：

（1）根据要训练的样本维数和数量建立网络 A，并初始化权值 W。

（2）设输入空间是 m 维的，从中随机地选取训练样本 $X = [x_1, x_2, \cdots, x_m]^T$。

（3）选取最优匹配单元输出层节点的突触权值向量是 m 维，节点 j 的权值记为：$W_j = [w_{j1}, w_{j2}, \cdots, w_{jn}]^T$。则 X 的 BMU 记为 $i(X)$，由式（1）定义

$$i(X) = \arg\min \| X - W_j \| , \quad j = 1, 2, \cdots, l \tag{1}$$

可以看出，通过式（1）定义的竞争机制把高维空间的向量映射到低维离散空间。

（4）选取要调整权重的节点。按照侧向交互作用原理，获胜神经元会激活临近它的神经元，激活的范围由随时间不断减小的参数 σ 表示，激活的程度由 h_{ji} 表示，满足下式：

$$\begin{cases} h_{ji} = \exp\left(-\dfrac{|d(j, i)|^2}{2\sigma^2} \right) & d(j, i) \leqslant \sigma \\ h_{j,i} = 0 & d(j, i) > \sigma \end{cases} \tag{2}$$

式中，$d(j, i)$ 为 i 和 j 之间在离散空间的欧式距离，$\sigma(t) < \sigma(t - \tau)$。

（5）权重调整。权重调整过程是根据 Hebb 学习假说来进行的，是一个正反馈过程，调整方式为

$$\frac{dW_j}{dt} = \eta(t) \cdot h_{j,i}(t) \cdot (X - W_j) \tag{3}$$

式中，$\eta(t)$ 为随时间减小的参数学习率。

重复上述的步骤(2)～(5),直至 W 收敛。

3　二维聚类结果

根据《中国统计年鉴 2004》中"各地区生产总值",可以得到中国 2003 年 31 个省级地区的产业结构的划分和数据,通过进一步整理,将产业结构分为农业、制造业、建筑业、交通运输、餐饮零售、金融保险、房地产、社会服务(由年鉴中社会服务业和卫生体育社会福利业合并得到)、教育文化广播电影、科学研究、其他行业(由年鉴中农林牧渔服务业、地质勘测、国家机关和其他行业合并得到)11 项。若以 Y_i 表示第 i 个地区的 GDP,Y_{ij} 表示第 i 个地区第 j 个产业的产值,则由 $a_{ij}=Y_{ij}/Y_i$ 可求出各地区不同产业在地区 GDP 中所占的比重,其中 i 为地区下标,j 为行业下标。

由此将每个地区的产业结构化为一个 11 维的向量作为输入层,应用 Matlab 6.5.1 中 SOM 工具包,其中学习效率从 0.8 变化至 0.02 训练次数为 800 次,对各地区的产业结构向量进行无指导学习的聚类,将聚类结果显示在 10×10 的二维格子平面中,见图 2。

	吉林 安徽			河南 湖北	河北			江苏	山西 黑龙江
四川 贵州 云南						福建	辽宁	浙江	广东 山东
湖南	甘肃								天津 上海
内蒙古 新疆			重庆 宁夏						
			陕西						
江西		青海			北京				
海南 西藏									广西

图 2　地区产业结构的二维聚类结果

数据来源:《中国统计年鉴 2004》

调整不同的训练次数和学习效率,在输出层得到的聚类结果表现出很好的稳定性。结果表明,除了少数地区(北京、江西、广西)外,大部分地区的产业结构被聚成 5 个区域,结合地区产业结构的数据和地区人均 GDP 的数据,各区有如下特点:

(1)a 区(吉林、安徽、四川、贵州、云南、湖南、甘肃、内蒙古、新疆)制造业比重比较低(在 30%～35%),同时人均 GDP 比较低,均不足 6 500 元。

(2)b 区(江苏、浙江、山西、黑龙江、广东、山东、天津、上海)制造业比重高(45%以上),人均 GDP 比较高(除山西外,均大于 10 000 元)。

(3)c 区(河南、湖北、河北、福建、辽宁)制造业比重比较高(40%～45%)。

(4)d 区(重庆、宁夏、陕西、青海)制造业比重比较低,第一产业比重也比较低。

(5)e区（西藏、海南）制造业比重低（低于15%），同时农业比重高。

在每个区域内的省份，产业结构有很好的相似性，而区域与区域之间的省份，产业结构和经济水平有比较明显的差异性。

同时，应用SOM方法的聚类结果与传统的按照东、中、西三部分划分的结果不同，每个区域中产业结构的相似与所在地理位置基本没有相关性。

4 一维聚类结果

同样地，可以将聚类结果映射在50×1一维的格子中，这样的结果也即是对各地区产业结构向量欧氏距离的一个排序（相对于某一些地区）（表1）。

表1 地区产业结构的一维聚类结果

地区	一维坐标	地区	一维坐标	地区	一维坐标
天津	1	湖北	9	宁夏	23
上海	1	河南	10	陕西	23
广东	2	吉林	14	新疆	26
山东	2	安徽	15	江西	26
江苏	3	云南	16	青海	27
黑龙江	3	贵州	18	北京	30
山西	3	湖南	19	海南	34
浙江	4	四川	19	西藏	34
辽宁	6	内蒙古	20	广西	50
河北	8	甘肃	21		
福建	9	重庆	22		

注：一维坐标即为聚类后该地区在50×1的格子中的位置

将SOM一维聚类结果与二维聚类结果比较可知，对于产业结构相似区域的划分基本相同，这也表明SOM方法对于中国地区产业结构差异性的聚类具有比较好的一致性。

值得说明的是，由于北京特殊的产业结构（服务业比重高达61.6%，远高于全国其他地区），使得北京在二维聚类和一维聚类排序的结果中都表现出与其他省份较大的差异性，可以看作单独的一类。

进一步，将一维聚类结果中地区所在位置同该地区的工业化水平（制造业占GDP的比重）进行比较，发现二者呈明显的线性相关性（图3）。

对上述数据进行线性回归分析，得到回归方程为

$$Y = 0.502 - 8.6 \times 10^{-3} X \qquad (4)$$

在0.05的显著性水平下，拟合优度$R^2 = 0.92$，呈现出很好的线性关系。这表明，在目前的经济条件下，工业化水平是中国地区产业结构差异性的主导因素。

同时，除去极少数省、直辖市（北京、山西），按照地区产业结构一维聚类排序的该地区人均GDP也显示出比较好的"前高后低"的阶段性，见图4。

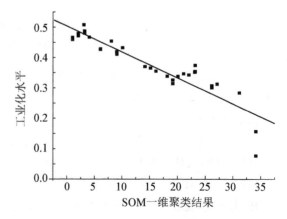

图3 地区产业结构一维聚类结果与地区工业化水平相关性分析

这表明，应用 SOM 方法对中国地区产业结构的一维聚类结果能够比较好地反映出该地区的人均经济水平。

5　结论

通过应用自组织映射的方法，对中国地区产业结构进行了聚类分析，得到以下结论。

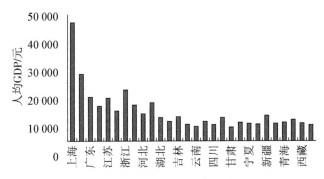

图 4　地区产业结构一维聚类结果与
地区人均 GDP 之间的关系

(1)SOM 方法能够对中国地区产业结构进行很好的聚类，并且在不同的参数条件下聚类结果具有很好的稳定性。

(2)在 SOM 的输出层，中国各地区主要聚在 5 个区域内，区域内省份的产业结构相似，而区域间省份的产业结构有明显的差异性。

(3)通过聚类分析，在目前的经济条件下，工业化水平是中国地区产业结构差异性的主导因素。

(4)除少数省、直辖市(北京、山西)外，应用 SOM 方法对中国地区产业结构的一维聚类结果能够比较好地反映出该地区的人均经济水平。

参考文献

[1]Chenery H. Patterns of industrial growth[J]. American Economic Review，1960，50(1)：624-654.

[2]Kuznets S. Economic Growth of Nations：Total Output and Production Structure[M]. Cambridge：Cambridge University Press，1971.

[3]Kuznets S. Economic Development，the Family，and Income Distribution：Selected Essays[M]. Cambridge：Cambridge University Press，1989.

[4]Michael P. Industrial structure and aggregate growth[J]. Structure Change and Economic Dynamics，2003，14(1)：427-448.

[5]Timmer M，Szirmai A. Productivity growth in Asian manufacturing：the structural bonus hypothesis examined[J]. Structural Change and Economic Dynamics，2000，11(1)：371-392.

[6]Kohonen T. Self-organized formation of topologically correct feature maps[J]. Biological Cybernetics，1982，43(1)：59-69.

[7]Kohonen T. Self-organizing Maps[M]. 2nd ed. Berlin：Springer，1997.

[8]Merkl D. Text classification with self-organizing maps：some lessons learned[J]. Neurocomputing，1998，21(1)：61-77.

[9]Dimuthu C. Self-organization map for clustering and classification in the ecology of agent organizations[J]. Journal of Central South University of Technology，2000，7(1)：53-56.

[10]Song X H，Hopke P K. Kohonen neural network as a pattern recognition method based on the weight interpretation[J]. Analytica Chimica Acta，1996，334(1-2)：57-66.

中国分地区资本-产出比实证分析*

王友广[1]　陈清华[1]　方福康[2]

（1. 北京师范大学系统科学系；2. 北京师范大学非平衡系统研究所，北京 100875）

摘　要：用一种改进的方法估算了中国不同区域的资本存量和资本-产出比（1990～2000 年），比较分析了中国东中西部 3 地的资本-产出比及其发展趋势。结果表明：该段时间内，资本-产出比具有明显的地域性差异，东部最小，西部最高；除东部地区的变化相对稳定不变外，其他地区的资本-产出比有不同程度的下降趋势并趋于稳定，西部的下降趋势最大，东中部地区趋于一致。这种地域性规律在一定程度上表征了中国不同地区经济增长的不平衡现象以及发展趋势。

关键词：资本存量；资本-产出比；非均衡

The Empirical Analysis of K/Y of Chinese Eastern，Central，and Western Regions

Wang Youguang[1]　　Chen Qinghua[1]　　Fang Fukang[2]

（1. Department of Systems Science；

2. Institute of Nonequilibrium Systems，Beijing Normal University，Beijing 100875，China）

Abstract：Using an enhanced method，we estimated the capital stock and capital－output ratio（K/Y）for China's three major regions from 1990 to 2000. Our analysis of the K/Y ratios revealed significant regional disparities：the eastern region had the lowest K/Y，while the western region had the highest from 1990 to 2000. Notably，the K/Y ratio in the eastern region remained relatively stable，whereas it declined in the other regions，with a particularly sharp decrease observed in the western region. Furthermore，the trajectories of the K/Y ratios for the central and eastern regions have shown a convergence. To a certain extent，these regional differences in the K/Y indicator reflect the imbalances and developmental trends across different regions of China

Key words：capital stock；capital output ratio；nonequilibrium

经济学家们认为，物质资本是影响经济增长的主要因素之一[1~3]，资本-产出比（K/Y）表示一个经济系统为获得单位产出所需要投入的资本量，低的资本-产出比意味着可以用相对少的资本获得相对多的产出。生产过程中，技术往往起着节约资本的作用，保持其他情况不变，投入同样的资本，高技术的使用总是带来更多的产出。许多学者认为，资本-产出比与生产技术水平具有一定的对应关系，被视作衡量某个经济系统生产技术水平高低或经济发展水平的重要参量。

长期以来，资本-产出比受到了 von Neumann[4]、Samuelson[5] 等理论经济学家的关注，他们在理论上提出并证明了，在一些均衡增长的经济系统中，资本-产出比是一个守恒量；20 世纪 50 年代 Solow[1] 所刻画的经济系统达到定态时资本-产出比是常量；计量经济学家 Kuznets[6] 详尽分析了美国、

---

* 王友广，陈清华，方福康. 中国分地区资本-产出比实证分析[J]. 北京师范大学学报（自然科学版），2005，41(1)：3.

日本、德国等发达资本主义国家历年经济增长的有关资料，数据分析表明，资本-产出比在长期有缓慢下降的趋势，短期内则基本符合等于常数的假定；Romer[7]的工作表明：资本-产出比在均衡时确实会收敛至一个定值，且发达国家的资本-产出比水平大致相当，但发展中国家会表现出一定的差异性，发展中国家的 K/Y 往往大于发达国家的 K/Y。这些工作从理论和实证两方面检验了资本-产出比与技术水平的密切联系，可以用来衡量某个宏观经济系统的发展阶段，判断其是否处于均衡增长态。

资本-产出比分析也被用于讨论中国经济增长的阶段性和各经济部门的增长差异。樊瑛和袁强[8]用1978～1994 年中国的实际数据进行了实证估计，计算分析了该时间段的资本-产出比的发展变化，在此基础上提出了中国经济阶段性增长的理论假设。葛新元等[9]通过资本-产出比估计，指出长期以来中国不同经济部门 K/Y 存在着较大差异，中国经济存在着不均衡。

资本-产出比分析对于衡量中国地域性差异及其发展具有重要意义。学者和政府已认识到中国经济发展的地域性差异，但一般只是定性的叙述说明，没有定量的讨论论述，如何衡量经济发展的地域性差异，如何衡量已取得的成就，已成为迫切需要解决的问题。本文将通过对不同地区资本-产出比的估计分析，从实证的角度，讨论中国东、中、西 3 地经济发展和技术水平的不平衡，以及近 10 年的发展成就。

1 资本存量及资本-产出比的计量

现代经济增长理论认为，资本存量 K 作为一种生产要素，是包括固定资产存量在内的所有过去和现在投入生产过程中物品的价值总和。中国的相关统计资料中没有 K，许多实证工作不得不采用变通方法用其他值进行近似讨论：贺菊煌[10]在研究中将 K 分为生产性资本和非生产性资产，估计了中国某些时间段的 K；其他工作更是直接将固定资产投资（包括基本建设投资、更新改造投资、房地产投资及其他投资）所形成的固定资产存量作为 K[8,11]。本文将采用后者。

樊瑛和袁强[8]提出一种估算资本存量 K 的方法：给出资本存量的演化方程是 $\Delta K = I - \delta K$，令 $K_i/Y_i = \beta_i$，利用 von Neumann[4] 和 Solow[1] 的结论，在 i 足够大时 $\dfrac{K_i}{Y_i} = \beta_i = \text{const}$，可得 $\beta_i = \dfrac{I_i}{Y_i - (1-\delta_{i-1})Y_{i-1}}$，取 β_i 的平均值 $\bar{\beta} = \dfrac{\beta_1 + \beta_2 + \cdots + \beta_{n-1}}{n-1}$ 作为基年 $(i=0)$ 的资本-产出比，利用 $K_0 = \bar{\beta}Y_0$ 求基年的资本，继而求出各年的资本。这种方法通过求平均值消除了一定的随机误差，但对于基年的选择具有主观强制性。我们在这种方法的基础上略作修改，设资本-产出比短期内相对稳定，即 $\beta_n \approx \beta_{n-1}$，有 $\beta_n = \dfrac{I_n}{Y_n - (1-\delta_{n-1})Y_{n-1}}$，通过统计年鉴，求得历年的 β_n，然后从中选择相对平稳的一段中的某一年 n'，求出该年的资本 $K_{n'} = \beta_{n'} \cdot Y_{n'}$，并将其作为基年。有了基年的数据，利用 $K_{n+1} = (1-\delta)K_n + I_{n+1}$ 和 $K_{n-1} = (K_n - I_n)/(1-\delta)$，再通过投资数据和折旧率就可以估计出其他各年的资本存量值。

我们用以上方法来估计中国分地区资本存量。不考虑固定资本存量的跨地区流动，假设资本年折旧率为 0.05，按《中国统计年鉴》[12]将中国分为东部沿海地区（简称东部），中部地区（中部）和西部地区（西部）。东部地区包括北京、天津、河北、辽宁、上海、江苏、浙江、福建、山东、广东、广西、海南共 12 个省、直辖市、自治区；中部地区包括山西、内蒙古、吉林、黑龙江、安徽、江西、河南、湖北、湖南共 9 个省、自治区；西部地区包括四川（含重庆）、贵州、云南、西藏、陕西、甘肃、青海、宁夏、新疆共 9 个省、自治区。表 1 是中国东、中、西部地区不同年份的资本存量值 K_n 和资本-产出比 K_n/Y_n。表中数据均为 1992 年价格，来源于 1991—2001 年出版的《中国统计年鉴》[12]。

表1 中国东、中、西部地区的 K_n 和 K_n/Y_n

年份	东部		中部		西部	
	K/亿元	K/Y	K/亿元	K/Y	K/亿元	K/Y
1990	25 701.69	2.40 986	22 665.19	3.81 884	18 551.65	5.739 23
1991	27 877.24	2.39 913	22 981.79	3.79 641	18 505.66	5.411 48
1992	31 368.15	2.14 949	23 653.82	3.30 669	18 675.25	4.613 82
1993	36 960.49	2.13 744	24 874.18	3.05 864	19 183.07	4.316 23
1994	43 069.12	2.22 912	26 183.22	2.91 648	19 679.60	4.135 57
1995	49 136.33	2.27 110	27 583.51	2.70 091	20 235.14	3.857 76
1996	55 363.57	2.30 497	29 297.76	2.51 570	20 974.46	3.590 98
1997	61 773.49①	2.30 497	31 205.46	2.39 157	21 947.70	3.393 15
1998	69 143.70	2.32 859	33 561.44	2.37 559	23 424.70	3.282 76
1999	77 018.56	2.36 054	36 037.58①	2.37 559	25 097.28	3.269 17
2000	85 280.19	2.35 776	38 907.11	2.36 461	27 039.56①	3.269 17

①表示基年数据

2 实证结果分析

中国东、中、西部地区资本存量和资本-产出比变化情况分别如图1、图2所示。

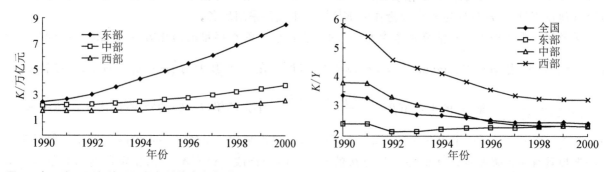

图1 东、中、西部地区不同年份的资本存量(1992年价格)　　图2 东、中、西部地区不同年份的资本-产出比

结合数据和我国实际情况作以下的说明和讨论。

(1)1990—2000年，中国东部、中部、西部地区的资本存量有不同程度的提高，东部提升速度最快，平均年增长率为13.1%；中部地区次之，平均年增长率为10.8%；西部最低，平均年增长率为9.9%。这说明我国的固定资产投资具有巨大的不平衡，东部地区投资的力度远远大于其他地区，特别是西部欠发达地区。

(2)中国东、中、西部地区的 K/Y 具有较明显的地域性差异：西部高于中部，中部高于东部，这正好与中国分地区的经济发展水平相对应，为"资本-产出比所体现出的阶段性说明了经济处于不同阶段"[8]提供了一个实证。东部地区由于外国直接投资及国家开放政策倾斜等，发展较为迅速，技术水平较高；中部地区次之；西部地区由于交通、气候、资金、政策等，加上历史原因，虽然有所发展，但技术水平仍然最低。本文也从中国分地区的实际数据出发证明了经济发展水平和资本-产出比之间存在某种负相关的联系：经济发达的地区(技术水平高)，资本-产出比较低，经济欠发达的地区(技术水平低），资本-产出比较高。

（3）中国整体的资本-产出比呈下降趋势，而资本-产出比的下降是技术水平上升的一个标志，这从另一方面证明了中国近10年的科技水平的提高。特别是西部地区资本-产出比下降较快，10年内持续从5.74下降到3.27，说明西部地区的技术水平在稳步提高，这主要有3个原因：①国家近年来的西部大开发战略加大了对西部的基础建设及教育的投入，使西部地区的人力资本提高，劳动者所掌握的技术水平提高；②技术的溢出效应，即东部或中部成熟的技术向西部转移导致西部技术水平的上升和资本-产出比的下降；③旧设备的更新也能使同样的资本投入获得更多产出。

（4）东部地区资本-产出比相对稳定，说明东部地区的经济发展已接近于均衡状态，因为经济平衡增长时资本-产出比是一个守恒量[1,4,5]；中部地区资本-产出比有一定程度的下降，并逐步接近东部地区，这表明中部地区的经济在进一步发展，技术水平在进一步提高，并与东部地区趋于一致。由于中部地区本身已有一定的技术基础，技术的溢出效应对经济增长的影响不如西部地区明显，所以资本-产出比的变化幅度较小。

（5）西部地区资本-产出比有着显著的下降，说明该地区经济有着巨大的发展，但相对于中东部地区仍然明显落后。这表明西部的技术水平仍然有很大的提升空间，继续坚持加大教育投入、促进设备更新改造、推广先进生产技术对于开发中国西部、促进中国经济健康发展、实现全民小康具有重要意义。

参考文献

[1]Solow R M. A contribution to the theory of economic growth[J]. The Quarterly Journal of Economics，1956，70(1)：65-94.

[2]Denison E F. Why Growth Rates Differ：Post-war Experience in Nine Western Countries[M]. Washington：Brookings Institution，1967.

[3]Stiglitz J E. 经济学[M]. 姚开建，等译. 北京：中国人民大学出版社，1997：5.

[4]von Neumann J. A model of general equilibrium[J]. The Review of Economic Studies，1945，13(1)：1-9.

[5]Samuelson P A. Laws of conservation of the capital-output ratio in closed von Neumann systems[M]//Ryuzo S, Rama V R. Conservation Laws and Asymmetry：Applications to Economics and Finance. Boston：Kluwer Academic Publishers，1990.

[6]Kuznets S. 各国的经济增长：总产值和生产结构[M]. 常勋，潘天顺，黄有土，等译. 北京：商务印书馆，1985.

[7]Romer P M. Capital accumulation in the theory of long-run growth[M]//Barro R J. Modern Business Cycle Theory. Cambridge：Harvard University Press，1989：51-127.

[8]樊瑛，袁强. 中国经济增长中资本-产出比分析[J]. 北京师范大学学报（自然科学版），1998，34(1)：131-134.

[9]葛新元，陈清华，袁强，等. 中国经济各部门资本产出比分析[J]. 北京师范大学学报（自然科学版），2000，36(2)：178-180.

[10]贺菊煌. 我国资产的估算[J]. 数量经济技术经济研究，1992(8)：24-27.

[11]陈清华，樊瑛，方福康. Denison因素分析法和中国经济增长[J]. 北京师范大学学报（自然科学版），2002，38(4)：486-490.

[12]国家统计局. 中国统计年鉴[M]. 北京：中国统计出版社，1991-2001.

SOM 与中国不同地区人力资本构成分析 *

陈家伟[1]　　陈清华[1]　　尹春华[1]　　方福康[2]

（1. 北京师范大学系统科学系；2. 北京师范大学非平衡系统研究所，北京 100875）

摘　要：介绍了自组织映射（self-organizing maps，SOM）模型，用这种方法处理了中国 2000 年和 1992 年不同地区人力资本的构成数据，其结果直观地显示在二维图形上，并进行了分析和对比。结论表明：中国人力资本构成具有明显的地域差异性，但从发展角度来看，除个别地区外，各地人力资本构成情况相对稳定，其差异随时间变化不大。

关键词：自组织映射；人力资本构成；聚类

SOM and Chinese Human Capital Components Analysis Between Areas

Chen Jiawei[1]　　Chen Qinghua[1]　　Yin Chunhua[1]　　Fang Fukang[2]

（1. Department of System Science；2. Institute of Nonequilibrium System：

Beijing Normal University，Beijing 100875，China）

Abstract：The SOM model is introduced and an application of this model to human capital structure is given. With SOM，the two dimensional figures of Chinese human capital structure between 31 provinces of China in 1992 and 2000 are presented. Based on these figures，analysis and comparison are processed. The conclusions are that：the diversity of Chinese human capital components between different regions is obvious but comparatively stable.

Key words：SOM；human capital structure；clustering

　　与物质资本对应，人力资本也被认为是经济增长和发展的一个重要因素。自舒尔茨[1]在 20 世纪 50 年代初首次提出人力资本的理论体系后，人力资本的研究得到了许多学者的关注。人力资本的估算方法是相关研究的一个重要领域，目前已大致形成了 3 类比较完备的体系：①投入角度的度量方法[2]；②教育投资获得回报角度的度量方法[3]；③教育成果角度的度量方法[4]。这些方法为衡量一个国家总体的人力资本水平提供了明确的方案和技术路线，特别是用教育者受教育程度或年限作为人力资本度量的方法，因其方法简单、数据易获得等原因已得到广泛的应用[5]。

　　上述工作的内容主要是有关人力资本总量的探讨，很少涉及人力资本的构成。人力资本构成是指特定范围的人群中各种类型的人力资本占总人力资本的份额，是一个重要的指标。发达国家中高素质人才所含的人力资本占总人力资本的比例高于欠发达国家，这是因为发达国家高等教育的普及程度大于欠发达国家，所以人力资本构成可以从一个侧面反映一个国家或地区的教育状况。对中国不同地区人力资本构成数据进行计算分析，可以为各级政府制定政策提供支持和建议。更方便的做法是将人力资本构成情况用平面图形的方式给出，直观地描述各地人力资本构成的相似性和差异。将人力资本构成数据刻画在平面图形上，其中的最大困难在于如何尽量保持原有信息，而自组织映射（self-

---

　　* 陈家伟，陈清华，尹春华，等. SOM 与中国不同地区人力资本构成分析[J]. 北京师范大学学报（自然科学版），2006，42（1）：107-110.

organizing maps，SOM)正是处理这种难题的有效方法。

SOM 是 Kohonen 于 1982 年提出的一种神经网络[6]，已成功应用于模式识别、文本聚类、自然语言处理等众多领域[7]。本文用 SOM 来讨论中国人力资本构成的地域性差异。

1　SOM 简介

SOM 是 Kohonen 在基本竞争网络模型基础上提出的一种无指导学习的神经网络模型。如图 1 所示，SOM 网络结构包含一个输入层和一个输出层，输入层的节点数等于输入矢量的维数，每一个节点接受输入向量的一个分量；输出层一般是一维或二维阵列，对于二维的输出层，其拓扑结构可以是矩形、六边形、随机连接等类型；输入层的每个节点与输出层的每个节点全连接，连接强度组成权重矩阵。

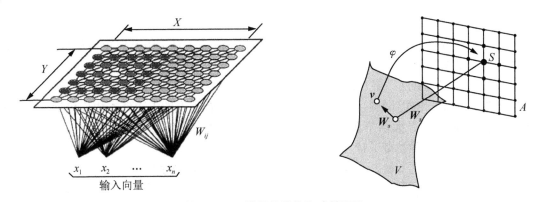

图 1　SOM 的网络结构和映射图示

SOM 实质上是从任意维离散或连续空间 V 到一维或二维离散空间 A 的一种非线性映射。对于 V 中的向量 v，首先根据特征映射 φ 确定在输出空间 A 中的最佳匹配单元(best match unit，BMU) S，S 的权重向量 W_S 可视为 S 投影到输入空间的坐标。通过下面的算法，调整权重矩阵 W，可以使得输出空间 A 近似地表示输入空间 V。

SOM 算法的训练过程分 5 步完成：

(1)根据要训练的样本维数和数量建立网络，并初始化权重矩阵 W；

(2)设输入空间是 m 维的，从中随机地选取训练样本 $\boldsymbol{X}=[x_1，x_2，\cdots，x_m]^T$；

(3)选取最优匹配单元，输出层节点数为 l，节点 j 的权重记为：$\boldsymbol{W}_j=[w_{j1}，w_{j2}，\cdots，w_{jm}]^T$。$\boldsymbol{X}$ 的 BMU 记为 $i(\boldsymbol{X})$，则

$$i(\boldsymbol{X})=\arg\min\|\boldsymbol{X}-\boldsymbol{W}_j\|，j=1，2，\cdots，l \tag{1}$$

这种竞争匹配机制把高维空间的一个向量映射到低维离散空间中的一个点。

(4)计算邻域函数。获胜神经元会激活它临近的神经元，激活的范围由随时间不断减小的参数 σ 表示，$\sigma(t)<\sigma(t-\pi)$。激活的程度由 $h_{j,i}$ 表示，一般 i 和 j 之间的距离越小，$h_{j,i}$ 越大，可以采用如下具体形式：

$$h_{j,i}=\exp\left(-\frac{|d(j，i)|^2}{2\sigma^2}\right)，d(j，i)\leqslant\sigma,$$
$$h_{j,i}=0，\qquad\qquad d(j，i)>\sigma, \tag{2}$$

式中，$d(j，i)$ 为 i 和 j 之间在离散空间的欧氏距离。

(5)权重调整。权重调整过程是根据 Hebb 学习法则进行的，这是一个正反馈过程，调整方式为

$$\frac{\mathrm{d}\boldsymbol{W}_j}{\mathrm{d}t}=\eta(t)\cdot h_{j,t}(t)\cdot(\boldsymbol{X}-\boldsymbol{W}_j), \tag{3}$$

式中，$\eta(t)$为随时间减小的参数，表示学习效率。

重复上述的步骤(2)～(5)，直至 W 收敛。

2　2000 年中国不同地区的人力资本构成

我们所讨论的人力资本构成是指特定人群中各种教育程度的人群所含有的人力资本占总人力资本的份额，考虑数据的易得和计算简单，我们使用劳动力的受教育年限来计算人力资本存量。假设 i 地区受各种层次教育的人数为 L_{ij}，i 为地区下标，j 为教育类型下标，获取每种教育程度所需要的在校时间为 T_j，则该地区的人力资本总量 L_i 和人力资本构成分量 α_{ij} 可以分别表示为：

$$L_i = \sum_j L_{ij} \cdot T_j, \tag{4}$$

$$\alpha_{ij} = \frac{L_{ij} \cdot T_j}{L_i}。 \tag{5}$$

通过统计数据[8]可以直接得到 2000 年中国部分省、自治区、直辖市不同学历层次的人数 L_{ij}，数据中的 9 种教育程度由高到低为：研究生、大学毕业、大专、中专、高中、初中、小学、扫盲班、未上过学。设在校时间 T_j(单位：年)分别为：21、16、14、13、12、9、6，扫盲班和未上过学的受教育年限我们暂定为 4 和 2。由式(5)则可以得到各地区不同受教育程度的人力资本构成份额。为简单，我们只考虑高等教育(研究生、大学毕业、大专)、职业教育(中专、高中)、普及教育(初中)和其他(小学、扫盲班、未上过学)4 种类型，计算得各种份额见表 1。

表 1　2000 年中国各地区人力资本结构一览表① ％

地区	人力资本构成份额				地区	人力资本构成份额			
	高等教育	职业教育	普及教育	其他		高等教育	职业教育	普及教育	其他
北京	26.957	29.477	32.008	11.559	湖北	7.654	20.656	40.937	30.753
天津	15.547	29.794	35.872	18.787	湖南	5.755	18.422	43.147	32.675
河北	5.332	17.740	47.457	29.471	广东	6.983	21.052	43.857	28.108
山西	6.703	19.055	46.858	27.384	广西	4.902	16.668	41.018	37.412
内蒙古	7.453	22.657	41.966	27.924	海南	6.511	21.362	40.739	31.388
辽宁	11.354	20.123	44.809	23.714	重庆	6.026	15.261	38.343	40.370
吉林	9.224	23.329	40.462	26.985	四川	5.391	13.919	39.053	41.637
黑龙江	8.925	21.477	44.309	25.289	贵州	4.807	12.064	31.825	51.304
上海	18.245	31.107	36.410	14.238	云南	4.859	13.398	31.432	50.311
江苏	7.593	20.923	42.841	28.643	西藏	4.611	10.913	13.996	70.480
浙江	6.526	18.188	41.416	33.871	陕西	8.445	20.429	40.246	30.879
安徽	5.012	13.892	43.540	37.555	甘肃	6.140	19.014	33.700	41.146
福建	6.039	18.080	41.610	34.271	青海	7.816	20.700	31.808	39.676
江西	5.341	17.060	42.275	35.324	宁夏	8.103	20.098	37.503	34.296
山东	6.670	18.525	44.858	29.947	新疆	10.355	20.907	34.415	34.324
河南	5.297	16.821	48.226	29.656					

①不包括香港、澳门和台湾地区

我们利用 Matlab 中的神经网络软件包(neural network toolbox)对数据进行处理。人力资本构成向量为 4 维，则输入层有 4 个节点；基本样本有 31 个，分别对应 31 个地区；输出层为 15×15 的矩形连接的网格；学习效率 $\eta(t)$ 经过 500 次训练从 0.8 线性减少到 0.02。并保持不变；总训练次数为 100

个时段且每时段的训练次数等于样本数量；开始训练时邻域最大，为网络对角线的距离，并逐渐减小，训练 500 次后，邻域达到并一直保持在最小值 1。最后的输出结果见图 2。

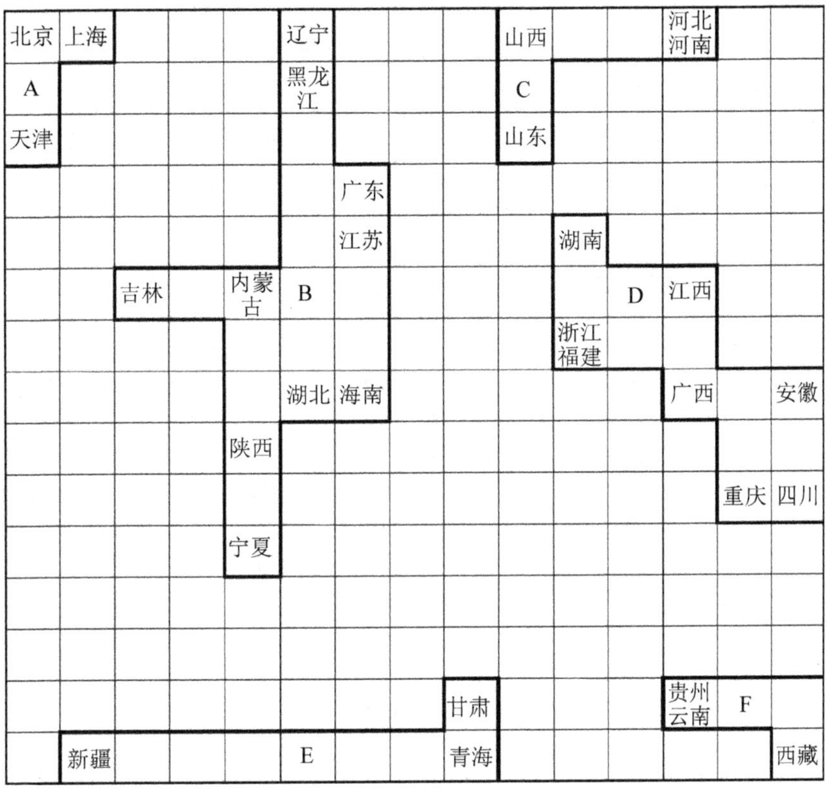

北京	上海				辽宁			山西		河北河南	
A				黑龙江				C			
天津								山东			
					广东						
					江苏			湖南			
		吉林	内蒙古	B				D	江西		
							浙江福建				
				湖北	海南				广西		安徽
			陕西								
										重庆	四川
			宁夏								
					甘肃				贵州云南	F	
	新疆			E		青海				西藏	

图 2　中国各地区 2000 年人力资本构成聚类
注：不包括香港、澳门和台湾地区

由图 2，31 个地区大致聚成用黑框标出的 6 类，分别为：

A 区（北京、上海、天津）：高等教育和职业教育发达，比例分别在 15% 以上和接近 30%；同时，小学以下文化程度者所占比例较小。

B 区（辽宁、吉林等）：以职业教育和普及教育为主，比例分别在 20% 和 40% 以上。

C 区（山东、河南等）：普及教育极为发达，比例接近 50%。

D 区（湖南、江西等）：普及教育和其他的比例高，两者之和接近甚至超过 80%。

E 区（青海、新疆等）：普及教育以下比例较高，中等教育颇为发达。

F 区（西藏、云南等）：普及教育以下比例在 50% 以上，高等教育落后，不到 5%。

图 2 直观地表示了中国 2000 年不同地区人力资本构成的异同。东部和中部的省份大都集中在左上部，而西部各省集中在右下部，反映了该年份中国东西部地区的人力资本构成存在较大差异，东部各地区受高等教育和职业教育的人才多，而西部文盲、半文盲人口占有很大比重。这个结果与各地区经济发展情况是一致的，东部人才多，则经济发展状况较好，西部缺乏高等人才，经济发展落后。浙江和福建是两个特殊的省，其 2000 年的人均 GDP 分别居全国第 4 位和第 6 位，而人力资本结构中的高等、中等教育比例却很小。主要原因是这两个省份存在大量的乡镇企业，其生产方式是以小规模手工业为主，对人员受教育程度的要求不是很高。

3 1992—2000 年中国各地区人力资本构成变化

对某一时刻不同地区的人力资本构成数据进行分析可以得到该时刻各地区人力资本的相对差异，而考察不同时间的聚类结果，可以得到这种差异的变化特征，有助于我们了解不同地区教育发展和人才引进等方面的状况。由统计年鉴[9]，我们可以计算得出 1992 年中国 30 个地区人力资本结构数据（表 2）。

表 2 1992 年中国各地区人力资本结构一览表　　　　　　　　%

地区	人力资本构成份额				地区	人力资本构成份额			
	高等教育	职业教育	普及教育	其他		高等教育	职业教育	普及教育	其他
北京	19.349	32.833	38.083	9.734	河南	2.440	16.939	47.776	32.844
天津	11.005	31.248	40.526	17.221	湖北	4.161	20.948	40.413	34.479
河北	2.865	18.513	45.244	33.378	湖南	3.059	18.490	38.784	39.668
山西	4.096	20.173	47.569	28.162	广东	3.821	21.044	39.967	35.167
内蒙古	4.526	23.573	42.022	29.879	广西	2.432	17.461	35.584	44.523
辽宁	6.587	22.396	48.210	22.807	海南	3.866	25.993	40.322	29.820
吉林	5.902	28.575	39.714	25.809	四川	2.609	11.909	36.980	48.502
黑龙江	6.123	26.703	43.524	23.651	贵州	3.023	11.432	31.906	53.640
上海	13.229	35.074	39.794	11.902	云南	2.918	11.606	29.527	55.948
江苏	3.837	19.402	43.549	33.212	西藏	3.941	10.734	13.135	72.191
浙江	3.417	15.983	40.370	40.230	陕西	4.603	22.101	43.651	29.646
安徽	2.978	13.101	39.573	44.348	甘肃	3.748	21.400	32.723	42.129
福建	4.272	18.996	31.868	44.864	青海	5.953	21.418	34.833	37.796
江西	3.270	18.115	33.916	44.699	宁夏	5.938	20.417	38.670	34.975
山东	2.777	16.818	44.086	36.319	新疆	5.675	23.533	34.726	36.066

注：不包括香港、澳门和台湾地区

用相同的方法和参数，对表 2 中的数据进行 SOM 运算分类，得到图 3 的结果。

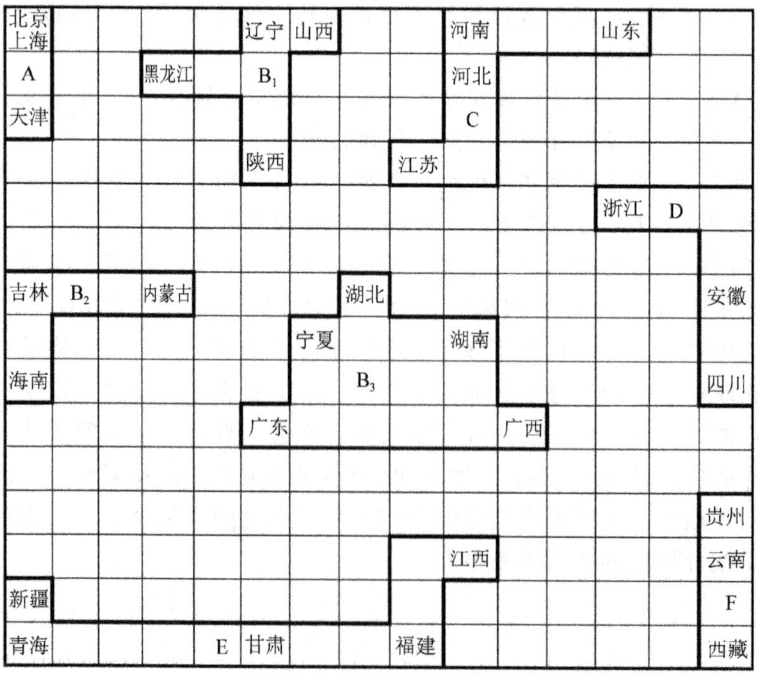

图 3　中国各地区 1992 年人力资本构成聚类
注：不包括香港、澳门和台湾地区

比较图 2 和图 3,可以看出大部分省份的位置没有发生大的变化,也就是说,1992—2000 年,中国各省份人力资本结构的发展相对稳定,我们按图 2 中的划分方法也将图 3 划为 6 个区域(其中 B 区包含 B_1、B_2、B_3),以便进行对比分析。个别省份的位置发生了较大的变化,如福建省和江苏省,需要稍作说明。

福建省由图 3 的 E 区发展到图 2 的 D 区,E 区的特点是职业教育和普及教育所占比例较高,D 区的特点是普及教育和小学以下所占比例较高,实际上,福建省 1992 年人力资本的 4 种构成在 30 个地区的排序分别为:12、18、28、5;2000 年的排序为:20、21、13、13。说明该省在 1992—2000 年大力发展普及教育,很大程度上减少了文盲和半文盲的比重,但中等职业教育和高等教育与全国的发展速度相比相对滞后。江西省也是类似情况。

1992—2000 年江苏省由图 3 的 C 区发展到图 2 的 B 区,C 区的特点是普及教育很发达,B 区的特点是以职业教育和普及教育所占比重较大,说明江苏省在 1992—2000 年职业教育和高等教育有了很大程度发展。具有类似情况的还有山东省、广东省。

4　讨论

以上分析结果表明:中国各地区的人力资本构成存在着差异,但在 1992—2000 年发展过程中大致稳定。

SOM 提供了一个很好的方法,可以将人力资本构成的高维数据压缩到二维平面上直观地显示出来,方便我们对中国不同地区人力资本构成差异情况和变化的了解分析。但值得注意的是,无论如何,这种压缩是有信息损失的,如果我们需要对人力资本构成进行更加精确的讨论,SOM 方法可能并不适合。

参考文献

[1]舒尔茨.人力资本投资:教育和研究的作用[M].蒋斌,译.北京:中国商务出版社,1990.

[2]Eisner R. The Total Income System of Accounts[M]. Chicago:The University of Chicago Press,1989.

[3]Mulligan C B,Sala-I-Martin X. A labor-income-based measure of the value of human capital:an application to the states of the United States[J]. NBER Working Paper,1995,(5):5018.

[4]Mincer J. Investment in human capital and personal income distribution[J]. Journal of Political Economy,1958,66(4):281-302.

[5]Barro R J,Lee J W. International data on educational attainment:updates and implications[J]. Oxford Economic Papers,2001,53(3):541-563.

[6]Kohonen T. Self-organizing Maps[M]. 3rd ed. Berlin:Springer,2001.

[7]Puolamaki K,Koivisto L. Biennial Report 2002-2003[M]. Helsinki:Helsinki University of Technology,2004.

[8]国家统计局.中国统计年鉴 2001[M].北京:中国统计出版社,2001.

[9]国家统计局.中国统计年鉴 1993[M].北京:中国统计出版社,1993.

The Symmetry Approach on Economic Systems[*]

Fang Fukang

(Institute of Nonequilibrium Systems，Beijing Normal University，

Beijing，People's Republic of China)

Abstract：This paper studies the symmetry on the dynamic equations of economic systems. Symmetry group transforms a solution of the equations to other solutions. Thus we can understand the transformational relations among these solutions. Symmetry describes the invariance of the dynamic equations. Then the symmetry provides more information for the inner structure of the economic systems. The complexity of the socioeconomic phenomena is discussed by using dynamic systems with symmetry. For the calculation of the symmetry，the prolongation technique is adopted. This method reformulates the basic problem of finding solutions of differential equations in a more geometrical form which is suited to the investigation of symmetry groups. Some examples of dynamic equations by using symmetry analysis are also illustrated.

When we discuss economic systems，usually we face a rather complex situation with time evolution. The detailed description of the system is difficult，most of the economists believe that it is not yet to reach the stage to get a global framework for treating the general economic behaviour. Under the circumstance，the conceptual study and the analysis of the equations for understanding the economic systems are meaningful and useful. Our object is to find some main factors and rules which control the economic behaviour and to get the concepts with their relations to describe economic systems. These discussions allow us to get some mathematical models for the evolution of the economic systems at some level. During these discussions，the concept of symmetry on the economic systems is an important and useful one to deal with.

The idea for the mathematical model to treat economic systems is to find a projection from the high dimension space of the complex economic system to a smaller dimension subspace. If the mathematical treatment is successful，then the smaller dimension model will reflect some essential behaviour for the complexity of the economic system. Symmetry is one of the essential concepts for understanding the economic behaviour and analysing the model of the system.

General equilibrium theory is a successful mathematical model in economics. In fact，this model is just a projection from a high dimension system to a smaller dimension subspace. A complex economic system involves thousands of variables and parameters，however in the general equilibrium theory the complex system is projected onto a special subspace. This subspace is a point i. e.，the equilibrium point of the economic system. The equilibrium point gives the rule of the complex economic system，the Pareto optimum. Under the economic equilibrium，any parts of the participants cannot get more benefits unless someone will lose its own profits. The general equilibrium

---

　　[*] Fang F K. The Symmetry approach on economic systems[J]. Chaos Solitons & Fractals，1996，7(12)：2247-2257.

theory provides the existence of the equilibrium point. When the economy reaches equilibrium, the high dimension system will be reduced. The variable in this pattern is price. All parts of the economic system get their equilibrium under the equilibrium price. The other variables describing the economic details become not so important in this time. General equilibrium theory thus gives a successful approximation of the economic complexity. This theory has a fine mathematical language, it is called Brouwer's fixed-point theorem. From the formula of fixed-point $x = f(x)$, we know that is a kind of symmetry. The invariance of the transformation describes the symmetry behaviour of the system. Symmetry is an essential concept for the equilibrium phenomena.

The economic system is usually in an evolving complex situation. Thus the dynamic approach has been taken during a long period and has got fruitful results. The dynamic equations are taken still on a smaller dimension system and assumed to describe the evolving behaviour of the economy. In this paper, we will discuss the dynamic analysis for the economic systems. We will also see that the symmetry concept can help us to get more information from the dynamic equations. In Section 1 we introduce the symmetry for the dynamic system approach. In Section 2 we give the calculation for the symmetry which is called the prolongation. Section 3 gives some illustrations of the method. In Section 4 applications to economics will be reviewed.

1 The Economic Dynamics and Symmetry Analysis

When we study the economic system on time dependent, we will face the difficult phenomena with complexity, open and evolution. The complexity is the main difficulty for the mathematical description. For economic systems, the complexity does not only mean that there are a large number of variables and parameters contained in the system, but also means that the elements of the system are strongly coupled and usually there will be some substructure for its evolution.

The mathematical model is to reduce the complexity into a small dimension system. This is a kind of simplicity which we can give the reasons for concrete economic systems. But the common idea to simplify the complexity is to divide the economic system into different levels. The terms macroeconomics and microeconomics are the typical economic levels to divide. The concepts which are important in microeconomics, perhaps will be not so important in macroeconomics, for instance, the profits of an individual firm.

If we discuss the economic problems restricted in some level, we can concentrate on the main variables and parameters for describing the system. This will be a small dimension system and we may abstract the concepts and relations in a mathematical treatment to get some results. In this treatment, we neglect those variables which are useful in other economic levels, or we can take them as an average for the calculation. These variables only reflect the influences of the environment, usually they don't join the strong coupling process on interaction of the system. Thus we can reduce the complexity of the problem. The choice of the economic levels is a useful simplification. If we divide the system levels correctly and appropriately, we have the possibility to solve the different evolving economic problems in some special level.

After we have simplified an economic system, a set of variables and parameters are taken to describe the system, denoted by $\{x, \lambda\} = \{x_1, \cdots, x_n, \lambda_1, \cdots, \lambda_l\}$. The evolution of the system can be written as

$$\frac{\mathrm{d}x}{\mathrm{d}t} = F(x, \lambda), \tag{1}$$

with $x = \{x_1, \cdots, x_n\}$, $F = \{F_1, \cdots, F_n\}$.

Using equation (1) to explain an evolving economic system is an assumption. This equation has been used in nonequilibrium system theory and is successful to treat many complex systems such as ecology systems. We assume here that equation (1) is also a good approximation for the economic systems in the deterministic approach. While in the stochastic analysis, the equations will be changed to a probability language.

From equation (1) we can get a lot of results for the concrete economic systems. Allen[1], Sanglier[2], Day and Chen[3], Zhang[4] and also our work have provided many examples. In these examples, models for the calculation seem informal and arbitrary. That is to say, when we want to analyse an economic system, there is no standard procedure to help us for getting the dynamic equations. We must consider the economic problem individually, and build the dynamic equations by experience. Can we make a further step to understand the dynamic description more systematically? Or at least can we get more general information to build the dynamic equations? The following two points are worth discussing for the understanding on the economic dynamics. We call them as basic equations and symmetry analysis.

The basic equations are some special dynamic equations which we hope to get rather applications for the economic phenomena. If we rewrite equation (1) in a simplified form we have

$$\frac{\mathrm{d}x}{\mathrm{d}t} = F(x), \tag{2}$$

with $x = \{x_1, \cdots, x_n\}$, $F = \{F_1, \cdots, F_n\}$. Then one basic equation is designed as

$$F(x) = x - f(x), \tag{3}$$

i. e.

$$\frac{\mathrm{d}x}{\mathrm{d}t} = x - f(x), \tag{4}$$

or we can write

$$f(x) = \mathbf{A} \cdot x, \tag{5}$$

with $\mathbf{A}$ as an $n \times n$ matrix.

For example, in two dimension system, if

$$x = \begin{pmatrix} x \\ y \end{pmatrix}, \quad \mathbf{A} = \begin{pmatrix} x/N_x & 0 \\ 0 & y/N_y \end{pmatrix},$$

then equation (4) is a two dimension logistic equation. If

$$x = \begin{pmatrix} x \\ y \end{pmatrix}, \quad \mathbf{A} = \begin{pmatrix} y & 0 \\ 0 & 2-x \end{pmatrix},$$

then equation (4) leads to Lotka-Volterra equation. In the economic situation, we have Solow equation for the economic growth written as

$$\frac{\mathrm{d}k}{\mathrm{d}t} = f(k) - \lambda k - x, \tag{6}$$

where k is the capital, f productive function and x consumption, equation (6) is still a kind of basic equation (4).

Equation (4) has a meaningful result. When the system reaches to a steady-state, i. e. $\mathrm{d}x/\mathrm{d}t = 0$

then we have

$$x - f(x) = 0, \qquad (7)$$

this is just the fixed point theorem. That is the basic analysis for the equilibrium economics. Equation (4) really has some special and fundamental behaviour for the analysis on the economic system.

Another basic equation is designed as

$$F(x) = \frac{\partial L}{\partial x}, \qquad (8)$$

i. e.

$$\frac{dx}{dt} = \frac{\partial L}{\partial x}, \qquad (9)$$

with $x = \{x_1, \cdots, x_n\}$, and

$$\frac{\partial L}{\partial x} = \left\{ \frac{\partial L_1}{\partial x_1}, \cdots, \frac{\partial L_n}{\partial x_n} \right\}.$$

Here L is usually taken as the Lagrangian of the economic system. When $dx/dt = 0$. the system is degenerated. We have $\partial L / \partial x = 0$. This is just the maximum character on the equilibrium point of the economic problems. For different economic problem, the Lagrange has its own meanings in the special case. For example, in microeconomic problem, L is usually taken as profit or cost of the firm.

We will design another form for the evolution of the economics. The equation is not working in variables. but in some matrix. We consider the equation, similar to the original one, written as

$$\frac{dA}{dt} = [H, A], \qquad (10)$$

with $[H, A] = HA - AH$. Here A is an $n \times n$ matrix, describing some structure for the economic and H reflects the inner relation of the system, H is also an $n \times n$ matrix. The variation of economic structure will be evolving as the form equation (10).

Now we give the discussion on the symmetry analysis of dynamic systems. There are two kinds of use for the symmetry analysis. On the one hand, if we get a solution from the dynamic equation and if we know the symmetry of the equation, then we can get the other solutions from the symmetry analysis. This method is especially useful from a simple solution to get more complex solutions. Thus when we take a basic equation described above to calculate some economic problem. we can get more information from the symmetry analysis. On the other hand, symmetry analysis also can allow us to translate the equations into some other forms. Thus we can get more understanding for the economic systems described by the equations.

Again we give the dynamic equation written as equation (2) $dx/dt = F(x)$ with $x = \{x_1, \cdots, x_n\}$. $F = \{F_1, \cdots, F_n\}$. $F: \mathbf{R}^n \to \mathbf{R}^n$. Now we have $g \in G$. G is a group, usually G is taken as Lie group. We say that g is a symmetry of equation (2), if

$$F(gx) = gF(x), \qquad (11)$$

for all $x \in \mathbf{R}^n$. A simple consequence of equation (11) is that if $x(t)$ is a solution to equation (2) then also is $g \cdot x(t)$. Thus the symmetry gives a "new" solution for the equation. On the viewpoint of the economic evolution, when we know the symmetry g of the system, then we can get a "new" evolution form $g \cdot x(t)$ from the original evolution $x(t)$. The symmetry of the economic equations becomes a useful method to understanding the dynamic rules of the system. In next section wc will give the calculation of the symmetry.

2　Prolongation and the Calculation of the Symmetry

The technique for the calculation of the symmetry is called prolongation suggested by Olver[5]. This is a useful and systematical method. When the differential equations are given, the calculation will decide the symmetry group. Infinitesimal generator is closely related with the concept of the prolongation.

Prolongation can be used both for partial differential equations and ordinary differential equations. We can denote the differential equations as

$$\Delta_v(x, u^{(n)}) = 0, \quad v = 1, 2, \cdots, l \tag{12}$$

with $x = \{x^1, \cdots, x^p\}$, $u = \{u^1, \cdots, u^q\}$, $u^{(n)} = \{u, \text{ all the derivatives of } u\}$. Here $x \in X$, $u \in U$, $M \subset X \times U$. M is a manifold with dimension m and the solutions of equation (12) is defined on M. A vector field $\vec{V}$ on M assigns a tangent vector $\vec{V}|_x$ to each point $x \in M$ varing smoothly from point to point. In local coordinates $(x^1, \cdots, x^m)$ of the manifold M, a vector field at x point has the form

$$\vec{V}|_x = \xi^1(x)\frac{\partial}{\partial x^1} + \xi^2(x)\frac{\partial}{\partial x^2} + \cdots + \xi^m(x)\frac{\partial}{\partial x^m}, \tag{13}$$

where each $\xi^i(x)$ is a smooth function of x. The vector field $\vec{V}$ has the character as infinitesimal generator of group. In fact, if we take Lie group as

$$g = \exp(\varepsilon\vec{V}), \tag{14}$$

then we have

$$\vec{V}|_x = \frac{d}{d\varepsilon}\bigg|_{\varepsilon=0} \exp(\varepsilon\vec{V}), \tag{15}$$

where ε is a parameter, the group formed in equation (14) is often called one-parameter group. Infinitesimal generator is formed by equation (15).

The first step of prolongation is to prolong the basic space $X \times U$ to $X \times U^{(n)}$, where $U^{(n)} = U \times U_1 \times \cdots \times U_n$ is the Cartesian product space and U_k with $k = 1, \cdots, n$ are the space of derivatives. Thus $X \times U^{(n)}$ is not only representing the independent and dependent variables but also represents the various derivatives occurring in the system.

The prolongation of space from U to $U^{(n)}$ induces the prolongation of function from u to $u^{(n)}$. We call $u^{(n)} = pr^{(n)}f(x)$ the nth prolongation of f, $u^{(n)} \in U^{(n)}$, which is prolonged from $u = f(x)$, $f: X \to U$. Thus $pr^{(n)}f$ is a function from X to $U^{(n)}$.

The differential equations (12) can be reviewed on the prolonged space $X \times U^{(n)}$. If we denote $\Delta(x, u^{(n)}) = (\Delta_1(x, u^{(n)}), \cdots, \Delta_l(x, u^{(n)}))$ then Δ is just a map from the $X \times U^{(n)}$ to some l-dimensional Euclidean space

$$\Delta: X \times U^{(n)} \to \mathbf{R}^l. \tag{16}$$

The differential equations (12) themselves tell us that the given map (16) vanishes on $X \times U^{(n)}$. Or we have the subvariety φ_Δ on $X \times U^{(n)}$ as

$$\varphi_\Delta = \{(x, u^{(n)}): \Delta(x, u^{(n)}) = 0\} \subset X \times U^{(n)}. \tag{17}$$

From this point of view, a smooth solution of equation (12) is a smooth function $u = f(x)$ such that

$$\Delta_v(x, pr^{(n)}f(x)) = 0, \quad v = 1, \cdots, l. \tag{18}$$

That is to say, the graph of the prolongation $pr^{(n)} f(x)$ must lie within the subvariety φ_Δ

$$\Gamma_f^{(n)} = \{(x, pr^{(n)} f(x))\} \subset \varphi_\Delta = \{(x, u^{(n)}): \Delta(x, u^{(n)}) = 0\}. \tag{19}$$

When the space $X \times U$ is prolonged to a new space $X \times U^{(n)}$, we get a reformulation for the differential equations and their solutions. This is a more geometrical form for the problem, ideally suited to our investigation for the symmetry approach.

Now we use the prolonged space to discuss symmetry, this is closely related with the group action. The symmetry group of equation (12) is a transformation group G, acting on open subset $M \subset X \times U$ in such a way that G transforms solutions of equation (12) to other solutions of equation (12). If the solution is $u = f(x)$ with its graph Γ_f

$$\Gamma_f = \{(x, u = f(x)): x \in \Omega\} \subset X \times U \tag{20}$$

then group action g transforms graph Γ_f as

$$g \cdot \Gamma_f = \{(\tilde{x}, \tilde{u}) = g \cdot (x, u): (x, u) \in \Gamma_f\} \tag{21}$$

where $\tilde{u} = \tilde{f}(\tilde{x})$ is the new solution of equation (12) under group action $g \in G$.

The prolongation of group action is denoted by $Pr^{(n)} G$. The action of $Pr^{(n)} G$ not only transforms the function $u = f(x)$ to a new function $\tilde{u} = \tilde{f}(\tilde{x})$, but also transforms the derivatives of u to the new derivatives of $\tilde{u} = \tilde{f}(\tilde{x})$. That is to say, if $(x, u^{(n)})$ is a point of $X \times U^{(n)}$, where $u^{(n)} = Pr^{(n)} f(x)$ represents the derivatives. then the prolongation of $g \cdot (x, u) = (\tilde{x}, \tilde{u})$ takes as

$$Pr^{(n)} g \cdot (x, u^{(n)}) = (\tilde{x}, \tilde{u}^{(n)}) \quad \text{for all } g \in G \tag{22}$$

where $\tilde{u}^{(n)} = Pr^{(n)} (g \cdot f)(\tilde{x})$.

We have defined the symmetry of differential equations. For the differential equations, x is a solution of the equations, if $g \cdot x$ is also a solution $g \in G$, then equations have the symmetry and G is the symmetry group of the equations. Symmetry group G transforms the solution from one to others.

Prolongation introduce a new statement on the symmetry of the equations. The differential equations define a subvariety φ_Δ on the prolonged space $X \times U^{(n)}$ as equation (17). If the differential equations have symmetry, then φ_Δ is an invariance under the action of $Pr^{(n)} G$.

Theorem. Let $M \subset X \times U$ be an open subset, $\Delta(x, u^{(n)}) = 0$ is differential equations defined over M, with corresponding subvariety φ_Δ. Suppose G is a local group of transformations acting on M whose prolongation leaves φ_Δ invariant, meaning that when $(x, u^{(n)}) \in \varphi_\Delta$, we have $pr^{(n)} g(x, u^{(n)}) \in \varphi_\Delta$ for all $g \in G$. Then G is a symmetry group of the differential equations.

We can also discuss the prolongation of the infinitesimal generator $\vec{V}$ corresponding to the group G.

Let $M \subset X \times U$ be an open subset, $\vec{V}$ is the vector field on the M, then $Pr^{(n)} \vec{V}$ is the nth prolongation of vector field $\vec{V}$ defined on an open subset of $X \times U^{(n)}$. The prolongation of $\vec{V}$ plays a criterion for finding symmetry group.

Theorem. Suppose

$$\Delta_v(x, u^{(n)}) = 0, \quad v = 1, \cdots, l$$

is a system of differential equations of maximal rank defined over $M \subset X \times U$. If G is a local group of transformations acting on M and

$$Pr^{(n)} \vec{V}[\Delta_v(x, u^{(n)})] = 0, \quad v = 1, \cdots, l \tag{23}$$

whenever $\Delta(x, u^{(n)}) = 0$ for every infinitesimal $\vec{V}$ of G, then G is a symmetry group of the system.

Equation (23) gives the criterion for finding symmetry group. We need to write out the obvious description for $pr^{(n)}) \vec{V}$. The group action is rather complex during the prolongation. However the prolongation of vector field has a simpler form for the calculation.

The formula of $Pr^{(n)} \vec{V}$ is following.

Prolongation formula. Let $\vec{V}$ be a vector field defined on $M \subset X \times U$.

$$\vec{V} = \sum_{i=1}^{p} \xi^i(x, u) \frac{\partial}{\partial x^i} + \sum_{a=1}^{q} \Phi_a(x, u) \frac{\partial}{\partial x^a}. \tag{24}$$

Then the nth prolongation of $\vec{V}$ is a vector field

$$pr^{(n)} \vec{V} = \vec{V} + \sum_{a=1}^{q} \sum_{J} \Phi_a^J(x, u^{(n)}) \frac{\partial}{\partial u_J^a}, \tag{25}$$

defined on the open subset of $X \times U^{(n)}$, where $J = (j_1, \cdots, j_k)$, $i \leqslant j_k \leqslant p$, $1 \leqslant k \leqslant n$. The coefficient Φ_a^J of $Pr^{(n)} \vec{V}$ is given as

$$\Phi_a^J(x, u^{(n)}) = D_J \left(\Phi_a - \sum_{j=1}^{p} \xi^i u_i^a \right) + \sum_{i=1}^{p} \xi^i u_{J,i}^a \tag{26}$$

with $u_i^a = \partial u^a / \partial x^i$, $u_{J,i}^a = \partial u_J^a / \partial x^i$.

3. Illustrations of the Symmetry Calculation on Dynamic Equations

The symmetry analysis method introduced above is a useful technique for the study of differential equations and the behaviour of their solutions. Olver's discussion is mainly concerned with partial differential equations. On economic systems we usually take dynamic equations. Thus some illustrations of the symmetry calculation on these systems are meaningful.

We begin from a basic dynamic equation

$$\frac{du}{dt} = au - bu^2. \tag{27}$$

The solution of equation (27) is well-known, but the symmetry analysis will rebuild the relations of the solutions. Then we could use the method to some complex situations.

The solution of equation (27) is defined on $M \simeq \mathbf{R}^2$, the vector field $\vec{V}$ is written as

$$\vec{V} = \xi(t, u) \frac{\partial}{\partial t} + \Phi(t, u) \frac{\partial}{\partial u}. \tag{28}$$

For the situation of equation (27), we only have first order derivative, $n = 1$. The prolongation of vector field is written as

$$Pr^{(1)} \vec{V} = \xi \frac{\partial}{\partial t} + \Phi \frac{\partial}{\partial u} + \Phi^t \frac{\partial}{\partial u_t}$$

$$\Phi^t = \Phi_t + (\Phi_u - \xi_t) u_t - \xi_u u_t^2. \tag{29}$$

From the theorem written as equation (23), we substitute equation (27) to equation (29). The coefficients of the terms of equations vanish because of the equation is vanished. This calculation gives the vector bases for spanned the vector field $\vec{V}$ as

$$\vec{V}_0 = e^{at} \left(\frac{b}{a} \right)^2 \left(u - \frac{a}{b} \right)^2 \partial_u$$

$$\vec{V}_1 = \frac{1}{a}(a - bu)u \, \partial_u$$

$$\vec{V}_2 = e^{-at} u^2 \, \partial_u \tag{30}$$

$$\vec{V}_{\beta 0} = \beta_0 \, \partial_t - b\beta_0 u \left(u - \frac{a}{b} \right) \partial_u$$

$$\vec{V}_{\beta 1} = \beta_1 u \ \partial_t - b\beta_1 u^2 \left(u - \frac{a}{b} \right) \partial_u.$$

The symmetry group of equation (27) is gotten from equation (30). Owing to the theorem equation (23). symmetry group is decided by equation (30). We have

$$
\begin{aligned}
G_0 &: \ (t, \ u) \rightarrow \left[t, \ \frac{u - \varepsilon e^{at} \left(\frac{b}{a} \right)^2 \left(u - \frac{a}{b} \right)}{1 - \varepsilon e^{at} \left(\frac{b}{a} \right)^2 \left(u - \frac{a}{b} \right)} \right] \\[4pt]
G_1 &: \ (t, \ u) \rightarrow \left[t, \ u + \varepsilon u \left(u - \frac{a}{b} \right) \right] \\[4pt]
G_2 &: \ (t, \ u) \rightarrow \left(t, \ \frac{u}{1 - \varepsilon e^{-at} u} \right) \\[4pt]
G_{\beta 0} &: \ (t, \ u) \rightarrow \left[t + \varepsilon \beta_0(t), \ u - \varepsilon b\beta_0(t) u \left(u - \frac{a}{b} \right) \right] \\[4pt]
G_{\beta 1} &: \ (t, \ u) \rightarrow \left[t + \varepsilon \beta_1(t), \ u - \varepsilon b\beta_1(t) u^2 \left(u - \frac{a}{b} \right) \right].
\end{aligned}
\tag{31}
$$

The symmetry group transforms the solution to other solutions. We can get the information from the symmetry analysis. As we look at the group transformation G_2, we can get the information from a steady-state to an evolving state.

The solutions of steady-state is easy to get. From equation (27), they are $u = 0$, a/b. Symmetry group G_2 transforms the solutions to an evolving state. From equation (31), G_2 gives the new state as

$$
\begin{aligned}
u^{(1)} &= 0 \\[4pt]
u^{(2)} &= \frac{a}{b - a\varepsilon e^{-at}} = \frac{a}{b - c e^{-at}}.
\end{aligned}
\tag{32}
$$

Thus we get the time dependent solution directly from a group transformation. This result is meaningful for the economic discussion. Because the general equilibrium theory only studies the equilibrium states of the system. Then we have the idea to transform the state from steady solution to the time dependent solutions. This will give much information about the economic system. The other group transformations in equation (31) also give useful results.

The other dynamic equation discussed here is written as

$$
\begin{aligned}
\frac{du}{dt} &= au + buw \\[4pt]
\frac{dw}{dt} &= cuw + dw.
\end{aligned}
\tag{33}
$$

Equation (33) reduces to Lotka-Volterra equation when we take a, c positive and b, d negative. Equation (33) has $M \simeq \mathbf{R}^3$, its vector field $\vec{V}$ is

$$\vec{V} = \xi(t, \ u, \ w) \frac{\partial}{\partial t} + \Phi(t, \ u, \ w) \frac{\partial}{\partial u} + \eta(t, \ u, \ w) \frac{\partial}{\partial w}. \tag{34}$$

The prolongation of vector field is still taking order one, $n = 1$, but with variables t, u, w. Thus we have

$$
\begin{aligned}
pr^{(1)}\vec{V} &= \xi \ \partial_t + \Phi \ \partial_u + \eta \ \partial_w + \Phi^t \ \partial_{u_t} + \eta^t \ \partial_{w_t} \\[4pt]
\Phi^t &= \Phi_t + (\Phi_u - \xi_t) u_t + \Phi_w w_t - \xi_w u_t w_t - \xi_u u_t^2
\end{aligned}
$$

$$\eta' = \eta_t + \eta_u u_t + (\eta_w - \xi_t) w_t - \xi_u u_t w_t - \xi_w w_t^2. \tag{35}$$

The whole calculation on equation (34) is miscellaneous, we discuss some special case. For the calculation we still substitute equation (33) to equation (34) and get the coefficients from the vanish of the equation. When $a \neq d$ we get

$$\varphi = (a\gamma + A_1)u + \left(b\gamma + \frac{b}{a}A_1\right)uw$$

$$\eta = \left(d\gamma + \frac{d}{a}A_1\right)w + \left(c\gamma + \frac{c}{a}A_1\right)uw \tag{36}$$

$$\xi = \gamma(t)$$

and the vector bases as

$$\vec{V}_1 = \frac{1}{a}(au + buw) \partial_u + \frac{1}{a}(dw + cuw) \partial_w$$

$$\vec{V}_\gamma = (a\gamma u + b\gamma uw) \partial_u + (d\gamma w + c\gamma uw) \partial_w + \gamma \partial_t. \tag{37}$$

The symmetry groups then are taken as

$$G_1: \ (t, \ u, \ w) \rightarrow \left[t, \ u + \varepsilon u \left(1 + \frac{b}{a}w\right), \ w + \varepsilon w \left(\frac{d}{a} + \frac{c}{a}u\right)\right]$$

$$G_\gamma: \ (t, \ u, \ w) \rightarrow (t + \varepsilon, \ u + \varepsilon u(a + bw), \ w + \varepsilon w(d + cu)) \text{ with } \gamma = 1. \tag{38}$$

We can also calculate other cases. Such as $a = d$, we have the vector bases

$$\vec{V}_1 = \left(u + \frac{b}{a}uw\right) \partial_u + \left(w + \frac{c}{a}uw\right) \partial_w$$

$$\vec{V}_3 = e^{-at}uw \ \partial_u + \frac{c}{b}e^{-at}uw \ \partial_w \tag{39}$$

$$\vec{V}_\gamma = (a\gamma u + b\gamma w) \partial_u + (a\gamma w + c\gamma uw) \partial_w + \gamma \partial_t.$$

The symmetry analysis provides more information than the usual discussions of the dynamic equations. Equation (33) is an equation system involved two components with time evolution. The components are coupling together and have the periodic changeable behaviour. The symmetry analysis tells us that there are four kinds of category to compose. Then the main coupling behaviour can be understood from the symmetry.

An important and also interesting dynamic model is three-component equations with time dependent. This model is widely used in many economic problems. We simply illustrate the model in a special case, the three-component logistic equations written as

$$\frac{du}{dt} = \alpha u \left[1 - u \left(\frac{a_1}{v} + \frac{a_2}{w} + a_3\right)\right]$$

$$\frac{dv}{dt} = \beta v \left[1 - v \left(\frac{b_1}{u} + \frac{b_2}{w} + b_3\right)\right]$$

$$\frac{dw}{dt} = \gamma w \left[1 - w \left(\frac{c_1}{u} + \frac{c_2}{v} + c_3\right)\right]. \tag{40}$$

Equation (40) has $M \simeq \mathbf{R}^4$, its vector field is

$$\vec{V} = \xi(t, \ u, \ v, \ w)\frac{\partial}{\partial t} + \Phi(t, \ u, \ v, \ w)\frac{\partial}{\partial u} + \pi(t, \ u, \ v, \ w)\frac{\partial}{\partial v} + \zeta(t, \ u, \ v, \ w)\frac{\partial}{\partial w} \tag{41}$$

and its prolongation of vector field is

$$pr^{(1)}\vec{V}=\xi\,\frac{\partial}{\partial t}+\Phi\,\frac{\partial}{\partial u}+\eta\,\frac{\partial}{\partial v}+\zeta\,\frac{\partial}{\partial w}+\Phi^{x}\,\frac{\partial}{\partial u_{x}}+\eta^{x}\,\frac{\partial}{\partial v_{x}}+\zeta^{x}\,\frac{\partial}{\partial w_{x}}. \tag{42}$$

The three components u, v, w in equation (40) are closely coupled each other. They will increase or decrease owing to interactions between the components also from their environment. The calculation of symmetry shows that there will be a periodic changes between these components. This is a strong nonlinear phenomenon which cannot be gotten from the first sight of the numerical calculation. There are five kinds of fundamental solutions for equation (40), the periodic behaviour happens on two kinds of these solutions. It is interesting for the economic discussions.

4   The Approach on Economic Systems

As reviewed above. the method used here for analysing the economic systems is to find a small dimension dynamic model and symmetry is helpful for the more information of the systems.

An example is Solow model of the economic growth[6]. We have the dynamic form equation (6) as

$$\frac{dk}{dt}=f(k)-\lambda k-x,$$

with k capital, f production function and x the consumption. If we set the production form is fixed, then the latent productive capacity of the economic is limited. The efficiency of the capital is also limited. We can set

$$f(k)=\alpha+\beta k-\gamma k^{2}. \tag{43}$$

We get the similar form as equation (27)

$$\frac{dk}{dt}=ak-bk^{2}, \tag{44}$$

with $a=\alpha-x$, $b=\beta-\lambda$. Thus we can use the symmetry analysis to equation (44). If we introduce a cubic term to the production function in equation (43) then a bistable state can be gotten for the efficiency of capital.

Another example is a macroeconomic model which we have introduced in our perious paper[7], the simplified equations are written as

$$\frac{dY}{dt}=\alpha[I(Y,\ K,\ R)-S(Y,\ R)]$$

$$I(Y,\ K,\ R)=a\left\{(1-bR)+1-\exp\left[-\left(\frac{Y}{K}\right)^{2}\Big/2u^{2}\right]\right\}$$

$$S(Y,\ R)=cRY$$

$$\frac{dK}{dt}=I-\beta K$$

$$\frac{dR}{dt}=v[M_{d}(Y,\ R,\ P)-M(t)]$$

$$M_{d}(Y,\ R,\ P)=PY\cdot\varphi(R+\pi), \tag{45}$$

with Y output, I investment, S savings, K capital, R interest rate, P price level, M_{d} money demand, π inflation rate and a, b, c, α, μ, ν parameters. In equation (45), we have three components which are dynamic. More time dependent components also can be discussed. The numerical results have been calculated[7]. Now the symmetry analysis can help us to understand the interrelation between the components. In equation (45), the variables Y, K, R and I, S, M, P are closely coupled, but only Y, K, R are changed within the dynamic equations. We use the symmetry analysis for these components. Then we will get more information from the macroeconomic model than the numerical calculation only.

In this paper we introduce a method to analyze the dynamic equations for the object of economic systems. This method is called symmetry analysis closely linked with Lie group technique. A prolongation of the manifold is taken and then we get the prolongation of the group and the vector field. Economic system is related with dynamic equations, thus we face the equations which are first-order differential equations with several dependent variables evolving with the time. The symmetry analysis is suitable to understand the inner structure of the economic system and also the relations between the coupling variables. Thus this method provides a new technique to study economic system, combined with numerical calculation we could get more information for the economics. The macroeconomic problems and also the microeconomic problems both can be discussed by the symmetry approach. In this paper, we discuss the method itself and only introduce the way on the direction to apply the method. The practical economic problem needs a more detailed analysis and calculation. We hope this method will give some new ideas for the treatment of economics.

Acknowledgements

The author would like to thank the significant discussion with Professor Lee Zhanbin, Professor Jiang Lu, Dr. Yang Chenyu and Dr. Shen Qunying during the research.

References

[1] Allen P M. The evolution of communities social self-organization[C]//Submitted to International Conference of the Complexity and Self-Organization in Socioeconomic Systems. Beijing, China, 1994.

[2] Sanglier M. Economic structure in market economy[C]//Submitted to International Conference of the Complexity and Self-Organization in Socioeconomic Systems. Beijing, China, 1994.

[3] Day R H, Chen P. Nonlinear Dynamics and Evolutionary Economics[M]. Oxford: Oxford University Press, 1993.

[4] Zhang W B. Synergetic Economics-Time and Change in Nonlinear Economics[M]. Berlin: Springer, 1991.

[5] Olver P J. Applications of Lie Groups to Differential Equations[M]. Berlin: Springer, 1986.

[6] Takayama A K. Mathematical Economics[M]. Cambridge: Cambridge University Press, 1985.

[7] Fang F K. Macroeconomic dynamic model and economic evolution[C]//Complexity and Self-Organization in Socioeconomic Systems, Beijing, China, 1994.

A Dynamic Model and Numerical Experiment on the Evolution of Macroeconomics[*]

Li Honggang   Fang Fukang

(Institute of Non-equilibrium Systems, Beijing Normal University, Beijing 100875, China)

Abstract: An overall dynamic model on macroeconomics is presented. The model gives a comprehensive consideration on behavior of the products market, money market, and labor market, and explores growth and fluctuation of economic aggregate amount. Owing to emphasizing on the entirety and dynamic on the model, its numerical experiments exhibit the complexity of economic evolution.

Key words: macroeconomics; evolution; dynamic model

1   Introduction

Macroeconomics is the study of the behavior of the economy as a whole (David, 1981). It explores how the Gross Domestic Output (GDP) and the gross expenditures of resource are determined, moreover, how these aggregate amounts evolve at specific time horizon. It does try to answer the important question about the economy such as questions on the scale and growth rate of GDP, the quantity of employment and the rate of unemployment, the price level and the rate of inflation, the rate of interest and so on. It is the behavior of economy as a whole that contains the complexity of economic systems.

First of all, building an overall macroeconomic model in the theoretical level is essential. It is to say that the model should include and must answer all the preceding macroeconomic questions. Furthermore, the model should be a dynamic one and it can describe the behavior of economic evolution. However, although macroeconomic theories have made great progress since the General Theory (Keynes, 1936) was published, the majority of theoretical models on macroeconomics are confined to being local and/or static ones, and the overall models on macroeconomics have almost not been seen. In view of such circumstances, this paper will present an overall dynamic model on macroeconomics, and make a study on economic growth and fluctuation with the model. The model gives a comprehensive consideration on the behavior of the products market, money market, and labor market, among which the products market and money market are regarded as leading markets, and the labor market is in the position of a dependency. It makes a detailed study of the key variables such as GDP, employment and unemployment, price level and inflation, wage, money supply and so on. In this sense, it is an overall and dynamic model, which explores growth and fluctuation of

* Li H G, Fang F K. A dynamic model and numerical experiment on the evolution of macroeconomics[C]//Fang F K, Sanglier M. Complexity and Self-Organization in Social and Economic Systems. Berlin: Springer, 1997.

economic aggregate amount.

Second, an analytical method is always effective for a model, but it will face great difficulty when a more complex macroeconomic model is discussed. So another way should be sought. It is lucky to see that the methods of numerical experiment and simulation have an advantage in these circumstances. So this paper tries to adopt numerical experiment method in *System Dynamics* and wish to grasp the basic characteristics of economic evolution by simulation technique. In our work, the applied software *Ithink* for System Dynamics is employed.

2 The Model

The basic framework of the model is exhibited as follows: the rate of interest is determined through money market. Combining with the expected rate of profit which results in situation of products market, it determines this term investment. The investment brings about two effects: one is to increase current period effective demand, the other is to promote next period latent supply capacity. Both of the effective demand and current period latent supply capacity jointly determine current period gross output, and gross output determines current period employment. As can be seen, there are two special assumptions in the model:

The first, the output is determined by the effective demand and the latent supply capacity. Especially, the output equals to the minimum of the effective demand and latent supply capacity (see equation 2.5). Obviously, this view fails to agree with either Keynesian school, which holds that the output is controlled only by effective demand, or supply side school, which holds that supply capability controls output (Thomas, 1972). In our view, this model presents a better framework. If different output-determining mechanisms of Keynesian school and supply side school are considered to act in different cases which can exist in economic evolution, this framework can contain the views of either Keynesian school or supply side school.

The second, the investment decision in this model is expressed as a function on the difference of expected average rate of profit and expected rate of interest (see equation 2.7). Meanwhile, the investment equation is a dynamic adjustment equation. In particular, when the expected average rate of profit equals to the rate of interest, the investment increase at a speed of *natural growth rate*. Comparing with the majority of macroeconomic models, although the average rate of profit in this model is not in accordance with marginal rate of profit in *General Theory*, this model is nearer to Keynes's thought.

For convenience, a table of essential variables is given as follows:

K: capital stock

D: depreciation of capital

pL: output per labor

Lp: total available labor

M: money stock

p: price level

k_c: reciprocal of the velocity of circulation

u: the rate of unemployment

gy: the growth rate of GDP

ipo: last period rate of inflation ip_{t-1}

gw: the growth rate of wage

C: gross consumption

Y_s: latent supply capacity

Ro: last period average rate of profit R_{t-1}

ro: last period rate of interest r_{t-1}

I: capital investment

d_c: the rate of depreciation

gpl: the growth rate of output per labor

glp: the growth rate of labor

gm: the real growth rate of money stock

h: the ratio of gross tax to GDP

L: real employment

Y: real GDP

ip: the rate of inflation

w: wage

b_K: the ratio of capital to output

Y_d: effective demand

R: average rate of profit

r: the rate of interest

Yo: last period real GDP

s: the ratio of savings

The main equations of this model are presented.

$$dK/dt = I - d_c K \tag{2.1}$$

$$Y_s = Y_s(K, L) = \min(b_K K, pL \times L) = b_K K \tag{2.2}$$

$$dpL/dt = gpl \times pL \tag{2.3}$$

$$Y_d = C + I \tag{2.4}$$

$$Y = \min(Y_s, Y_d) \tag{2.5}$$

$$C_t = (1-s)[(1-h)Y_{t-1} + dM/p] + hY_{t-1} \tag{2.6}$$

$$I = I(R^*, r^*) = I(R_{t-1}, r_{t-1}) = (d_c + glp)\exp[a(R_{t-1} - r_{t-1})] \tag{2.7}$$

$$dLp/dt = glp \times Lp \tag{2.8}$$

$$R = (Y - wL/p)/K \tag{2.9}$$

$$r = l_0/[M/(k_c pY) - 1] \tag{2.10}$$

$$dp/pdt = ip = j_1 ip^* + j_2(Y_d - Y_s)/Y_s = j_1 ip_{t-1} + j_2(Y_d - Y_s)/Y_s \tag{2.11}$$

$$L = Y/pL \tag{2.12}$$

$$u = 1 - L/Lp \tag{2.13}$$

$$gw = ip^* - j_3(u - u_0) + gpl = ip_{t-1} - j_3(u - u_0) + gpl \tag{2.14}$$

$$dM/dt = gm \times M \tag{2.15}$$

a, j_1, j_2, j_3 are parameters.

Notes:

(1) The expression of production function in equation 2.2 depends on the assumption that available labor is unlimited in comparison with available capital equipment.

(2) A variable with star $*$ means expected value of the variable. For simplicity, the expected value of a variable in this model is assumed to equal to the last period value of the variable.

(3) The equation 2.10 is deduced from $M = k_c pY + L_2(r) = k_c pY(1 + l_0/r)$ and l_0 is a parameter indicated liquidity preference.

(4) The equation 2.14 is one kind of expression of Phillips Curve (Frisch, 1983).

Fig. A.1 in appendix is a System Dynamics Structure Diagram of this model.

3 Numerical Experiment

By selecting some parameters and initial condition, numerical experiments on this model proceed. The evolving behavior of variables, which are divided into two groups such as Y, p, L, I and gy, ip, u, Ro, is exhibited. As an example, Fig. 3.1 and Fig. 3.2 present one evolving result of the eight variables. On the figures, abscissa denotes *evolving* time.

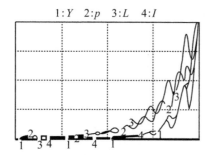
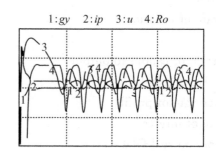

Fig. 3.1　Time series of Y, p, L, I　　　Fig. 3.2　Time series of gy, ip, u, Ro

Ignoring temporary process, some basic characteristics of economic evolution is obtained as follows by the experiments.

(1) Growth and fluctuation are united in economic evolution. For example, curve Y shaped as *steps by steps*, which indicates a step-like growth in real economy, and the curve of growth rate gy exhibits fluctuation. The evolution of other variables such as ip, u, Ro also exhibits fluctuation and usually has the same period as gy. Obviously, the fluctuations in this model are not caused by external shocks, and they are just endogenous behaviors of evolving systems.

(2) As some parameters are given, business cycle can either explode or decline to zero. But at a wide range of given parameters, the explosion and decline are not apparent. This is different from cycle behaviors in the accelerator and multiplier model (Gabisch/Lorenz, 1987). It means that the cycle behavior in this model is more robust for some parametric changes.

(3) Business cycle varies as parameters change. Especially, given some parameters, the period of cycle tends to the infinite. This means disappearance of business cycle in a specific sense. So cycle behavior can be regard as normal characteristics of economic evolution, and non-cycle phenomena just correspond to a long-period cycle behavior which may be disturbed repeatedly. Furthermore, the parameters are evolving themselves in real economy. So the ordinary business cycle does make up of a series of different business cycle, and it usually exhibits irregular wavy curve.

(4) There exists diversified wavy curve. For example, *para-square wavy curve* and *para-sawtoothed wavy curve* can be obtained. The former denotes one case in which long term boom is

346

accompanied by short term depression, the later denotes another case in which the period of upswing and recession are asymmetrical.

Certainly, more results on macroeconomic evolution can be obtained from this model owing to the limitation of space, this paper does not present them any more. Then, some parametric analysis is presented on the model. The main parameters which have an effect on the economic evolution are divided into three groups: the first are responding parameters (or named adjusting parameters), and the a in investment equation 2.7 is an example; the second are state parameters, and the growth rate of output per labor gpl is an example; the third are policy parameters, and the real growth rate of money supply gm is an example. Then, taking a, gpl, gm as representatives of the proceeding three group parameters, parametric effects on economic evolution are exhibited as follows:

(1) When responding parameter a increases, the periods of wavy curve such as gy, ip, u, Ro shorten, and it makes it clear that a promotion for responding ability of economic system will cause economic fluctuation more frequently. As for the amplitude of the business cycle, it shows a non-monotonous variations: When a increases at a lower level, the amplitude decreases, which indicates that improvement of responding intensity can absorb the fluctuations; however, when a increases at a higher level, the amplitude increases too, which indicates that improvement of responding intensity just aggravates the fluctuation. Moreover, the effect of alteration of a on the GDP level also depends on the a level, and there exists different a region in which a has a positive or negative effect on GDP level. This represents that responding parametric effect on economic growth is nonmonotonous, and it shows that a suitable responding intensity is necessary for an economy. Neither the lack of response nor over-response does benefit to economic growth.

(2) The state parameter gpl not only has a positive effect on the level of economic growth, but also has effect on the period of the business cycle. For instance, when gpl increases, the periods of the cycle lengthen and the amplitude of the fluctuation decrease. It represents that speeding-up promotion of technology can absorb the economic fluctuation. This conclusion is not direct but of significance.

(3) The policy parameter gm also has an effect on business cycle. With gm increasing, the periods of the cycle lengthen. The amplitudes of the cycle have a nonmonotonous variations: when gm increases at a lower level, the amplitudes of gy, ip, u, Ro curve all decrease; when gm increases at a higher level, the amplitudes increases. Except for u, the average values of the proceeding variables have the same altering direction with their amplitudes. It shows that effect of the growth rate of money supply on economic evolution is complex. Therefore, when the growth rate of money supply is utilized to adjust business cycle, a suitable value is very important. Similarly, the other paramtric analysis can be presented although they are not included in this paper.

4 Conclusion

To sum up, owing to emphasizing on the entirety and dynamics of the model, the numerical experiment results on the economic growth and fluctuation exhibit the *complexity* of economic evolution. In particular, the results are not usually direct. It is to say that they show the characteristics of *non-intuition*. Moreover, some results are unexpected, this means the characteristics as *anti-intuition*. A key source of these characteristics is the nonmonotonous relationship between the results of economic evolution and the economic variables (including parameters), this represents a *nonlinear causal relation*, which does not agree to a *linear thinking* which is developed from simple systems.

Of course, this model has a long way to exhibit the real complexity of real economic system, and some further work can advance on the way. Some instances are given as follows:

(1) This paper just gives a simple consideration about expectation. However, expectation is complex, and exists widely, which has important effect in real economy. In addition, this paper has no consideration about the uncertainty, which is also a main source of complexity of economic system.

(2) In this model, the parameters are viewed as constant. However, economy is an evolving system, the parameters may change themselves. Therefore, it gives rise to a question on a time robust of the parameters. So we must take note of comprehension on the results.

(3) The model does not involve a real particular economy, so its results are detached. If a real particular economy is discussed, some variation for the model is necessary, and more results with individuality of the real particular economy will be obtained.

References

Anderson P, Arrow K J, Pines D, 1988. The Economy as an Evolving Complex System[M]. Cambridge: Addison-Wesley.

David W, 1981. Dictionary of Modern Economics[M]. London: Macmillan.

Frisch H, 1983. Theories of Inflation[M]. Cambridge: Cambridge University Press.

Gabisch G, Lorenz H, 1987. Business Cycle Theory[M]. Berlin: Springer-Verlag.

Keynes J M, 1936. The General Theory of Employment, Interest and Money[M]. London: Macmillan.

Thomas S, 1972. Say's Law: An Historical Analysis[M]. Princeton: Princeton University Press.

Appendix

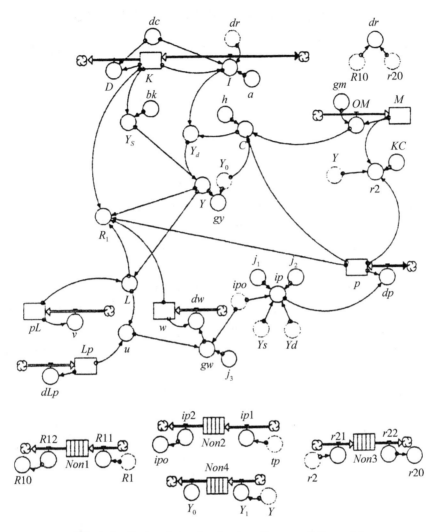

Fig. A. 1 System dynamics structure diagram of the model

Investment for Technology Progress, Increasing Marginal Products and Bistable State of Economic Growth[*]

Di Zengru　Fang Fukang

(Institute of Non-equilibrium Systems, Beijing Normal University, Beijing 100875, China)

Abstract: For an open developing economy, besides the effect of R&D, an important way of technology progress is to get the advanced technology by certain investment. But only when the investment reaches a certain amount, can the level of technology be raised obviously. So there is a large set up cost in the importation of technology and equipment. A S-curve is used in the model to describe this nonlinear property. By the static equilibrium and dynamic analysis, the following results are obtained:

(1) Such a small open developing economy (SODE) is *locked in* the initial state which is in the lower level of technology. Only when the disturbance (investment for technology import) exceeds a critical value could it lead to the take-off of SODE.

(2) In the period of economic take off, the economic growth can reach a high speed in a short time interval.

(3) This high growth rate is caused by the effect of self-reinforcing mechanism arising from the increasing marginal products (IMP) of capital.

IMP is a important cause of nonlinear interaction in economic system. On the basis of neoclassical economic growth theory, it has been proved by singularity theory that when there is IMP in the economy, there will be bistable state of economic growth. Exceeding a certain economic barrier is the basic condition of economic take-off. The influence of capital accumulation and population growth on the economic development is discussed.

1　Introduction

With the development of the research on the properties of nonlinear systems, the important effect of nonlinearity on the evolution of economic system is recognized gradually. There are many reasons that lead to the nonlinear interaction in economic system, such as nonlinear acceleration mechanism (Goodwin, 1951), effect of pollution (Day, 1982), economic externalities (Boldrin, 1992) and so on. The nonlinearity will cause the complexity of economic evolution, such as multi-equilibria and chaos. B. Arthur discussed the self-reinforcing mechanism in economic system and its influence on economic evolution (Arthur, 1988). He pointed out that a large set up or fixed cost is an important

---

　* Di Z R, Fang F K. Investment for technology progress, increasing marginal products and bistable state of economic growth[C]//Fang F K, Sanglier M. Complexity and Self-Organization in Social and Economic Systems. Berlin: Springer, 1997.

reason of increasing returns. We will discuss a small open developing economy (SODE) in the following. The SODE can get the advanced technology by certain amount of investment, and this will lead to the development of the economy.

Technology progress is an important factor of economic growth. Recently, the theory of endogenous macroeconomic growth provides a new description of the relationship between growth and technology. Romer has taken the view that technology progress is created by the sector of R&D in the economic system, and the changing rate of technology is determined by the investment of human capital and the stock of knowledge (Romer, 1986). Lucas has discussed the influence of the accumulation of human capital on technology progress and growth(Lucas, 1988). Their theories have changed the focus toward explanations of sustained long-run growth. But it is only the case of developed economy. For an open developing economy, besides the effect of R&D, the main source of technology progress is to import the advanced technology. Especially for a small open developing economy (SODE), the investment for import technology basically determines the rise of its technology level.

In fact, the raise of technology level is not in proportion to the investment. There is a large amount of set up costs, and this determines the nonlinear relationship between investment and technology progress. This is the basic idea of following research. A small open economy (SOE) is an interesting object for economic research. South Korea and China are the examples of SOE. The special economic zones and some other relatively independent economic regions of China can also be treated as SOE. Of course they have different economic features. They are small open developing economy (SODE). Grossman, Helpman (1989) and Fung J. Ishikawa (1991) have discussed economic growth of SOE based on the endogenous economic growth theory. The importation of technology and the development of SODE are discussed under the same framework in the following.

Section 2 describes the basic model and the results of equilibrium and dynamic analysis. Some interesting results are obtained in the model.

(1) There are two kinds of equilibria: a low-level initial equilibrium and a high-level equilibrium. The SODE is locked in the initial state which is in the lower level of technology. Only when the disturbance (investment for technology import)exceeds a critical value could it lead to the take-off of SODE.

(2) In the period of economic take-off, the economic growth can reach a high speed in a short time interval.

(3) This high growth rate is caused by the effect of self-reinforcing mechanism arising from the increasing marginal products (IMP) of capital.

Section 3 describes the neoclassical economic growth model under the assumption of IMP. IMP is the basic source of nonlinearity in economic system. It makes SODE have bistable state of economic growth. Exceeding a certain economic barrier is the basic condition of economic take-off. The influence of capital accumulation and population growth on the economic development is discussed.

2 Investment for Technology Import and Increasing Marginal Products of Capital

We examine a SODE with one sector. It use two primary factors [labor (L) and capital (K)] to produce product Y under certain technology level A. It has following features:

(1) SODE has a large economic background. The changing of its economy can not influence the whole economic system.

(2) SODE has access to the world capital market at an exogenously given world interest rate r. There is capital flow between SODE and its environment.

(3) Its technology progress is determined by the investment for advanced technology importation.

Y is produced under Cobb-Douglas production function with Harrod neutral technology A:

$$Y=b(AL)^a K_1^{1-a} \tag{1}$$

Assume that labor L is constant in SODE. The rise in technology A is determined by the investment K_2. If $K_2=0$, that is, there is no investment for importation of advanced technology, then $A=A_0$. With the increasing of K_2, $A=F(K_2)$ has the form of S-curve(Fig. 1). Figure 2 is the curve of dA/dK_2. A most important property of $A=F(K_2)$ is that the rise in A is not in proportion to K_2. Only when K_2 reaches a certain amount, can the level of technology A be raised obviously.

For initial state, $K_2=0$, $A=A_0$, the equilibrium capital stock satisfy:

$$\partial Y/\partial K_1 \mid_0 = r \tag{2}$$

where the subscript 0 represents the initial state.

When there is investment for importation of advanced technology, the equilibrium point 2 is stable. It is the final state of economic development. The equilibrium point 1 is unstable. It forms the economic barrier of development. If the initial investment for technology progress ΔK_2 is less than K_{21}, it could not lead to the qualitative change of SODE. But when $\Delta K_2 > K_{21}$, the marginal product of capital (including K_1 and K_2) will be greater than the interest rate r. So SODE will attract further investment from the world economy. And with the increasing of capital stock, its marginal product has a stage of increasing. Increasing marginal product (IMP) forms the self-reinforcing mechanism of economic growth. It leads to the take-off of SODE, and finally the economy will stabilize in equilibrium 2. The existence of critical point K_{21} is the result of nonlinear relationship between investment and technology progress. It will change with the variation of interest rate r (Fig. 4). The bigger r is, the larger the initial set up capital K_{21} is and the higher the economic barrier will be. Also we can discuss the effect of the changing of other parameters on critical point K_{21}.

Investigation of the evolution of SODE could give us a deeper understanding of the system. The change of capital is based on the difference of its marginal product. Assume it follows the equations:

$$dK_1/dt = m(\partial Y/\partial K_1 - r)$$

$$dK_2/dt = \begin{cases} 0 & \partial Y/\partial A \cdot dA/dK_2 \leqslant r \\ m(\partial Y/\partial A \cdot dA/dK_2 - r) & \partial Y/\partial A \cdot dA/dK_2 > r \end{cases} \tag{3}$$

The corresponding change of product is:

$$dY/dt = \partial Y/\partial K \cdot dK_1/dt + \partial Y/\partial A \cdot dA/dK_2 \cdot dK_2/dt \tag{4}$$

In the following numerical simulations, the relation of A and K_2 is given by:

$$A = A_0 + B(1 - e^{-K_2^2/2\lambda}) \tag{5}$$

thus:

$$dA/dK_2 = \frac{BK_2}{\lambda} e^{-K_2^2/2\lambda} \tag{6}$$

The value of parameters are: $a=1/3$, $b=0.3$, $r=0.1$, $A_0=1.0$, $B=1.5$, $\lambda=1.0$, $m=2.5$. The initial state is $K_{20}=0$, $A=A_0$, and from equation (2):

$$K_{10} = \left[\frac{(1-\alpha)b}{r}\right]^{1/\alpha} A_0 \tag{7}$$

Under the influence of investment ΔK_2 for importing advanced technology, we get following results:

(1) The initial investment ΔK_2 has a critical value ΔK_{2c}. When $\Delta K_2 < \Delta K_{2c}$, although it could raise the technology A and lead some growth of product, the economy has no qualitative change in final. When $\Delta K_2 > \Delta K_{2c}$, SODE will exceed economic barrier and take off from the initial state. These are the same as the results of equilibrium analysis.

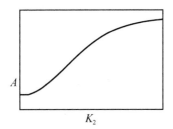

Fig. 1 $A = F(K_2)$

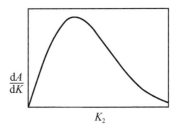

Fig. 2   Curve of dA/dK_2

marginal product of capital K_1 will increase with the progress of A. So there will be capital flow between SODE and the world economy. The new equilibrium points are determined by following equations:

$$\partial Y/\partial K_1 = \partial Y/\partial K_2 = \partial Y/\partial A \cdot dA/dK_2 = r \tag{8}$$

From equations (1) and (3), we obtain:

$$\alpha K_1 \cdot dA/dK_2 = (1-\alpha)A \tag{9}$$

$$A = K_1 \left[\frac{r}{b(1-\alpha)}\right]^{1/\alpha} \tag{10}$$

Thus, the fundamental equation that determines the equilibrium points is:

$$dA/dK_2 = \frac{1-\alpha}{\alpha} \left[\frac{r}{b(1-\alpha)}\right]^{1/\alpha} \tag{11}$$

According to the properties of dA/dK_2, the equation (6) has two solutions in general. That is, there will be two equilibrium points. The corresponding investments are K_{21} and K_{22} (Fig. 3).

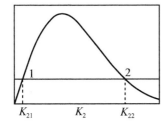

Fig. 3   The equilibrium points

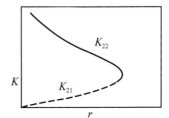

Fig. 4   The changing of K_{21}, K_{22}

$$dk/dt = sf(k) - gk \tag{12}$$

where s is average propensity to save, g is constant growth rate of labor, $k = K/L$ is capital stock per capita, $f(k)$ is production function. In general, the following assumptions are imposed:

$$f(k) > 0 \quad f'(k) > 0 \quad f''(k) < 0$$

$$f(0) = 0$$

$$f'(0) = \infty \quad f'(\infty) = 0 \quad 0 < s \leqslant 1 \tag{13}$$

But for SODE, we suppose that $f(k)$ has following properties:

$$f(k)>0 \qquad f'(k)>0$$

$$f''(k)=\begin{cases}>0 & 0<k<\mu \\ =0 & k=\mu \\ <0 & k>\mu\end{cases} \qquad f'''(\mu)<0 \tag{14}$$

$$f'(0)=0 \qquad f'(\infty)=0 \qquad f(0)=p$$

The key point of these assumptions is increasing marginal product (IMP) of capital. Under the assumptions (14), $f'(k)$ have a unique maximum at $k=\mu$. Let $f'(\mu)=M$. With the parameters p and $\lambda=g/s$, the qualitative properties of (12) is determined by the function:

$$G(k,\lambda,p)=f(k,p)-\lambda k \tag{15}$$

Under the assumptions (14), the following theorem can easily be proved:

Theorem 1. For any $\mu>0$, $M>0$, in the space $\Omega\{k,\lambda,p\}$, there exists a unique point $Z_0=(\mu,M,p_0)$, such that the $G(k,\lambda,p)$ has the properties:

$$G(\mu,M,p_0)=\frac{\partial}{\partial k}G(k,M,p_0)\mid_{k=\mu}=\left(\frac{\partial}{\partial k}\right)^2 G(k,M,p_0)\mid_{k=\mu}=0$$

$$\left(\frac{\partial}{\partial k}\right)^3 G(k,M,p_0)\mid_{k=\mu}<0 \qquad \left(\frac{\partial}{\partial k}\right)G(\mu,\lambda,p_0)\mid_{\lambda=M}<0$$

From the recognition propositions of singularity theory, the following result can be achieved:

Theorem 2. For any $\mu>0$, $M>0$, there exists a unique point $Z_0=(\mu,M,p_0)\in\Omega$, such that $G(k,\lambda,p_0)$ is equivalent to the hysteresis in a neighborhood of (μ,M).

In the point Z_0, $G(k,\lambda,p)$ satisfies:

$$G_\lambda=-\mu \qquad G_{\lambda k}=-1$$
$$G_p=1 \qquad G_{pk}=0$$

and

$$\det\begin{Bmatrix}G_\lambda & G_{\lambda k}\\ G_p & G_{pk}\end{Bmatrix}=\det\begin{Bmatrix}-\mu & -1\\ 1 & 0\end{Bmatrix}=1$$

According to the propositions of universal unfolding, we can get the following theorem:

Theorem 3. The one-parameter unfolding $G(k,\lambda,p)$ in theorem 2 is a universal unfolding of $G(k,\lambda,p_0)$ near (μ,M).

From the above theorems, the singularities of $G(k,\lambda,p_0)$ are described in Fig. 8. In a certain regions of parameter space, the economy described by production function (14) has a bistable state of economic growth (Fig. 5).

(2) When $\Delta K_2>\Delta K_{2c}$, the economic development can be divided into two stages: gradual growth and sudden change. The larger ΔK_2 is, the earlier the sudden change occur(Fig. 5).

(3) In the sudden change stage, the economic growth can get a relatively high speed(Fig. 6).

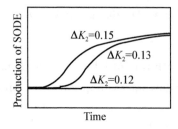

Fig. 5　The development of SODE

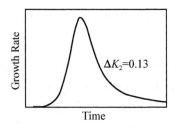

Fig. 6　The growth rate

(4)The marginal product of total capital of SODE ($K_1 + K_2$) has a stage of increasing(Fig. 7). The property of increasing marginal product (IMP) is very important for the research of economic development. In the following section we will discuss its effect on economic growth in the basis of neoclassical theory.

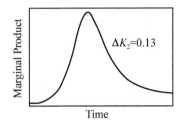

Fig. 7　The marginal product

3　IMP and the Bistable State of Economic Growth

According to the neoclassical economic growth theory, under the condition of constant return to scale, economic growth is determined by equation:

[Fig. 8(c), Fig. 9] When $\lambda = g/s$ is large or small enough the system has only one steady state. There exist λ_{C1} and λ_{C2} when $\lambda_{C2} < \lambda < \lambda_{C1}$, there will be three steady states. One of them is unstable. Because $\lambda = g/s$, so we can discuss the effect of labor growth and capital accumulation on economic growth.

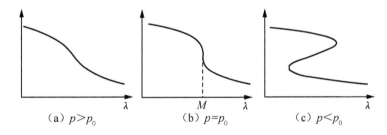

Fig. 8　The singulacities of $G(k, \lambda, p)$

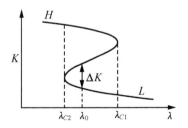
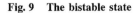
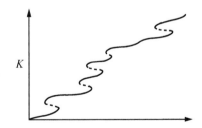

Fig. 9　The bistable state　　　　Fig. 10　A description of economic development

For a given saving propensity s, if labor growth rate g makes $\lambda > \lambda_{C1}$ although the economic growth can get a higher rate through the expansion of inputs, the capital per capita and the product per capita will be in the lower branch L. With the diminishing of g, when $\lambda < \lambda_{C1}$, there will be a higher stable branch H. But because the branch L is still stable, the economy will be locked in the branch L. A small perturbation cannot cause the sudden change of the economy. Only When $\lambda < \lambda_{C2}$

can the economy take-off from the branch L, and finally stabilize in branch H. Then so long as $\lambda < \lambda_{C1}$, the economy will be stable in higher branch H. When g is constant, by the same method we can get the effect of parameter s. A high accumulation rate s is favorable to economic take-off.

4　Concluding Remarks

Economy is an evolving complex system. The study of nonlinearities will certainly be helpful in uncovering important properties of its evolution. From the nonlinear relationship between technology progress and investment, the effects of importing advanced technology on economic development are discussed above. There are several typical nonlinear phenomena, such as multi-equilibria, lock in, critical effect, sudden change and so on. The further research in Section 3 has indicated that the increasing marginal return will lead to the bistable state of economic growth, and under some conditions there will be sudden change of the state. Our results are obtained from a realistic economic model, and a lot of evidence for the conclusions could be gotten from the development of some countries and regions.

W. W. Rostow introduced the concept of economic take-off in 1960 to describe the structure change and high speed growth in economic development (Rostow, 1960). In *Synergetic Economics*, W. B. Zhang indicated that economic take-off can be described by the catastrophe of nonlinear system (Zhang, 1991). Our research could be a development of above theory. From the above results, we can give a simplified description of economic development (Fig. 10). Of course. economic development especially economic take off is determined by a lot of factors including social, political, economic, cultural, environmental factors and so on. Our model is only a very simplified description of economic evolution.

References

Arthur W B, 1988. Self-reinforcing mechanisms in economics[M]// Anderson P W, Arrow K J, Pines D. The Economy as an Evolving Complex System. New York: Addison-Wesley.

Boldrin M, 1992. Dynamic externalities, multiple equilibria, and growth[J]. Journal of Economic Theoryx, 58(2): 198-218.

Fung K-y M, Ishikawa J, 1991. Dynamic increasing returns, technology and economic growth in a small open economy[J]. Journal of Development Economics, 37(1-2): 63-87.

Day R H, 1982. Irregular growth cycles[J]. American Economic Review, 72(3): 406-414.

Goodwin R M, 1951. The nonlinear accelerator and the persistence of business cycles [J]. Econometrica, 19(1): 1-17.

Grossman G M, Helpman E, 1989. Growth and Welfare in a Small Open Economy[Z]. Working Paper, No. 2970, Cambridge: NBER.

Lucas R E, 1988. On the mechanics of economic development[J]. Journal of Monetary Economics, 22(1): 3-42.

Romer P M, 1986. Increasing returns and long-run growth[J]. Journal of Political Economy, 94(5): 1002-1037.

Rostow W W, 1960. The Stages of Economic Growth[M]. Cambridge: Cambridge University

Press.

　　Solow R M, 1956. A contribution to the theory of economic growth[J]. The Quarterly Journal of Economics, 70(1): 65-94.

　　Zhang W B, 1991. Synergetic Economics-Time and Change in Nonlinear Economics[M]. Berlin: Springer.

Macroeconomic Dynamic Model and Economic Evolution[*]

Fang Fukang

Beijing Normal University，Beijing 100875，People's Republic of China

Abstract：This paper discusses the complicated evolution of macroeconomic system and its mechanism. It points out that the evolution of macroeconomic system is a nonlinear dynamic process in constant growth and oscillation that are either strengthening or weakening. This theoretical analysis agrees with the practical economic development. Besides，the unity of constant growth and oscillation generated and decided by the complicated internal interactions is the basic characteristic of the evolution，which is not solely decided by the push from changes in the external environment. Finally，the nonlinear interactions and coupling among economic variables and those between economic variables and parameters make the system evolution characterized by growth and oscillation much complicated and diversified. The impact of parameters on evolution is not monotonous and cannot be viewed directly.

The major task of macroeconomics is to describe the complicated macroeconomic evolution as a whole and to explain the growth and oscillation in the process of economic development. This paper starts with the equilibria and their interactions among the three markets of product，labor and money which constitute the macroeconomic system. Through the analysis of the forming mechanism of the market equilibrium and the dynamic process of the equilibrium transition，the paper explores the dynamic law in the complicated macroeconomic system evolution. In the first part，we discuss our views of the core issues of macroeconomic evolution and propose the relevant methods and ways of dealing those issues. In the second and the third parts，we create nonlinear dynamic models and discuss the evolution behavior and laws in the macroeconomic system that includes the product and money markets as well as the product and labor markets. In the fourth part，we establish the total system dynamic model that contains major variables and parameters in the macroeconomy and their interactions. We use concrete numerical experiments to explore the evolution of macroeconomy. In the fifth part，we analyze and process relevant economic data in China's economic development and the practical economic evolution is observed in this way. The paper finally summarize the major work and results and discuss the possibility and direction of future developments.

1　Introduction

Different schools like Keynesian School，Currency School，Neo-classical School and New Keynesian School exist in the filed of macroeconomics. Many new schools will undoubtedly appear in

---

* Fang F K. Macroeconomic dynamic model and economic evolution[C]//Fang F K Sanglier M. Complexity and Self-organization in Sooial and Economic Systems. Berlin：Springer，1997.

the future. Different schools have different opinions and methods of research. The discussions among them have brought macroeconomics to the frontier of economic studies. Behind the complicated controversies and discussions, there are two basic facts that seem to be conflicting to each other, i. e. the ever-increasing interest of economists to macroeconomics and the ever-changing difficulties macroeconomics has encountered in the process of development. On the one hand, the attention to the growth and oscillation in the aggregates such as production, employment, income and price urges economists study macroeconomics, particularly macroeconomic dynamics so as to explain and illustrate the constant changing economic facts. On the other hand, the differences and controversies over theories show that economists have not yet reached a common understanding to the description and illustration of the process and mechanism of evolution of economic systems. Each school explains the laws and facts in the evolution of macroeconomic system separately, but there is no unified and complete theoretical basis by now. The publication of *The General Theory of Employment, Interest and Money* marked Keynesian economics as the leading theory in macroeconomics. Yet in the past decades, it has been increasingly criticized by different schools. The global economic growth after World War II challenges the economists. How to overcome the contradictions and controversies? How to establish a theory to explain the coexistence of growth and oscillation as well as inflation and unemployment? These have become questions macroeconomics has to answer.

People have reasons to set high requirements for macroeconomics. Since 1970s, the economy in South-eastern Asian countries has boomed. The reform and development in China in the past ten years needs economist provide reasonable explanations. So does the economic situation in former Soviet Union and Eastern European countries after the change in their political system. The fore-mentioned phenomena and the stimulus behind are not only the objects of study of politicians and policy-makers. but also those of macroeconomic dynamics.

Macroeconomics treats the national economy as a whole with its functions and evolution. Its objects of study are output, labor, price and other aggregates of macroeconomy that change with time and their specification. Macroeconomics tends to solve the major issues in social economy such as GNP and its growth rate, employment rate, price level and inflation rate etc. If we view with a deeper insight the core issue of macroeconomics is the interaction of the equilibria of product, money and labor markets which form the total macroeconomic system, as well as the nonequilibrium dynamic process of the transition and evolution of these market equilibria. First of all, the total equilibrium of product, money and labor markets decide the balance level of GNP, employment and price as well as the mechanism that forms the equilibrium. A separate study of the properties in certain market equilibrium and the market factors that have impacts on the equilibrium constitute the local and quasi-static analysis by macroeconomics to the evolution behavior of the system. In addition, because the interactions of the markets are complicated and nonlinear, the local equilibrium will be influenced by the changes in the other markets. The change in one market caused by other markets will in return shows impact on other markets. This makes the three major markets in macroeconomics be in the interactive, inter-constraint state that is non-synchronous. The local equilibrium of each market is both associated and independent, which makes the macroeconomics constantly adjusts its system in order to satisfy the total equilibrium of the three balancing markets. The nonlinear interaction may lead to multiple local equilibria that form the manifold patterns of the total equilibrium and will finally show impacts over the transition and evolution of the equilibrium of the economic system. The nonequilibrium evolution process explains the constant growth and oscillations of economic aggregates.

The major task of macroeconomic dynamics is to use mathematical and particularly quantitative model methods to analyze the core issues mentioned above. Macroeconomic dynamic model that illustrates the evolution process of the macroeconomic system can be traced back to the time of Keynes' model based on the theory of "effective demand controls supply". Such models have been criticized and modified by many Keynesian and non-Keynesian schools since the time of Hicks. By now a complete frame of model based on the Keynes' model has been formed and has so far solved many core issues. The traditional IS-LM model bases itself on the equilibrium point of the product market and money market and discusses the specification of macroeconomic equilibrium and the quasi-static change when system diverges the equilibrium on the basis of full employment and fixed capital stock. Boldrin (1988) improved the traditional model by discussing the nonequilibrium process in which output, interest rate and capital stock interact and change together. He also provided the existence of the limit cycle under large-scale parameter value. Boldrin thus described the economic growth and oscillation under the situation of fixed price level and salary. Zhang Weibin (1992) further considered the changes in output and capital stock with technical progress.

The above-mentioned work has different emphasis. But as a whole they cannot describe properly the total macroeconomic behavior that includes product, money and labor market. They cannot describe properly the nonequilibrium evolution process that is characterized by persistent growth and oscillation. Therefore they are partial or static models. In my opinion, in order to have a deeper understanding of the core issues of macroeconomic evolution, a macroeconomic evolution model that consists of product, money and labor markets should be created. The changes in demand and supply and the interactions among the three markets should be studied comprehensively. The properties and evolution law that governs individual market equilibrium and the total macroeconomic equilibrium should be analyzed. In this way, such major national economic variables as GNP, employment, inflation, salary and money supply can be identified. On this basis, the macroeconomic growth and oscillation and its dynamic evolution process can be explained. Due to the complicity of macroeconomic system, this work of building a reasonable total model is no doubt both difficult and challenging. In order to approach to this goal, we proceed from the following aspects.

First, the total model that includes product, money and labor markets becomes much complicated due to the nonlinear interactions. Therefore it is very difficult to use quantitative methods to solve such issues. We use analytic methods to analyze the interactions between two of the markets and then establish a dynamic model of system evolution. With the improvements in the equations to the direction of practical economic development, we have made some detailed descriptions of different aspects of the evolution of the macroeconomic system. Our aim is to provide an understanding of the complete law of macroeconomic evolution. We proceed from two aspects: on the one hand, we take into consideration of product market and money market that form the macroeconomic system. Then we introduce variable money supply and total supply and associate them with the fluctuation of capital stock. So the constant growth and fluctuation caused by the changes in the economic environment such as changes in technology and the interactions between products and money markets are reflected. We also introduce difference equations to describe the sticky change in the practical price level. Through numerical simulations, the unity of constant growth and oscillation—the two basic phenomena in the macroeconomic evolution is clarified. On the other hand, we consider the macroeconomic system formed by the product and labor markets. We put emphasis on the decisive impact of interactions between demand and supply on the economic equilibrium and evolution. We introduce production potential, possible production demand, possible labor demand and labor resources. We also used logistic equations that can finely reflect the constrained dynamic growth to form the dynamic system model that describes the macroeconomic growth and oscillation decided by demand and supply.

In addition, we use the methods of numerical experiments to understand system evolution laws and characteristics. All the works above-mentioned use theoretical analysis to explore the dynamic mechanism of macroeconomic system evolution. Due to the complicity and difficulty of the issue, the models established by using these methods can only partly describe the system evolution as a whole. We cannot fully understand the internal interactions of macroeconomic systems. In order to have a full understanding of the nonequilibrium dynamic process, we must use both theoretical analysis and numerical experiments. Through simulating macroeconomic evolution process, we can understand the interactions among the internal variables and those between internal and external environments. In this way, the theoretical studies become deeper than before. We use the numerical experiments of system dynamics and the integrated computer software to create a total model that includes such major macroeconomic variables and parameters as output, capital stock, investment labor, price, interest rate and salary level. Through observing macroeconomic evolution, we abstract the laws and interactions so as to recognize the complicity of the economic system.

At last, we move our attention to the practical economic growth. We notice that the study of macroeconomic system evolution mechanism benefit not only theoretical studies but also practical work. The changing economic reality constantly challenges macroeconomic studies and examines the authenticity and feasibility of the theories. We collect China's GNP growth rate, price index, interest rate and many other major economic index numbers and data. We use index regression analysis and Fourier transformation to observe the growth and oscillation in Chinese macroeconomic evaluation. We also examined and improved the dynamic model for macroeconomic system through this application.

2 The Dynamic Model Under Changes in Supply and Price

In the early works of nonlinear analysis, Richard Goodwin (1951) used the limit cycle in a two-dimensional dynamic model to illustrate the constant economic oscillation under multiple accelerations. In 1980s, Cuguo and Montrucchio (1983) introduced constant price changes on the basis of Kaldor's model and Boldrin's model (1983). They used the Hopf's bifurcation theory to prove the existence of periodical solution of economic system. We consider a macroeconomic system that includes both product market and money market by analyzing interactions among markets and by creating nonlinear dynamic models that depict system evolution (Di Z. R. and Fang F. K., 1994). In comparison with other works, there are two characteristics of our model. First other works assume the stability of money supply and total supply. Therefore, they can only describe the short-term oscillation. We introduce changeable external environments that may lead to long-term growth and changing total supply and capital stock as well as their interactions. We discuss the impact of interactions between the evolving product market and money market on the macroeconomic growth and oscillation. In addition, in Cuguo and Montrucchio's models, the description of price change is continuous while actual price adjustment is mostly sticky. Therefore it has relative stability in the short-term. We have introduced difference-differential equation system to reflect the changing property of the actual price level. We have formed the following models:

$$dY/dt = a[I(Y, K, R) - S(Y, R)] \tag{2.1}$$

$$I(Y, K, R) = a\left\{(1-bR) + 1 - \exp\left[-\left(\frac{Y}{K}\right)^2 / 2\mu^2\right]\right\}Y \tag{2.2}$$

$$S(Y, R) = cRY \tag{2.3}$$

where Y denotes actual output and I denotes investment, $\partial I/\partial Y > 0$, $\partial I/\partial R < 0$, $\partial I/\partial K < 0$, a, b, α, μ are positive parameters. S denotes savings which satisfies $\partial S/\partial Y > 0$, $\partial S/\partial R > 0$, c is a positive constant.

$$dK/dt = I - \beta K \tag{2.4}$$

$$dR/dt = v[M_d(Y, R, P) - M(t)] \tag{2.5}$$

$$M_d(Y, R, P) = PY \cdot \varphi(R + \pi) \tag{2.6}$$

where K is capital stock, R is actual interest rate, P is price level and M_d is money demand. π denotes inflation rate and $M(t)$ is changing money supply. $\varphi(R+\pi) = 1 - d(R+\pi)$ and d, β, v are positive parameters.

$$Y^* = AK^m L^{1-m} \tag{2.7}$$

where Y^* is total supply and L is labor supply. A is a positive constant.

$$dP/dt = fP(Y - Y^*) \qquad \text{elastic} \tag{2.8}$$

$$P_t = P_{t-1} + fP_{t-1}(Y_{t-1} - Y^*_{t-1}) \qquad \text{sticky} \tag{2.8'}$$

$$\pi = (1/P) \cdot dP/dt \qquad \text{elastic} \tag{2.9}$$

$$\pi = (P_t - P_{t-1})/P_{t-1} \qquad \text{sticky} \tag{2.9'}$$

The six equations in actual output capital stock, interest rate, total supply, price level and inflation rate together with other functions constitute a description of dynamic evolution of the macroeconomic system. Money supply $M(t)$ and labor supply $L(t)$ provided, under some initial conditions and parameters, we can discuss core issues like growth in the macroeconomic system, periodical oscillation and inflation within full employment. Through mathematical simulations, we can get different evolution processes when parameters α, v and f reflecting the adjustment speed of total output interest rate and price level are assigned different values.

If $Y^* = 1$ and $M = 0.8$, price adjusts elastically and the model degenerates to a four-dimensional differential dynamic system. If $\alpha = 0.01$, $v = 0.1$ and when $f = 0.13$, the model shows stable periodical oscillation i. e. economic cycles without growth. This result, like theoretical analysis, may come from the assumption that total supply and money supply are fixed. Please refer to Fig. 2.1.

1:R+TT   2:D   3:R   4:TT   1:K   2:Y   3:Y*

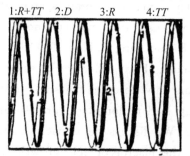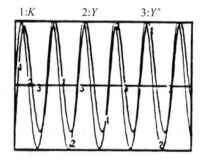

Fig. 2.1 $a = 0.1$ $v = 0.1$ $f = 0.13$

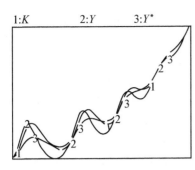
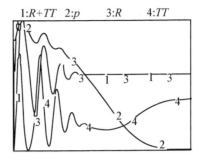

Fig. 2. 2 $a=0.2$ $v=0.01$ $f=0.001$

If we assume that labor supply and money supply grow at the same rate, $Y^* = 0.5\sqrt{K \cdot e^{0.01t}}$, $M = 0.8e^{0.01t}$, the model shows a spiral growth. In a large range of parameters, it shows a model of fluctuation-weakening-stable growth or fluctuation-acceleration-divergence. Refer to Fig. 2. 2. The relative degree of adjustment speed α, v and f decides che different evolution behaviors to a great extent. Refer to Fig. 2. 3 and Fig. 2. 4. The result shows that the relative intensity of reactions of output, interest rate and inflation to the changes in demand and supply can have great impact on the stability of the economic system. When interest rate adjusts at a quick speed while output cannot react quickly, the system can fluctuate, accelerate and change. The existence of L and K at the same growth rate is the prerequisite of constant stable growth. If the rates are different, the system will change after a period of fluctuations.

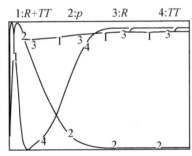

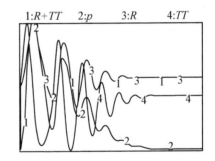

Fig. 2. 3 $a=0.1$ $v=0.1$ $f=0.01$ **Fig. 2. 4** $a=0.2$ $v=0.01$ $f=0.005$

We can also see from mathematical simulations, although the sticky adjustment of price is beneficial to the stability of the system, when the system enters an unstable period, the sticky price can enhance the unstable state which leads to divergence in the system.

3 Dynamic Model Created by Demand and Supply Interaction

Among the factors that have impact on macroeconomic system evolution, in addition to the changing total supply, money supply and capital stock decided by the interactions of product market and money market, the interactions between the market's internal supply and demand are also very significant. If we do not consider the conflicts between effective demand theory and supply theory, the push and restraint by demand and supply to the economic growth are well recognized by economists. From the view of interactions, economic growth is decided by both demand and supply. Under certain economic conditions, production potential is realized by using the maximum products and labor provided by capital and labor resources in the society. Whereas within the possible payment ability, the production demand is realized by the maximum need to products and labor caused by consumption and investment. The demand and supply in the above-mentioned situation together decide the actual quantity of products and labor in a macroeconomic system at a certain time, i. e. actual output and employment. The interactions and constraints between capital and labor supply as well as consumption and investment pull and constrain economic growth through actual output and employment. Through analysis of models of the actual interactions among production potential, labor resources and possible demand and the analysis of factors that have impact on production potential and possible demand, we can describe the evolution process of the macroeconomic system from another angle. We take into consideration of the economic system including both the products market and the labor market by using logistic equation structure to reflect the dynamic evolution process created by the interactions and constraints between demand and supply in the two markets (Li K Q and Fang F K, 1994). With the assumption of sufficient use of capital stock and no technical progress, we have the following:

$$dY/dt = \alpha Y[1 - (1/2)(1/Y_d + 1/Y_s)Y] \tag{3.1}$$

$$dL/dt = \beta L[1 - (1/2)(1/L_d + 1/L_s)L] \tag{3.2}$$

$$dP/dt = \eta P(1 - Y/Y_d) \tag{3.3}$$

$$dK/dt = Y - C - \xi K \tag{3.4}$$

$$Y_d = Y_d(Y, M) \tag{3.5}$$

$$Y_s = Y_s(K, P) \tag{3.6}$$

$$C = C(Y) \tag{3.7}$$

$$L_d = L_d(K, Y) \tag{3.8}$$

where Y denotes actual output, L denotes employment level, P denotes price level and K denotes capital stock. Y_d is possible production demand, Y_s is production potential, L_s is labor resources and L_d is possible labor demand. C denotes consumption and M denotes money supply and α, β, η, ξ are positive parameters.

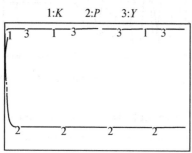

Fig. 3.1   Stability

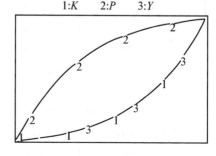

Fig. 3.2   Growth

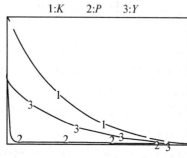

Fig. 3.3   Decay

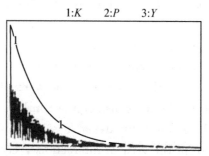

Fig. 3.4   Oscillation

The first four equations depict the dynamic evolution process respectively in actual output employment level, price level and capital stock decided by the interactions of demand and supply. If possible production demand Y_d, production potential Y_s, possible labor demand L_d and consumption level C are embodied with concrete functions, we can discuss the evolution process within adequate use of capital. In order to facilitate the description of deciding factors of interactions of demand and supply to the actual output, we do not consider equation (3.2) first. If we assume the equilibrium in labor market under certain parameters, we may obtain the evolution behavior of actual output Y, capital stock K and price level P in the macroeconomic system.

Under different initial conditions and parameters, the system shows complicated dynamic behaviors, such as stability, growth, decay and fluctuation refer to Figure 3.1, Figure 3.2, Figure 3.3 and Figure 3.4.

4 Dynamic Model of Macroeconomic Evolution and Its Numerical Experiments

It is not enough to have a theoretical model limited in analytical mode. In addition, for the macroeconomic evolution studies, there should be a descriptive model of the total system based on numerical simulations. In this model, major variables and parameters reflecting macroeconomy should be included. The relations among variables and those between variables and parameters should be specified through quantitative simulations. Through investigating the roles and functions of different variables and parameters, we can provide references and examples of general law and mechanism of macroeconomic evolution. Parallel to the above mentioned theoretical model analysis, we establish a total model that depicts product, money and labor markets by using numerical experiment in system dynamics and *Ithink* software (Li H G and Fang F K, 1994).

$$dK/dt = I - d_c K \tag{4.1}$$

$$Y_s = Y_s(K, L) = \min(b_k K, L \cdot pL) = b_k K \tag{4.2}$$

$$dpL/dt = gpl \cdot pL \tag{4.3}$$

$$Y_d = C + I \tag{4.4}$$

$$Y = \min(Y_s, Y_d) \tag{4.5}$$

$$C_t = (1-s)[(1-h)Y_{t-1} + dM/p] + hY_{t-1} \tag{4.6}$$

$$I = (d_c + glp)\exp[a(R_{t-1} - r_{t-1})] \tag{4.7}$$

$$dLp/dt = glp \cdot Lp \tag{4.8}$$

$$R = (Y - wL/p)/K \tag{4.9}$$

$$r = l_0/(M/k_c pY - 1) \tag{4.10}$$

$$1/p \cdot dp/dt = j_1 ip_{t-1} + j_2(Y_d - Y_s)/Y_s \tag{4.11}$$

$$L = Y/pL \tag{4.12}$$

$$u = 1 - L/Lp \tag{4.13}$$

$$gw = ip_{t-1} - j_3(u - u_0) + gpl \tag{4.14}$$

$$dM/dt = gm \cdot M \tag{4.15}$$

where K denotes capital stock; Y_s denotes production potential; pL denotes output per capita; Y_d is effective demand; Y is actual output; C_t is consumption; I is investment; Lp is labor resources and R is average profit rate. r denotes interest rate; p denotes price level; L is employment; u is unemployment rate; gw is salary increase rate and M is money stock. d_c is depreciation rate; b_k is capital output; gpl is output increase rate per labor; glp is labor increase rate; s is the rate of savings; ip is inflation rate; w is salary; h is tax ratio in GDP; gm is real money stock increase rate, k_c is the reciprocal of capital circulation rate; j_1, j_2, j_3, a are positive parameters and gy is GDP growth rate.

The above model is built on the following framework: money market decides interest rate and decides investment together with the expected profit in product market. Therefore the present effective demand and future supply will be increased. Present demand and supply together decide present output and can further decide present employment rate.

Numerical experiment simulates the evolution process at different parameters and initial stages. Fig. 4.1. and Fig. 4.2. provide a evolution result.

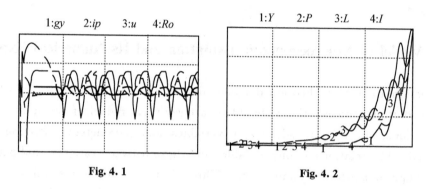

1:gy 2:ip 3:u 4:Ro	1:Y 2:P 3:L 4:I
Fig. 4. 1	Fig. 4. 2

This result reflects the complexity and diversity of macroeconomic system evolution. On the one hand, the nonlinear relation among variables and between variables and parameters has become the internal stimulus of system evolution. It illustrates the basic evolution characteristic of the unity of fluctuation and growth. Besides, due to the endogenuity of evolution. economic growth and fluctuation have a strong lasting effect. It is not like those in the multiplier-acceleration model (Gabisch and Lorenz, 1987) that are easy to diverge or slow down. On the other hand, the nonlinear interactions between variables and parameters in the system make the concrete mode of evolution complicated and diversified. In specific parameters, the change in the parameter shows a non-monotonous impact on the periodical behavior of variables. This complicated association between variable, parameter states and system evolution results decides the importance of making suitable response and selecting good state and policy parameters through improving economic environment and adjusting economic structure and policy. We can see from the simulation that proper parameters selected are decisive in a stable and fast economic development.

5 Positive Analysis of China's Economic Growth

One of the major aspect of this study is to make data process and analysis of a concrete example of economic development. The constant economic growth in China in the past ten years and the major adjustments and reforms represent the complexity, diversity and the unity of growth and fluctuation. We have collected some major indexes of economy since 1978. We use index regression analysis and Fourier transformation to analyze GNP and its growth rate, retail sales price index, interest rate, total value of import-export and its growth rate (Han Z G and Fang F K, 1994). In this way the growth and fluctuation of Chinese economy in the process of evolution are studied. This study provides a background information for the study of macroeconomic evolution mechanism. We try to find the relations and dynamics behind growth and fluctuations through data analysis. Thus the dynamic model is examined and improved.

Fig. 5.1, Fig. 5.2 and Fig. 5.3 show the mono-growth of GNP index, price index and total value of import-export. It is appropriate to use exponential form to describe the above items and the correlation coefficient is over 0.96. Figure 5.4 shows three-year interest rate in deposit.

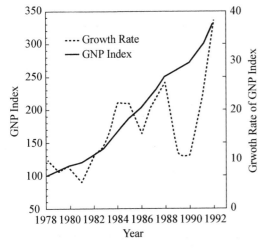

Fig. 5.1　Real GNP index
and its growth rate

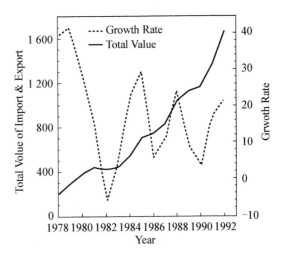

Fig. 5.2　Total value of import-export
in US dollars and its growth rate

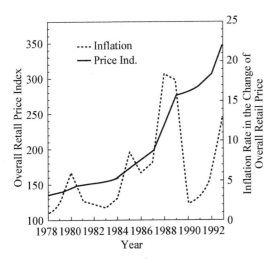

Fig. 5.3　Overall retail price index
(1950＝100) and inflation rate

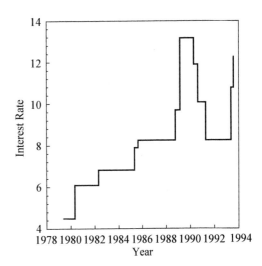

Fig. 5.4　Three-year interest
rate in deposit

In order to study the periodic fluctuation, we introduce discrete Fourier transformation to study GNP growth rate, inflation rate, import-export growth rate and interest rate. We separate the complicated fluctuation into a series of harmonic waves at different phases and amplitudes and find that the harmonic waves with a period of 10 years, 6 years and 4.3 years have the highest amplitude. Those waves manipulate the total fluctuation of the economic system.

The practical economic growth and fluctuation agree in some degree to the theoretical model and mathematical results. Further analysis to the period of harmonic waves will benefit the study to the inernal interactions that have impact on the evolution and economic reasons at different fluctuation phases.

6 Conclusions

Through theoretical models, mathematical simulations and practical data analysis, we have made some significant theoretical and practical conclusions on the evolution of macroeconomic system. First of all, the evolution is a nonequilibrium dynamic process which is always in fluctuations. This result agrees with the practical economic development in China. Secondly, unity of constant growth and fluctuations is the basic characteristics of evolution, decided by the internal interactions in the economic system. It is not a sole result of external stimulus resulting from changes in economic environment. Finally, the nonlinear interactions and coupling among economic variables and that between economic variables and parameters makes the evolution process characterized by growth and fluctuations more complicated and diversified. In addition, the impact of the parameters on evolution is not monotonous and cannot be viewed directly.

The work to study the evolution system has not yet been completed. There are more work to be done in both theory and practice. It is necessary to include other parameters' impact on the evolution in the Part 2. It is also practical to discuss the simultaneous multiple-index change that reflects economic change and have impact on the economic evolution. In Part 3, the evolution equations of output and employment rate need to be improved. The analysis of concrete mechanism in demand and supply still needs more information. In Part 4, it is still a very simple assumption of expectation and uncertainty. The time adaptability of parameters should be further discussed. In Part 5, the practical analysis needs solve the problem of selecting a good index system and the volume of data. The future analysis will focus on finding good data-processing methods and the function relations hidden in the data.

Acknowledgments

The author acknowledges the significant discussion with Prof. M. Sanglier during the process of this research.

References

Boldrin M, 1983. Applying bifurcation theory: some simple results on the Keynesian business cycle[Z]. Working paper 8403, Department of Economic Sciences, University of Venice.

Boldrin M, 1988. Persistent Oscillations and Chaos in Dynamic Economic Models: Notes for a Survey[M]. Cambridge: Addison-Wesley.

Chang W W, Smith D J, 1971. The existence and persistence of cycles in a nonlinear model: Kaldor's 1940 model re-examined[J]. Review of Economic Studies, 38(1): 37-44.

Cugno F, Montrucchio L, 1983. Disequilibrium dynamics in a multidimensional macroeconomic model: a bifurcational approach[J]. Ricerche Economiche, 1: 3-21.

Di Z R, Fang F K, 1994. An Dynamic Economic Model with Changeable Supply and Prices[Z]. Manuscript.

Goodwin R M, 1951. The nonlinear accelerator and the persistence of business cycles [J]. Econometrica, 19(1): 1-17.

Han Z G, Fang F K, 1994. Growth and fluctuation analysis of Chinese economy[C]//Fang F K, Sanglier M. Conference of the Complexity and Self-Organization in Social and Economic Systems. Berlin: Springer.

Li H G, Fang F K, 1997. A Dynamic Model and Numerical Experiment on the Evolution of Macroeconomics[M]. Berlin: Springer.

Li K Q, Fang F K, 1994. A macroeconomic dynamic model under supply-demand interaction[C]// Fang F K, Sanglier M. Complexity and Self-Organization in Social and Economic Systems. Berlin: Springer.

Gabisch G, Lorenz H, 1987. Business Cycle Theory[M]. Berlin: Springer-Verlag.

Zhang W B, 1991. Synergetic Economics-Time and Change in Nonlinear Economics[M]. Berlin: Springer.

The J Structure in Economic Evolving Process[*]

Fang Fukang   Chen Qinghua

(Institute of Non-equilibrium Systems，Beijing Normal University，Beijing 100875，China)

Abstract：The economic evolution exhibits complexity. Behind the variable and fluctuant economic data there exists basic characters and rules. One basic structure in economic evolving process called as "J" structure is studied by us. This kind of structure exists in a wide area, such as economic growth, technology innovation, international trade, education, human capital, ecology and environment, etc. From the view of economic evolution, J structure has the character that system should suffer the pressure of initial investment with profit decreasing but get larger return afterwards. It is a kind of adaptation in complex economic systems; it reflects the adaptive and reformative ability of the system under the surrounding change. We illustrate the J structure by discussing economic growth. Based on a two-dimension dynamic system the geometric character and machanism of J structure are studied, also the phase graphs with its condition are given. Also some further works are discussed.

Key words：J structure；complexity；dynamic system；economic evolution

There are many discussions on the complexity in economic systems[1—4], these concern the concepts such as the increasing return on scale, path dependent, multi-equilibria, financial fluctuation etc. However, the mechanism on transition between equilibrium states in economic systems, i.e. the evolving process from one equilibrium state to another equilibrium state, is still open to investigate. The transition of equilibrium states, as a kind of self-adaptive behavior responding to circumstance, is related to economic self-accelerating and positive feedback mechanism, or the economic catastrophe, take-off, and collapse phenomena. In these complex economic systems there exist some basic mechanism and rules behind the evolving process. One evolving phenomena called as J structure that could exhibit some basic characteristics in economic evolving process is given by us. J structure is quite general and could be found in many economic areas such as economic growth, technology innovation, international trade, education, human capital accumulation, ecological and environmental deterioration, J structure describes the economic process that system should suffer the pressure of initial investment with profit decreasing but get larger return afterwards. We analyze the dynamic character of J structure and get that J structure could exist only in at least two dimensions of autonomic dynamic system, and that there must be multiple singular points in the phase graph. We also discuss the economic meaning of J structure and calculate some characteristic parameters. Although J structure was found in economic system first, its meaning can he never limited within the economic system. In fact, J structure is some new kind of nonequilibrium phase

* Fang F K, Chen Q H. The J structure in economic evolving process[J]. 系统科学与复杂性学报(英文版)，2003，16(3)：327-338.

transition with information involved. This kind of phase transition is pointed out, by von Neumann first[5]. Research on this phase transition is important for understanding economic system, living system, ecosystem and cognitive system. In Section 1 of this paper, we introduce the J structure by analyzing economic growth. The forms of J structure in various economic systems and the dynamics of J structure are given in Section 2 and Section 3 respectively. In Section 4, we conclude the meanings of J structure and further work that could be noticed.

1

The fluctuant phenomenon is rather common in economic growth (Fig. 1). The basic work of economic theory is to explain the complicated data variation. One successful theory was proposed by Solow whose work became the cornerstone of modern economic growth theory[6,7]. In spite of simpleness, Solow model can explain the source of economic growth. The theory proved the validity and usefulness of general equilibrium theory by the neoclassical assumption. This model can be illustrated by a differential equation with an equilibrium growth pathway (Fig. 2)

$$\dot{k} = sf(k) - (n+\delta)k.$$

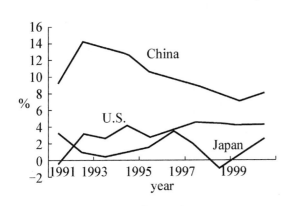

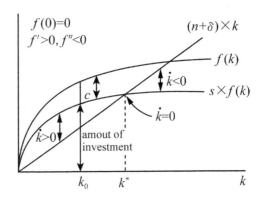

Fig. 1 GDP growth rate   Fig. 2 Solow model

Based on Solow model, further works have been done by other people such as P. Romer[8], R. Lucas[9] and N. Stokey[10]. They put new variables such as human capital and analyzed their roles in economic growth, had given fruitful contribution to the economic growth theory.

However, Solow model and its modification on modern growth theory confront great difficulties in explaining modern economic growth phenomenon. These models could explain some growth facts in specific countries or in specific periods, but failed in explaining modern economic growth features such as effect of increasing return to scale, prevalent fluctuant phenomenon and large growth difference among countries (Fig. 1). The reason of the failure lies in that the essential of Solow theory is based only on the general equilibrium theory.

Real economy does not function as expected by the economic growth model described above that economy is always on an equilibrium growth pathway, i. e. even if economy diverts from equilibrium growth pathway at some time, it will come back at last. Real economic growth always shows great fluctuation and nonequilibrium, indicating that real economy is not in equilibrium at all time and it could even be far from equilibrium. As Chinese economy is concerned, there exists large regional difference, and the economy is undergoing economic structural transition characteristic of reform and technology progress, thus the economic system and the relevant economic phenomenon are more complex. How to expand the theory of equilibrium to the nonequilibrium phenomena attracts much attention, and some progress has been obtained.

In 1985, I. Prigogine[3], the initiator of the theory of dissipative structure, proposed that self-organizing theory could be developed to deal with social-economic system. In 1988, P. Anderson and K. J. Arrow[1] put forward that economy could be regarded as an evolving complex system in which some intrinsic dynamic mechanism maybe dominate, and that the dynamic mechanism, governing the evolving process of the whole economy, could be represented by dynamic system with a few of variables and parameters. In 1991, the famous mathematician S. Smale[4] pointed out that, how to expand the general equilibrium theory to dynamics theory could be the basic economic proposition, and he restated the standpoint in 1997. Two symposiums held at Santa Fe Institute in 1987 and in 1996 respectively, on the theme The Economy as an Evolving Complex System much in-depth discussion was made. Related work was involved in many aspects of the complexity in economic growth, such as effect of increasing return to scale, path dependent, multi-equilibria phenomenon, financial crisis and so on. All the above investigations on the complexity of economy convinced economists that multi-equilibria are general phenomena in economic systems. But some important problems are still not clear, especially how to describe the transition of economic system between two equilibrium states from the perspective of evolving system, whether or not the nonlinear evolving processes having any general trait, are still open to investigate.

Combining mechanism research and data analysis in economic growth, we found a basic evolving pattern called as J structure in which maybe lie essential mechanism and rules[11]. J structure could describe economic transition between the equilibrium states. In macroeconomic system, economic growth could exhibit J-shaped pattern with technology innovation and evolution. It has been well known that macroeconomic growth source lies in technology progress and that economic evolution always go with the invention, adoption and spread of new technology.

Nowadays, technology progress is getting more and more significant in modern economic system, and the development degree of a country is determined directly or indirectly by technology level there. In a country or even the whole world, technology progress usually results from R & D activities. In general, the acquirement of new technology has the following features. Large amount of manpower and material resources is demanded in early period, and many attempts are experienced, but the productivity will be well improved if new appropriate technology is invented and adopted. The course of the technology innovation could be divided as following steps.

The first stage is to research and develop. In this stage, the feasibility and market potential of new product, new techniques or new institutions are attempted in small-scale, and the results are evaluated. The required fund is not so much in this beginning stage, so the whole product Y tends to decrease gradually.

The second stage is to expand and propagandize the invention in large-scale. When new products are launched, or new techniques or new institutions are put into practice completely, the potential returns could be estimated. Large amount of investment is demanded in this stage. Because it takes some time to accept any new products or techniques or institutions, and even advanced invention could be excluded by market, consequently great uncertainties and risk characterize this stage, with the product Y dropping rapidly. If the decisions are made with strategic failure, economy is prone to descend continuously, maybe incurring crisis.

The third stage is to disseminate and spread the invention. After the invented products or new techniques or new institutions are accepted by market, great rewards are gained and economy starts another take-off. The rapid growth process will ultimately stabilize at a new equilibrium state with more advanced technology.

If we illustrate technology innovation by paradigm, the configuration will look like J-shaped. That is, while the early investment reduces, the later successful new technology brings about much more returns than the initial costs. Therefore, J-shaped growth mode should be regarded as another important and general growth pattern besides Solow equilibrium one. With integration of our former work on economic growth mode of stage by stage[12], we classify economic growth patterns by the growth factors and mechanism in perspective of system evolution, the economic growth patterns could be classified into three basic styles:

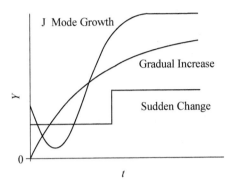

Fig. 3　three basic styles of growth

①gradual mode, ②rapid or jumping mode, ③J structure mode (Fig. 3).

The pathway of economic growth is complicated due to nonlinear interaction among various factors. While the classification of three economic growth modes is just theoretical, the really observed growth mode may be the combination of the three modes with great uncertainties, so the statistical data exhibit the feature of fluctuant growth. However, the discussion on the three basic growth modes respectively, especially on J structure mode, is of great importance to explain real economic nonequilibrium growth.

2

J structure discussed with macroeconomic growth is a general evolution pattern in economic systems. It not only lies in macroeconomic growth, but also is ubiquitous in various economic areas including microeconomics such as international trade, education, technology innovation, human capital accumulation, ecological and environmental deterioration and so on.

In international trade, the effect of exchange rate changes on imports and exports takes on J-shaped pattern. The increase or decrease in exchange rate have impacts on international trade balance with time lag, that is, decreasing exchange rate could not follow by exports improvement immediately, but by exports decreasing gradually to some extent with an increasing period afterward. An example of the relation between exchange rate change and trade balance change in Mexico could be found in Xie Zhongjie et al[13] (Fig. 4).

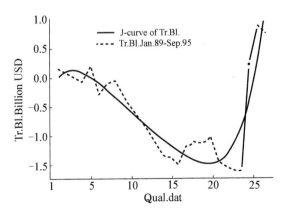

Fig. 4　change in trade international

373

In the area of educational economics, economic returns from education also show J-shaped curve. Li Keqiang et al[14,15] made a dynamic model on education development. The theoretical analysis and empirical work could be integrated into a returns curve by various education levels (Fig. 5). According to that work, the average contribution of labor with higher education, vocational education, high school, primary school are equivalent to 3.4, 2.6, 2.1 and 1.6 times respectively higher than that of labor without education. The educational costs-and-returns paradigm manifests clearly a kind of J structure. Peng Fangzhi[16] dealt with the problem of optimum investment allocation for real production and technology innovation. The work was based on the standpoint that capital should be heterogenous, that is, whether investment is allocated for technology innovation or productive facilities will make difference. In general, investment to technology sector is exhaustible, that means technology investment will not leave permanent capital besides possible technology improvement. So economic agents have to consider how to allocate the active capital between the two sectors. Peng developed the following model of optimum long-term investment.

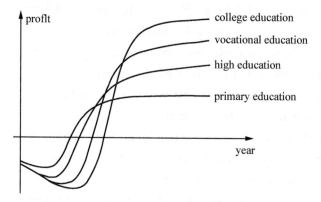

Fig. 5　Returns for different educational levels

$$\begin{cases} Y = AK^{\alpha}, \\ \dot{A} = \mu I, \\ \dot{K} = sAK^{\alpha} - I - \delta K, \\ \max \left[\int_0^\infty Y \mathrm{d}t \right], \end{cases}$$

where I is investment, Y product, A technology progress factor. The conclusion was that the equilibrium should be unstable because of heterogenous capital. The mathematical expression of long-term optimum investment ratio was also given. The simulation of the model exhibits J-shaped curves under certain parameters.

Chen Qinghua[17] discussed a dynamic model on human capital investment:

$$\begin{cases} \dot{Y} = \left(\alpha \dfrac{\dot{K}}{K} + \beta \dfrac{\dot{L}}{L} \right) Y, \\ \dot{K} = iY - I_L - \delta K, \\ \dot{L} = \lambda I_L [L - L_{\min}(L_{\max} - L], \end{cases}$$

where iY is total investment, I_L is the part of investment in human capital training of total investment, $L_{\max}$ and $L_{\min}$ represent the levels of labor ability, the former is the highest level that could be obtained after training, and the latter is the level before training. The simulation is depicted in Fig. 6.

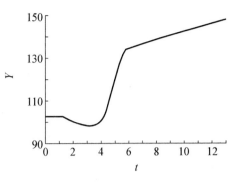

Fig. 6 Simulation result of Chen's model

We could see that an increase in educational investment would spur product Y to move from a stable equilibrium state to another higher equilibrium state at cost of certain product loss in early period. This equilibrium-transition is J-shaped too.

J structure in economic system could be explained as hysteresis of economic growth relative to the interaction of growth factors. Such explanation could trace back to Schumpeterian innovation theory, which brought forward the concept of creative destruction, saying that the innovation process always go with the destruction of old products, old techniques and old institutions. The transition process is sure to incur certain amount of cost. Although Schumpeter did not express his innovation theory by J structure, his theory did imply the same things. In *Endogenous Economic Growth*[18], a book based on Schumpeterian theory, the concept of innovation being integrated into neoclassical growth model, discussed a series of problems relevant to economic growth such as endogenous growth and sustainable development, growth and cycle, institution innovation, R & D and so on, and analyzing the dynamic mechanism of endogenous growth in-detailed. In the chapter on growth and cycle, the impacts of technology innovation on economic growth were introduced, and a dynamic model of the process of technology innovation and adoption was developed according to Schumpeterian innovation theory, pointing out that product Y follows J curve during new technology innovation and adoption (Fig. 7).

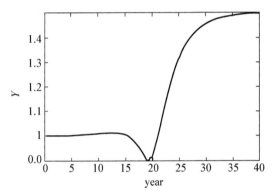

Fig. 7 The change of product during new technology innovation and adoption

The impact of ecosystem on economic growth may show J structure. Chen Liujun[19] reduced interaction between ecosystem and economic system to two parts of natural capital: ecosystem services and productive materials, and built an integrated model framework. If we take into account the impacts of only those two aspects on economic growth, assuming that the deteriorated ecosystem have little positive and even negative impacts on economic growth, we could invest in ecosystem to amend or improve ecosystem condition, and then the improved ecosystem would promote long-term economic growth. Evidently, it is another example of J structure.

All the above examples indicate the fact that many economic phenomenon with potential advantages but early investment could show J structure, which exists in various aspects of economic growth. These instances proved that J phenomenon should not be singular but common, so there must be some basic mechanism behind J structure. The investigation of J structure will conduce to understand real systems. The next section will discuss how to characterize J structure and what dynamic system could describe J structure.

3

Noticed geometric configuration, J curve has three characteristic parameters as follows (Fig. 8).

The width w, representing the time span needed by the system to return to former level.

The depth h_1, representing the bottom level suffered by the system.

The height h_2, representing the top level reached by the system ultimately.

With the above three characteristic parameters, we could make the sketch of the J curve.

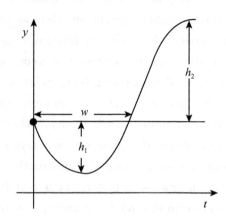

Fig. 8 **Three important parameters in J curve**

Dynamics is an important approach by which we could investigate dynamic behaviors and basic mechanism of complex systems. To study J structure in economic system, appropriate dynamic model should be built. However, different mechanisms lie in different areas of economic system. Therefore, we must research in the abstract instead of focusing specific system traits to explore general mechanism of J structure.

P. Anderson and K. J. Arrow[1] pointed out that some intrinsic dynamic mechanism maybe dominate in complex evolving systems such as economic system, and that the dynamic mechanism, governing the evolving process of the whole economy, can be represented by dynamic system with a few of variables and parameters. Then, how many dimensions of dynamic system could characterize J structure?

One dimension of autonomic dynamic system $\dot{y} = Q(y)$ could not exhibit J structure. J curve has the following trait that the same two values of y lying at different sides of the bottom level should evolve down or up respectively, which demands that the function $Q(y)$ should take on two different values for the same two values of y. It is a contradiction of the function, so we conclude that one dimension of autonomic dynamic system could not exhibit J structure. J structure could only exist in at least two dimensions of autonomic dynamic system. Some basic categories of J structure dynamics discovered by us are given as following.

3.1 Two Nodes Dynamic System

Given the dynamic system

$$\begin{cases} \dot{x} = (x-c)(d-x), \\ \dot{y} = (x-b)(a-y), \end{cases} \quad a>0, \ c<b<d.$$

Let $\dot{x} = 0$, $\dot{y} = 0$, the dynamic system has two singular points (c, a) and (d, a).

The analysis of the singular points indicates that (c, a) is unstable node, and (d, a) is stable node. The phase graph is given as in Fig. 9.

For this simple system, the analytic solution could

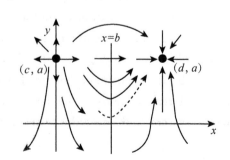

Fig. 9 **Phase plot for two nodes dynamic system**

be calculated:

$$x(t)=\frac{c+dM}{1+M}, \quad y(t)=a+(y_0-a)\left[\frac{d-c}{(d-x_0)(1+M)}\right]e^{(b-c)t},$$

where $M=M(x_0, t)=\dfrac{x_0-c}{d-x_0}e^{(d-c)t}$.

The three geometric parameters are as follows.

The depth

$$h_1=y_0-y\mid_{x=b}=(a-y_0)\left[\left(\frac{b-c}{x_0-c}\right)^{\frac{b-c}{d-c}}\left(\frac{d-b}{d-x_0}\right)^{\frac{d-b}{d-c}}-1\right].$$

The height $h_2=a-y_0$.

The general expression of the width w is rather complex, but it could be sure that the width w is independent of the values of a and y_0. Given the parameters of $a=1$, $b=0.5$, $c=0$, $d=1$, the width will be $w=2\ln\left(\dfrac{1-x_0}{x_0}\right)$.

Given appropriate parameters of $a=1$, $b=0.5$, $c=0$, $d=1$, $x_0=0.1$, $y_0=0.8$; the evolution of the dynamic system could show J-shaped curve (Fig. 10).

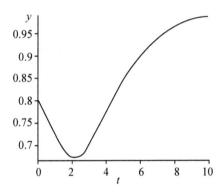

Fig. 10   The evolution of two nodes dynamic system

3. 2   Saddle Node Dynamic System

J structure could also exist in the dynamic system with one saddle and one node. Considered *only the instance that the node is on the left of the saddle.*

Given the dynamic system

$$\begin{cases}\dot{x}=(x-c)(d-x),\\ \dot{y}=kx-y-b,\end{cases} \quad c<d, \; k>0.$$

This dynamic system has two equilibrium states $(c, ck-b)$ and $(d, dk-b)$. The analysis of stability indicates that $(c, ck-b)$ is a saddle and $(d, dk-b)$ a stable node. The phase graph is given in Fig. 11. Due to complexity of the system, we could not solve the system analytically. Given the parameters $c=0$, $d=1$, $b=0$, $k=1$, we could obtain that

$$x(t)=\frac{M}{1+M}, \quad y(t)=1+\frac{1}{M}\left\{\ln\left[\frac{1}{(1+M)(1-x_0)}\right]+\frac{x_0y_0-1}{1-x_0}+1\right\},$$

where $M=M(x_0, t)=\dfrac{x_0}{1-x_0}e^t$.

The temporal graph of system evolution is provided in Fig. 12.

The following conclusion could be made from the phase graph (Fig. 11). With $c<x_0<d$. If y_0 is

small enough ($y_0 < 0$, for example), then $y(x)$ will increase monotonously, so $y(t)$ will increase monotonously without J-shaped curve [because $x(t)$ is an increasing monotonously function with the initial value of $c < x_0 < d$]. If x_0 is large enough ($x_0 > 0.8$, for example), then $y(t)$ will increase or decrease monotonously without J-shaped curve too. Only with appropriate initial values would the J-shaped evolving structure present itself.

Fig. 12 represents the temporal graph of evolving process with different initial values (the initial values of 0.1, 0.3, 0.5, 0.9 corresponding to dot line, thick solid line, dashed line, thin solid line, respectively). With the same value of x_0, the bigger y_0 is, the bigger h_1 and w are. With the same value of y_0, the bigger x_0 is, the smaller h_1 and w are.

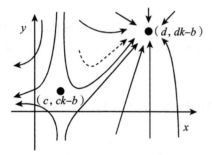

Fig. 11   Phase plot for saddle node dynamic system

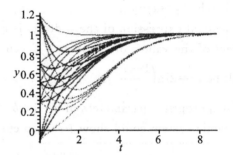

Fig. 12   Some possible evolution processes
in the saddle node dynamic system

3.3   Multi-singularities Dynamic System

Given the dynamic system as follows:

$$\begin{cases} \dot{x} = (x-c)(d-x), \\ \dot{y} = k(y-b)(a-y)(y+x-e), \end{cases} \quad d>c, \ a>b, \ k>0, \ b+d<e<a+d.$$

The system has six singular points. According to analysis of linear stability near the singularities, the one unstable node is (c, a), the two stable nodes are (d, a) and (d, b), and the three saddles are $(c, e-c)$, $(d, e-d)$ and (c, b). The phase graph is given in Fig. 13.

Owing to the complexity of the system, we could not get analytic solutions and three characteristic geometric parameters. However, we could provide the evolving graph with a variety of given parameters. The evolving graph is given with the same initial value (0.14, 0.4), the same parameters of $c=0$, $d=0.5$, $a=0.5$, $b=0$, $k=2$, but different parameters of e 0.795, 0.800, 0.805, 0.810, 0.815 from above to below respectively in Fig. 14.

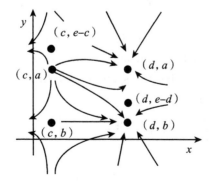

Fig. 13   Phase plot for multi-singularities
dynamic system

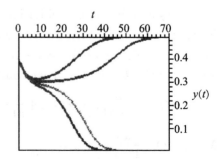

Fig. 14   Possible evolution processes in the
multi-singularities dynamic system

Evidently, multi-singularities system shows much more complex behaviors than two singularities system. It could be inferred from Fig. 14 that with the same initial values, minute difference in some parameters could result in completely different evolving behavior. To some extent, such parameters are determinative parameters that govern the system to settle in some equilibrium state instead of others. Related to the characteristic of uncertainties in economic system, the parameter e in the dynamic system should play such role as information to eliminate the relevant uncertainties. While e is undetermined or unknown to us, we could not predict the evolving behavior of the system, once e is determined or known by us, the evolving behavior will become certain.

4

The economic meaning of J structure could be interpreted as the hysteresis of economic growth relative to the interaction of growth factors and the integration of short-term negative effects and long-term positive effects. When we extend our perspective from economic system to evolving state function of general system, J structure could be put as a classical statistical problem in physics. The problem has been suggested in 1940 by Kramers[20], concerning the fission of an atomic nucleus from a heavy nucleus to several light nucleuses. The key question is how the system could pass the barrier from the initial state to reach another equilibrium state. It is a typical nonequilibrium phase transition problem called as "climbing hump" by physicians. No satisfied solution was ever given in spite of long time discussion. One progress was an approximate solution based on nonlinear Fokker-Planck equation given by M. Suzuki[21] in 80s, but the problem is still open to explore. It has been known that multi-equilibrium is one of significant traits in a complex system. Multi-equilibrium and equilibrium transition exist in such evolving complex system as economic system, though there are many preceding literatures, but the problem is still open. Influenced by neoclassical economics, most literature focused on the existence and stability of equilibrium. J curve exhibiting in modern economic growth falls into the general problem of nonequilibrium transition. The question is related to how to determine the final state and the characteristic parameters at macro level such as transition time, the height of barrier etc. The micro mechanism behind the equilibrium transition is also interesting. These problems are still open in nonequilibrium statistical mechanics. Research on J structure in economic growth based on non-equilibrium statistical physics will help us to understand the mechanism of nonequilibrium systems. Meanwhile, economic theories and data analysis will improve the understanding of the problem.

J structure, put forward by us is not only a simple physical process, but an evolving process in economic system involved in information, another type of phase transition different from the well-known physical and chemical ones. von Neumann[5] ever proposed and discussed such information-involved phase transition. He related this kind of phase transition with living system, and took it as a new type of phase transition with complexity increase, especially in living system. How to investigate this new type of nonequilibrium phase transition more deeply? What characteristics the kind of information-involved nonequilibrium phase transition has? The approaches such as dynamics, multi-agent simulation, stochastic process analysis and mathematical programming should be all attempted. By discussing a concrete kind of information-involved phase transition, that is J structure in economic system, we discovered that the system behaviors should be characterized by four important aspects, the speed in period of rapid increase, the characteristic parameters governing the evolving direction, the stability of the ultimate state and the character of the system loop. Our efforts will conduce to further investigation to characteristics of the information-involved nonequilibrium phase transition in economic system as well as other evolving complex systems such as living system, ecosystem and cognitive system. What we have done is just a start to discover the mechanism of the new type of phase transition. More phenomena and mechanism need to be explored in the future.

Acknowledgement

The author thanks Professor Guo Hanying, associate Professor Yuan Qiang, Doctor Wang Dahui, Doctor Chen Liujun for the fruitful discussion about relevant problems.

References

[1]Anderson P, Arrow K J, Pines D. The Economy as an Evolving Complex System[M]. Cambridge: Addison-Wesley, 1988.

[2]Arthur W B, Durlauf S N, Lane D A. The Economy as an Evolving Complex System II[M]. Cambridge: Addison-Wesley, 1997.

[3] Prigogine I, Sanglier M. Law of Nature and Human Conduct: Specificities and Unifying Themes [M]. Belgium: Task Force of Research,Information and Study on Science. 1987.

[4]Smale S. Dynamics retrospective: great problems, attempts that failed[J]. Physica D, 1991, 51(1-3): 267-273.

[5]von Neumann J. The general and logical theory of automata[M]//Taub H A, von Neumann J, Collected Works: Design of Computers, Theory of Automata and Numerical Analysis. New York: Oxford University Press, 1963: 288-328.

[6]Solow R M. A contribution to the theory of economic growth[J]. The Quarterly Journal of Economics, 1956, 70(1): 65-94.

[7]Solow R M. Technical change and the aggregate production function[J]. Review of Economics and Statistics, 1957, 39(3): 312-320.

[8]Romer P M. Increasing returns and long-run growth[J]. Journal of Political Economy, 1986, 94(5): 1002-1037.

[9]Lucas R E. On the mechanics of economic development[J]. Journal of Monetary Economics, 1988, 22(1): 3-42.

[10]Stokey N L. The volume and composition of trade between rich and poor countries[J]. Review of Economic Studies, 1991, 58(1): 63-80.

[11]Fang F K, Yuan Q. The complexity of the economic growth and the J structure[J]. Xitong Gongcheng Lilun Yu Shijian, 2002, 22(10): 12-20.

[12]Chen J W, Fan Y, Fang F K. The model of segmented Solow economic growth[J]. Journal of Beijing Normal University(Natural Science), 1998, 34(3): 352-355.

[13]Xie Z J, Liu Y L, Ye W Z, et al. Statistical modeling of J-effect and policy experiments[J]. Acta Scientiarum Naturalium, Universitatis Pekinensis, 2000, 36(1): 142-148.

[14]Li K Q, Fang F K. Approach on educational economic system by using the dissipation

structure theory[J]. Journal of Beijing Normal University(Natural Science), 1988, 24(Suppl. 2): 48.

[15]Fang F K, Li K Q, Approach on Educational Economics by Using the Non-equilibrium System Theory[M]. Cambridge: MIT Press, 1991: 199-208.

[16]Peng F Z. The Characteristics of Technical Innovation Investment and the Financial Development's Impact[D]. Beijing: Beijing Normal University, 2001.

[17]Chen Q H, Fan Y, Wang D H,A dynamic model that can show J effect[J]. Journal of Beijing Normal University(Natural Science), 2002, 38(4): 470-473.

[18]Aghion P, Howitt P. Endogenous Growth Theory[M]. Cambridge: MIT Press, 1998.

[19]Chen L J. Economic Dynamics with Natural Capital[D]. Beijing: Beijing Normal University, 2001.

[20] Kramers H A. Brownian motion in a field of force and the diffusion model of chemical reactions[J]. Physica, 1940, 7(4): 284-304.

[21]Suzuki M. New unified formulation of transient phenomena near the instability point on the basis of the Fokker-Planck equation[J]. Physica A, 1983, 117(1): 103-108.

"Digital Earth" and the Research on Complexity of Economic Systems[*]

Fang Fukang   Fan Ying

(Nonequilibrium Institute, Beijing Normal University, No. 19, Xinjiekou Road, Beijing 100875, China)

Abstract: The main idea of "Digital Earth" is the global information of the earth, which is an effective way to realize the goal of sustainable development. The study on "Digital Earth" indispensably includes the research of complexity. As an evolving complex system, economy is an important component of the earth system. Many ideas and methods attained in the study of complexity in the economy, which are valuable for reference, can also be applied to theoretical researches on other areas of "Digital Earth". On the basis of the understanding of "Digital Earth", this paper mainly discuss the following issues: the development of theoretical researches on complexity, the study of complexity in economic systems, and the relation between "Digital Earth" and the complexity in economy, i. e. how to realize information for the economic systems.

Key words: Digital Earth; complexity; economy; systems

"Digital Earth" has been thought much of as soon as it was put forward, the main idea of "digital earth" is the global information of the earth. The research work on "Digital Earth" demands combination of several science subjects, because it not only is a simple technical program, but also it has holistic and social property. Now China is playing the stratagem of sustainable development and in the process of knowledge economy, so it has important science meaning and actual value that researching on "Digital Earth" in China.

"Digital Earth" is an effective way to realize sustainable development. When analyze sustainable development, we think that it is a holistic conception (fig. 1): The whole system includes three intersectional but relative absolute subsystems, i. e. resource and environment sustainable development system, economic sustainable development system, social sustainable development system. The characteristic time of these three systems are apparent different, the time of resource and environment system is the longest and the time of social system is the shortest.

Because there are many complex systems in earth system, the study on "Digital Earth" indispensably includes the research of complexity which is the foreland of modern science. Complexity research includes dissipation structure theory, synergetic, self-organization theory, catastrophe theory, chaos dynamics and fractal, recently the discuss on self-adaptive system which represent by Santa Fe Institute bring new thought and technical path for system theory.

---

    * Fang F K, Fan Y. "Digital Earth" and the research on complexity of economic systems[J]. News Digitalearth, 1999, 1: 116-121.

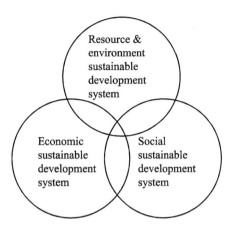

Fig. 1   Three intersectional subsystems for sustainable development

1   Theoretical Research on Complexity

It is known that system is organized by several inter-actionable and inter-restrict parts which are called subsystem, system is integer that has some function, while systems are parts of the larger system which they belong to.

The complexity of complex system lies in six ways: ①System is consist of many same or different kinds parts which affect system evolution differently. ②System is layered, the evolution phenomena of every level is not the same, so development rule of levels maybe exist difference. ③ The inter-actionable relation is strong, relation exists in different parts or levels, even in the same level and part. ④The inter-actionable relation is nonlinear, which is one reason of complexity and variety. ⑤The complex systems change with time, their structure, function and relations are all dynamic. The dynamic evolution phenomena is the core question in complex system research. ⑥The complex system is open, which is a necessary condition. For stronger, the adopting capacity, system intercommunicate material, energy and information with complex environment. Many fields of nature science even social science belong to this category of complex system, such as geography system (include ecosystem), life system, economic system, social system and so on.

The complex system research has important meaning in the science development of 21 century. In many subjects that are traditionally dealt with mathematical physical methods, such as chemical, physical, chronometer, geography etc, the complexity research is the foreland question. At the same time in the field that not formerly popularly and perfectly played math-physical methods, such as biology and economy, the complexity research bring new thought and conception.

A deeply recognition to complexity began 70's of this century, the time space structure that far from equilibrium condition was found. The systems spontaneously product advanced spatial struture, temporal structure or spatio-temporal structure from formal relative out-of-order and low organization condition, such as the Benard convection in physical and chemical system, the evolution from out-of-order natural light to order laser, Belousov-Zhabotinsky reaction. The reason of symmetry broken lies in interior of system, external environment only give and spring the condition when system product order, the orders or organizations are named self-organizations. Non-equilibrium self-organization theory discloses the basic principle and rule that exist behind changes from out-of-order to order, these

383

principles and rules are useful in physics, chemistry and broad science fields such as biology even sociology. Dissipation theory and synergetic are the basic of self-organization theory, they both discuss system's evolution, catastrophe rules that in nonlinear area far away stable condition. when exoteric system is far from equilibrium, many kinds of positive feedback inside system make out-of-order thermo-dynamic brand lost stable and product new order, at the same time nonlinear make system go to a new dissipation structure brand. The above process is realized by spontaneous symmetry broken. Synergetic finds the common rules that system produce order structure by analogy same phenomena, which break through formerly thermo-dynamic conception. One system that is consist of a lot of subsystems could form structure which has some function by the nonlinear interaction between subsystems on special conditions. In synergetic, the order parameter describe the macro order degree of system, the change of order parameter represent the change that system from out-of-order to order. Only few parameters have key meaning around critical point where order structure appear and control the system change result of function and structure. The synergetic is based on information theory, contrail theory, catastrophe theory and so on, it describe the micro mechanism of nonequilibrium system change from out-of-order to order by combining statistic mechanics and dynamics, explains that the synergetic and competitive relations between order parameters and subsystems is the reason of forming self-organization structure.

In 80's, the fields of complexity theory was enlarge by research series of nonlinear phenomena such as chaos, fractal and population. Chaos shows the internal randomicity of deterministic system, which breaks limitation of discussing random phenomena only from probability theory. The self-similar structure in chaos more disclose that there exist order structure in randomicity. The sensitive response of chaos to initial value or initial disturbs makes impossibility to forecast long-distance behavior. Similar with chaos, the research on fractal, poculation and all kinds of singularity, strange attractors make complexity theory deepen in all ways and use in a lots of material fields that include liquid, solid structure, life, ecosystem, even social and economic system.

Some basic characters of complex system, such as nonlinear, nonequilibrium, catastrophe, bifurcation, chaos, path dependence and so on, are useful in many fields, which is the bases of the virtual development of subjects intercross. A series of basic methods to research complex system evolution are produced on the bases of system theory, which make us put forward new conception on the bases of thermodynamic and recognize the evolution behavior again. In the ways of mathematical and physical analyses, we could use mathematics models to build up dynamic equations to describe the evolution of system, pick up simple but relative maturity variables which have macro level statistic meaning to represent system conditions. When deal with actual questions, we could combine thermodynamic and dynamic concepts to qualitative and quantitative analyze system interaction mechanism and evolution behavior.

In 90's, the research work of Santa Fe Institute in U. S. brought new idea. They consider the interaction between individuals, subsystems, then formulate behavior rules to form holistic macro structure, which is called emergency; then discuss the conditions that individual adjust itself's behavior to make whole system or individual the best when external environment or internal mechanism change, which result in change of macro structure. With the formally method, we could embody and program questions, formulate "game rules" on the bases of micro interaction mechanism, then program to realize by computer. This methods that formulate micro individual interaction mechanism is not simpler than the methods that build up differential equations, these two methods may united used when solute actual complex system evolution.

2 Study of Complexity in Economic System

Economy is a complex system that is composed of many subsystems, including the factor of human. Evolution from individual behavior to the whole economic system will generate complexity owing to the behavior and idea of human, and the economic system is limited by the environment around, for instance natural resource and environment, social system etc.

In 1985, the author of dissipation structure theory I. Prigogine who had won the Nobel chemical prize brought the theory of self-organization in order to deal with the social and economic systems. [1] In 1988, P. W. Anderson the Nobel physical prize winner and K. J. Arrow the Nobel economic prize winner took economy as an evolving complex system, in whose interior the dynamics mechanism may dominate the whole economic development. [2] The essential regularity may hide under the complex system, and a few key variables and parameter can describes the dynamics mechanism. In 1991 the famous mathematician S. Smale brought that expanding general equilibrium theory to dynamic analyses is the main problem in economy, which gave an exact quantitative direction to studies of economic complexity. [3]

Economy looks as an evolving complex system whose basic characters are multi-parameter, multi-objection, multi-level and high-coupling. The nonlinear complex interactions of internal factors determine the evolutionary phenomena of the system and the exterior environment affects the evolutionary state of the system. Special descriptor as following: The economic system is composed of plenty of economic factors, referring to a large number of variables and parameters that can influence the economic system to different extents, and complex interactions exist between system and environment or among internal factors. The economic system has its difference among the operational mechanism and mode at every level. The factors of system belong to different level, and different positions bring to different functions. What we are concerned about the macro-system and micro-system are different. To micro-system we are interested in optimization and equilibrium. To macro-system we are interested in the holistic evolutionary mode, the explanation and description of phenomena, including growth and fluctuation, inflation and employment. The micro mechanism behind the macro economy is the hot spot that is studied by the current economics. The complex interaction among the variables at every levels makes that the system organization and structure have complex functions. The economic system is not an isolated system, it will change substance, energy, information with the exterior environment, and in this procedure there may be complex interactions. The way that the system variables influence the system correlates with the exterior environment. The important resource of economic complexity is nonlinear, there exist all kinds of positive and negative feedback and nonlinear economic relations, the nonlinear mechanism leads the economic systems to product a lots of complex evolution behavior on some condition. Because there exist random and uncertain factors in economic systems and environment, the system is not uncertain and the information is not complete, it is impossible to learn completely all information of the system, which put forward more questions to positively analyses to economic system evolution.

The economic system evolves dynamically. The system can approach to equilibrium or transfer from one to another. The whole system can change, which introduce the variation of the system equilibrium structure, it is a nonequilibrium dynamic process. To deal with the dynamical evolution of the economic system, the nonlinear economy dynamics is a main way. Applying the basic theory and method and correlating the stationary of dynamic equation with equilibrium, we can discuss the complex behavior of the system, if we need to consider the uncertain of economic system, we can build random differential equations to analyze. For economic system, we may give a set of differential equations as following:

$$\frac{\mathrm{d}X}{\mathrm{d}t} = F(X, \lambda).$$

Where $X = (x_1, \cdots, x_n)$ denotes system endogenous variable, $\lambda = (\lambda_1, \cdots, \lambda_n)$ denotes system parameter, F is nonlinear function describing the evolving mode of the state variables. The above system is an autonomous system without time. When $\mathrm{d}X/\mathrm{d}t = 0$, the system is under a steady state, which shows that the system state parameters do not change with time. When $\mathrm{d}X/\mathrm{d}t \neq 0$, the equation reflects the relationship between equilibrium and nonequilibrium and describes the system evolutionary path. We could solute or analyze (include numerical simulation analysis) the equations to get the qualitative description of economic complex system. In equilibrium theory, the optimum dynamic method is popular, i. e.

$$\max F(X),$$
$$\text{s. t. } G_i(X) = 0,$$

this equal to a stationary evolving system, whose Lagrange and extreme value as following:

$$L = F(X) + \sum_i \lambda_i G_i(X),$$
$$\frac{\partial L}{\partial X} = 0,$$

Economy evolution studies set on macro level; we need to build up a macroeconomic dynamics model which includes three main bodies (firms, households and governments) and three markets (commodities, finance and labor), and analyze the reciprocal relationship between various variables; Dynamics equations characterize how those variables evolve with time, therefore, reflect the phenomena of growth, fluctuation and equilibrium in the process of macroeconomic motion. This model provides an explicit macroeconomic evolution image for the important problems such as long run growth and short run fluctuation, the segment quality of economic growth, the variation of economic structure. One sector model reflects the relationships among total amounts, growth, unemployment and inflation are the main problems concentrated on one-sector model which does not involve the structure and mechanism of its sub-layer, and which is not sufficient to reflect the nature and depth of the economic phenomena. It is necessary to construct a two-or-three-sector model on the basis of the total amounts models to explore the mechanism of macroeconomic evolution further, meantime, which can provide some new approaches and technologies to construct multi-sector models. And we can argue the problems of microstructure in macro economy. According to the difference of problems to be resolved, there are different decomposition ways, for instance, according to the product structure, region, production factor etc., correspondingly, there are industry, agriculture and service, city and countryside, physical capital and human capital respectively. This method can be used to the analysis of a certain valley or urban entirety, such as Changjiang valley, Shanghai city etc.

As far as the research of economics itself is concerned, economic growth and periodic fluctuation phenomena are the fundamental contents of macroeconomic system evolution. To the economy in China, it is significant to study how to maintain stable, healthy, rapid and sustainable growth and confront the challenge of knowledge economy in theory and in practice. Economy of China is unbalanced evolutionary, traditional equilibrium theory with linear and static methods are limited to use. We need synthetically to utilize nonlinear mathematics, non-equilibrium system theory, and computer simulation technique to explain and characterize the economy quantitively in the way of nonlinear dynamic models. At present, most of the national and foreign studies in the fields of economic dynamics centralize several important economic evolution phenomena, which analyze and explain specific economic problem more deeply, but regarding to the whole system evolution behavior, especially in the aspect of explaining lots of evolution phenomena (e. g. growth, periodic fluctuation) endogenously and without contradiction to themselves in the same model system, is just begin. In terms of Chinese economy of the transition stage, various complicated economic phenomena often appear at the same time; in addition, because of the effects of global economy centralization and the stimulus of scientific and technologic progress in the world, new economic contents such as financial crisis and knowledge economy-increase continuously, which enhance further the complexity degree of economic system and the correlation among sub-systems. So we must synthetically put to use the theories and methods of complex system to study every main aspect of economic evolution under a unified framework. In the study of economic system, the micro base of macroeconomic phenomena is always the front of economics; meantime, the relationship of systematic macro behavior and personal domain process is also the basic problem need to be resolved in the studies of complex system. Some simple and self-adaptable individuals can bring about the overall structure through the partial interactions and emergent properties which do not appear in the personal layer. This is an outstanding feature in the phenomena of self-organization of complex system. The deeply research to this problem not only can help us explain the pattern and approach of various complicated evolutionary behaviors which are formulated in the interactions of microeconomic individuals and grasp the internal mechanism of macroeconomic phenomena (e. g, growth, periodic fluctuation) even better, but also can help us strengthen the recognition and understanding to the complex system and the evolutionary regularity.

3   "Digital Earth" and the Economic Complexity Study

To the economic system, we study dynamic mechanism on its evolution, the theoretical background of nonlinear evolutionary phenomena and analysis method in mathematics, build macroeconomic dynamic modal, look for the micro base of macroeconomic evolution and discuss the condition under which economy keeps stable development in China and the development of knowledge economy. The objection of the "Digital Earth" is to establish global high-resolution database, to provide information service and wide application. The economic system is an important part of the earth system. On the basis of understanding the complexity of the economic system, we classify, process and arrange the economic data, and establish an economic database according with the factual need. Then we build national economic information network and provide service for decision-making support.

On the basis of economic complexity, we can analyze the economic relation and behavior existed in the economic system，then apply mathematical and statistical method to build the model describing economy variables and structure，collect statistical data，estimate the model parameters，measure the economic relation and verify the result，thereby validate the theoretical base of the model and serve for economic explanation，economic forecast，structure analysis and policy estimation. In this procedure，all data including raw data and processed data are important，which are crucially prepared for the final economic informatization.

The economic system is a complex system which involves many economic parameters and economic relation. From the point of view of information，there exist many data about the economic system. But the information database we build finally is not simply the collection of all data，but an intelligent economic information system which is organized by the related data. Selecting the related data should be on the basis of the understanding of the economic system. We consider that there are some characteristic variables in the economic system，these characteristic variables could describe completely the economic condition，and we can unveil some system essential regularities by analyzing these characteristic variable in theory and in actual，for example，analysis of GDP and price index make us understand growth and inflation，analysis of capital K make us find investment t with its conjugate q and so on. The related data about economic characteristic variables can partly be acquired from raw statistical data directly，for instance GDP or population N etc，more data must be acquired by summary and process on the basis of theoretical analysis，for example K，H etc.

The above characteristic variables are concerned of the whole economic model. To discuss the micro mechanism about the macroeconomic phenomena，we must collect related data according to the multi-factors modal，explain and forecast economy in dynamical way. For every factor，we not only study the gross，but also consider coupling among factors and the effect to the whole structure. From the point of view of mathematics，we need more meticulous and more in-depth data according to different partition，for instance，industry branch partition，area partition，production element partition etc. Beside these data about coupling among factors are needed. Oslo group in Norway has given us an example. They partitioned the whole economic system in 23 section in industry. Every section would find how to make itself optimization and how to make the gross keep balance. Under this condition，they found how to reassign the existing resource and determine the developing speed of all sections to realize the macro objection. When solve this econometrics model，not only the data of every sector but also the input-output relations between sectors are need. A little data from the input-output table and the statistic yearbook could be used directly，moreover，the capital value and consumption function and so on need calculate by investment and consumption theory.

The above is an example of economic system，it explains how to process analyze and arrange the information of a complex object，and establishes the data system that is analyzed theoretically. In the example of economic system，even a complex object has a group of key variables，grasping this clue，we can organize all data resource organically. Among these key variables，quite a lot do not exist apparently，they must be acquired by deeply process. For example，"q" which determines the investment direction. In the procedure of data system expanding，we can go deep into all directions of the micro system structure and form an integrated information network. The analyzing data technology used in the economic system can be used in the earth system，the geographic system and the geological system etc.

388

4 Peroration

The earth system is a complex opening system. It takes on nonlinear, multi-scale, self-organization, sequence and randomicity etc. Complexity study can provide theoretical context for "Digital Earth" technology. The earth system involves resource environment, society and economic system and so on. Economy is an evolving complex system. The theoretical study of complexity and the establishment of information database will take an active effect on spread of the "Digital Earth" plan.

References

[1] Prigogine I, Sanglier M. Law of Nature and Human Conduct: Specificities and Unifying Themes [M]. Belgium: Task Force of Research, Information and Study on Science. 1987.

[2] Anderson P, Arrow K J, Pines D. The Economy as an Evolving Complex System[M]. Cambridge: Addison-Wesley, 1989.

[3] Smale S. Dynamics retrospective: great problems, attempts that failed[J]. Physica D, 1991, 51(1-3): 267-273.

[4] Fang F K, Sanglier M. Complexity and Self-Organization in Social and Economic Systems[M]. Berlin: Springer-Verlag, 1997.

[5] Holland J H. Hidden Order[M]. Cambridge: Addison-Wesley, 1995.

[6] Johansen L. A Multisectoral Study of Economic Growth[M]. Amsterdam: North-Holland Publishing Company, 1960.

[7] Tumovsky S J. Methods of Macroeconomic Dynamics System [M]. Cambridge: MIT Press, 1995.

[8] Tobin J. Essays in Economics: Theory and Policy[M]. Cambridge: MIT Press, 1982.

[9] Sargent T J. Macroeconomic Theory[M]. Orlando: Academic Press, 1987.

[10] Romer D. Advanced Macroeconomics[M]. New York: McGraw-Hill Companies, 1996.

Fluctuations in Economic Growth[*]

Xiao Qing　Yuan Qiang　Fang Fukang

(Department of Physics. Institute of Nonequililbrium System.
Beijing Normal University，Beijing 100875，China)

Abstract：A macroeconomic dynamic model is presented. The model can exhibit some characteristics of economic growth with fluctuations under the changing of some outside environmental conditions.

Key words：macroeconomy；fluctuation；economic growth

经济增长中的波动

肖　晴　袁　强　方福康

(北京师范大学物理学系，北京师范大学非平衡系统研究所，北京 100875)

摘　要：提出一个宏观经济的动力学模型，该模型把短期的市场波动因素加入到长期的增长趋势中，得到了经济增长中增长波动的结果。

关键词：宏观经济；波动；经济增长

Economic fluctuation is a common phenomenon in macroeconomy. It closely relates to economic growth and business cycle. The growth path in classical theory is usually a balanced and smooth one[1,2] which omits a short-run fluctuation factor. The approximation is reasonable under the version of general equilibrium. Nevertheless, the nonequilibrium state is a normal state in a real macroeconomic system，and the fluctuation factor may make a system change in some cases. So the simplification makes the system lose lots of essential characteristics.

In this paper，a growth model is developed by combining short-run factors with long-run factors. This model gives the theoretical results of growth and fluctuations. These results show that equilibrium，period，even chaos will appear under different conditions. Particularly，they strongly depend upon the initial conditions.

1　Model

We all know "Lucas supply function"[3]. This can be simply specified by the equation：

$$Y_t = \bar{Y} + \gamma(p_t - p_{t,t-1}^e), \tag{1}$$

where，Y_t is the level of output，$\bar{Y}$ the natural level of output，p_t the price level at time t，$p_{t,t-1}^e$ the prediction of p_t at the time $t-1$.

From (1)，we have $Y_t = \bar{Y} + \gamma[(p_t - p_{t-1}) - (p_{t-1}^e - p_{t-1})]$，which results in $Y_t = \bar{Y} + \gamma(\pi_t -$

---

* 肖晴，袁强，方福康. 经济增长中的波动(英文)[J]. 北京师范大学学报(自然科学版)，1997(2)：194-196.

π_t^e). Considering $\overline{Y}$ as a long-run output, $\gamma(\pi_t - \pi_t^e)$ as a market factor, respectively. Where π_t, π_t^e denotes the actual inflation rate and expected inflation rate in time t. When N (total population) is given, then $Y_t/N = Y/N + y/N(\pi_t - \pi_t^e)$. Let $y_t = \overline{y} + (y/N)(\pi_t - \pi_t^e)$, where $y_t = Y_t/N$, $\overline{y} = \overline{Y}/N$. For short-run fluctuations, N is considered as a constant. So we obtain

$$y_t = \overline{y} + \gamma(\pi_t t - \pi_t^e). \tag{2}$$

Firstly, we use three different production functions to describe the characteristic of $\overline{y}$.

(1) Cobb-Douglas production function: $\overline{y} = k^a \quad 0 < a < 1$,

(2) CES production function: $\overline{y} = (\beta k^p + 1)^{1/p}$,

(3) Logistic growth model: $\overline{y}_{t+1} = \overline{y}_t + n(1 - w\overline{y}_t)$.

Secondly, we couple adaptive expectations and Phillips curve to get π_t and π_t^e:

$$\begin{aligned}
\pi_t &= f(u_t) + a\pi_t^e \quad 0 \leqslant a \leqslant 1 \quad df/du \leqslant 0, \\
\pi_{t+1}^e &= \pi_t^e + c(\pi_t - \pi_t^e) \quad 0 \leqslant c \leqslant 1, \\
u_{t+1} &= -b(m - \pi_t) + u_t \quad b > 0,
\end{aligned} \tag{3}$$

where u_t is the level of unemployment in time t, m the growth rate of nominal money supply, and c represents the degree of errors made in predicting actual inflation are corrected. In terms of $f(u_t)$, we consider the two following forms: $f(u) = a_1 + a_2/u + a_3/u^2$, $f(u) = b_1 + b_2 e^{-u}$, here $a_1 = -1.14$, $a_2 = 5.53$, $a_3 = 3.68$, $b_1 = -2.5$, $b_2 = 20$[4].

Based on the above analysis, we obtain the following general dynamic model:

$$y_t = \overline{y} + \gamma(\pi - \pi^e), \quad \pi_t = f(u_t) + a\pi_t^e, \quad \pi_{t+1}^e = \pi_t^e + c(\pi_t - \pi_t^e), \quad u_{t+1} = -b(m - \pi_t) + u_t. \tag{4}$$

2 Numerical Simulation

Here, we only use logistic growth model to illustrate the result of numerical simulation.

2.1 Changing the Growth Rate of Nominal Money Supply

Let $a = 0.1$, $b = 0.1$, $c = 0.1$, and m changes from 11 to 17, we obtain u-m bifurcation by using $f_1(u)$ in fig. 1, where $m_1 = 11.72$, $m_2 = 13.52$, $m_3 = 13.94$, $m_4 = 14.4$, $m_5 = 15.14$, $m_6 = 15.26$, $m_7 = 15.32$.

As we see, when $m > 11.72$, the value of u is changed from period-1 to period-2. When m raises continually, u shows double-periodical bifurcation. Until $m = 14.4$, chaos appears. There is a period-3 window in the chaos region. We observe the growth path with irregular fluctuation in fig. 2 by choosing m within the chaos region ($m = 15.06$).

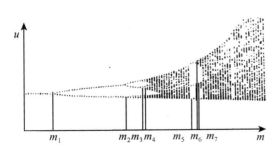

Fig. 1   The u-m bifurcation

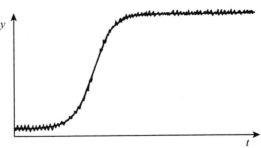

Fig. 2   The results of economic growth with fluctuation

Furthermore, we consider the exogenous factor of long-run growth of population. For example, given $N = N_0 e^{nt}$, then $y_t = \bar{y} + (\gamma/N_0 e^{nt})(\pi_t - \pi_t^e)$. So we obtain the long-run growth behavior. It reaches equilibrium through the decrease of amplitude. The model returns to the classical theory in this case.

2.2 Changing c and Selecting Initial Value

Let $a = 1$, $b = 1.08$, $m = 2$, and c continuously changes from 0 to 1, we obtain fig. 3 by using $f_2(u)$.

We find the evolution of u strongly depends on initial conditions. Let $c = 0.9$ and the initial value of (π_0^e, u_0) change a little, for example, $(\pi_{01}^e = 2.6, u_{01} = 2.5)$ and $(\pi_{02}^e = 2.9, u_{02} = 2.6)$, we observed two attractors: fixed point and period-3 in fig. 4. We also get the same results by choosing Cobb-Douglas production function or CES production function.

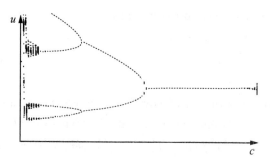

Fig. 3　The u-c bifurcation　　　　　Fig. 4　The results of economic growth with fluctuation

3　Conclusion

From above analysis, we know that the change of outside conditions and initial values have great influence on economic growth. These results show that the real economic growth is sustained in fluctuations. The equilibrium is just an ideal state or a long-run tendency. When the short-run market factor is considered, there are a lot of complex phenomena (for example, period, quasi-period, even chaos) in the path of economic growth. Surely, the model is just an empirical growth model. The intrinsic mechanism of the complex phenomena will be studied in our next work.

References

[1]von Neumann J. A model of general equilibrium[J]. The Review of Economic Studies, 1945, 13(1): 1-9.

[2]Solow R M. A contribution to the theory of economic growth[J]. The Quarterly Journal of Economics, 1956, 70(1): 65-94.

[3] Tumovsky S J. Methods of Macroeconomic Dynamics System [M]. Cambridge: MIT Press, 1995.

[4]Soliman A S. Transitions from stable equilibrium points to periodic cycles to chaos in a Phillips curve system[J]. Journal of Macroeconomics, 1996, 18(1): 139-153.

第三部分　生命系统

神经系统中的复杂性研究[*]

方福康

（北京师范大学非平衡系统研究所，北京 100875）

摘　要：神经系统面临的一个基本科学问题是要回答神经系统中微观到宏观的机制。微观运动形式以神经元突触活动为基础，宏观行为包括视觉、听觉等基本认知功能，以及大脑思维的高级认知。微观与宏观的差异是巨大的，其过渡的形式困扰着神经科学，迄今未获解决。系统科学复杂性研究的出现，为这个科学问题提供了新的角度和方法。本文讨论了神经系统信息传递和转换中的突变行为，通过视知觉、概念形成、记忆等研究案例，阐明了复杂性研究对神经系统的处理方案与结果。本文也讨论了学习过程中几种最基本的突变形式。

关键词：神经系统；复杂性；涌现；记忆；学习

Research on Complexity in Neural System

Fang Fukang

(Institute of Nonequilibrium Systems，Beijing Normal University，Beijing 100875，China)

Abstract：A basic scientific problem in neural system is to know the transition mechanism from microscopic to macroscopic level. The activity in the microscopic level is based on neurons and synapses，while the macroscopic level includes the basic cognitive functions，such as visual and auditory cognition，and advanced cognition. There is a great difference between microscopic and macroscopic level，and the transition is still an open problem in neuroscience. Systems science and complexity research provide a new point of view and method to this scientific problem. In this paper，the mutation in neural information transfer and conversion was discussed. Based on the research examples such as visual perception，concept formation，and memory，we illustrate the methods and results of the complexity research in neural system. Several basic types of mutation in learning process are also discussed in this paper.

Key words：neural system；complexity；emergence；memory；learning

　　20 世纪 80 年代，钱学森先生提出了创建系统科学、人体科学和思维科学的构想，使得原有的学科体系更加完整和丰富^[1,2]。不仅如此，钱先生提出的一些问题和论述，影响着这些学科的研究和发展。例如，复杂系统结构的思想；可靠性研究，即局部元件与整体结构的关系；信息、能量与物质三者之间关系的研究；思维科学应从宏观和微观两种途径进行等。1984 年 7 月 31 日钱先生给笔者的信中写道："脑科学、思维科学，以及心理学基本理论的突破在于找出人体巨系统的规律，这完全得靠系统学。"(图 1)本文要讨论的神经系统就与这些思想有密切的关系。

---

*　方福康. 神经系统中的复杂性研究[J]. 上海理工大学学报，2011，32(2)：103-110.

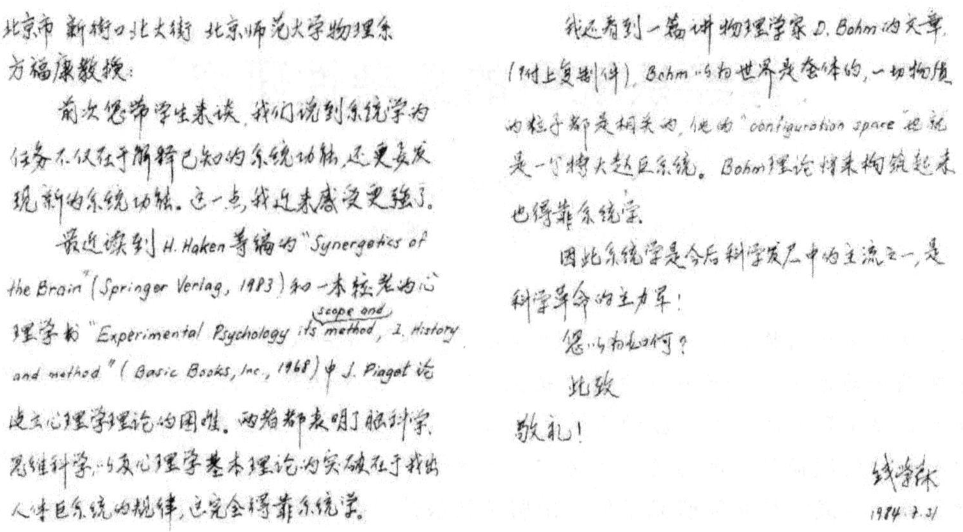

北京市 新街口北大街 北京师范大学物理系

方福康教授：

前次您带学生来谈，我们说到系统学的任务不仅在于解释已知的系统功能，还更要发现新的系统功能。这一点，我近来感受更强了。

最近读到 H. Haken 等编的"Synergetics of the Brain"(Springer Verlag, 1983)和一本较老的心理学书"Experimental Psychology its scope and method, 1. History and method"(Basic Books, Inc., 1968)中 J. Piaget 论建立心理学理论的困难。两者都表明了脑科学、思维科学以及心理学基本理论的突破在于找出人体巨系统的规律，这就会得靠系统学。

我还看到一篇讲物理学家 D. Bohm 的文章(附上复制件)。Bohm 认为世界是全体的，一切物质的粒子都是相关的，他的"configuration space"也就是一个特大型巨系统。Bohm 理论将来构筑起来也得靠系统学。

因此系统学是今后科学发展中的主流之一，是科学革命的主力军！

您以为如何？

此致

敬礼！

钱学森

1984.7.31

图 1　钱学森于 1984 年 7 月 31 日致作者的信

Fig. 1　The letter to author from Qian Xuesen(July 31, 1984)

神经系统研究所形成的神经科学，探讨信息在生命体中传递和转换的机制，并最终涉及大脑智力的产生，已成为 21 世纪的核心前沿科学。神经科学在微观和宏观的研究中已经有了很多实质性的进展和突破，但仍有一些基本的科学问题还未得到解决。已经知道，外界刺激在神经元中形成的电脉冲是信息传递的基础，神经元的突触作用是唯一的信息传递者，突触的信息传递及其性质的变化提供了一个学习和记忆的生理学本源[3]。脑电、脑磁实验手段的出现，开启了对大脑高级认知信息的获取；精确的心理实验，将宏观行为与神经活动联系起来。这些进展和成就大大促进了对神经系统本质性的理解。但迄今为止，一个基本的科学问题仍然困扰着神经科学的研究，还没有获得根本的改善。

神经系统面临的一个基本的科学问题是要回答神经系统中微观到宏观过渡的机制，即在神经系统中，基础的活动单元是神经元，活动的方式是脉冲电信号，信息传递是通过突触进行的，这些都是纯粹微观的运动形式。而在另一方面，神经系统的整体效果都是宏观的，无论是听觉、视觉等基础的认知功能，或是大脑思维的高级认知，如概念、语言、数字、决策等，都表现为宏观行为。在这里，微观的活动方式与宏观的行为结果呈现出巨大的差异；而神经系统的信息处理结果是十分有效的，它具有信息量大、反应迅速、精确描述和稳定性强等特点。因此，人们可以想象神经系统中存在着一个从微观活动到宏观行为过渡的精妙的机制，才能保证神经系统各项宏观功能的实现。这一点，无论是目前已经进行的微观神经脉冲信号分析，或是宏观的脑电、脑磁实验和行为实验，都还未揭开这个基本科学问题的奥秘。

系统科学的出现特别是复杂系统的研究为这个科学问题提供了新的角度和方法。从系统科学的角度，注意到神经系统具有复杂的结构，它分为七个层次，即分子、神经元、神经元群、神经网络、大脑皮层、整个脑区、中枢神经系统[4]。神经系统中信息的传递是在这些层次中进行的，经过这些层次，神经系统中传递的信息会发生质的飞跃和突变，最终产生高级的宏观认知功能。系统科学中用涌现(emergence)来描述这种突变机制。复杂性的研究给出了涌现现象的恰当描述，即自组织和吸引子。所涉及的不动点、极限环、准周期和混沌等概念，给出了涌现现象的丰富内涵。非线性动力学、分支、分形、Multi-Agent 系统、随机方程等数学表述和计算机模拟，使涌现的计算得以实现。

1 信息传递过程中的涌现

信号在神经系统的传递过程中，经过层层涌现，最终形成初级和高级认知功能。我们就知觉的出现、概念的形成以及数量的认知三个方面讨论信息传递过程中的涌现过程和机制。

视知觉的获得首先遇到的是信息整合中的路线问题，当我们观察一幅图像时，视知觉是从局部性质到整体性质，还是从大范围性质到局部性质？一种是局部的整合，首先视觉系统从外在的整个视野中平行地、自动地把刺激物体的可分离的特征抽取分离开来，然后把抽取的特征结合起来，形成整体的知觉[5]。另一种观点是以拓扑不变性为根本属性的从大范围到局部的拓扑性质初期知觉理论[6]，认为人类的视觉系统对整体拓扑性质具有比局部几何性质更高的敏感性，存在由大范围到局部顺序完成的一系列知觉功能层次。这两种说法都得到了许多实验事实的支持。我们认为，无论大脑具体采用何种模式进行运作，知觉的本质都是涌现和突变，并逐步把混乱、低级的信息转变为有序、高级的信息形式，把自然的外界刺激变成人可以理解的特征。对于初期特征分析理论，第一阶段是分离图形特征，第二阶段再把各种特征整合成完整图形；而初期整体知觉的第一阶段是获取图形的整体特征，如拓扑性质，第二阶段再整合对细节部分的知觉，从而形成清晰的图形。因此，上述两种理论实质上都可以分解为两阶段的涌现过程。我们进一步地模拟说明从局部到整体和整体涌现这两种自组织涌现都有可能，只是随着条件不同或者感知对象的不同而采用不同的感知方式。这些条件主要是感知对象的特征，感知元件的敏感性质以及环境的影响[7]。Hebb学习法和感知机整合规则是涌现产生的一种可能机制。

听觉系统的信息传递过程也存在特征抽取和信息整合的过程，人能够识别不同人以不同声调说出的同一个词语，这说明神经系统能够提取不同声音信号里的某种共同特征，美国南加州大学(USC)的Liaw和Berger设计的神经网络也能够完成同样的功能，在加入大量噪声的情况下甚至超过了人的识别能力[8]。我们的分析认为，虽然该网络具有庞大、复杂的结构，但其中存在一个只包含11个神经元的核心动力学回路，该回路对声音信号传递和处理过程中存在着关键参量，这些关键参量在实现信号识别功能中起了重要作用，并且回路通过神经元的动力学性质和突触可塑性机制实现了对信号的传递、处理和识别，其中突触传递的易化和反馈调整机制、突触前释放递质的阈值机制和Hebb学习法则是回路能够识别信号的主要机制[9]。

知觉是动物一般都具有的初级认知功能，很多包括人类的高级动物，能产生更加高级的认知功能，如意识、概念、推理、顿悟等。概念的形成在人类高级认知活动中具有重要的意义，它是人类智力起源关键的一步。对于概念的研究不同于感知层次上的研究，感知层次上研究的问题是大脑如何将感受到的刺激转化为电脉冲信号并进行数据信息的整合，高级认知活动中大脑进行处理的不仅是具体的数据信息，很有可能还包含抽象的概念。概念的形成要经过对信号的压缩、过滤等程序，是一种由具体到抽象、由简单到复杂的涌现过程。大脑如何从具体对象的信息中获取抽象概念？如何对概念进行存储和提取？这是思维科学需要解决的关键科学问题。

目前对概念的研究主要是在心理学的行为层次上进行，通过研究分类和语言获得探索概念的形成条件。在神经层次上研究概念形成机制的工作还比较少，我们从概念涌现的角度对此进行了研究，并与实验进行对比。在理论模拟层次上，选择了适当案例，如汉字学习、数量认知，建立多层非线性神经网络模型，结合心理学行为实验，研究汉字、数量等抽象概念如何与其他具体事物建立关联的过程。通过神经网络的模拟我们发现，聚类和过滤是完成特征抽取的过程并形成概念的核心机制[10]。比如从白马、黑马等具体事物抽象出"马"这样一个抽象概念；从3个苹果、3个梨等事物中抽象出数字概念"3"等。现实生活中也发现了一些具有"概念"缺陷的病人，不能从白马、黑马、黄马、红马等各种马中抽取出"马"这个概念；对儿童的心理学实验发现6岁的儿童可能是形成抽象数字概念的关键转折时期，这些都说明概念形成的确是一个复杂的自组织过程。这个过程中，概念的形成最终会到达吸引子所在的稳定态，这个吸引子的形式和稳定性是我们研究的目的之一。在目前的动力学理论中，吸引子有不动点、极限环、准周期行为和混沌等几种，代表概念形成的吸引子可能是上述传统吸引子中的一种或其组合，也可能是一种新的未知的尚待我们发掘的吸引子，它可能具有的形式和行为吸引着我们。在概念形成的过程中，吸引子可能不止一种，最后可能到达的稳定态也可能不止一处，根据不同的初始状态、过程参数和外界环境影响，以及概念本身的性质所致，概念的形成可能会通过不同的道路来完成，也就是具有多种概念形成模式，不同的概念形成模式会引导过程到达不同的稳定态。这也就解释了为什么人类概念具有多样性，对同一事物，每个人形成的概念为什么会有一定的差别。

很多动物不仅具有形成概念的能力，还能对概念之间的关系做出正确判断。其中数量概念之间的一种关系——序，对动物来说尤其重要，比如灵长类动物能够根据对手的数量选择进攻或者逃跑；鸽子能够从数量差别不大的两堆谷物中选择较大的一堆，这些都关系到个体能否生存的问题。前面我们讨论了数量概念是如何形成和表达的，但是概念之间的关系在神经系统中是如何产生的，又是如何表达的呢？在实验方面，Nieder 通过电生理的方法，在猴子的前额叶皮层找到了对一系列数量（从 1 到 5）敏感的神经元，并且这些神经元的激活程度表现出了行为实验中出现的距离效应（distance effect）与大小效应（magnitude effect），如图 2（a）所示[11]。但对于这两种效应的产生机制目前大家还不清楚，我们对此进行了计算，在 Wang 模型[12]的基础上，我们构造了一个具有兴奋和抑制两种类型神经元组成的网络，设定合适的网络权重，当给定不同的输入时，网络中神经元的响应情况如图 2（b）所示[13]，与实验相符合，其中权重的设置是产生距离效应的根本原因。虽然我们模拟出了和实验相同的结果，但是，并没有找到让权重演化到合理的状态机制，仅在现有的神经网络的框架下，要找到这样的机制是十分困难的，可能需要遗传学、基因工程等方面的加入，进行更深入和广泛的探讨来解决这一思维科学的难题。

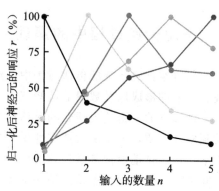

（a）电生理实验中测量到的猴子前额叶皮层某些神经元的归一化后的响应

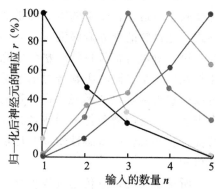

（b）本文的神经网络模型的计算结果［和（a）有相同的结果］

图 2　电生理实验结果与模拟结果比较
Fig. 2　Comparison of the electrophysiology experiment results and simulation results

2　记忆的基本机制

知觉是神经系统接受外界信息和对信息的初步处理，各类复杂的信息以电信号的形式在神经系统中传递，这些承载着大量信息的电信号需要被保存下来，才能在将来被提取并再现，这个保存就是记忆。然而，神经系统是以什么形式将电信号转化并存储下来，从而完成记忆功能，一直是未解的问题。Kandel 从分子层次上首先揭开了记忆之谜[14]，发现了短时记忆伴随着突触连接强度的变化，而长时记忆则伴随着突触连接结构的变化，需要合成新蛋白形成新的突触。Kandel 的研究从微观层次解释了记忆的分子机制，他因此而获得了 2000 年诺贝尔生理学或医学奖。然而，该工作还远远没有给出记忆的基本机制，尤其是关于记忆如何能长时间保持，目前还不能很好地解释，甚至有研究质疑通过突触可塑性实现长时记忆的理论，认为随时变化的突触强度以及连接结构是无法实现记忆的长时间保持的，提出长时记忆可能是将信息存储在基因分子上[15]。

关于长时记忆的基本机制有所争论，主要是因为其中的关键科学问题没有解决，即神经系统是如何将信息转化到物质并实现记忆功能。一种可能是通过生成新突触来完成，另一种可能是信息存储在基因分子上。新突触生成的过程在网络中表现为网络连接结构的可塑性，不仅在脑形成初期[16]，而且在成年脑中也大量存在[17~19]，但这些实验目前还不能解答突触生成引发的网络结构可塑性在神经系统中起到什么作用，以及如何参与到长时记忆的形成过程中。因为目前实验还只能观测到单个突触或者单个神经元树突或轴突上的一部分突触，这些微观性质本身无法解释清楚学习和记忆功能是如何实现的，只有大量的神经元通过突触形成具有各种连接结构的网络后，基于网络结构的动力学过程才可以呈现出少数个神经元、突触所不具有的全新的复杂行为[20]，包括如功能分区[21]、协同振荡[22]、同步发放[23]等空间和时间结构，从而解释学习和记忆等宏观认知功能。在此，复杂性理论研究可发挥其独特的作用，分析神经系统记忆功能的涌现机制，从而解开记忆过程中信息如何转化到物质这一关键科学问题。

我们分别从以下几个方面展开研究：

记忆可分为两个阶段，第一个阶段是暂时的存储，可通过网络的各种连接结构以及突触可塑性完成。我们首先在 Wang 的工作记忆网络模型[24]基础上，建立了环状连续神经元网络模型，通过激发多个神经元活动峰来保持多项记忆单元，分析了与工作记忆容量有关的动力学机制，发现网络连接结构和网络中兴奋与抑制的平衡关系是影响容量的两个关键因素。

其次，为研究新突触生成在网络中的宏观性质，我们以 Kandel 生理学实验结果为基础，建立了模拟新突触生成过程的神经网络模型(图 3)，通过记忆痕迹模型和循环振荡回路模型两种可能的记忆模式，系统地分析由此引发的网络结构变化在整个神经网络中将涌现出的宏观性质，从而讨论新突触生成及其引发的结构可塑性在长时记忆中的可能作用。网络中每个神经元都可能与多个神经元之间生成新突触，可改变每个神经元传递信息的路径。学习的过程可能是寻找有效路径的过程，在寻找的过程中会自我创造"桥"来搭路径。而对于网络整体来说，有时间延迟的连接结构变化了，这不仅仅是网络连接结构变了，更重要的是网络的时间性质发生了变化，这种具有时空结构的突触可塑性对于神经系统传递、处理以及记忆时间信息具有重要作用。

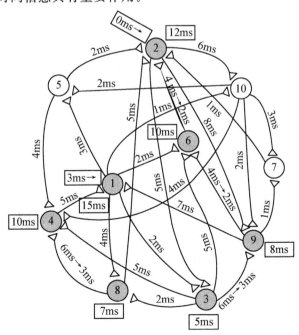

图 3　循环振荡回路结构

Fig. 3　Periodic oscillation circuit structure

记忆的第二个阶段是将暂时的记忆转化到物质上，实现长时的记忆。这是一个电信号转化为化学信号的过程，与普通的电化学反应不同，其中包含着丰富的生化反应过程，可总结为，反复输入的电信号使蛋白激酶 A 和激酶 MAPK 从突触转移到细胞核中，蛋白激酶 A 激活调节蛋白基因 CREB，从而合成新的蛋白，启动新突触的增长，而 5-羟色胺使蛋白基因 CPEB 变成可自我复制的状态，从而维持新突触的形成。从该生化反应过程可以看出，长时记忆是通过产生新物质来完成记忆功能的，而生成新物质的生化反应过程又需要通过输入的信息来启动，因此，这实际上是信息与物质相互作用、转化的过程。

另外，长时程增强(long-term potentiation，LTP)是神经系统突触可塑性的一个重要机制，也是学习和记忆的基本机制。目前生理学实验已经在海马、小脑等脑区发现 LTP，而 LTP 在整个神经系统中是普遍存在的，在血压调节系统中表现为 C 纤维通过 LTP 可塑性提高 A 纤维反射的响应能力，从而实现长期血压调节。我们与美国宾州州立大学 Dworkin 研究小组合作，建立了长期血压调节压力反射神经机制的理论模型，以分析 LTP 可塑性在血压调节的压力反射神经机制中的作用。这个研究不仅为长期血压调节机制提供了新的思路，也为探索 LTP 可塑性机制在神经系统学习功能中的作用提供了参考。

3　学习过程的几种基本突变形式

前面所讨论的，无论是知觉形成的基本过程，或是诸如概念形成等高级认知过程的实现，还是记忆过程中信息与物质的转换，都是神经系统在外界环境的刺激下，通过神经元和突触进行信息的传递、转换、存储和调取，最终使人类或者动物调整自身状态，发生突变，对外界的刺激做出适当的反应。这种涌现都是系统对外界刺激的调整和适应，背后都存在信息的积累，学习是这些涌现背后存在的一种机制。学习过程是由信息积累所引起的状态突变，在初始阶段，状态变化并不很大，但随着信息积累的逐步增加，会发生一个非线性的加速过程，随之状态发生突变，即通过涌现而达到一个新的状态，达到新的稳定。在学习过程中如有某种中断，则涌现或突变现象不会发生。这种信息积累、非线性加速、突变到新态再稳定，是涌现的基本特征，学习是实现这种过程的一个具体机制。在实现涌现的方式上，除了所描述的这种常规的渐进方式外，学习过程还可以有两个变例，我们称为阶跃式学习和 J 形式学习。阶跃式学习相对渐进学习的最大特点是速度快，系统在外界强刺激下迅速从初始状态跃变到末态，完成整个学习过程需要外界的刺激足够强，而信息的累积程度也会小一些。J 形式学习的性质比较特别，系统先期的发展并不是朝着学习末态演化，而是要经历一个先下降后上升的过程。一种可能的解释是在一个新的学习过程中首先要对原来学会的一些东西进行破坏，从而表现出信息量的暂时降低，最终获得足够的信息积累[25,26]。

这 3 种学习类型是我们对于这种信息参与情况下的突变的一个分类，在神经系统的各个层次均有体现，即使从微观神经突触可塑性方面，也可以找到非常好的对应，分别是 Hebb 学习法和 BCM 理论，以及惊悚学习法。

Hebb 学习法是心理学家 Hebb 于 1949 年提出的假说：神经系统的学习过程最终是发生在神经元之间的突触部位，突触的联结强度随着突触前后神经元的活动而变化，变化的量与两个神经元的活性之和成正比[27]。这个假说后来得到了大量的实验验证并被应用到各个领域。这种突触强度的调整规则使得突触强度在持续的外界作用下不断增强。一旦撤销刺激，突触连接的强度将保持不变，这种规则很容易被相信是我们前面所讨论的渐进学习的生理学基础。

BCM 理论由 Bienenstock、Cooper 和 Munro 提出，其出发点是解释大量神经元所具有的选择性，所建立的模型采用了突触修饰机制，即突触效用的双向调节机制，这可看作对 Hebb 规则的双向扩展，不同的是 BCM 中具有阈值作用，这使突触修饰不只取决于突触前后瞬时的激活情况，还取决于突触后在一段时间内的活动情况，其中的阈值 θ 不是常数，而是输出变量 y 的非线性函数，一直随 y 变化，具有先减少后增加的特征[28]。这种学习方式已经被验证存在于视觉皮层和海马区等区域。这种学习和 Hebb 学习不同，是多个输入情况下的竞争学习，最后表现出对部分输入的反应和对另外一些输入的不反应。

惊悚学习是一个非常快速的调整过程，在外界突然的强刺激下，系统以最短的时间调整自身以适应环境。这方面的研究还比较少。

实际上学习这一复杂系统的适应和调整现象并不仅仅存在于神经系统，也广泛存在于经济系统、社会系统等多个领域。我们最终能归纳出 3 种学习模式与我们对社会经济系统分析的积累也是分不开的。我们在经济增长的研究中发现经济增长也有集中基本的模式，它们分别是索洛式增长、阶跃式增长和 J 模式增长[29,30]。索洛增长理论所展示的那种外延式扩张，它只是总量生产函数 $Y=AF(K，L)$ 中资本 K 和劳动力 L 或外生技术 A 的简单增加所带来的产出 Y 的相应增加。阶跃式增长则是系统中政策参数、环境参数乃至结构的变化也会对经济增长做出贡献，并且这种变化是冲击性的，导致产出出现相应的阶跃变化。J 模式增长是一种内涵式的增长途径。它与渐进式和阶跃式不同，不是直接对外界环境的变化做出反应，而是通过先期学习改变资本 K 和劳动力 L 的"质量"，通过创新促使产出 Y 上升到一个新的台阶，是系统离开原均衡向新均衡的转移过程。表现在需要先在一定的时间内支付相当的成本产出降低，才能最终获得产出水平的大幅度提高。这是典型的 J 形式的学习，也与前面所提到的 BCM 理论中的阈值机制是非常一致的。

如图 4 所示。其中，渐进式、J 形式和阶跃式在神经系统中分别对应 Hebb 学习、BCM 理论和惊悚学习；在经济系统中分别对应 Solow 增长、J 模式增长和阶跃式增长。

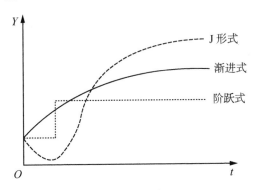

图 4 神经系统和经济系统的 3 种学习模式
Fig. 4 Three learning modes in neural system and economic system

在经济系统中发现和神经系统典型的学习过程相类似的过程不是偶然。学习是复杂系统存在的一个普遍现象，不同系统的学习过程具有不同的表现和机制，但它们会具有一些基本的规律[29]。长期的研究发现，复杂系统的自组织过程存在基本的现象和规律，如非洲白蚁作窝过程的非线性生态行为与单模激光的基本模式一致。而协同学的创始人 Haken 用尖点突变讨论过许多不同的自组织现象，如激光的产生、手指的协同运动和视觉的迟滞现象[22,31]，也获得了好的结果。在某一特定研究对象上所获得的某些概念和规律，常常可以在一些其他的研究领域中再次实现。我们认为，神经系统学习功能的研究也可以和其他复杂系统学习功能的研究结合起来进行，这对于讨论神经系统的学习过程具有借鉴意义。而为解决这些问题，可以尝试运用动力系统分析、多个体计算、随机过程及数学规划等方法，通过一类具体的复杂系统进行研究。例如，我们对于社会经济系统中的研究主要采用的是动力系统分析的手段，而 Holland 对于语言复杂系统中适应行为这一学习过程的研究主要是采用多个体模拟的办法进行的[32]。

参考文献

[1]钱学森.系统科学、思维科学和人体科学[J].自然杂志，1981，1：3-9.

[2]钱学森，等.关于思维科学[M].上海：上海人民出版社，1986.

[3]Abbott L F, Regehr W G. Synaptic computation[J]. Nature, 2004, 431(7010)：796-803.

[4] Trappenberg T P. Fundamentals of Computational Neuroscience [M]. Oxford：Oxford University Press，2002.

[5]Treisman A M, Gelade G. A feature-integration theory of attention[J]. Cognitive Psychology, 1980, 12(1)：97-136.

[6]Chen L. Topological structure in visual perception[J]. Science，1982，218(4573)：699-700.

[7]Chen J W, Liu Y, Chen Q H, et al. A neural network model for Chinese character perception[C]// 2009 Fifth International Conference on Natural Computation. Tianjin：IEEE，2009.

[8]Liaw J S, Berger T W. Dynamic synapse：a new concept of neural representation and computation[J]. Hippocampus, 1996, 6(6)：591-600.

[9]Liu Y, Xie X P, Fang F K. Emergence mechanisms of brain functions from synaptic dynamics[C]// 2008 Second International Symposium on Intelligent Information Technology Application. Shanghai：IEEE，20089.

[10]Chen J W, Liu Y, Chen Q H, et al. A neural network model for concept formation[C]//2008 Fourth International Conference on Natural Computation. Jinan：IEEE，2008.

[11]Nieder A, Freedman D J, Miller E K. Representation of the quantity of visual items in the primate prefrontal cortex[J]. Science, 2002, 297(5587)：1708-1711.

[12]Brunel N, Wang X J. Effects of neuromodulation in a cortical network model of object working memory dominated by recurrent inhibition[J]. Journal of Computational Neuroscience, 2001, 11(1)：63-85.

[13]Cui J X, Liu Y. The continuity between representations of small and large numbers：a neural model[J]. Journal of Computational Information Systems, 2010, 6(2)：513-520.

[14]Kandel E R. The molecular biology of memory storage：a dialogue between genes and synapses[J]. Science, 2001, 294(5544)：1030-1038.

[15]Kandel E R. In Search of Memory：the Emergence of a New Science of Mind[M]. New York：W W Norton Company, 2006.

[16]Butz M, Worgotter F, Van Ooyen A. Activity-dependent structural plasticity[J]. Brain Research Reviews, 2009, 60(2)：287-305.

[17]Hofer S B, Mrsic-Flogel T D, Bonhoeffer T, et al. Experience leaves a lasting structural trace in cortical circuits[J]. Nature, 2009, 457(7227)：313-317.

[18]Derksen M J, Ward N L, Hartle K D, et al. MAP2 and synaptophysin protein expression following motor learning suggests dynamic regulation and distinct alterations coinciding with synaptogenesis[J]. Neurobiology of Learning and Memory, 2007, 87(3)：404-415.

[19]Zuo Y, Yang G, Kwon E, et al. Long-term sensory deprivation prevents dendritic spine loss in primary somatosensory cortex[J]. Nature, 2005, 436(7048)：261-265.

[20]Hopfield J J. Neural networks and physical systems with emergent collective computational abilities[J]. Proceedings of the National Academy of Sciences, 1982, 79(8)：2554-2558.

［21］O'Reilly R C. Biologically based computational models of high-level cognition［J］. Science，2006，314(5796)：91-94.

［22］Haken H. Brain Dynamics：an Introduction to Models and Simulations［M］. Berlin：Springer，2008.

［23］Hopfield J J，Brody C D. What is a moment? Transient synchrony as a collective mechanism for spatiotemporal integration［J］. Proceedings of the National Academy of Sciences，2001，98(3)：1282-1287.

［24］Wang X J. Toward a prefrontal microcircuit model for cognitive deficits in schizophrenia［J］. Pharmacopsychiatry，2006，39 Suppl 1：80-87.

［25］方福康. 神经系统复杂性研究中的几个问题［M］. 上海：上海交通大学出版社，2007.

［26］方福康. 神经系统中的涌现［J］. 系统工程理论与实践，2008(增刊)：19-26.

［27］Hebb D O. The Organization of Behavior［M］. New York：Wiley，1949.

［28］Bienenstock E L，Cooper L N，Munro P W. Theory for the development of neuron selectivity：orientation specificity and binocular interaction in visual cortex［J］. Journal of Neuroscience，1982，2(1)：32-48.

［29］方福康. 经济复杂性及一些相关的问题［J］. 科技导报，2004(8)：7-11.

［30］Fang F K，Chen Q H. The J structure in economic evolving process［J］. Journal of Systems Science and Complexity，2003，16(3)：327-338.

［31］Haken H. Principles of Brain Functioning：a Synergetic Approach to Brain Activity，Behavior，and Cognition［M］. Berlin：Springer，1996.

［32］Ke J，Holland J. Language origin from an emergentist perspective［J］. Applied Linguistics，2006，27(4)：691-716.

神经系统识别爆发性锋电位序列的机制讨论[*]

刘　艳[1]　陈六君[1]　陈家伟[1]　方福康[2]

（1. 北京师范大学管理学院系统科学系，北京 100875；

2. 北京师范大学非平衡系统研究所，北京 100875）

摘　要：讨论神经系统识别爆发性锋电位序列信息的机制，认为序列的信息存储在爆发性锋电位组内间隔和组间间隔两个时间变量中，建立了一个神经回路，通过突触传递过程中的易化、反馈调节机制以及时间依赖的学习机制等突触可塑性机制，给出了神经系统识别爆发性锋电位序列信息的一种可能机制，其中包括分解机制和整合机制两部分。首先通过神经元选择性响应的动力学性质，将锋电位序列的信息分解，并将每组锋电位内部间隔的信息通过不同神经元学习存储。通过突触延迟时间的动力学调整，将两组锋电位之间的时间间隔学习、存储在回路中。经过多次学习训练，神经回路对输入信号形成特定的突触连接结构以及时空响应输出模式，实现对爆发性锋电位序列信息的识别。

关键词：爆发性锋电位；突触可塑性；突触延迟时间；神经回路

Discussion on the Burst Spike Train Recognition Mechanisms in Nervous System

Liu Yan[1]　Chen Liujun[1]　Chen Jiawei[1]　Fang Fukang[2]

(1. Department of System Science, School of Management, Beijing Normal University, Beijing 100875, China；

2. Institute of Nonequilibrium Systems, Beijing Normal University, Beijing 100875, China)

Abstract：To discuss the burst spike train recognition mechanisms in nervous system, the information of the train is supposed as in the intraburst period and the interburst period. A neural circuit is designed to give a possible mechanism for the burst spike train recognition based on the biological mechanisms of synaptic facilitation, feedback modulation and spike-time dependent plasticity. Firstly, the burst spike train is decomposed into isolated spikes through the selective response property of the Hodgkin-Huxley neuron and the intraburst period information is transferred separately by different neurons. Secondly, the interburst period information is learned and stored in the synaptic delay times by the dynamic modulation of the synapses. After training, a specifically synaptic connectivity structure is formed in the neural circuit, and the input burst spike train is recognized by the output temporal-spatial pattern.

Key words：burst spike；synaptic plasticity；synaptic delay time；neural circuit

感觉系统将外界信息编码为动作电位序列传入神经系统，那么神经系统如何识别动作电位序列中包含的信息？动作电位序列具有很多种形式，最常见的是单锋电位序列（single spike train）和爆发性锋电位序列（burst spike train）。对于单锋电位序列识别机制的讨论比较多，研究认为单锋电位序列的信息由峰峰间期描述，神经系统可能以峰峰间期为单位学习及识别单锋电位序列的信息[1-3]。而爆发性锋电位序列的形式相对复杂，识别爆发性锋电位的机制的讨论较少，但由于连续多个脉冲能更好地避免递质传递失败，实验研究认为爆发性锋电位比单锋电位更好地保证了信息传递的准确[4-6]，因此讨

---

　* 刘艳，陈六君，陈家伟，等. 神经系统识别爆发性锋电位序列的机制讨论[J]. 北京师范大学学报（自然科学版），2007(4)：474-480.

论爆发性锋电位序列信息的识别机制具有重要意义。

目前越来越多的研究证实，突触传递的可塑性是大脑学习和记忆的基础[7-10]，因此研究大脑如何通过突触可塑性完成学习、识别等功能成为近年来理论及实验研究的热点问题。一些研究认为可以用爆发锋电位组内间隔和组间间隔两个时间变量描述爆发性锋电位的信息[11]。由于在神经系统动作电位序列的传递和处理过程中，突触效率的变化会引起突触延迟时间等变量随之调整，使动作电位序列中的时间间隔变量可以通过突触参数存储在回路中，因此我们尝试用突触传递的可塑性以及神经元的动力学性质，讨论神经系统学习、存储及识别爆发性锋电位序列信息的机制。

本文建立了一个神经回路，通过突触传递过程中的易化（facilitation）、反馈调节（feedback modulation）机制以及时间依赖的学习机制（spike-time dependent plasticity）等突触可塑性机制，给出了神经系统识别爆发性锋电位序列信息的一种可能机制，其中包括分解机制和整合机制两部分。

1 爆发性锋电位序列的分解机制

在分析神经元发放动作电位的性质时发现，当输入电流呈爆发形式时，在电流幅值不变的情况下，不是爆发频率越高的信号越容易引起神经元响应动作电位，事实上，神经元会只对一个特定频率的爆发形式电流响应，对其他频率的都不响应[12]。例如 Hodgkin-Huxley 型神经元，在其原始参数下，只对频率为 80Hz 的爆发性输入电流响应。另外，当改变神经元的参数时，神经元的响应频率也发生变化，即 Hodgkin-Huxley 型神经元对输入爆发性信号频率具有选择性响应的性质（图 1）。

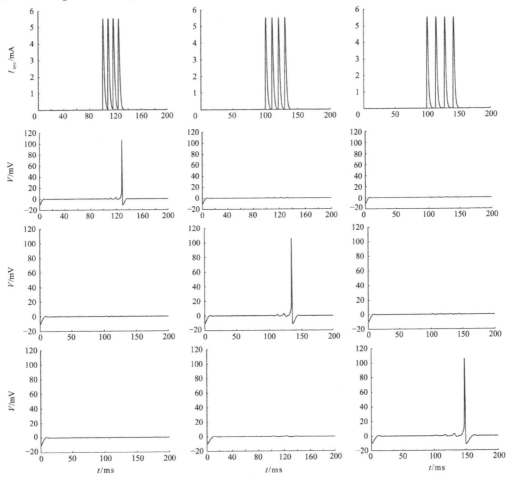

图 1 不同参数下的 Hodgkin-Huxley 神经元，对爆发性输入信号频率选择性响应

　　分析 Hodgkin-Huxley 方程的动力学性质可知，这是因为 Hodgkin-Huxley 神经元本身具有特定的振荡周期，在不同的参数下振荡周期不同。对于原始的 Hodgkin-Huxley 方程参数描述的神经元，输入电流是直流电时，若电流大于某个阈值，则发放动作电位，其动作电位序列的周期随电流的大小变化；但若电流小于阈值，神经元不能响应动作电位，在阈下振荡到达稳定的焦点，该振荡的周期是12.5ms(图 2)。当神经元之间通过突触传递爆发性信号时，突触前单个锋电位往往不能引起突触后神经元发放动作电位，神经元的膜电位需要累积多个锋电位才可能达到发放动作电位的阈值，当膜电位穿过阈值区时就会发放动作电位，在没有达到阈值之前，膜电位趋向系统的焦点[11]，每一个突触前锋电位传至突触后都会使突触后神经元膜电位快速增加，当输入信号的周期与突触后神经元的振荡周期相同时，其膜电位会一直在同一方向累积，累积超过阈值时神经元将发放动作电位，而当周期不相同时，膜电位会在不同的方向上累积，因此不能达到阈值，神经元不发放动作电位（图 3）。因此，Hodgkin-Huxley 神经元在不同的参数下，其振荡周期不同，响应频率也随之变化，从而表现出对突触前神经元发放的爆发性动作电位频率选择性响应的性质。

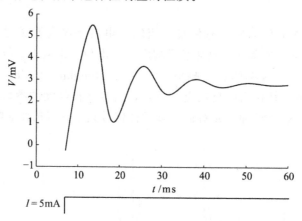

图 2　Hodgkin-Huxley 神经元的振荡周期

　　根据 Hodgkin-Huxley 神经元对爆发性锋电位频率选择性响应的性质，不同参数下的一组神经元可以将输入的爆发性锋电位序列按照发放频率分解，每个神经元选择与其振荡周期对应的一组爆发性锋电位响应发放动作电位，从而使输入信号中每组锋电位的频率信息通过不同通路传递下去。下面给出该分解机制的具体形式。

　　考虑一组 Hodgkin-Huxley 神经元，其中每个神经元的参数 k_V 不同（表 1），方程及参数如下[13]：

$$CV = k_V[I_{syn} - g_K n^4 (V - E_K) - g_{Na} m^3 h (V - E_{Na}) - g_L (V - E_L)],$$

$$\dot{x} = k_V[\alpha_x(V)(1-x) - \beta_x(V)x], \quad x = n, m, h$$

式中，V 是神经元的膜电位；m、h、n 是离子门控变量；I_{syn} 是输入电流，

$$\alpha_n(V) = 0.01(10-V)/[e^{(10-V)/10} - 1],$$

$$\beta_n(V) = 0.125e^{-V/80},$$

$$\alpha_m(V) = 0.1(25-V)/[e^{(25-V)/10} - 1],$$

$$\beta_m(V) = 4e^{-V/18}, \quad \alpha_h(V) = 0.07e^{-V/20},$$

$$\beta_h(V) = 1/[e^{(30-V)/10} + 1],$$

$$E_K = -12\text{mV}, \quad E_{Na} = 120\text{mV}, \quad E_L = 10.6\text{mV},$$

$$g_K = 36\text{ms} \cdot \text{cm}^{-2}, \quad g_{Na} = 120\text{ms} \cdot \text{cm}^{-2},$$

$$g_L = 0.3\text{ms} \cdot \text{cm}^{-2}, \quad C = 1\mu\text{F} \cdot \text{cm}^{-2}.$$

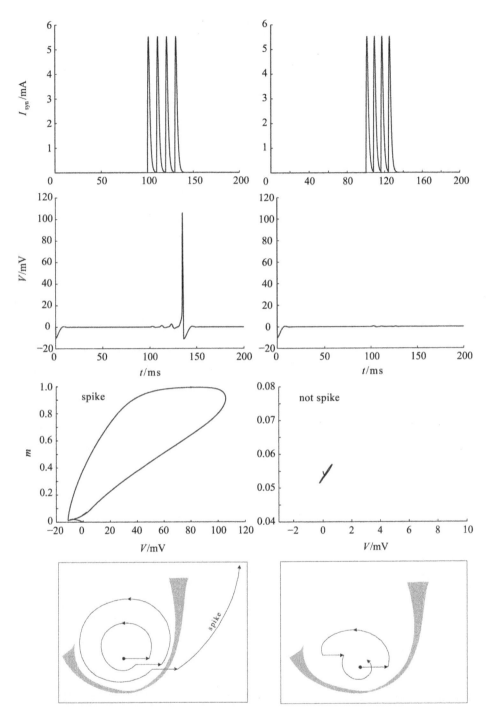

图 3 神经元动力系统的相图，描述了膜电位在振荡中累积的机制

（最下面 2 幅图参考文献[11]绘制）

神经元之间通过突触传递信号，突触传递方程如下[14]：

$$I_{syn}(t) = \overline{g}_{syn} r(t) [V(t) - E_{syn}]$$

$\overline{g}_{syn}$ 为最大突触电导，不同神经元连接的突触 $\overline{g}_{syn}$ 不同（表 1）。$r(t)$ 为突触传入递质，递质在传递过程中遵循 α 函数，$r(t) = \alpha t E^{-t/\tau}$，其中 t 是突触前发放动作电位的时刻，$\alpha = 0.015$，$\tau = 2ms$，$E_{syn} = 0$ 为反转电位。

表 1　参数列表

神经元	S_1	S_2	S_3	S_4	S_5
k_V	3.2	2.9	2.6	2.4	2.2
g_{syn}/nS	17.5	18.5	20.5	21	24
神经元	S_6	S_7	S_8	S_9	S_{10}
k_t	2.0	1.96	1.78	1.6	1.52
$\overline{g}_{syn}/nS$	25	26	28.4	30	33.2

分解机制的关键参数是 k_V 和最大突触电导 $\overline{g}_{syn}$，下面详细分析一下这两个参数的作用和意义。

(1)参数 k_V 是神经元动力系统中的一个常数，其作用是影响系统演化的时间特性，神经元在外界输入的情况下产生周期性振荡，不同的 k_V 将对应不同的振荡周期。在该模型中就是通过具有不同参数 k_V 的神经元，完成对输入信号选择性响应的功能。

(2)最大突触电导 $\overline{g}_{syn}$ 的大小表示了突触传递过程中一定数量的神经递质到达突触后神经元时，在当时突触后膜电位的状态下能够产生的电流大小，其物理单位与电导相同。在动作电位信号传递的过程中，$\overline{g}_{syn}$ 越大，动作电位产生的电流就越大，越能增大突触后神经元的去极化程度，当 $\overline{g}_{syn}$ 足够大时，突触后神经元的去极化达到阈值，便发放动作电位。当不考虑生物学过程时，$\overline{g}_{syn}$ 相当于信号传递中的一个转化因子，在一些神经网络模型中常常把这样的突触传递过程简化，用一个变量来代替，称为突触强度。

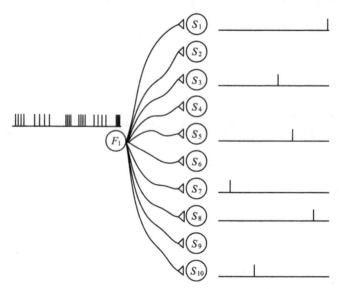

图 4　神经元选择性传递动作电位，即分解爆发性锋电位序列的结构示意

设计图 4 所示的神经回路，简单模拟神经元选择性传递动作电位，即分解爆发性锋电位序列的性质。回路中神经元 F_1 是输入神经元，发放的动作电位序列包含 6 组不同爆发性锋电位的序列，每组锋电位都包含 4 个脉冲，组内间隔依次为 8ms、11ms、6ms、7ms、9ms、5ms，组间间隔依次为 72ms、84ms、60ms、70ms、80ms(图 5 中的 Input)。第二层神经元 S_1～S_{10} 与 F_1 之间通过突触连接，S_1～S_{10} 的振荡周期均不相同，在 5～11ms 内分布。因此，当输入上述信号时，神经元 S_1、S_3、S_5、S_7、S_8、S_{10} 分别选择与各自的周期相同的锋电位响应发放动作电位，而神经元 S_2、S_4、S_6、S_9 则不响应。模拟结果如图 5 所示，神经元 S_7、S_{10}、S_3、S_5、S_8、S_1 分别在 78ms、195ms、227ms、291ms、374ms、432ms 时刻发放动作电位。这样，输入锋电位序列被分解，由 6 个神经元选择性响应传递，其发放动作电位的时间顺序记录了各组锋电位在输入动作电位序列中的顺序，而动作电位的时间间隔则记录了输入序列中各组锋电位的组间间隔。因此，输入锋电位序列经回路分解后，其包含的信息被完整地记录并传递。

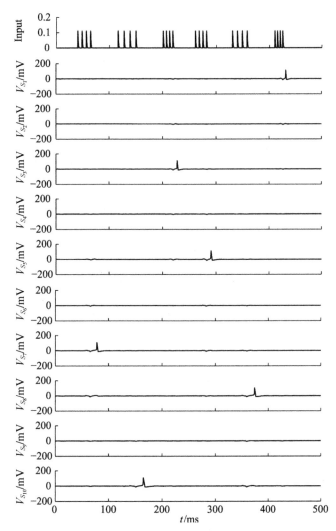

图 5　输入包含 6 组 burst spike 的动作电位序列信号，
第 2 层神经元选择性响应模拟结果

2　识别爆发性锋电位序列的整合机制

在将爆发性锋电位序列中的每组锋电位分解后，序列中每组爆发性锋电位的组间间隔信息被存储在回路中，而另一个表达序列信息的时间间隔变量，即爆发锋电位组间的时间间隔，将通过回路的突触连接将其学习并存储在回路中，

设计了如图 6 所示的神经回路来学习并存储锋电位组间的时间间隔。回路共 4 层，第一层是输入层，包含神经元 F_1，第二层是分解层，包含神经元 $S_1 \sim S_{10}$，分解机制与图 4 回路相同。第三层是整合层，包含神经元 $T_{1,1} \sim T_{10,10}$，神经元分别与相应的第 2 层神经元连接（$T_{i,j}$ 与 S_i 连接），接收相应的神经元传递的动作电位信号。初始状态下，神经元 $T_{i,j}$ 分别与 $T_{j,i}(i \neq j)$ 之间通过突触连接。第四层是输出层，神经元 $O_{i,j}$ 分别接收 $T_{i,j}$ 与 $T_{j,i}$ 发放的动作电位。输出层神经元的性质是只有当连续

接收两个峰峰间期在 2ms 以内的动作电位时，神经元 $O_{i,j}$ 才响应发放动作电位。

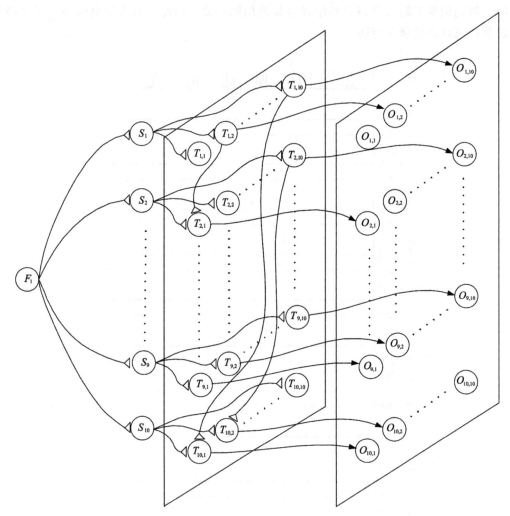

图 6　识别爆发性锋电位序列的神经回路

根据分解机制，神经元 $S_1 \sim S_{10}$ 响应发放动作电位的时间记录了每一组锋电位的发放时间，所以神经元 $S_1 \sim S_{10}$ 发放动作电位之间的间隔也就是锋电位组间的时间间隔。以输入序列中第一个锋电位组间间隔为例，设为 Δt_1，神经元 S_{10} 和 S_7 分别在 t_0 和 $t_1 = t_0 + \Delta t_1$ 时刻响应发放动作电位。神经元 $T_{10,7}$ 接收 S_{10} 传入的动作电位，将在 t_0 时刻发放动作电位，并通过突触 $T_{10,7} \to T_{7,10}$ 传递给神经元 $T_{7,10}$，传递时间为 $\tau_{7,10}$，使神经元 $T_{7,10}$ 在 $t_0 + \tau_{7,10}$ 时刻发放动作电位；而神经元 $T_{7,10}$ 接收 S_7 传入的动作电位，将在 $t_1 = t_0 + \Delta t_1$ 时刻发放一个动作电位，通过突触 $T_{7,10} \to T_{10,7}$ 将该动作电位传递给神经元 $T_{10,7}$，传递时间很短（设为 $\varepsilon < 1$ms），使神经元 $T_{10,7}$ 在 $t_0 + \Delta t_1 + \varepsilon$ 时刻发放动作电位。

此时，对于突触 $T_{10,7} \to T_{7,10}$，突触前神经元动作电位的发放时间为 $t_0 + \Delta t_1 + \varepsilon$，突触后神经元动作电位的发放时间为 $t_0 + \tau_{7,10}$，根据兴奋性突触的时间依赖的可塑性机制（spike-time dependent plasticity，STDP）[15]，若在初始参数下，突触的传递时间 $\tau_{7,10}$ 满足

$$\Delta t_{\min} < (t_0 + \tau_{7,10}) - (t_0 + \Delta t_1 + \varepsilon) < \Delta t_{\max},$$

则突触强度将增大，传递时间 $\tau_{7,10}$ 将减小，经过多次学习，将调整到

$$(t_0 + \tau_{7,10}) - (t_0 + \Delta t_1 + \varepsilon) \leqslant \Delta t_{\min};$$

反之，$\tau_{7,10}$ 增加，将调整到

$$(t_0 + \Delta t_1 + \varepsilon) - (t_0 + \tau_{7,10}) \leqslant \Delta t_{\min}。$$

所以，当学习结束时，突触延迟时间 $\tau_{7,10}$ 调整到
$$|(t_0+\tau_{7,10})-(t_0+\Delta\tau_1+\varepsilon)|\leqslant\Delta t_{\min},$$
即
$$|\tau_{7,10}-\Delta t_1|\leqslant t_{\min}+\varepsilon,$$
从而将输入爆发性锋电位序列中的第一个组间间隔 Δt_1 存储到突触延迟时间 $\tau_{7,10}$ 中。同理，设输入爆发性锋电位序列中的其他组间间隔也将分别通过相应的突触传递时间学习并存储在回路中。

在回路的第四层，以神经元 $O_{7,10}$ 为例，只有当连续输入两个峰峰间期在 2ms 以内的动作电位时，才能引起足够大的去极化使其发放动作电位。所以，当神经元 $O_{7,10}$ 发放动作电位时，说明其连接的神经元突触延迟时间已经调整到 $|\tau_{7,10}-\Delta t_1|\leqslant\Delta t_{\min}+\varepsilon$，即两组锋电位之间的间隔信息已经被存储到该突触中。另外，输出神经元 $\{O_i\}$ 发放动作电位的时间顺序，表达了输入动作电位序列中各组爆发性锋电位的时间顺序。这样，该神经回路通过输出层神经元发放动作电位的时空模式，识别出输入动作电位序列的信息。从图 7 中可以看出，当输入一个爆发性锋电位序列信号时，该神经回路将形成一组特定的突触连接结构与之对应，最终形成特定的时空响应输出模式，即特定的某几个输出层神经元 $\{O_i\}$ 分别在特定的时刻 $\{t_i\}$ 响应发放动作电位(图 7)。当输入信号发生变化时，相应的突触连接结构会随之发生变化，相应的时空输出模式也随之变化，从而实现对爆发性锋电位序列的识别。

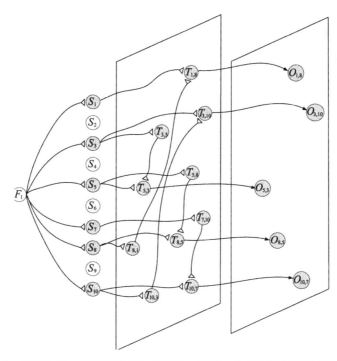

图 7　回路选择一部分神经元以及突触，形成一个特定的突触连接结构，
并通过输出层神经元的时空发放模式对输入信号响应

3　讨论

通过分析 Hodgkin-Huxley 神经元的振荡周期以及动作电位阈值发放的性质，利用突触延迟时间的动力学调整，给出了神经系统识别爆发性锋电位序列信息的一种可能机制。将爆发性锋电位序列中的每一组锋电位作为一个单元，定义序列的信息由组内间隔以及组间间隔两个变量描述。设计了一个神经回路，首先通过神经元选择性响应的动力学性质，将锋电位序列的信息分解，并将每组爆发性锋电位内部间隔的信息通过不同神经元学习存储。通过突触延迟时间的动力学调整，将两组锋电位之间

的时间间隔学习、存储在回路中。经过多次学习训练，神经回路对输入信号形成特定的突触连接结构以及时空响应输出模式，实现对爆发性锋电位序列信息的识别。

该神经回路对爆发性锋电位的识别主要包括分解和整合等涌现过程，其中涉及了神经元和突触连接的几个微观动力学机制，分析及模拟结果表明，这些机制在神经回路识别爆发性锋电位信息的涌现过程中起了主要作用。

（1）神经元的振荡周期以及动作电位阈值发放性质。Hodgkin-Huxley 神经元在阈下振荡时具有特定周期，输入周期信号必须与该周期相同才可能使突触后膜电位累积达到阈值，引起神经元发放动作电位，该性质使神经元对输入的爆发性锋电位具有选择性相应的性质。当多个神经元形成一定的连接结构时，将实现对输入动作电位序列信息的分解，从而完成了神经回路学习、存储和识别功能中的第 1 次涌现——将输入爆发性锋电位序列的信息分解，并将组内间隔的信息学习并存储在回路中。

（2）突触延迟时间的动力学调整机制。当输入信号引起回路中某些神经元响应发放动作电位时，相应的突触将根据突触前后发放的动作电位时间调整参数，突触延迟时间也将随之调整，将输入信号的组间间隔信息学习并存储在突触延迟时间中，从而实现了神经回路学习、存储和识别功能中的第 2 次涌现——将输入爆发性锋电位序列组间间隔的信息学习并存储在回路中。

（3）同步整合发放机制以及形成特定的突触连接结构。利用神经元同步整合发放的动力学机制，将分解的组内以及组间间隔的信息进行整合，只有当突触前后神经元发放动作电位的时间间隔与突触延迟时间一致时，才能引起足够大的去极化使输出神经元发放动作电位。另外，回路通过形成特定的突触连接结构，对每个不同的输入信号形成特定的时—空响应模式，完成识别功能。从而实现了神经回路学习、存储和识别功能中的第 3 次涌现——将输入爆发性锋电位序列的信息整合并识别。

参考文献

［1］Buonomano D V，Merzenich M M. Temporal information transformed into a spatial code by a neural network with realistic properties［J］. Science，1995，267：1028-1030.

［2］Izhikevich E M. Polychronization：computation with spikes［J］. Neural Computation，2006，18(2)：245-282.

［3］Abarbanel H D I，Talathi S S. Neural circuitry for recognizing interspike interval sequences［J］. Physical Review Letters，2006，96(14)：148104.

［4］Oswald A M M，Chacron M J，Doiron B，et al. Parallel processing of sensory input by bursts and isolated spikes［J］. Journal of Neuroscience，2004，24(18)：4351-4362.

［5］Reinagel P，Godwin D，Sherman S M，et al. Encoding of visual information by LGN bursts［J］. Journal of Neurophysiology，1999，81(5)：2558-2569.

［6］Kepecs A，Lisman J E. Information encoding and computation with spikes and bursts［J］. Network：Computation in Neural Systems，2003，14(1)：103-152.

［7］Abbott L F，Regehr W G. Synaptic computation［J］. Nature，2004，431(7010)：796-803.

［8］Baudry M. Synaptic plasticity and learning and memory：15 years of progress［J］. Neurobiology of Learning and Memory，1998，70(1-2)：113-118.

［9］Bliss T V P，Collingridge G L. A synaptic model of memory：long-term potentiation in the hippocampus［J］. Nature，1993，361(6407)：31-39.

［10］王建军. 神经科学：探索脑［M］. 2 版. 北京：高等教育出版社，2004：743-772.

［11］Izhikevich E M. Dynamical Systems in Neuroscience：the Geometry of Excitability and Bursting［M］. Cambridge：MIT Press，2007.

［12］Izhikevich E M，Desai N S，Walcott E C，et al. Bursts as a unit of neural information：selective communication via resonance［J］. Trends in Neurosciences，2003，26（3）：161-167.

［13］Hodgkin A L. A quantitative description of membrane currents and its application to conduction and excitation in nerve［J］. Journal of Physiology，1952，117：500-544.

［14］Destexhe A，Mainen Z F，Sejnowski T J. An efficient method for computing synaptic conductances based on a kinetic model of receptor binding［J］. Neural Computation，1994，6（1）：14-18.

［15］Zhang L I，Tao H W，Holt C E，et al. A critical window for cooperation and competition among developing retinotectal synapses［J］. Nature，1998，395（6697）：37-44.

Self-organization, Learning and Language[*]

Fang Fukang

(Institute of Nonequilibrium Systems Beijing Normal University, Beijing 100875, China)

E-mail: fkfang@bun. edu. cn

Abstract: Several issues related to learning process are discussed from the viewpoint of self-organization in this paper. Though Hebbian rule and BCM rule are widely used in learning process, there may be a more general mechanism behind the rules and J structure with specific attractors may be such kind of mechanism. Chinese character learning is a good example of learning process. A neural network based on Hebbian rule is developed to learn Chinese grapheme. The results show that the Chinese character can be learned with appropriate parameters and integration method. Two properties in Chinese learning at behavioral level are discussed. However, at the level of neurons and neuron groups, a small network with dynamic synapse was put forward by Berger and the complex cognitive activities such as sound recognition can be achieved by such simple neural network. The supposition that there should be basic mechanism to govern cognitive activities is partly validated. Furthermore, information is involved in any learning process. How information changes is the core problem of learning process and still open. Some discussion on this problem is also given in this paper.

1 Introduction

Learning process in nervous system is the most fundamental advanced cognitive activity of the brain. At the behavior level, learning process is defined as behavioral changes. However, from physical viewpoint, learning is a dynamic process referred to a special kind of state changes in nervous system. I. Prigogine, Nobel Laureate, proposed that state changes in various cognitive activities should be some kinds of self-organization process[1]. A. Babloyantz, a member of Progogine group, projected nervous system onto a low-dimensional subsystem in which some principles of brain cognitive activities could be well represented. H. Haken took brain and nervous system complex dynamic system with characteristics of emergency[2]. On this standpoint, Haken investigated information transmission, neurons' firing synchronization and information integration by self-organization theory. Dynamic models with key variables and parameters were developed to reflect the fundamental features of nervous system, especially emergency mechanism. Low-dimensional subspace and dynamics of nervous system are the core of such approach. Some kinds of attractors and emergency are supposed to play key roles in cognitive activities such as learning process.

In this paper, two fundamental learning rules on the level of synaptic dynamics are discussed and J structure is supposed to be general mechanism of learning process. Then Chinese character is chosen

---

* Fang F K. Self-organization, learning and language[C]//2005 International Conference on Neural Networks and Brain. Beijing: IEEE, 2006.

as an example of learning process and relevant issues are investigated. Three aspects of Chinese learning, including pronunciation, grapheme, and semanteme, are discussed from viewpoint of self-organization. A neural network based on Hebbian rule is developed to learn Chinese grapheme. A specific Chinese character is learned with the neural network and the ways to integrate activities of several neurons into the output of the whole network are analyzed. Then, some specific rules in Chinese learning at behavior level are explored. These learning behaviors must be accomplished through self-organization and emergency. Sound recognition is the other aspects of learning. An eleven-neuron neural network with two layers was put forward to realize sound recognition[3]. We believe that such network can be expanded to discuss Chinese learning. The important thing of Berger's work is that the complex cognitive activities such as sound recognition can be achieved by such simple neural network. The supposition that there should be basic mechanism to govern cognitive activities is partly validated. Furthermore, information is involved in any learning process. Information is transmitted and processed by neuron dynamics as well as synaptic dynamics. How information changes is the core problem of learning process and still open. Some discussion on this problem is also given in this paper.

2 Main Results

2.1 Attractors in Learning Process

According to neuropsychologic studies, learning could be taken as changes in synaptic strength since long-term changes in the transmission properties of synapses provide a physiological substrate for learning and memory[4]. At the level of synaptic dynamics, there are two fundamental types of learning rule that postulate how synaptic strength should be modified: Hebbian rule and BCM rule[5]. Within Hebbian rule, modifications in the synaptic transmission efficacy are driven by correlations in the firing activity of pre-and postsynaptic neurons. While Hebbian rule is based on correlation, BCM rule is based on activities of postsynaptic neurons. The synaptic strength will increase if the average activity of postsynaptic neuron is above a threshold which varies with the history of postsynaptic neuron activities. Otherwise, synaptic strength will decrease depicted as Fig. 1. Hebbian rule and BCM rule are supported by many experiments respectively.

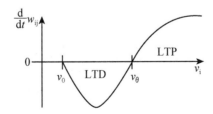

Fig. 1 Bidirectional learning rule

Learning process can be seen as phase transition from the unlearned state to the learned state, and low-dimensional dynamic systems can be developed to describe mechanism of state changes in learning process. From this viewpoint, Hebbian rule and BCM rule can be supposed as two representatives of certain general mechanism. Such general mechanism may be J structure put forward in our earlier works[6]. J structure with J-shaped evolution curve is a typical development mode where the system needs to pass a barrier from the initial state to another equilibrium state and the end state is prior to the initial state. The essential features of learning process can be explored by attractors of low-dimensional dynamic systems(singular points in the phase graph). The theoretical analysis showed that the minimal model of J structure can be a two-dimensional autonomic dynamic system with multiple attractors, including node, saddle and limit cycle. The dynamic traits of J structure can be explored with variables and parameters in details. For example, given the dynamic system as follows：

$$\begin{cases} \dot{x} = (x-c)(d-x) \\ \dot{y} = k(y-b)(a-y)(y+x-e) \end{cases}$$
$$d>c,\ a>b,\ k>0,\ b+d<e<a+d$$

The system has six singular points. According to analysis of linear stability near the singularities, the one unstable node is (c, a), the two stable nodes are (d, a) and (d, b), and the three saddles are $(c, e-c)$, $(d, e-d)$ and (c, b). The phase graph is given in Fig. 2.

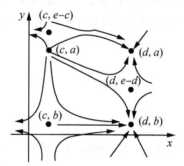

Fig. 2   The phase graph of multi-singularities dynamic system

Information increase is characteristics of learning process. In fact, J structure is some new kind of non-equilibrium phase transition information-involved, pointed out by von Neumann first[7]. Furthermore, J structure is common in the life evolution, technology innovation, education development and so on. The complex phenomena in complex system such as nervous system may be elucidated by integrating J process and other processes.

2. 2   Chinese Character Recognition

The learning process of Chinese character includes three aspects：pronunciation, grapheme and semanteme. In order to simplify the research, we only study the process of grapheme acquisition in this subsection. Based on Hebbian rule, a model of Chinese character grapheme learning is developed with the biological background of neurons and neuron population. A specific Chinese character is input into the neural network and various factors affecting the learning results is analyzed, especially the parameters in the model and the ways of neurons' activities integration.

The learning process would be divided into two processes：from unlearned state to partial-learned state, from partial-learned state to learned state. The model is composed of a two layers neural network, with the first layer completing partial-learning and the second layer completing integration. For the first layer, the input is a 160 * 160 lattice of Chinese character, and the output is composed of four 160 * 160 RFs (Received Fields) with lateral interactions among each other. The input connects with each RF correspondingly and the weights are modified according to pseudo-Hebb rule. The lateral interactions between RFs show that the RFs in the small distance restrain each other and the ones in the long distance enhance each other. The second layer integrates the learning results of the first layer into a whole Chinese character. The input is the four RFs and the output is a 160 * 160 lattice, and each RF connects with corresponding dots of the output.

The learning process is simulated by putting the same Chinese character into network repeatedly. The weights between the input and each RF of the first layer are initially set as Gaussian distribution indicating that each RF is only sensitive to a certain part of the input. Given an input character x, the output of each RF is computed as[8]:

$$y_i = \tanh(c_+)$$
$$c_+ = c\,\mathrm{sign}(c)$$
$$c = \left(x \cdot w_i + \sum_{j \neq i} v_{ij} y_j\right) - \theta$$
$$\theta(t) = 0.5(\max\{c(t-h), \cdots, c(t-1)\} - \min\{c(t-h), \cdots, c(t-1)\}),$$

where w_i is the weight and $\theta(t)$ is a history-dependent threshold for output. The weights corresponding to dots of the 160 * 160 lattice are modified according to pseudo-Hebb rule as follows:

$$w_{mn}(t+1) = w_{mn}(t) + \eta[yx_{mn}(t)w_{mn}(0) - y^2 w_{mn}(t)],$$

where η is learning rate, an important parameter to determining the learning results.

Integration by the second layer is assumed as a process of synchronizing all the outputs of the RFs. If and only if the output of each dot in the RFs is more than the activation threshold and the sum of all the outputs of the RFs is more than the intensity threshold, the final output is 1, otherwise 0.

The results show that the Chinese character can be learned with the neural network as shown in Fig 3. The RFs can acquire part of the input gradually after a number of times when the parameters in the pseudo-Hebb learning rule are appropriate such as learning rate, normalization constant of the RFs, initial threshold etc. The second layer of the network can recover the grapheme, and the more the times trained, the more the details exhibited. When the learning rate is small enough the result is bad though many times trained. On the contrary, when the learning rate is increased the result is good even if a few times trained. When the initial threshold is initially set to a large value each dot in the output is 0 in spite of the increase of the leaning rate and the training times. Characters with different complexity request different thresholds. Based on the analysis above, we can draw a conclusion that: the learning rule is the core mechanism of emergency; choosing some important parameters accurately is the necessary condition for emergency; a certain number of training times ensures ideal learning effect. All of the results are consistent with our experiences.

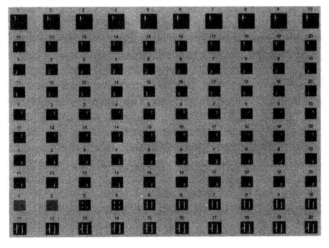

Fig. 3   Chinese character learning results by Hebbian rule

In the simulations, two emergency processes were found existing in the process of Chinese character grapheme learning, i. e. , the generating process in which the input of environment activates partial neurons and the integrating process in which the activities of partial neurons integrate to a whole activity and the input recurs in it. The fundamental rule to govern the first emergency could be Hebb learning rule. Then what is the rule for the second emergency? The simulation in this paper considered a synchronization mechanism. But various ways may play essential role in integrating activities of neurons into the output of the whole network. For example, there may be another learning process in the lateral interaction between four RFs. The difference between the first and the second emergency is that the first emergency occurs in the interaction of input and individual neurons and the second occurs in the interaction of neurons. Another case is also possible. The second emergency occurs by a mechanism of rewards and punishment. That is, if the character pattern is effectively acquired by a RF, the RF will be rewarded and have higher power in the integration. Some special attractors are supposed to exist in learning emergency and be worth of further analysis.

2.3 Properties in Chinese Cognition

In recent years, there have been growing interests in the psycholinguistic study of orthographic acquisition in Chinese. A unique feature of the Chinese orthography is that it uses characters rather than alphabetic letters as the basic writing unit, in square configurations that map mostly onto meaningful morphemes rather than spoken phonemes. Processing or acquisition within this "fractal" organization of characters may differ in important ways from that of English and other alphabetic languages[9]. In this subsection, two specific rules in Chinese learning at behavior level are discussed from viewpoint of self-organization.

The first rule is on the learning curve of semantic-phonetic compounds[9]. The semantic-phonetic compounds (ideophonetics) are the most interesting and important type of Chinese characters, composed of two major components: the semantic part (often called a radical) that gives information about the character's meaning, and the phonetic part that gives partial information about the whole character's pronunciation. An interesting phenomenon of Chinese learning is that the corrections of false Chinese characters show quite different learning curves according to the false types. The false Chinese characters can be classified into three types defined as follows:

Type 1: True characters where the combination and components are both right. That is, the semantic part and the phonetic part are actual as well as in normal location.

Type 2: False component characters where the combination of components is right but components themselves are wrong. That is, the semantic part and the phonetic part are in right location, but there is something wrong in phonetic part.

Type 3: False combination characters where the combination of components is wrong but components themselves are right. That is, the semantic part and the phonetic part are both actual, but the semantic part is in wrong location.

The mistake curve of children is obtained by behavior experiments and is shown in Fig. 4. The results show that the true characters of type 1 can be learned soon with the accuracy of above 90%. The false component characters of type 2 can not be learned at first but be corrected soon later. However, the false combination characters of type 3 are most difficult to learn and the error lie at about 60% for long time.

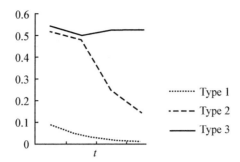

Fig. 4 The learning curve of semantic-phonetic compounds

The second rule is on phonetic awareness[10]. Increasing amounts of research has shown that there are regularities in the mappings from Chinese phonograms to sound. Regular characters—those in which the pronunciation is the same as the phonetic radical, for example, 清/qing1/—are named faster than irregular characters, for example, 歧/qi2/. Consistent characters, those having the same phonetic radical and are pronounced the same, are named faster than inconsistent characters.

Regularity and consistency effects are phonetic family properties. Children begin to show these effects after 2-3 years of primary school. Visual word frequency is also an important factor that influences the acquisition of Chinese phonograms. Children in their first two years of school can name high frequency characters correctly and rapidly, but children do not perform well on low frequency characters until 5-6 years of school study. Family and frequency always interact with each other whereas regularity and consistency effects can only be found for low frequency items. Thus, it is difficult to know what different roles family and frequency play for learning processing Chinese phonograms to sounds. Four models are tested to determine the rules for processing Chinese phonograms, consisting of different difficulties of family and frequency. The results show that frequency makes children more familiar with items but acquisition of regularities requires exposure to more families of characters, and to families of greater size. Thus, frequency and family play fundamentally different roles in acquisition of Chinese characters.

There are some implications with the behavioral results above. Firstly, it can be concluded that there is some special modes of learning process such as the learning curve of semantic-phonetic compounds and key factors of learning process such as frequency and family of characters. The basic mechanisms and attractors such as J structure may exist in the learning process, but further studies on this issue are needed. Secondly, the behavioral phenomena at macro level have their physiological base, so some theoretical models such as neural network should be developed to explain the behavior features. On the other hand, the exploration of fundamental features in learning process at the behavioral level is helpful for testing related neuropsychologic results. At last, these learning tasks must be accomplished through self-organization and emergency. In fact, the behavioral results can be obtained by simulation models such as SOM (self-organization map).

2.4 Neural Network and Sound

Synaptic dynamics play great role in complex cognitive activities such as learning and memory. In this subsection, we will discuss a dynamic synapse model proposed by J. S. Liaw and T. W. Berger[3]. The main concept is to incorporate the various synaptic mechanisms into the general scheme of neural information processing[11]. The model was quite simple since the neural network consisted of only eleven neurons with two layers. But it is amazing that the complex cognitive activities such as sound recognition can be achieved by such simple neural network.

In the dynamic synapse model, four dynamic synapses connected an excitatory presynaptic neuron to an inhibitory neurons and the inhibitory neuron sends feedback modulation to all four presynaptic terminals just as shown in Fig. 5. Each synapse consists of a presynaptic component which determines when a quantum of neurotransmitter is released and a postsynaptic component which scales the amplitude of the excitatory postsynaptic potential (Epsp) in response to an event of neurotransmitter release. The potential of release, P_R is a function of four factors: action potential (Ap), first and second components of facilitation (F_1 and F_2), and feedback modulation (Mod).

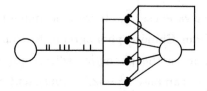

**Fig. 5 Four dynamic synapses connecting an excitatory presynaptic neuron
to an inhibitory neurons**

The mathematical equations of the dynamic synapse are as follows:

$$\tau_R \frac{dR}{dt} = -R + k_R \cdot Ap$$

$$F_1(t+1) = F_1(t) + k_{f_1} \cdot Ap - dt \cdot \tau_{f_1} \cdot F_1(t)$$

$$\tau_{f_2} \frac{dF_2}{dt} = -F_2 + k_{f_2} \cdot Ap$$

$$\tau_{\text{mod}} \frac{d\text{Mod}}{dt} = -\text{Mod} + k_{\text{Mod}} \cdot A_{\text{Pint}}.$$

For details, the paper by J. S. Liaw and T. W. Berge[3] can be referred. Here we emphasized that the mathematical form of the dynamic synapse model is quite simple. So it can be believed that the dynamic synapse model extracted the key variables and parameter of information processing.

The dynamic synapse model can perform speech recognition from unprocessed, noisy raw waveforms of words spoken by multiple speakers. To accomplish the task, a neural network is developed to consist of two layers, an input layer and an output layer, with five excitatory neurons in each layer, plus one inhibitory interneuron. Each input neuron is connected to all of the output neurons and to the interneuron, and each connection uses four dynamic synapses. There is also a feedback connection from the interneuron to each presynaptic terminal(Fig. 6). The network is trained to increase the cross-correlation of the output patterns for the same words while reducing that for different words. The learning process of the network Followed the Hebbian and anti-Hebbian rules.

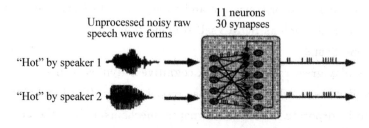

Fig. 6 Speech recognition by a small network with dynamic synapse

The results show that the output neurons can generate temporal patterns that are highly correlated with each other after training. That is, though the waveforms of the same word spoken by different speaker are radically different, the temporal patterns are virtually identical. So the speech can be recognized by the small network.

The most important thing about the dynamic synapse model is that cognitive activities can be achieved by small network. So the supposition that there should be basic mechanism to govern cognitive activities is partly validated. We believe that such network can be expanded to discuss Chinese learning.

2.5 Information Changes

Information is involved in any learning process. In brain, information is transmitted and processed by neuron dynamics as well as synaptic dynamics. How information changes is the core problem of learning process and still open. Some discussion on this problem is given in this subsection.

A. Borst brought forward the data processing inequality: $I(S, R_2) \leqslant (S, R_1)$, which means that the mutual information between the input signal and the output of the second neuron that only receive input from the first neuron won't be higher than the mutual information between the input signal and the output of the first neuron. It is also held from the conventional point of view of information theory. If we regard the process as a Markov chain, the data processing inequality is an exact mathematical identity. Recently, signal transduction through two neurons connected by an excitatory chemical synapse was studied by Eguia et al.[12] The synaptic stimulus current sequence S is injected into the bursting neuron N_1 that is unidirectionally coupled to a second bursting neuron N_2 through an excitatory chemical synapse CH. The information transmission is shown in Fig. 7. Eguia et al. put forward information recovery inequality: $I(S, R_2) > I(S, R_1)$, which is an apparent violation of the data processing inequality, implying that information can be recovered or even created during the process of transmission.

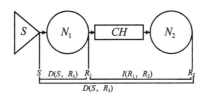

Fig. 7　Schematic diagram of Eguia's model

The information recovery inequality could be illustrated by Fig 8. A synaptic current J_1 consisting of sixteen pulses is injected into the first neuron (N_1). Only four pulses are transmitted into hyperpolarizations of N_1, whereas in the second neuron (N_2) fourteen of the sixteen pulses could be identified as events in the membrane potential. It means that the information is lost in N_1 but is recovered in N_2.

Eguia gives us such explanation about this phenomenon: the model he used is a dynamical system, and the rate of spiking in N_1 is slightly modified and this information is lost, but preserved in the dynamics of N_1. It can be utilized downstream to induce a hyperpolarization in N_2, leading to recovery of the "lost" information. It is not difficult to understand the results. If we consider all the neurons are nonlinear in the system, the dynamic system itself can show varieties of outcome by the

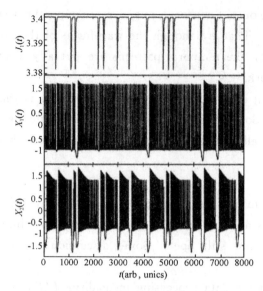

Fig. 8   Time series of the synaptic input $J_1(t)$, the membrane potential of the first neuron $X_1(t)$ and the membrane potential of the second neuron $X_2(t)$

nonlinear interaction. Although information may be partly lost in the transmission，there is certainly enough space where the hidden information is stored and can be recovered by unstable actions of the nonlinear network element. Maybe the amount of information will increase during the process，which implies it is an information creation process. We can regard this as self-organization，which a characteristic phenomenon in nonlinear physics，in dynamic neural system.

However，there are still some problems. The model did recover the information which had been hidden. But under the condition of the information theory，the information transmitted in the model was not changed. A comparative investigation on this problem is made. If we added a third and fourth neuron to the model，the information would be lost. Furthermore，we simulate information transmission with dynamic synapse model proposed by J. S. Liaw and T. W. Berger. The results show that the information was lost in the transmission when we used only two neurons. When using the whole model with eleven neurons，the information wasn't changed.

We believe that information in brain should be transmitted and processed with information increasing，especially in the process of cognition and learning. While some theoretical models and simulations show information recovery in information transmission，such recovery effect is not evident in our simulations. It seems that models of neural circuit that are closer to actual brain should be developed to explore this problem.

3   Conclusions

The learning process of the brain is complex and should be taken as some kind of self-organization process with emergency. The essential features of learning process can be explored by attractors of low-dimensional dynamic systems. Some more general mechanism should exist behind various learning rules and J structure with specific attractors may be such kind of mechanism. On the other hand，the complex cognitive activities such as sound recognition can be achieved by the simple neural network put forward by Liaw and Berger，partly validating that there should be basic mechanism to govern cognitive activities.

Chinese character learning may be a good example of learning process which includes three aspects: pronunciation, grapheme, and semanteme. A neural network based on Hebbian rule is developed to learn Chinese grapheme. The learning process would be divided into two processes: from unlearned state to partial-learned state, from partial-learned state to learned state. The results show that the Chinese character can be learned with appropriate parameters and integration method. In the simulations, two emergency processes were found in the process of Chinese character grapheme learning, i. e. , the generating process in which the input of environment activates partial neurons and the integrating process in which the activities of partial neurons integrate to a whole activity and the input recurs in it. While the fundamental rule to govern the first emergency could be Hebbian learning rule, more studies are need to explore the rule for the second emergency.

Information is involved in any learning process. In brain, information is transmitted and processed by neuron dynamics as well as synaptic dynamics. We believe that information in brain should be transmitted and processed with information increasing, especially in the process of cognition and learning. But it is still open how information is processed in brain. Though information recovery proposed by Eguia et al provided some ideas on the problem, it seems that models of neural circuit that are closer to actual brain should be developed.

Acknowledgments

The authors would like to thank Professor Shimon Edelman, Professor Shu Hua, Dr. Chen Jiawei, Dr. Chen Liujun, Dr. Liu Yan and Dr. Li Lishu for their help. This work was supported in part by the National Science Foundation under grant no. 60374010, etc.

References

[1] Prigogine I, Sanglier M. Law of Nature and Human Conduct: Specificities and Unifying Themes [M]. Belgium: Task Force of Research,Information and Study on Science. 1987.

[2]Haken H. Principles of Brain Functioning: a Synergetic Approach to Brain Activity, Behavior and Cognition[M]. Berlin: Springer, 1996.

[3] Liaw J S, Berger T W. Dynamic synapse: a new concept of neural representation and computation[J]. Hippocampus, 1996, 6(6): 591-600.

[4]Abbott L F, Regehr W G. Synaptic computation[J]. Nature, 2004, 431(7010): 796-803.

[5]Bienenstock E L, Cooper L N, Munro P W. Theory for the development of neuron selectivity: orientation specificity and binocular interaction in visual cortex[J]. Journal of Neuroscience, 1982, 2 (1): 32-48.

[6]Fang F K, Chen Q H. The J structure in economic evolving process[J]. Journal of Systems Science and Complexity, 2003, 16(3): 327-338.

[7]von Neumann J. The general and logical theory of automata[M]//Tauh A H, von Neumann J. Collected Works: Design of Computers, Theory of Automata and Numerical Analysis. New York: Oxford University Press, 1963: 288-328.

[8]Hiles B P, Intrator N, Edelmiuh S. Unsupervised learning of visual structure[J]. Journal of

Vision，2002，2(7)：74.

[9]Shu H，Anderson R C. Learning to read Chinese：the development of metalinguistic awareness [M]// Wang J，Inhoff A W，Chen H C. Reading Chinese Script：a Cognitive Analysis. Mahwah：Lawrence Erlbaum，1998：1-18.

[10]Shu H，Anderson R C，Wu N. Phonetic awareness：knowledge of orthography-phonology relationships in the character acquisition of Chinese children[J]. Journal of Educational Psychology，2000，92(1)：56-62.

[11]Liaw J S，Berger T W. Dynamic synapse：harnessing the computing power of synaptic dynamics[J]. Neurocomputing，1999，26：199-206.

[12]Eguia M C，Rabinovich M I，Abarbanel H D I. Information transmission and recovery in neural communications channels[J]. Physical Review E，2000，62(5)：7111-7122.

Discussion on the Spike Train Recognition Mechanisms in Neural Circuits[*]

Liu Yan[1] Chen Liujun[1,*] Chen Jiawei[1] Zhang Fangfeng[1] Fang Fukang[2]

(1. Department of Systems Science, School of Management, Beijing Normal University, Beijing 100875, P. R. China Chenlj@bnu. edu. cn; 2. Institute of Non-equilibrium Systems, Beijing Normal University, Beijing 100875, P. R. China)

bnuliuyan@bnu. edu. cn, bnuchenlj@bnu. edu. cn

Abstract: The functions of neural system, such as learning, recognition and memory, are the emergences from the elementary dynamic mechanisms. To discuss how the dynamic mechanisms in the neurons and synapses work in the function of recognition, a dynamic neural circuit is designed. In the neural circuit, the information is expressed as the inter-spike intervals of the spike trains. The neural circuit with 5 neurons can recognize the inter-spike intervals in 5-15ms. A group of the neural circuits with 6 neurons recognize a spike train composed of three spikes. The dynamic neural mechanisms in the recognition processes are analyzed. The dynamic properties of the Hodgkin-Huxley neurons are the mechanism of the spike trains decomposition. Based on the dynamic synaptic transmission mechanisms, the synaptic delay times are diverse, which is the key mechanism in the inter-spike intervals recognition. The neural circuits in the group connect variously that every neuron can join in different circuits to recognize different inputs, which increases the information capacity of the neural circuit group.

Key words: spike train; inter-spike intervals; response delay time; neural circuit

1　Introduction

As a complex system, the functions of the neural system, such as learning, recognition and memory, are the emergences from the elementary dynamic mechanisms. Simulating by the complex networks is a common method to discuss the emergences from the complicated structure of the neural system. In the complex networks, the number of neurons could be as similar as in the neural system and the structure could be various[1]. We focus on the properties emerging from the complex structures, so the nodes and edges in the networks often have little dynamics. While in the real neural system, the neurons (the nodes) and the synapses (the edges) have plentiful dynamic mechanisms[2-6], which have been proved to be the substrate for the functions in brain, such as learning and memory[6-8]. To analyze these neural and synaptic dynamic mechanisms in large networks may be

* Liu Y, Chen L J, Chen J W, et al. Discussion on the spike train recognition mechanisms in neural circuits[C]// Shi Y, Albada G D, Dongarra J, et al. Computational Science-ICCS 2007: 7th International Conference, Beijing China, May 27-30, 2007, Proceedings, Part Ⅳ. Berein: springer-Verlag, 2007.

difficult，so that some simple neural circuits are developed to discuss the dynamic mechanisms in the neural system[9-12].

In the neural system，sensory systems present environmental information to central nervous system as sequences of action potentials or spikes. So it is considered that the information is expressed as the inter-spike intervals of the spikes[10,13-16]. In this paper，to discuss how the dynamic mechanisms in the neurons and synapses work in the recognition in the neural system，a neural circuit is designed to recognize the inter-spike intervals and the spike trains. Several dynamic neural and synaptic mechanisms are analyzed in the recognition.

2　Inter-spike Intervals Recognition

In the neural system，the environmental signals are expressed and transferred among the neurons as the type of spikes. When the input to a Hodgkin-Huxley neuron is a spike train composed of two spikes，the response property of the neuron will be of four kinds as follows:

(1) Responds to both of the spikes.

(2) Only responds to the first spike，but not responds to the second one. Because the neuron is in refractory period at the time of the second spike.

(3) Not responds to the first spike，but responds to the second one. Because under its parameters，at least two spikes could make the membrane potential of the neuron integrate to the threshold.

(4) Not responds to either of the spikes.

In details，the neurons satisfy the Hodgkin-Huxley equation[5],

$$C \frac{dV}{dt} = g_{Na}m^3h(E_{Na}-V) + g_K n^4(E_K-V) + g_L(E_L-V) + I_{syn},\tag{1}$$

in which V is the membrane potential. m，n，h are the gating variables，which satisfy $\frac{dX}{dt} = -(\alpha_X + \beta_X)X + \alpha_X$ for $X = m$，h，n. $\alpha_m = -0.1(25-V)/[\exp((25-V)/10)-1]$，$\beta_m = 4\exp(-V/18)$，$\alpha_h = 0.07\exp(-V/20)$，$\beta_h = 1/[1+\exp((30-V)/10)]$，$\alpha_n = 0.01(10-V)/[\exp((10-V)/10)=1]$，$\beta_n = 0.125\exp(-V/80)$. The parameters are $C = 1\mu F/cm^2$，$E_{Na} = 120mV$，$E_K = -12mV$，$E_L = 10.6mV$，$g_{Na} = 120ms/cm^2$，$g_K = 36mS/cm^2$，$g_L = 0.3mS/cm^2$. I_{syn} is the synaptic current，

$$I_{syn} = \bar{g}_{syn}r(t)(V-E_{syn}),\tag{2}$$

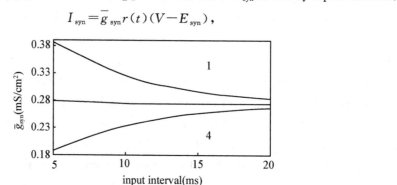

Fig. 1　The responses of the Hodgkin-Huxley neurons vary upon the $\bar{g}_{syn}$

where $\bar{g}_{syn}$ is the maximal synaptic conductionit also shows the synaptic strength. $r(t)$ is the amount of neurotransmitter released from the pre-synapse, which is also the input signal here. Fig. 1 shows that the responses of the neurons depend on the parameter of $\overline{g}_{syn}$ and the input inter-spike interval T. In the region 1, the neurons respond to both of the spikes. In the region 2, the neurons only respond to the first spike. In the region 3, the neurons only respond to the second spike. In the region 4, the neurons do not respond to either of the spikes.

Based on the characters above, a neural circuit is designed to recognize the inter-spike interval of the two input spikes (Fig. 2). The circuit includes three layers. The first layer is the input neuron X, which fires two spikes as the input signal and the inter-spike interval is T_1. Suppose that the input spikes are at the time of t_0 and $t_1 = t_0 + T_1$. The second layer includes neurons α, β and γ. The input spikes from neuron X are transferred to the neurons α and γ through the synapses. The neuron α, with $\overline{g}^{\alpha}_{syn}$ in the region 2, only responds to the first spike (the spike at t_0) and the response delay time is τ_{α}. So the neuron α fires at the time of $t_{\alpha} = t_0 + \tau_{\alpha}$. The neuron γ, with $\overline{g}^{\gamma}_{syn}$ in the region 3, only responds to the second spike (the spike at t_1) and the response delay time is τ_{γ}. So the neuron γ fires at the time of $t_{\gamma} = t_1 + \tau_{\gamma} = t_0 + T_1 + \tau_{\gamma}$. The neuron β, with $\overline{g}^{\beta}_{syn}$ in the region 1, receives the spike from the neuron α and the response delay time is τ_{β}. So the neuron β fires at the time of $t_{\beta} = t_0 + \tau_{\alpha} + \tau_{\beta}$. The output layer neuron Y is a detect neuron, which receives the spikes from the neurons β and γ, and fires only when two spikes arrive within a time window of ε ms. Thus, when the neuron Y fires, means that $|t_{\beta} - t_{\gamma}| = |(\tau_{\alpha} + \tau_{\beta}) - (T_1 + \tau_{\gamma})| < \varepsilon$.

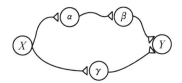

Fig. 2   The neural circuit structure for an inter-spike interval recognition

The response delay times of the neurons α, β and γ are related with $\overline{g}^{\alpha}_{syn}$, $\overline{g}^{\beta}_{syn}$ and $\overline{g}^{\gamma}_{syn}$ that $\tau_{\alpha} = f_1(\overline{g}^{\alpha}_{syn})$, $\tau_{\beta} = f_1(\overline{g}^{\beta}_{syn})$, $\dfrac{df_1}{d\overline{g}_{syn}} < 0$, and $\tau_{\gamma} = f_2(\overline{g}^{\gamma}_{syn}, T)$, $\dfrac{\partial f_2}{\partial \overline{g}_{syn}} < 0$, $\dfrac{\partial f_2}{\partial T} > 0$. So when Y fires, it means the parameters $\overline{g}^{\alpha}_{syn}$, $\overline{g}^{\beta}_{syn}$ and $\overline{g}^{\gamma}_{syn}$ in the neural circuit match the input interval T that $|t_{\beta} - t_{\gamma}| = |(\tau_{\alpha} + \tau_{\beta}) - (T_1 + \tau_{\gamma})| < \varepsilon$, which equals to $|[f_1(\overline{g}^{\alpha}_{syn}) + f_1(\overline{g}^{\beta}_{syn})] - [T + f_2(\overline{g}^{\gamma}_{syn}, T)]| < \varepsilon$. Therefore, under different parameters of $\overline{g}^{\alpha}_{syn}$, $\overline{g}^{\beta}_{syn}$, and $\overline{g}^{\gamma}_{syn}$, the neural circuits could recognize the corresponding inter-spike intervals as $T + \varepsilon$.

However, a neural circuit recognizing only one inter-spike interval is not actual in the neural system. In fact, much experiments show that the neurons in brain join in different groups under different stimuli. As shown in Fig. 3, several neural circuits make up a large group. Not only the neurons $\alpha_i \rightarrow \beta_i$ and γ_i in the same circuit have an output neuron, but also the neurons $\alpha_i \rightarrow \beta_i$ and γ_j in different circuits connect to an output neuron. Such kind of structure optimizes the whole circuit group. For the delay times in different circuits are distributing in a wide range that any neurons $\alpha_i - \beta_i$ and γ_j may combine to form a circuit, the whole circuit group can recognize the input intervals by choosing different circuit combinations. Thus, with the same number of neurons, the circuit group can process more information. For example, the group of 5 neural circuits may have 25 different combinations, which can recognize 25 different intervals.

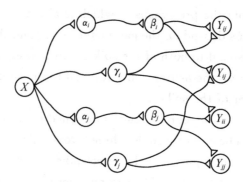

Fig. 3　The neural circuit group for inter-spike intervals recognition

Fig. 4 shows a group of 5 neural circuits recognizes the inter-spike intervals of 5ms, 10ms and 15ms. The vertical axis is the 25 output neurons. The dot, cross and circle express the corresponding neurons fire at that time, with dot for the fired neuron responding to the input interval of 5ms, and cross for 10ms, circle for 15ms respectively. As in Fig. 4, when the input inter-spike intervals are different, the circuit group would choose different circuit combinations to transfer the signals, and the output neurons would fire as different spatial patterns.

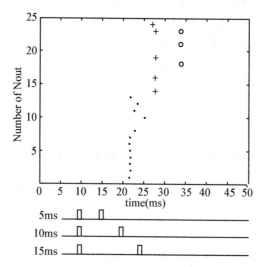

Fig. 4　Responding to the different input intervals. The output neurons fire as different spatial patterns

3　Spike Trains Recognition

Generally, a spike train includes several spikes and the information is expressed by a string of inter-spike intervals. A neural circuit is designed to recognize the spike train with more than one inter-spike interval(Fig. 5). Consider the simplest spike train including three spikes, with two inter-spike intervals of T_1 and T_2.

The circuit has three layers. The first layer is the input neuron X, which fires at t_0, $t_1 = t_0 + T_1$ and $t_2 = t_1 + T_2$. The second layer is composed of neurons α, β, γ and η. The input spikes from neuron X are transferred to the neurons α and γ through the synapses. The neuron α, with $\bar{g}^{\alpha}_{\text{syn}}$ in the region 2, only responds to the first and the third spikes (the spikes at t_0, and $t_2 = t_1 + T_2$) and the

428

response delay time are τ_a^0 and τ_a^2. So the neuron α fires at the time of $t_a^1=t_0+\tau_a^0$ and $t_a^2=t_2+\tau_a^2$. The neuron β, with $\overline{g}_{syn}^\beta$ in the region 1, receive the spike from the neuron α and the response delay time is τ_β. So the neuron β fires at the time of $t_\beta^1=t_0+\tau_a^0+\tau_\beta$ and $t_\beta^2=t_2+\tau_\beta^2+\tau_\beta$. The neuron γ, with $\overline{g}_{syn}^\gamma$ in the region 3, only responds to the second spike (the spike at t_1) and the response delay time is τ_γ. So the neuron γ fires at the time of $t_\gamma=t_1+\tau_\gamma$. The neuron η, with $\overline{g}_{syn}^\eta$ in the region 1, responds to all spikes from the neuron γ and the response delay time is τ_η. So the neuron η fires at the time of $t_\eta=t_1+\tau_\gamma+\tau_\eta$. The output layer has two neurons Y^1 and Y^2, which are the detect neurons. Neuron Y^1 receives the spikes from the neurons β and γ, and fires when two spikes arrive within a time window of ε ms. Neuron Y^2 receives the spikes from the neurons α and η, and fires when two spikes arrive within a time window of ε ms.

As shown in Fig. 5, the neural circuit has two sub-circuits to transfer the input spike train. One sub-circuit is composed of the neurons α, β, γ and Y^1, which recognize the first inter-spike interval T_1 in the spike train. The other sub-circuit is composed of the neurons γ, η, α and Y^2, which recognize the second inter-spike interval T_2 in the spike train. The structure of the two sub-circuits is same with the circuit in Fig. 2, and they have the same interspike interval recognition mechanisms. So the whole neural circuit of Fig. 5 can recognize a spike train with two inter-spike intervals. In details, the output neuron Y^1 receives the spikes from the neuron β and the neuron γ at the times of t_β^1, t_β^2 and t_γ. Only when $|t_\beta^1-t_\gamma|=|(\tau_a^0+\tau_\beta)-(T_1+\tau_\gamma)|<\varepsilon$, the neuron Y^1 responds to fire. Similarly, the output neuron Y^2 receives the spikes from the neuron η and the neuron α at the times of t_η and t_a^1, t_a^2. Only when $|t_\eta-t_a^2|=|(\tau_\gamma+\tau_\eta)-(T_2+\tau_a^2)|<\varepsilon$, the neuron Y^2 responds to fire. Thus, according to the output neurons Y^1 and Y^2 fire or not, the neural circuit recognizes whether the input spike train includes the inter-spike intervals of T^1 and T^2.

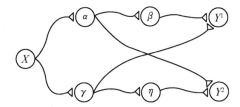

Fig. 5　The neural circuit structure for a spike train recognition

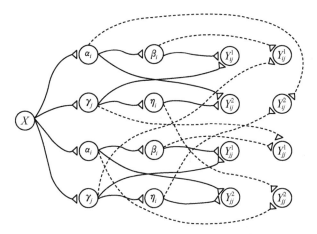

Fig. 6　The neural circuit group for spike trains recognition

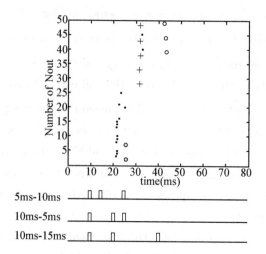

Fig. 7 **Responding to the different spike trains.** **The output neurons fire as different spatial patterns**

Several such neural circuits make up a large group. As shown in Fig. 6, not only the neurons $\alpha_i \rightarrow \beta_i$ and $\gamma_i \rightarrow \eta_i$ in the same circuit have the output neurons, but also the neurons $\alpha_i \rightarrow \beta_i$ and $\gamma_j \rightarrow \eta_j$ in different circuits connect the output neurons. Fig. 7 shows a group of 10 neural circuits with 50 output neurons recognizes three different spike trains.

The input spike trains are all composed of three spikes with inter-spike inter-vals of 5ms—10ms, 10ms—5ms and 10ms—15ms respectively. In Fig. 7, the vertical axis is the 50 output neurons. The dot, cross and circle express the corresponding neuron fires at that time, with dot for the neuron responding to the input spike train of 5ms—10ms, and cross for 10ms—5ms, circle for 10ms—15ms respectively. When the input spike trains are different, the circuit group chooses different circuits combinations to transfer the signals, and the corresponding output neurons fire. Therefore, the whole circuit group recognizes the input spike trains with the different output spatial patterns.

4　Conclusion

In this paper, the dynamic mechanisms in the neurons and the synapses in the learning and recognition are discussed. A neural circuit is designed to recognize the inter-spike intervals and the spike trains. There are several dynamic neural mechanisms in the recognition processes. When the input signal is a train of two spikes, the Hodgkin-Huxley neuron with dynamic synapses will response variously. With the different parameters, the response delay times are also different. Under this mechanism, the neural circuit with 5 neurons can recognize interspike intervals in 5ms—15ms. The synaptic delay time is one of the key variables in the recognition. Several neural circuits with 6 neurons make up a large group. The result shows that a group of neural circuits can recognize a spike train with three spikes. When the input signals are different, every neuron can join in different circuits and the output neurons form a spatial pattern. This structure increases the information capacity of the neural circuit, which is different with the common neural network. For the neural circuit here is still a small one, with no more than 50 neurons in each layer, the parameters and the number of neurons in the circuit are fixed. In the future work, a larger neural network will be developed, in which the parameters of neurons may be not fixed before the recognition.

Acknowledgement

This work is supported by NSFC under the grant No. 60534080, No. 60374010 and No. 70471080.

References

[1]Strogatz S H. Exploring complex networks[J]. Nature, 2001, 410(6825): 268-276.

[2] Izhikevich E M. Dynamical Systems in Neuroscience: the Geometry of Excitability and Bursting[M]. Cambridge: MIT Press, 2007.

[3]Hebb D O. The Organization of Behavior[M]. New York: Wiley, 1949.

[4]Bliss T V P, Collingridge G L. A synaptic model of memory: long-term potentiation in the hippocampus[J]. Nature, 1993, 361(6407): 31-39.

[5] Hodgkin A L. A quantitative description of membrane currents and its application to conduction and excitation in nerve[J]. Journal of Physiology, 1952, 117: 500-544.

[6]Abbott L F, Regehr W G. Synaptic computation[J]. Nature, 2004, 431(7010): 796-803.

[7]Mark F B, Barry W C, Michael A P. Neuroscience: Exploring the Brain[M]. Philadelphia: Lippincott Williams and Wilkins, 2001.

[8]Oswald A M M, Schiff M L, Reyes A D. Synaptic mechanisms underlying auditory processing[J]. Current Opinion in Neurobiology, 2006, 16(4): 371-376.

[9] Abarbanel H D I, Talathi S S. Neural circuitry for recognizing interspike interval sequences[J]. Physical Review Letters, 2006, 96(14): 148104.

[10]Jin D Z. Spiking neural network for recognizing spatiotemporal sequences of spikes[J]. Physical Review E, 2004, 69(2): 021905.

[11]Mauk M D, Buonomano D V. The neural basis of temporal processing[J]. Annual Review of Neuroscience, 2004, 27: 307-340.

[12]Large E W, Crawford J D. Auditory temporal computation: interval selectivity based on post-inhibitory rebound[J]. Journal of Computational Neuroscience, 2002, 13(2): 125-142.

[13]Buonomano D V, Merzenich M M. Temporal information transformed into a spatial code by a neural network with realistic properties[J]. Science, 1995, 267: 1028-1030.

[14]Lisman J E. Bursts as a unit of neural information: making unreliable synapses reliable[J]. Trends in Neurosciences, 1997, 20(1): 38-43.

[15]Izhikevich E M. Polychronization: computation with spikes[J]. Neural Computation, 2006, 18(2): 245-282.

[16] Buonomano D V. Decoding temporal information: a model based on short-term synaptic plasticity[J]. Journal of Neuroscience, 2000, 20(3): 1129-1141.

A Neural Network Model for Concept Formation[*]

Chen Jiawei[1]　Liu Yan[1]　Chen Qinghua[1]　Cui Jiaxin[1]　Fang Fukang[2]

(1. Department of Systems Science School of Management Beijing Normal University, Beijing 100875;

2. State Key Laboratory of Cognitive Neuroscience and Learning Beijing Normal University, Beijing 100875)

Abstract：Acquisition of abstract concept is the key step in human intelligence development, but the neural mechanism of concept formation is not clear yet. Researches on complexity and self organization theory indicate that concept is a result of emergence of neural system and it should be represented by an attractor. Associative learning and hypothesis elimination are considered as the mechanisms of concept formation, and we think that Hebbian learning rule can be used to describe the two operations. In this paper, a neural network is constructed based on Hopfield model, and the weights are updated according to Hebbian rule. The forming processes of natural concept, number concept and addition concept are simulated by using our model. Facts from real neuroanatomy provide some evidences for our model.

1 Introduction

It is an important and difficult problem that how concept is abstracted from concrete instances with some common features. In the last 100 years, issues about concept formation and concept development are discussed by psychologist using the prevalent means of behavioral experiments[1], but the neural mechanism of these processes are not clear. Recently, neural network models[2,3] are used to discuss the problems about concept formation from the angel of word learning. This method first needs to explain that how a concept is represented in the neural system, i. e. how a cognition state, such as concept or memory, is represented by a physical system which consists of neurons and connections between them. Hopfield successfully discussed the problem using the thoughts on emergence, and his model has been applicated frequently in the field of cognition. Hopfield network[4] indicated that an attractor which dominates substantial region around it in the phase space denotes a nominally assigned memory. The same as memory, concept is also cognition state and should be represented by attractor of the physical system. Obviously, the collective behaviors are more appropriate than individual unit to express cognition states because of more robustness and stability. Some attractor networks[5,6] have been created to study questions about language learning.

Concrete instance can be represented by many features, and maybe language is the best way to describe these features. Word meanings carve up the world in complex ways, such that an entity, action, property, or relation can typically be labeled by multiple words[7]. Language can be seen as a simple and complete projection of the real world. The early stages of word learning are often used to study the issues of concept formation in many literatures[7,8]. Although these works mainly focus on

---

* Chen J W, Liu Yan, Chen Q H, et al. A neural network model for concept formation［C］//2008 Fourth International Conference on Natural Computation. Jinan：IEEE, 2008.

the acquisition of concrete concepts, abstract concepts should can be discussed by using language as research object. Some Chinese characters are pictograph, and the grapheme can express more signification than alphabet language systems. So from the angle of modeling, Chinese characters would be more suitable than other languages for exploring the neural mechanisms of concept formation.

In this article, the process of how features are extracted from samples is simulated and the neural mechanisms would be discussed. A model based on Hopfield network is constructed, and the connection weights are updated based on a variant of Hebb learning rule. Samples with some common features, certainly each of them has some special features, are used to train the model. The weights states and test results indicate that the common features of the samples can be extracted by the model and represented by an attractor of the system.

In the first section of this paper, a model based on Hopfield network is constructed, including architecture, weight update algorithm, samples, etc. The second section, three groups of samples are used to train the model and the simulated results are illuminated. At last, the neural mechanism of concept formation is summed up and explained.

2 Model

Let us consider a fully connected recurrent neural network, which is a variant of Hopfield model. The details of the network, such as the architecture, weight adjustment, samples and training, etc. are described below.

2.1 Architecture of the Network

Our neural network just has one layer and is composed of N neurons. Each neuron i has two states $V_i = 0$ or $V_i = 1$, which denote "not firing" or "firing at maximum rate" respectively. The instantaneous state of the system is specified by listing the N values of V_i, so it is represented by a binary word of N bits.

The network is full connected, ie. all neurons connected with each others. The strength of the connection from neuron j to neuron i is defined as w_{ij}. We suppose that $0 \leqslant w_{ij} \leqslant 1$, $\forall i$, j and $w_{ii} = 0$, $\forall i$. How the system deals with information is decided by the current weights state.

Because there is only one layer in our model, each neuron plays the roles of receiving input vector from environment and denoting the output result. Input vector X_i should be represented by a binary word of N bits so as to be matched with the neuron state. For example, the ith input vector can be written as $X_i = [x_{i,1}, x_{i,2}, \cdots, x_{i,N}]$, $x_{i,j} = 0$ or 1. The output of our network can be represented by the states of all the N neurons.

2.2 Weight Update Algorithm

All the neuron states should be determined before the weights are updated. Two cases will be considered for calculating the neuron state. On the one hand, when a sample is input to the network the neurons states are changed to the same as the input vector, i. e. $V_i = x_{c,i}$, here $x_{c,i}$ denotes the ith component of the current input vector; On the other hand, when no external instance were provided, the neuron state changes with time according to the following algorithm.

$$V_i = \text{hardlim}\left(\sum_{j=1}^{N} w_{ij} V_j - \theta_i \right) \tag{1}$$

where θ_i denotes the threshold of the ith neuron. In a certain system, we assume that all the thresholds are equal to a constant θ.

In the formal theory of neural networks the weight w_{ij} is considered as a parameter that can be adjusted so as to optimize the performance of a network for a given task. In our model, we assume that the weight will be updated according to Hebbian learning rule[9], i. e. the network learns by strengthening connection weights between neurons activated at the same time. It can be written as following:

$$\Delta w_{ij} = \begin{cases} \eta \cdot w_{ij} - d, & \text{if } V_i = 1, \ V_j = 1 \\ -\eta \cdot w_{ij} - d, & \text{if } V_i = 1, \ V_j = 0 \\ -\eta \cdot w_{ij} - d, & \text{if } V_i = 0, \ V_j = 1 \\ -d, & \text{if } V_i = 0, \ V_j = 0 \end{cases} \tag{2}$$

here, $0 < \eta < 1$ is a small constant called learning rate. The parameter d is a small positive constant that describes the rate by which w_{ij} decays back to zero in the absence of stimulation. Of course, equation (2) is just one of the possible forms to specify rules for the growth and decay of the weights, and there are some difference with the other forms of Hebb rule[10].

From the formula (2) we can see that synaptic efficacy w_{ij} would grow without limit if the same potentiating stimulus is applied over and over again. A saturation of the weights should be consider. On the other hand, the synaptic efficacy w_{ij} should be nonnegative. These two restrictions can be achieved by setting:

$$w_{ij}(t+1) = \begin{cases} 1, & \text{if } w_{ij}(t+1) > 1 \\ w_{ij}(t+1), & \text{if } 0 \leq w_{ij}(t+1) \leq 1 \\ 0, & \text{if } w_{ij}(t+1) < 0 \end{cases} \tag{3}$$

2.3　Samples for Training

In our model, the features of sample are represented by the dot matrix of Chinese character. Each element of the matrix denotes one feature. The value of each element is 1 or 0, which indicates that the sample has or hasn't the feature corresponding to the element. Each neuron in the network has only two states, any input vector should be represented by a binary word so as to be matched with the neuron state. Combination of a few Chinese characters is chosen as sample of our model, such as "白马", "黑马", etc. Each sample is presented using $m \times 16 \times 16$ dot matrix, where m denotes the number of Chinese character. The matrix element in the character's stroke is set to 1, otherwise should be set to 0. At last the input vector can be obtained by converting the dot matrix into a vector, example of an instance is shown in Fig. 1.

It is need to point out that different training set should be used for different purpose of experiment. Each sample of a training set has the same number of characters, but samples belong to different sets perhaps has different number of characters. The number of neurons in our network is decided by the number of characters in each sample. For examples, a network using "白马" as a sample would consist of $2 \times 16 \times 16 = 512$ neurons.

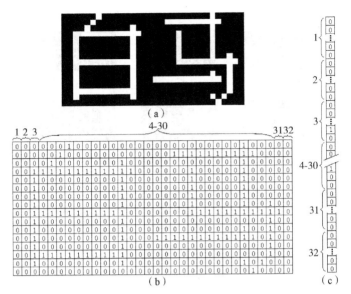

Fig. 1 **The representation of an instance (a) The instance includes 2 characters; (b) The instance represented by dot matrix; (c) The input vector obtained by putting the dot matrix into one column**

2.4 Training and Testing

Training is a procedure of weights updated iteratively according to the external input. In a certain experiment, the training set for the network consisted of k samples with some identical properties. During each epoch, an instance randomly selected from the training set (k samples) is shown to the network. The neuron states are changed to be the same as the input vector, and the weights are adopted according with the formulae 2 and formulae 3. The network should be trained again and again until the weight matrix is changed over a small range at last.

After learning a training set in which the instances have some identical features, does the network "know" these features? We addressed this question by presenting the network with some input patterns and examining the output patterns of network. If the network has learned these features, then the network will evolve to a stable state which denotes the concept when a sample with all or most of the identical features is shown to the network. In the testing procedure, all of the weights will be fixed and a test sample would be shown to the network. The output of the network can be calculated according to formulae 1.

3 Simulation Results

Firstly, how the concept horse is extracted from samples is simulated. For a horse sample, we consider the following two features: the shape and the color. The shape is the essential feature that all horses have altogether and the color is the special feature which each sample has it's own solely. The model simulates the process in which the abstract concept horse is extracted from several samples of horse with different color by drawing out the common features and eliminating the unique characteristic. The concept should correspond to an attractor of our model.

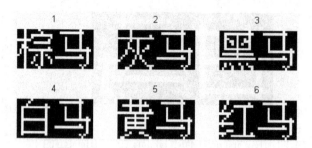

Fig. 2　The training set includes six instances

Six samples shown in Fig. 2 are used in the model. i. e. $k = 6$. The neuron number $N = 512$ can be determined by calculating the dots of any sample. Before training, we initialize the weights randomly from 0. 2 to 1, i. e.

$$\begin{cases} 0.2 < W_{ij}(0) = W_{ji}(0) < 1, & \forall i, j \text{ and } i \neq j; \\ W_{ii}(0) = 0, & \forall i, \end{cases} \tag{4}$$

the weights are shown in Fig. 3(a). The other parameters are set to be $\eta = 0.25$, $d = 0.05$. The network is trained 150 times with samples selected from the training set randomly and the weights are shown in Fig. 3(b).

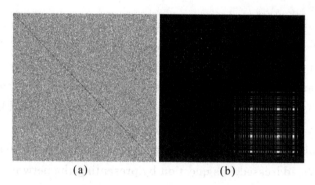

$$(a) \qquad\qquad (b)$$

Fig. 3　The weight matrix evolve from a random initial state to a
stable final state. (a)The initial state; (b)The final state

By comparing the trained weights with the initial, we can obtain the following results: ①The weight matrix changes from random distribution to a stable state with the training process, and no any obvious change will happen once the weights reach the stable state. ②From Fig. 3, we can see that the number of connections between neurons is massively reduced, but the average connection strength changes from $\overline{w}_{ij} = 0.600$ to $\overline{w}_{ij} = 0.999$ in the process of training. The more connections indicate the more plasticity of the network, and the strong and stable connections perhaps denote certain cognition patterns. ③Because the similarity between individual character of the samples, some elements in the top-left quarter of the weight matrix are not 0. All elements except the bottom-right quarter will change to 0 by increasing the number of samples in the training set.

The stable state of the weights is a attractor of the system, and the fix point correspond to a cognition pattern of concept horse extracted from samples. In theoretical aspect, the analysis of the collective behaviors of the neurons may refer to Hopfield's work. We can also exam the attractor and cognition state of the system directly using three test samples which displayed in Fig. 4(a)(b)(c). Here, we set the parameter $\theta = 30$. The network weights are fixed and the samples are input to the network respectively. The output of the network can be calculated by formulae 1 and the test results are also shown in Fig. 4. In the phase space, the three samples is dominated by a attractor which is the nominally assigned concept horse and they will eventually settle into the attractor state. On the other hand, sample which is not in the domain of the attractor will not evolving to the stable state. An example is shown in Fig. 4(d).

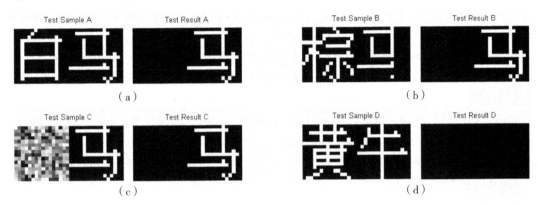

Fig. 4 The attractor of the network is tested though three positive examples and a negative instance. (a) A sample arbitrarily selected from the training set; (b) An incomplete sample includes a majority of, but not all, features of the concept horse; (c) A sample includes all features of horse, and individual features are given arbitrarily; (d) A sample includes only little feature of the concept horse, although its' individual features are used in the training process

Our model simulates the forming process of natural concept by using the horse as an example. In fact, a class of concept which formed by extracting the common features from concrete instances can be simulated using our model, such as the concept of natural number and addition. The simulation result is shown in Fig. 5.

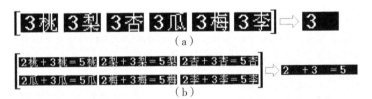

Fig. 5 Two other examples of concept formation. (a) The number concept "3" is extracted from the six samples; (b) The addition concept "2+3=5" is extracted from the six samples

Certainly, the concept of number consists of many connotations include concrete concept, abstract concept, ordering concept and number structure[11]. Our model only simulates the emerge process from concrete concept to abstract concept.

4 Discussion

As we mentioned above, the issues of concept formation have been discussed from the angel of word learning, and two broad classes of proposals for how word learning works have been dominant in the literature: hypothesis elimination and associative learning. We consider that the union of the two operations may be the mechanism of concept formation. On the one hand, the features that all samples have are called essential features, and the connections between neurons which represent the essential features will be strengthened during the training process. For associative learning works, on the other hand, the connections between individual features and essential features become weaker and weaker gradually. Hypothesis elimination works. These two operations can be precisely described by Hebbian learning rule. So Hebbian learning rule should be the neural mechanism of concept formation in certain condition.

The reliability of our model can be explained by the fact from neuroanatomy. Experiments indicate that the number of connections between neurons is massively reduced in the adult compared to the infant. In the cat, for example, there is a huge decrease in the number of callosal axons during neonatal life, and a 90% reduction in the number of synapses and branches of the axonal arbors of the remaining fibres[12,13]. The fact is similar without simulation results.

However, the process of concept formation is very complicated and the essential of the process is emergence. Hebbian learning rule perhaps can curve up the forming mechanism of some simple concept. For complex scientific concept and social concept, more kinds of factors and more complex mechanisms should be considered.

Acknowledgment

This work is supported by NSFC under the grant No. 60534080, No. 60374010 and No. 70471080.

References

[1]Machery E. 100 years of psychology of concepts: the theoretical notion of concept and its operationalization[J]. Studies in History and Philosophy of Biological and Biomedical Science, 2007, 38: 63-84.

[2]Colunga E, Smith L B. From the lexicon to expectations about kinds: a role for associative learning[J]. Psychological Review, 2005, 112(2): 347-382.

[3]Gasser M, Smith L B. Learning nouns and adjectives: a connectionist account[J]. Language and Cognitive Processes, 1998, 13(2-3): 269-306.

[4]Hopfield J J. Neural networks and physical systems with emergent collective computational abilities[J]. Proceedings of the National Academy of Sciences, 1982, 79(8): 2554-2558.

[5]Harm M W, Seidenberg M S. Phonology, reading acquisition, and dyslexia: insights from connectionist models[J]. Psychological Review, 1999, 106(3): 491.

[6]Hinton G E, Shallice T. Lesioning an attractor network: investigations of acquired dyslexia[J]. Psychological Review, 1991, 98(1): 74-95.

[7]Xu F, Tenenbaum J B. Word learning as bayesian inference[J]. Psychological Review, 2007, 114(2): 245-272.

[8]Regier T. The emergence of words: attentional learning in form and meaning[J]. Cognitive Science, 2005, 29(6): 819-865.

[9]Hebb D O. The Organization of Behavior[M]. New York: Wiley, 1949.

[10]Gerstner W, Kistler W M. Spiking Neuron Models: Single Neurons, Populations, Plasticity[M]. Cambridge: Cambridge University Press, 2002.

［11］Lin C D. The study on the development of the number concept and operational ability in schoolchildren［J］. Acta Psychologica Sinica, 1981, 13(3): 43.

［12］Payne B, Pearson H, Cornwell P. Development of visual and auditory cortical connections in the cat［J］. Cerebral Cortex, 1988, 7: 309-389.

［13］Innocenti G M. Exuberant development of connections, and its possible permissive role in cortical evolution［J］. Trends in Neurosciences, 1995, 18(9): 397-402.

Dynamic Neural Network for Recognizing Interspike Interval Sequences [*]

Liu Yan[1]   Chen Liujun[1]   Chen Jiawei[1]   Chen Qinghua[1]   Fang Fukang[2]

(1. Department of Systems Science School of Management，Beijing Normal University，Beijing 100875；

2. State Key Laboratory of Cognitive Neuroscience and Learning，Beijing Normal University，Beijing 100875)

Abstract： The functions of neural system, such as learning, recognition and memory, are emerging from the dynamic mechanisms of neurons and synapses. A dynamic neural network is designed to discuss how the dynamic mechanisms in the neurons and synapses work in recognizing interspike intervals (ISIs). The dynamic synaptic transmission mechanisms and the properties of integrate-and-fire neurons are the key mechanisms, based on which the input interspike interval sequences are decomposed into isolated spikes. The synaptic delay times modulated by STDP learning rule is another key mechanism in the ISIs recognition, based on which the ISIs are learned and saved in the delay times. After learning, the neural network could recognize whether different input sequences include the same consecutive ISIs. This model shows that the dynamic mechanisms of neurons and synapses in brain are powerful, even under a simple network structure.

1 Introduction

Complex networks are commonly used to model the complicated behavior of the nervous system[1]. An example in case is to study the function mechanism in many brain areas[2]. Normally, nodes and edges in the complex networks have little dynamics since we focus mainly on the properties emerging from the complex structures. In the real neural system, however, the neurons (the nodes) and the synapses(the edges) have plentiful dynamic mechanisms[3-5], which have been proved to be the substrate for the functions in brain, such as learning and memory[6]. It is generally difficult to analyze these neural and synaptic dynamic mechanisms in large scale networks, thus simple neural networks were developed to study the functions emerging from the dynamic mechanisms of neurons and synapses in the neural system[7,8].

Sensory systems present environmental information to central nervous system as sequences of spikes or action potentials, and brain learns and recognizes the information through the coding and decoding processes of spike trains in neurons. It is generally agreed that sensory neurons in brain spike with precise timing to stimuli with temporal structures, i. e. , and the information carried is expressed by the interspike intervals (ISIs) between spikes[8,9]. The work presented in this paper aims to analyze

---

* Liu Y, Chen L J, Chen J W, et al. Dynamic neural network for recognizing interspike interval sequences[C]. 2008 Fourth International Conference on Natural Computation. Jinan：IEEE, 2008.

some possible dynamic mechanisms of the neurons and synapses in the recognition process in the neural system. A simple neural network constructed from biological components is designed for recognizing ISIs in spike trains.

2 Recognition Mechanism

2.1 Decomposition Mechanism

When the input to an integrate-and-fire neuron is a interspike interval sequence composed of more than one spike, the response property of the neuron will be one of four kinds as follows:

(1) Responds to all spikes.

(2) Responds to the first spike, but not responds to the latter ones. The reason may be that the interspike intervals of the input sequence are shorter than the refractory period of the neuron and the neuron is still in refractory period at the time when latter spikes arrive, or that the postsynaptic neuron will inhibit the presynapse from sending signal due to synaptic feedback modulation.

(3) Not responds to the first several spikes, but responds to a latter one. The reason may be that at least two spikes could make the membrane potential of the neuron integrate to the threshold, which is based on the parameters of both the neurons and synapses.

(4) Not responds to any spikes.

That is to say, under some appropriate parameters, the neurons will decompose the input sequence into a series of isolated spikes and each neuron transfers one.

A neural circuit (Fig. 1) is designed to show this characteristic of decomposition, in which the input sequence is decomposed into isolated spikes. The first layer is the input neuron F, which fires a sequence of four spikes as the input. Suppose that the spiking times are at t_0, t_1, t_2, t_3, and the ISIs are Δt_1, Δt_2, Δt_3. There are four neurons in the second layer, S_1, S_2, S_3 and S_4, which receive the input sequences from neuron F through synapses and then decompose them into isolated spikes.

The decomposition mechanisms are shown in Fig. 1. In details, the presynaptic neuron fires a sequence of spike as the input signal, which is transferred to the postsynaptic neuron through the synapse. The synapse includes the facilitation and feedback modulation mechanisms. The neuron and synapse satisfy the equations as follows[10] ,

$$\tau_R \frac{dR(t)}{dt} = -R(t) + \kappa_R A p_{\text{in}}(t) \tag{1}$$

$$\tau_F \frac{dF(t)}{dt} = -F(t) + \kappa_F A p_{\text{in}}(t) \tag{2}$$

$$\tau_M \frac{dM(t)}{dt} = -M(t) + \kappa_M A p_{\text{out}}(t) \tag{3}$$

where $A p_{\text{in}}$ is the input interspike interval sequence, $A p_{\text{out}}$ is the output of the postsynaptic neuron. $\tau_R = 0.5\text{ms}$, $\kappa_R = 10.0$, $\tau_F = 66.7\text{ms}$, $\kappa_F = 0.16$, $\tau_M = 10\text{ms}$, $\kappa_M = -20.0$, $R(t)$ is the presynaptic potential, $F(t)$ is the facilitation, $M(t)$ is the feedback modulation. which together decide the potential of neurotransmitter release,

$$P_r(t) = R(t) + F(t) + M(t) \tag{4}$$

if $P_r(t)$ is greater than a threshold ($\theta_r = 1$) at $t = t_0$, neurotransmitter is released from the presynapse,

$$N_r(t) = Q * e^{-(t-t_0)/\tau_{N_r}} \qquad (5)$$

where $\tau_{N_r} = 1.0$ ms. The postsynaptic potential is changed with N_r,

$$\tau_{E_{psp}} \frac{dE_{psp}}{dt} = -E_{psp} + \kappa_{E_{psp}} N_r \qquad (6)$$

where $\tau_{E_{psp}} = 5.0$ ms is the time constant and $\kappa_{E_{psp}} = 0.5$.

The post-synaptic neuron is an integrate-and-fire neuron which membrane potential is

$$\tau_{V_{out}} \frac{dV_{out}}{dt} = -V_{out} + \kappa V_{out} E_{psp} \qquad (7)$$

where $\tau_{V_{out}} = 1.5$ ms. $AP_{out} = 1$ if $V_{out} > \theta_{Ap_{out}}$, and the refractory period is 2.0 ms.

In the neural circuit in Fig. 1, the parameters of the second layer neurons are different, as shown in table 1, so that each neuron will select one spike of the input sequence to respond. The simulation result is shown in Fig. 3. The input sequence is decomposed into four spikes with three ISIs, which are then transmitted by the second layer neurons separately.

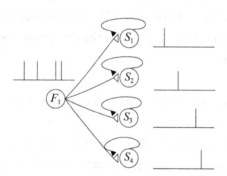

Fig. 1 The input of neuron F_1 includes four spikes. Each neuron of S_1-S_4 selects one spike to transfer

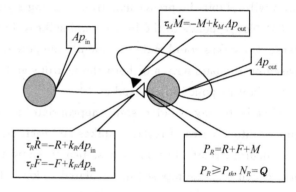

Fig. 2 The synaptic facilitation and feed-back modulation mechanisms

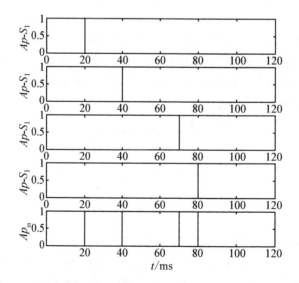

Fig. 3 The input spike train is decomposed into four spikes with three ISIs, transferring by the second layer neurons

Table 1   The parameters of second layer neurons

	κ_R	κ_F	κ_M	τ_R (ms)	τ_F (ms)	τ_M (ms)
S_1	10	10	-80	0.5	66.7	100
S_2	9	82	-210	0.5	66.7	90
S_3	9	68	-120	0.5	66.7	100
S_4	9	55	-20	0.5	66.7	100

2.2   Recognition Mechanism

The neural network for recognition is developed based on the circuit structure above. It includes four layers. The connection structure is shown in Fig. 4. The recognition mechanism is on the work of H. D. I. Abarbanel[7], but different from it in that the neurons and synapses here are all excitatory.

In details, the third layer neurons $T_1 - T_6$ are standard Hodgkin-Huxley neurons which receive inputs from the second layer through synapses. The neurons T_i satisfy the equations as follows[4],

$$C \frac{dV}{dt} = g_{Na} m^3 h (E_{Na} - V) + g_K n^4 (E_K - V) + g_L (E_L - V) + I_{syn} \qquad (8)$$

where V is the membrane potential. m, n, h are the gating variables, which satisfy $\frac{dX}{dt} = -(a_X + \beta_X)X + a_X$ for $X = m$, h, n. $\alpha_m = -0.1(25-V)/\{\exp[(25-V)/10]-1\}$, $\beta_m = 4\exp(-V/18)$, $\alpha_h = 0.07\exp(-V/20)$, $\beta_h = 1/\{1+\exp[(30-V)/10]\}$, $\alpha_n = 0.01(10-V)/\{\exp[(10-V)/10]-1\}$, $\beta_n = 0.125\exp(-V/80)$. The parameters are $C = 1\mu F/cm^2$, $E_{Na} = 120mV$, $E_K = -12mV$, $E_L = 10.6mV$, $g_{Na} = 120ms/cm^2$, $g_K = 36ms/cm^2$, $g_L = 0.3ms/cm^2$. I_{syn} is the synaptic current,

$$I_{syn} = \bar{g}_{syn} r(t)(V - E_{syn}) \qquad (9)$$

where V is the postsynaptic potential, E_{syn} is the synaptic reversal potential, $\bar{g}_{syn}$ is the maximal synaptic conduction, it also shows the synaptic strength. $r(t)$ is the amount of neurotransmitter released from the presynapse. It is assumed that the action potential Ap_{out} of second layer neuron occurs as a pulse from t_0 to t_1. During the pulse, $r(t)$ follows[11],

$$r(t-t_0) = r_\infty + [r(t_0) - r_\infty]\exp[-(t-t_0)/\tau_r] \qquad (10)$$

After the pulse $(t > t_1)$, $r(t)$ is given by

$$r(t-t_1) = r(t_1)\exp[-\beta(t-t_1)] \qquad (11)$$

where $r_\infty = \frac{\alpha T_{max}}{\alpha T_{max} + \beta}$, $\tau_r = \frac{1}{\alpha T_{max} + \beta}$. $\alpha = 2msec^{-1}$, $\beta = 1msec^{-1}$, $E_{syn} = 0mV$, $\bar{g}_{syn} = 1nS$, $T_{max} = 1$.

To explain the recognition mechanism, we take T_1 and T_2 for example. Neuron T_1 receives the spike from S_1 and fires at t_0, which would transmit to neuron T_2 through synapse $T_1 \rightarrow T_2$. There is a synaptic delay time of τ_1, which depends on the parameter $\bar{g}_{syn}$, so T_2 would fire at $t_0 + \tau_1$. On the other hand, neuron T_2 receives the spike from neuron S_2 and fires at $t_1 = t_0 + \Delta t_1$, which would transmit to neuron T_1 through synapse $T_2 \rightarrow T_1$, so T_1 would fire at $t_1 + \epsilon$. $\bar{g}_{syn}$ of this synapse is supposed to be much larger than 1nS so the delay time ϵ is small. Thus, for the synapse $T_1 \rightarrow T_2$, the presynaptic firing time is $t_1 + \epsilon = t_0 + \Delta t_1 + \epsilon$ and the postsynaptic firing time is $t_0 + \tau_1$. The synaptic conduction modulates according to the STDP learning rule of excitatory synapse[12],

$$\Delta \bar{g}_{syn}(\Delta t) = \begin{cases} A_+ \exp[-\Delta t/\tau_1] & \text{for } \Delta t > 0 \\ A_- \exp[-\Delta t/\tau_2] & \text{for } \Delta t < 0 \end{cases} \qquad (12)$$

where Δt is the difference between postsynaptic and presynaptic firing times. $A_+ = -A_- = 1$, $\tau_1 = 10\text{ms}$, $\tau_2 = 20\text{ms}$.

So the synaptic conduction would increase if $t_0 + \tau_1 > t_0 + \Delta t_1 + \epsilon$, which results in a decrease in the synaptic delay time τ_1. On the other hand, the synapse connection would decrease if $t_0 + \tau_1 < t_0 + \Delta t_1 + \epsilon$, which results in an increase in the synaptic delay time τ_1. There is a detection neuron O_1 connected with neuron T_2, which fires when two spikes arrive within a time resolution δ. Therefore, the learning process continues until $|(t_0 + \Delta t_1) - (t_0 + \tau_1)| < \delta$, and then the detection neuron fires. In other words, when neuron O_1 fires, the synaptic parameters satisfy $|\Delta t_1 - \tau_1| < \delta$. Thus, the first ISI, Δt_1, is learned by the circuit through the synaptic delay time τ_1. Other ISIs, Δt_2 and Δt_3, are learned in the same way in the synapses $T_3 \rightarrow T_4$ and $T_5 \rightarrow T_6$ through the delay time τ_2 and τ_3.

To recognize whether two sequences include the same consecutive ISIs, neurons $I_0 - I_4$ are also in the third layer. I_0 is an interneuron, with the input signal from the output neurons $O_1 - O_3$. In the absence of input, neuron I_0 is at rest. A single spike would make I_0 fire continuously. $I_1 - I_4$ are standard Hodgkin-Huxley neurons, which receive the input from both $S_1 - S_4$ and I_0, but fire only if I_0 fires.

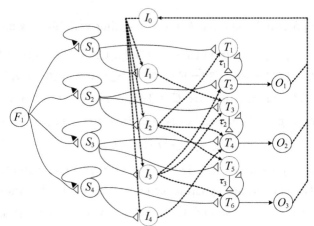

Fig. 4　Respond to the different input intervals, the output neurons fire as different spatial patterns

Neuron I_0 satisfy the equations as follows[7],

$$\frac{\mathrm{d}V(t)}{\mathrm{d}t} = I_s - g_{Na}m_\infty(V)[E_{Na} - V(t)] + g_K n(t)[E_K - V(t)] + g_L[E_L - V(t)] \tag{13}$$

$$\frac{\mathrm{d}n(t)}{\mathrm{d}t} = [n_\infty(V) - n(t)]/\tau_n \tag{14}$$

where $V(t)$ is the membrane potential, $m_\infty(V) = 1/\{1 + \exp[(V_m - V)/k_m]\}$, $n_\infty(V) = 1/\{1 + \exp[(V_n - V)/k_n]\}$. In mS/cm², $g_{Na} = 20$, $g_K = 10$, $g_L = 8$. In mV, $E_{Na} = 60$, $E_K = -90$, $E_L = -80$, $V_m = -20$, $V_n = -25$, $k_m = 15$, $k_n = 5$, and $\tau_n = 0.167\text{ns}$. I_s is the synaptic current.

Thus, when a sequence is inputted to the network, the output neurons $O_1 - O_3$ will not fire until learning is completed. Neuron I_0 remains at rest, and inputs to neurons T_i are from neurons S_i only. When the ISIs of a input sequence has been learned by the circuit, the output neurons O_i will fire, which consequently excites neuron I_0 to fire. Then T_i receive inputs from both S_i and I_i. When another sequence with the same ISIs but in different order is inputted, the network would recognize the same ISIs in the two spike trains by matching each ISI with the synaptic delay time τ_i.

3 Simulation Result

In simulation. consider the simplest sequences including four spikes, with three ISIs. The ISIs are about 10ms—30ms as in the real neural system.

Firstly, the spike sequence for learning, named the standard input, is inputted to the network. The spikes of the standard input are at 20ms, 40ms, 70ms and 80ms here, which means the ISIs are 20ms—30ms—10ms. Based on the analysis above. the synaptic delay times of the network would adjust to $\tau_1 = 20$ms, $\tau_2 = 30$ms, $\tau3 = 10$ms. As shown in Fig. 5(a), after learning, the output neurons O_1, O_2 and O_3 fire at 40ms, 70ms and 80ms respectively. Then the training process is over and neuron I_0 would be excited to fire. Consequently, neurons I_i fire, so T_i receive signals from both S_i and I_i.

The test process follows. Another two sequences are named test inputs, which are composed of the same three ISIs but in different orders. The spikes of the first test input are at 20ms, 30ms, 50ms and 80ms, with ISIs of 10ms—20ms—30ms. When this sequence is inputted to the network, the synaptic delay times will "recognize out" the corresponding ISIs, for the delay times $\tau_3 = 10$ms, $\tau_1 = 20$ms, $\tau_2 = 30$ms. Therefore, as shown in Fig. 6(a), the output neurons O_1, O_2 and O_3 spike at 50ms, 80ms and 30ms. This result means that the first test input includes the same two consecutive ISIs of 10ms—20ms with the standard input. The spikes of the second test input are at 20ms, 50ms, 70ms and 80ms, with ISIs of 30ms—20ms—10ms. As shown in Fig. 7(a), the output neurons O_1, O_2 and O_3 spike at 70ms, 50ms and 80ms, which means that the second test input does not include the same consecutive ISIs with the standard input.

(a)   (b)

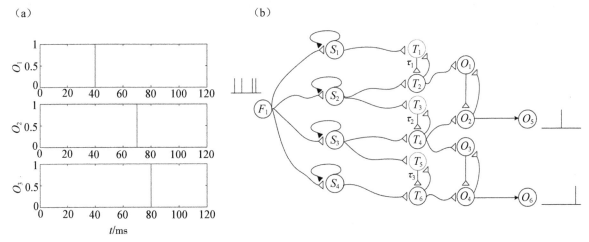

Fig. 5 (a)After training, the ISIs are learned through the synaptic delay time and the output neurons O_1, O_2 and O_3 fire at 40ms, 70ms and 80ms. (b)The interval between the spikes of O_1 and O_2 is learned by the synapse $O_1 \rightarrow O_2$ and the interval between the spikes of O_3 and O_4 is learned by the synapse $O_3 \rightarrow O_4$, so the output neurons O_5 and O_6 fire

Further more, another layer is added to the network to make the results clearer. As shown in Fig. 5(b), neurons O_4, O_5, O_6 are added to the network. The neurons structure $(O_1 - O_2 - O_5)$ and $(O_3 - O_4 - O_6)$ are the same with the structure $(T_1 - T_2 - O_1)$. So the interval between the spikes of O_1 and O_2 will be learned by the synapse $O_1 \rightarrow O_2$ through the synaptic delay time during the training process. In the same way, the interval between the spikes of O_3 and O_4 will be learned by the synapse

$O_3 \rightarrow O_4$.

Thus, in the first test process, neurons O_1 and O_2 fire in the same order as the learned standard one. so the output neuron O_5 fires. But neurons O_3 and O_4 fire in a different order, so neuron O_6 doesn't fire[Fig. 6(b)]. This result clearly shows that the first test input includes the same two consecutive ISIs of 10ms — 20ms with the standard input. And in the second test process, both neurons O_1, O_2 and O_3, O_4 fire in a different order from the learned standard one. so neither neuron O_5 nor neuron O_6 fires[Fig. 7(b)]. This means that the second test input does not include any same consecutive ISIs with the standard input.

(a)   (b)

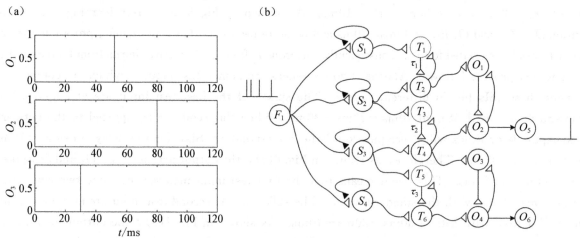

Fig. 6 (a)The test input is 10ms-20ms-30ms. The output spikes show that the test input includes the same two consecutive ISIs of 10ms-20ms with the standard input. (b)Neurons O_1 and O_2 fire in the same order, so the output neuron O_5 fires. But neurons O_3 and O_4 fire in a different order, so neuron O_6 doesn't fire

(a)   (b)

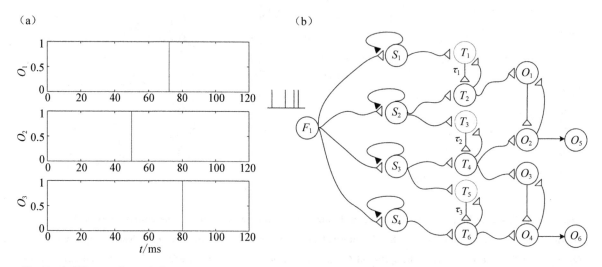

Fig. 7 (a)The test input is 30ms-20ms-10ms. The output spikes show that the test input does not include the same consecutive ISIs with the standard input. (b)Both neurons O_1, O_2 and O_3, O_4 fire in a different order with the learned standard one, so neither does neuron O_5 nor neuron O_6 fire

4 Conclusion

In this paper, a simple neural network is designed to recognize the interspike interval sequences. There are two key dynamic neural mechanisms in the recognition processes. Firstly, connected by the synapses with facilitation and feedback modulation mechanisms, integrate-and-fire neurons response selectively to spikes. So the input sequences are decomposed into isolated spikes and transferred by the corresponding neurons in the network. Secondly, under STDP learning rule, the synaptic delay times tune to the ISIs of the input spike train. Thus, the network would recognize the ISIs by matching each ISI with the synaptic delay time. After learning, the neural network could recognize whether different input sequences include the same consecutive ISIs.

5 Acknowledgments

This work is supported by NSFC under the grant No. 60534080, No. 60374010 and No. 70471080.

References

[1]Strogatz S H. Exploring complex networks[J]. Nature, 2001, 410(6825): 268-276.

[2]Destexhe A, Contreras D. Neuronal computations with stochastic network states[J]. Science, 2006, 314: 85-90.

[3]Hebb D O. The Organization of Behavior[M]. New York: Wiley, 1949.

[4] Hodgkin A L. A quantitative description of membrane currents and its application to conduction and excitation in nerve[J]. Journal of Physiology, 1952, 117: 500-544.

[5] Izhikevich E M. Dynamical Systems in Neuroscience: the Geometry of Excitability and Bursting[M]. Cambridge: MIT Press, 2007.

[6]Abbott L F, Regehr W G. Synaptic computation[J]. Nature, 2004, 431(7010): 796-803.

[7] Abarbanel H D I, Talathi S S. Neural circuitry for recognizing interspike interval sequences[J]. Physical Review Letters, 2006, 96(14): 148104.

[8]Jin D Z. Spiking neural network for recognizing spatiotemporal sequences of spikes[J]. Physical Review E, 2004, 69(2): 021905.

[9]Buonomano D V, Merzenich M M. Temporal information transformed into a spatial code by a neural network with realistic properties[J]. Science, 1995, 267: 1028-1030.

[10] Liaw J S, Berger T W. Dynamic synapse: harnessing the computing power of synaptic dynamics[J]. Neurocomputing, 1999, 26: 199-206.

[11] Destexhe A, Mainen Z F, Sejnowski T J. An efficient method for computing synaptic conductances based on a kinetic model of receptor binding[J]. Neural Computation, 1994, 6(1): 14-18.

[12] Bi G Q, Poo M M. Synaptic modification by correlated activity: Hebb's postulate revisited[J]. Annual Review of Neuroscience, 2001, 24(1): 139-166.

Emergence in Chinese Character Learning [*]

Cui Jiaxin[1]   Chen Jiawei[1]   Chen Qinghua[1]   Fang Fukang[2]

（1. Department of Systems Science School of Management Beijing Normal University，
Beijing 100875，P. R. China；2. Institute of Non-equilibrium Systems Beijing Normal University，
Beijing 100875，P. R. China）

Corresponding author Email：chenjiawei@bnu. edu. cn

Abstract：The formation of concepts is a key point in development of human intelligence. There are two kinds of traditional ideas about this problem：hypothesis elimination and associative learning. The Bayesian framework suggested by Tenenbaum absorbs the virtue and avoids the limitations of the two traditional ideas and its results are demonstrated by behavioral experiments. The model simulates statistics behavior of human concept learning but does not refer neural mechanism of concept learning. We try to simulate neural behavior during the process of formation of concept by Hopfield-type neural network and suggest that concepts could correspond to stable attractors of the system. In results we can see that the network could learn Chinese characters quickly and its weights will change gradually to approach fixed values finally as emergence. We find that the Hebbian learning rule adjusting weights of our network could describe the different action of the two traditional ideas-filtering and abstraction and guess it may be a kind of microcosmic mechanism of formation of concepts in certain conditions.

1   Introduction

Formation of concepts is basis of development of human intelligence and a necessary condition to obtain languages and characters[1]. Tenenbaum dissatisfied two traditional methods-hypothesis elimination which is a rule-based approach and associative learning which is a similarity-based approach and suggested a new model with Bayesian statistic framework to solve the problem of learning concepts of words[2-4]. His model explore concept learning by English words representing concrete concepts because current experiment methods cannot let us "see" or "read" cognitive states about representation and formation of concepts directly and have researchers choose physical representation instead of cognitive states. such as pictures，words，characters and so on[3,5,6]. We follow him and choose Chinese characters as learning objects to simulate formation of concepts.

But different from his method. we use large-scale connectionism and computation analysis broadly used in studies for human senior intelligent activities recent years which mostly adopt the hypothesis that cognitive states correspond to physical states one to one in order to represent and judge changes and transitions of complex cognitive states in our brains[7]. Hopfield's neural network is one of classical methods and could be applied to explain some problems in the process of concept formation[8]. We build an artificial neural network model based Hopfield network to study emergent process of character abstraction during formation of concepts and explore inner microcosmic neural mechanism in

---

* Cui J X, Chen J W, Chen Q H, et al. Emergence in Chinese character learning[C]//2008 Second International Symposium on Interligent Information Technology Application. Shanghai：IEEE，2009.

the process. Like Tenenbaum's model, ours also can fulfill central functions in the two traditional modelsintegration and filtering. The key is dynamical mechanism of synaptic plasticity which is the substrate for learning and memory in brains[9]. We find that it can be explained by Hebbian learning rule in our model.

First we will review the work of Tenenbaum and Hopfield, respectively. Then we build a neural network model to simulate learning process of Chinese character concepts and discuss its microcosmic neural mechanism. Finally, we have a comparison about Tenenbaum's work and our work.

2　Review of Tenenbaum's Work

John Tenenbaum concluded that there are two kinds of traditional methods for word concept learning: hypothesis elimination and associative learning. They are effective in some aspects of work learning, but they both have their own limitations: in infinite hypothesis space, we neither can demonstrate that we have eliminated all incorrect hypotheses nor can demonstrate that the hypothesis reserved is the unique; associative learning seems not properly to explain fast deduction because it is an asymptotic process so that associative models for language acquisition can not express permanent and fast mappings[10]. Hence Tenenbaum suggested a Bayesian framework which contained some main merit of two traditional methods and avoided their limitations[2-4].

Tenenbaum used interactions of Bayesian deduction principle in proper hypothesis space for concept learning. Not as traditional methods to simply affirm or eliminate hypothesis about word meaning, his model uses Bayesian statistic theory to estimate hypotheses according to their correct probabilities. By learning nouns about general object categories, the model provides an explanation for central phenomena of learning overlap extensions of concepts and demonstrates results of model by psychologic behavioral experiments: learners can rationally infer meanings of words with multiple overlapping concepts from only few positive examples[11,12]. This is a convergent learning process and also with abstraction and generalization which are just two important steps in formation of concepts.

3　Review of Hopfield's Work

The appearance of artificial neural network with largescale parallel distribution processing (PDP) has provided a new way to solve problems about word learning and formation of concepts. The famous Hopfield neural network is one of the best methods. It suggested that the bridge between simple circuits and complex computational properties in neural systems may be spontaneous emergence of new computational ability of collective behavior of large number of simple-operated elements[8]. Given well-coded input, Hopfield's network can accomplish many functions of brains such as associative memory, generalization. familiarity recognition, categorization. error correction. time sequence retention and so on[8].

In Hopfield's model, each neuron has two states: 0 (not firing) and 1 (firing at maximum), and the instantaneous state of all neurons in the network is the current state of the network system. He proved that dynamic flow in state space would finally converge to one of stable states of the system[8]. The stable state is a physical attractor which contains information about a special memory and corresponds to a cognitive state in brain. Given partial memory of initial state, the system can arrive at the final stable state which contains all information of the memory. A potential hypothesis under the method is that cognitive state could correspond to physical state[7]. We consider a concept is also a cognitive state as memory, so it should be represented by a stable attractor of system.

The property mentioned above that states of neurons will converge to stable attractors is a collective property of the system and an emergence spontaneously generated by lots of neurons with interactions each other. That means the computational method of neural network may explain problems about formation of concepts and word learning in human brains. Tenenbaum has also deemed that maybe neural networks do better to simulate the function of concept learning[3]. Hopfield network is fitly the one with simplification of biologic properties and some intellective function in brains.

4 Model

On the theoretical basis of Hopfield network, we build a recurrent artificial neural network with all-connection structure by which we discuss how to abstract the common characters from several samples of one concept in process of concept formation and how can we express the concept by an attractor of the neural network system.

The structure and neuronal state in our neural network are the same as Hopfield network[8]. Assume that our network has N neurons. When neuron i has a connection made to it from neuron j, the strength of connection is defined as w_{ij}. We suppose that $0 \leqslant w_{ij} \leqslant 1$ and $w_{ii} = 0$. How the system deals with information depends on current weight state of the network. Our network has only one layer, hence each neuron both receives input vector form environment and denotes the output result. Input vector X_i should be represented by a binary word of N bits so as to be matched with the neuronal state. For example, the *ith* input vector can be written as $X_i = [x_{i,1}, x_{i,2}, \cdots, x_{i,N}]$, $x_{i,j} = 0$ or 1. The output of our network can be represented by the states of all the N neurons.

All the neuron states should be determined before the weights are updated. Two cases will be considered for calculating the neuron state. On the one hand, when a sample is input to the network the neuronal states will change to the same as the input vector, i. e. $V_i = x_{c,i}$, here $x_{c,i}$ denotes the *ith* component of the current input vector; on the other hand, when no external instance is provided, the neuronal states will change with time according to the following algorithm:

$$V_i = \text{hardlim}\left(\sum_{j=1}^{N} w_{ij} V_j - \theta_i\right) \tag{1}$$

where θ_i denotes the threshold of the *ith* neuron. In a certain system, we assume that all the thresholds are equal to a constant θ.

In our model, we assume that the weight will be updated according to Hebbian learning rule[13], i. e. the network learns by strengthening connection weights between neurons activated at the same time. It can be written as formula (2). Where $0 < \eta < 1$ is a small constant called learning rate. The parameter d is a small positive constant that describes the rate by which w_{ij} decays back to zero in the absence of stimulation. Of course, equation (2) is just one of the possible forms, and there are some difference with the other forms of Hebbian rule[14].

$$\Delta w_{ij} = \begin{cases} \eta \cdot w_{ij} - d, & \text{if } V_i = 1, \ V_j = 1 \\ -\eta \cdot w_{ij} - d, & \text{if } V_i = 1, \ V_j = 0 \\ -\eta \cdot w_{ij} - d, & \text{if } V_i = 0, \ V_j = 1 \\ -d, & \text{if } V_i = 0, \ V_j = 0 \end{cases} \tag{2}$$

To avoid the weights from growing without limit. an saturation of the weights should be considered. On the other hand, the synaptic efficacy W_{ij} should be non-negative. These two restrictions can be achieved by setting:

$$w_{ij}(t+1) = \begin{cases} 1, & \text{if } w_{ij}(t+1) > 1 \\ w_{ij}(t+1), & \text{if } 0 \leqslant w_{ij}(t+1) \leqslant 1 \\ 0, & \text{if } w_{ij}(t+1) < 0 \end{cases} \tag{3}$$

Obviously, from the formula (2) we know that the synaptic weight matrix W is symmetrical, i. e. $w_{ij} = w_{ji}$.

We choose combination of a few Chinese characters as a sample of our model. Each sample is presented using $m \times 16 \times 16$ binary dot matrix. where m denotes the number of Chinese characters. The matrix element in the character's stroke is set to 1. otherwise should be set to 0. At last the input vector can be obtained by converting the dot matrix into a vector, example of an instance is shown in Fig. 1. The number of neurons in our network is decided by the number of characters in each sample. For example, the sample in Fig. 1(a) would consist of $2 \times 16 \times 16 = 512$ neurons.

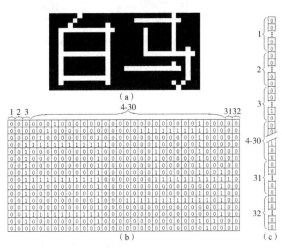

Fig. 1 The representation of an instance (a) The instance includes 2 characters; (b) The instance represented by dot matrix; (c) The input vector obtained by putting the dot matrix into one column

In a certain experiment, the training set for the network consisted of k samples with some identical properties. During an epoch. an instance randomly selected from the training set (k samples) is shown to the network. The neuronal states are changed to be the same as the input vector. and the weights are adopted according with the formulae (2) and (3). The network should be trained again and again until at last the weight matrix is changed over a small range, so over the complete training session.

In the testing procedure, all of the weights will be fixed and a test sample would be shown to the network. The output of the network can be calculated according to formulae (1). If our network has learned features of characters, it will evolve to a stable state which denotes the concept.

5　Simulation

In this section，we will simulate formation of a concept，the Chinese character with meaning "horse" by our network and explore how the concept is extracted from samples without supervising. Consider two properties of the character：color and shape. Shape is an essential property sharing by all horses. and color is a special property owned by each horse. Our model will "pick up" the common properties of all horses from several instances with different colors and eliminate the special properties in order to form the abstract concept representing horse.

We use a sample with $k=6$, as Fig. 2. According to the dot matrix of sample, we know the number of neurons is $N=2\times16\times16=512$. Before training，we initialize the weights in our network randomly from 0.2 to 1. i. e. $0.2<w_{ij}(0)=w_{ji}(0)<1$, and $w_{ii}(0)=0$. The weights are shown in Fig. 3(a). Let the parameters $\eta=0.25$ and $d=0.05$.

Fig. 2　The training set includes six samples

Training the network 150 times with samples randomly selected from the training set，we get the weights as Fig. 3(b). Comparing the weights before and after training，we get following results：① The weights evolve gradually from the initial random distribution to final stable distribution and have no obvious change with increase of training times. ② From Fig. 3 we can see that the connections are more abundant but the average connection strength is lower in the initial than trained. ③ Some elements in topleft corner of the matrixes are not equal to 0，because there is some similarity of special properties among samples. We can make these weights to 0 completely by increasing the number of samples.

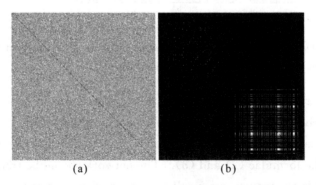

Fig. 3　The weight matrix evolve from a random initial state to a stable final state. (a)The initial state; (b)The final state

The cognition pattern formed by training corresponds to the concept "horse" drawn from samples and the state of weights correspond to an attractor of the neural system. The theoretical analysis is consulted in Hopfield's work [8]. We could demonstrate that conclusion by testing our network with 3 different inputs: ① arbitrary one sample in the training set; ② the samples in the training set with some noise. i. e. the samples with only part of information of the Chinese character; ③ the samples out of training set but with the same core in the training set. We fix the weight matrix and compute the output of the neural network according to formula(1)with the parameter $\theta = 30$. The state of the network will evolve to the stable attractor of the system in all the tests. because the initial input to the network are all in the attractive field of the attractor, i. e. the network will give the output of a complete Chinese character, as in Fig. 4(a)(b)(c). But input out of the attractive field cannot evolve to the stable attractor corresponding to the concept, for example, when input as in Fig. 4(d).

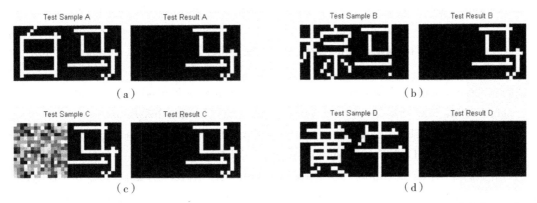

Fig. 4 **The attractor of the network is tested though three positive examples and a negative instance. (a) A sample arbitrarily selected from the training set; (b) An incomplete sample includes a majority of, but not all, features of the concept horse; (c) A sample includes all features of horse, and individual features are given arbitrarily; (d) A sample includes only little feature of the concept horse, although its' individual features are used in the training process**

We simulate the formation process of a natural concept "horse" by Chinese characters. Actually our model could simulate a kind of formation process from general concept to special concept by changing input and get the same emergent results.

We suggest that combination of the two traditional ideas mentioned in introduction may be a kind of mechanism of concept formation. We consider the properties shared by all samples as the essential properties of the concept and the connections between neurons representing these properties are gradually strengthened during the training process because of action of associative learning; at the same time, the connections between neurons representing nonessential properties are gradually weakened because of action of hypothesis elimination. The simultaneous actions of the two ideas make the system arrive at a stable attractor representing the concept. We find that Hebbian learning rule could even describe the two actions, so we can conclude that it is a kind of microcosmic mechanism which can realize concept abstraction in certain conditions.

The reliability of our model can be explained by the fact from neuroanatomy and psychology. Experiments indicate that the number of connections between neurons is massively reduced in the adult compared to the infant. In the cat, for example, there is a huge decrease in the number of callosal axons during neonatal life, and a 90% reduction in the number of synapses and branches of the axonal arbors of the remaining fibres[15,16]. The fact is similar with out simulation results. In behavioral experiments, it is found that children and adults both have ability to learn words from few examples, even the examples are all positive[11,12]. The ability appears in 13-and 18-month-old infants[17] and it is consistent with our results.

6　Comparison with Tenenbaum's Work

The work of Tenenbaum and ours both refer some problems about formation of concepts and build a model to account for them. There are some points the same and different between the two methods.

(1)Difference in objects discussed: Tenenbaum estimated whether new objects belong to a certain category. We try to discuss the kernel of concepts and want to find what the essence of concepts is and the hidden mechanisms which sublime real objects to abstract concepts, for example, the process of cognition from Labrador to dog. Concepts may be sum of common characters of objects and their interrelations. This is also a function accomplished by abstraction or generalization during formation of concepts, but it is not the whole and there must be other mechanisms in the complex process of formation of concepts.

(2)Difference in computational methods: Bayesian framework used probabilistic formulae to get rules of concept formation. Its results are very close to real human behavior, but it does not reflect the biologic mechanisms behind human brain. Hopfield network used basic biologic properties of real neurons in abstract physical representation and it is helpful for us to find some interesting mechanisms.

(3) Temporal process of model: Bayesian framework directly gets output by probabilistic computation and emphasizes the results but not the processes. We could observe temporal behavior of our network by modulation of connection weights between neurons.

(4)The two models both use positive examples for training, however, negative examples exist in everyday life and the two models do not refer this problem both.

(5)Tenenbaum's model simulates human behavior of concept learning in macroscopical view; our model explores the neural mechanisms of concept formation by a neural network built on the basis of biologic qualitative properties of microcosmic neurons and synapses. The Hebbian learning rule used in simulation is an unsupervised synaptic mechanism, so that microcosmic individual neuron without the whole guide could present macroscopical properties of our network. We hope to combine the two methods in order to form a bridge to communicate between macroscopical behavior and microcosmic mechanism in later study.

Acknowledgements

This work is supported by NSFC under the grant No. 60534080.

References

[1]Talmy L. Force dynamics in language and cognition[J]. Cognitive Science, 1988, 12(1): 49-100.

[2]Tenenbaum J B. Bayesian modeling of human concept learning[C]//Cohn D A. Advances in Neural Information Processing Systems. Cambridge: MIT Press, 1999.

[3]Tenenbaum J B. A Bayesian framework for Concept Learning[D]. Cambridge: Massachusetts

Institute of Technology, 1999.

[4]Tenenbaum J B. Rules and similarity in concept learning[C]//Leen T K,Dietterich T G, Tresp V. Advances in Neural Information Processing Systems. Cambridge: MIT Press, 2000, 59-65.

[5]Colunga E, Smith L B. From the lexicon to expectations about kinds: a role for associative learning[J]. Psychological Review, 2005, 112(2): 347-382.

[6]Regier T, Corrigan B, Cabasaan R, et al. The emergence of words[J]//Proceedings of the 23rd Annual Meeting of the Cognitive Science. 2001, 143.

[7]Portas C, Maquet P, Rees G, et al. The neural correlates of consciousness[M]//Frackowiak R S J, Friston K J, Frith D C, et al. Human Brain Function. 2nd ed. San Diego: Academic Press, 2004.

[8]Hopfield J J. Neural networks and physical systems with emergent collective computational abilities[J]. Proceedings of the National Academy of Sciences, 1982, 79(8): 2554-2558.

[9]Abbott L F, Regehr W G. Synaptic computation[J]. Nature, 2004, 431(7010): 796-803.

[10]Plunkett K, Sinha C, Moller M F, et al. Symbol grounding or the emergence of symbols? Vocabulary growth in children and a connectionist net[J]. Connection Science, 1992, 4(3-4): 293-312.

[11]Carey S, Bartlett E. Acquiring a single new word[J]. Papers and Reports on Child Language Development, 1978, 15: 17-29.

[12]Regier T. The Human Semantic Potential: Spatial Language and Constrained Connectionism[M]. Cambridge: MIT Press, 1996.

[13]Hebb D O. The Organization of Behavior[M]. New York: Wiley, 1949.

[14]Gerstner W, Kistler W M. Spiking Neuron Models: Single Neurons, Populations, Plasticity[M]. Cambridge: Cambridge University Press, 2002.

[15]Innocenti G M. Exuberant development of connections, and its possible permissive role in cortical evolution[J]. Trends in Neurosciences, 1995, 18(9): 397-402.

[16]Payne B, Pearson H, Cornwell P. Development of visual and auditory cortical connections in the cat[J]. Cerebral Cortex, 1988, 7: 309-389.

[17]Woodward A L, Markman E M, Fitzsimmons C M. Rapid word learning in 13-and 18-month-olds[J]. Developmental psychology, 1994, 30(4): 553-566.

Word Learning Using a Self-organizing Map[*]

Li Lishu[1]   Chen Qinghua[1]   Cui Jiaxin[1]   Fang Fukang[2]

(1. Department of Systems Science School of Management Beijing Normal University, Beijing 100875;

2. Institute of Non-equilibrium Systems Beijing Normal University, Beijing 100875)

Abstract: SOMs have been successfully applied in various fields. In this paper, we proposed an expanded SOM model for word learning which is a classic problem in cognitive science. In spite of simple computation of this model, the simulation results are consistent with the conclusion of the newest Bayesian model in the same learning cases. It implies that this model has the ability like human to properly response to different number and span of samples.

1 Introduction

Over the past three decades, artificial neural networks (ANNs), which are nonlinear mapping structures based on the function of human brain, have been applied widely in machine learning, artificial intelligence, and other information processes. They can deal with supervised or unsupervised learning tasks on summarizing an unknown rule of a given set of training examples. Among these unsupervised learning models, self-organizing maps (SOMs)[1,2], sometimes called Kohonen neural networks, have attracted more attention.

By emulating inherent biological neuron characters and mechanisms found in cognitive neuroscience, SOMs are able to convert complex, nonlinear statistical relationships of high-dimension data items into simple geometric relationships of a low-dimension display. They are more effective in ordering, classification and other aspects. The applications of SOMs are mainly in these fields, exception of visualization of statistical data, also including document collections[3], cluster in genomic data[4], traffic prediction[5], analysis of medical data and diagnostics[6], web usage mining[7], identification of chemical molecule structure[8], robot architecture design[9], and so on[10].

Different from above research, there exists another paradigm. H. Ritter etc. used SOM to detect the "logical similarity" between words from the statistics of their contexts and argued that a similar process might work in the brain[11]. Based on SOM, R. Miikkulainen proposed DISLEX model including orthographic, phonological, and semantic feature maps and the associations, and the simulating results in dyslexic and category-specific aphasic impairments are similar to those observed in human patients[12]. B. Anderson conducted three applications: recognizing word borders, learning the limited phonemes of one's native tongue, and category-specific naming impairments[13]. P. Li and his colleagues presented self-organizing neural networks of early lexical development, which can capture a

---

* Li L S, Chen Q H, Cui J X, et al. Word learning using a self-organizing map[C]//2008 Second International Symposium on Intelligent Information Technology Application. Shanghai: IEEE, 2009.

number of important phenomena that occur in early lexical acquisition of children, and the simulation results match up with the patterns from empirical research [14,15]. As potential candidates for explaining human cognition, I. Farkas and M. W. Crocker brought forward models with ability to behave systematically, generalizing from a small training set[16]. These works use SOMs to study human learning and cognition behavior in order to guess how the brain works really.

In this paper, we will follow the second way and attempt to discuss learning process of word meaning relative with formation of simple concept, which is an important ability of human intelligence[17]. But neither hypothesis elimination models nor associative learning models can fully explain the recognized experimental evidences. Recently, J. B. Tenenbaum and his co-workers developed Bayesian inference framework which is more powerful to explain some basic phenomena[18,19]. Although this method can qualitatively explain the important empirical phenomena for both children and adults, we argue that their computation is not simple enough to implement with several neurons. A simple neural network which can simulated recognized results of word learning experiments is encouraged. Based on simple SOM architecture, we try to explain how learners can generalize meaning and use it.

This paper is organized into 4 sections. Section 1 is brief introduction. The necessary background is reviewed in section 2, which consists of architecture and method of SOMs, empirical evidence and some theoretical research in word learning. In section 3, our model is proposed and the simulation result is given. In the final section we conclude.

2　Preliminaries

2.1　The SOM

The SOM signifies a class of neural-network algorithms in the unsupervised-learning. It was originally proposed as a mathematical model for certain type of stochastic adaptive processed observed in the cortex by T. Kohonen in 1982[1], and numerous versions, generalizations. accelerated learning schemes, and applications of the SOMs have been developed since then.

The simplest SOM is hierarchically organized. The input layer receives the input and transports it to the next layer (Kohonen layer or output layer or map). In general, each Kohonen unit is connected to each input unit. The connections will be $N \times M$ if there are N units in input layer and M units in Kohonen layer. The weight of each connection is commonly set as 1, so every input unit can without change fan signal received from the environment out to each Kohonen unit. Each Kohonen unit contains an N dimension feature vector, and input vector is also N dimension. After repetitive training of given samples, the features are automatically organized into a meaningful two-dimension order in which similar features are closer to each other in the map than those dissimilar ones. A pseudo code description of the classical SOM training algorithm is in Fig. 1.

```
(1)   input: a set of patterns, X = {x₁,···,x_N}
(2)   output: a set of prototypes, Y = {y₁,···,y_M}
(3)   begin
(4)        initialize Y = {y₁,···,y_M} randomly
(5)        repeat select x ∈ X randomly
(6)             find y* such that d(x,y*) = min{d(x,y)|y ∈ Y}
(7)             for all y ∈ N(y*) do
(8)                  y = y + γ(x − y)
(9)             reduce learning rate γ
(10)       until termination condition is true
(11)  end
```

Fig. 1　SOM algorithm

Here y^* (line 7 in Fig. 1) is called the best-matching unit (BMU, the winner) on the map, i. e., the node where the model vector is the most similar to the input vector in some metric (e. g. Euclidean) is identified. $N(y^*)$ (line 8) specifies the neighborhood around the winner in the map array. More detail about this algorithm can be found in[2].

2. 2　Researches on Word Learning

Learning names of object category is very crucial to human intelligence development, but it presents a difficult induction problem[17]. How can people infer the approximate extensions of a word given only a few relevant examples is a vital problem.

There are two main theories on this research, hypothesis elimination[20-22] and associative learning[23,24]. Under the hypothesis elimination, learner effectively considers a hypothesis space of possible concepts where every word maps to one concept exactly. The act of learning consists of eliminating incorrect hypotheses about word meaning, on the basis of a combination of priori knowledge and observations about how words are used to refer to aspects of experience, until the learner converges on a single consistent hypothesis. Associative learning supporters usually use connectionist networks or similarity matching to examples. By using internal layers of "hidden" units and properly designed input and output representations, or appropriately tuned similarity metrics, these models are able to produce abstract generalizations of words' meaning that go beyond the simplest form of direct percept-word associations. J. B. Tenenbaum and his collegers reviewed these researches, and argued that any one of these approaches was not sufficient for explaining how people can learn words' meanings. As shown in Fig. 2, the pure rules and similarity methods cannot give a complete explanation for word learning experimental evidence[18,19].

There is a classic experiment as follow, the experimenter takes out samples named as "pog", then asks testees to pick out all other pogs from present objects. The objects and samples are categorized as different levels, subordinate, basic and superordinate by similarity hierarchy. In this experiment, both children and adults all clearly differentiated one-example and three-example trials, and they were sensitive to the span of three-example. With one example, people showed graded generalization from subordinate to basic-level to superordinate matches. But with three examples, people generalizations sharpened into a much more all-or-none pattern. And the greater the span is, the broader objects will be easily chosen[19].

Combining advantages of rules and similarity methods, Tenenbaum proposed Bayesian framework model which provided a quantitative consistence to how people actually generalize in word learning [comparison of (a)(b)(e)(f) in Fig. 2]. Given the examples X labelled word C, the probability of new object y being named C (y and X have the same meaning) is determined as

$$p(y \in C \mid X) = \frac{\sum_{h \supset y, X} p(X \mid h)p(j)}{\sum_{h' \in H} p(X \mid h')p(h')} \tag{1}$$

where H is hypothesis space of possible concepts including hypothetic concept h which may be hierarchical (one concept can belong to another). $p(h)$ presents prior probability of h in the whole space, and $p(X \mid h)$ is likelihood of picking out sample X from set h. Usually, the $p(h)$ and $p(X \mid h)$ are deserved from Euclidean size or height based on hierarchical clustering technology.

The essential of this method is harmoniously integrating merits of associative learning and hypothesis elimination. All of these probabilities-priors, likelihoods, and posteriors-implicitly contain

458

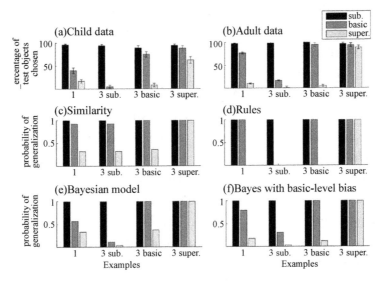

Fig. 2   The experiment data and result of some models

a repository, including previously learned knowledge or abstract principles about possible words' meaning, how words tend to be used or how examples are typically generated. But along with samples observation, the probability is changed and some hypothesis with small probability will be removed.

3   The Model and Result

3. 1   Object Representation

In this paper, we use artificial representation to present the map of an outer object to brain. We have known that brain gains primary information from an outer object in some different sense organs. There is much evidence that color, size, odor, motion, temperature and other characters of an object are retrieved and processed in different brain areas. The object information can be regarded as binding feature in brain. It is an important foundation of representation technology which has been frequently used in various fields including computational psychology and neural network. For example, orthographic, phonological and concept representations of Miikkulainen's DISLEX[12].

Although so many researchers have accepted and frequently used representations in their works, there is no coherent detail for any object yet. Nobody knows the truth of brain, so they have to propose some artificial representations for own motive by their individual knowledge. Fortunately, there has been coincident conclusion of qualitative analysis with different representations in many cases.

Following experiment mentioned above, we choose 8 objects shown in table 1. Each row represents an object, for example, pepper, eggplant etc., and each column denotes one feature, such as "Is the color green?" or "Is it sweet?". Like ordinary ANNs, we use 0 and 1 to represent each feature of objects and samples.

The objects O_1 and O_2 are very similar but different in just one feature F_{16}. They are different from objects O_3 and O_4 and have more difference from the last four objects because of distinct features. According to Tenenbaum's work[18,19], O_1 and O_2 belong to a subordinate class, and O_3 and O_4 belong to the same basic class but this subordinate, and the last four objects are from a more superordinate class. The samples are independent from the 8 objects, we will explain them in next subsection.

3.2 Model Training, Simulation and Result

Our model follows three steps as follows.

The first is training the simplest SOM with all objects. Here we use a command in *Neural Network Toolbox* of Matlab 7.4 to created a SOM map with one layer of 6×6 dimension and the learning rate and other parameters are set as default value. The input features are all of the 8 objects, and we stop training after 5 000 epoches and keep the weights for latter simulation.

The second is simulation. In this step, every object and sample are input into the network with fixed weights that have been trained in former step, simulated to find the BMU. As Fig. 3 shows, the in-order objects locate at neuron NO. 8, 1, 19, 4, 36, 31, 28, 12 and the samples at No. 8, 1, 8, 19, 4, 23, 17 respectively. Sample S_1 and S_3 share the same place with object O_1 because they are very similar in feature presentation.

The last is the most important. In this step we compute the effecting of each test group to each object for lateral interactions which are determined by the unit distance in network. The lateral interaction, which has been found in some real neural systems including visual cortex, is one kernel of SOMs and other ANNs, and it plays the most important role in feature ordering or organizing in SOMs. There are two questions should be discussed in advance. First, how single excited neuron effects others. Second, how the collective effect of plenty of exited neurons is formed.

Table 1　The presentation of objects and samples

	F_1	F_2	F_3	F_4	F_5	F_6	F_7	F_8	F_9	F_{10}	F_{11}	F_{12}	F_{13}	F_{14}	F_{15}	F_{16}
O_1	1	0	1	0	1	0	1	0	1	0	1	0	1	0	1	0
O_2	1	0	1	0	1	0	1	0	1	0	1	0	1	0	1	1
O_3	1	0	1	0	1	0	1	0	1	0	1	0	1	1	0	1
O_4	0	1	0	0	1	0	1	0	1	0	1	0	1	0	1	0
O_5	0	1	0	1	0	1	0	1	1	0	1	0	1	0	1	0
O_6	1	0	1	0	1	0	1	0	0	1	0	1	0	0	0	0
O_7	1	0	1	0	0	1	0	1	0	1	0	1	1	0	1	0
O_8	0	1	0	1	1	0	1	0	1	0	1	0	0	1	0	1
S_1	1	0	1	1	1	0	1	0	1	0	1	0	1	0	1	0
S_2	0	0	1	0	1	0	1	0	1	0	1	0	1	0	1	1
S_3	1	0	1	0	1	0	1	0	1	0	1	0	0	0	1	0
S_4	1	1	1	0	1	0	1	0	1	0	1	0	1	1	0	1
S_5	0	1	0	0	1	1	1	0	1	0	1	0	1	0	1	0
S_6	1	0	1	0	0	1	0	1	0	1	0	1	1	0	1	1
S_7	0	1	0	1	1	0	1	0	1	0	1	0	0	1	0	0

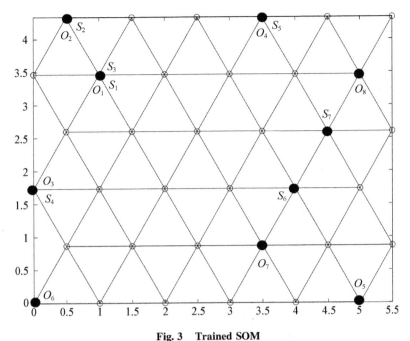

Fig. 3　Trained SOM

There are some functions used for single lateral interaction, for example, the famous Mexican-hat function. Although there is difference between functions, commonly, the farther the two neurons are, the more prominent the affecting intensity is. For convenience, we use a simple reciprocal of distance, and the collective effect is determined by the product of single effect which implies a non-liner integration action.

$$y_i : = \prod_j y_{ij} = \prod_j \frac{1}{(1 + x_{ij})}, \tag{2}$$

there y_{ij} represents the effect in unit i get from another excited unit j, and x_{ij} means the distance between the two units in the SOM. If there are two or more units at the same time, the total effect y_i is determined by product of each effect.

For instance, if sample S_1 is input, the neuron No. 8 should be excited, and the other units in the SOM should be affected by this excited neuron. The neighbor neurons will gain more effect and be more active than others. When the input is sample group including S_1, S_2 and S_3, the neurons No. 1 and No. 8 will be excited, and No. 8 will be more excited than No. 1 at this time. So that the effects caused by neuron No. 8 would be considered as by two independent normally excited neuron, and all neurons will get the effect which is the product of all the three. In this paper, we use four different groups to test, they include single S_1, S_1 and S_2 and S_3 (3 subordinate), S_1 and S_4 and S_5 (3 basic), S_1 and S_6 and S_7 (3 superordinate), respectively.

The result is shown in Fig. 4. This is generalized average effect which presents the probability of being chosen from all objects when samples are given. In the case of one example, the probability is determined by the distance between this sample and other objects in SOM map, which is similar to traditional similarity principle-the larger the distance, the smaller the probability. In the case of three subordinate samples, a nonlinear coupling function is introduced, and the objects chosen are almost subordinate. If we span these samples, the objects in class or superordinate level will take more chance to be picked up. These are all of the main qualitative features of relative phycology experiments.

4 Conclusion

SOMs have been successfully used in many fields including cognition science. In this paper，we use them in word learning and get meaningful result which is consistent with empirical facts. This result is also qualitatively similar to the conclusion of the newest theoretical model in word learning named Bayesian model which integrates traditional similarity and rule principle. We argue that our model should be more reasonably considered as the possible mechanism of human brain than other complex models.

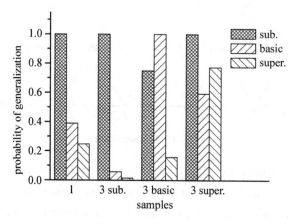

Fig. 4 Trained SOM

The success of this model would owe to the integration of similarity and rules. After training the SOM，the objects are ordered in the map by their features，the more similar the closer，which is like hierarchical clustering of the Bayesian model. Except that，the closer the neurons are，the more internal reaction there is. Besides，we think the product integration function of this model plays a key role in hypothesis elimination because this strong nonlinear reaction can adjust the probability rapidly，and it can magnify small diversity，so we could easily eliminate incorrect. Our simulation compare in case of single sample and 3 subordinate samples can illuminate it clearly.

Acknowledgments

[1] Kohonen T. Self-organized formation of topologically correct feature maps[J]. Biological Cybernetics，1982，43(1)：59-69.

[2]Kohonen T. Self-Organizing Maps[M]. 3rd ed. Berlin：Springer，2001.

[3]Kaski S, Honkela T, Lagus K, et al. WEBSOM-self-organizing maps of document collections[J]. Neurocomputing，1998，21(1-3)：101-117.

[4]Handl J, Knowles J, Kell D B. Computational cluster validation in post-genomic data analysis[J]. Bioinformatics，2005，21(15)：3201-3212.

[5]Asamer J，Din K，Wemer T. Self organizing maps for traffic prediction[C]//Ham za M H. Proceedings of the 25th IASTED International Multi-Conference：Artificial Intelligence and Applications. Anaheim：ACTA Press，2005.

[6]Markey M K, Lo J Y, Tourassi G D, et al. Self-organizing map for cluster analysis of a breast

cancer database[J]. Artificial Intelligence in Medicine, 2003, 27(2): 113-127.

[7]Smith K A, Ng A. Web page clustering using a self-organizing map of user navigation patterns[J]. Decision Support Systems, 2003, 35(2): 245-256.

[8]Kaiser D, Terfloth L, Kopp S, et al. Self-organizing maps for identification of new inhibitors of P-glycoprotein[J]. Journal of Medicinal Chemistry, 2007, 50(7): 1698-1702.

[9]Blank D, Kumar D, Meeden L, et al. Bringing up robot: fundamental mechanisms for creating a self-motivated, self-organizing architecture[J]. Cybernetics and Systems: an International Journal, 2005, 36(2): 125-150.

[10] Oja M, Kaski S, Kohonen T. Bibliography of self-organizing map papers: 1998-2001 addendum[J]. Neural Computing Surveys, 2003, 3: 1-156.

[11]Ritter H, Kohonen T. Self-organizing semantic maps [J]. Biological Cybernetics, 1989, 61(4): 241-254.

[12] Miikkulainen R. Dyslexic and category-specific aphasic impairments in a self-organizing feature map model of the lexicon[J]. Brain and Language, 1997, 59(2): 334-366.

[13]Anderson B. Kohonen neural networks and language[J]. Brain and Language, 1999, 70(1): 86-94.

[14]Li P, Farkas I, MacWhinney B. Early lexical development in a self-organizing neural network[J]. Neural Networks, 2004, 17(8-9): 1345-1362.

[15]Li P, Zhao X W, Whinney B M. Dynamic self-organization and early lexical development in children[J]. Cognitive Science: A Multidisciplinary Journal, 2007, 31(4): 581-612.

[16]Farkaš I, Crocker M W. Syntactic systematicity in sentence processing with a recurrent self-organizing network[J]. Neurocomputing, 2008, 71(7-9): 1172-1179.

[17]Quine W V O. Word and Object[M]. Cambridge: MIT Press, 1960.

[18]Tenenbaum J B, Griffiths T L, Kemp C. Theory-Based Bayesian models of inductive learning and reasoning[J]. Trends in Cognitive Sciences, 2006, 10(7): 309-318.

[19]Xu F, Tenenbaum J B. Word learning as Bayesian inference[J]. Psychological Review, 2007, 114(2): 245-272.

[20]Bruner J A, Goodnow J S, Austin G J. A Study of Thinking[M]. New York: Wiley, 1956.

[21]Markman E M. Categorization and Naming in Children[M]. Cambridge: MIT Press, 1989.

[22]Siskind J M. A computational study of cross-situational techniques for learning word-to-meaning mappings[J]. Cognition, 1996, 61(1-2): 39-91.

[23]Colunga E, Smith L B. From the lexicon to expectations about kinds: a role for associative learning[J]. Psychological Review, 2005, 112(2): 347-382.

[24]Regier T. The Human Semantic Potential: Spatial Language and Constrained Connectionism[M]. Cambridge: MIT Press, 1996.

Neural Synchronization Models and
the Potential Function of Phases[*]

Li Xiaomeng[1]　Fang Fukang[2]

（1. Beijing University of Posts and Telecornrnunications；2. Beijing Normal University）

Abstract：Synchronization is familiar in the different layers of neural systems，which is important for realizing the neural functions[1,2]. So it is worth talking about the cause of neural synchronization. In this paper we set two groups of neural synchronization models using "the numerical approaching"[3]，and found that the potential function of phases could be used to describe the evolving pattern of synchronization neurons.

1　Introduction

Synchronization is a basic mechanism of complex dynamic systems，and it is also true in the neural systems. The neural synchronization is the in-phase of two or more connected neurons，described by the "Correlation" variable in experiments. Now there are still some people working on the theory of neural synchronization，with two typical methods：①Analyzing two groups of dynamic equations. ②Abstracting and defining the phases of two groups of dynamic equations. Both of the above methods can not use complex neuron or synaptic equations. This paper is trying to set and analyze the synchronization with a new method，"the numerical approaching". It is also a common method which accepts the complexity of synaptic equation and the burst type neurons. Besides we also used the potential function to explain the cause of neural synchronization and asynchronism.

1. 1　Setting Synchronal Models

We use a new method，"The numerical approaching"，to set synchronal neural model with two neurons connected by a synaptic equation[3]. We see the potential of the former neuron as the output and that of the latter one as the state variable. In this way，we could search for the right parameters that could make the two neurons synchronize in finite time，by using a Lyapunov function[4]，

$$V(t) = [x_1(t) - h(r(t))]^2 + [(1 + a_{11})x_1(t) + a_{12}x_2(t) + \cdots + a_{1n}x_n(t) + f_1(x, \mu) - h(r(t))]^2$$

The neuron model is foregone and we choose a classical model：two dimension FitzHugh-Nagumo equation[5,6]. x_1，y_1 represent the fast and slow variables of the former neuron，and x_2，y_2 represent the fast and slow variables of the latter one. So x_1 and x_2 are standing for the potential of neuron 1 and 2.

---

　*　Li X M，Fang F K. Neural synchronization models and the potential function of phases［C］//2008 Fourth International Conference on Natural Computation. Jinan：IEEE，2008.

$$\frac{\mathrm{d}x_1}{\mathrm{d}t}=a_1+b_1x_1+c_1x_1^2+d_1x_1^3-y_1+I$$

$$\frac{\mathrm{d}y_1}{\mathrm{d}t}=\varepsilon_1(l_1x_1-y_1) \qquad (1.1)$$

$$\frac{\mathrm{d}x_2}{\mathrm{d}t}=a_2+b_2x_2+c_2x_2^2+d_2x_2^3-y_2$$

$$U=-\varepsilon_2U_0-\frac{\mathrm{d}U_0}{\mathrm{d}t}$$

$$\frac{\mathrm{d}y_2}{\mathrm{d}t}=\varepsilon_2(l_2x_2-y_2)+U$$

We select a group of typical synaptic equations[7] for simulating,

$$U_0=gS(x_1-V_s)$$

$$\frac{\mathrm{d}S}{\mathrm{d}t}=U_{SE}F(x_1)R-\frac{S}{\tau_s}$$

$$\frac{\mathrm{d}R}{\mathrm{d}t}=\frac{1-S-R}{\tau_D}-U_{SE}F(x_1)R$$

$$F(x_1)=\frac{1}{1+\exp(-x_1)} \qquad (1.2)$$

and get the two kinds of neural synchronization models with one group parameters, one for spike train neurons, and the other for the burst type[3].

$$a_1=-0.017\,722\,5,\ b_1=0.157\,7,\ c_1=0.689,\ d_1=-1,\ \varepsilon_1=0.020\,32,\ l_1=0.393\,7$$

$$a_2=0,\ b_2=0.004\,86,\ c_2=-0.029,\ d_1=-1,\ \varepsilon_1=0.020\,32,\ l_1=0.393\,7$$

We use OriginPro 7.0 to simulate and get the result like this (Fig. 1-Fig. 5):

$$U_{SE}=0.032\,126\,9,\ V_s=0.090\,589\,4,\ g=38.693,\ \tau_s=143\,413,\ \tau_D=0.123\,683$$

Initial values: $S=R=0$, $V=-0.4$

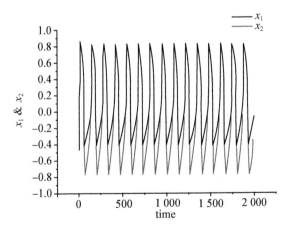

Fig. 1 The synchronal potentials of the model

(Spike type one, $I=0$)

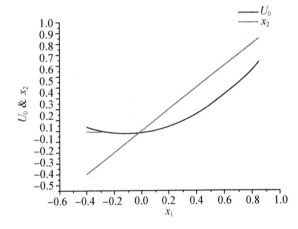

Fig. 2 Simulation of U_0 (Spike type one)

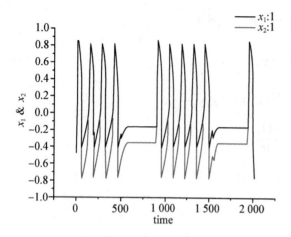

Fig. 3　The synchronal potentials of the model

(Burst type one, I had a period)

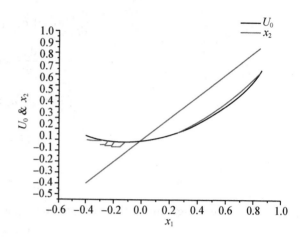

Fig. 4　Simulation of U_0 (Burst type one)

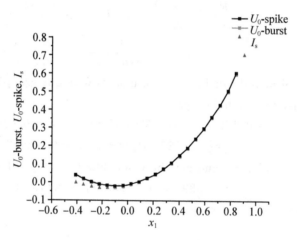

Fig. 5　Simulation of synaptic equations

1. 2　Analyzing the Cause of Synchronization

　　"The numerical approaching" is convenient on setting synchronization models, and we can use it when searching for the right parameters that make the neurons synchronize in finite time. But the question is what actually pushes the neurons reach synchronization? We analyze the synchronization mechanism with the potential function, a basic tool for researching the evolving of complex dynamic systems.

　　Firstly, we classify the neural dynamic mechanism into inner and outer actions. P_i, q_i stand for the inner functions of the neuron i, whereas f_i, g_i stand for the outer ones.

$$\dot{x}_i = f_i(x_i, y_i, \lambda) + \xi P_i(x_1, y_1, \cdots, x_n, y_n, \xi)$$

$$\dot{y}_i = g_i(x_i, y_i, \lambda) + \xi q_i(x_1, y_1, \cdots, x_n, y_n, \xi)$$

$$(1.3)$$

As that in our model,

$$f_1 = a_1 + b_1 x_1 + c_1 x_1^2 + d_1 x_1^3 - y_1 + I$$

$$g_1 = \varepsilon_1 (l_1 x_1 - y_1)$$

$$f_2 = a_2 + b_2 x_2 + c_2 x_2^2 + d_2 x_2^3 - y_2$$

$$g_2 = \varepsilon_2(l_2 x_2 - y_2) \tag{1.4}$$

The inter-action between two neurons,

$$P_1 = 0, \quad q_1 = 0, \quad P_2 = 0, \quad q_2 = U$$

The Laplace matrix of (1.4),

$$L_1 = \begin{pmatrix} b_1 + 2c_1 x_1 + 3d_1 x_1^2 & -1 \\ \varepsilon_1 l_1 & -\varepsilon_1 \end{pmatrix} = \begin{pmatrix} l_{11} & l_{12} \\ l_{13} & l_{14} \end{pmatrix}$$

$$L_2 = \begin{pmatrix} b_2 + 2c_2 x_2 + 3d_2 x_2^2 & -1 \\ \varepsilon_2 l_2 & -\varepsilon_2 \end{pmatrix} = \begin{pmatrix} l_{21} & l_{22} \\ l_{23} & l_{24} \end{pmatrix}$$

And

$$c_{ij} = \frac{1}{2}\left(1 + \frac{ia_4}{\Omega}, \ -\frac{ia_2}{\Omega}\right)_i \begin{pmatrix} s_1 & s_2 \\ s_3 & s_4 \end{pmatrix}_{ij} \begin{pmatrix} 1 \\ \dfrac{a_4 + i\Omega}{a_2} \end{pmatrix}_j$$

$$S_{ij} = \begin{pmatrix} s_1 & s_2 \\ s_3 & s_4 \end{pmatrix}_{ij} = \frac{\partial(P_i, \ q_i)}{\partial(x_j, \ y_j)} = \begin{vmatrix} \dfrac{\partial P_i}{\partial x_j} & \dfrac{\partial P_i}{\partial y_j} \\ \dfrac{\partial q_i}{\partial x_j} & \dfrac{\partial q_i}{\partial y_j} \end{vmatrix}$$

We could use the matrixes S_{12}, S_{21} to describe the inter-action,

$$S_{21} = \begin{pmatrix} 0 & 0 \\ \dfrac{\partial U}{\partial x_1} & 0 \end{pmatrix}$$

$$S_{12} = 0$$

$$c_{12} = 0,$$

$$c_{21} = \left| \frac{-i}{2} \times \frac{\partial U}{\partial x_1} \times \frac{-1}{\sqrt{-\varepsilon_2(b_2 + 2c_2 x_2 + 3d_2 x_2^2) + \varepsilon_2 l_2}} \right|$$

Those are the typical functions of the oscillators, and we could use the theories[8-10] and methods[11-13] of neural oscillators to abstract the potential function of the phases between neurons as below.

First, we get the natural frequency of neurons,

$$\Omega_1 = \sqrt{l_{11} \times l_{14} - l_{12} \times l_{13}} \quad \text{and} \quad \Omega_2 = \sqrt{l_{21} \times l_{24} - l_{22} \times l_{23}}$$

do the transformation,

$$x_i(t) = \sqrt{\xi}\left[e^{i\frac{\Omega_i}{\xi}\tau} z_i(\tau) + e^{-i\frac{\Omega_i}{\xi}\tau} \overline{z}_i(\tau) \right] + o(\xi)$$

$$y_i(t) = \sqrt{\xi}\left[\frac{a_{i4} + i\Omega_i}{a_{i2}} e^{i\frac{\Omega_i}{\xi}\tau} z_i(\tau) + \frac{a_{i4} - i\Omega_i}{a_{i2}} e^{-i\frac{\Omega_i}{\xi}\tau} \overline{z}_i(\tau) \right] + o(\xi)$$

get

$$z_i' = b_i z_i + d_i z_i |z_i|^2 + \sum_{\substack{i \neq j \\ \Omega_i = \Omega_j}}^{n} c_{ij} z_j + o(\sqrt{\xi})$$

$$\tau = \xi t' = \mathrm{d}/\mathrm{d}t$$

Then do another transformation,

$$z_i = r_i e^{i\phi_i}, \quad b_i = \rho_i + i\omega_i, \quad d_i = \alpha_i + i\beta_i$$

$$c_{ij} = |c_{ij}| e^{i\psi_{ij}}$$

and get

$$r'_i = \rho_i r_i + \alpha_i r_i^3 + \sum_{j \neq i}^{n} |c_{ij}| r_j \cos(\phi_i + \psi_{ij} - \phi_i) + o(\sqrt{\xi})$$

$$\phi'_i = \omega_i + \beta_i r_i^2 + \frac{1}{r_i} \sum_{j \neq i}^{n} |c_{ij}| r_j \sin(\phi_i + \psi_{ij} - \phi_i) + o(\sqrt{\xi})$$

ϕ_i describes the phase of neuron i. And by neglecting r_i we would get Kuramoto's model:

$$\dot{\vartheta}_i = \Omega_i + \xi a(t) \sum_{j=1}^{n} \sin(\vartheta_j + \psi_{ij} - \vartheta_i)$$

Let $\vartheta_i = \Omega_i t + \varphi_i$, then get

$$\dot{\varphi}_i = \xi a(t) \sum_{j=1}^{n} \sin(\varphi_j + \psi_{ij} - \varphi_i)$$

and let $\psi_{ij} = 0$, then

$$\dot{\varphi}_i = \xi a(t) \sum_{j=1}^{n} \sin(\varphi_j - \varphi_i) \tag{1.5}$$

Now φ_1, φ_2 could be used to describe the phases of neuron 1 and 2.

2　Main Result

Supposing the phases of neuron 1 and neuron 2 are P_1 and P_2, equal to φ_1 and φ_2, we get $\dfrac{dP_1}{dt} = 0$, $\dfrac{dP_2}{dt} = c_{21} \sin(P_1 - P_2)$. Actually, the meanings of P_1 change because of the simplification. But P_2 is still standing for the difference phase between neuron 2 and neuron 1. So we are focusing more on P_2, and can analyze the cause of synchronization by using it. We define the potential function of P_1, P_2 for the further short, $V(P_1, P_2)$, and get $\dfrac{\partial V}{\partial P_2} = -\dfrac{dP_2}{dt}$ from $\dfrac{dP_1}{dt} = 0$. In short, V is the potential function of P_2 as $V(P_2)$.

2.1　The Cause of Neural Synchronization

For the neural synchronization model,

$$U_{SE} = 0.032\ 126\ 9, \quad V_s = 0.090\ 589\ 4, \quad g = 38.693, \quad \tau_s = 143\ 413, \quad \tau_D = 0.123\ 683$$

It is complicated for us to get the analytic solution of $V(P_2)$. But when we suppose that the initial value of P_1 is zero. and the initial range of P_2 is $[-\pi, \pi]$, we would get a numerical solution of $V(P_2)$ as Fig. 6.

It is obviously that $V(P_2)$ has a potential trough in the period. P_2 would slip into it and be stable rapidly, where the difference phase between neuron 2 and neuron 1 is zero, explaining the neural synchronization appropriately.

2.2　The Potential Function of the Asynchronism

We have the asynchronism model (Fig. 7) with the parameters below,

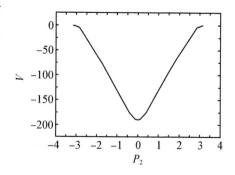

Fig. 6　$V(P_2)$ for neural synchronization model

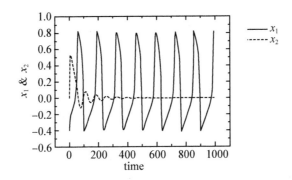

Fig. 7   The asynchronism model

$$U_{SE}=0.032\ 126\ 9,\quad V_s=9.090\ 5,\quad g=0.005\ 693$$
$$\tau_s=0.3,\quad \tau_D=183$$

The $V(P_2)$ has a potential well (Fig. 8), and P_2 would be stable much more rapidly and never get the zero's neighborhood, $P_2=0$. That means neuron 2 would never be synchronized with neuron 1.

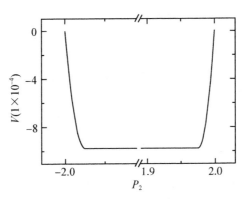

Fig. 8 $V(P_2)$ for asynchronism model

3   Conclusion

We have used a new method to simulate the synaptic equations that makes the neurons synchronize in finite time, and tried to explain the mechanism of synchronization and asynchronism with the potential function of phases. As those in other complex multidimension dynamic systems, such as neural oscillators, the potential function could be used to describe the evolving mechanism and pattern of synchronization.

Acknowledgments

The authors would like to thank Prof. Zhan Hongxin for his help. This work is supported in part by the Economics and Management School of Beijing University of Posts and Telecommunications, and the Department of Systems Science, Beijing Normal University.

References

［1］Haken H. Brain Dynamics: Synchronization and Activity Patterns in Pulse-Coupled Neural Networks［M］. Berlin: Springer, 2002.

［2］Izhikevich E M. Dynamical Systems in Neuroscience: the Geometry of Excitability and Bursting［M］. Cambridge: MIT Press, 2005.

［3］Li X M, Ding Y M. Fang F K. A new method to set neural synchronization models［J］. International Conference on Neural Networks and Brain, 2005, 3: 1917-1920.

［4］Liu Z R, Chen G R. On a possible mechanism of the brain for responding to dynamical features extracted from input signals［J］. Chaos, Solitons and Fractals, 2003, 18(4): 785-794.

［5］FitzHugh R. Impulses and physiological states in theoretical models of nerve membrane［J］. Biophysical Journal, 1961, 1(6): 445-466.

［6］Nagumo J, Arimoto S, Yoshizawa S. An active pulse transmission line simulating nerve axon［J］. Proceedings of the IRE, 1962, 50(10): 2061-2070.

［7］Jalil S, Grigull J, Skinner F K. Novel bursting patterns emerging from model inhibitory networks with synaptic depression［J］. Journal of Computational Neuroscience, 2004, 17(1): 31-45.

［8］Li Z P, Hopfield J J. Modeling the olfactory bulb and its neural oscillatory processings［J］. Biological Cybernetics, 1989, 61(5): 379-392.

［9］Abbott L F. A network of oscillators［J］. Journal of Physics A, 1990, 23(16): 3835.

［10］Terman D, Wang D L. Global competition and local cooperation in a network of neural oscillators［J］. Physica D: Nonlinear Phenomena, 1995, 81(1-2): 148-176.

［11］Hoppensteadt F C, Izhikevich E M. Synaptic organizations and dynamical properties of weakly connected neural oscillators［J］. Biological Cybernetics, 1996, 75(2): 117-127.

［12］Hoppensteadt F C, Izhikevich E M. Oscillatory neurocomputers with dynamic connectivity［J］. Physical Review Letters, 1999, 82(14): 2983.

［13］Izhikevich E M, Hoppensteadt F C. Slowly coupled oscillators: phase dynamics and synchronization［J］. SIAM Journal on Applied Mathematics, 2003, 63(6): 1935-1953.

A Neural Network Model for Chinese Character Perception [*]

Chen Jiawei[1]   Liu Yan[1]   Chen Qinghua[1]   Chen Liujun[1]   Fang Fukang[2]

(1. Department of Systems Science, School of Management Beijing Normal University, Beijing 100875;

2. Institute of Nonequilibrium System Beijing Normal University, Beijing 100875)

Abstract: As we know, there is a debate on the mode of visual perception for a long time, that is, does the visual system acquire percept from local to global or from global to local. A three-layer perceptual model with function of signal decomposition and integration is developed, and Chinese character grapheme is chosen to train the model. The model is trained under different initial conditions and simulation results show that both of the perceptual modes may exist with different probability which is determined by the differentiation state of the neurons, perceptual object and the environment. Under the framework of complexity theory, further analysis reveals that the emergence phenomena exist in both of the perceptual modes.

Key words: perceptual mode; neural network; emergence; Hebbian learning rules

1   Introduction

Perception is a basic function of brain and there are some fundamental questions about it still unsolved. One controversial question is that the perceptual processing is from local to global or from global to local? On the one hand, there are psychological[1] and physiological[2] evidences for parts-based representations in brain, and some computational works of object recognition rely on this representations method[3]. On the other hand, some behavior experiments of topological pattern recognition[4] stand on the viewpoint of global-to-local perceptual mode. Researches on complexity and self organization theory indicate that the essence of perception is emergence[5,6], no matter which perceptual mode is adopted.

There are different methods to discuss the functions of brain, such as neural dynamics[7], neural networks[8], electroencephalograph (EEG), event related potential (ERP), functional magnetic resonance imaging (fMRI), etc. In this paper, a neural network with the functions of signal decomposition and integration is developed based on the neurobiology. The weights in the network are modified according to the synaptic mechanisms.

Chinese character grapheme is chosen as the sample, not only because Chinese characters are 2-D graphics with special structure (such as left-right or top-bottom), but also because they are simple and complete projections of the real world. What's more, a large number of human behavior experiments on Chinese character perception have been accumulated. These experimental results should give us

* Chen J W, Liu Y, Chen Q H, et al. A neural network model for Chinese character perception[C]//2009 Fifth International Conference on Natural Computation. Tianjin: IEEE, 2009.

evidence and illumination.

The two possible perceptual processes above are simulated with our perception neural network model by setting different initial weights distributions, and the emergence mechanisms are investigated from the viewpoint of complexity research.

2 Perceptual Model

Perception is formed in the visual cortex. A neural network is developed to simulate the propagating, processing and integrating processes of visual-information through the visual pathway.

2.1 Network Structure

The network includes three layers, input layer, hidden layer and output layer. The input layer X is composed of 40×40 neurons which form a 2-D lattice. Any image with size of 40×40 can be input to the network. The hidden layer Y includes 4 receptive fields, named RF_1, RF_2, RF_3, and RF_4. Every receptive field composed by 40×40 neurons receives the whole input information. Of course, any other number of RFs is available, such as 2, 6, 9, etc. The output layer Z is also a 2-D lattice with 40×40 neurons, which constructs a combination of signals from each receptive field in the hidden layer. The model structure is shown in Fig. 1.

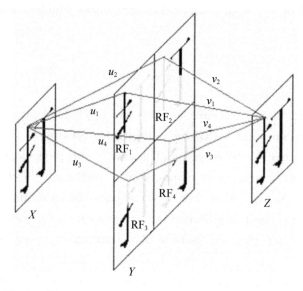

Fig. 1　The structure of the perception neural network model

Visual-information propagates forward through the network with the weight matrix of U and V. Neuron X_{mn} in the input layer connects to the corresponding neurons in RFs, i.e. $Y_{1,mn}$, $Y_{2,mn}$, $Y_{3,mn}$ and $Y_{4,mn}$, and each of the four neurons connects to the corresponding neuron in Z, i.e. Z_{mn}.

2.2 Weights Adjustment

The training process includes two steps, $X \rightarrow Y$ and $Y \rightarrow Z$. In the first step, the pseudo-Hebb learning rule[9] is adopted. The output of neuron $Y_{i,mn}$ and receptive field i are defined as $y_{i,mn}$ and Y_i. The outputs can be calculated according to the rules:

$$\begin{cases} y_{i,mn}(t) = x_{mn}(t) \cdot u_{i,mn}(t) \\ c_i(t) = \sum_{m,n} y_{i,mn}(t) - \theta_i(t) \\ Y_i(t) = \begin{cases} \tanh[k \cdot c_i(t)], & \text{if } c_i(t) \geqslant 0; \\ 0, & \text{if } c_i(t) < 0. \end{cases} \end{cases} \quad (1)$$

Where $c_i(t)$ and θ_i denote the pure input and threshold of RF_i respectively. The weight $u_{i,mn}$ between neuron X_{mn} with $Y_{i,mn}$ is described by the following equation:

$$u_{i,mn}(t+1) = u_{i,mn}(t) + \eta \cdot [Y_i(t+1) \cdot x_{mn} \cdot u_{i,mn}(0) - Y_i^2(t+1) \cdot u_{i,mn}(t)] \quad (2)$$

From equation (1) we can derive that $Y_i > 0$ when $c_i(t) > 0$ and the weight $u_{i,mn}$ will be modified according to the equation. 2, otherwise the weight $u_{i,mn}$ will not be changed. Each weight matrices U_i is rigid additive normalized with the constant λ, and $u_{i,mn}$ can be obtained as following:

$$u_{i,mn}(t) = \lambda \cdot u_{i,mn}(t) / \sum_{m,n} u_{i,mn}(t) \quad (3)$$

The thresholds θ_i in equation. 1 are history-dependent and updated as follow:

$$\theta_i(t) = \alpha \cdot \min\{c_i(t-1), \cdots, c_i(t-h)\} + (1-\alpha) \cdot \max\{c_i(t-1), \cdots, c_i(t-h)\} \quad (4)$$

In the second step, the output layer integrates the outputs of RFs using the perceptron learning rule. The input vector is defined as $y_{mn} = (y_{1,mn}, y_{2,mn}, y_{3,mn}, y_{4,mn})^T$, and the weight vector is defined as $v_{mn} = (v_{1,mn}, v_{2,mn}, v_{3,mn}, v_{4,mn})$. The output of neuron Z_{mn} is defined as z_{mn} and can be computed as following:

$$z_{mn}(t) = \text{hardlim}[v_{mn}(t) \cdot y_{mn}(t) - \rho] \quad (5)$$

The output z of layer Z can be obtained with the hardlimit transfer function. If the pure input $(v_{mn} \cdot y_{mn} - \rho) > 0$ then the output $z_{mn} = 1$, otherwise the output $z_{mn} = 0$. Parameter ρ denotes the threshold of neuron Z_{mn}.

The weight vector v_{mn} are updates according to perceptron learning rule as following:

$$v_{mn}(t+1) = v_{mn}(t) + \xi \cdot y'_{mn}(t+1) \cdot [x_{mn}(t+1) - z_{mn}(t+1)] \quad (6)$$

where ξ is the learning rate of v_{mn}. In the end, the weights v_{mn} are normalized as following:

$$v_{mn}(t+1) = v_{mn}(t+1) / \sum_j v_{j,mn}(t+1) \quad (7)$$

2.3 Sample and Training

Single Chinese character "打" is chosen as the sample. The character is represented by a matrix of dimension 40×40 as shown in the Fig. 2(a). Certainly, any other character is feasible in our model.

Every training epoch includes two steps. In the first step, the input transmits forward from X to Y_i, and the visual information is decomposed into four different parts through modifying the weight matrices U_i. In the second step, partial information from RFs is integrated by adjusting the weight matrices V_i.

3 Simulation

From the formula 1 we can see that different initial weight matrices U_i show the distinct outputs y_i in the hidden layer when the input is invariable. The values of y_i decide the weight v_i according to formula 6. Two cases of U_i with different initial distribution are considered as following.

3.1 Gaussian Distribution

At the beginning of training, we assume that each receptive field is sensitive to apart of the input character, and the sensitive areas of all the four RFs cover the whole character. If the hidden layer has any other number of RFs, each U_i should also be sensitive to apart of the input and all RFs must be complementary to each other. To express the complementary relations between RFs, the initial weight matrices are set to follow the Gaussian distribution with different centers. For example, the Gaussian distribution center of U_1 is set to be (x_1, y_1). The weight from $X_{x_1 y_1}$ to $Y_{1, x_1 y_1}$ is set to be $u_{1, x_1 y_1} = 1/(\sqrt{2\pi}\sigma)$. According to the definition of the Gaussian distribution, any initial weight of X_{mn} to $Y_{i, mn}$ is:

$$u_{i, mn} = \frac{1}{\sqrt{2\pi}\sigma} \cdot \exp\left[-\frac{(m - x_i)^2 + (n - y_i)^2}{2\sigma^2}\right] \tag{8}$$

Where σ denotes the standard deviation of the Gaussian distribution, it expresses the slope of the distribution curve. When all the weights are given, they are normalized with the constant of $\lambda = 40$ according to formula 3.

All the weights U_i has the similar distributions except for the different centers of the Gaussian distribution. The centers are set to be $(x_1, y_1) = (10, 10)$, $(x_2, y_2) = (30, 10)$, $(x_3, y_3) = (10, 30)$, $(x_4, y_4) = (30, 30)$. The variances for all U_i is set to be $\sigma = 10$. The initial distribution of U is shown in Fig. 2(b).

From hidden layer to output layer, the weights V_i are set to follow the random distribution and are rigid additive normalized.

$$\begin{cases} v_{i, mn} = \text{rand}(0, 1) \\ v_{i, mn} = v_{i, mn} / \sum_j v_{j, mn} \end{cases} \tag{9}$$

Under the initial conditions above, the network is trained 10 epochs. The results of weights distribution and output are shown in Fig. 2(c).

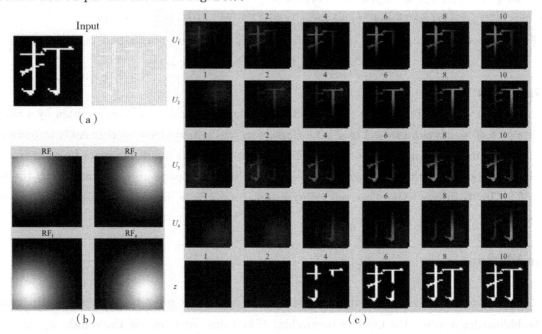

Fig. 2 **(a) The sample and input lattice; (b) The initial weights of U with Gaussian distribution; (c) The evolution of the weights U and the output z. The upper number of each picture denotes the training times. The simulation result shows that the output layer obtains the whole input information through 10 epochs training**

The results indicate that every receptive field only perceives one part of the character in the first step, and the output layer obtain the whole and clear character through integrating output of the receptive fields in the second step. These results reflect that local-to-global perception mode perhaps exists in our brain. The regional differentiation of neurons is the main reason for this perceptual mode.

3.2 Random Distribution

Considering that the initial weights U_i are random distribution and each of them is normalized with normalization constant $\lambda = 40$, thus we have:

$$\begin{cases} u_{i,\ mn} = \text{rand}(0,\ 1) \\ u_{i,\ mn} = \lambda \cdot u_{i,\ mn} / \sum_{m,\ n} u_{i,\ mn} \end{cases} \qquad (10)$$

This kind of distribution shows that neurons in the hidden layer are not differentiating with region. The initial weights U_i are shown in Fig. 3(b).

The same sample "打" and the same parameters used in the Gaussian distribution are chosen. The network is trained 10 epochs, and the distribution of weight U_i and output z are shown in Fig. 3(c).

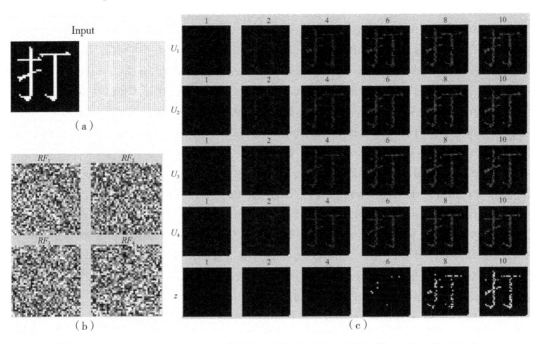

Fig. 3 **(a) The sample and input lattice; (b) The initial weights of U with random distribution; (c) The evolution of the weights U and the output z. The simulation result shows that the output layer can NOT obtain the whole character through 10 epochs training**

The results indicate that each receptive field perceives the whole but not clear character, and the full character is NOT perceived in the output layer Z.

Increasing the training times to 30 under the same conditions, Fig. 4 illustrates that the whole and clear character can also be perceived in the output layer through more time. The result shows that the global-to-local perceptual mode perhaps exists in our brain, and the efficiency of this mode is lower than the local-to-global perceptual mode under certain conditions. The random distribution of the weights U_i is the main reason for the global-to-local perceptual mode.

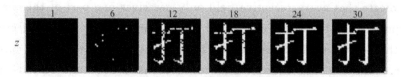

Fig. 4   The evolution of the output z with 30 epochs training

4   Conclusion

Our neural network model can simulate the two perceptual modes by setting different initial states of weights distributions. As to the question that whether the perceptual processing is local-to-global or global-to-local, the simulation results show that the both perceptual modes are probably exist with different probabilities which is determined by differentiation state of the neurons, perceptual object and the environment.

Researches on the learning process of Chinese character support this viewpoint[10]. As beginning learners of Chinese as a second language (CSL), those students who come from character-non-used countries use strategies of memorizing the character shape as a whole at first, and then pay attention to the character's strokes. The processing is an example of global-to-local perceptual mode. Researches on the advanced learners of CSL come from character-non-used countries indicate that the position information of character components have an important effect in Chinese learning process[11]. Obviously, although these two perceptual modes can obtain the whole and clear input object, the local-to-global mode is more efficiency than global-to-local. The experiments above are accord with our simulation results.

There are emergence phenomena in the two steps of perception process. In the first step, the RFs obtain the parts or outline of the character by changing the value of weights U_i, the state change is an emergence process from none to appearance. In the second step in which the parts or outline of the character are integrated to the whole and clear character is also an emergence process from nonfull to full. The basic mechanisms of the emergence are the pseudo-Hebb learning rule and perceptron learning rule. Further, choosing the right kernel parameters is the necessary condition of the emergence and a certain number epochs of training are needed.

Although NO verdict about that which perceptual mode is an actual state in our brain has been given, the both perceptual mode are applied to various fields of scientific research. Local-to-global mode is often used in computing process of image recognition. Daniel found a method named NMF (non-negative matrix factorization) to extract a set of basis and the encoding of many samples, thereby a compressed form of the samples is realized[3]. On the other hand, the researches on ambiguous figure denote that global-to-local mode is also possible. H. Haken discussed the recognition problem with the complexity theory[12]. Order parameters and slaving principle are used to describe and explain the emergences in the recognition process. The simulation of the ambiguous figure recognition displays that global-to-local perception mode is suitable in some perception processes.

Acknowledgments

This work is supported by NSFC under the grant No. 60534080.

References

[1] Palmer S E. Hierarchical structure in perceptual representation[J]. Cognitive Psychology, 1977, 9(4): 441-474.

[2] Logothetis N K, Sheinberg D L. Visual object recognition[J]. Annual Review of Neuroscience, 1996, 19(1): 577-621.

[3] Lee D D, Seung H S. Learning the parts of objects by non-negative matrix factorization[J]. Nature, 1999, 401: 788-791.

[4] Chen L. Perceptual organization: To reverse back the inverted(upside-down)question of feature binding[J]. Visual Cognition, 2001, 8: 287-303.

[5] Babloyantz A. Self-organization, Emerging Properties, and Learning[M]. New York and London: Plenum Press, 1991.

[6] Prigogine I, Sanglier M. Law of Nature and Human Conduct: Specificities and Unifying Themes[M]. Belgium: Task Force of Research, Information and Study on Science, 1987.

[7] Izhikevich E M. Dynamical Systems in Neuroscience: the Geometry of Excitability and Bursting[M]. Cambridge: MIT Press, 2007.

[8] Choe Y, Miikkulainen R. Self-organization and segmentation in a laterally connected orientation map of spiking neurons[J]. Neurocomputing, 1998, 21(1-3): 139-158.

[9] Edelman S, Intrator N, Jacobson J S. Unsupervised learning of visual structure[C]// Bulthoff H H, Wallraven C, Lee S W, et al. Proceeding of the Second International Workshop on Biologically Motivated Computer Vision. Berlin: Springer, 2002, 2525: 629-643.

[10] Jiang X, Zhao G. A survey on the strategies for learning Chinese characters among CSL beginners[J]. Language Teaching and Research, 2001, 4: 10-17.

[11] Feng L P, Lu H Y, Xu C H. The role of information about radical position in processing Chinese characters by foreign students[J]. Language Teaching and Linguistic Studies, 2005, 3: 33-72.

[12] Haken H. Brain Dynamics: Synchronization and Activity Patterns in Pulse-Coupled Neural Networks[M]. Berlin: Springer, 2002.

Chinese Character Learning by Synchronization in Wilson-Cowan Oscillatory Neural Networks[*]

Cui Jiaxin[1]   Liu Yan[1]   Chen Jiawei[1]   Chen Liujun[1]   Fang Fukang[2]

（1. Department of Systems Science，School of Management Beijing Normal University，Beijing 100875；

2. Institute of Nonequilibrium System Beijing Normal University，Beijing 100875）

Abstract：The cognition and learning of Chinese characters is a good example of human visual perception and learning. The synchronization behavior between neuronal groups in cortical areas is one of the core mechanisms in visual image perception and recognition. We built a neural network with locally coupled Wilson-Cowan oscillators to learn Chinese characters. Neurons in each group representing the same feature of a character will be synchronized so that the common features of Chinese characters will be extracted by the network，such as a common character in two-character words or a common radical component of characters. Further more，each feature is represented by a stable fixed point attractor in the dynamic neural network.

Key words：Wilson-Cowan oscillator；synchronization；Chinese character learning

1　Introduction

Character learning is a crucial part of human visual signal perception and learning. Chinese character is a good example of visual image. It is pictograph which could be represented by a 2-D image and consist of different parts with different relations of locations，so that the grapheme can express more signification than alphabet language systems. It is demonstrated that learners can "pick up" some constituent parts from Chinese characters by behavioral experiments [1] which describe a classical visual image segmentation process. Actually，this abstraction process may be a necessary condition to realize memory of our brain.

It is generally considered the synchronization between neuronal ensembles in cortical areas is one of the key mechanisms to fulfill the function of visual image cognition[2]. It is demonstrated that at early stages of visual processing the degree of synchronicity rather than the amplitude of neuronal responses determines which signals are perceived and controls behavioral responses[3]. In the correlation theory，each segment of an object is represented by a group of oscillators that are synchronized and different segments are represented by different groups whose oscillations are desynchronized from each other[4]. Based on this theory，many works and models use synchronization to study problems about visual image cognition，such as the neural network with dynamic binding for shape recognition[5] and the dynamic Bayesian network for visual speech recognition[6].

＊ Cui J X，Liu Y，Chen J W，et al. Chinese character learning by synchronization in Wilson-Cowan oscillatory neural networks[C]// 2009 Fifth International Conference on Natural Computation. Tianjing：IEEE，2009.

The Wilson-Cowan equations which described firing behavior of neuronal ensembles[7] have been used widely in modeling various brain processes[8,9] and have an important mathematical property-synchronization[10]. Wang et al. simulated image recognition on the basis of the neural network with Wilson-Cowan type oscillators and proved that their system could evolve to a stable state[11]. They used locally excitatory and globally inhibitory structure in the network. Following this work, we find that the network only with locally excitatory oscillators also can be synchronized and this stable state could be represented by a fixed point attractor.

In this article, the process of how features are extracted from visual images is simulated. In the first section of this paper, a model based on Wilson-Cowan equation is constructed, including architecture, algorithm, samples, and analyzing the stability of the dynamic system. In the second section, two groups of Chinese characters with some common features and some special features are used to train the model and simulation results show that the common features of Chinese characters will be extracted by synchronization in the model. At last, we will discuss how to reach synchronization and which kind of attracters will be used.

2. Methods

We built a neural network which is 2-D plane consisting of $m \times n$ nodes. The connections between nodes in the network is local coupled, i. e. , every node only connects bidirectionally with its neighboring 8 nodes and has no connection with farther nodes. The nodes in edges and corners of the network connect neighboring 5 or 3 nodes, respectively. This kind of local excitatory connections is consistent with lateral connections widely in brain[12]. Every node in our network corresponds to an oscillator described by Wilson-Cowan equations. Each oscillator is a two-variable system of ordinary

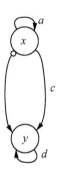

Fig. 1 Connections between excitatory and inhibitory units in every oscillator. Arrows: excitatory connections; circles: inhibitory connections

differential equations and represents an interacting population of excitatory and inhibitory neurons (Fig. 1). In the model, we used a simplified form provided by Tetsushi Ueta and Guanrong Chen[13] defined as follow:

$$\dot{x}_i = -ax_i + P\left(ax_i - by_i + I_x + \delta_x \sum_j x_j\right) \tag{1}$$

$$\dot{y}_i = -\beta y_i + P\left(cx_i + dy_i + I_y - \delta_y \sum_j y_j\right) \tag{2}$$

where $j \in N(i)$, $N(i)$ is neighborhood of oscillator i. a and d are values of self excitation in the x and y units, respectively; b is the strength of the coupling from the inhibitory unit y to the excitatory unit x; c is the corresponding coupling strength from x to y, with a, b, c, $d > 0$. Parameters $a > 0$, $\beta > 0$, δ_x and δ_y are strength of interactions between oscillators. I_x and I_y are binary outer input received by oscillators.

The form of sigmoid function P is proposed by Campbell and Wang

$$P(v)=\begin{cases}0, & \text{if } v<-e \\ \dfrac{v}{2e}+\dfrac{1}{2}, & \text{if } -e\leqslant v\leqslant e \\ 1, & \text{if } v>e\end{cases} \tag{3}$$

We use Chinese characters as training samples. Every character is represented by a dot matrix with $m\times n$ nodes. Fig. 2 shows a sample where the matrix element in the character's stroke is set to 1, otherwise should be set to 0.

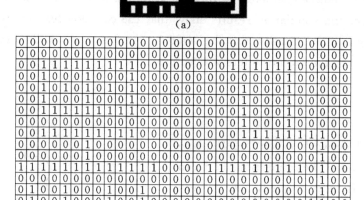

(a)

(b)

Fig. 2   The representation of an instance. (a)The instance includes 2 characters; (b)The instance represented by dot matrix

In our network, every oscillator could be seen as a basic element in perceptive domain and it only responds to appearance of stimulus. Excitatory subgroups in oscillators receive outer input, i. e., $I_x=1$[white part in Fig. 2(a)] and 0 [black part in Fig. 2(a)]; and inhibitory subgroups receive no input, i. e., $I_y=0$.

3   Results

3. 1   Abstraction of a Common Character from Two-character Words

In this section, we will simulate learning process of a Chinese character with meaning "horse". A sample contains two characters so it is represented by a dot matrix with $16\times16\times2$ nodes. We consider two kinds of features of a horse: shape and color. The former is a common feature of all horses and the latter a special feature of every horse. Our model will simulate Chinese character learning process in which the common features will be abstracted from several instances of horses with different colors and sizes and the special features will be eliminated.

We give all four samples (Fig. 3) to the network. After training 100 times we get the output-only one character with meaning "horse"(Fig. 4). From the results, we can see that the common features of samples are existent at all times and noncommon features are eliminated with increasing training times. This suggests that our network can extract common features and eliminate special features of samples.

Fig. 3   Four instances in the training set with meaning of kinds of horses

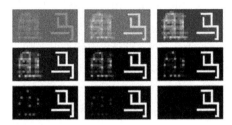

Fig. 4   Output of the network: the character with meaning "horse" is extracted from the four samples. 9 subfigures represent the output of network after training 10 times, 20 times, 30 times, 40 times, 50 times, 60 times, 70 times, 80 times and 100 times. Parameters: $a = 6.75$, $b = 5.024$, $c = 2.15$, $d = 8.80$, $\alpha = \beta = 1$, $\delta_x = \delta_y = 0.05$, $e = \exp(1)$

3.2   Abstraction a Common Radical Component from Characters

In this section, our sample set contains some Chinese characters with the same radical components and every character is represented by a binary dot matrix with 20×20 elements. Fig. 5 shows some instances in the sample set. After training 150 times, we get output as Fig. 6, and it implies the network can abstract the radical component from all five instances.

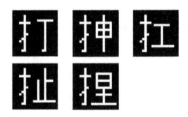

Fig. 5   Five instances in the training set with the same left part

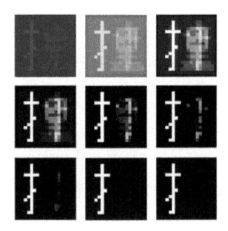

Fig. 6   Output of the network: the same left part of five instances is extracted from the four samples. 9 subfigures represent the output of network after training 5 times, 20 times, 40 times, 50 times, 65 times, 80 times, 100 times, 120 times and 150 times. Parameters: $a = 6.75$, $b = 5$, $c = 5$, $d = 10.1014$, $\alpha = \beta = 1$, $\delta_x = \delta_y = 0.1$, $e = \exp(1)$

481

4   Stability Analysis

In this section, we set $a=1$, $\beta=1$, and $v_x=ax-by$, $v_y=cx+dy$; $P_x=P(v_x)$, $P_y=P(v_y)$ for convenience. From the form of sigmoid function, we could discuss balance points and their stability of the Wilson-Cowan equations in 9 cases, respectively. In 3 cases, the balance point is unstable saddle point or asymptotic stable sink; in 5 cases, the balance point is asymptotic stable sink; and the last case is not true.

In simulation, we expect that the balance point satisfies $x_i=0$ or $x_i=1$ and $y_i=0$ or $y_i=1$ after training. Hence the balance points of the equations in section 2 only can have 4 possible cases: (0, 0) (1, 0)(0, 1)(1, 1).

The balance point (0, 0) can not be true when input is positive and the balance point (1, 0) can not be true when parameter c is positive, so there remains only 2 possible cases: (0, 1) or (1, 1).

Case 1: when balance point is (0, 1), it should satisfy conditions $v_x=-b+I_x\leqslant-e$, $v_y=d\geqslant e$.

Case 2: when balance point is (1, 1), it should satisfy conditions $v_x=a-b+I_x\geqslant e$, $v_y=c+d\geqslant e$.

The two groups of parameters used in simulation are $a=6.75$, $b=5.024$, $c=2.15$, $d=8.80$ and $a=6.75$, $b=5$, $c=5$, $d=10.1014$, respectively. They all satisfy the two cases above and the two balance points are all crunode (sink) which is asymptotic stable. Before training, the initial states of all nodes in our networks are (0, 0). When training is over, the nodes in the module representing the Chinese character with meaning "horse" will arrive at fixed point (1, 1), and the nodes in the module representing other Chinese characters and background will arrive at fixed point (0, 1), shown as Fig. 7.

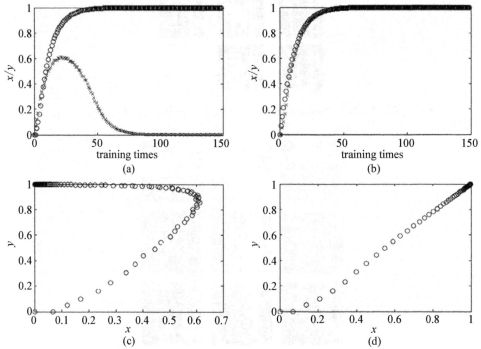

Fig. 7   (a)(b) Neural activity of excitatory and inhibitory subgroups of the node in row 10, column 6 and the node in row 6, column 17 in our network changes with training times, respectively; product signs: excitatory, circles: inhibitory. (c)(d) The phase plane: x and y in node (10, 6) and (6, 17) will evolve to a stable fixed point

5 Discussion

In this paper, we build a neural network consisting of oscillators described by Wilson-Cowan equations and use two sets of samples with some common features and special features to train the network. The evolving process of the network shows how common features are extracted from samples. From the results, we find that synchronization is very crucial in abstraction of Chinese character learning and use a stable attractor to represent the final learning state.

A complex system consisting of a set of connected oscillatory cells can be considered as a large-scaled network of coupled oscillators, and they are synchronized together under certain conditions[14]. They most rely on long-range connections to achieve entrainment, since global connectivity can readily result in synchrony[15]. But there is also synchronization with local couplings in many models[16,17]. In our results, we see that a network with only local couplings between neighboring oscillators also can get synchronization which is not randomly appeared.

Hopfield proposed that an attractor could be used to represent a memory state[18]. On the basis of this view, we also use attractors to represent cognitive states of Chinese character learning in the brain. The values of x and y of every node in the network are current state of the node and the instantaneous state of all nodes in the network is the current state of the network. From the results, we can see that these oscillators representing "horse" and "radical components" will arrive at synchronized states represented by stable fixed points rather than limit cycles after training. The all initial input to the network in the attractive field of the attractor will finally evolve to a stable attractor. We could demonstrate that conclusion by testing our network with 3 different inputs: ①arbitrary one sample in the training set [Fig. 8(a)]; ②the samples in the training set with some noise, i. e. the samples with only part of information of the Chinese character[Fig. 8(b)]; ③the samples out of training set[Fig. 8(c)]. From Fig. 8, we can see they all evolve to a complete Chinese character.

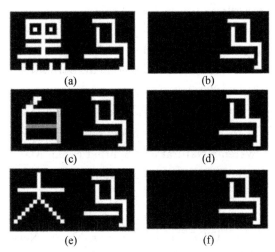

(a)   (b)
(c)   (d)
(e)   (f)

Fig. 8 The attractor of the network is tested though three positive examples. (a) A sample arbitrarily selected from the training set; (c) An incomplete sample includes a majority of, but not all, features of the Chinese character; (e) A sample includes all common features of the Chinese character, and special features are different. (b)(d)(f) Output of the network with input (a), (c), (e), respectively

In image information processing by computers, methods are widely used from local to global for problems about Chinese character recognition, and "pick up" meaningful features of Chinese characters and store them respectively. It is effective and can save memory space, such as connectionist neural networks[19]. Actually, it reserves the common features and eliminates special features and its neural mechanism will be explained by Hebbian learning rule. The sigmoid function P used in section 2 plays the role of Hebbian learning rule, but it modifies firing rates of excitatory and inhibitory subgroups in nodes rather than connective weights of the network.

Acknowledgement

This work is supported by NSFC under the grant No. 60774085 and No. 70601002.

References

[1]Feng L D, Lu H Y, Xu C H. The role of information about radical position in processing Chinese characters by foreign students[J]. Language Teaching and Linguistic Studies, 2005, 3: 33-72.

[2]Bressler S L. Interareal synchronization in the visual cortex[J]. Behavioural Brain Research, 1996, 76(1-2): 37-49.

[3]Fries P, Roelfsema P R, Engel A K, et al. Synchronization of oscillatory responses in visual cortex correlates with perception in interocular rivalry[J]. Proceedings of the National Academy of Sciences, 1997, 94(23): 12699-12704.

[4] Von Der Malsburg C, Schneider W. A neural cocktail-party processor [J]. Biological Cybernetics, 1986, 54(1): 29-40.

[5]Hummel J E, Biederman I. Dynamic binding in a neural network for shape recognition[J]. Psychological Review, 1992, 99(3): 480.

[6]Saenko K, Livescu K, Siracusa M, et al. Visual speech recognition with loosely synchronized feature streams[J]. Computer Vision, 2005, 2: 1424-1431.

[7]Wilson H R, Cowan J D. Excitatory and inhibitory interactions in localized populations of model neurons[J]. Biophysical Journal, 1972, 12(1): 1-24.

[8]Von der Malsburg C, Buhmann J. Sensory segmentation with coupled neural oscillators[J]. Biological Cybernetics, 1992, 67(3): 233-242.

[9]Borisyuk G N, Borisyuk R M, Khibnik A I, et al. Bifurcation analysis of a coupled neural oscillator system with application to visual cortex modeling[C]//Hanson S J, Cowan J D, Giles L. Neural Information Processing Systems-Natural and Synthetic. San Mateo: Morgan Kaufmann, 1993.

[10]Cairns D E, Baddeley R J, Smith L S. Constraints on synchronizing oscillator networks[J]. Neural Computation, 1993, 5(2): 260-266.

[11] Campbell S, Wang D L. Synchronization and desynchronization in a network of locally coupled Wilson-Cowan oscillators[J]. IEEE Transactions on Neural Networks, 1996, 7(3): 541-554.

[12]Kandel E R, Schwartz J H, Jessell T M. Principles of Neural Science[M]. 3rd ed. New York: Elsevier, 1991.

[13]Ueta T, Chen G. On synchronization and control of coupled Wilson-Cowan neural oscillators[J]. International Journal of Bifurcation and Chaos, 2003, 13(1): 163-175.

[14] Strogatz S H. Synchronization of rhythm in creatures[J]. Scientific American, 1994, 269 (11): 58-69.

[15] Grattarola M, Torre V. Necessary and sufficient conditions for synchronization of nonlinear oscillators with a given class of coupling[J]. IEEE Transactions on Circuits and Systems, 1977, 24(4): 209-215.

[16] Somers D, Kopell N. Rapid synchronization through fast threshold modulation[J]. Biological Cybernetics, 1993, 68(5): 393-407.

[17] Terman D, Wang D L. Global competition and local cooperation in a network of neural oscillators[J]. Physica D: Nonlinear Phenomena, 1995, 81(1-2): 148-176.

[18] Hopfield J J. Neural networks and physical systems with emergent collective computational abilities[J]. Proceedings of the National Academy of Sciences, 1982, 79(8): 2554-2558.

[19] Harm M W, Seidenberg M S. Phonology, reading acquisition, and dyslexia: insights from connectionist models[J]. Psychological Review, 1999, 106(3): 491.

Word Learning by a Extended BAM Network[*]

Chen Qinghua[1]   Liu Kai[1]   Fang Fukang[2]

（1. Department of Systems Science School of Management Beijing Normal University，Beijing 100875；

2. Institute of Non-equilibrium Systems，and State Key Laboratory of

Cognitive Neuroscience and Learning Beijing Normal University，Beijing 100875）

Abstract： Word learning has been a hot issue in cognitive science for many years. So far there are mainly two theories on it, hypothesis elimination and associative learning, yet none of them could explain the recognized experiments approvingly. By integrating advantages of these two approaches, a Bayesian inference framework was proposed recently, which fits some important experiments much better, though its algorithm is somewhat too complicated. Here we propose an extended BAM model which needs only simple calculation but is well consistent with the experiment data of how brain learns a word's meaning from just one or only a few positive examples and responses properly to different amounts of samples as well as samples from different spans, which might provide a new and promising approach to the scholars on word learning.

1 Introduction

Word learning is a fundamental function in human cognition and it has been a hot issue in cognitive science for many years. Benefit from the booming brain physiology and computational technology, numerous achievements come forth continuously, yet some important problems are still to be resolved.

In the middle of last century, Quine presented a famous sample to tell us human need to find what a new word exactly refers to by observation of a few of samples[1]. While it seems to be hard to figure out this puzzle, yet as we known, 2-or 3-year-old children could be remarkably successful at learning the meaning of a word from just one or a few positive examples[2,3]; even animal[4]. What's the mechanism of word learning in our brain? So far there are mainly two theories, hypothesis elimination[5-7] and associative learning[3,8]. However, neither hypothesis elimination models nor associative learning models could conform to the recognized experimental evidences neatly. Recently, Tenenbaum and his co-workers brought forward a Bayesian inference framework which is more powerful to explain some important experiments[9,10]. Though their model performs well in some experiments for both children and adults, we argue that its computation would be too complicated if we apply it to a small network composed of only several neurons. A simpler neural network which could well simulate word learning experiments is needed.

In this paper, we will propose a new algorithm based on classical bidirectional associative memory model (BAM)[11,12], and try to explain how learners get the meaning of a word from samples and then

---

* Chen Q H, Liu K, Fang F K. Word learning by a extended BAM network［C］// 2009 Fifth International Conference on Natural Computation. Tianjin：IEEE，2009.

apply it, through the operation of several neurons. This paper is organized into 4 parts. First is brief introduction. Then, empirical evidences and theoretical researches of word learning, as well as the architecture of BAM network some necessary will be reviewed. In part 3, our model will be proposed and its simulation results will be given out. And finally in part 4 we draw the conclusion.

2 Preliminaries

2.1 The Word Learning

There are two theories on word learning, hypothesis elimination and associative learning. Proponents of the hypothesis elimination approach argue that prior constraints help the learner rule out many logically possible but psychologically implausible hypotheses. The learner effectively considers a hypothesis space of possible concepts onto which words will map, and assumes that each word maps onto exactly one of these concepts. The process of learning a word is to eliminate incorrect hypotheses about the word, based on a combination of a priori knowledge and observations of how this word is used under different circumstances, until the learner anchors its meaning on a single consistent hypothesis.

In contrast, associative learning is a type of learning principle based on the assumption that ideas and experiences reinforce one another and can be linked to enhance the learning process. Associative learning supporters usually use connectionist networks and treat word learning as a process of exemplar memorization and generalization by graded matching, which could produce abstract generalizations of a word's meaning far beyond the simplest form of direct percept-word associations. They also have the potential to capture some elements of word learning that could not easily be explained by deductive framework, such as noise-tolerance and the varying degrees of confidence that word learners might have in their inferences.

Tenenbaum argued that none of those two approaches was sufficient to explain word learning properly and profoundly. They proposed a elaborate experiment, there every participants was shown samples named as "pog", which was a completely new word for all of them, then the participant was asked to pick out all the other 'pogs' from certain group of objects. The samples and objects were categorized into three groups by similarity hierarchy: subordinate, basic, and superordinate. As shown in subplots (a) and (b) in Fig. 1, both children and adults could successfully differentiate the right "pog" in case of different number itemize of examples. With one sample, people showed graded generalization matches decreasing significantly from subordinate to superordinate; with three samples, their generalizations sharpened into a much more all-or-none pattern, and the greater the span is, the easier objects from broader level to be chosen[10]. However as shown by subplots (c) and (d), neither pure rules nor similarity methods could offer a sound explanation for this experiment[9,10].

Integrating rules and similarity methods. Tenenbaum proposed a Bayesian framework which could provide quantitative consistence to how people actually perform in the experiments [see(a)(b) (e)(f) in Fig. 1]. Given examples X labeled word C, the probability of new object y being named as C is determined as

$$p(y \in C \mid X) = \frac{\sum_{h \supset y, X} p(X \mid h) p(h)}{\sum_{h' \in H} p(X \mid h') p(h')},$$

(1)

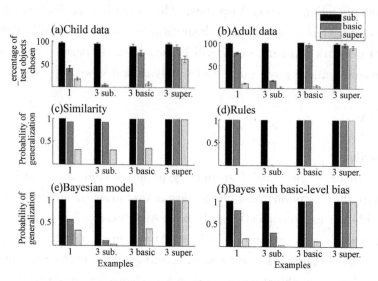

Fig. 1　The experiment data and result of some models

Where H is the hypotheses space of possible concepts including hypothetic concept h, and H might be hierarchical, which means one concept can belong to another. $p(h)$ presents prior probability of h in the whole space, and $p(X|h)$ is the likelihood of picking out sample X from set h. Usually, $p(h)$ and $p(X|h)$ are caculated by Euclidean size or height based on hierarchical clustering technology.

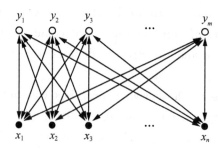

Fig. 2　The basic BAM

2.2　The BAM Model

Kosko[11-13] extended the Hopfield model by incorporating an additional layer to perform recurrent autoassociations as well as hetero-associations on the stored memories. The bidirectional associative memory model (BAM) was proposed and has extended and applied[14,15].

As shown in Fig. 2, the neural network interpretation on a BAM is a simple two-layer hierarchy of symmetrically connected neurons. Information transmitted from one neuron field to the other by passing through matrix W and passes backward trough transpose matrix W'; the dimension of W is $m \times n$ because the layers contain m and n neurons respectively. In the learning or adaptive process, stable reverberation of a pattern (X_i, Y_i) across the two fields of neurons seeps pattern information into the long-term memory connections W, allowing input associations (X_i, Y_i) to dig their own energy wells in which to reverberate.

Just like the linear associator and Hopfield model, encoding in BAM can be carried out by using:

$$W = \sum_i X_i' Y_i, \tag{2}$$

to store a single associated pattern pair, where X_i' is a transpose of vector X_i. Here X_i and Y_i are vectors which represent sets of bipolar vector pairs to be associated, and the elements in the vectors are usually binary.

The BAM model works like this: when given an input pattern, the network will propagate the input pattern to the other layer allowing the units in the other layer to compute their output values; the pattern that was produced by the other layer is then propagated back to the original layer and let the units in the original layer compute their output values; the new pattern that was produced by the original layer is again propagated to the other layer, etc. This process is repeated until further propagations and computations do not result in a change of any weight. The final pattern pair that will be produced by the network depends on the initial pattern pair and the connection weight matrix. Such mechanism creates a recurrent nonlinear dynamic network with the potential to correctly perform binary association. Kosko argue the temporal patterns as spatial patterns can be perform in BAM framework too.

3　The Model and Simulation Results

3.1　Object Representation

Human brain gains primary information of an object through different sense organs, and different features like color, size, odor, motion, temperature are stored, processed and retrieved in different brain areas. So we could use artificial representation to picture the map of an outer object in our brain, and its information can be regarded as a set of features-this is an important foundation for representation technology frequently used in computational psychology and neural network, for instance, the orthographic, phonological, and concept representations of Miikkulainen's DISLEX[16].

Although many researchers have accepted and frequently used representations in their works, there is no coherent detail for any object yet. Nobody knows human brain totally. So they have to propose some artificial representations for their own sake. Fortunately, there are some coincident conclusions of qualitative analysis with the representations in many cases.

Here we set 9 objects shown in table 1. Each row represents an object, for example, pepper, eggplant etc., and each column represents one feature, like "Is the color green?" or "Is it sweet?". Like ordinary artificial neural networks (ANNs), each feature has only two possible values, 0 or 1.

The objects O_1, O_2 and O_3 are very similar, for each of them has only 2 different features. They are different from objects O_4, O_5 and O_6, and have more differences from the last three objects. According to Tenenbaum's work[9,10], O_1, O_2 and O_3 could be categorized into the subordinate class; O_4, O_5 and O_6 into the same basic class, yet not the same subordinate class; and the last three objects into the same superordinate. For exhibition of the relationships, we use SOM technology, which is a type of artificial neural network, to convert complex, nonlinear statistical relationships of high-dimension data items into simple geometric relationships of a 2-dimension map[17,18]. See Fig. 3.

3.2　The Extended BAM Model

It has been proved that everyone has basic learning and memorial associating ability: if one heard a word "pog" while he/she saw an object, the information about features of the object as well as the word "pog" would be input into his/her brain and a word-object pair would be formed at the same time; later if he/she saw the same object, he/she would call to mind the word and vice versa.

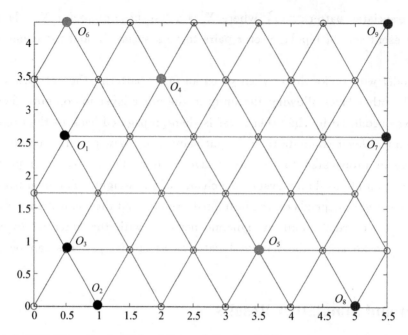

Fig. 3 The objects in SOM. The nodes is 6×6 and the result is after 5 000 epochs by matlab _Neural Network Toolbox_

Moreover，if one learns multi word-object pairs of different objects with the same word，the association mechanism could perform well，too. However，this pure mechanism cannot soundly explain the experimental result shown in Fig. 1，so we develop our model based on basic BAM for word learning tasks，especially targeting at the notable change from the case of one subordinate sample to the case of three subordinate samples.

As shown in Fig. 4，there are two layers in our model：one is called image layer and the other symbol layer. There are image neurons in the image layer and symbol neurons in the symbol layer.

Table 1 The presentation of objects and samples

	x_1	x_2	x_3	x_4	x_5	x_6	x_7	x_8	x_9	x_{10}	x_{11}	x_{12}	x_{13}	x_{14}	x_{15}	x_{16}	x_{17}	x_{18}
O_1	1	1	0	1	0	1	0	1	0	1	0	1	0	1	0	1	0	1
O_2	0	1	0	1	0	1	0	1	1	1	0	1	0	1	0	1	0	1
O_3	0	1	0	1	0	1	0	1	0	1	0	1	0	1	0	1	1	1
O_4	1	0	1	0	1	1	0	1	0	1	0	1	0	1	0	1	0	1
O_5	1	1	0	1	0	1	1	0	1	0	1	0	0	1	0	1	0	1
O_6	0	1	0	1	0	1	0	1	0	1	0	1	0	0	1	0	1	0
O_7	1	0	1	1	1	0	1	0	1	0	1	1	0	1	0	0	0	0
O_8	1	1	0	0	1	0	1	0	1	1	0	1	0	1	0	0	0	0
O_9	1	0	1	0	1	0	1	1	1	0	0	1	0	1	0	0	0	0

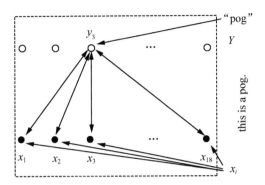

Fig. 4   The training on extended BAM. The upper is symbol layer and the lower is image layer

In training step, every object X is represented as a vector $(x_1, x_2, \cdots, x_{18})$, which makes the corresponding neurons in image layer excite, and at the same time, the word's information is input and excites a symbol neuron.

The connection matrix W could be modified as

$$W_{ij} = \sum x_i y_i. \tag{3}$$

This is the basic rule in BAM framework[12]. For detail, if $X_1(1, 0, 0, 0, 0, 0, 0, 0, 0, 0, 0, 0, 0, 0, 0, 1, 0, 0)$ and word $Y(0, 0, 1, 0, 0, 0, 0, 0, 0, 0, 0, 0, 0, 0, 0, 0, 0)$ were input to the model together at the same time, there are only two connections have nonzero value $W_{1,3} = W_{16,3} = 1$. If we introduced another pair $X_2(0, 0, 0, 0, 0, 0, 0, 0, 0, 0, 0, 0, 0, 0, 0, 1, 0, 0)$ with word $Y(0, 0, 1, 0, 0, 0, 0, 0, 0, 0, 0, 0, 0, 0, 0, 0)$ again, then there comes $W_{1,3} = 1$ and $W_{16,3} = 2$. The other connection weights still remain zero. Thus we might conclude that the connections contacted to the neurons which holds 0 feature representation in all training process would keep 0.

The second step is "recall". After object-word pair learning, the connection matrix would come forth and keep relative fixed. Then if another object was presented, we could know its output to symbol layer and check whether this object have connection strong enough with the learned word. Here we confirm it by probability which is determined by the following equation:

$$Y^{\text{out}} = \phi(M \times X - \theta), \tag{4}$$

The θ is alterable threshold. This is inspired by BCM theory in which the auto various threshold plays a key rule[19] and researchers have found evidence for it in real neural system already[20]. For simplifying, we set $\phi(x) = x$ and

$$\theta_j = \max\left\{\arg\left[\max_X\left(\sum x_i W_{ij} - \theta_j\right) = \Delta\right], 0\right\}, \tag{5}$$

which is to make sure that the maximum output Y^{out} is not going beyond the value Δ. It will prevent the neurons from receiving high stimulation amplitude from other neurons.

3.3   The Word Learning Application

We apply our extended model to simple word learning tasks in cases of different samples with the same word.

- case 1, the pair of O_1 and a word is input (1 subordinate);
- case 2, the pairs of O_1, O_2 and O_3 with a word are input (3 subordinate);
- case 3, the pairs of O_1, O_4 and O_5 with a word are input (3 basic);

• case 4, the pairs of O_1, O_7 and O_8 with a word are input (3 superordinate).

The result is shown in Fig. 5. The vertical axis is the probability of an object being chosen when certain samples were given. In the case of one-sample, such probability is determined by the correlation between the object and the sample, which is similar to traditional similarity principle-the more the differences, the smaller the probability to be chosen. In the case of three subordinate samples, the model computes the correlation of each object with the sample group. Here we consider the threshold variation which reduces the probability of some objects to be chosen, and by doing so it turns out that the chosen objects are almost subordinate. If we expand the span of these three samples, the objects in basic or superordinate level will have much more chance to be picked up, which is also one of the key conclusions of previous psychology experiments.

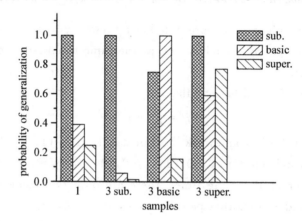

Fig. 5　The training on extended BAM. The upper is symbol layer and the lower is image layer

4　Conclusion

The mechanism of word learning is difficult but attractive. Recently, Tenenbaum and his coworkers developed Bayesian inference framework which fits the experimental data much better, though the computation under the Bayesian framework is somewhat over-complex. Our achievement is getting similar result that well fits the experiment data and Bayesian model simulation by an extended BAM model, which includes only several neurons yet no complicated computation.

The success of our model should owe to both similarity character and rule character of this model. The rule of transportation matrix W is consistent with similarity character because it makes the target neuron receive much stimulation if the object is very similar to the samples. Besides, we suppose that the adaptive threshold mechanism of this model plays a key role like the hypothesis elimination because strong nonlinear reaction can adjust the probability rapidly, and it can magnify small diversity, and that's why we could easily eliminate the incorrect.

Acknowledgments

This work is supported by NSFC under grants No. 60534080 and No. 60774085.

References

[1]Quine W V O. Word and Object[M]. Cambridge: MIT Press, 1960.

[2]Bloom P. How Children Learn the Meanings of Words[M]. Cambridge: MIT Press, 2000.

[3]Regier T. The Human Semantic Potential: Spatial Language and Constrained Connectionism[M]. Cambridge: MIT Press, 1996.

[4]Kaminski J, Call J, Fischer J. Word learning in a domestic dog: evidence for "fast mapping"[J]. Science, 2004, 304(5677): 1682-1683.

[5]Bruner J A, Goodnow J S, Austin G J. A Study of Thinking[M]. New York: Wiley, 1956.

[6]Markman E M. Categorization and Naming in Children[M]. Cambridge: MIT Press, 1989.

[7] Siskind J M. A computational study of cross-situational techniques for learning word-to-meaning mappings[J]. Cognition, 1996, 61(1-2): 39-91.

[8]Colunga E, Smith L B. From the lexicon to expectations about kinds: a role for associative learning[J]. Psychological Review, 2005, 112(2): 347-382.

[9]Tenenbaum J B, Griffiths T L, Kemp C. Theory-based bayesian models of inductive learning and reasoning[J]. Trends in Cognitive Sciences, 2006, 10(7): 309-318.

[10]Xu F, Tenenbaum J B. Word learning as bayesian inference[J]. Psychological Review, 2007, 114(2): 245-272.

[11]Kosko B. Adaptive bidirectional associative memories[J]. Applied Optics, 1987, 26(23): 4947-4960.

[12]Kosko B. Bidirectional associative memories[J]. IEEE Transactions on Systems, Man, and Cybernetics, 1988, 18(1): 49-60.

[13]Kosko B. Neural Networks and Fuzzy Systems: a Dynamical Systems Approach to Machine Intelligence[M]. New Jersey: Prentice-Hall, 1992.

[14]Chen A P, Huang L H, Cao J D. Existence and stability of almost periodic solution for BAM neural networks with delays[J]. Applied Mathematics and Computation, 2003, 137(1): 177-193.

[15]Vázquez R A, Sossa H, Garro B A. A new bi-directional associative memory[J]. Lecture Notes in Computer Science, 2006, 4293: 367-380.

[16] Miikkulainen R. Dyslexic and category-specific aphasic impairments in a self-organizing feature map model of the lexicon[J]. Brain and Language, 1997, 59(2): 334-366.

[17] Kohonen T. Self-organized formation of topologically correct feature maps[J]. Biological Cybernetics, 1982, 43(1): 59-69.

[18]Kohonen T. Self-organizing Maps[M]. 3rd ed. Berlin: Springer, 2001.

[19] Bienenstock E L, Cooper L N, Munro P W. Theory for the development of neuron selectivity: orientation specificity and binocular interaction in visual cortex [J]. Journal of Neuroscience, 1982, 2(1): 32-48.

[20] Bear M F. Bidirectional synaptic plasticity: from theory to reality [J]. Philosophical Transactions of the Royal Society of London. Series B: Biological Sciences, 2003, 358(1432): 649-655.

Simulations of the Generalization Mechanism in Concepts Formation[*]

Cui Jiaxin[1]   Chen Jiawei[1]   Chen Qinghua[1]   Fang Fukang[2]

(1. Department of Systems Science, School of Management, Beijing Normal University, Beijing 100875;

2. Institute of Nonequilibrium Systems, Beijing Normal University, Beijing 100875)

Abstract: To explore some mechanisms of generalization in concept formation, we build a Three-Layer neural network with feedback and Hebbian learning rules. Using binary sequences as input, we simulate the generalization process from multiple examples to a concept. After tens of training, the outputs of the network will converge to stable states which denote the formation of a concept. We suggest that generalization is a nonlinear emergence phenomenon generated by collective behavior of neurons and feedback between neurons is a necessary factor.

1 Introduction

The formation of concepts is the most basic and complex one among all intelligent functions in brain and the first step of development of human intelligence[1]. Psychological experiments demonstrated that generalization is a crucial step during the formation of concept. People can acquire a concept by generalization from learning only one or few examples [2,3]. Colunga and Smith suggested that generalization could help to understand the essence of concepts and explored it by Hopfield-type networks[4]. In this paper, we built a different network to generalize concepts and pay more attention to the correlation between common characters and special characters of examples. We find that the latter make more contribution than what we think.

We suggest that concept formation is an emergent process and generalization is a kind of mechanism which could generate emergence. As Hopfield represented a memory state by an attractor[5], we can adopt the hypothesis that one cognitive state could correspond to one physical state[6] and represent one concept by one attractor. From the simulation results, we guess that the attractors in our model may be stable fixed points.

The aim of this paper is to simulate the generalization mechanism in conceptualization by a neural network with feedback. The second section introduces our model. The third section shows results of computer simulation. Finally, we will discuss the emergence phenomena in generalization of concept formulation.

---

* Cui J X, Chen J W, Chen Q H, et al. Simulations of the generalization mechanism in concepts formation[C]// 2009 International Joint Conference on Computational Sciences and Optimization. Sanya: IEEE, 2009.

2. Model

Our network is divided into three layers: input layer, medial layer and output layer, with 2, 5 and 6 neurons individually as shown in Fig. 1. This is all-connection structure between input layer and medial layer, also in medial layer and output layer, in the direction and no converse. There is no connection between all neurons in the same layers, except feedback from the last neuron to all neurons in output layer.

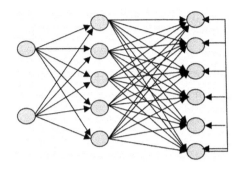

Fig. 1   The structure of network

An abstract concept contains many concrete characters, some of them are essential and others are individual. For example, the concept *apple* contains many characters among which color and size are individual characters while shape and edibleness are essential characters. All characters of an object will be received by relevant perception channels. Connectionism considers that a sample can be represented by a vector, each dimension of it denotes one character of the sample. Consider neurons will fire or not in a certain time, we code samples using binary sequence with the same length. Some dimensions representing essential characters will be invariant for all samples and others representing individual characters will change with different samples.

The two neurons in input layer receive sequences denoting essential characters and individual characters separately. Here we assume that a sample contains t essential characters and t individual characters.

Neurons in the second and the third layers fire or not according to the following formula:

$$y_i = H\left(\sum_j w_{ij} \cdot x_j - \theta_i\right), \tag{1}$$

here y_i is instantaneous state of output neuron i, and x_j is previous state of input neuron j. H is Heaviside step function.

The connection weights which are given randomly from 0 and 1 will be changed in the training process. We use Hebbian learning rule to adjust the weights, that is, if output neuron i fires within 5 time units after input neuron j fires, the connection weight w_{ij} will increase Δw, or else the weight retains the value at last time[7]. At last, all weights will be normalized to 1.

3   Results of Simulation

N training times are contained per simulation and M time steps of weight values are contained per time. The number of samples in the sample set is $s = 10$ and one sample is randomly selected for one test. In our simulation, let $N = 50$. $M = T = 100$.

Set $Y_i(k)$ is output sequence of the kth training of neuron i in output layer, then beginning with the second test, we compute correlation coefficient matrix between $Y_i(k)$ and $Y_i(k-1)$:

$$R = \frac{C(Y_i(k), Y_k(k-1))}{\sqrt{C(Y_i(k), Y_i(k)) \times (C(Y_i(k-1), Y_i(k-1)))}}, \tag{2}$$

where C is the covariance matrix. We take $R(1, 2)$ as the correlation coefficient and get correlation coefficient sequences of neurons in output layer.

Suppose that our brain could identify the same information in a finite error range when it receives input from the same object[8]. Thus, we can define the notion of formation of concept in our network following Colunga and Smith's idea[4]: if two output sequences $Y_i(k)$ and $Y_i(k-1)$ are highly similar to each other for every neuron in output layer of our network, namely, the correlation coefficients increase and finally asymptotic to lin training process. we think that generalization process is accomplished in the network, as in fig. 2(a).

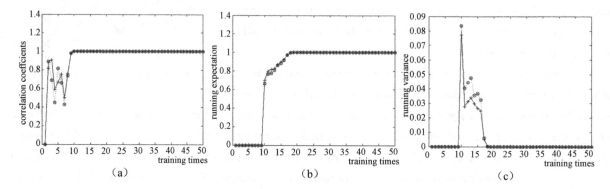

Fig. 2 (a) Correlation coefficients of all neurons in output layer; (b) Running expectation of all neurons in output layer; (c) Running variance of all neurons in output layer. Real line, dashed, circle, x-sign and plus sign correspond to curves of the first neuron to the fifth one in output layer, respectively. Parameters: $\theta = 0.21$; normalization coefficient $l = 5$; $\Delta w = 0.01$

But sometimes the values of correlation coefficients may appear to descend and reascend suddenly. We think that phenomenon corresponds to forgetting and retrieval. That is, after obtaining a concept, our brain may short suddenly and can not remember it. In Fig. 3(a), the suddenly descending in the fortieth and seventieth training expresses instantaneous forgetting and reascending quickly means remembering. In order to eliminate the adverse influence, we introduce the running mean method. The operation is computing the expectations and variances of each neighboring 10 elements in the correlation coefficient sequence. We define that if the running expectation and the running variance asymptotically remove to 1 and 0, respectively, generalization accomplishes at this time, shown as Fig. 2(b) and Fig. 2(c).

Preserving the current network structure, we change the number of neurons in network. namely, adding or reducing several neurons in each layer. With proper parameters values. the new network can also fulfill generalization function. See results in fig. 3, the numbers of neurons in input layer, media layer and output layer are 2, 10 and 4, respectively. The time to fulfill the function is varied with the numbers of neurons. It is the structure of network not the number of neurons can accomplish generalization during formation of concept. This demonstrates the robustness of our network.

4 Discussion

Considering the network in our model as a complex system, we can see some behavior which do not exist in single neuron, which is the emergence of concept as a collective behavior. The structure of neural network, the modulation form of connections between neurons, Hebbian learning rule and

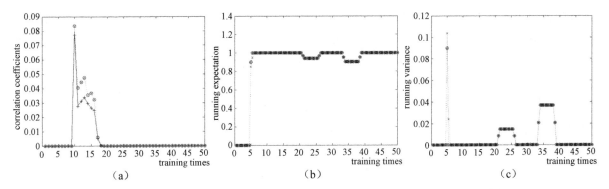

Fig. 3 **Results of simulation after changing the number of neurons. The meaning of figures are as fig. 2.**
Parameters: $\theta = 0.5$; normalization coefficient $l = 20$; $\Delta w = 0.01$

the nonlinear input-output function play a crucial role together.

With nonlinear dynamical idea, we think that the output sequences gradually converge to a sequence decided by input of concept. This is a "flow" leaving from certain point in multi-dimension phase space and the flow will stop at a stable fixed point finally. Like Hopfield[5], we use an attractor to represent a Feedback plays a very important role in generalization of the network. Comparing fig. 2 with fig. 4, we see that the sequences of correlation coefficients in fig. 4 have much larger amplitude of variance. That suggests the neural network with feedback can accomplish generalization of concepts but the one without concept can not.

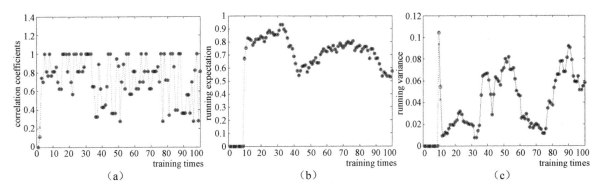

Fig. 4 **Results of simulation without feedback. The meaning of figures are as Fig. 2. Parameters are those given in Fig. 2**

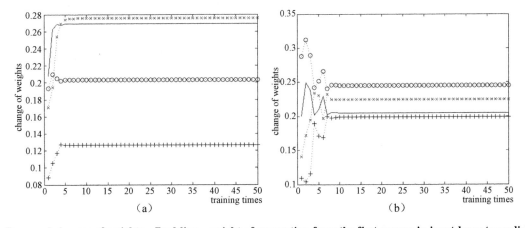

Fig. 5 **Temporal changes of weights. Real line: weight of connection from the first neuron in input layer to medial layer; circle: weight from the second neuron in input layer to medial layer; x-sign: weight from medial layer to output layer; plus sign: weight of feedback. Parameters are those given in Fig. 2**

Our model pays attention to the correlation between the essential characters and individual ones of samples. After training, the connective weights will evolve to final stable distribution from initial stochastic distribution. In fig. 5, we can see that the weights from the first neuron in input layer to neurons in medial layer do not always get to 0, and sometimes they may be larger than other weights. It implies that individual characters are not eliminated completely and play a role in generalization. Generalization are not equal to eliminating all individual characters simply and it may save more information of concepts.

Acknowledgment

This work is supported by NSFC under the grant No. 60534080 and No. 60774085.

References

[1]Fodor J A. The Modularity of Mind[M]. Cambridge: MIT Press, 1983.

[2]Carey S, Bartlett E. Acquiring a single new word[J]. Papers and Reports on Child Language Development, 1978, 15: 17-29.

[3]Regier T. The Human Semantic Potential: Spatial Language and Constrained Connectionism[M]. Cambridge: MIT Press, 1996.

[4]Colunga E, Smith L B. From the lexicon to expectations about kinds: a role for associative learning[J]. Psychological Review, 2005, 112(2): 347-382.

[5]Hopfield J J. Neural networks and physical systems with emergent collective computational abilities[J]. Proceedings of the National Academy of Sciences, 1982, 79(8): 2554-2558.

[6]Portas C, Maquet P, Rees G, et al. The Neural Correlates of Consciousness[M]//Frackowiak R S J, Friston K J, Frith D C, et al. Human Brain Function. 2nd ed. San Diego: Academic Press, 2004.

[7]Hebb D O. The Organization of Behavior[M]. New York: Wiley, 1949.

[8]Smith L B. Self-organizing processes in learning to learn words: development is not induction [M]//Nelson C. Basic and Applied Perspectives on Learning, Cognition, and Development. Mahwah: Lawrence Enlbaum Associates Inc. 1995: 28, 1-32.

A Novel Model for Recognition of Compounding Nouns in English and Chinese[*]

Li Lishu[1]   Chen Jiawei[1]   Chen Qinghua[1]   Fang Fukang[2]

(1. Department of Systems Science, Beijing Normal University, Beijing 100875, China;

2. Institute of Non-equilibrium Systems, Beijing Normal University, Beijing 100875, China)

Abstract: Compounds are very common in many kinds of language. Most of the research in this field is from the view of morphology, while artificial neural network is seldom concerned. Based on Hopfield model, we create a novel neural network to simulate the recognition process of compounds in English and Chinese. Our model is composed of two layers: abstraction layer and recognition layer. The first layer can extract the common features of the training samples and represent it as a new attractor, which can be transferred into the next layer. This step imitates morpheme abstraction of compounds. Recognition layer is constructed as an improved Hopfield network, in which two existing attractors can merge into a new one. This step reflects the cognition of a new compound when all the morphemes are memorized. One specific example *"raincoat"* is demonstrated, and the results provide strong evidence to our model.

Key words: compounding nouns; neural network; hopfield model; attractor

1 Introduction

Compounding is a very important word formation in many kinds of language and the study of compounds has formed a complete system. Most of research is focused on morphology, which is mainly manipulated through corpus analysis or behavioral studies. Gary Libben's work shows that both semantically transparent compounds and semantically opaque compounds show morphological constituency. The semantic transparency of the morphological head was found to play a significant role in overall lexical decision latencies, in patterns of decomposition, and in the effects of stimulus repetition within the experiment[1]. Todd R. Haskell proposed a new account in which the acceptability of modifiers is determined by a constraint satisfaction process modulated by semantic, phonological, and other factors[2]. Elena Nicoladis' research results demonstrated that children's knowledge of the meaning of compound nouns is still developing in the preschool years[3]. Some scholars apply biological method to this problem. I. Cunnings measures eye-movements during reading and found that morphological information becomes available earlier than semantic information during the processing of compounds[4]. B. J. Juhasz explored the role of semantic transparency for English compound words, and the analysis of gaze durations revealed that transparency did not interact with

* Li L S, Chen J W, Chen Q H, et al. A novel model for recognition of compounding nouns in English and Chinese [C]// Yu W, He H, Zhang N. International Symposium on Neural Networks: Advances in Neural Networks. Berlin: Springer, 2009.

lexeme frequency, suggesting decomposition occurs for both transparent and opaque compounds[5]. There is also some investigation concerned bilingual study. Nivja H. De Jong uses the association between various measures of the morphological family and decision latencies to reveal the way in which the components of Dutch and English compounds are processed[6]. Elena Nicoladis explores the cues used in acquisition of two semantically similar structures that are ordered differently in French and English: adjectival phrases and compound nouns[7].

All of the research has obtained much achievement, while they mainly manipulate from the angle of morphology or behavioral experiment, but the neural mechanism of these processes are not clear. Since the cognition process is complicated, it is necessary for us to explore the inner kernel mechanism considering some real neural functions. Over the past three decades, artificial neural networks (ANNs), which are non-linear mapping structures based on the function of human brain, have been applied widely in computational neuroscience. Among those models, associative memory neural network is typical, which suggests that memories are represented as stable network activity states called attractors. When a stimulus pattern is presented to the system, the network dynamics are drawn toward the attractor that corresponds to the memory associated with that stimulus[8-10]. Some attractor networks have been created to study the problems about language learning[11,12]. In this paper, we bring forward a new kind of ANN based on Hopfield network, which is a classical associative memory network, to achieve the recognition of compound in Chinese and English.

We argue that the recognition process is divided into two steps. First, we learn each morpheme's meaning of the compound. We can accomplish this by abstracting each sense from many memorized compounding words which include the same morpheme. This step can be interpreted as a new attractor's formation. Once achieving the first approach, we can guess the compound's meaning by combining each constituent's sense. In this process we suppose that two existing attractor can merge into a new one. We also guess that both outcomes in the two steps can be interpreted as emergence, because they generate new attractor respectively.

This paper is organized into 4 sections. Section 1 is brief introduction referring to recent research in compound recognition. In the next section, we first review the necessary backgrounds of Hopfield network, then our model is proposed and the details about the learning rules is interpreted particularly. The simulation result is shown in section 3. In the final section we conclude our idea and discuss further work.

2 Model

2.1 Architecture of Network

There are two layers in our model: abstraction layer and recognition layer, and the neuron numbers in the two layers are equal. Each neuron in abstraction layer is associated with one unique neuron in recognition layer. The generation in the first layer will be transferred to the next and the second layer will perform the final output. The architecture of our model is illustrated in Fig. 1. The learning rules in each layer is different, which we will explain amply in the next two subsection.

The structure of each layer is the same as classical Hopfield neural network, which consists of N fully connected binary neurons[8,13]. Each neuron i has two states: $s_i = 0$ (not firing) and $s_i = 1$ (firing). When neuron i has a connection made to it from neuron j, the strength of connection is defined as w_{ij} (Nonconnected neurons have $w_{ij} \equiv 0$). The instantaneous state of the system is specified by listing the N values of s_i, so it is represented by a binary word of N bits.

The state changes in time according to the following algorithm. For each neuron i, there is a fixed threshold θ_i, neuron i readjusts its state randomly in time but with a rate w_{ij}, setting as

$$s_i = \begin{cases} 1 & \text{if } \sum_{i \neq j} w_{ij} s_j > \theta_i \\ 0 & \text{if } \sum_{i \neq j} w_{ij} s_j < \theta_i \end{cases} \tag{1}$$

$\sum_{i \neq j} w_{ij} s_j$ is the net input to neuron i. The input to a particular neuron arises from the current leaks of the synapses to that neuron, which influence the cell mean potential. The synapses are activated by arriving action potentials. Thus each neuron randomly and asynchronously evaluates whether it is above or below threshold and readjusts accordingly.

2.2 Learning Rule in Abstraction Layer

In the former theory of neural networks the weight w_{ij} is considered as a parameter that can be adjusted so as to optimize the performance of a network for a given task. In our model, we assume that the weight will be updated according to Hebbian learning rule[14], i. e. the network learns by strengthening connection weights between neurons activated at the same time. It can be written as following:

$$\Delta w_{ij} = \begin{cases} \eta \cdot w_{ij} - d, & \text{if } S_i = 1, \ S_j = 1 \\ -\eta \cdot w_{ij} - d, & \text{if } S_i = 1, \ S_j = 0 \\ -\eta \cdot w_{ij} - d, & \text{if } S_i = 0, \ S_j = 1 \\ -d, & \text{if } S_i = 0, \ S_j = 0 \end{cases} \tag{2}$$

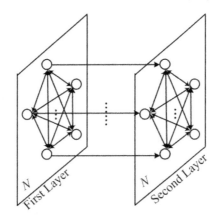

Fig. 1 The structure of model: abstraction layer (first layer) and recognition layer (second layer). Neurons in each layer are fully connected and they have two states: "0" and "1". The two layers have equivalent N neurons and the connections of neurons between layers are one-to-one

here, $0 < \eta < 1$ is a small constant called learning rate. The parameter d is a small positive constant that describes the rate by which w_{ij} decays back to zero in the absence of stimulation. Of course, equation (2) is just one of the possible forms to specify rules for the growth and decay of the weights, and there are some difference with the other forms of Hebbian rule[15].

From the formula (2) we can see that synaptic efficacy w_{ij} would grow without limit if the same potentiating stimulus is applied over and over again. A saturation of the weights should be consider.

On the other hand, the synaptic efficacy w_{ij} should be non-negative. These two restrictions can be achieved by setting:

$$w_{ij}(t+1) = \begin{cases} 1, & \text{if } w_{ij}(t+1) > 1 \\ w_{ij}(t+1), & \text{if } 0 \leqslant w_{ij}(t+1) \leqslant 1 \\ 0, & \text{if } w_{ij}(t+1) < 1 \end{cases} \tag{3}$$

2.3　Learning Rule in Recognition Layer

The learning rule in recognition performs according to Hebbian rule, which is an instance of an unsupervised learning procedure. In Hebbian learning, weights between learning neurons are adjusted so that each weight better represents the relationship between the neurons. Neurons which tend to be positive or negative at the same time will have strong positive weights while those which tend to be opposite will have strong negative weights. Neurons that are uncorrelated will have weights near zero. For example, if two neurons A and B are often simultaneously active, Hebbian learning will increase the connection strength between the two so that excitation of either one tends to cause excitation of the other. On the other hand, if neurons A and C were of opposite activations at all times, then Hebbian learning would gradually decrease the connection in between below zero so that an excited A or C would inhibit the other.

Formally, Hebb's rule for the modification of a weight w_{ij} from neuron i to j with a learning rate η is defined as

$$\Delta w_{ij} = \eta s_i s_j \tag{4}$$

Hebbian learning has four features interesting to the cognitive scientist: first it is unsupervised; second it is a local learning rule, meaning that it can be applied to a network in parallel; third it is simple and therefore requires very little computation; fourth it is biologically plausible.

The connectivity w_{ij} in traditional Hopfield's model is defined as

$$w_{ij} = \sum_{\mu=1}^{L} \xi_i^\mu \xi_j^\mu \tag{5}$$

It implies that all the information about the patterns to be memorized has been captured in the network. In our model, we use an improved form, which represents an optimal learning rule for associative memory networks[16,17].

$$w_{ij} = \frac{1}{Np(1-p)} \sum_{\mu=1}^{L} (\xi_i^\mu - p)(\xi_j^\mu - p) \tag{6}$$

$\xi_i^\mu (=1, \cdots, L)$ denote patterns to be memorized, L is the number of patterns. The variable p represents the mean level of activity of the network for L patterns.

3　Simulation

Using our model, we will demonstrate the cognition process of a English compound—"*raincoat*", whose Chinese meaning is "雨衣". "*rain*" and "*coat*" are two nouns, which means "雨" and "衣" respectively in Chinese. In our simulation, we suppose these two words are unknown initially, while the network can learn them by itself after being trained with some other compounding nouns which contain the constituents—"*train*" or "*coat*". Since the network has memorized the two words' English and Chinese meaning, the new compound "*raincoat*" is input to the network to test whether it can be recognized.

There are two groups of neurons in our model, denoting $G1$, $G2$. Neurons in $G1$ are laid to a 16×68 matrix, representing English compounding nouns. $G2$ consists of 512 neurons, which are laid to a 16×32 matrix, to express the corresponding meaning of Chinese. The photographed letter or character is decomposed into pixels, and the value at each pixel corresponds to the value of a neuron in the network.

Our model implements three steps as follow. First, we train the network with the seven particular samples, which share the same part of *"rain"* and its corresponding Chinese meaning "雨". The samples are displayed in Fig. 2. The training will not stop until the network can produce a stable output. Next, the output in the first layer is considered to be an input into the next layer as a pattern to be memorized. Since the two layers have equivalent neurons, the value of each neuron in abstraction layer is passed to its counterpoint in recognition layer. Finally, we present a new pattern *"raincoat"* into the recognition layer, where the attractors are already in existence, to test whether the network can respond as "雨衣" exactly. The values of parameters are set as: $\eta = 0.09$, $d = 0.5$, $\theta = 50$. The network is trained 60 times with samples selected from the training sample set arbitrarily and the original weights are set randomly. We display the simulation result step by step. The training outcome in abstraction layer is demonstrated in Fig. 3. We can find that as training time increases, the different parts of the samples vanish gradually, and the common feature, i.e. *"rain"* and "雨", are preserved. After training 60 times, the model can come out a steady output, which means a new attractor has engendered in the network.

Fig. 2   Seven samples to be trained. All of the samples share the same part of "rain" and its corresponding Chinese meaning

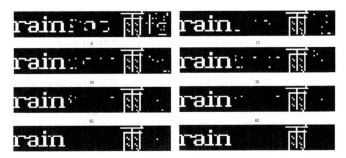

Fig. 3   The output of abstraction layer. As training proceeds, the discrepancy in the samples dies down gradually, and the uniform part are preserved. After training 60 times, the model can produce a stable output, which means a new attractor is generated

As soon as the novel attractor is formed, it can be transferred to the second layer automatically. In the recognition layer, there is already an attractor—*"coat"* memorized in our model, which is shown in Fig. 4, with implication that there are two patterns in the recognition layer in total. (The formation of this attractor is the same as *"rain"*, i. e. , we can abstract this meaning through many compounds including morpheme *"coat"*. For simplification, we don't describe the details here.) *"raincoat"* is a totally unconversant sample for the network, and the network didn't store this pattern. According to traditional Hopfield network's theory, it can't produce a stable or meaningful output. But our simulation result make a conflict with this conclusion. The input and final output is shown in Fig. 5. We can see *"raincoat"* can be recognized by the network, and the Chinese meaning "雨衣" is correct, which implies that the model can generate a new attractor by itself. Besides, the new attractor integrates the information of the former attractors and stimulates the inactive part again, so we suppose it is the mergence of the two existing attractors. The simulation result can interpret the recognition process of compounding nouns: extracting each uniform constituent from concrete compounds which contain the same morpheme, then integrating all of the constituents and comprehending the new word.

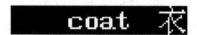

Fig. 4　The other attractor memorized in recognition layer—
"coat" and its corresponding Chinese meaning

Input

Output

Fig. 5　The input and its final output of recognition layer. The unlearned compound
"raincoat" is not memorized in the network, but it has been recognized correctly. This result
implies a new attractor is produced again

4　Discussion

In this paper, we bring forward a novel neural network, which can simulate the recognition process of compounding nouns. In this model, especially in the abstraction layer, learning rule plays a key role. We consider two broad classes of operations dominate the approach: hypothesis elimination and associative learning. On the one hand, the features that all samples cover are called essential features, and the connections between neurons which represent the essential features will be strengthened during the training process. Associative learning works. On the other hand, the connections between individual features and that between individual features and essential features become weaker and weaker gradually. Hypothesis elimination works. These two operations can be precisely described by Hebbian learning rule. So Hebbian learning rule may be the neural mechanism of compound cognition in certain condition.

From the viewpoint of complexity theory, we can also find some evidence supporting our idea. In the recognition layer, the model behaves as an associative memory when the state space flow generated by the algorithm is characterized by a set of stable fixed points. If these stable points describe a simple flow in which nearby points in state space tend to remain close during the flow, then initial states that are close to a particular stable state and far from all others will tend to terminate in that nearby stable state. As we mentioned above, each attractor has its own basin of attraction, and sometimes they have overlap partly. When the initial state is located in such region, which fixed point might it reach at last? The final result of our simulation throws light on this problem: it will arrive at neither of the fixed points but generate a new attractor instead. We also guess that both outputs in the two layers can be interpreted as emergence, because they generate new attractor respectively.

There are still further steps in our work. Our model can demonstrate the cognition of compounds whose meaning can be inferred directly only by integrating each morpheme's sense. It is well known that the classifications of compounds according to the classes of words are diversiform, besides, the relations between morpheme and compounds are very complicated. Compounds may be distinguished from free phrases on phonological, semantic, grammatical and orthographical features. There are still some compounds including two interpretable parses (e. g., "*rainbow*"), yet they have extended the integrated meaning of each morpheme. The facts suggest that morphological parsing does not simply divide a word into its constituents and combine the meanings easily, in this case, more kinds of factors and more complex mechanisms should be considered.

Acknowledgement

This work is supported by NSFC under the grant No. 60534080 and 60774085.

References

[1]Libben G, Gibson M, Yoon Y B, et al. Compound fracture: the role of semantic transparency and morphological headedness[J]. Brain and Language, 2003, 84(1): 50-64.

[2]Haskell T R, MacDonald M C, Seidenberg M S. Language learning and innateness: some implications of compounds research[J]. Cognitive Psychology, 2003, 47(2): 119-163.

[3]Nicoladis E. What compound nouns mean to preschool children[J]. Brain and Language, 2003, 84(1): 38-49.

[4]Cunnings I, Clahsen H. The time-course of morphological constraints: evidence from eye-movements during reading[J]. Cognition, 2007, 104(3): 476-494.

[5]Juhasz B J. The influence of semantic transparency on eye movements during English compound word recognition [M]//van Gompel R P G, Fischer M H, Murray W S, et al. Eye Movement: A Window on Mind and Brain, New York: Elsevier, 2007: 373-389.

[6]De Jong N H, Feldman L B, Schreuder R, et al. The processing and representation of Dutch and English compounds: peripheral morphological and central orthographic effects [J]. Brain and Language, 2002, 81(1-3): 555-567.

[7]Nicoladis E. The cues that children use in acquiring adjectival phrases and compound nouns: evidence from bilingual children[J]. Brain and Language, 2002, 81(1-3): 635-648.

[8]Hopfield J J. Neural networks and physical systems with emergent collective computational abilities[J]. Proceedings of the National Academy of Sciences, 1982, 79(8): 2554-2558.

[9] Freeman W J. The Hebbian paradigm reintegrated: local reverberations as internal

representations[J]. Behavioral and Brain Sciences，1995，18(4)：631-631.

[10]Brunel N. Network models of memory, in methods and models in neurophysics[R]. Volume session LXXX: Lecture notes of the Les Houches Summer School,2003，407-476.

[11]Harm M W, Seidenberg M S. Phonology, reading acquisition, and dyslexia: insights from connectionist models[J]. Psychological Review，1999，106(3)：491.

[12]Hinton G E，Shallice T. Lesioning an attractor network: investigations of acquired dyslexia[J]. Psychological Review，1991，98(1)：74-95.

[13]Hopfield J J. Neurons with graded response have collective computational properties like those of two-state neurons[J]. Proceedings of the National Academy of Sciences，1984，81(10)：3088-3092.

[14]Hebb D O. The Organization of Behavior[M]. New York：Wiley，1949.

[15]Gerstner W，Kistler W M. Spiking Neuron Models: Single Neurons, Populations, Plasticity[M]. Cambridge：Cambridge University Press，2002.

[16]Dayan P，Willshaw D J. Optimising synaptic learning rules in linear associative memories[J]. Biological Cybernetics，1991，65(4)：253-265.

[17]Palm G. Models of Neural Networks Ⅲ[M]. Berlin：Springer，1996.

Polyphone Recognition Using Neural Networks[*]

Li Lishu[1]   Chen Qinghua[1]   Chen Jiawei[1]   Fang Fukang[2,3]

(1. Department of Systems Science, School of Management Beijing Normal University, Beijing 100875,

P. R. China; 2. Institute of Non-equilibrium Systems Beijing Normal University, Beijing 100875, P. R. China;

3. State Key Laboratory of Cognitive Neuroscience and Learning, Beijing Normal University,

Beijing 100875, P. R. China)

Abstract: In this paper, we explore the recognition of polyphone. The cognition process is complex, which needs other additional information, otherwise it may cause uncertainty in decision. Recent research is almost focused on phonetics, while we plan to explore the question with neural networks. H. Haken used synergetic neural network to discuss the recognition of ambivalent patterns and the evolution equation of order parameters can interpret the oscillation in perception. Based on his idea, we argue that the process of cognition is phase transformation. Then we apply Hopfield network (associative memory network) with depressing synapse to simulate the recognition process. With our model, a Chinese polyphone is demonstrated. The result supports our interpretation strongly.

Key words: Recognition of polyphone; Neural networks; Hopfield network; Phase transformation

1 Introduction

Polyphones are very common in each kind of language. The recognition processes of those are complicated, because we have to obtain other information. Otherwise, we can't make a definite decision. Due to this difficulty, the research in this field is rare. T. Schultz introduced a polyphone decision tree specialization procedure[1]. H. Torres explored an automatic segmentation method, using a tool based on a combination of Entropy Coding, Multiresolution Analysis, and Self Organized Maps[2]. All of these are achieved from the viewpoint of phonetics, but artificial neural networks (ANN) are seldom concerned.

H. Haken brought forward a new kind of neural network—Synergetic Neural Network (SNN), which can accomplish pattern recognition just like other associative memory networks. Haken treats the neural system as a synergetic system, and he believes that one pattern may generate its order parameter, which then competes with other order parameters of the system. Because of the special preparation of the initial state involving partially ordered subsystems, the order parameter belonging to the specific order wins the competition and, eventually, the order parameter which had the strongest initial support will win, and will force the system to exhibit the features that were lacking

---

* Li L S, Chen Q H, Chen J W, et al. Polyphone Recognition Using Neural Networks[C]// Yu W, He H, Zhang N. Advances in Neural Networks-ISNN 2009: 6th International Symposium on Neural Networks, ISNN 2009, Wuhan, China, May 26-29, 2009, Proceedings, Part II. Berlin: Springer, 2009.

with respect to the special pattern. There is a complete correspondence between the complementation process during pattern formation and the associative memory during pattern recognition[3]. One merit of SNN is that it can simulate the oscillation in human's perception of ambiguous patterns[4].

Neural network models of associative memory suggest that memories are represented as stable network activity states called attractors. When a stimulus pattern is presented to the system, the network dynamics are drawn toward the attractor that corresponds to the memory associated with that stimulus[5-7]. D. Bibitchkov pointed that for binary discrete-time neural networks, the fixed points of the network dynamics are shown to be unaffected by synaptic dynamics. However, the stability of patterns changes considerably. Synaptic depression turns out to be advantageous for processing of pattern sequence[8]. L. Pantic examined a role of depressing synapses in the stochastic Hopfield network, which is a classic associative memory network. The results demonstrate an appearance of a novel phase characterized by quick transitions from one memory state to another[9]. Inspired by those ideas, we argue that the cognition process of polyphone is phase transformation. In this paper, we will use Hopfield network, with dynamic synapses. Using our model, it can display the recognition steps: switching between different pronunciations first, then arriving at a certain one after the additional information is input. We also find that a network with depressing synapses is sensitive to noise and display rapid switching among stored memories.

This paper is organized as follows: Section I is a brief introduction referring to recent research in polyphone recognition. In the next section, our model is proposed. The necessary backgrounds of Hopfield network and synapse depression are also reviewed. The simulation result is shown in section 3. In the final section, we conclude our idea and discuss further work.

2　Model

The structure of our model is the same as classical Hopfield neural network, which consist of N fully connected binary neurons[5,10]. Each neuron i has two states: $s_i = 0$ (not firing) and $s_i = 1$ (firing). When neuron i has a connection made to it from neuron j, the strength of connection is defined as w_{ij} (Nonconnected neurons have $w_{ij} = 0$). The instantaneous state of the system is specified by listing the N values of s_i, so it is represented by a binary word of N bits.

The traditional Hopfield network indicates that the state changes in time according to the following algorithm. For each neuron i, there is a fixed threshold θ_i, neuron i readjusts its state randomly in time but with a rate w_{ij}, setting as

$$s_i = H\left(\sum_{i \neq j} w_{ij} s_j - \theta_i\right). \tag{1}$$

Thus each neuron randomly and asynchronously evaluates whether it is above or below threshold and readjusts accordingly. The threshold θ_i is often set as 0.

In our model, we make a change. We suppose the neurons are stochastic taking values according to the probability given by

$$\mathrm{P}\{s_i(t+1) = 1\} = \frac{1}{2}[1 + \tanh 2\beta h_i(t)]. \tag{2}$$

Parameter β represents the level of noise caused by synaptic randomicity or other fluctuations in neuron functioning. It is an important controller of dynamics in our model, which we will discuss later.

$h_i(t)$ is the net input to neuron i. The input to a particular neuron arises from the current leaks of the synapses to that neuron, which influence the cell mean potential. The synapses are activated by arriving action potentials. $h_i(t)$ takes the form as

$$h_i = \sum_{j=1}^{N} w_{ij} s_j. \tag{3}$$

The connectivity w_{ij} in traditional Hopfield's model is defined as

$$w_{ij} = \sum_{\mu=1}^{L} \xi_i^{\mu} \xi_j^{\mu}. \tag{4}$$

In our model, we use an improved form, which represents an optimal learning rule for associative memory networks[11,12].

$$w_{ij}^0 = \frac{1}{Np(1-p)} \sum_{\mu=1}^{L} (\xi_i^{\mu} - p)(\xi_j^{\mu} - p), \tag{5}$$

$\xi_i^{\mu} (\mu = 1, \cdots, L)$ denotes patterns to be memorized, L is the number of patterns. The variable p represents the mean level of activity of the network for L patterns.

In classical Hopfield networks, the synaptic weight is modified adhering to Hebbian learning rule, which is a simplified function[13]. But synapses in real neurons tend to exhaust their resources, i. e. their strength decreases upon usage, which is more complex. Tsodyks and Markram establish a phenomenological model of depressing synapse[14,15,16]. This model is based on the concept of a limited pool of synaptic resources available for transmission (R). Every presynaptic spike, occurring at time t_{sp}, causes a fraction U_{SE} of the available pool to be utilized, and the recovery time constant, τ_{rec}, determines the rate of return of resources to the available pool. In the depressing synapse, the synaptic parameter, U_{SE} and τ_{rec}, are constant and together determine the dynamic characteristics of transmission. The fraction of synaptic resources available for transmission evolves according to the following differential equation

$$\frac{dR}{dt} = \frac{(1-R)}{\tau_{rec}} - U_{se} R \delta(t - t_{sp}). \tag{6}$$

The amplitude of the postsynaptic response (PSR) at time t_{sp} is therefore a dynamic variable given by the product $PSR = A_{se} \times R(t_{sp})$, where A_{se} is a constant representing the absolute synaptic efficacy corresponding to the maximal PSR obtained if all the synaptic resources are released at once.

In our model, we assumed that the strength of synaptic connections changes in time according to the depression mechanism. Since the states of the binary neurons are updated at discrete time steps, we use a discrete equation,

$$R(t+\delta t) = R(t) + \delta t \left(\frac{1-R(t)}{\tau_{rec}} - UR(t)s(t) \right). \tag{7}$$

Here, δt denotes the time step of discretization, which is set as 1. The dynamic synaptic strength is assumed to be proportional to the fraction of recovered resources $R(t)$ and the original synaptic connectivity strength w_{ij}^0

$$w_{ij}(t) = w_{ij}^0 R_j(t). \tag{8}$$

Under this assumption, interactions between the neurons are no longer symmetric.

3　Simulation Result

"提" is a Chinese polyphone in common use, which has two pronunciations, "tí" and "dī". In the word "提案", which means "proposal", it reads "tí", while in the word "提防", which means "be on guard against", it reads "dī". Due to the complicacy, when we see the single character "提", we can't determine a definite pronunciation. How about the other character of one word is given? People can read the exclusive correct pronunciation without hesitation. The aim of our work is to simulate this process.

There are two groups of neurons in our model, denoting $G1$, $G2$, and each contains 256 neurons, which are laid to a 16×16 matrix. The photographed character or phonogram is decomposed into pixels, and the value at each pixel corresponds to the value of a neuron in the network. The two pronunciations are memorized in $G1$, while $G2$ stores the extra characters' information.

Our model implements two main steps as follow. This first is training the network with "tí" and "dī", implying there are two patterns in the network. The neurons in $G1$ are all active, while the neurons in $G2$ are inactive, so the connection matrix is 256×256, and the mean level of activity $p_1 = 0.17$. Then we input either "案" or "防" into the network, and observe the evolution result. After that, we train the network with larger samples. In this time, the neurons in both $G1$ and $G2$ are active, which carries the connection matrix is 512×512, and $p_2 = 0.23$. Here "案" and "tí", "防" and "dī" are related respectively, so there still are two patterns in the network. Then we input either "案" or "防" into the network, and check whether it can reach a single stable fixed point.

The values of parameters are set as: $\alpha = 30$, $\tau_{rec} = 30$. The simulation result is shown in Fig. 1. During the first 45 times, the network arrives at either "tí" or "dī", which are memorized pattern (fixed point) in the network, and they switches between each other for several times. But most of time, the network can't get the fixed point but a mixture state, which means nothing. After that, i.e. from 46th evolution on, we input "防" into the network, the network stops oscillating immediately, and stays at the corresponding stable fixed point persistently.

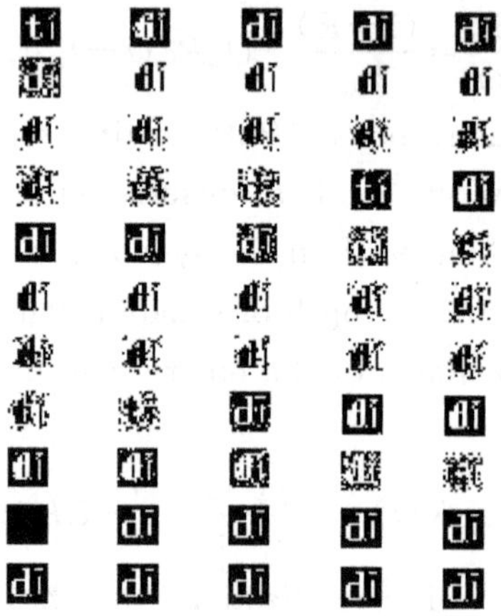

Fig. 1 Simulation result using our model

The simulation result can interpret the recognition process of polyphone: switching between different pronunciations first, then arriving at a certain one as soon as the extra information is given.

4 Discussion

SNN can be used to solve the question of recognizing ambivalent patterns, which is focused on the evolution of order parameters in the dynamic system. Besides, the ambivalent pattern has several strict limitative properties, which means it might not be used for all kinds of oscillations in perception. In this paper, we try to apply associative memory network with depressing synapse to the cognition of Chinese polyphone. Given the appropriate value of each parameter, the network switches from one state to another or the mixture state. When the additional information is input into the network, it arrives at the corresponding fixed point immediately and keeps there steadily.

The classical Hopfield network considers each memorized pattern as a stable fixed point in the phase space. After training the network with some kind of learning rules, when the network get a input, it will arrive at a certain stable fixed point. But why the behavior in our model is totally conflict with the traditional conclusion? The function of noise and synaptic depression plays an important role in our model. L. Pantic explored the role of noise, as well as the effect of the synaptic recovery process in pattern retrieval, and he also discussed the dynamic behavior of a network with depressing synapse in detail[9]. Random synchronous activity of some neurons from an inactive group, which occurs due to noise, will cause an increase of their local fields and further excitation of the other neurons in the same group. Meanwhile, the local fields of the neurons from the currently active group become depressed, and the activity of that group is inhibited. As a result of this process, the network switches to other state or the mixture state.

There are still further steps in our work. τ_{rec} is a key parameter in our model, for it determines the duration time of one pattern, but the duration time of each pattern is different, is there any other parameter controlling this property? In order to illustrate the essence of our approach, we just consider patterns which allow for two perceptions without bias. How about the case of the presence of a bias? Unprepared persons may initially perceive a polyphone with differing probabilities for each interpretation, for they have the lasting time for each pronunciation may be different.

Acknowledgment

This work is supported by NSFC under the grant No. 60534080 and No. 60774085.

References

[1] Schultz T, Waibel A. Language-independent and language-adaptive acoustic modeling for speech recognition[J]. Speech Communication, 2001, 35(1-2): 31-51.

[2] Torres H M, Gurlekian J A. Acoustic speech unit segmentation for concatenative synthesis[J]. Computer Speech & Language, 2008, 22(2): 196-206.

[3] Haken H. Principles of Brain Functioning: a Synergetic Approach to Brain Activity, Behavior, and Cognition[M]. Berlin: Springer, 1996.

[4] Haken H. Synergetic Computers and Cognition: a Top-Down Approach to Neural Nets[M]. 2nd ed. Berlin: Springer, 2004.

[5] Hopfield J J. Neural networks and physical systems with emergent collective computational abilities[J]. Proceedings of the National Academy of Sciences, 1982, 79(8): 2554-2558.

[6] Amit D J. The Hebbian paradigm reintegrated: local reverberations as internal representations[J]. Behavioral and Brain Sciences, 1995, 18(4): 617-657.

[7]Brunel N. Network models of memory, in Methods and Models in Neurophysics[R]. Volume session LXXX: Lecture notes of the Les Houches Summer School, 2003: 407-476.

[8]Bibitchkov D, Herrmann J M, Geisel T. Pattern storage and processing in attractor networks with short-time synaptic dynamics[J]. Network: Computation in Neural Systems, 2002, 13(1): 115-129.

[9]Pantic L, Torres J J, Kappen H J, et al. Associative memory with dynamic synapses[J]. Neural Computation, 2002, 14(12): 2903-2923.

[10]Hopfield J J. Neurons with graded response have collective computational properties like those of two-state neurons[J]. Proceedings of the National Academy of Sciences, 1984, 81(10): 3088-3092.

[11]Dayan P, Willshaw D J. Optimising synaptic learning rules in linear associative memories[J]. Biological Cybernetics, 1991, 65(4): 253-265.

[12]Palm G. Models of Neural Networks III[M]. Berlin: Springer, 1996.

[13]Hebb D O. The Organization of Behavior[M]. New York: Wiley, 1949.

[14]Tsodyks M V, Markram H. The neural code between neocortical pyramidal neurons depends on neurotransmitter release probability[J]. Proceedings of the National Academy of Sciences, 1997, 94(2): 719-723.

[15]Fuhrmann G, Segev I, Markram H, et al. Coding of temporal information by activity-dependent synapses[J]. Journal of Neurophysiology, 2002, 87(1): 140-148.

[16]Markram H, Pikus D, Gupta A, et al. Potential for multiple mechanisms, phenomena and algorithms for synaptic plasticity at single synapses[J]. Neuropharmacology, 1998, 37(4-5): 489-500.

第四部分 生态与环境系统

环境恶化与经济衰退的动力学模型[*]

陈六君　毛　潭　刘　为　方福康

（北京师范大学系统科学系，北京 100875）

摘　要：建立了环境经济耦合系统的动力学模型，分析了环境污染引发经济衰退的机制。结果表明：环境恶化和相应的经济损失可能导致经济衰退，并且由于环境系统演化的非线性，在某些情况下，经济衰退可能是难以逆转的。如果进行适当的污染治理投资，则可能改善环境状况，从而避免经济衰退。

关键词：环境经济系统；环境污染；经济衰退；污染治理投资

A Dynamic Model on Environmental Degradation and Economic Recession

Chen Liujun　Mao Tan　Liu Wei　Fang Fukang

（Department of System Science，Beijing Normal University，Beijing 100875，China）

Abstract：A dynamic model on the co-evolution of environmental and economic system is developed to analyze the mechanism of economic recession due to environmental pollution. The results reveal that economic recession could result from environmental degradation with the related economic loss. With nonlinearity of environmental system, the economic recession could be irreversible under some given parameters. However，environmental conditions could be ameliorated and thus economic recession could be avoided by pollution abatement investment.

Key words：environmental economic system；environmental pollution；economic recession；pollution abatement investment

近年来，经济增长与环境污染之间的关系越来越受到关注[1]。EKC 理论认为，随着经济增长，环境污染指标将先增加后下降[2,3]。但 EKC 理论忽略了环境系统自身的非线性，特别是其承载力和弹性力的有限性，所以该理论并非普遍适用。实际上，当污染超过环境系统的承载力以后，将导致环境状况的急剧恶化，并且这种变化常常难以逆转[4~6]。因此，EKC 理论的适用条件、环境污染引发经济衰退的可能性及其机制等问题就显得尤其重要。本文建立了一个环境经济动力学模型，通过参数分析和数值模拟来讨论上述问题。

1　基本模型

1.1　环境经济系统动力学模型

基于已有的经济增长和可持续发展理论模型[7~11]，经济环境的主要相互作用可概括为图 1。将经

---

[*]　国家"十五"科技攻关计划资助项目（2001-BA608B14）；国家自然科学基金资助项目（70071037）。

陈六君，毛潭，刘为，等. 环境恶化与经济衰退的动力学模型[J]. 北京师范大学学报（自然科学版），2004，40(5)：6.

济和环境看作两个相互作用的子系统。经济系统中存在生产资本 K_Y 和污染治理资本 K_P，K_Y 用于生产活动，其总产出为 Y，并产生污染量 P，K_P 用于去除污染，去除的污染量为 R，则经济系统总的污染排放量可表示为 $P-R$。环境系统中存在污染物，其浓度为 D（若体积 $V=1$，则 D 等价于污染物总量），从外界输入环境系统的污染量（包括 $P-R$）增加污染浓度 D，环境自净量 C 减少 D。环境系统中的 D 导致经济损失 L，并刺激污染治理投资 I_P。经济环境相互作用集中体现在 $P-R$、L、I_P 上。

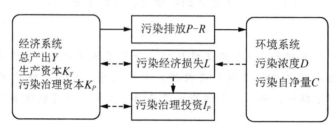

图 1　经济环境相互作用示意图

环境经济耦合系统的动力学模型如下：

$$\dot{K}_Y = sY - L(Y,\ D) - I_P(L) - \delta_Y K_Y, \tag{1}$$

$$\dot{K}_P = I_P(L) - \delta_P K_P, \tag{2}$$

$$D = E_0 + P(Y) - R(P,\ K_P) - C(D), \tag{3}$$

式中，s 为储蓄率；δ_Y 和 δ_P 分别为生产资本 K_Y 和污染治理资本 K_P 的折旧率；E_0 为自然污染物输入速率。在 AK 生产函数的假设下，总产出 $Y = AK_Y$。与经典的经济模型不同，储蓄 sY 并不完全转化为生产资本投资，而是将其中的 L 部分用于补偿污染经济损失，I_P 部分用于污染治理投资，剩余的部分才用于 K_Y 的积累。

1.2　函数具体形式的假定

污染产生函数 $P(Y)$ 描述污染产生量与总产出之间的关系。参考 EKC 理论[9]，假设 P 与 Y 之间存在倒"U"形关系，将其函数形式设为

$$P(Y) = \gamma Y e^{-\lambda Y}, \tag{4}$$

式中，γ 和 λ 为参数。在式（4）的假设下，污染强度 $P/Y = \gamma e^{-\lambda Y}$ 随着 Y 的增加而指数下降，这是由于 Y 的增加促进了清洁技术的普及和经济结构的调整。

治理净化函数 $R(P,\ K_P)$ 描述污染治理资本净化经济系统所产生的污染物的能力。污染治理设备去除污染物的过程具有饱和效应，因此可假定

$$R(P,\ K_P) = PK_P / (K_P + \eta P), \tag{5}$$

式中，η 为参数。若 $K_P \ll \eta P$，则 $R \approx K_P/\eta$，即 R 近似为 K_P 的线性函数；若 $K_P = \eta P$，则 $R = P/2$，即污染治理正好去除 $1/2$ 的污染物；若 $K_P \gg \eta P$，则 $R \approx P$，即几乎去除所有的污染物。

环境自净函数 $C(D)$ 描述环境自净能力与环境中污染浓度之间的关系。一般来说，$C(D)$ 有很强的非线性：当 D 较低时，C 随 D 的增加而增加，当 D 达到一定程度以后，C 随 D 的增加而下降，其形式可假定为 Hill 函数[5,10]

$$C(D) = \delta D [1 - D^q / (D^q + D_d^q)], \tag{6}$$

式中，δ、q 和 D_d 为参数，且 $q>1$。若 $D \ll D_d$，则 $C \approx \delta D$，即 C 为 D 的线性函数，该形式常常出现在文献中[4]；若 $D = D_d$，则 $C = \delta D_d / 2$；若 $D \gg D_d$，则 $C \approx 0$。

污染经济损失函数 $L(Y,\ D)$ 描述环境污染造成的经济损失与环境中 D 之间的关系。L 与环境自净能力的丧失有关，假设其正比于非线性自净能力[见式（6）]与线性自净能力之差，函数形式可写为

$$L(Y,\ D) = lYD^{q+1} / (D^q + D_d^q), \tag{7}$$

式中，l 为参数。若 $D \ll D_d$，则 $L \approx lYD^{q+1}/D_d^q$，即 L 近似为 D 的 $q+1$ 次幂函数；若 $D = D_d$，则 $L = lYD_d/2$；若 $D \gg D_d$，则 $L \approx lYD$，即 L 近似为 D 的线性函数。

治理投资函数 $I_P(L)$ 描述污染治理投资对污染经济损失的响应关系。为方便，假定 I_P 是 L 的固定比例，即

$$I_P = iL, \tag{8}$$

式中，i 为参数，它综合了各种经济和政策因素，体现了经济系统对 L 的响应强度。i 越大，给定 L 所刺激的 I_P 越大。

2 模型分析

称经济增长率小于零的情况为经济衰退。如果污染经济损失足够大，将导致经济衰退。下面分两种情况来讨论环境污染与经济衰退之间的关系。

2.1 无污染治理投资

如果经济系统不进行污染治理投资，即 $I_P = 0$、$K_P = 0$ 和 $R = 0$，则环境经济耦合系统动力学行为由式（1）和式（3）描述。在该模型中，经济环境之间形成一个反馈环：经济系统通过污染排放 $P - R$ 来促进污染浓度 D 的积累，而环境系统则通过污染经济损失 L 来抑制生产资本 K_Y 的积累。由于环境系统演化的非线性，D 与 K_Y 之间存在复杂的共同演化关系。下面通过参数分析和数值模拟进行讨论。

简单计算可得经济增长率

$$g_Y = A[s - lD^{q+1}/(D^q + D_d^q)] - \delta_Y。 \tag{9}$$

从式（9）可以看出，g_Y 唯一取决于 D。若 $D \equiv 0$，则 Y 以增长率 $g_Y^0 = As - \delta_Y > 0$ 的速度稳定增长。随着 D 的增加，g_Y 单调下降。记与 $g_Y = 0$ 相应的污染浓度为 $\hat{D}$，则经济衰退（$g_Y < 0$）的充要条件是 $D > \hat{D}$。而根据式（3）及 $R = 0$，$D(t)$ 取决于污染自净能力 C 和污染输入 $E_0 + P$。

根据式（6），C 随 D 的增加先上升后下降。记最大污染自净能力为 C^*，相应的污染浓度为 D^*，则

$$C^* = \delta D_d (q-1)^{(q-1)/q}/q, \quad D^* = (q-1)^{-1/q}D_d。 \tag{10}$$

根据式（4），P 与 Y 之间呈倒"U"形曲线关系。记最大污染产生量为 P^*，相应的总产出为 Y^*，则

$$P^* = e^{-1}\gamma/\lambda, \quad Y^* = 1/\lambda。 \tag{11}$$

通过分析 P^* 与 C^* 之间的关系，可得如下命题：

若 $A[s - l(q-1)^{-1/q}D_d/q] - \delta_Y > 0$，且 $D(0) < D^*$，则经济衰退的必要条件是 $\gamma > \bar{\gamma}$，其中 $\bar{\gamma} = e\lambda[\delta D_d(q-1)^{(q-1)/q}/q - E_0]$。

证明　$g_Y(D^*) = A[s - l(q-1)^{-1/q}D_d/q] - \delta_Y$，又 $A[s - l(q-1)^{-1/q}D_d/q] - \delta_Y > 0$，所以 $g_Y(D^*) > 0$。根据式（9）可得 $\hat{D} > D^*$。结合经济衰退的充要条件是污染浓度 $D(t) > \hat{D}$，可得经济衰退的必要条件是 $D(t) > D^*$。由于 $D(0) < D^*$，因此若要出现经济衰退，$D(t)$ 必须在某个时刻从小到大经过 D^*，记该时刻为 t^*，即 $D(t^*) = D^*$，则 $D(t^*) = E_0 + P(t^*) - C(t^*) > 0$。又由于 $P^* > P$ 且 $C(t^*) = C^*$，则 $E_0 + P^* - C^* > 0$。代入式（10）和式（11），可得 $\gamma > \bar{\gamma}$，命题得证。后面的讨论均在该命题下进行。

该命题说明只要 $\gamma \leqslant \bar{\gamma}$，就不会出现经济衰退。在这种情况下，$Y$ 随时间不断增加，而 D 则随时间先增加后下降。D 的下降与污染产生量 P 的下降在时间上存在一定的滞后，γ 越大，滞后效应也越明显。若 $\gamma > \bar{\gamma}$，则可能出现经济衰退，下面通过数值模拟来讨论这种情况。设定参数 $A = 0.333$，$s =$

0.3，$\delta_Y=0.05$，$E_0=10$，$\delta_P=0.5$，$\lambda=0.2$，$D_d=100$，$q=2$，$l=0.0015$，则 $\bar{\gamma}=8.15$，且 $D^* <$
$\hat{D}$。设 $K_Y(0)=3$，$D(0)<D^*$，并使得 $K_Y(0)$ 和 $D(0)$ 在稳定增长路径上。

数值模拟展示了系统丰富的动态演化行为。模拟表明，存在临界参数 γ_c，分隔开两种明显不同的演化轨迹。若 $\bar{\gamma}<\gamma\leqslant$ γ_c，系统行为与 $\gamma\leqslant\bar{\gamma}$ 时类似：D 先增加后下降，Y 持续增加。一旦 $\gamma>\gamma_c$，系统行为与前者明显不同：D 持续增加并超过 $\hat{D}$，导致 Y 开始下降，即出现经济衰退。在设定的参数下，模拟得到 $9.10<\gamma_c<9.11$。比较系统在 γ_c 附近 $\gamma=9.10$ 和 $\gamma=9.11$ 的演化轨迹（图2）：对于 $\gamma=9.10$，Y 随时间不断增加，而 D 则先增加后下降，在 Y-D 相图上呈现出近似的倒 "U" 形曲线；对于 $\gamma=9.11$，Y 在一段时间的持续增加以后，

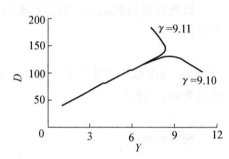

图2　参数 γ 在 γ_c 附近时的 Y-D 相图

出现长时间的下降，而在此期间，D 持续增加，在相图上不再有倒 "U" 形曲线。

在 γ_c 附近，经济衰退的持续时间对 γ 非常敏感，即 γ 值的微小增加将导致衰退时间的大幅度增加。系统演化轨迹对 γ 的敏感性主要是由于环境演化中的正反馈机制：根据式(6)，当 D 超过转折点 D^* 以后，环境自净能力 C 随着 D 的增加而下降，而根据式(3)所示，C 的下降将导致 D 的进一步增加，从而形成一种正反馈。该机制极大地放大了 γ 在 γ_c 附近的作用，使得 γ 值的微小增加也足以将系统推向另一种演化轨迹。

基于上述参数分析和数值模拟，可以根据 γ 值对环境经济耦合系统进行初步分类：

称 $\gamma\leqslant\bar{\gamma}$ 的系统为安全系统，其演化过程中恒有 $D(t)<D^*$，不会出现经济衰退。特别地，环境自净能力 C 随着 D 的增加而增加，根据式(3)，这是一种有利于系统稳定的负反馈机制，因此系统有较强的抗干扰能力。对于安全系统，EKC 理论完全适用，即 D 与 Y 之间存在倒 "U" 形曲线关系。

称 $\bar{\gamma}<\gamma\leqslant\gamma_c$ 的系统为脆弱系统，其演化过程中恒有 $D(t)<\hat{D}$，虽然不会出现经济衰退，但可能出现 $D(t)>D^*$，从而触发环境演化中的正反馈机制，导致系统的不稳定。对于脆弱系统，如果外界干扰太大，就可能导致经济衰退，因而 EKC 理论不再适用。

称 $\gamma>\gamma_c$ 的系统为危险系统，其演化过程中有 $D(t)>\hat{D}$，并出现经济衰退。由于环境演化中的正反馈机制，在 γ_c 附近，γ 值的微小增加将导致长时间的经济衰退，并且这种变化很难逆转。对于危险系统，如果不采取任何措施，必然导致经济衰退，但如果采取措施(包括进行污染治理投资)，则可能避免经济衰退。

2.2　污染治理投资的作用

在不考虑污染治理投资的情况下，经济系统只能被动地承受环境污染带来的经济损失。如果考虑污染治理投资，则可通过选择投资策略来主动地改善环境状况，并最终促进经济增长。环境经济系统动力学如式(1)~式(3)所示，它在原来的反馈回路上增加了一个负反馈机制：污染经济损失 L 刺激污染治理投资 I_P，I_P 积累起来形成了污染治理资本 K_P，K_P 去除污染量 R，从而抑制了 D 在环境中积累，相应地减少 L。该负反馈机制有利于系统的稳定，并避免经济衰退的发生。

计算可得经济增长率为

$$g_Y=A[s-l(1+i)D^{q+1}/(D^q+D_d^q)]-\delta_Y。 \tag{12}$$

与式(9)相比，对于相同的 D，这里的 g_Y 更小。但由 I_P 抑制了 D 的积累，从而降低了未来的 L，并最终促进经济增长。总的来说，I_P 在前期直接降低 g_Y，但在后期将提高 g_Y，这种具有后发效应的现象可以归为 "J" 效应[12]。包含了 I_P 的动力学系统具有更多的非线性因素，D、K_P 和 K_Y 之间存在着更为复杂的共同演化关系，很难通过参数分析得到有意义的结果。因此下面主要通过数值模拟来分析 I_P 的作用，特别是分析在危险系统中，污染治理投资能否避免经济衰退的问题。

根据式(8)，不同污染治理投资策略集中体现在参数 i 值的大小上，所以，可通过模拟系统在不同 i 值下的动力学行为来分析不同投资策略的作用。设定参数 $\delta_P=0.05$，$\eta=0.2$，$\gamma=10$，$K_P(0)=0$，其他参数及初始值同前。

模拟发现，对于危险系统($\gamma>\gamma_c$)，存在 i 的某个临界值 i_c，只有当 $i>i_c$ 时，才恒有 $D(t)<\hat{D}$，从而才能避免经济衰退。这意味着在经济系统中必须建立有效的经济体制，以使 i 值足够大。在设定参数下，模拟得到 $i_c\approx0.103$。比较 i 在 i_c 两侧取值 $i=0.099$ 和 $i=0.105$ 时系统的演化轨迹(图3)：对于 $i=0.105$，D 先增加后下降，Y 持续增长，没有出现经济衰退；对于 $i=0.099$，D 持续增加，Y 却先增加后持续下降，即出现了长时间的经济衰退。在 i_c 附近，经济衰退的持续时间对 i 具有敏感性，即 i 值的小量减少将导致经济衰退持续时间的大幅度增加，这种敏感性也是由于环境演化中的正反馈机制。

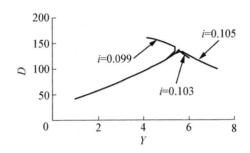

图3　参数 i 在 i_c 附近时的 Y-D 相图

在 $i<i_c$ 的参数范围内，增加 i 值可以大大提升总产出 Y，特别是在 i_c 附近，这种作用更为明显。但是，若 i 值太大，i 的进一步增加对 Y 的促进作用将减弱，过高的 i(过度的污染治理投资)甚至还会对 Y 有抑制作用。在各种 i 值中，$i=0.66$ 的系统在模拟时段终点所对应的 Y 最大。如果把模拟时段终点的 Y 值作为优化目标，$i=0.66$ 可以认为是 i 的最优值，并记为 $\hat{i}$。模拟表明，系统演化在 $\hat{i}$ 附近对 i 不敏感：$i=0.50$ 和 $i=0.90$ 的经济增长率 $g_Y(t)$ 之间非常相近(图4)，且在模拟时段终点的 Y 相差不超过 2%。这种不敏感性意味着经济系统通过优化参数 i 来优化 Y 是容易实现的。这种现象是治理净化函数式(5)的饱和特征与污染经济损失函数式(7)的非线性特征等多种因素共同作用的结果。

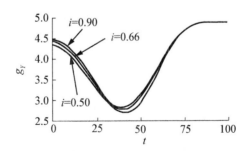

图4　参数 i 在 $\hat{i}$ 两侧时的经济增长率 $g_Y(t)$

对于另外两类系统($\bar{\gamma}<\gamma\leqslant\gamma_c$ 和 $\gamma\leqslant\bar{\gamma}$)，$I_P$ 也能够提高 Y。若 γ 很小，如 $\gamma=6$，最优参数 $\hat{i}\approx0$。也就是说从经济角度来看，I_P 几乎没有任何收益。γ 越大，$\hat{i}$ 也越大。另外，若 γ 太大，即使 $i=\hat{i}$ 可以避免经济衰退的发生，其经济增长率 g_Y 也将非常低。在该情况下，只能通过其他途径来减少污染，如在生产过程中采用清洁技术，改进污染治理技术，从而提高污染治理的效率，或者直接加强环境自净能力等。

3　结论

本文分析了环境污染引发经济衰退的可能性及其机制。在不考虑污染治理投资的情况下，环境经济系统形成一个反馈回路：经济系统通过污染排放来促进污染物的积累，而环境系统则通过污染经济损失来抑制生产资本的积累。当污染浓度足够大时，相应的污染经济损失也将很大，从而导致经济衰退。考虑存在污染治理投资的情况，污染治理投资在原来的反馈回路上增加了一个负反馈机制：污染经济损失刺激污染治理投资，形成的污染治理资本抑制污染物的积累，从而减少污染经济损失。这个负反馈机制有利于环境经济系统的稳定，使得经济系统可以选择适当的污染治理投资来避免经济衰退。

基于模型的参数分析和数值模拟结果，可以将环境经济系统分为3类：安全系统、脆弱系统和危险系统。EKC理论只适用于安全系统，而对于脆弱系统和危险系统，必须考虑环境系统演化的非线性。对于脆弱系统，如果外界干扰太大，可能导致经济衰退。对于危险系统，如果不采取任何措施，必然导致严重的经济衰退，并且由于系统的正反馈机制，经济衰退是难以逆转的。

数值模拟还发现了系统演化对参数的高度敏感性：在临界参数附近，参数取值的微小变化将导致经济衰退持续时间的大幅度增加。实际上，参数向着这些临界参数的变化过程可以看作环境弹性力迅速下降的过程。这个结果说明在临界参数附近，环境经济系统演化具有很高的不确定性，需要环境保护和治理投资等来保持环境系统的弹性力，才能有效避免经济衰退[5]。

参考文献

[1]Arrow K，Bolin B，Costanza R，et al. Economic growth, carrying capacity, and the environment[J]. Science，1995，268(5210)：520-521.

[2]Grossman G M，Krueger A B. Environmental impacts of a North American Free Trade Agreement[M]// Garber P M. The US-Mexico Free Trade Agreement. Cambridge：MIT Press，1993：13-56.

[3]Stern D I，Common M S，Barbier E B. Economic growth and environmental degradation：the environmental Kuznets curve and sustainable development[J]. World Development，1996，24(7)：1151-1160.

[4]Aghion P，Howitt P，Brant C M，et al. Endogenous Growth Theory[M]. Cambridge：MIT Press，1998.

[5]Scheffer M，Carpenter S，Foley J A，et al. Catastrophic shifts in ecosystems[J]. Nature，2001，413(6856)：591-596.

[6]Muradian R. Ecological thresholds：a survey[J]. Ecological Economics，2001，38(1)：7-24.

[7]Smulders S. Economic growth and environmental quality[M]//Folmer H，Gabel L. Principles of Environmental Economics. Cheltenham：Edward Elgar，2000：602-664.

[8]Selden T M，Song D. Neoclassical growth, the J curve for abatement, and the inverted U curve for pollution[J]. Journal of Environmental Economics and Management，1995，29(2)：162-168.

[9]Pasche M. Technical progress, structural change, and the environmental Kuznets curve[J]. Ecological Economics，2002，42(3)：381-389.

[10]Carpenter S R，Ludwig D，Brock W A. Management of eutrophication for lakes subject to potentially irreversible change[J]. Ecological Applications，1999，9(3)：751-771.

［11］De Bruyn S M. Explaining the environmental Kuznets curve：structural change and international agreements in reducing sulphur emissions［J］. Environment and Development Economics，1997，2(4)：485-503.

［12］Fang F K，Chen Q H. The J structure in economic evolving process［J］. Journal of Systems Science and Complexity，2003，16(3)：327-338.

环境系统的临界性分析*

陈六君[1]　　王大辉[1]　　方福康[2]

（1. 北京师范大学系统科学系，北京 100875；2. 北京师范大学非平衡系统研究所，北京 100875）

摘　要：本文讨论了环境系统临界性产生的一种可能机制及其临界特征。对湖泊富营养化模型的详细分析表明，其临界性来自湖泊系统中的"S"形磷再循环过程。基于"S"形过程的普遍性，本文认为这可能是产生环境系统临界性的一种普遍机制，并建立了其动力学模型的一般形式。以此为基础，构造了一个包含"S"形过程的生物自净模型，该模型可以刻画因生物的污染净化能力变化所引起的临界性。对生物自净模型动态演化过程的数值模拟发现，其临界特征在污染治理中有重要意义，如果污染治理时刻晚于某个临界值，环境系统的演化轨迹将突然发生变化。

关键词：环境系统；临界性；自净能力

Criticality Analysis on Environmental System

Chen Liujun[1]　　Wang Dahui[1]　　Fang Fukang[2]

（1. Department of System Science；Beijing Normal University，Beijing 100875，China；

2. Institute of Nonequilibrium System，Beijing Normal University，Beijing 100875，China）

Abstract：We discuss a possible mechanism of criticality in environmental system and its critical charact eristics. Our analysis of eutrophication model shows that criticality in lake ecosystem could result from a S-shaped recycling process of phosphorus. S-shaped process is common in environment system，so we suppose that such process be a possible mechanism of criticality in many other environmental systems. Based on the supposition，we build a general dynamic model of environmental systems with criticality. As an application of the general dynamic model，we develop a biotic self-cleaning model that could manifest criticality resulting from change in biotic pollution absorption capacity. The simulation of the biotic self-cleaning model shows that the critical characteristics have great signifcance in the pollution abatement，that is，the evolving locus will dramatically alter if pollution abatement moment comes later than some critical moment.

Key words：environmental system；criticality；self-cleaning capacity

1　引言

近年来，研究指出某些环境系统的演化存在临界性，即当系统演化超过某种临界点以后，会突然出现状态跃迁[1-3]。大量环境经济模型建立在环境系统的线性局部模型基础上，主要讨论如何优化经济行为以确保环境演化维持在临界范围内[4-6]。但是，由于环境演化的复杂性，这种经济学中常用的

---

* 资助项目：国家自然科学基金(70071037)；"十五"科技攻关项目(2001-BA608B14)。

陈六君，王大辉，方福康. 环境系统的临界性分析[J]. 系统工程理论与实践，2004，8：12-17.

优化方法可能并不适用，环境演化有可能超过临界范围。所以，研究环境演化状态跃迁的产生机制，分析环境演化在临界点附近的特殊行为就变得非常重要。本文探讨了环境系统临界性产生的一种可能机制，并分析了这种机制下的临界特征。

2 湖泊系统的临界性分析

生态系统总在经历着气候、营养输入、生境破碎等缓慢变化，一般认为，生态系统对这种缓慢变化的反应也是连续的。但是，对于湖泊、珊瑚礁、海洋、森林和干旱地区的研究都表明：生态系统的连续反应模式可能被突然中断，系统从一种状态跃迁到另一种状态，并且这种跃迁常常是不可逆转的[2]。为讨论方便，我们把这种突然的状态跃迁特征称为临界特征，并把具有临界特征的环境系统称为临界环境系统。

湖泊富营养化过程具有明显的临界特征，表现为从清澈的、以水下绿色植物为主的状态突然跃迁到混浊的、以藻类为主的状态，是目前研究较为深入的突变现象之一。下面将以湖泊富营养化过程为例，通过分析其核心动力学模型的分叉行为，讨论产生临界性的机制及其临界特征。

湖泊富营养化过程的核心动力学模型可以写为[7]：

$$D = E - \delta D + rD^q/(m^q + D^q) \tag{1}$$

式中，D 为水体中的磷浓度；E 为磷的输入速率；δ 为磷的沉淀速率；r 为磷再循环过程的极限速率；m 为再循环过程的半饱和点；q 为再循环过程的形状参数，其变化范围为 $2\sim20$。记 $f(D) = \delta D - rD^q/(m^q + D^q)$，称为环境自净函数，表示环境系统对磷的自净能力。环境自净函数涉及两个过程：一个是与磷浓度具有线性关系的沉淀过程（第一项），另一个是与磷浓度具有"S"形曲线关系的再循环过程（第二项），包含了很强的非线性。

下面对模型的定态分析将表明，当"S"形再循环过程的参数满足一定条件时，湖泊系统就会产生临界性。

湖泊系统中的磷浓度演化取决于自净过程参数 δ、r、m、q 和磷输入速率 E，其中，自净过程参数作为系统参数，在演化过程中保持不变，而磷输入速率对湖泊来说是外界参数，在演化过程中会随着经济活动变化而变化。模型的定态分析容易发现：如果 $r < \mu_-$，在任何参数 E 下，系统都只有一个稳定定态；如果 $\mu_- < r < \mu_+$，在参数 E 的一定区间内，系统存在双重稳定定态，参数 E 变化导致的定态跃迁存在滞后现象（hysteresis）；如果 $r > \mu_+$，在参数 E 的一定区间内，系统也存在双重稳定定态，但是，参数 E 变化导致的定态跃迁是不可逆的（irreversible），其中，$\mu_- = 4\delta m q (q+1)^{-(1+q)/q} (q-1)^{-(q-1)/q}$，$\mu_+ = Wmq(q-1)^{-(q-1)/q}$。

分析湖泊系统的临界特征，即当外界参数连续变化时，系统突然从一个定态跃迁到另一个定态。设定参数 $\delta = 0.72$，$m = 100$，$q = 8$，则 $\mu_- = 35.4$，$\mu_+ = 104.9$。模型在参数空间的分叉特征见图 1(a)，图中 D_+、D_-、D_c 分别表示较高稳定定态、较低稳定定态和不稳定定态，两条曲线分别代表 $D_c = D_-$ 和 $D_c = D_+$ 的参数轨迹，所围成的区域内有三个定态（D_+、D_-、D_c），区域外只有一个定态（D_+ 或 D_-）。相应的定态解分叉特征见图 1(b)。

如果 $r < 35.4$，系统只有一个稳定定态，系统演化对参数 E 连续变化的反应也是连续的，不存在临界性。参考图 1(a)和图 1(b)中曲线 $r = 32$。

如果 $35.4 < r < 104.9$，当参数 E 从左到右穿过曲线 $D_c = D_+$ 以后，系统进入双重定态参数区域。此时，系统仍然处于原来的较低稳定定态 D_-，直到参数 E 进一步增加并穿过曲线 $D_c = D_-$ 以后，系统原来所处的稳定定态消失，系统发生突变跃向较高定态 D_+。也就是说，参数 E 穿过曲线 $D_c = D_-$ 的连续变化导致了突然的定态跃迁。并且，这种定态跃迁具有滞后现象，因为当参数 E 反过来从右到左穿过曲线 $D_c = D_-$ 之后，系统不会立即跃向较低定态 D_-，而是直到穿过曲线 $D_c = D_+$ 以后才发生

突变。参考图 1(a)和图 1(b)中曲线 $r=64$。

如果 $r>104.9$，系统首先处在双重定态参数区域并保持在较低定态 D_-，当参数 E 从左到右穿过曲线 $D_c=D_-$ 以后，系统原来所处的较低稳定定态消失，系统发生突变跃向较高定态 D_+。此时，参数 E 的连续变化导致了突然的定态跃迁。这种定态跃迁具有不可逆性，即使 E 从右到左穿过曲线 $D_c=D_-$ 并最终降到零，系统都将一直处于较高稳定定态 D_+，不会跃向较低定态 D_-。参考图 1(a)和图 1(b)中曲线 $r=128$。

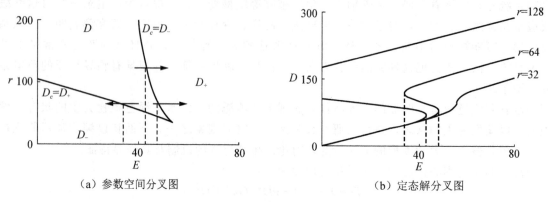

（a）参数空间分叉图   （b）定态解分叉图

图 1　富营养化模型的临界特征分析

湖泊系统的临界特征除了表现为外界参数连续变化导致突然的定态跃迁以外，还表现为在存在双重定态的参数条件下，对干扰反应的临界性。双重稳定定态 D_+、D_- 存在各自的吸引域，吸引域边界是介于两个稳定定态之间的不稳定定态 D_c。如果湖泊系统受到的干扰并未超过原来稳定定态的吸引域，系统在干扰之后仍然能够回到该定态。但是，一旦干扰超过原来稳定定态的吸引域，系统就将趋向另一个稳定定态。

3　临界环境系统动力学模型的一般形式

第 2 节中对湖泊系统的临界性分析表明，自净函数中再循环过程的"S"形特殊性质导致了临界特征。也就是说，如果环境系统的自净函数由一个线性自净过程和另一个抵消其自净作用的"S"形环境过程叠加而成，那么，当这个"S"形环境过程的参数满足一定条件时，环境系统就会产生临界性。

"S"形再循环过程可以用 $rD^q/(m^q+D^q)$ 来表示，这类函数称作 Hill 函数。Hill 函数是一类典型的具有"S"形状的函数，其一般形式为 $x^q/(x^q+h^q)$，取值在 [0, 1] 之间。h 为半饱和常数，当 x 等于 h 时，函数取值为 0.5。q 为形状参数且大于等于 1，q 越大，"S"形曲线越陡峭。如果 q 等于 1，Hill 函数化为如下特殊形式 $x/(x+h)$，被称为 Michaelis-Menten 函数或 Monod 函数。当然，除 Hill 函数以外，其他许多函数也具有"S"形状，如 Logistic 函数就是另一类应用得非常广泛的"S"形函数。

"S"形过程在环境系统或生物系统中具有普遍性，具有"S"形状的 Hill 函数也广泛地应用于复杂的生物化学和种群动态等研究中[8,9]。例如，形状参数 q 等于 2 的 Hill 函数 $x^2/(x^2+h^2)$，对应着种群动态研究中广泛使用的"Holling 第三类功能响应"(type-Ⅲ functional response)[10-12]。

综合上述两个方面，即"S"形过程能够产生临界性和"S"形过程的普遍性，可以认为"S"形过程是产生临界性的一种普遍机制，当"S"形过程的参数满足一定条件时，系统就会具有临界特征。对于环境系统来说，产生临界性的一种普遍机制可能就是环境自净函数中包含的"S"形环境过程。

"S"形环境过程具有明显的阶段特征(图 2)：当污染物浓度较低时，"S"形环境过程趋于零，只有当污染物浓度增加并趋向半饱和点时，"S"形环境过程才突然增强，并很快达到其极限值。这种"S"形特征暗示着，在污染物浓度较低的时候，自净函数的非线性特征并没有表现出来，可以用线性形式的自净函数来近似，这也间接地支持了大量文献中的线性局部模型[4~6]。

图2 "S"形环境过程示意图

根据以上分析，对临界环境系统的自净函数做如下一般假设：

(1)环境自净函数可以分解为 n 个环境自净过程的叠加；

(2)始终存在一个可以表示为线性形式的、正的环境自净过程；

(3)其他 $n-1$ 个环境过程中，至少有一个是具有"S"形特征的、负的环境过程，该环境过程将抵消正的环境自净能力。

基于上述假设，临界环境系统动力学模型的一般形式可以写为：

$$\dot{D}=E-\delta D-g_2(D)-g_3(D)-\cdots-g_n(D), \tag{2}$$

式中，$g_i(D)$ 为环境过程 $i(i=2,3,\cdots)$ 的自净能力。

对 $g_i(D)$ 的形式做进一步假定：

(4)环境过程 i 都可以用 Hill 函数刻画，可能抵消或增强线性环境过程的自净能力，即：

$$g_i(D)=V_iD^{q_i}/(D^{q_i}+D_i^{q_i}), \tag{3}$$

式中，V_i 为过程 i 的极限值，其正负号分别表示过程 i 增强或者抵消原来的环境自净能力；D_i 为过程 i 的半饱和常数；q_i 为过程 i 的形状参数，表示"S"形曲线的陡峭程度。如果自净函数满足假设(1)~(4)，在 Hill 函数的一定参数范围内，环境系统将表现出临界特征。

4 包含"S"形过程的生物自净模型

基于临界环境系统动力学模型的一般形式，本文构造一个生物自净模型，该模型可以刻画因生物污染净化能力的变化所引起的临界性。生物自净模型的自净函数 $f(D)$ 在直观上呈现一种近似的倒"U"形曲线，满足 $f(\cdot)<0$，$f(\infty)=0$，$\partial^2 f/\partial D^2<0$。这种倒"U"形环境自净函数并不是特殊的，实际上，在 Bovenberg 和 Smulders[13] 讨论经济增长和环境质量关系的模型中也暗含了这种特征的环境自净函数。

考虑环境系统自净能力主要来自生物对污染物吸收的情况，环境自净函数可以分解为线性自净过程、饱和过程和死亡过程的叠加。在污染物浓度较低的情况下，环境自净能力近似地随污染物浓度线性增加 WD，环境自净能力只涉及线性自净过程。随着污染物浓度的增加，生物对污染物吸收的饱和特征渐渐显现出来，从而在原来的线性自净过程的基础上叠加了一个饱和过程，其自净能力可以记为 Monod 函数形式：$g_2=\gamma_2D/(D+D_r)$，D_r 是饱和过程的半饱和点。假定 $\gamma_2=-WD$，表示饱和过程直接抵消了原有的线性自净过程。随着污染物浓度的进一步增加，生物体内积累过高的污染物或者生物生存环境遭到破坏，原来具有污染吸收能力的生物突然大量死亡，从而在原有自净过程上进一步叠加了一个死亡过程，其自净能力可以记为 Hill 函数形式：$g_3=\gamma_3D^q/(D^q+D_d^q)$，$D_d$ 是死亡过程的半饱和点。假定 $\gamma_3=-WD_rD/(D+D_r)$，表示死亡过程直接抵消原有的自净能力。

将上述环境自净函数称作生物自净函数，相应的动力学模型称作生物自净模型，其动力学形式如下：

$$\dot{D}=E-WD[1-D/(D+D_r)][1-D^q/(D^q+D_d^q)]. \tag{4}$$

分析生物自净模型的临界特征。设定参数 $W=0.5$，$D_r=10$，$q=8$，模型的定态解分叉特征见图3。在给定系统参数 D_d 的情况下，存在外界参数临界值 $\bar{E}$，当参数 E 超过临界值 $\bar{E}$ 后，系统原来的稳定定态解消失，系统演化发散。这表明，参数 E 在其临界值 $\bar{E}$ 附近的连续变化将导致突然的状态跃迁。系统参数 D_d 越小，外界参数临界值 $\bar{E}$ 也越小。另外，系统演化对干扰的反应也具有某种临界性，如果干扰超过了有限定态解的吸引域，系统就将跃入另一个无限发散解的吸引域。

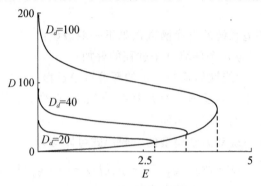

图 3　生物自净模型的定态解分叉图

5　生物自净模型的模拟分析

在定态分析中，环境系统的临界特征表现为：存在外界参数 E 的某个临界值 $\bar{E}$，在其附近的连续变化将导致系统状态的突然跃迁。在这一节中，将通过对生物自净模型的数值模拟来讨论其动态演化过程的临界特征。

对环境系统来讲，污染物输入速率 E 是外生参量，所以，可以外生地给定其随时间变化的过程。污染物输入速率取决于各种经济因素，如经济增长速度、生产技术清洁度和污染治理措施等。假定 E 首先随着经济增长而增加，当经济系统重视环境质量并采取各种措施限制污染排放以后，E 开始下降。所以，设定 E 遵循如下变化过程：

$$E=\begin{cases} E_0+at, & 0<t\leqslant\tau, \\ E_0+a\tau-b(t-\tau), & \tau<t \ \ \text{and} \ \ E\geqslant E_0, \\ E_0, & \text{otherwise}. \end{cases} \tag{5}$$

式中，E_0 表示污染物输入速率的自然来源；$a>0$ 表示污染物输入速率在前期的增长率；$b>0$ 表示污染物输入速率在后期的下降率；τ 表示污染物输入速率从增长转向下降的转折点，我们称其为污染治理时刻。

在上述设定下，在定态分析中参数 E 的临界特征暗含着在动态演化过程中参数 a、b、τ 的某种临界特征。下面将以污染治理时刻 τ 为代表，分析其在动态演化过程中的临界特征，以及这种临界特征对污染治理效果的影响。

将污染治理时刻 τ 作为政策调控参数，对生物自净模型在不同污染治理时刻 τ 下的动态演化进行模拟，并设定参数 $W=0.5$，$D_r=10$，$D_d=100$，$q=8$，且 $E_0=1$，$a=b=0.1$，初始状态 $D_0=2$。模拟结果发现：生物自净模型的动态演化存在污染治理时刻 τ 的临界值 $\bar{\tau}$，如果污染治理时刻 τ 晚于 $\bar{\tau}$，系统的演化轨迹将发生突然变化。在上述参数设定下，污染治理临界时刻 $\bar{\tau}=55.4$，对应的污染物输入速率 $E(\bar{\tau})=6.54$。

如果将 $E(\bar{\tau})=6.54$ 与定态分析中的临界值 $\bar{E}=4.22$ 进行比较（图 4，图中细线为定态解，粗线为演化轨迹），可以发现 $E(\bar{\tau})>\bar{E}$，这说明在环境系统动

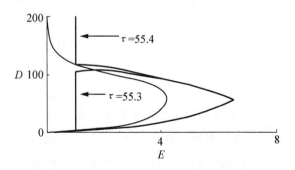

图 4　生物自净模型动态演化的临界特征

态演化过程中，即使污染物输入速率已经超过了临界值 $\bar{E}$，系统已经跨过原来的吸引域边界进入另一个吸引域，但如果能够在临界时刻之前及时地降低污染物输入速率，仍然可能将系统拉回原来的吸引域从而避免系统突变行为(图 4 中 $\tau=55.3$)。反之，如果治理时刻达到或者晚于临界时刻，系统将长时间地(或者永远)停留在一个更高污染水平的吸引域内(图 4 中 $\tau=55.4$)。

环境演化的临界特征对污染治理效果有重要影响，可以通过污染治理响应延迟特征分析这种影响。环境系统的污染治理响应延迟是指在 τ 时刻污染物输入速率下降之后，污染物浓度并不立即下降，却在一段时间内继续上升。污染治理响应延迟特征是衡量污染治理政策有效性的重要依据，响应延迟越大，表明污染治理越难在短期内达到改善环境的目的，而环境污染带来的社会经济损失也将更大。下面给出三个从不同侧面衡量延迟特征的指标。

(1)扭转延迟时间 $\Delta t=t^*-\tau$，其中，t^* 表示污染物浓度从上升转为下降的时刻，满足 $\dot{D}(t^*)=E(t^*)-D(t^*)=0$。该指标衡量治理措施扭转污染物浓度演化方向所需的时间。

(2)改善延迟时间 $\Delta\tau=\hat{\tau}-\tau$，其中，$\hat{\tau}$ 表示污染物浓度回落到治理措施实施时水平的时刻，满足 $D(\hat{\tau})=D(\tau)$，该指标衡量相对于措施实施时污染状况有所改善所需的时间。

(3)超越幅度 $\Delta D=D^*-D(\tau)$，其中，D^* 表示演化过程中的最高浓度值，满足 $D^*=D(t^*)$，该指标衡量污染治理措施扭转浓度演化方向之前的超越幅度。

临界特征对污染治理效果的影响表现为：当污染治理时刻 τ 选在临界值 $\bar{\tau}$ 附近时，其微小变化(政策调控参数的微小改变)会急剧改变污染治理响应延迟特征(表 1)。如果污染治理时刻选在临界时刻，即 $\tau=\bar{\tau}=55.4$，系统的三个延迟指标都将发散。如果污染治理时刻提前到 $\tau=55.3$，系统的三个延迟指标都将变得有限。在这种情况下，尽管这些指标是有限的，但其数值仍然非常大。其中，扭转延迟时间 $\Delta t=48.4$，表示从污染治理时刻算起，要经过 48.4 个单位时间以后，污染物浓度才开始下降。改善延迟时间 $\Delta\tau=77$，表示从污染治理时刻算起，要经过 77 个单位时间以后，污染物浓度才开始相对于治理前有所改善。超越幅度 $\Delta D=51.88$，表示在污染治理时刻以后，污染物浓度进一步增加了 51.88 个单位之后，污染物浓度才开始下降。随着污染治理时刻的进一步提前，污染治理响应延迟指标将迅速减小，当污染治理时刻 $\tau=50$ 时，三个延迟指标分别下降到 17.9、36.5 和 16.6，降低了 53%～68%。

表 1　生物自净模型污染治理响应延迟指标

τ	$D(\tau)$	t^*	$\hat{\tau}$	D^*	Δt	$\Delta\tau$	ΔD
55.4	55.19	—	—	—	—	—	—
55.3	54.96	103.7	132.3	106.84	48.4	77	51.88
55	54.26	90.6	112.6	92.36	35.6	57.6	38.1
50	43.7	67.9	86.5	60.3	17.9	36.5	16.6
10	4.84	12.7	16.1	5.3	2.7	6.1	0.46

注：—表示不存在数值。

6　结论

本文探讨了环境系统临界性的一种可能机制，即"S"形环境过程，并基于这种临界机制构造了一个包含"S"形过程的生物自净模型，通过数值模拟分析了该模型动态演化过程的临界特征。

环境演化临界特征在污染治理中的重要意义。在对生物自净模型进行模拟的过程中，我们把污染治理时刻作为政策调控参数，结果表明如果采取污染治理措施的时刻晚于某个临界值，系统的演化轨迹将发生突然变化，并导致巨大的社会经济损失。当然，如果把污染治理强度作为政策调控参数，临界特征将表现为存在污染治理强度的临界值。无论如何，这都意味着对临界系统必须采取非常谨慎的政策措施，确保环境系统远离临界点。

本文的讨论集中于环境系统的演化，将污染物输入速率作为外生参量。但实际上，决定污染物输入速率的经济因素又会反过来受到环境污染状况的影响，例如清洁技术引进、污染治理投资，乃至经济增长速度都可能受到环境污染状况的影响，将污染物输入速率作为外生参量处理是一种大大的简化。所以，环境系统临界性分析不仅要关注环境系统自身的演化，还要把环境与经济的相互作用纳入研究范围，将环境经济作为共同演化的耦合系统进行分析。在环境经济共同演化的理论框架下，有效避免环境恶化临界现象的问题不仅是政策调控参数的问题，更是在环境污染状况和经济决策之间建立有效反馈机制的问题。

参考文献

[1]Holling C S. Resilience and stability of ecological systems[J]. Annual Review of Ecology and Systematics, 1973, 4(1): 1-23.

[2]Scheffer M, Carpenter S, Foley J A, et al. Catastrophic shifts in ecosystems[J]. Nature, 2001, 413(6856): 591-596.

[3]Muradian R. Ecological thresholds: a survey[J]. Ecological Economics, 2001, 38(1): 7-24.

[4]Stokey L. Are there limits to growth? [J]. International Economic Review, 1998, 39(1): 1-31.

[5]Aghion P, Howitt P. Endogenous Growth Theory[M]. Cambridge: MIT Press, 1998.

[6]Pasche M. Technical progress, structural change, and the environmental Kuznets curve[J]. Ecological Economics, 2002, 42(3): 381-389.

[7]Carpenter S R, Ludwig D, Brock W A. Management of eutrophication for lakes subject to potentially irreversible change[J]. Ecological Applications, 1999, 9(3): 751-771.

[8]Scheffer M. Multiplicity of stable states in freshwater systems[J]. Hydrobiologia, 1990, 200/201: 475-486.

[9]Cherry J L, Adler F R. How to make a biological switch[J]. Journal of Theoretical Biology, 2000, 203(2): 117-133.

[10]Holling C S. The components of predation as revealed by a study of small-mammal predation of the European Pine Sawfly[J]. The Canadian Entomologist, 1959, 91(5): 293-320.

[11]May R M. Thresholds and breakpoints in ecosystems with a multiplicity of stable states[J]. Nature, 1977, 269(5628): 471-477.

[12]Ludwig D, Jones D D, Holling C S. Qualitative analysis of insect outbreak systems: the spruce budworm and forest[J]. Journal of Animal Ecology, 1978, 47(1): 315-332.

[13]Bovenberg L, Smulders S A. Transitional impact of environmental policy in an endogenous growth model[J]. International Economic Review, 1996, 37(4): 861-893.

生态足迹的实证分析

——中国经济增长中的生态制约[*]

陈六君[1]　毛　谭[1]　刘　为[1]　方福康[2]

（1. 北京师范大学系统科学系，北京 100875；2. 北京师范大学非平衡系统研究所，北京 100875）

摘　要：本文通过中国生态足迹的实证分析，讨论了生态系统在资源供给方面对经济增长的制约。资源生态足迹是生态足迹的主要部分，反映了经济系统的资源消费。计算发现，1961—1999 年中国资源生态足迹持续增长，从 1961 年的 3.3 亿 hm² 逐年递增到 1999 年的 16.8 亿 hm²，年平均增长率为 4.4%。资源生态足迹的增长支持了同期的经济增长，但是，实证比较发现资源生态承载力大大低于资源生态足迹。这些实证结果表明：一方面，中国经济持续增长造成了资源消费持续增加，而另一方面，中国生态系统资源供给能力有限，不能支持当前的资源消费及其增长。由于自然资源是经济系统进行生产的物质基础，其供给不足必将成为经济增长的制约因素。

关键词：生态经济；生态制约；生态足迹；自然资源

Natural Resource Limit on Economic Growth:
an Empirical Analysis of Resource Ecological Footprint in China

Chen Liujun[1]　Mao Tan[1]　Liu Wei[1]　Fang Fukang[2]

（1. Department of System Science；2. Institute of Nonequilibrium System，Beijing Normal University，Beijing 100875，China）

Abstract：On empirical analysis of ecological footprint in China, we discuss the ecosystem's limit on economic growth in natural resource supply. Resource ecological footprint，as the main part of ecological footprint，reflects the resource consumption in an economy system. In this paper，we calculate resource ecological footprint in China from 1961 to 1999 by the ecological footprint methods. The time serial of resource ecological footprint in this period shows an increasing trend. The resource ecological footprint was 0.33 billion hectares in 1961 and increased to 1.68 billion hectares in 1999. The average growth rate of resource ecological footprint was 4.4% per year. Such growth of resource ecological footprint supported economic growth，which was 8.2% per year on average in this period. To reflect the resource ecological footprint growth demanded by economic growth，we define resource ecological footprint elasticity coefficient(REFEC). The REFEC from 1961 to 1999 was about 0.5 on average，meaning that 1% economic growth demands 0.5% growth of resource ecological footprint. However，the comparison between resource ecological footprint and resource ecological capacity reveals that the resource ecological capacity was far below the current resource ecological footprint. For example，resource ecological capacity of 1.05 billion hectares in 1996 was far below the resource ecological footprint of 1.56 billion hectares in the same year. Our empirical analysis results reveal that the growth rate of resource consumption is quite high because of high economic growth rate on one

---

* 陈六君，毛谭，刘为，等. 生态足迹的实证分析——中国经济增长中的生态制约[J]. 中国人口·资源与环境，2004，14(5)：53-57.

hand，and the resource supply capacity of ecosystem is limited on the other hand，implying that the resource supply potential could not sustain the current resource consumption as well as its growth. Since natural resources are material foundation for production in an economy system，the supply deficit will be one limiting factor of economic growth.

Key words：ecological economics；ecological constraint；ecological footprint；natural resource

1 引言

生态足迹概念最早由加拿大生态经济学家 William Rees 等在 1992 年提出，并由其博士生 Wackernagel 完善，在世界各国引起了强烈的反响，其理论方法和计算模型都在迅速地发展和完善[1~5]。生态足迹是指按可持续发展方式，支持给定数量的人口消费所需要的生物生产性土地面积。生态足迹指标从宏观角度度量了经济系统对生态基础（生物生产性土地面积）的需求，与实际的生态基础供给即生态承载力比较，就可以通过供需差异分析生态系统对经济增长的制约。例如，如果生态承载力小于生态足迹，表明生态系统的供给能力小于经济系统的需求，那么生态基础就会成为经济增长的制约因素。因此，生态足迹方法是从实证角度研究经济增长中生态制约作用的直观方法。

根据生态足迹的定义，任何已知人口（个人、一个城市或一个国家）的生态足迹是生产这些人口所消费的所有资源和吸纳这些人口所产生的所有废弃物所需要的生物生产性土地面积。由此可见，生态足迹可以分为资源生态足迹和能源生态足迹两部分，前者指生产资源所需要的土地面积，后者指吸纳废弃物所需要的土地面积。生态足迹中这两部分（资源消费和废弃物排放）不仅在经济中具有不可替代的地位，而且对应着资源供给和环境净化两种不同属性的生态系统服务，这两方面将分别在不同条件下成为经济增长制约因素，所以，在生态足迹分析中分别考虑资源生态足迹和能源生态足迹是必要的。本文主要关注资源生态足迹并对其进行了实证分析，讨论了生态系统在资源供给方面对经济增长的制约作用。

2 研究方法

生态足迹代表支持经济活动所需的生态基础。生态足迹是指提供人类消费的资源和吸纳人类排放的废物所需要的标准生产性土地面积，记为 EF，其计算公式一般可表示为[4]：

$$EF = \sum_{i,j} E_i \times C_j / P_{ij} \tag{1}$$

式中，E_i 代表第 i 类生产性土地的等价因子；C_j 代表第 j 类资源的人均消费量；P_{ij} 代表第 i 类土地生产第 j 类资源的生产力。生态足迹通过生产性土地的全球平均生产力将资源和废物折算为土地面积，并通过等价因子把不同种类的土地转化为标准土地。

生态承载力代表了生态系统能够提供的生态基础。生态承载力是指生态系统实际能够提供的标准生产性土地面积，记为 EC，其计算公式可表示为[4]：

$$EC = \sum_i E_i \times Y_i \times A_i \tag{2}$$

式中，Y_i 代表第 i 类生产性土地的产量因子；A_i 代表第 i 类生产性土地的实际面积。生态承载力通过产量因子将实际面积转换成具有全球平均生产力的土地面积，并通过等价因子把不同种类的土地转化为标准土地，生态承载力相对于生态足迹的不足称为生态赤字，记为 ED 且 $ED = EF - EC$，ED 为正表示存在生态赤字，ED 为负则表示存在生态盈余。生态赤字代表了支持经济活动的生态基础的短缺程度，可以用来分析生态系统对经济发展的制约作用。如果存在生态赤字，说明生态系统正常提供的生态基础不能满足当前经济活动的生态需求，即生态系统不能充分提供经济所需的资源和充分净化经济排放的废物。在这种情况下，经济系统要么通过外部进口生态资源来满足经济需求，要么通过过度利用生态系统满足经济需求。前者要求分配部分财富用于进口，直接降低经济系统的生产潜力。后者则将破坏生态功能，降低生态系统的资源供给和废物吸纳的能力，从而直接或间接降低经济系统的生产能力。所以，存在生态赤字就意味着生态系统对经济发展存在制约作用。

Wackernagel 等[5]计算了 1961—1999 年全球生态足迹的时间趋势（图 1）。1961—1999 年，全球生态足迹持续增加。20 世纪 70 年代后期，全球生态足迹开始超过生态承载力，到 1999 年，全球生态足迹超过生态承载力约 20％。全球生态赤字不能通过资源进口而只能通过过度利用生态系统来弥补，所以，80 年代后的持续生态赤字必然破坏了全球生态系统功能。为了缓解这个问题，全球制定了各种国际公约来减少资源消费和废物排放，并有大量经费投入各种环境保护项目以恢复生态系统功能，这些都将直接或间接地制约全球经济增长。

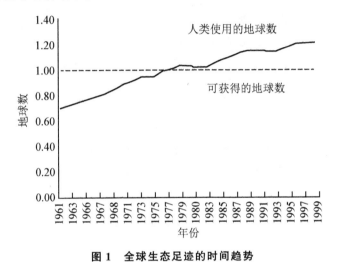

图 1　全球生态足迹的时间趋势
Fig. 1　Time trend of world ecological footprint

生态足迹由 6 种生产性土地组成：耕地、草地、林地、水域、建筑用地和能源用地。耕地、草地、林地和水域分别指经济系统消费的农产品、畜牧产品、木材和渔业产品所需要的生产性土地类型，建筑用地指城镇居民区所需要的生产性土地，能源用地则是指吸纳能源消费中排放的 CO_2 所需要的生产性土地。我们把生态足迹中耕地、草地、林地、水域合起来称为资源生态足迹，把能源用地称为能源生态足迹。

资源生态足迹和能源生态足迹反映了经济中两种不可替代的需求，资源生态足迹反映了经济对生态系统资源供给能力的需求，能源生态足迹反映了经济对生态系统废物吸纳能力的需求。相应地，我们把生态承载力中用于提供资源的部分称为资源生态承载力，其相对于资源生态足迹的不足称为资源生态赤字；把用于吸纳 CO_2 的部分称为能源生态承载力，其相对于能源生态足迹的不足称为能源生态赤字。资源生态赤字或能源生态赤字都将制约经济发展。如果存在资源生态赤字，生态系统不能在正常状态下向经济提供足够的资源输入，经济系统则会通过过度提取资源来弥补生态承载力的不足，资源过度提取将降低生态系统未来的资源供给能力，并在未来制约经济的发展。如果存在能源生态赤字，经济系统在能源消费过程中排放的 CO_2 等废物就不能被充分吸纳，将产生温室效应等环境恶化现象，这也将直接或间接制约经济发展。

Wackernagel 等[5]也给出了 1961～1999 年全球生态足迹组成部分的时间趋势（图 2）。全球生态足迹增长主要来自全球能源生态足迹增长的贡献，资源生态足迹增长的贡献相对较小。在 1961 年时，全球生态足迹中资源生态足迹占了 60％以上，而能源生态足迹不足 40％。但是，由于能源生态足迹增长率大大高于资源生态足迹的增长率，到 1999 年时，能源生态足迹已经略微超过资源生态足迹，在生态足迹中占到了 50% 左右。

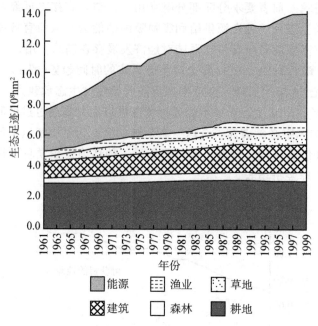

　　资源生态足迹和能源生态足迹是生态足迹的两个主要方面，本文将主要关注资源方面，通过中国资源生态足迹的实证分析讨论中国经济增长中的资源制约作用。

3　实证分析

　　本节将利用中国相关数据和生态足迹公式(1)，计算中国 1961—1999 年的资源生态足迹，并通过分析经济增长、资源生态足迹和资源生态承载力的关系来讨论中国经济增长中的资源制约作用。

　　数据说明：历年的消费数据通过"产量＋进口－出口"计算而得，相关数据来源于 FAO 统计数据库[6]。全球平均年生产力和等价因子的处理与 Wackernagel 估算全球生态足迹时间趋势的方法不同，本文没有在不同年份采用当年参数取值，而是每年都采用某一特定年份(1996 年)的参数取值，以便保证历年的资源消费-土地面积转换具有一致性，参数来源于 LPR[7]。GDP 数据来源于中国统计年鉴[8]。

　　我们的计算结果表明中国 1961—1999 年的资源生态足迹呈现快速增长的走势(图 3)。资源生态足迹从 1961 年的 3.3 亿 hm² 递增到 1999 年的 16.8 亿 hm²，增加了 4.1 倍之多，年平均增长率为 4.4%。资源生态足迹迅速增加的一个主要原因是中国人口的迅速增加，1961—1999 年中国人口从 6.7 亿增长到 12.7 亿，几乎翻了一番，导致资源生态足迹的大幅度增加。从人均水平来看，中国人均资源生态足迹从 1961 年的 0.49hm²/人增加到 1999 年的 1.32hm²/人，年平均增长率为 2.6%。资源生态足迹反映的是经济中的资源消费，中国 1961—1999

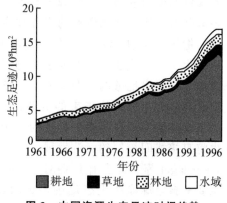

图 3　中国资源生态足迹时间趋势

Fig. 3　Time trend of resource ecological footprint in China

年资源生态足迹的快速增长反映了中国这段时期资源消费的快速增长。

在资源生态足迹的四种生产性土地中，耕地足迹占75%～80%，是资源生态足迹的主要部分，而耕地足迹的增长也是资源生态足迹增长的主要贡献因子。但是，从增长率来看，增长率最大的是草地足迹，年平均增长率为9.0%。其次是水域足迹，年平均增长率为6.8%。耕地足迹增长率与资源生态足迹增长率相近，年平均增长率为4.4%。林地足迹的增长率最小，年平均增长率为2.6%，近年林地足迹甚至有所下降。资源生态足迹的不同组分代表不同的资源消费，各组分变化趋势的差异反映了我国资源消费的结构变化。随着经济水平的提高，人们趋向于消费更多的畜牧渔业产品，其增长速度尤其迅速。

资源生态足迹反映了资源消费，其增长速度与经济增长紧密联系在一起。中国作为一个发展中国家，1961—1999年的经济增长非常迅速，GDP平均年增长率为8.2%。经济增长要求相应的资源消费增长，同期的资源生态足迹年平均增长率为4.4%。为了分析经济增长与资源生态足迹增长的关系，我们类比于能源消费弹性系数，定义资源生态足迹弹性系数＝资源生态足迹年平均增长速度/国民经济年平均增长速度。资源生态足迹弹性系数反映了经济增长所要求的资源消费增长，如果生态系统不能支持经济增长所需要的资源消费，经济增长就会受到制约。

我们利用1961—1999年的资源生态足迹增长率和GDP增长率数据，计算了历年的资源生态足迹弹性系数(图4)。同能源消费弹性系数一样，历年的资源生态足迹弹性系数波动很大，这可能与统计数据的准确性有关。有意义的是，1961—1999年，资源生态足迹弹性系数的平均值在0.5左右，这说明平均来讲，增加1%的GDP产出需要增加0.5%的资源消费。假定未来的资源生态足迹弹性系数维持在0.5左右，那么，如果要在未来实现8%的经济增长率，就需要实现4%的资源生态足迹增长率。

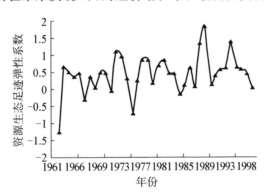

图4　中国资源生态足迹弹性系数时间趋势
Fig. 4　Time trend of resource ecological footprint elasticity coefficient in China

前面分析了资源的需求方面即资源生态足迹，说明经济增长要求相应的资源生态足迹增长。下面我们将分析资源的供给方面即资源生态承载力，并与资源生态足迹进行比较。由于计算历年资源生态足迹时均采用了1996年的参数取值，所以，只有1996年的资源生态承载力与资源生态足迹之间具有可比性。

中国1996年资源生态承载力为10.54亿hm²[7]，人均为0.86hm²/人，而1996年资源生态足迹为15.60亿hm²，人均为1.26hm²/人。资源生态赤字达到5.06亿hm²，人均资源生态赤字为0.4hm²/人，相对资源生态赤字率(定义为"资源生态赤字/资源生态承载力")为48%(表1)。实际上，与全球平均的人均资源生态足迹相比，中国的资源生态足迹并不高，中国1.26hm²/人的资源生态足迹并没有达到1.32hm²/人的全球平均水平[7]。但是，由于中国人口太多，资源生态承载力只有0.86hm²/人，远远低于全球平均水平1.65hm²/人[7]。所以，虽然全球尚有0.33hm²/人的资源生态盈余，而中国已经出现了0.4hm²/人的资源生态赤字。

中国 1996 年出现很大的资源生态赤字，说明当年的资源生态承载力不能支持当年的资源生态足迹，正常利用下的生态系统资源供给能力不足以满足资源消费，只能通过资源进口或资源过度提取来弥补。在 0.4hm²/人的资源生态赤字中，有 0.08hm²/人的资源生态赤字由资源进口所弥补，而剩下 0.32hm²/人的资源生态赤字则由资源过度提取所弥补。资源过度利用率（定义为"过度提取资源/资源生态承载力"）达到 37%，表明中国的资源过度利用状况已经非常严重。资源的过度利用必将破坏生态系统的正常功能，降低生态系统的资源供给能力。结合中国资源生态足迹持续增加的趋势，1996 年之后的资源生态赤字还在扩大，资源过度利用和生态破坏都在加剧，导致生态系统的资源供给能力进一步下降。

表 1　中国 1996 年资源生态足迹与生态承载力

Table 1. Resource ecological footprint and resource ecological capacity of 1996 in China

	资源生态足迹					资源生态承载力				
类型	总面积/ $10^8 hm^2$	等价因子 / —	中国等价面积/ $10^8 ghm^2$	人均等价面积/ghm²	世界人均等价面积/ ghm²	类型	总面积/ $10^8 hm^2$	等价因子 / —	中国等价面积/ $10^8 ghm^2$	人均等价面积/ghm²	世界人均等价面积/ghm²
耕地	3.75	3.16	11.88	0.96	0.69	耕地	1.35	1.82	7.78	0.63	0.69
草地	3.30	0.39	1.27	0.10	0.31	草地	3.89	0.94	1.42	0.12	0.31
林地	0.96	1.78	1.71	0.14	0.28	林地	1.22	0.61	1.32	0.11	0.61
水域	11.71	0.06	0.73	0.06	0.04	水域	0.44	1.00	0.03	0.002	0.04
总计			15.60	1.26	1.32	总计			10.54	0.86	1.65

综合以上资源生态足迹和资源生态承载力的分析，可以讨论中国经济增长中的资源制约关系。一方面，一定速度的经济增长要以资源消费增长为前提条件，而另一方面，已经呈现的资源生态赤字表明资源供给能力不能支持当前高水平的资源消费，更不能支持进一步的资源消费增长，所以，资源供给不足必将制约经济增长。另外，当前的资源生态赤字主要通过资源过度利用来弥补，导致了严重的生态破坏，如果这种趋势持续下去，资源供给能力将大大下降，并加剧资源供给不足对经济增长的制约作用。

4　讨论

本文应用生态足迹方法将经济系统的资源需求转换为资源生态足迹，将生态系统的资源供给转化为资源生态承载力，从而将资源的供需差异转换为资源生态足迹和资源生态承载之间的差异。通过分析经济增长、资源生态足迹和资源生态承载力的关系讨论了生态系统在资源供给方面对经济增长的制约作用。实证结果表明中国资源生态足迹持续增长并超过资源生态承载力，说明生态系统的资源供给能力不能支持当前资源消费及其增长。由于自然资源是经济系统进行生产的物质基础，所以，其供给不足必将成为经济增长的制约因素。

本文通过生态足迹的实证分析来讨论经济增长中生态制约的方法尚存在一些困难，特别是本文对资源生态足迹和资源生态承载力的比较仅限于 1996 年。实际上，为了更准确地分析资源供给不足对经济增长的制约，不仅应该估算资源生态足迹的时间趋势，而且应该估算资源生态承载力的时间趋势，以进一步分析资源生态赤字的时间趋势。但是，生态足迹方法在计算生态足迹和生态承载力的时间趋势时，面临着一些固有困难。例如，如果各年份的生态足迹和生态承载力采用当年的生产力因子进行转换[5]，那么虽然能够很好地保证当年生态足迹和生态承载力之间的比较，但在各自的时间序列上却不具有可比性。如果各年份采用某特定年份的生产力因子进行一致性转换，那么尽管在时间序列上容易比较，但计算结果显然依赖于特定年份的选取（如本文选取 1996 年），使其直观性和一般性大大降低，并且增加了生态承载力计算的复杂度。需要强调的是，这两种方法的计算结果可能相差数倍[9]，从而依据不同方法计算的生态足迹或生态承载力时间趋势之间可能并不具有可比性。

尽管存在上述困难，生态足迹方法由于其概念的形象性和内涵的丰富性、理论思想的角度全面新颖、实现了对生态目标的测度以及可操作性强等优点，仍然是从宏观层次上量化经济活动所需生态基础的有效方法，大大推进了经济增长中生态制约作用的实证研究。实际上，生态足迹方法最重要的贡献在于在经济和生态之间建立了一种投影关系，将经济系统中不同属性的资源和服务投影成生态系统中标准化的土地面积，并且可以与实际生态系统的标准化土地面积进行比较。在分析生态系统对经济增长的制约作用时，这种对资源和服务的客观实物量化方法优于主观货币量化方法，客观地反映了资源和服务的供需关系，避免了价格变化的影响。

参考文献

［1］Rees W E. Ecological footprints and appropriated carrying capacity：what urban economics leaves out［J］. Environment and Urbanization，1992，4(2)：121-130.

［2］Wackernagel M，Rees W. Our ecological footprint：reducing human impact on the earth［M］. Gabriola Island：New society publishers，1996.

［3］Wackernagel M，Onisto L，Linares A C. Ecological footprints of nations［EB/OL］.［2024-6-19］. https：//www. footprintnetwork. org/content/uploads/2021/03/ecological-footprints-nations-1997. pdf.

［4］Wackernagel M，Onisto L，Bello P，et al. National natural capital accounting with the ecological footprint concept［J］. Ecological Economics，1999，29(3)：375-390.

［5］Wackernagel M，Schulz N B，Deumling D，et al. Tracking the ecological overshoot of the human economy［J］. Proceedings of the National Academy of Sciences，2002，99(14)：9266-9271.

［6］FAO. 国际粮农统计数据库［DB/OL］.［2024-6-19］. https：//www. fao. org/faostat/zh/.

［7］Redefining progress. Living Planet Report 2000［EB/OL］.［2024-6-19］. https：//awsassets. panda. org/downloads/lpr_living_planet_report_2000. pdf.

［8］国家统计局. 中国统计年鉴［DB/OL］.［2024-6-19］. http：//www. stats. gov. cn/sj/ndsj/.

［9］Haberl H，Erb K H，Krausmann F. How to calculate and interpret ecological footprints for long periods of time：the case of Austria 1926-1995［J］. Ecological Economics，2001，38(1)：25-45.

中国污染变化的主要因素[*]
——分解模型与实证分析

陈六君[1]　王大辉[1]　方福康[2]

(1. 北京师范大学系统科学系；2. 北京师范大学非平衡系统研究所)

摘　要：利用分解分析方法将中国工业污染变化分解为规模效应、结构效应、清洁技术效应和污染治理效应，并通过计量回归模型分析收入水平与这些因素之间的关系．分解分析表明：1992—2000年，规模效应与结构效应增加工业污染，其中规模效应占主要部分；清洁技术效应与污染治理效应减少工业污染，其中清洁技术效应占主要部分。计量模型的结果是：结构因子与人均 GDP 之间存在倒"U"形曲线关系，广义技术因子与人均 GDP 之间存在对数线性关系，人均污染与人均 GDP 之间不存在倒"U"形曲线关系。

关键词：环境 Kuznets 曲线；分解方法；规模效应；结构效应；技术效应

The main factors of pollution change in China：
Decomposition model and econometric analysis

Chen Liujun[1]　Wang Dahui[1]　Fang Fukang[2]

(1. Department of System Science；2. Institute of Nonequilibrium System：Beijing Normal University，Beijing 100875，China)

Abstract：Decomposition analysis is applied to decompose Chinese industrial pollution change into scale effect，structural effect，abatement effect and clean-production effect. And econometric models are developed to examine the relation between per capita GDP and relevant factors that correspond to above various effects. Decomposition from pollution change from 1992 to 2000 shows that scale effect and structure effect tend to increase industrial pollution with the main contribution from scale effect，and that clean-production effect and abatement effect tend to reduce pollution with the main part of clean-production effect. The econometric analysis finds that the structural factor and per capita GDP has an inverted U-shaped curve relation，and that the general technique factor and per capita GDP shows log-linear relation，but the inverted U-shaped relation between per capita pollution and per capita GDP does not appear.

Key words：environmental Kuznets curve；decomposition analysis；scale effect；structural effect；technique effect

1991 年 Grossman 和 Krueger[1]提出环境 Kuznets 曲线(EKC)，认为污染与收入水平之间遵循倒"U"形曲线关系，引发了大量理论和实证工作对其背后的机制进行研究，结构变化、技术进步、需求模式改变和更有效的法规等被认为是污染下降的主要原因[2~5]。近年来，分解分析(decomposition

---

　＊ 国家"十五"科技攻关计划资助项目(2001-BA608B14)。

　陈六君，王大辉，方福康. 中国污染变化的主要因素——分解模型与实证分析[J]. 北京师范大学学报(自然科学版)，2004，40(4)：561-568.

analysis)被引入 EKC 研究中,以确定各种机制的相对重要性,特别是确定结构变化对降低污染的贡献。基本的分解模型将污染变化分解为经济规模扩大导致的规模效应、经济结构变化导致的结构效应,以及各部门污染强度变化导致的技术效应,其扩展模型可以进一步将技术效应分解为能源组成、能源效率和其他技术效应。de Bruyn[6] 使用分解方法分析了结构变化和环境政策在 SO_2 排放变化中的贡献,认为环境政策是荷兰和联邦德国在 1980—1990 年 SO_2 排放下降的主要原因。Selden 等[7] 分析了 1970—1990 年美国《清洁空气法》(CCA)所包含的 6 种污染物的变化,认为结构效应本身不足以导致污染物排放的下降,并特别强调了 CAA 在其他技术效应中的关键作用。分解分析方法由于分离了各种可能机制对污染变化的贡献,为建立和检验 EKC 理论模型提供了实证依据,在 EKC 研究中受到越来越多的重视[8]。

本文在基本的分解模型基础上,建立了逐层递进的分解模型。随后,应用分解模型计算了中国工业污染变化中的各种效应。最后,通过计量回归模型分析了收入水平如何通过各种效应来影响污染排放。

1 分解模型

de Bruyn 分解模型[6] 的基本公式为:

$$E_t = Y_t \sum_i s_{it} I_{it},\tag{1}$$

式中,E_t 为污染排放;Y_t 为 GDP;s_{it} 为工业行业 i 的 GDP 份额($s_{it} = Y_{it}/Y_t$);I_{it} 为工业行业 i 的污染排放强度($I_{it} = E_{it}/Y_{it}$)。式(1)表示污染排放的变化来自 Y_t 的变化(规模效应)、s_{it} 的变化(结构效应)和 I_{it} 的变化(技术效应)。在式(1)的基本框架下可以将 I_{it} 进一步分解为更细致的要素,如 Selden 将 I_{it} 进一步分解为能源组成、能源效率和其他技术,本文则进行了另一种分解。实际上,I_{it} 一方面取决于单位产出的污染产生量,另一方面取决于所产生污染量的排放比例。用 $\bar{E}_{it}$ 表示工业行业 i 的污染产生量,并分别定义 $T_{it} = \bar{E}_{it}/Y_{it}$ 为工业行业 i 的污染产生率,$A_{it} = E_{it}/\bar{E}_{it}$ 为工业行业 i 的污染排放率,显然有

$$I_{it} = T_{it} A_{it}。\tag{2}$$

T_{it} 越低表示生产技术清洁度越高,A_{it} 越低表示污染治理度越强。将式(2)代入式(1),有

$$E_t = Y_t \sum_i s_{it} T_{it} A_{it}。\tag{3}$$

式(3)表示污染排放的变化来自 Y_t 的变化(规模效应)、s_{it} 的变化(结构效应)、T_{it} 的变化(清洁技术效应)和 A_{it} 的变化(污染治理效应),从而分离了清洁技术和污染治理对减少污染的贡献。

要将污染排放的变化量完全归入各种效应,需要处理分解余量(来自各因素变化量的耦合),目前广泛使用的方法包括固定权重方法、适应权重方法(AWD)、平均分配余量方法等[9,10]。本文提出分层次分解方法以实现对污染排放变化的完全分解,该方法将式(3)看作 3 个层次的连续分解,第一个层次为 $E_t = Y_t I_t$,将污染排放总量分解为 GDP 和宏观污染强度;第二个层次为 $I_t = \sum_i s_{it} I_{it}$,将宏观污染强度分解为工业行业构成和各工业行业污染强度;第三个层次为 $I_{it} = T_{it} A_{it}$,将各工业行业污染强度进一步分解为污染产生率和污染排放率,并在每一个层次中使用平均分配余量方法,则污染排放变化分解为按照下述方式定义的规模效应、结构效应、污染治理效应和清洁技术效应:

$$G_{tot} = G_{sca} + G_{str} + G_{aba} + G_{tec},\tag{4}$$

$$G_{sca} = g_Y \left(1 + \frac{1}{2} g_I\right),\tag{5}$$

$$G_{str} = \sum_i e_{i0} g_{s_i} \left(1 + \frac{1}{2} g_{I_i}\right) \left(1 + \frac{1}{2} g_Y\right),\tag{6}$$

$$G_{\text{aba}} = \sum_i e_{i0} g_{A_i} \left(1 + \frac{1}{2} g_{T_i}\right) \left(1 + \frac{1}{2} g_{s_i}\right) \left(1 + \frac{1}{2} g_Y\right), \tag{7}$$

$$G_{\text{tec}} = \sum_i e_{i0} g_{T_i} \left(1 + \frac{1}{2} g_{A_i}\right) \left(1 + \frac{1}{2} g_{s_i}\right) \left(1 + \frac{1}{2} g_Y\right), \tag{8}$$

式中，$G_{\text{tot}} = (E_t - E_0)/E_0$ 为相对于基年的污染变化率；G_{sca} 为规模效应；G_{str} 为结构效应；G_{aba} 为污染治理效应；G_{tec} 为清洁技术效应；$g_x = (x_t - x_0)/x_0$ 为变量 x 相对于基年的变化率；$e_{i0} = E_{i0}/E_0$ 为基年工业行业 i 的污染份额。

分层次分解方法可以根据数据可获得性来选择其分解层次的深入程度，如果由于数据缺乏，上述模型只能分解到第二层次，则

$$G_{\text{tot}} = G_{\text{sca}} + G_{\text{str}} + G_{\text{int}}, \tag{9}$$

$$G_{\text{int}} = \sum_i e_{i0} g_{I_i} \left(1 + \frac{1}{2} g_{s_i}\right) \left(1 + \frac{1}{2} g_Y\right), \tag{10}$$

式中，G_{int} 称为广义技术效应。这种逐层递进的分解方法，既可以方便地将下一层次的分解结果综合起来，也可以将上一层次的分解扩展到更深入层次，而不会影响其他分解结果，具有很大的灵活性。

2 中国工业污染变化中的各种效应

根据第 1 章的逐层递进分解模型，我们利用数据直接计算了中国工业污染变化中各种效应的大小。污染排放指标选择了工业污染排放的 4 个主要指标：废气主要污染物 SO_2、废水主要污染物 COD、废气和废水，较好地概括了中国工业污染状况。分析时间为 1992—2000 年。

2.1 数据说明

工业行业划分采用《中国环境年鉴》[11] 所划分的 18 个工业行业（$i = 1, 2, \cdots, 18$），并对《中国统计年鉴》[12] 相关数据作了相应的归并。E_{it} 采用各工业行业的污染排放量，$\bar{E}_{it}$ 采用各工业行业的污染排放量与去除量之和，E_t 和 $\bar{E}_t$ 通过求和获得（1996 年以后部分求和数据与全国总量有差异，为求一致仍采用求和数据）。Y_{it} 通过以下方法获得：工业各行业增加值所占百分比作为工业内部结构，GDP 中的工业产出按上述百分比结构分配到各工业行业，作为该行业的产出，Y_t 直接采用 GDP 数据（1978 年价格）。另外，由于文献[12] 的统计范围是有污染物排放的工业企业，1997 年以前为县及县以上有污染的工业企业，从 1998 年起还包括乡镇工业企业，所汇总工业企业的工业总产值占全国工业总产值的 30%~40%，而 1992 年却占到 48%，所以，给出的污染排放数据只代表总体趋势，不排除统计范围调整所带来的波动。

2.2 污染排放变化中的各种效应

在阐述污染排放变化的分解结果之前，我们给出 1992—2000 年中国工业污染排放的整体趋势（表 1）。SO_2 排放量虽然有所波动，但总体趋势是上升的，从 1992 年 1 323 万 t 上升到 2000 年 1 561 万 t，上升了 18%。废气排放总量持续上升，从 1992 年 9.0 万亿 m^3 上升到 2000 年 13.8 万亿 m^3，上升幅度达到 54%。COD 和废水排放量均呈波动下降趋势，其中 COD 数据波动尤其大，这可能在于统计原因而并不反映真实波动。数据表明，尽管水污染状况略有好转，大气污染状况却没有得到有效控制。

表 1　1992—2000 年中国工业污染排放量

污染指标	1992	1993	1994	1995	1996	1997	1998	1999	2000
$m(SO_2)$/万 t	1 323	1 292	1 341	1 405	1 310	1 469	1 586	1 426	1 561
$m(COD)$/万 t	715	622	681	768	680	854	803	684	655

污染指标	1992	1993	1994	1995	1996	1997	1998	1999	续表 2000
V(废气)/万亿 m^3	9.0	9.3	9.7	10.7	10.6	12.4	12.1	12.7	13.8
m(废水)/亿 t	234	219	216	222	194	207	201	192	189

根据式(5)～式(8)，我们计算了 SO_2 排放变化中的规模效应、结构效应、污染治理效应和清洁技术效应。由于废水和废气指标的处理困难，以及 COD 指标的数据所限，没有对其广义技术效应进一步分解，而是根据式(5)、式(6)和式(10)，计算了其排放变化中的规模效应、结构效应和广义技术效应。

1992—2000 年，中国工业污染排放变化的分解结果如图 1 所示。在所有污染指标中，广义技术效应表现为数值较大的负值：在废水指标中，其数值最大，为 -106.1%；在废气指标中，其数值最小，但仍然达到 -65.2%。广义技术效应综合反映了各种环境法规、税收政策以及直接投资治理等措施的效果，较强的广义技术效应说明各种措施在减少污染排放方面有较大成效。对 SO_2 的进一步分解表明，广义技术效应中污染治理效应的贡献并不大(在图 1 中，污染治理效应用涂黑部分表示)，主要部分还是清洁技术效应，二者分别为 -13.9% 和 -91.5%。这可能说明在选择减少污染产生和增大污染治理这两种策略时，人们更倾向于前者；也可能说明，采用清洁技术的效果比投资于污染治理设备的效果更为明显。

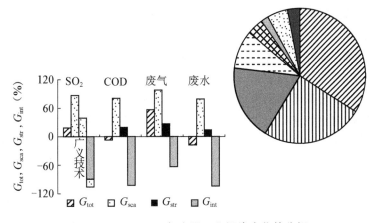

图 1 1992—2000 年中国工业污染变化的分解

在所有污染指标中，结构效应都为数值较小的正值，这表明中国经济的结构变化倾向于增加污染，但其贡献不是很大。结构效应在 SO_2 指标中数值最大，为 37.3%，在废水指标中数值最小，为 10.7%。这说明中国作为发展中国家，工业结构的变化增加了整体污染水平。

中国快速经济增长导致了很大的规模效应，其数值在 76.4%～95.6%。但是，规模效应仍然略小于广义技术效应(除废气指标外)，这导致数值上并不大的结构效应变得尤其重要。规模效应、结构效应和广义技术效应竞争的结果，使得中国工业污染并没有表现出一致下降趋势，废气和 SO_2 仍然呈现增长趋势。

2.3 各种效应的时间趋势

为分析中国工业污染变化率中各种效应的大体趋势，我们对 1992—1996 年和 1996—2000 年分别进行了分解(表 2)。比较两个时期的广义技术效应，后一时期相对于前一时期减少了 31.0%～41.3%，这说明广义技术效应作为减少污染排放的主要贡献因子，其作用正在减弱。广义技术效应综合反映了各种减污措施的效果，维持较强的广义技术效应意味着持续不断地提高生产技术的清洁度，或者扩大污染治理投资，而这需要越来越严厉的环境政策以刺激企业或地方政府采取这些措施。广义技术效应在后一时期明显减弱，说明了随着我国环境政策持续刺激减污措施的作用也在减弱。

比较两个时期的规模效应，后一时期较前一时期只减小了 $11.3\%\sim13.7\%$，远低于广义技术效应的下降幅度。结构效应在后一时期也大大减小了，甚至在废水和 COD 指标中变为负值。综合规模效应、结构效应变化和广义技术效应变化的效果是：在所有污染指标中，总的污染变化率都呈现增加趋势，如 SO_2 的变化率由 -1.0% 增加到 19.1%，废水的变化率由 -17.1% 增加到 -2.4%。

表 2　中国工业污染变化率中各种效应的贡献　　　　　　　　　　　　　　（%）

污染物	时间范围	G_{tot}	G_{sca}	G_{str}	G_{int}	G_{aba}	G_{tec}
SO_2	1992—1996 年	−1.0	45.0	19.9	−65.9	−8.7	−57.2
	1996—2000 年	19.1	33.6	13.0	−27.5	−3.2	−24.3
COD	1992—1996 年	−4.8	44.3	21.3	−70.3	—	—
	1996—2000 年	−3.7	30.6	−5.3	−29.0	—	—
废气	1992—1996 年	18.6	48.4	12.9	−42.7	—	—
	1996—2000 年	29.9	35.0	6.6	−11.7	—	—
废气	1992—1996 年	−17.1	42.1	9.4	−68.6	—	—
	1996—2000 年	−2.4	30.8	−0.4	−32.7	—	—

3　污染与收入水平的关系

第 2 节利用时间序列数据计算了各种效应的大小。为了进一步分析收入水平如何通过各种效应影响污染排放，本节将利用面板数据分别拟合结构因子与收入水平、广义技术因子与收入水平、污染与收入水平之间的关系。面板数据是不同地区时间序列数据的混合。在利用 31 个省市区 1992—2000 年面板数据集没有得出较好结论的基础上，我们按照东部、中部和西部的划分，将各省市区归入相应地区，并对相关数据进行处理，得到了东、中、西部地区 1992～2000 年的面板数据集。下文所有回归分析都基于该面板数据集的 27 个样本点。

3.1　结构因子与收入水平的关系

经济结构因子可以用工业产出占 GDP 的百分比来表示。使用人均 GDP 的二次多项式对结构因子进行回归，结果如下：

$$s=22.5+0.0177y-3.38\times10^{-6}y^2,$$
$$(8.94)(5.68)\quad(-3.99)$$
$$R^2=0.842,\ \bar{R}^2=0.828,\ F=63.74,$$

式中，s 为工业产出占 GDP 的百分比；y 为人均 GDP(元/人)，括号内为参数的 t 统计检验。回归结果通过 99% 的显著性检验，可以认为工业份额与收入水平存在倒"U"形曲线关系(图 2)。该回归结果表明工业份额转折点处的人均 GDP 约为 2 660 元/人(1978 年价格)。在 2000 年，东部人均 GDP 已达 3 037 元/人，工业份额已有下降趋势，其结构效应有助于未来降低污染。相反地，中部和西部人均 GDP 只有 1 639 元/人和 1 266 元/人，工业份额处在上升阶段，其结构效应将仍然对增加污染有贡献。

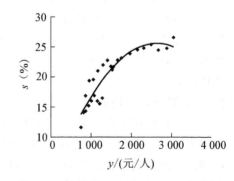

图 2　工业份额 s 对人均 GDP y 的回归

3.2　广义技术因子与收入水平的关系

广义技术因子用工业污染排放强度 I 来表示。在 1992—2000 年东、中、西部面板数据上，对工业污染排放强度与人均 GDP 进行如下对数线性回归：

$$\ln I = \beta_0 + \beta_y \ln y。 \tag{12}$$

结果见表 3，括号内数值为参数的 t 统计检验。所有参数通过 99% 显著性检验，表明工业污染排放强度变化率与人均 GDP 变化率之间有较高的负相关性：随着人均 GDP 增加，工业污染排放强度下降。对于所有污染指标，$-1 < \beta_y < 0$，这说明人均 GDP 虽然降低污染排放强度，但其贡献小于它对规模效应的贡献（恒为 1），如果结构效应为零，人均 GDP 对污染变化的净贡献为正。

表 3　工业污染排放强度对人均 GDP 的回归结果

被解释变量	β_0	β_y	R^2	$\bar{R}^2$	F
$I(SO_2)/(t/亿元)$	14.8(20.96)	$-0.989(-10.17)$	0.805	0.797	103.3
$I(COD)/(t/亿元)$	12.1(18.52)	$-0.723(-8.03)$	0.721	0.709	64.46
$I(废气)/(万\ m^3/亿元)$	7.31(51.45)	$-0.633(-32.32)$	0.977	0.976	1 004.4
$I(废气)/(t/亿元)$	11.9(18.12)	$-0.857(-9.49)$	0.783	0.774	90.1

为了分析收入水平对污染治理的影响，我们比较了东、中、西部截面数据上的 SO_2 排放率 A（对应污染治理效应）和产生率 T（对应清洁技术效应），发现 A 随着人均 GDP 增加，T 则随着人均 GDP 下降，即中西部的污染治理幅度比东部高，但其生产技术清洁度比东部低（图 3）。这种现象的一种解释是东部和西部采取了两种不同的减污策略：东部收入水平相对较高，设备更新速度相对较快，更容易采用清洁技术来满足政策要求，所以东部倾向于通过更新技术减少污染的产生；相反，中、西部相对落后，设备陈旧，不能很好地采用现有清洁技术，只能通过安装治理设备降低污染最终排放率。

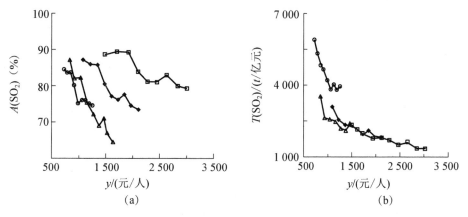

图 3　SO_2 排放率 $A(SO_2)$(a)和产生率 $T(SO_2)$(b)与人均 GDP y 的关系
◆ 全国　□ 东部　△ 中部　○ 西部

3.3　人均污染排放与收入水平的关系

进一步检验人均污染排放与人均 GDP 之间的倒"U"形曲线关系。从式(1)可知，如果式(12)中 $\beta_y = -1$，那么人均污染排放完全取决于结构因子。但是，表 3 表明 $\beta_y > -1$，所以尽管结构因子对收入水平表现出倒"U"形特征，人均污染排放与收入水平之间却不一定表现出相似特征。参考典型 EKC 计量模型，对人均污染进行人均 GDP 的二次多项式回归：

$$e = \alpha_0 + \alpha_1 y + \alpha_2 y^2， \tag{13}$$

式中，e 为人均污染排放。结果见表 4，括号内数值为参数的 t 统计检验。在 4 个污染指标中，没有一个污染指标支持 EKC 假设。其中，废气的回归结果最好，$R^2 = 0.971$，相应转折点处的人均 GDP 为

6 440 元/人，但是，其 α_2 没有通过 95% 的显著性检验。

表 4　人均污染排放对人均 GDP 的回归

被解释变量	α_0	α_1	α_2	R^2	$\bar{R}^2$	F
$e(SO_2)/(kg/人)$	10.55(4.42)	$-0.000\,51(-0.17)$	$6.83\times10^{-7}(0.85)$	0.411	0.362	8.39
$e(COD)/(kg/人)$	0.113(0.077)	$0.005\,5(3.01)$	$-1.09\times10^{-6}(-2.19)$	0.568	0.532	15.78
$e(废气)/(万\ m^3/人)$	0.263(4.54)	$0.000\,47(6.52)$	$-3.66\times10^{-8}(-1.87)$	0.971	0.968	400.68
$e(废水)/(t/人)$	6.052(1.25)	$0.009\,8(1.63)$	$-1.65\times10^{-6}(-1.00)$	0.400	0.350	8.009

　　鉴于面板数据上较差的回归结果，我们比较了在时间序列数据上和东、中、西截面数据上污染随收入水平变化趋势的差异。以废水指标为代表进行分析（图 4）。从时间序列数据上看，东、中、西部人均废水排放均随收入水平下降（与全国趋势相同），但是，从东、中、西部截面数据上看，东部的收入水平较高，而人均废水排放也较高，即在截面数据上人均废水排放与收入水平正相关。不仅废水指标，所有 4 个污染指标在截面数据上均与收入水平正相关。对这种不一致现象的可能解释是：各地区污染排放随着收入水平增加而下降，是由于全国性环境政策刺激，并不是由于当地收入水平的提高。这说明在国家内部地区层

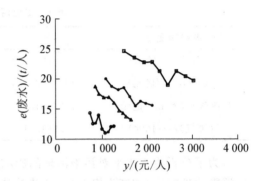

图 4　人均废水排放与人均 GDP(y)的关系
◆ 全国　□ 东部　△ 中部　○ 西部

次应用 EKC 模型进行回归时，必须加入全国性环境政策趋势，才能更好地解释地区污染变化。如果考虑了全国趋势，所有污染指标的人均排放在现阶段都与收入水平正相关，详细讨论超过本文范围。

4　结论

　　本文利用分解分析方法，计算了中国工业污染变化中的规模效应、结构效应、清洁技术效应和污染治理效应。计算结果表明：1992—2000 年，规模效应与结构效应增加工业污染，其中规模效应占主要部分；清洁技术效应与污染治理效应减少工业污染，其中清洁技术效应占主要部分。尽管结构效应的幅度不大，但由于广义技术效应与规模效应幅度相近并相互抵消，结构效应在很大程度上取决了污染变化的方向。比较 1992—1996 年和 1996—2000 年各种效应的差异，发现几乎所有效应的绝对值都有所下降，其中广义技术效应下降幅度最大，导致污染排放变化率有增加的趋势。

　　通过计量回归模型，进一步分析了收入水平对结构、技术等因素的影响。计量分析发现：结构因子与人均 GDP 之间呈现明显的倒"U"形特征，这与其他人的研究结果一致；广义技术因子与人均 GDP 之间存在较好的对数线性关系，系数大于-1，即广义技术因子的下降速度低于人均 GDP 的增加速度；人均污染与人均 GDP 之间的倒"U"形拟合效果很差。

　　如果按照 EKC 由于经济结构转向了更清洁行业的解释[5]，EKC 的转折点将接近于经济结构的转折点，本文对此进行了初步检验。中国污染变化的方向在很大程度上取决于结构效应，并且计量分析确实发现了结构因子与人均 GDP 之间的倒"U"形曲线关系。但是，结构因子与收入水平之间的倒"U"形曲线转折点的收入水平为 2 660 元/人（1978 年价格），远远低于其他文献 EKC 的转折点 3 000 美元/人以上（1995 年价格）[13]，这说明基于发达国家面板数据所估计的转折点是否适用于发展中国家需要进一步研究，由 EKC 得出的乐观政策建议也需要谨慎对待。

参考文献

[1] Grossman G M, Krueger A B. Environmental impacts of a North American Free Trade Agreement[M]//Garber P M. The US-Mexico Free Trade Agreement. Cambridge: MIT Press, 1993: 13-56.

[2] Arrow K, Bolin B, Costanza R, et al. Economic growth, carrying capacity, and the environment[J]. Science, 1995, 268(5210): 520-521.

[3] Stern D I, Common M S, Barbier E B. Economic growth and environmental degradation: the environmental Kuznets curve and sustainable development[J]. World Development, 1996, 24(7): 1151-1160.

[4] Rothman D S, de Bruyn S M. Probing into the environmental Kuznets curve hypothesis[J]. Ecological Economics, 1998, 25(2): 143-145.

[5] Pasche M. Technical progress, structural change, and the environmental Kuznets curve[J]. Ecological Economics, 2002, 42(3): 381-389.

[6] Bruyn S M. Explaining the environmental Kuznets curve: structural change and international agreements in reducing sulphur emissions[J]. Environment and Development Economics, 1997, 2(4): 485-503.

[7] Selden T M, Forrest A S, Lockhart J E. Analyzing the reductions in U. S. air pollution emissions: 1970 to 1990[J]. Land Economics, 1999, 75(1): 1-21.

[8] Stern D I. Explaining changes in global sulfur emissions: an econometric decomposition approach[J]. Ecological Economics, 2002, 42(1-2): 201-220.

[9] Sun J W. Changes in energy consumption and energy intensity: a complete decomposition model[J]. Energy Economics, 1998, 20(1): 85-100.

[10] Ang B W, Zhang F Q. A survey of index decomposition analysis in energy and environmental studies[J]. Energy, 2000, 25(12): 1149-1176.

[11] 中国环境年鉴编委会. 中国环境年鉴[M]. 北京: 中国环境年鉴社, 1993-2001.

[12] 国家统计局. 中国统计年鉴[M]. 北京: 中国统计出版社, 1992-2001.

[13] 范金, 胡汉辉. 环境 Kuznets 曲线研究及应用[J]. 数学的实践与认识, 2002, 32(6): 944-951.

自然资源环境系统的突变机制*

陈六君　方福康

（北京师范大学非平衡系统研究所，北京 100875）

摘　要：从宏观角度出发，建立了自然资源环境系统的动力学模型，并对模型所反映的突变性质及其经济意义进行了分析。通过考察自然资源与环境污染之间的一种特定耦合关系，建立了资源环境二维动力学模型。经过定态分析，结果表明该模型的突变特征可以归为燕尾型突变。并由分叉点集在经济活动参数空间中的投影，分析了经济活动参数变化与动力系统定态跃迁之间的关系。选取特定的经济活动参数进行动态模拟，结果显示，如要避免动力系统的灾变，相关政策调控参数必须满足一定条件，治理时刻必须早于某个临界值。

关键词：动力学模型；突变；自然资源；环境

On the Mechanism of Catastrophic Shift in Natural Resource and Environmental System

Chen Liujun　Fang Fukang

（Institute of Nonequilibrium System，Beijing Normal University，Beijing 100875，China）

Abstract：A dynamic model of natural resource and environmental system is developed on macro level，and its catastrophic characteristics as well as relevant economic meanings are analyzed. By considering a specific coupling relation between natural resource and environment pollution，a two-dimensional dynamic model is built. The equilibria analysis reveals that the catastrophic feature could be classified as swallowtail catastrophe. The relation between the change in parameters of economic activities and the equilibrium transition of the dynamic model is also discussed with the projection of bifurcation sets onto economic parameter space. The simulation under given specific change mode of economic activities parameters shows that the related policy parameters have to satisfy some requirements to avoid such catastrophic shift，for example，the abatement time should be earlier than some critical moment.

Key words：dynamic model；catastrophe；natural resource；environment

1　引言

生态系统为人类提供了各种自然资源和服务，是人类生存和发展的基础。但是，随着人类社会经济的不断发展，对生态系统造成的冲击越来越强，从而提出了自然资源和服务的可持续性问题，其重要性和紧迫性已经引起了生态学家和经济学家的广泛关注。这个问题中尤其重要的是，对于存在多重定态的生态系统，经济冲击可能将其从一种状态驱动到另一种状态，从而引起生态系统的灾变。

---

* 基金项目：国家自然科学基金资助项目(70071037)，"十五"科技攻关项目(2001-BA608B14)。

陈六君，方福康. 自然资源环境系统的突变机制[J]. 复杂系统与复杂性科学，2004，2(1)：1-8.

Arrow 等[1]强调了这种状态跃迁的重要性：①生态系统的状态跃迁意味着生态系统功能的不连续变化，这个过程联系着生物生产力的突然损失，并将导致生态系统对人类支持能力的降低。②状态跃迁常常是不可逆的，例如土壤侵蚀、地下水枯竭、干旱化和生物多样性丧失等，从而将大大增加生态系统的恢复成本。③生态系统从人类熟悉的状态跃迁到人类不熟悉的状态，增加了经济活动环境效应的不确定性。

生态学家深入地研究了生态系统的多重定态问题，不仅包括小尺度的种群关系，如云杉—卷叶蛾、牧草—牲畜、人体—寄生虫等，也包括较大尺度上的生态系统演替，如湖泊、珊瑚礁、海洋、森林和干旱区等[2~4]。这些研究的理论模型和相关案例都表明：生态系统对环境变化的连续反应模式可能突然中断，从一种状态突然跃迁到另一种状态，这种状态跃迁过程常常是不可逆的。生态系统的多重定态研究在概念、方法和实际证据方面都已经取得了很大的成就，但是，由于这些研究大多是在具体问题上进行的，在宏观层次上的一般抽象还比较少，从而难以直接融入经济增长与生态系统关系的研究中。由于这种原因，尽管一些经济增长理论已经考虑了生态系统中自然资源或环境质量因素，但其数学模型仍然建立在线性关系(或线性部分)的基础上，缺少对可能存在的多重定态及其动力学机制的分析[5,6]。本文的主题是，从宏观角度出发，研究与经济活动联系紧密的自然资源环境系统中可能存在的多重定态。

本文在相对独立的自然资源动力学模型和环境污染动力学模型基础上，考察了自然资源和环境污染之间的一种特定耦合关系，这种耦合关系主要体现为自然资源影响环境污染的自净能力，而污染状况也反过来影响自然资源的再生能力，并且污染对自然资源施加的影响可以近似地表现为一种"S"形关系。基于上述耦合关系，建立了资源环境二维动力学模型，其突变性质可以归为燕尾型突变，揭示了自然资源环境系统存在多重定态的一种机制。本文着重讨论了在该机制下，经济活动参数变化(表现为自然资源提取速度和污染物排放速度的变化)所驱动的自然资源环境系统状态跃迁，并通过动态模拟阐述了这种状态跃迁在资源环境保护中的政策含义，即为了避免自然资源环境系统的灾变，政策调控参数必须满足一定条件，如治理时刻必须早于某个临界值等。

2　理论基础

Scheffer 等[4]指出，一个具有多重定态且在定态跃迁中存在滞后效应(hysteresis)的生态系统，其简单数学模型可表述为：

$$\frac{\mathrm{d}x}{\mathrm{d}t} = a - bx + rf(x) \tag{1}$$

式中，变量 x 代表生态系统的某种有害特性；参数 a 代表驱动 x 演化的环境因素；剩余两项代表生态系统内部过程：b 为 x 在生态系统内部的衰减速度，r 为 x 在生态系统内部以函数 $f(x)$ 的形式进行恢复的速度。

如果 $r=0$，模型有唯一的定态解 $x=a/b$。然而，如果 $r>0$，且 $f(x)$ 取 Hill 函数形式：

$$f(x) = x^q/(x^q + h^q) \tag{2}$$

那么，在一定参数条件下，动力系统就会出现多重定态，如图 1 所示。

Hill 函数是一类具有"S"形状的函数，如图 2 所示，常用来刻画高度复杂的关系。其中，h 为半饱和常数，当 x 等于 h 时，函数取值为 0.5。q 为形状参数，它的取值越大，"S"形曲线越陡峭。Hill 函数广泛地应用于复杂的生物化学和种群动态等研究中[7,8]。实际上，在具体生态系统的多重定态数学模型中，常常采用 Hill 函数形式来刻画一些复杂关系，如在湖泊富营养化模型中用 Hill 函数刻画的磷再循环过程[9]，在火灾动力学模型中用 Hill 函数刻画的火灾风险[10]。特别是当参数 q 等于 2 时，Hill 函数的形式为：$f(x) = x^2/(x^2 + h^2)$，这是种群动态研究中广泛使用的"Holling 第三类功能响应"

（type-Ⅲ functional response），并应用于云杉—卷叶蛾模型[11]，牧草—牲畜模型[12]等。

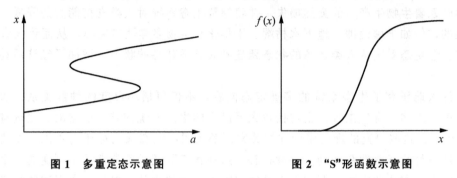

图 1　多重定态示意图　　　　　　图 2　"S"形函数示意图

当然，除 Hill 函数以外，许多其他函数也具有"S"形状，如 Logistic 函数就是另一类应用非常广泛的"S"形函数，这些"S"形函数也能同样地使式(1)产生多重定态。

从这些成功的多重定态数学模型中，我们得到启发：多重定态常常来自一些复杂的关系，这些关系在一定程度上可以用 Hill 函数来近似刻画。下面将借助 Hill 函数，建立自然资源环境系统的动力学模型。

3　资源环境二维动力学模型

在考虑自然资源与环境污染之间的耦合关系之前，首先给出相对独立的自然资源动力学模型和环境污染动力学模型。

一般地，自然资源动力学模型可采用 Logistic 增长形式：

$$\frac{dN}{dt}=rN(1-N/N_{max})-H \tag{3}$$

式中，N 为自然资源存量；N_{max} 为最大可能自然资源存量；H 为人类对自然资源的提取速度；r 为自然资源再生率。

环境污染动力学模型可采用简单的指数衰减形式[13]：

$$\frac{dD}{dt}=P-\delta D \tag{4}$$

式中，D 为污染物浓度；δ 为环境系统对污染物的自净率；P 为人类向环境系统输入污染物的速度，也可称为经济系统的污染物排放速度。

独立的自然资源系统和环境系统表现出较为简单的动力学行为。但是，自然资源系统与环境系统是相互耦合共同演化的，其动力学特征要复杂得多。

实际上，环境系统的污染自净能力在很大程度上取决于生物（自然资源）对污染物的吸收能力，所以，环境污染动力学方程式(4)中的污染自净率 δ 是与自然资源存量 N 有关的，并可简单地假设为线性关系：

$$\delta=cN \tag{5}$$

式中，c 为单位自然资源存量的自净率，它的取值越大，表示生物对污染物的吸收能力越强。因此，在式(4)中的污染自净率 δ 为常数的假设仅在自然资源存量 N 较为稳定的情况下才是恰当的。

另外，污染物浓度也影响着自然资源的再生能力。随着污染物浓度的增加，由于生物体内积累了过高的污染物，或者由于生物的生存环境遭到破坏，生物可能因受到污染而死亡，所以，自然资源动力学方程式(3)的右边应该增加一项，以表示污染导致的生物死亡过程。

生物死亡过程随污染物浓度的变化是非线性的，常常具有某种突发性：当污染物浓度较低时，因污染导致的死亡过程趋于零，而当污染物浓度增加到一定水平时，死亡过程突然增强，并很快达到其极限值，形象地表现为"S"形曲线。所以，可以采用 Hill 函数进行刻画：

$$F = fND^q/(D^q + D_d^q) \tag{6}$$

式中，F 为死亡速度；f 可称为致死率；D_d 可称为半致死浓度；q 为形状参数。死亡过程的"S"形特征表明，在污染物浓度较低的情况下，在式(3)中忽略生物死亡过程 F 是可以接受的。

综合上述自然资源与环境污染的特定耦合关系，资源环境二维动力学模型可写为：

$$\frac{\mathrm{d}N}{\mathrm{d}t} = rN(1 - N/N_{max}) - fND^q/(D^q + D_d^q) - H \tag{7}$$

$$\frac{\mathrm{d}D}{\mathrm{d}t} = P - cDN \tag{8}$$

这个自然资源环境系统将展示丰富的动力学行为，下面首先利用突变理论进行定态分析，然后再通过动态模拟阐述其突变性质的政策含义。

4 定态分析与突变性质

处于定态的自然资源环境系统满足：

$$rN(1 - N/N_{max}) - fND^q/(D^q + D_d^q) - H = 0 \tag{9}$$

$$P - cDN = 0 \tag{10}$$

将式(10)代入式(9)，则：

$$rN(1 - N/N_{max}) - fN /[1 + (cD_dN/P)^q] - H = 0 \tag{11}$$

式(11)的解就是资源环境二维动力学模型的定态解。对代数方程式(11)进行简化处理：记 $m = r/f$，$s = mP/cN_{max}D_d$，$x = mN/sN_{max}$，$n = cD_dH/fP$，则式(11)可化为如下简洁形式：

$$mx - sx^2 - x/(1 + x^q) - n = 0 \tag{12}$$

利用突变理论进行定态分析，结果表明，给定任意大于 1 的 q，二维动力系统的突变类型属于燕尾型。结合模型的实际意义，我们仅考察 $m > 0$，$s > 0$，$x > 0$ 情况下的突变。

首先对组合参数 m，s，n 的含义作简单说明：组合参数 $m = r/f$，其中 f 代表"S"形死亡过程作用到自然资源系统上的强度，于是 m 可以用来表征环境系统与自然资源系统的耦合强度，这个耦合强度是由两个系统的自身属性所决定的。m 越小，耦合强度越大。组合参数 s 和 n 可以用来表征给定系统参数下的经济活动强度。组合参数 $s = mP/cN_{max}D_d$，在给定 m 和 $cN_{max}D_d$ 的情况下，s 取决于 P，可以表征经济系统向环境系统输入污染的强度及其变化。组合参数 $n = cD_dH/fP$，在给定 cD_d/f 的情况下，n 取决于 H/P，可以表征从自然资源系统提取自然资源的强度及其变化(相对于给定的 P)。

经济活动参数变化所驱动的动力系统定态跃迁尤其重要，所以，下面将在给定耦合强度 m 的情况下，通过燕尾型突变的分叉点集在经济活动参数(由组合参数 s 和 n 代表)空间中的投影，分析资源环境动力系统在经济活动参数空间中的突变性质。

耦合强度 m 也是燕尾型突变的控制参量之一，m 在不同区间取值，动力系统将具有不同的突变性质，需要分别进行考察。根据动力系统突变性质的差异，可以将组合参数 m 分为以下三个区间：$0 < m < 1$，$1 < m < m_0$，$m > m_0$，其中，m_0 取决于 q，q 越大，m_0 越大。为了使模型的特征更明显，我们取 $q = 4$("S"形曲线比较陡峭)，相应地，$m_0 \approx 2.34$。

首先考虑 $0 < m < 1$ 的情况，耦合强度非常强，并给定 $m = 0.6$。

图3(a)给出了 $s = 0.25$，$n = -0.15$ 时的定态解，即 $f(x) = mx - sx^2 - x/(1 + x^q)$ 与直线 n 的交点，分别记为 x_+、x_c、x_-。简单分析可知，这三个定态解依次为稳定的、不稳定的和稳定的。随着组合参数 (s, n) 的变化，这些定态解取值也相应变化。在分叉点处，(s, n) 的连续变化将导致定态的

突然消失或出现。图 3(b)给出了燕尾型突变流形在 $s-n$ 参数空间中的投影，其中，两条曲线分别代表 $x_c=x_+$ 和 $x_c=x_-$ 的参数轨迹。

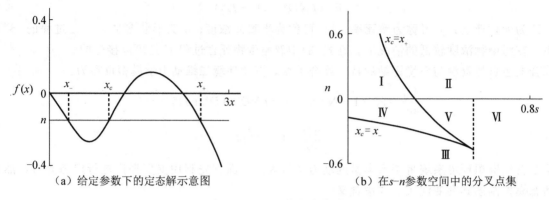

（a）给定参数下的定态解示意图　　　　　　（b）在 s-n 参数空间中的分叉点集

图 3　$m=0.6$ 的突变性质

由图 3(b)可见，$s-n$ 参数空间中的突变性质类似于尖点突变。根据定态解结构的不同，可以将 $s-n$ 参数空间分为 6 个区域，组合参数 $(s，n)$ 的取值由参数空间的一个点来代表。仅当参数代表点在 Ⅳ 内，动力学系统才会存在三个定态 $(x_+、x_-、x_c)$，可对照图 3(a)。当代表点从 Ⅳ 向左下方穿过曲线 $x_c=x_-$ 进入 Ⅲ 内以后，两个定态 x_c、x_- 同时消失，只有一个较高稳定定态 x_+。当代表点从 Ⅳ 向右上方穿过曲线 $x_c=x_+$ 进入 Ⅴ 内以后，则只有一个较低稳定定态 x_-。当代表点从 Ⅳ 向上穿过 $n=0$ 进入 Ⅰ 内以后，由于 x 的非负性，x_- 消失，剩下两个定态 $(x_+、x_c)$。当代表点从 Ⅳ 同时穿过 $n=0$ 和曲线 $x_c=x_+$ 进入 Ⅱ 内以后，三个定态全部消失，不存在定态。当代表点从 Ⅳ 同时穿过曲线 $x_c=x_-$ 和 $x_c=x_+$ 进入 Ⅵ 内以后，三个定态合并为一个定态，可记为 x_0，简单分析可知其为稳定定态。

再考虑 $m>m_0$ 的情况，耦合强度比较弱，并给定 $m=2.5$。

图 4(a)给出了 $s=1$，$n=0.8$ 时的定态解，分别记为 x_+ 和 x_-，且分别为稳定的和不稳定的。s-n 参数空间中的分叉点集见图 4(b)，其突变性质比较简单，类似于折叠突变。简单地说，其最重要的特点是，最多只有两重定态。

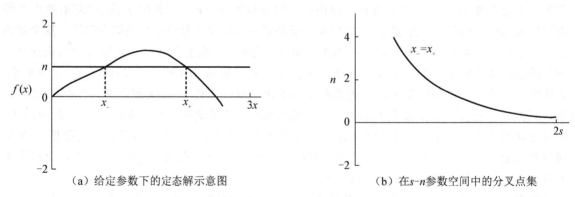

（a）给定参数下的定态解示意图　　　　　　（b）在 s-n 参数空间中的分叉点集

图 4　$m=2.5$ 的突变性质

考虑 $1<m<m_0$ 的情况，耦合强度居中，并给定 $m=1.5$。

图 5(a)给出了 $s=0.9$，$n=0.06$ 时的定态解，分别记为 x_{++}、x_+、x_-、x_{--}，且依次为稳定的、不稳定的、稳定的和不稳定的。s-n 参数空间中的分叉点集见图 5(b)，且可以明显地看出燕尾型特征。其突变性质比较复杂和烦琐，不再赘述。需要说明的是，对于 $1<m<m_0$ 的情况，最重要的是出现了四重定态的参数区域。

根据上述分析，可以将自然资源环境系统的燕尾型突变归纳如下：如果耦合强度较弱 $(m>m_0)$，

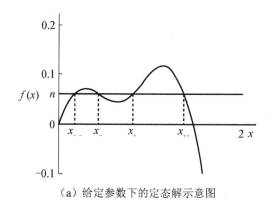

（a）给定参数下的定态解示意图

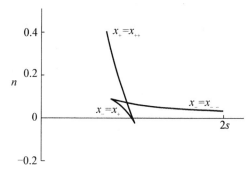

（b）在 s-n 参数空间中的分叉点集

图5 $m=1.5$ 的突变性质

突变性质比较简单，类似于折叠突变；如果耦合强度适中（$1<m<m_0$），突变性质非常复杂，充分展示了燕尾型突变的特征；如果耦合强度很强（$0<m<1$），突变性质又将趋于简单，与尖点突变类似。正如齐曼所总结的尖点突变的典型性质一样，这里的燕尾型突变也将表现出类似的性质，如突跳、滞后、双稳态和不可达性等，并且比尖点突变更为复杂。

前面的分析是通过组合参数进行的，为了更清晰地表述动力系统突变性质的经济意义，需要将组合参数空间中的关系映射到其所代表的经济活动参数空间中去。具体地说，就是将 s-n 参数空间的突变性质映射到 P-H 参数空间。根据 $m=r/f$，$s=mP/cN_{max}D_d$，$x=mN/sN_{max}$，$n=cD_dH/fP$，可以在给定系统参数的情况下，将 s-n 参数空间的分叉点集映射成 P-H 参数空间的分叉点集，并把相应的 x 映射成 N（且 $D=P/cN$）。给定系统参数 $q=4$，$r=1$，$f=1$，$m=1$，$c=0.005$，$D_d=100$，$N_{max}=100$，则 P-H 参数空间中的分叉点集见图6[类似于图3（b）]。

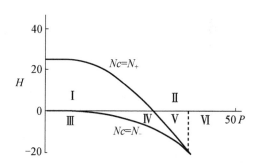

图6   在 P-H 参数空间中的分叉点集

分析经济活动参数变化驱动的资源环境动力系统定态跃迁。经济活动参数（P，H）的取值由参数空间中的一个点来代表。经济活动参数（P，H）总在不断改变，相应的代表点在 P-H 参数空间中移动。当代表点穿过分叉点集时，将驱动资源环境动力系统发生定态跃迁，并且这种定态跃迁常常具有不可逆性，可参照图6进行说明。在初始时刻，代表点位于区域Ⅰ内，且系统处于较高稳定定态 N_+ 上。随着经济活动参数（P，H）的增加，代表点向右上方移动。当代表点穿过曲线 $N_c=N_+$（分叉点集）时，原来的稳定定态 N_+ 突然消失。由于在参数区域Ⅱ内不存在任何定态，系统演化将趋向于 $N=0$（因为 N 具有非负性）。这个过程是不可逆的，当代表点从区域Ⅱ返回区域Ⅰ，并不能回到原来的稳定定态 N_+。为了回到 N_+，代表点必须要移动到曲线 $N_c=N_-$ 以下，也就是必须进入区域Ⅲ。这意味着不仅不能从自然资源系统中提取资源，还必须增加自然资源投入。当然，一旦代表点进入区域Ⅲ，系统状态跃迁到较高稳定定态 N_+ 以后，经济活动参数（P，H）可以适当增大，并允许代表点再次进入区域Ⅰ。只要代表点不穿过曲线 $N_c=N_+$，系统仍然能够维持在 N_+，尽管它的吸引域有所降低。

5   突变性质的政策含义

前面的定态分析表明，当经济活动参数（P，H）的代表点在 P-H 参数空间穿过分叉点集时，原来的稳定定态消失，并导致自然资源环境系统的定态跃迁。由于经济活动参数的变化模式在一定程度上取决于政策调控参数，所以，有效的政策调控有可能避免这种定态跃迁。下面将通过数值模拟来讨论自然资源环境系统的突变性质在政策调控中的含义。

为简便，假定其中一个经济活动参数 H 始终不变，从而将注意力集中到 P 这一个经济活动参数上来。在下面的叙述中，将 P 直接称为污染物排放速度。

将污染物排放速度分为两个部分，一个是随时间增加（由于经济增长）的部分，记为 P_1，另一个是污染治理所抵消的部分，记为 P_2，则污染物排放速度的变化模式可表示为：

$$P = P_1 - P_2 \tag{13}$$

式中，P_1 可以简单地假设为：$P_1 = P_0 + at$，P_2 则取决于政策调控。由于在经济增长前期，对环境污染问题还不够重视，所以，可以假设为：当 $t < T$ 时，$P_2 = 0$。在污染问题引起重视以后，经济系统采取各种措施来限制污染排放，如提高技术清洁度或进行污染治理投资等，相应地可简单假设为：当 $t > T$ 时，$P_2 = bt$。如果进一步假定 $b > a$，则污染物排放速度的变化模式呈现出先增加后下降的倒"V"形状，其转折时刻为 T。

在上述给定的污染排放速度变化模式下，T 时刻代表了广义上的污染治理活动的起点，我们称其为治理时刻。

将治理时刻 T 作为政策调控参数，模拟资源环境动力系统在不同 T 取值下的动态演化行为。系统参数设定同第 4 节，其他经济参数设定如下：$H = 10$，$P_0 = 5$，$a = 0.3$，$b = 0.5$，初始状态 $N(0) = 88.7$，$D(0) = 11.3$。

模拟结果表明：存在治理时刻 T 的临界值 T_c，在临界值附近的微小变化，将急剧改变动力系统状态变量 (N, D) 的时间演化轨迹（图 7）。在上述参数设定下，通过模拟得到的临界值 T_c 介于 60.0 和 60.1 之间。如果治理时刻早于临界值，如 $T = 60.0$，系统在经历一段时间的污染物浓度增加和自然资源存量下降以后，又会反弹回来，污染物浓度降低和自然资源存量上升。这说明政策调控是有效的，尽管存在短期的资源环境恶化，但最终能够回到良好的资源环境状况。但是，如果治理时刻晚于临界值，如 $T = 60.1$，状态变量 (N, D) 的时间演化轨迹将与前者不同。在政策调控已经实施一段时间以后，污染物浓度还会突然迅速增加，相应的自然资源存量也将突然迅速下降，这意味着自然资源环境系统从一种状态跃迁到了另一种状态，从而表明政策调控没能避免动力系统定态跃迁。

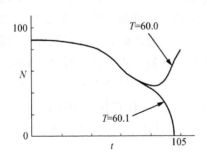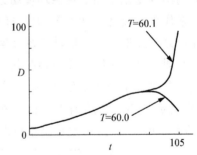

图 7　自然资源环境系统状态变量 (N, D) 的动态演化

上述模拟结果说明，在本文给定的资源环境耦合机制下，即使资源提取速度保持不变，并且污染物排放速度通过污染治理而降低，但是，如果治理时刻晚于某个临界值，还是将发生动力系统状态跃迁，并导致相应的资源环境灾难。这为资源环境的政策调控提出了要求，即治理时刻必须早于临界时刻。实际上，即使治理时刻早于临界时刻，但如果它在临界时刻附近，资源环境状况的改善也需要很长的时间，从而造成较大的社会经济损失。

6 结论

自然资源与环境污染之间的相互作用是非常复杂的，本文从宏观角度进行了高度简化，建立了资源环境二维动力学模型。该模型的突变特征可以归为燕尾型突变，展示了自然资源环境系统复杂性的一个方面，而这种复杂性主要来自两个子系统耦合关系中的非线性。实际上，忽略这些非线性关系的线性模型仅仅适用于特定情况，例如控制参数远离分叉点集的时候。而当控制参数趋向分叉点集时，非线性关系变得越来越重要，线性近似模型就不再适用。在这种情况下，如果仍然使用线性模型作为政策依据，必将带来灾难性的后果。

从宏观角度分析经济活动对自然资源和环境的影响，就不能不提到环境 Kuznets 曲线（EKC）理论[1,13]，该理论从宏观上阐述了经济水平与环境污染之间的一种倒"U"形关系。但是，需要强调的是，这种关系的成立是有条件的，这一点可以借助本文模型的动态模拟结果进行说明。模拟显示，在治理时刻早于临界时刻的情况下，污染物浓度先增长后下降，自然资本存量则先下降后增长并最终稳定，这种动态演化过程与 EKC 假设的基本思想是一致的。但是，如果治理时刻晚于该临界值，自然资源环境系统就将发生灾变。所以，在我们的模型中，EKC 成立的条件可以具体地表述为治理时刻不晚于临界时刻。当然，这只是将治理时刻作为政策调控参数情况下的结果。如果给定治理时刻（也不能太迟），将治理强度作为政策调控参数，EKC 成立的条件将重新表述为治理强度不低于某个临界值。

模型还有待于进一步改进，尤其是对自然资源环境系统与经济系统之间反馈关系的考虑。本文集中于自然资源环境系统的演化，将经济活动参数作为系统的外生参量，这种处理是一种大大的简化。考察这些外生参量在经济系统中的决定过程将发现，这些外生参量实际上也会受到自然资源和环境污染状况的影响，从而形成自然资源环境与经济之间的反馈回路。所以，进一步的改进可以考虑把这种反馈关系纳入研究范围，将经济系统与自然资源环境系统耦合在一起，形成不少于三维的动力学模型。在自然资源环境与经济共同演化的理论框架下，有效避免自然资源环境系统灾变的问题不仅涉及如何选择政策调控参数，更涉及如何在自然资源环境状况与经济决策之间建立有效的反馈机制，从而使得有利的调控政策能够实施。

参考文献

[1] Arrow K，Bolin B，Costanza R，et al. Economic growth，carrying capacity，and the environment[J]. Science，1995，268(5210)：520-521.

[2]Holling C S. Resilience and stability of ecological systems[J]. Annual Review of Ecology and Systematics，1973，4(1)：1-23.

[3]May R M. Thresholds and breakpoints in ecosystems with a multiplicity of stable states[J]. Nature，1977，269(5628)：471-477.

[4]Scheffer M，Carpenter S，Foley J A，et al. Catastrophic shifts in ecosystems[J]. Nature，2001，413(6856)：591-596.

[5]Stokey L. Are there limits to growth? [J]. International Economic Review，1998，39(1)：1-31.

[6]Aghion P，Howitt P. Endogenous Growth Theory[M].Cambridge：MIT Press，1998.

[7]Scheffer M. Multiplicity of stable states in freshwater systems[J]. Hydrobiologia，1990，200/201：475-486.

[8]Cherry J L，Adler F R. How to make a biological switch[J]. Journal of Theoretical Biology，

2000，203(2)：117-133.

[9]Carpenter S R，Ludwig D，Brock W A. Management of eutrophication for lakes subject to potentially irreversible change[J]. Ecological Applications，1999，9(3)：751-771.

[10]Ludwig D，Walker B，Holling C S. Sustainability，stability，and resilience[J]. Conservation Ecology，1997，1(1)：1-21.

[11]Ludwig D，Jones D D，Holling C S. Qualitative analysis of insect outbreak systems：the spruce budworm and forest[J]. Journal of Animal Ecology，1978，47(1)：315-332.

[12]Noy-Meir I. Stability of grazing systems：an application of predator-prey graphs[J]. The Journal of Ecology，1975，63(2)：459-481.

[13]Pasche M. Technical progress，structural change，and the environmental Kuznets curve[J]. Ecological Economics，2002，42(3)：381-389.

第五部分　教育系统

Approach on Educational Economics by Using the Non-Equilibrium System Theory[*]

Fang Fukang   Li Keqiang

(Beijing Normal University, Beijing, China)

Abstract: Under the framework of nonequilibrium theory, a model is adopted to analyse the educational economic system of China. By dividing the education levels into four parts, the high education, the basic education, the secondary education and the vocational-technical education, we study the relation between educational systems and economics. The development of Chinese education and its economical benefits have been calculated and discussed.

The theory of non-equilibrium system is given by I. Prigogine[1-3], and its application to economical systems is discussed by P. Allen[4-6]. This paper is the first time on using this framework to treat an educational economic system.

We will study the educational economic system as an open system. This system involves several subsystems with complex interaction inside, and also the system has its effects from the environment.

The educational economic system is rather complex, it includes the policy thinking, the economical development, and the different parts of education itself. For a detail quantative treatment is difficult. [7] But when we simplify some factors, and discuss the interesting parts as a model, we can get some meaningful results from the calculation and discussion.

We will simplify the system and give the model in Sec. 1. The mathematical method is given in Sec. 2. The calculating results are given in Sec. 3. Some discussions on the problem will be given in Sec. 4.

1   The Model of the Educational Economic System

For the discussion on the relation between education and economy, we regard the educational economic system as an open system. There are interation between the subsystems, also the system is linked closely with the environment. We will simplify the problem and only concentrate on the relation between investment and development of the educational economic system.

Investment of education is one part of national income, originally coming from gross national product. This investment will be divided into several parts for different levels of education, the basic education, the secondary education, the vocational education and at last the high education. In our problem for calculation we will take basic education as primary education added junior secondary education. The result of the educational investment will change the character of science, technique

---

* Fang F K, Li K Q. Approach on educational economics by using the non-equilibrium system theory[J]. System Dynamics Review, 1991, 7(1): 199-208.

and culture etc. For the educational people. At last, the national income is contributed by the people with different educational levels. We can model these relations as following graph.

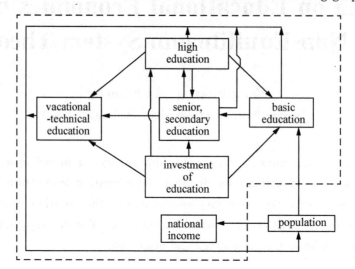

The graph gives a description of the simplified model of the educational economic system. The development of the education is restricted by the investment of education, a part of the national income. The education with its scale and different levels provides training labors and experts for the productive area. Then the national income will be increased. The education and the economy exhibit the improving and the restrictive relation for each other.

These are also the relation between the different levels of education. The high education provides the teachers for other levels and also for itself. The lower educational level provides the students for the higher educational level. The population of the society also influences the education as an external parameter via enrollment of the basic education.

The graph thus roughly gives the model of interaction between the education and economy. Mainly we concentrate on the benefits of the investment and the development of the education. The subsystems of the educational economic system are interacted each other with depending, improving, and restricting relation. The system will be evolving under these conditions. We will give the mathematical description for the model in the next section.

2   The Mathematical Method for the Description of Economic Educational System

For the discussion of the economic educational system given by the graph in Sec. 1, we introduce a mathematical model based from the non-equilibrium system theory. [1,4] Thus we write the variables, parameters and equations for the system as following.

2.1   Variables

$X(1, J)$, $X(2, J)$, $X(3, J)$, $X(4, J)$ denote the numbers of the students in year J, these students separately belong to high education, vocational-technical education, senior secondary education and basic education;

$X(5, J)$ writes as the investment of education in year J;

$X(6, J)$, $X(7, J)$ as the national incomes in year $J+1$ and year $J-1$ separately;

$P(J)$ as the population of year J;

$Q(J)$ as the numbers of labors for year J.

$P(J)$, $Q(J)$ both are exogenous parameters of the economic educational system.

2.2 Additional Variables

$T(1, J)$, $T(2, J)$, $T(3, J)$, $T(4, J)$ denote the numbers of the teachers in year J, these teachers separately belong to high education, vocational-technical education, senior secondary education and basic education;

$Q(1, J)$, $Q(2, J)$, $Q(3, J)$, $Q(4, J)$ denote the numbers of graduate students of the social labors in year J, these graduate students also come from high education, vocational-technical education, senior secondary education and basic education separately, and $Q(5, J)$ denote the number of the labors in the society who haven't get any kind of educational degree;

$G(J)$ writes as the quantity of the educational investment provided by the government in year J.

2.3 Parameters

$A(1, 1)$, $A(2, 1)$, $A(3, 1)$, $A(4, 1)$ denote the average numbers of students per each teacher for different educational-technical education, senior secondary education and basic education;

$A(5, 1)$, $A(5, 2)$, $A(5, 3)$, $A(5, 4)$ denote the fees per each student separately for the four educational levels;

α_1, α_2, α_3, α_4 denote the ratios of educational investment separately for the four educational levels with the sum $\sum_{i=1}^{4} a_i = 1$;

We have the relations between the parameters written above

$A(1, 2) = \alpha_1 / A(5, 1)$, $A(2, 2) = \alpha_2 / A(5, 2)$,

$A(3, 2) = \alpha_3 / A(5, 3)$, $A(4, 2) = \alpha_4 / A(5, 4)$;

$m(1, J)$, $m(2, J)$, $m(3, J)$, $m(4, J)$ are the rations which denote the graduates divided by envolments in year J separately for the four educational levels;

$m(0, J)$ is the ratio which denotes the admitted children of the primary schools divided by the population;

$n(1, J)$, $n(2, J)$, $n(3, J)$, $n(4, J)$ denote the ratios between students admitted and envolments for four educational levels separately;

We also have the notations

$A(1, 3) = m(1, J)/n(1, J)$, $A(2, 3) = m(3, J)/n(2, J)$,

$A(3, 3) = m(4, J)/n(3, J)$, $A(4, 3) = m(0, J)/n(4, J)$;

η_1, η_2, η_3, η_4 are the ratios of graduates for the educational levels, these graduates are able to study in the advanced educational level.

$A(6, 1)$, $A(6, 2)$, $A(6, 3)$, $A(6, 4)$ are the values of production from the labors educated by high education, vocational-technical education, senior secondary education and basic education separately, $A(6, 5)$ is the value of production from the labors who haven't educated from above educational levels;

$A(i, 0)$ with $i = 1, 2, \cdots, 6$ is the time scale for the evolution of $X(i, J)$;

$A(i, 6)$ with $i = 1, 2, \cdots, 6$ is the external parameter which exhibits the effects to the system from the environment.

2.4 Some Additional Variables Which can be Described by the Variables and the Parameters

Let $X(1, 0)$, $X(2, 0)$, $X(3, 0)$, $X(4, 0)$ as the initial numbers of graduates of the four educational levels，s as the average death rate of the population，then we have

$$Q(1, J) = \sum_{i=0}^{J} m(1, i)X(1, i)(1-s)^{J-1}, \quad m(1, 0) = 1;$$

$$Q(2, J) = \sum_{i=0}^{J} m(2, i)X(2, i)(1-s)^{J-1}, \quad m(2, 0) = 1;$$

$$Q(3, J) = \sum_{i=0}^{J} \{[m(3, i)X(3, i) - n(1-i)X(1, i) - n(2, i)X(2, i)](1-s)^{J-1}\}, \quad m(3, 0) =$$

$1, n(1, 0) = 0, n(2, 0) = 0;$

$$Q(4, J) = \sum_{i=0}^{J} \{[m(4, i)X(4, i) - n(3-i)\times(3, i) - n(3, i)X(3, i)](1-s)^{J-1}\}, \quad m(4, 0) =$$

$1, n(3, 0) = 0;$

$$Q(5, J) = Q(J) - \sum_{i=1}^{4} Q(i, J);$$

$$G(J) = E\{X(7, J) - F P(J)\ln[1 + X(7, J)/F P(J)]\}.$$

Here E is the maximum ratio for the educational investment in the national income，it depends on the situation of the economy and social development；F is the parameter which denotes the necessary living spends for the people in average.

2. 5 Equations

Now we describe the educational economic system as a Logistic type system and have the equations as following

$$dX(i, t)/dt = A(i, t)X(i, t)[1 - X(i, t)/N(i, t)] + A(i, 6), \quad i = 1, 2\cdots6 \tag{1 $\sim$ 6}$$

$$dX(7, t)/dt = 1/2[X(6, t) - X(7, t)] \tag{7}$$

Here we have

$$N^{-1}(1, t) = 1/3\{[A(1, 1)T(1, t)]^{-1} + [A(1, 2)X(5, t)]^{-1} + [A(1, 3)\eta_1 X(3, t)]^{-1}\};$$

$$N^{-1}(2, t) = 1/3\{[A(2, 1)T(2, t)]^{-1} + [A(2, 2)X(5, t)]^{-1} + [A(2, 3)\eta_1 X(3, t)]^{-1}\};$$

$$N^{-1}(3, t) = 1/3\{[A(3, 1)T(3, t)]^{-1} + [A(3, 2)X(5, t)]^{-1} + [A(3, 3)\eta_1 X(4, t)]^{-1}\};$$

$$N^{-1}(4, t) = 1/3\{[A(4, 1)T(4, t)]^{-1} + [A(4, 2)X(5, t)]^{-1} + [A(4, 3)\eta_1 X(5, t)]^{-1}\};$$

$$N^{-1}(5, t) = 1/2\{[\sum_{i=1}^{4} A(5, i)X(i, t)]^{-1}\} + [G(t)]^{-1}\};$$

$$N(6, t) = \sum_{i=1}^{5} A(6, i)Q(i, t).$$

2. 6 Some Explanations for the Equations

By using the non-equilibsium theory we get the equations $(1) - (7)$ to describe the educational economic system written above. Equation (1) shows the development of the high education. The students of high education are restricted by three conditions，the numbers of teachers，the funds and the resources of students. Here $A(1, 1)T(1, t)$ denotes the numbers of students restricted by the teachers，i. e the numbers of teachers provide the possibility of enrollments for high education. $A(1, 2)X(5, t)$ denotes the restriction of the students from the funds，and $A(1, 3)\eta X(3, t)$ denotes the restriction of the high education from the resources of students. In equation (1)，$N(1, t)$ combines these three factors and restricts the development of $X(1, t)$. Among these three factors，the shortage factor has much strong restrictions for the $X(1, t)$. Thus we have the explanation of equation (1)，we can explain equation $(2) - (4)$ as the same.

In equation (5), $N(5, t)$ is constructed by two terms. The first term $\sum_{i=0}^{4} A(5, i)X(i, t)$ describes the demand of educational investment for the different levels of education at time t. The second term $G(t)$ describes the possible supply of educational investment decided by the national income, the policy of education, and some others. The equilibrium of the demand and supply gives the restriction of educational investment.

In equation (6), $N(6, t) = \sum_{i=0}^{5} A(6, i)Q(i, t)$ describes the potential of economic development provided by the labors of different educational levels.

Equation (7) describes the effects of time delay. The educational investment in year J is a result from the national income of year $J-1$, and the national income in year $J+1$ will be influenced by the construction of the educational labors in year J.

Equations (1)—(7) are cooperated each other. These equations are the mathematical description for the educational economic system given by the graph in Sec 1. We will discuss the results from the equations in succeed sections.

3　The Calculation on Chinese Educational Economic System

Now we use the model of educational economic system to discuss the development of education in China. In this paper, we concentrate the period from 1951—1957 and 1977—1983, as an illustration for the model given above.

The calculation of the model is going as following. We give the initial condition for the equations. The parameters in the equations are taken as constants in certain period. Then we use the equations to calculate the data of the variables. By adjusting the parameters we make the correspondence between the real data and calculating data. Thus we can illustrate the model and get the policy meanings from the value of parameters which are adjusted during the calculation.

The calculation gives good results. All the variables get the calculating data with the error less than 10% comparing to the real data. Here we give the examples for the students of high education [$X_1(t)$ as calculating data. $X_{10}(t)$ as real data] and educational investment [$X_5(t)$ as calculating data, $X_{50}(t)$ as real data].

year	$X_1(T)$	$X_{10}(T)$	$[(X-X_0)/X]\%$
1951	1.45	1.53	−5.3
1952	1.78	1.91	−7.6
1953	2.24	2.21	5.4
1954	2.73	2.53	7.3
1955	3.17	2.88	9.1
1956	3.79	4.03	−6.3
1957	4.44	4.41	0.6
1977	6.43	6.25	2.8
1978	8.60	8.58	0.4
1979	10.31	10.20	1.0
1980	11.05	11.44	−3.5

1981	11.73	12.79	−9.1
1982	11.24	11.54	−2.7
1983	12.35	12.07	2.2

year	$X_5(T)$	$X_{50}(T)$	$[(X-X_0)/X]\%$
1951	0.75	0.74	1.3
1952	0.99	0.90	8.7
1953	1.17	1.28	−9.7
1954	1.34	1.38	−3.3
1955	1.49	1.41	5.5
1956	1.69	1.65	2.4
1957	1.88	1.95	−3.8
1977	5.14	5.30	−3.2
1978	6.38	6.56	−2.9
1979	8.27	7.70	6.9
1980	9.56	9.42	1.5
1981	10.52	10.25	2.5
1982	11.30	11.57	−2.4
1983	12.20	12.79	−4.8

The other variables also have good results for the correspondence between calculation data and real data. We omit to write here and turn to the parameters. We write some parameters from the calculation.

The numbers of students per each teacher for different educational levels $A(i, 1)$ write as

	$A(1, 1)$	$A(2, 1)$	$A(3, 1)$	$A(4, 1)$
1951—1957	8.0	15.3	22.0	34.0
1977—1983	4.5	10.0	18.0	27.0

The average fees per each student in RMB Yuan for different educational levels $A(5, i)$ write as

	$A(5, 1)$	$A(5, 2)$	$A(5, 3)$	$A(5, 4)$
1951—1957	1 200	400	150	15.5
1977—1983	2 400	1 200	200	40.0

The ratios of educational investment for the four educational levels $\alpha_1(\%)$ write as

	α_1	α_2	α_3	α_4
1951—1957	20.4	14.0	6.0	54.3
1977—1983	19.4	10.8	16.0	60.0

For the analysis of an educational economic system, naturally we are interesting in the problem of calculating results of educational investment and the economic benefits of education. The educational investment of China has been calculated and compared with the real data. We give the results for the ratio of educational investment to the national income. We write educational investment in year T as $G(T)$, and the national income in year $T-1$ as $X(T)$, than the ratio $Y(T)=G(T)/X(T)$. The comparison of some calculating results $Y(T)$ to the real data $Y_0(T)$ is given as following.

year	$Y(T)$	$Y_0(T)$	$(Y-Y_0)/Y\%$
1971	1.94	1.77	9
1972	2.01	1.93	2
1973	2.01	2.13	−6
1974	2.10	2.15	−2
1975	2.09	2.21	−6
1976	2.16	2.17	0
1977	2.63	2.43	8
1978	2.75	2.73	1
1979	2.97	2.93	1
1980	3.18	3.23	−3
1981	3.30	3.46	−5
1982	3.40	3.38	1
1983	3.54	3.56	−1

The calculation also can give some forecast for the educational investments on the different levels of the national income.

$X(T)$	$6(T)$	$Y(T)\%$
500	17.28	3.46
800	34.46	4.31
1 000	47.05	4.70
1 500	80.85	5.31
2 000	116.67	5.83
2 500	153.71	6.15

Now we write some results for the economical benefits for the education. This model can directly calculate the value of production in average for the labors of different educational levels. The calculating results is the following. (RMB，Yuan)

year	average	high education	vocational-technical education	senior secondary education	basic education	others
1977	671	1 784	1 394	1 115	836	502
1978	754	1 965	1 535	1 228	921	553
1979	825	2 113	1 650	1 320	990	594
1980	880	2 229	1 742	1 393	1 045	627
1981	914	2 294	1 792	1 434	1 075	645
1982	953	2 379	1 859	1 487	1 115	669
1983	1 028	2 550	1 992	1 593	1 195	717

4 Discussion

The model given above suggests a mathematical analysis on the educational economic system based on the non-equilibrium theory. The calculating results fulfil the real data, thus the model is available. From the model and the parameters, we can understand the operating mechanism for the educational economic system. Although the analysis is given under some simplified conditions, we still can get the useful informations on the relations between the economy and education, especially the investment, the benefit, and the development of the education.

Here we give some discussions on the benefits of the education. From the table of educational benefits given in Sec. 3, we can see that the labors contribute different productive values according to their different educational levels. The higher educated labors produce higher values than the lower educated labors in average. We can rate the difference from the table. If we let the productive value of uneducated labors (or below the primary education level) as a basic index named 1. Then we have the productive values index as 3. 4, 2. 6, 2. 1, 1. 6 for the educated labors of high education, vocational-technical education, senior secondary education and basic education separately, these are the productive value index in average and can be gotten from the table as a result of calculation in educational benefits.

The another comment is the global benefits of education. How can we estimate the educational benefit as a whole for the national income? This is a rather basic problem for the exterior benefits of the education. Now in this model of educational economic system, we can calculate the productive values of different educated labors, thus we can get the global benefits for the education from the above calculation. In the situation of China, the benefit ratio of education takes 30% in year 1983, also we can get the benefits ratio for other years. This is the first time we calculate the educational benefits in Chinese situation. The other interesting problems also can be discussed under the framework of non-equilibrium theory.

Acknowledgement

The authors thank very much to Prof. D. Windham and Prof. P. Allen for the discussion of this paper.

Reference

[1] Nicolis G, Prigogine I. Self-organization in Non-equilibrium Systems: From Dissipative Structures to Order through Fluctuations[M]. New York: Wiley, 1977.

[2]Prigogine I, Nicolis G. Exploring Complexity[M]. New York: Freeman, 1989.

[3]Prigogine I, Petrosky T Y. Intrinsic irreversibility in quantum theory[J]. Physica A, 1987, 147(1-2): 33-47.

[4]Allen P M, Sanglier M. A dynamic model of a central place system III. The effects of trade barriers[J]. Journal of Social and Biological Structures, 1981, 4: 263.

[5]Allen P M, Paulré B E. New approaches in dynamical systems modeling[J]. Environment and Planning B: Planning and Design, 1985, 12(1): 1-3.

[6]Engelen G, Allen P M, Sangtler M. A new spatial and dynamic model of an urban system[R]. 1983.

[7]Windham D M. Economic Dimensions of Education[M]. Washington: National Academy of Education, 1979.

亦创亦进　果实丰硕[*]

方福康

　　建立学位制度，是国家发展教育、科学事业的一项重要立法。我国自 1981 年起施行《中华人民共和国学位条例》，至今整整 10 年了。在党中央、国务院的正确领导下，我们的学位工作和研究生培养工作取得了可喜的成绩。

（一）

　　我们在较短的时间里，建立完善了一批高层次人才培养基地；闯出了一条独立自主培养高质量人才的道路，基本上改变了"十年动乱"造成的我国科技、教育事业后继乏人的局面；从无到有、从小到大，创立了一个崭新的、符合中国国情、具有中国特色的研究生教育和学位制度，并积累了一定的管理经验。回顾我国学位制度艰难曲折的孕育过程，可以说，我国学位制度的建立是党的十一届三中全会以来的正确路线、方针和政策在高等教育领域里的体现，是我国高等教育史上的一个可喜可贺的重要里程碑。

　　我国的学位制度及其有关实施细则，是在广泛深入地研究国内外学位制度的历史沿革和现状，从我国国情实际出发，吸收各方面有益经验的基础上制定的。10 年来研究生教育和学位工作的实践充分证明，我们的学位条例是符合国情的，是科学可行的。

　　建立学位制度，是培养和选拔高级专门人才，完善高等教育的一项重要措施。学位制度，从一定意义上可以说，是我国高等教育独立自主的一个标志。在半封建、半殖民地的旧中国，高等教育难免具有殖民地教育的性质，我国自己授予的学位是很有限的。中华人民共和国成立以后，我们收回了教育主权，建立了社会主义的教育体系和教育制度，但高等教育主要发展还是在大学本科阶段。党的十一届三中全会以后，我们创立了自己的、完整的学位制度，对外交流也日益扩大。现在，我们不仅可以独立自主地培养高层次人才，还可以与国外联合培养学位研究生，并吸引了一些外国留学生在中国攻读学位，为培养高层次人才立足国内奠定了坚实的基础。这的确是一件有意义的值得庆贺的大事。

　　学位制度的创立，极大地鼓励了有志青年攀登科学文化高峰的进取心，在全社会促进了尊重知识、尊重人才的社会风尚的形成，对提高民族素质、增强国家科技实力具有重要的意义，为推动社会主义物质文明和精神文明建设也发挥了极其重要的作用。

（二）

　　随着研究生教育的发展，世界各国多数已建立了学位制度，作为一种高等教育层次和学术水平的标志。各国的学位等级不完全相同，大多数为"三级制"（即学士、硕士、博士三级），如英国、法国、日本等国；也有"四级制"的，如美国就分为副学士（准学士、协士）、学士、硕士、博士四级；苏联则分为副博士和博士两级；而德国和一些欧洲国家一般只有博士学位一级。另外，各国的学位授予要求也是很不相同的。与其他国家的学位制度相比较，我国的学位制度的特点不在于分几级几层，也不在

---

　　[*]　方福康. 亦创亦进　果实丰硕[J]. 学位与研究生教育，1991(1)：9-12.

于一些细节的异同，而主要表现在以下两方面：

第一，我国的学位制度具有显著的社会主义性质。我国是工人阶级领导的、以工农联盟为基础的、人民民主专政的社会主义国家。我国的学位制度和整个教育制度，都具有显著的为社会主义服务的性质。学位条例第二条明确规定："凡是拥护中国共产党的领导，拥护社会主义制度，具有一定学术水平的公民，都可以按照条例规定申请相应学位。"从中可以看出明显的方向要求。《中华人民共和国学位条例暂行实施办法》也明确要求学位获得者较好地掌握马克思主义的基本理论。1987年，国家教委、中共中央宣传部发出《关于加强研究生思想政治工作的几点意见》，对高等教育的最高层次人才——研究生的政治、思想、品德规格；思想政治教育的内容、途径和方法；充分发挥研究生导师教书育人的作用；加强研究生党支部的建设；健全研究生思想政治工作的机构；加强党委对研究生思想政治工作的领导等问题均提出了具体的要求。根据我国学位制度和研究生教育性质的规定，学位授予单位都加强了对研究生的思想政治工作，也取得了一定的成效。实践证明，我们培养的毕业研究生绝大多数是好的和比较好的。我们应明确我国学位制度的这一基本性质，提高认识，继续做好这方面的工作。随着我国社会主义建设事业的不断发展，我国未来的各级干部和骨干力量将会越来越多地从学位获得者当中产生。因而，学位制度的方向性及培养什么样的人对国家的前途和命运具有至关重要的作用，这是需要引起我们高度重视的。

第二，我国学位制度坚持"注重质量，宁缺毋滥"的原则。世界各国的学位授予标准尽管有较大差异，但多数国家还是采取了不少措施以保证学位授予质量。我国的学位制度自建立以来，就极其重视质量，力求使学位制度沿着一个严谨、健康的方向发展。从学位授权单位的确定、研究生导师的遴选，到各种规章制度的建立，从研究生招生到毕业论文答辩、授予学位，不仅有明确的指导思想，还有一套比较严格科学的制度和程序。统一招生考试、学位课程体系、中期筛选制度、外单位专家参加答辩委员会等项措施，较有力地保证了学位授予质量。近年来，从优秀在职人员中招收研究生、在职人员申请学位、研究生参加社会实践等有针对性的措施，也都对保证和全面提高研究生质量发挥了积极作用。总之，注重质量的方针是完全正确的。它不仅是我国学位制度的一个特点，而且是我国学位制度生命力的源泉，更是我国学位制度进一步发展、完善的坚实基础。

（三）

北京师范大学是我国创办最早的一所高等师范院校。它的研究生教育和学位工作的发展历程，是与我国研究生教育和学位工作的发展同步的。中华人民共和国成立前，北京师范大学虽然也招收研究生，但数量却很少。

1952年至1956年是我校研究生教育的初创与逐步发展时期。在这一时期，先后有18位苏联专家到我校工作。期间招收研究生、研究生班学生600余人，其中半数以上由苏联专家亲自培养、指导。应当说，苏联专家为我校研究生教育作出了重要贡献，但当时的培养方法几乎全部是照搬苏联的。1959年至1963年，是我校研究生教育深化发展和提高质量的时期，我们摆脱了苏联模式，吸取各国经验，自力更生，依靠自己的专家队伍完成培养研究生的工作。研究生教育注重培养质量，逐步走上了制度化、规范化的道路。但是在1966年以后，受"文化大革命"的影响，高校教学、科研的正常秩序不能维持，研究生教育也随之中断。

党的十一届三中全会以后，我国恢复了中断了12年的研究生教育。10年来，在国家教委的领导下，我校研究生教育取得了显著的成绩，归纳起来，主要有以下四方面：

第一，我校已成为我国培养高层次人才的基地之一。我校于1985年1月建立了研究生院，是国家教委首批批准在重点高校建立的22所研究生院之一。我校现有博士点37个、硕士点81个，已经建设了一支学术造诣较高、经验丰富、数量可观的研究生导师队伍。除了有一批在国内居领先地位的重点学科以外，还有很多名教授受聘为国务院学位委员会委员或国务院学位委员会学科评议组成员。

第二，我校研究生教育初具规模，为国家输送了一批高级专门人才。1979年到1989年，我校毕业各类研究生近 1 700 名，是中华人民共和国成立后前 30 年的近 2 倍。1990 年，在校研究生近 1 200 名，是中华人民共和国成立后前 30 年的近 4 倍。这些毕业研究生多数工作在祖国的教育战线上，而且继续发挥着生力军作用。

第三，我校在研究生培养规格与质量上有了重大突破。在中华人民共和国成立前，我校研究生教育无甚建树；中华人民共和国成立后的前 30 年也只是以培养不授学位的研究生班研究生为主，且规格单一，方式封闭。近 10 年来，我校已经能独立培养硕士学位、博士学位等各种规格、多学科门类的研究生。目前，我校已授予硕士学位 1 644 名、博士学位 85 名。实践证明，依靠我们自己的力量培养的研究生(包括博士生)，已经达到了国外培养同类研究生的质量水平。

第四，我校建立了一套比较完整的研究生教育管理制度与管理机构，为研究生培养的科学化、规范化奠定了基础。

10 年来，我校严格按照国务院学位委员会和国家教委的有关规定，在研究生教育和学位授予工作中，注重质量，严格把关，取得了一定的发展和经验；但与兄弟院校相比，尚有不少差距。但是北京师范大学研究生教育和学位工作不断发展的历史，正是 10 年来我国研究生教育和学位工作不断发展、获得累累硕果的缩影和明证。

(四)

我国学位制度和研究生教育 10 年来取得了引人瞩目的成就和发展，从而形成了一个初具规模的较严整的高层次教育体系。但是，10 年毕竟是一个短暂的历史瞬间，我国学位制度和研究生教育工作在不少方面仍需要改进和加强。

需要进一步明确研究生的德育规范，进一步加强研究生的思想政治工作。由于研究生教育的特殊层次和地位，近年来的发展又比较迅猛，我们在实践上还没有来得及完全处理好研究生的业务培养和思想品德培养的关系。一般来说，研究生的业务培养要求比较具体，措施比较落实，而思想品德培养要求却不具体，措施也不够落实。因此，研究生的思想政治工作和研究生思想政治状况在相当程度上处于一种半自流状态，以致在研究生中也不断发生一些不该出现的问题，有的问题就其性质讲还是比较严重的。问题虽然发生在研究生当中，但与我们的教育措施不够有力、不够落实密切相关。要切实解决这些问题，使我们培养的研究生具有坚定正确的政治方向；具有为人民服务和为实现社会主义现代化而艰苦奋斗的献身精神；具有实事求是、独立思考、勇于创造的科学品质，在德育方面使研究生较好地达到培养目标的要求，还需要付出巨大的努力。

20 世纪最后 10 年，是我国社会主义现代化建设关键的 10 年。在 20 世纪 90 年代，我们的研究生教育和学位工作将进入一个完善博士生培养工作的重要发展阶段。我们的目标是在 20 世纪末使我国大多数的专业和学科的博士生培养工作能基本立足于国内。这个阶段既是 20 世纪 80 年代研究生教育和学位工作的延续，又是一个具有重要历史意义的发展。它将使得我国的学位制度和研究生培养体系更加系统和完整，更好地为社会主义建设服务。为了完成这一任务，我们需要大力支持、重点加强那些带头的重点学科。对于重点学科的确定，应该以对社会主义建设具有重大作用或处于学术发展的前沿领域为主要标准。与此同时，我们要高度重视、大力加强对青年学术带头人的扶持和培养，确保学术骨干队伍的交替能够顺利进行。

总之，10 年来我国学位制度边建设、边前进，边改革、边发展，取得了巨大的成绩，其方向是健康的、正确的。但是，对于学位制度的规定和实施，我们还缺乏系统的经验，还需要进一步地实践和探讨。现行的学位制度仍需要在实施中进一步完善。学位制度本身的一些规定也还有进一步讨论的余地。例如，硕士学位根据我国国情究竟应当如何要求？在博士学位获得较充分的发展以后，学位体系将会发生何种变化？博士生导师如何遴选？国内学位和国外学位如何互认？等等。我们要在实践中深入研究这些问题，使我国的学位制度得到进一步充实和完善。我们相信，经过我们的共同努力，一定可以把我国的学位制度和高等教育事业推向前进，为社会主义现代化建设培养出更多更好的高层次人才。

推进经济结构调整需要大力发展职业教育[①]

方福康

我国经济正在经历深刻的变革，高新技术迅速发展所带动的经济结构调整与产业优化升级是我国经济新一轮增长的特点。进入 21 世纪，人们期望在 GDP 1 万亿美元的基础上再来一个翻两番，这将成为中华民族强盛的基础。

世界上实现 GDP 从 1 万亿美元到 4 万亿美元增长的只有两个国家。美国是在 1970 年 GDP 达到 1 万亿美元的，20 年的时间翻了两番多，构成其称霸的基础。日本在 1979 年 GDP 首次达到 1 万亿美元，到 1993 年实现翻两番。经济增长最终要依靠有技术的劳动力的产出，否则要支撑高水平的经济是不可想象的。美国、日本，还有德国都是在高科技条件下实现的经济增长，他们除了有高水平的科研队伍外，还有一支高素质的熟练掌握高新技术的劳动大军。美国经过教育改革后，大学生的入学比例号称高达 50％，但其中很大一部分是以社区学校形式出现的职业学校，有的实质上就是中专。即使在大学中，也包含了许多以职业技术教育为内容的专业。德国一直自称职业技术教育是他们发展经济的秘密武器。德国的平均失业率达 10％，博士、硕士可能找不到工作，但职业学校毕业生的失业率却不到 2％。日本在工艺上的成就在世界上是有名的，这也与其注重发展职业教育有着密不可分的联系。

职业教育是我国教育事业的重要组成部分，长期以来党和政府一直高度重视职业教育的发展。江泽民在全国教育工作会议上指出："努力办好各级各类职业技术教育是一篇大文章""中等职业技术教育……总体来说，还刚刚开始做，各地各部门要狠狠抓它 10 年、20 年，必会大见成效"，"社会需要的人才是多方面的。'三百六十行，行行出状元'。"与世界各国成功的做法相比较，我国要做好职业教育这篇大文章，更好地适应经济发展与结构调整的要求，还存在一些根本性的困难和不足。

一、适应高新技术经济发展及产业结构调整的职业教育体系还没有形成

职业教育的专业设置主要还是传统产业内容，不自觉地培养了大批失业后备军。这些专业，自然会出现招生规模的大幅度削减，如化工专业下降 17％，化工仪器设备专业下降 32％，等等。中等职业学校招生连续两年大幅度下降，中职招生数占高中阶段的比例从 1998 年的 59％降至 2000 年的 45％。由于一些中专没有及时转型，再加上体制调整，撤销中专建制的情况严重。据浙江、河北、湖北和山东四省的调查，34％的中专学校停止招生或撤销中专建制，其中浙江省竟达 86.4％。农村职业技术教育衰竭现象更为严重，农村子弟纷纷以考取高校、跳出农门为目标。总之，生源枯竭，师资匮乏，使得发展职业教育面临十分严峻的形势。而职业教育的弱化反过来又严重影响了产业部门的正常生产，不少行业训练有素的技术工人严重缺乏，近年来重大安全事故频发，与此也不能说毫无关系。

二、职业技术教育经费严重不足

以中央本级财政为例，"十五"期间对职业教育投入从"九五"的每年 5 000 万元减少为每年 2 000 万元，地方财政对职业教育的投入也在减少，企业应承担的职业教育责任也不承担了，片面认为发展

---

① 方福康. 推进经济结构调整需要大力发展职业教育[J]. 北京高等教育，2001(4)：9-10.

职业教育只能依靠自筹经费，这对于体制尚未转换、困难重重的职业教育无疑是雪上加霜。从我国实际情况来看，目前不仅不能减少经费，反而需要增加经费，以使其迅速建立机制，适应新的经济增长的需求。对此，政府要加强职教法的检查，落实经费并给予必要的政策扶持。

三、职业教育缺乏规范的政策

国际上通行且行之有效的职业准入制度，以职业资格证书等方式，对保证行业运行和就业者的资格给出了明确的规范。医学院的博士可以去搞研究，但是要从医开业，还得在行业组织领取执照，这就给各行各业各种水平的技术人员的就业规范提供了政策上的保证。我国实际上是实施一种博士、硕士、学士的文凭通票，这不但给普通高校增加巨大压力，给基础教育不完备的导向，而且给职业教育体制的形式带来了困难。

四、管理体制不协调

高等职业教育、中等职业教育、农村职业教育和成人职业教育缺乏统一的规划措施和协调机制，很难适应当前经济发展的需求。

为了改善职业教育的现状，使其在我国经济发展中发挥应有的作用，除了系统地研究和解决以上问题并落实外，目前特别要呼吁两点：

第一，统一认识，给予职业技术教育应有的地位，各级政府在规划时，需要把劳动力的结构调整和培养包括进去，给予支持，作为发展经济必不可少的一环。

在我国目前的经济条件下，需要注意到职业技术教育还有三种特殊的作用。一是加快高新技术的扩散。与高新技术创新的高成本和长周期相比，高新技术扩散的成本低、时效快、收益高。职业技术教育正是实现高新技术扩散的基本渠道，是科教兴国战略的一个有机组成部分，目前特别薄弱，予以加强可以获得很高的效益。二是下岗职工再培训。下岗职工需要培训，以便提高劳动素质，重新上岗。应有合适的专业以满足需求，今后也可以成为一种终生教育体制。不论是30岁、40岁，或者更大年龄，也不论是中等教育还是高等教育，只要劳动者愿意，都可以找到适当的职业技术教育来提高自己的素质。三是改革中的分流作用。在科研机构与高等学校中间，正在进行深刻的改革，以提高科学技术创新能力和教育水平，在更高层次上与国际竞争。这些改革必然会有人员分流，加强政策引导，吸引他们从事职业教育，对于加速技术扩散和优化人员配置都是十分有利的。

第二，要有和做好职业教育这篇大文章相适应的大动作和大政策。现在，中央在提高科学技术研究水平方面有大动作并取得很大成效。相比之下，在培养社会各方面需要的专业人才、行行都可以出状元的大文章上还需有重大举措。建议召开全国性的职业教育会议，统一规划新时期的职业技术教育，出台一些起支持鼓励作用的政策，表扬一批优秀的职业教育工作者和教师，扩大对熟练优秀技术工人的舆论宣传，形成提升劳动者素质不能靠引进的共识，使我国的职业技术教育迅速适应经济增长和发展的需要。

Is Online Education more Like the
Global Public Goods?[*]

Li Xiaomeng, Chen Qinghua, Fang Fukang, Zhang Jiang

School of Systems Science, Beijing Normal University, Beijing, China

Abstract: Nowadays with the possibility of synchronous e-learning, online courses are becoming a new paradigm in education. But there are few studies systematically discussing the interplay between online courses and global education equality quantitatively. Here, we indicate that online education is more like the global public goods with on-rival and non-excludable in consumption. We establish an educational outcome model and indicate that popularity of online education is likely to give rise to the human capital augmentation, both for developing and developed countries. And this growth stems from the characteristics of global public goods. To analyze the possibility of the potential growth, we suggest that an online education club would help countries to escape from the dominant strategies of "Free ride", which is the common dilemma in public goods supply. So the cooperation would bring coordinated growth to countries with different advantages in educational resources. And this win-win situation offers an underlying driving force to the development of human capital and economics. This paper provides a view offering the deep understanding on reducing the gap of education outcome between countries, and get a coordinated development in the Internet or MOOCs Era. It gives more supports to the development of online education in the future.

Key words: Online education; Global public goods; Human capital; Education equality; Resource allocation; Productivity

1 Introduction

Education is an important source of human capital formation. And increasing human capital through education is widely recognized as a useful means of encouraging national, social, economic and political development. Some researchers proves the labor force have a strong and robust influence on economic growth (Hanushek & Kimko, 2000), with a panel data analysis among nations(Barro, 2001)or in region(Gyimah-Brempong, Paddison & Mitiku, 2006). And others add education's effect on democratization (Rowland, 2003; Wells, 2008). Based on Africa-wide research, Teferra considers higher education as a key force for modernization and development(Teferra & Altbachl, 2004).

Rye examines the outputs of collaborating online education and pointed out the new educational

* Li X M, Chen Q H, Fang F K, et al. Is online education more like the global public goods? [J] Futures, 2016, 81, 176-190.

technology will help to improve the human capital geographically (Rye, 2014). In the field of education, people recently focus more on the growth of the open course-ware (OCW) movement, including the expansion of massive online open courses (MOOCs). Rhoads examines some of the key literature and focusing particular attention on the open course-ware movement's democratic potential (Rhoads, Berdan & Toven-Lindsey, 2013). Clarke analyzes the origins, structure and orientation of the MOOCs and compares this development with earlier waves of e-learning. Clarke believes that the movement has considerable potential for growth with high quality products supported by leading universities, and will bring an innovation to education (Clarke, 2013).

With the superiority of synchronous learning, online education has grown out of the distance education[1]. And Harasim indicated that online learning was becoming a new paradigm in education, after reviewing the development of online learning (Harasim, 2000).

Many researchers concern the impact of the information technology, especially the online course, to the traditional education. At the micro level, synchronous learning via Internet can provide colleges and universities with a low-cost, flexible option to expand into global markets (Casey, 2008), and the individuals will get more learning opportunities, especially in underdeveloped areas (Stewart, 2004). Then some studies focused on comparing student performance between online and face-to-face education, and the newest one tested the learning outcomes of 8. MReVx and traditional courses of MIT and certified the advantage of online courses (Colvin et al., 2014). The positive results make people believe that online education will bring education equality in a sense.

Relative to the macro level, international or global education equality and development is a topic with more significance. But there are not many studies discussing that in the era of online education. Rye (2014) described the educational space of global online education qualitatively. In particular, Acemoglu is the pioneer to systematically analyze the international online education by establishing the quantitative model. He is the first one to clearly propose that online courses and the "superstar teachers" will bring the democratization of education, and he proved that with a production function from macroeconomics (Acemoglu, Laibson & List, 2014). Acemoglu thought the Internet Era implied that education resources could be shared between countries at rather low costs, which encourage us to rethink productivity and resource allocation in education. Based on the economics model with N countries, he pointed out that, through the re-allocation of educational resources, the popularity of online education will pulls up the post-schooling human capital on all developing countries. Then the online education will bring the democratization of education between countries.

However, there is still room to improve Acemoglu's theory. He supposed only one country had an absolute advantage in the educational resources, so this developed country will get no profits, while other countries could benefit from importing the education resources. This is not an equilibrium state. It is obvious that increasing inputs at lower costs will give developing countries a chance to directly improve their stores of human capital. For developed countries, however, what will be the benefit of providing online education resources? We can hardly see long-term and stable cooperative relations if developed countries cannot benefit from the "trading". In addition, will developing countries refuse to cooperate on account of the "crowding out" of their local teachers? What will be the sustainable equilibrium strategies with respect to an irreversible online education stream?

---

[1] National Center for Education Statistics, 2008.

As the successor of Acemoglu's pioneering work, our model solves the disequilibrium problem by introducing the notion of different types of education. When we look through the real world of education, it is difficult to distinguish one country with an absolute advantage in all types of education. On the contrary, several countries could have comparative advantages in different educational fields, such as different disciplines or different types of schools. So our model has more practical significance. Here, we talk about the characteristics of education in Internet or MOOCs Era and regards online education more as the global public goods with non-rival and non-excludable in consumption (Anand, 2004). The paper is organized as follows: In Section 2, we review the definition of global public goods and indicate that online education is more like the global public goods. Then we analyze the potential growth of educational outcomes stem from the characteristics of education in Internet or MOOCs Era, the non-rival and non-excludable in consumption. In Section 3, the model is set to describe the educational outcomes based on setting the teacher's function. Our model introduces the notion of different types of education and assumes that new human capital was generated using the existing human capital of students and various complementary teaching activities. In Section 4, we analyze the equilibrium solutions and get some propositions. It shows the potential growth of educational outcomes in Internet or MOOCs Era. In Section 5, we discuss the possibility of the potential growth for countries through the decision function, and suggest to set up an online education club to escape from the cooperative trap of "Free ride". In addition, we analyze the universality of the potential growth through the empirical approach in Section 6, and provide our conclusions and expectations in Section 7.

2　The Global Public Goods

Pure public goods are goods that fulfil two characteristics. It is not possible to exclude anyone from using them (Non-exclusive); and one person's consumption of the good does not diminish the amount of good available for others (Non-rival). Such public goods will not be supplied in sufficient quantities by the market mechanism. Because exclusion is not feasible, potential users might as well wait for the good to be provided and then free-ride (Anand, 2004). Now the concept of public goods is extended to international context. Global public goods are those whose publicness applies worldwide, and Kaul explained the examples as distributive justice, international financial stability, cultural heritage, atmospheric carbon dioxide, infectious disease surveillance, global health, knowledge, the Internet, global communication and peace (Kaul et al., 1999). The global public goods can be in terms of countries, socioeconomic groups and generations, which should: ① cover more than one group of countries; ② benefit not only a broad spectrum of countries but also a broad spectrum of global population; ③ meet the needs of the present generations without jeopardizing those of the future generations. In brief, the definition of global public goods need to have a spillover effect globally. It could be described with the different words as "a benefit providing utility that is available to everybody throughout the globe" (Morrissey, te Velde & Hewitt, 2002), "varying degrees of publicness" (Kanbur, Sandler & Morrison, 1999), "a spill-over effect beyond a nation's boundary" (Anand, 2004).

Global public goods can also be considered in terms of pure public goods (non-excludable and non-rival); impure public goods (either partially excludable or partially rival). The club goods are special types of impure public goods with non-rival and partially excludable. ①

Education is a topic since early time of human civilization. Before the Information Era, the education is local and the target is to improve the educational quality and expand the education penetration. From the apprenticeship, monastery, college to the modern university and the open university, the scarcity of educational resources always exists, and the local educational resources accumulate continuously in different speeds. The information technology greatly increased the classroom capacity based on online education, which make the non-rival of education possible. And education has the natural externalities, both in local and global, which is the basis of non-exclusive. So in the online education or MOOCs Era, the education is more like a global public goods.

We try to analyze the education as the global public goods in this paper, and find the potential growth of educational outcomes stem from the characteristics of global public goods in Section 3. Then we talk about the possibility of the potential growth in Internet Era, and how to escape from the dominant strategy of 'Free ride' for countries in Section 4.

3 The Model of Educational Outcomes

3.1 Educational Outcomes

Before modelling the education production function, we need to find the way to describe the educational outcomes. Hanushek (1979) provides a common conceptual framework for estimating the educational production function. Machin analyzes the educational outcomes with the graduates' performance in labor market (Machin & Vignoles, 2005). Actually, human capital has always been used when talking about educational outcomes. Thus, when growth modeling looked for a measure of human capital, it was natural to think of measures of school attainment (Hanushek, 2013). Many researchers focused on how achievement is related to school inputs, families and other factors (Auerbach, Chetty, Feldstein & Saez, 2002). Much of the economic literature on education, however, treats the actual process of learning as a "black box", using a function such as $A_t = f(F_t, T_t, QS_t)$, where A_t is the output, human capital, and F_t, T_t, QS_t are the inputs, family, teacher, and school factors. We could call it education production function, as an application of the economic concept of a production function to the field of education. It relates various inputs and generates output through a function such as $y = f(x_1, x_2, \cdots)$.

There is a serial of production models in the economics of education that describe educational outcomes (Hanushek, 2008), most of which do not involve the new tendency of education patterns in the Internet Era. When we use the production function to discuss the educational outcomes, there will be inputs and resource restrictions, which are necessary to analyze productivity and optimal allocation. Solomon's two basic views characterize the current state of education economics (Polachek, Kniesner & Harwood, 1978). First, education is treated as the output produced by a school. Second, the individual student is viewed as using his or her own time and effort, along with resources purchased from a school, to produce learning. Solomon said that an education production function should be the constant partial elasticity of substitution (CPES) production functions, and Cobb-Douglas was the

---

① Kaul et al. (1999, p. 5) and Sandler (2002, p. 86).

most common one, as shown below, where y is the output, x_i is the input and δ_i is the elasticity coefficients of the input x_i.

$$y = \gamma \prod_{i=1}^{n} x_i^{\delta_i} \tag{1}$$

In empirical researches, Hanushek develops an approach to estimating marginal school effects at the state level (Hanushek & Taylor, 1990). And some researchers tries to measure teacher quality (Hanushek & Rivkin, 2006), school success (Ladd & Walsh, 2002), and value added by schools (Taylor & Nguyen, 2006) in the determination of student achievement. The literatures above are all use the linear equations by logarithm the Cobb-Douglas function, which is more convenient for empirical work. While more general forms of the production functions could be imagined, the Cobb-Douglas representation captures several useful and intuitive properties. For instance, the Cobb-Douglas representation implies positive marginal production in different inputs. As Correa and Gruver's teacher-student interaction model (Correa & Gruver, 1987) and the improvement (Bonesrønning, 1999). Costrell (1994) use the model with positive marginal production to analyze the standards for educational credentials. Kristof finds it is partial but not perfect substitutability between the inputs, which appears to be a realistic description of production (De Witte, Geys & Solondz, 2014).

Therefore, we use the Cobb-Douglas education production function to analyze the educational outcomes, focusing more on a theoretical model instead of empirical work.

3.2 The Function of Teachers

Acemoglu[1] supposed that new human capital was generated using the existing human capital of students (arising from prior education or family endowment) and various complementary teaching activities (e. g. , lecturing, grading, class discussions, one-on-one conversations and so on).

We suppose the world consists of N countries.[2] There are two human capital production regimes: the pre-and post-Internet regimes. In the pre-Internet regime, countries can use only domestic education resources. The human capital outcomes, y_j, are determined as follows:

$$y_j = e_j^{1-\alpha} \times h_j^{\alpha}, \quad j = 1, 2, \cdots, N \tag{2}$$

We assume that the human capital of all students before they enter formal schooling[3] is the same within a country, represented as e_j in country j. We also assume that the human capital of all teachers within a country is the same, as given by h_j.

In the post-Internet regime, we imagine that the inputs from teachers consist of several tasks, such as teaching, instructing, tutoring, etc. , and that each teaching task could be broadcast to the rest of the world. As in Daron's model, we index the teaching tasks from $[0, \beta]$ for $0 < \beta < 1$. The post-schooling human capital of the students in country j would be the following:

$$y_j' = e_j^{1-\alpha} \times h_i^{\alpha\beta} \left(\frac{h_j}{1-\beta} \right)^{\alpha(1-\beta)}, \quad i, j = 1, 2, \cdots, N \tag{3}$$

Eq. (3) shows that in post-Internet regime, for country j, the post-schooling human capital y_j depends on local student intelligence e_j, the human capital of local teacher h_j, and the human capital

---

①　Working paper series, Department of Economics, Massachusetts Institute of Technology. Acemoglu et al. (2014), January, 2014.

②　Islands in original paper could be countries, schools, districts and so on.

③　The measure includes talent and family input.

of teacher in partner country h_i. These three inputs have positive effect to y_j. Thus, to the country j, the human capital output will change for two reasons. "First, the students have access to higher quality lectures from another country as $h_i^{\alpha\beta}$. Second, because the teachers in country j can now focus more on other tasks such as instruction or tutorship, the services of these tasks are more abundantly supplied," as represented by $(h_j/1-\beta)^{\alpha(1-\beta)}$ (Acemoglu et al., 2014).

Acemoglu gives us a new way to analyze the MOOCs and other web-education tools, which might leave out many relevant and interesting issues in education economics. However, he supposed only one country has an absolute advantage in the human capital of teachers, h_1, such that one country will get nothing except the supply the education resources such as web-courses to other countries, while other countries could benefit from importing the education resources. This is not an equilibrium state.

Acemoglu's work is theoretical research. He analyzes the democratization of education with the n islands model and does not mention any particular cases in global environment. Here, we show the gap between countries in the stages of education development. We use OECD data, the "Classroom teachers & academic staff" and "Students enrolled by type of institution" for 36 countries describe the resource of teachers and students[①], and it shows the adequacy of educational resource in one dimension. In Fig. 1(a), it shows the positive correlation between "Teacher-Student Ratio" and the level of economy. Here we use the GDP per capital (PPP, purchasing power parity), by averaging the annual data from 2008 to 2012. The size of bubbles describes the student number for each country. "Upper Secondary Education %" is the proportion of human capital with a secondary or higher school level education. Fig. 1(c) shows the positive correlation between "Upper Secondary Education %" and the level of economy. Fig. 1 (b) and (d) shows the distribution of "Teacher-Student Ratio" and "Upper Secondary Education %", between 36 countries. It is not comprehensive but describe the disparate development in educational resources and outcomes in different countries. So it deserves to proceed the research of Acemoglu and find away to reduce the gap between countries in education.

(a)

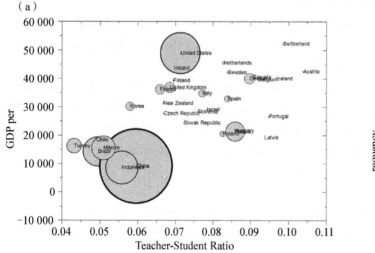

(b)

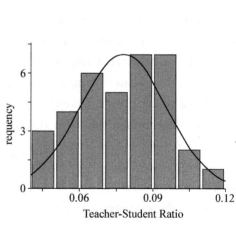

---

① UNESCO-OECD-Eurostat (UOE) data collection on education statistics, compiled on the basis of national administrative sources, reported by Ministries of Education or National Statistical Offices. And we add all students in Primary, Secondary and Tertiary Education with the definition of OECD.

(c)   (d)

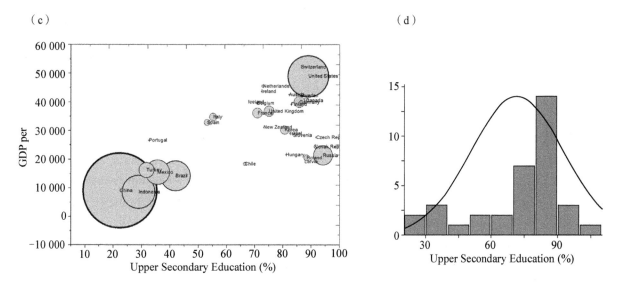

Fig. 1   The gap between countries in educational resources and outcomes

However Acemoglu's model has limitation as mentioned in Section 1. When we look through the real world of education, it is difficult to distinguish one country with an absolute advantage in all types of education. On the contrary, several countries could have comparative advantages in different educational fields, such as different disciplines or different types of schools.

In this paper, we will extend the model and discuss a strategy for countries regarding productivity and resource allocation in education.

3.3   Setup of the Model

There are only two countries in our theoretical model, as country A and B. We assume that there are two types of education which share the teacher's human capital in each country, education 1 and 2. When analyzing the empirical cases, we could use that for ① different disciplines, ② professional education and vocational education, ③ Tertiary and Primary + Secondary Education, etc.

$$h_{1A} + h_{2A} = h_A, \ h_{1B} + h_{2B} = h_B \tag{4}$$

h_{1A} and h_{2A} are the teachers' human capital for education 1 and 2 in country A, and h_{1B} and h_{2B} are the teachers' human capital for education 1 and 2 in country B.

In case that $\alpha_A > \beta_A$, $\alpha_B < \beta_B$. Country A has comparative advantage in education 1, and B has comparative advantage in education 2. We could use the model analyze different kind of education, and in Section 6, the empirical approach part, education 1 is "Tertiary Education" and education 2 is "Primary + Secondary Education". The comparative advantage in some kind of education means the same inputs will bring more outputs, and it measures the educational productivity in this field.

In the Internet Era, countries could import teaching courses, and the teachers' human capital consists of different tasks as we talked in Section 3.2, where the teaching task is indexed from $[0, \beta]$, and introduction and tutorship are indexed from $[\beta, 1]$, where $\beta \in [0, 1]$.

Then we setup the model in pre-Internet regime,

$$\underset{h_{1i}, h_{2i}}{\text{Max }} y_i = e_i^{1-\alpha_i-\beta_i} \times h_{1i}^{\alpha_i} \times h_{2i}^{\beta_i}$$
$$\text{s. t. } h_{1i} + h_{2i} = h_i \quad i = A, B \tag{5}$$

And that in the post-Internet regime,

$$\underset{h_{1A},h_{2A}}{\text{Max}} \quad y_A' = e_A^{1-\alpha_A-\beta_A} \times h_{1A}^{\alpha_A} \times h_{2B}^{\beta_B\beta} \times \left(\frac{h_{2A}}{1-\beta}\right)^{\beta_A(1-\beta)}$$

$$\text{s. t. } h_{1A}+h_{2A}=h_A$$

$$\underset{h_{1B},h_{2B}}{\text{Max}} \quad y_B' = e_B^{1-\alpha_B-\beta_B} \times h_{2B}^{\beta_B} \times h_{1A}^{\alpha_A\beta} \times \left(\frac{h_{1B}}{1-\beta}\right)^{\alpha_B(1-\beta)} \tag{6}$$

$$\text{s. t. } h_{1B}+h_{2B}=h_B$$

Thus, Eqs. (5) and (6) describe the optimization problems in pre-and post-Internet regimes.

In post-Internet regime, for country A, it has the constant educational resources as h_A, and it could allocate the resources between "Tertiary Education" and "Primary＋Secondary Education". The ost-schooling human capital y_A' depends on local student intelligence e_A, the human capital of local teacher in education with comparative advantage as h_{1A} and the other education as h_{2A}, and the human capital of teacher in partner country h_{2B}. These inputs have positive effect to y_A'. Thus, country A has the potential growth in post-Internet regimes, by recollecting the local educational resources among different kinds of education.

4　The Potential Growth Stemmed from Non-rival and Non-exclusiveness

On the basis of rational and profits preference decision, the cooperated countries will get close to the equilibrium state with no possibility to increase the profits anymore, as $\partial y_A'/\partial h_{1A}=0$, $\partial y_B'/\partial h_{2B}=0$.

We get the equilibrium solutions of the model (5) and (6), and analyze the resource allocation and productivity in pre-and post-Internet regimes.

We find the optimal allocation proportion of the teachers' human capital in different types of educations.

For pre-Internet regime, the equilibrium solution is,

$$h_{1i^*} = \frac{\alpha_i}{\alpha_i+\beta_i}h_i, \quad h_{2i^*} = \frac{\beta_i}{\alpha_i+\beta_i}h_i, \quad i=A, B \tag{7}$$

For post-Internet regime,[①]

$$h_{1A*}' = \frac{\alpha_A}{\alpha_A+\beta_A(1-\beta)}h_A, \quad h_{2B*}' = \frac{\beta_B}{\alpha_B(1-\beta)+\beta_B}h_B, \tag{8}$$

$$\frac{y_A'^*}{y_A^*} = f(\cdot) \times \left(\frac{h_B^{\beta_B}}{h_A^{\beta_A}}\right)^{\beta}, \quad \frac{y_B'^*}{y_B^*} = g(\cdot) \times \left(\frac{h_A^{\alpha_A}}{h_B^{\alpha_B}}\right)^{\beta} \tag{9}$$

y_i^* and $y_i'^*$ are the educational outcomes of country i in pre and post-Internet regime. Based on the details in Appendix 1, we get three propositions.

Proposition 1. $h_{1i}*/h_{2i}* \propto \alpha_i/\beta_i$, $i=A$, B in both pre and post-Internet regimes.

Proposition 1 means that the resource allocation is partial to the preponderant education. Furthermore, in the post-Internet regime, the bias will increase with β. Based on $\alpha_A>\beta_A$; $\alpha_B<\beta_B$, which implies that country A has a comparative advantage in education 1 and that country B has a comparative advantage in education 2, we find that in both the pre-and post-Internet regimes, countries will input more domestic resources in the preponderant education, seeking optimal output from the education production

---

① $f(\cdot)=(\alpha_A, \beta_A; \alpha_B, \beta_B; \beta)$, $g(\cdot)=g(\alpha_A, \beta_A; \alpha_B, \beta_B; \beta)$.

function. In the post-Internet regime, countries will be even more partial to the preponderant education because importing the disadvantaged education could save resources and help in achieving higher output through increasing inputs dedicated to the preponderant education.

Proposition 2. In the case of $h_B^{\beta_B}/h_A^{\beta_A} \approx 1$ and $h_B^{\beta_B}/h_A^{\beta_A} \approx 1$, there is $y_A'^* > y_A^*$, $y_B'^* > y_B^*$ when $\alpha_A + \beta_A(1-\beta) > e^{-1}$, $\alpha_B(1-\beta) + \beta_B > e^{-1}$.

Proposition 2 means when country A has education resources that are close to B's, both countries will benefit from the cooperation in general situation. Thus, a win-win strategy will easily arise in the Internet Era. This scenario is rather general for the Cobb-Douglas function,[1] and we can say that it will improve the outcomes of human capital for both countries in most situations. The increasing of β makes the condition even more general.

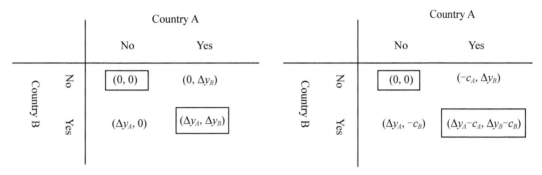

Fig. 2   The pay-off matrix and strategies analysis

Proposition 3. In the case of $h_i \ll h_j$, we would have $y_i'^* > y_i^*$, $y_j'^* = y_j^*$.

Proposition 3 describes the exceptional cases distinguished from proposition 2. If one country has an incredible advantage in teachers' human capital over the other one, it will not import education resources from the other country and stays in the pre-Internet equilibrium. But the other country could obtain greater profit from importing resources from the operation.

It is a good thing to find the potential growth in educational outcomes. And the growth stem from the non-rival and non-exclusiveness of education as we described in Section 2.

And there is another question as, will developing countries refuse to cooperate on account of the "crowding out" of their local teachers? Then we analyze the changes of teacher's wage, and get $w_i'^* > w_i^*$ when $y_i'^*/y_i^* > C(\alpha_i, \beta_i, \beta)$. Importing the oversea lecturers in different ways will crowd out the local ones. But the local teacher's wage will improved by the increase of the educational outcomes. From another point of view, teachers' human capital consists of different tasks, e. g. , a teaching task, introduction or tutorship. Teachers will choose do more introduction or tutorship tasks if they are "crowded out" by the education resource import, and we could call that the "complementarity" for teachers. Based on the constant teacher human capital for country i as h_i, the developing countries could avoid the unemployment and low wage problem of local teachers, by adjusting the teaching tasks or between different types of education. And that is the key point that a win-win strategy could be long-term and stable.

---

① Can be verified in part 6, the empirical approach.

5　Escape from the Dominant Strategy of "Free Ride"

We just now talk about a vision in online education or MOOCs Era. New information technology brings the potential increase in educational outcomes, if all the countries would like to attend the cooperation and share part of the teaching resources.

In MOOCs Era, online education is more like the global public goods, defined as non-rival in consumption and non-excludable (Samuelson, 1954) in the global world. Under ideal conditions, all the countries could share the educational resource. Then the countries could optimize the allocation of domestic educational resource and get the growth in educational outcomes and the human capital. And the potential growth stem from the non-rival and non-excludable of education brought by the information technology of online education.

5.1　The Dominant Strategy of "Free Ride"

Non-rival and non-excludable will bring other problems similarly as other local or global public goods, which will make the global potential growth impossible.

We suppose that in online education or MOOCs Era, each country has the set of strategy as $s_i \in \{0, 1\}$ $\forall i \in \{A, B\}$. $s_i = 1$ means country i chooses to supply online education to other countries and $s_i = 0$ is the opposite strategy. In the model above, we supposed that the cost of making and supplying online courses is infinitesimally small with $c_i = 0$. But we cannot completely ignore the cost of online courses in the actual game. So we suppose that $c_i > 0$ in this Section. Let $\Delta y_i = y_i'^* - y_i^*$, where Δy_i is the potential of human capital augmentation based on the online education import. For simplicity, we first discuss the model with two countries, A and B.

In the pure textbook case of a public good the following assumptions are usually made: $c_i \geq 0$; $\Delta y_i > 0$; $\Delta y_i - c_i > 0$. It means in the sustainable online education Era, for country i, ① the non-negative cost of supply online courses c_i; ② the potential growth of educational outputs as $\Delta y_i = y_i'^* - y_i^* > 0$; ③ the positive profits as $\Delta y_i - c_i > 0$. We analyze the strategies of country A and B in different conditions as $c_i = 0$ and $c_i > 0$.

In Fig. 2 (Left), $c_i = 0$. The global optimum is $\{s_A = 1; s_B = 1\}$, it means the educational outcomes of country A and B will grow if both countries decide to open and supply online education. But the Nash equilibrium is $\{s_A = 0; s_B = 0\}$. And it is the dominant strategy of 'Free ride' which is common in the public goods supply. In Fig. 2 (Right), $c_i > 0$. Be similar to $c_i = 0$. The global optimum is $\{s_A = 1; s_B = 1\}$, and the Nash equilibrium is $\{s_A = 0; s_B = 0\}$.

Like other public goods, the non-rival and non-excludable of online education will bring a dominant strategy of 'Free ride'. In that case, each country would like to save the cost of making and supplying online education, but enjoy the online education from other countries for free (Fig. 2). The strategy of 'Free ride' will make the potential growth in the online education or MOOCs Era impossible.

5.2　The Possibility of the Potential Growth in Global Education

Some researchers try to solve the problem by changing some types of public goods to club goods with non-rival but excludable (Kealey & Ricketts, 2014). The model of club goods could illustrate the potential power of a system which requires the members' or users' contribution to add the pool before useful access can be achieved. That means in order to get the potential growth for most countries, we need to find several countries to contribute, regardless of the cost and profit. These founder members need to supply their online education and add that into the global public pools.

Compared with other public goods, online education has an advantage to set the access restrictions to countries. For the club members, they could ask other countries to pay for using the educational resources provided by the club, or just make the sharing standards to be the requirement to the new members. We think the second way, the sharing requirement is more likely to bring a new win-win state for countries. So we suppose that there is an online-education club composed of the countries who supply online education to other club members for free. And ① non-members cannot use the online resources supplied by club members; ② if country i apply to join in the club, it need to supply its online education with comparative advantage to other club members; ③ the club is like a virtual country with different types of online educational resources from member countries. When country i consider to join in the club, it weighs the difference between potential growth and the cost. With the hypothesis that each country has the same unit cost c to supply the online education, the country i have the right to choose whether join in the club. If it decides to join in, it needs to afford the cost to make and supply the online education as a club member, and gets the potential growth as a compensation. The decision function is $I_i = \Delta y_i^* -$ cost. For country A, who has the comparative advantage in education 1 and would like to import education 2, the decision function is $I_A = y_A'^* - y_A^* - ch_{1A}$. If $I_A > 0$, country A will join the club; else if $I_A \leqslant 0$, country A will not join. I_A is proportional to h_{club}, and is inversely proportional to h_A and c.

$$I_A = y_A'^* - y_A^* - ch_{1A} = P_1(\alpha_A, \beta_A, \beta_{club})h_{club}^{\beta_{club}\beta} - P_2(\alpha_A, \beta_A, \alpha_{club}, \beta_{club}, \beta)h_A^{\beta_A\beta} - cP_3(\alpha_A, \beta_A, \beta)h_A$$

For the countries $i = 1, 2, \cdots, n$, in the beginning, the club has no online educational resources as $h_{club} = 0$. And $I_i < 0$ means no country would like to join the club and supply online education. In order to escape from the dominant strategy of 'Free ride', the club need to find some founder members to contribute regardless the costs. The founder members will get negative growth in this period. Then with the contribution of the founder members, h_{club} will increase and make some countries choose to join in the club voluntarily with its $I_i > 0$. The h_{club} will accumulate with higher speed. When h_{club} grows over the maximum education resources of all the non-member countries, all the countries would like to join in and share their online education (Fig. 3).

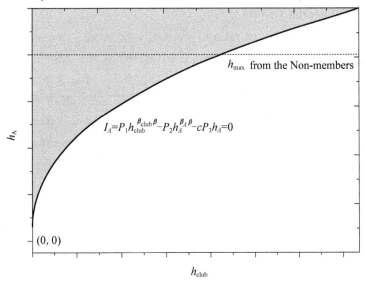

h_{max} from the Non-members

$I_A = P_1 h_{club}^{\beta_{club}\beta} - P_2 h_A^{\beta_A\beta} - cP_3 h_A = 0$

$(0, 0)$

h_A

h_{club}

Fig. 3　Decision function of country A

In Fig. 3, the shaded area means if h_A is above the ascending curve, the country will choose to join in the club and share its online education. In the beginning, the club has no online educational resources and no country would like to join in. With the contribution of the founder members h_{club} increase and make some countries choose to join in the club voluntarily, the countries with the educational resources over the red line. When h_{club} grows over the maximum education resources of all the non-member countries h_{max}, each country would like to join in and share their online education.

The founder members will get the potential growth with the increase of h_{club}. And this expectation will encourage the founder members to contribute in the early time of the club.

For country B, who has the comparative advantage in education 2 and would like to import education 1, the decision function is:

$$I_B = y_B'^* - y_B^* - ch_{2B} = Q_1(\alpha_{club}, \alpha_B, \beta_B, \beta)h_{club}^{\alpha_A\beta} - Q_2(\alpha_{club}, \beta_{club}, \alpha_B, \beta_B, \beta)h_B^{\alpha_B\beta} - cQ_3(\alpha_B, \beta_B, \beta)h_B$$

I_B is proportional to h_{club}, and is inversely proportional to h_B and c.

6　Empirical Approach

As in trade theory, based on the conception of comparative advantage, imports and exports will optimize the allocation of resources and improve productivity for both countries. The theoretical analysis above tells us that countries could have the potential of human capital augmentation in the Internet Era.

In this part, we use empirical work to support the theoretical analysis of the model. Based on the function of teachers in our model $y_j = e_j^{1-\alpha} \times h_j^\alpha$, we use the reciprocal of student-teacher ratio[1] as the inputs h_j, which is a kind of education resource in country j, and contributes to the human capital outcomes through Cobb-Douglas production function. We use OECD data, the "Classroom teachers & academic staff" and "Students enrolled by type of institution" for 36 countries,[2] from the year 2008-2012. We use average values to avoid the temporality influence,[3] and try to analyze the two types of education, "Tertiary Education" and "Primary + Secondary Education". Here we analyze the universality of potential growth, and the way to escape from 'Free ride', using empirical data.

6.1　The Universality of Potential Growth

Because it is only need to analyze the ratio of $y_A'^*/y_A^*$, $y_B'^*/y_B^*$, we could use "Students enrolled in all Tertiary and Primary+Secondary Education institution" as the same numerator to the two kinds of education resources, in order to make sure $h_{1i} + h_{2i} = h_i$. Fig. 4 shows there is considerable inequality in the distribution of educational resources (teaching staffs) both within countries and between countries. As the model tells, it is one of reasons to the unbalance development of human capital in world, but could also be the potential of human capital augmentation in the Internet Era. Table 1 describes the comparative advantage of 36 countries in different types of education even more

---

① Student-teacher ratio is the number of students who attend a school or university divided by the number of teachers in the institution.

② UNESCO-OECD-Eurostat (UOE) data collection on education statistics, compiled on the basis of national administrative sources, reported by Ministries of Education or National Statistical Offices.

③ We use the exchange rate from OECD (2014) to obtain the expenditures in US dollars. OECD (2014), Exchange rates (indicator). doi: 10.1787/037ed317-en (Accessed on 14 July 2014).

clearly.

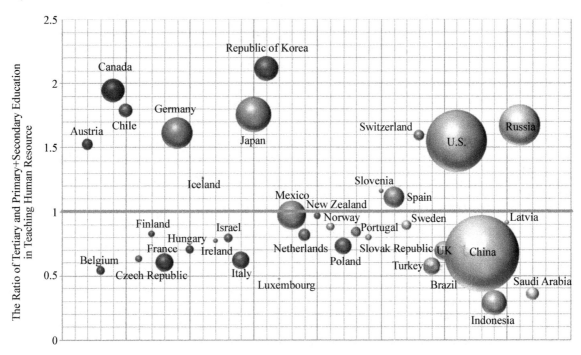

Fig. 4 The elasticity coefficients of education resources in Tertiary Education and Primary+Secondary Education

Table1 The teaching resources and parameters for the 36 countries.

Country	α	β	h_T	h_{P+S}
Austria	0.60	0.40	3.03	7.36
Belgium	0.35	0.65	1.18	8.03
Brazil	0.38	0.62	0.69	4.25
Canada	0.66	0.34	3.12	5.95
Chile	0.64	0.36	1.59	3.30
China (People s Republic of)	0.40	0.60	0.91	5.04
Czech Republic	0.39	0.61	0.97	5.73
Finland	0.45	0.55	1.26	5.68
France	0.38	0.62	0.92	5.67
Germany	0.62	0.38	2.72	6.25
Hungary	0.41	0.59	1.37	7.20
Iceland	0.56	0.44	2.45	7.22
Indonesia	0.22	0.78	0.40	5.18
Ireland	0.44	0.56	0.77	6.19
Israel	0.44	0.56	1.33	6.52

Country	α	β	h_T	h_{P+S}
Italy	0.38	0.62	1.10	6.63
Japan	0.64	0.36	2.53	5.24
Republic of Korea	0.68	0.32	2.10	3.69
Latvia	0.48	0.52	1.85	7.51
Luxembourg	0.32	0.68	1.42	10.16
Mexico	0.49	0.51	1.06	4.03
Netherlands	0.45	0.55	1.49	6.80
New Zealand	0.49	0.51	1.38	5.30
Norway	0.47	0.53	2.02	8.49
Poland	0.42	0.58	1.36	6.90
Portugal	0.46	0.54	1.75	7.73
Russia	0.63	0.37	2.67	5.92
Saudi Arabia	0.26	0.74	0.80	8.27
Slovak Republic	0.44	0.56	1.28	5.94
Slovenia	0.54	0.46	1.81	5.79
Spain	0.53	0.47	1.93	6.46
Sweden	0.47	0.53	1.63	6.76
Switzerland	0.61	0.39	2.96	6.90
Turkey	0.36	0.64	0.58	3.74
United Kingdom	0.41	0.59	1.07	5.78
United States	0.61	0.39	2.10	5.03

Explanation：α is the elasticity coefficients of Tertiary Education resources. β is the elasticity coefficients of Primary + Secondary Education resources. h_T and h_{P+S} is the teaching resources in Tertiary and Primary + Secondary Education, where h_T and h_{P+S} = Average(Number of teaching staffs/Number of students).

Suppose that the 2008-2012 period is the pre-internet regime and the educational resource allocation in these countries are rational and in equilibrium. Based on $h_{1A}^*/h_{2A}^* = \alpha_A/\beta_A$, $h_{1B}^*/h_{2B}^* = \alpha_B/\beta_B$, we get α_A/β_A, α_B/β_B through the ratios of educational resource, as shown in Table 1. [①] We find that there are more countries that have relatively more resources in Primary + Secondary Education(24 countries from 36), and only the United States, Russia, Japan, Germany, Republic of Korea,

---

① Because for all countries, teaching resources in Primary + Secondary Education is higher, we use the relative ratio to get the α/β.

Canada, Spain, Austria, Chile, Slovak Republic, Iceland spend relatively more in Tertiary Education in the 2008—2012 period, and United States has the most education resources in total. And China has the most education resources among the 24 countries with more resources in Primary + Secondary Education. Based on the comparative advantage content in our model, in the post-Internet regime, the country with lower α will import Tertiary Education resources, and the other will import Primary + Secondary Education resources. If the country find no profit from import, such as $y_A'^* \leqslant y_A^*$, $y_B'^* \leqslant y_B^*$, it stay in pre-Internet Era and does not import educational resources from the other country, and it will try to optimize the human capital outcomes only with local resources.

In Fig. 4, the size of bubbles means the total of teaching education resources in this country. We suppose that $\alpha_A + \beta_A = \alpha_B + \beta_B = 1$, which does not change the characteristics of the results and is easy to analyze. The countries above the horizohtal line have relativity more resources expenditures in Tertiary Education. Based on our model, they will likely to import Primary + Secondary Education resources in the post-Internet regime. The countries below have relativity more resources in Primary + Secondary Education. They will likely to import Tertiary Education resources in the post-Internet regime.

We use Eqs. (5) and (6) to find the optimal decisions for the countries in post-Internet regime through optimize the β. And Fig. 5 shows the potential improvement for the 36 countries in human capital.

In Fig. 5, the deeper the color of the square means the higher level of potential to improve the human capital outcomes for the country in the left side. ① A square with dots indicates that the country (left side) will import the Tertiary Education resource from the other country (above side). ② A square without dots indicates that the country (left side) will import the Primary + Secondary Education resource from the other country (above side). ③ A white square indicates that the country (left side) will not import any education resource from the other country(above side), and it will try to optimize the human capital outcomes with local resources.

A square with dots indicates that the country(left side)will import the Tertiary Education resource from the other country (above side). A square without dots indicates that the country (left side) will import the Primary + Secondary Education resource from the other country (above side). A white square indicates that the country (left side) will not import any education resource from the other country (above side), and it will try to optimize the human capital outcomes with local resources. The deeper the color of the square means the higher level of potential to improve the human capital outcomes for the country in the left side. We use $y_i'^* / y_i^*$ to describe the color.

It certificated the universality of the potential improvement for the 36 countries in the post-Internet regime. Based on the empirical approach, if we select two countries randomly, it is 92.82% that the first selected country will benefit from importing education resources from the other.

The result is interesting. However, we have to objectively see the meaning that all countries will adopt a potential win-win strategy in the Internet Era. We make serial of hypothesis in the empirical approach, and the most controversial one is that we only regard education as a product, ignoring the characteristics of education as a public product. In this case, seeking the optimal output of human capital, countries will obviously choose to import the least costly education resource and put more local resources into the preponderant education.

Here, we have a new question. How to value this "cost"?

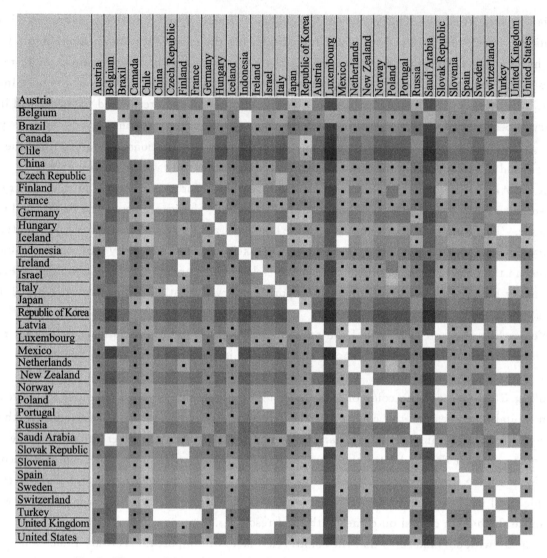

Fig. 5　The potential improvement for the 36 countries in the post-Internet regime

Take the example of country A, which has the comparative advantage in education 1, shown as follows:

$$y_A' = e_A^{1-\alpha_A-\beta_A} \times h_{1A}^{\alpha_A} \times h_{2B}^{\beta_B\beta} \times \left(\frac{h_{2A}}{1-\beta}\right)^{\beta_A(1-\beta)}$$

Country A will have three types of profit, which is easily understood as $h_{2B}^{\beta_B\beta} > 1$, $h_{1A} \uparrow$ and $\frac{1}{1-\beta} > 1$. In the Internet Era, Country A could import the resource of education 2 from other countries and put more local resources in education 1. "Complementarity" will allow teachers to focus more on other tasks, such as instruction and tutorship, which could also improve human capital outcomes. The cost could be understood as the "crowding-out" of $\beta_A(1-\beta) < 1-\beta$. Then, we could say that the gap between benefits and costs leads to the universality of the potential improvement.

6.2　The Global Club of Online Education

We suppose the 36 countries as the founder members of the global club and there are other countries in the world. The founder members join the club in a certain order. If the founder member is A type who has the comparative advantage in Tertiary Education resources, it will share the online educational resources in the Tertiary Education and B type will share the resources in the Primary + Secondary Education. Then the educational resources of the club accumulate while the founder members joining in. And the decision function of countries I_i will increase along with the club resources, from negative to zero and then positive. The process reflects the potential growth gradually becomes a reality to most countries, both for founder members and new members, and also both for developing countries and developed countries.

Using the data from Table 1, the percentage of countries with $I_i \geqslant 0$ increases from zero to approaching 100%. And the velocity of approach is higher as the cost c decrease and the β increase. β is the proportion of teaching tasks which could be import from other countries or the global club. And the average I_i with weight of country's educational resources hi increases from negative to zero and then positive. And the velocity of approach is also higher as the cost c decrease and the β increase (Fig. 6).

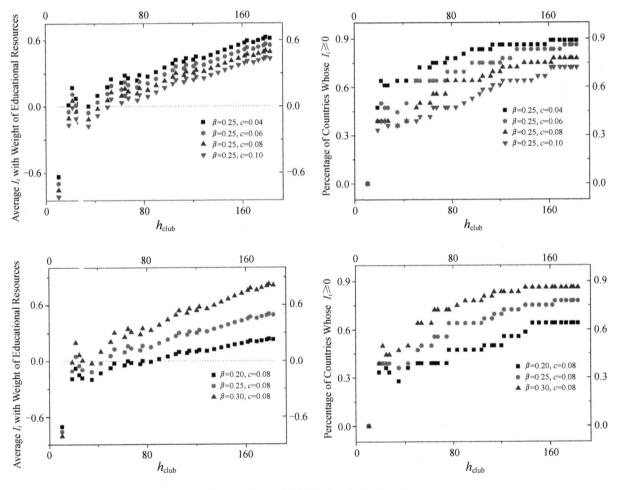

Fig. 6　The global club of online education

In Fig. 6, ① Up two. The percentage of countries with $I_i \geqslant 0$ increases from zero. And the velocity of approach is higher as the cost c decrease. And the average I_i with weight of country's educational resources h_i increases from negative to zero and then positive. And the velocity of approach is also higher as the cost c decrease. ② Middle two. The percentage of countries with $I_i \geqslant 0$ increases and the velocity of approach is higher as β increase. And the average I_i with weight of country's educational resources h_i increases from negative to zero and then positive. And the velocity of approach is also higher as β increase.

Based on the analysis above, these patterns are not difficult to understand. The global club can help countries escape from the dominant strategy of 'Free ride' and realize the potential growth. In the initial stage, however, the founder members must suffer from $I_i \leqslant 0$. It is like the J-curve development we described in other Educational Economics models(Chen, Fan & Wang, 2002; Fang & Li, 1991).

When the club resources accumulate to a certain amount, most countries will get the growth, both for founder members and new members. Then there will be more and more countries would like to join the global club, with the formation of a positive circle. After all the 36 founder members join in the club, more than 88% ($\beta = 0.25$, $c = 0.04$), 86% ($\beta = 0.25$; $c = 0.06$), 77% ($\beta = 0.25$; $c = 0.08$), 72% ($\beta = 0.25$, $c = 0.10$), 63% ($\beta = 0.20$, $c = 0.08$), 86% ($\beta = 0.30$, $c = 0.08$) countries in the world will choose to join in the club and share the online education based on $I_i > 0$.

For the founder members of the global club, they join the club in a certain order. In addition, we analyze the influence of founder member adding order (Fig. 7). It has obvious advantage to recruit the "Rich" founder members first, especially in the early founding period, both for the percentage of possible new member countries and average I_i.

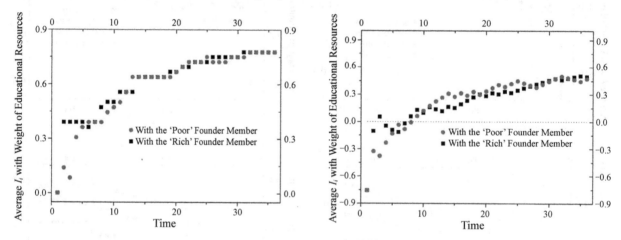

Fig. 7　The evolution of the percentage of countries with $I_i \geqslant 0$ and the average I_i in different founder members adding orders. It has obvious advantage to recruit the "Rich" founder members first, especially in the early founding period

7　Conclusion and Discussion

Lawrence Summers said in 2012,[①]"Here is a bet and a hope that the next quarter century will see more change in (higher) education than the last three combined. " When we review the influence of modern science and technology, great changes have taken place across all aspects of human life-food, clothing, transportation, communication, entertainment and social activities. Of course, we recognize that computers and communication technology, as well as the development of psychology

---

① What you (Really) need to know, LAWRENCE H. SUMMERS, the former president of Harvard, Treasury Secretary under President Clinton. New York Times, January 20, 2012.

and cognitive neuroscience, have greatly improved educational efficiency and prompted innovations regarding the concept of education. The modality of education, however, is still traditional. Since the advent of modern universities, classroom teaching in a relatively independent environment has been occupied the main body of traditional education. Whether we admit it or not, the Internet Era is likely to cause a storm in education innovation. Before the Internet and MOOCs Era, the education is local and the target is to improve the educational quality and expand the education penetration. Nowadays the improvement of information technology greatly increased the classroom capacity based on online education, which make the non-rival of education possible. And education has the natural externalities, both in local and global, which is the basis of non-exclusive. So in the online education or MOOCs Era, the education is more like a global public goods. And it is possible to share education resources across countries at rather low costs, which could be understood as the "crowding-out" of teaching resources.

But education has some special characters different from other global public goods, e. g. , we cannot avoid the discussion of language or culture discrepancy, which will affect the efficiency of outputs with the imported educational resources. The model is abstract and simplified, and difficult to include all infectors affecting the production. So in this paper, when we discuss the influence of language or culture discrepancy, the most simplified way is to describe that they will have the lower productivity, comparing to the courses taught by native teachers. And that could be described with lower production flexibility with the imported educational resources, as $\beta_{import} < 1$.

Then based on the equilibrium model and analysis, the non-rival and non-exclusive bring the potential growth of educational outcomes, both for developing countries and developed countries. Our simplified model, however, proves the universal existence of this potential human capital augmentation through education "trading", when we define the education as the global public goods. It provides ideas for developing areas seeking to rapidly develop their education systems and to narrow the gap of developing and developed countries. We get three conclusions through equilibrium analysis.

First, our theoretical analyze indicates that if countries have comparative advantage in some type of education, the allocation of education resources will be partial to the preponderant resource, which is proved in both the pre-and post-Internet regimes. During the Internet Era, countries' productivity of human capital could be improved in a rather general situation, which implies that a win-win strategy will arise commonly based on the popularity of Online Education.

Second, we validate the universality of the win-win strategy through our empirical work using teaching resources data on Tertiary Education and Primary + Secondary Education from 36 countries. We find that more than 90% countries will choose to trade in education resources in the post-Internet regime. The result is interesting, but it is reasonable because it is the gap between the benefits and costs of importing education resources that leads to the universality of the potential.

Actually, the influence of online education to the teachers is important and sensitive topic. In May 2013, "The Chronicle of Higher Education" published an open letter from all the lecturers of department of philosophy, San Jose State University. They declared against to make the online courses be the new teaching standard in the future. Now the two important doubts to online courses are the quality assurance and the influence to school and teachers. In this paper, we also analyze the wages and employment of teachers in MOOCs Era. Based on the model, we find that the wage is directly proportional to the outcomes of human capital per teacher, in both the pre-and post-Internet regimes. The coefficient will be lower, however, in the post-Internet regime because part of the teacher's human capital is imported from other countries. And in MOOCs Era, local teachers will choose do more introduction or tutorship tasks if they are "crowded out" by the education resource import, and we could call that the "complementarity" for teachers. The result implies that there will be "crowding-out" and "complementarity" at the same time, because in the MOOCs Era teachers' human capital consists of different tasks, e. g. , a teaching task, introduction or tutorship. Teachers will choose do more introduction or tutorship tasks if they are "crowded out" by the education resource import, and we could call that the "complementarity" for teachers. So the developing countries could avoid the unemployment and low wage problem of local teachers, by adjusting the teaching tasks. And that is the key point that a win-win strategy could be long-term and stable. It accords with the opinions proposed by some researchers, and they believe that the role of local teachers would be transformed in MOOCs Era. But it is difficult to give the in-depth discussion with the simplified model in this paper because we need to define the limitation and substitutability of each teaching tasks. Then we realize that there are still some important issues need to be analyzed, based on the reallocation assumptions in MOOCs Era.

In this paper, it is a vision to see potential growth in countries based on online education or MOOCs Era. And the potential growth stem from the non-rival and non-excludable of education brought by the information technology of online education. But the non-rival and non-excludable of online education will also bring a dominant strategy of 'Free ride'. The strategy of 'Free ride' will make the potential growth in the online education or MOOCs Era impossible. Compared with other public goods, online education has an advantage to set the access restrictions to countries. So we suggest to set up an online-education club composed of the countries who supply online education to other club members for free. And the global club could help to escape from the dominant strategy of 'Free ride' and make the potential growth come true. Through the empirical approach, we show the universal of the human capital augment, the accumulation of club resources and the feasibility of potential growth for countries.

In addition, refer to the development law in international trade, we need to consider the hidden danger of monopolization, oligopoly or polarization in MOOCs Era. It is a comprehensive issue beyond the explanation of our simplified model. Qualitatively, there are two reasons help to decrease the risk and extents of monopolization in global online education "trade": ① the potential cooperators are more than one for each country. Based on comparative advantage, collaboration will get profits even if the cooperator is not the traditional developed country. Any pair of countries with different advantages in educational resources has the potency to get a win-win situation. And it decrease the possibility of monopolization or oligopoly. ② The irreplaceability of different kinds of teaching tasks. Some kinds of teaching tasks are difficult to be imported from other countries, as the tutorials in this paper. It makes the cooperation more stable.

The emphasis of this paper is proposing a potential development of human capital outputs, based on the reallocation brought by online education or MOOCs. And we provide a way to find an optimal strategy in education resource allocation in the Internet and MOOCs Era. We can also discuss more factors that affect the outcomes of education production, such as student talents, family inputs, teaching materials and the fixed asset in schools. Additionally, we will focus more on that in the future research, in order to give some policy suggestion by analyzing the models with further more empirical elements. Objectively speaking, in the theoretical model, this paper just discussed the potential improvement between two countries, but that is not enough. It could also be seen from our empirical work that when a country is faced with different collaborators, it still needs to select the optimal import proportion from different countries. Further on, it maybe leads to the drawing of a new map for re-allocating the education resources in the world more effectively, which we have to discuss carefully in this Internet and MOOCs Era.

Acknowledgments

We appreciate the comments and helpful suggestions from Prof. Wenxu Wang who helps a lot in logical framework of this paper, and Prof. Yougui Wang, Zengru Di, Dr. Jiawei Chen, Peng Zhang for constructive suggestions.

Appendix A. Supplementary Data

Supplementary data associated with this article can be found, in the online version, at http://dx. doi. org/10. 1016/j. futures. 2015. 10. 001.

References

Acemoglu D, Laibson D, List J A, 2014. Equalizing superstars: the internet and the democratization of education[J]. American Economic Review, 104(5): 523-527.

Anand P B, 2004. Financing the provision of global public goods[J]. World Economy, 27(2): 215-237.

Auerbach A J, Chetty R, Feldstein M, et al, 2013. Handbook of Public Economics [M]. Amsterdam: North Holland Press.

Barro R J, 2001. Human capital and growth[J]. American Economic Review, 91(2): 12-17.

Bonesrønning H, 1999. The variation in teachers' grading practices: causes and consequences[J]. Economics of Education Review, 18(1): 89-106.

Chen Q H, Fan Y, Wang D, 2002. A dynamic model that can show J effect[J]. Journal of Beijing Normal University(Natural Science), 38(4): 470-473.

Clarke T, 2013. The advance of the MOOCs (massive open online courses): the impending globalisation of business education? [J]. Education+Training, 55(4/5): 403-413.

Correa H, Gruver G W, 1987. Teacher-student interaction: a game theoretic extension of the economic theory of education[J]. Mathematical Social Sciences, 13(1): 19-47.

Costrell R M, 1994. A simple model of educational standards [J]. The American Economic Review, 84(2): 956-971.

Casey D M, 2008. A journey to legitimacy: the historical development of distance education through technology[J]. TechTrends, 52(2): 45-51.

Colvin K F, Champaign J, Liu A, et al, 2014. Learning in an introductory physics MOOC: all cohorts learn equally, including an on-campus class[J]. The International Review of Research in Open and Distributed Learning, 15(4): 253-263.

De Witte K，Geys B，Solondz C，2014. Public expenditures，educational outcomes and grade inflation：theory and evidence from a policy intervention in the Netherlands [J]. Economics of Education Review，40：152-166.

Fang F K，Li K Q，1991. Approach on educational economics by using the non-equilibrium system theory[J]. System Dynamics Review，7(1)：199-208.

Gyimah-Brempong K，Paddison O，Mitiku W，2006. Higher education and economic growth in Africa[J]. The Journal of Development Studies，42(3)：509-529.

Hanushek E A，2013. Economic growth in developing countries：the role of human capital[J]. Economics of Education Review，37：204-212.

Hanushek E A，1979. Conceptual and empirical issues in the estimation of educational production functions[J]. Journal of Human Resources，14(4)：351-388.

Hanushek E A，Rivkin S G，2006. Teacher quality[J]. Handbook of the Economics of Education，2：1051-1078.

Hanushek E A，2007. Education Production Functions[M]. London：Palgrave Encyclopedia.

Hanushek E A，Taylor L L，1990. State variations in achievement? [J]. The Journal of Human Resources，25(2)：179-201.

Hanushek E A，Kimko D D，2000. Schooling, labor-force quality, and the growth of nations[J]. American Economic Review，90(5)：1184-1208.

Harasim L，2000. Shift happens：online education as a new paradigm in learning[J]. The Internet and Higher Education，3(1-2)：41-61.

Kanbur S M R，Sandler T，Morrison K M，1999. The Future of Development Assistance：Common Pools and International Public Goods[M]. Washington：Overseas Development Council.

Kaul I，Grunberg I，Stern M，1999. Global Public Goods[M]. New York：Oxford University Press.

Kealey T，Ricketts M，2014. Modelling science as a contribution good[J]. Research Policy，43(6)：1014-1024.

Ladd H F，Walsh R P，2002. Implementing value-added measures of school effectiveness：getting the incentives right[J]. Economics of Education Review，21(1)：1-17.

Machin S，Vignoles A，2005. What's the Good of Education? The Economics of Education in the UK[M]. New Jersey：Princeton University Press.

Morrissey O，Willem te Velde D，Hewitt A，2002. Defining international public goods：conceptual issues[J]. International Public Goods：Incentives，Measurement，and Financing：31-46.

Polachek S W，Kniesner T J，Harwood H J，1978. Educational production functions[J]. Journal of Educational Statistics，3(3)：209-231.

Rhoads R A，Berdan J，Toven-Lindsey B，2013. The open courseware movement in higher education：unmasking power and raising questions about the movement's democratic potential[J]. Educational Theory，63(1)：87-110.

Rowland S，2003. Teaching for democracy in higher education[J]. Teaching in Higher Education，8(1)：89-101.

Rye S A,2014. The educational space of global online higher education[J]. Geoforum，51：6-14.

Samuelson P A，1954. The pure theory of public expenditure[J]. Review of Economics and Statistics，37：350-356.

Sandler T, 2002. Financing International Public Goods[M]. New York: Springer.

Stewart B L, 2004. Online learning: a strategy for social responsibility in educational access[J]. The Internet and Higher Education, 7(4): 299-310.

Taylor J, Nguyen A N,2006. An analysis of the value added by secondary schools in England: is the value added indicator of any value? [J]. Oxford Bulletin of Economics and Statistics, 68(2): 203-224.

Teferra D, Altbach P G, 2004. African higher education: challenges for the 21st century[J]. Higher Education, 47: 21-50.

Wells R, 2008. The effect of education on democratisation: a review of past literature and suggestions for a globalised context[J]. Globalisation, Societies and Education, 6(2): 105-117.

深切怀念蒋硕民先生^①

方福康

（北京师范大学物理学系 100875）

和蒋硕民先生的交往，是从"学点数学"开始的。"文化大革命"中后期，北京师范大学那时已经复课招学生，物理系喀兴林先生和我讲授《近代物理讲座》。我们都感到业务生疏，需要补充些东西。喀先生向我提议，"找蒋硕民先生学点数学怎么样"。我欣然同意，于是就开始了与蒋硕民先生一段学术上的交往。喀先生和我的业务方向都是理论物理，北京师范大学的理论物理有着不错的学术背景，那是由张宗燧先生主导的，他告诉我们理论物理的学术前沿，包括介绍李政道、杨振宁的工作，指导我们如何看最重要的物理期刊——*Physical Review*，做研究工作所需要的理论基础和选题等。张先生特别注重数学，让我们通读 Smirnov 的《高等数学教程》。尽管喀兴林和我都喜欢数学，也学了张宗燧先生所给出的那些书籍，但是对数学始终有一种迷雾的感觉，总觉得有一层窗户没有打开。对于搞理论物理的人来说，如何掌握数学的精髓，这是我们决心找蒋硕民先生去请教的基本动因。

蒋先生首先让我们学的是 Courant 和 Hilbert《数学物理方法》一卷的第 1~2 章。这些章节是线性代数的内容，还算熟悉。不同的是，在物理书籍中那些烦琐的计算和多项式，在这里有一个简洁的统一的形式。我想这也是蒋先生要告诉我们的数学的概括和抽象的能力，这一点在物理的学习中是不易领悟的。之后，蒋先生建议我们去读 von Neumann 的《量子力学数学基础》，这一次是刘若庄先生、严士健先生和我分别阅读，随后报告，严士健讲最难懂的章节，谱分解问题。当时严士健先生讲完 von Neumann 的量子力学 Hilbert 空间中本征值问题解的存在与唯一性的证明后，松了一口气，说"他过关了"。量子力学是物理学最重要的基础课，也是 20 世纪伟大的科研成果，但在物理的教学和科研中，一般只涉及它的基本原理、内容和应用，对于这个理论其数学上的严密逻辑和完备性涉及很少。蒋先生让我们读 von Neumann 的《量子力学数学基础》，使我们从 Hilbert 空间的框架中，完整地了解了量子力学的理论结构，并保证了量子力学所给定的无限维矩阵的收敛性。量子力学中一些难理解的章节，如表象理论，不过是在 Hilbert 空间中的一个变换。学习 von Neumann 的收获，绝不止在对量子力学理解的深入上，而且是感悟到要构建一个有物理内涵的理论框架时，数学上必须注意的方方面面。

蒋先生接下来给我介绍的是 Reed 和 Simon 的《现代数学物理方法》。他指出，Courant 和 Hillbert 的数学物理方法及相关的一些著作是 20 世纪 50 年代前数学物理方法的总结，而要了解 80 年代的进展，需要读 Reed 和 Simon 的书。此书有 4 卷，第 1 卷是泛函分析，也许是给学物理的人看的，写得极为浓缩、简练，介绍了各类空间的基本内容。泛函分析在数学系是一门基础课，但对于学物理的人来说，看起来是费劲的。我由于学《量子力学数学基础》的收获，知道泛函分析的重要性，努力把它读完了，还结合了一些其他数学内容，写了《现代数学物理方法讲义》，给我们研究生授课，其目的是希望把我从蒋先生那里获得的关于数学的一些理解传授给我的学生们。但是我做得并不好，虽然教了几轮，但并没有看到哪个学生在做课题或分析实际问题的时候，能够很好地用数学进行抽象的思维，要达到这一步还需要花些工夫。

20 世纪 80 年代初，钱学森先生和我通信时提了一个问题，在钱先生的著作《工程控制论》第 18

---

① 方福康. 深切怀念蒋硕民先生[J]. 数学通报，2013，52(8)：62-63.

章，钱先生讨论了器械的元件与整体的关系，指出个别元件的损坏不会影响器械的整体性能。在《工程控制论》中指出的这个问题，源于 von Neumann 的可靠性问题，钱先生希望我能进一步做些研究。我找蒋硕民先生请教，蒋先生曾在德国与 von Neumann 共事，他介绍，von Neumann 不仅在基础数学方面是伟大的数学家，而且在应用数学上有杰出的成就，其中有 3 个影响巨大的领域，即计算机、可靠性与自动机。计算机已获得极丰硕的成果，而可靠性与自动机的研究，至今绵延不断。蒋先生让我看 von Neumann 全集的第 6 卷上有可靠性问题的最初的文章，应循此进行研究。这些原始的文章对我帮助不小，也做了一些工作。我的学生们对 von Neumann 的兴趣也受到我的影响，纷纷去找 von Neumann 的书籍、文章来看，希望能够学习到他的思想。

理论物理和数学的关系，有过许多评价，例如陈省身先生 1977 年在中国科学院数学研究所做报告，他指出数学有两个应用方面十分成功的领域：一个是数论，另一个是理论物理。我不知道数论作为应用数学的理由，但把理论物理看成成功的数学应用，至少在陈省身先生看来，理论物理有不少有分量的数学内容。何祚庥先生则对理论物理中数学的地位持另外一种态度，他从来不提"数学"二字，而只称之为"算术"，其意思是物理中数学的运用只不过是一些具体的计算工具。我受到蒋先生的熏陶，是相信数学的魅力的。理论物理的任务是揭示未知世界的基本规律，在过去的几个世纪里，从力学到 20 世纪的量子力学、相对论，都已充分显示了理论物理揭示物质运动基本规律的成功，这种成功到 20 世纪达到高峰。而这个成功的范例，无不是物理思想和数学抽象精妙的结合，并加上与实验数据的配合。这种理论研究的方法在探索基本规律方面，仍然是最锐利的武器。到了 21 世纪，探索物质世界基本规律的任务，在内容上已经有了很大的改变。人们的注意力集中在探索有生命特征机体的规律上，包括生命、神经、社会、经济等对象，形成了称之为"复杂性研究"的新领域，或系统科学，探索着有生命特征机体的基本规律。不同于物理世界只涉及物质与能量，在这一涉及生命的探索中，首先需要引进新的要素——信息，信息在有生命特征的有机体中起到本质的作用，是主要的相互作用。随之而来的系统的运动形式也会有相应的变化，例如由于生命现象的周期性，我们所研究的将是一个特定时段生命体的发展与衰退。在已经得到的 Bell curve 和 J curve 这些局部规律的基础上，将会获得更普适、更深刻的系统运动的基本规律，这种抽象无疑要依靠数学的力量。当我们运用这些数学工具进行分析和思考的时候，更加怀念蒋硕民先生的教导。